길잡이

土木施工技術士

공종별 기출문제 I

(토공·기초·콘크리트)

PROFESSIONAL ENGINEER

金宇植 著

- 土木施工　技術士
- 土質基礎　技術士
- 建設安全　技術士
- 建築施工　技術士
- 品　　質　技術士
- 構　　造　技術士

BM 성안당

도서 A/S 안내

당사에서 발행하는 모든 도서는 독자와 저자 그리고 출판사가 삼위일체가 되어 보다 좋은 책을 만들어 나갑니다.

독자 여러분들의 건설적 충고와 혹시 발견되는 오탈자 또는 편집, 디자인 및 인쇄, 제본 등에 대하여 좋은 의견을 주시면 저자와 협의하여 신속히 수정 보완하여 내용 좋은 책이 되도록 최선을 다하겠습니다.

채택된 의견과 오자, 탈자, 오답을 제보해 주신 독자 중 선정된 분에게는 기념품을 증정하여 드리고 있습니다. (당사 홈페이지 공지사항 참조)

구입 후 14일 이내에 발견된 부록 등의 파손은 무상 교환해 드립니다.

저 자 문 의	http://www.jr3.co.kr
본서 기획자	e-mail : hck8181@hanmail.net(황철규)
도서출판 **성안당**	e-mail : cyber@cyber.co.kr
홈 페 이 지	http://www.cyber.co.kr
전 화	031)955-0511

머 리 말

국가 고시의 모든 시험이 그러하듯이 토목시공기술사 자격시험도 기출문제를 파악하고 분석하는 것이 매우 중요하다.

근래에 출제된 문제를 살펴보면 기출문제의 출제 확률이 50~70%를 차지하고 있으므로 기출문제의 분석이 필수라 하겠다.

본인이 토목시공기술사 강의를 하면서 알 수 있듯이 수험생 여러분이 스스로 기출문제를 분석하면서 많은 시간을 소요하고, 문제의 핵심을 오류하거나 광범위한 해석으로 인하여 많은 어려움을 겪고 있는 것을 보면서 기출문제의 분석 및 정리의 필요성을 깊이 느끼게 되었다.

본서는 수험생 여러분들의 부담을 줄이기 위하여 유사 문제를 함께 묶어서 문제의 핵심 파악이 보다 쉽도록 구성하였으며, 어떤 문제가 출제되어도 해결할 수 있도록 집결하여 정리해 두었다.

앞으로의 출제될 문제도 본서의 범주에서 크게 벗어날 수가 없음으로, 본서를 통하여 수험생 여러분의 합격의 영광이 조금 더 가까워지기를 축원합니다.

본서의 특징
 1. 기출문제의 단원별 정리
 2. 문제의 핵심 요구사항을 정확히 파악
 3. 유사 문제와 유사 답안을 함께 묶어 학습의 편의 제공
 4. 문제의 애매한 문구에 대한 명쾌한 풀이
 5. 최단 시간에 정리가 가능하도록 요점 정리

아무쪼록 수험생 여러분들의 합격의 영광을 기원하며, 끝으로 본서를 발간하기까지 도와 주신 주위의 여러분들과 성안당 회장님 이하 편집부 직원들의 노고에 감사드리며, 이 책이 출간되도록 허락하신 하나님께 영광을 돌린다.

저자 金宇植

국가기술자격검정수험원서 인터넷 접수(견본)

※ 종로기술사학원(구. 용산건축토목학원) 홈페이지(http://www.jr3.co.kr)
※ 한국산업인력공단 홈페이지(http://www.hrdkorea.or.kr)

1. 원서 접수 　 바로가기 　 클릭

2. 회원가입

   1) 회원가입 약관 　 ⊙ 동의 　 클릭
   2) 실명인증
      ① 주민등록번호 123456 - 1234567
      ② 이름(한글성명) 홍길동
      ③ 개인정보입력, 사진등록 후 확인 클릭
         ※ 사진등록을 하기 위해서는 먼저 반명함 사진을 스캔한 다음 PC에 그림파일 확장명인
            JPG로 저장 후 사진등록 클릭 → 찾는 위치 → 열기로 하면 사진이 붙여집니다.

3. 학력정보 입력

4. 경력정보 입력

5. 추가정보 입력

6. 응시자격 진단결과 "응시가능" 여부 확인

7. 접수내역 리스트

8. 개인접수

   1) 응시하고자 하는 시험장 학교 선택 후 장소 확인
   2) 검정수수료(결제수단 : 신용카드, 계좌이체, 가상계좌, 핸드폰결제 中 선택)
   3) 결제하기

9. 수검표 영수증 출력

【수험표 견본】

○○○년 정기 기술사 ○○회				사 진
수 험 번 호	1234567	시 험 구 분	필기	
종 목 명	토목시공기술사			
성 명	홍길동	생 년 월 일	○○○○년 ○○월 ○○일	

시험일시
및
장소
	일시 : ○○○○년 ○○월 ○○일 08:30까지 입실완료
	장소 : ○○○○○○학교(주차불가)
	  - 주소 : ○○ ○○○구 ○○동
	  - 위치 : ○호선 지하철 ○○역 ○번 출구
	접수기관 : ○○지역본부
	인터넷 : http://www.Q-Net.or.kr
	
	                                                    ○○○○년 ○○월 ○○일
	                                                    한국산업인력공단 이사장

응시자격
안내
	응시자격 항목 : 기사 자격 취득 후 동일직무분야에서 4년 이상 실무에 종사한 자
	응시자격 제출서류 : 해당 없음, 경력(재직) 증명서
	      ※ 자가진단 결과에 관계없이 시험에는 응시할 수 있으나 응시자격서류 심
	        사 시 증빙서류를 제출하지 못하면 필기시험 합격이 무효처리 됩니다.
	      ※ 외국학력취득자의 경우 응시자격 서류제출 시 공증절차가 필요하오니
	        다음 사항을 반드시 확인 바랍니다.
	      (http://www.Q-Net.or.kr > 원서접수 > 필기시험안내 > 외국학력 서류제
	        출 안내)
	응시자격 서류제출기간 : ○○○○년 ○○월 ○○일(월) ~ ○○○○년 ○○월 ○○일(수)
	응시자격 서류제출장소 : 공단 24개 지부(사)로 방문하여 제출

합격(예정)자 발표일자	○○○○년 ○○월 ○○일
검정수수료 환불안내	▷ ○○○○년 ○○월 ○○일 09 : 00 ~ ○○○○년 ○○월 ○○일 23 : 59 (100% 환불) ▷ ○○○○년 ○○월 ○○일 00 : 00 ~ ○○○○년 ○○월 ○○일 23 : 59 (50% 환불) ※ 환불기간 이후에는 수수료 환불이 불가합니다.
실기시험 접수기간	○○○○년 ○○월 ○○일 09 : 00 ~ ○○○○년 ○○월 ○○일 18 : 00
기타사항	

◎ 선택과목 : 필기시험(해당없음)
◎ 면제과목 : 필기시험(해당없음)

◎ 장애 여부 및 편의요청 사항 : 해당없음 / 없음
  (장애 응시 편의사항 요청자는 원서접수 기간 내에 장애인 수첩 등 관련증빙서류를 응시 시험장 관할 지부
  (사)에 제출하여야 함)
  ※ 장애인 수험자 편의제공은 관련증빙서류 심사결과에 따라 달라질 수 있음

제 ☐ 회
국가기술자격검정 기술사 필기시험 답안지(제 ☐ 교시)

◯ ◯ ◯

※ 10권 이상은 분철(최대 10권 이내)

자격종목	

답안지 작성시 유의사항

1. 답안지는 총 7매(14면)이며 교부받는 즉시 매수, 페이지 등 정상 여부를 반드시 확인하고 1매라도 분리되거나 훼손하여서는 안 됩니다.
2. 시행회, 자격종목, 수험번호, 성명을 정확하게 기재하여야 합니다.
3. 수험자 인적사항 및 답안 작성은 반드시 흑색 또는 청색 필기구 중 한 가지 필기구만을 계속 사용하여야 하며 연필, 굵은 사인펜, 기타 유색 필기구 능으로 작성된 답안은 0점 처리됩니다.
4. 답안 정정시에는 두줄(=)을 긋고 다시 기재 가능하며, 수정테이프(액) 등을 사용했을 경우 채점상의 불이익을 받을 수 있으므로 사용하지 마시기 바랍니다.
5. 답안지에 답안과 관련없는 특수한 표시, 특정인임을 암시하는 답안은 0점 처리됩니다.
6. 답안 작성시 홈(구멍)이나 도형 등 그림이 없는 직선자(템플릿 사용금지)만 사용할 수 있으며, 지정 도구 외의 자를 사용할 시에는 불이익을 받을 수 있습니다.
7. 문제의 순서에 관계없이 답안을 작성하여도 되나 주어진 문제번호와 문제를 기재한 후 답안을 작성하고 전문용어는 원어로 기재하여도 무방합니다.
8. 요구한 문제수보다 많은 문제를 답하는 경우 기재순으로 요구한 문제수까지 채점하고 나머지 문제는 채점대상에서 제외됩니다.
9. 답안 작성시 답안지 양면의 페이지 순으로 작성하시기 바랍니다.
10. 기 작성한 문항전체를 삭제하고자 할 경우 반드시 해당 문항의 답안 전체에 대하여 명확하게 ×표시(×표시 한 답안은 채점대상에서 제외) 하시기 바랍니다.
11. 시험 시간이 종료되면 즉시 답안 작성을 멈춰야 하며, 종료 시간 이후 계속 답안을 작성하거나 감독위원의 답안 제출 지시에 불응할 때에는 채점대상에서 제외될 수 있습니다.
12. 각 문제의 답안 작성이 끝나면 "끝"이라고 쓰고 다음 문제는 두 줄을 띄워 기재하여야 하며 최종 답안 작성이 끝나면 그 다음 줄에 "이하여백"이라고 써야 합니다.
13. 비번호란은 기재하지 않습니다.

※ 부정행위 처리규정은 뒷면 참조

비번호	

한국산업인력공단

부정행위 처리규정

국가기술자격법 제10조 제4항 및 제11조에 의거 국가기술자격검정에서 부정행위를 한 응시자에 대하여는 당해 검정을 정지 또는 무효로 하고 3년간 이 법에 의한 검정에 응시할 수 있는 자격이 정지됩니다.

1. 시험중 다른 수험자와 시험과 관련된 대화를 하는 행위
2. 답안지를 교환하는 행위
3. 시험중에 다른 수험자의 답안지 또는 문제지를 엿보고 자신의 답안지를 작성하는 행위
4. 다른 수험자를 위하여 답안을 알려주거나 엿보게 하는 행위
5. 시험중 시험문제 내용과 관련된 물건을 휴대하여 사용하거나 이를 주고 받는 행위
6. 시험장 내외의 자로부터 도움을 받고 답안지를 작성하는 행위
7. 사전에 시험문제를 알고 시험을 치른 행위
8. 다른 수험자와 성명 또는 수험번호를 바꾸어 제출하는 행위
9. 대리시험을 치르거나 치르게 하는 행위
9의2. 수험자가 시험 시간중에 통신기기 및 전자기기[휴대용 전화기, 휴대용 개인정보 단말기(PDA), 휴대용 멀티미디어 재생장치(PMP), 휴대용 컴퓨터, 휴대용 카세트, 디지털 카메라, 음성파일 변환기(MP3), 휴대용 게임기, 전자사전, 카메라 펜, 시각 표시 외의 기능이 부착된 시계]를 사용하여 답안지를 작성하거나 다른 수험자를 위하여 답안을 송신하는 행위
10. 그 밖에 부정 또는 불공정한 방법으로 시험을 치르는 행위

응시자 유의사항

1. 수험자는 수험(필기/실기시험)시부터 자격증 교부시까지 수험표를 보관하여야 하며, 필기시험 합격자는 당해 필기시험 합격자발표일로부터 2년간 필기시험을 면제받게 됩니다.
2. 시험 일시 및 장소는 수험표에 기재된 내용을 반드시 확인하여 착오가 없도록 하시기 바랍니다.
3. 수험자는 필기시험시 (1)수험표 (2)주민등록증 등 신분증 (3)흑색 또는 청색 볼펜 (4)흑색 또는 청색 싸인펜 (5)계산기 등을 지참하여 **시험시작 30분 전에 지정된 시험실에 입실완료** 하여야 합니다.
4. 기술사 필기시험 답안 작성 시 홈(구멍)이나 도형 등 그림이 없는 직선자만 사용할 수 있으며, 템플릿(모형자)은 사용하실 수 없습니다.
5. 수험자는 시험시간 중에 필기도구 및 계산기를 남에게 빌리거나 빌려주지 못하며, 계산기는 입력용량이 큰 휴대용 개인정보 단말기(PDA), 휴대용 멀티미디어 재생장치(PMP), 음성파일 변환기(MP3), 전자사전 등은 지참 또는 사용할 수 없습니다.
6. 기술자격검정을 받는 자가 검정에 관하여 부정한 행위를 한 때에는 당해 검정이 중지 또는 무효되며, 앞으로 3년간 국가기술자격검정을 받을 수 있는 자격이 정지됩니다.
7. 부정행위 방지 및 시험실 내 질서유지를 위하여 필기(필답)시험 시간 중에는 화장실 출입을 전면 금지하오니 유의하시기 바랍니다.(시험시간 1/2경과 후 퇴실가능)
8. 실기 응시자는 당해 실기시험의 발표전까지는 동일 종목의 실기시험에 중복하여 응시할 수 없습니다.

● 합격자발표(발표일 09 : 00부터), 실기시험 일자 및 장소 안내(회별 시험시작일 10일전부터) : ARS : 060-700-2009(유료), 인터넷 : http://www.Q-Net.or.kr, 개별통보 하지 않음
● 시험장에는 차량출입이 불가한 경우가 많으므로 가급적 대중교통수단을 이용하시기 바랍니다.
● 통신기기 및 전자기기를 이용한 부정행위 방지를 위해 금지물품 휴대의혹 수험자에 대해 금속탐지기를 사용하여 검색할 수 있으니 시험응시에 참고하시기 바랍니다.

수검번호	성 명
감독확인	㉘

번호			
번호			

Contents

제 1 장 토공

제 2 장 기초

제2절 기초공 ···················· 2-165

제3장 콘크리트

제1절 일반콘크리트 ···················· 3-11

제 4 장   도로

제 5 장   교량

제 6 장 터널공사

제 7 장　댐공사

제 8 장　항만공사

제 9 장　하천공사

제 10 장 | 총론

제 3 절   시공의 근대화 ·· **10-181**

제 4 절   공정관리 ·· **10-212**

상세 목차

제1장 제1절 일반 토공

제1장 제2절 연약지반 개량공법

제1장 제3절 사면안정

제1장 제4절 옹벽 및 보강토

제1장 제5절 건설기계

제2장 제1절 흙막이공

제2장 제2절 기초공

제3장 제1절 일반콘크리트

제3장 제2절 특수콘크리트

제4장 도로

제5장 교량

제6장 터널공사

제7장 댐공사

제8장 항만공사

제9장 하천공사

제10장 제1절 계약제도

제10장 제2절 공사관리

제10장 제3절 시공의 근대화

제10장 제4절 공정관리

토공

상세 목차

제1장 제1절 일반 토공

제1장 제2절 연약지반 개량공법

제1장 제3절 사면안정

제1장 제4절 옹벽 및 보강토

제1장 제5절 건설기계

I. 상대밀도

(1) 정의

상대밀도란 사질토의 다짐 정도를 나타내는 수치로서 다짐후 지반의 상태가 느슨한 상태인지 조밀한 상태인지를 판단하기 위해 활용된다.

(2) 상대밀도를 구하는 방법

① 간극비를 이용하는 방법

$$D_\gamma = \frac{e_{\max} - e}{e_{\max} - e_{\min}} \times 100$$

여기서, $e_{\max}$: 가장 느슨한 상태의 공극비
$e_{\min}$: 가장 조밀한 상태의 공극비
e : 자연상태의 공극비

② 건조밀도를 이용하는 방법

$$D_\gamma = \frac{\gamma_d - \gamma_{d\,\min}}{\gamma_{d\,\max} - \gamma_{d\,\min}} \times \frac{\gamma_{d\,\max}}{\gamma_d} \times 100$$

여기서, $\gamma_{d\,\max}$: 최대 건조밀도
$\gamma_{d\,\min}$: 최소 건조밀도
γ_d : 자연상태 건조밀도

(3) 상대밀도의 활용

① D_γ는 0~100% 범위에 있다.

② D_γ가 $\frac{1}{3}$ 이하이면 느슨한 상태이다.

③ D_γ가 $\frac{1}{3} \sim \frac{2}{3}$ 이면 보통의 상태이다.

④ D_γ가 $\frac{2}{3}$ 이상이면 조밀한 상태이다.

Ⅱ. 내부마찰각

(1) 정의

내부마찰각이란 흙 속에 작용하는 수직응력과 전단응력의 관계식($S = C + \sigma \tan \phi$)
이 이루는 직선이 수직응력축과 이루는 각을 말한다.

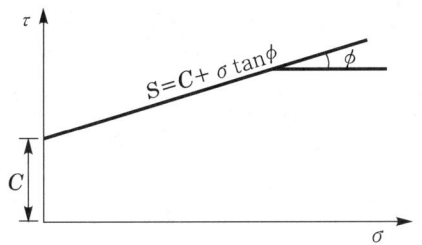

여기서, τ : 전단응력

σ : 수직응력

ϕ : 내부마찰각(전단저항각)

C : 점착력

S : 전단강도

(2) 특성

① Coulomb의 이론

② 흙입자간의 마찰성분 표시

③ 흙의 전단방법 및 배수조건에 따라 상이하게 나타남.

④ 전단강도를 결정하는데 중요한 강도 정수

Ⅲ. 모래의 밀도별 N값

N값	지반상태	상대(모래)밀도	내부마찰각(ϕ)	
			Meyerhof	Peck
0~4	대단히 느슨	0~15	0~30°	0~28.5°
4~10	느슨	15~35	30~35°	28.5~30°
10~30	보통	35~65	35~40°	30~36°
30~50	조밀	65~85	40~45°	36~41°
50 이상	매우 조밀	85~100	45° 이상	41° 이상

Ⅳ. N값과 내부마찰각의 상관관계

(1) Dunham의 공식

입자분포	공 식
• 입자가 모가 나고 입도 양호	$\phi = \sqrt{12N} + 25$
• 입자가 모가 나고 입도 불량	$\phi = \sqrt{12N} + 20$
• 입자가 둥글고 입도 양호	$\phi = \sqrt{12N} + 20$
• 입자가 둥글고 입도 불량	$\phi = \sqrt{12N} + 15$

(2) Peck의 공식

$$\phi = 0.3N + 27$$

(3) 오오자카의 공식

$$\phi = \sqrt{20N} + 15$$

Ⅰ. 정 의

건조한 흙에 물을 가하면 흙의 상태가 변하고, 수축한계·소성한계·액성한계는 각 변화추이의 한계를 일정한 시험방법으로 정한 것으로, 이들의 변화하는 한계를 흙의 연경도(Consistency 한계) 또는 Atterberg 한계라 한다.

Ⅱ. Consistency 한계(Atterberg Limits)의 모식도

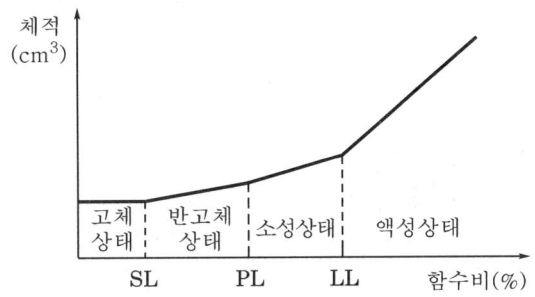

Ⅲ. 흙의 연경도(Consistency)의 의미

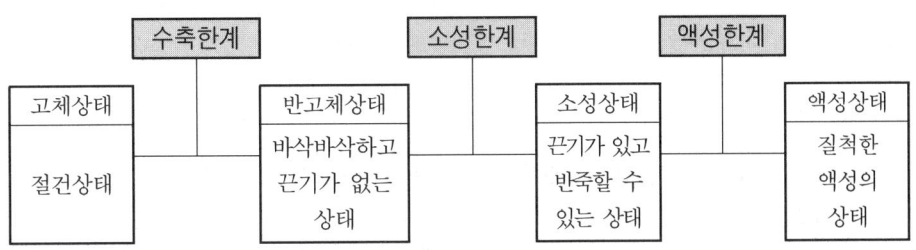

(1) 수축한계(Shrinkage Limit ; SL)
함수량을 감소시켜도 흙의 부피가 감소하지 않고, 함수량이 어느 양 이상으로 늘어나면 흙의 부피가 증대하게 되는 한계의 함수비

(2) 소성한계(Plastic Limit ; PL)
파괴 없이 변형시킬 수 있는 최소의 함수비로 압축, 투수, 강도 등 흙의 역학적 성질을 추정할 때 사용

(3) 액성한계(Liquid Limit ; LL)
외력에 전단저항력이 Zero가 되는 최소의 함수비

Ⅳ. 이 용

1. 소성지수(Plasticity Index ; PI)

(1) 정의
① 소성지수(PI)＝액성한계(LL)－소성한계(PL)
② 소성상태에 있을 수 있는 물의 범위로 소성상태가 클수록 물을 많이 함유

(2) 이용
① 세립토의 흙분류에 이용
② 전단강도의 증가율 추정
③ 세립토의 유동화 현상 규명

$$\text{액성지수(LI)} = \frac{W_n - \text{PL}}{\text{소성지수(PI)}}$$

여기서, W_n : 자연상태 함수비
④ 흙의 안정성 판단(Consistency 지수)
⑤ 활성도를 구할 때 적용

2. 액성지수(Liquidity Index ; LI)

① $\text{LI} = \dfrac{W_n - \text{PL}}{\text{PI}}$

② 자연상태에서의 흙의 함수비(W_n)에서 소성한계(PL)를 뺀 값을 소성지수(PI)로 나눈 값
③ 자연상태의 함수비(W_n)가 액성한계(LL)보다 클 경우 액성지수(LI)는 1 이상이 되어 충격에 의한 유동성이 크다.

2-1 대절토, 성토에서 착공전 준비 및 조사해야 할 사항을 설명하시오. [95후, 25점]

2-2 기초공사를 위한 사전지반조사 과정을 설명하시오. [00중, 25점]

2-3 대단위 토공 공사시 현장조사의 종류 및 조사목적과 수행시 유의사항에 대하여 설명하시오. [05전, 25점]

2-4 토공사에 필요한 토질조사 및 시험에 대하여 기술하시오. [97전, 30점]

2-5 노선공사(도로 또는 철도)에서 대량 절토구간이 있다. 현장책임자로서 최적 공법을 위한 다음 사항을 설명하시오. [94전, 50점]
1) 조사와 현장시험   2) 선택할 공법과 그 이유

Ⅰ. 개 요

(1) 토질조사는 토층의 구성, 두께, 상태 및 흙의 성질을 알기 위한 조사로서 기초설계를 위한 가장 기본이 되는 조사이다.

(2) 지반조사, 암반조사와 Boring 및 물리탐사 등에 의해 지반의 구성상태를 파악하고 원위치시험과 채취시료에 대한 실내시험으로 흙의 공학적 성질을 판단한다.

Ⅱ. 확공전 준비

(1) 지형도

(2) 지질도

(3) 항공측량 사진

(4) 지도(1/5,000 등)

(5) 인근 공사 실적자료

(6) 지하매설물 현황도

(7) 지상장애물 분포도

Ⅲ. 토질조사(사전지반조사, 조사할 사항, 현장조사의 종류)

1. 지하탐사법

(1) 짚어보기
① 직경 ϕ9mm 철봉을 이용하여 인력으로 삽입, 지반의 저항 정도 분석
② 지반의 경연 파악

  (2) 터파보기

    ① 소규모 공사에 적용하며, 삽으로 구멍을 파보는 법

    ② 간격 5~10m, 구멍지름 1m 내외, 깊이 1.5~3m

  (3) 물리적 탐사법

    ① 지반의 구성층 및 지층변화의 심도를 판단하는 방법

    ② 전기저항식, 강제진동식, 탄성파식 탐사방법이 있으나 주로 전기저항식 이용

2. Boring

지중에 철관을 꽂아 천공하여 토사의 채취, 관찰 및 지중의 토질분포, 흙의 층상, 구성 등을 알 수 있고 표준관입시험, Vane Test 등과 같은 다른 지반조사법과 병용하기도 한다.

  (1) 오거 보링(Auger Boring)

    ① 나선형으로 된 송곳(Auger)을 인력으로 지중에 박아 지층을 알아보는 방법

    ② 깊이 10m 이내의 점토층에 사용

  (2) 수세식 보링(Wash Boring)

    ① 선단에 충격을 주어 이중관을 박고 물을 뿜어내어 파진 흙과 물을 같이 배출

    ② 흙탕물을 침전시켜 지층의 토질을 판별

  (3) 충격식 보링(Percussion Boring)

    ① 와이어 로프의 끝에 달린 충격날(Percussion Bit)의 상하작동에 의한 충격으로 토사·암석을 파쇄 천공하여 파쇄된 토사는 Bailer로 배출

    ② 공벽토사의 붕괴를 방지할 목적으로 안정액 사용

    ③ 안정액은 황색점토 또는 Bentonite를 사용

  (4) 회전식 보링(Rotary Boring)

    ① Drill Rod의 선단에 첨부한 날(Bit)을 회전시켜 천공하는 방법

    ② 안정액은 Drill Rod를 통하여 구멍 밑의 안정액 Pump로 연속하여 송수하고, Slime을 세굴하여 지상으로 배출

    ③ Bit의 종류는 Fish Tail Bit, Crown Bit, Short Crown Bit, Cutter Crown Bit, Auger, Sampling Auger 등

3. Sounding

Rod 선단에 부착한 저항체를 흙 속에 관입시켜서 관입·회전·인발 때의 저항 정도로써 지반의 상태를 파악하며, 보통 Boring 방법과 병행하여 실시한다.

(1) 표준관입시험(Standard Penetration Test)

① Split Spoon Sampler를 Drill Rod에 장착하여 63.5kgf의 해머로 76cm의 높이에서 타격하여 Sampler가 30cm 관입될 때까지 요구되는 타격횟수 N치를 구하는 시험

② N치는 모래의 상대밀도와 점토의 Consistency 추정에 사용

③ 주로 사질토에 적용

(2) Vane Test

① Rod 선단에 장착된 십자형 날개(Vane)를 시추공 아래에 내려 지중에 압입한 후 회전시켜 원위치 점토의 전단강도를 직접적으로 구하는 방법

② 보통 연약점토지반에 적용

(3) Cone 관입시험

① 강봉선단의 원추체를 땅속에 관입시켜 원위치 지반토에 대한 정적관입저항치(q_c)를 측정하는 시험

② 사질토와 점성토 모두에 적용 가능

(4) 스웨덴식 Sounding

① 선단에 Screw Point를 달아 중추(100kgf)의 무게와 회전력에 의하여 관입저항을 측정하는 방법

② 관입량과 회전수로 토층의 상황판단

③ 연약지반에서 굳은 지반까지 모든 토질에 적용

(5) 인발시험

지반에 뚫어놓은 Boring공 속에 접혀진 날개를 와이어에 묶어 집어 넣은 다음 저항날개를 펴고 와이어 로프를 감아 올리면서 이때의 인발저항력을 연속적으로 측정하여 전단저항값을 측정하는 시험

IV. 조사목적

(1) 토량배분계획 수립

토량변화, 더돋기, 유토곡선에 의한 토량배분

(2) 공법 선정

① 지반의 특성을 활용하여 적합한 공법 선정

② 공종별 장비조합 및 토질별 다짐장비 선정

   (3) 배수계획 수립
       유수전환 등 임시배수계획 수립

   (4) 구조물 및 지장물 제거
       ① 지상 및 지하 구조물 제거
       ② 공사에 장애가 되는 지장을 제거

   (5) 토취장 및 사토장 계획 수립

   (6) 성토계획 수립
       ① 성토시 필요한 흙의 운반계획 수립
       ② 성토장비계획 수립

   (7) 공사일정계획 수립
       공정표를 작성하여 토공사 일정 및 전체공사 일정계획 수립

Ⅴ. 시험(실내시험)

   (1) 흙의 주상도
       ① 흙덩이는 고체인 토립자, 액체인 물 및 기체인 공기의 세 가지 상으로 분리하고, 상간의 관계를 체적과 중량으로 나타내는 방법
       ② 체적과 중량간의 기본관계식
           $$G_s \cdot w = S \cdot e$$
           여기서, G_s : 토립자 비중, w : 함수비, S : 포화도, e : 간극비

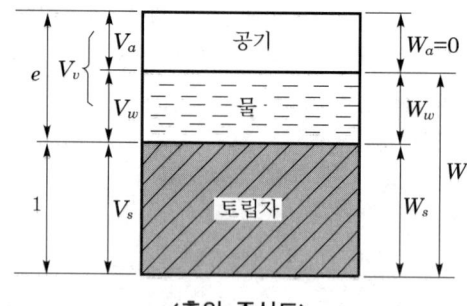

〈흙의 주상도〉

   (2) Atterberg 한계
       ① 흙이 함수량의 감소에 의해 변화하는 성질을 흙의 연경도(Consistency)라 하고 각각의 변화한계를 Atterberg 한계라 한다.
       ② 점토의 성질을 파악하는데 필요한 한계함수량에 대한 시험법과 한계기준을 규정하는데 적합하다. 소성지수($PI = LL - PL$)와 액성한계(LL)가 중요하다.

(3) 입경가적곡선

① 체분석은 자갈, 모래와 같은 조립토에 적용되며, 균등계수(C_u) 및 곡률계수(C_g) 로서 입도의 양부를 판정한다.

② 침강분석은 실트, 점토와 같은 세립토에 적용하며, 정수 중에서 토립자가 침강 하는 속도와 흙의 입경과의 관계를 나타내는 Stockes의 법칙을 이용한 것이다.

③ 체분석이나 침강분석에 의해 흙의 입경, 분포를 결정한 결과를 이용해서 입경 가적곡선을 그린다.

④ $C_u = \dfrac{D_{60}}{D_{10}} > 10, \quad C_g = \dfrac{(D_{30})^2}{D_{10} \cdot D_{60}} = 1 \sim 3$

(4) 강도시험(역학적 시험)

흙의 역학적 성질을 판단하는 가장 중요한 시험으로 전단강도는 점착력(C)과 마 찰각(ϕ)에 의해 결정

$S = C + \overline{\sigma} \tan \phi$(쿨롱의 법칙)

여기서, S : 전단강도
C : 점착력
$\overline{\sigma}$: 유효응력
ϕ : 내부마찰각

① 직접전단시험 : 수직력을 가해 대응하는 전단력 측정

② 3축압축시험 : 일정한 축압과 수직하중을 가해 공시체 파괴시험

③ 1축압축시험 : 직접하중을 가해 파괴시험

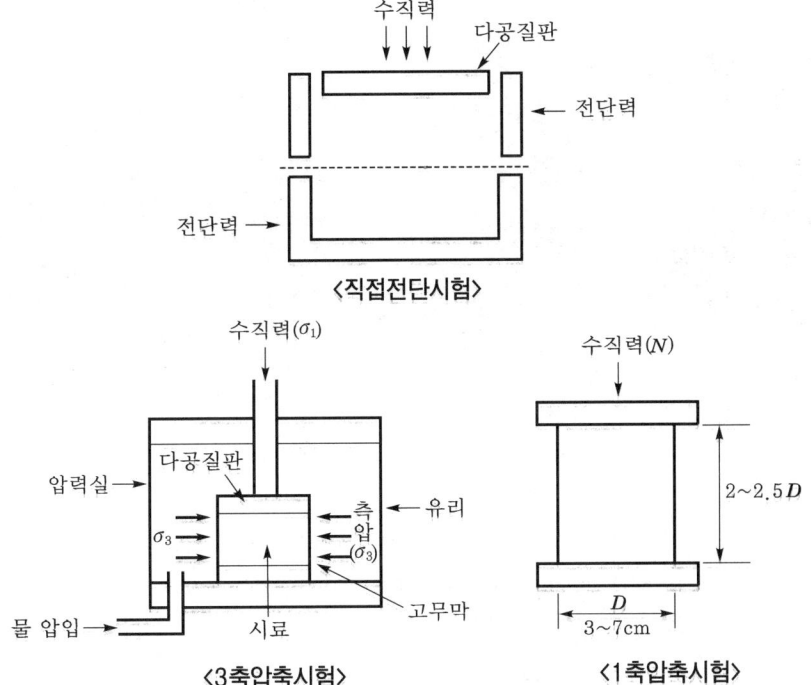

〈직접전단시험〉

〈3축압축시험〉　　　〈1축압축시험〉

VI. 선택할 공법과 그 이유

대규모 절토구간의 최적 공법 선정시 다음 사항을 유의하여 선정한다.

(1) 계약조건 파악

계약조건 및 설계도서 파악

(2) 현장조사

① 현장 주위 상황조사

② 지반조사

③ 토질조사

④ 건설공해

⑤ 기상

(3) 공법조사

① 시공성

② 경제성

③ 안전성

(4) 시공조건

① 공기 파악

② 노무

③ 자재수급

④ 장비의 적절성

(5) 토량배분

① 토량계산

② 토량변화율

③ 운반거리

VII. 수행시 유의사항

(1) 토질조사시

① 현장 원위치시험과 실내시험을 병행하여 비교검토 실시

② 물리탐사로 전체 부지를 조사후 대표위치시험으로 검증이 필요

(2) 토량배분계획시
  ① 설계도서상의 토량배분 파악
  ② 장비별 운반위치 평면도 작성

(3) 공법 선정시
  ① 토질조사로 설계시 주상도와 비교검토후 차이점 비교검토
  ② 적용공법의 장단점과 문제점 파악후 공법 선정

(4) 임시공사용 도로계획시
  ① 교통량과 통과차량을 파악한 후 계획수립으로 원활한 소통이 되도록 한다.
  ② 인근주민들의 보행에 불편함이 없도록 보도를 확보

(5) 준비배수
  ① 깎기 장소 또는 쌓기 원지반에 고인 물을 배제하여야 하며, 시공중에도 필요에
    따라 가배수로와 침사지 등을 설치하여 배수
  ② 흙깎기 중에 용수 또는 지하수 등을 발견시 보고후 적절한 배수시설 설치

(6) 규준틀 설치
  깎기 비탈면 및 쌓기 비탈면에는 반드시 규준틀을 설치하여 토공면이 올바르게 마
  무리되도록 한다.

(7) 기존시설물 및 경작물 보호
  보존해야 할 기존시설물(건물, 가스관, 전선관 등)과 경작물이 있는 경우 그들이 피
  해를 입거나 지장을 주지 않도록 적절한 보호조치

Ⅷ. 결 론

(1) 토질의 분포와 성질을 철저히 조사하는 일은 토공을 합리적·경제적으로 관리하는
  데 있어서 대단히 중요하며, 조사방법의 선택과 활용은 공사의 성패를 결정하는 중
  요한 요건이 되고 있다.
(2) 토질조사는 공사와 관련되는 토질공학적인 제반 문제점들을 정확히 파악하기 위해
  필요하며, 사전에 본공사에 소요되는 시간과 예산을 충분히 감안하여 종합적인 관
  점에서 실시해야 한다.

2-6 도로공사에서 절토사면 길이 30m 이상 되는 절토구간을 친환경적으로 시공하기로 했을 때 착공전 준비사항과 착공후 조치사항을 설명하시오. [07후, 25점]

Ⅰ. 개 요

도로공사에서 절토구간은 착공전에 현지 토질과 지질 및 지형 등을 충분히 검토하며, 친환경적인 절토구간을 조성하기 위해서는 식생보호공법을 적용하여 자연적 상태로 돌아갈 수 있도록 한다.

Ⅱ. 착공전 준비사항

(1) 지형도 및 지질도

(2) 항공측량 사진

(3) 지도

(4) 인근 공사 실적자료

(5) 지하매설물 현황도

(6) 지상장애물 분포도

(7) 토질조사
   ① 토질조사를 통한 적합한 식물군 파악
   ② 토양의 질을 높일 수 있는 영양토 파악

(8) 주변 식생조사
   ① 주변의 식생군락 파악
   ② 주변환경과 조화되고 지속력이 강한 식생 파악
   ③ 식생의 구입과 경제성 파악

(9) 식생시기 조정
   ① 식생별 생육 및 발아시기 파악
   ② 전공사일정을 검토하여 식생에 적합한 시기를 조절

(10) 경제력 파악

　① 현장에 적용할 각 식물군들의 단가 및 수량 파악

　② 공사금액과 비교하여 적합한 식물군 선정

　③ 식물군의 수명과 생명력을 확인하고 선정할 것

(11) 동물 이동경로 조사

　① 종단 이동경로

　　고속도로 하부에 동물이 이동할 수 있는 터널 설치

　② 횡단 이동경로

　　사면으로 인하여 동물의 이동이 어려운 지역에 사면 중간에 소단을 설치

Ⅲ. 착공후 조치사항

(1) 떼붙임공

　① 절토사면 : 평떼(20cm×30cm×3cm)

　② 성토사면 : 줄떼(폭 10cm)

(2) 식생공

법면에 식물을 번식시킴으로써 법면의 침식과 표면활동을 방지하는 공법이며, 식생 Mat공, 식생반(盤)공, 식생대(袋)공 등이 있다.

(3) 식수공

떼붙임공, 식생공만으로는 사면의 안정 유지가 곤란한 경우에 나무를 심어 사면을 보호하는 공법이다.

(4) 파종공(Seed Spray)

종자, 비료, 안정제, 양생제, 흙 등을 혼합하여 압력으로 비탈면에 뿜어 붙이는 공법으로서 넓은 지역의 사면에 적합하다.

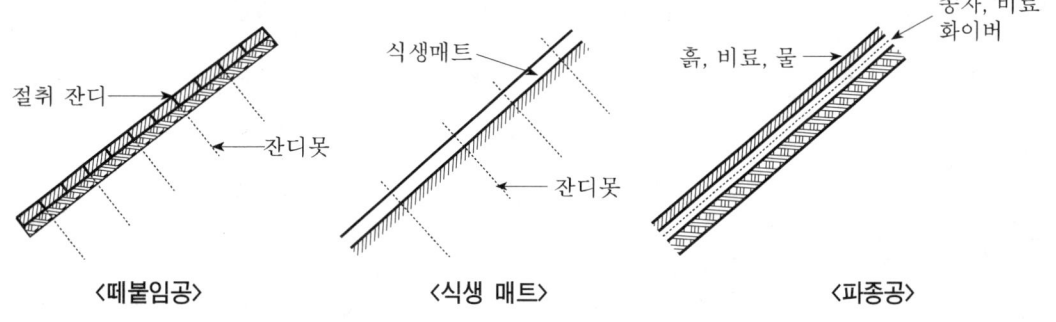

〈떼붙임공〉　　〈식생 매트〉　　〈파종공〉

(5) 편책공

식생에 의한 비탈면 보호후 식물이 충분히 발육하는 동안 비탈면의 토사유실을 방지하기 위해 나무말뚝으로 흙막이를 하는 공법이다.

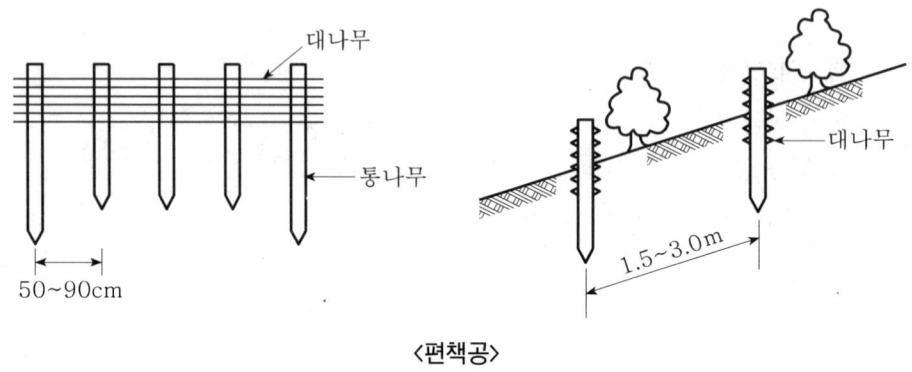

〈편책공〉

(6) 동물 이동경로 설치

① 주위에 서식하는 동물들의 이동경로 파악

② 종단 이동경로 및 횡단 이동경로의 설치장소, 개수파악 및 설치

Ⅳ. 결 론

절토구간은 강우에 의한 유실이나 붕괴 등의 사고가 많이 발생하므로 이를 방지하기 위한 대책이 마련되어야 하며, 특히 식생보호법은 친환경적인 공법이므로 이를 적극 활용하여야 한다.

| 2-7 | GPR(Ground Penetrating Radar) 탐사 | [09중, 10점] |
| 2-8 | GPR(Ground Penetrating Radar) 탐사 | [04후, 10점] |

Ⅰ. 정 의

GPR 탐사는 지표에 송·수신기를 설치하여 지하의 불균질대에서 반사되어 온 전자기파 혹은 레이더파를 이용하여 지하구조물을 영상화하는 방법이다.

Ⅱ. 탐사방법

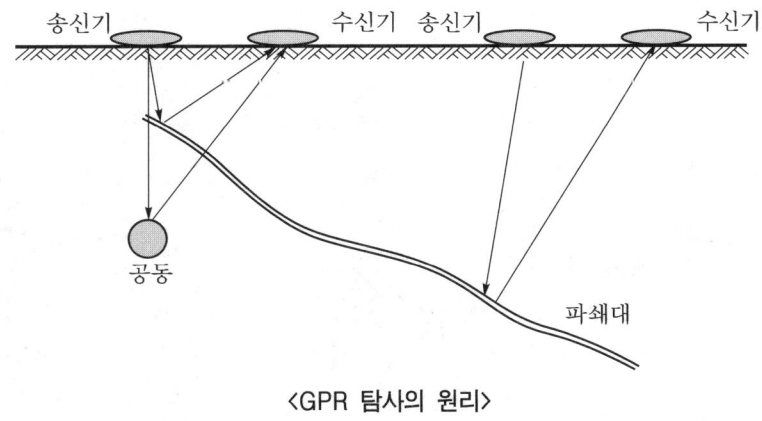

〈GPR 탐사의 원리〉

Ⅲ. 특 징

(1) 일반 물리탐사에 비해 장비가 간단하고 작업이 용이하다.

(2) 고주파를 사용하므로 해상도가 월등하다.

(3) 조사자료가 영상처리되므로 객관적이고 신뢰성이 높다.

(4) 주변구조물에 손상을 주지 않고 실시하는 비파괴지반탐사이다.

Ⅳ. 적용범위

(1) 지반조사, 지하구조물조사, 도로포장 두께 및 결함 조사

(2) 터널라이닝 두께 및 결함 조사

(3) 지하공동조사, 오염대조사

(4) 고고학 발굴을 위한 조사

2-9 Sounding [99전, 20점]

I. 정 의

(1) 지반조사의 일종으로 Rod 선단에 부착한 저항체를 지중에 매입하여 관입, 회전, 인발 등의 힘을 가하여 그 저항치로 토층의 상태를 알 수 있는 방법이다.

(2) Sounding은 간편성, 기동성에 특징이 있으나 기능 및 정도 등에 난점이 있어 Boring과 같은 다른 조사방법과 병용하여 효과를 증대시킬 필요가 있다.

II. 종 류

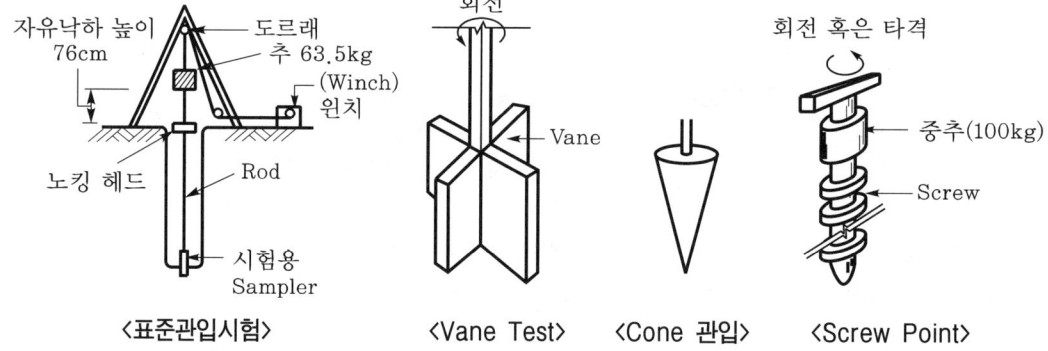

| 〈표준관입시험〉 | 〈Vane Test〉 | 〈Cone 관입〉 | 〈Screw Point〉 |

(1) 표준관입시험(Standard Penetration Test)
   ① 표준관입시험용 Sampler(Split Spoon Sampler)를 쇠막대(Rod)에 끼우고 76cm의 높이에서 63.5kg의 떨공이를 자유낙하시켜 30cm 관입시키는데 요하는 타격 횟수 N치를 구하는 시험으로 사질지반에 주로 사용
   ② 흙의 지내력 측정
   ③ N치가 클수록 밀실한 토질

(2) Vane Test
   ① Boring의 구멍을 이용하여 Vane(+자형 날개)을 지반에 때려 박고 회전시켜 저항하는 Moment 측정
   ② 회전력에 의해 점토질의 점착력 판단
   ③ 연한 점토질에 사용하며, 깊이는 10m 이내가 적당

(3) Cone 관입시험

 ① 끝에 부착된 원추형 Cone을 지중에 관입할 때의 저항력 측정

 ② 흙의 경연 정도를 조사하며 연약한 점토질지반에 사용

(4) 스웨덴식 Sounding

 ① 선단에 Screw Point를 달아 중추(100kg)의 무게와 회전력에 의하여 관입저항

  을 측정하는 방법

 ② 관입량과 회전수로 토층의 상황판단

 ③ 모든 토질에 적용되며 최대 관입심도는 25~30m 정도

Ⅰ. 정 의

표준관입시험용 Sampler(Split Spoon Sampler)를 쇠막대(Rod)에 끼우고 76cm의 높이에서 63.5kg의 떨공이를 자유낙하시켜 30cm 관입시키는데 필요한 타격횟수 N치를 구하는 시험이다.

Ⅱ. 시험장치

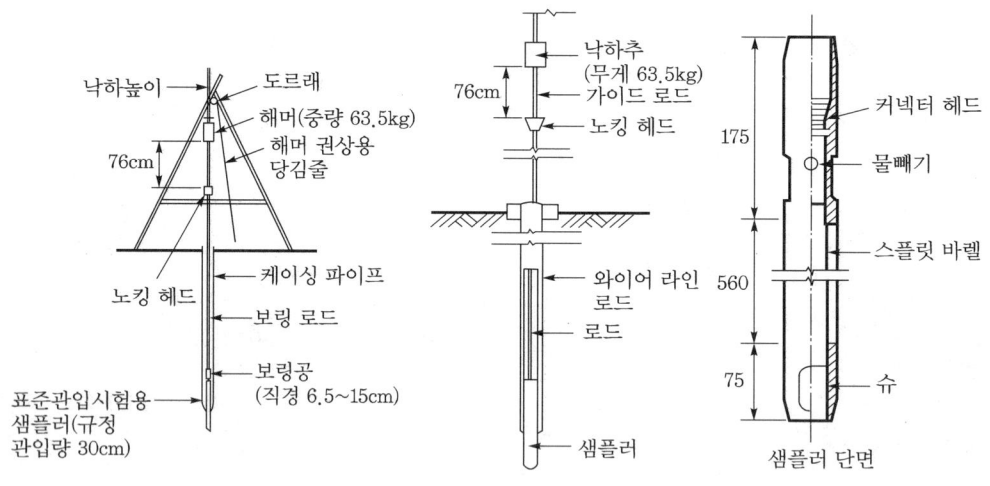

Ⅲ. 시험순서

(1) 정지작업
(2) Boring
(3) 시험용 기구설치
(4) Rod 선단부에 표준관입시험용 Sampler(Split Spoon Sampler) 부착
(5) 굴착구멍 저부에 Sampler 매입
(6) 76cm의 높이에서 63.5kg의 떨공이 낙하
(7) 타격횟수 N치 측정
(8) Data 작성

Ⅳ. N값의 수정

(1) Rod 길이에 의한 수정(N_1)

Rod 길이가 15m보다 클 때 실측 N치를 다음과 같이 수정한다.

$$N_1 = N'\left(1 - \frac{x}{200}\right)$$

여기서, N_1 : 수정치
N' : 실측치
x : Rod 길이(m)

(2) 토질에 의한 수정(N_2)

실측 N치가 15 이상인 경우에 토질에 대하여 N치를 수정한다.

$$N_2 = 15 + \frac{(N'-15)}{2}$$

여기서, N_2 : 수정치
N' : 실측치

(3) 상재하중에 의한 수정(N_3)

N값의 측정치는 상재하중에 따라 크게 달라지므로 상재압에 의한 수정을 한다.

$$N_3 = N' \times C_N$$

여기서, C_N : $0.77\log\left(\dfrac{20}{P_0}\right)$
P_0 : 유효상재하중(kgf/cm^2)

Ⅴ. N치의 활용법

(1) 일축압축강도(q_u) 추정

① N치를 이용하여 점토의 일축강도값을 추정

② $q_u = 0.12 \sim 0.13N ≒ \dfrac{N}{8}$ (kgf/cm^2)

(2) 말뚝의 지지력(Q_u) 산정

   ① Meyerhof에 의한 지지력 산정

   ② $Q_u = 30 N_p A_p + \dfrac{1}{5} N_s A_s + \dfrac{1}{2} N_c A_c \,(\text{tonf})$

(3) 극한지지력(q_u) 추정

   ① 구조물의 침하에 따른 허용지지력 추정

   ② $q_u = \alpha C N_c + \beta \gamma_1 B N_r + \gamma_2 D_f N_q \,(\text{tf/m}^2)$

(4) 상대밀도 측정

N치	지반상태	상대밀도
0~4	매우 느슨	0~15
4~10	느슨	15~35
10~30	보통	35~65
30~50	조밀	65~85
50 이상	매우 조밀	85~100

(5) 내부마찰각 추정

   ① 토질학자 Dunham, Terzghi에 의한 상관관계

   ② $\phi = \sqrt{12N} + 25$

(6) 지지력계수

(7) 탄성계수 등

VI. N값과 내부마찰각의 상관관계

(1) Dunham의 공식

입자분포	공 식
• 입자가 모가 나고 입도 양호	$\phi = \sqrt{12N} + 25$
• 입자가 모가 나고 입도 불량	$\phi = \sqrt{12N} + 20$
• 입자가 둥글고 입도 양호	$\phi = \sqrt{12N} + 20$
• 입자가 둥글고 입도 불량	$\phi = \sqrt{12N} + 15$

(2) Peck의 공식

   $\phi = 0.3N + 27$

(3) 오오자카의 공식

   $\phi = \sqrt{20N} + 15$

2-15 콘관입시험(Cone Penetration Test) [07전, 10점]

I. 정 의

콘관입시험은 강봉의 선단에 원추형 Cone을 달고 지중에 관입시켜, 관입저항치를 측정하여 지반의 지지력을 측정하는 시험이다.

II. 특 징

(1) 지반의 심도변화에 따라 연속적인 시험이 가능하다.
(2) 시험이 간단·신속하다.
(3) 비용이 직세 소요된다.
(4) 시료채취가 불가능하다.
(5) 자갈·암반층에서는 부정확하다.

III. Cone 관입시험의 분류

```
           ┌ 정적 콘관입시험 ┬ 휴대용 콘관입시험(Portable Cone Penetrometer)
           │                 ├ 화란식 콘관입시험(Dutch Cone Penetrometer)
           │                 └ 피조콘 관입시험(Piezocone Penetrometer)
           └ 동적 콘관입시험(Dynamic Cone Penetration)
```

(1) 휴대용 콘관입시험(Portable Cone Penetrometer)
   ① $N<4$인 지반에 적용
   ② 연약지반에서 차량의 통과 여부를 판정할 목적으로 사용
   ③ 측정 가능한 범위는 15kgf/cm^2 정도

(2) 화란식 콘관입시험(Dutch Cone Penetrometer)
   ① $4<N<30$인 지반에 적용
   ② 유효조사심도가 25m 정도이며, 가장 많이 사용되는 Cone 관입시험임.
   ③ 호박돌이나 매우 연약한 지반 이외에는 정밀도가 표준관입시험보다 높음.

(3) 피조콘 관입시험(Piezocone Penetrometer)
   ① 점토 및 사질토 지반에 적용

② 유효조사심도는 50m 정도이며 최근에는 시험기구의 발전으로 70m까지 시험 가능

③ 시험결과의 신뢰성이 높고 적용성이 많아 중요한 구조물인 경우 많이 적용함.

(4) 동적 콘관입시험(Dynamic Cone Penetration)

① 시험지반에 Cone 관입시험기를 설치하고 일정한 무게의 Hammer를 자유낙하 시켜, 정해진 관입깊이에 따른 타격횟수(N_d)를 측정

② 사질토 연약지반 개량효과에 이용

③ N치와의 관계 : $N = \dfrac{N_d}{1.15}$

Ⅰ. 개 요

재하평판을 지반 위에 놓고 일정한 속도로 하중을 가하여 작용하중과 침하량의 관계를 구하여 지반의 지지력을 추정할 수 있는 지지력계수 K를 구하는 시험이다.

Ⅱ. 시험도구

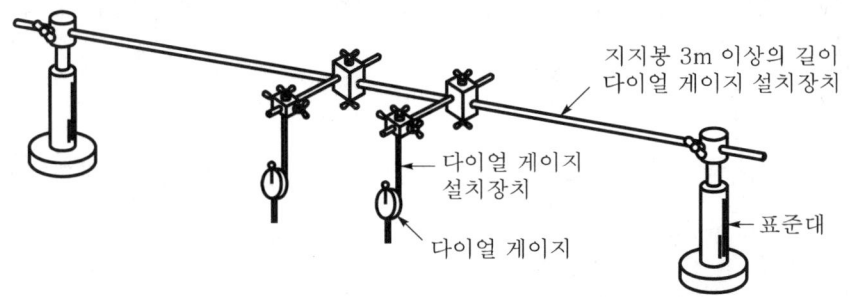

지지봉 3m 이상의 길이
다이얼 게이지 설치장치

다이얼 게이지 설치장치

다이얼 게이지

표준대

(1) 재하판
① 원형 : 직경 30cm, 40cm, 75cm
② 정사각형 : 30×30×2.5cm, 40×40×2.5cm

(2) 하중장치
자동차 또는 트레일러와 같은 소요의 반력을 얻을 수 있는 장치로서 재하판의 끝에서 1m 이상 떨어진 지점에 지지점을 설치한다.

(3) 측정장비
① 유압 Jack
② Gauge
③ 기록장치 및 표준대

(4) 침하량 측정장치

재하판의 침하량을 측정하는 장치로서 재하판의 끝에서 3m 이상 떨어진 지점에 지지점을 설치한다.

Ⅲ. 특 징

(1) 실물재하시험으로 신뢰성이 있다.
(2) 지반지내력의 정도를 정확히 측정한다.
(3) 시험시 설비규모가 크다.
(4) 재하방법에 따라 실물재하와 반력재하로 나눈다.

Ⅳ. 시험방법(시험시 고려사항)

(1) 시험지반 정리

시험지반의 지표면을 작은 삽 등의 도구로 수평으로 정리한다.

(2) 재하판 설치

정리된 지표면 위를 평탄하게 하기 위해 필요시 모래를 얇게 깔고 그 위에 재하판을 설치한다.

(3) 재하장치 설치

재하판 중심에 Jack을 설치하고 재하장치의 지지점은 재하판으로부터 1m 이상 떨어지게 한다.

(4) 재하시험

① 재하판의 안정을 위해서 사전재하 $0.35kg/cm^2$씩을 가한 후 측정 Gauge를 '0'으로 맞춘다.
② 하중을 $0.35kg/cm^2$씩 증가시켜 각 단계에서 하중과 침하량을 기록한다.
③ 하중이 현장에서 예상되는 가장 큰 접지압력의 크기 또는 지반의 항복점을 넘으면 시험을 중지한다.

(5) 시험결과의 정리

① 시험결과로부터 종축에 침하량, 횡축에 하중을 표시하여 하중-침하량 곡선을 그린다.

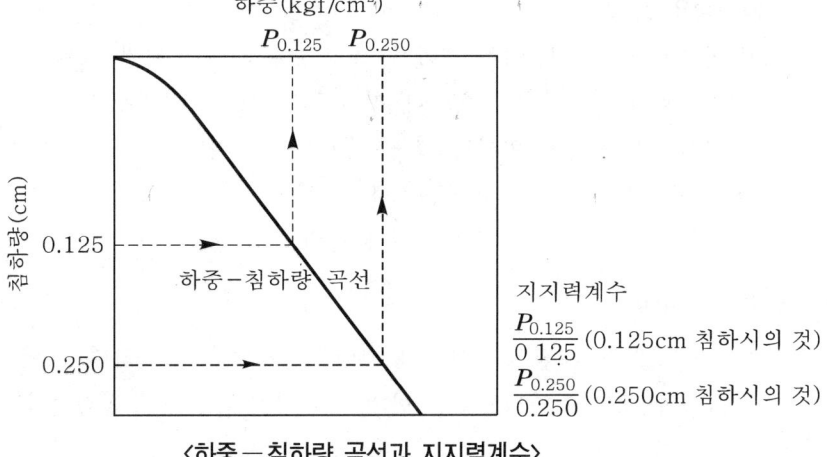

〈하중－침하량 곡선과 지지력계수〉

② 하중강도－침하량 곡선으로부터 소정의 침하량시의 시험하중을 구하여 다음 식에 의하여 지지력계수를 계산한다.

$$K(\text{지지력계수}) = \frac{\text{시험하중}(kgf/cm^2)}{\text{침하량}(cm)} (kgf/cm^3)$$

③ 침하량은 시험의 목적에 상응하는 값이라야 한다. 일반적으로 Cement Concrete 포장에서는 0.125cm, Asphalt 포장에서는 0.25cm를 이용한다.

V. 결과이용시 주의사항(적용시 유의사항)

(1) 항복하중의 결정
① 항복하중은 여러 방법의 결과를 비교하여 종합적으로 결정하여야 한다.
② 항복하중의 결정방법
ㄱ 하중－침하 곡선을 이용하는 방법
ㄴ $\log P - \log S$ 곡선법
ㄷ $S - \log t$ 법

(2) 허용지지력의 결정
① 일반적으로 허용지지력은 설계자가 하중조건, 침하조건, 현지 여건 등을 종합적으로 검토하여야 한다.
② 허용지지력을 구할 때는 다음 조항들의 최소값을 사용한다.
ㄱ 항복하중의 1/2 이하
ㄴ 극한하중의 1/3 이하
ㄷ 상부구조물에 따라 정한 허용침하량의 하중 이하

(3) 시험지점의 토질변화

① 시험장치의 크기가 작은 관계로 실기초의 폭보다 훨씬 작은 면적을 사용하므로 시험결과에 나타난 지지력이나 침하량을 그대로 설계에 반영해서는 안 된다.

② 재하시험의 응력이 미치지 않는 깊이에 연약지반이 있을 경우에는 하부 연약층의 전단특성과 압밀특성 등을 자연시료에 의하여 사전에 파악한 후 실제 기초의 지지력과 침하량을 산출하여야 한다.

(4) 지하수의 변동

지하수가 낮았던 지점이 어떤 원인으로 지하수가 상승하면 흙의 유효단위중량은 대략 50% 정도로 저하되므로 지반의 극한지지력도 대략 반감한다.

(5) Scale Effect

Bring 및 기타의 조사에 의하여 지반이 균질하고 하부에 연약지반이 없는 것이 인정되어도 재하시험의 결과를 그대로 적용할 것이 아니라, 반드시 재하판의 크기 및 실제 기초의 크기를 비교한 Scale Effect를 고려하여야 한다.

VI. 결 론

평판재하시험은 하중-침하량 곡선 위에 항복하중이 나타날 때까지 재하를 계속하지만, 하중에 여유가 있으면 지반이 파괴상태에 도달할 때까지 하중을 가하고 시험이 끝나면 항복하중의 1/2 또는 파괴하중의 1/3 중 작은 것을 장기 허용지지력으로 하고, 그의 2배를 단기 허용지지력으로 한다.

Ⅰ. 정 의

(1) 노상토의 지지력 상태 파악 및 재료선정, 포장설계에 사용되는 Data를 얻기 위하여 시험실에서 준비한 시료로서 규정의 관입시험을 실시하는 것을 CBR 시험이라 한다.

(2) 지름 5cm의 Piston을 1mm/분 속도로 관입시켜 관입깊이별로 구한 시험하중을 표준하중으로 나누어 백분율로 구한 것을 CBR 값으로 하며, 다음과 같이 나타낸다.

$$CBR = \frac{시험하중}{표준하중} \times 100$$

Ⅱ. CBR의 분류

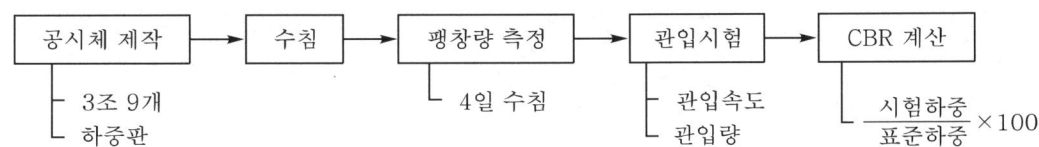

Ⅲ. CBR 측정

공시체 제작 → 수침 → 팽창량 측정 → 관입시험 → CBR 계산

- 공시체 제작
  - 3조 9개
  - 하중판
- 팽창량 측정
  - 4일 수침
- 관입시험
  - 관입속도
  - 관입량
- CBR 계산
  - $\dfrac{시험하중}{표준하중} \times 100$

Ⅳ. 목 적

(1) 재료선정

(2) 노상지지력 확인

(3) 연성 포장두께 결정

V. CBR과 N치의 관계

	사질지반	점성지반
N치	• 상대밀도 추정 • 내부마찰각 추정 • 침하량 추정 • 극한지지력 추정	• 점착력 추정 • 일축압축강도 • 흙의 연경도
	• 변형계수 • 횡방향 지반 반력계수	
CBR	• 성토재료 선정 • 노상지지력 판정 • 도로 포장두께 설계 • 재료의 팽창률 측정 • 재료의 흡수율 측정	

3-1 대단위 단지조성공사의 토공작업에서 토공계획 작성시 사전조사사항을 열거하고, 시공계획 수립시 유의사항을 설명하시오. [04중, 25점]

3-2 대규모 단지토공에서 착공전에 조사하여야 할 사항에 대하여 기술하시오. [96후, 25점]

3-3 도로 및 단지 조성공사 착공시 책임기술자로서 시공계획과 유의사항을 설명하시오. [02후, 25점]

Ⅰ. 개 요

(1) 시공계획은 시공관리의 목적을 확실하게 인식하고, 시공을 가장 적절하게 하려는 태도로 주도면밀하게 해야 한다.

(2) 시공계획을 위한 사전조사는 계약조건과 설계도서를 검토하여야 하며, 현장조사를 통한 현장 주위상황, 지반조사, 기상, 관계법규 등을 파악하여 합리적인 시공계획을 세워야 한다.

Ⅱ. 사전조사사항(착공전 조사사항)

1. 계약조건 검토

(1) 계약조건 파악

① 계약서를 검토하여 불가항력이나 공사중지에 대한 손실 조치

② 자재, 노무비 변동에 따른 조치

③ 수량증감 및 착오계산의 조치

(2) 설계도서 파악

① 공정표, 시공계획도, 시공설명서

② 구조계산서에서 공사중 하중에 대한 안전성 확인

2. 현장조사

(1) 현장 주위상황

① 현장내의 고저, 장애물

② 가설건물 및 가설작업장 용지 파악

③ 상하수도관, 전기 · 전화선, 가스관 매설

(2) 지반조사

① 구조물 기초 및 토공사의 설계 및 시공한 Data 구함

② 토질의 공학적 특성과 시료채취계획

③ 사전조사, 예비조사, 본조사 및 추가조사 계획

(3) 건설공해

① 소음, 진동, 분진, 악취, 교통장애 등에 대한 민원문제 조사

② 토공사시 발생할 우물 고갈, 지하수 오염, 지반의 침하 및 균열에 대비한 조사 실시

(4) 기상

① 기상통계를 참고하여 강수기, 한랭기 등에 해당하는 공정 파악

② 엄동기인 12~2월의 3개월간 물 쓰는 공사는 중지

(5) 관계법규

3. 공법조사

(1) 시공성
(2) 경제성
(3) 안전성
(4) 무공해성

4. 시공조건조사

(1) 공기 파악

① 구조물을 지정된 공사기간 내에 공사예산에 맞추어 정밀도가 높은 질 좋은 시공을 하기 위하여 공기 파악

② 공정계획시 면밀한 시공계획에 의하여 각 세부공사에 필요한 시간과 순서, 자재·노무 및 기계설비 등을 적정하고 경제성 있게 공정표로 작성

(2) 노무조사

① 인력배당계획에 의한 적정인원 계산

② 과학적이고 합리적인 노무 파악

(3) 자재수급

① 적기에 구입하여 적기에 공급

② 가공을 요하는 재료는 사전에 주문제작하여 공사진행에 차질이 없도록 준비

(4) 장비 적절성

　　최적의 기종을 선택하여 적기에 사용하므로 장비의 효율을 극대화

5. 공사내용조사

(1) 가설공사

　① 가설공사의 양부에 따라 공사 전반에 걸쳐 영향을 미침.

　② 강재화, 경량화 및 표준화에 의한 가설

(2) 토공사

　① 토사의 굴착·운반, 흙막이 공법

　② 토질조사, 다짐공법 선정, 지반개량공법 선정

(3) 기초공사

　① 기초형식에 따른 안전도 조사

　② 소음·진동·분진·악취 등의 건설공해 유무

Ⅲ. 시공계획

1. 토질조사

(1) 사전조사

　① 사전조사는 구조물 기초설계를 위한 토질조사의 계획 및 현장상황을 판단하기 위해 지형도, 지질도, 항공사진, 과거 공사기록 등을 수집하는 것을 말한다.

　② 현장답사는 자료조사결과를 현장에서 확인하고 예비조사계획을 수립하는데 필요한 사항을 확인하는 것으로 용출수, 지하수, 배수상태, 수도 및 하천 상태, 지하구조물 현황, 재해, 환경 등의 조사를 행한다.

(2) 예비조사

　① 자료조사나 현장답사 결과를 근거로 하여 구조물이 요구하는 제반사항을 파악하는 조사이다.

　② 자료조사, 현장답사, 보링, 원위치 시험 및 실내시험 등이 있으며, 본조사가 효율적으로 수행되도록 실시해야 한다.

(3) 본조사

　① 예비조사에서 개략적인 지층의 구성을 파악하여 예상되는 지질 및 토질공학적 문제점을 도출하고 이에 대한 조사의 방법, 위치, 수량을 계획하고 실시하는 것이다.

② 지반조사, 암반조사, 보링 및 물리탐사 등에 의해 지반의 구성상태를 파악하고 원위치시험과 채취시료에 대한 실내시험으로 흙의 공학적 성질을 상세히 판단하여 흙 또는 지반을 종합적으로 판정한다.

(4) 추가조사

본조사 후에 추가로 조사하여 보완·보강 목적으로 실시한다.

2. 토량배분계획

토량변화, 더돋기, 유토곡선에 의하여 토량배분

3. 공법 선정

① 토질조사에 따른 지반특성을 활용하여 기초지반 및 사면보강공법 선정
② 공종별 장비조합 및 토질별 다짐장비 선정

4. 임시공사용 도로계획

5. 배수계획(유수전환)

6. 배수구조물 시공계획

① 터파기
② 철근가공조립
③ 거푸집 시공
④ 콘크리트
⑤ 되메우기 : 소요시방기준에 맞게 시공

7. 토공사계획

① 규준틀 설치
② 토공 포스트
③ 준비배수
④ 벌개제근 및 표토 제거
⑤ 구조물 및 지장물 제거 : 공사에 장애가 되는 구조물 및 지장물 제거
⑥ 땅깎기
⑦ 시공중 표면수, 용수처리 및 노면보호계획
⑧ 절개비탈면 보호계획
⑨ 토취장계획

⑩ 사토장계획

⑪ 성토계획

⑫ 장비계획

Ⅳ. 시공계획 수립시 유의사항(유의사항)

(1) 토질조사시

① 현장 원위치시험과 실내시험을 병행하여 비교검토 실시

② 물리탐사로 전체 부지를 조사후 대표 위치시험으로 검증이 필요

(2) 토량배분계획시

① 설계도서상의 토량배분 파악

② 장비별 운반위치 평면도 작성

(3) 공법 신정시

① 토질조사로 설계시 주상도와 비교검토 후 차이점 비교검토

② 적용공법의 장단점과 문제점 파악후 공법 선정

(4) 임시공사용 도로계획시

① 교통량과 통과차량을 파악한 후 계획 수립으로 원활한 소통이 되도록 한다.

② 인근주민들의 보행에 불편함이 없도록 보도를 확보

(5) 준비 배수

① 깎기 장소 또는 쌓기 원지반에 고인 물을 배제하여야 하며, 시공중에도 필요에 따라 가배수로와 침사지 등을 설치하여 배수

② 흙깎기 중에 용수 또는 지하수 등을 발견시 보고후 적절한 배수시설 설치

(6) 규준틀 설치

깎기 비탈면 및 쌓기 비탈면에는 반드시 규준틀을 설치하여 토공면이 올바르게 마무리되도록 한다.

(7) 기존시설물 및 경작물 보호

보존해야 할 기존시설물(건물, 가스관, 전선관 등)과 경작물이 있는 경우 그들이 피해를 입거나 지장을 주지 않도록 적절한 보호조치

(8) 토취장 선정

① 토질조건 검토 : 성토재료로서 적합성 여부와 자연상태의 함수비, 입도분포, 입경 등을 검토한다.

② 운반거리 : 현장까지의 운반거리에 따른 경제성을 고려하고, 토사운반에 따른 민원발생 여부를 조사한다.

③ 시공성 검토 : 장비의 Trafficability와 시공의 난이도 등을 검토한다.

④ 환경규제 : 지역환경의 자연환경 파손에 따른 규제 여부와 특히 문화재 보호와 관광지 등에 미치는 영향을 검토한다.

(9) 사토장 선정

① 운반로 : 토사운반차량의 진입가능성과 운반도로의 경사 등의 운반로 점검

② 사토량 : 현장에서 발생하는 사토량에 적합한 사토장 개발이 중요하다.

③ 지형 : 사토처리후 지형변화에 따른 재해발생 여부를 면밀히 검토하고 선정한다.

V. 결 론

(1) 토공사 착공전에 현장실정과 토질조사로 시공계획을 수립하면 토공을 합리적·경제적으로 관리할 수 있으며, 얼마나 충실하게 시공계획을 수립했느냐에 따라 공사의 성패가 결정된다.

(2) 시공계획 수립시 공정별 발생할 수 있는 문제점을 발췌하여 대책을 준비하고, 실제 시공시 예상치 못한 문제점이 발생하면 적극적으로 대처하고, 기록으로 보존하여 차후 공사의 시공계획 수립시 이용해야 한다.

3-4 대규모 단지조성공사시 건설관련개별법이 정한 인허가 협의 의견해소와 용지와 관련된 사업구역 확정 등 사업준공과 목적물 인계인수를 위해 분야별로 조치해야 할 사항을 설명하시오.　　　　　　　　　　　　　　　　　[08후, 25점]

I. 개 요

(1) 시공자는 공사완료후 담당원의 입회하에 대상 시설물을 발주자에게 인도하여야 한다.

(2) 이때 책임한계를 명확히 할 수 있는 서류 및 물품을 인계하고, 발주자가 시설을 적절하게 운용할 수 있도록 협력한다.

II. 인도되기까지의 Flow Chart

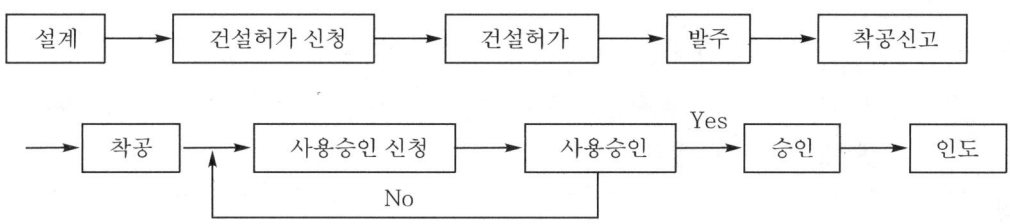

III. 인도전 준비사항

(1) 완성공사
(2) 공사 사진
(3) 승인, 협의, 지시된 제반사항
(4) 시험 및 검사
(5) 완성도서

IV. 목적물 인계인수를 위한 분야별 조치사항

1. 시설물 인수·인계 계획 수립

(1) 감리원은 시공자로 하여금 당해 공사의 예비준공검사 완료후 14일 이내에 시설물의 인수·인계를 위한 계획을 수립하도록 하고 이를 검토하여야 한다.

(2) 시설물 인수·인계 계획의 포함 내용
  ① 일반사항(공사개요 등)
  ② 운영지침서(필요한 경우)
    ㉠ 시설물의 규격 및 기능 점검항목
    ㉡ 기능점검 절차
    ㉢ Test 장비 확보 및 보정
    ㉣ 기자재 운전지침서
    ㉤ 제작도면 절차서 등 관련자료
  ③ 시운전 결과보고서(시운전 실적이 있는 경우)
  ④ 예비준공검사 결과
  ⑤ 특기사항

(3) 감리원은 시공자로부터 시설물 인수·인계 계획서를 제출받아 7일 이내에 검토·확정하여 발주기관 및 시공자에게 통보하여 인수·인계에 차질이 없도록 한다.

2. 시설물 인수·인계

(1) 감리원은 발주기관과 시공자간의 시설물 인수·인계의 입회자가 된다.
(2) 감리원은 시공자가 제출한 인수·인계서를 검토, 확인하며 시설물이 적기에 발주기관에 인계될 수 있도록 한다.
(3) 감리원은 시설물 인수·인계에 대한 발주기관 등의 이견이 있는 경우 이에 대한 현상 파악 및 필요대책 등의 의견을 제시하여 시공자가 이를 수행하도록 조치한다.
(4) 인수·인계시는 준공검사결과를 포함하는 내용으로 한다.
(5) 시설물의 인수·인계는 준공검사시 지적사항 시정완료일로부터 14일 이내에 실시하여야 한다.

3. 시설물의 분야별 조치해야 할 사항

(1) 완공보고서
  ① 공사감리, 발주자측 감독의 입회하에 현장확인
  ② 감리자가 작성한 감리완료보고서 첨부
  ③ 발주자가 관련관청에 사용승인을 신청하도록 협조

(2) 시설물 인도서
  ① 시설물의 규격 및 기능설명서
  ② 시설물 유지관리기구에 대한 의견서
  ③ 시설물 유지관리지침
  ④ 공사계약서 및 특기시방서에 준한 인도서 작성

(3) 각종 공사 사진
   ① 공사 시공과정을 공종별, 월별로 작성
   ② 공정 Check가 가능하도록 촬영일자를 반드시 기재

(4) 구조물 사용설명서
   ① 사용된 자재의 제조원, 공급처, Catalog 등
   ② 지하유입수에 대한 배수공법

(5) 설비시설물의 사용설명서
   ① 승강설비, 주차설비의 제조사, 시공사, 연락처 등 기재
   ② 기계설비, 전기설비 및 제품에 대한 설명서

(6) 매설물 위치도
   증설, 보수, 안전사고에 대비한 도면 및 시방서

(7) 준공도서
   ① 설계변경의 반영 및 승인
   ② 완공상태의 도면 및 시방서 작성 및 제출

(8) 시공도면
   상세도를 포함한 현장시공도 목록 및 원본 제출

(9) 하자이행증권 제출
   ① 공인된 기관에서 발급한 증권 제출
   ② 이행기간은 계약서에 준한다.

(10) 환지명세
   필지별과 권리별로 된 청산대상 토지명세, 체비지 또는 보유지 명세 등 제출

(11) 측량성과표
   ① 공사중 측량결과표
   ② 준공후 각 필지별 측량성과표

(12) 민원관련사항
   ① 발생된 민원의 진행 및 해결과정을 기록정리
   ② 미해결 민원에 대한 인수인계

V. 결 론

(1) 프로젝트의 목적물이 완성되면 시설물의 인수인계작업에 착수하여야 하며, 시설물 인수인계를 위해서는 면밀한 사전계획과 검토가 선행되어야 한다.

(2) 건설사업관리자는 시공자가 제출한 인수인계를 검토·확인하여 시설물이 적기에 발주자에게 인계될 수 있도록 하여야 하며, 시공자간 인수인계과정에 입회하여야 한다.

3-5 트래버스(Traverse) 측량   [07전, 10점]

I. 정 의

(1) 트래버스 측량이란 측점을 연결하여 이루어지는 다각형에 대한 측선의 길이와 방향을 관측하여 측점의 위치를 결정하는 측량이다.

(2) 각 측점간의 거리와 각도를 측정하고 좌표치를 계산하여 측점의 위치를 결정하는 측량이다.

II. 트래버스의 형상

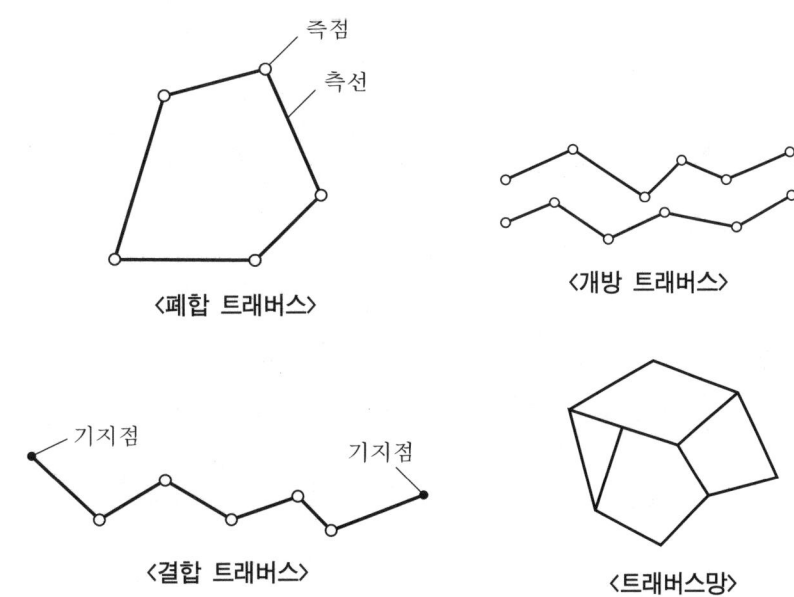

〈폐합 트래버스〉   〈개방 트래버스〉

〈결합 트래버스〉   〈트래버스망〉

(1) 폐합 트래버스(Closed Traverse)
① 임의의 한 측점에서 출발하여 다시 출발점으로 되돌아오는 다각형 구성
② 비교적 정확도가 높은 측량으로 소규모 지역의 측량에 적합

(2) 개방 트래버스(Open Traverse)
① 시점과 종점 사이에 아무런 관계도 없는 트래버스
② 측량결과의 점검이 되지 않음
③ 노선 측량의 답사 등 높은 정확도가 요구되지 않는 측량에 적합

(3) 결합 트래버스(Decisive Traverse)
    ① 여러 가지 점 사이를 잇는 트래버스
    ② 측량결과를 점검할 수 있는 정확도가 가장 높은 측량
    ③ 대규모 지역의 측량에 적합

(4) 트래버스망(Traverse Net)
    폐합 트래버스에서 다시 내부의 측량이 필요시 사용

4-1	토질에 따른 전단강도의 특성을 설명하고, 현장적용시 고려해야 할 사항에 대하여 설명하시오.	[95후, 35점]
4-2	점토지반과 모래지반의 전단특성	[96후, 20점]
4-3	내부마찰각과 안식각	[02전, 10점]

I. 개 요

(1) 흙의 자중 또는 외력의 작용으로 내부의 전단응력에 의한 전단변형을 일으키고 마침내 전단파괴에 이르게 되는데, 이때 흙이 나타내는 최대의 전단저항을 전단강도라 한다.

(2) 흙의 전단강도는 기초지반의 지지력, 구조물에 작용하는 토압, 사면의 안정성 등과 같은 흙의 안정문제를 다루는 필요불가결한 기본적 성질의 하나이며, 흙의 강도를 대표하는 요소이다.

II. 전단강도 특성

(1) 전단강도

① $S = C + \bar{\sigma} \tan \phi$

여기서, S : 전단강도

C : 흙의 점착력

$\bar{\sigma}$: 유효수직응력

ϕ : 흙의 내부마찰각(전단저항각)

② 점착력 C는 주어진 흙에 대해 일정하며, 내부마찰각 ϕ는 토질상태에 따라 일정하다.

③ 점토질에서는 점착력이 크고 내부마찰각은 작으며, 사질토에서는 그것과 반대로 내부마찰각이 크고 점착력이 작거나 없다.

(2) 전단응력(τ)

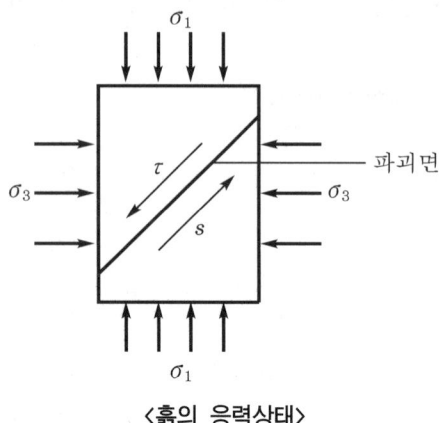

〈흙의 응력상태〉

① 흙덩어리가 외력을 받으면 전단력에 의한 응력이 생긴다. 이 응력을 전단응력 (Shearing Stress)이라 한다.

② 지반내의 어떤 요소가 응력을 받는다고 하면, 그 요소에는 전단응력이 0인 3개 의 직교하는 평면이 존재한다. 이러한 면들을 주응력면이라 하며, 이 면에 작용 하는 법선방향의 응력을 주응력이라 한다.

③ 이 응력 중에서 그 값이 최대인 것을 최대주응력 σ_1, 최소인 것을 최소주응력 σ_3 이라고 한다.

Ⅲ. 점토지반과 모래지반의 전단 특성

(1) Mohr 응력원

　① σ_1과 σ_3의 크기 및 방향을 알면 정역학적 방정식에 의해 임의방향의 법선응력 및 전단응력을 구할 수 있다.

　② 2차원 응력상태를 표시하는 이들 방정식은 1개의 원으로 나타낼 수 있는데 이 처럼 응력상태를 도해적으로 표시한 방법을 Mohr 응력원이라 한다.

　③ 점토지반 Mohr원

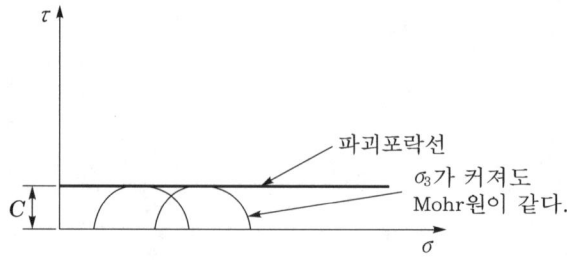

④ 모래지반 Mohr원

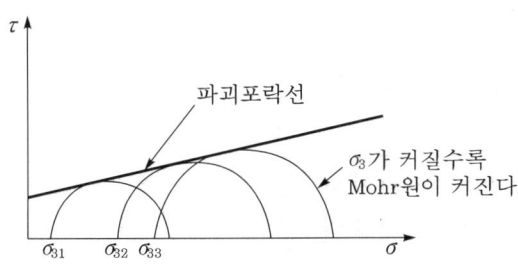

(2) 파괴포락선

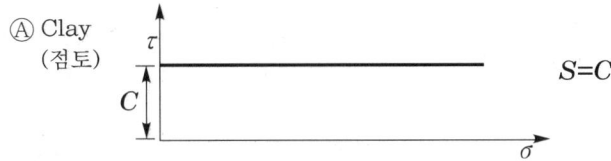

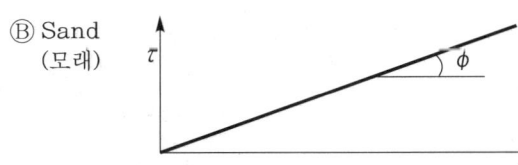

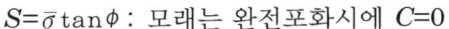

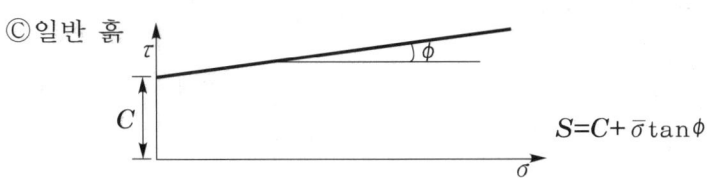

〈흙의 종류에 따른 파괴포락선〉

① 주응력을 여러 가지로 바꾸어 그린 Mohr 응력원에 접하는 선을 그었을 때 이 선상의 모든 점은 주어진 수직응력에 대해 전단응력이 도달할 수 있는 한계를 의미한다. 이 선을 Mohr의 파괴포락선이라 한다.

② 어떤 임의의 응력상태를 나타내는 Mohr 응력원이 Mohr 파괴포락선 아래에 존재한다면 그 흙은 안정하다.

$S = C$

$S = \overline{\sigma} \tan \phi$: 모래는 완전포화시에 $C = 0$이 되나 Meniscus와 표면장력 때문에 점착력 C가 생기기도 한다.

$S = C + \overline{\sigma} \tan \phi$

(3) 예민비

① 점토지반 : 예민비가 크다.

② 사질지반 : 예민비가 작다.

(4) 지표면에 외력 작용시

① 점토지반

㉠ 압밀전 : 비압밀비배수강도

㉡ 압밀중 : 압밀비배수강도

㉢ 압밀완료후 : 압밀배수강도

② 모래지반 : 압밀배수강도

Ⅳ. 내부마찰각

(1) 정의

① 내부마찰각이란 흙 속에 작용하는 수직응력과 전단응력의 관계식($S = C + \sigma \tan\phi$)이 이루는 직선이 수직응력축과 이루는 각을 말한다.

②

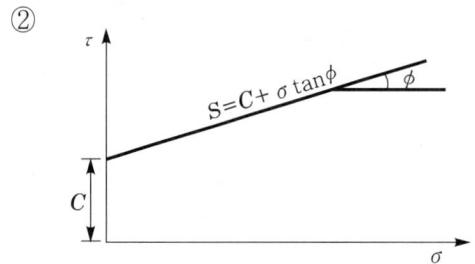

여기서, τ : 전단응력

σ : 수직응력

ϕ : 내부마찰각(전단저항각)

C : 점착력

S : 전단강도

(2) 특성

① Coulomb의 이론

② 흙입자간의 마찰성분 표시

③ 흙의 전단방법 및 배수조건에 따라 상이하게 나타남.

④ 전단강도를 결정하는데 중요한 강도정수

Ⅴ. 안식각

(1) 정의

① 토사의 안식각(휴식각 ; Angle of Repose)이란 안정된 비탈면과 원지면(原地面)이 이루는 흙의 사면(斜面) 각도를 말하며, 자연경사각이라고 한다.

② 기초파기의 구배는 토사의 안식각에서 결정되므로 토질에 따라 다르다.

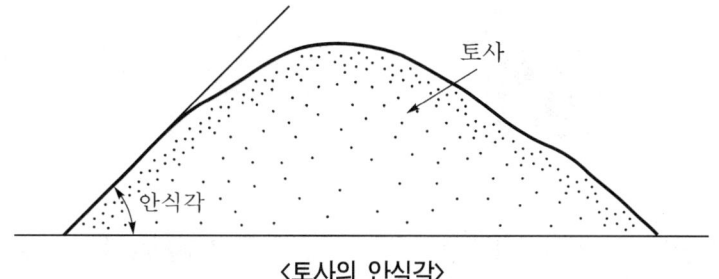

<토사의 안식각>

(2) 특성

① 토사의 안식각은 토사의 종류, 함수량에 따라 변화한다.

② 흙파기 경사의 안정은 흙의 밀실도에 따라 다르며, 돋은 흙의 경사면은 깎아낸 경사면보다 각도가 크다.

③ 흙파기의 경사각은 안식각의 2배로 본다.

VI. 현장 적용시 고려사항

1. 점토지반

(1) 성토재료 이용

① OMC 습윤측 함수비에서 다짐

② 전압다짐 실시

(2) 굴착시

① Heaving : 연약 점토지반에서 지반굴착시 토류벽 내외 흙의 중량차이에 의해 굴착 저면이 부풀어 오르는 현상

(3) 성토시

① 압밀침하

② 측방유동

③ 성토사면 붕괴

(4) 말뚝시공시

① 부마찰력

2. 모래지반

(1) 굴착시

① Quick Sand

② Boiling

③ Poping

(2) 동하중 작용시
   액상화 현상

Ⅶ. 결 론

(1) 사질지반에 대한 안정계산은 배수조건에서 얻은 전단저항각을 적용하는 것이 실제
   와 부합되나 점성토 지반에서는 압밀과 전단시의 배수조건을 바꾸어서 시험하여
   얻은 강도정수를 적용해야 한다.
(2) 사질지반의 전단강도는 상대밀도, 입자의 형상과 입도분포, 입자의 크기, 물의 영
   향, 구속압력 등의 영향을 받는다.

Ⅰ. 개 요

(1) 지반의 전단특성을 파악하는 것은 토공계획 수립을 위한 기초자료로서의 의의가 크다.

(2) 점성토와 사질토는 공학적 성질이 다르므로 토공재료로서 사용할 때에는 각각의 전단 특성에 대한 검토가 있어야 한다.

Ⅱ. 점성토와 사질토의 공학적 성질

구 분	전단강도	투수성	압축성	LL·PI·e	강도정수	동 상
점성토	작다	작다	크다	크다	C가 크다	크다
사질토	크다	크다	작다	작다	ϕ가 크다	작다

Ⅲ. 점성토의 특성

(1) 지반 굴착시 Heaving 현상 발생

연약한 점성토지반 굴착시 토류벽 내외 흙의 중량 차이에 의해 굴착 저면이 부풀어 오르는 현상

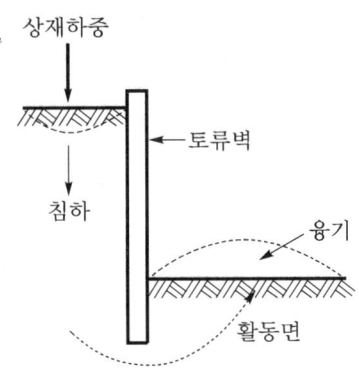

(2) 압밀침하 발생

흙지반 주위의 구조물이나 성토하중에 의해 토중수가 배출되면서 지반이 서서히
압축되는 현상

(3) Thixotropy 현상 발생

Remolding된 시료가 일정한 함수비에서 시간의 경과와 더불어 강도가 회복되는 현상

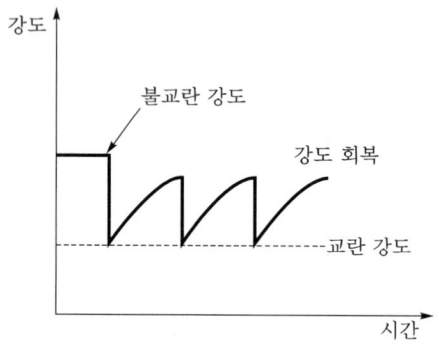

(4) 예민비(Sensitivity Ratio)가 큼

Thixotropy 현상의 현저한 정도

(5) NF(부의 주변마찰력)

말뚝 주변지반의 침하량이 말뚝의 침하량보다 상대적으로 클 때 말뚝을 아래로 끌
어내리는 힘

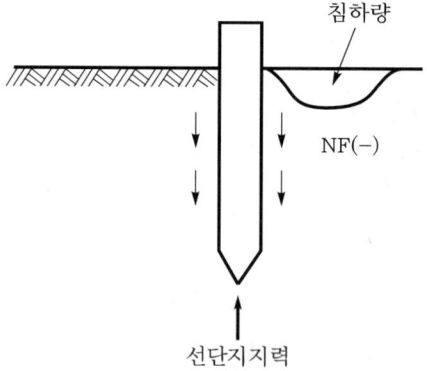

(6) 동상현상 발생

흙 속의 간극수가 동결하여 토중에 빙층이 형성되어 지표면이 떠올려지는 현상

(7) 용탈현상(Leaching) 발생

해성점토가 담수에 의해 오랜 시간에 걸쳐 염분이 빠져나가 전단강도가 저하되는
현상

Ⅳ. 사질토의 특성

(1) 상대밀도(D_r)로 공학적 성질 판단

$$D_r = \frac{e_{\max} - e}{e_{\max} - e_{\min}} = \frac{r_d - r_{d\min}}{r_{d\max} - r_{d\min}} \times \frac{r_{d\max}}{r_d} \times 100(\%)$$

(2) 전단파괴시 다일레이턴시(Dilatancy) 발생

전단응력에 의해 토립자의 배열상태가 변하는 현상으로 조밀한 모래에서는 체적증대로 (＋)의 Dilatancy가, 느슨한 모래에서는 체적감소로 (－)의 Dilatancy가 발생

(3) 동하중 작용시 액상화 현상

포화사질토가 진동에 의해 유효응력이 감소되고, 그 결과 외력에 대한 전단저항을 잃고 액체화되는 현상

(4) 수두차 발생시 분사현상(Quick Sand) 발생

침투수압에 의해 수중의 토립자가 분출하는 현상

(5) Bulking 발생

함수비의 증가에 의해 모래입자의 단위중량이 증가하는 현상

(6) 상향침투압 작용시 Boiling 현상 발생

지하수위 아래를 굴착할 경우 또는 터파기 바닥면 아래에 피압배수층이 있는 경우 터파기 내외의 수위차에 의한 토사의 분출현상

(7) Piping

Quick Sand에 의해 물의 통로가 생기면서 세굴되어 가는 현상

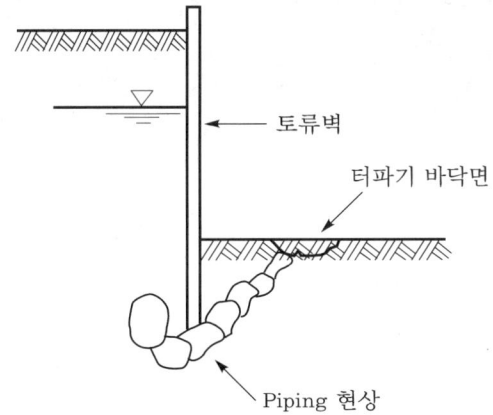

V. 함수비가 높은 점성토의 대책

(1) 필터층 시공

함수비가 높은 재료를 이용하여 토공작업을 할 때에는 적정한 간격으로 모래, 자갈을 이용한 필터층을 설치하여 배수가 용이하도록 해야 한다.

(2) 습지도저 사용

점성토의 다짐작업은 전압효과가 높은 습지도저를 이용하여 중량에 의한 압밀다짐 방법을 이용한다.

(3) 안정처리 공법

시멘트, 석회, 화학약품 등을 이용하여 높은 함수비를 가진 점성토의 성질을 개량하여 성토지반을 안정시킨다.

(4) 배수처리

점성토의 전단특성에 크게 해를 미치는 침투수 또는 지하수의 흡수를 배제하고 배수층 설치 등 배수처리에 유의하여 시공한다.

(5) 함수비 조정

함수비의 조절방법으로 재료를 포설하고 건조시킨 후 함수비가 적절해질 때 다짐하는 방법을 택하고, 시공면은 우수가 침투되지 않도록 횡방향 경사를 둔다.

(6) 입도조정 공법

점성토와 입도가 좋은 골재를 혼합시켜 전체적인 재료의 성질을 변환시켜 사용한다.

(7) Sheet 사용

강우를 대비하여 1일 작업 마무리시 비닐 등의 방수 Sheet 등으로 덮어 지표수의 침투를 최대한 억제한다.

VI. 결 론

(1) 점성토와 사질토는 흙이 가지는 전단특성이 각기 달리 나타난다.
(2) 토공작업에 있어서 현장에 사용되는 흙의 특성을 조사, 시험하여 미리 확인하고, 이에 따른 시공법을 선정하여 작업에 임해야 할 것이다.

I. 개 요

(1) 액상화란 모래지반에서 순간 충격, 지진, 진동 등에 의한 간극수압의 상승 때문에 유효응력이 감소되어 전단저항을 상실하고 지반이 액체와 같은 상태로 변화되는 현상

(2) 모래지반에서 지진 등과 같은 수평 진동하중에 의해 액상화가 크게 발생하며 구조물에 미치는 영향은 아주 크다.

II. 액상화의 영향

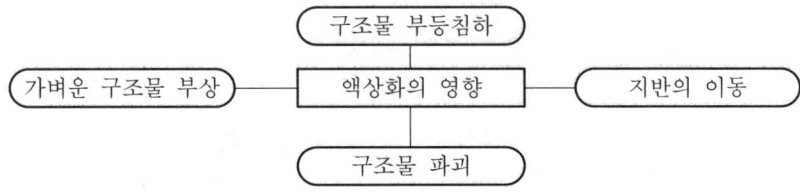

III. 액상화 검토 대상 토층

(1) 중점 검토 대상 토층
   ① 느슨하고 입도가 불량한 모래지반
   ② 지반에 입도 불량한 모래지반이 포함된 경우
   ③ N치가 20 이하인 모래지반

(2) 액상화 검토 생략 토층
   ① 지하수위 위의 지반
   ② N치가 20 이상인 지반
   ③ 대상 지반의 심도가 20m 이상인 지반
   ④ 소성지수가 10 이상이고 점토성분이 20% 이상 포함된 지반

⑤ 상대밀도가 80% 이상인 지반
⑥ 세립토 함유량이 35% 이상인 지반

IV. 예측기법

(1) 예측방법
 ① 안전율 산정

$$안전율 = \frac{저항응력비}{전단응력비}$$

 ② 허용치와 비교
  안전 : 안전율 ≥ 허용치
  불안전 : 안전율 < 허용치

(2) 간편예측법
 ① 전단응력비를 공식으로 간편하게 산정

$$전단응력비 = \tau_d / \sigma_v' = 0.65 \frac{a_{\max}}{g} \cdot \frac{\sigma_v}{\sigma_v'}$$

  여기서, τ_d : 전단력
   $a_{\max}$: 액상화 평가 지층의 최대 지반가속도
   g : 중력가속도
   σ_v : 액상화를 평가하고자 하는 깊이의 총 상재압
   σ_v' : 액상화를 평가하고자 하는 깊이의 유효 상재압
 ② 저항응력비는 N치로 도표에서 간편하게 산정
 ③ 허용치 = 1.5

(3) 상세예측법
 ① 전단응력비를 프로그램으로 상세하게 산정
 ② 저항응력비는 진동 삼축압축시험으로 상세하게 산정
 ③ 허용치 = 1.0

V. 불안시 원인별 처리공법(액상화 대책)

(1) 밀도증가 방법
 ① Vibro Floation 공법
 ② 모래 다짐말뚝공법

③ 폭파 공법
④ 동적압밀공법
⑤ Vibro탬핑공법
⑥ 전압공법
⑦ 무리말뚝공법
⑧ 생석회말뚝공법

(2) 입도개량 및 고결
① 치환공법
② 주입고결공법
③ 표층 혼합처리공법
④ 심층 혼합처리공법

(3) 포화도의 저하(배수공법)
① Well Point
② Deep Well

(4) 간극수압 소산(Gravel Drain)

(5) 전단변형 억제(널말뚝)

(6) 흙쌓기에 의한 유효응력 증가

VI. 결 론

(1) 느슨한 사질토지반에 지진이나 인위적인 진동하중 작용시 기초지반과 주변지반에 액상화로 인한 큰 피해가 발생하므로 액상화 검토대상 토층의 시공시에는 먼저 간편예측을 실시하고 불안시 상세예측으로 재검토한다.

(2) 액상화 발생가능성이 큰 지반은 먼저 기초지반과 주변지반의 현장조건에 맞는 액상화 대책공법을 선택하여 시공하고 본구조물을 축조하여야 한다.

5-6 Bulking(부풀음) 현상 [00후, 10점]

Ⅰ. 정 의

(1) 모래나 실트가 물을 약간 머금고 있을 때 그 흙은 극히 느슨한 상태가 되어 마치 벌집처럼 엉켜서 건조한 경우에 비해 체적이 훨씬 증가하는 것을 볼 수 있는데 이러한 현상을 용적팽창현상(Bulking)이라 한다.

(2) 두 입자 사이의 수막에 작용하는 표면장력 때문에 이와 같은 현상이 생긴다.

(3) 이러한 체적변화는 입자의 크기와 함수비에 의존하는데 함수비가 5~6%일 때 그 체적은 최대가 된다.

Ⅱ. 모래에서의 다짐

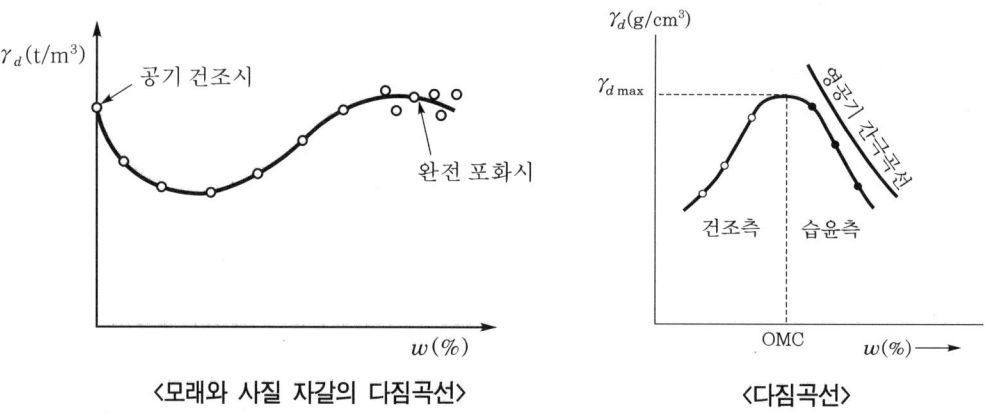

〈모래와 사질 자갈의 다짐곡선〉 〈다짐곡선〉

(1) 점성이 없는 깨끗한 모래에 대해 다짐시험을 하였다면 다짐곡선의 모양은 점성토와는 달리 위의 그림과 같이 그려진다.

(2) 다짐을 하는 동안 충분히 배수가 잘 되어서 과잉간극수압이 생기지 않는 사질토라면 다짐곡선은 대략 이와 같은 모양을 보인다.

(3) 함수비가 대단히 작을 때에는 다짐이 행해지는 동안 토립자의 이동은 입자의 마찰에 의해 저항한다.

(4) 이때 물을 약간 가하면 모관장력이 생겨서 저항력이 더 증가한다.

(5) 따라서 이때에는 그림에 보인 바와 같이 건조단위중량이 공기건조 때보다 더 떨어진다.

(6) 이러한 현상을 벌킹(Bulking)이라 한다.

(7) 그러나 물을 더 증가시키면 모관장력이 없어지므로 처음의 단위중량과 거의 비슷하거나 약간 더 커진다.

(8) 이와 같이 점성이 없는 깨끗한 모래에 대한 최적함수비(OMC)는 완전포화시의 함수비와 거의 같으며 그 이상 물을 가하면 여분의 물은 간극을 통해 쉽게 배수되어 버린다.

Ⅲ. Bulking 현상 발생시 공학적 변화

(1) γ_d 감소

$$\gamma_d = \frac{W_s}{V} \quad \leftarrow 체적증가로 \ \gamma_d \ 감소$$

(2) 겉보기점착력(C) 발생

  ① 건조 또는 완전포화시 모래

   $S = (\sigma - u)\tan\phi$

  ② Bulking 현상 발생시 모래

   ㉠ $S = C + (\sigma - u)\tan\phi$

    여기서, C : 겉보기점착력

Ⅳ. Bulking 현상 발생시 문제점

(1) Bulking 현상은 함수비 10% 이하에서 발생

(2) 자연상태의 모래지반 지표면 부근에서만 체적이 약간 팽창되나 포화시 체적이 감소하므로 실무에서는 Bulking 현상을 무시함.

I. 정 의

강도가 저하된 교란상태의 점토는 시간이 경과함에 따라 강도가 서서히 회복되는데, 이러한 강도회복현상을 Thixotropy라 한다.

II. Thixotropy 현상 도해

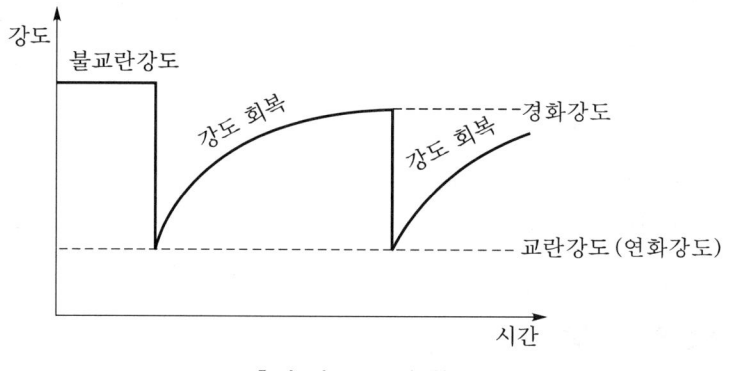

〈흙의 틱소트로피 현상〉

III. Thixotropy와 예민비

점토에 있어서 자연시료는 어느 정도의 강도가 있으나 이것의 함수율을 변화시키지 않고 교란시킨 다음, Thixotropy 현상으로 회복된 강도에 대한 자연시료의 강도비를 예민비라 한다.

$$S_t(\text{예민비}) = \frac{q_u(\text{자연시료의 강도, 불교란시료의 강도})}{q_{ur}(\text{이긴 시료의 강도, 교란시료의 강도})}$$

Ⅳ. 토질에 따른 예민비(S_t)

    (1) 점토지반
        ① $S_t > 1$
        ② $S_t < 2$는 비예민성, $S_t = 2 \sim 4$는 보통, $S_t = 4 \sim 8$은 예민, $S_t > 8$은 초예민

    (2) 모래지반
        $S_t < 1$

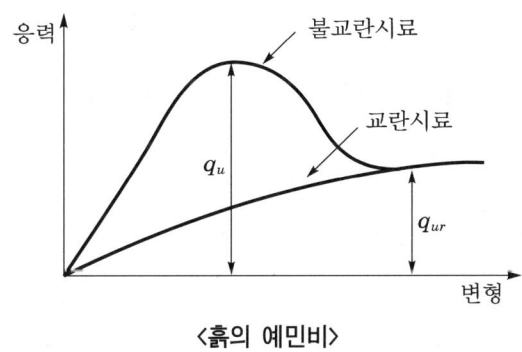

<흙의 예민비>

Ⅴ. 예민비의 성질

    (1) 점토지반에서는 점토를 이기면 자연상태의 강도보다 작아진다.
    (2) 점토지반에서는 진동다짐을 해서는 안 되며 전압식 다짐을 해야 한다.
    (3) 모래지반에서는 모래를 이기면 자연상태의 강도보다 커진다.
    (4) 모래지반에서는 진동식 다짐을 해야 한다.

5-10 슬레이킹(Slaking) 현상 [05전, 10점]

I. 정 의

일부의 퇴적암은 천연상태의 암석을 건조한 후 침수시키면 체적이 팽창하면서 입자간의 결합력이 저하되어 차츰 부스러져가는 현상을 Slaking(沸化현상)이라 한다.

II. Slaking 현상의 발생이 심한 암석

(1) 사문암

(2) 녹니암

(3) 이암(Mud Stone)

(4) Shale(혈암, 이판암)

III. Slaking 현상의 요인

(1) 지하수위의 변동

(2) 자연적인 풍화

(3) 지반 굴착에 따른 암석의 흡수팽창

IV. Slaking 현상의 영향

(1) 점토면의 표면 탈락

(2) 사면붕괴

(3) 터널 굴착시 암의 낙하

(4) 지반 굴착시 암반돌출

(5) 골재강도 저하

5-11 통일분류법에 의한 흙의 성질   [05전, 10점]

5-12 흙의 통일분류법   [11중, 10점]

5-13 다음 그림은 도로현장에서 성토용 재료를 사용하기 위하여 몇 가지의 시료를 채취하여 입도분석시험을 한 결과로 얻은 입도분석곡선이다. 책임기술자로서 각 곡선 A, B, C 시료에서 예측가능한 흙의 성질을 기술하시오.   [06전, 25점]

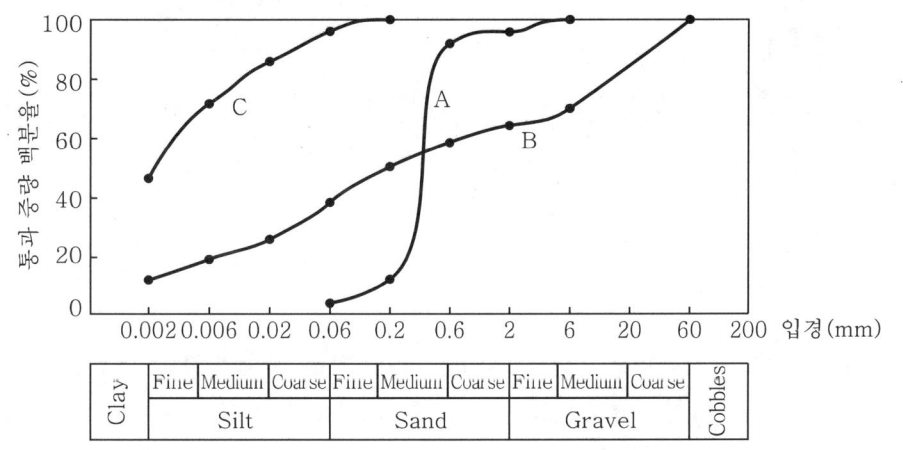

Ⅰ. 개 요

(1) 흙의 기본적 성질에서 공학적인 중요한 요소는 흙의 입도구성, 광물조성, Consistency, 흙덩어리의 구조 등으로 흙을 분류하는 기준도 이에 따르고 있다.

(2) 입도분포라 함은 흙을 구성하는 토립자를 입경에 의하여 구분한 분포상태를 말하며 흙의 밀도, 투수성, 강도 등의 공학적 성질을 좌우하는 중요한 요소이다.

Ⅱ. 통일분류법

(1) 정의

통일분류법은 세계적으로 가장 많이 사용하고 있는 것으로 특히, 기초공학 분야에서 많이 사용하며, 1969년에 ASTM에 의해 흙을 공학적 목적으로 분류하는 표준방법으로 채택되었다.

(2) 통일분류법에 의한 흙 분류방법

① 입도에 의한 조립토와 세립토 분류

② 조립토에서 입도 및 함유 세립토의 컨시스턴시에 따라 8종류로 분류

③ 세립토에서 컨시스턴시만으로 6종류로 분류

④ 관찰에 의한 판별로 유기질토를 추가하여 합계 15종으로 흙을 분류

(3) 사용되는 문자

구 분	제1문자		제2문자	
	기 호	설 명	기 호	설 명
조립토	G S	자갈 모래	W P M C	양호한 입도 불량한 입도 실트를 함유 점토를 함유
세립토	M C O	실트 점토 유기질토	L H	소성 또는 압축성이 낮은 소성 또는 압축성이 높은
유기질토	P_t	이탄	—	—

Ⅲ. 입도분석곡선(입경가적곡선)

체가름시험 분석결과를 반대수지(Semi Log Paper)의 횡축에 대수눈금으로 입경을 표시하고, 종축에 통과중량백분율을 표시하여 Plot 했을 때 토질의 입경에 따른 가적곡선이 나타난다.

(1) 균등계수(C_u)

통과중량백분율 10%, 30%, 60%에 해당하는 입경을 각각 D_{10}, D_{30}, D_{60}이라 할 때, 조립도의 입도분포가 좋고 나쁜 정도를 나타내는 계수이다.

$$C_u = \frac{D_{60}}{D_{10}}$$

(2) 곡률계수(C_g)

$$C_g = \frac{D_{30}^2}{D_{60} \times D_{10}}$$

C_u	입도상태	C_g
1	균등 입도	
≤ 4	입도 분포 나쁨	
≥ 10	입도 분포 좋음	$1 \leq C_g \leq 3$

(3) 유효경

① 입경가적곡선에서 통과중량백분율 10%에 해당하는 D_{10}을 흙의 유효경이라 한다.

② 유효경은 사질토의 투수성과 밀접한 관계가 있다.

투수계수 $k = (100 \sim 174) \times D_{10}^2$ (cm/sec)

(4) Filter 규정

통과백분율 15%, 85%에 해당하는 입경 D_{15} 및 D_{85}를 기준으로 한다.

$(4\sim5)\,D_{85} \geqq d_{15} > (4\sim5)\,D_{15}$

여기서, d_{15} : 필터 재료의 통과중량백분율 15%의 입경

D_{15} : 필터에 접하는 지반토의 통과백분율 15%에 해당되는 입경

D_{85} : 필터에 접하는 지반토의 통과백분율 85%에 해당되는 입경

Ⅳ. 시료에 대한 예측가능한 흙의 성질

1. A시료

A시료는 입도분석상 사질토이며, 흙의 성질은 다음과 같다.

(1) 상대밀도(D_r)로 공학적 성질 판단

$$D_r = \frac{e_{\max} - e}{e_{\max} - e_{\min}} = \frac{r_d - r_{d\min}}{r_{d\max} - r_{d\min}} \times \frac{r_{d\max}}{r_d} \times 100(\%)$$

(2) 전단파괴시 다일레이턴시(Dilatancy) 발생

전단응력에 의해 토립자의 배열상태가 변하는 현상으로 조밀한 모래에서는 체적증대로 (+)의 Dilatancy가, 느슨한 모래에서는 체적감소로 (−)의 Dilatancy가 발생

(3) 동하중 작용시 액상화 현상

포화사질토가 진동에 의해 유효응력이 감소되고, 그 결과 외력에 대한 전단저항을 잃고 액체화되는 현상

(4) 수두차 발생시 분사현상(Quick Sand) 발생

침투수압에 의해 수중의 토립자가 분출하는 현상

(5) Bulking 발생

함수비의 증가에 의해 모래입자의 단위중량이 증가하는 현상

(6) 상향침투압 작용시 Boiling현상 발생

지하수위 아래를 굴착할 경우 또는 터파기 바닥면 아래에 피압배수층이 있는 경우 터파기 내외의 수위차에 의한 토사의 분출현상

2. B시료

B시료는 Silt, 모래, 자갈이 골고루 분포된 흙으로 성질은 다음과 같다.

(1) 입도 양호

　① 균등계수(C_u)

$$C_u = \frac{D_{60}}{D_{10}} \geq 10$$

　② 곡률계수(C_g)

$$C_g = \frac{(D_{30})^2}{D_{10} \cdot D_{60}} \qquad 1 < C_g < 3$$

(2) 다짐밀도

다짐밀도가 최대가 됨.

(3) 지지력

　① 지지력 최대

　② 침하 최소

(4) 투수계수 감소

(5) 성토재료

양질의 성토재료

3. C시료

C시료는 입도분석상 Silt(점성토)이며, 흙의 성질은 다음과 같다.

(1) 전단강도

　① 전단강도가 극히 적음.

　② 지반교란시 전단강도가 더욱 낮아짐.

(2) 압밀침하 발생

흙지반 주위의 구조물이나 성토하중에 의해 토중수가 배출되면서 지반이 서서히 압축되는 현상

(3) Thixotropy 현상 발생

Remolding된 시료가 일정한 함수비에서 시간의 경과와 더불어 강도가 회복되는 현상

(4) 예민비(Sensitivity Ratio)가 큼

Thixotropy 현상의 현저한 정도

$$예민비(S_t) = \frac{q_u(\text{불교란시료의 일축압축강도})}{q_{ur}(\text{교란시료의 일축압축강도})}$$

(5) 동상현상 발생

흙 속의 간극수가 동결하여 토중에 빙층이 형성되어 지표면이 떠올려지는 현상

(6) 용탈현상(Leaching) 발생

해성점토가 담수에 의해 오랜 시간에 걸쳐 염분이 빠져나가 전단강도가 저하되는 현상

V. 결 론

도로 현장에서의 성토재료는 지지력이 크고, 침하가 적은 재료를 선정하여 시공해야 하며, 입도분석을 통해 적정한 재료를 취득하여야 한다.

Ⅰ. 정 의

(1) 느슨한 흙에 진동, 충격 등의 외력을 가하여 다짐을 하면 간극 속의 공기가 쉽게 배출되어 체적이 감소되어 흙의 단위중량이 커지고 전단강도가 증대되는 등의 공학적인 성질이 개선되는데, 이것이 다짐의 원리이다.

(2) 이와 같이 외력작용으로 간극 속의 공기가 진동, 충격에 의해 쉽게 배출되는 것은 간극 속의 간극수가 오랜 시간을 두고 배출되는 압밀과 쉽게 구별된다.

Ⅱ. 다짐원리(다짐특성)

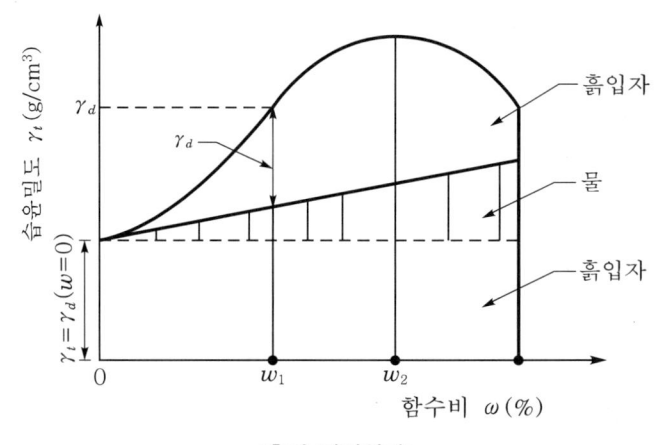

〈흙의 다짐원리〉

(1) 건조토

건조한 흙은 입자간의 결합력이 부족하여 체적압축이 곤란하다.

(2) 함수비 증가

흙에 물을 넣고 외력을 가하면 흙 속에서 물이 윤활작용을 하여 입자간의 결속이 양호해진다.

(3) 최대 건조밀도 산출

   ① 함수비를 증가시키면서 다짐을 행하여 각 함수비에 따른 건조밀도 산출

   ② $\gamma_d - w$ 그래프에 각각의 시험결과치를 표시하여 다짐곡선 작성

   ③ 다짐곡선에서 최대 건조밀도와 최적함수비 산출

(4) 최적함수상태 유지

   사용재료의 함수비는 최적함수비에 근접하게 유지하여 현장 사용

(5) 다짐효과 증대

   흙은 최적함수비 상태에서 다짐에 의해서 체적감소가 가장 커진다.

Ⅲ. 다짐과 흙의 성질

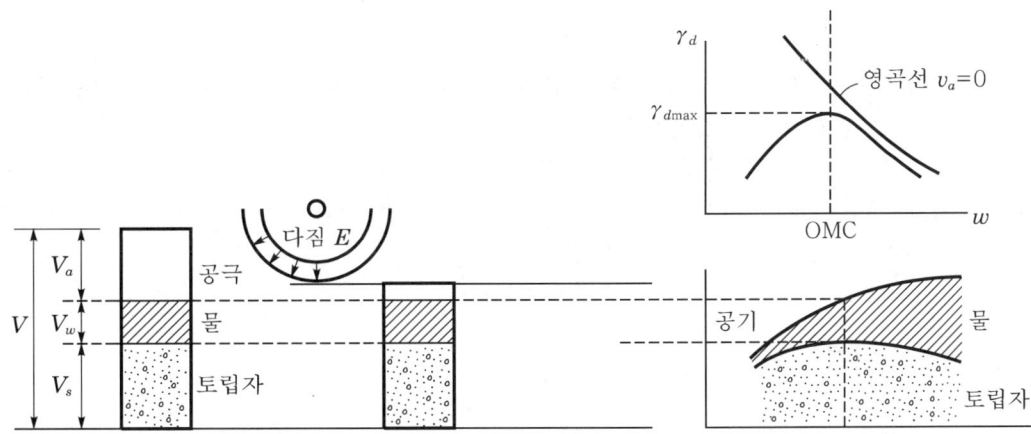

I. 정 의

(1) 흙에 있어서 함수비가 적을 경우 흙입자간의 마찰저항이 크기 때문에 다짐의 효과가 적고 건조밀도도 낮아진다.

(2) 함수비가 증가함에 따라 흙 속의 물이 윤활제 역할을 하게 되어 다짐효과가 높아지고 건조밀도가 높아지는데, 다짐효과가 가장 좋을 때 최대 건조밀도가 얻어지는 바, 이때의 함수비를 최적함수비라 한다.

II. 최적함수비를 구하는 순서

(1) 건조밀도(최대 건조밀도) 측정

① 흙을 다질 때 함수비에 의하여 다짐의 효과가 달라지는데, 다짐효과를 위하여 가로축에 함수비, 세로축에 건조밀도를 취하여 도시하여 최적함수비상에서 얻어지는 것을 흙의 최대 건조밀도라 한다.

② 동일시료로 함수비를 변화시킨 시료 6~8종 준비

③ 실내 다짐시험 실시

④ 습윤밀도 산출

$$\gamma_t = \frac{W}{V}$$

⑤ 건조밀도 산출

$$\gamma_d = \frac{\gamma_t}{1 + \dfrac{w}{100}}$$

(2) 도표작성

　① 세로축에 건조밀도

　② 가로축 함수비

　③ 6~8개의 시료에서 구한 건조밀도와 함수비의 관계를 Plot한다.

　④ Plot한 점들을 자연스럽게 연결한다.

(3) 최적함수비 결정

　① 도표에서 건조밀도 최대치를 최대 건조밀도라 할 때 이에 대응하는 함수비가 얻어진다.

　② 이때의 함수비를 최적함수비(OMC)라 한다.

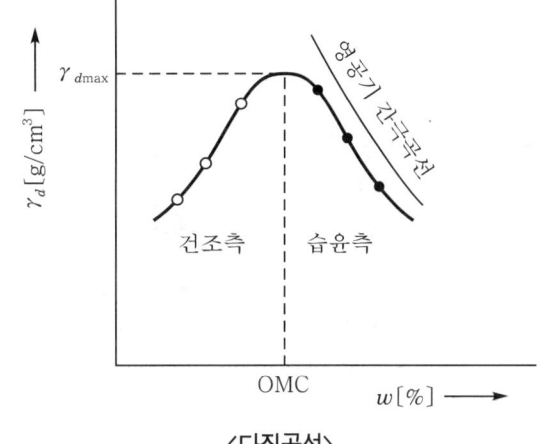

〈다짐곡선〉

Ⅲ. 영공기 간극곡선

(1) 정의

　　영공기 간극곡선이란 다짐으로 간극 속의 공기를 완전히 배출하면 간극에는 공기가 0인 상태가 되는데, 이때의 다짐곡선($\gamma_d - w$)을 말하며, 영간극곡선 또는 포화곡선이라고도 한다.

(2) 영공기 간극곡선의 작도

　① $\gamma_d = \dfrac{G_s \gamma_w}{1 + G_s w / 100}$ (영공기 간극상태 : $S_\gamma = 100\%$)

　② 함수비(w)를 변화하면서 γ_d를 계산한다.

　③ $\gamma_d - w$ 곡선에 표시되는 점을 연결한다.

(3) 용도

　① 실내 다짐곡선의 적정 여부 확인

　　㉠ 다짐시험결과의 다짐곡선이 영공기 간극곡선 왼쪽에 위치해야 한다.

　　㉡ OMC 습윤 측 다짐곡선과 영공기 간극곡선은 거의 평행해야 한다.

　② 최대 건조밀도 및 최적함수비 결정

　　영공기 간극곡선을 이용 다짐시험시 다짐곡선에서 구한다.

③ 최적함수비에 의한 다짐함수비 관리

④ 최대 건조밀도에 의한 다짐관리기준 결정

Ⅳ. 건조밀도와 함수비의 관계

(1) 최적함수비란 최대 건조밀도를 가릴 때의 함수비로서, Proctor가 제안한 방법에 의해 시공전에 시료에 의한 다짐시험을 실시하여 건조밀도-함수비 곡선을 그렸을 때 정점에서의 함수비이다.

(2) 동일한 흙에 대해서도 다지는 방법을 달리하면 건조밀도와 최적함수비의 크기도 달라지게 된다.

(3) 연약토와 같은 다습토는 최적함수비를 현장에서 정하기 곤란하고, 사용토를 건조시 킴으로써 최대 건조밀도까지 도달시킬 수 있다.

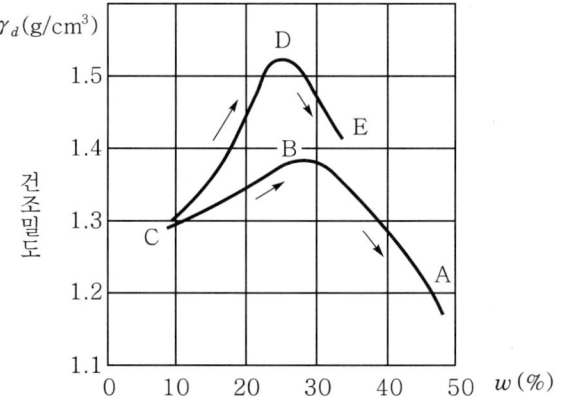

ABC 곡선 : 함수비를 점차 저하시키면서 시험

CDE 곡선 : 함수비를 점차 증가시키면서 시험

6-12 과전압(Over Compaction) [01중, 10점]

Ⅰ. 정 의

(1) 강도증진을 목적으로 흙을 다짐할 때 최대 건조밀도가 얻어지는 최적함수비의 건조측에서 다지면 더 큰 강도를 얻을 수 있다.

(2) 대형 다짐기계로 최적함수비의 습윤측에서 다짐을 하면 흙의 구성체가 파괴되어 오히려 강도가 더 저하되는데 이를 과전압(과다짐)이라 한다.

Ⅱ. 과다짐에 의한 피해

(1) 표면의 흙입자 파손
(2) 흙덩이의 전단파괴
(3) 흙의 분산화
(4) 강도저하
(5) 시공면 밀림현상

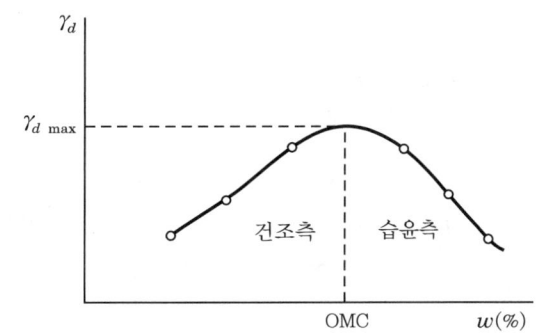

Ⅲ. 과다짐의 발생원인

(1) 한 층의 다짐횟수가 많을 때
(2) 토질이 화강풍화토일 때
(3) 다짐에너지가 너무 큰 다짐장비를 사용
(4) 최적함수비의 습윤측에서 과도한 다짐시

Ⅳ. 방지대책

(1) 건조측에서 다짐
(2) 적정 다짐장비 선정
(3) 다짐횟수규정 준수
(4) 표면 과다살수 금지

6-13 흙의 다짐도 [05중, 10점]

Ⅰ. 정 의

(1) 다짐도란 현장 성토작업에서 다짐 정도를 판단하는 방법으로 시험실에서 구한 최대 건조밀도에 대한 현장 건조밀도의 비를 백분율로 나타낸 것이다.

(2) 흙에 외력을 가하여 흙 속의 공기를 배출하고 체적감소 및 압축성 저하, 강도증대 등의 목적으로 행하는 작업을 다짐이라 하며, 그 시공 정도를 규정짓는 척도이다.

$$C(\text{다짐도}) = \frac{\gamma_d\,(\text{현장 건조밀도})}{\gamma_{d\,\max}\,(\text{시험실 최대 건조밀도})} \times 100$$

Ⅱ. 다짐도의 영향요소

Ⅲ. 필요성

(1) 성토작업에서 다짐상태 판정
(2) 다짐작업에서 다짐장비 적정성 판정
(3) 사용 재료의 적정성 검토
(4) 현장에서의 시공능력 확인

Ⅳ. 다짐도 규정

공 종	다짐도
노체	90% 이상
노상	95% 이상
보조 기층	95% 이상

6-14 들밀도시험(Field Density)   [03중, 10점]

I. 정 의

들밀도시험(Field Density)은 현장 성토작업에서 다짐작업한 지반의 다짐 정도를 알기
위해서 다짐된 성토부의 현장밀도를 구하는 것이다.

II. 목 적

```
        ┌─ 품질확인 ─┬─ 현장에서 다진 흙의 품질 확인
목적 ─┤            └─ 시방조건과 비교검토
        └─ 상대다짐도 측정 : 실내 다짐시험과 비교하여 상대 다짐도 측정
```

III. 시험방법

(1) 현장 시험방법
  ① 현장에서 다짐된 성토부의 재료를 일정량 파낸다.
  ② 표준사(캐나다 오타와산)를 재료를 파낸 구멍에 넣는다.
  ③ 파낸 재료의 중량을 측정한다.
  ④ 채워 넣은 표준사의 체적을 구한다.
  ⑤ 현장에서 파낸 흙의 함수비(w)를 측정한다.

(2) Data 정리
  ① 습윤밀도

$$\gamma_t(\text{습윤밀도}) = \frac{W(\text{현장에서 파낸 흙의 중량})}{V(\text{파낸 구멍의 체적})}$$

  ② 건조밀도

$$\gamma_d = \frac{\gamma_t\,(\text{습윤밀도})}{1 + \dfrac{w}{100}\,(\text{현장에서 파낸 흙의 함수비})}$$

Ⅰ. 개 요

(1) 다짐이란 흙에 인위적인 에너지를 가하여 흙의 공학적 성질을 개선시키고, 흙 속의 공기를 제거하여 밀도가 증진되는 것이다.

(2) 토공에서 다짐을 할 때 여러 가지 요인에 의해서 다짐효과가 달라지는데 최적의 상태에서 다짐효과가 커지도록 시공해야 한다.

Ⅱ. 다짐의 목적

(1) 지지력 증대

(2) 투수성 감소

(3) 압축성 최소화

(4) 전단강도 증대

Ⅲ. 성토재료의 요구성질(조사내용)

(1) 공학적 안정
① 압축성과 투수성이 작고, 지지력이 큰 재료
② $LL < 40$, $PI < 18$

(2) 입도 양호

　　① 크고 작은 토립자가 적당히 혼합된 재료

　　② $C_u > 10$, $1 < C_g < 3$

(3) 최소간극

　　① 토립자 사이의 간극이 적은 재료

　　② 다짐성이 양호하고, 지내력이 큰 재료

(4) 전단강도

　　① 성토 비탈면의 안정에 필요한 전단강도를 가진 재료

　　② 점착력이 크고, 내부마찰각이 큰 재료

(5) 지지력

　　① 완성후의 재하에 대한 충분한 지지력을 가진 재료

　　② 교통하중 등의 이동하중에 대한 저항성이 큰 재료

(6) 시방규정 부합

　　① 자연함수비가 액성한계보다 낮은 재료

　　② 진동이나 유수에 대해 안정한 재료

(7) 소요 다짐도

　　① 규정된 다짐도를 만족하는 재료

　　② 공사현장의 인근지역에서 경제적으로 구할 수 있는 재료

(8) 시공관리

　　① 입도분포가 고른 재료

　　② 시공상 취급이 쉽고, 다짐효과가 좋은 재료

(9) Trafficability

　　① 전단강도가 크고, 압축성이 작은 재료

　　② 시공기계의 주행성이 확보되고, 충분한 전압이 되는 재료

(10) 이물질 배제

　　① 가급적 균등질의 재료

　　② 유기물, 기타 유해한 잡물이 포함되지 않은 재료

IV. 성토재료의 안정성 및 취급성

1. 안정성

(1) 적정재료 선정
　① 성토시공에 적합한 재료선정
　② 성토목적에 따른 재료로 토사 또는 암버럭 등이 있음.

(2) 적정장비 선정
　① 좁고 다짐이 곤란한 장소에서는 소형 다짐장비를 사용
　② 가능한 한 얇은 층으로 여러 번 다지는 것이 효과적

(3) 시공순서 준수
　편토압에 의한 구조물의 변형을 방지하기 위해서 적정한 성토순서 및 다짐순서를
　준수하여야 한다.

(4) 배수시설 시공
　① 성토시공으로 인한 지반압밀로 지반에서 배수되는 물을 처리
　② 물이 한곳에 오래 머물지 않도록 신속처리

(5) 재료의 안정처리
　① 성토재료의 함수비 증가 억제
　② 성토재료의 전단강도 유지
　③ 성토재료의 변형을 방지

2. 취급성

(1) 토질조건 검토
　① 성토재료로서의 적합성 여부
　② 자연상태의 함수비, 입도분포, 입경 등의 검토

(2) 필요량
　① 공사에 필요한 토량의 존재 여부
　② 선별작업시 사용불가능한 골재의 비율 등 검토

(3) 운반거리
　① 현장까지의 운반거리에 따른 경제성 고려
　② 운반로의 지장물 상태
　③ 토사운반에 따른 민원발생 여부

(4) 환경규제

　① 지역환경에 따르는 자연환경 파손에 따른 규제 여부

　② 특히 문화재 발굴지역, 관광지 등

(5) 토질변화

　① 토질변화에 따른 불량토 발생 정도

　② 불량토 처리방법 및 사토계획 검토

(6) 지형

　① 재료채취에 따른 사태 우려성 검토

　② 토사채취에 따른 지형변동 고려

(7) 운반로

　① 운반도로의 경사

　② 토사운반로 중 오르막길 유무

　③ 운반로 상태점검

V. 다짐에 영향을 미치는 요인(다짐제한을 두는 이유)

(1) 함수비

　① 제1단계(수화단계) : 반고체상으로 수분의 절대량이 부족하여 토립자간의 접착이 없어 큰 공극이 존재하는 상태로 큰 공극으로 인해 건조밀도가 작다.

　② 제2단계(윤활단계) : 물의 일부가 자유수가 되어 토립자 사이에서 윤활역할을 하게 된다. 이 단계의 최대 함수비 부근에서 최적 함수비가 나타나게 된다.

　③ 제3단계(팽창단계) : 증가분의 물이 윤활역할뿐만 아니라 다져진 순간에 잔류공기를 압축하게 되며, 이로 인해 흙이 압축되었다가 팽창하게 된다.

　④ 제4단계(포화단계) : 더욱 함수비가 증가하게 되면 증가된 수분은 토립자와 치환되어 포화된 상태가 된다.

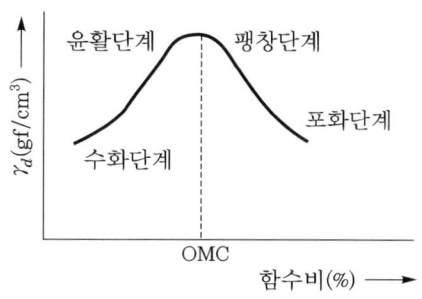

〈흙 상태의 변화〉

(2) 흙의 종류

　① 조립토일수록 다짐곡선이 급경사이고, $\gamma_{d\max}$가 크고, OMC는 작다.

　② 양입도는 $\gamma_{d\max}$가 크고, OMC는 작다.

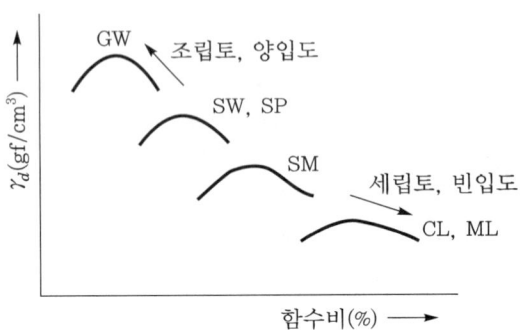

(3) 다짐에너지

　① 다짐에너지가 클수록 $\gamma_{d\max}$가 크고, OMC는 작다.

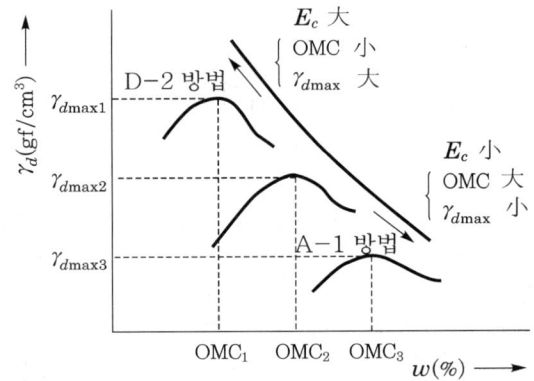

　② $E_c = \dfrac{W_r \cdot H \cdot N_b \cdot N_c}{V}$ $(\mathrm{kgf \cdot cm/cm^3})$

　　여기서, W_r : 래머 무게(kgf)

　　　　　　H : 낙하고(cm)

　　　　　　N_b : 타격수

　　　　　　N_c : 층수

　　　　　　V : 시료의 체적

(4) 다짐횟수

　① 다짐횟수가 많을수록 다짐에너지가 커진다.

　② 다짐횟수가 너무 많으면 오히려 과도전압이 될 수 있다.

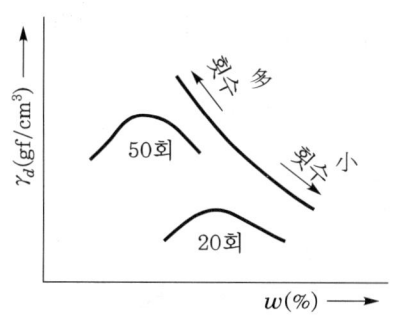

VI. 현장 다짐방법(다짐효과 증대방안)

(1) 최적 함수상태 유지

① 다짐곡선에서 구해지는 함수범위 유지

② 포설현장에서 다짐시기 결정

(2) 적정 장비 사용

① 토질별로 전압형식 또는 진동형식의 다짐장비 선정

② 다짐장비가 작업할 수 있는 충분한 작업공간 확보

(3) 다짐시기 결정

① 기상에 따른 다짐시기 결정

② 포설한 재료의 수분증발을 고려한 다짐시기

③ 과함수상태의 재료는 건조 후 다짐실시

(4) 포설두께규정

① 시방규정에 따른 포설두께 준수

② 토사재료일 때 20cm

③ 암버력을 사용할 때는 최대치수의 1.5배

(5) 입도분포

① 입도가 양호하게 분포되어 Interlocking 확보

② 균등계수 $C_u > 10$

③ 곡률계수 $1 < C_g < 3$

Ⅶ. 다짐관리방법(다짐판정방법)

(1) 건조밀도

① 다짐도$(R_c) = \dfrac{\gamma_d(\text{현장의 건조밀도})}{\gamma_{d\,\max}(\text{실내 다짐시험으로 얻어진 최대 건조밀도})} \times 100\,(\%)$가

시방규정 이상(노체 90%, 노상 95%)이면 합격

② 도로의 흙쌓기 및 흙댐에 주로 이용하는 신빙성 있는 방법

③ 적용이 곤란한 경우

　　㉠ 토질변화가 심한 곳

　　㉡ 기준이 되는 최대 건조밀도를 구하기 어려운 경우

　　㉢ 함수비가 높아 이를 저하시키는 것이 비경제적일 때

　　㉣ Over Size를 함유한 암재료

(2) 포화도, 간극비

① $G_s \cdot w = S \cdot e$

여기서, G_s : 토립자의 비중, w : 함수비, S : 포화도, e : 간극비

② 포화도$(S) = \dfrac{G_s \cdot w}{e}$

③ 간극비$(e) = \dfrac{G_s \cdot w}{s}$

④ 고함수비 점토 등과 같이 건조밀도로 규정하기 어려운 경우에 적용

(3) 강도특성

① 현장에서 측정한 지반지지력계수 K치, CBR치, Cone지수 등으로 판정

② 안정된 흙쌓기 재료(암괴, 호박돌, 모래질 흙)에 적용

③ 함수비에 따라 강도의 변화가 있는 재료에는 적용이 곤란

(4) 상대밀도(Relative Density)

① $D_r = \dfrac{e_{\max} - e}{e_{\max} - e_{\min}} \times 100\,(\%) = \dfrac{\gamma_d - \gamma_{d\,\min}}{\gamma_{d\,\max} - \gamma_{d\,\min}} \times \dfrac{\gamma_{d\,\max}}{\gamma_d} \times 100\,(\%)$ 가　시방규정

이상이면 합격

② 점성이 없는 사질토에 적용

(5) 변형량

① Proof Rolling, Benkelman Beam 변형량이 시방기준 이상이면 합격

② 노상면, 시공 도중의 흙쌓기면에 적용

(6) 다짐기종, 다짐횟수

① 현장다짐시험 결과에 따라 다짐기종, 한층 포설두께, 다짐횟수 결정

② 토질이나 함수비 변화가 크지 않은 현장에서 적용

Ⅷ. 결 론

(1) 토공에서 다짐은 대단히 중요한 작업이므로 토질, 현장 함수비, 사용장비, 시공법 등에 대해 면밀하게 검토한 후 시행해야 한다.

(2) 시공시에는 토질의 변화, 함수비의 정도, 소요 다짐도의 도달 여부를 확인하여야 한다.

6-25 토공정규　　　　　　　　　　　　　　　　　　　　　　　　　[97중후, 20점]

Ⅰ. 개 요

(1) 토공정규란 일반적으로 흙구조물의 시공단면을 예측할 수 있도록 설치한 규준틀을 말한다.
(2) 시공기면 이상 부분의 주요치수, 형상 등을 표시함으로써 시공의 기준이 된다.

Ⅱ. 필요성

(1) 시공과정의 척도
(2) 부실시공 방지
(3) 공사의 방향제시
(4) 공기 및 공사비 절감

Ⅲ. 종 류

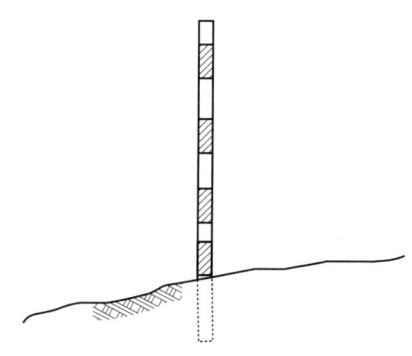

(1) 성토
　① 시공 정도 판단
　② 성토속도 준수
　③ 포설두께 관리

(2) 절토

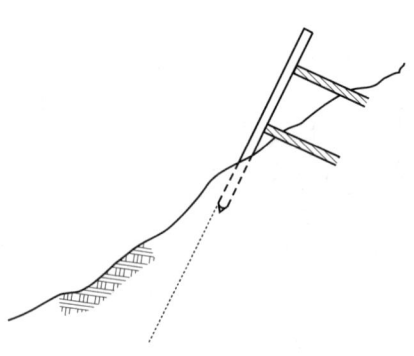

　① 절취면 경사 표시
　② 절취개시선 표시
　③ 절취한계 표시
　④ 설치간격
　　㉠ 직선구간 : 20m
　　㉡ 곡선구간 : 10m
　　㉢ 지형이 복잡한 지역 : 추가설치

(3) 도로공사

    ① 각 층의 한계 표시

    ② 시공순서 결정

    ③ 도로한계선 표시

(4) 철도공사

    ① 단면형상 표시

    ② 시공방향 제시

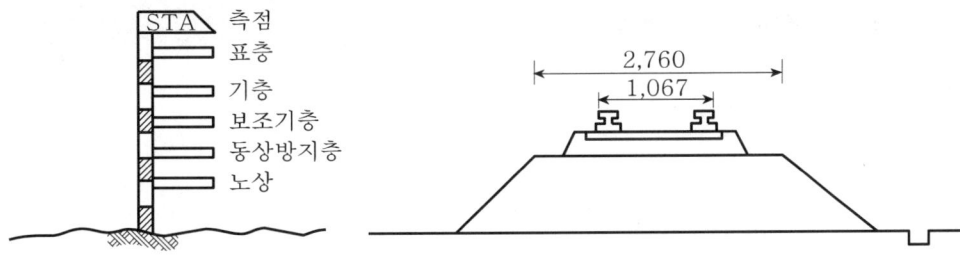

(5) 기타

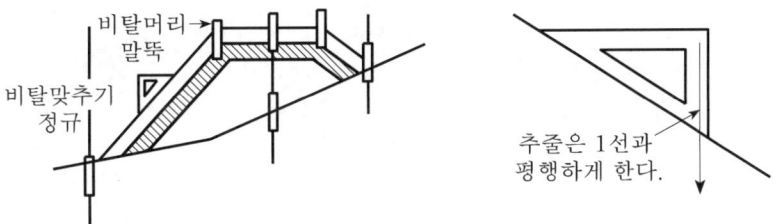

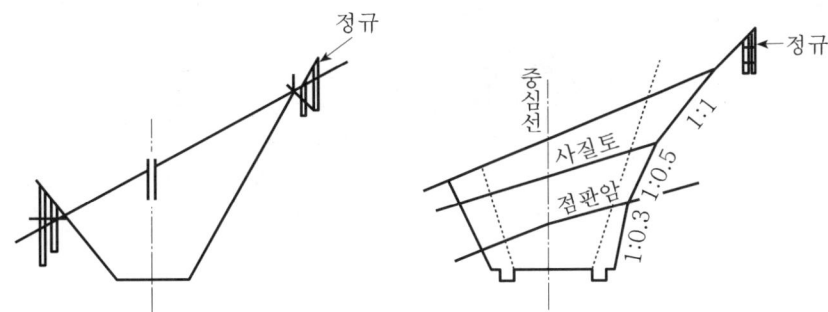

Ⅳ. 설치시 주의사항

(1) 토공작업의 기준이 되므로 이동, 변형하지 않도록 설치한다.

(2) 강풍, 강우에 의해 손실되지 않도록 한다.

(3) 설치간격 준수

(4) 지형이 복잡한 곳, 곡선부 등에는 추가설치한다.

(5) 식별이 잘 되도록 한다.

(6) 작업장비에 의한 손실방지

(7) 토공작업 완료시까지 보존

6-26 자동차의 대형화와 교통량 증가로 도로구조의 지지력 증대가 요구되는 바, 이에 대한 시공관리와 성토다짐작업에 대하여 기술하시오. [05후, 25점]

6-27 도로공사 노체나 철도공사 노반의 성토구조물을 시공하려고 한다. 설계시 고려사항 및 성토관리에 대해 설명하시오. [04중, 25점]

Ⅰ. 개 요

도로(철도) 하부지반의 지지력 증대를 위해서는 성토지반에 대한 다짐관리가 매우 중요하므로, 지반에 적합한 다짐재료 및 다짐장비를 선정하여 충분한 시간을 두고 다짐을 시험하여야 한다.

Ⅱ. 시공관리

(1) 실내 다짐시험
　① 토취장에서 시료채취
　② 실내 다짐시험 실시
　　㉠ Rammer 무게 : 2.5kg
　　㉡ 낙하고 : 30cm
　　㉢ 층수 : 3층
　　㉣ 층당 다짐횟수 : 25회
　③ 다짐곡선 작성
　④ $\gamma_{d\max}$, OMC 결정

(2) 현장 시험시공

$$(상대)다짐도(R_C) = \frac{\gamma_d(현장의 \ 건조밀도)}{\gamma_{d\max}(실내 \ 다짐시험으로 \ 얻어진 \ 최대 \ 건조밀도)} \times 100$$

　① 다짐조건 결정
　　㉠ 다짐장비
　　㉡ 포설두께
　　㉢ 다짐 흙두께
　　㉣ 다짐속도
　　㉤ 다짐횟수
　② 현장 시험시공 실시
　③ 들밀도시험

ⓐ 시방규정에 부합시 → 본공사 다짐

ⓑ 시방규정에 미흡시 → 다짐조건 수정후 재시험

(3) 본공사 다짐

① 전압식 다짐(점토)

② 진동식 다짐(모래)

③ 충격식 다짐(좁은 장소)

(4) 품질관리

① 건조밀도

② 포화도, 간극률

③ 강도

④ 상대밀도

⑤ 변형량

⑥ 다짐에너지

Ⅲ. 설계시 고려사항

(1) 구조물 접속부

① 뒤채움재는 투수성이 좋고, 잘 다져지는 흙으로 선정

② 다짐 및 배수시설 시공 철저

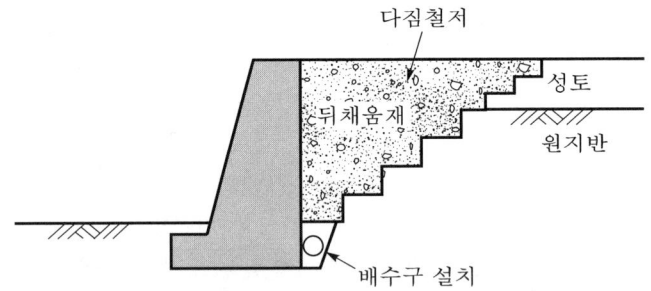

(2) 절성토 경계부(편절, 편성 접속부)

① 땅깎기면과 상부 노체면을 연결하는 접속구간 설치

② 다짐 및 배수시설 시공 철저

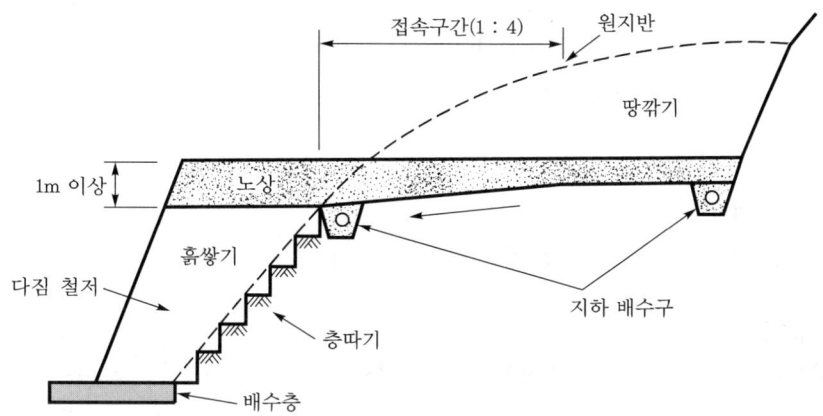

(3) 확폭부

  ① 기초 흙쌓기부에 층따기 실시
  ② 화폭구간 흙쌓기부의 조기침하 완료후 시행

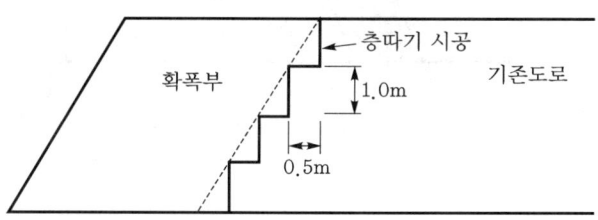

(4) 종방향 흙쌓기, 땅깎기 접속부

  ① 완화구간 설치
  ② 다짐 및 배수시설 시공 철저

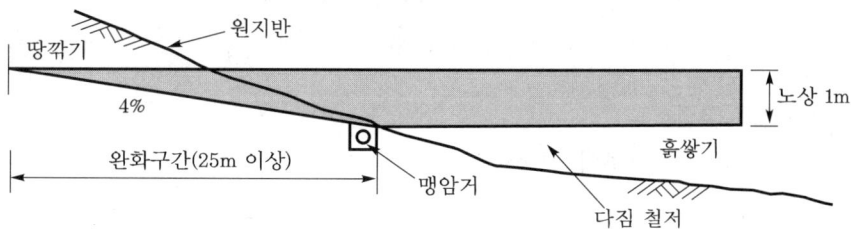

(5) 연약지반

  ① 연약지반 대책공법 선정처리후 시공
  ② 침하량을 고려한 여성토를 설계에 반영

(6) 암성토

 ① 간극을 돌부스러기로 채워 Interlocking 확보

 ② 암버력의 최대입경은 60 cm 이하

(7) 고함수비 점토

 ① $q_u < 4$ 일 때는 습지도저 사용

 ② 함수비를 저하시켜 Trafficability를 개선

(8) 비탈면

 ① 규정된 흙쌓기 폭보다 0.5~1.0 m 정도 여분 포설다짐후 규정폭으로 절취

 ② 비탈면 경사를 규정보다 완만하게 포설다짐후 규정된 경사로 절취

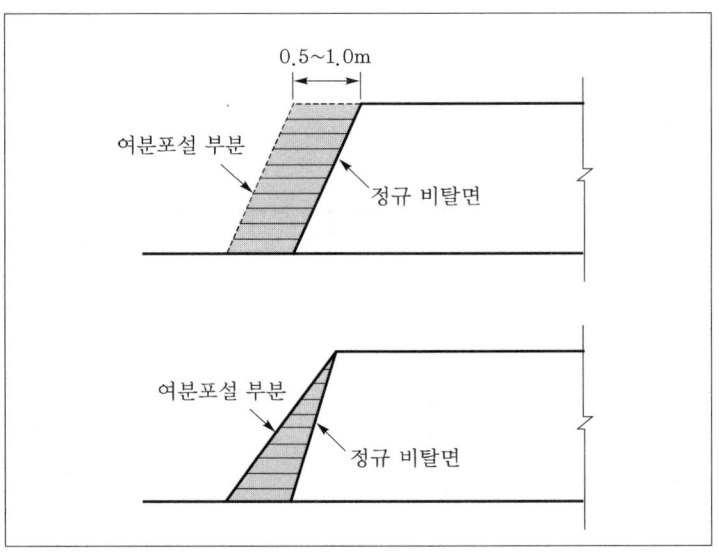

(9) 기초지반 처리

 ① 기초지반조사를 철저히 하여 성토의 안정성 유지

 ② 벌개제근을 철저히 하여 성토후의 부등침하 방지

(10) 다짐기준 결정

 ① 다짐시험를 실시하여 시공함수비, 최대 건조밀도 결정

 ② 시험성토를 행하여 포설두께, 다짐후 두께, 장비, 횟수, 다짐도 등 기준 결정

(11) 펴고르기 및 다짐

 ① 흙쌓기 전체가 균일한 다짐이 되도록 주의

 ② 다짐시 함수량은 OMC±2 %를 목표

Ⅳ. 성토관리(성토다짐관리)

1. 재료관리

(1) 공학적 안정
① 압축성과 투수성이 작고, 지지력이 큰 재료
② LL<40, PI<18

(2) 입도 양호
① 크고 작은 토립자가 적당히 혼합된 재료
② $C_u>10$, $1<C_g<3$

(3) 최소간극
① 토립자 사이의 간극이 적은 재료
② 다짐성이 양호하고, 지내력이 큰 재료

(4) 전단강도
① 성토 비탈면의 안정에 필요한 전단강도를 가진 재료
② 점착력이 크고, 내부마찰각이 큰 재료

2. 다짐장비 선정

(1) 진동 Roller(Vibro Roller)
사질 및 자갈토에 적합하며 포장보수에 많이 이용하나 점성토지반에는 효과가 적다.

(2) 진동 Tire Roller
진동과 자중을 함께 이용하므로 다짐효과가 크며 사질토지반에 적합하다.

(3) 진동 Compactor
취급이 용이하고 좁은 장소의 다짐에 적합하며 도로, 제방, 활주로 등의 보수공사 및 배관공사 성토부 다짐에 많이 사용된다.

3. 다짐횟수 결정

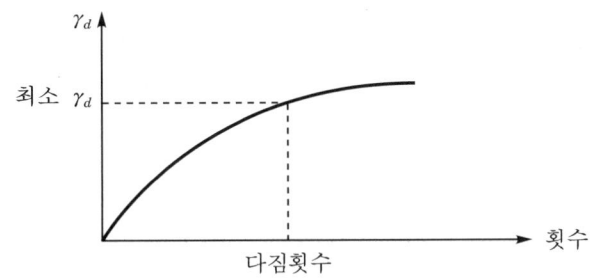

4. 다짐도 판정방법

(1) 건조밀도

(2) 포화도, 간극비

(3) 강도특성

(4) 상대밀도

(5) 변형량

(6) 다짐기종, 다짐횟수

V. 결 론

연약지반개량과 성토다짐관리는 지반의 지지력을 증대시키기 위한 직접적인 방법이므로 정확한 지반조사와 함께 설계시부터 지반의 전단강도를 높이기 위한 방안이 마련되어야 한다.

Ⅰ. 개 요

(1) 토취장이란 필요한 성토재료를 얻기 위하여 자연상태의 토사를 절취하는 장소이며, 사토장은 남는 흙을 처리하는 장소를 말한다.

(2) 토취장 및 사토장 선정은 토질, 채취 가능한 양, 현장까지의 운반거리 등을 고려하여 선정하여야 한다.

Ⅱ. 토취장 선정요령(토취장 선정요건, 성토재료의 선정요령)

(1) 토질조건 검토
　　① 성토재료로서의 적합성 여부
　　② 자연상태의 함수비, 입도분포, 입경 등의 검토

(2) 필요량(토량)
　　① 공사에 필요한 토량의 존재 여부
　　② 선별작업시 사용 불가능한 골재의 비율 등 검토

(3) 운반거리
　　① 현장까지의 운반거리에 따른 경제성 고려
　　② 운반로의 지장물 상태
　　③ 토사운반에 따른 민원발생 여부

(4) 환경 규제
　　① 지역환경에 따르는 자연환경 파손에 따른 규제 여부
　　② 특히 문화재 발굴지역, 관광지 등

(5) 용지보상
　　① 토취장 개발에 따른 용지보상 관계
　　② 대지가격 등을 고려

(6) 토질변화
    ① 토질변화에 따른 불량토 발생 정도
    ② 불량토 처리방법 및 사토계획 검토

(7) 지형
    ① 재료채취에 따른 사태 우려성 검토
    ② 토사채취에 따른 지형변동 고려

(8) 지하수
    ① 지하수 용수에 대한 검토
    ② 토사유출 방지대책 수립

(9) 시공성
    ① 장비의 Trafficability
    ② 시공의 난이도 검토

(10) 운반로
    ① 운반도로의 경사
    ② 토사운반로 중 오르막길 유무
    ③ 운반로 상태점검

Ⅲ. 토취장 복구

(1) 부지활용용도 파악
    ① 지주와 협의하여 부지활용용도에 적합하게 복구
    ② 경작지, 택지 등으로 활용

(2) 배수계획 수립
    도수로, 소단내 배수로, 암거 등으로 우수시 배수가 원활하도록 시공한다.

(3) 비탈면 보호대책 수립
    ① 비탈면 구배를 완경사(1 : 1.5 이상)로 하여 비탈면 안정성을 높인다.
    ② 비탈면 높이 5m마다 0.5~1.0m 소단 설치
    ③ 비탈면내 누수발생시 수평배수공 등으로 대책 수립
    ④ 비탈면 보호공 실시 : 떼붙임공 또는 파종공(Seed Spray)

(4) 운반로 정비
    운반 도중 파손부위 부분보수 또는 전면 재포장 실시

Ⅳ. 사토장 선정시 고려사항

(1) 절토, 성토 위치와 근접한 곳
① 운반거리가 최대한 짧은 곳을 최우선으로 선정
② 시공성, 경제성을 고려하여 선정

(2) 토질조건
① 공학적으로 안정된 재료 : CBR > 10, PI < 10
② 입도분포가 좋은 재료 : $C_u > 10$, $1 < C_g < 3$

(3) 토량확보
필요한 토량이 충분히 확보된 장소를 설정한다.

(4) 인·허가 사항
도로법과 지방자치 법규에 저촉되지 않는 장소를 선정한다.

(5) 문화재 조사
과거 문화재 자료조사 및 문화재청에 사전문의

(6) 주변구조물 조사
① 토취장 및 사토장 시공시 피해 유무 검토
② 사전조사를 철저히 한다.

(7) 지형조건 파악
토취장으로 사용가능한 지형 검토

(8) 운반로 확인
① 기존도로의 운반로 사용 여부 검토
② 공해발생, 민원제기 등을 점검한다.

(9) 공해발생 조사
① 운반시 진동, 소음, 분진의 민원발생 조사
② 민원제기가 없는 곳으로 선정

(10) 배수상태 파악
① 사토장 및 토취장의 배수조건 파악
② 지반연약으로 시공가능기간의 단축 방지
③ 배수처리가 불량한 곳은 선정불가

V. 현장 문제점에 대한 대책

(1) 용지보상
　① 토취장 및 사토장 개발에 따른 용지보상
　② 민원발생 소지, 미연에 협의하여 처리

(2) 경제성 검토
　① 고려사항

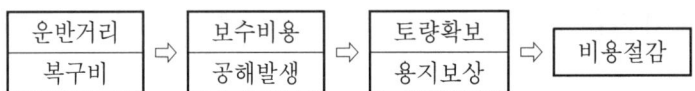

| 운반거리 복구비 | ⇨ | 보수비용 공해발생 | ⇨ | 토량확보 용지보상 | ⇨ | 비용절감 |

　② 공사관리, 공정관리, 안전관리, 품질관리를 고려하여 검토한다.

(3) 우기시 피해대책

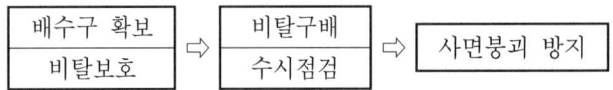

| 배수구 확보 비탈보호 | ⇨ | 비탈구배 수시점검 | ⇨ | 사면붕괴 방지 |

(4) 민원발생 대비
　① 비산먼지 발생억제대책 수립
　　→ 민원방지
　② 적정한 용량의 살수차를 확보

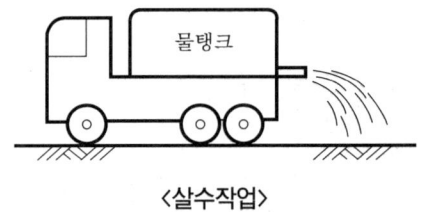

〈살수작업〉

(5) 복구조건 검토
　① 절토후 사면복구조건 검토 및 보상요
　　구검토
　② 원상조치 조건
　③ 경제성을 검토하여 사면 복구

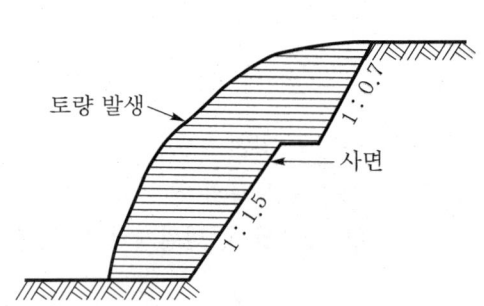

VI. 결 론

(1) 토공작업에서 성토재료 선정은 토공작업의 성패를 좌우하는 매우 중요한 작업으로 성토작업에 앞서 재료선정작업이 우선되어야 한다.

(2) 성토재료의 선정은 장비의 Trafficability가 확보되어야 하고, 다짐시공후 강도발휘가 용이하며, 시공성, 경제성을 고려하여 선정해야 한다.

> **8-1** 성토 비탈면의 전압방법의 종류를 열거하고, 각 특징에 대하여 설명하시오.
>
> [01후, 25점]

Ⅰ. 개 요

(1) 현장에서 다짐작업은 여러 가지 조건에 따라 시공 후에 발생할 수 있는 문제점 등을 감안하여 전압방법에 대한 계획수립이 무엇보다도 중요하다.

(2) 특히 유의해야 할 다짐작업으로는 비탈면 다짐, 구조물 접속부 시공, 절성토 경계부 시공 등이 있다.

Ⅱ. 전압방법의 종류 및 특징

1. 견인식 롤러방법

(1) 정의

진동식 또는 전압식의 다짐장비를 기진력이 큰 불도저로 견인하면서 비탈면을 다지는 방법

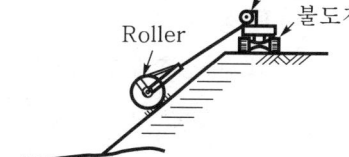

(2) 특징

① 전압효과가 크다.

② 높은 성토 비탈면의 시공성 우수

③ 대형장비 필요

④ 비탈구배가 급해도 시공가능

2. 불도저 다짐방법

(1) 정의

경사가 완만한 성토 비탈면을 불도저가 직접 오르내리며 다짐하는 방법

(2) 특징

① 다짐효과 양호

② 시공속도가 다소 느림.

③ 급한 비탈면의 시공이 곤란

④ 사질재료 비탈면 다짐시 시공이 곤란

3. 콤팩트 다짐방법

(1) 정의

셔블계 장비에 버킷 대신 진동콤팩트를 부착
하여 비탈경사면을 다지는 방법

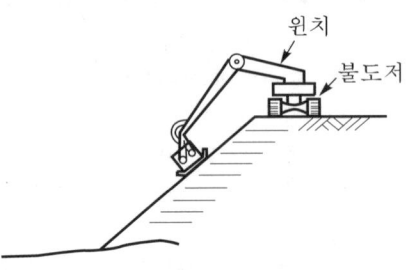

(2) 특징

① 다짐효과 우수

② 시공속도 양호

③ 함수비가 높은 성토 비탈면의 다짐이 곤란

④ 고성토 비탈면의 다짐이 곤란

4. 여성토후 불도저 절취방법

(1) 정의

성토작업시 여분의 폭을 두고, 다짐성토하여 성토완료후 불도저를 이용하여 규정의
구배로 절취하는 공법

(2) 특징

① 다짐효과가 양호

② 성토작업시 비탈면의 훼손이 적음

③ 절취작업시 불도저에 의한 다짐효과 병용

④ 추가 토공작업 발생

5. 여성토후 셔블 절취방법

(1) 정의

여분의 폭을 두고 성토작업후 셔블계 장비를 이용하여 비탈면을 절취하는 공법

(2) 특징

① 시공이 용이

② 기계화 시공

③ 비탈면 보호공작업의 병용 가능

④ 높은 성토 비탈면의 시공이 곤란

Ⅲ. 시공시 유의사항

(1) 토공 Post와 규준틀 설치
(2) 충분한 폭원 확보
(3) 비탈면 다짐은 본체 다짐과 동등한 수준
(4) 상부층 성토재료가 비탈면에 흘러내리지 않도록 시공
(5) 노견측에 깊이 10~15cm 정도의 가배수용 측구 설치
(6) 법면 가배수로는 다짐후 홈을 만들고 비닐 또는 가마니 등으로 보호
(7) 비탈면의 다짐도 관리

Ⅳ. 결 론

(1) 토공작업에서 특히 유의하여 시공해야 할 공종으로 비탈면 다짐, 구조물 접속부 시공, 설성토 경계부 시공 및 압내럭 성토시공 등이 있는네 이글 쉬악공쫑이라 한다.
(2) 성토 비탈면 다짐시공은 시공과정에서 관리소홀로 인해 하자발생과 문제점이 많으므로 세심한 시공관리가 특별히 요구되기도 한다.

> **9-1** 도로공사에서 구조물 접속구간의 부등침하의 원인과 방지대책에 대해 기술하시오.
> [96후, 50점]
>
> **9-2** 성토시 구조물 접속부의 부등침하 방지대책을 설명하시오. [08중, 25점]
>
> **9-3** 교대 및 암거 등의 구조물과 토공접속부에서 발생하는 단차의 원인을 열거하고 원인별 방지공법들에 대하여 설명하시오. [10후, 25점]
>
> **9-4** 구조물과 성토의 접속부 시공에 대해 고려할 사항을 설명하시오. [94전, 30점]
>
> **9-5** 구조물 뒤채움의 다짐방법에 대하여 기술하시오. [96전, 30점]
>
> **9-6** 구조물 뒤채움의 시공원칙에 대하여 기술하시오. [97중후, 33점]

I. 개 요

(1) 구조물에 접속된 토공부분은 구조물이 준공된 후에 침하를 일으켜 구조물의 평탄성이 대단히 나빠지는 경우가 많다.

(2) 침하에 의한 단차를 예방하기 위해 접속부의 구조와 뒤채움 재료에 대한 주의를 하지 않으면 안 된다.

II. 단차의 문제점

(1) 부등침하 (2) 구조물 손상

(3) 포장 파손 (4) 지반 연약화

III. 부등침하 원인(단차 원인)

(1) 압축성 차이

비압축성 구조물과 압축성을 가진 흙쌓기 사이에는 상대침하가 일어나지 않을 수 없다.

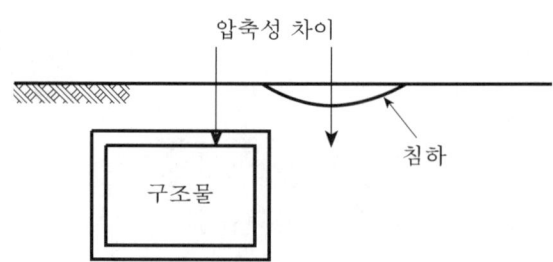

(2) 배수불량

교대 등에 의해 강우시의 배수가 잘 안 되므로 흙의 포화로 인한 전단강도 저하로 침하가 발생한다.

(3) 시공불량

구조물의 시공과 흙쌓기 시공 사이의 시차 및 구조물 시공 후의 급속한 되메움으로 포설두께가 두꺼워지기 쉽다.

(4) 다짐불량

작업장소가 협소하여 대형 전압기계의 사용이 곤란하여 뒤채움부의 다짐 불충분으로 인한 침하가 발생한다.

(5) 재료불량

구조물 기초의 터파기한 불량토가 흙쌓기 재료에 섞이기 쉬워 배수성 및 다짐도의 저하로 침하가 발생한다.

(6) 성토체 연약화

지하수의 용출 또는 지표수의 침투에 의해 성토체의 연약화가 반복되므로 침하의 원인이 된다.

(7) 지반지지력의 상이

구조물과 흙쌓기 주위 지반의 지지력이 상이하면 부등침하가 발생하므로 단차의 원인이 된다.

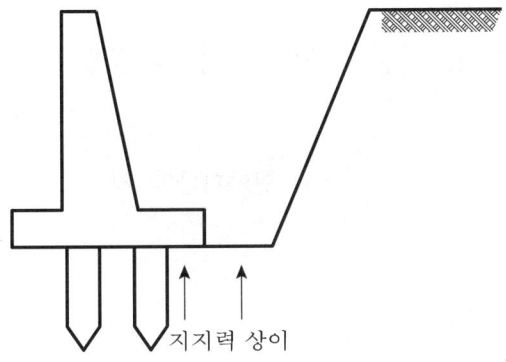

지지력 상이

(8) 구조물 변경

토압 또는 충격에 의해 구조물이 변형되었을 때 부등침하가 발생하게 된다.

(9) 지반경사

흙쌓기의 기초지반이 경사져 있을 때 흙쌓기 작업을 완료한 후에 부등침하가 발생하게 된다.

(10) 연약지반 위 구조물 시공

기초지반이 연약하여 지지말뚝 등으로 침하가 일어나지 않도록 시공된 구조물과 흙쌓기 사이에는 큰 침하가 일어난다.

(11) 지표수 침투

강우로 인한 지표수가 구조물과 토공의 경계부분에 침투하여 뒤채움부의 간극수압이 증가함으로써 침하가 발생한다.

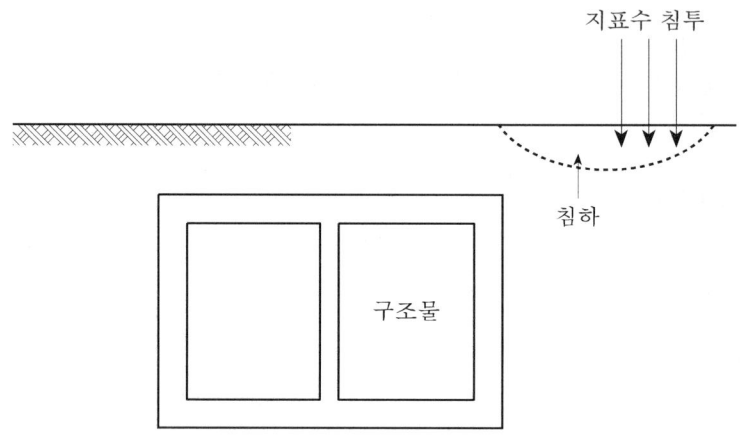

(12) 지하수 용출

구조물 배면의 수위상승으로 지하수가 용출됨으로써 뒤채움부가 약화되어 유효응력 감소로 인한 침하가 발생한다.

Ⅳ. 방지대책(접속부 시공시 고려사항, 다짐방법, 시공원칙)

(1) 연약지반 처리

기초지반조사를 철저히 하여 연약지반일 경우 대책공법을 선정하여 처리한 후에 시공해야 한다.

(2) 기초지반 처리

흙쌓기 시공에 앞서 땅깎기부의 벌개제근을 철저히 하여 나무뿌리, 유기질토 등의 부식에 의한 침하가 발생하지 않도록 한다.

(3) 다짐면적 확보

대형 전압기계의 사용이 가능한 공간을 확보하여 충분한 다짐시공이 될 수 있도록 해야 한다.

(4) 적정재료 선정

뒤채움 재료로서는 투수성이 좋고 비압축성이며, 잘 다져지는 성질을 가진 흙을 선정하여야 한다.

(5) 적정장비 선정

좁고 다짐이 곤란한 장소에서는 소형 다짐장비를 사용하여 가능한 한 얇은 층으로 다져야 한다.

(6) 시공순서 준수

편토압에 의한 구조물의 변형을 방지하기 위해서 적정한 성토순서 및 다짐순서를 준수하여야 한다.

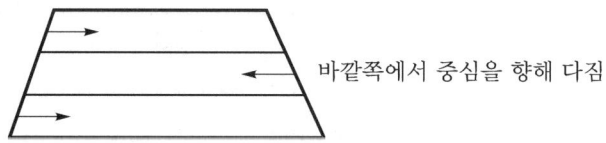

바깥쪽에서 중심을 향해 다짐

(7) 다짐두께 준수

1층당 부설두께 20~30cm로 하여 층다짐하고, 암거 등에서는 뒤채움의 층두께 및 높이가 양쪽에서 동일하게 시공해야 한다.

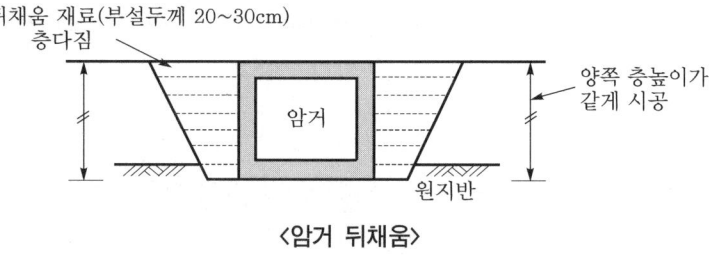

〈암거 뒤채움〉

(8) 배수시설 시공

물이 고이지 않도록 적절한 지하배수구 등을 설치함으로써 되메우거나 뒤채움을 한 곳에서 신속히 배수되도록 하여야 한다.

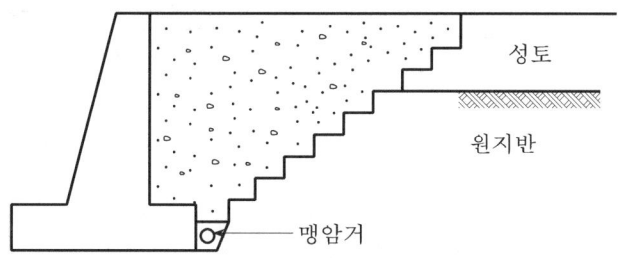

(9) 재료의 안정처리

함수비가 높은 흙을 뒤채움 재료로 사용하기 위해서는 안정처리를 하여 성질을 개선시켜 소정의 다짐도를 얻을 수 있도록 해야 한다.

(10) 포장체의 강성 증대

충격, 하중 등에 대한 저항력이 큰 포장설계를 함으로써 침하에 대한 지지력을 높여야 한다.

(11) 층따기 시공

원지반의 지표면 경사가 1 : 4보다 급한 경우에는 반드시 층따기 시공을 하여 뒤채움부의 변형과 활동을 억제해야 한다.

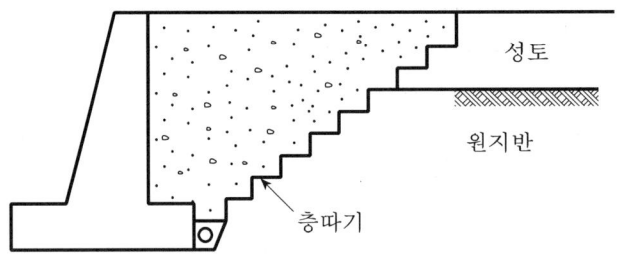

(12) 여성토

여성토는 침하의 우려가 없다고 인정되는 경우 이외에는 반드시 침하량을 계산한 시공을 하여 침하를 조기에 완료시킨다.

(13) 적정 시공속도

구조물이 이동하지 않도록 적정 시공속도를 유지하여야 한다.

(14) Approach Slab 시공

구조물의 기초지반이 연약하고, 배면의 성토고가 커서 부등침하가 예상될 경우 구조물과 성토체의 접속부에 시공한다.

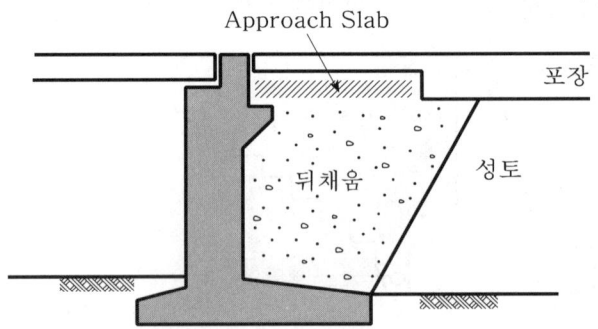

(15) 지표수 침투억제

지표수가 토공내에 침투하지 않도록 배수구를 설치하여 강우 등을 처리하고, 다짐에 특히 유의해야 한다.

(16) 지하수 용출방지

지하수 용출에 의한 성토체의 약화를 방지하기 위해 투수층을 설치하여 성토체내의 수위상승을 막아야 한다.

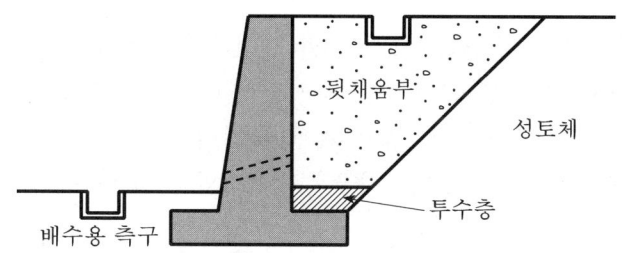

V. 결 론

(1) 구조물과 토공접속부의 단차는 뒤채움 재료의 부적정, 배수처리 불량, 다짐시공의 부실에 그 주된 원인이 있다고 할 수 있다.

(2) 단차를 최소한으로 줄이기 위해서는 적절한 뒤채움 재료를 선정하여 시공관리에 철저를 기하고, 적절한 대책공법을 선정하여 시공하여야 한다.

9-7 단지조성시 성토부의 지하시설물 시공방법중 성토후 재터파기하여 지하시설물을 시공하는 방법과 성토전 지하시설물을 먼저 시공하고 되메우기하는 방법에 대하여 설명하시오. [08후, 25점]

Ⅰ. 개 요

(1) 단지조성과 같이 광범위한 성토구간이 발생하는 지역에서는 지하매설물에 따른 공사의 지연이나 추가 터파기가 발생하기도 한다.

(2) 구조물의 시공방법에는 성토공사 시행후 다시 터파기를 하여 구조물을 시공하는 경우가 있고, 아니면 선구조물 시공후 성토작업을 시행하는 방법이 있다.

Ⅱ. 성토후 재터파기하여 지하시설물을 시공하는 방법

(1) 시공법

대단지 성토공사시 전구간에 소정의 높이까지 성토를 시행한 후 지하구조물을 시행하는 방법으로 전공사구간에 대한 다짐이 원활하며, 지지력이 균등한 이점이 있으나 추가공사비가 발생한다.

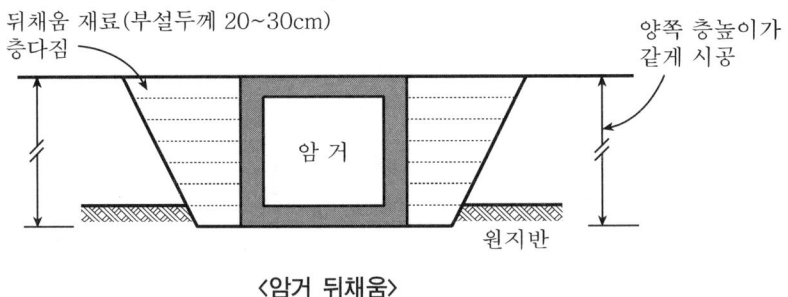

〈암거 뒤채움〉

(2) 특징

장 점	단 점
•성토다짐도 균일 •토공작업의 신속성 •시설물의 위치확인 양호 •장비진입로 확보 용이	•선시공시보다 공사비 증가 •부등침하 발생 우려 •매설물의 교차시공시 파손 우려

(3) 시공시 유의사항

① 지표수 침투방지

② 1층 다짐두께는 20~30cm로 하여 층다짐을 실시하여야 한다.

③ 뒤채움시는 양쪽에서 동일하게 뒤채움을 하고 다져야 한다.

④ 층따기 시공을 검토하고 실시한다.

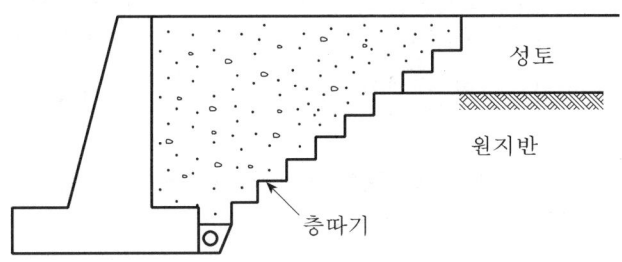

⑤ 좁고 다짐이 곤란한 장소에서는 소형다짐장비를 사용하여 얇은 층으로 다져야 한다.

Ⅲ. 성토전 지하시설물 시공후 되메우기 방법

(1) 시공법

성토공사를 시행하기 전에 지하매설물을 선시공후 성토작업을 수행하는 것으로 추가 터파기가 발생하지 않으나 많은 시설물로 인해 토공장비의 주행성이 불량하여 토공사의 공사기간이 지연되는 단점이 있다.

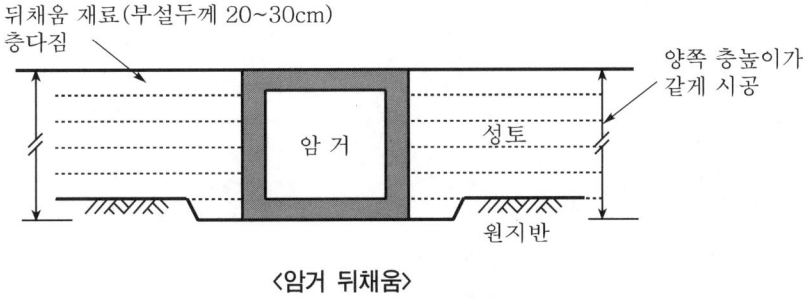

〈암거 뒤채움〉

(2) 특징

장 점	단 점
• 재터파기 공사비 절감효과 • 시설물의 공기단축가능 • 평지작업으로 품질관리 양호 • 우기시 별도 배수시설 불필요 • 구역별 시공가능	• 추가 진입로 설치 • 구조물의 간섭으로 주변 다짐불량 • 구조물로 인한 토공작업 지연 • 관로매설시 설치높이 차이에 따른 2중작업 발생 • 시설물 유지관리 곤란

(3) 시공시 유의사항

① 다짐시 편토압에 의한 구조물의 변형을 방지하기 위해서 적정 성토순서 및 다짐순서를 준수하여야 한다.

② 토압 또는 대형 토공장비의 운행에 따른 구조물의 변형에 유의하여야 한다.

③ 성토시 다짐은 시설물 주변의 다짐을 먼저 시행하고 성토작업을 시행하여야 한다.

④ 기초지반이 연약화하여 침하가 일어나지 않도록 시공전에 연약지반을 처리한다.

⑤ 성토작업시 구조물 양쪽에 동일한 성토가 이루어져야 하고 다짐도 동시에 실시한다.

Ⅳ. 결 론

(1) 구조물과 토공접속부의 단차는 뒤채움 재료의 부적정, 배수처리 불량, 다짐시공의 부실에 그 주된 원인이 있다고 할 수가 있다.

(2) 단차를 최소한으로 줄이기 위해서는 적절한 뒤채움 재료를 선정하여 시공관리에 철저를 기하고 적절한 대책공법을 선정하여 시공하여야 한다.

10-1 편절, 편성 구간의 경계부에 균열 등의 하자가 발생하는 원인과 그 방지대책을 기술하시오. [94후, 50점]

10-2 토공사시 절성토 접속구간에 발생가능한 문제점과 해결대책에 대하여 설명하시오. [02중, 25점]

10-3 경사면에 축조되는 반절토, 반성토 단면의 노반축조시 유의사항을 기술하시오. [99후, 30점]

I. 개 요

(1) 절토와 성토의 경계부에는 지지력의 불균등, 용수에 의한 성토체의 연약화, 다짐 불충분으로 인한 압밀 등에 의해 침하가 발생하기 쉽다.

(2) 경계부의 균열은 포장파손의 원인이 되므로 성토재료의 선정 및 시공관리에 철저를 기해 단차를 방지해야 한다.

II. 조 사

(1) 기상

강우일수와 강우량, 적설기간과 적설량, 기온, 일조시간, 안개와 서리의 상황 등을 조사한다.

(2) 지반

토공을 시행하기에 앞서 필요하다고 판단되는 지반조사를 모두 실시하여 지반의 토질상태를 파악한다.

(3) 지형 및 토질

현지답사나 기존자료에 의해 넓은 공사구역 지형의 형태, 즉 산세와 지형상의 구배 및 토질 등을 파악한다.

(4) 지표수, 지하수의 상황

지표수는 기존 지반의 강우로 인한 세굴현상을 관찰하고, 지하수는 boring에 의해 측정한다.

III. 문제점(하자발생원인)

(1) 지지력의 차이

땅깎기부와 흙쌓기부의 지지력이 불연속이고 불균등하므로 이에 의한 단차가 발생하게 된다.

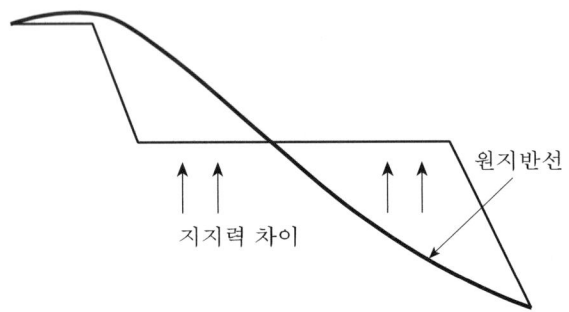

지지력 차이

원지반선

(2) 성토체의 연약화

땅깎기 구간과 흙쌓기 구간의 경계에 지표수, 용수, 침투수 등이 집중하기 쉽고 흙쌓기가 약화되어 침하가 발생한다.

(3) 다짐불량

경계부의 땅깎기는 다짐이 불충분해지기 쉽고, 따라서 흙쌓기는 압축에 의한 침하를 일으킨다.

(4) 지반활동(Sliding)

기초지반과 흙쌓기의 접착이 불충분해지기 쉬우므로 지반의 변형과 활동으로 단차가 일어나기 쉽다.

(5) 배수불량

흙쌓기면의 배수가 좋지 않으면 흙쌓기 내에 우수가 침투하여 흙이 연약해져서 침하가 일어나기 쉽다.

(6) 재료불량

땅깎기 구간의 마무리면에서 나타나는 흙쌓기에 부적합한 재료를 사용할 경우 배수성과 다짐도가 저하한다.

(7) 기초지반 처리불량

벌개제근 등 기초지반에 대한 처리가 불량할 경우에는 성토완료후 부등침하가 일어난다.

(8) 지반경사

흙쌓기의 기초지반이 경사져 있을 때에는 흙쌓기 완료후에 부등침하가 발생한다.

IV. 방지대책(노반축조시 유의사항)

(1) 연약지반 처리

기초지반조사를 철저히 하여 연약지반일 경우에는 대책공법을 선정하여 처리한 후 시공한다.

(2) 적정재료 선정

흙쌓기 재료로서 시공이 쉽고 전단강도가 크며 압축성이 작은 흙을 선정하여 사용해야 한다.

(3) 다짐시공 철저

경계부 흙쌓기를 충분히 다짐으로써 흙쌓기와 땅깎기 구간 사이의 부등침하를 방지한다.

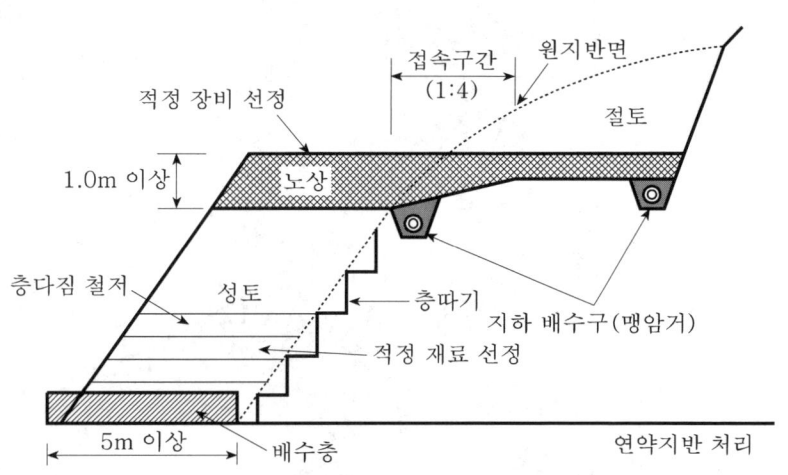

〈편절·편성 접속부에 대한 처리〉

(4) 접속구간 설치

단차로 인한 포장의 균열을 억제하기 위해 땅깎기면과 상부 노체면을 연결하는 1 : 4 정도의 접속구간을 설치한다.

(5) 지하배수구 설치

배수를 위하여 상부 노체면 또는 땅깎기면에 지하배수구를 설치하고 배수유출구로 유도배수되도록 한다.

(6) 배수층 설치

용수가 많은 편절, 편성구간의 흙쌓기 비탈 하단에는 배수층을 설치하여야 한다.

(7) 벌개제근

흙쌓기 중에 혼입된 초목, 나무뿌리 등의 부식으로 인하여 발생할 수 있는 부등침하, 처짐 등을 방지해야 한다.

(8) 적정장비 선정

토질의 특성에 맞는 적정장비를 선정하여 절토부와 성토부가 겹쳐지도록 다져야 한다.

(9) 적정시공속도

편토압에 의한 단차가 발생하지 않도록 흙쌓기 다짐에서의 적정한 시공속도를 유지해야 한다.

(10) 층따기 시공

원지반의 지표면 경사가 $1:4$보다 급한 경우에는 반드시 층따기 시공을 하여 성토체의 활동과 변형을 방지해야 한다.

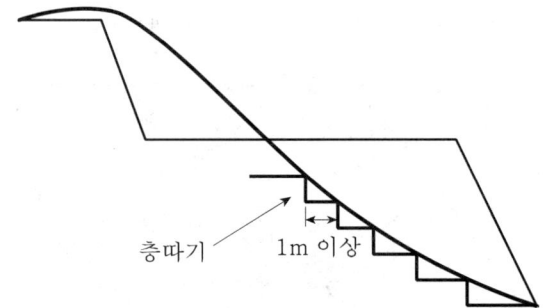

(11) 여성토

침하의 우려가 없다고 인정되는 경우 이외에는 반드시 여성토를 실시하여 압밀을 촉진시켜야 한다.

(12) 맹암거 설치

접속부의 땅깎기면에 맹암거를 설치하며 용수량이 많은 경우에는 유공관을 설치하는 것이 좋다.

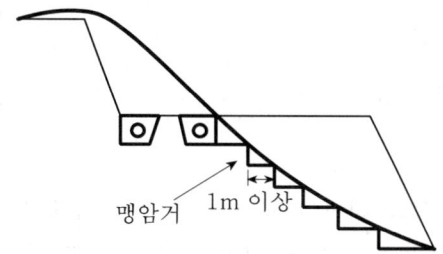

맹암거   1m 이상

(13) 재료의 안정처리

흙쌓기 재료를 안정처리하여 공학적 성질을 개선시킴으로써 소요의 다짐도를 확보할 수 있다.

(14) 동질재료 확보

땅깎기 부분은 흙쌓기부의 노상재료와 같은 재료로 되메우고 소정의 다짐도로 균일하게 다져야 한다.

(15) 성토순서 준수

편토압에 의해 부등침하를 방지하기 위해서 성토 및 다짐의 순서를 준수하여야 한다.

V. 품질관리

(1) 건조밀도

① 다짐도$(C) = \dfrac{\gamma_d(\text{현장의 건조밀도})}{\gamma_{d\max}(\text{실내 다짐시험으로 얻어진 최대 건조밀도})} \times 100(\%)$

가 시방규정 이상(노체 90%, 노상 95%)이면 합격

② 도로의 흙쌓기 및 흙댐에 주로 이용하는 신빙성 있는 방법

③ 적용이 곤란한 경우

㉠ 토질변화가 심한 곳

㉡ 기준이 되는 최대 건조밀도를 구하기 어려운 경우

㉢ 함수비가 높아 이를 저하시키는 것이 비경제적일 때

㉣ Over Size를 함유한 암재료

(2) 포화도, 간극률

① $G_s \cdot w = S \cdot e$

여기서, G_s : 토립자의 비중, w : 함수비, S : 포화도, e : 공극비

② 포화도$(S) = \dfrac{G_s \cdot w}{e}$

③ 간극률$(e) = \dfrac{G_s \cdot w}{S}$

④ 고함수비 점토 등과 같이 건조밀도로 규정하기 어려운 경우에 적용

(3) 강도특성

① 현장에서 측정한 지반 지지력계수 K치, CBR치, Cone 지수 등으로 판정
② 안정된 흙쌓기 재료(암괴, 호박돌, 모래질 흙)에 적용
③ 함수비에 따라 강도의 변화가 있는 재료에는 적용이 곤란

(4) 상대밀도(Relative Density)

① $D_r = \dfrac{e_{\max} - e}{e_{\max} - e_{\min}} \times 100 = \dfrac{\gamma_d - \gamma_{d\min}}{\gamma_{d\max} - \gamma_{d\min}} \times \dfrac{\gamma_{d\max}}{\gamma_d} \times 100$이 시방규정 이상이면

합격
② 점성이 없는 사질토에 적용

(5) 변형량

① Proof Rolling, Benkelman Beam 변형량이 시방기준 이상이면 합격
② 노상면, 시공 도중의 흙쌓기면에 적용

(6) 다짐기종, 다짐횟수

① 현장 다짐시험 결과에 따라 다짐기종, 한층 포설두께, 다짐횟수 결정
② 토질이나 함수비 변화가 크지 않은 현장에서 적용

VI. 결 론

(1) 균열에 의한 단차를 방지하기 위해서는 흙쌓기 재료의 선정, 다짐 및 배수 등의 시공관리에 철저를 기하여야 한다.
(2) 특히 재료의 선정에 있어서는 주어진 재료를 안정처리하여 공학적 성질을 개선시키는 등의 검토가 필요하다.

11-1 기존도로를 확장(확폭)하는 토공사에 있어서 시공상 주의해야 할 사항을 기술하시오.
[97중전, 50점]

11-2 콘크리트 포장구간에서 교량폭의 확장공사중 발생하는 접속 슬래브의 처짐 및 가시설부 변위대책에 대해 기술하시오.
[08전, 25점]

I. 개 요

(1) 도로확장공사란 교통량 증가에 따라 도로의 기능을 회복하기 위하여 도로를 넓히는 공사를 말한다.

(2) 확폭공사에서 구조물 시공은 미리 설치된 구조물의 연장과 신설구조물의 기초처리 등이 가장 큰 난제이다.

II. 확폭부 시공의 문제점

(1) 균열발생　　　　　　　　　(2) 단차발생
(3) 누수, 침수　　　　　　　　(4) 침하발생
(5) 측방향 이동　　　　　　　(6) 부등침하
(7) 철근 부식　　　　　　　　(8) 콘크리트 열화

III. 확폭시 접속 슬래브의 처짐 및 가시설부 변위대책(시공시 유의사항)

(1) 기초처리
기존구조물의 기초형식을 검토하여 시공후에 구 구조물과의 단차가 발생하지 않게 기초처리를 해야 한다.

(2) PBT 시험
기초지반을 정리한 후 PBT 시험을 통하여 지반의 지내력을 검토하고 필요시 파일 기초형식을 선정하여 시공한다.

(3) 지표수 침투억제
지표수가 토공내에 침투하지 않도록 배수구를 설치하여 강우 등을 처리하고 다짐에 특히 유의해야 한다.

(4) 적정재료 선정
뒤채움 재료로서는 투수성이 좋고 비압축성이며 잘 다져지는 성질을 가진 흙을 선정하여야 한다.

(5) 적정장비 선정

줄고 다짐이 곤란한 장소에서는 소형 다짐장비를 사용하여 가능한 한 얇은 층으로 다져야 한다.

(6) 시공순서 준수

편토압에 의한 구조물의 변형을 방지하기 위해서 적정한 성토순서 및 다짐순서를 준수하여야 한다.

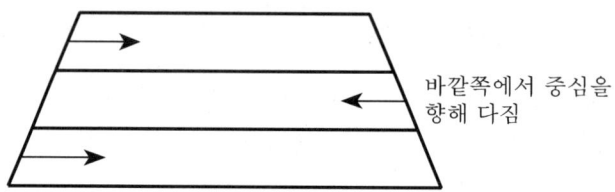

바깥쪽에서 중심을 향해 다짐

(7) 다짐두께 준수

1층당 부설두께를 20~30cm로 하여 층다짐하고, 암거 등에서는 뒤채움의 층두께 및 높이가 양쪽에서 동일하게 시공하여야 한다.

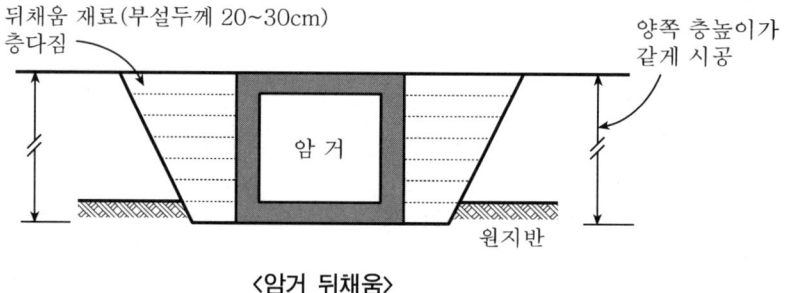

뒤채움 재료(부설두께 20~30cm) 층다짐

양쪽 층높이가 같게 시공

암 거

원지반

〈암거 뒤채움〉

(8) 배수시설 시공

물이 고이지 않도록 적절한 지하배수구 등을 설치함으로써 되메우거나 뒤채움을 한 곳에서 신속히 배수가 되도록 하여야 한다.

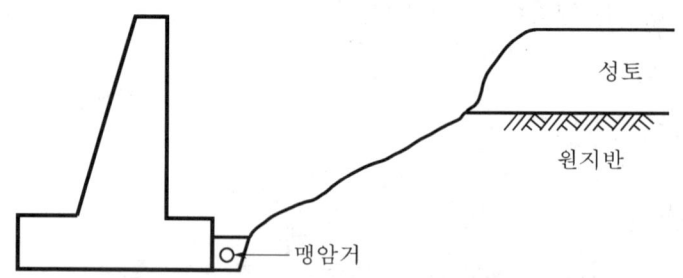

성토

원지반

맹암거

(9) 재료의 안정처리

함수비가 높은 흙을 뒤채움 재료로 사용하기 위해서는 안정처리를 하여 성질을 개선시켜 소정의 다짐도를 얻을 수 있도록 해야 한다.

(10) 포장체의 강성 증대

충격, 하중 등에 대한 저항력이 큰 포장설계를 함으로써 침하에 대한 지지력을 높여야 한다.

(11) 층따기 시공

원지반의 지표면 경사가 1 : 4보다 급한 경우에는 반드시 층따기 시공을 하여 뒤채움부의 변형과 활동을 억제해야 한다.

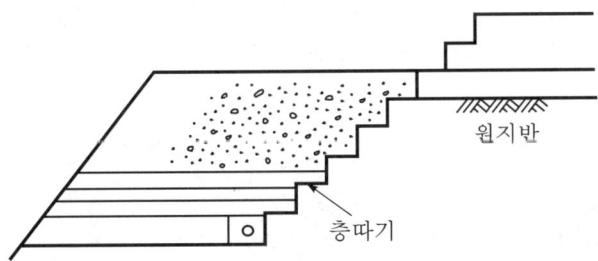

(12) 가시설 배면 측압

① 흙막이 배면에 작용하는 측압에 대한 버팀대의 반력이 설계기준강도 이상이 되지 않도록 산재하중을 억제한다.
② 흙막이벽의 근입장을 깊게 하여 변형을 방지한다.
③ 흙막이벽의 차수성이 우수한 재료를 선정한다.

(13) 가시설 물침투

① 흙막이 벽체의 차수성을 높인다.
② 흙막이 공법은 차수성이 좋은 공법을 선택하여 배수의 유출이 적게 한다.

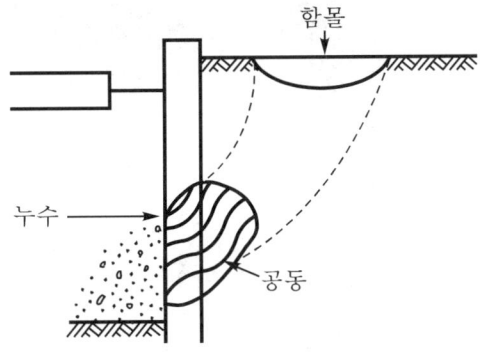

〈흙막이벽 누수에 의한 토사의 유출현상〉

(14) Strut Jacking

① 흙막이 가설 구조물의 Strut Jacking을 설치하여 변형시 즉시 재긴장하여 변형을 억제한다.

② 다짐시 진동롤러나 다짐장비의 진동에도 변형이 없는 강성을 유지한다.

(15) 약액주입공법

① 간극수압 감소

② 지반고결

③ 지하수 이동억제

(16) 기초형식 변형

지반이 연약하고 다짐이 불량할 때는 기초형식을 직접기초에서 Pile 기초형식으로 변경하여 접속슬래브의 처짐을 방지한다.

Ⅳ. 결 론

(1) 구조물과 토공접속부의 단차는 뒤채움 재료의 부적정, 배수처리 불량, 다짐시공의 부실에 그 주된 원인이 있다고 할 수가 있다.

(2) 단차를 최소한으로 줄이기 위해서는 적절한 뒤채움 재료를 선정하여 시공하는 적절한 대책공법을 선정하여야 한다.

12-1	도로공사 암굴착으로 발생한 버력을 성토재료로 사용할 때 시공 및 품질관리에 대하여 기술하시오. [01중, 25점]
12-2	도로공사에서 암버력을 유용하여 성토작업을 하는데 필요한 유의사항을 설명하시오. [08전, 25점]
12-3	암버력으로 쌓기하는 부분의 시공상 유의점에 대하여 기술하시오. [95전, 33점]
12-4	암(岩) 성토시 시공상 유의사항에 대하여 기술하시오. [04후, 25점]

Ⅰ. 개 요

(1) 도로공사현장에서 발생한 암버력을 성토재료로 사용할 때는 노체 이하에서 사용하여야 하며 암버력의 특성을 파악하여 토사와 구분하여 시공하여야 한다.

(2) 토사와 혼합사용하게 되면 다짐장비 선정 및 포설두께 등의 시공관리가 특히 요구된다.

Ⅱ. 다짐의 목적

(1) 압축성 최소화

(2) 지지력 증대

(3) 전단강도 증대

(4) 투수성 감소

Ⅲ. 암버력 성토재료 시공

(1) 포설두께

① 암버력재료의 사용시 최대직경의 1.5배 이하

② 시험 성토다짐을 통한 최적의 포설두께 결정

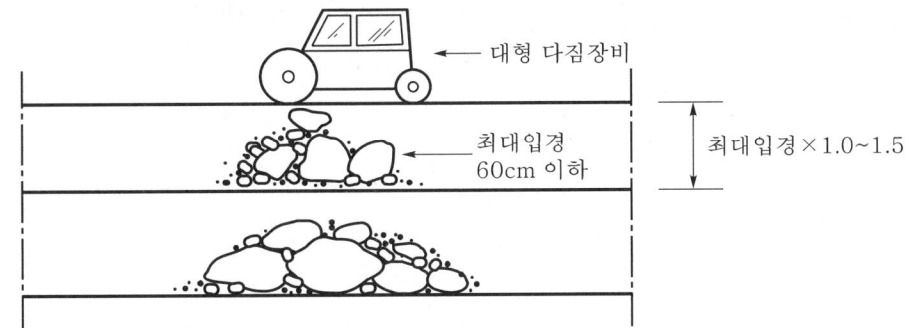

(2) 암버력 최대치수
  ① 현장 성토작업에 사용되는 최대치수는 30cm 이하
  ② 규정 이상의 버력은 포설전 브레이커 등을 이용하여 파쇄하여 사용

(3) 다짐방법
  전압형태로 버력의 Interlocking 확보

(4) 다짐장비
  ① 기진력이 큰 다짐장비 사용
  ② 불도저 또는 Road Roller 등의 자중이 큰 장비
  ③ Sheep-foot Roller 사용

(5) 시공장소
  ① 노체 완성면 아래에 한하여 사용
  ② 노체 이상의 암버력 시공은 도로포장체에 나쁜 영향을 초래하므로 사용억제

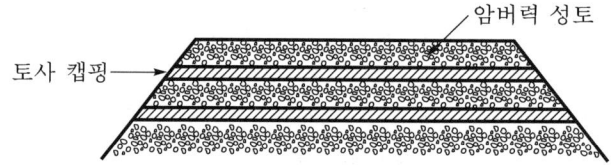

암버력 성토
토사 캡핑

(6) 토사 캡핑
  ① 암버력 사용한 성토시 매 층의 공극을 채울 수 있게 토사로 캡핑 시공
  ② 토사캡핑은 암버력 위에 규정두께로 포설하고 충분한 다짐으로 공극을 채울 수
  있게 시공

(7) 파쇄장비
  다짐이 곤란한 입경은 파쇄사용을 위하여 브레이커가 달린 백호를 투입하여 시공

브레이커

〈파쇄장비〉

Ⅳ. 품질관리기준(시공상 유의사항, 성토작업시 유의사항)

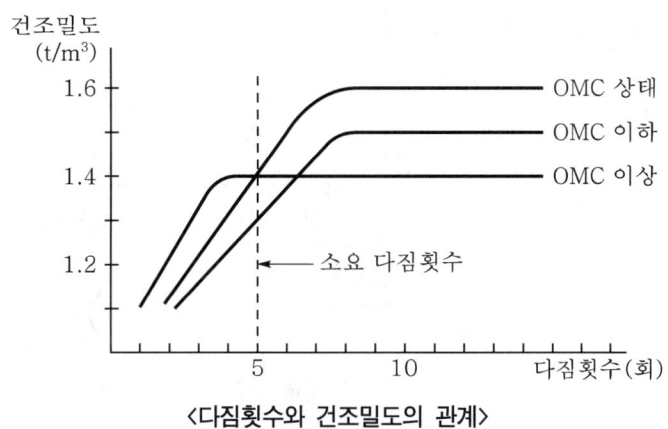

<다짐횟수와 건조밀도의 관계>

(1) 암질시험

① 암버력 경도

② 침투수에 의한 풍화 정도

③ 암버력의 마모성

(2) 다짐도

노체 다짐시공에서 90% 이상

(3) 시험다짐 실시

① 일정구간을 설정하여 시험다짐 실시

② 시험시공구간의 면적은 $400m^2$ 내외

③ 한 층의 시공두께는 시방규정에 따르고 본공사에 사용될 재료사용

④ 시험시공구간에 사용될 도저 그레이더 살수차, 다짐장비는 본공사에 사용될 장비사용

(4) 자료활용

① 시험시공으로 얻은 포설두께, 다짐횟수, 함수비 등을 본공사에 적용

② 재료변경, 다짐장비 교체 등의 변동사항이 발생하면 기준값 변동

(5) 포설위치

암버력과 기타 재료를 동시에 포설해야 될 경우에 암버력은 외측에, 기타 재료는 내측에 포설해야 한다.

(6) 중간차단층 설치

암버력으로 시공되는 흙쌓기 부의 마지막 층은 작은 조각, 입상재료, Soil Cement 중간층 등을 두어 공극을 충분히 차단해야 한다.

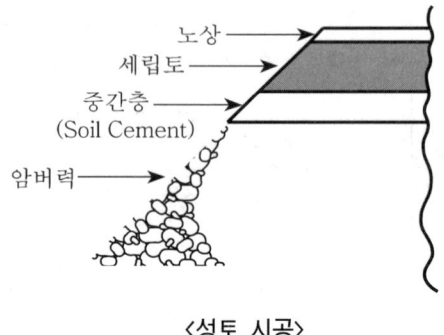

〈성토 시공〉

(7) 압축성이 큰 재료를 사용할 때

연암재 등 압축성이 큰 암버력은 되도록 사용하지 않는 것이 좋으나 사용할 때에는 압축을 적게 받는 개소에 사용하고, 큰 압축침하가 생기지 않도록 충분히 다진다.

(8) 작업시 유의사항

① 최적 함수비, 포설두께, 다짐횟수 규정준수

② 이물질 혼입금지

③ 작업차량통로 수시변경

④ 포설면은 4% 횡단구배 유지

⑤ 성토법면 세굴방지 목적으로 가마니 및 비닐 도포

V. 결 론

(1) 현장에서 발생한 버력을 성토재료로 사용하게 될 때는 암버력 사용에 따른 시방 규정을 준수하여 시공하여야 한다.

(2) 암버력 성토시공은 사용장비 선정 및 포설두께 규정에 맞게 시공해야 하고, 암버력 공극을 채울 수 있게 매 층을 토사재료로 캡핑하며 다음층 성토가 이루어져야 한다.

12-5 노체 성토부위의 배수대책   [02후, 10점]

Ⅰ. 정 의

(1) 성토작업에서 중요한 시공관리는 성토재료의 선택, 다짐방법, 다짐도 확보 및 성토 시공후 관리가 아주 중요한 요소이다.

(2) 노체 성토시공에서 매 층 시공마무리면은 강우에 의해서 노체 성토부의 함수비 증 가, 유실 등의 영향을 최소화하기 위하여 적절한 공법의 배수대책이 요구된다.

Ⅱ. 노체 성토부의 배수대책

(1) 횡방향 구배

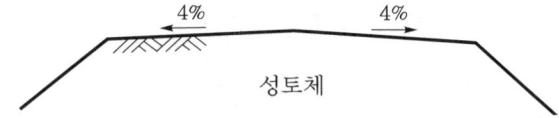

① 강우에 대한 표면배수처리

② 비고임현상 방지

③ 성토체의 흡수에 따른 연약화 방지목적

(2) 배수로 설치

① 성토사면에 배수로 설치

② 설치배수로는 세굴방지공법 적용

③ 우수유입부는 비닐로 덮어 보호

(3) 평탄성 관리

① 다짐마감면의 평탄성 관리

② 요철부위에 빗물고임 등으로 함수비 증가

③ 포설작업시 평탄관리후 다짐 실시

(4) 유도배수로 설치

① 성토시공면이 넓은 경우 : 유도배수로 설치

② 성토재료를 이용하여 배수도랑 설치

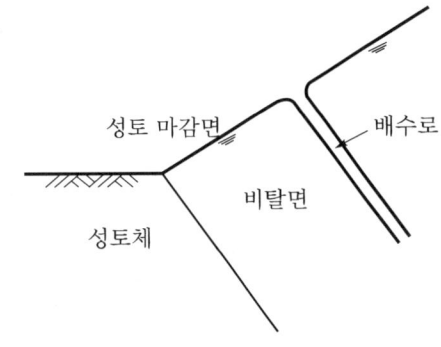

(5) 차량통제
　① 강우 또는 강우 직후 작업차량통과로 성토면의 배수지연
　② 성토면의 교란으로 시공면이 연약화되므로 차량통행 차단

(6) 가배수로 설치
　① 집중강우 예상시 노면부에 가배수로 설치
　② 일정간격으로 비닐, 가마니 등으로 가배수로 설치

(7) 밀실다짐
　① 장마철 성토다짐은 잦은 강우로 인한 성토재료 유실
　② 일일작업 마무리시 포설재료는 밀실다짐후 작업마무리

13-1 토공사에서 토량배분방법을 단계적으로 설명하시오. [96중, 30점]

13-2 토공작업시 토량분배방법에 대하여 기술하시오. [03후, 25점]

13-3 단지조성을 할 경우 단지내에서 평면상 토량배분계획의 수립방법을 설명하시오.
[07후, 25점]

Ⅰ. 개 요

토공작업시 성토와 절토의 계획토량, 운반거리 등을 결정하는 것을 토량배분이라 하며, 이는 유도곡선(토적곡선)을 통해 표현한다.

Ⅱ. 목 적

(1) 토량의 효율적인 배분

(2) 운반거리에 따른 장비 기종의 선정

(3) 사토장 및 토취장 선정

Ⅲ. 토량배분방법(토량배분계획 수립방법)

1. 측량

2. 도면작도

① 평면도

② 종단면도

③ 횡단면도

3. 종단면별 토적표로 토량산정

4. 유토곡선으로 종단면의 토량배분

(1) 유토곡선(토적곡선, Mass Curve)

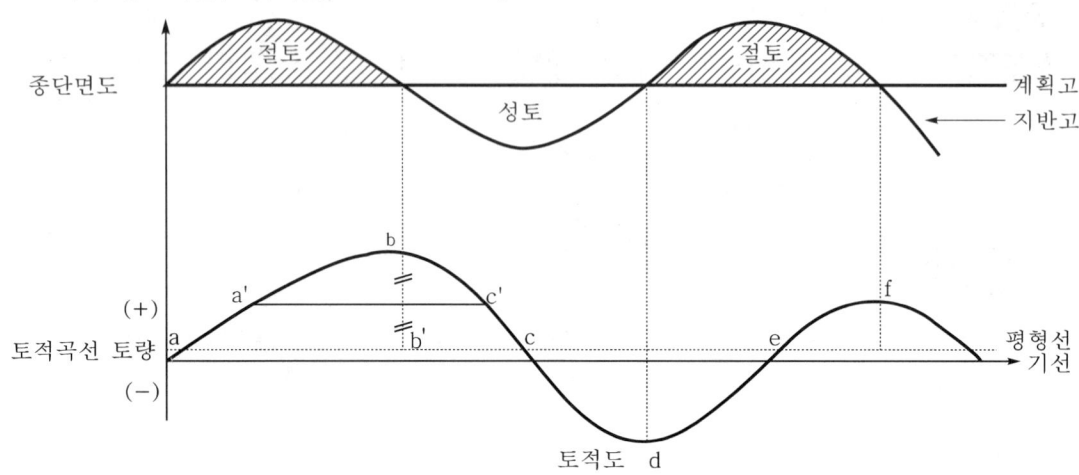

(2) 유토곡선의 성질(토적곡선의 성질)

① **절성토 구간** : 상승부분 a−b와 d−f는 절토구간을, 하강부분 b−d는 성토구간을 나타낸다.

② **극대치(b)**
  ㉠ 극대치는 극대점에서의 값을 의미한다.
  ㉡ 토공작업에서 절토에서 성토로 전환되는 변이점이다.
  ㉢ 극대점에서 평형선까지의 수직거리 ⓐ는 좌측토공을 절토하여 우측으로 성토하는 운반토공량이다.

③ **극소치(d)**
  ① 극소치는 극소점에서의 값을 의미한다.
  ② 토공작업시 성토에서 절토로 전환되는 변이점이다.
  ③ 극소점에서 평형선까지의 수직거리 ⓑ는 우측토공을 절토하여 좌측으로 성토하는 운반토공량이다.

④ **산모양과 골모양**
  ㉠ 산모양(a−b−c)으로 굴착토가 왼쪽에서 오른쪽으로 이동한다.
  ㉡ 골모양(c−d−e)으로 굴착토가 오른쪽에서 왼쪽으로 이동한다.

⑤ **토량의 과잉과 부족** : 기선 위에서 끝나면 토량의 과잉이며, 기선 아래에서 끝나면 토량의 부족을 나타낸다.

⑥ **평균 운반거리** : a−c 구간의 평균 운반거리는 a′−c′이다.

⑦ **전토량** : 기선에서 정점까지의 거리(b−b′)는 절토에서 성토로 운반되는 전토량이다.

(3) 종단면별 토량배분

5. 평면도로 토량배분

(1) 종단면에서 남는 사토량의 사토위치 결정
(2) 종단면에서 부족한 성토량의 반입위치 결정

Ⅳ. 결 론

유토곡선을 통한 토량배분으로 토공작업에서 공구분할, 장비선정 등에 이용하여 경제적이고 합리적인 시공이 되게 하여야 한다.

13-4 대규모 토공사에서 토공계획 수립시 유토곡선(Mass Curve) 작성 및 운반장비
선정방법에 대하여 설명하시오.   [02중, 25점]

13-5 토적곡선의 성질과 작성시 유의사항을 설명하시오.   [00전, 25점]

13-6 토적곡선(유토곡선)의 약도를 그리고, 그 성질을 설명하시오.   [94전, 40점]

13-7 유토곡선(Mass Curve)의 성질과 이용방안에 대하여 기술하시오.   [96후, 25점]

13-8 유토곡선에 의한 평균 이동거리 산출요령과 활용상 유의할 사항에 대하여 설명
하시오.   [11후, 25점]

13-9 토공균형계획을 검토한 바 350,000m³의 순성토가 발생하였다. 토공 균형곡선
및 소요 성토재료를 현장에 반입하기까지의 검토사항에 대하여 기술하시오.
                                                            [01중, 25점]

13-10 Mass Curve(토적도)   [97중전, 20점]

13-11 유토곡선(Mass Curve)   [06후, 10점]

13-12 유토곡선(Mass Curve)   [11중, 10점]

13-13 유토곡선(Mass Curve)의 극대치, 극소치   [94후, 10점]

Ⅰ. 개 요

토공계획수립시 유토곡선을 이용함으로써 토량의 평행관계를 정확히 파악할 수 있으며,
장비선정, 토량이용계획 등을 수집하여 전체공정계획을 수립할 수 있다.

Ⅱ. 유토곡선(토적곡선, 토공균형곡선)의 작성(성질), 평균 이동거리 산출요령

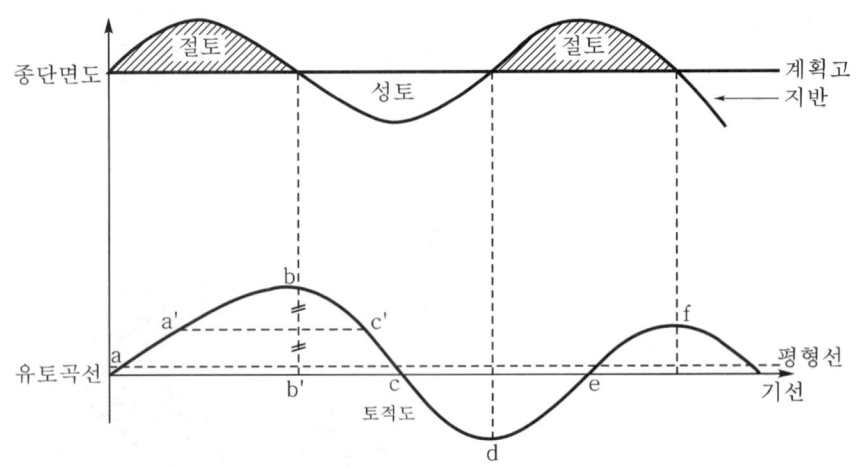

(1) 절성토 구간

상승부분 a−b와 d−f는 절토구간을, 하강부분 b−d는 성토구간을 나타낸다.

(2) 극대점과 극소점

극대점(정점) b와 극소점(저점) d는 절토와 성토의 경계이다.

(3) 산모양과 골모양

산모양(a−b−c)으로 굴착토가 왼쪽에서 오른쪽으로 이동한다.
골모양(c−d−e)으로 굴착토가 오른쪽에서 왼쪽으로 이동한다.

(4) 토량의 과잉과 부족

기선 위에서 끝나면 토량의 과잉이며, 기선 아래에서 끝나면 토량의 부족을 나타낸다.

(5) 평균 운반거리

a−c 구간의 평균 운반거리는 a′−c′이다.

(6) 전토량

기선에서 정점까지의 거리(b−b′)는 절토에서 성토로 운반되는 전토량이다.

Ⅲ. 작성시 유의사항(활용상 유의사항)

(1) 토량계산

토량계산서에서 미리 각각의 절토, 성토량을 알고 개략적인 배분을 해두어야 한다.

(2) 토량변화율

대규모 공사에서는 시험굴착, 시험성토를 하여 토량변화율을 고려한 토량을 계산해야 한다.

(3) 불량토 사토

절토단면에 성토재료로서 부적당한 불량토가 있을 경우에는 별도로 집계하여 사토로 한다.

(4) 운반거리

토취장이나 사토장 위치를 고려하여 경제적인 운반거리가 되도록 토량을 배분해야 한다.

(5) 평형선 결정

평균 운반거리가 장비의 경제적인 최대 운반거리가 되도록 평형선을 결정해야 한다.

(6) 종단구배

절토는 배수, 운반을 고려하여 종단곡선을 따라 하향구배를 굴착할 수 있도록 평형선을 그린다.

(7) 기종선정

토질, 지형상태, 운반거리, 운반량 등을 고려하여 가장 경제적인 기종을 선택해야 한다.

(8) 평균 운반거리

절토에서 성토까지의 평균 운반거리는 절토중심과 성토중심의 거리로 나타낸다.

Ⅳ. 운반장비 선정방법

(1) 토량배분이 결정된 후에는 유토곡선을 이용하여 운반거리, 운반토량, 토질조건, 지형상태 등을 고려해서 경제적인 기종을 선택한다.

(2) 운반거리별 적정 장비

① Bulldozer : 50m 이하

② Scraper : 50~500m

③ Dump Truck : 500m 이상

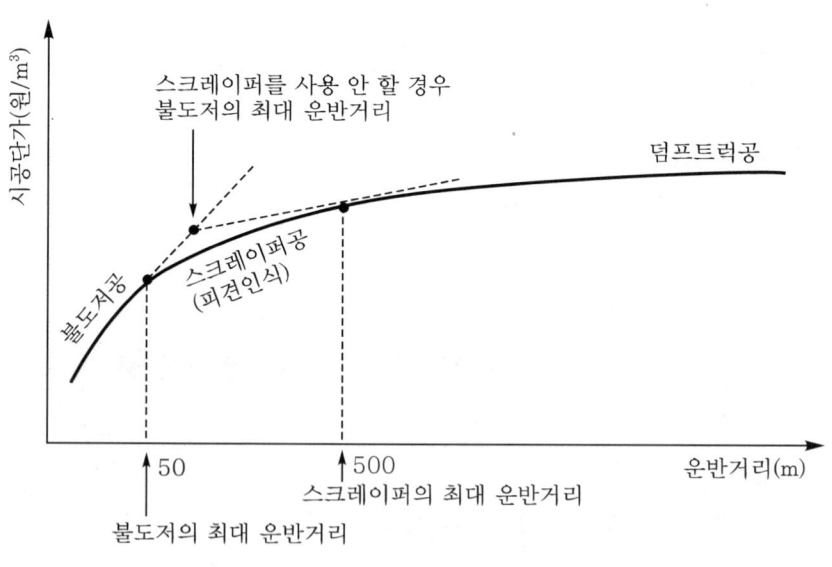

〈시공비용곡선〉

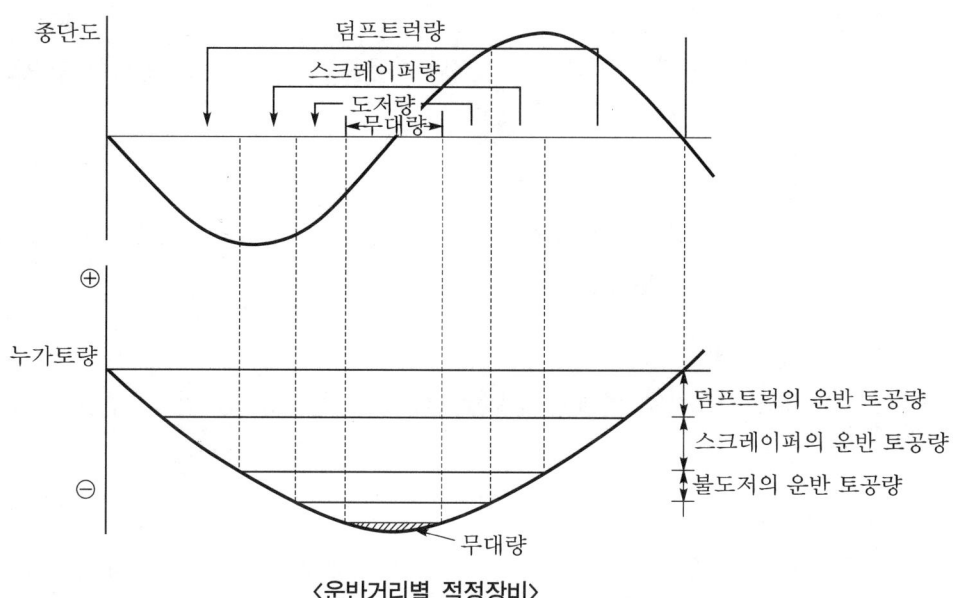

〈운반거리별 적정장비〉

(3) 유대량, 무대량
  ① 유대량 : 도저＋스크레이퍼＋덤프트럭
  ② 무대량 : 유토곡선의 종방향 토량＋토량계산서의 횡방향 토량

V. 이용방안

(1) 장비선정
  ① 토량배분이 결정된 후에는 유토곡선을 이용하여 운반거리, 운반토량, 토질조건, 지형상태 등을 고려한 경제적인 기종을 선택한다.
  ② 운반거리별 적정장비
    ㉠ Bulldozer : 50m 이하
    ㉡ Scraper : 50~500m
    ㉢ Dump Truck : 500m 이상

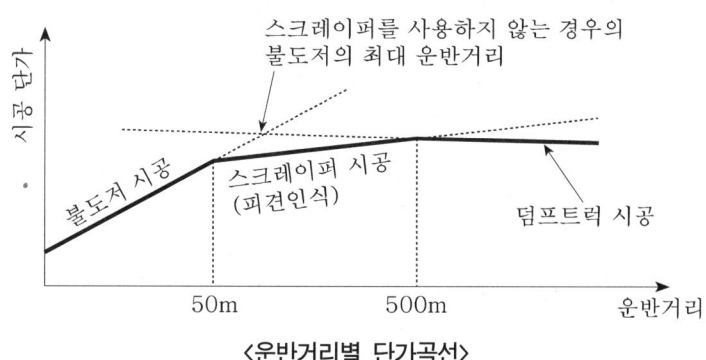

〈운반거리별 단가곡선〉

(2) 토량배분

어느 측점의 토량이 어디로 이동되며 사용되는지의 배분을 명확히 함으로써 먼 거리의 운반을 미리 막을 수가 있다.

(3) 공구분할

측점단위 공구분할보다 토공량에 따른 공구분할로 작업분할의 효과가 크고 특정 공구의 의존도가 낮아진다.

(4) 토사이용계획

불필요한 사토작업 억제와 성토재료의 근거리 이동 등 일목요연한 작업관리가 되게 한다.

(5) 공정관리

전체토량을 중심으로 분할작업함으로써 공종계획수립이 쉬우며 공정관리가 용이하다.

VI. 검토사항(설계시 고려사항)

(1) 최대 입경
 ① 현장 발생토의 입도시험
 ② 최대 입경치수
 ③ 입도분포곡선 작성

(2) 함수상태
 자연상태 함수비 측정

(3) Atterberg 한계
 ① 액성한계(LL)
 ② 소성한계(PL)
 ③ 소성지수(PI)

(4) CBR 시험
 ① 팽창률 측정
 ② 수침 CBR값

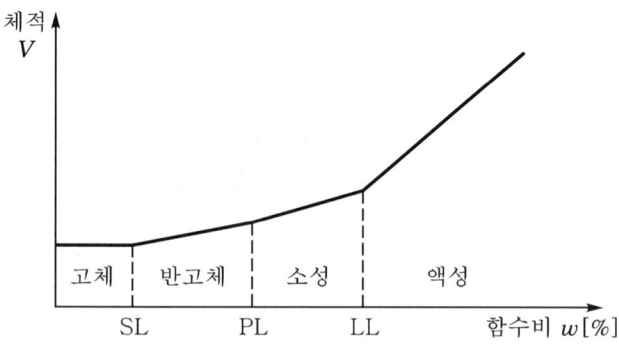

(5) 최대 건조밀도

　① 다짐시험

　② 다짐곡선 작성

　③ 최대 건조밀도 산정

(6) 최적함수비

　① 다짐시험에서 다짐곡선 작성

　② 최대 건조밀도에 대한 최적함수비

(7) 이물질 함유 여부

　① 풀뿌리, 나무뿌리 등의 혼입

　② 표토 및 기타 이물질의 혼입 여부

(8) 토량환산계수

　① 토량변화율 측정

　② 토량운반량 산출

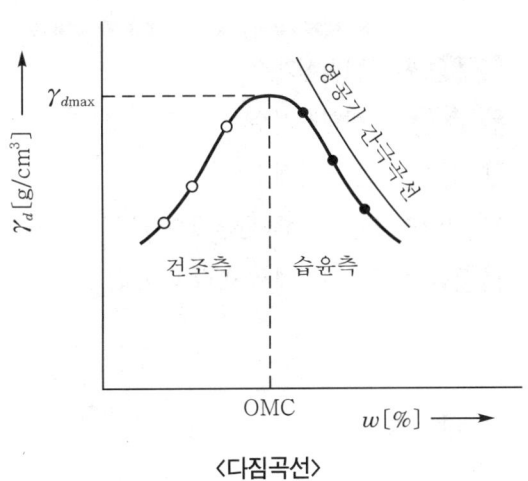

〈다짐곡선〉

VII. 결 론

(1) 토공작업에서 절토량과 성토량의 균형을 유지하고 토량의 적정배분으로 효율적인 장비선정 및 공기단축효과를 얻을 수 있는 토공균형곡선을 이용하고 있다.

(2) 현장에서 발생되는 유용토는 성토작업에서 사용되기 전에 시료를 채취하여 입도시험 및 Atterberg 한계 및 토성시험을 실시하여 현장반입전에 사용 여부를 결정하는 것이 중요하다.

Ⅰ. 개 요

토공작업에서 자연상태의 흙과 다져진 상태의 흙에 따른 토량변화율을 이용하여 작업 토량을 구하는 데 사용하는 계수로 토량변화율 L값과 C값을 이용하여 산정한다.

Ⅱ. 토량환산계수(f)

〈토량환산계수(f)〉

기준이 되는 q ＼ 구하는 Q	자연상태의 토량 (1)	흐트러진 상태의 토량(L)	다져진 상태의 토량 (C)
자연상태의 토량(1)	1	L	C
흐트러진 상태의 토량(L)	$1/L$	1	C/L
다져진 상태의 토량(C)	$1/C$	L/C	1

Ⅲ. 토량변화율

(1) L 값

$$L = \frac{흐트러진\ 상태의\ 토량}{자연상태의\ 토량}$$

일반토사인 경우 1.1~1.4 정도이고, 토공사에서 운반토량산출시에 이용한다.

(2) C 값

$$C = \frac{다져진\ 상태의\ 토량}{자연상태의\ 토량}$$

일반토사에서 0.85~0.95 정도이며 성토시공시, 반입물량산출시 이용한다.

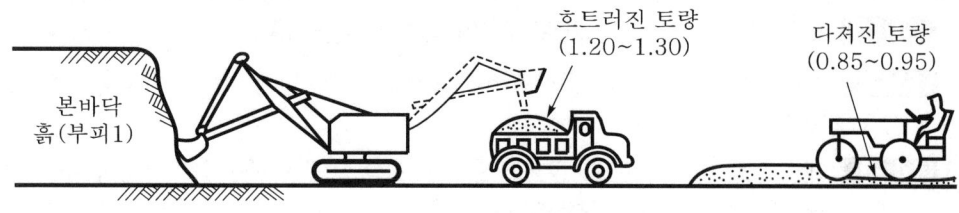

흐트러진 토량
(1.20~1.30)

다져진 토량
(0.85~0.95)

본바닥
흙(부피1)

<흙의 체적변화>

Ⅳ. 용 도

(1) 운반토량 산정
(2) 건설기계의 작업능력 산정
(3) 공기 산정
(4) 시공계획 수립

Ⅰ. 개 요

(1) 흙의 간극수가 동결하여 토중에 빙층이 형성되기 때문에 지표면이 떠올려지는 현상을 흙의 동상이라 한다.

(2) Silt와 같은 흙에서는 서릿발을 만들며 지면을 들어올리는 비율이 더 커지기 때문에 보통 모래를 기층에 많이 넣어 동토를 방지한다.

Ⅱ. 동상을 지배하는 3요소(동상발생원인, 융기 및 침하의 발생원인)

(1) Silt

건조한 모래나 자갈 등에서는 동해가 일어나지 않으며, Silt와 같은 비교적 세립의 토중에서 일어나기 쉽다.

(2) 온도

0℃ 이하의 대기온도가 오랫동안 지속되면 서릿발(Ice Lense)이 형성되며, 이것이 동상의 원인이 된다.

(3) 모관수

동상의 조건으로 물의 공급이 많아질 경우 서릿발의 형성이 증대한다.

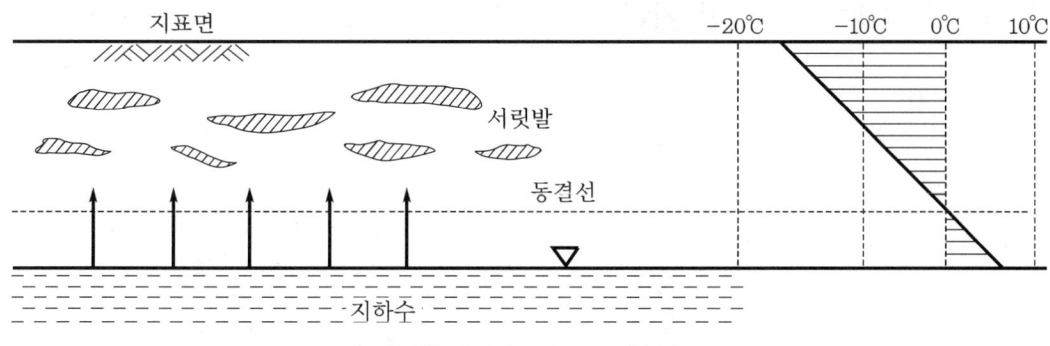

<서릿발 형성(Ice Lense 현상)>

Ⅲ. 동결심도 산출방법(결정방법)

(1) 현장조사

① 동결심도계 이용

② Test Pit에서 관찰

(2) 동결지수

① 동결지수란 누적일 평균기온-일 곡선에서 최고점과 최저점의 차이값을 말한다.

② 동결심도$(Z) = C\sqrt{F}$

여기서, C : 정수(3~5), F : 동결지수(℃ · day)

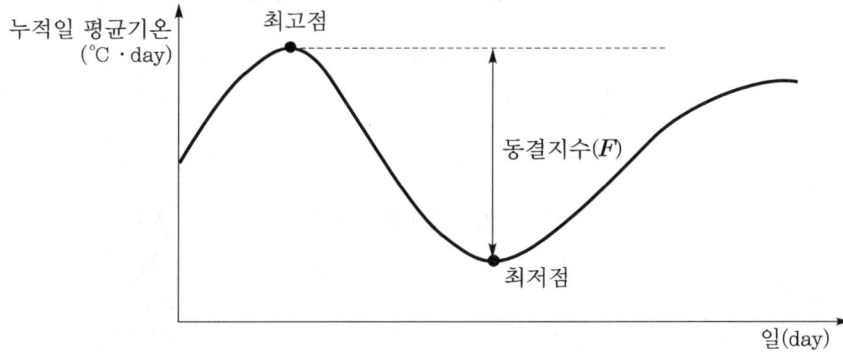

(3) 열전도율

① 열전달이 흙과 물의 잠재열로 이루어진다고 가정한다.

② 동결심도$(Z) = \sqrt{\dfrac{48 \cdot k \cdot F}{L}}$

여기서, k : 열전도율

$\quad\quad\quad F$: 동결지수(℃ · day)

$\quad\quad\quad L$: 융해잠재열(cal/cm^3)

Ⅳ. 동상방지대책(융기 및 침하 방지대책)

(1) 치환

① 동결심도보다 위의 흙을 비동상성 재료로 치환하는 공법

② 치환재료의 조건

㉠ 동상을 일으키기 어려울 것

㉡ 교통하중에 대한 지지력을 가질 것

㉢ 장기간 변화되지 않을 것

③ 치환깊이

㉠ 동결심도가 얕은 경우는 전부 치환

㉡ 동결심도가 깊은 경우 도로에서는 70~80%가 적당

(2) 차수

모관수 상승을 차단하는 층을 지하수위 위에 설치하는 방법으로서 차단재료는 Soil Cement, Asphalt 등을 사용한다.

(3) 단열

지표에 가까운 부분에 단열재료를 매입하여 보온처리하는 방법으로 발포 스티로폼, 기포 Con'c 등을 사용한다.

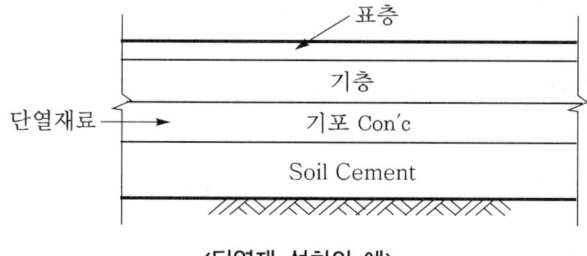

〈단열재 설치의 예〉

(4) 안정처리

지표의 흙을 화학약액으로 처리하여 동결온도를 낮추는 방법으로 NaCl, $CaCl_2$, MgCl 등의 화학약품을 사용한다.

(5) 지하수위 저하

차수공법의 일종으로서 배수구 등을 설치하여 지하수위를 저하시키는 방법이다.

(6) 동결깊이 조절

지표 부근의 흙 속에 소다와 같은 재료를 삽입하여 동결깊이를 얕게 하는 것도 일시적으로는 효과가 있다.

(7) 선택층 설치

　　도로포장의 경우 보조기층 아래에 동결작용에 민감하지 않은 선택층(자갈층)을 설치하여 포장체를 동해로부터 보호한다.

(8) 기초를 동결심도 아래에 설치

　　동상과 융해에 대한 피해를 방지하기 위한 가장 일반적인 방법은 모든 구조물의 기초를 동결심도 아래에 설치하는 것이다.

(9) 배수층 설치

　　동결토가 융해되면서 생기는 과잉수로 인한 지반의 연약화를 방지하기 위해 동결심도 아래에 배수층을 설치한다.

V. 흙의 동결이 구조물에 미치는 영향

(1) Blow Up

　① 흙 속에 간극수가 동결되면서 체적이 팽창하여 구조물을 위로 쳐올리는 현상

　② 동해에 따른 구조물 기초지반의 Blow Up 현상이 발생할 때 구조물에 균열, 단차, 솟음 등의 피해가 발생한다.

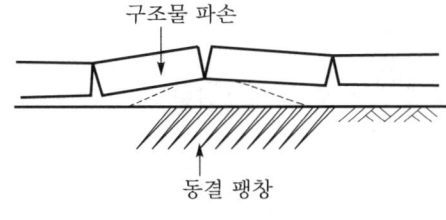

구조물 파손

동결 팽창

〈Blow Up 현상〉

(2) 지중구조물의 파손

　　지중매설물인 상수도관, 통신관, 전력관, GAS관 등의 지반이 동결됨에 따라 동파, 이동, 변형되면서 파손되는 사고가 발생한다.

(3) 부등침하

　　균질하지 않은 지반에서 흙이 동해를 받게 되면 부분적인 침하와 함께 부등침하가 발생한다.

(4) 포장의 파손

　① 한절기에 포장하부층이 동결되어 흙 속에 빙층을 형성하였다가 해빙기가 되면 지반이 연약해진다.

② 이때 통행차량의 하중이 작용하면 포장하부면에 인장응력이 발생하어 포장이 파손된다.

(5) 측압발생

지표면의 흙이 얼면서 팽창할 때 가로방향으로의 팽창력에 의해서 구조물에 측압으로 작용

(6) 구조물 균열

흙이 동결되면서 모관수를 흡수하여 팽창하면 작용하중으로 변하여 구조물에 균열이 발생

(7) 구조물 파손

흙이 동결되면서 특히 수리구조물에 대한 영향이 더욱 커져 상수도관, 하수관 등의 파손이 발생

(8) 댐의 변형

Fill댐이 동상을 입으면 댐체에 변형을 일으키고, 댐에 치명적인 손상을 초래

(9) 사면보호공 파손

토사면에서 동상이 발생하면서 비탈보호구조물의 파손발생

(10) 옹벽활동

옹벽기초 이하 부분에서 동상이 발생되면 옹벽구조물이 부상하게 되고, 활동하게 된다.

(11) 옹벽의 전도

옹벽 뒤채움부에서 물이 동결되면서 주동토압과 함께 옹벽의 힘이 가해져서 옹벽이 전도

(12) 흙막이벽 균열

지하굴착공사에서 시공중인 흙막이벽에 측압이 가해져 균열이 발생

(13) 도로 변형

흙이 동결되면서 가장 큰 피해를 입는 구조물로서 도로에 큰 변형 발생

(14) 도로 단차

구조물과의 접속부에서 동결현상으로 구조물과의 단차가 발생

(15) 교대 변위

　교량교대 후면 지하수가 높을 때 동결되어 수평하중으로 작용하여 변위발생

(16) 터널 Lining 균열

　Lining 배면토의 동결에 따른 복공의 균열발생

VI. 결 론

(1) 동상은 주변구조물을 움직이고 균열을 일으킬 수 있을 정도의 큰 힘을 발휘하며, 융해될 경우에는 과잉수로 인해 심각한 문제가 발생할 수도 있다.

(2) 동해를 방지하기 위해서는 구조물의 기초를 동결심도 이하에 설치하거나 모래, 자갈, 점토 등의 비교적 동토발생이 적은 선택층을 채택하여 동해를 최소화하는 방안이 사전검토되어야 한다.

14-11 도로지반의 동상(Frost Heave) 및 융해(Thawing)　　　　　　[05전, 10점]

Ⅰ. 동상(Frost Heave)

(1) 정의

① 동상현상이란 겨울철에 대기의 온도가 0℃ 이하로 내려가면 흙 속의 간극수가 동결하여 흙 속에 얼음층이 형성되어 체적이 증가하기 때문에 지표면이 위쪽으로 부풀어 오르는 현상을 말한다.

② 지표면의 동상은 Ice Lense 때문이며, 지표면의 위쪽으로 부풀어 오르는 두께는 Ice Lense의 두께와 같다.

(2) 동상을 일으키기 쉬운 흙

① $C_u < 5$이고, 0.02mm 이하의 입경을 10% 이상 함유한 경우

② $C_u > 15$이고, 0.02mm 이하의 입경을 3% 이상 함유한 경우

(3) 동상을 지배하는 3요소(동상 원인)

① Silt와 같은 흙으로 모관현상이 큰 토질

② 동절기 기온이 0℃ 이하로 내려가 지반이 동결되는 온도

③ 지하수가 모관작용으로 동상범위까지 상승

Ⅱ. 융해(Thawing)

(1) 정의

① 동절기에 얼었던 지반의 온도가 0℃ 이상으로 상승할 때 동상에 의해 형성된 Ice Lense가 녹기 시작하나, 녹은 물이 적절히 배수되지 않아 얼었던 흙의 함수비는 얼기 전의 함수비보다 커져서 지반이 연약해지고 강도가 떨어지는 현상을 융해라 한다.

② 융해현상을 일으키는 흙은 동상성 흙과 같이 실트질 흙에서 가장 뚜렷하게 나타나며, 유해한 상태에서의 함수비는 일반적으로 액성한계보다 높다.

③ 융해현상이 발생하면 지반이 침하되어 도로나 건물 등의 안정에 피해를 입히게 된다.

(2) 발생원인

① 융해수가 배수되지 않을 경우

   ② 지표수의 침입

   ③ 지하수의 상승

(3) 방지대책

   ① 배수층 설치

   ② 동결깊이내 물의 침입방지

   ③ 동상방지층 설치

   ④ 양질의 노상재료 시공

Ⅰ. 연약지반의 정의

(1) 연약지반은 강도가 약하고 압축되기 쉬운 지반을 말한다.
(2) 연약지반은 점토나 실트와 같은 미세한 입자의 흙이나 간극이 큰 유기질토 또는 이탄토, 느슨한 모래 등으로 이루어진 토층으로 구성되어 있다.
(3) 지하수위가 높고, 제체 및 구조물의 안정과 침하 문제를 발생시키는 지반이다.

Ⅱ. 연약지반의 판단기준

(1) 일반적으로 지반의 강도를 판단할 때 모래는 상대밀도를 표시하고, 점토의 굳기 (Consistency)로 표시한다.
(2) 연약지반의 판정기준은 표준관입시험에서의 N치와 일축압축강도(q_u), 콘관입시험 (q_c)에 의해 연약지반을 판단한다.

구 분	점성토 및 유기질토		사질토
층두께	10m 미만	10m 이상	−
N치	4 이하	6 이하	10 이하
q_u(kgf/cm²)	0.6 이하	1.0 이하	−
q_c(kgf/cm²)	8 이하	12 이하	40 이하

Ⅲ. 공법 선정기준

(1) 지반조건
　　① 연약층의 깊이 및 분포, 구조
　　② 지지층의 깊이 및 종류

(2) 지반의 물리적·역학적 성질
　① 입도분포, 전단특성, 압축특성, 투수계수
　② 과압밀비, 정지토압계수

(3) 토사의 화학적 성질
　① 구성광물 및 기타 화학적 성질
　② 유기물 함량

(4) 지하수 조건
　① 지하수위
　② 지하수의 화학적 성질

(5) 사용목적별 기대효과
　① 지지력, 허용침하량, 부등침하
　② 구조물의 내용연한
　③ 투수계수

(6) 투입재료 조건
　① 투입예상 재료, 재료취득의 용이성
　② 토취장 확보, 운반거리, 재료야적장 확보

(7) 장비투입 조건
　① 투입예상 장비
　② 장비진입 가능 여부

(8) 환경조건
　① 소음, 진동, 분진, 오수, 사토장
　② 인근구조물에 미치는 영향
　③ 지하구조물, 매설물 설치현황

(9) 개량효과에 대한 신뢰도
　① 공법의 원리정립 여부
　② 과거의 시공사례

(10) 연약층 분포
　① 연약층의 깊이
　② 연약층의 규모

I. 개 요

(1) 연약지반이란 함수비가 높고 일축압축강도가 적은 점토, Silt 및 유기질토, 느슨하게 쌓인 사질토 등으로 구성된 지반을 총칭한다.

(2) 지반개량공법이란 기초지반 본래의 공학적 성질을 개선시킴으로써 지반지지력의 증대, 지반변형의 억제, 투수성의 감소, 내구성의 증진을 위한 공법이다.

II. 지반개량의 목적

(1) 전단강도 증대

(2) 부등침하 방지

(3) 액상화 방지

(4) 투수성 감소

(5) 주변지반의 안정성 유지

III. 사질토 지반개량공법

(1) 진동다짐공법(Vibro Floatation 공법)

① 수평방향으로 진동하는 Vibro Float를 이용, 사수와 진동을 동시에 일으켜 느슨한 모래지반을 개량하는 공법이다.

② Vibro Composer는 전단파, Vibro Float는 종파이므로 다짐효과는 Vibro Float가 유리하다.

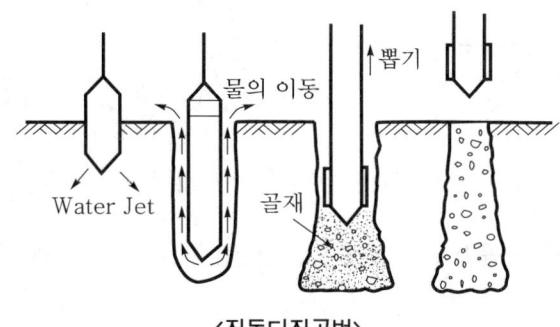

〈진동다짐공법〉

(2) 모래다짐말뚝공법(Vibro Composer, Sand Compaction Pile 공법)

　① Casing을 지상에서 소정 위치까지 고정시킨다.

　② 관입하기 곤란한 단단한 층은 Air Jet, Water Jet 공법을 병용한다.

　③ 상부 Hopper로 Casing 안에 일정량의 모래를 주입하면서 상하로 이동 다짐하여 모래말뚝을 완성해간다.

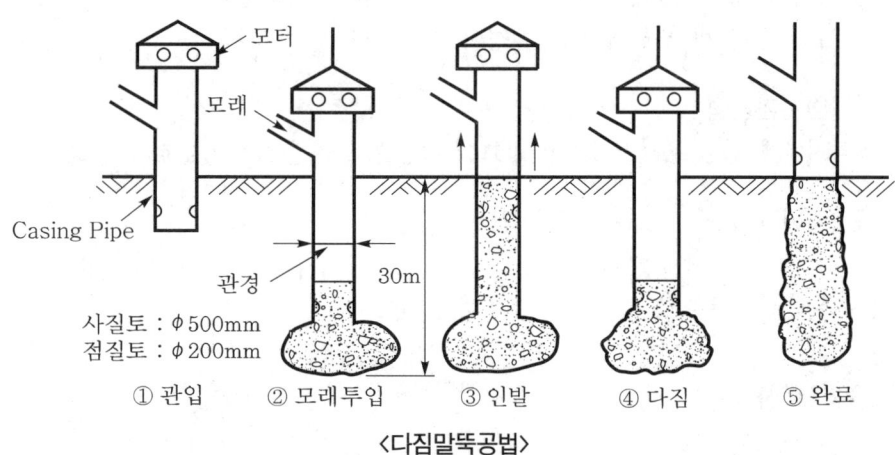

〈다짐말뚝공법〉

(3) 폭파다짐공법

　① 다이너마이트를 이용하여 인공지진을 일으켜 느슨한 사질지반을 다지는 공법이다.

　② 경제적으로 광범위한 연약사질층을 대규모로 다지고자 할 때 채택하는 공법이다.

　③ 주위지반에 대한 영향이 크므로 주의하여야 한다.

(4) 전기충격공법

　워터제트(Water Jet)를 이용해서 지반 속에 방전전극을 삽입한 후 대전류를 흘려 지반 속에서 고압방전을 일으키게 하여 그때 발생하는 충격력으로 사질지반을 다지는 공법이다.

(5) 약액주입공법

① 지반내에 주입관을 삽입하여 화학약액을 지중에 충진시켜 일정한 Gel Time이 경과한 후 지반을 고결시키는 공법으로서 지반의 강도증진을 목적으로 하는 공법이다.

② 용액 : 물 유리계, 크롬 리그닌계, 아크릴 아미드계, 요소계, 우레탄계 등이 있다.

(6) 동다짐공법(동압밀공법 : Dynamic Compaction Method)

연약지층에 무거운 추를 자유낙하시켜 지반을 다지고, 이때 발생하는 잉여수를 배수하여 연약지반을 개량하는 공법이다.

Ⅳ. 점성토 지반개량공법

1. 치환공법

(1) 굴착치환공법

① 굴착기계로 연약층을 제거한 후 양질의 흙으로 치환하는 공법
② 타 공법에 비해 능률성, 경제성이 떨어진다.

(2) 미끄럼치환공법

연약지반에 양질토를 재하하여 미끄럼 활동으로 지반을 양질토로 치환하는 공법이다.

(3) 폭파치환공법

① 연약지반이 넓게 분포되어 있는 경우 폭파에너지를 이용하여 치환하는 공법이다.
② 폭파음 진동으로 주변지반에 영향을 미친다.

2. 압밀공법(재하공법)

연약지반에 하중을 가하여 흙을 압밀시키는 공법

(1) Preloading 공법(선행재하공법, 사전압밀공법)

① 연약지반에 하중을 가하여 압밀시키는 공법으로 압밀침하를 촉진시키기 위하여 샌드 드레인 공법을 병용하여 사용하기도 한다.
② 구조물 축조장소에 사전성토하여 선행침하시켜 흙의 전단강도를 증가시킨 후 성토부분을 제거하는 공법이다.
③ 공기가 충분할 때 적용한다.

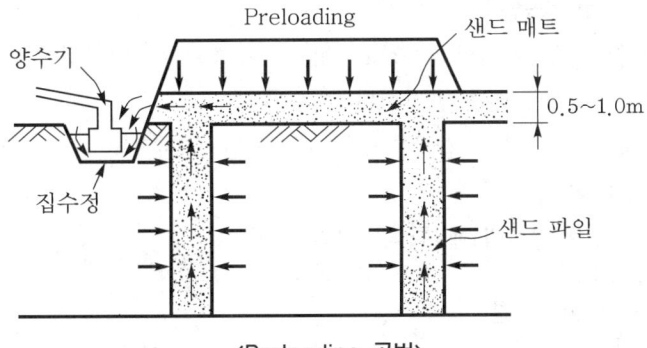

〈Preloading 공법〉

(2) 사면선단재하공법

① 성토한 비탈면 옆부분을 0.5~1.0m 정도 더돋음하여 비탈면 끝부분의 전단강도를 증가시킨 후 더돋음 부분을 제거하여 비탈면을 마무리하는 공법이다.

② 흙의 압축특성 또는 강도특성을 이용한다.

③ 더돋음을 제거한 후 다짐기로 다진다.

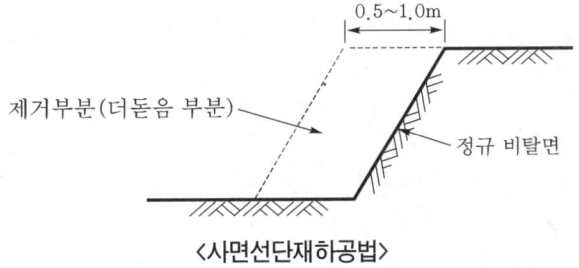

〈사면선단재하공법〉

(3) 압성토공법(Surcharge 공법)

① 토사의 측방에 압성토하거나 법면구배를 작게 해서 활동에 저항하는 모멘트를 증가시키는 공법이다.

② 측방에 여유용지가 있고, 활동파괴를 방지하고자 할 때 적용한다.

③ 압밀에 의해 강도가 증가한 후에는 압성토를 제거한다.

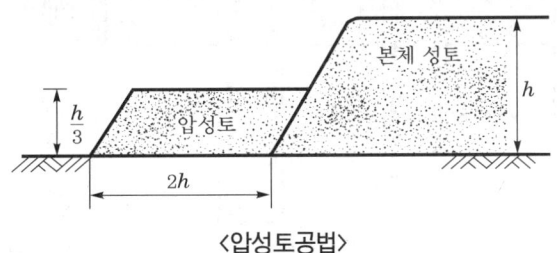

〈압성토공법〉

3. 탈수공법(압밀촉진공법)

지반 중의 간극수를 탈수시켜 지반의 밀도를 높이는 공법이다.

(1) Sand Drain 공법

① 연약한 점질토지반에 Sand Pile을 형성한 후 성토하중을 가하여 간극수를 단시간 내에 탈수하는 공법이다.

② 재하하중 증가는 간극수압을 관측하면서 지지력 한도 내에서 단계적으로 증가시킨다.

③ 단기간(2~3개월)에 점토지반다짐 가능

(2) Paper Drain 공법

① 두께 3mm, 폭 100mm의 드레인 Paper를 특수기계로 타입하여 연약지반 중에 설치하는 공법이다.

② 사용 Paper : 크라프트지, 케미컬 보드

③ 타입은 간단하나, 장시간 사용하면 열화되어 배수효과가 감소된다.

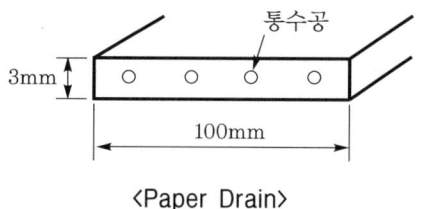

〈Paper Drain〉

(3) Pack Drain 공법

① 바이브로 해머로 밑판이 있는 케이싱을 지중에 박고 타설완료후 케이싱 내부에 주머니를 넣어서 그 속에 모래를 채운 다음 케이싱을 뽑아낸다.

② 이 공법에 사용되는 기계로 4개의 케이싱을 동시에 박아 4개의 드레인을 만들 수 있다.

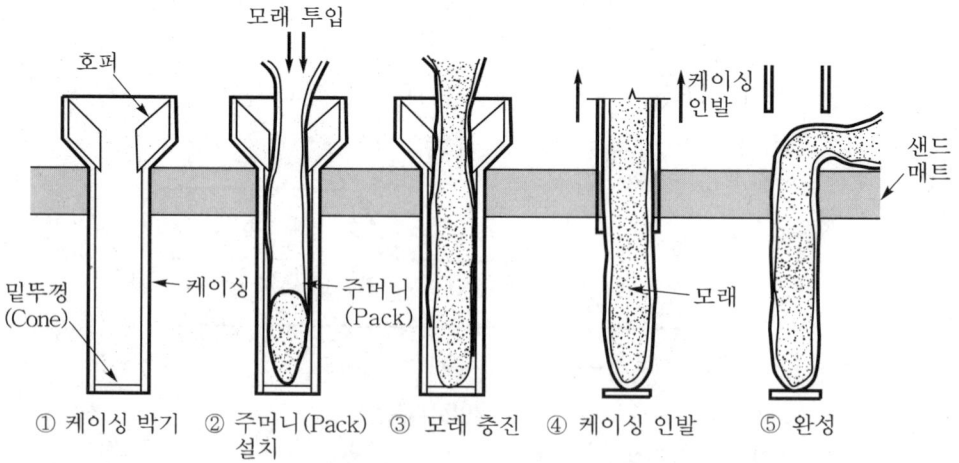

① 케이싱 박기 ② 주머니(Pack) ③ 모래 충진 ④ 케이싱 인발 ⑤ 완성
　　　　　　　　　　설치

〈Pack Drain 공법〉

4. 배수공법

(1) Deep Well 공법

$\phi 30 \sim 100cm$의 구멍을 기초바닥까지 굴착하여 우물관을 설치한 후 수중펌프로 배수하는 공법이다.

(2) Well Point 공법

① 소정의 깊이까지 모래말뚝을 형성하고, Well Point를 설치한다.

② 간극수의 투수성이 좋은 층에서는 건식시공도 가능하다.

③ 주로 사질지반에서 투수성이 좋기 때문에 많이 사용되고 있다.

④ 보일링 현상에 대응하는 공법이다.

⑤ 양수관의 간격은 $1 \sim 2m$로 한다.

5. 고결공법

(1) 생석회말뚝공법

① 모래말뚝 대신에 수산화칼슘(생석회)을 주입하면 흙 속의 수분과 화학반응하여 발열에 의해 수분을 증발시킨다.

② $CaO + H_2O \xrightarrow{\text{발열}} Ca(OH)_2$

③ 이 공법은 발열량이 많으므로 위험물 취급시 주의해야 한다.

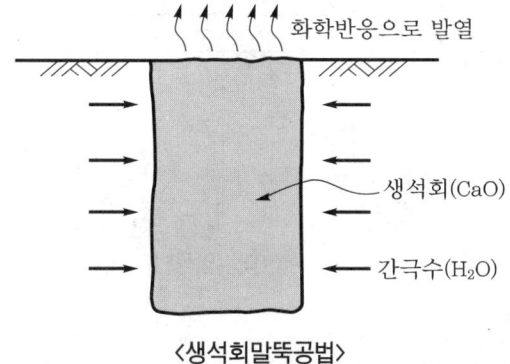

〈생석회말뚝공법〉

(2) 동결공법

① 동결관을 땅속에 박고, 이 속에 액체질소 같은 냉각제를 흐르게 하여 주위의 흙을 동결시켜서 일시적인 가설공법에 사용한다.

② 이전 공법으로도 적용성이 높다.

(3) 소결공법

점토질의 연약지반 속에 연직 또는 수평 공동구를 설치하고, 그 안에서 연료를 연소시켜 고결탈수하는 공법이다.

6. 동치환공법(Dynamic Replacement Method)

크레인을 이용하여 무거운 추를 자유낙하시켜 연약지층 위에 미리 포설되어 있는 쇄석 또는 모래, 자갈 등의 재료를 타격하여 지반으로 관입시켜서 지중에 쇄석기둥을 형성하는 공법이다.

7. 전기침투공법

물의 성질 중 전기가 양극에서 음극으로 흐르는 원리를 이용하여 Well Point를 음극봉으로 하여 탈수시키는 공법이다.

8. 침투압공법

반투막 중공원통을 지중에 설치하고 그 안에 농도가 큰 용액을 넣어 점토층의 수분을 빨아내는 공법이다.

9. 대기압공법(진공압밀공법)

비닐재 등의 기밀한 막으로 지표면을 덮은 다음 진공펌프를 작동시켜서 내부의 압력을 내려 대기압 하중으로 압밀을 촉진하는 공법이다.

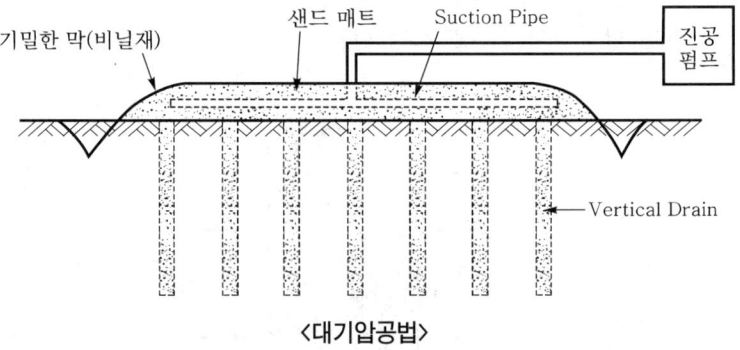

〈대기압공법〉

10. 표면처리공법

기초 지표면에 그라우팅, 철망, 석회, 시멘트 등을 부설하는 공법이다.

V. 계측관리

(1) 침하
지표면 및 심층의 침하량 측정

(2) 변위
지표면의 수평이동량, 성토 단부의 침하, 융기 측정

(3) 토압
   성토하중에 의한 토압 측정

(4) 간극수압
   성토하중에 의한 간극수압의 증감 측정

(5) 계측기의 설치위치

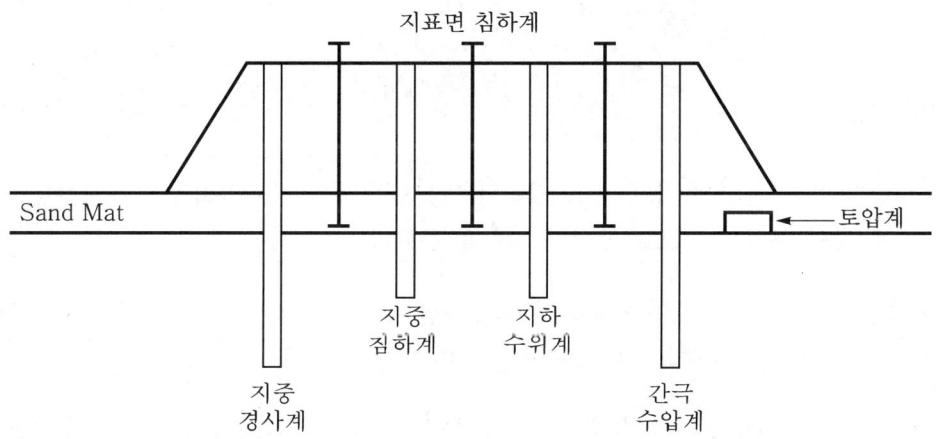

VI. 결 론

(1) 지반개량공법은 흙파기 공사시 주변지반의 이완을 미연에 방지하거나 기초 저면의
   지내력이 설계기준강도에 미달될 때 연약지반을 개량하여 지내력을 확보하는 것으
   로서 철저한 사전조사에 의한 적정한 공법의 선택이 무엇보다 중요하다.
(2) 지반개량공법은 공해성의 공법이 많으므로 앞으로 저소음·저진동의 공법개발이
   필요하다고 본다.

I. 개 요

(1) 연약지반이란 함수비가 높고 일축압축강도가 작은 점토, Silt 및 유기질토, 느슨하게 쌓인 사질토 등으로 구성된 지반을 뜻한다.

(2) 연약지반 치환공법은 연약한 부위의 지반 흙을 양질의 토사로 바꾸어 주는 공법으로 미끄럼치환, 굴착치환, 폭파치환 등의 공법이 있다.

II. 연약지반 치환공법

1. 미끄럼 치환(성토제거치환) 공법

(1) 정의

연약지반 위에 성토재하중을 이용하여 성토체 하부의 연약층을 미끄럼 작용으로 외부로 밀어내는 공법이다.

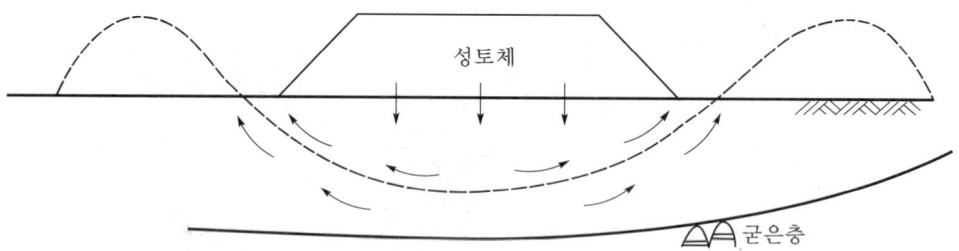

(2) 특징

① 굳은 층이 얕게 분포할 때 시공효과가 있다.

② 시공이 단순하고 빠르다.

③ 기술적인 문제점이 있다.

2. 굴착치환공법

(1) 정의
지표면에서 굴착장비를 이용하여 연약층을 굴착하여 파내고 그곳에 양질의 토사를 채워 넣는 공법을 말한다.

(2) 특징
① 양질의 재료구득이 용이할 때 시공한다.
② 연약층이 깊으면 적용이 곤란하다.
③ 굴착한 연약토의 처리가 문제된다.
④ 경제성을 고려하여 선정해야 한다.
⑤ 개량공법으로는 확실한 공법이다.

3. 폭파치환공법

(1) 정의
지반연약층에 폭약을 장진한 다음 성토재하중을 가하고 화약을 폭파하여 폭발력에 의해 연약층이 이완될 때 성토재하중이 하부로 작용하여 연약층을 밀어내는 공법이다.

(2) 특징
① 폭발력에 의한 치환효과가 크다.
② 작업이 단순하다.
③ 치환작업이 빠르게 이루어진다.
④ 특수한 공정이 필요하지 않다.

III. 문제점

(1) 굴착면 부니(浮泥)
연약한 점토지반을 굴착할 때 부유하는 미세입자가 침강하여 국부적인 연약층으로 남게 된다.

(2) 액상화 발생
치환모래의 입도분포와 N값이 적절하지 못하여 연약층에 치환재료로 사용했을 때 발생한다.

(3) 치환모래에 포함된 사토질
치환모래의 내부마찰력은 일반적으로 30° 전후로 되어 있지만 그 값은 모래의 입경, 투입방법, 포함된 사질토 등에 따라 달라지므로 유의하여 산정한다.

(4) 활동
두꺼운 연약층을 굴착하고 모래로 치환할 때 모래의 자중에 의해서 전체 면이 원호형태로 활동하게 되는 경우가 발생된다.

(5) 굴착토와 혼합
굴착토가 연약토질로서 예민한 점토질일 때 치환하고, 모래와 혼합됨으로써 개량효과가 떨어진다.

(6) 재료유실
조류 및 파랑 등으로 인해 치환모래가 유실, 훼손된다.

(7) 잔류침하
두터운 연약층을 굴착할 때 수중작업으로 연약토의 굴착제거에 한계가 있는데, 이 때 바닥에 잔류하는 연약토에 의해 잔류침하가 발생한다.

(8) 치환재료
기초지반의 연약층 처리공법에서 대규모의 연약층을 굴착치환하는 데 소요되는 재료의 필요량 확보, 규정에 맞는 재료운반 등에는 항상 많은 문제점이 있다.

(9) 경제성
최근 양질의 모래의 가격상승이 가장 큰 문제가 되고 있다.

(10) 항내오염
미세점토로 형성된 지반의 굴착시 발생하는 교란, 토립자 유실 등으로 항내가 오염되는 사고가 발생한다.

(11) 어업권 보상
어로차단, 수질오염 등으로 연안어업량 손실에 대한 어민과의 보상문제로 마찰이 발생한다.

(12) 양식어패류 피해
어민들의 공동양식사업, 가두리양식장, 김, 미역, 다시마 등의 양식장에 대한 피해가 발생한다.

IV. 대 책

(1) Sounding
적용지반에서의 Sounding을 실시하여 연약층두께, 토질, 층분포 등을 사전조사하고 국부적인 연약층이 존재하는지 조사한 후 치환두께, 치환폭, 치환재료 등을 선정한다.

(2) 부니(浮泥) 제거

연약층을 수중에서 굴착한 다음 바닥층에 깔려 있는 굴착토의 잔재물을 Sand Pump 또는 Suction Pump 등을 이용하여 제거한다.

(3) 양질의 재료 사용

치환에 사용되는 모래는 내부마찰력이 30° 정도 되는 입경분포가 좁은 모래로서 실트질의 함유량이 비교적 적은 재료를 사용한다.

(4) 조류측정

항만공사에서 가장 큰 해를 주는 요인으로 조수간만의 차를 들 수 있는데, 그 지역에서의 간만의 차에 대해 수심차이, 시간, 조류 등을 조사하여 그에 대한 대책을 수립해야 한다.

(5) 적정한 굴착장비 선정

환경에 대한 관심이 점점 고조되고 있는 현시점에서 연약토의 굴착에 따른 환경, 공해문제가 발생하지 않을 적정장비를 선정한다.

(6) 오탁방지대책

굴착할 때 해저교란 및 토립자의 유출로 발생하는 오탁을 방지하기 위하여 토질 조류 등을 충분히 조사하고 오탁방지막, 침강제 등을 사용하여 항내교란을 막아야 한다.

(7) 다짐시공

굴착이 완료되고 모래로 치환되었을 때 치환재료가 느슨해져 발생하는 액상화방지 및 침하방지를 위하여 치환모래를 다짐시공한다.

(8) 전단키 설치

두꺼운 연약층을 굴착치환했을 때 활동에 대해서 대책이 필요한 경우 바닥면에 전단키를 설치한다.

(9) 재하시험

치환작업이 완료되었을 때 상부구조물의 피해를 최소화할 목적으로 미리 재하시험을 실시하여 소정의 지지력이 있는지의 여부에 관한 개량효과를 확인한다.

(10) 표식설치

작업구역을 표시하는 표식을 부기 및 앵커로 설치하고 항로상의 작업에서는 항행 선박이 식별가능한 표식을 설치한다.

(11) 환경보존

굴착대상구역의 해저에 유해물질 또는 유기질이 다량으로 함유되었을 때 시공방법, 준설방식, 공사감독, 제거물질 처분방법 등에 대해 관계법규에 따라 필요한 조치를 한다.

(12) 안전대책

굴착대상구역과 굴착토사 투기장소에 대한 위험물조사 등을 공사착수 전에 실시하여 필요에 따라 소정의 대책을 수립한다.

V. 결 론

연약지반의 치환공법은 대규모로 이루어지며, 공사기간이 많이 소요되는 경우가 흔히 발생하지만, 확실한 개량효과를 반드시 확인하고 다음 공사를 진행하여야 한다.

1-14 연약지반 개량공법의 종류를 열거하고 그중에서 압밀촉진공법에 의한 연약지반의
처리순서 및 목적과 계측방법에 대해 기술하시오. [08전, 25점]

Ⅰ. 개 요

(1) 연약지반 개량공법이란 지반 본래의 공학적 성질을 개선시킴으로서 지반의 지지력
증대, 지반변형의 억제, 투수성의 감소 및 내구성의 증진을 위한 공법이다.

(2) 압밀촉진공법이란 연약한 점성토 지반에 투수성이 좋은 수직의 Drain을 박아 지중
의 간극수를 제거하는 공법이다.

Ⅱ. 연약지반 개량공법

(1) 사질토($N \leq 10$)

① 진동다짐공법

② 모래다짐말뚝공법

③ 폭파다짐공법

④ 전기충격공법

⑤ 약액주입공법

⑥ 동다짐공법

(2) 점성토($N \leq 4$)

① 치환공법

② 압밀공법

③ 탈수공법(압밀촉진공법)

④ 배수공법

⑤ 고결공법

⑥ 동치환공법

⑦ 전기침투공법

⑧ 침투압공법

⑨ 대기압공법

⑩ 표면처리공법

Ⅲ. 압밀촉진공법

(1) 원리

연약한 점성토지반에 모래기둥이나 배수제를 삽입하여 토층의 물을 지표면으로 배수시켜 단기간에 지반을 압밀촉진하는 원리이다.

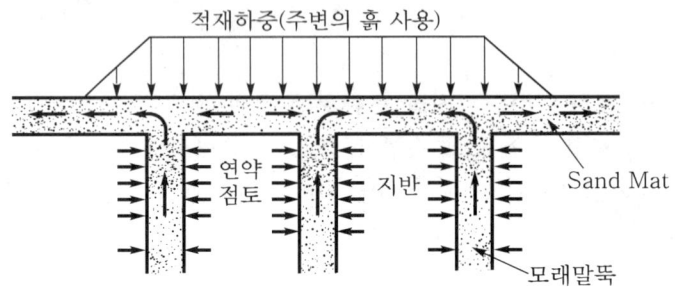

(2) 압밀촉진공법의 종류

① Sand Drain 공법

② Paper 공법

③ Pack Drain 공법

(3) 처리순서(Pack Drain 공법)

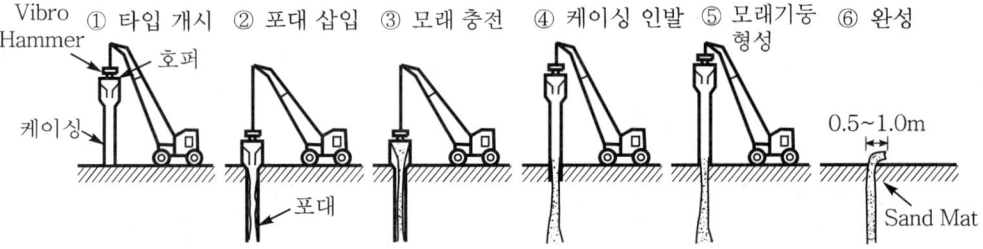

<Pack Drain의 시공순서>

① Sand Mat 시공 : Sand Mat의 재료는 투수성이 크고, 두께는 0.5~1.0m로 함.

② Casing(Mandrel) 관입 : Vibro Hammer 밑뚜껑(Cone)이 있는 Casing을 소정의 깊이까지 관입

③ 포대 삽입 : Casing이 소정의 심도에 도달하면 Casing 내에 포대를 삽입하여 모래를 충진(직경 10~15cm)

④ Casing 인발 : 압축공기를 Casing 속에 보내며 Casing을 인발

⑤ 성토 : 시공이 완료되면 재하중으로서 성토시공을 함.

(4) 목적

① 단기간내에 지반다짐

② 지반의 침하속도 조절

③ 넓은 범위의 연약지반개량에 효과적

④ 시공비 저렴

⑤ 지반의 전단강도 증대

Ⅳ. 계측방법

(1) 침하

지표면 및 심층의 침하량 측정

(2) 변위

지표면의 수평이동량, 성토단부의 침하, 융기 측정

(3) 토압

성토하중에 의한 토압 측정

(4) 간극수압

성토하중에 의한 간극수압의 증감 측정

(5) 계측기 설치위치

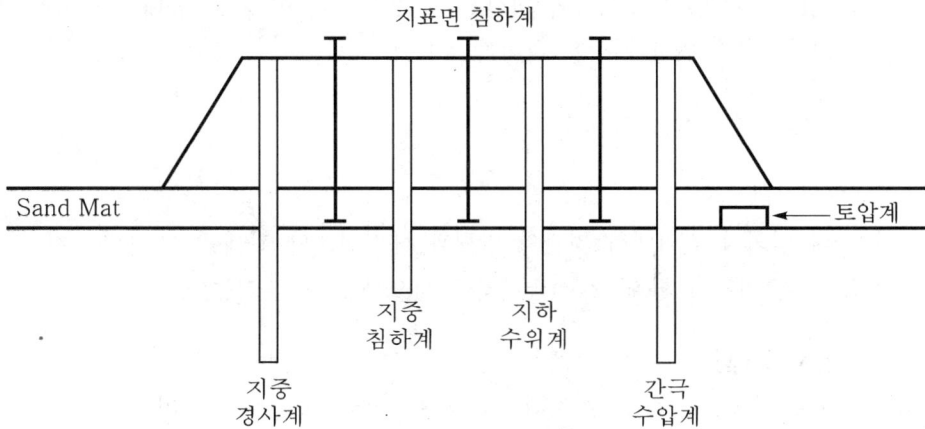

Ⅴ. 결 론

(1) 지반개량공법은 흙파기 공사시 주변지반의 이완을 미연에 방지하거나 기초 저면의 지내력이 설계기준강도에 미달될 때 연약지반을 개량하여 지내력을 확보하는 것으로써 철저한 사전조사에 의한 적정한 공법의 선택이 무엇보다 중요하다.

(2) 지반개량공법은 공해성의 공법이 많으므로 앞으로 저소음·저진동의 공법개발이 필요하다고 본다.

1-15 콘크리트 슬래브 궤도로 설계된 고속철도 노선이 연약지반을 통과한다. 연약지반 심도별 대책 및 적용공법에 대하여 기술하시오.　　　　　[09후, 25점]

Ⅰ. 서 론

(1) 연약지반이란 점토나 실트와 같은 미세한 입자의 흙이나 간극이 큰 유기질토 또는 이탄토, 느슨한 모래 등으로 이루어진 토층으로 구성되어 있으며, 지하수위가 높고, 제체 및 구조물의 안정과 침하 문제를 발생시키는 지반을 말한다.

(2) 연약지반 개량공법은 대상 지반의 특성, 개량후 사용목적에 따른 기대되는 개량 정도 등에 따라 다양한 원리의 공법이 사용된다.

Ⅱ. 연약지반 심도별 대책

1. 저심도(10m 이하 지반)

(1) 토립자의 비산방지시설

　　다짐공법 시행시에는 토립자의 비산을 방지하고 다짐효과를 증대하기 위해서 토립자의 비산방지를 위한 시설을 하여야 한다.

(2) 방진망 및 완충시설 설치

(3) 공내재하시험

　　지반 내 임의의 깊이에서 지반의 압력과 체적변화의 관계를 그 장소에서 직접 측정함으로써 기초의 설계 및 시공관리에 필요한 자료를 얻는다.

(4) 균등한 재료혼합

　　깔아 고르는 재료는 고르게 혼합하고 세립토의 유출을 방지하기 위하여 당일 시공분에 있어서는 당일 진동다짐을 실시하여야 한다.

(5) 단계성토

　　① 연약지반 위에 일시적으로 급속성토를 높게 하면 연약지반에 Sliding 파괴가 발생하므로 단계성토를 시행하여야 한다.

　　② 압성토시 한계성토고 이내의 높이로 성토를 한다.

2. 고심도(10m 이상 지반)

(1) Well Resistance 효과

① 연직배수재의 방사선방향, 즉 수평방향으로만의 투수성을 고려하고 연직방향의 배수성은 충분하다고 설정할 때, 실제 현장에서는 간극수가 배수재를 통해 배출되는데 저항을 받게 되는 것이다.

② Well Resistance 영향으로 압밀이 지연되는 현상이 발생하지 않도록 사전에 조치하여야 한다.

③ 고심도일 경우 Well Resistance 효과로 배수지연이 발생하므로 배수시간 결정 시 반영하여야 한다.

(2) Smear Effect

① 연직배수재 타설시 주변지반이 교란되는데 이 교란범위를 Smear Zone이라 하며, 일반적으로 타설직경의 3~4배가 발생하고 교란의 영향으로 투수성이 감소하는 현상을 Smear Effect라 한다.

② Smear Effect 현상으로 투수성이 감소하여 배수지연현상이 일어나므로 설계시 고려하여야 한다.

(3) 배수재의 절단방지

고심도에서는 토압에 의해 배수재가 절단되거나 배수재의 열화현상으로 배수유효기간이 짧아지므로 배수효과가 저감된다.

(4) 심도별로 지반의 토질정수 결정

물리적 시험은 함수비, 비중, 액성한계, 소성한계, 입도분석이며, 역학적 시험은 일축압축, 삼축압축, 압밀시험 등으로 심도별로 지반의 토질정수가 결정되도록 한다.

(5) 횡압에 의한 통수능력 확보

① 타설심도에 상응하는 횡압(Lateral Pressure)에 대해 통수능력이 확보되어야 함.

② 압밀진행에 따른 변형발생시에도 통수능력의 확보가 필요함.

(6) Clogging(구멍막힘현상)

세립자 이동으로 Filter에 Clogging(구멍막힘현상)이 생겨도 적정 투수성의 확보가 필요함.

Ⅲ. 적용공법

1. 저심도(10m 이하 지반)

(1) 혼합공법
다른 흙, 자갈, 깬돌 등을 더해 입도를 조정하거나, 시멘트 화학약제를 혼합하는 공법으로, 지반개량공법이다.

(2) 치환공법

(3) 다짐공법
① 진동다짐공법

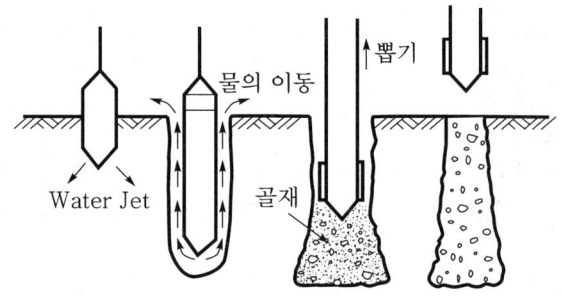

② 모래다짐공법
③ 폭파다짐공법

(4) 압밀공법
① 선행재하공법
연약지반에 하중을 재하하여 압밀을 촉진하는 공법이며, 압밀을 촉진시키기 위하여 샌드 드레인 공법을 병용하여 사용하기도 한다.

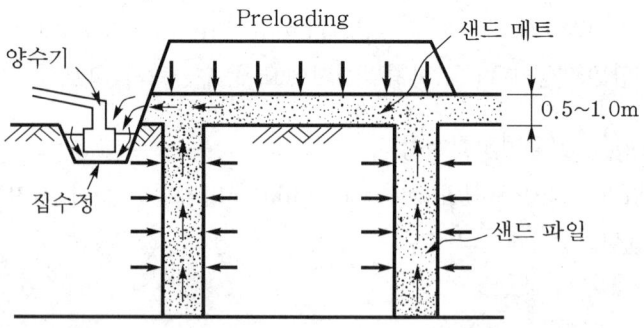

② 사면선단공법
③ 압성토공법

2. 고심도(10m 이상 지반)

(1) 탈수공법

투수성이 높은 배수로를 지반 속에 설치하여 압밀에 소요되는 시간을 단축하여 지반의 밀도를 증대시키는 공법이다.

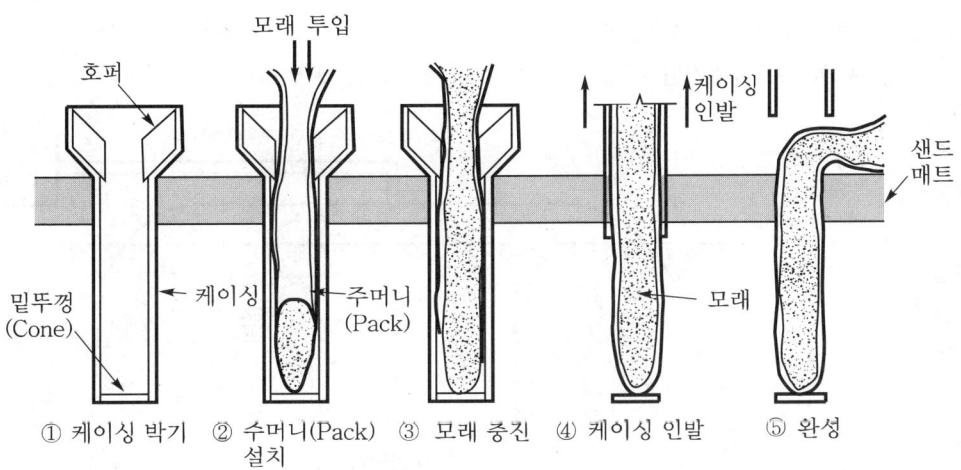

① 케이싱 박기   ② 수머니(Pack) 설치   ③ 모래 충진   ④ 케이싱 인발   ⑤ 완성

(2) 약액주입공법

① 지반내에 주입관을 삽입하여 화학약액을 지중에 충진시켜 일정한 Gel Time이 경과한 후 지반을 고결시키는 공법으로서 지반의 강도증진을 목적으로 하는 공법이다.

② 현탁액형인 Asphalt, Bentonite, Cement와 용액형인 LW, 고분자계가 있다.

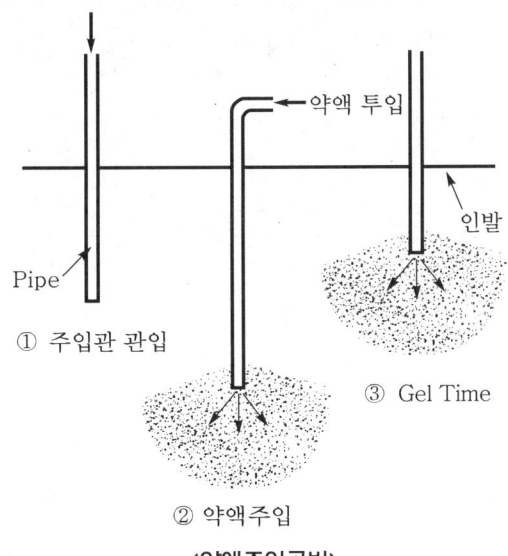

① 주입관 관입   ② 약액주입   ③ Gel Time

〈약액주입공법〉

(3) 배수공법

　① Deep Well 공법

　② Well Point 공법

(4) 대기압공법

비닐재 등의 기밀한 막으로 지표면을 덮은 다음 진공펌프를 작동시켜서 내부의 압력을 내려 대기압 하중으로 압밀을 촉진하는 공법이다.

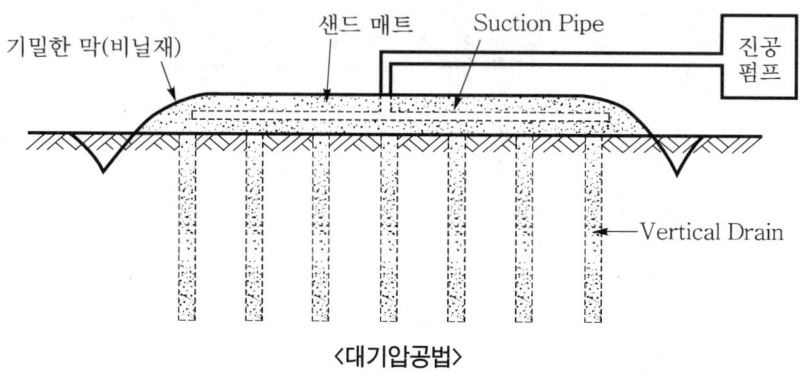

〈대기압공법〉

Ⅳ. 결 론

처리대상이 되는 지반은 구성성분에 따라 모래 등의 조립토로부터 점토, Colloid 등의 세립토에 이르기까지 다양하며, 지반의 생성과정의 복합성으로 인한 비균질성, 지하수 조건 등으로 그 물리적·화학적 성질이 다양하므로 여기에 축조되는 구조물이 요구하는 기대개량 정도도 사용목적에 따라 안정처리공법의 선정에 유의하여야 한다.

2-1 연약지반 처리공법중 연직배수공법을 기술하고, 시공시 유의사항을 설명하시오.
[09전, 25점]

Ⅰ. 개 요

(1) 연직배수공법은 연약한 점성토 지반에 투수성이 좋은 수직의 Drain을 박아 탈수시
킴으로서 압밀을 촉진시키는 공법이다.

(2) 연직배수공법의 대표적인 공법으로는 Sand Drain 공법, Paper Drain 공법, Pack
Drain 공법 등이 있다.

Ⅱ. 연직배수공법

1. Sand Drain 공법

(1) 연약한 점토지반에 Sand Pile을 시공하여 지반중의 물을 지표면으로 배제시켜 단
기간에 지반을 압밀강화하는 공법이다.

(2) 특징

① 압밀을 촉진하기 위하여 Preloading 공법과 병용한다.

② 압밀효과가 크다.

③ 침하속도 조절이 가능하다.

④ Drain 시공시 주위 지반 교란 및 단면이 일정하지 못하다.

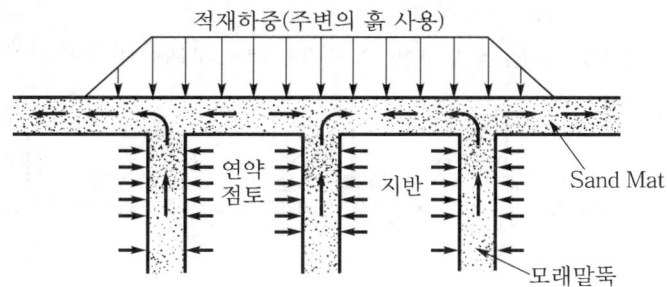

2. Paper Drain 공법

(1) Sand Drain 공법과 원리는 같으나 모래 대신 Card Board를 연약지반에 압입하여
압밀을 촉진시키는 공법이다.

(2) 특징

① Card Board 시공시 주위 지반의 교란이 적다.

② 시공속도가 빠르다.

③ Drain재가 공장제품으로 품질·가격면에서 유리하다.

④ 장시간 사용시 열화현상으로 배수효과가 감소한다.

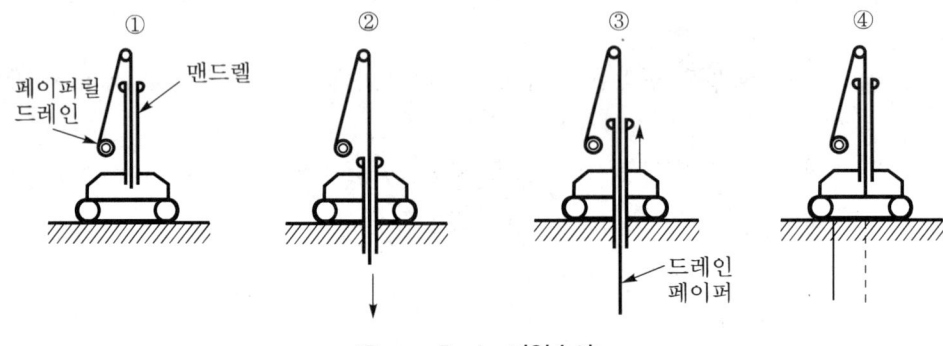

<Paper Drain 타입순서>

3. Pack Drain 공법

(1) Sand Drain 공법의 Sand Pile이 절단되는 단점을 보완하기 위해 개발된 공법으로 포대(Pack)에 모래를 채워 Drain의 연속성 확보가 가능하다.

(2) 특징

① Pack으로 인해 Sand Pile이 절단되지 않는다.

② 직경이 작은 Sand Pile 시공으로 모래사용량이 감소한다.

③ 시공속도가 빠르다.

④ 장비의 선정 및 적용성에 어려움이 있다.

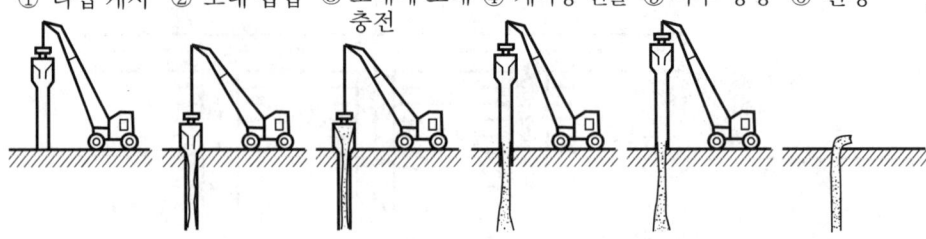

<Pack Drain의 시공순서>

Ⅲ. 시공시 유의사항

(1) 지반조사
시공구간에 이질층이 발생할 것을 대비하여 사전에 시공구간에 대한 사전조사를 하여 면밀한 시공계획을 수립하여야 한다.

(2) Drain재의 절단
각 공법의 Drain재의 파단이 일어나지 않도록 시공관리를 면밀히 하여야 하며, 특히 Sand Drain 시공시 모래의 무게에 의해 Drain재의 절단이 일어날 수 있으므로 유의한다.

(3) Drain재의 부상
① Casing 인발시 Pack이 따라 올라와 당초 계획한 소정의 깊이까지 지반개량효과가 일어나지 않을 수 있다.
② Casing 인발시 Pack의 일부분이 절단되이 Drain재의 부상이 초래될 있으므로 주의하여 관찰하여야 한다.

(4) 시공장비의 Trafficability
연약지반상에 시공되므로 장비의 주행성을 사전에 확인하여 품질의 균질화와 공기지연이 없도록 하여야 한다.

(5) 지반교란의 대책수립
Drain 타설시 주변 지반의 교란이 발생하므로 재시공이나 추가천공이 없도록 계획을 수립하여야 한다.

(6) Drain재 삽입깊이 확인
Drain재의 끝부분이 케이싱 바닥에 닿지 않음으로 인해서 Drain 효과의 저감이나 부등침하가 발생할 수 있다.

(7) 수직도 유지
케이싱을 박을 때 기계를 소정의 위치에 고정하고 케이싱의 아래 마개를 닫은 뒤 수직도를 유지하면서 진동 해머로 케이싱을 박아야 한다.

(8) 재진동 실시
모래의 충진이 완료되면 모래투입구를 막고 콤프레셔에서 보낸 공기로 케이싱내의 충진된 드레인을 누르면서 재차 진동을 가해 추가투입과 동시에 케이싱을 뽑는다.

(9) 배치 간격

① Pack Drain의 배치는 1.2m의 정방형 배치로 4본이 동시에 시공이 가능하도록 되어 있기 때문에 계산상 임의의 간격으로 시공할 경우에는 4본을 동시에 이동해서 간격을 조정한다.

② Sand Drain 타설 배치의 경우는 등간격인데 비해 Pack Drain 공법에서는 배치가 불균형이지만 드레인 1본이 부담하는 집수면적을 고려하면 전체의 평균 압밀도를 구현하여 이론값과 차이가 없다.

(10) 계측관리

① 침하 : 지표면 및 심층의 침하량 측정

② 변위 : 지표면의 수평이동량, 성토단부의 침하, 융기 측정

③ 토압 : Sand Pile 위에 작용하는 토압 측정

④ 간극수압 : 성토하중에 의한 간극수압의 증감 측정

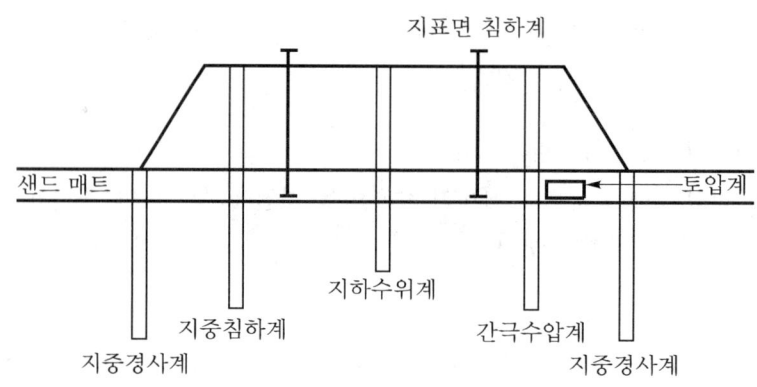

〈계측기 설치위치〉

Ⅳ. 결 론

(1) 연직배수공법을 시공하는 것만으로는 지반개량의 목적을 달성할 수가 없으므로 성토재하와 같은 재하중이 필요하다.

(2) 그러므로 재하중의 재하후 계측관리를 통하여 목적하고 있는 효과를 얻을 수 있도록 수시로 체크하는 것이 중요하다.

2-2 연약지반 처리를 팩 드래인(Pack Drain) 공법으로 시공시 품질관리를 위해 현장에서 점검할 사항과 시공시 유의사항을 기술하시오. [04후, 25점]

2-3 연약지반에서 Pack Drain 공법으로 지반을 개량할 때 예상되는 문제점과 이에 대한 대책을 기술하시오. [07중, 25점]

2-4 Packed Drain Mathod의 시공순서 [03중, 10점]

2-5 Pack Drain [99전, 20점]

I. 개 요

(1) Pack Drain 공법이란 Vertical Drain 공법에 속하는 탈수공법으로 점토질 연약지반에서 흙 속의 물을 탈수시키기 위하여 토목섬유로 된 Pack 속에 모래를 채워 넣어서 지중에 설치하는 공법이다.

(2) Sand Drain 공법에 비해 모래사용량이 적고 모래기둥의 단절이 없는 공법으로, 시공속도가 빠르고 시공관리가 용이하지만 숙련된 기술이 필요하다.

II. 공법의 원리

(1) 점성토지반에 주상의 투수성 설치

(2) 흙 속에 존재하는 물의 수평배수거리 단축

(3) 간극수의 탈수로 압밀침하 촉진

(4) 짧은 기간에 지반안정효과

III. 특 징

(1) 장점
   ① 기둥의 단면이 절단되지 않고 유지된다.
   ② 설계된 직경의 확인이 가능하므로 시공관리가 용이하다.
   ③ 모래사용량의 감소로 경제적이다.
   ④ 시공속도가 빠르다.

(2) 단점
   ① 장비선정 및 적용성에 어려움이 있다.
   ② 작업원의 숙련도가 요구된다.
   ③ 시공실적, 경험축적의 부족

Ⅳ. 현장 점검사항

(1) 장비 기록장치
　　① Casing 심도계 및 사면계
　　② Vibro Moter의 전류계
　　③ 자동기록장치에 의한 연속기록

(2) 시공 Test(시험시공)
　　① 연약층의 심도 확인
　　② Pack의 근입 확인
　　③ 장비선정

(3) 시공자재(모래)
　　① 모래의 투수성
　　② 충분한 모래의 양

(4) Marking
　　Pack Drain의 시공위치

(5) Pack의 파손
　　① Pack 투입시 Pack망의 꼬임
　　② Casing 인발시 Pack의 파손 유무

(6) Pack의 지름
　　Pack망의 직경 확인

(7) 기능공의 숙련도

(8) 계측기기
　　① 계측기기의 작동 유무
　　② 계측기기의 수량 확인

V. 시공순서

(1) Sand Mat 시공
샌드 매트의 재료는 투수성이 크고 Trafficability가 좋아야 한다.

(2) 케이싱(Casing) 타설
해머로 밑판이 있는 케이싱을 수직상태로 타설한다.

(3) 포대 삽입
케이싱이 소정심도에 도달하면 케이싱내에 포대를 삽입한 후 포대 속에 모래를 채워 넣는다.

(4) 케이싱 인발
압축공기를 케이싱 속에 보내며 케이싱을 인발한다.

(5) 성토
드레인 타설작업이 완료되면 재하중으로서의 성토시공을 한다.

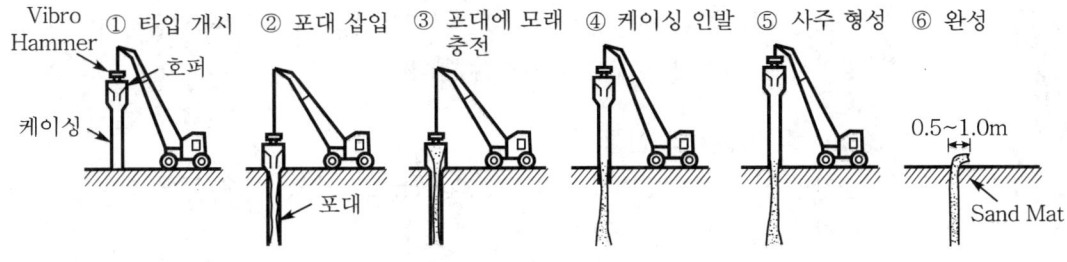

Vibro Hammer 호퍼 케이싱 ① 타입 개시 ② 포대 삽입 포대 ③ 포대에 모래 충전 ④ 케이싱 인발 ⑤ 사주 형성 ⑥ 완성 0.5~1.0m Sand Mat

<Pack Drain의 시공순서>

VI. 문제점

(1) 잔류침하량 증대
4본을 동시에 시공하여야 하므로 불균일한 지반에서는 잔류침하량이 증대된다.

(2) 지반교란 발생
1본의 시공불량시에도 4본을 다시 지중에 관입해야 하므로 불필요한 지반교란이 발생한다.

(3) 투입인원 증대
Sand Drain에 비해 Pack망태 제작인원 및 4명의 망태 투입인원이 소요된다.

(4) 투수기능 저하

Pack망태의 막힘현상(Plugging)으로 인한 투수기능 저하

(5) 드레인 효과 감소

일반적으로 설계계산치보다는 드레인 효과가 감소되는 현상이 있다.

(6) 장비의 대형화

Pack Drain을 필요로 하는 지반은 지표면이 연약한 곳이 많아 장비의 주행이 곤란하므로 매우 튼튼한 가설도로가 필요하다.

(7) Pack의 삽입깊이

Pack의 끝부분이 케이싱 바닥에 닿지 않으므로 인해 드레인 효과의 저감이나 부등침하가 발생할 수 있다.

VII. 대책(시공시 유의사항)

(1) 진입로 확보

지반의 상태를 파악하여 장비의 진입이 가능한 가설도로를 확충하여 장비의 전도를 방지하고, 시공의 정도를 확보해야 한다.

(2) 적정 Pack 타설기의 선정

① 습지형 타설기는 접지압이 $0.2 \sim 0.3 \text{kg/cm}^2$로 낮고, 배수 등에 의한 샌드 매트의 트래피커빌리티 저하에도 작업이 가능하다.

② 크롤러형 타설기의 접지압은 $0.5 \sim 0.8 \text{kg/cm}^2$로 높고, 장비의 트래피커빌리티를 확보하기 위해 두꺼운 철판 등을 사용하는 경우도 있으며, 이때는 크레인 등 별도의 보조장비가 필요하다.

(3) 시공심도 확인

① 4공이 함께 시공되므로 지반의 변형이나 지반조건에 따라 시공심도가 설계심도와 차이가 날 수 있으므로 면밀한 관리가 필요하다.

② 케이싱 뽑기가 끝나면 Pack Drain의 부사 위에 1m 정도 노출되었는지 확인하여야 한다.

(4) 재진동

모래의 충진이 완료되면 모래투입구를 막고, 콤프레셔에서 보낸 공기로 케이싱내의 Pack Drain을 누르면서 재차 진동을 가해 추가투입과 동시에 케이싱을 뽑는다.

(5) 수직도 유지

케이싱을 박을 때 기계를 소정의 위치에 고정하고, 케이싱의 아래 마개를 닫은 뒤 수직을 유지하면서 진동해머로 케이싱을 박아야 한다.

(6) Pack Drain의 배치

① Pack Drain의 배치는 1.2m의 정방형 배치로 4본이 동시에 시공이 가능하도록 되어 있기 때문에 계산상 임의의 간격으로 시공할 경우에는 4본을 동시에 이동해서 간격을 조정한다.

② Sand Drain 타설 배치의 경우는 등간격인데 비해 Pack Drain 공법에서는 배치가 불균형이지만 드레인 1본이 부담하는 집수면적을 고려하면 전체의 평균 압밀도를 구현하여 이론값과 차이가 없다.

Ⅷ. Vertical Drain 공법 비교

	Sand Drain	Pack Drain	Paper Drain
원리	지반 내 30~50cm의 모래말뚝을 설치하여 간극수 배수	포대를 이용하여 직경 12cm의 모래기둥을 지반에 설치하여 간극수 배수	지반 속에 모래기둥 대신에 Drain Board라는 종이 재질을 이용한 공법
지반교란	크게 발생	적다.	없다.
모래기둥 단절	있다.	없다.	없다.
시공속도	다소 느리다.	보통	빠르다.
시공장비 중량	대형	중형	소형
시공방법	모래기둥 1공씩 시공	Pack Drain 4본 동시 시공	Paper Drain 1개씩 시공
공사비	고가(1.8~2.1)	보통(1.3~1.5)	저렴(1.0)
모래 사용량	가장 많다.	다소 많다.	없다.

Ⅸ. 결 론

(1) Pack Drain 공법을 시공하는 것만으로는 지반개량의 목적을 달성할 수가 없으므로 성토재하와 같은 재하중이 필요하다.

(2) 그러므로 재하중의 재하후 계측관리를 통하여 목적하고 있는 효과를 얻을 수 있도록 수시로 체크하는 것이 중요하다.

> **2-6** 연약지반 개량공법에 적용되는 연직배수재(PBD)의 통수능력과 통수능력에 영향
> 을 미치는 요인에 대하여 설명하시오. [11중, 25점]
>
> **2-7** 연약지반 개량공법인 PBD(Plastic Board Drain) 공법의 시공시 유의사항에 대
> 하여 기술하시오. [09후, 25점]

I. 개 요

(1) PBD 공법은 연약한 점성토지반에 일정간격으로 폭이 10cm, 두께 3~5mm의 드레인(PBD)재를 설치하여 지반의 압밀촉진, 강도증가를 유발시켜 지지력 증대, 압밀침하의 조기종료를 기대하는 공법이다.

(2) 타 연직배수공법에 비해 시공비가 저렴하고 모래기둥의 단절이 없는 공법으로 시공속도가 빠르고 시공관리가 용이한 공법으로 숙련된 기술이 필요하다.

II. 시공순서

| 정지작업 | → | 저면 매트 부설 | → | Sand Mat 부설 | → | PBD 설치 |

III. PBD의 품질기준

(1) Core와 Filter가 분리

여과접촉면적이 커서 배수성이 탁월하여야 하므로 Core와 Filter가 분리된 Type이어야 한다.

(2) 배수로 절단 방지

토압에 대한 Plastic Core의 손상이 없고 압밀침하에 대한 순응성이 양호하여 절곡시 배수로의 절단 및 막힘이 없어야 한다.

(3) 투수계수 확보

① Filter 재료는 배출되는 간극수의 배수에 충분한 투수계수를 확보할 수 있어야 한다.

② 드레인재 내부로 미세토립자의 혼입을 방지하며 산, 알칼리, 박테리아에 대한 저항성이 커야 한다.

(4) 규격재료 사용

① 연약지반에 타입 즉시 배수가 신속히, 지속적으로 진행되어야 하므로 침수처리된 Drain용 부직포 Poket Filter로 제작한 제품이어야 한다.

② 흡수성이 불량한 타 용도의 부직포 Filter로 만든 제품을 절대로 사용해서는 안된다.

(5) 규격기준

구 분	단 위	기 준
폭	mm	100±5
두께	mm	4±0.5
중량	g/m	80 이상
인장강도	kg/폭	최대 인장 350 이상
투수계수	cm/sec	$1×10^{-3}$ 이상

IV. PBD 공법의 특징

(1) 장점
① 대변형 조건에서 통수능력 확보 유리
② 장비접지압이 적음.
③ 시공속도가 빠름.
④ 대심도 지반개량 용이(50m)

(2) 단점
① PBD 절단시 통수단면 굴곡현상 발생
② 품질관리 철저요망
③ 초연약지반 장비전도 우려

V. PBD의 통수능력

PBD의 통수능력은 Drain재료의 지반의 함수상태에 따라 차이가 발생하나, (1)과 같은 Drain 재료에서는 (2)와 같은 통수능력을 갖는다.

(1) Drain재(코어+필터)
① 폭 : 100mm
② 두께 : 3~5mm
③ 중량 : 70g/m 이상
④ 인장강도 : 100kg/폭 이상

(2) 통수능력
    ① 직선부 : 25cm^2/sec 이상
    ② 굴곡부 : 15cm^2/sec 이상

Ⅵ. 통수능력에 영향을 미치는 요인

(1) 타설간격
    ① 일반적으로 1~2m 정도
    ② 타설형태는 사각형이나 마름모꼴이 유리

(2) 타설각도(연직도)
    ① 타설각도는 2° 이하가 유리
    ② 연직도검사후 철저히 확인

(3) 구멍막힘
    ① 세립자의 이동으로 필터에 구멍막힘현상 발생
    ② 적정 통수능력의 확보 곤란

(4) Drain재의 시공
    ① Drain 재료의 기준(두께, 중량, 인장강도)
    ② Drain 재료의 연결시공 방지

(5) Drain재의 손상
    ① Drain재 파손시 통수능력의 저하가 확연함.
    ② Drain재 손상이 발생하지 않도록 적정 인장강도 확보

(6) 배수저항
    ① 지반의 압밀이 진행됨에 따라 Drain재의 종방향 통수능력
    ② 통수능력 저하로 인하여 압밀지연

Ⅶ. 시공시 유의사항

(1) 사전조사
    N치 15 이상이 되는 매립토(사질토)층에서는 관입이 곤란하므로 사전조사를 하여 관입 여부를 파악하고 시공계획을 수립하여야 한다.

(2) 침하량 확인

① 침하량이 과다할 경우 플라스틱 보드의 손상으로 인한 배수로의 절단가능성이 있다.

② 배수재의 직경이 작으므로 배수저항에 대한 우려가 크기 때문에 품질관리에 유의하여야 한다.

(3) PBD재 제작 및 보관

① 드레인 보드 1롤의 길이는 200m 이상이어야 한다.

② 상하차 및 소운반시 파손되지 않고 비에 젖지 않도록 포장하여 납품되어야 한다.

③ 현장에 납입된 자재는 차광막을 덮어 자외선을 차단하여 보호하여야 한다.

(4) 장비수직도 관리

Leader의 품질허용각도인 2°를 초과시 조합장비관리자나 Operator가 인지할 수 있는 원추형 수직도 Check기를 부착하여야 한다.

(5) 타입점 관리

① 시공할 일정구역에 적색 깃발을 설치하고 시공시 타입간격의 줄자를 이용하여 매 타입점을 정한다.

② 배공간격이 표시된 줄자를 현장에 비치하여 수시로 확인할 수 있도록 한다.

③ 타설위치의 허용오차는 ±15cm 이하이어야 하며, 계측기 매설 주변은 ±5cm 이하로 한다.

④ 타입작업진행에 따라 연약지반의 파괴가 발생되지 않도록 작업장 정리 및 과대하중, 국부재하 방지에 최선을 다하여 안전관리에 철저히 하여야 한다.

(6) 시험시공

본격적인 PBD를 설치하기 전에 시험시공을 실시하여 당초 설계시 추정하였던 설계내용과 상이할 경우에는 추가적인 지반조사를 통하여 설치지점, 심도, 간격 등을 재검토하여야 한다.

(7) 견고한 지반출현시 대책

표층이 견고하거나 매립층에 호박돌 등이 혼재하여 PBD 타입이 곤란한 경우는 오거 보링을 실시한 후 타입하는 것이 유리하다.

(8) 타입장비

타입장비는 PBD가 손상되지 않도록 멘드렐식 타입장비를 사용하여야 한다.

(9) 기록장치 관리

자동기록장치의 기록이 실제깊이와 10m 이하의 깊이에서 1.5% 이상, 10~20m 깊이에서 2.0% 이상, 20m 이상에서 2.5% 이상의 오차가 있을 시에는 즉시 작업을 중단하고 자동기록장치를 교체하여야 한다.

(10) 타입위치

타입위치의 오차는 ±10cm로 하여 배수영역의 균등성을 확보하여야 하며, 허용오차를 벗어난 개소는 추가로 적정위치에 재타입하여야 한다.

(11) PBD 상부 절단

PBD 상부 절단길이는 샌드 매트 바닥면으로부터 30cm 이상되어야 한다.

(12) 선단 슈

① PBD 타입시 사용하는 선단 슈는 지반교란을 최소화하기 위하여 10cm×15cm 이하의 것을 사용한다.

② 앵커 플레이트(선단 슈) 불량으로 개량깊이의 2.5% 이상으로 공상이 발생할 때에는 즉시 작업을 중단하고 공상 방지방안을 강구한 후에 재시공한다.

Ⅷ. 결 론

(1) Vertical Drain 공법을 시공하는 것만으로는 지반개량의 목적을 달성할 수가 없으므로 성토재하와 같은 재하중이 필요하다.

(2) 그러므로 재하중의 재하 후 계측관리를 통하여 목적하고 있는 효과를 얻을 수 있도록 수시로 체크를 하고, PBD의 절단이나 근입을 확인하여 소정의 압밀이 이루어지도록 하여야 한다.

2-8 Vertical Drain 공법 및 Preloading 공법의 원리를 설명하고, Vertical Drain 공법이 Preloading 공법에 비하여 압밀시간이 현저히 단축되는 이유를 설명하시오.

[95중, 33점]

Ⅰ. 개 요

(1) Vertical 공법이란 연약한 점성토지반에 투수성이 좋은 수직의 Drain을 박아 탈수시킴으로써 압밀을 촉진하는 공법이다.

(2) Preloading 공법이란 구조물을 축조하기 전에 미리 재하중을 가하여 연약지반의 압밀을 촉진시키는 공법이다.

Ⅱ. Vertical Drain 공법의 원리

1. Sand Drain 공법

(1) 원리

　① 연약한 점토질지반에 모래기둥을 시공하여 토층 속의 물을 지표면으로 배수시켜 단기간에 지반을 압밀강화하는 공법

　② Preloading 공법, 지하수위저하공법 등과 병용한다.

(2) 장점

　① 압밀효과가 크다.

　② 침하속도 조절이 가능하다.

　③ 시공비가 싸다.

(3) 단점

　① Drain 타설시 주위 지반이 교란되기 쉽다.

　② Drain 단면이 일정하지 못하다.

2. Paper Drain 공법

(1) 정의

　① Sand Drain 공법과 원리는 같으나 모래 대신 Drain Board를 연약지반에 압입하여 압밀을 촉진시키는 공법

② Sand Drain 공법에서 양질의 모래의 다량 구입이 어려워짐에 따라 모래 대신에 종이를 개발하여 실용화한 것이다.

(2) 장점

① 시공속도가 빠르다.

② 타설시 주위 지반의 교란이 적다.

③ Drain의 단면이 깊이 방향에 대해 일정하다.

④ Drain재가 공장제품이므로 균일하고 저렴하다.

(3) 단점

① 장시간 사용할 때 열화현상으로 배수효과가 감소한다.

② 단단한 모래층에는 관입이 곤란하다.

③ 배수재의 재질에 의해 배수효과가 좌우된다.

3. Pack Drain 공법

(1) 정의

① Sand Drain 공법의 단점을 보완하기 위해 개발된 공법

② 투수성의 관 혹은 포대 등에 모래를 채워 Drain의 연속성 확보가 가능하다.

(2) 장점

① 기둥의 단면이 절단되지 않고 유지된다.

② 설계된 직경의 확인이 가능하므로 시공관리가 용이하다.

③ 모래 사용량의 감소로 경제적이다.

(3) 단점

① 장비선정 및 적용성에 어려움이 있다.

② 작업원의 숙련도가 요구된다.

③ 시공실적, 경험축적의 부족

Ⅲ. Preloading 공법의 원리

(1) 원리

연약지반 표면에 상부재하중으로 등분포하중을 가하여 목적하는 구조물을 설치하기 전에 필요한 만큼 침하압축시키는 공법을 말한다.

(2) 장점

① 지반침하량을 허용치 이내로 한다.

② 지반의 전단강도 증대

③ 시공비가 싸다.

(3) 단점

① 지반붕괴 위험이 있다.

② 공사기간이 길다.

③ 성토재하중의 소요량이 많다.

(4) 상부 재하중의 종류

① 토사, 암석

② 물탱크 설치

③ 지하수위저하

④ Anchor나 Jack 이용

⑤ 진공 Mat 이용

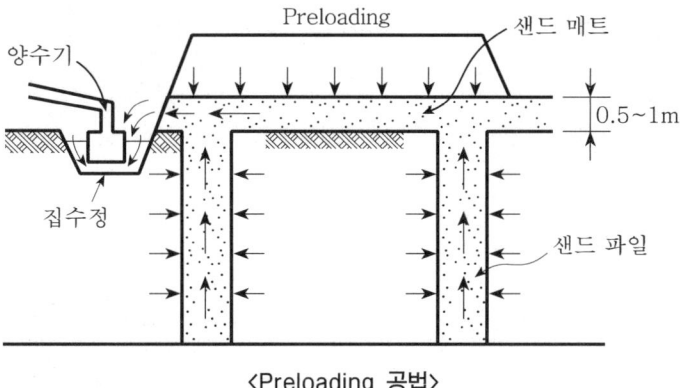

〈Preloading 공법〉

Ⅳ. Vertical Drain의 압밀시간이 단축되는 이유

(1) 배수거리단축

① Terzaghi의 1차원 압밀이론에 의하면 점성토층의 압밀시간은 배수거리의 제곱에 비례한다.

② 따라서 배수거리를 줄일 수 있으면 압밀침하를 짧은 시간에 끝낼 수 있다.

(2) 상재하중

모래말뚝을 지중에 설치하고 상부지표면에 상재하중을 작용시켜 압밀시간을 단축시킨다.

(3) 탈수작용

점성토지반내에 투수성이 좋은 모래기둥을 설치하여 지반내 간극수를 직접 탈수하기 때문이다.

(4) 과잉간극수압 저하

지반의 압밀에 따라 지반내에 과잉간극수압이 발생하는데 모래기둥에 의해 과잉간극수압이 소산되기 때문이다.

(5) 지하수위 저하

Vertical Drain은 우선적으로 지중의 지하수를 배수시켜 지하수위를 저하시키므로 압밀시간이 빠르다.

V. 결 론

(1) Vertical Drain 공법을 시공하는 것만으로는 지반개량의 목적을 달성할 수가 없으므로 성토재하와 같은 재하중이 필요하다.

(2) 그러므로 재하중의 재하후 계측관리를 통하여 목적하고 있는 효과를 얻을 수 있도록 수시로 체크하는 것이 중요하다.

I. 정 의

① 연약지반 개량공법으로 점성토지반의 압밀을 촉진시키기 위하여 연약지반 위에 미리 큰 하중을 가하여 지반을 압밀시키는 공법이다.

② 선행재하공법은 오랜시간 동안 하중을 가해야 하기 때문에 공사기간에 여유가 있는 공사현장에서만 적용이 가능한 단점이 있다.

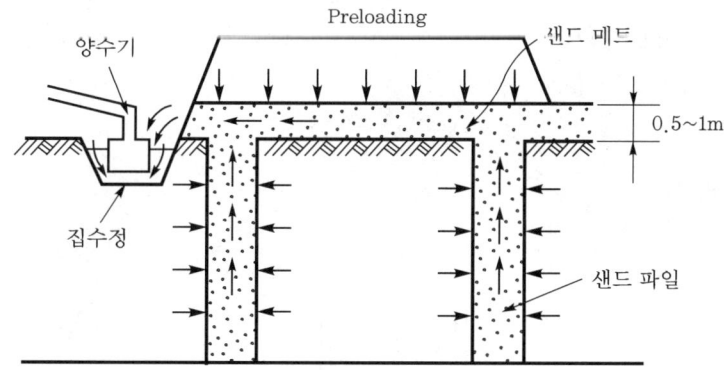

II. 목 적

① 압밀에 의한 침하를 미리 끝나게 하여 구조물에 유해한 잔류침하를 제거

② 압밀에 의하여 점성토지반의 강도를 증가시켜 기초지반의 전단파괴 방지

III. 특 징

① 사전재하하여 하중에 의해서 압밀촉진

② 연약한 기초지반 개량

③ 효과적이며 경제적

④ 압밀의 종료를 기다리기 때문에 공기가 길어짐.

⑤ 적용지반이 한정

IV. 시공방법

① 구조물 축조전 재하중을 가한다.
② 정치기간을 둔다.
③ 침하량 관리
④ 재하중 제거
⑤ 구조물 축조

V. 하중을 재하하는 방법

① 토사 또는 암석 성토
② 물탱크 설치
③ 지하수위 낮춤.
④ 진공 Mat 사용
⑤ Anchor 또는 Jack 사용

VI. 계측관리

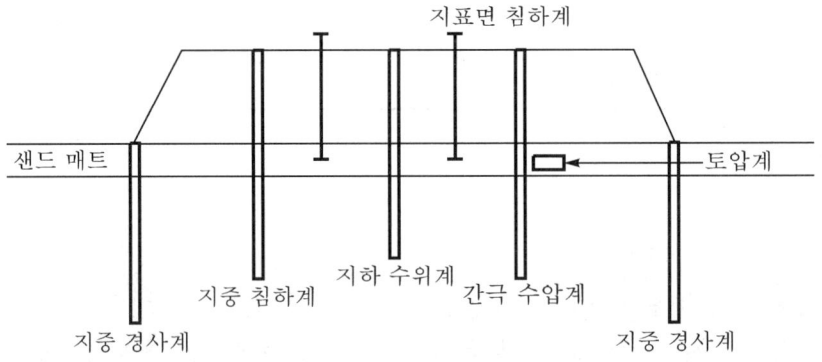

VII. 시공시 유의사항

① 침하하중의 크기, 침하속도 등을 Check
② 지반의 활동에 대한 안정성을 지속적으로 관찰
③ 계획시의 예측과 일치하는지를 확인하여 필요하면 설계내용 수정

2-12 점성토지반의 교란효과(Smear Effect)　　　　　　　　　　[06중, 10점]

Ⅰ. 정 의

점성토의 지반개량을 위해 Sand Drain, Pack Drain, Plastic Drain, Menard Drain을 타입할 때 연직배수재의 주변이 교란되는 경우가 있는데, 이 영역을 Smear Zone이라 한다. Smear Zone에서는 교란의 영향으로 투수계수가 감소하여 압밀이 지연되게 되는데, 이와 같은 현상을 점성토 교란효과(Smear Effect)라 한다.

Ⅱ. Smear Effect 발생 모식도

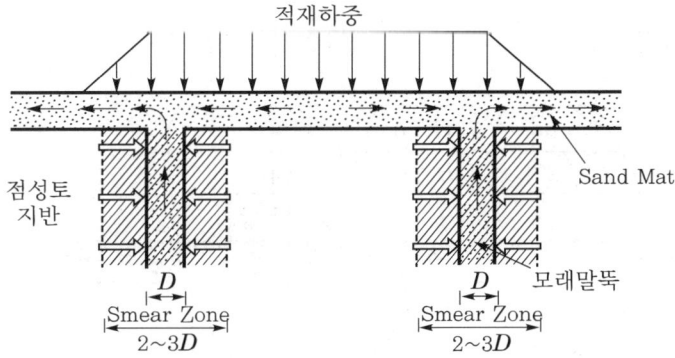

Smear Zone에서 압밀 지연의 Smear Effect 발생

Ⅲ. 영향인자

(1) Smear Zone의 두께 및 저하된 투수계수
(2) 연직배수재 타입시 사용되는 중장비가 지반에 미치는 충격범위
(3) 연직배수재에서 멀어질수록 Smear Effect 감소

Ⅳ. Smear Effect 저감방안

(1) 설계시 수평압밀계수를 저감하여 사용할 것
(2) 연직배수재의 직경을 감소하여 적용할 것
(3) 시공시 가급적 지반교란이 적게 되도록 할 것
(4) Sand Mat의 적정 투수성이 확보되도록 할 것

2-13 한계성토고 [05전, 10점]

I. 정 의

(1) 연약지반 위에 일시적으로 급속성토를 높게 행하면 연약지반에 Sliding 파괴가 일어나므로 단계성토를 시행하여야 한다.

(2) 한계성토고란 성토시공시 연약지반에 Sliding 파괴(전단파괴)가 발생하지 않는 범위에서의 성토높이를 말한다.

(3) 한계성토고는 원지반의 강도특성을 분석하여 결정하고 지반이 연약할수록 한계성토고는 낮고 성토속도는 늦어진다.

II. 한계성토고의 시공 실례

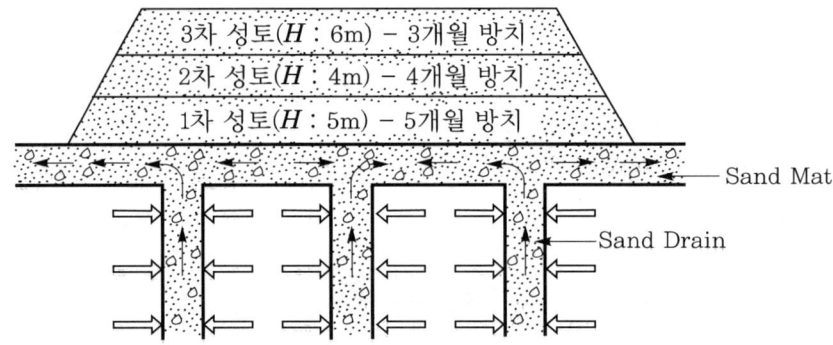

III. 한계성토고 계산방법

$$H = \frac{q_u}{\gamma_t \cdot F_s} = \frac{5 \cdot 7C}{\gamma_t \cdot F_s}$$

여기서, H : 한계성토고

q_u : 연약지반의 극한지지력

γ_t : 성토 흙의 단위체적중량

F_s : 안전율(1.1~1.2)

C : 연약지반 평균점착력

IV. 급속성토시 문제점

(1) 과잉간극수압 발생
(2) 간극수압증가로 지반의 전단파괴 발생
(3) 지반의 측방유동 발생
(4) Drain재의 파단 발생
(5) 성토체 상부균열 발생

V. 한계성토고의 목적

(1) 지반의 전단파괴 방지
(2) 사면의 활동방지로 사면안정 도모
(3) 지중응력 및 임의 위치의 압밀도 고려
(4) 합리적인 압밀침하 촉진

VI. 한계성토고의 활용

(1) 연약지반 성토고 결정
(2) 공기산정
(3) 단계성토횟수 산정
(4) 적정 시공법 선정

> **3-1** Sand Compaction Pile 공법과 Sand Drain Pile 공법을 비교·설명하시오.
> [00중, 25점]
>
> **3-2** 모래말뚝공법과 모래다짐말뚝공법을 비교·설명하고, 시공시 유의사항을 기술하시오.
> [05후, 25점]
>
> **3-3** 연약지반 개량공사현장에서 샌드 파일 공법으로 시공시 장비의 유지관리와 안전시공 방안에 대하여 설명하시오.
> [05전, 25점]
>
> **3-4** 해상구조물 기초공으로 샌드 콤팩션 파일 공법을 선정하였다. 시공시 유의사항에 대하여 기술하시오.
> [98후, 10점]
>
> **3-5** SCP(Sand Compaction Pile)
> [10후, 10점]

Ⅰ. 개 요

(1) 연약지반을 개량하는 공법으로 지반 속에 모래기둥을 설치하는 과정에서 지반을 다짐하는 모래다짐말뚝(Sand Compaction) 공법과 지반 속의 간극수를 탈수시킬 목적으로 지반 속에 모래기둥을 설치하는 모래말뚝(Sand Drain) 공법이 있다.

(2) 두 공법이 모두 지반 속에 모래기둥을 설치하는 것은 같으나, 시공방법과 설치목적이 아주 다른 공법으로, 현장에서 필요로 하는 공법을 선정하여야 한다.

Ⅱ. 모래다짐말뚝(Sand Compaction Pile) 공법

(1) 정의

① Sand Compaction 공법은 Vibro Composer라고도 하며, 지반에 모래다짐말뚝을 조성하는 공법으로 지반의 지지력을 향상시킬 수 있다.

② 이 공법은 연약한 점토지반에 다져진 모래기둥을 축조하면서 그 효과로 지반을 조밀하게 하여 지반을 개량시키는 공법이다.

(2) 특징

① 기계의 소모, 소음 및 고장이 적음

② 자동기록에 의한 시공관리 가능

③ 별도의 발전설비 필요

④ 소규모 공사에 부적합

⑤ 큰 진동에 의하므로 모래말뚝의 품질이 균일

(3) 시공순서

① Casing을 지상에 설치하고, Pipe 선단에 모래 Nozzle을 설치한다.

② 진동기를 작동하여 Pipe를 지중에 관입시키고, Water Jet를 병행한다.

③ 소정의 깊이까지 도달했을 때 Casing 속에 일정량의 모래를 투입한다.

④ Casing을 소정의 높이만큼 끌어올리며, 압축공기로 Casing 속의 모래를 땅속에 밀어 넣는다.

⑤ Casing을 다시 박고, 투입된 모래를 진동에 의해 다진다.

⑥ 다시 Casing을 소정의 높이로 끌어올려 모래를 투입한다.

⑦ ⑤와 ⑥의 작업을 되풀이하여 모래말뚝을 완성한다.

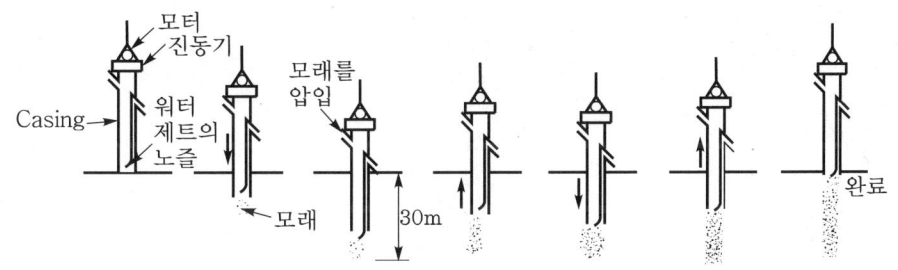

Ⅲ. 모래말뚝(Sand Drain Pile, Sand Pile) 공법

(1) 정의

① 연약한 점토지반에 Sand Pile을 시공하여 지반중의 물을 지표면으로 배제시켜 단기간에 지반을 압밀강화하는 공법이다.

② 점토지반에 적용하며 압밀을 촉진하기 위하여 Preloading 공법, 지하수위저하 공법 등과 병용한다.

(2) 특징

① 압밀효과가 큼.

② 단기간(2~3개월) 내에 다짐가능

③ 침하속도 조절가능

④ Drain 시공시 주위 지반이 교란되기 쉬움.

⑤ 시공비가 저렴

⑥ Drain(Sand Pile) 단면이 일정하지 못함.

(3) 시공순서

① Sand Mat 시공 : Sand Mat의 재료는 투수성이 크고, 두께는 0.5~1.0m

② Casing(Mandrel) 관입 : 타격 또는 진동에 의해 Pile를 소정의 깊이까지 관입

③ 모래 투입 : Casing 속에 모래를 채움(직경 40~50cm)

④ Casing 인발 : 채워진 모래를 압입하면서 Casing을 인발하여 Sand Pile 완성

⑤ 성토 : 재하중으로서의 성토 시공을 함.

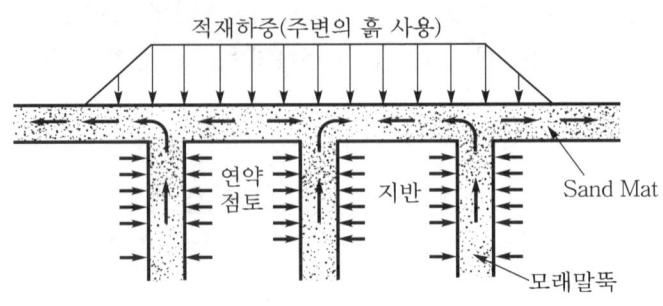

<Sand Drain Pile 공법>

Ⅳ. 비 교

1. 비교표

구 분	모래다짐말뚝공법 (Sand Compaction Pile)	모래말뚝공법 (Sand Drain Pile, Sand Pile)
적용지반	사질토지반, 점성토지반	점성토지반
시공깊이	15~25m	25~30m
시공후 직경	40~70cm	30~50cm
사용 케이싱	40cm	30cm
시공효과	지지력 향상	흙 속 간극수 탈수
개량원리	침하 저감	침하 촉진
진동영향	大	小
공사비	비싸다	싸다
재료관리사항	입도분포와 상대밀도	투수성

2. 시공시 유의사항(안전시공 방안)

(1) 지반의 교란 방지

(2) 시공단면의 균일화

(3) 주변 지반의 히빙 현상에 유의

(4) 예민비가 높은 실트질지반에서 시공시 액상화 현상에 유의

(5) 시공전에 가배수관 설치시 지반융기 및 침하 등으로 배수가 되지 않을 수 있으므로 모래말뚝 시공후 가배수관을 시공할 것

(6) 모래말뚝을 정확한 위치에 시공하기 위하여 배치위치를 표시

(7) 시공경계지점을 정확히 표시하며, 중복된 위치에 시공하는 일이 없도록 유의

(8) 진입로 확보 및 지반조건 검토

(9) 주행작업을 위한 장비의 주행성(Trafficability) 확보

(10) 시험시공(試驗施工)에 의한 설계심도 검증

(11) 소요모래량 점검

(12) 모래기둥 절단 여부 확인

(13) 소요깊이 체크

(14) 계측기의 점검

Ⅴ. 장비의 유지관리

(1) 장비의 주행성 확보
  ① 지반의 표면을 개량하여 장비의 주행성 확보
  ② 지반의 Cone 지수 확보
  ③ Sand Mat 부설 및 토목섬유를 이용한 장비의 주행성 확보

(2) 장비점검
  ① 시공 전후 장비점검 실시
  ② 시공중에도 이상징후 발견시 즉각 장비점검 실시
  ③ 수시점검, 정기점검 등을 통해 장비점검 철저

(3) 장비전도 방지
  ① 장비의 작업장소 지반에 대한 연약화 방지
  ② 장비작업시 전도예방조치 마련

(4) 장비보호
  ① 이수의 비산에 대한 장비보호
  ② 현장 주변의 먼지 및 흙탕물에 대한 장비보호

(5) 천후 관리
  ① 비바람에 대한 장비의 노후화 방지
  ② 비바람시 주유구 부위 및 장비의 노출부 관리

(6) 장비침하 방지
  연약지반에 대한 장비의 침하 방지

VI. Sand Compaction Pile 공법의 시공시 유의사항

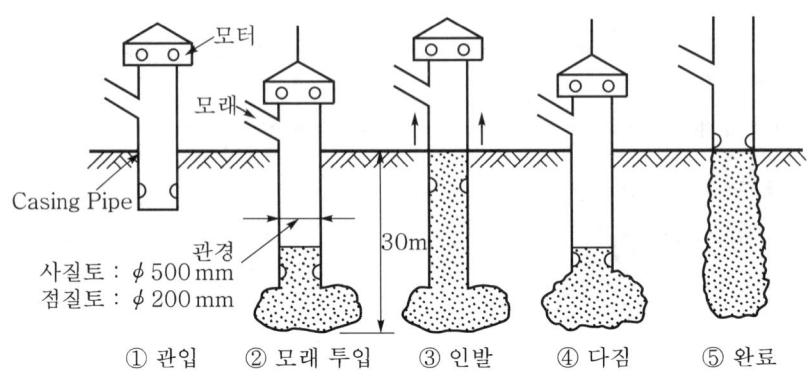

① 관입 ② 모래 투입 ③ 인발 ④ 다짐 ⑤ 완료

(1) 기계설치

　　Casing과 진동기 등이 장착된 기계를 현장에 설치한다.

(2) Casing 관입

　　① 진동기를 진동시켜 Casing을 지반 속으로 관입시킨다.

　　② 관입이 곤란한 층이 있을 때엔 Air Jet, Water Jet를 병용한다.

(3) 모래 투입

　　상부호퍼로 모래를 Casing 속으로 일정하게 투입한다.

(4) 진동다짐

　　Casing에 진동을 가하여 투입된 모래를 상하운동으로 주위 지반에 압입시킨다.

(5) 모래 투입

　　다시 모래를 투입하고 Casing을 규정높이까지 빼올려서 다짐작업을 반복한다.

(6) 반복작업

　　상기작업을 반복하여 다짐말뚝을 지상까지 마무리한다.

(7) 시공장비 선정

　　① 크레인

　　② 특수한 날을 가진 중공파이프

　　③ 상하진동이 발생하는 진동기

　　④ 모래 투입 Hopper

　　⑤ 압축공기 발생기

　　⑥ 그 밖의 시공장비를 사전에 준비하여 적재적소에 배치

(8) 시공능력 확인

① 개량지지력 : $10t/m^2$

② 개량깊이 : 25m

③ 1일시공 연장 : 150~200m

④ 케이싱 직경 : 70cm

⑤ 시공후 모래말뚝직경 : 40cm

Ⅶ. 결 론

(1) 연약한 지반에 토목구조물을 축조할 시에는 지반조건에 적절한 개량공법을 선정하여 구조물이 안전하게 지지될 수 있어야 한다.

(2) Sand Compaction Pile 공법은 주로 사질지반 개량공법으로 적용되나 점성토지반에서도 사용되고 있으며, 주로 지반강도증대를 목적으로 사용되며, Sand Drain Pile 공법은 점성토지반에 실지하어 흙 속의 간극수를 달수시키기 위해서 사용되는 공법이다.

4-1 도심지 터널공사 및 대심도 지하구조물 시공시 실시하는 약액주입공법에 대하여 종류별로 시공 및 환경관리 항목을 열거하고, 시공계획서 작성시 유의사항에 대하여 설명하시오. [10후, 25점]

4-2 도심지 지하굴착작업에서 약액주입공법 선정시 시공관리항목을 열거하고 각각에 대하여 설명하시오. [06후, 25점]

4-3 약액주입공법 중 LW(불안정 물유리) 공법 [96중, 20점]

Ⅰ. 개 요

(1) 지반개량공법의 일종으로서 약액 등을 지반에 주입하여 지반의 투수성을 감소시키거나 강도를 증대시키는 공법이다.

(2) 현행 일반화된 약액으로는 물유리계 약액이 대부분을 차지하고 있으며, 차수가 주목적일 경우에는 물유리계만을 사용하고, 지반강도증대가 목적일 경우에는 시멘트계를 병용해서 사용한다.

Ⅱ. 공법의 특징

(1) 장점
① 소규모 설비로 시공이 가능하다.
② 소음, 진동, 교통에 대한 영향이 적다.
③ 공기가 짧다.
④ 시공이 용이하다.

(2) 단점
① 지반개량효과의 여부가 불확실하다(주입범위, 강도증대효과).
② 주입재의 내구성이 불확실하다.
③ 환경공해 문제
④ 수압파쇄로 인한 지반융기

Ⅲ. 주입재의 종류

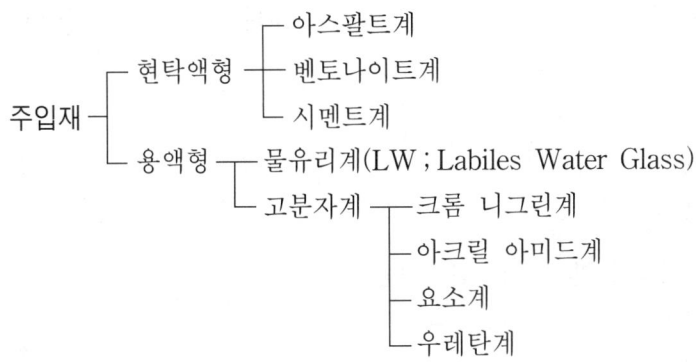

Ⅳ. LW 공법

(1) 정의

① LW(Labiles Water Glass)란 불안정화한 물유리로서 지중에 주입하는 용액형의 주입재이다.

② LW 공법은 지반개량은 물론 지하수차단효과를 겸하고 있는 다목적 주입공법이다.

(2) LW의 원리

$$규산\ 모노마 \xrightarrow[중합]{제1단계} 콜로이드\ 입자(Soil) \xrightarrow[집합과\ 중합]{제2단계} 입자의\ 망눈형\ 구조(Gel)$$

① 제1단계에서 규산 모노마가 규합되어 고분자화해서 콜로이드 입자를 형성하고

② 제2단계에서는 이 입자들이 서로 집합·중합하여 연속적인 구조를 조성하고 용매를 통해 확장해서 겔(Gel)화에 이르게 된다.

Ⅴ. 시공방법

(1) 주입관 설치

지반상황, 주입관의 종류에 따라 보링법, 타입법, Jetting법 중 하나를 결정하여 주입관을 설치한다.

(2) 주입공법

① 반복주입공법 : 지반의 불균일로 투수계수의 변화가 큰 경우 점도가 큰 주입재부터 주입공을 달리하여 반복주입한다.

② 단계주입공법 : 지반의 깊이에 따른 토질의 변화로 투수계수와 공극압이 달라질 때 여러 구간으로 나누어 주입한다.

③ 유도주입공법 : 주입을 쉽게 하기 위하여 Well Point나 전기침투의 도움을 빌어 주입한다.

(3) 주입재 압송

① 1.0 shot 방식

ⓐ 지하수의 유속이 크지 않을 때

ⓑ Gel Time이 비교적 긴 경우(20분) 적용

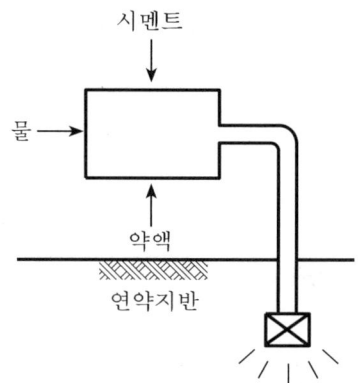

② 1.5 shot 방식

ⓐ 유속이 클 때나 용수, 누수가 많을 때

ⓑ Gel Time이 2~10분일 경우 적용

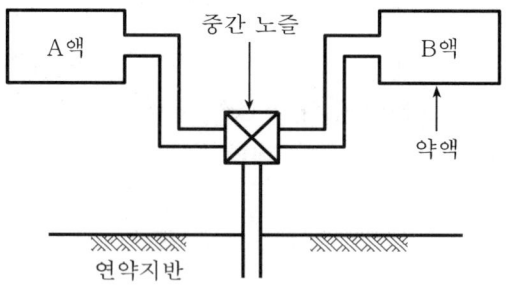

③ 2.0 shot 방식

ⓐ 간편하고 가장 보편적인 시스템

ⓑ 각각 다른 두 주입관을 나와 혼합되는 순간고결화할 경우 적용

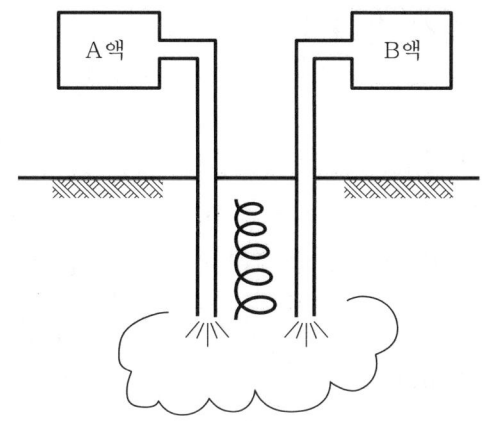

(4) 개량성과 검토
　① 주입범위, 주입상태 조사
　② 지반강도 증가상황 조사
　③ 지수효과 조사
　④ 지반 및 구조물 변형 조사

VI. 공법의 종류별 시공(공법선정시 시공관리항목) 및 환경관리항목

공법 종류	시공관리항목	환경관리항목
저압분사주입공법 (LW 공법, SGR 공법)	• 주입 지반상태 • 주입공 수직도 • 주입재 배합 • 주입압과 주입량 • 누설량 • Gel Time • 차수 정도	• 수질 • 분진 • 소음
고압분사주입공법 (JSP 공법, RJP 공법, SIG 공법)	• 주입공 수직도 • 상승속도 • 주입압 • 개량체 직경	• 분진 및 소음 • 지반융기
압축주입공법 (CGS 공법)	• 주입공 수직도 • 주입재 배합 • 주입압과 주입량 • 주입방법 • 주입공 간격 및 주입순서	• 분진 및 소음 • 진동 • 지반융기

Ⅶ. 시공계획서 작성시 유의사항

(1) 주입목적 구분
① 주입목적이 차수 또는 지반강도증가 여부에 따라 시공공법이 달라짐.
② 차수 목적 : LW 공법, SGR 공법
③ 지반강도 증가 목적 : JSP 공법, RJP 공법, SIG 공법, CGS 공법
④ 주입목적에 따라 지반조사의 종류가 달라짐.

(2) 주입 지반상태 파악
① 지하수 상태에 따라 주입공법과 주입재가 달라짐.
　　㉠ 지하수 일정 : LW 공법, 현탁액이 많아짐.
　　㉡ 지하수 이동 : SGR 공법, 용액 중 고분자계가 사용됨.
② 지반의 투수성 상태에 따라 주입공법이 달라짐.

(3) 지중매설물 현황
① 지중매설물 상태에 따라 주입순서와 주입압이 달라짐.
② 시공계획전 지중매설물 파악이 필수임.

(4) 주입재 배합
① 시험시공후 주입재 배합 결정
② 지반조건 변화시 반드시 시험시공으로 주입재 배합과 주입압 결정

(5) 주변환경 고려
① 주변 구조물과의 거리 및 구조물 노후도 등을 고려한 주입시공
② 주변 우물사용 여부 및 수질변화 여부 고려
③ 분진 및 소음 등을 고려한 작업시간과 보호시설물 설치

(6) 주입효과 확인
① 시험시공시 주입효과 확인방법 결정
② 현장 원위치시험과 실내시험을 병행하여 개량효과 확인

Ⅷ. 결 론

(1) 중요공사에서는 본공사에 앞서 반드시 시험주입을 하여 주입계획의 타당성과 효과를 확인하고 당초 설계의 수정, 보완 및 보다 효과적인 공법을 적용하여 적용사례를 토대로 기본자료를 축적해야 한다.

(2) 주입공법과 주입재 선정을 위해서 주입목적, 주입재의 특성, 현장상황, 주입방식의 특징 등을 충분히 고려하여야 한다.

4-4 연약지반에서 고압분사주입공법의 종류와 특징에 대하여 설명하시오. [11전, 25점]

Ⅰ. 개 요

연약지반에서의 고압분사주입공법은 고압으로 경화재를 주입하거나, 고압의 물과 공기의 힘으로 지반을 굴착한 후 경화재를 주입하는 방법이 있다.

Ⅱ. 고압분사주입공법의 종류

① JSP(Jumbo Special Pile) 공법

② RJP(Rodin Jet Pile) 공법

③ SIG(Super Injection Grout) 공법

Ⅲ. 고압분사주입공법의 종류와 특징

1. JSP 공법

(1) 정의

① 연약지반 개량공법으로 초고압(200 kg/cm2)의 Air Jet를 이용하여 차수, 지지 말뚝, 기초지반의 지지력 증대 등의 효과를 얻을 수 있는 지반고결제의 주입 공법이다.

② Double Rod 선단에 Jetting Nozzle을 장착하여 경화재(Cement Milk)를 분사 하면서 원지반과 혼합되어 지반중에 원주형의 고결체를 조성하는 공법이다.

(2) JSP 시공도

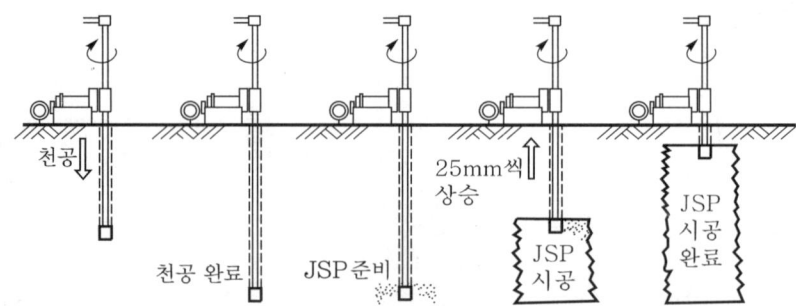

(3) 용도

  ① 구조물의 기초를 위한 지반보강

  ② 굴착 주변 물막이

  ③ 연속벽체(흙막이벽)

  ④ Underpinning 공법

  ⑤ 지하철 공사

  ⑥ 지하저장탱크 기초

(4) 특징

  ① 시공의 확실성

  ② 장비가 소형으로 경제성 우수

  ③ 모든 지반에 적용가능

  ④ 지반강도와 지수효과를 높이는 이중효과

  ⑤ Pile Joint 부분 누수발생에 유의

  ⑥ 고압으로 주위 지반교란

2. RJP 공법

(1) 정의

  ① RJP 공법이란 다중관의 Rod를 사용하여 물·공기·경화재료를 선단부에서 초고압으로 분사하여 지반에 고결체를 만드는 공법이다.

  ② $300 \sim 600 \mathrm{kg/cm^2}$의 초고압으로 물과 공기를 분사하여 지반을 절삭·각반하고 이어서 공기와 Cement Paste를 분사하여 지반을 다시 절삭·각반시키면서 Rod를 천천히 회전상승시켜 지중에 직경 2m 이내의 원주상의 고결체를 형성한다.

(2) 특징

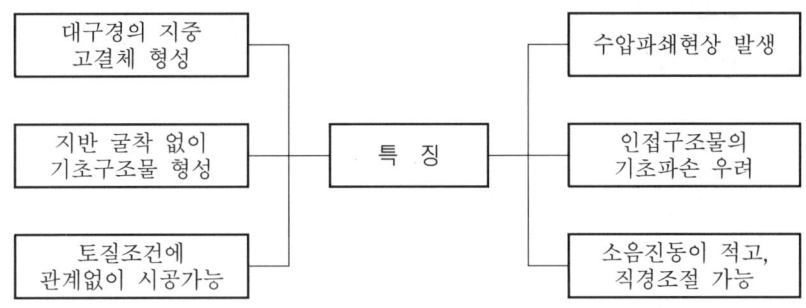

(3) 용도

① 터널 갱구, 막장 보호

② 교각, 교대 기초 보강

③ 각종 Tank 기초

④ 지하토류벽

⑤ 각종 구조물 기초

⑥ Underpinning

3. SIG 공법

(1) 정의

① SIG 공법은 초고압수($400kg/cm^2$)로 지반을 굴착하여 절삭토를 배출하며, 지중에 형성된 공동에 경화재(Cement Paste)를 충전하는 공법이다.

② 약액주입공법이나 기존의 강재교반공법에 비해 지반의 융기현상을 방지할 수 있는 안전한 공법이다.

(2) 특징

① 장비가 소규모로 적용이 용이함.

② 절삭토의 배출으로 지반융기나 인접구조물의 피해가 없음.

③ 치환공법으로 공사비가 고가임.

(3) 시공순서

① 천공 및 주입장비에 장착된 Bit로 소정의 심도까지 천공

② 초고압수를 회전분사

③ 지중에 인위적인 공동구 형성

④ 공동구내에 경화재(Cement Paste)를 주입하여 지반개량

(4) 용도

① 차수용 및 토류벽용

② 토류벽 기초

③ 지반개량

④ 기초파일

IV. 결 론

연약지반에 고압분사주입공법의 적용시에는 지반의 변화와 인접구조물에 미치는 영향을 사전에 파악하여 안전한 공법이 되도록 하여야 한다.

5-1 동다짐공법의 개요와 시공계획에 대하여 기술하시오. [98중후, 40점]

5-2 동다짐(＝동압밀) 공법에 대하여 약술하고, 시공관리상 유의사항을 설명하시오. [95전, 33점]

5-3 동압밀공법(Dynamic Consolidation) [99후, 20점]

5-4 동다짐(Dynamic Compaction) [96전, 20점]

Ⅰ. 개 요

(1) 정의
① 동다짐공법이란 사질토 연약지반개량에 이용되는 공법으로, 사질지반의 지지력 증가, 침하방지 등의 목적으로 물리적인 방법으로 행해지는 지반개량공법이다.
② 대형 크레인으로 중추를 자유낙하시켜 지표면에 충격을 가하여 충격에너지 W파, P파에 의해 지반다짐효과와 강도를 증대시킨다.

(2) 특징
① 깊은 심도 개량가능   ② 광범위한 토질적용
③ 지하장애물 무관   ④ 확실한 개량효과
⑤ 특별한 약품이나 자재 불필요

(3) 원리
개량하고자 하는 지반에 중추낙하로 큰 에너지가 발생하는데, 이때 발생하는 큰 에너지로 인하여 충격에너지가 발생한다. 이것이 특성파로 지중에 전달되어 수평방향의 인장응력이 발생한다. 또한 이때 수직방향의 균열과 유로형성으로 과잉간극수압 소산과 지반의 압축이 촉진된다.

(4) 용도
① 사질지반개량
② 비행장 등의 넓은 범위 개량
③ 폐기물, 전석 등과 같은 불포화지반 다짐
④ 쓰레기매립장 다짐

Ⅱ. 시공순서

(1) 사전조사

    ① 설계도서 검토

    ② 기존자료 검토(토질, 지하수위, 주변여건)

(2) Tamping 계획

    ① 시공전 사전조사를 토대로 계획

    ② 사용할 추의 무게, 낙하고, 다짐간격, 크레인의 용량 등을 결정

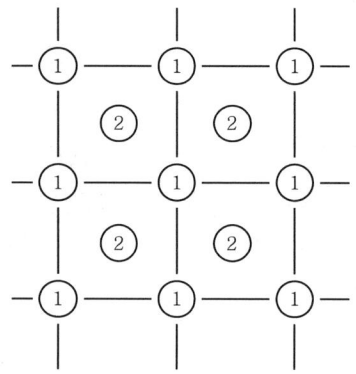

(3) Tamping 작업

    ① 중량의 추를 대형 크레인으로 5~30m 높이에서 낙하

    ② 수 m 간격으로 설정된 타격점을 집중적으로 타격

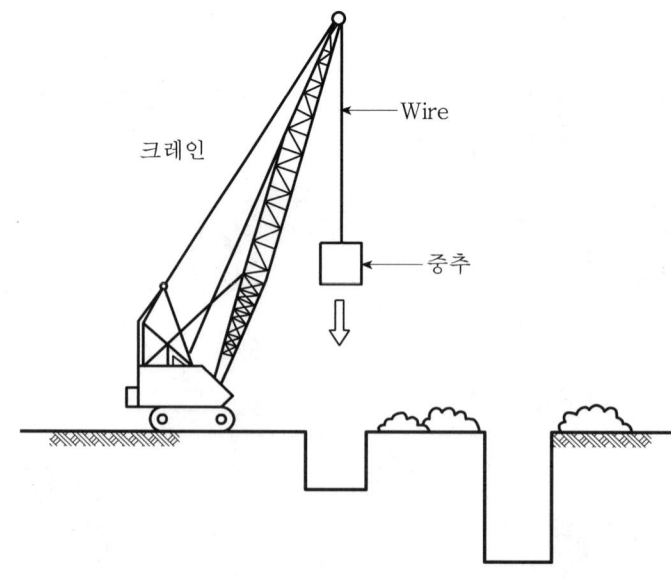

(4) 중간조사
　　① 조사위치는 사전조사지점과 가능한 한 가까운 곳
　　② 개량효과 확인 및 Engineering 분석

(5) 마무리 Tamping
　　① Tamping으로 생긴 웅덩이 주위를 불도저로 메우고
　　② 다음 단계 Tamping

(6) 정치기간
　　① 포화점성토와 세립분이 많은 포화사질토 등의 개량에서는 과잉간극수압과 분사현상이 발생하는데 이런 상태에서는 계속 타격하여도 개방효과를 기대할 수 있다.
　　② 이때는 과잉간극수압이 소산될 때까지 정치기간을 두어야 한다.
　　③ 과잉간극수압을 빠르게 소산시키기 위해서 메나드 드레인 공법과 병용하면 정치기간이 단축된다.

(7) 사후검사
　　① 설계조건과 일치하는지 확인
　　② 개량효과 확인 및 Engineering 분석

Ⅲ. 시공계획

(1) 철저한 사전조사
　　① 지형, 지질
　　　　공사현장의 지층상태 및 지형과 지질에 대하여 Boring Sounding 등을 통하여 상세한 조사를 실시한다.
　　② 지하수의 상태
　　　　연약층 내부에 존재하는 지하수량, 지하수위, 피압수 상태 등을 조사한다.
　　③ 구성지반 조사
　　　　연약지반의 종류, 연약층의 분포, 연약층의 두께, 지지층의 깊이 등을 조사하여 대책공법 선정시 고려한다.
　　④ 입지조건 조사
　　　　공사현장 내의 부지조건, 가설건물용지 및 현장 주위의 부지나 인접건물에 대해 조사한다.

⑤ 기상공해

소음, 진동, 분진, 악취, 교통장애 등에 대한 민원문제를 조사한다.

(2) 연약지반 공법선정

① 시공성

현장의 시공능력, 공기, 품질, 안전성 등을 파악하여 시공성을 종합적으로 판단

② 경제성

공사 상호간에는 서로 연관성이 많으므로 공법선정에서 경제성을 고려하여 최소의 비용으로 최적의 시공법을 채택

③ 안전성

시공중의 안전사고는 인명피해, 경제적인 손실 및 건설회사의 신용저하 등을 유발하므로 현장의 안전관리에 유의

④ 무공해성

소음, 진동 등 공해발생이 공기진행과 민원발생 등의 문제점을 일으키게 되므로 공사비가 다소 증가하더라도 공법선정시 공해에 대한 검토가 필요하다.

(3) 공정계획

① 지정된 공사기간 내에 공사예산에 맞추어 정밀도가 높고 질 좋은 구조물을 시공하기 위하여 공정표 작성

② 면밀한 시공계획에 의하여 각 세부공사에 필요한 시간과 순서, 자재, 노무 및 기계설비 등을 적정하고 경제성 있게 작성

(4) 품질계획

① 품질관리 시행(Plan → Do → Check → Action)

② 시험 및 검사의 조직적인 계획으로 하자발생 방지

(5) 원가계획

① 실행예산의 손익분기점 분석

② 일일공사비의 산정

(6) 안전계획

① 재해발생은 무리한 공기단축, 안전설비의 미비, 안전교육의 부실로 인하여 발생

② 안전시설 확충과 안전교육 실시로 안전사고 발생방지

Ⅳ. 시공관리상 유의사항

(1) 인접구조물 보호
진동에 의해 인접의 예민한 구조물에서는 최소 50m 정도의 이격거리를 두어야 한다.

(2) 불균일성 지반시공
당초 시공계획과는 달리 개량지반의 균일성을 확보하지 못하였을 경우에는 타격을 더하여 그 부분의 개량을 촉진시킨다.

(3) 진동
진동을 최소화하기 위해서는 충격지점과 구조물 사이에 Trench를 파서 완충작용을 하게 하는 방법이 있다.

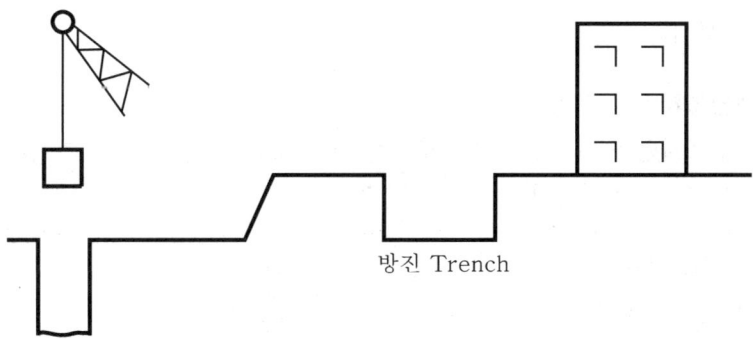

방진 Trench

(4) 지하수위
지표부에 세립토가 있거나 지하수위가 높은 경우에는 양질의 토사로 1.5~2.0m 정도 치환후 시공한다.

(5) 분진
지표면의 충격에 의해 발생되는 분진에 대해서는 집진장치를 하고 살수 등으로 습윤한다.

(6) 소음
지반의 충격 및 기계음에 의한 소음 등은 사전준비 단계에서부터 대책을 강구하여 최소화하여야 한다.

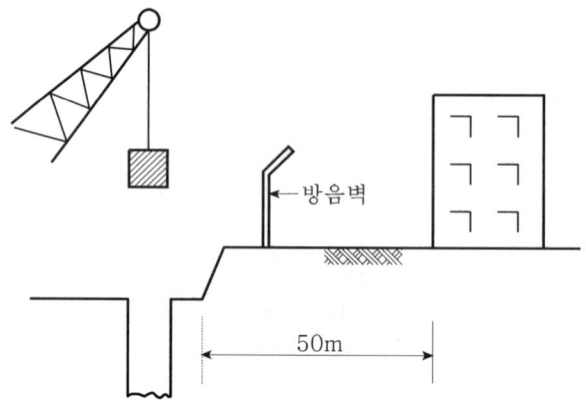

(7) 토립자 비산

토립자의 비산에 대한 방호시설을 설치하여야 하며 비산을 최소화할 수 있는 방법을 모색하여야 한다.

(8) 세립토지반의 시공

세립토지반을 대상으로 할 때에는 다음 Tamping 시기를 결정하기 위하여 간극수압의 발생, 소산과정을 측정해야 한다.

(9) 경제적 시공면적

사질토에서는 5,000m^2 정도가 경제적인 시공면적이다.

(10) 정보화 시공

Tamping을 1단계 완료후 시공상황이나 개량효과를 검토하여 그 결과를 다음의 Tamping에 참고하여야 한다.

(11) 시공효과 점검

시공효과는 표준관입시험, 공내재하시험(Menard Pressure Meter Test) 등에 의해 강도증진효과를 점검한다.

V. 결 론

(1) 동다짐공법은 지하장애물의 유무와 무관하게 깊은 심도까지 다짐효과가 있으며, 적용범위가 넓은 공법이지만 도심지 주변 공사는 진동과 충격에 의해 시공이 곤란한 공법이다.

(2) 무진동 타격기계의 개발과 기존자료의 Data화로 차후 공법적용시 더욱 개발된 공법으로의 연구가 필요하다.

6-1 연약지반 개량공법 중 동다짐(동치환 위주) 공법을 설명하시오.　　[00중, 25점]

I. 개 요

(1) 동치환공법이란 크레인에 달린 무거운 추를 높은 곳에서 자유낙하시켜 지반 위에 미리 포설하여 둔 높은 양질의 재료에 타격을 가하여 지중에 관입시킴으로써 대구경의 쇄석을 형성하는 공법으로 점토지반에 사용한다.

(2) 소기의 요구되는 지반강도를 비교적 짧은 공기내에 크게 증진시킬 수 있어 큰 하중을 받는 구조물의 기초지반에 적용한다.

※ 저자의견

사질지반에서는 동다짐공법을, 점토지반에서는 동치환공법을 적용시켜야 하는 바 출제지는 동치환을 넓은 의미로 해석히기 위하여 두 공법을 디짐으로 간주히고 출제시에는 동치환으로 답안작성을 요구한 문제로 사료된다. 그리하여 본 저자는 공단에 문의하여 동치환 위주로 본 답안을 작성하였다.

II. 공법의 원리

(1) 충격에너지에 의한 지반다짐효과
(2) 지중에 쇄석기둥(Stone Column)을 형성함으로써 강제치환효과
(3) 쇄석기둥 상부의 슬래브는 구조물 하중을 쇄석기둥을 통해 지반 심층부의 지지층으로 전달하는 효과

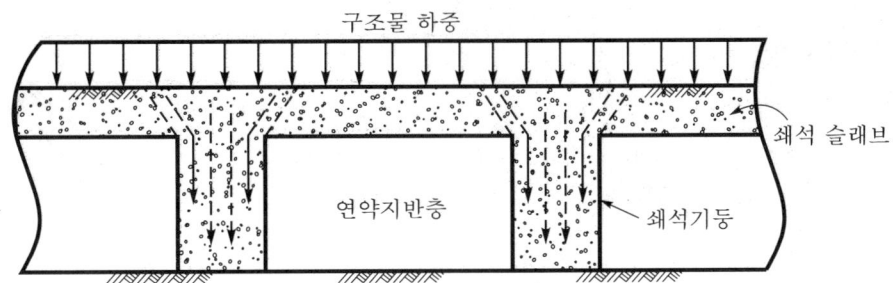

〈동치환공법의 응력집중현상〉

Ⅲ. 공법의 특징

(1) 시공여건의 변화에 유연하게 대처할 수 있다.

(2) 확실한 지지력을 확보할 수 있다.

(3) 깊은 기초 형식을 대용할 수 있다.

(4) 초연약점토 및 유기질 지반에서 급속시공이 가능하다.

(5) 개량심도가 깊을 경우(4.5m 이상) Menard Drain을 선행한다.

Ⅳ. 공법의 적용성

(1) 초연약지반

(2) 쓰레기 매립지반

(3) 성토매립지 지반상의 중량구조물 기초

(4) 고성토 시공구간의 지지력 확보 및 사면활동 방지

Ⅴ. 공법의 효과

(1) 지반침하의 억제

(2) 지반지지력의 증대

(3) 액상화 가능성 감소

(4) 지진에 의한 침하 억제

Ⅵ. 설 계

(1) 쇄석기둥의 간격, 직경

$$4H_f > S - D_p < H_c$$

$$2 < S/D_p < 4$$

여기서, H_f : 상부슬래브 두께

S : 기둥 사이의 간격

D_p : 기둥의 직경

H_c : 기둥의 깊이

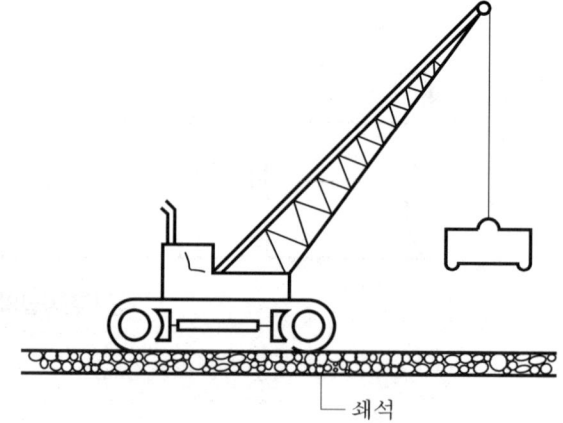

└ 쇄석

(2) 쇄석기둥의 지지력

$$Q = K_p \cdot P_L / F$$

여기서, Q : 기둥의 허용지지력

P_L : 주변토사의 한계압력(동치환 후 공내재하시험 결과)

K_P : 수동토압계수

F : 안전율(3.0)

(3) 침하량

$$S = \sigma_c \times \frac{D_p}{E_c} = \sigma_s \times \frac{D_p}{E_s}$$

여기서, S : 침하량

σ_s : 주변 흙에 작용하는 응력

σ_c : 기둥에 작용하는 응력

E_c : 기둥의 탄성계수

E_s : 주변 흙의 탄성계수

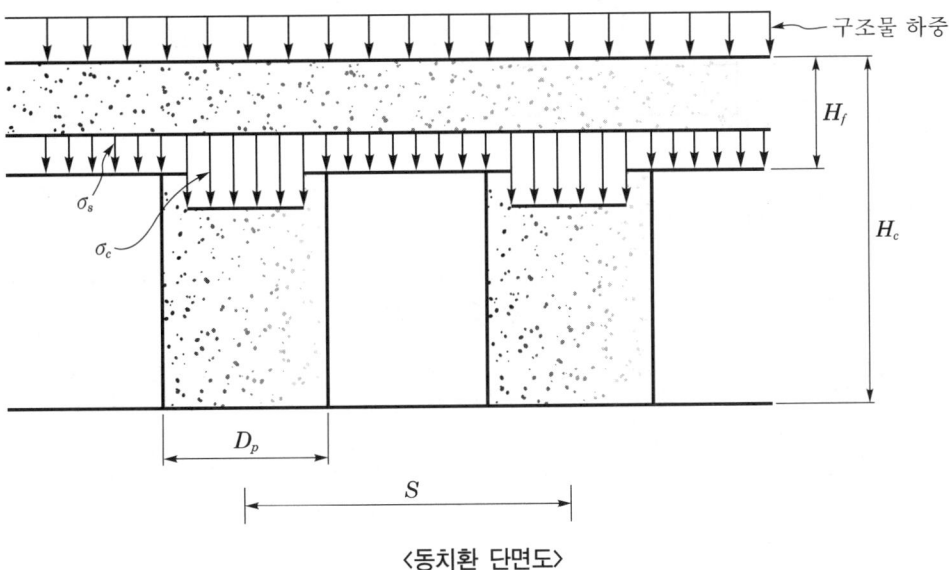

〈동치환 단면도〉

Ⅶ. 시공순서(Flow Chart)

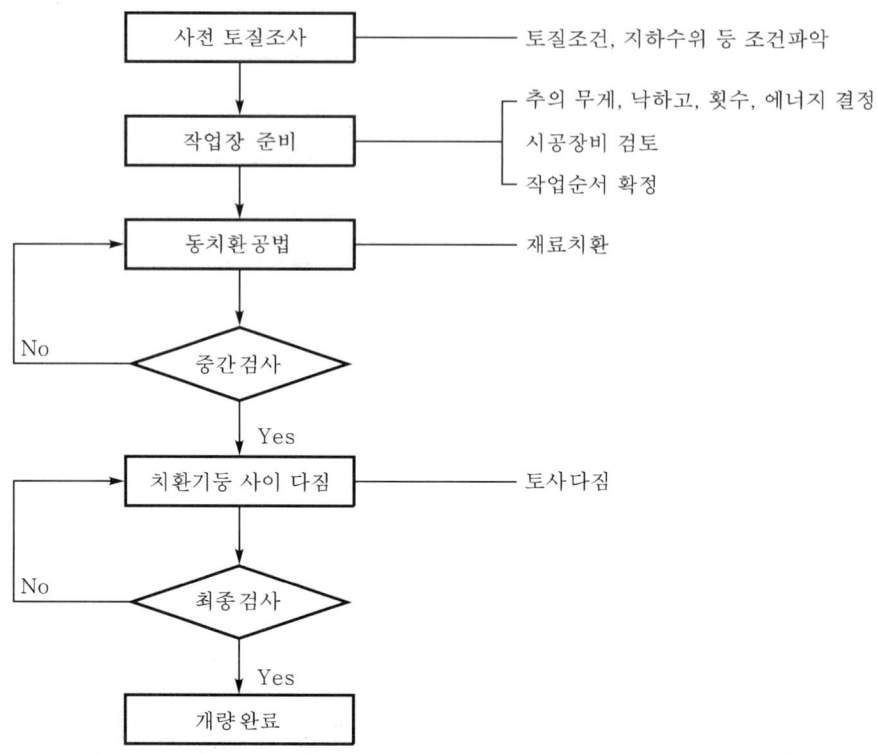

Ⅷ. 동다짐공법과 동치환공법의 비교

공 법	동다짐	동치환
원리	• 충격에너지에 의한 다짐효과	• 충격에너지에 의한 다짐효과 • 쇄석기둥에 의한 강제치환효과 • 쇄석슬래브에 의한 하중전달효과
특징	• 적용범위가 넓다. • 지반내 장애물의 영향이 적다. • 지반의 불균일성에 대처가 쉽다. • 정보화 시공이 가능 • 진동, 소음 공해	• 시공여건의 변화에 대처가 쉽다. • 확실한 지지력을 확보할 수 있다. • 깊은 기초 형식에 대용 • 초연약점토 및 유기질 지반의 급속시공 • 개량심도가 깊을 경우(4.5m 이상) Menard Drain 과 병용한다.
적용성	• 모래지반 • 매립지(점토, 모래, 전석 혼입) • 도로, 철도, 비행장 등 설계하중이 비교적 크지 않은 지반	• 초연약지반 및 점토지반 • 쓰레기 매립지반 • 성토매립 지반상의 중량구조물 기초 • 고성토 시공구간의 지지력 확보 및 사면활동 방지
효과	• 지반침하 억제 • 지반지지력 증대 • 액상화 감소	• 동압밀공법과 같다.

IX. 결 론

(1) 동치환공법은 동압밀공법의 문제점을 극복하기 위해 개량된 공법으로서 연약층의 심도에 따라 다른 보조공법과 병용함으로써 훌륭한 강도증진효과를 기대할 수 있다.

(2) 공내재하시험과 같은 정확한 현장시험을 통하여 계측자료에 의한 구조물의 거동을 사전예측함으로써 안전한 시공이 될 수 있다.

> **7-1** 항만매립공사에 적용하는 지반개량공법의 종류를 열거하고, 그 공법의 내용을 기술하시오. [07전, 25점]
>
> **7-2** 초면약점토지반의 준설매립공사 현장에서 초기 장비진입을 위한 표층처리공법의 종류를 열거하고, 그 적용성에 대하여 설명하시오. [05전, 25점]

Ⅰ. 개 요

(1) 항만준설 매립공사시 공사를 진행하기 위해서는 공사에 필요한 장비의 진입이 필수적이므로 초기 장비진입을 위한 표층처리가 우선되어야 한다.

(2) 공사에 필요한 장비의 중량을 파악하고, 장비의 주행성능을 확보하기 위한 표층처리공법의 선정 및 시공으로 공사의 안정성을 확보한 후 준설매립지반을 개량하여야 한다.

Ⅱ. 개량공법의 분류

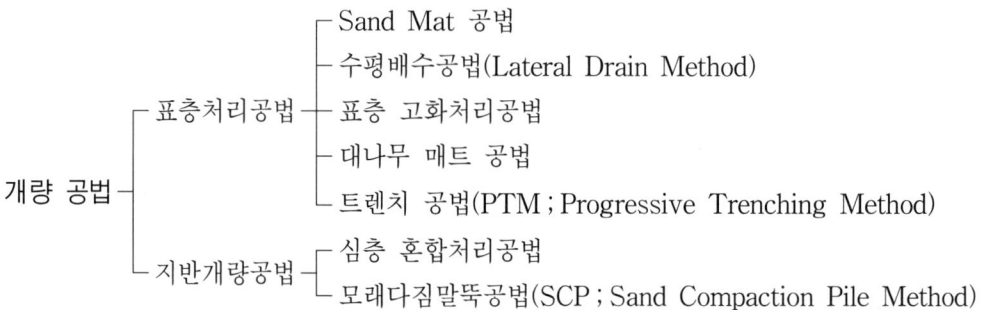

Ⅲ. 표층처리공법의 종류 및 적용성

1. 의의

(1) 공사 초기에 필요한 장비의 진입을 위해 연약지반의 표층을 처리하는 공법이다.

(2) 표층처리시 공사에 필요한 장비의 종류, 중량, 소요대수 등을 파악하여 표층처리공법을 선정하며, 시공 전과정에 대한 안전성을 확보하여야 한다.

2. 표층처리공법의 분류

(1) Sand Mat 공법

(2) 수평배수공법(Lateral Drain Method)

(3) 표층 고화처리공법

(4) 대나무 매트 공법

(5) 트렌치 공법(PTM ; Progressive Trenching Method)

3. 분류별 특성 및 적용성

(1) Sand Mat 공법

① 시공법 : 시공기계의 반입, 주행작업을 위한 Trafficability 확보 및 압밀촉진에 필요한 두께로 모래 부설

② 특징

㉠ 단독으로 사용되는 경우는 적고, 각종 개량공법의 보조공법으로 사용

㉡ 반입로만 확보되면 시공가능

③ 적용지반 : 점성토지반, 유기질토지반

(2) 수평배수공법(Lateral Drain Method)

① 시공법

㉠ 준설토 매립에 따라 형성되는 초연약지반 내에 배수재 매설선을 사용하여 0.5~1.5m 간격으로 배수재를 다단으로 수평매설

㉡ 매설된 배수재의 단부에서 진공펌프를 이용하여 연약지반에 부압을 작용시켜 지반 내에 포함되어 있는 다량의 수분을 강제로 배출하여 초연약지반을 단기간에 압밀개량하는 공법

② 특징

㉠ 성토 등을 이용한 상재하중을 사용하지 않고, 진공압을 이용하여 지반을 개량하기 때문에 준설토의 체적감소가 용이

㉡ 많은 준설토를 처분할 수 있기 때문에 재투입되는 준설토의 양만큼 복토의 분량 저감

㉢ 초연약지반의 표층개량을 목적으로 본 공법을 적용할 경우, 지반의 강도를 증가시킬 수 있기 때문에 지오텍 스타일 등 지반보강재의 사용이 저감

㉣ 개량후에는 점성토의 함수비를 액성한계 이하로 저감가능

㉤ 초연약지반을 단기간에 개량

㉥ 대량의 준설토를 동시에 탈수처리

㉦ 첨가재나 고화재를 사용하지 않기 때문에 환경문제에 유리

③ 적용지반 : 초연약지반, 준설매립지반

(3) 표층 고화처리공법
① 시공법 : 고함수 점성토로 구성된 초연약지반에 특수고화제를 주입 교반하여 조기에 소정의 강도를 가지는 경질지반으로 개량하는 화학적 토질안정처리공법
② 특징
  ㉠ 간척지나 준설매립지 등의 연약지반을 표층만 고화하는 공법
  ㉡ 연약층이 깊게 분포하는 경우라도 표층부의 0.5~2.0m 정도만을 고화처리하여 사람이나 장비의 통행이 가능하도록 하는 공법
③ 적용지반 : 초연약지반, 준설매립지반

(4) 대나무 매트 공법
① 시공법 : 대나무의 강성이 최대한 발휘될 수 있는 형태로 제작된 대나무 매트를 성토구조물 하부에 설치하여, 성토재와 작업하중을 하부지반에 균등하게 분포시켜 최초의 치환심도에서 안정된 성토구조물을 축조하는 초연약지반상의 뜬기초 공법
② 특징
  ㉠ 인력과 장비의 진입이 불가능한 초연약지반 조건에서 대나무 매트의 강성과 양압력에 의한 지반보강효과로 조기에 토공장비의 주행성을 확보
  ㉡ 공사기간을 단축하고, 제체의 치환율 감소에 의한 물공량 절감으로 경제성을 향상시킬 수 있는 공법
③ 적용지반 : 초연약지반에 축조되는 항만, 해안 및 가설도로의 기초처리

(5) 트렌치 공법(PTM ; Progressive Trenching Method)
① 시공법
  ㉠ 상부표층에 트렌치(Trench)를 점진적으로 형성함으로서 표면배수 및 지하수위 저하를 유도하여 표면건조층(Crust)을 형성
  ㉡ 트렌치의 깊이와 간격을 조절하여 표면건조층의 두께를 늘려 후속공정을 위한 지반지지력 및 공사장비의 주행성(Trafficability)을 확보하는 공법
② 특징
  ㉠ 배수로망의 단계적 조성을 통한 초연약지반의 표층 자연건조처리공법
  ㉡ 표층 건조처리공법으로 해사나 육상토를 사용하지 않고, 해상점토(준설토)만으로 준설매립을 시행한 후, 매립된 초연약지반상을 중장비가 작업할 수 있는 수준으로 최단기간내에 처리하기 위한 공법
③ 적용지반 : 대규모의 준설매립공사나 함수비가 높은 초연약지반의 표층건조처리

Ⅳ. 지반개량공법

1. 의의

(1) 연약지반 자체를 개량하여 지반의 지지력을 높이는 공법이다.

(2) 연약지반의 지지력 향상뿐만 아니라 구조물의 침하방지에도 큰 효과가 있는 공법으로 심층 혼합처리공법과 모래다짐말뚝공법이 있다.

2. 지반개량공법의 분류

(1) 심층 혼합처리공법

(2) 모래다짐말뚝공법(SCP ; Sand Compaction Pile Method)

3. 분류별 특성

(1) 심층 혼합처리공법

 ① 시공법

  ㉠ 심층 혼합처리공법은 석회, 시멘트 등의 안정재(고결재)를 심층의 연약층에 공급하여 흙과 균일하게 혼합하고 포졸란 반응 등의 고결작용에 의해 연약층을 강화시키는 화학적 지반개량공법의 일종이다.

  ㉡ 연약층의 강도증가뿐만 아니라 침하방지에도 효과가 큰 공법으로 항만구조물 기초공사 또는 연약지반 개량공사에 주로 이용되는 공법이다.

 ② 공법의 종류

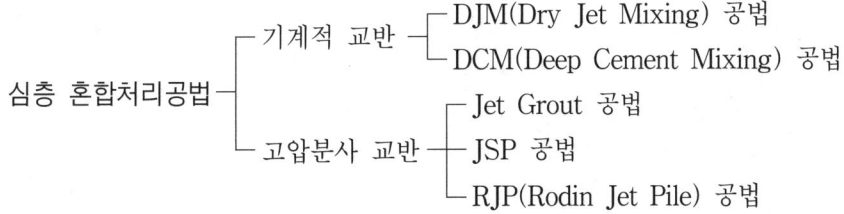

(2) 모래다짐말뚝공법

 ① 시공법

  ㉠ Sand Compaction 공법은 Vibro Composer라고도 하며, 지반에 모래다짐말뚝을 조성하는 공법으로 지반의 지지력을 향상시킬 수 있다.

  ㉡ 이 공법은 연약한 점토지반에 다져진 모래기둥을 축조하면서 그 효과로 지반을 조밀하게 하여 지반을 개량시키는 공법이다.

② 특징
  ㉠ 기계의 소모, 소음 및 고장이 적음.
  ㉡ 자동기록에 의한 시공관리 가능
  ㉢ 별도의 발전설비 필요
  ㉣ 소규모 공사에 부적합
  ㉤ 큰 진동에 의하므로 모래말뚝의 품질이 균일

V. 시공시 유의사항

(1) 지중에 매설된 상수도관, 하수관, 전선관 및 Gas관의 보호조치 철저
(2) 지중매설은 관계기관의 입회하에 시공
(3) 지반의 침하 또는 인근지반의 융기 등에 유의
(4) 인근구조물에 악영향이 미치지 않도록 계측관리 철저
(5) 치환된 연약토의 처리 철저
(6) 배수공법 시공시 인근구조물의 침하에 유의

VI. 결 론

(1) 연약지반의 개량시에는 철저한 지반조사를 통해 적정공법을 선정하여야 하며, 초기 장비진입을 위한 표층처리공법의 선정 및 시공이 우선되어야 한다.
(2) 표층처리공법 시공시 지반의 여건에 맞는 공법을 선정하고 장비의 주행성능 확보 여부를 확인한 후 시공에 임한다.

8-1 해수면을 매립한 연약지반 위에 대형 지하탱크를 건설하고자 한다. 굴착 및 지반 안정을 위한 적절한 공법을 선정하고, 시공시 유의사항에 대하여 설명하시오.
[05중, 25점]

8-2 해양구조물 공사를 시공할 때 깊은 연약지반 개량공사시 사용하는 DCM(Deep Cement Mixing Method) 공법을 설명하고, 시공시 유의사항과 환경오염에 대한 대책을 기술하시오.
[07중, 25점]

8-3 심층 혼합처리(Deep Chemical Mixng) 공법
[11전, 10점]

8-4 고압분사 교반주입공법 중에서 RJP(Rodin Jet Pile) 공법
[02후, 10점]

Ⅰ. 개 요

(1) 심층 혼합처리공법은 석회, 시멘트 등의 안정재(고결재)를 심층의 연약층에 공급하여 흙과 균일하게 혼합하여 포졸란 반응 등의 고결작용에 의해 연약층을 강화시키는 화학적 지반개량공법의 일종이다.

(2) 연약층의 강도증가뿐만 아니라 침하방지에도 효과가 큰 공법으로 항만구조물 기초공사 또는 연약지반 개량공사에 주로 이용되는 공법이다.

Ⅱ. 공법의 원리

(1) 심층 혼합처리공법은 석회, 시멘트계를 주로 한 괴상, 분말상 또는 현탁액상의 화학적 안정재를 원위치 지반에 첨가하여 원위치에서 혼합하여 연약점성토 지반을 주상, 괴상 또는 전면적으로 개량하려고 하는 것이다.

(2) 석회나 시멘트를 흙과 혼합하면 여러 화학적 작용으로 흙이 강화된다.

(3) 이들은 생석회의 소화에 의한 흡수, 팽창작용, 소석회나 시멘트의 흡수에 의한 함수비 저하작용, 칼슘의 염기치환작용 등으로서 포졸란 반응에 의한 효과가 크다.

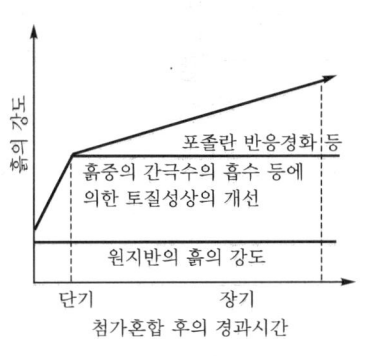

〈석회의 첨가혼합〉

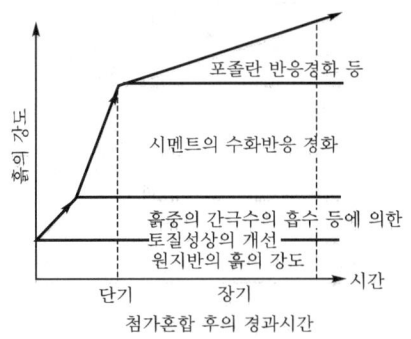

〈시멘트의 첨가혼합〉

Ⅲ. 공법의 종류(지반안정공법)

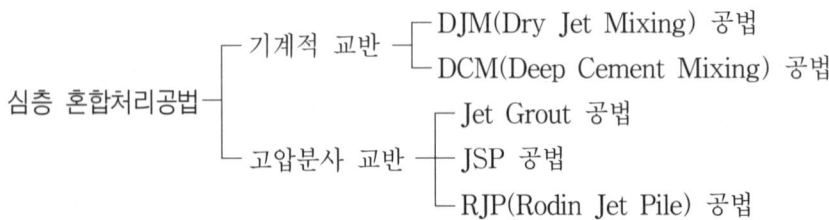

1. DJM(Dry Jet Mixing) 공법

(1) 시공법

교반기계를 개량위치까지 관입한 후 시멘트 가루를 고압공기로 반송하여 교반기계로 연약지반과 혼합하는 공법으로 육상공사에서만 이용된다.

(2) 적용성

① 소규모 연약지반개량

② 복구공사

2. DCM(Deep Cement Mixing) 공법

(1) 시공법

교반기계를 개량위치까지 관입한 후 시멘트 슬러지와 시멘트 모르타르를 고압공기로 반송하여 연약지반과 혼합하는 공법으로 육상 및 해상에 이용된다.

(2) 시공순서

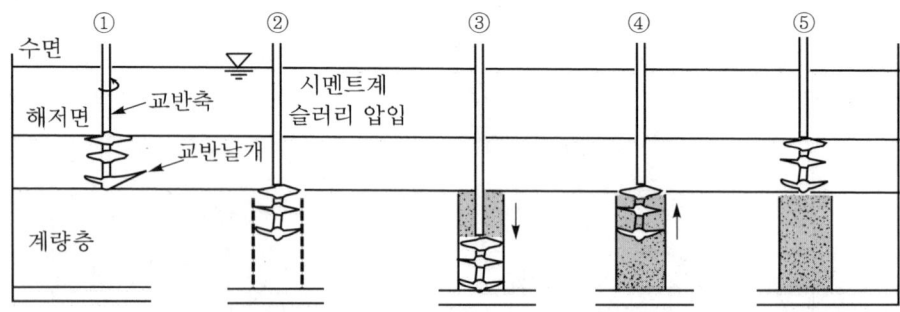

(3) 적용성

① 매립지 등 초연약지반 개량

② 경질 점성토지반 개량

3. 고압분사 교반공법(RJP 공법)

(1) 시공법

① 개량위치까지 천공한 후 시멘트 밀크를 고압으로 분사하여 흙과 혼합하는 공법이다.

② 고압분사 교반공법은 주입공 개수와 경화재료의 상태 및 주입압에 따라 분류한다.

③ 공법의 종류

종 류	주입공 개수	경화재료 상태	주입압(kgf/cm^2)
Jet Grout 공법	단관	시멘트 밀크	200 이하
JSP 공법	2중관	시멘트 밀크	200
RJP 공법	3중관	시멘트	300~600

(2) 시공순서

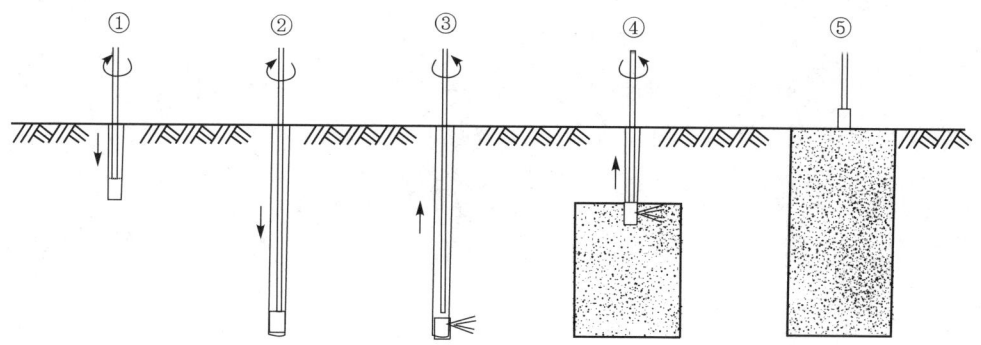

| ① 보링기에 의해 목표심도까지 착공 | ② 착공 완료 | ③ 분사주입 개시 | ④ 로드를 회전하고, 분사하면서 인상 | ⑤ 로드의 인상 완료 및 개량기둥의 완료 |

(3) 특징

① 대구경의 지중 고결체 형성

② 지반 굴착 없이 기초구조물 형성

③ 토질조건에 관계없이 시공가능

④ 수압파쇄현상 발생

⑤ 인접구조물의 기초파손 우려

⑥ 소음진동이 적고, 직경조절 가능

(4) 용도

① 터널 갱구, 막장 보호

② 교각, 교대 기초 보강

③ 각종 Tank 기초

④ 지하토류벽

⑤ 각종 구조물 기초

⑥ Underpinning

Ⅳ. 시공시 유의사항(DCM 공법 시공시 유의사항)

(1) 균일한 혼합

① 혼합처리토의 강도는 혼합의 정도에 크게 좌우되기 때문에 현장에서 균일한 혼합을 해야 한다.

② 혼합의 정도는 교반날개의 매수, 단면적, 회전수, 승강속도 등에 지배되고, 승강속도가 낮을수록 균일한 혼합이 된다.

(2) 교반마력과 시간의 관계

① 교반에 필요한 마력과 시공시간은 이들과 반비례의 관계에 있기 때문에 경제성을 추구한다면 불량한 혼합이 될 수 있다.

② 교반날개의 형성이나 단수를 적절히 정하여 경제적인 면에서도 개량강도는 배합강도와 차이가 없도록 해야 한다.

(3) 시공위치

시공중 가장 중요한 것은 개량위치로 면밀히 관리하여 정밀도가 균일하게 이루어지도록 해야 한다.

(4) 시공이음의 일체화

① 말뚝형식 개량의 경우를 제외하면, 시공이음이 일체화되어 연속되지 않으면 강도적으로 약점이 된다.

② 벽식 또는 격자식의 개량은 이음의 일체성이 중요하다. 그러나 현장의 시공은 위치의 정밀도에 곤란한 점이 있고 또 교반날개 승강시에 연직성도 충분하지 않다는 위험성이 있다.

③ 실제 이음을 20cm 이상 오버랩시켜 이것을 커버하고 있다. 금후 위치의 정도가 향상되면 오버랩부를 축소하여 경제성을 향상시키는 것이 가능할 것이다.

(5) 경계부의 개량

① 지지층에 교반날개의 관입은 일반적으로 곤란하기 때문에 그 상부에서 멈추어서 안정재의 공급위치가 더욱 상부에 있는 경우는 비개량부가 상당히 남게 된다.

② 따라서 현장의 시공에서는 교반날개를 지지층 중에 수십 cm 관입시키고 또 이때에만 안정재 공급관을 내리는 방법으로 비개량부를 남기지 않도록 하여야 한다.

(6) 개량체의 부상

① 샌드 콤팩션 파일에서 발생하는 정도는 아니지만, 본공법에서도 시공에 따라 연약층 표면이 솟아오르는 것을 확인할 수 있다.

② 솟아오르는 양은 공급한 안정제의 체적과 같으면, 시공두께가 크고 안정제가 많을수록 심하다.

③ 솟아오르는 것은 혼합처리 기계를 관입한 때와 안정재의 공급이 진척될 때에 일어나며 따라서 솟아오르는 흙은 제거해야 한다.

(7) 기타

① 가설용지 확보

② 자재반입로 확보

③ 시공심도 확인

④ 최소 토피두께 확인

⑤ 소음 진동, 비산 등 건설공해에 대한 대비책 수립

⑥ 수도, 전기, 가스, 통신 등 지하매설물 보호

⑦ 인접구조물 영향 고려

V. 환경오염에 대한 대책

(1) 안정재의 취급

안정재를 부주의하게 취급하면 인체에 위험이 미치거나 혹은 주변의 pH를 높여서 문제가 되는 경우가 있다.

(2) 지하수 관리

지반내에 지하수가 존재하거나 피압수에 의한 주입액의 유실을 초래하여 환경오염을 초래할 수 있으므로 시공전 지하수 상태를 파악후 계획을 수립하여 착수한다.

(3) 함수비 관리

재령이 짧은 경우는 액성한계 부근에서 최고를 이루고, 재령이 길수록 최고치는 소성한계 쪽으로 이동하여 소성한계 부근에서는 강도가 증가된다.

(4) 혼합비 준수

안정재의 혼합이 많으면 효과가 떨어져 다중의 혼합이 필요하기 때문에 혼합비를 선정하여 많은 양의 안정재가 혼합되는 것을 피해야 한다.

(5) 실내 배합시험

혼합처리토의 특성은 기타 지반개량의 경우와 다르기 때문에 보통의 토질시험으로 개량 정도를 추정하는 것이 불가능하므로 콘크리트와 같이 배합시험을 통하여 적정배합을 해야 한다.

(6) 슬라임의 처리

부상된 슬라임은 일정 장소에 토지와 분리야적후 외부로 폐기물처리를 하여야 한다.

VI. 결 론

(1) 시공방법으로는 안정제와 원지반토를 교반기계를 사용하여 기계적으로 강제혼합하는 방법과 안정제의 용액 또는 입상체를 고압분사혼합하는 방법의 두 가지로 대별된다.

(2) 해저의 연약지반개량에도 적합하며, 공기가 짧고 준설토가 발생하지 않는 등 유리한 점이 있다. 일반적으로 개량효과는 다른 샌드 드레인 공법 등에 비해서 매우 크나 공사비가 고가(高價)인 것이 단점이다.

| 9-1 | 연약지반에서 계측관리를 하고자 할 때 계측관리의 수립, 문제점 및 대책에 대하여 기술하시오. [97중후, 33점] |

9-1 연약지반에서 계측관리를 하고자 할 때 계측관리의 수립, 문제점 및 대책에 대하여 기술하시오. [97중후, 33점]

9-2 연약지반상에 성토작업시 시행하는 계측관리를 침하와 안정관리로 구분하여 그 목적과 방법에 대하여 기술하시오. [06전, 25점]

9-3 연약지반에서 구조물공사시 계측시공 관리계획에 대하여 설명하시오. [04중, 25점]

9-4 압밀침하에 의한 연약지반을 개량하는 현장에서 시공관리를 위한 계측의 종류와 방법에 대하여 설명하시오. [11전, 25점]

I. 개 요

(1) 연약지반에서 토목공사를 할 때 시공상의 이점과 품질검증을 위한 현장계측을 실시하여 계측관리에 따라 적정공법을 선정하여 시공한다.

(2) 연약지반의 현장계측은 크게 나누어 침하, 변위, 토압, 수압이 주계측대상이 된다.

II. 계측관리계획(계측관리수립)

(1) **계측목적의 명확화**
   ① 계측을 위한 기본목적 설정
   ② 시공관리, 안전관리, 설계법 확인

(2) **사전조사**
   ① 시공장소의 지질상태, 지하수위
   ② 시공내용, 공정
   ③ 주변환경(지하매설물, 인접구조물)

(3) **계측단면 결정**
   ① 지질조사결과를 토대로
   ② 주변여건을 고려하여 결정

(4) **계측항목 선정**
   ① 계측목적에 부합되는 항목 선정
   ② 측정대상물의 규모, 주변 환경조건 고려

(5) **관리기준 결정**
   ① 변위기준 결정
   ② 인접구조물 허용변형 결정

(6) 계측기 사양 선정

  ① 문제점에 대한 정보획득 가능성 고려

  ② 계측의 목적에 맞는 정밀도 확인

(7) 설치위치 선정

  ① 지반특성, 현장 조건을 고려하여 선정

  ② 최대변위와 최대응력이 예상되는 위치에 중점배치

(8) 계측빈도 결정

  ① 측정범위와 정확도를 모두 충족시킬 수 있는 범위내에서

  ② 계측항목과 공정에 따라 차등계측

(9) 계측

  ① 개인오차를 감안하여 동일한 측정자가 계속 측정

  ② 이상한 측정값이 나오면 원인분석

  ③ 기후가 불량한 경우는 계측금지

(10) Data 정리

  ① Data Sheet를 준비하여 기록

  ② 관리지침을 정하여 도시화

Ⅲ. 침하관리(계측방법)

1. 침하관리의 목적

(1) 장래의 침하량 예측

(2) 잔류침하량 추정

(3) 하중재하기간 결정

(4) 주변지반의 변형관리

(5) 기존구조물의 변위측정

2. 침하관리의 방법

(1) 최종 침하량 산정(설계시)

  ① $\underset{(S_t)}{\text{침하}} = \underset{(S_i)}{\text{탄성침하}} + \underset{(S_c)}{\text{1차 압밀침하}} + \underset{(S_s)}{\text{2차 압밀침하}}$

  ② 점토지반에서는 1차 압밀침하량을 최종 침하량으로 간주하고 설계한다.

③ 압밀침하량$(S_c) = \dfrac{C_c}{1+e} H \cdot \log \dfrac{P' + \Delta P}{P'}$

여기서, C_c : 압축지수

e : 간극비

P' : 점토층 중앙부 유효연직응력

ΔP : 유효응력 증가분

H : 점토층 두께

④ 침하시간$(t) = \dfrac{T_v}{C_v} Z^2$

여기서, T_v : 시간계수

Z : 배수거리

C_v : 압밀계수

(2) 계측에 의한 침하량 측정(시공시)

① 압밀층에 침하판 설치

② 침하량을 매일 기록대장에 기록하고, 비교 및 검토 실시

③ $U = \dfrac{S_t}{S_c} \times 100 (\%)$

여기서, U : 압밀도(%)

S_t : t시간에서의 침하량(mm)

S_c : 압밀침하량(mm)

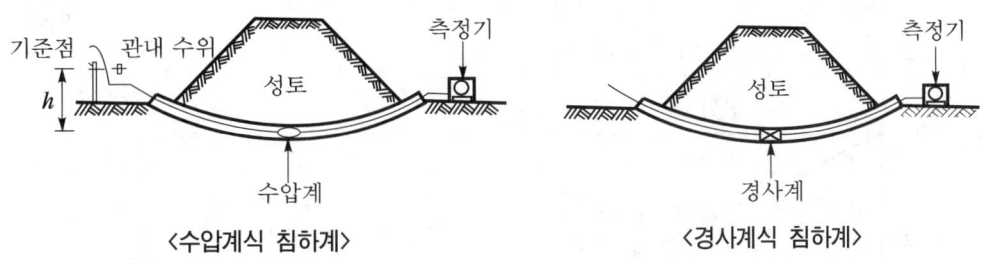

〈수압계식 침하계〉 　　　　 〈경사계식 침하계〉

IV. 안정관리

1. 안정관리의 목적

(1) 지반파괴상태 파악

(2) 성토속도 결정

(3) 성토속도의 관리

(4) 주변지반의 변위 파악

2. 안정관리의 방법

(1) 강도증진 관리

① 강도증가량 선정

$$\Delta C = \frac{C}{P} \Delta P U$$

여기서, ΔC : 강도증가량

C/P : 강도증가율

ΔP : 성토하중

U : 압밀도(%)

② 설계치와 비교검토 후 안정성 판단

③ 강도증가율 산정방법

㉠ SPT(표준관입시험), Vane Test, Cone Test

㉡ Sampling을 채취하여 압축강도시험 실시

㉢ 공내 수평재하시험 실시

(2) 재하중 성토관리

① 성토하중 상태를 파악하여 압밀량 Check

② 결과는 성토대장에 매일 기록

③ 기준점은 압밀영향을 받지 않도록 설치

(3) 침하량 측방변위량 관리

① 성토 중앙부의 침하량과 성토 끝부분의 측방변위량을 측정

② $S-\delta$ 곡선으로 안정성 판단

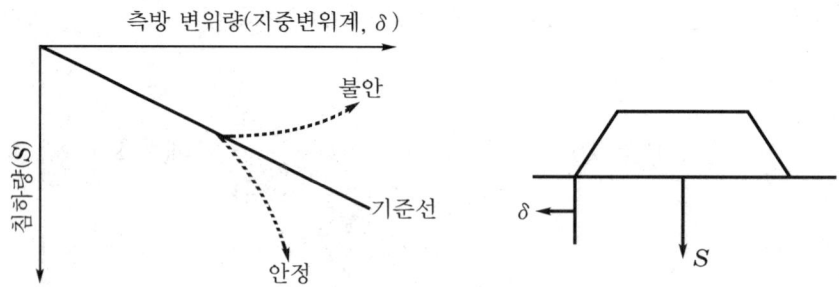

Ⅴ. 문제점

(1) 계측목적에 대한 인식 부족

계측이 형식에 치우치거나 결과정리에 지나지 않는 계측 시행

(2) System의 수입 의존

현장여건에 적합한 System의 도입이 어려워 그에 따른 적절한 조치가 불가피

(3) 기술축적 빈곤

국내 계측기술수준의 낙후 및 계측기기의 수입 의존도가 높음.

(4) 오차기준관리

요구되는 정확도에 따라 계기의 선정 및 측정계획 자체의 유동성

VI. 대 책

(1) 현장기술자의 인식 제고

현장기술자로 하여금 안정성 및 품질관리에 참여할 수 있는 여건 확보

(2) 올바른 System 도입

현장여건에 적합한 System의 도입 및 설치

(3) 계측이론 확립

현실성 있는 계측을 위한 이론적 확립 및 계측결과의 활용방안 설정

(4) 시방서 정립

Data 수립 및 해석을 위한 시방서 작성으로 계측작업의 체계적 이론 정립

VII. 계측의 종류(계측기 설치단면)

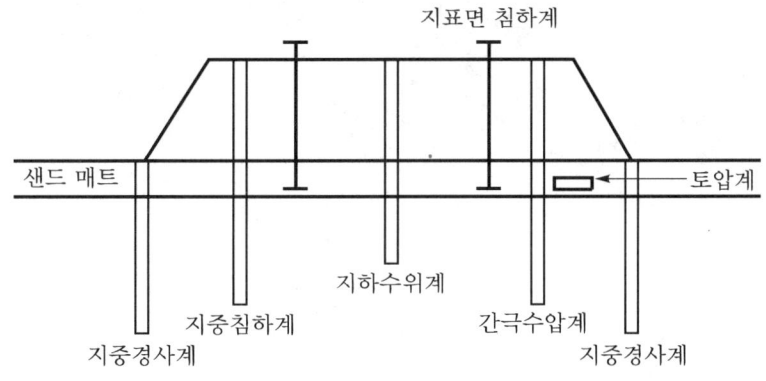

(1) 침하

지표면 및 심층의 침하량 측정

(2) 변위

지표면의 수평이동량, 성토 단부의 침하, 융기 측정

(3) 토압

성토하중에 의한 토압 측정

Ⅷ. 결 론

(1) 계측은 시공중 발생하는 실제 기반의 거동을 측정, 당초의 설계와 비교하여 안전하고 경제적인 시공으로 유도하는데 그 목적이 있다.

(2) 시공에 앞서 사전조사결과를 기초로 하여 계측목적에 맞는 적절한 계측 항목, 기기, 방법 등을 선정하여 효과적 계측이 되도록 해야 한다.

9-5 연약점토층의 1차 압밀과 2차 압밀 [96전, 20점]

9-6 연약지반 처리공법 적용에 따른 침하압밀도 관리방법에 대하여 기술하시오. [98중전, 20점]

Ⅰ. 정 의

(1) 압밀이란 흙 속에 간극수가 지반 자체 자중 및 외력작용으로 외부로 배출되면서 흙의 밀도가 증가하는 현상을 말한다.

(2) 연약지반을 개량할 때 그 지반에 있어서 압밀, 침하과정을 파악하기 위하여 침하 압밀도 관리 등을 이용하게 된다.

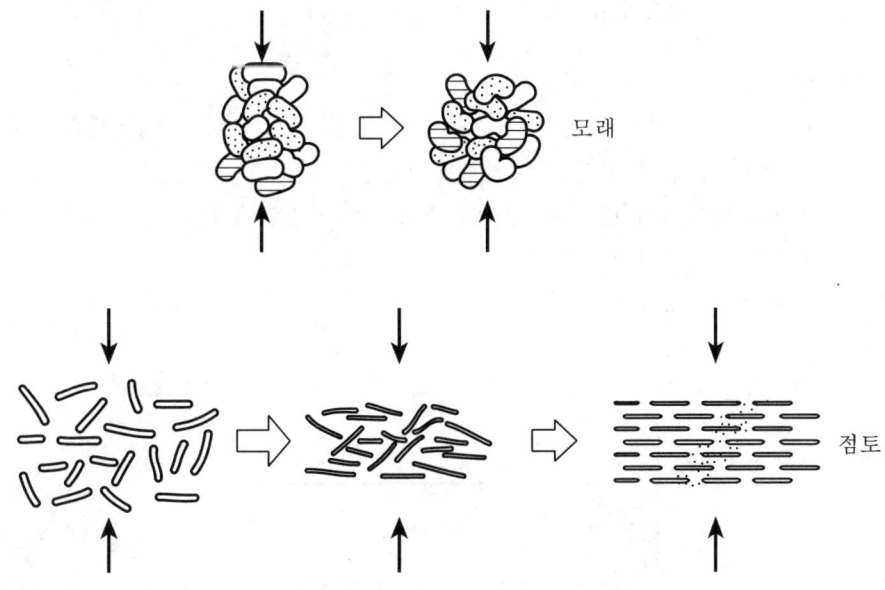

〈모래와 점토의 압밀 Mechanism〉

Ⅱ. 침하량 산정

$$S_t \quad = \quad S_i \quad + \quad S_c \quad + \quad S_s$$

| 총침하량 | 탄성침하 (사질토−즉시) | 1차 압밀침하 (점토질−장기) | 2차 압밀침하 (유기질 점토−Creep) |

Ⅲ. 1차 압밀과 2차 압밀

(1) 1차 압밀

　① 흙에 일정한 하중이 가해질 때 흙 중에 간극수가 유출됨에 따라 생기는 흙의
　　 체적이 감소(압축)되는 현상을 말한다.

　② 1차 압밀은 재하중 초기에 나타나며 빠른 시간내에 발생한다.

　③ 압밀침하량

$$S_c = \frac{C_c}{1+e} H \cdot \log \Delta P$$

　여기서, C_c : 압축지수

　　　　e : 공극비

　　　　ΔP : 유효응력 증가분

　　　　H : 배수거리

(2) 2차 압밀

　① 흙에 장기적인 하중이 가해질 때 1차 압밀로 간극수가 배제된 후에는 흙입자가
　　 재배열되면서 발생하는 침하를 2차 압밀침하라 한다.

　② 1차 압밀량에 비하여 천천히 발생하며 압밀침하량도 작은 경우가 보통이다.

　③ 2차 압밀침하량

$$S_s = (1 - U) S_c$$

(3) 1차 압밀과 2차 압밀과의 관계 도해

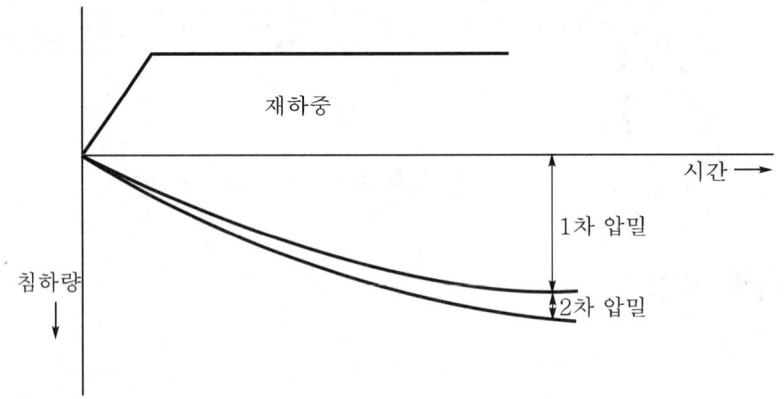

Ⅳ. 침하압밀도 관리방법

(1) 침하(S_t) = 탄성침하(S_i) + 1차 압밀침하(S_c) + 2차 압밀침하(S_s)

(2) 탄성침하(즉시 침하량)

$$S_i = \frac{3}{4} \cdot \frac{qB}{E} I_P$$

　　여기서, B : 하중의 폭

　　　　　　E : 지반탄성계수

　　　　　　q : 등분포하중의 응력

　　　　　　I_P : 바닥형상 등의 영향치

(3) 1차 압밀침하량

$$S_c = \frac{C_c}{1+e} \cdot H \cdot \log \Delta P$$

　　여기서, C_c : 압축지수

　　　　　　e : 공극비

　　　　　　ΔP : 유효응력 증가분

　　　　　　H : 압밀층 두께

(4) 2차 압밀침하량(Creep 압밀침하량)

$$S_s = \frac{C_a'}{1+e_o} \cdot H \cdot \log \frac{t}{t_p}$$

　　여기서, C_a' : 2차 압밀계수

　　　　　　e_o : 재하전의 초기 공극비

　　　　　　t : 2차 압밀을 해석하는 기준시간

　　　　　　t_p : 탄성압밀이 완료한 시간

　　　　　　H : 재하전의 점토층 두께

(5) 압밀시간

$$t = \frac{H^2 \cdot T_v}{C_v}$$

　　여기서, T_v : 시간계수

　　　　　　C_v : 압밀계수

(6) 압밀도

$$u = \frac{\Delta H}{S_c}(\%)$$

여기서, ΔH : 어느 시점에서의 침하량

S_c : 최종 침하량

(7) 잔류침하량

$$\Delta S = (1-u)S_c$$

9-7 압밀과 다짐의 차이 [04후, 10점]

I. 정 의

압밀은 연약점토지반에서 하중을 가하여 지반 속의 간극수가 소산되어 지반이 압축되는 것이며, 다짐은 사질지반에서 외력을 가하여 지반 속의 공기를 배출하여 지반이 압축되는 것이다.

II. 압 밀

(1) 정의
   ① 압밀이란 연약점토지반에서 하중을 가하면 흙 속의 간극수가 소산되어 지반이 압축되는 것을 말한다.
   ② 압밀현상은 장기적으로 서서히 이루어져 침하가 발생하는데 이를 압밀침하 또는 장기 압밀침하라 한다.

(2) 특성
   ① 점성토지반에서 발생   ② 흙중의 간극수 배제
   ③ 장기적으로 진행   ④ 소성적 변형 발생
   ⑤ 비교적 큰 침하량

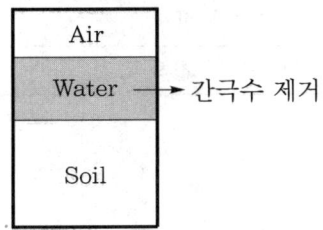

III. 다 짐

(1) 정의
   ① 다짐이란 흙의 함수비는 크게 변하지 않고 흙에 외력을 가해서 간극 속의 공기만을 배출하여 토립자간의 간격을 조밀하게 함으로써 지반이 압축되는 것을 말한다.

② 다짐은 전압 또는 진동 충격으로 이루어지며 결과적으로 공기의 부피가 감소하여 흙의 밀도가 증가하게 되어 전단강도가 증가한다.

(2) 특성

① 모래지반에서 발생   ② 흙중의 공기 제거

③ 단기간내 진행   ④ 탄성적 변형발생

⑤ 압축침하량이 적게 발생

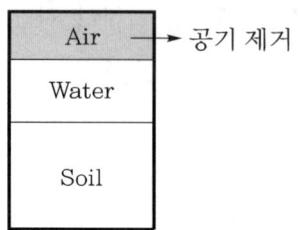

Ⅳ. 압밀과 다짐의 차이 비교

구 분	압 밀	다 짐
간극배제	간극수	공기
시간	장기	단기
적용지반	점성토	사질토
침하량	크다	작다
변형거동	소성적	탄성적
함수비 변화	변화 발생	변화 미발생
목적	강도 증가, 침하 촉진	강도 증가, 투수성 감소

9-8 과소압밀(Under Consolidation) 점토　　　　　　　　　　　　　　　[09후, 10점]

I. 정 의

(1) 어떤 흙이 현지 지반 중에서 과거에 경험한 최대하중을 선행압밀하중이라고 하며, 현재 작용하고 있는 하중을 유효상재하중이라고 한다.

(2) 과압밀비(OCR : Over Consolidation Ration)는 선행압밀하중/유효상재하중으로 나타내는데 OCR=1일 때 정규압밀점토, OCR>1일 때 과압밀점토라고 한다.

(3) 과소압밀점토는 현재 압밀이 진행중인 점토로서 OCR이 1보다 작을 경우를 말한다.

II. 점성토지반의 압밀 특성

$$OCR(과압밀비) = \frac{P_c(선행압밀하중)}{P_o(유효상재하중)}$$

OCR=1　정규압밀점토(Normal Consolidated Clay) : $P_c = P_0$
OCR>1　과압밀점토(Over Consolidated Clay) : $P_c > P_0$
OCR<1　과소압밀점토(Under Consolidated Clay) : $P_c < P_0$

(1) 정규압밀점토는 현재의 유효상재압력이 그 흙이 지금까지 받아왔던 최대압력일 때이다.

(2) 과압밀점토는 현재의 유효상재압력이 그 흙이 과거에 받았던 최대압력보다 더 작을 때를 의미하고, 과거의 최대유효상재압력을 선행압밀하중이라고 한다.

(3) 과소압밀점토는 현재 압밀이 진행중인 것으로 $P_c < P_o$인 것이다.

Ⅲ. 선행압밀응력 구하는 법

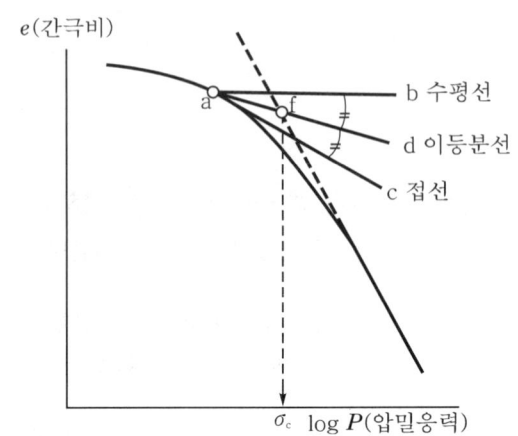

(1) 가로축에 압밀응력을 표시하고, 세로축의 간극비 곡선은 $e-\log P$ 곡선을 표시한다.

(2) 곡률반경이 가장 작은 a점을 통과하는 수평선 $\overline{ab}$를 그린다.

(3) a에 접하는 접선 $\overline{ac}$를 그린다.

(4) 수평선 $\overline{ab}$와 접선 $\overline{ac}$의 2등분선 $\overline{ad}$를 그린다.

(5) $e-\log P$선의 직선부를 연장하여 2등분선 $\overline{ad}$와 교차하는 점 f에 해당하는 가로축의 압밀응력이 선행압밀응력이다.

10-1 토목섬유(Geosynthetics)의 종류, 특징 및 기능과 시공시 유의사항에 대하여 기술하시오. [04후, 25점]

I. 개 요

(1) 토목섬유는 세립자의 이동을 차단하고, 물의 이동은 가능하게 하는 Filter의 기능을 발휘하므로 지하수가 있는 토질에 많이 사용하고 있다.

(2) 토공사시 흙입자의 이동을 차단하고 물만 배수하므로 연약지반개량의 효과와 제방의 분리 및 Filter 등의 목적으로 사용한다.

II. 종류 및 특징

(1) 지오텍스타일(Geotextiles)

① 직포형 지오텍스타일

㉠ 필라멘트사, 또는 방적사를 이용하여 경·위사를 직각 형태로 교차해 만든 형태로 기본조직은 평직, 능직, 주자직으로 구분

㉡ 사용되는 실은 보통 1,000~3,000 데니어 정도의 실을 연사하여 사용하며, 직물의 밀도는 경·위사 방향으로 인치당 19~21개가 일반적이다.

㉢ 섬유원료는 주로 폴리에스테르와 폴리프로필렌 섬유가 사용되고 있으나 폴리프로필렌 섬유는 내광성이 약함.

② 부직포형 지오텍스타일

㉠ 장섬유나 단섬유를 랜덤하게 배열하여 결합시킨 형태로 단섬유의 경우 니들펀칭법을 이용하여 제조

㉡ 장섬유의 경우 스펀본딩법으로 중량 $200 \sim 800 \mathrm{g/m}^2$ 정도로 적층하여 니들펀칭 또는 열융착 등의 방법으로 결합

㉢ 구성섬유들이 Random Entangled으로 된 구조를 형성하고 있어 역학적·수리적 특성이 우수하며 폴리프로필렌과 폴리에스테르 섬유가 주로 이용

(2) 지오멤브레인(Geomembranes)

① 액체 봉쇄가 목적

② 국제산업직물협회(IFAI ; Industrial Fabrics Association Internation)에 의하면 위험한 폐기물, 산업용과 가정용의 쓰레기 매립, 흙댐 및 터널방수 등 특별한 용도에 사용

③ 고분자의 주요 소재는 PVC와 HDPE, SCPE(Chloro Sulfonated Polyethylene) 및 CPE(Chlorinated Polyethylene) 등

(3) 지오그리드(Geogrids)

① 지오그리드는 폴리머를 판상으로 압축시키면서 격자모양의 그리드 형태로 구멍을 내어 특수하게 만든 후, 일축 또는 이축으로 연신하여 제조

② 연신과정에서 작은 구멍들은 보통 10~50mm 크기의 타원 혹은 원형모양이며, 분자배열도 잘 조정되어 결과적으로 높은 강도를 나타내므로 지반보강용으로 사용

③ 폴리올레핀과 폴리프로필렌 및 PVC 코팅재료가 널리 사용

(4) 지오웹(Geoweb)

① 띠형태를 가진 매우 거친 폴리에스테르 섬유의 직포형태와 HDPE 띠를 초음파로 접착하여 형성되는 세포망 형태로 구분

② 침식방지와 지반보강용으로 널리 사용

(5) 지오네트(Geonet)

일정한 각도로 Strand를 교차한 2세트의 평행한 구조이며, 각각 교차점의 가닥들은 용융, 접착되고 주로 폴리에틸렌을 사용

(6) 지오매트(Geomat)

Semi-Rigid Monofilament로 구성되어 있으며, 직경은 1mm보다 작고 매우 주름이 넓게 퍼져 있는 3차원적으로 엉켜 있는 구조를 이룸

(7) 지오셀(Geocell)

① 서로 연결된 셀로 구성되며 각각의 셀은 두꺼운 매트리스에 의해 흙으로 채워지고, 제방을 쌓는데 기초 보강재 역할을 하며, 연약지반의 얕은 퇴적물 위에 적용

② 일반적으로 100~200mm 깊이의 지오셀은 니들펀칭된 폴리에스테르의 작은 조각이나 100~200mm 넓이와 약 5m의 길이로 된 고체 HDPE을 이용하여 제조

③ HDPE 지오셀은 지하토양 보강을 위해 과립상 물질을 채우는 용도로 사용

④ 점진적인 Stacking과 지오셀층 위에 다른 층을 채우는 경사건설에 사용

(8) 지오컴포지트(Geocomposites)

① 보강용 지오컴포지트

② 차수용 토목섬유 클레이라이너

③ 배수용 지오컴포지트

④ 액체/기체 차단용 지오컴포지트

⑤ 침식방지용

Ⅲ. 기 능

(1) 필터기능(여과기능)
　　① 세립자의 이동을 차단
　　② 적용 : 수직 드레인, 흙댐 필터, 맹암거

(2) 분리(分離) 기능
　　① 세립자와 자갈 등의 조립재가 외부하중에 의해서 서로 혼합되는 것을 방지
　　② 연약지반 위에 성토제방, 노체의 노상침투방지로 사용

(3) 배수기능
　　① 투수성이 낮은 재료와 밀착 설치하여 물을 모아 배수로 및 집수정으로 배출
　　② 적용 : 댐의 수평배수, 옹벽의 수직배수, 터널의 유도배수

(4) 보강기능
　　① 인장 및 전단응력이 발생하는 부분에 토목섬유를 삽입하여 구조물 보강
　　② 연약지반 성토시 매트 또는 사면보호공으로 사용

(5) 차단기능
　　흙입자의 이동을 차단

Ⅳ. 시공시 유의사항

(1) 토목섬유의 재질, 인장강도-변형률, 흙과 보강재 마찰각 등이 설계조건과 부합되
　　는지를 시험을 통해 확인
(2) 보관은 가급적 옥내에 보관하며, 습기, 우수 등으로부터 보호
(3) 포설면을 평탄하게 정지하고, 돌출된 조립재의 제거 및 오목한 곳은 메움처리
(4) 포설 전 표토제거 및 배수처리 실시
(5) 포설폭은 성토폭보다 1m 이상 여유 유지
(6) 조립재가 많은 지반의 경우 성토다짐으로 인한 확인사항과 조정사항
(7) 성토시 다짐 후 토목섬유의 손상 확인
(8) 다짐장비, 포설두께 등을 조정하여 토목섬유의 파손 방지
(9) 토목섬유의 포설은 인장응력 작용방향으로 하여 접합에 따른 강도손실을 피하도
　　록 함.
(10) 주름이 접히지 않도록 48시간 이내에 성토재 포설
(11) 강우시에는 이미 포설된 부위는 비닐 등으로 보호

(12) 매우 연약한 지반은 Mud Wave가 발생하므로 "U"자형 형태로 단부부터 시공

(13) 연약지반에서 시공시 일정한 간격으로 침하판을 설치하여 침하량 측정

V. 결 론

(1) 토목섬유는 지중에 매설되는 경우가 많으므로 지반의 부등침하 방지와 상부 토층 매설시 토목섬유를 보호하는 대책이 필요하다.

(2) 토목섬유는 배수관 등 모체의 주변을 감싸거나, 수로 쪽으로 시공하는 경우가 빈번 하므로 섬유의 지나친 팽창이나 파손에 유의하여 시공하여야 한다.

I. 개 요

(1) 사면(법면)은 자연사면과 인공사면의 2가지로 구분되며, 자연사면에서 발생한 경사면 붕괴현상을 산사태라 하고, 인공사면에서 발생한 경사면 붕괴현상을 사면파괴라고 한다.

(2) 사면의 붕괴원인으로는 인위적 요인과 자연적 요인 등 2가지로 대별할 수 있는데 대상지역의 기상특성, 지반특성 및 사면붕괴 발생특성을 고려한 대책공법이 선정되어야 한다.

II. 사면의 구분

(1) 인공사면
① 비교적 평탄한 지역에 도로, 댐 등과 같은 흙구조물 축조시 인공적인 성토경사면
② 대규모 절토사면

(2) 자연사면
① 산지나 구릉지에 자연순응원리에 의하여 생성된 경사면
② 자연사면 일부에 절성토를 실시하여 인공적인 사면이 일부 존재해도 사면이 본래의 자연사면 특성을 가지고 있는 경우(산사태의 인위적 발생 원인 : 절성토)

III. 사면의 붕괴형태(파괴형태)

(1) 무한사면 활동
완경사지에서 서서히 발생하여 활동속도가 매우 느리고, 그 규모가 매우 크며 활동면이 평면을 이룬다.

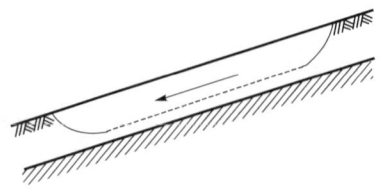

〈무한사면 활동〉

(2) 유한사면 활동
① 사면 내 파괴 : 견고한 지층이 얕은 곳에 있을 때
② 선단파괴 : 사면경사가 급하고, 비점착성 토질일 때

③ 저부파괴 : 사면경사가 완만하고 점착성 토질일 때, 또는 견고한 지층이 깊은 곳에 있을 때

① 사면내 파괴   ② 선단파괴   ③ 저부파괴

〈유한사면 활동〉

Ⅳ. Land Creep

(1) 정의

① Land Creep란 자연적으로 조성된 자연사면에서 강우, 융설 및 지하수위 상승 등에 의한 중력의 작용으로 장기간에 걸쳐 완속으로 사면이 비교적 완만하게 낮은 곳으로 이동하는 현상을 말한다.

② 산사태와 같은 자연사면의 붕괴는 사면의 이동이 급격하게 발생하는 Land Slide와 사면이 완속으로 서서히 이동하는 Land Creep로 분류하는데, 광의의 뜻으로는 모두 같이 산사태라고 한다.

(2) 산사태의 분류

① Land Creep : 사면의 이동이 완만하게 발생
② Land Slide : 사면의 이동이 급격히 발생

(3) Land Creep 특징

① 이동속도가 아주 완만하다.
② 발생규모가 비교적 대규모이다.
③ 지속적으로 오랜 시간 계속된다.
④ 지하수 및 침투수의 영향이 크다.

Ⅴ. 사면의 붕괴원인(산사태의 원인)

(1) 강우, 강설

표면수의 침투에 의한 간극수압의 증가로 인한 강도저하로 활동저항력의 감소

(2) 침식

하천 또는 해안이 침식작용에 의해 사면 선단 부분이 세굴되면 상부 사면은 안정을 잃어 붕괴

(3) 토질 · 지질구조

사면의 붕괴가 일어나기 쉬운 지질로는 제3기층, 파쇄대, 화산 온천지 및 단층, 습곡, 단사구조 등의 지질구조와 관계가 있다.

(4) 동결, 융해

동결되었던 흙이 융해되면서 수축과 팽창의 반복으로 인한 지반의 연약화

(5) 지하수

지하수위의 변동으로 인한 수위가 상승할 경우 유효응력 감소

(6) 충격, 진동

발파에 의한 충격 또는 진동으로 균열이 발생

(7) 다짐 불량

성토체의 다짐이 불충분한 부분에 지표수가 침투함으로써 지반의 연약화가 가중

(8) 배수 불량

침투수의 배수처리가 불량할 경우 성토체내의 간극수압 증가로 인한 비탈면의 유효응력 감소

(9) 구배설계 잘못

곡선구간에서의 지나친 편구배, 절토 · 성토구배 선정시 안정검토 미비

(10) 재료의 부적정

성토시의 부적절한 재료사용으로 배수성 및 다짐도 저하

(11) 토질, 지질구조

산사태가 일어나기 쉬운 지질로는 제3기층, 파쇄대, 화산 온천지 등이 있으며 단층, 습곡, 단사구조 등의 지질구조와도 깊은 관계가 있다.

(12) 풍화작용

풍화되기 쉬운 토질의 사면으로서 풍화작용의 진행속도가 빠른 경우 사면이 불안정해지기 쉽다.

(13) 구조물 구축

산사태 위험지의 터널굴착 또는 댐건설에 따른 담수로 인해 지하수위 변화 또는 인위적인 지형변화가 발생한다.

(14) 법면처리 불량

절토공사시 Earth anchor 등의 법면보호공을 하지 않거나 다짐이 불충분한 이완상 태로 두었을 때 붕괴의 원인이 된다.

VI. 대책공법(방지대책, 사면보호공법)

1. 식생보호공

(1) 떼붙임공

① 절토사면 : 평떼(20cm×30cm×3cm)

② 싱토사면 : 줄떼(폭 10cm)

(2) 식생공

법면에 식물을 번식시킴으로써 법면의 침식과 표면활동을 방지하는 공법이며 식생 Mat공, 식생반(盤)공, 식생대(袋)공 등이 있다.

(3) 식수공

떼붙임공, 식생공만으로는 사면의 안정유지가 곤란한 경우에 나무를 심어 사면을 보호하는 공법이다.

(4) 파종공(Seed Spray)

종자, 비료, 안정제, 양생제, 흙 등을 혼합하여 압력으로 비탈면에 뿜어 붙이는 공 법으로서 넓은 지역의 사면에 적합하다.

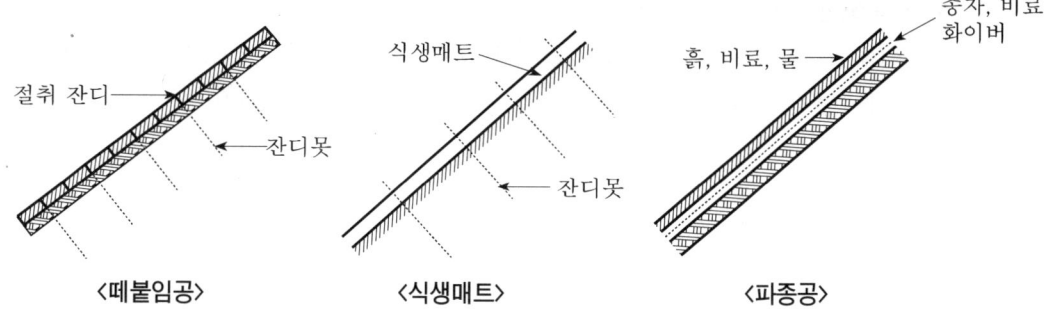

〈떼붙임공〉　　〈식생매트〉　　〈파종공〉

2. 구조물 보호공

(1) 돌붙임공, 블록붙임공

법면의 풍화, 침식 방지를 목적으로 1:1 이상의 완구배로 점착력이 없는 토사 및 붕괴되기 쉬운 비탈면에 사용한다.

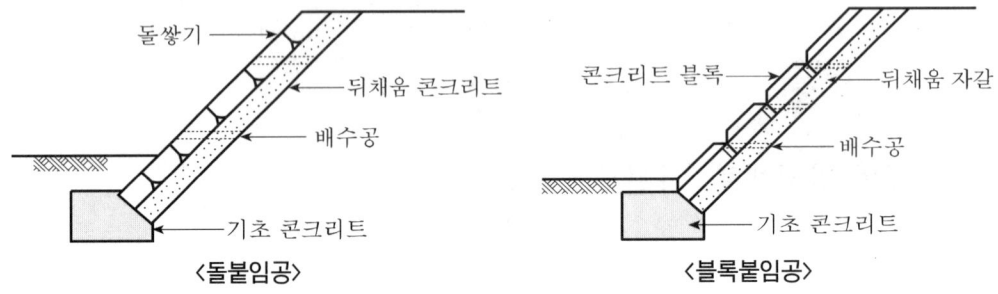

〈돌붙임공〉 〈블록붙임공〉

(2) 콘크리트 블록 격자공

용수가 있는 절토사면이나 표준구배보다 급한 성토사면 등에서 식생이 부적합할 때 사용하며 1:1보다 완경사 법면에 적용한다.

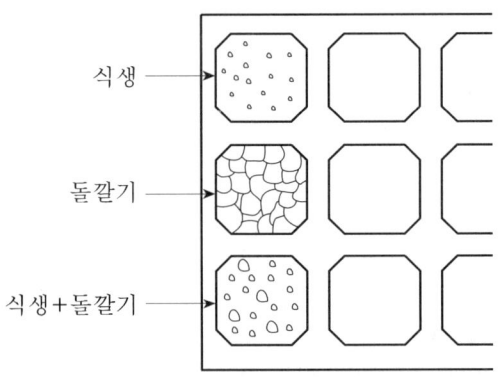

〈콘크리트 블록 격자공〉

(3) 뿜어 붙이기공

비탈면에 용수가 없고 큰 위험은 없으나 풍화되기 쉬운 암, 토사 등에서 식생이 곤란할 때에는 시멘트 모르타르, 시멘트 콘크리트, 아스팔트 콘크리트 등을 압력으로 뿜어 붙인다.

(4) 편책공

식생에 의한 비탈면 보호후 식물이 충분히 발육하는 동안 비탈면의 토사유실을 방지하기 위해 나무말뚝으로 흙막이를 하는 공법이다.

3. 응급대책

(1) 지표수 배제공
지표수를 집수하여 배제하거나 지수성 재료로 지표수의 침투를 방지하는 공법

(2) 지하수 배제공
사면내의 침투수를 지하로부터 배제시키는 공법으로 수평 보링공, 집수정공, 배수 터널공 등이 있다.

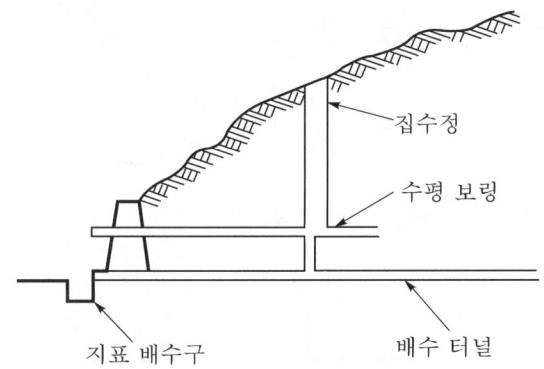

(3) 약액주입공법
약액을 주입하여 지하수의 유로를 차단하여 사면을 보호하는 공법

(4) 흙막이공
중소규모 사면 하단에 흙, 마대 등을 쌓아 압성토와 같은 효과

4. 항구대책

(1) Soil Nailing
비탈면에 강철봉을 타입하여 전단력과 인장력에 저항하는 공법

(2) 말뚝공법
사면의 활동토괴를 관통하여 부동지반까지 말뚝을 박아 사면의 활동을 억제시키는 공법

(3) 철책공
도로의 인접지 등에서 낙석, 소규모 붕괴 예상시 사용되는 공법으로 옹벽, Wire Mesh 등과 병용한다.

(4) 옹벽공

　성토시의 부지절약 또는 안정구배 이상의 절토시 사면안정을 목적으로 설치

(5) Earth Anchor

　고강도 강재를 비탈면에 삽입하고 Grouting 후 긴장시켜 지반에 정착시킨 다음 두부에 인장력을 가해 지반을 안정시키는 공법

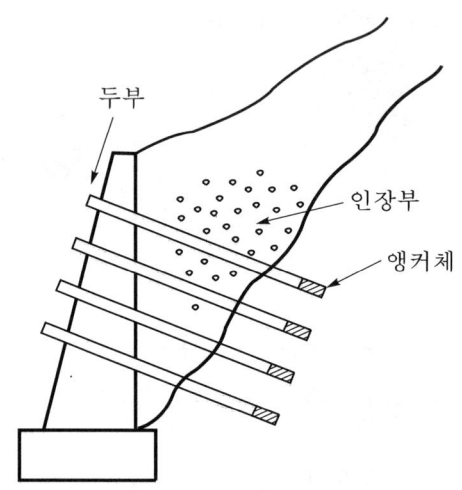

Ⅶ. 결 론

(1) 사면보호공법 선정시에는 지형 및 토질의 특성, 지하수위, 용수의 유무에 대한 사전조사가 선행되어야 한다.

(2) 시공성, 안정성, 미관성 등을 고려하여 가장 효과적이고 경제적인 공법을 선정해야 한다.

1-20 비탈면 붕괴억제공법의 종류를 설명하고, 시공시 유의할 사항에 대하여 기술하시오.   [07전, 25점]

Ⅰ. 개 요

비탈면의 붕괴를 억제하기 위해서는 비탈면의 적정 구배를 형성하는 것이 가장 중요하며, 또한 식생보호공법이나 Soil Nailing 공법 등을 통하여 안정을 유지하여야 한다.

Ⅱ. 붕괴억제공법

(1) 떼붙임공

(2) 식생공

(3) 식수공

(4) 파종공(Seed Spray)

(5) 뿜어 붙이기공

(6) 편책공

(7) 압성토공

(8) 옹벽공

(9) Soil Nailing 공

(10) Earth Anchor 공

Ⅲ. 시공시 유의사항

(1) 사전조사
   ① 암질, 암석분포, 풍화 정도 등 조사
   ② 사면길이, 절토량
   ③ 균열, 절리, 지하수 상태 등

(2) 절취공법 선정

　① 발파에 의한 방법

　② 굴삭기에 의한 방법

　③ Ripper에 의한 방법

(3) 지하용수처리

　① 지하수 배수

　② 지하용수처리

　③ 지하수 차수공법

(4) 지표수 침투

　① 지표수처리

　② 산마루 측구 설치

　③ 소단 설치

(5) 부석처리

　① 뜬돌 제거

　② 소규모 부석은 제거

　③ 규모가 큰 암반은 Rock Bolt 이용 지지

(6) 계측관리

　① 사면활동 여부

　② 지하수 변화 계측

　③ 지반 이상변화 측정

(7) 낙석방지망 설치

　① 예기치 않은 부석에 대한 사고방지 목적

　② 낙석방지선반 설치

　③ 낙석 방지망 및 방지구대 설치

(8) 암반상태 파악

　① 단층, 파쇄대 위치 파악

　② 풍화 정도 파악

　③ 암반에 따른 구배 설정

(9) 소단 설치
　　① 사면길이가 긴 경우 중간소단 설치
　　② 설치간격, 설치폭은 시방규정에 맞게
　　③ 외관을 고려하여 시공

Ⅳ. 결 론

비탈면 붕괴의 주요원인은 지질, 기상 등의 자연적 요인 외에 사용재료의 부적절, 배수처리불량 등의 인위적 요인이 있으므로 이를 사전에 방지하는 것이 무엇보다 중요하다.

1-21 사면안정공법중 억지말뚝공법의 역할과 시공시 주의사항에 대하여 설명하시오.

[08전, 25점]

Ⅰ. 개 요

(1) 억지말뚝공법은 활동토괴를 관통하여 부동지반까지 말뚝을 일렬로 설치함으로써 사면의 활동하중을 수평저항으로 부동지반에 전달시키는 공법이다.

(2) 억지말뚝공법은 타 공법에 비해 지중 깊은 곳까지 발생하는 산사태의 경우에서도 지중에 저항할 수 있는 구조물을 설치할 수 있다는 장점이 있다.

Ⅱ. 억지공법(抑止工法)과 억제공법(抑制工法)

구 분	억지공법(抑止工法)	억제공법(抑制工法)
용도	사면보강용	보조용
종류	• Rock Bolt • Anchor : Rock(Earth) Anchor • Soil Nailing • 억지말뚝 : Con′c 말뚝, PC 말뚝, 강관 말뚝, Micro Pile • 옹벽 : 석축, Con′c 옹벽	• 지표수 배제 : 도수로, 산마루 측구, 침투수 방지 • 지하수 배제 : 암거, 집수정 • 지하수 차단 : 약액주입, 지하차수 • 표면안정 : 식생, 배수로, Rock Bolt, Shotcrete • 압성토

Ⅲ. 역 할

(1) 부동지반에 응력전달
① 활동토괴를 관통하여 부동지반까지 말뚝을 일렬로 설치
② 사면의 활동하중을 말뚝의 수평저항으로 부동지반에 전달

(2) 활동에 대한 저항력 증가
① 억지말뚝공법은 수동말뚝공법의 대표적 공법
② 활동토괴의 활동에 대하여 역학적으로 저항

(3) 사면안전율 증가
① 사면안전율 증가효과가 큼.
② 사면안전공법으로 여러 나라가 선호

(4) 지중에 저항할 수 있는 구조물

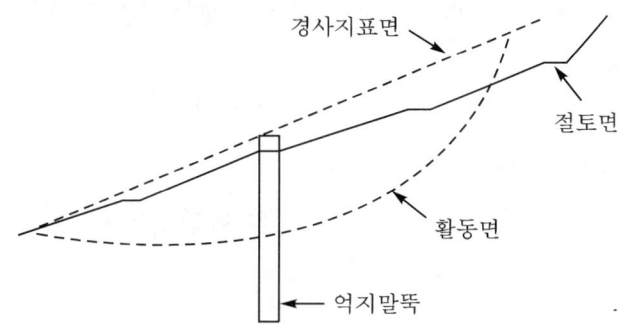

① 지중에 저항할 수 있는 구조물 설치 효과
② 타공법에 비해 지중 깊은 곳에서 발생할 수 있는 산사태 예방

(5) 산사태 예방
① 우기철에 빈번하게 발생하는 산사태 예방
② 산사태 예방을 위해 설치되는 대표적 공법

IV. 시공순서

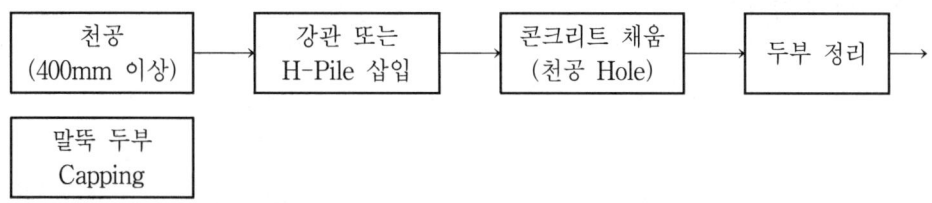

V. 시공시 유의사항

(1) 말뚝 순간격 결정
① 상부 토체에 대한 안정성 고려
② 설계시 지반조사를 통해 말뚝의 순간격 결정

(2) 말뚝 근입장 산정
① 지질조사에 따른 지반의 깊이 파악
② 지반조건을 조사하여 견고한 지반에 말뚝을 근입

(3) 말뚝 두부의 구속
말뚝은 견고한 지반에 구속되도록 시공

(4) 천공구멍 충전
  ① 천공구멍의 콘크리트 충전이 불량할 경우 지하수 침투, 천공구멍 붕괴, 보강재
     의 부식 우려
  ② 원지반의 이완을 방지하기 위해 Grouting으로 천공홀 충전

(5) 천공장비의 대형화
  ① 말뚝의 구경이 커지면서 천공장비의 대형화 요구
  ② 시공이 용이한 대형 천공장비의 필요

(6) Slime 처리
  ① H-Pile 근입시 불연속면의 발달상황 확인
  ② 천공 공내 Slime의 완전제거

VI. 결 론

(1) 통상적으로 억지말뚝은 줄말뚝이나 무리말뚝으로 시공되므로 말뚝의 순간격이 매
    우 중요하다.
(2) 지반조사를 통해 말뚝을 경질지반까지 견고히 시공함으로써 지반의 활동에 저항할
    수 있어야 한다.

> **1-22** 건설공사의 절취사면에서 관련지침 및 부서협의시 환경훼손의 최소화 차원에서
> 최대 절취높이를 점차 줄여나가고 있다. 이에 절취사면의 안정과 유지관리에 유
> 리한 환경친화적 조치방법을 설명하시오. [08후, 25점]
>
> **1-23** 절취사면에서 소단을 설치하는 이유와 사면을 정밀조사하고 사면안정분석을 해야
> 하는 경우를 설명하시오. [11후, 25점]

I. 개 요

(1) 최근 도로나 터널 등을 시공하기 위해서 절취사면의 발생이 더욱 증가하고 있으므로,
   사면의 안정해석을 통하여 이를 안정화시키기 위한 노력이 필요하다.

(2) 붕괴가 예상되는 절취사면은 사고예방을 위한 점검시설의 설치를 의무화하여 대규모
   사고발생을 방지하여야 한다.

II. 소단 설치 이유

(1) 설치기준
   ① 20m 이상의 절·성토 사면
   ② 정기적인 점검이 필요한 사면
   ③ 구성토질이 불량한 사면
   ④ 토사 및 리핑암 구간은 중앙부에
      설치
   ⑤ 발파암 구간은 좌우측에 설치

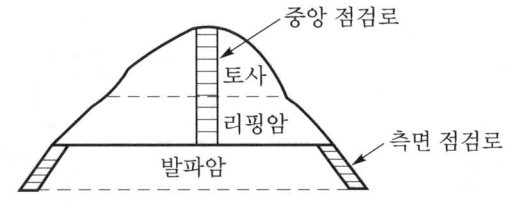

(2) 소단(점검시설)의 목적
   ① 사면 정기점검
      절토, 성토 사면의 정기적인 점검활동
   ② 변형 확인
      ㉠ 사면의 이상징후에 대한 확인작업
      ㉡ 균열 및 탈락 등에 대한 확인 및 응급조치
   ③ 점검자의 안전확보
      ㉠ 토사 또는 암반 사면을 점검하는 점검자의 안전확보 및 면밀한 점검
      ㉡ 점검자의 긴장감 해소로 점검의 정확성 유지
   ④ 점검체제 확립
      안전시설 확보로 수시점검 및 상태확인이 용이함.

⑤ 연속적인 점검자료 확보
　① 점검시설을 이용한 위치결정
　② 부여된 위치에 대한 연속자료 확보
　③ 연속자료 수집에 따른 사면거동 파악

Ⅲ. 사면의 안정(사면안정분석)

(1) 안정해석 순서

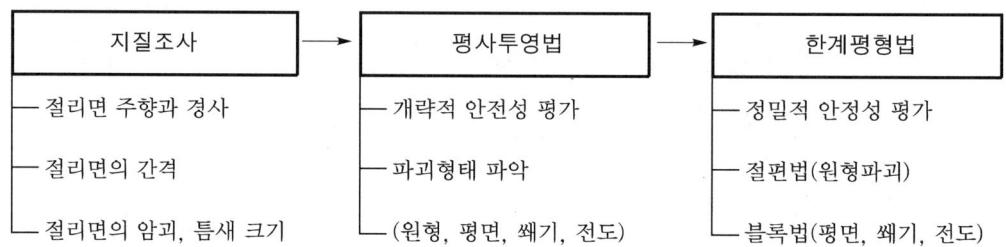

(2) 안정해석

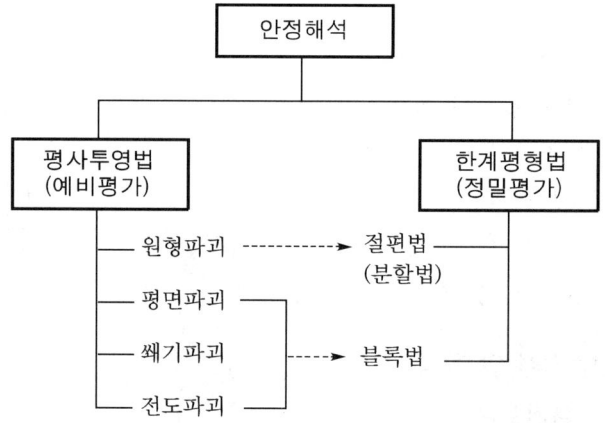

① 평사투영법은 주향과 경사로 암반사면의 파괴형태를 평가하는 정성적 해석법
이다.
② 한계평형법은 평사투영법에 의하여 결정된 암반사면의 파괴형태를 이용하여 정
량적으로 해석하는 방법이다.
③ 평사투영법에서 평가된 원형파괴는 한계평형법 중 절편법으로 안정해석하고 평
면, 쐐기, 전도파괴는 한계평형법 중 블록법으로 안정해석한다.

Ⅳ. 환경친화적 조치방법

(1) 떼붙임공
   ① 절토사면 : 평떼(20×30×3 cm)
   ② 성토사면 : 줄떼(폭 10 cm)

(2) 식생공
   법면에 식물을 번식시킴으로써 법면의 침식과 표면활동을 방지하는 공법, 식생 Mat공, 식생반(盤)공, 식생대(袋)공 등이 있다.

(3) 식수공
   떼붙임공, 식생공만으로는 사면의 안정유지가 곤란한 경우에 나무를 심어 사면을 보호하는 공법이다.

(4) 파종공(Seed Spray)
   종자, 비료, 안정제, 양성재, 흙 등을 혼합하여 압력으로 비탈면에 뿜어 붙이는 공법으로서 넓은 지역의 사면에 적합하다.

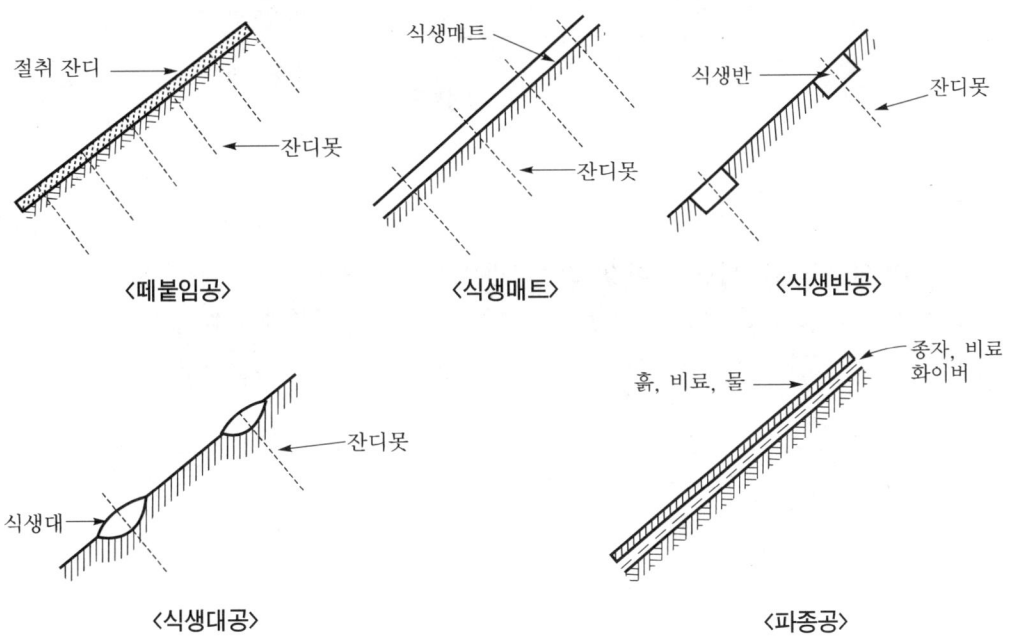

<떼붙임공>　　　　<식생매트>　　　　<식생반공>

<식생대공>　　　　<파종공>

(5) 편책공
   식생에 의한 비탈면 보호후 식물이 충분히 발육하는 동안 비탈면의 토사유실을 방지하기 위해 나무말뚝으로 흙막이를 하는 공법이다.

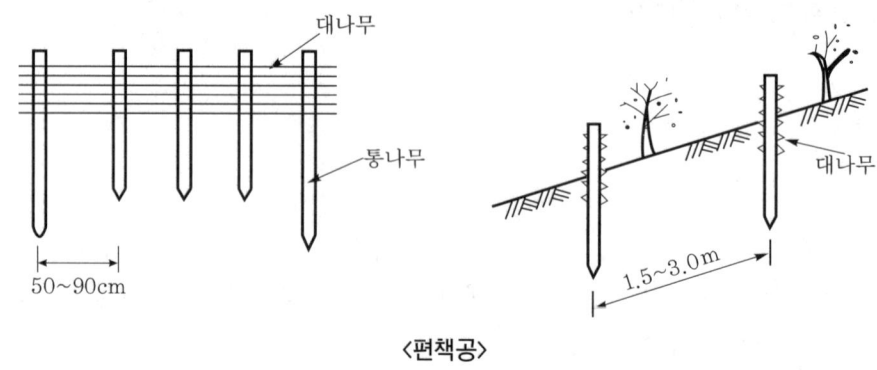

〈편책공〉

(6) 압성토공

산사태가 우려되는 자연사면의 선단부에 압성토하여 활동에 대한 저항력을 증가시켜주는 공법으로서 지하수위 상승에 유의하여야 한다.

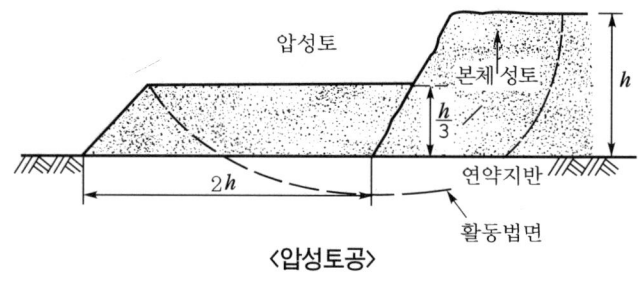

〈압성토공〉

V. 결 론

절취사면의 안정을 위한 친환경적인 방법으로는 본래의 자연상태를 유지하도록 하는 것이 가장 좋은 방법이므로 식생보호공법을 통해 이를 실현하여야 한다.

1-24 물이 비탈면의 안정성 저하 또는 붕괴의 원인으로 작용하는 이유를 열거하고, 이 현상이 실제의 비탈면이나 흙구조물에서 발생하는 사례를 한 가지만 기술하시오.

[03후, 25점]

Ⅰ. 개 요

(1) 사면내에 물이 침투하게 되면 흙의 단위중량이 증가하여 사면활동이 활발해져 사면의 안정성 저하 및 붕괴의 원인이 된다.

(2) 사면이 안정상태를 유지하기 위해서는 외부 물의 침입을 막을 수 있는 조치와 지하수로 인한 물의 침입도 유의해야 한다.

Ⅱ. 사면붕괴 형태

(1) 무한 사면활동

(2) 유한 사면활동

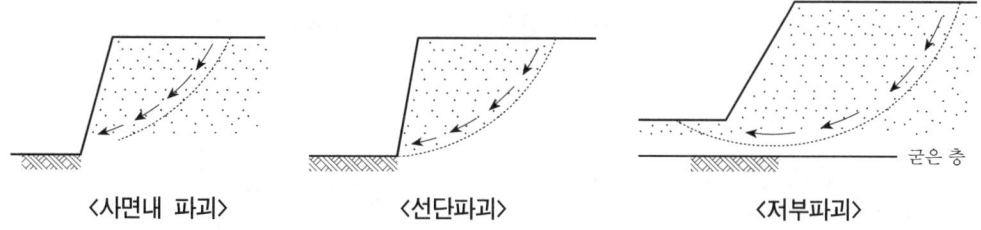

〈사면내 파괴〉   〈선단파괴〉   〈저부파괴〉

Ⅲ. 물이 비탈면 안정성 저하 및 붕괴의 원인이 되는 이유

(1) 단위중량 증가

① 함수비의 증가로 흙의 단위중량 증가

② 젖은 상태의 흙은 건조상태의 흙에 비해 약 20~30% 단위중량 증가

③ 단위중량 증가로 사면의 활동 증가

(2) 간극수압 증가

① 지반내 수위가 높을수록 간극수압 증가

② 간극수압은 지반내 유효응력 감소(유효응력＝전응력－간극수압)

③ 간극수압은 지반내 전단강도 감소

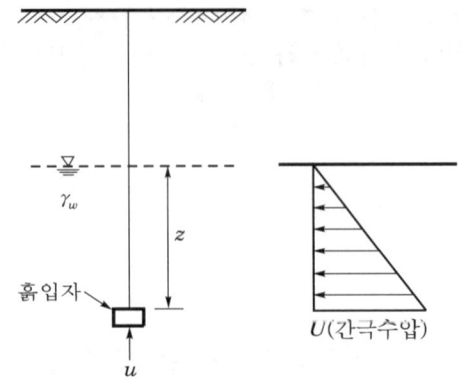

(3) Bulking 현상 발생

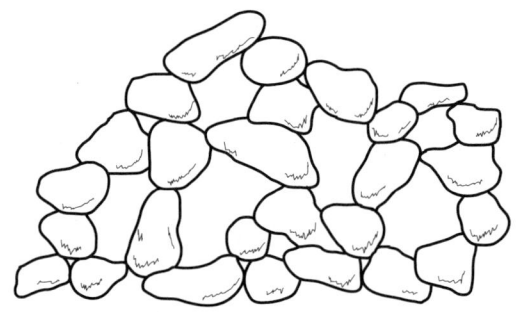

〈모래의 용적 팽창현상이 생겼을 때의 구조〉

① 수분에 의해 흙의 용적이 팽창하는 현상
② 용적팽창으로 인하여 흙입자간의 점착력 약화
③ 비탈면 붕괴의 주요 요인

(4) Slacking 현상 발생

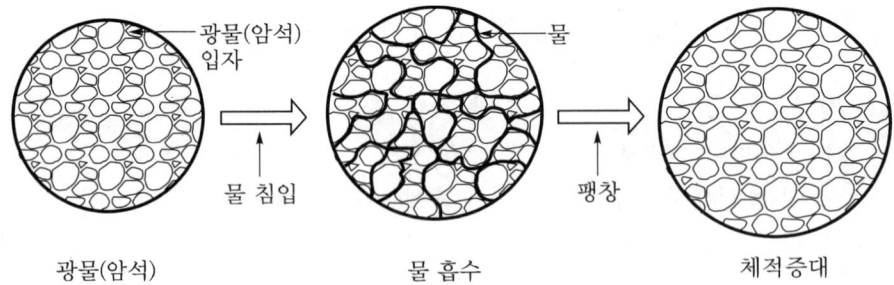

① 수분에 의해 암석의 용적이 팽창
② 팽창된 암석이 점착력을 잃고 부스러지는 현상
③ 암석비탈면의 붕괴요인

(5) 인장균열 발생

    ① 물의 침입으로 흙입자간에 인장균열 발생

    ② 인장균열의 폭이 클 경우 지반의 안정성 유해

(6) 동결융해 발생

    ① 수분을 갖고 있는 흙이 기온에 따라 얼고 녹는 현상

    ② 지반이 얼면서 용적팽창

    ③ 지반이 녹는 해빙기에 사면붕괴의 위험 증가

(7) 비탈면 활동력 증가

    ① 수압에 의해 비탈면 활동 증가

    ② Sliding 현상 발생

Ⅳ. 발생사례

1. Land Creep

(1) 정의

강우나 융설 또는 지하수위 상승으로 인한 중력의 작용으로 장기간에 걸쳐 완속으로 사면이 이동하는 현상

(2) 특징

    ① Sliding 속도가 완만하고 연속적

    ② 활동토괴는 거의 원형임.

    ③ 발생규모가 대단히 넓고 깊음.

2. Land Silde

(1) 정의

강우나 융설 또는 지진 등에 의해 급격하게 발생하는 사면의 이동현상

(2) 특징

    ① Sliding 속도가 빠르고 순간적

    ② 활동토괴가 현저하게 교란됨.

    ③ 강우에 의한 발생빈도가 높고 발생규모는 작음.

V. 결 론

(1) 사면붕괴의 주원인으로서 지질, 기상 등 자연적 요인 외에 사용재료의 부적절, 배수처리 시공불량, 부실한 법면처리 등 인위적 요인도 크다.

(2) 사면안정을 위한 보호공법 선정시에는 지형 및 토질의 특성, 지하수위, 용수의 유무에 대한 사전조사가 선행되어야 하며 시공성, 안정성, 미관성 등을 고려하여 가장 효과적이고 경제적인 공법을 선정하여야 한다.

1-25 최근 집중호우시 발생하는 토석류(Debris Flow) 산사태 피해의 원인 및 대책에 대하여 기술하시오. [09후, 25점]

Ⅰ. 개 요

(1) 토석류란 급경사 사면 계곡부에 집중호우시 대량의 토사가 강우와 함께 급속하게 계곡을 유하하는 것을 말한다.

(2) 토석류에는 집중호우시 계곡 주변의 사면침식토사가 하상퇴적물과 함께 발생하는 붕괴형 토석류와 하상퇴적물이 계곡류를 일시적으로 막은 후에 일시적으로 유하하는 물에 의해 발생하는 퇴적형 토석류가 있다.

Ⅱ. 특 징

(1) 토석류의 유하속도가 매우 빠르다.

(2) 토석류 선두에는 큰 돌과 유목 등이 유하한다.

(3) 사면재해의 발생규모가 크다.

(4) 강우강도가 큰 지역의 급경사 사면 및 계곡부에서 많이 발생한다.

Ⅲ. 원 인

(1) 빠른 유하속도

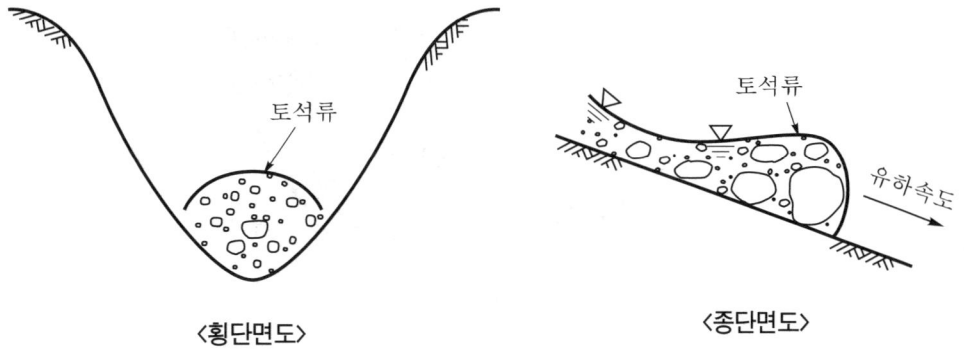

〈횡단면도〉　　　　　　　　〈종단면도〉

① 유하속도($V=5\sim20\text{m/s}$)가 매우 빠르다.

② 유하속도로 인한 피해의 규모가 큼.

(2) 큰 돌의 유하

① 토석류의 선두에는 큰 돌과 유목 등이 유하

② 큰 돌의 파괴력으로 피해규모 확대

③ 가옥 및 각종 구조물 피해 발생

(3) 급경사 지역에 발생

① 강우강도가 큰 지역의 급경사 사면에서 발생

② 계곡부 등에서 발생하여 인명피해 발생

(4) 발생규모가 큼

① 유하속도가 빠르므로 주변지반에 대한 영향이 큼

② 발생규모가 크므로 피해규모가 광범위함.

(5) 대처 곤란(계곡의 경우)

① 여름철 집중호우로 인해 계곡에서 발생할 가능성이 높으므로 유의해야 함.

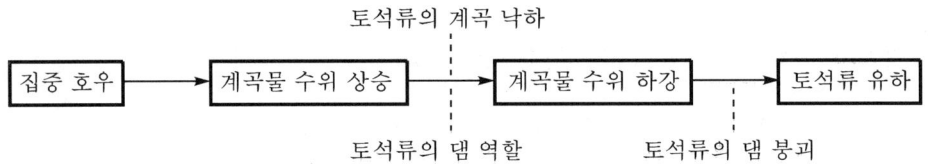

IV. 대 책

(1) 사면보호공으로 사면침식 방지

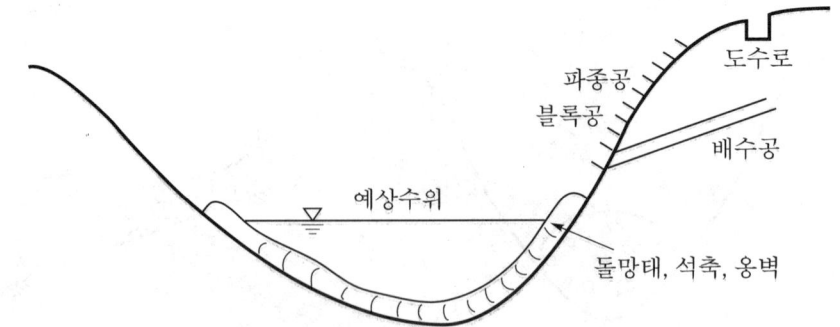

(2) 사방댐으로 유하속도 저하

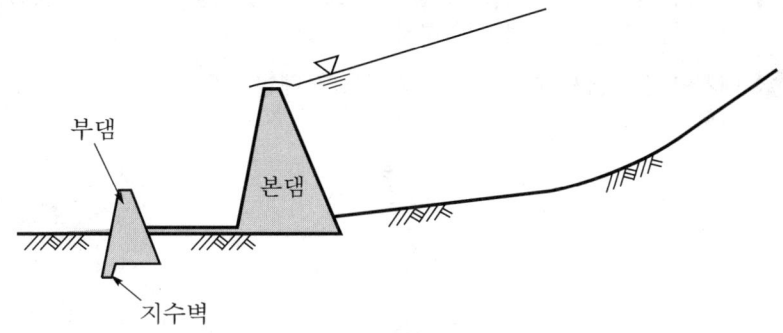

(3) 재해예방 System 정비
  ① 집중호우시 위험지역의 정비
  ② 위험지역에 대한 경고 System 완비
  ③ 위험지역의 근교에 대피장소 마련

V. 결 론

토석류 산사태에 대한 피해는 여름철 계곡 주위에서 발생하여 많은 인명피해가 발생한 바 있으므로 철저한 방재 System을 통하여 피해를 최소화하여야 하며, 특히 인명피해가 발생하지 않도록 노력하여야 한다.

1-26 땅깎기 비탈면에서 정밀안정검토가 요구되는 현장조건과 사면붕괴를 예방하기 위한 안정대책에 대하여 설명하시오. [09중, 25점]

1-27 대사면 절토공사 현장에서 사면붕괴를 예방하기 위한 사전조치에 대하여 설명하시오. [05전, 25점]

Ⅰ. 개 요

사면붕괴는 사면에 분포하는 연약층의 경계에 따라 발생하는 경우가 많으므로, 사면붕괴를 예방하기 위한 안정대책이 선행되어야 한다.

Ⅱ. 정밀안전검토 요구조건

(1) 20m 이상의 절·성토 사면

(2) 정기적인 점검이 요구되는 사면

(3) 구성토질이 불량한 사면

(4) 토사 및 리핑암 구간은 중앙부에 설치

(5) 발파암 구간은 좌우측에 설치

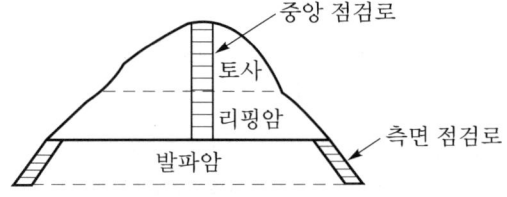

Ⅲ. 사면붕괴 예방안정대책(사전조치)

(1) 식생 보호공

① 떼붙임공

② 식생공

③ 식수공

④ 파종공(Seed Spray)

(2) 구조물 보호공

① 돌붙임공, 블록붙임공

② 돌쌓기공, 블록쌓기공

③ 콘크리트 블록 격자공(格子工)

④ 뿜어붙이기공

⑤ 편책공

(3) 응급대책

① 지표수 배제공

    ② 지하수 배제공

    ③ 지하수 차단공

    ④ 배토공

    ⑤ 압성토공

    ⑥ 흙막이공

(4) 항구대책

    ① 옹벽공

    ② 말뚝공법

    ③ Soil Nailing 공법

    ④ Earth Anchor 공법

Ⅳ. 결 론

사면붕괴를 예방하기 위해서는 먼저 예측 System을 도입하여 지형 및 토질에 적정한 사면보호공법을 선정하기 위한 사전조사가 필요하다.

1-28 사면거동 예측방법		[06후, 10점]
1-29 사면붕괴를 사전에 예측할 수 있는 시스템에 대하여 설명하시오.		[08전, 25점]

Ⅰ. 개 요

(1) 사면재해를 사전에 예측하기 위해서는 사면재해가 발생하는 지반의 움직임을 관찰하고 이를 유발하는 원인들간의 연관성을 규명하려는 연구가 필요하다.

(2) 사면재해는 사면에 분포하는 연약면을 따라 발생하는 경우가 많으며, 연약면에서 발생하는 사면의 변형 및 붕괴 등의 운동형태에 대하여 계측관리한다.

(3) 사면거동을 예측하기 위해서는 통상적으로 지표면과 지중에 각종 계측기를 설치하여 조사지역의 지질 및 지형을 조사하며, 지질구조를 확인하여 우선적으로 지표면의 이동을 계측한다.

Ⅱ. 사면붕괴 사전예측 System(사면거동 예측방법)

(1) 사면감시 System 구축

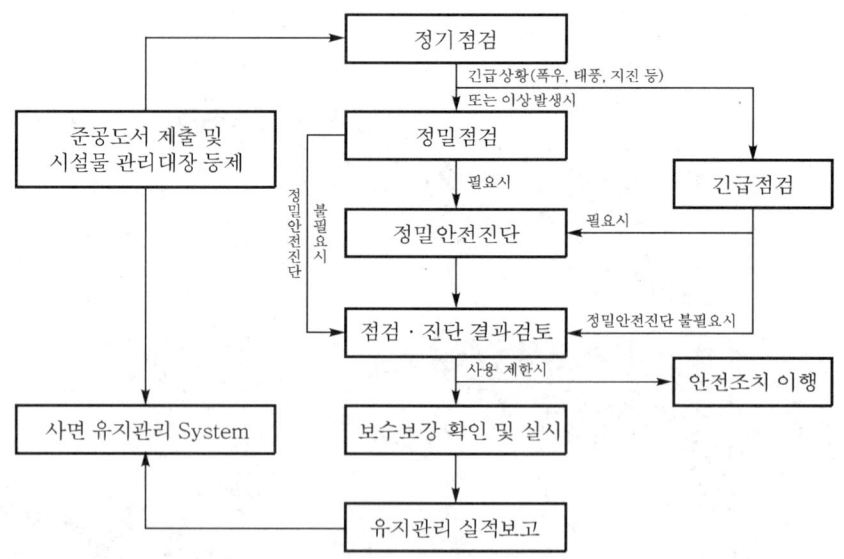

사면감시 System을 통한 사면 유지관리 시행

(2) 강우량 기준

　① 사면붕괴는 강우량에 크게 의존

　② 사면붕괴는 거의 호우시 발생

　③ 호우재해는 호우가 시작된 후, 수시간 내의 대응이 중요

(3) 자동계측 System

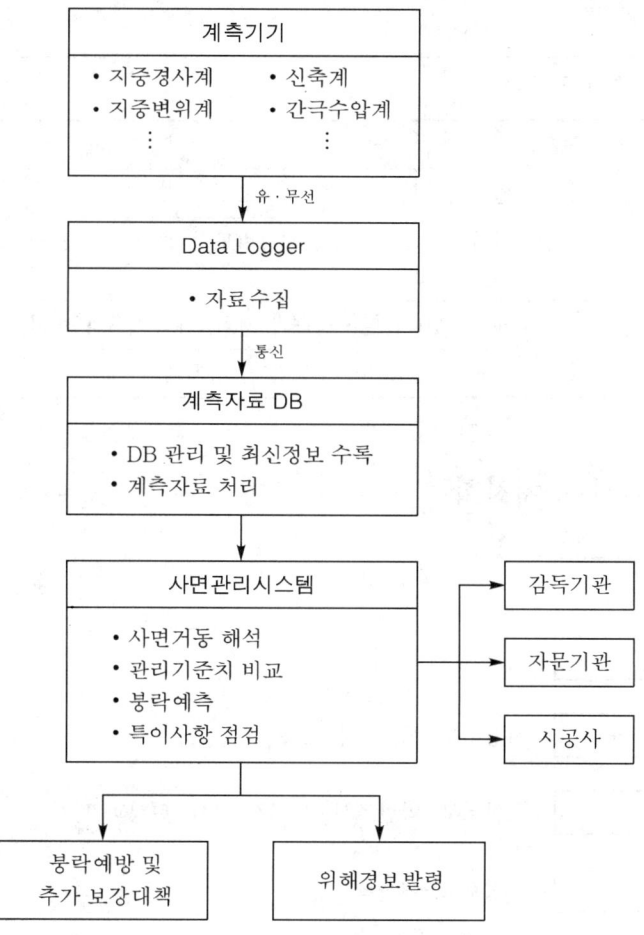

(4) 상시계측 System

　① 현장의 Main 계측기에 저장된 측정 Data를 상황실로 전송

　② 관리기준치 대비 안전 유무 확인

　③ 사면재해 경보발령으로 인근 피해의 최소화

④ 계측항목

사면거동	계측항목
사면활동 및 횡변위 발생	지중경사계, TDR(Time Domain Reflectometry ; 토양 수분 측정법)
억지말뚝, 띠장, 버팀보 변형	변형률계, 하중계
버팀보, 앵커 거동	변형률계, 하중계
지하수위 상승	지하수위계

⑤ 계측관리 수준

관리 수준	대응 체제
통상 수준	일상적 시공관리 체제
주의 수준	관찰·계측의 강화, 계측빈도의 증가, 주변조사, 대책공의 검토, 관리기준치의 재고
경계 수준	시공중단, 관찰·계측의 강화, 계측빈도의 증가, 응급대책, 대책공의 재고
대피 수준	시공중지, 대피·통행정지, 경계체제

Ⅲ. 사면붕괴시 조치사항

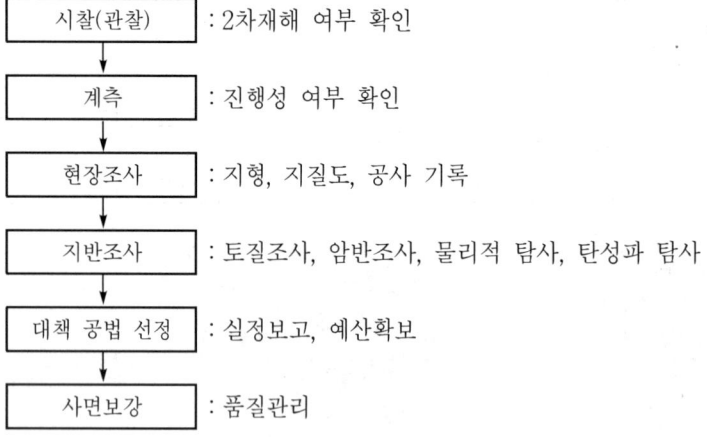

시찰(관찰) : 2차재해 여부 확인

계측 : 진행성 여부 확인

현장조사 : 지형, 지질도, 공사 기록

지반조사 : 토질조사, 암반조사, 물리적 탐사, 탄성파 탐사

대책 공법 선정 : 실정보고, 예산확보

사면보강 : 품질관리

Ⅳ. 결 론

(1) 상시 또는 자동 계측 System은 지반변위를 실시간 자동으로 측정함으로써 사면재해의 발생전에 도로차단, 주민대피, 경고발령 등의 조치를 취할 수 있다.

(2) 적절한 보호 및 보강 공법의 시공이 곤란한 사면에는 사면재해를 사전에 예측하고 피해를 예방하기 위한 실시간 계측이 필요하다.

I. 개 요

(1) 암반사면의 붕괴형태는 사면에 발달하고 있는 불연속면의 발달상태에 따라서 원형파괴, 평면파괴, 쐐기파괴, 전도파괴 등이 있다.

(2) 그러므로 암반사면의 사면안정검토는 암석의 강도에 의해 하는 것보다는 불연속면의 발달상태를 조사하여 판단해야 한다.

II. 암반사면 파괴형태(파괴유형)

(1) 원형파괴(Circular Failure)
불연속면이 불규칙하게 발달된 사면에서 발생

(2) 평면파괴(Plane Failure)
불연속면이 한 방향으로 발달된 사면에서 발생

(3) 쐐기파괴(Wedge Failure)
불연속면이 두 방향으로 발달하여 서로 교차되는 사면에서 발생

(4) 전도파괴(Toppling Failure)
절개면의 경사면과 불연속면의 경사방향이 반대인 사면에서 발생

원형파괴		평면파괴	
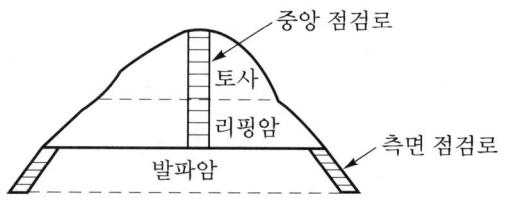	불규칙		한방향
쐐기파괴		전도파괴	
	교차		반대 방향

Ⅲ. 정밀안전검토 요구조건

(1) 20m 이상의 절·성토 사면
(2) 정기적인 점검이 요구되는 사면
(3) 구성토질이 불량한 사면
(4) 토사 및 리핑암 구간은 중앙부에 설치
(5) 발파암 구간은 좌우측에 설치

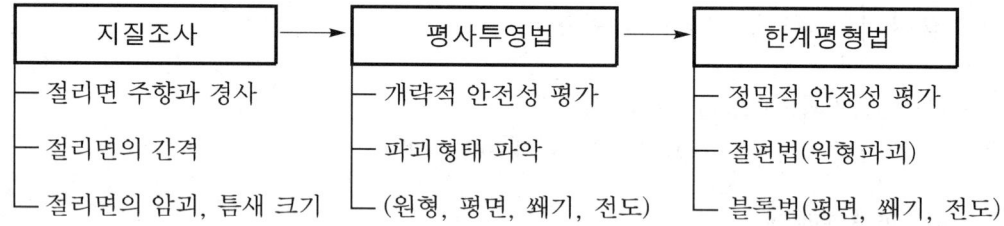

Ⅳ. 암반사면 안정해석방법(사면안정해석)

지질조사	→	평사투영법	→	한계평형법

── 절리면 주향과 경사 ── 개략적 안전성 평가 ── 정밀적 안정성 평가
── 절리면의 간격 ── 파괴형태 파악 ── 절편법(원형파괴)
── 절리면의 암괴, 틈새 크기 ── (원형, 평면, 쐐기, 전도) ── 블록법(평면, 쐐기, 전도)

1. 주향(Strike)과 경사(Dip)

(1) 정의

① 주향이란 암반 불연속면의 진행방향 직선과 정북(正北)을 기준으로 하였을 때 각도를 말하며, 암반 불연속면의 방향을 나타낸다.
② 경사란 암반 불연속면의 기울기를 말하며, 암반 불연속면과 수평선의 각도를 나타낸다.

③ 경사방향이란 암반 불연속면의 방향을 표시하는 것으로 암반 불연속면을 수평면에 투영하여 정북으로부터 시계방향으로 잰 각도를 말한다.

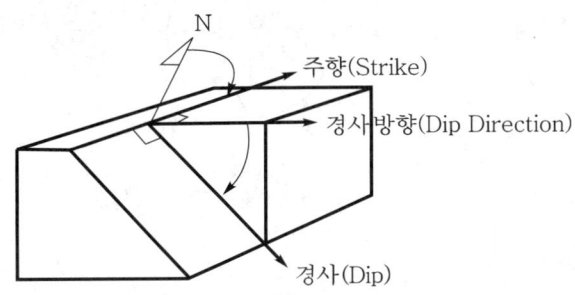

(2) 측정방법

① 주향　　　　　　　　　　　② 경사

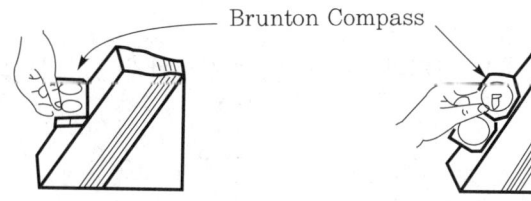

2. 평사투영법(Stereographic Projection)

(1) 정의

① 평사투영법이란 암반 불연속면의 주향과 경사를 측정한 다음 Net에 불연속면의 극점을 투영하여 불연속면을 입체적으로 파악하고, 마찰원과 비교하여 암반사면의 안정성을 정성적으로 예비검토하는 방법을 말한다.

② 투영된 불연속면의 극점의 밀도분포로 암반사면의 파괴형태를 분류한다.

(2) 작도방법

① 암반 불연속면의 주향과 경사(N30°E, 50°SE) 측정

② 주향선 작도

③ 주향선을 원점으로 이동

④ 극점 및 경사대원 작도

⑤ 전도파괴 영향선 작도

⑥ 주향선 원상태로 이동

⑦ 극점궤적 작도

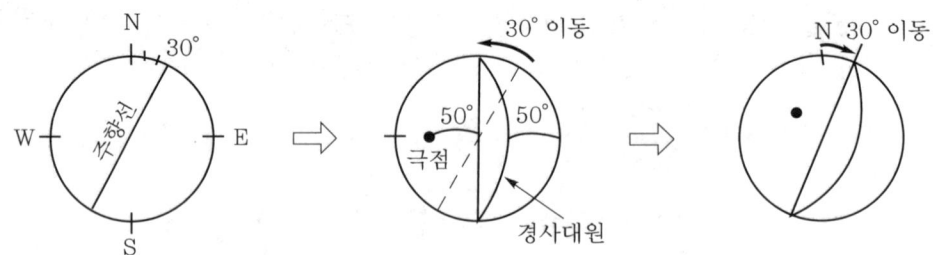

(3) 장·단점

① 장점

㉠ 현장에서 암반의 주향과 경사를 조사하여 비교적 손쉽게 사면의 안정성 여부를 예비판정할 수 있다.

㉡ 넓은 면의 판정시 유리하다.

② 단점

㉠ 암반사면의 중요한 요인(암체의 단위중량, 내부마찰각(ϕ), 사면의 높이)들이 반영되지 않는다.

㉡ 안전율을 구할 수 없다.

㉢ 개략적인 파괴형태만 알 수 있다.

㉣ 주향과 경사 불연속면, 절리방향만으로 해석한 개략적인 분석법이다.

3. 한계평형법

(1) 정의

활동면상의 사면안전율을 활동력과 저항력비로 나타내어 평가하는 방법

(2) 절편법(분할법)

① 평사투영법에서 원형파괴로 판정된 암반사면 안정해석법

② $F_s = \dfrac{M_r}{M_d} = \dfrac{W \cos \alpha \tan \phi}{W \sin \alpha}$

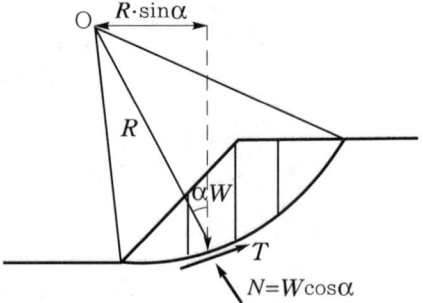

여기서, W : 절편중량(tf/m)

α : 파괴면 각도($°$)

ϕ : 전단저항각($°$)

T : 저항력(tf/m)

N : 파괴면의 수직력(tf/m)

③ Bishop 방법 : 장기안정해석에 쓰이며, 복잡한 방법이기는 하지만 비교적 실제에 근접하는 안전율이 구해진다.

④ Fellenius 방법 : 단기안정해석에 쓰이며, Bishop 방법보다 간편하여 많이 사용된다.

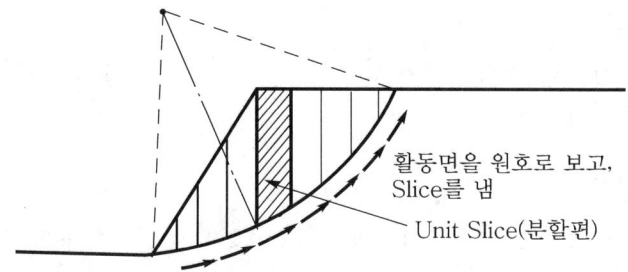

활동면을 원호로 보고, Slice를 냄

Unit Slice(분할편)

(3) 블록법

① 평사투영법에서 평면, 쐐기, 전도 파괴로 판정된 암반사면 안정해석법

② $F_s = \dfrac{T}{\tau} = \dfrac{W \cos \alpha \tan \phi}{W \sin \alpha}$

여기서, T : 저항력(tf/m)

　　　　　τ : 활동력(tf/m)

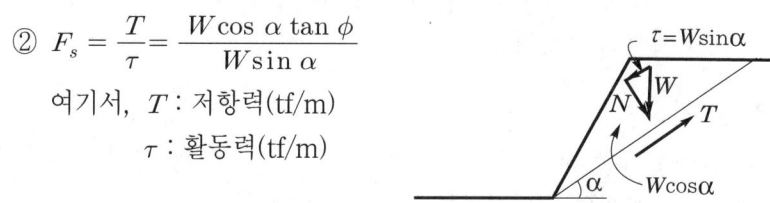

V. 붕괴원인

(1) 토질, 지질 구조

산사태가 일어나기 쉬운 지질로는 제3기층, 파쇄대, 화산 온천지 등이 있으며 단층, 습곡, 단사구조 등의 지질구조와도 깊은 관계가 있다.

(2) 강우, 융설

붕괴의 가장 큰 요인으로서, 표면수의 침투에 의한 간극수압의 증가, 자중의 증가, 강도의 저하로 인한 활동저항력이 감소한다.

(3) 풍화작용

풍화되기 쉬운 토질의 사면으로서 풍화작용의 진행속도가 빠른 경우 사면이 불안정해지기 쉽다.

(4) 동결융해

동결되었던 흙이 융해되면서 수축과 팽창이 반복되면 지반이 연약화되어 전단강도가 감소한다.

(5) 지하수

지하수가 풍부한 지층에서 지하수위의 변동으로 인해 수압이 상승할 경우 유효응력이 감소된다.

(6) 충격, 진동

발파에 의한 충격 또는 진동으로 암의 균열이 발생함으로써 내부 전단응력이 증가한다.

(7) 배수불량

침투수의 배수처리가 불량할 경우 성토체 내의 간극수압의 증가로 인한 비탈면의 유효응력이 감소한다.

(8) 구배설계

곡선구간에서의 지나친 편구배, 절토 및 성토구배 선정시 안정검토 미비 등이 원인이다.

(9) 구조물 구축의 영향

산사태 위험지의 터널굴착 또는 댐건설에 따른 담수로 인해 지하수위 변화 또는 인위적인 지형변화가 발생한다.

(10) 법면처리 불량

절토공사시 Earth Anchor 등의 법면보호공을 하지 않거나 다짐이 불충분한 이완상태로 두었을 때 붕괴의 원인이 된다.

Ⅵ. 보강대책(방지대책, 암반사면 안정대책공법)

(1) Rock Anchor

① 경암 또는 연암의 법면에서 암반에 절리 등이 있어 붕괴 염려가 있을 때 불안정한 암반을 견고한 심층부에 Anchor로 고정시키는 방법

② 안정을 높이기 위해 옹벽, 말뚝공, 현장타설 콘크리트 격자공 등 타공법과 병용하는 경우가 많다.

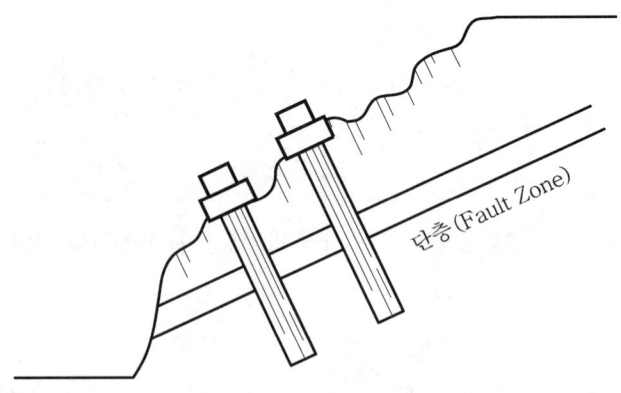

단층(Fault Zone)

(2) Rock Bolt

① 이완된 암반의 표면을 깊은 곳의 견고한 암반층에 Bolt로 고정시키는 방법

② 불연속면을 경계로 한 여러 층을 일체화해서 강도를 증가시킨다.

(3) 콘크리트 붙임공

① 균열이나 절리가 많은 암반이나 느슨한 절벽층 등에서 콘크리트 블록 격자공이나 모르타르 등이 뿜어져 나와 붙임공으로는 불안정하다고 생각되는 장소에 사용한다.

② 무한사면, 급구배의 법면에서는 철망, Earth Anchor 등으로 보강하는 경우도 있다.

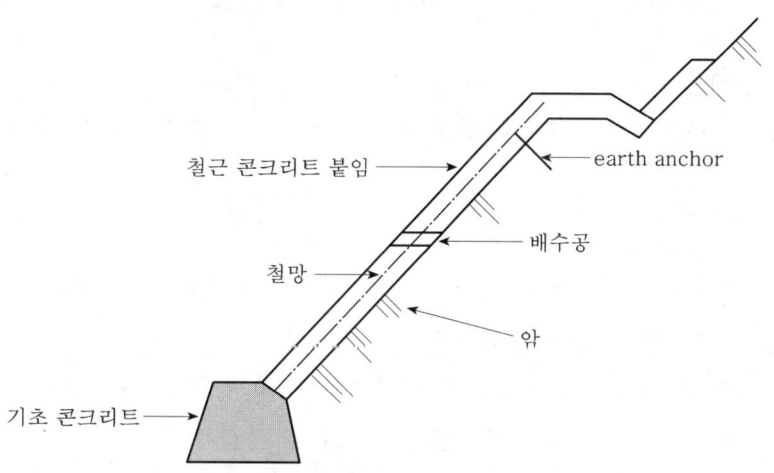

(4) 철책공(Steel Fence)

① 도로의 인접지 등에서 소규모 붕괴 또는 낙석의 우려가 있는 곳에 사용한다.

② 토사를 수반한 붕괴예상지에서는 사면 하단부에 콘크리트 옹벽을 설치한 후 그 상부는 지주와 철망으로 보호한다.

(5) 옹벽공

① 암벽으로부터 거의 이탈상태에 있는 단일암괴를 안정화시키는 데에만 한정적으로 쓰인다.

② 굴착에 따른 전도, 활동, 지지력에 대한 안정검토를 해야 한다.

(6) 사면구배 및 높이 감소

① 불연속면에서의 활동파괴가 예상되는 경우 사면높이의 감소 또는 사면구배의 완화로 사면안정을 도모하는 공법

② 사면구배의 완화시 불안정한 물체를 제거할 경우에는 압성토 및 배수공법을 병용하는 것이 안전하다.

(7) 배수공법

① 절리내에 있는 간극수의 수위를 저하시키는 공법으로서 지표수 처리공법과 지하수 배제공법이 있다.

② 지표수 처리공법으로서는 사면내의 고인 물처리, 사면의 면정리, 사면 정상부의 표면 Grouting 등이 있으며, 지하수 처리공법에는 집수정, 배수터널 설치 등이 있다.

(8) 소단 설치

① 암사면의 안정을 위해 충분한 넓이의 소단을 설치한다(높이 6m마다 폭 1m).

② 낙석차단 울타리나 망을 설치했을 경우는 소단폭을 줄일 수 있다.

(9) 충격흡수 구조물 설치

낙석에 의한 충격에너지를 흡수할 수 있는 장애물로서 도랑(Ditch), 방공호(Shelter) 등이 있다.

(10) 낙석방지망공

① 경암의 절토법면 또는 식생공을 행한 연암의 절토법면에서 낙석의 우려가 있는 장소에서 사용된다.

② 낙석방지망은 용도에 의해 비포켓식, 포켓식으로 구분한다.

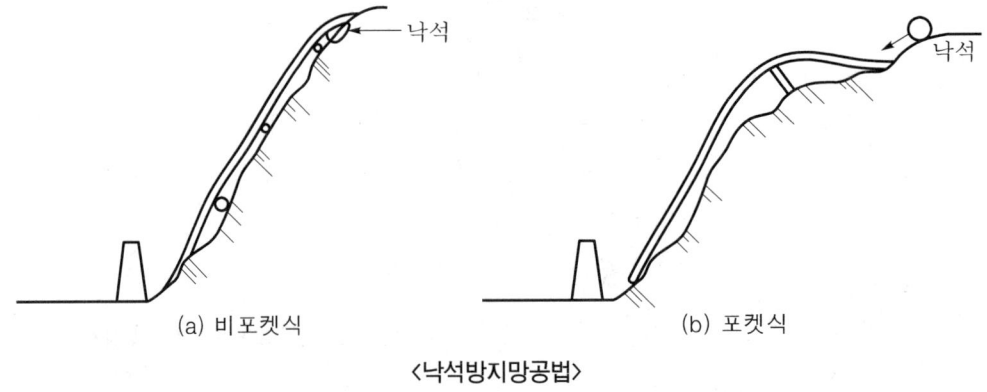

(a) 비포켓식　　　　　(b) 포켓식

〈낙석방지망공법〉

Ⅶ. 결 론

(1) 암반 절취사면의 합리적 안정성 해석에 있어서 암반내 불연속면(절리, 단층)의 방향, 연속성, 굴곡도, 틈새가 벌어진 정도, 지하수 발달상태, 식생상태, 암괴의 크기, 모양 등이 종합적으로 고려되어야 한다.

(2) 암사면의 보강공법 선정시에는 주변여건을 고려하여 보강목적에 부합되는 가장 경제적이고, 시공성이 있는 공법을 선택해야 한다.

2-8 낙석방지공 [02후, 10점]

I. 정 의

(1) 인공사면 또는 자연사면은 강우, 융설, 충격, 지표수 침투 등의 요인에 의하여 사면이 붕괴되는 사고가 대량 발생한다.
(2) 낙석방지공은 암반으로 구성된 사면에서 균열, 절리, 부석, 풍화 등에 의해서 발생되는 낙석을 방지하기 위하여 설치되는 구조물이다.

II. 현장 시공 실례

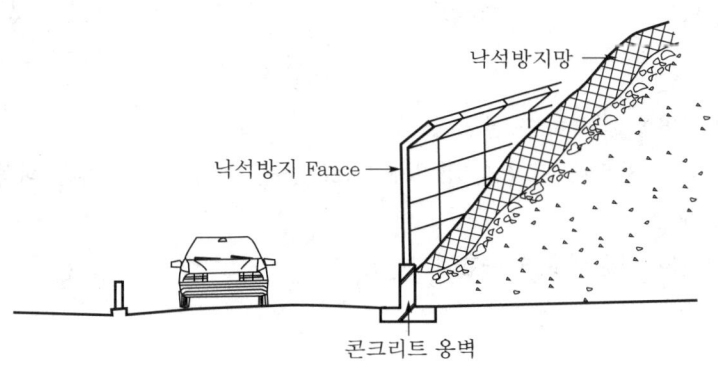

III. 낙석의 발생원인

(1) 균열진행
(2) 지하수 용출
(3) 동결융해
(4) 진동, 충격

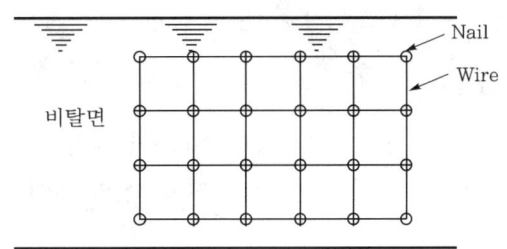

IV. 낙석방지공

(1) Wire Net
① 암반사면에 Nail을 박고 Wire 고정
② 격자 형태의 Wire에 Net를 연결
③ 낙석이 예상되는 사면을 피복

(2) Rock Anchor 공법

　① 균열절리가 발달된 암반사면에 시공

　② 암반에 구멍을 뚫어 PS 강봉, PS 강선으로 부석 고정

　③ 규모가 큰 암석 덩어리에 사용

(3) Rock Bolt

　① 탈락이 예상되는 암괴 고정

　② 임반에 천공하여 25~30mm 철근을 넣이서 고정

(4) 숏크리트

　① 균열이 심한 암반사면을 콘크리트로 피복

　② 탈락 예상되는 암석의 규모, 입지조건 등을 고려하
　　여 시공

　③ 숏크리트 시공 전 배수공 설치

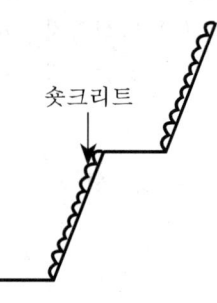

숏크리트

(5) 녹생토 공법

　① 암반사면에 식생하는 공법

　② 점토와 종자, 물, 전착제, 영양제, 비료 등을 혼합하여 사면을 피복하는 공법

　③ 용수가 많은 사면시공 곤란

　④ 단시간의 시공으로 녹화효과가 큼.

(6) 격자블록공

　① 콘크리트로 만들어진 격자블록으로 암반사면 보강

　② 격자형태로 블록을 시공하고 내부에 블록 또는 돌을 이용하는 공법

　③ 격자블록은 일정간격으로 암반에 고정

(7) 옹벽공

　① 사면 선단부에 콘크리트 옹벽 설치

　② 잦은 낙석이 예상되는 곳은 옹벽 위에 낙석방지 Fance 설치

2-9 암반 대절토사면 시공시 유의사항 및 공사관리에 필요한 사항을 기술하시오.

[99후, 30점]

Ⅰ. 개 요

암반 대절토사면은 불연속면의 발달상태에 따라 붕괴가 발생하므로 불연속면에 대한 조사가 선행되어야 한다.

Ⅱ. 시공시 유의사항

(1) 사전조사
  ① 암질, 암석분포, 풍화 정도 등 조사
  ② 사면길이, 절토량
  ③ 균열, 절리, 지하수 상태 등

(2) 절취공법 선정
  ① 발파에 의한 방법
  ② 굴삭기에 의한 방법
  ③ Ripper에 의한 방법

(3) 지하용수처리
  ① 지하수 배수
  ② 지하용수처리
  ③ 지하수 차수공법

(4) 지표수 침투
  ① 지표수처리
  ② 산마루 측구설치
  ③ 소단설치

(5) 부석처리
  ① 뜬돌 제거
  ② 소규모 부석은 제거
  ③ 규모가 큰 암반은 Rock Bolt 이용 지지

(6) 계측관리
　① 사면활동 여부
　② 지하수 변화 계측
　③ 지반 이상변화 측정

(7) 낙석방지망 설치
　① 예기치 않은 부석에 대한 사고방지 목적
　② 낙석방시선반 설치
　③ 낙석 방지망 및 방지구대 설치

(8) 암반상태 파악
　① 단층, 파쇄대 위치 파악
　② 풍화 정도 파악
　③ 암반에 따른 구배 설정

Ⅲ. 공사관리에 필요한 사항

(1) 주변구조물 파악
　① 송신탑, 전신주, 기계설비, 묘지 등 인근구조물 조사
　② 통신케이블 매립위치, 상하수도 통과 여부 등

(2) 시추지질조사
　① 암반구성 파악
　② 지하수 상태 파악
　③ 토질주상도 작성
　④ RQD 측정

(3) 판정기준
　① RQD에 의한 방법
　② RMR에 의한 방법
　③ 탄성파에 의한 방법
　④ 균열절리에 의한 방법
　⑤ 풍화도에 의한 방법

(4) 최적 절취구배 선정
　① 절취높이에 따른 구배
　② 암반상태에 따른 구배

(5) 보강대책

　① 불량사면 보강대책 수립

　② 암반사면 현황도 작성

　③ 현장상태에 맞는 공법 선정

(6) 시공상태 확인

　① 절토면 정리상태

　② 지하수 처리

　③ 구배, 소단 시공상태

(7) 계측

　① 사면, 변위 계측

　② 지하수 변화 계측

　③ 인근구조물 변위 계측

Ⅳ. 결 론

암반 대절로사면은 불연속면인 절괴와 단층의 방향·연속성·굴곡도·틈새 정도·식생
상태·암의 모양과 크기 등을 종합적으로 고려하여 시공에 임하여야 한다.

> **3-1** 절성토 비탈면의 점검시설 설치의 중요성을 열거하고, 각 특징에 관하여 기술하시오. [00후, 25점]

Ⅰ. 개 요

(1) 비탈면 점검시설이란 절토, 성토시공 비탈면의 정기적인 점검과 점검자의 안전사고 예방을 위하여 설치하는 구조물을 말한다.

(2) 최근 절성토 비탈면에서 여러 가지 요인에 의해서 낙석 및 붕괴 사고가 잇따르고 있는 실정인데, 비탈면의 안전점검과 유지관리를 통하여 재해발생을 사전에 예방하여야 한다.

(3) 붕괴가 예상되는 비탈사면에는 사고발생 방지를 위한 점검시설 설치를 의무화하여 대규모 사고를 방지하는 것이 무엇보다 중요하다.

Ⅱ. 점검시설 설치의 중요성

(1) 사면정기점검
절토, 성토사면의 정기적인 점검활동

(2) 변형 확인
① 사면의 이상징후에 대한 확인작업
② 균열 및 탈락 등에 대한 확인 및 응급조치

(3) 점검자의 안전확보
① 토사 또는 암반사면을 점검하는 점검자의 안전확보 및 면밀한 점검
② 점검자의 긴장감 해소로 점검의 정확성 유지

(4) 점검체제 확립
안전시설 확보로 수시점검 및 상태확인의 용이함.

(5) 연속적인 점검자료 확보
① 점검시설을 이용한 위치결정
② 부여된 위치에 대한 연속자료 확보
③ 연속자료수집에 따른 사면거동 파악

Ⅲ. 특 징

(1) 설치위치
　① 토사 및 리핑암 절토부에는 점검시설을 사면 중앙부에 설치한다.
　② 발파암 절취부에는 측면에 점검시설을 설치한다.

(2) 점검시설의 경사
　점검로 설치는 점검작업을 안전하게 할 수 있게 급경사는 피하고 완만하게 설치한다.

(3) 사용재료
　① 점검시설은 부식방지 목적으로 아연도금재료를 사용
　② 점검시설의 발판은 미끄러지지 않는 무늬철판 사용
　③ 난간과 지주는 아연도강관을 사용

(4) 견고한 설치
　① 앵커볼트를 이용한 점검시설의 고정
　② 앵커볼트는 점검시설을 충분히 지지할 수 있는 구조라야 한다.
　③ 흙에 접하는 앵커볼트는 방식처리와 배수가 원활히 되게 한다.

(5) 난간설치
　① 점검자의 안전보행
　② 경사가 급한 난간 또는 통행로에 설치
　③ 난간의 높이는 90cm 이상으로 하고 난간 아래 큰 구멍이 없는 구조

(6) 소단 설치
　연속되는 길이가 긴 계단은 위험성이 높으므로 일정 거리를 두고 소단 설치

(7) 성토부의 점검로
　성토부에서의 점검로는 콘크리트 블록으로 제작하여 성토부의 도수로 옆에 설치한다.

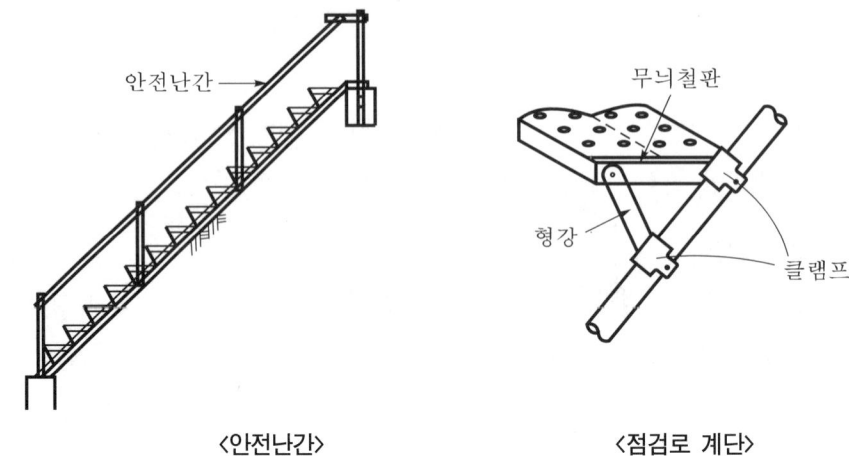

<안전난간>　　　　　　<점검로 계단>

Ⅳ. 결 론

(1) 절성토 비탈면에서의 점검시설은 비탈면의 이상 유무 확인 및 정기점검을 목적으로 설치되며, 구조상 강도 및 내구성을 가지는 구조물이어야 한다.

(2) 점검시설은 비탈면 점검시 점검자의 안전을 도모하고 점검체계의 확립을 위하여 경사가 급하고 비탈면의 길이가 규정 이상이 되는 비탈면에 설치한다.

제 4 절 **옹벽 및 보강도**

1-1 옹벽($H=10$m) 시공시 안전성을 고려한 시공단계별 유의사항에 대하여 설명하시오. [05전, 25점]

1-2 동절기 긴급공사로 성토부에 콘크리트 옹벽구조물을 설치하고자 한다. 사전검토사항과 시공시 주의하여야 할 사항을 기술하시오. [06전, 25점]

Ⅰ. 개 요

옹벽은 자중과 흙의 중량에 의해 토압에 저항하는 구조물로서 배수처리, 콘크리트의 이음 및 뒤채움 시공시 등의 각 단계별로 시공의 정밀도를 높여야 한다.

Ⅱ. 동절기 옹벽설치시 사전검토사항

(1) 동결깊이
   ① 한랭기시 기온이 0℃ 이하가 될 때 동해의 피해가 미치는 지표면의 깊이
   ② 동결깊이를 구하는 방법
      ㉠ 동결심도계 이용 방법
      ㉡ Test Pit 관찰
      ㉢ 일평균기온으로 구하는 방법

(2) 기초의 형식

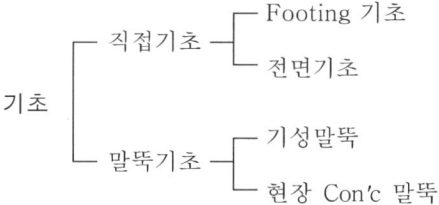

(3) 지반의 지지력
   옹벽 기초지반의 지지력을 재하시험을 통해서 산정

(4) 안정조건 검토

　① 활동에 대한 안정

　② 전도에 대한 안정

　③ 지지력에 대한 안정

(5) 양생방법

　① 콘크리트의 동해방지

　② 기온이 4℃ 이하의 경우 한중 콘크리트의 양생법 적용

　③ 양생온도가 10℃ 이상이 되도록 관리

(6) 콘크리트 동해예방

　콘크리트 타설시 온도관리 철저

Ⅲ. 시공단계별 유의사항(시공시 주의사항)

1. 배수시

(1) 표면배수

　① 불투수층 설치로 표면수가 흙 속에 침투하거나 흙을 세굴하지 않도록 한다.

　② 배수구를 만들어 지표면수를 집수하여 유도배수한다.

(2) 배수공

　① 옹벽의 종벽에 5~10cm의 배수공을 수평 및 수직 간격 3.0m 이내마다 설치

　② 옹벽 뒷면의 배수공 위치에 자갈 또는 쇄석을 채워 필터층을 만든다.

(3) 연속배면 배수층

　① 벽내면의 전면에 걸쳐 30cm 두께의 필터층을 둔다.

　② 기초 Slab 주변에는 불투수층을 두어 유하된 물을 차단시킨다.

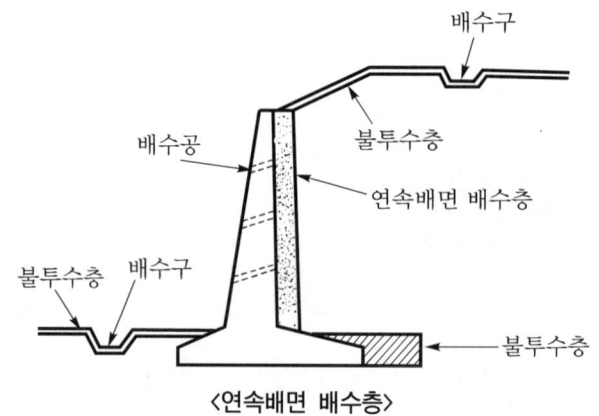

〈연속배면 배수층〉

2. 뒤채움시

(1) 투수성
　① Filter층의 입도조건에 맞는 균등계수가 큰 입도의 사질토를 사용한다.
　② $C_u > 6$, $1 < C_g < 3$

(2) 안정 확보
　① 다짐을 철저히 하여 전단강도를 높인다.
　② 옹벽 전면의 수동토압 확보를 위해 전면도 배면과 동일하게 시공관리를 해야
　　한다.

(3) 토압 경감
　① 배수처리를 철저히 한다.
　② 지하수위를 저하시킬 수 있는 공법을 채용한다.

(4) 시공관리
　① 소요의 다짐도를 얻기 위해 다짐규정을 준수해야 한다.
　② 옹벽 콘크리트가 충분히 굳기 전에 뒤채움작업을 해서는 안 된다.
　③ 옹벽 노출면의 경사는 1 : 0.02 정도로 한다.

3. 이음시공시

(1) 간격
　① 수축이음은 9m 이하 간격을 둔다.
　② 신축이음은 10~15m 이하의 간격을 둔다.

(2) 철근배근
　① 수축이음에서는 철근을 끊어서는 안 된다.
　② 신축이음에서는 철근을 완전히 절단해야 한다.

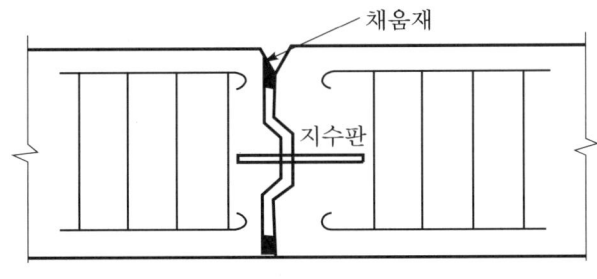

〈신축줄눈의 시공 예〉

(3) 지수판 설치

수밀성 구조물일 때 신축이음부에 PVC 등의 지수판을 설치한다.

(4) 채움재 사용(Filler)

신축이음부의 간극에 흙이 들어가서 신축이음의 기능을 방해할 때 설치한다.

IV. 결 론

옹벽구조물을 안전하게 설치하기 위해서는 토압에 저항할 수 있는 강성과 수압을 저감할 수 있는 배수처리가 중요하므로 이에 대한 사전검토를 철저히 한 후 시공에 임하여야 한다.

1-3 철근콘크리트 옹벽공사에서 벽체에 발생하는 수직 미세균열의 원인과 방지대책을
설명하시오.
[01중, 25점]

Ⅰ. 개 요

(1) 옹벽구조물은 배면에서 작용하는 토압·수압에 저항하는 구조물로서 여러 가지 요
인에 의해 균열이 많이 발생하고 있다.

(2) 구조물에 균열이 발생하면 강도, 내구성, 수밀성이 저하되는 것은 물론 외관을 크
게 저해시키기도 한다.

Ⅱ. 옹벽에 작용하는 토압

(1) 주동토압

(2) 수동토압

(3) 정지토압

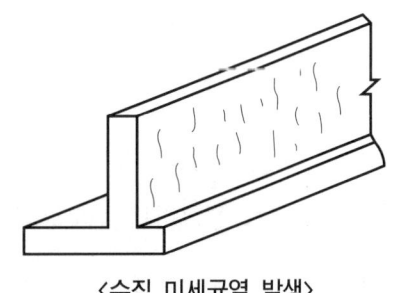

〈수직 미세균열 발생〉

Ⅲ. 수직 미세균열의 원인

(1) 소성수축
① 수분의 증발이 원인
② 수분증발 속도가 Bleeding 속도를 초월한 경우 발생
③ 거푸집의 누수가 심한 경우 발생

(2) 침하균열
① 타설후 Con'c의 침하로 인한 균열
② 철근 및 기타 매설물에 의해 보, 바닥판 상면에 나타나는 균열
③ 묽은 비빔시 Bleeding에 의한 균열
④ Con'c 타설후 1~3시간 내에 발생

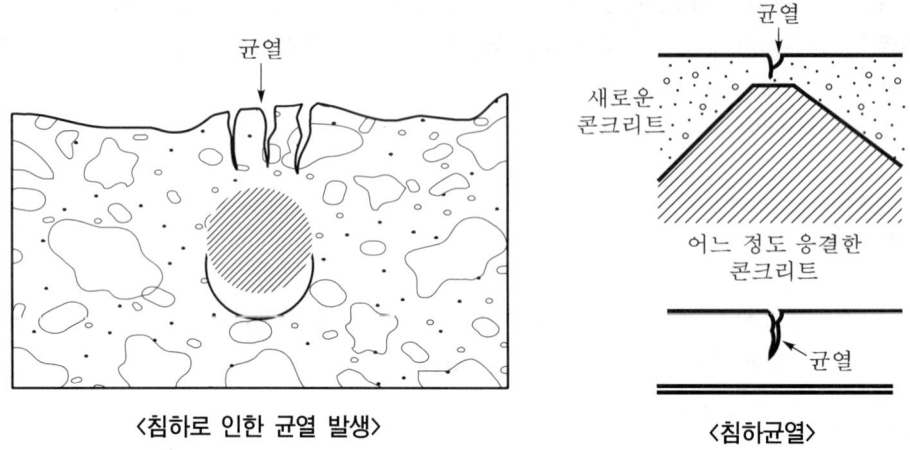

<침하로 인한 균열 발생>   <침하균열>

(3) 온도균열
  ① 콘크리트 내부와 표면의 온도차에 의한 응력 발생
  ② 온도차에 의한 온도구배로 인장력이 표면에 작용되어 온도균열 발생

(4) 건조수축
  ① 콘크리트가 경화되면서 콘크리트 내부에 있는 수분이 증발되면서 콘크리트 수축
  ② W/C비가 클수록 콘크리트 수축량이 커져 균열이 발생한다.

(5) 거푸집 변형에 의한 균열
  ① 긴결철물의 부족
  ② 동바리의 불비에 따른 부등침하
  ③ 콘크리트의 측압에 따른 거푸집의 변형

(6) 진동·재하에 의한 균열
  ① Con'c 타설후 말뚝박기시의 진동
  ② 기계류 등의 진동
  ③ 초기 재령시 가설재료 적재로 인한 지보공의 변형침하

(7) 부등침하
  ① Con'c 타설시 지보공의 기초가 부등침하를 일으킬 때
  ② 지보공 자재불량

(8) 다짐불량
  ① 콘크리트 타설시 충분하지 못한 다짐에 의하여 콘크리트 이음부의 침하균열 발생
  ② 다짐불량에 따라 골재의 침강으로 균열 발생

(9) 줄눈 미설치
  ① 콘크리트가 경화되면서 수축할 때 줄눈 미설치로 인한 불규칙한 표면균열 발생
  ② 콘크리트 표면이 급격한 수분증발로 인해 발생하는 소성수축에 대한 무방비 상태

(10) 피복두께 부족
  ① 철근의 피복두께가 부족할 때 발생하는 균열
  ② 주변의 콘크리트에 의해 인장응력이 집중적으로 발생

Ⅳ. 방지대책

(1) 청정수 사용
  ① 물은 청정수를 사용해야 하며 불순물이 없어야 한다.
  ② 음용수 및 지하수를 사용하며 해수는 사용하지 않는다.

(2) 시멘트의 풍화관리 철저
  ① 시멘트는 풍화되지 않도록 저장 및 관리에 철저를 기해야 한다.
  ② 시멘트는 발열량이 적고 수화열이 적은 것이 좋다.

(3) 염분허용값 준수
  ① 골재는 염화물 함유량 시험방법에 따라 시험했을 때 0.04% 이하여야 한다.
  ② 0.04%를 초과한 것에 대해서는 주문자의 승인을 얻되 그 한도를 0.1% 이하로 하는 것이 원칙이다.

(4) 쇄석사용 억제
  ① 깬 자갈 속에는 황산염의 함유량이 많으므로 사용을 억제한다.
  ② 쇄석은 유해물이 많으므로 강자갈을 섞어 세척해서 사용한다.

(5) 혼화제 사용
  ① 유동화제를 사용하면 콘크리트의 유동성을 증가시키므로 감수효과를 기대할 수 있다.
  ② 유동성이 증대되면 콘크리트내의 공극률이 감소하고 물의 침투를 방지할 수 있다.

(6) 물·시멘트비 최소화
  ① 혼화재를 사용하고, 시공성이 확보되는 내에서 물·시멘트비를 최소화해야 한다.
  ② 물·시멘트비가 낮아지면 건조시 침하균열, Bleeding 현상 등에 의한 균열이 감소한다.

(7) 골재의 최대치수를 크게
   ① 골재의 최대치수는 철근간격 시공연도 내에서 최대로 해야 단위수량이 적어진다.
   ② 단위수량의 저하로 균열이 방지된다.

(8) 잔골재율을 작게
   ① 잔골재율이 작아지면 콘크리트의 단위수량이 감소되어 균열이 방지된다.
   ② 단위수량이 감소되면 콘크리트 건조시 Bleeding 현상이 적어져서 재료분리에 의한 균열발생이 줄어든다.

(9) 운반관리 철저
   ① 기온이 높을 때 Mixer Truck에 보온덮개를 덮어 Slump 저하 및 재료분리를 방지한다.
   ② 장시간 레미콘 운반 또는 대기시 Pump Car Pipe 내의 콘크리트가 재료분리되는 것을 방지해야 한다.

(10) 타설시 재료분리 방지
   ① 수직재의 Con'c 타설시에는 Slab에 받아 서서히 밀어 넣어야 재료분리가 방지되고 균열의 발생을 최소화할 수 있다.
   ② 진동다짐은 시간과 간격을 준수하여 재료분리가 생기지 않도록 한다.

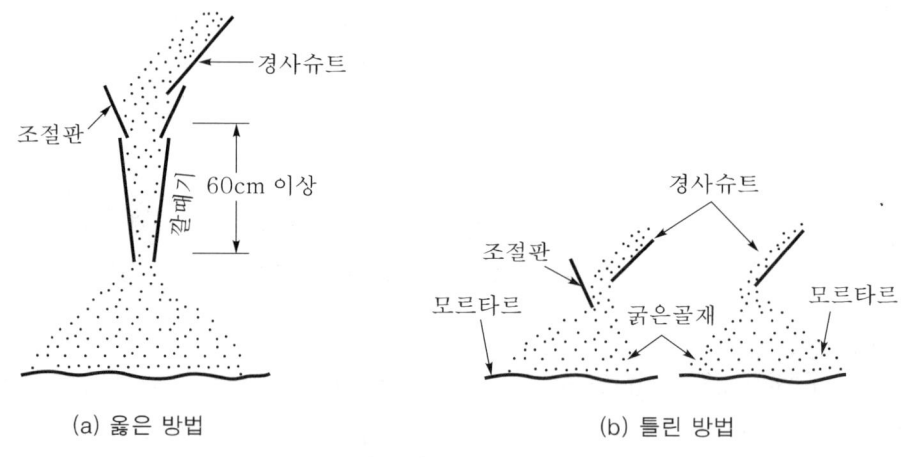

(a) 옳은 방법   (b) 틀린 방법

〈콘크리트 타설방법〉

(11) 다짐 철저
   ① 다짐은 진동다짐기계보다는 손다짐하는 것이 재료분리가 적어 균열이 방지된다.
   ② 다짐이 과하면 재료분리가 생기고 거푸집 변형이 발생하여 균열발생의 원인이 되므로 주의해야 한다.

(12) 철저한 이음관리

　① 이음은 Con'c의 균열을 억제 또는 유도한다.

　② 이음의 설계는 매우 중요하므로 설계시 면밀한 검토가 필요하다.

(13) 양생관리 철저

　① 초기 건조수축에 의한 균열을 방지하기 위해서는 양생을 철저히 해야 한다.

　② 초기 양생기간이 경과한 후에도 습윤양생을 실시한다.

V. 보수공법

(1) 표면처리　　　　　　　　(2) 충진공법

(3) 주입공법　　　　　　　　(4) 강판 부착

(5) Prestress 도입

VI. 결 론

(1) 옹벽구조물에서 콘크리트 시공 후에 발생하는 수직 미세균열은 사용재료의 부적절 및 시공과정에서의 시공관리가 부족하여 발생하는 문제점이기도 하다.

(2) 이렇게 발생하는 수직 미세균열을 방지하기 위해서는

　① 거푸집의 강성

　② 거푸집의 수밀성

　③ 철근간격

　④ 사용 Con'c의 품질

　⑤ 시공 정도 등의 시공관리가 무엇보다 중요한 사항이다.

1-4 정지토압   [95중, 20점]

I. 정 의

정지토압이란 토립자의 이동 없이 정지상태에서의 토압을 말하며, 이때의 토압계수를 정지토압계수라 한다.

II. 토압의 종류

(1) 주동토압(P_A : Active Earth Pressure)
   ① 벽체가 전면으로 변위가 생길 때의 토압
   ② 배면 흙이 가라앉음.
   ③ 정지토압보다 토압이 감소
   ④ 주로 옹벽에서 발생

(2) 수동토압(P_P : Passive Earth Pressure)
   ① 벽체가 배면으로 변위가 생길 때의 토압
   ② 배면 흙이 부풀어 오름.
   ③ 정지토압보다 토압이 증대
   ④ 흙막이벽에서 주로 발생

(3) 정지토압(P_o : Earth Pressure at Rest)
   ① 벽체의 변위가 없을 때의 토압
   ② 지하구조물에 작용하는 토압

III. 정지토압(Earth Pressure at Rest)

(1) 정의
   ① 정지토압이란 침하가 완료된 자연지반처럼 수평방향으로 변형이 전혀 발생하지 않을 때의 수평토압을 말한다.
   ② 정지토압은 수평변형을 허용하지 않는 지하구조물의 벽체설계와 수평변형이 발생하지 않는 자연상태의 수평토압 산정시 적용된다.

(2) 정지토압의 크기

① 단위면적당 정지토압$(P_o) = P_o' + U = \gamma' Z K_o + \gamma_w Z$

　㉠ 유효평균단위중량(γ')
$$\begin{cases} \gamma_d : \text{포화도}(S_r) = 0 \\ \gamma_t : 0 < S_r < 100\% \\ \gamma_{sub} : S_r = 100\% \end{cases}$$

　㉡ 지표면에서 구하고자 하는 위치까지 거리(Z)

　㉢ 정지토압계수(K_o)
$$\begin{cases} K_o = 1 - \sin\phi \\ K_o = \dfrac{v}{1-v} \quad (v : \text{푸아송비}) \end{cases}$$

　㉣ 간극수압$(U) = \gamma_w Z$　　$(\gamma_w : \text{물의 단위 중량})$

② 전(단위길이당) 정지토압$(P_o) = \dfrac{1}{2} P_o Z$

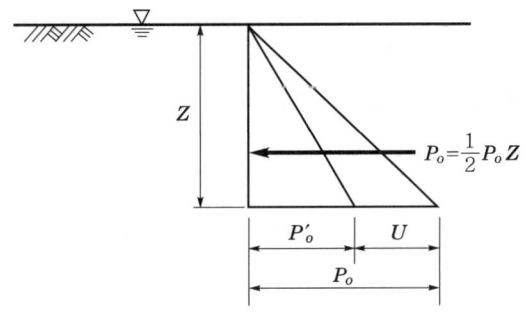

(3) 측정방법

① 삼축압축시험

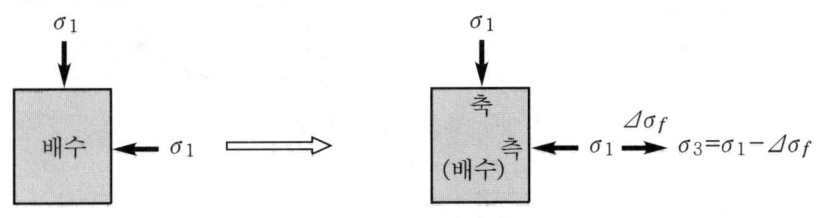

측방향 변형 없이
파괴될 때까지 측하중 제거

〈구속압력재하〉

　㉠ 파괴포락선을 작도하여 ϕ 측정 : $K_o = 1 - \sin\phi$

　㉡ 시험주응력 측정 : $K_o = \dfrac{\sigma_3}{\sigma_1}$

② 일축압축시험

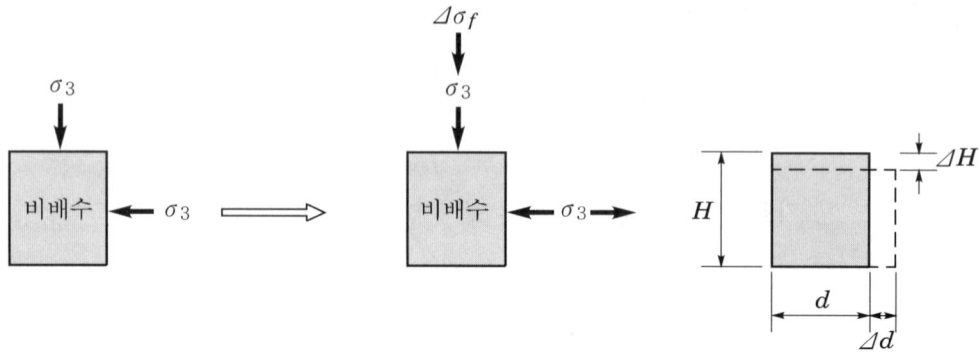

〈구속압력 재하〉 　　　　　　 〈축차응력 재하〉

㉠ 푸아송비(v) 측정 : $v = \dfrac{\text{수평변형률}(\varepsilon_h)}{\text{연직변형률}(\varepsilon_v)} = \dfrac{\Delta d/d}{\Delta H/H}$

㉡ $K_o = \dfrac{v}{1-v}$

③ PMT(Pressure Meter Test)

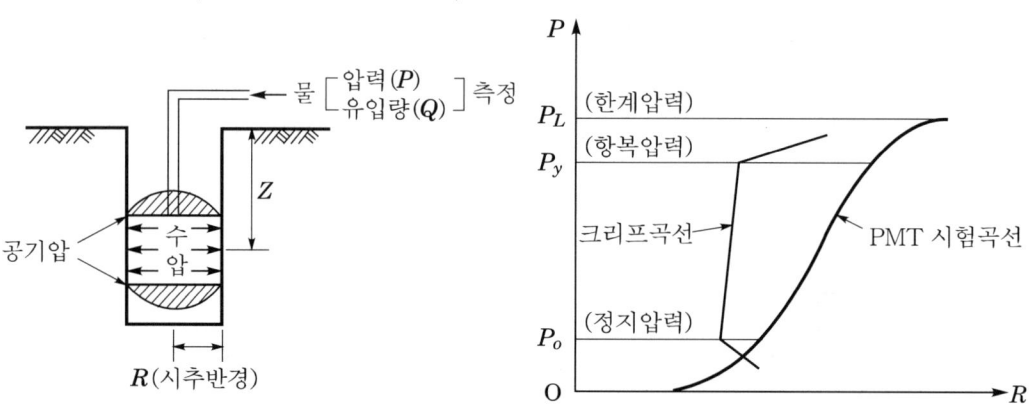

㉠ 유효정지압력$(P_o{}')$과 유효평균단위중량(γ') 측정

㉡ $K_o = \dfrac{P_o{}'}{\sigma_v{}'} = \dfrac{P_o - U}{\gamma' Z}$

Ⅳ. 정지토압이 주동토압보다 큰 이유

(1) 토압계수(K)가 크다.

① 정지토압$(P_o) = \gamma H K_o = \gamma H (1 - \sin\phi)$

② 주동토압$(P_a) = \gamma H K_a = \gamma H \left(\dfrac{1 - \sin\phi}{1 + \sin\phi} \right)$

③ 정지토압계수 $K_o >$ 주동토압계수 K_a 이므로 $P_o > P_a$ 가 된다.

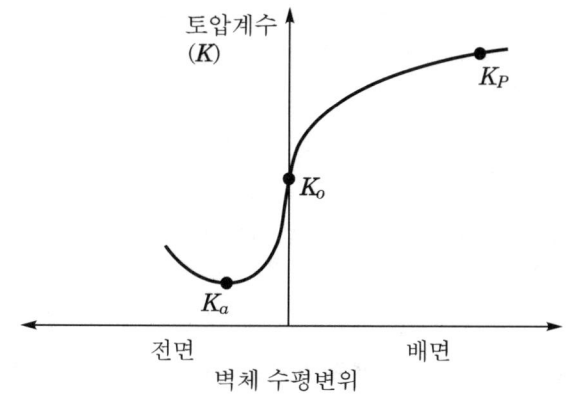

(2) 수평유효응력($\sigma h'$)이 크다.

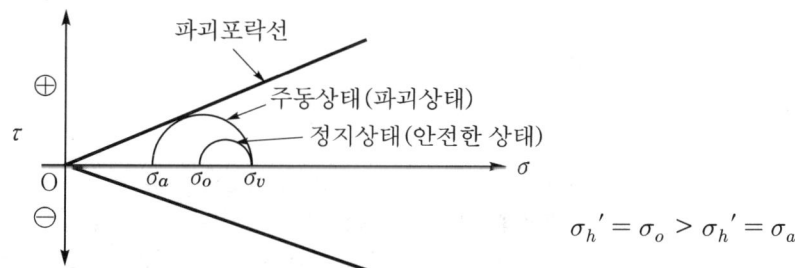

$$\sigma_h' = \sigma_o > \sigma_h' = \sigma_a$$

(3) 안전한 상태(수평변위가 없는 상태)이기 때문이다.

2-1 역 T형 옹벽과 부벽식 옹벽의 설계 및 시공상의 특징을 비교설명하시오.
[95중, 33점]

2-2 역 T형 옹벽의 주철근, 부철근, 배력철근을 표시하고 기능을 설명하시오.
[00중, 25점]

2-3 역 T형 옹벽과 부벽식 옹벽의 단면도에 주철근을 도시하고, 직립단면에 대하여는 주철근의 전개도를 그리시오.
[95후, 25점]

2-4 부벽식 옹벽의 주철근 배근방법과 시공시 유의사항을 기술하시오. [02전, 25점]

2-5 뒷부벽식 옹벽에서 벽체와 부벽의 주철근 배근개략도를 그리고 설명하시오.
[10중, 25점]

I. 개 요

(1) 옹벽이란 배후토사의 붕괴를 방지하고 부지활용을 목적으로 만들어지는 구조물로서 자중과 흙의 중량에 의해 토압에 저항하고 구조물의 안정을 유지한다.

(2) 옹벽의 종류는 중력식, 역 T형식, 부벽식 등이 있으며, 활동, 전도, 침하에 대한 안정검토가 필요하다.

II. 역 T형 옹벽

(1) 적정 시공높이

3~9m

(2) 설계기준

① 벽체는 기초 저면에 부착된 내민보로 보고 설계한다.

② 옹벽의 자중과 뒤채움 흙의 중량으로 배면토압에 저항한다.

③ 주철근은 벽체 후면에 배치하고, 전면에는 조립철근, 온도철근을 배치한다.

(3) 철근배근도

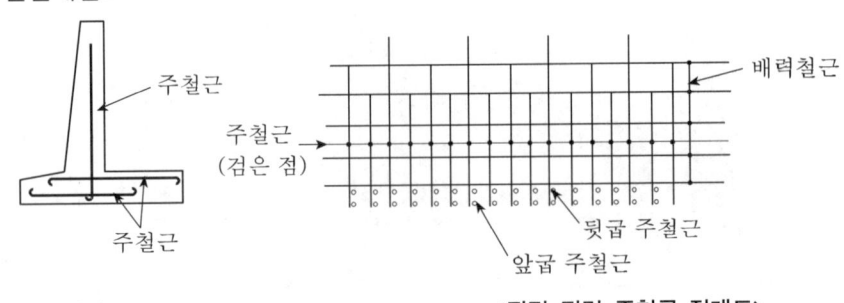

〈단면도〉 〈직립 단면 주철근 전개도〉

(4) 시공상 특징

① 연직벽체의 Base가 되는 기초 저면 시공시 철근배치 및 Con'c 타설에 특히 유의한다.

② 연직벽의 높이변화에 따라 철근 및 단면을 증감시킨다.

③ 배면토압이 연직벽에 직접 작용하므로 연직벽체의 주철근 배치에 유의한다.

④ 정정구조물인 역 T형 옹벽에서 부철근(−Moment에 저항하는 철근)이 존재하지 않는다.

(5) 주철근 배근방법(주철근 배근개략도)

① 벽체 주철근

㉠ 연직벽체는 버팀벽 결합부를 지점으로 하는 옹벽 연장방향의 연속판으로 본다.

㉡ ⊕모멘트와 ⊖모멘트가 부벽이 있는 지점 부위와 중앙 부위는 달리 나타난다.

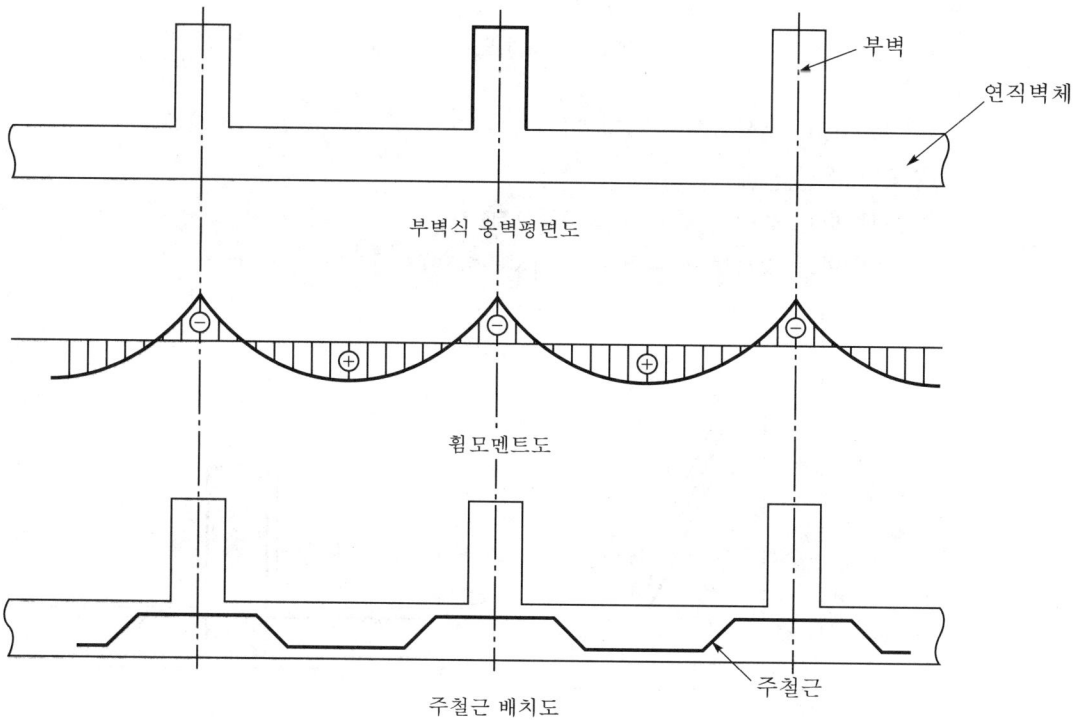

부벽식 옹벽평면도

휨모멘트도

주철근 배치도

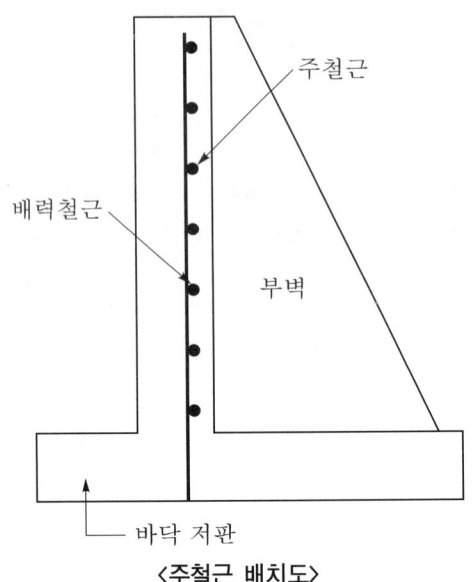

〈주철근 배치도〉

　　ⓒ Moment 발생위치에 따라 위의 그림과 같이 주철근을 배치한다.

　② 부벽의 주철근 배치

　　㉠ 버팀벽은 높이가 변화되는 T형보로 간주

　　ⓒ 버팀벽의 경사면에 주철근을 배치하여 인장철근으로 사용

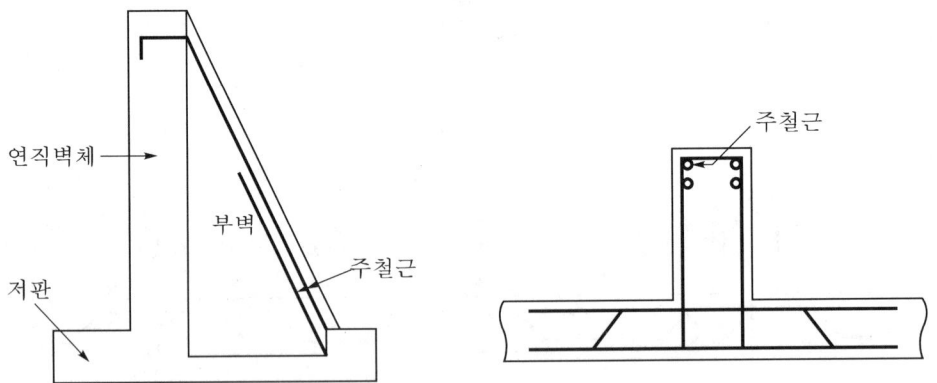

　③ 바닥 저판 주철근 배치

　　㉠ 바닥 저판은 버팀벽 결합부를 지점으로 하는 옹벽 연장방향의 연속판으로 본다.

　　ⓒ 저판 단면 기준으로 주철근 배치는 다음과 같다.

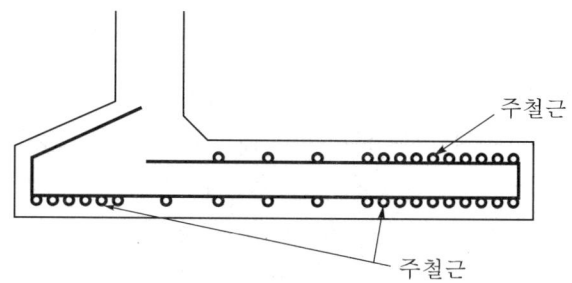

Ⅲ. 부벽식 옹벽

(1) 적정 시공높이

6~11m

(2) 설계기준

① 벽체는 부벽에 설치된 T형 Slab로 간주한다.

② 벽체에 작용하는 토압은 벽체 후면에 수평방향으로 설치된 철근이 저항한다.

③ 벽체의 응력은 부벽에 배치된 후면 주철근으로 전체 벽면의 작용토압에 저항하는 형식이다.

(3) 철근(벽체철근) 배근도

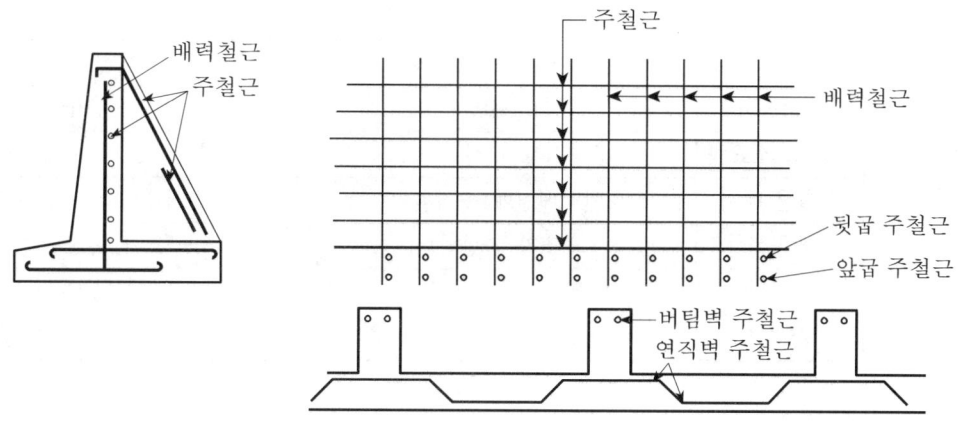

(4) 시공상 특징

① 벽체 높이가 높아져 배면토압이 커질 때 토압에 저항하기 위하여 부벽을 설치한다.

② 시공시 설계도서에 표기된 주철근 배근도에 따라 철근배치를 해야 한다.

③ 부벽식 옹벽에서 철근 배근작업이 중요한 요소이다.

④ 구조는 역 T형에 비해 복잡하지만 Con′c양이 절약되고 높은 옹벽 시공이 가능한 이점이 있다.

IV. 각 철근의 기능

(1) 주철근의 기능
① 설계시 작용하는 설계하중에 의해 그 단면적이 결정되는 철근
② 벽체와 저판에서 인장을 받는 부위에 설치하는 철근
③ 옹벽구조물의 벽체 또는 저판에 작용하는 ⊕, ⊖ 모멘트에 대응하기 위하여 설치되는 철근

(2) 부철근의 기능
슬래브 또는 보에서 (−)의 휨모멘트에 의해서 일어나는 인장응력을 받도록 배치하는 주철근

(3) 배력철근의 기능
① 작용하는 응력의 분포가 목적
② 정철근 또는 부철근에 직각으로 배치하는 보조철근
③ 주철근의 간격유지
④ 건조수축 온도변화에 의한 수축감소 및 균열분포

V. 역 T형 옹벽과 부벽식 옹벽의 시공상 특징

	역 T형 옹벽	부벽식 옹벽
시공높이	3~9m	6~11m
Con'c 소요량	중력식보다 적게 소요	역 T형보다 적게 소요
주철근 배치	연직배면에 수직배치	연직배면에 수평배치
시공성	구조가 간단하다.	구조가 복잡하다.
경제성	Con'c는 많이 드나, 노무비가 적다.	Con'c는 절약되나, 노무비가 크다.
안전성	9m를 초과할 수 없음.	높은 옹벽 시공가능

VI. 시공시 유의사항

(1) 철근소요량 산출
배근작업에 차질이 생기지 않게 (@100, @200), (@125, @250), (@150, @300) 중에서 적절하게 선택

(2) 최대 배근간격
부벽식 옹벽의 배근은 최대 @300 이하가 되게 하고 철근량은 철근지름으로 조정

(3) 배력철근 배치

외력에 대해서 주철근이 상호유효하게 작용하기 위해서는 주철근에 직각으로 배력철근을 배치한다.

(4) 배력철근량 산정

① 사용되는 배력철근의 양은 보통 주철근량의 1/3~1/6 정도로 한다.

② 응력집중 장소에서 계산철근량 외에 보강철근 및 조립철근도 사용된다.

(5) 철근피복

① 철근의 피복은 옹벽이 흙에 묻히는 구조물이므로 철근의 부식을 고려하여 두께를 두껍게 한다.

② 일반적으로 흙과 물에 접하는 부위는 피복두께를 8cm 이상으로 한다.

(6) 신축줄눈 설치

옹벽의 신축성을 고려하여 일반적으로 10~20m 간격으로 신축줄눈을 설치한다.

(7) 배수공 설치

① 직경 5~10cm의 PVC 파이프를 이용하여 옹벽 배면의 물을 배수시킬 목적으로 설치한다.

② 설치간격은 1~1.5m 간격으로 약간 경사지게 설치한다.

Ⅶ. 결 론

(1) 높은 옹벽의 시공은 역 T형과 부벽식 옹벽으로 시공되는데, 이는 중력식 옹벽에 비해 대지전용이 적으며 사용재료의 절감효과가 아주 크다.

(2) 부벽식 옹벽은 배면에서 작용하는 토압에 저항하기 위하여 연직벽체에 버팀벽(부벽)을 설치하는 것으로 역 T형 옹벽과는 구조해석이 다르므로 주철근 배근에 특히 유의하여 시공하여야 한다.

3-1	옹벽의 안정 및 시공시 유의사항에 대하여 논술하시오.	[98중전, 50점]

3-2 옹벽의 안정조건을 열거하고, 전단키를 뒷굽쪽으로 설치하면 전단저항력이 증대되는 이유를 기술하시오.　　　　　　　　　　　　　　　[98중후, 30점]

3-3 역 T형(Cantilever형) 옹벽의 안정조건을 열거하고, 전단키의 설치목적과 뒷굽쪽에 설치할 때 저항력이 증대되는 이유를 설명하시오.　　　　[01후, 25점]

3-4 옹벽의 안정조건　　　　　　　　　　　　　　　　　　　　[00전, 10점]

3-5 도로교 교대 시공시 필요한 안정조건과 안정조건이 불충분할 경우 조치해야 할 사항을 설명하시오.　　　　　　　　　　　　　　　　[07후, 25점]

Ⅰ. 개 요

(1) 옹벽이란 배후토사의 붕괴를 방지하고 부지활용을 목적으로 만드는 구조물로서 자중과 흙의 중량에 의해 토압에 저항하고 구조물의 안정을 유지한다.

(2) 옹벽의 종류는 중력식, 역 T형식, 부벽식 등이 있으며, 활동, 전도, 침하에 대한 안정검토가 필요하다.

Ⅱ. 옹벽의 안정(안정조건)

1. 활동

(1) 작용하는 힘

옹벽을 활동시키는 힘은 옹벽의 뒷면에 작용하는 횡토압의 수평력이며, 활동에 저항하는 힘은 기초 저면에서의 마찰력이다.

(2) 안전율

$$F_s = \frac{\text{기초 저면에서의 마찰력의 합계}}{\text{수평력의 합계}} = \frac{f(\Sigma W)}{\Sigma H} \geq 1.5$$

여기서, W : 자중

H : 수평력

f : 마찰계수

$f(W)$: 마찰력 합계

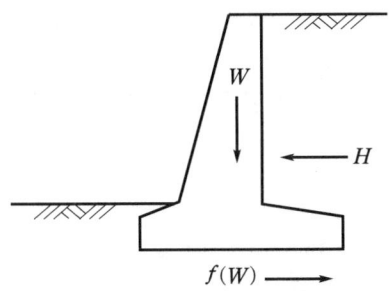

2. 전도

(1) 작용하는 힘

옹벽에 작용하는 수평력의 합계가 옹벽을 전도시키는 모멘트이며, 수직력의 합계가 저항모멘트이다.

(2) 안전율

$$F_s = \frac{\text{저항모멘트}}{\text{전도모멘트}} = \frac{W \cdot x + P_V \cdot B}{P_H \cdot y} \geqq 2.0$$

여기서, W : 옹벽의 자중

P : 옹벽에 작용하는 외력

P_H : 외력의 수평분력

P_V : 외력의 수직분력

B : 저판의 길이

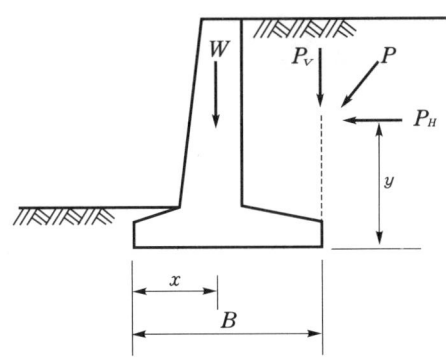

3. 지지력

(1) 작용하는 힘

옹벽의 밑면에는 옹벽의 자중, 재하중, 토압 등의 외력이 작용하며, 기초지반의 지지력은 지반의 상태, 외력의 작용점 위치에 따라 달라진다.

(2) 안전율

$$F_s = \frac{\text{지반의 허용지지력}}{\text{연직력의 합력}} \geqq 1.0$$

(3) 외력의 작용점

인장응력의 발생을 방지하기 위해 모든 외력의 합 R의 작용점은 기초 저판의 중앙에서 1/3 안에 오도록 해야 한다.

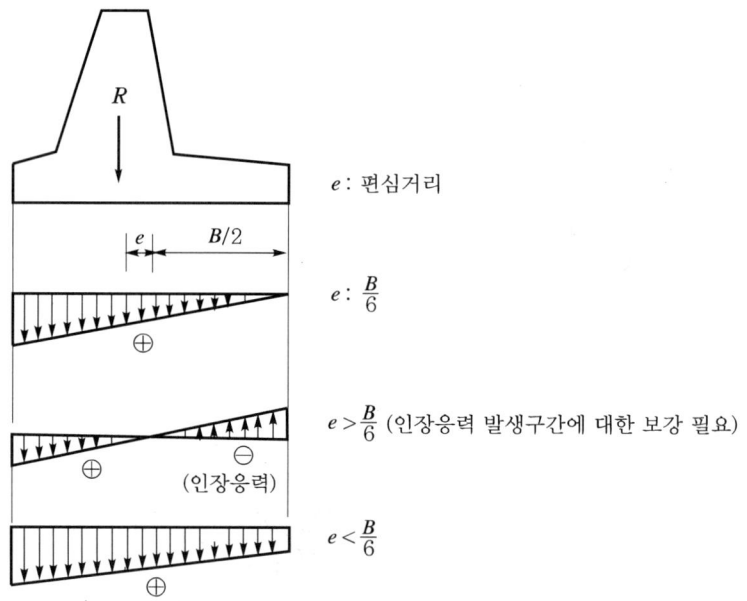

e : 편심거리

$e : \dfrac{B}{6}$

$e > \dfrac{B}{6}$ (인장응력 발생구간에 대한 보강 필요)

$e < \dfrac{B}{6}$

Ⅲ. 조치할 사항

1. 활동에 대한 조치

(1) Shear Key(활동방지벽)

저면의 적당한 위치에 저면폭의 0.1~0.15배 높이의 Shear Key를 설치하여 활동저항력을 증대시킨다.

(2) 말뚝기초 시공
기초슬래브 밑면에서의 마찰력이나 점착력에 의한 활동저항으로 안전을 보장할 수
없을 경우 기초슬래브 저면을 말뚝으로 보강한다.

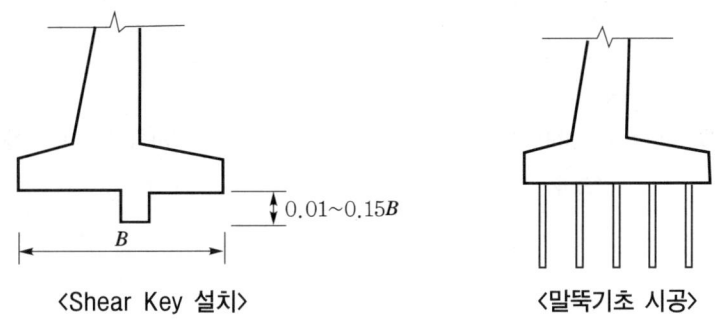

$0.01{\sim}0.15B$

B

〈Shear Key 설치〉　　　　　　〈말뚝기초 시공〉

(3) 저판에 철근 연결
활동에 대한 저항력을 높이기 위해 저판슬래브에 철근을 연장배근하여 기초슬래브
의 강성을 높인다.

(4) 저판슬래브의 근입깊이 확대
수동토압에 의한 저항력을 얻기 위해서 저판슬래브의 근입깊이를 깊게 함으로써
활동에 의한 저항력을 증대시킬 수 있다.

2. 전도에 대한 조치

(1) 높이를 낮춘다.
옹벽의 높이를 낮추면 옹벽에 작용하는 수평력의 작용점이 낮아지게 되므로 전도
모멘트의 크기를 감소시켜 안전성을 높인다.

(2) 뒷굽길이를 길게 한다.
뒷굽의 길이를 길게 하면 자중 또는 토압에 의한 지반반력을 증대시켜 전도 모멘
트에 대한 저항력을 높여준다.

(3) Counter Weight 설치
전도모멘트에 저항하기 위해 옹벽 상부에 전도모멘트의 크기에 대응하는 중량의
Counter Weight를 설치한다.

(4) 지중 Anchor 설치
지중에 횡방향으로 Anchor(벽체)를 설치하여 옹벽의 배면에 작용하는 토압을 분담
시킴으로써 옹벽을 안정시킨다.

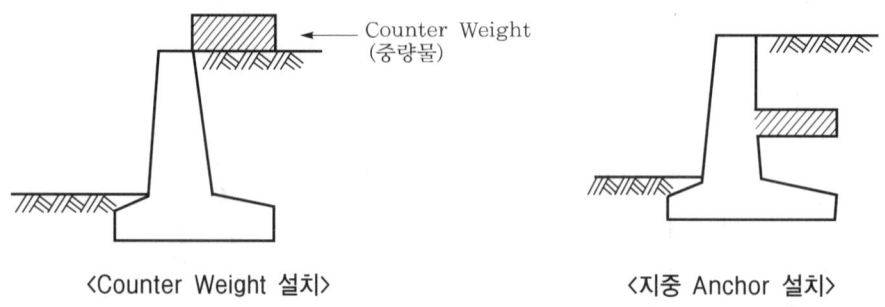

〈Counter Weight 설치〉　　　　　〈지중 Anchor 설치〉

3. 지지력에 대한 조치

(1) 저판면적 확대
옹벽 저판슬래브의 단면을 크게 함으로써 기초지반과의 접지압을 높여 지반반력을 증대시키고 침하에 대한 안정을 유지한다.

(2) 지반개량
기초지반이 연약지반일 경우 치환 등의 방법으로 지반을 개량함으로써 지지력을 증대시켜 침하에 대한 안정성을 높인다.

(3) Grouting 공법
기초지반의 지지력을 높이기 위한 방법으로서 콘크리트를 주입하여 Grouting하여 기초저판과 일체가 되도록 한다.

(4) 탈수공법
기초지반내의 물을 탈수시킴으로써 압밀에 의한 침하를 촉진시켜 지반지지력을 증대시켜 안정성을 높인다.

Ⅳ. 전단키 뒷굽 설치로 전단저항력이 증대하는 이유 (전단키의 설치목적과 저항력이 증대하는 이유)

(1) 옹벽이 활동에 대해서 저항력이 부족한 경우 옹벽 Footing 하부에 돌기를 설치하여 활동에 대한 저항력을 크게 하고 있다.
(2) 이때는 그림에서 표시하는 A−B와 B−C에 작용하는 수직력 각각에 대해서 마찰저항을 생각하고 다음 식에 따라 활동안전율을 조사한다.

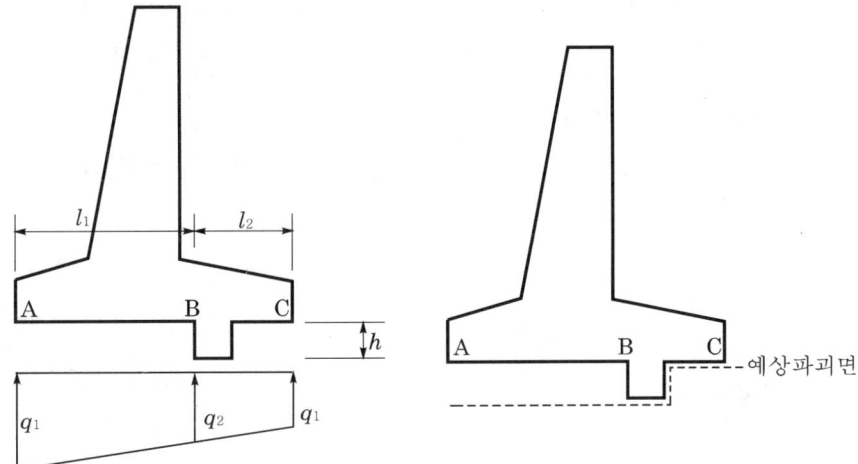

(3) 안전율

$$F_s = \frac{\Sigma H_r}{\Sigma H} \geq 1.5$$

여기서, ΣH : 활동수평력

ΣH_r : 활동저항수평력

$$\Sigma H_r = \frac{(q_1 + q_2)l_1 \tan\phi_0}{2} + C_0 l_1 + \frac{(q_2 + q_3)l_2 \mu}{2}$$

여기서, q_1, q_2, q_3 : 그림에서 표시한 지반 반력도

ϕ_0 : 기초지반 내부마찰각

C_0 : 기초지반의 점착력

μ : 저판과 흙의 활동마찰계수

구 분	마찰계수(μ)
흙과 흙	ϕ
흙과 콘크리트	$2/3\phi$

〈기초지반의 내부마찰각과 마찰저항계수의 관계〉

(4) 전단저항력의 증가 이유

① 안전율이 커지려면 활동저항수평력(ΣH_r)을 크게 해야 한다.

② $F_s = \dfrac{\Sigma H_r}{\Sigma H}$ 의 식에서 ΣH_r을 크게 할수록 바닥 저면에 작용하는 점착력 (C_0)이, 앞굽까지의 거리(l_1)가 길수록 바닥면과 기초지반의 점착력의 합이 커진다.

③ 그러므로 옹벽에서 활동저항력이 부족할 때는 Footing 저면에 설치하는 돌기를 가능한 한 뒷굽 쪽으로 할수록 활동에 대한 저항력이 커진다.

(5) 전단키(돌기)의 필요높이

돌기의 높이는 전단력이 원지반에 잘 전달되게 하기 위하여 일반적으로 다음 식의 범위로 하는 것이 좋다.

$$0.1 \leqq \frac{h}{B} \leqq 0.15$$

V. 시공시 유의사항

1. 배수시

(1) 표면배수
① 불투수층 설치로 표면수가 흙 속에 침투하거나 흙을 세굴하지 않도록 한다.
② 배수구를 만들어 지표면수를 집수하여 유도배수한다.

(2) 배수공
① 옹벽의 종벽에 5~10cm의 배수공을 수평 및 수직 간격 3.0m 이내마다 설치
② 옹벽 뒷면의 배수공 위치에 자갈 또는 쇄석을 채워 필터층을 만든다.

(3) 연속배면 배수층
① 벽내면의 전면에 걸쳐 30cm 두께의 필터층을 둔다.
② 기초 Slab 주변에는 불투수층을 두어 유하된 물을 차단시킨다.

(4) 격리층
① 견고한 점토는 물의 침투에 의해 팽창하므로 사용해서는 안 된다.
② 부득이한 경우 팽창방지를 위한 격리층을 설치해야 한다.

2. 뒤채움시

(1) 투수성
① Filter층의 입도조건에 맞는 균등계수가 큰 입도의 사질토를 사용한다.
② $C_u > 6$, $1 < C_g < 3$

(2) 안정 확보
① 다짐을 철저히 하여 전단강도를 높인다.
② 옹벽 전면의 수동토압 확보를 위해 전면도 배면과 동일하게 시공관리를 해야 한다.

(3) 토압 경감

  ① 배수처리를 철저히 한다.

  ② 지하수위를 저하시킬 수 있는 공법을 채용한다.

(4) 시공관리

  ① 소요의 다짐도를 얻기 위해 다짐규정을 준수해야 한다.

  ② 옹벽 콘크리트가 충분히 굳기 전에 뒤채움작업을 해서는 안 된다.

  ③ 옹벽 노출면의 경사는 1 : 0.02 정도로 한다.

3. 이음 시공시

(1) 간격

  ① 수축이음은 9m 이하 간격을 둔다.

  ② 신축이음은 10~15m 이하의 간격을 둔다.

(2) 철근 배근

  ① 수축이음에서는 철근을 끊어서는 안 된다.

  ② 신축이음에서는 철근을 완전히 절단해야 한다.

(3) 지수판 설치

  수밀성 구조물일 때 신축이음부에 PVC 등의 지수판을 설치한다.

(4) 채움재 사용(Filler)

  신축이음부의 간극에 흙이 들어가서 신축이음의 기능을 방해할 때 설치한다.

Ⅵ. 결 론

(1) 옹벽이란 배면에서 토압 및 수압에 저항하는 구조물로서 여러 가지 목적으로 많이 이용되고 있는 구조물이다.

(2) 옹벽구조물은 침하, 전도, 활동에 대해 규정의 안전율을 확보해야 하고, 특히 옹벽 내면에서의 토압, 수압작용을 줄이는 방안이 가장 중요한 과제이다.

3-6 기존 옹벽의 상단부분이 앞으로 기울어질 조짐이 예견되었다. 이에 대한 보강대 책을 기술하시오. [08후, 25점]

Ⅰ. 개 요

(1) 옹벽의 변형은 지반의 침하, 이동, 지지력 저하를 비롯해 설계시공의 부적당, 기초 의 강도저하, 하중의 증대 등이 원인이다.

(2) 기존 옹벽에는 배부르기 등의 돌출, 줄눈의 변위, 크랙 등의 현상이 발생하는데, 오 랫동안 방치하게 되면 장마나 집중호우시 큰 피해를 초래한다.

Ⅱ. 보강대책

1. 옹벽의 구조적 보강

콘크리트 옹벽의 균열 속에 균열을 막는 수지를 주입시켜 주는 방법을 사용한다.

2. 기초의 보강

(1) 지지력 증대

기초를 보강해주기 위해서는 Sheet파일, 강관파일, 현장타설 콘크리트 말뚝, 지하 연속벽 등에 의한 기초 주변의 보강과 지지력을 증대시켜 주는 공법이 사용된다.

(2) 약액주입

지반을 강화하기 위해 지반내에 주입관을 설치하고 약액을 지중으로 압송하여 흙 입자간의 간극을 충진함으로써 지반을 강화시킨다.

(3) 기초저판의 면적증대

① 기초저판의 지지력을 증대시키기 위해서 기초저판의 폭을 넓힌다.

② 기초의 보강은 무엇보다 전문가의 정확한 진단을 통해 옹벽의 이상원인, 지반 및 지반환경조건 등을 충분히 검토한 후에 현지에 적합한 공법을 채택하는 것 이 중요하다.

3. 옹벽에 가해지는 외력의 저감

(1) 침투수 방지시설

① 옹벽의 배수가 좋지 않아 옹벽 배면토사의 함수량이 증가할 경우에는 토질성상 이 변해 토압이 더욱 커진다.

② 옹벽 전체의 안전에 악영향을 미치게 되므로, 옹벽 배면에 물이 침투되는 것을 막는 것이 매우 중요하다.

③ 물이 침투되었을 때에는 조속히 제거하여야 한다.

(2) 불투수층 설치

물의 침투를 막기 위해서는 옹벽 배면 또는 비탈면에 모르타르를 뿜어주거나 콘크리트를 발라준다.

(3) U형 측구 설치

옹벽 배면에 U형 측구를 설치하여 집수하는 방법과 옹벽 배면에 모인 물을 배수시키기 위해 배수공을 설치하는 방법 등을 취할 수 있다.

(4) 배수시설 추가설치

① 불투수층 설치로 표면수가 흙 속에 침투하거나 흙이 세굴하지 않도록 한다.

② 배수구를 만들어 지표면수를 집수하여 유도배수한다.

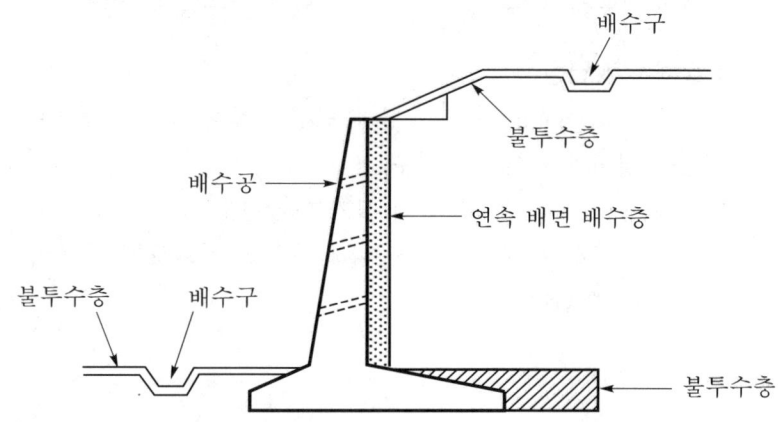

(5) EPS 공법

① 옹벽 배면에 경량의 발포 스티로폴을 사용하여 옹벽 배면의 토압을 감소시키는 공법이다.

② 초경량성, 압축성, 자립성, 차수성, 시공성 등의 장점으로 연약지반이나 불량지반에서 하중경감 대책공으로 많이 활용되고 있다.

(6) Earth Anchor

고강도의 강재를 비탈면에 삽입하고 Grouting 후 긴장시켜 지반에 정착시킨 다음 두부에 인장력을 가해 지반을 안정시키는 공법이다.

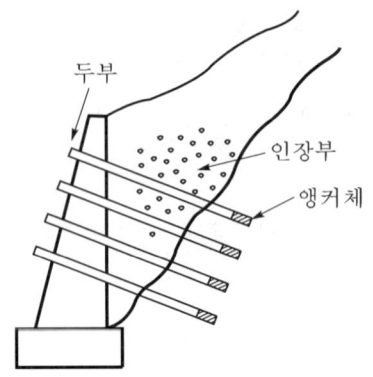

4. 교체

    (1) 새로운 옹벽 설치

        ① 손상이 심할 경우에는 파손된 옹벽을 제거하여 새로운 옹벽을 설치하는 방법이 있다.

        ② 공사비가 고가이므로 신중하게 결정하지 않으면 안 된다.

    (2) 옹벽 교체시기 결정

        ① 주로 지반의 Sliding으로 노선의 변경을 행할 경우나 옹벽이 노후되어 더 이상 기능을 발휘하기 어려울 경우

        ② 심한 파손에 의한 보강수선이 불가능한 경우

        ③ 기초를 보강하려 해도 비용에 비해 충분한 신뢰도를 얻을 수 없을 경우에 옹벽을 교체하게 된다.

Ⅲ. 결 론

    (1) 옹벽이란 배면에서 토압 및 수압에 저항하는 구조물로서 여러 가지 목적으로 많이 사용되고 있는 구조물이다.

    (2) 옹벽구조물은 침하, 전도, 활동에 대한 규정의 안전율을 확보해야 하고, 특히 옹벽 내면에서의 토압, 수압작용을 줄이는 방안이 가장 중요한 과제이다.

Ⅰ. 개 요

(1) 옹벽구조물의 안전 여부는 배면에 작용하는 수압의 유무에 따라 지대한 영향을 받게 되므로, 옹벽설계시 배수공의 설계를 합리적으로 수행하여 수압이 작용하지 않도록 하여야 한다.

(2) 특히 우기시에는 침투수가 유입되는 것을 막기 위한 시설로 배수용 반월관을 설치하여 비탈면의 수면수나 용수가 옹벽에 침투하거나 전면으로 흐르는 것을 방지하여야 한다.

Ⅱ. 옹벽 배면의 배수가 필요한 이유

(1) 옹벽 배면의 주동토압 증가량 감소

① 배수시설이 없는 경우

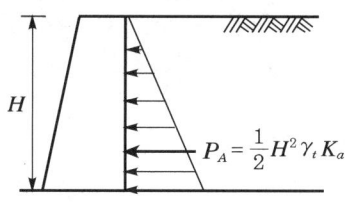

$$P_A = \frac{1}{2}H^2\gamma_t K_a$$

〈건기시 주동토압〉

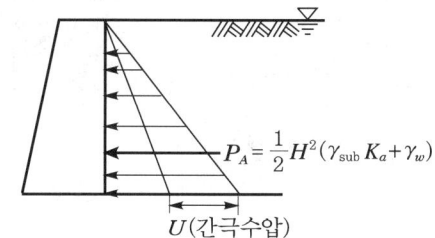

$$P_A = \frac{1}{2}H^2(\gamma_{sub}K_a + \gamma_w)$$

U(간극수압)

〈우기시 주동토압 : 건기시보다 약 2배 증가〉

② 배수공과 연직배수시설을 설치한 경우 : 우기시 주동토압은 건기시 주동토압보다 약 35% 증가

③ 경사배수시설을 설치한 경우 : 우기시 주동토압은 건기시 주동토압보다 약 5% 증가

(2) 옹벽 배면 지하수위의 상승방지

(3) 옹벽의 안전성 확보

    ① 옹벽의 안전성 검토 ─┬─ 활동
                             ├─ 전도
                             └─ 지지력

    ② 우기에 의한 주동토압의 증가를 감소시켜 활동 및 전도에 대한 안전성 확보

    ③ 옹벽 배면 지하수위의 상승에 따른 지지력 감소를 방지하여 안전성 확보

Ⅲ. 침투수가 옹벽에 미치는 영향

(1) 옹벽 배면 주동토압 증가

    ① 배수시설이 없는 경우

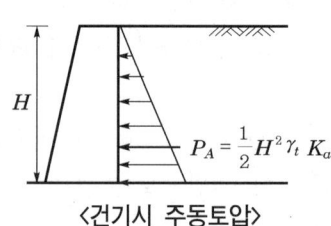

〈건기시 주동토압〉

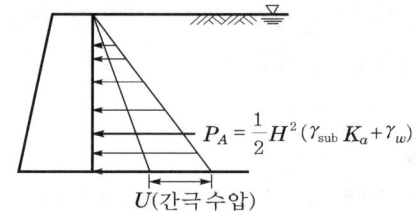

〈우기시 주동토압 : 건기시보다 약 2배 증가〉

    ② 배수공과 연직배수시설 설치한 경우 : 우기시 주동토압은 건기시 주동토압보다 약 35% 증가

    ③ 경사배수시설을 설치한 경우 : 우기시 주동토압은 건기시 주동토압보다 약 5% 증가

(2) 옹벽 배면에 지하수위 상승

    지표수가 침투하여 옹벽 배면의 지하수가 상승하여 주동토압이 증가하여 옹벽의 전도가 발생할 수 있다.

(3) 지지력 감소

    지표수의 침투에 따른 옹벽 배면 지하수 상승에 따른 지지력 감소요인이 된다.

(4) 활동전도 발생

    ① 침투수가 침투하면 세굴이 발생

    ② 세굴에 따른 토압의 변화가 발생하고 주동토압의 증가로 인해 전도나 지지력 부족에 따른 활동 발생

(5) 사면활동 파괴 발생

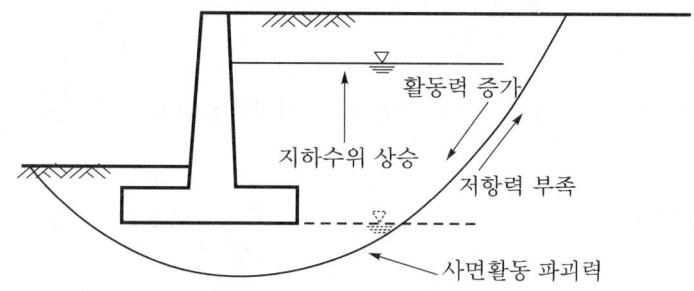

Ⅳ. 배면 배수방법(배수처리방법, 배수대책)

(1) 배수공 설치
   ① 적용지반 : 배수가 양호한 사질토 배면지반
   ② 배수공
      ㉠ 간격 : 1.5~4.5m
      ㉡ 크기 : 15cm 직경

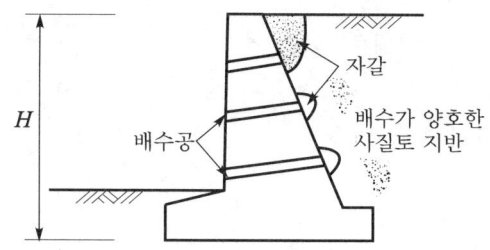

(2) 연직배수시설 설치
   ① 적용지반
      ㉠ 배수가 다소 불량한 사질토 배면지반
      ㉡ 세립토 배면지반
   ② 배수시설 제원 유공관을 설치
      ㉠ 필터층 재료 : 자갈+모래

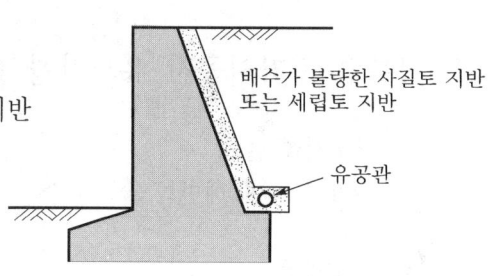

(3) 경사배수시설 설치
   ① 적용지반 : 세립토 배면지반
   ② 연직배수시설보다 배면지반 포화시 작용하는 횡토압이 감소한다.

(4) 이중배수시설 설치
   ① 점토 배면지반에 적용
   ② 팽창성 점토 배면지반에 적용

V. 뒤채움 재료의 영향

(1) 투수성
① Fillter층 입도조건에 맞는 균등계수가 큰 토립자 사용
② 균등계수 : $C_u > 10$
③ 곡률계수 : $1 < C_g < 3$

(2) 다짐
① 지지력이 커야 함.
② 토립자간의 점착력이 필요

(3) 토압 경감
① 내부마찰각이 커야 함.
② 경량재료를 사용하면 효과적

(4) 압축성
① 압축성이 적은 재료
② 침하의 발생이 적은 재료

(5) 팽창
수분에 의한 팽창이 적은 재료

(6) 소성지수(PI)
소성지수(PI) < 10

VI. 침투수 처리시공시 유의사항

(1) 배수시설 설치
우기시 옹벽 배면의 유입유수를 원활히 배수하여 주동토압증가 방지

(2) 표면배수
① 불투수층 설치로 표면수가 흙 속에 침투하거나 흙의 세굴 방지
② 배수구를 만들어 지표면수를 집수하여 유도배수 실시

(3) 배수공 설치
① 옹벽의 연직벽에 5~10cm의 배수공을 수평 및 수직 간격 1~4m 이내마다 설치
② 옹벽 뒷면의 배수공 위치에 자갈 또는 쇄석을 채워 Filter층 설치

(4) 적정 뒤채움 재료 선정
   ① 투수성이 큰 사질재료 선정
   ② 입도분포가 양호하고, 전단강도가 큰 재료 선정
   ③ 세립률이 15% 이하인 자갈 모래질흙

(5) 뒤채움 다짐 철저
   ① 1회 다짐폭과 다짐횟수 준수
   ② 층따기 시공으로 절성토 경계부에 균열발생 방지

(6) 배수시설 유지·관리 철저
   우수기 전에 사전점검 및 정기점검으로 파손부와 막힌 부분 보수

(7) 안정 확보
   ① 다짐을 철저히 하여 전단강도 향상
   ② 옹벽 전면의 수동토압 확보를 위해 전면도 배면과 동일하게 시공관리를 함.
   ③ 배수공과 연직배수시설을 설치한 경우 : 우기시 주동토압은 건기시 주동토압보다 약 35% 증가
   ④ 경사배수시설을 설치한 경우 : 우기시 주동토압은 건기시 주동토압보다 약 5% 증가

(8) 옹벽 배면 지하수위의 상승방지

Ⅶ. 결 론

(1) 옹벽붕괴는 대부분 우기시 옹벽 배면토의 간극수압증가로 인해 발생하므로 옹벽설계시 우수에 의한 간극수압의 영향을 고려한 안전성 검토가 필요하다.
(2) 옹벽 배면의 토질에 따라 적절한 배수시설을 설치하고, 정기적으로 배수기능을 점검하여야 한다.

4-6 옹벽의 붕괴는 대부분 여름철 호우시에 발생한다. 그 원인과 대책을 뒤채움 재료가 양질인 경우와 점성토인 경우로 비교하여 기술하시오. [05후, 25점]

I. 개 요

(1) 여름철 호우발생시 뒤채움 재료의 배수능력에 따라 옹벽의 안정성이 좌우되므로 배수능력이 뛰어난 양질의 뒤채움재 시공이 필요하다.

(2) 양질의 뒤채움 재료는 배수가 양호하나 지반침하의 우려가 있으며, 점성토 뒤채움 재료는 배수가 불량하여 우기시 옹벽 배면에 토압을 가중시키게 된다.

II. 옹벽에 작용하는 토압

(1) 주동토압

① 옹벽의 전방에서 변위를 발생시키는 토압(옹벽에 적용)

② $P_a = \dfrac{1}{2} \cdot \gamma \cdot H^2 \cdot k_a$

여기서, k_a(주동토압계수) $= \tan^2\left(45 - \dfrac{\phi}{2}\right)$

(2) 정지토압

① 변위가 없을 때의 토압(지하구조물, 교대구조물에 적용)

② $P_0 = \dfrac{1}{2} \cdot \gamma \cdot H^2 \cdot k_0$

여기서, k_0(정지토압계수) $= 1 - \sin\phi$

(3) 수동토압

① 옹벽의 후방으로 변위를 발생시키는 토압(Sheet Pile에 적용)

② $P_p = \dfrac{1}{2} \cdot \gamma \cdot H^2 \cdot k_p$

여기서, k_p(수동토압계수) $= \tan^2\left(45 + \dfrac{\phi}{2}\right)$

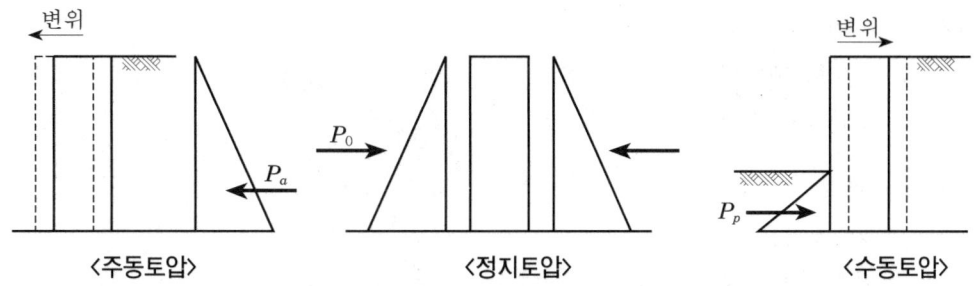

〈주동토압〉   〈정지토압〉   〈수동토압〉

Ⅲ. 원 인

1. 뒤채움 재료가 양질인 경우

(1) 배수시설 미설치
옹벽 배면에 배수시설 미설치에 따른 배수불량으로 인해 간극수압이 증가하고 이 때문에 주동토압이 증가하여 옹벽이 붕괴된다.

(2) 배수시설 유지·관리 불량
옹벽 배면에 설치된 배수시설 유지·관리 불량으로 우기시 간극수압 상승에 따른 주동토압 증가로 옹벽붕괴

(3) 다짐불량
① 20~30cm 간격으로 층다짐 불량
② 다짐불량시 흙의 저항력 감소
③ 주동토압 증가 및 우기시 흙의 단위중량이 크게 증가

(4) 기초의 지지력 부족
① 옹벽의 배수불량시 지하수위 상승
② 지하수위 상승으로 옹벽기초의 지지력 저하

(5) 침하 발생
① 우기시 지반의 연약화로 지반침하 발생
② 기초지반의 침하시 옹벽붕괴

2. 뒤채움 재료가 점성토인 경우

(1) 투수성 저하
① 점성토의 경우 비투수성 재료로 투수불량
② 투수성 저하로 배수불량
③ 옹벽의 주동토압 증가

(2) 전단강도 저하
   ① 점성토 재료의 전단강도 저하
   ② 전단강도 저하로 주동토압 증가

(3) 배수불량
   ① 투수통로(수로)의 형성부족
   ② 배수공까지 물의 이동능력 저하

(4) 사면활동 파괴 발생
   지하수위 상승에 따라 사면의 활동력은 증가되고, 사면의 저항력은 감소되어 사면
   안정성이 부족하여 사면활동 파괴로 옹벽이 붕괴된다.

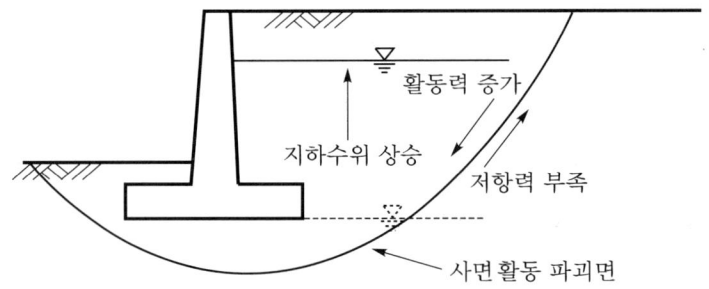

Ⅳ. 대 책

1. 뒤채움 재료가 양질인 경우

(1) 배수공 설치
   ① 적용지반 : 배수가 양호한 사질토 배면지반
   ② 배수공
      ㉠ 간격 : 1.5~4.5m
      ㉡ 크기 : 15cm 직경

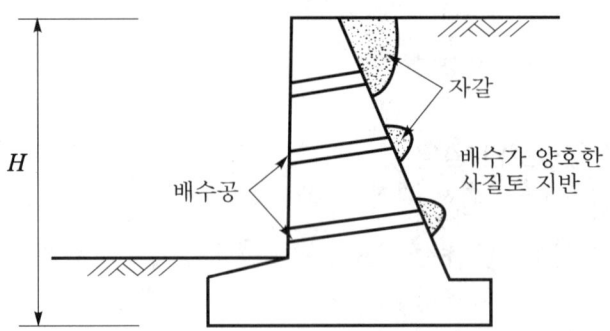

(2) 연직배수시설 설치

   ① 적용지반

      ㉠ 배수가 다소 불량한 사질토 배면지반

      ㉡ 세립토 배면지반

   ② 배수시설 제원 유공관을 설치

      ㉠ 필터층 재료 : 자갈＋모래

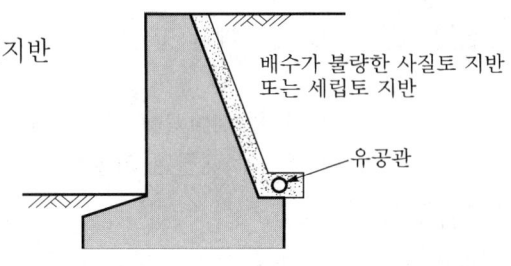

배수가 불량한 사질토 지반
또는 세립토 지반

유공관

(3) 뒤채움 다짐 철저

   ① 1회 다짐폭과 다짐횟수 준수

   ② 층따기 시공으로 절성토 경계부에 균열발생 방지

2. 뒤채움 재료가 점성토일 경우

(1) 배수시설 설치

   배수시설 실치로 우기시 옹벽 배면 유입우수를 원활히 배수하여 주동도입 증가를 방지하여야 한다.

(2) 적절한 뒤채움 재료 선정

   ① 투수성이 큰 사질재료 선정

   ② 입도분포가 양호하고, 전단강도가 큰 재료 선정

   ③ 세립률이 15% 이하인 자갈 모래질흙

(3) 이중배수시설 설치

   ① 점토 배면지반에 적용

   ② 팽창성 점토 배면지반에 적용

(4) 배수시설 유지·관리 철저

   우수기전에 사전점검 및 정기점검으로 파손부와 막힌 부분 보수

V. 결 론

지반에 따른 적정 배수공법을 적용하여 우기시 옹벽의 주동토압 증가로 인한 옹벽의 붕괴를 미연에 방지하여야 한다.

5-1 보강토 옹벽 시공시 간과하기 쉬운 문제점을 나열하고 설명하시오. [08전, 25점]

5-2 보강토 옹벽에서 발생하는 균열의 원인을 열거하고 방지대책에 대하여 설명하시오. [10후, 25점]

5-3 도심지 인터체인지에 많이 활용되는 연성벽체로서 기초처리가 간단하고 내진에도 강한 옹벽에 대하여 기술하시오. [04전, 25점]

5-4 보강토공 [97중후, 20점]

5-5 보강토공법 [02중, 10점]

Ⅰ. 개 요

(1) 보강토공법은 흙과 그 속에 매설한 인장강도가 큰 보강재를 마찰력에 의해 일체화시킴으로써 자중이나 외력에 대하여 강화된 성토체를 구축한다.

(2) 보강토의 장점은 흙의 인장강도의 증가, 흙과 보강재의 부착면에서 생기는 마찰력으로 인한 전단저항의 증가 등이 있으며, 기초처리가 간단하고 내진에 강하므로 도심지 인터체인지에 많이 활용될 수 있다.

Ⅱ. 공법의 원리

(1) 토립자＋보강재＝겉보기 점착력
점착력이 없는 토립자 상호간에 인장력이 큰 보강재를 부설하여 자중이나 외력에 의한 토립자의 이동을 이 보강재와 토립자간의 마찰력 및 그 반작용으로 보강재에 생기는 인장력을 구속함으로써 이 입상체에는 겉보기의 점착력이 부여된다.

(2) 점착력이 없는 토립자
일반적으로 점착력이 없는 토립자는 자중 또는 외력에 의해 붕괴되기가 쉬우나 입자간에 점착력이 있으면 어느 정도 높이까지는 수직에 가까운 각도로 자립이 된다.

(3) 보강재
인장력과 마찰력이 큰 보강재를 토립자층에 매설하면 복합구조체를 형성하여 흙과 보강재 사이의 마찰력을 증대시킨다.

(4) 겉보기 점착력
겉보기 점착력의 세기는 보강재의 인장강도 및 흙과 보강재간의 마찰력의 크기에 의해 결정된다.

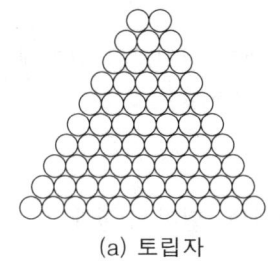
(a) 토립자

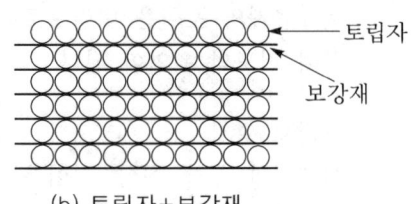
(b) 토립자+보강재

〈보강토공법의 원리〉

III. 특 징

(1) 장점
① 시공이 신속하다.
② 용지폭이 작게 소요되고 높은 옹벽의 축조가 가능하다.
③ 연약지반에서 특별한 기초 없이 시공이 가능하다.
④ 품질의 균일성이 보장되므로 시공관리가 용이하다.
⑤ 충격, 진동에 강하다.
⑥ 건설공해가 적다.

(2) 단점
① 보강재의 내구성이 문제된다.
② 소규모 옹벽에서는 비경제적이다.
③ 전면벽의 수직도를 이루기 어렵다.
④ 시공경험, 기술의 축적이 부족하다.

IV. 시공순서

(1) 기초 터파기
보강토 옹벽의 기초는 본바닥의 지형, 용도, 구조, 시공방법에 관계없이 그 기초는
수평으로 시공해야 한다.

(2) 기초 Con′c공
기초공의 양부는 보강토 옹벽의 안정, 외관 등에 큰 영향을 주므로 기초 Con′c의
마무리면은 수평이면서 평탄하게 시공해야 한다.

(3) 전면판 조립
전면판은 보강토 옹벽의 외관에 직접 영향을 주므로 미리 기준점이나 모서리를 설
치하여 항상 전면판의 수직도를 확인해가면서 시공한다.

(4) 뒤채움 시공

뒤채움재의 포설은 벽면으로부터 차례로 한다. 반대로 실시하면 보강재를 느슨하게 하여 전도의 원인이 된다.

(5) 보강재 설치

설계시의 규격, 형상, 길이를 결정된 위치에 설치하며, 현지 상황에 의해 시공에 지장이 있는 경우는 설계의 수정이 필요하다.

(6) 연결재 설치

최대의 인장력이 작용하도록 하기 위해서 Skin과 Strip의 연결을 철저히 해야 한다.

(7) 다짐

충분한 다짐은 성토 내부 흙의 상대이동을 감소시키며 균등히 다짐해야 구조물을 안전한 상태로 유지할 수 있다($t = 30\text{cm}$, $c = 95\%$).

V. 간과하기 쉬운 문제점

(1) 뒤채움재 다짐 불량

옹벽의 뒤채움재와 동일하게 실시하며, 다짐도 95%를 목표로 한다.

(2) 포설 부적절

뒤채움 재료의 포설은 전면판의 휨방지를 위해 전면판 쪽에서 뒤쪽으로 시공해야 하며, 전면판 부근은 인력포설하고 층따기를 실시한다.

(3) 다짐 미흡

균질한 다짐을 위해 성토체를 10~30cm 두께로 펴서 적절한 다짐기계를 이용하여 벽면 또는 구조물 모서리에 평행하게 이동하면서 다짐한다.

(4) 보강재 시공 미흡

보강재는 성토 내의 전단저항력 증가를 위해서는 유효하지만 유출수에 대해서는 사면보호공과 보강재에 의한 보강을 항상 병용하여 시공할 필요가 있다.

(5) 수직도 관리 누락

성토시 전면판의 수직도를 확인하여야 하며, 전면판과 보강재의 각도는 90°를 유지하여야 한다.

(6) 변형

보강재에 배수성이 양호한 토목섬유 등을 이용하여 흙과 보강재 사이에 마찰력이 충분히 발휘되도록 할 필요가 있다.

(7) 배수공법

성토내의 물을 배출하는 배수공법을 병용하지 않으면 보강재에 의한 충분한 보강 효과를 거둘 수 없다.

VI. 보강토 옹벽의 균열 원인 및 대책

1. 균열의 원인

(1) 불량전면판 반입

① 콘크리트 배합과 시공 및 양생 불량으로 공장제작시 미세균열 발생

② 자재 상·하차시 또는 운반시 균열 발생

(2) 기초공 미설치 또는 규정미달

① 기초공 양부는 보강토 옹벽의 안전성에 큰 영향을 줌.

② 기초공 미설치로 전면판 부등침하 발생으로 균열유발

③ 기초공의 마무리면이 평탄하지 않아 부등침하로 전면판 상재하중이 불균등하게 작용하여 균열유발

(3) 전면판 근접 중장비 다짐

① 전면판에 근접하여 중장비로 다짐을 실시

② 중장비 진동하중으로 전면판 접합부 마찰력 발생

③ 전면판에 작용하는 마찰력으로 전면판 파손 및 균열유발

(4) 전면판에 주동토압 작용

① 전면판과 보강재의 연결불량으로 전면판에 주동토압 작용

② 뒤채움 재료의 불량으로 보강재와의 마찰력이 부족하여 주동토압 발생

③ 포설순서와 다짐불량으로 주동토압 발생

④ 배수시설 미설치로 간극수압 발생에 따른 주동토압 증가

(5) 전면판 건조수축 및 중성화 발생

① 전면판의 콘크리트 내부의 수분감소로 건조수축으로 인한 균열유발

② 탄산가스와 산성비의 영향으로 중성화 발생

2. 방지대책

(1) 철저한 자재관리
① 자재반입전 공장방문시 체크리스트에 의한 점검
② 자재반입시 점검리스트에 의한 철저한 점검
③ 자재운반 적재방법 규정 및 준수

(2) 기초공 시방규정 준수
① 시방규정에 맞는 기초공을 실시하여 전면판의 부등침하 방지
② 우수 등으로 기초공 세굴 방지를 위하여 전면판 전면부에 U형 측구 등을 설치

(3) 전면판 근접부 인력 포설다짐
① 전면판에서 2m 이내에는 인력으로 먼저 포설다짐 후 중장비로 외곽부 포설다짐 실시
② 소규모 다짐장비로 전면부, 근접부 다짐 실시
③ 전면판과 보강재의 각도는 90°를 유지

(4) 보강토 옹벽 시공관리 철저
① 연결재 설치로 전면판과 보강재가 확실히 연결되도록 한다.
② 적합한 뒤채움 재료 선정과 다짐관리로 보강재와 마찰력이 최대가 되도록 한다.
③ 유공관 설치로 지하수 상승 및 용출 방지

(5) 콘크리트 품질관리 철저
① 콘크리트 재료 및 배합관리 철저
② 콘크리트 운반타설시 규정 준수
③ 양생 및 운반보관시 시방규정 준수
④ 사용장소에 따라 적절한 혼화재 및 혼화제 사용

VII. 결 론

(1) 보강토공법은 경제성, 기초처리의 단순화, 시공성, 미관 및 구조적 안전성에 있어 종래의 Con'c 옹벽에 비해 유리한 점이 많다.
(2) 보강재의 다양화, 성토재료의 선정기준 설정, 재료비 절감대책 등을 세워 활용범위를 확대해 나가야 할 것이다.

6-1 Gabion 옹벽의 특징과 시공방법에 대하여 기술하시오. [97중후, 33점]

I. 개 요

(1) Gabion 옹벽이란 호박돌을 철망에 담아서 횡으로 쌓아 옹벽형태로 축조하는 공법으로서 천연재료를 사용하는 중력식 옹벽의 일종이다.
(2) 법면에 용수가 많고 침식이 심한 경우에 시공하는 옹벽이다.

II. 특 징

(1) 장점
　① 재료이 구득이 용이하다.
　② 특수한 공법이 필요없다.
　③ 시공이 간편하다.

(2) 단점
　① 철망의 내구성이 적다.
　② 철선과 채움돌의 분리
　③ 수세가 급한 지점에서의 시공상 문제
　④ 옹벽의 수명이 짧으므로 잠정 공사에만 적용
　⑤ 뒤채움 재료에 대한 기준이 불명확

(3) 사용재료
　① 철망(3.2mm×100mm×100mm)
　② 경질 네트론(3.2mm×100mm×100mm)
　③ 호박돌

III. 시공순서 Flow Chart

사면 정리 → 규준틀 설치 → 돌망태 제작 → 돌망태 설치 → 뒤채움 → 마무리

IV. 시공방법

(1) 사면처리

시공 사면을 정리하고 용수가 있을 때에는 유도배수하여 토사유실을 방지한다.

(2) 규준틀 설치

시공 정도 향상과 구배 설정기준을 정하기 위한 규준틀을 설치한다.

(3) 돌망태 제작

① 철망에 호박돌, 잡석 등을 이용하여 돌망태를 제작한다.

② 철망 사이로 채움돌이 빠져 나가지 않도록 호박돌은 150mm 이상을 사용한다.

(4) 돌망태 설치

① 제작된 돌망태를 설치 위치로 옮겨서 옹벽을 축조한다.

② 비탈면의 구배가 크고 용수가 많을 때에는 이불 돌망태를 사용한다.

③ 단순사면 보호를 위해서는 보통 돌망태를 사용한다.

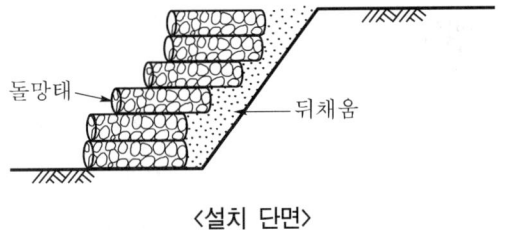

<설치 단면>

(5) 뒤채움

① 비탈면과 시공공간과의 채움에는 투수계수가 크고 압축성이 적은 재료를 사용한다.

② 다짐을 잘하여 전단강도를 높여야 한다.

(6) 작업 마무리

① 주위를 정돈하고 돌망태의 상태를 점검한다.

② 배면토사의 유출상태를 확인한다.

V. 결 론

(1) Gabion 옹벽은 주로 용수가 많고 비탈면의 침식이 심하여 토사유실이 우려되는 경우에 시공되는 옹벽이다.

(2) 철망의 내구성이 큰 문제가 되므로 철망을 대신하여 사용할 수 있는 인성이 크고 값싼 토목섬유의 개발이 요구된다.

I. 개 요

(1) 축대의 붕괴는 주로 기초지반의 지지력이 부족하여 침하를 일으키거나, 돌의 마찰력이 부족한 곳에서 돌이 빠져나올 때 일어난다.

(2) 축대를 안전하게 시공하려면 기초지반을 견고히 하고 돌쌓기 방법에서 마찰력의 감소를 초래하는 방법은 절대로 피해야 한다.

II. 붕괴원인

(1) 배수불량

배수공의 미설치, 설치개소 부족, 필터층의 막힘 등으로 뒤채움부의 배수가 불량해져서 토압이 증가한 경우

(2) 석재 불량

사용석재의 규격미달 또는 재질의 불균질 등 석재의 품질이 불량하여 석축의 강도와 내구성이 저하될 경우

(3) 뒤채움재 불량

뒤채움재로 사용된 돌의 입도가 불량하여 Filter재로서의 역할을 다하지 못하거나 토압에 대한 저항력이 부족한 경우

(4) 동결융해

동결융해가 반복됨으로써 노후된 석재가 이탈되거나 재료가 부식하여 재료분리가 발생했을 경우

(5) 시공 불량

돌쌓기 자체의 시공이 불량하거나 뒤채움부의 다짐시공, 배수처리시설, 줄눈의 시공 등이 부실했을 경우

석축 일부가 튀어나온 것

석축 일부가 들어간 것

석축이 배가 부른 것

석축이 배가 홀쭉한 것

(6) 기초지반 처리 불량

기초지반 또는 연약지반에 대한 처리가 불량하여 지반의 지지력 부족으로 시공후 부등침하가 발생했을 경우

(7) 구조형식 불량

석축이 높거나 지하수위가 높은 곳에 메쌓기를 하거나, 기초토대공을 시공하지 않거나 줄눈의 구조가 부적합할 경우

(8) 상하수도관 누수

석축 위의 주택가 등에서 상하수도관의 누수가 석축 뒤채움부에 유입됨으로써 옹벽내의 수위가 상승할 경우

Ⅲ. 대 책

(1) 석재(石材)

석재는 규정된 치수와 형상 및 중량을 갖추어야 하며, 강도와 내구성을 지닌 균등질의 재료라야 한다.

(2) 석재의 크기

사용석재의 크기는 석축의 높이에 따라 정해지거나 석축의 하부에는 큰 것을 쌓고 그 위층에는 크기가 일정한 작은 석재를 사용한다.

(3) 뒤채움 재료

석축의 뒤채움 재료는 천연석의 조약돌이나 부순돌로 하고 강도와 내구성이 풍부하고 대소 입도가 적당히 혼합된 재질이어야 한다.

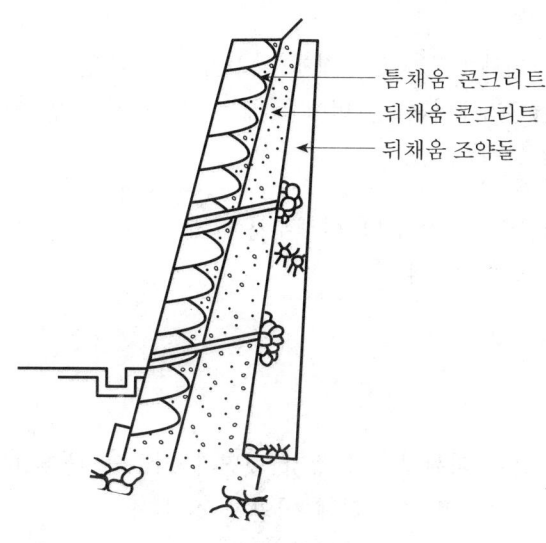

틈채움 콘크리트
뒤채움 콘크리트
뒤채움 조약돌

〈뒤채움 재료〉

(4) 기초지반 처리

조약돌기초인 경우는 기초지반을 소정의 깊이로 터파기하고 조약돌을 펴서 깐 다음 그 틈 사이에 자갈채움을 한 후 다진다. 막자갈기초인 경우는 막자갈을 소정의 두께로 펴서 다진다.

(5) 연약지반 처리

기초지반이 연약하여 부등침하가 예상되는 경우는 막자갈이나 조약돌 기초는 효과가 없으므로, 말뚝기초나 콘크리트기초로 보강하여야 한다.

(6) 돌쌓기 시공

돌쌓기의 각 층은 압력방향에 직각으로 쌓고, 유공질의 건조한 석재를 찰쌓기에 사용할 때에는 미리 물축이기를 해서 사용한다.

(7) 줄눈시공

서로 이웃하는 아래, 위층의 세로줄눈이 연속되어서는 안 되며 줄눈의 간격은 되도록 작게 하고, 모르타르로 충분히 채워야 한다.

(8) 뒤채움 시공

되메움 재료와 뒤채움 재료가 혼합되지 않도록 하여야 하며 뒤채움작업 중에는 기계의 주행 또는 편심하중에 의해 구조물에 손상을 주지 않도록 주의해야 한다.

(9) 되메움 시공

석축 뒤의 되메우기는 돌쌓기에 맞추어 뒤채움한 후 층별로 되메우기를 하여야 하며 높은 돌쌓기에서는 한 번에 되메우기를 해서는 안 된다.

(10) 불투수층 설치

석축 위의 비탈면과 전면 아랫부분에 불투수층을 설치하여 강우에 의한 표면수의 침투를 방지해야 한다.

Ⅳ. 결 론

(1) 석축의 주된 붕괴원인은 돌쌓기 뒷면과 기초와 물빼기의 불완전으로 인한 토압의 증가 또는 기초지반의 침하에 기인한 것이다.

(2) 석축의 물빼기 형식의 선정시에는 뒷면 흙의 토질, 용출수의 용출 유무, 지형과 배수층 설치의 난이, 경제성 등을 고려해야 한다.

1-1 기계화 시공계획의 수립순서 및 내용을 건설기계의 운용관리면을 중심으로 설명하시오. [08중, 25점]

1-2 기계화 시공계획 순서와 그 내용을 설명하시오. [01전, 25점]

Ⅰ. 개 요

(1) 기계화 시공은 건설분야에서 공사의 질 향상, 노동력 절감, 중노동으로부터 해방, 공사의 안전시공 등의 효과를 얻을 수 있는 획기적인 시공법이다.

(2) 건설현장에서 기계화 시공은 공사의 표준화, 대형화, 규격화로 추진하고 있으며 공기단축 및 공사비 절감 측면에서 아주 유용하게 사용되고 있는 실정이다.

Ⅱ. 기계화 시공의 목표

(1) 시공의 질 향상

(2) 시공단가 절감

(3) 시공속도 향상

Ⅲ. 기계화 시공계획의 수립순서와 그 내용

(1) 공사조건 파악
   ① 지하수 영향 여부
   ② 굴착심도 파악
   ③ 현장부지 여건
   ④ 인접구조물에 대한 조건

(2) 주요공정 파악
   ① 굴착공정
   ② 토사운반량

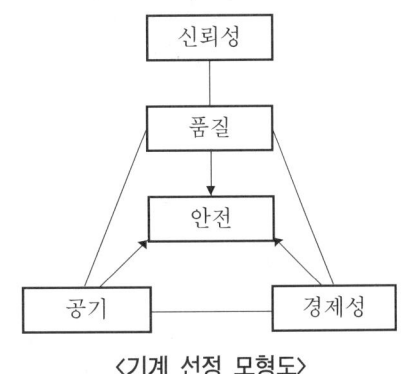

〈기계 선정 모형도〉

③ 주작업공종 파악

(3) 기본계획 수립
① 기계 수급계획
② 기계 관리방법
③ 현장 기본기계 산정

(4) 공기 검토
① 전체 공기와 기계화 시공의 관계 파악
② 기계화 시공에 따른 공기단축효과 파악
③ 기계화 시공의 효과 검토

(5) 기계, 자재계획
① 최적 기종
② 형식 선정
③ 기계 적정 대수 이용
④ 소모부품 조달계획

(6) 공사비 산출
① 선정 장비의 공사비 산출
② 전체 공사비와 기계 선정 공사비의 관계
③ 기계 소요경비

(7) 기계 운용계획
① 기계 조달방법
② 정비체제
③ 인원배치
④ 작업편성
⑤ 지도교육체제

(8) 실행예산 작성
① 기계 경비
② 기계 운영비
③ 기계 감가상각비
④ 실행예산 편성

Ⅳ. 결 론

(1) 기계화 시공계획 수립은 우선 공사내용을 정확하게 파악하고 각 공사를 공종별로 나누어 각 특성별로 적합한 기계의 선정이 중요하다.

(2) 공사현장의 규모에 따라 표준기계의 용량을 선정하고 본사 보유장비의 이용방안과 임대기계 사용에 따른 계획수립이 중요하다.

Ⅰ. 개 요

(1) 토공용 기계는 대체적으로 굴착, 적재, 운반, 정지, 다짐으로 구분할 수 있는데, 해당 공사에 필요한 시공법, 능률, 작업조건, 성질 등을 파악하여 가장 효과적인 장비를 선정해야 한다.

(2) 작업효율의 극대화를 위해서는 각 장비의 장단점을 비교하고 작업의 물량, 공기 등을 분석하여 장비와 규격을 합리적으로 조합하여 사용해야 한다.

Ⅱ. 토공기계 분류

(1) 굴착기계(Shovel계)

(2) 적재기계(Loader계)

(3) 운반기계(Dump Truck)

(4) 정지기계(Grader)

(5) 다짐기계(Roller)

Ⅲ. Shovel계 장비의 종류와 적용

(1) Power Shovel(Dipper Shovel)
  ① Shovel계 굴착기계 중 가장 기본이 되는 장비이다.
  ② 기계보다 높은 위치의 굴착작업에 적합하다.
  ③ 단단한 토질의 굴착도 가능하다.
  ④ 운반기계와 조합하여 사용하면 효과적이다.
  ⑤ Crawler형과 Tire형이 있다.

(2) Drag Shovel(Backhoe)
  ① 토공의 주된 장비로서 쓰인다.
  ② 지면보다 낮은 위치의 굴착이 용이하나 높은 곳도 굴착과 적재가 가능하다.
  ③ 정확한 위치의 굴착이 가능하므로 구조물 기초의 굴착에 적합하다.

④ 현장 여건이 좋으면 Power Shovel과 동일한 작업능력을 발휘한다.

⑤ Wire-Rope식과 유압식이 있다.

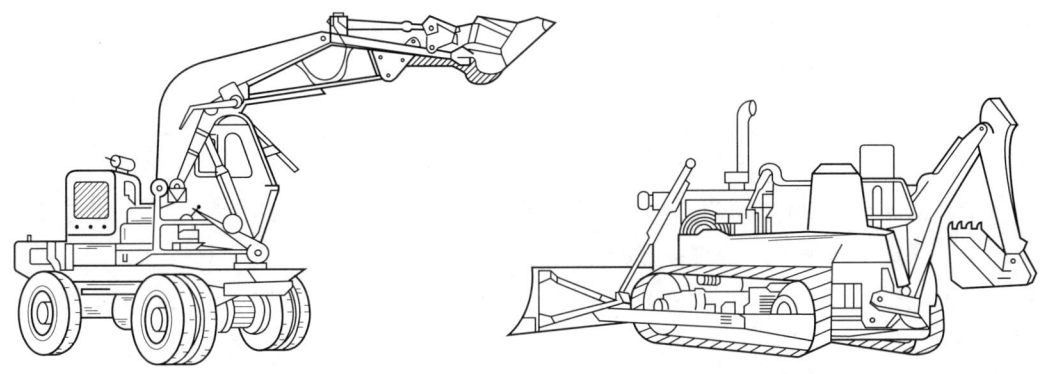

<Power Shovel(Dipper Shovel)>   <Drag Shovel(Back Hoe)>

(3) Dragline

① 기계보다 낮은 장소의 굴착이 용이하다.

② 넓은 면적의 연한 토질을 광범위하게 굴착할 때 유효하다.

③ 단단한 지반의 굴착에는 부적합하다.

④ 하상굴착, 골재채취 등 수중작업에도 사용된다.

⑤ 수중굴착 작업시에는 구멍이 뚫린 버킷(Bucket)을 사용한다.

(4) Clam Shell

① 기초 및 우물통 등 좁은 장소의 깊은 굴착에 적합하다.

② 높은 장소에의 적재작업에도 사용된다.

③ 단단한 지반의 굴착에는 부적합하다.

④ 자갈, 모래 등의 채취에 가장 많이 이용된다.

⑤ 버킷의 종류에 따라 가벼운 재료의 취급, 흐트러진 재료의 취급, 굴착작업 등 용도가 다르다.

(5) Trencher

① 가스관, 수도관 등의 매설 및 배수로 굴착에 사용된다.

② 굴착된 토사는 컨베이어에 의해 배출된다.

2-2 불도저(Bulldozer)의 작업원칙		[94후, 10점]
2-3 불도저의 작업원칙		[97후, 20점]

Ⅰ. 개 요

(1) 불도저는 Tractor의 전면에 배토판(Blade)을 부착하여 토사를 굴착·집토하는 기계를 말한다.
(2) 전면에 부착하는 배토판의 종류에 따라 그 용도가 달라진다.

Ⅱ. 불도저의 분류

(1) 주행장치에 의한 분류
　　① 무한궤도식(Crawler Type)
　　② 차륜식(Tire Type)

(2) 부착장비에 의한 분류
　　① Straight 도저
　　② Angle 도저
　　③ U-도저
　　④ Rake 도저

Ⅲ. 불도저의 작업원칙

(1) 단거리 작업
　　60m 전후의 비교적 단거리 굴착, 운반용 기계로 사용된다.

(2) 운반거리 최소화
　　운반작업은 항상 운반거리가 최소화되도록 한다.

(3) 하향작업
　　굴착과 운반은 가급적 중력을 이용한 하향작업이 되도록 한다.

(4) Cycle Time 단축
　　Cycle Time의 단축에 주력함으로써 운전시간당의 작업횟수를 증대시킨다.

(5) 토질에 따른 배토판 조절

토질조건 및 작업목적에 적합하도록 불도저의 절삭각, Angle 및 Tilt각 등을 조절한다.

(6) 조합작업

Scraper, Shovel, Dump Truck 등의 기계와 조합하여 보조작업이 되게 한다.

(7) 작업로 정비

작업로는 항상 양호한 상태가 되도록 유지하여 강우시 물이 고이지 않도록 한다.

(8) 평탄작업

굴착과 운반작업은 항상 지면이 평탄하게 유지될 수 있도록 한다.

(9) 배토판 조작

배토판의 조작은 조금씩 그리고 부드럽게 행한다.

(10) 정비 철저

기계의 고장은 작업능률을 저하시키므로 항상 기계의 정비상태를 양호하게 유지한다.

Ⅳ. 불도저의 기본작업

(1) 굴착, 운반, 성토
(2) 다짐, 적재
(3) 매립
(4) 개간, 벌목, 제근
(5) 암석 제거

I. 개 요

(1) 다짐이란 흙에 인위적인 에너지를 가하여 흙의 공학적 성질을 개선시키는 것을 말한다.
(2) 다짐의 목적은 지지력 증대, 투수성 감소, 압축성의 최소화 및 전단강도 증대 등에 있다.

II. 흙의 다짐원리

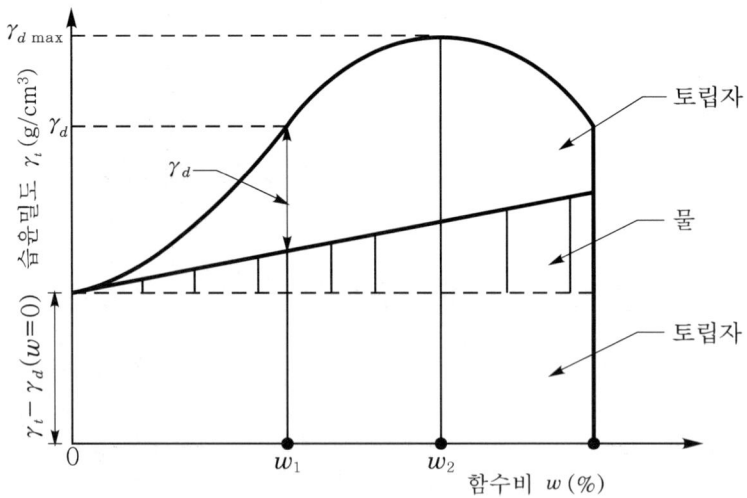

γ_d : 흙의 건조밀도(g/cm³)
$\gamma_{d\,max}$: 실내 다짐실험에 의한 최대 건조밀도(g/cm³)

(1) 건조토

건조한 흙은 입자간의 결합력이 부족하여 체적 압축이 곤란

(2) 함수비 증가

흙에 물을 가하여 외력을 가하게 되면 흙 속에서 물이 윤활작용을 하게 되어 입자
간의 결속이 양호

(3) 최대 건조밀도 산출

① 함수비를 증가시키면서 다짐을 행하여 각 함수비에 따른 건조밀도 산출
② $\gamma_d - w$ 그래프에 각각의 시험결과치를 표시하여 다짐곡선 작성
③ 다짐곡선에서 최대 건조밀도와 최적함수비 산출

(4) 최적 함수상태 유지

사용재료의 함수비는 최적함수비에 근접하게 유지하여 현장사용

(5) 다짐효과 증대

흙이 최적함수비 상태에서 다짐에 의해서 체적감소가 가장 크게 된다.

III. 현장 다짐관리

1. 실내 다짐시험

(1) 토취장에서 시료채취

(2) 실내 다짐시험 실시

① Rammer 무게 : 2.5kg
② 낙하고 : 30cm
③ 층수 : 3층
④ 층당 다짐횟수 : 25회

(3) 다짐곡선 작성

(4) $\gamma_{d\max}$, OMC 결정

2. 현장시험 시공

(1) 다짐조건 결정

① 다짐장비

② 포설두께

③ 다짐 흙두께

④ 다짐속도

⑤ 다짐횟수

(2) 현장시험 시공 실시

(3) 들밀도시험

현장의 건조밀도(γ_d) 산출

(4) 다짐도 판정

$$(상대)다짐도(RC) = \frac{\gamma_d(현장의\ 건조밀도)}{\gamma_{d\max}(실내\ 다짐시험으로\ 얻은\ 최대\ 건조밀도)}$$

3. 본공사 다짐

(1) 전압식 다짐(점토)

(2) 진동식 다짐(모래)

(3) 충격식 다짐(좁은 장소)

4. 품질관리(다짐도 판정)

(1) 건조밀도

(2) 포화도, 공극률

(3) 강도

(4) 상대밀도

(5) 변형량

(6) 다짐에너지

Ⅳ. 성토용 다짐장비(토질별 다짐기계, 다짐장비의 선정과 그 이유)

1. 전압식 다짐장비

(1) Road Roller

① 쇄석, 자갈 등의 포장기층 다짐이나 아스팔트 포장의 끝마무리에 많이 사용한다.

② Macadam Roller는 3륜이며, Tandem Roller는 2륜이다.

(2) Tire Roller

노상이나 노반의 다짐을 비롯하여 사용범위가 넓은 편이나 점착성이 적고 입도가 나쁜 모래에는 부적합하다.

(3) Tamping Roller

철륜에 다수의 돌기를 붙여 접지압을 높인 것으로서 깊은 다짐, 고함수 지반의 다짐에 사용한다.

(4) Bulldozer

원래 다짐기계는 아니지만 고함수비에서는 습지 도저를 많이 사용한다.

2. 진동식 다짐장비

(1) 진동 Roller(Vibro Roller)

사질 및 자갈토에 적합하며 포장 보수에 많이 이용하나 점성토 지반에는 효과가 적다.

(2) 진동 Tire Roller

진동과 자중을 함께 이용하므로 다짐효과가 크며 사질토 지반에 적합하다.

(3) 진동 Compactor

취급이 용이하고 좁은 장소의 다짐에 적합하며 도로, 제방, 활주로 등의 보수공사 및 배관공사 성토부 다짐에 많이 사용된다.

3. 충격식 다짐장비

(1) Rammer

소형, 경량이므로 운반이 용이하고 협소한 장소의 다짐에 적합하므로 보수공사 등에 많이 사용된다.

(2) Tamper

래머에 비해 다짐도는 낮으나 조작이 용이하고 시공의 균일성, 능률면에서 앞서며 구조물의 근접공사, 절·성토 접속부 다짐에 적합하다.

V. 흙의 종류에 따른 다짐장비 선정 이유

(1) 입자구성 상이

토질에 따른 입자의 구성요소 및 입자배열이 상이하므로 이에 따른 적절한 다짐에너지의 장비선정이 필요하다.

(2) 다짐에너지

다짐장비에 따른 다짐에너지가 다르므로 토질의 성분에 따라 달리 선정한다.

(3) 함수비 상태

토질에 따라 수분함유량이 다르므로 다짐에너지의 성격도 다르게 해야 한다.

(4) 장비 상이

전압식 및 진동식의 다짐장비에 의한 다짐에너지의 상이로 인해 적용 토질을 달리 하게 된다.

(5) 사용재료 상태

사용재료의 입자크기 및 재료 상태에 따라 다짐장비에 의한 다짐효과를 달리 해야 하므로 다짐장비 선정에 특히 유의해야 한다.

(6) 최대치수 상이

재료에 포함된 입자의 최대치수에 의하여 다짐장비의 다짐방법을 다르게 해야 한다.

(7) 다짐방법 상이

암버력에서의 Interlocking의 확보와 토사재료에서의 입자간의 간극감소효과를 얻기 위해 다짐장비의 선정이 필요하게 된다.

VI. 진동식 Roller를 이용하는 공종

(1) 사질지반 다짐

성토작업에서 사질지반의 다짐에 이용된다.

(2) 노상 다짐

도로공사에서 노상재료를 포설한 후 지지력 증대, 공극 감소 등의 목적으로 진동식 Roller를 이용하여 다짐한다.

(3) 보조기층 다짐

혼합골재, 하천골재를 사용하는 보조기층의 다짐에 이용한다.

(4) 구조물 뒤채움

구조물과의 접속부 뒤채움 시공에 진동 Roller 및 충격식 Roller가 이용된다.

(5) 댐제체 다짐

댐체의 축조시 Core Zone의 다짐 및 Filter 층의 다짐에 이용한다.

(6) RCCD

콘크리트댐의 일종인 RCCD의 콘크리트 다짐용으로 이용된다.

Ⅶ. 효과적으로 이용될 여건

(1) 재료 선정

진동식 Roller가 이용될 수 있는 재료의 함수율, 입경, 구조 등이 갖추어진 재료

(2) 작업장 규모

진동식 Roller가 전·후진을 자유롭게 할 수 있는 작업장이 마련되어야 한다.

(3) 배수처리

진동다짐에 의한 지하수의 상승이 발생하지 않도록 배수처리가 잘 되어 있어야
한다.

(4) 다짐횟수

① 진동 Roller가 통과하는 횟수가 증가할수록 건조단위중량이 증가하나 그 값 이
후에는 거의 일정해지므로 경제적인 다짐횟수를 결정하는 것이 중요하다.
② 다짐횟수는 10~15회로 최대 건조중량을 얻을 수 있다.

(5) 지표수 유입방지

강우 및 기타 지표수가 침투될 경우 다짐효과가 저하되고, 지반 연약화로 인한 다
짐불능 상태를 초래하게 되므로 지표수의 유입을 방지해야 한다.

(6) 다짐면의 경사

경사지반에서의 다짐은 표피 부분의 미끄럼 발생으로 충분한 다짐이 되지 않으므
로 유의하여 시공한다.

(7) 다짐층의 두께

다짐층의 두께는 진동 Roller의 형식, 용량에 맞게 포설되어야 하며 포설두께가 크
면 충분히 다지기가 어렵다.

Ⅷ. 성토 다짐관리시 특기할 사항

(1) 구조물 접속부 뒤채움 시공
(2) 절성토 경계부(편절, 편성 접속부) 토공작업
(3) 확폭부 성토작업

(4) 종방향 흙쌓기, 땅깎기 접속부 시공
(5) 연약지반 성토작업
(6) 암성토
(7) 고함수비 점토작업
(8) 비탈면 다짐
(9) 기초지반 처리
(10) 다짐기준 결정
(11) 펴고르기 및 다짐

IX. 결 론

(1) 토공에서의 다짐은 대단히 중요한 작업이므로 다짐장비 선정에 특히 유의해야 하며, 다짐장비는 토질, 현장 함수비, 장비의 특성 등을 고려하여 결정되어야 한다.
(2) 장비에 따른 특성, 용도를 분석하여 다짐시공시 다짐부족, 과다짐 등에 유의하여 다짐장비를 결정한다.

I. 개 요

(1) 장비의 조합은 각 장비의 장단점을 비교하고, 완료해야 할 작업의 물량, 공기 등을 종합적으로 판단하여 여러 종류의 장비와 규격을 합리적으로 결합함으로써 최대의 효율을 얻도록 해야 한다.

(2) 각 기계의 용량과 대수를 최대한 균형시켜 조합함으로써 전체 작업의 능률을 높여 시공단가를 절감시켜야 한다.

II. 조합의 원칙

(1) 작업능력의 균형
  가장 효율적인 기계의 조합을 위해서는 각 기계의 작업능력을 균등화하여 각 작업 소요시간을 일정화하는 것이 필요하다.

(2) 조합작업의 감소
  일반적으로 분할되는 작업의 수가 증가하면 작업효율이 저하되어 합리적인 조합작업이 되지 못하므로 기계의 작업효율을 고려한 합리적 조합이 필요하다.

(3) 조합작업의 중복화
  직렬작업을 중복시켜 작업을 병렬화하면 시공량이 증대될 뿐 아니라 고장 등에 의한 타작업의 중지를 방지하여 손실의 위험분산효과가 있다.

Ⅲ. 사전조사 사항

(1) 토취장 조사

  ① 토질, 토량, 운반거리 공해발생 유무 조사

  ② 경제적인 토취장을 선정

토사 발생

〈토취장〉

(2) 토질 조사

  ① Boring

    ㉠ 지중을 천공하여 토사채취, 관찰 및 지중의 토질분포, 흙의 층상 등을 조사

    ㉡ 오거식, 수세식, 충격식, 회전식이 있다.

  ② Sounding

    ㉠ 선단에 부착된 저항체를 관입, 회전, 인 발시 저항값으로 지반상태 파악

    ㉡ 표준관입시험, Vane Test Cone Test, 스웨덴식 등이 있다.

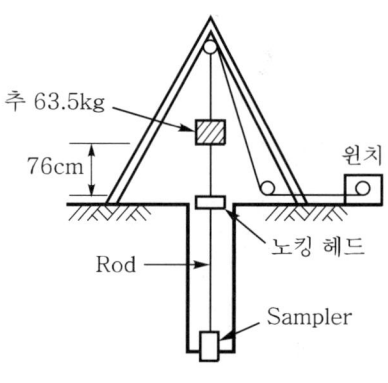

추 63.5kg

76cm

원치

Rod

노킹 헤드

Sampler

〈표준관입시험〉

(3) 문화재 조사

  ① 고적 및 고분 조사

  ② 문화재청과 협의하여 사전조사계획 수립

(4) 주변 구조물 조사

  ① 지하매설물

종 류	상수도	도시가스	통 신	고압선
관리기관	상수도사업본부	도시가스공사	통신공사	한국전력공사

  ② 지상물 : 전주, 통신주, 신호등, 가로수, 각종 구조물

(5) 사토장 조사

  운반거리가 짧고, 공해의 발생이 적고, 경제성이 좋은 곳

(6) 지형 조사

  ① 계곡, 단층, 입지조건, 배수조건

  ② 공사현장 접근도로

(7) 환경영향 조사

(8) 지반 조사

  ① 연약층 유무, 지하수위 상태 조사

  ② 지층상태 및 지반지지력 조사

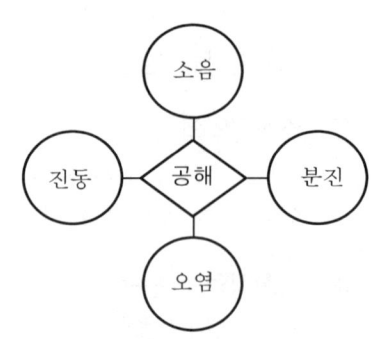

소음

진동 공해 분진

오염

Ⅳ. 장비계획(상비조합계획, 건설기계의 조합, 조합시 고려사항)

(1) 각 기계의 시공속도

덤프트럭과 적재기계의 작업능률이 조화를 이루지 못하면 작업능률이 떨어지고 운반단가가 높아진다.

(2) 주작업의 시공속도

주작업의 정상 시공속도를 확보하기 위한 최대 시공속도를 결정하고, 이에 부합하는 주작업용 기계를 선택한다.

(3) 종작업의 시공속도

주작업의 전후에 연계되는 각종 작업의 정상 시공속도를 주작업의 최대 시공속도와 동일하게 하거나 약간 크게 결정하고, 이에 부합하는 기계를 선정한다.

(4) 조합작업의 시공속도

조합작업의 최대 시공속도는 각 작업의 최소값에 한정되고 작업효율의 최소값은 각 작업의 시간손실이 상호중복되지 않고 각각 독립된 때가 된다.

(5) 기계 능력산정

$$Q = \frac{60 \times q \times f \times E}{C_m}$$

여기서, Q : 굴착장비의 1시간당 작업(m^3/h)

q : 1회의 적재토량

f : 토량환산계수

E : 덤프트럭의 작업효율

C_m : Cycle Time(min)

(6) 덤프트럭의 용량

덤프트럭의 용량 선정은 공사의 규모, 운반도로, 사이클 타임, 흙의 종류 등에 지배되고 공사비에 큰 영향을 미치는 요소이므로 신중히 고려해야 한다.

(7) 작업효율

덤프트럭과 적재 기계의 조합시 작업효율은 그 기계의 실작업 시간율과 현장조건 등에 따른 작업능률에 의해 산정한다.

(8) Cycle Time

왕복하는 작업 1순환에 요구되는 시간

$$C_m = t_1 + t_2 + t_3 + t_4$$

여기서, t_1 : 적재시간

t_2 : 왕복시간 $\left(\dfrac{운반시간}{적재시\ 주행속도} + \dfrac{운반거리}{공차시\ 주행속도} \right)$

t_3 : 적하시간

t_4 : 적재 대기시간

(9) 토량환산계수(f)

구하는 작업량 Q와 산정에 사용되는 기존 작업량 q가 동일한 흙의 상태라면 $f=1$이나 다른 상태의 경우는 토량변화율 L과 C로 구한다.

(10) 경제적인 용량

같은 조건의 용량에서 덤프트럭의 운반거리가 멀수록 덤프트럭의 경제적 용량은 커지며, 같은 트럭의 Cycle Time에서 로더의 용량이 클수록 덤프트럭의 경제적 용량은 커진다.

(11) 운반단가

로더의 용량은 덤프트럭의 운반단가에 영향을 미치며, 동일 용량의 덤프트럭에서는 로더의 용량이 클 때 유리하다.

V. 장비 선정(기종 선정방법, 시공시 검토사항, 시공능률 향상방안)

(1) 공사종류

도로공사, 축제공사, 댐공사, 기초공사, 터널공사 등 공사의 종류 및 굴착, 적재, 운반, 정지, 다짐 등의 작업종별을 고려하여 기계를 선정하여야 한다.

(2) 공사규모

대규모 공사에서는 대용량의 표준기계, 소규모 공사에서는 임대장비나 수동장비를 사용하는 것이 경제적이다.

(3) 토질

토공기계 선정에 있어서 토질조건에 대해서는 충분히 주의하여야 하며, 특히 Trafficability, Ripperability, 암괴의 상태, 다짐기계의 적응성 등이 고려되어야 한다.

(4) 운반거리

운반기계 선정시에는 공사현장의 지형, 토공량, 토질 등을 감안하여 기계의 기종에 따른 경제적 운반거리를 고려하여야 한다.

(5) 표준기계

표준기계는 구입과 임대차의 용이, 목표 가동률 확보로 경제적 사용, 정비비의 저렴, 타공사에의 전용 및 전매가 쉬운 이점이 있다.

(6) 특수기계

특수기계는 구입과 임대차가 어려워 적기 사용이 곤란하고, 가동률이 저조하여 감가상각 문제가 있으며, 고장시 정비 지연, 처분상 어려움 등이 있다.

(7) 기계용량

기계의 용량이 커지면 시공능력이 증대되고 공사단가가 싸지는 반면 기계경비가 커지므로 기계용량과 기계경비의 관계를 검토하면 경제적 선정이 가능하다.

(8) 기계경비

공종별로 기계의 시공량과 기계경비를 비교한 공사단가에 의해 기계를 선정하면 현장 여건에 가장 적합한 경제적 시공이 가능하다.

(9) Trafficability

흙의 종류, 함수비에 따라 달라지는 장비의 주행성능으로서 Cone 지수로 나타내며, Cone Penetrometer로 측정한다.

(10) 범용성

보급도가 높고, 사용범위가 넓은 장비를 선정하여야 하며, 특수기계를 사용할 때에는 작업현장의 지형, 조합 기계의 조건, 타공사에의 전용성을 고려해야 한다.

(11) 시공성

현장의 토질, 지형에 적합하고 작업량 처리에 충분한 용량을 갖추고 작업효율이 좋은 기계를 선정하여야 한다.

(12) 경제성

시공량에 비해 공사단가가 적고 운전경비가 적게 들며, 유지보수가 쉬우며, 전매와 타 공사에의 전용이 용이해야 한다.

Ⅵ. 결 론

(1) 장비의 조합에서 제일 중요한 요소들인 가동률 제고와 장비의 능력을 균형있게 하는 것이 가장 효율적인 작업이 된다.

(2) 작업장의 상황을 개선하여 주장비와 종속장비 개개의 능률을 제고시킴으로써 공비 절감이 가능해진다.

> **3-9** 토공중기에서 굴착장비와 운반장비의 효율적인 조합방법에 대하여 설명하시오.
> [95중, 33점]
>
> **3-10** 적재기계와 덤프트럭의 경제적인 조합에 대하여 설명하시오. [94전, 30점]
>
> **3-11** 토공 적재장비(wheel loader)와 운반장비(Dump Truck)의 경제적인 조합에 대하여 기술하시오. [02전, 25점]
>
> **3-12** 대단위 토공공사 현장에서 적재기계와 운반기계와의 경제적인 조합에 대하여 설명하시오. [05전, 25점]
>
> **3-13** 토공사에서 적재기계와 덤프트럭의 최적대수 산정방법과 덤프트럭의 용량이 클 경우와 작을 경우의 운영상 장단점을 설명하시오. [07후, 25점]

Ⅰ. 개 요

(1) 장비의 조합은 각 장비의 장단점을 비교하고, 완료해야 할 작업의 물량, 공기 등을 종합적으로 판단하여 여러 종류의 장비와 규격을 합리적으로 결합시킴으로써 최대의 효율을 얻도록 해야 한다.

(2) 각 기계의 용량과 대수를 최대한 균형시켜 조합함으로써 전체작업의 능률을 높여 시공단가를 절감시켜야 한다.

Ⅱ. 적재기계와 운반기계의 경제적인 조합(최적대수 산정방법)

(1) 각 기계의 시공속도
덤프트럭과 적재 기계의 작업능률이 조화를 이루지 못하면 작업능률이 떨어지고 운반단가가 높아진다.

(2) 주작업의 시공속도
주작업의 정상 시공속도를 확보하기 위한 최대 시공속도를 결정하고, 이에 부합하는 주작업용 기계를 선택한다.

(3) 종작업의 시공속도
주작업의 전후에 연계되는 각종 작업의 정상 시공속도를 주작업의 최대 시공속도와 동일하게 하거나 약간 크게 결정하고, 이에 부합하는 기계를 선정한다.

(4) 조합작업의 시공속도
조합작업의 최대 시공속도는 각 작업의 최소값에 한정되고 작업효율의 최소값은 각 작업의 시간손실이 상호중복되지 않고 각각 독립된 때가 된다.

(5) 기계 능력 산정

$$Q = \frac{3,600 \cdot q \cdot k \cdot f \cdot E}{C_m}$$

여기서, Q : 굴착장비의 1시간당 작업량(m^3/h)

  q : 버킷용량

  k : 버킷계수

  f : 토량환산계수

  E : 작업효율

  C_m : 사이클 타임(sec)

(6) 덤프트럭의 용량

덤프트럭의 용량 선정은 공사의 규모, 운반도로, 사이클 타임, 흙의 종류 등에 지배되고 공사비에 큰 영향을 미치는 요소이므로 신중히 고려해야 한다.

(7) 작업효율

덤프트럭과 적재기계의 조합시 작업효율은 그 기계의 실작업시간율과 현장조건 등에 따른 작업능률에 의해 산정한다.

(8) Cycle Time

왕복하는 작업 1순환에 요구되는 시간

  $$C_m = t_1 + t_2 + t_3 + t_4$$

여기서, t_1 : 적재시간

  t_2 : 왕복시간 $\left(\dfrac{운반시간}{적재시\ 주행속도} + \dfrac{운반거리}{공차시\ 주행속도} \right)$

  t_3 : 적하시간

  t_4 : 적재 대기시간

(9) 경제적인 용량

같은 조건의 용량에서 덤프트럭의 운반거리가 멀수록 덤프트럭의 경제적 용량은 커지며, 같은 트럭의 Cycle Time에서 로더의 용량이 클수록 덤프트럭의 경제적 용량은 커진다.

(10) 운반단가

로더의 용량은 덤프트럭의 운반단가에 영향을 미치며, 동일 용량의 덤프트럭에서는 로더의 용량이 클 때 유리하다.

(11) 시공성

기계의 합리적 조합에 의한 시간당 작업량을 늘리고 순작업시간을 늘려 1일 작업시간을 증대시켜 월가동률을 높이는 등의 관리가 필요하다.

(12) 경제성

경제적 시공을 위해서 기계용량, 기계경비, 사용시 연료소모량, 공사규모, 표준기계 사용 여부 등에 대한 검토가 필요하다.

(13) 안전성

공사에 수반되는 소음, 진동, 수질오염, 토사 비산, 지반침하, 물의 고갈 등의 공사 공해에 대해서는 사전준비에서부터 최소화할 수 있는 저감대책이 필요하다.

Ⅲ. 토공기계의 조합 예

작업명 공종명	굴 착	적 재	운 반	다 짐	마 감
도로공사	Bulldozer	Pay Loader	Dump Truck	Roller	Grader
축제공사	Bulldozer	Power Shovel	Dump Truck	Bulldozer	Bulldozer
댐공사	Bulldozer	Pay Loader	Scraper, Belt-Conveyor	Bulldozer	Grader

Ⅳ. 운영상의 장단점

구 분	덤프트럭의 용량이 클 경우	덤프트럭의 용량이 작을 경우
장점	• 운반장비의 Cycle Time 증가 • 덤프트럭의 정속주행 • 적재기계의 작업효율 증가	• 굴착작업의 정밀화 • 운반장비의 대기시간 저하 • 적재기계의 정비시간 원활
단점	• 덤프트럭의 작업능률 저하 • 운반단가 상승 • 운반장비의 실가동률 저하 • 적재기계의 능률 저하 • 덤프트럭의 작업시간율 저하	• 적재기계의 작업능률 저하 • 주작업의 시공속도 저하 • 공사비 증가 • 비산, 먼지 발생 증가 • 적재기계의 대기시간 증가

Ⅴ. 결 론

(1) 장비의 조합에서 제일 중요한 요소들인 가동률 제고와 장비의 능력을 균형있게 하는 것이 가장 효율적인 작업이 된다.

(2) 작업장의 상황을 개선하여 주장비와 종속장비 개개의 능률을 제고시킴으로써 공비 절감이 될 수 있다.

> **3-14** 대단위 산업단지 성토를 육상토취장 토사와 해상준설토로 매립하고자 한다. 육상과 해상을 구분하여 성토재의 채취, 운반, 다짐에 필요한 장비조합을 설명하시오. [08후, 25점]
>
> **3-15** 임해지역에서 대규모 매립공사 수행시 육·해상 토취장 계획과 사용장비조합을 기술하시오. [06중, 25점]

Ⅰ. 개 요

매립공사에 사용되는 토사로 육상의 토사와 해상의 준설토를 이용하는 경우에는, 각각 다른 토취장의 계획과 설립이 필요하며 채취, 운반 및 다짐에 필요한 장비의 조합도 달라진다.

Ⅱ. 육상 매립공사

1. 토취장 계획

(1) 절토, 성토 위치와 근접한 곳
   ① 운반거리가 최대한 짧은 곳을 최우선으로 선정
   ② 시공성, 경제성을 고려하여 선정

(2) 토질조건
   ① 공학적으로 안정된 재료 : CBR > 10, PI < 10
   ② 입도분포가 좋은 재료 : $C_u > 10$, $1 < C_g < 3$

(3) 토량 확보
   필요한 토량이 충분히 확보된 장소를 설정한다.

(4) 인·허가사항
   도로법과 지방자치 법규에 저촉되지 않는 장소를 선정한다.

(5) 문화재 조사
   과거 문화재 자료조사 및 문화재청에 사전문의

(6) 주변 구조물 조사
   ① 토취장 및 사토장 시공시 피해 유무 검토
   ② 사전조사를 철저히 한다.

(7) 지형조건 파악

　　토취장으로 사용 가능한 지형 검토

(8) 운반로 확인

　　① 기존 도로의 운반로 사용 여부 검토

　　② 공해발생, 민원제기 등을 점검한다.

(9) 민원발생 대비

　　① 비산먼지 발생억제 대책수립 → 민원방지

　　② 적정한 용량의 살수차를 확보

물탱크

〈살수작업〉

(10) 공해발생 조사

　　① 운반시 진동, 소음, 분진의 민원발생 조사

　　② 민원제기가 없는 곳으로 선정

(11) 배수상태 파악

　　① 사토장 및 토취장의 배수조건 파악

　　② 지반의 연약으로 인한 시공가능기간 단축을 방지

　　③ 배수처리가 불량한 곳은 선정 불가

2. 사용장비 조합(필요한 장비조합)

(1) 채취

　　① 토사층 : 백호

　　② 암반층 : 천공기, 백호

(2) 운반

　　① 상차 : 백호

　　② 운반 : 덤프트럭

(3) 다짐

　　① Bulldozer

　　② Roller

　　③ Compactor

Ⅲ. 해상 매립공사

1. 토취장 계획

(1) 환경조사
준설로로 인한 환경오염이 관련규정에 위배되는지 검토

(2) 토질 파악
준설토시의 종류 및 토질의 상태 파악

(3) 토취장의 위치선정
① 준설지역에서 가능한 한 가까운 지역
② 기상 및 해상이 정온한 곳
③ 선박의 왕래가 적은 곳

(4) 항로준설
선박의 항행이 잦은 항로준설시에는 항행 선박에 방해가 되지 않도록 특히 유의

(5) 항내교란
관련법규에 위배되지 않는 범위내에서 작업이 될 수 있도록 작업에 임한다.

(6) 환경공해
준설장비에서 사용하는 기름, 폐수 등에 의해 해양이 오염되지 않도록 특히 유의

(7) 준설수심
해저토사 준설장비의 작업가능심도를 검토하여 준설수심에 해당되는 장비 선정

(8) 준설토 처리
일반적인 조건이 양호하며 운항선박이 없을 때 펌프준설선과 관송식을 조합하면 경제적인 선정이 된다.

2. 사용장비 조합(필요한 장비 조합)

(1) 채취
① Pump 준설선
② Grab 준설선
③ Bucket 준설선
④ Dipper 준설선
⑤ 쇄암선

(2) 운반
　　① 예인선
　　② 토운선
　　③ 관송선＋펌프

(3) 다짐
　　① 사질토 : 진동 Roller
　　② 점성토 : 연약지반 개량공법

VI. 결 론

매립공사시 육상 토사의 경우에는 다짐장비로 다짐을 할 수 있으나, 해상준설토가 점성토인 경우에는 먼저 물을 제거한 후 연약지반 개량공법을 통해 다짐을 하여야 한다.

Ⅰ. 정 의

(1) 건설기계의 작업량을 산출할 때 기계의 작업능률을 판단하는 요소로서 작업량 산출식에 곱하여 실제 작업량을 산출하는데 쓰이는 계수이다.

(2) 시공효율 중에서 가동일수율 이외의 작업능률계수(E_1)와 작업시간율(E_2)을 곱하여 얻은 값을 작업효율(E)이라 한다.

$$E(작업효율) = E_1(작업능률계수) \times E_2(작업시간율)$$

Ⅱ. 굴삭기 작업량 산출방법

(1) Shovel계(유압식 Back Hoe) 굴삭기

$$Q = \frac{3,600 \times q \times f \times E}{C_m} \ (\text{m}^3/\text{hr})$$

여기서, q : Bucket 용량(m^3), f : 토량환산계수

$\quad\quad\quad E$: 작업효율, C_m : 1회 사이클 시간(sec)

$\quad\quad\quad Q$: 굴삭기의 1시간당 작업량(m^3/hr)

(2) Bulldozer

$$Q = \frac{60 \times q \times f \times E}{C_m} \ (\text{m}^3/\text{hr})$$

여기서, q : 삽날의 용량(m^3), f : 토량환산계수

$\quad\quad\quad E$: 불도저의 작업효율, C_m : 1회 사이클 시간(min)

$\quad\quad\quad Q$: 불도저의 1시간당 작업량(m^3/hr)

III. 작업효율(시공효율)

(1) 산정식

작업효율＝작업능률계수×작업시간율

(2) 작업능률계수(E_1)

① 작업능률계수는 실시공량을 표준시공량으로 나눈 값으로 표시하며 다음과 같은 식이 사용된다.

$$작업능률계수 = \frac{실시공량}{표준시공량}$$

② 영향요인

    ㉠ 기상, 기후　　　　　　㉡ 현장조건

    ㉢ 기계 배치 및 능력　　　㉣ 시공법 및 숙련도

(3) 작업시간율(E_2)

① 작업시간율은 실작업시간을 운전시간으로 나눈 값으로 나타내며, 다음 식으로 나타낸다.

$$작업시간율 = \frac{실작업시간}{운전시간}$$

② 영향요인

    ㉠ 기계 조정 및 정비　　　㉡ 기계의 작업 대기

    ㉢ 연료보급 대기　　　　　㉣ 기상으로 인한 대기

IV. 시공효율 향상을 위한 필요조건

(1) 공사종류 파악

도로공사, 축제공사, 댐공사, 기초공사, 터널공사 등 공사의 종류 및 굴착, 적재, 운반, 정지, 다짐 등의 작업 종별을 고려하여 기계를 선정하여야 한다.

(2) 공사규모 파악

대규모 공사에서는 대용량의 표준기계, 소규모 공사에서는 임대장비나 수동장비를 사용하는 것이 경제적이다.

(3) 토질조사

토공기계 선정에 있어서 토질조건에 대해서는 충분히 주의하여야 하며, 특히 Trafficability, Ripperability, 암괴의 상태, 다짐기계의 적응성 등이 고려되어야 한다.

(4) 운반거리

운반기계 선정시에는 공사 현장의 지형, 토공량, 토질 등을 감안하여 기계의 기종에 따른 경제적 운반거리를 고려하여야 한다.

(5) 표준기계

표준기계는 구입과 임대차의 용이, 목표 가동률 확보로 경제적 사용, 정비비의 저렴, 타 공사에의 전용 및 전매가 쉬운 이점이 있다.

(6) 특수기계

특수기계는 구입과 임대차가 어려워 적기 사용이 곤란하고, 가동률이 저조하여 감가상각 문제가 있으며, 고장시 정비 지연, 처분상 어려움 등이 있다.

(7) 기계용량

기계의 용량이 커지면 시공능력이 증대되고 공사단가가 싸지는 반면 기계경비가 커지므로 기계용량과 기계경비의 관계를 검토하면 경제적 선정이 가능하다.

(8) 기계경비

공종별로 기계의 시공량과 기계경비를 비교한 공사단가에 의해 기계를 선정하면 현장 여건에 가장 적합한 경제적 시공이 가능하다.

(9) Trafficability

흙의 종류, 함수비에 따라 달라지는 장비의 주행성능으로서 Cone 지수로 나타내며, Cone Penetrometer로 측정한다.

(10) 범용성

보급도가 높고, 사용범위가 넓은 장비를 선정하여야 하며, 특수기계를 사용할 때에는 작업현장의 지형, 조합 기계의 조건, 타 공사에의 전용성을 고려해야 한다.

(11) 시공성

현장의 토질, 지형에 적합하며, 작업량 처리에 충분한 용량을 갖추고, 작업효율이 좋은 기계를 선정하여야 한다.

(12) 경제성

시공량에 비해 공사단가가 낮고 운전경비가 적게 들며, 유지보수가 쉽고, 전매와 타 공사에의 전용이 용이해야 한다.

(13) 안전성

결함이 적고 성능이 안정된 기계를 선택하여 충분히 정비가 이루어진 기계를 사용해서 일상의 보수점검을 확실히 실시해야 한다.

(14) 무공해성

　기계의 소음과 진동은 주변환경, 작업능률, 안전시공에 큰 영향을 미치므로 저소음,
저진동형 기계를 선정하여 피해를 최소화해야 한다.

Ⅴ. 결 론

　건설기계의 작업효율을 높이기 위해서는 기계의 정비, 작업조건, 기능공의 숙련도 등을
우선적으로 파악하여 경제적으로 활용하여야 한다.

3-22 건설기계의 마력   [00후, 10점]

Ⅰ. 정 의

(1) 건설기계의 동력원으로 사용되는 원동기의 능력을 표시하는 단위로, 1초간에 얼마만한 일을 하였는가를 나타내며, 마력＝힘×속도로 구한다.

(2) 건설기계의 능력을 나타낼 때 사용하는 단위로 마력(馬力)이라는 말을 사용하며 수식으로 나타내면 힘(kg)과 속도(m/sec)의 곱으로 나타낸다.

Ⅱ. 마력 산정법

(1) Meter법
　① 1마력 : 75kg-m/sec
　② 단위 : PS(Pferde Starke)

(2) feet-pond법
　① 1마력 : 76.07kg-m/sec
　② 단위 : HP

(3) kW와 상관관계
　1kW＝1.3596PS＝1.3405HP
　1PS＝0.9859HP＝0.7355kW
　1HP＝1.0143PS＝0.746kW

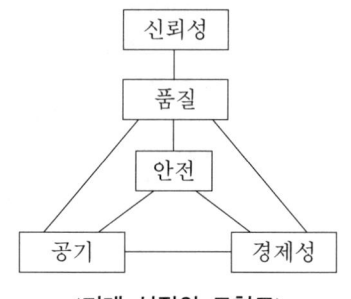

〈기계 선정의 모형도〉

Ⅲ. 마력 단위의 원리

(1) 체중 75kg의 사람이 1초동안 1m 높이에 올라갔을 때 또는 1kg의 물건을 1초 동안 75m 높이에 올렸을 때의 힘을 1마력이라 한다.

(2) 마력은 1초간에 얼마의 일을 하였는가를 표시하는 단위라고 할 수 있다.

Ⅳ. 마력의 종류

(1) 순간 최대마력

원동기가 낼 수 있는 순간적인 최대의 힘을 말하며 기계가동률 및 연료소비율 등을 고려하지 않은 상태로 장시간의 가동은 불가능한 마력이다.

(2) 실용 최대마력

정격 회전속도에 의하여 1시간 이상 연속시험에 견딜 수 있는 실용상의 최대마력이다.

(3) 실용 정격마력

실용 최대마력과 동일 조건하에서 10시간 이상 연속시험에 견딜 수 있는 마력으로 실용 최대마력의 약 85%를 채용하며 통상 건설기계에 적용한다.

(4) 연속 정격마력

선박 또는 펌프처럼 연속적으로 수천 시간을 사용할 수 있는 마력으로 실용 최대마력의 약 70% 정도 채용한다.

Ⅴ. 마력에 영향을 미치는 요인

(1) 원동기가 위치한 표고
(2) 대기온도
(3) 사용연료
(4) 기계의 작동유 상태

3-23 건설장비의 사이클 타임(Cycle Time)이 공사원가에 미치는 영향에 대하여 기술하시오.
[03후, 25점]

I. 개 요

건설장비의 Cycle Time은 표준작업량, 토량환산계수 및 작업효율에 따라 큰 영향을 받으므로 공사원가를 낮추기 위해서는 이들의 조정이 필요하다.

II. 건설장비의 영향요인

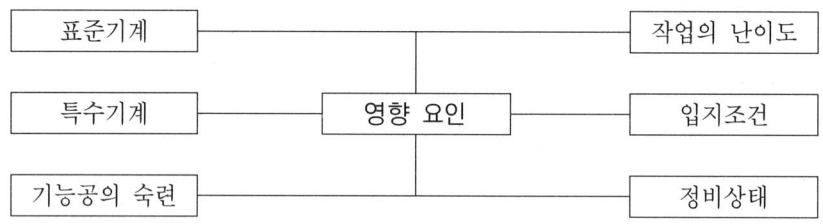

III. Cycle Time이 공사원가에 미치는 영향

$$Q = \frac{3{,}600 \cdot q \cdot f \cdot E}{C_m} \text{ 에서 } C_m = \frac{3{,}600 \cdot q \cdot f \cdot E}{Q}$$

여기서, C_m : Cycle Time

Q : 시간당 작업량(m³/hr)

q : 표준작업량

f : 토량환산계수

E : 작업효율

1. 표준작업량

(1) 작업시간
(2) 기능공의 숙련도
(3) 작업난이도
(4) 환경 및 입지 조건
(5) 건설장비의 신뢰성

2. 토량환산계수(f)

구하는 Q / 기준이 되는 q	자연 상태의 토량	흐트러진 상태의 토량	다져진 상태의 토량
자연 상태의 토량	1	L	C
흐트러진 상태의 토량	$1/L$	1	C/L
다져진 상태의 토량	$1/C$	L/C	1

(1) L값

$$L = \frac{\text{흐트러진 상태의 토량}}{\text{자연 상태의 토량}}$$

일반토사인 경우 1.1~1.4 정도이고, 토공사에서 운반토량 산출시에 이용한다.

(2) C값

$$C = \frac{\text{다져진 상태의 토량}}{\text{자연 상태의 토량}}$$

일반토사에서 0.85~0.95 정도이며, 성토시공시 반입물량 산출시 이용한다.

3. 작업 효율

$$E(\text{작업효율}) = E_1(\text{작업능률계수}) \times E_2(\text{작업시간율})$$

(1) 작업능률계수(E_1)

① 산정식

$$\text{작업능률계수}(E_1) = \frac{\text{실시 시공량}}{\text{표준 시공량}}$$

② 공사원가에 미치는 영향
  ㉠ 자연적 조건
    ㉮ 기상의 영향
    ㉯ 기계의 적응성
    ㉰ 현장조건
  ㉡ 기계적 조건
    ㉮ 기종 선정, 기계 배치, 조합의 양부
    ㉯ 기계 유지, 수리의 양부
    ㉰ 기계의 능력
  ㉢ 관리적 조건
    ㉮ 시공법 및 취급

        ⓯ 운전원, 감독자의 경험

        ⓰ 현장 환경

  (2) 작업시간율(E_2)

    ① 산정식

$$작업시간율(E_2) = \frac{실작업시간}{운전시간}$$

    ② 공사원가에 미치는 영향

      ㉠ 조사 및 조정 시간

        ㉮ 운전원의 현장조사

        ㉯ 기계 조정 및 정비

      ㉡ 대기시간

        ㉮ 작업대기

        ㉯ 장애물 제거

        ㉰ 연락대기

        ㉱ 연료보급대기

        ㉲ 기상에 의한 대기

      ㉢ 인위적 손실시간

        ㉮ 운전원의 숙련도 차이

        ㉯ 생리적 정지

Ⅳ. 결 론

건설장비의 운영시 공사의 품질확보, 공기단축, 안정성 유지 및 원가절감을 위하여 Cycle Time의 관리가 사전에 계획되어야 한다.

4-1 단지 조성공사의 토공작업에 있어 시공장비 선택의 기본적 고려사항을 기술하시오. [97중전, 50점]

4-2 건설용 기계장비를 선정할 때 고려할 사항을 설명하시오. [02중, 25점]

4-3 토공사에 투입되는 장비의 선정시 고려사항과 작업능률을 높일 수 있는 방안을 설명하시오. [09전, 25점]

4-4 토공 건설기계를 선정할 때 특히 토질조건에 따라 고려해야 할 사항을 열거하시오. [01후, 25점]

4-5 토공작업시 합리적인 장비선정과 공종별 장비에 대하여 설명하시오. [01중, 25점]

Ⅰ. 개 요

(1) 기계화 시공에서 기계를 합리적으로 선정하기 위해서는 공사조건과 기종 및 용량의 적합성과 적정한 조합의 가능성이 검토되어야 한다.

(2) 공사조건과 기종 및 용량의 적합성에 대해서는 취급재료의 종류, 단위중량, 형상 등이 검토되고 토공기계의 종류, 기계 시공의 난이도에 따른 토사 및 암괴의 분류가 필요하다.

Ⅱ. 기계화 시공의 효과

(1) 공비절감

(2) 노무절감

(3) 공기단축

(4) 품질확보

(5) 안전시공

Ⅲ. 선정시 고려사항(기본적 고려사항, 합리적인 장비선정, 토질에 따른 고려사항)

(1) 공사종류

도로공사, 축제공사, 댐공사, 기초공사, 터널공사 등 공사의 종류 및 굴착, 적재, 운반, 정지, 다짐 등의 작업 종별을 고려하여 기계를 선정하여야 한다.

(2) 공사규모

대규모 공사에서는 대용량의 표준기계, 소규모 공사에서는 임대장비나 수동장비를 사용하는 것이 경제적이다.

(3) 토질

토공기계 선정에 있어서 토질조건에 대해서는 충분히 주의하여야 하며, 특히 Trafficability, Ripperability, 암괴의 상태, 다짐기계의 적용성 등이 고려되어야 한다.

(4) 운반거리

운반기계 선정시에는 공사현장의 지형, 토공량, 토질 등을 감안하여 기계의 기종에 따른 경제적 운반거리를 고려하여야 한다.

(5) 표준기계

표준기계는 구입과 임대차의 용이, 목표가동률 확보로 경제적 사용, 정비비의 저렴, 타 공사에의 전용 및 전매가 쉬운 이점이 있다.

(6) 특수기계

특수기계는 구입과 임대차가 어려워 적기사용이 곤란하고, 가동률이 저조하여 감가 상각 문제가 있으며, 고장시 정비지연, 처분상 어려움 등이 있다.

(7) 기계용량

기계의 용량이 커지면 시공능력이 증대하고 공사단가가 싸지는 반면 기계경비가 커지므로 기계용량과 기계경비의 관계를 검토하면 경제적 선정이 가능하다.

(8) 기계경비

공종별로 기계의 시공량과 기계경비를 비교한 공사단가에 의해 기계를 선정하면 경제적 시공이 가능하다.

(9) Trafficability

흙의 종류, 함수비에 따라 달라지는 장비의 주행성능으로서, Cone 지수로 나타내 며, Cone Penetrometer로 측정한다.

(10) 범용성

보급도가 높고, 사용범위가 넓은 장비를 선정하여야 하며 특수기계를 사용할 때에 는 작업현장의 지형, 조합 기계의 조건, 타 공사에의 전용성을 고려해야 한다.

(11) 시공성

현장의 토질, 지형에 적합하며 작업량 처리에 충분한 용량을 갖추고 작업효율이 좋은 기계를 선정하여야 한다.

(12) 경제성

시공량에 비해 공사단가가 적고 운전경비가 적게 들며, 유지보수가 쉽고, 전매와 타 공사에의 전용이 용이해야 한다.

(13) 안전성

결함이 적고 성능이 안정된 기계를 선택하여 충분히 정비가 이루어진 기계를 사용해서 일상의 보수점검을 확실히 실시해야 한다.

(14) 무공해성

기계의 소음과 진동은 주변환경, 작업능률, 안전시공에 크게 영향을 미치므로 저소음, 저진동형 기계를 선정하여 피해를 최소화해야 한다.

Ⅳ. 공종별 장비

1. 굴착기계

(1) 정의

원지반 굴착을 목적으로 사용하는 장비로서 지반을 굴착하여 제거목적 또는 굴착 후 토사를 운반까지 하는 기계로 분류한다.

(2) 종류

① Power Shovel
② Drag Shovel
③ Drag Line
④ Clamshell
⑤ Trencher

2. 적재기계

(1) 정의

적재기계는 굴착하여 집토된 토사를 적재하는 형식과 굴착과 적재를 병용하는 기계로 구분한다.

(2) 종류

① Shovel계 굴착기계

② Pay Loader

③ Bulldozer

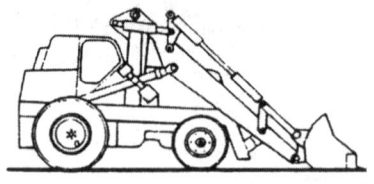

〈Pay Loader〉

3. 운반기계

(1) 정의

건설공사에서 운반작업은 굴착 토사의 운반 및 자재운반 등의 작업으로 역할이 아주 중요한 공종이다.

(2) 종류

① Bulldozer

② Scraper

③ Dump Truck

④ Belt Conveyer

하대 　유압 실린더

〈덤프트럭〉

4. 정지기계

(1) 정의

현장으로 운반된 토사를 규정의 두께로 평탄하게 펴는 장비이다.

(2) 종류

① Motor Grader

② Bulldozer

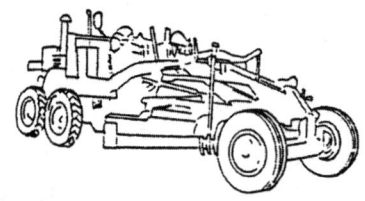

〈모터그레이더〉

5. 다짐기계

(1) 정의

롤러의 자체 중량을 이용하는 것과 진동, 충격 등을 이용하여 흙에 인위적으로 외력을 가하는 기계이다.

(2) 종류

① 전압식 기계 : 불도저, Road Roller, Tamping Roller, Tire Roller

② 진동식 기계 : 진동 Roller, 진동 Compactor, 진동 Tire Roller

③ 충격식 기계 : Rammer, Tamper

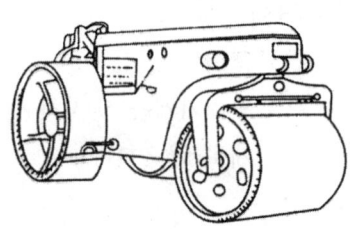

V. 작업능률 향상방안

(1) 각 기계의 시공속도

덤프트럭과 적재기계의 작업능률이 조화를 이루지 못하면 작업능률이 떨어지고 운반단가가 높아진다.

(2) 주작업의 시공속도

주작업의 정상 시공속도를 확보하기 위한 최대 시공속도를 결정하고, 이에 부합하는 주작업용 기계를 선택한다.

(3) 종작업의 시공속도

주작업의 전후에 연계되는 각종 작업의 정상 시공속도를 주작업의 최대 시공속도와 동일하게 하거나 약간 크게 결정하고, 이에 부합하는 기계를 선정한다.

(4) 조합작업의 시공속도

조합작업의 최대 시공속도는 각 작업의 최소치에 한정되고 작업효율의 최소치는 각 작업의 시간손실이 상호중복되지 않고 각각 독립된 때가 된다.

(5) 기계 능력 산정

$$Q = \frac{3,600 \cdot q \cdot k \cdot f \cdot E}{C_m}$$

여기서, Q : 굴착장비의 1시간당 작업량(m^3/h)

q : 버킷용량

k : 버킷계수

f : 토량환산계수

E : 작업효율

C_m : 사이클 타임(sec)

(6) 덤프트럭의 용량

덤프트럭의 용량 선정은 공사의 규모, 운반도로, 사이클 타임, 흙의 종류 등에 지배되고 공사비에 큰 영향을 미치는 요소이므로 신중히 고려해야 한다.

(7) 작업효율

덤프트럭과 적재기계의 조합시 작업효율은 그 기계의 실작업시간율과 현장조건 등에 따른 작업능률에 의해 산정한다.

(8) Cycle Time

왕복하는 작업 1순환에 요구되는 시간

$$C_m = t_1 + t_2 + t_3 + t_4$$

여기서, t_1 : 적재시간

t_2 : 왕복시간 $\left(\dfrac{\text{운반시간}}{\text{적재시 주행속도}} + \dfrac{\text{운반거리}}{\text{공차시 주행속도}} \right)$

t_3 : 적하시간

t_4 : 적재 대기시산

(9) 토량환산계수(f)

구하는 작업량 Q와 산정에 사용되는 기존 작업량 q가 동일한 흙의 상태라면 $f = 1$이나, 다른 상태의 경우는 토량변화율 L과 C로 구한다.

(10) 경제적인 용량

같은 조건의 용량에서 덤프트럭의 운반거리가 멀수록 덤프트럭의 경제적 용량은 커지며, 같은 트럭의 Cycle Time에서 로더의 용량이 클수록 덤프트럭의 경제적 용량이 커진다.

VI. 결 론

(1) 기계의 경제적인 선정을 위해서는 취득가격, 기계경비, 시공량 등 공사단가에 영향을 미치는 제반사항을 검토하여야 한다.

(2) 공사의 토질조건과 작업조건에 대한 적합성을 검토하여 여러 종류의 기계에 대한 경제성과 조합시의 합리성을 비교하여 선정한다.

Ⅰ. 정 의

Trafficability란 토공기계의 주행에 따른 지표면의 능력을 나타내는 지표로서의 주행 난이도를 말한다.

Ⅱ. 측정방법

(1) 콘 관입시점을 통하여 인력으로 지반에 관입시키는 방법
(2) 관입시 지반의 저항능력을 Cone 지수로 측정한다.

Ⅲ. 용 도

(1) 장비 선정
작업장에서의 장비 구동방법을 결정하는 데 이용한다.

(2) 지반상태 확인
작업 착수 전 장비사용을 위한 지반상태를 확인하는 데 이용한다.

(3) 작업능률 파악
대상 지반에서의 작업능률을 파악하는 데 이용된다.

(4) 공법 선정
지반의 연약 정도에 맞는 작업공법을 선정하기 위한 척도가 된다.

(5) 장비조합 결정
토공작업에 있어서 조합되는 장비의 종류 및 소요대수를 결정하는데 이용한다.

Ⅳ. 주행성(trafficability) 판단[Cone 지수 q_c(kg/cm^2)]

(1) 사질토인 경우

$q_C = 4N$

여기서, N : 표준관입시험의 N치

(2) 점성토인 경우

$q_c = 5q_u = 10C$

여기서, qu : 일축압축강도(kg/cm^2)

C : 흙의 점착력(kg/cm^2)

(3) 장비 주행이 가능한 Cone 지수의 최소치

기계 종류	Cone 지수 q_c(kg/cm^2)
습지 불도저	3 이상
중형 불도저	5 이상
대형 불도저	7 이상
피견인식 스크레이퍼	7 이상
자주식 스크레이퍼	10 이상
덤프트럭	15 이상

Ⅴ. 주행저항

(1) 전동저항(Rolling Resistance)

기계의 전동 저항은 다음 식에 따라 구한다.

$R_\gamma = \mu\gamma \cdot W$

여기서, R_γ : 전동저항(kg)

W : 차륜이 받은 총 무게(ton)

$\mu\gamma$: 전동저항계수(kg/ton)

(2) 경사저항

경사저항은 다음 식과 같다.

$R_g = W \times 10\text{kg}/S$

여기서, R_g : 경사저항(kg)

W : 총 무게(자중+하중)(ton)

S : 경사(%)

따라서, 경사 1%일 때, 총 무게 1ton당 1% 또는 10kg의 증감이 있다.

(3) 공기저항

차량이 주행할 때 받는 공기저항을 다음 식으로 구한다.

$$R_a = \lambda A V^2$$

여기서, R_a : 공기저항(kg)

λ : 공기저항계수(건설기계에서는 보통 0.07로 가정한다.)

A : 차량 정면의 투영면적 ≒ 앞바퀴의 간격×차량높이

V : 주행속도(m/sec)

(4) 가속저항

가속저항은 다음 식으로 구한다.

$$R_i = \frac{W}{g} \cdot a$$

여기서, R_i : 가속저항(kg)

W : 기계이 총 무게(kg)

g : 중력가속도(9.8m/sec^2)

a : 기계의 가속도(m/sec^2)

VI. Trafficability 향상 방안

① 모래 부설
② 지표수 처리
③ 지하수위 저하
④ 용출수 유도배수
⑤ 습지형 장비 사용

4-12 토공중기의 경제적 운반거리 [96중, 20점]

Ⅰ. 개 요

토공작업은 크게, 굴착, 적재, 운반, 정지, 다짐으로 나눌 수 있으나, 이 중 운반작업이 공사비에서 큰 몫을 차지하므로 운반기계 선정시 현장여건 및 운반거리를 고려하여 신중하게 선정하여야 한다.

Ⅱ. 운반중기의 종류

(1) Bulldozer
(2) Scraper
(3) Dump Truck

Ⅲ. 경제적 운반거리

(1) Bulldozer
  ① 토공판의 양단에서 갈려 나오는 흙을 언덕 모양으로 남겨 두고 도랑의 벽으로서 활용한다.
  ② 불도저 2대를 토공판의 양단에 가지런히 하여 병렬작업을 하면 운반작업 능률이 크게 오른다.
  ③ 불도저 이용시 경제적 운반거리는 50m 이하

(2) Scraper
  ① 작업현장이 넓고 지형이 단조로우며 토질조건도 양호한 현장에서 스크레이퍼 자체로 지반을 굴토하고 운반하여 포설하는 중기이다.
  ② 피견인식과 자주식이 있으며 지반상태에 따라 작업능률이 크게 다르게 나타난다.
  ③ 경제적 운반거리는 500m 이하

(3) Dump Truck
  ① 적재장비로 트럭의 적재함에 흙을 싣고 운반하는 자주식 장비이다.
  ② 운반거리가 멀수록 경제성이 우수하다.
  ③ 경제적인 운반거리는 500m 이상

Ⅳ. 운반거리별 적정 장비

(1) Bulldozer : 50m 이하

(2) Scraper : 50~500m

(3) Dump Truck : 500m 이상

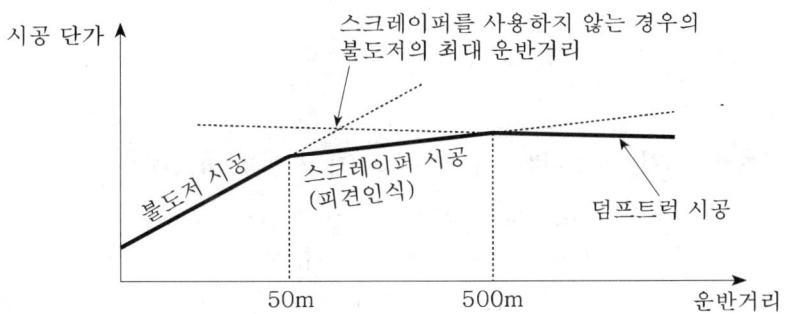

Ⅰ. 개 요

(1) 건설공사에서 기계경비라 함은 시공기계 사용에 필요한 경비로서 기계손료, 운전경비, 조립 및 해체비, 운송비 등을 말한다.

(2) 기계경비는 건설기계 사용에 수반하여 각 부분이 마모되고 이것이 누적되어 정비 또는 수리비가 필요해지고, 그 성능이 저하되므로 노화된 기계일수록 커지게 된다.

Ⅱ. 기계경비의 구성

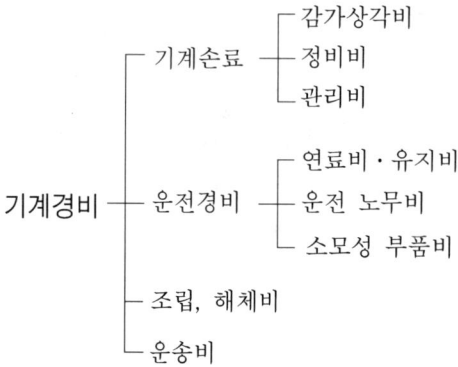

Ⅲ. 각 구성요소

(1) 감가상각비

① 건설기계의 손상, 마모 정도를 실제 사용연수로 나누어서 비용으로 계상하여 기계의 가치 정도를 감하여 나가는 것이다.

② 기계의 감가상각은 실제 손상·마모 상태의 측정이 정확하나 너무 복잡하므로 현실성이 없으며, 세법상의 상각방법은 실제와 차이가 너무 많다.

(2) 정비비

① 건설기계를 항상 정상적인 상태로 유지하기 위하여 정기적인 손실 점검, 주유, 조정과 정상적으로 마모된 부품교환 등을 하는 정비와 비정상적인 손상에 의한 수리를 하는데 드는 비용이다.

② 기계 손료의 적산상 정비비에는 정비의 개념 속에 수리를 포함시켜 통용하고 있다.

(3) 관리비

① 건설기계를 관리하는데 필요한 경비를 말하며 보관비, 세금, 보험료, 금리 등의 합계액으로 한다.

② 격납, 보관비는 기업의 경영규모에 따라 그 구성비에 차이가 있다.

(4) 연료비

① 건설기계의 엔진이 정격출력으로 운전될 때의 연료소비량으로 단위작업량에 대한 연료소비량으로 나타낸다.

② 연료소비량은 엔진의 정비상태와 외기의 조건에 따라 변화한다.

(5) 유지비

① 기계의 엔진회전을 원활하게 하는 엔진오일, 기어오일, 유압작동유, 그리스 등의 징기적인 교환 또는 보충하는 데 필요한 경비이다.

② 기계의 종류, 기계용량, 정비상태, 작업조건 등에 의하여 상이하므로 정확한 소비량 결정이 어렵다.

(6) 운전노무비

기계화 시공에서 기계의 주조종원과 작업능률 향상을 위하여 부조종원을 두게 되는데 이들에게 지급하는 급여, 상여금, 제수당 등의 합계액을 말한다.

(7) 소모성 부품비

① 소모성 부품이라 함은 기계의 운전시간에 비례하여 소모되는 부품으로 일정시간 사용하면 교환이 필요한 부분품을 말한다.

② 예를 들면, 불도저 및 그레이더의 삽날, 귀삽날, 굴삭기의 Tooth, 덤프트럭의 Tire, 보링기계의 Bit와 Rod 등이다.

(8) 조립, 해체비

① 기계의 사용을 위해서 조립을 할 경우와 기계를 운반하기 위한 해체작업이 필요할 때 소요되는 비용으로 기계기구 사용료 및 재료비로 구성된다.

② 조립, 해체가 필요한 기계

㉠ Asphalt Plant

ⓛ 콘크리트 생산 Plant

ⓒ 골재 생산 Plant

ⓔ 정치식 벨트 Conveyer

ⓜ 대형 기중기, 타워 크레인

ⓗ 항타기계

(9) 운송비

① 건설기계의 현장 투입에 소요되는 왕복운송에 소요되는 비용으로서 공사현장에 서 가장 가까운 시, 도청 소재지로부터 공사현장까지의 운송에 소요되는 경비 를 말한다.

② 특수기계로서 인근에서 구득이 곤란할 경우에는 그 기계의 소재를 확인하여 그 지점에서 현장까지의 운송비로 계산한다.

Ⅳ. 기계경비의 영향요인

(1) 작업시간

(2) 기능공의 숙련도

(3) 작업 난이도

(4) 환경 및 입지 조건

(5) 기계의 신뢰성

Ⅴ. 결 론

(1) 건설공사에서 기계사용은 공사의 품질확보, 공기단축, 안전성 유지, 노무비 절감 등 의 목적으로 모든 공종에 이용되는 주된 작업이다.

(2) 기계사용에 따른 기계경비는 사용기계의 상태와 정비작업, 작업의 난이도 등에 따 라 구성이 달라지며, 공사도급 계약시 사전조사를 통하여 기계경비 요인을 조사 분 석해야 할 것이다.

| **5-4** | 건설기계의 경제적 사용시간 | [06중, 10점] |
| **5-5** | 건설기계의 경제수명 | [97중후, 20점] |

I. 정 의

(1) 건설기계의 경제수명(경제적 사용시간)은 경제내용시간을 연간 표준가동시간으로 나눈 값을 말한다.
(2) 기계의 정비, 관리, 사용조건 등에 의해 좌우된다.

II. 경제수명의 영향요인

(1) 표준기계
(2) 특수기계
(3) 기능공의 숙련
(4) 작업의 난이도
(5) 입지조건
(6) 정비상태

III. 경제수명의 증대 요인

(1) 예방정비
일일정비, 수시정비 등을 통한 기계의 마모 방지

(2) 점검, 검사
정기적인 점검과 검사를 통한 기계의 기능 유지

(3) 관리체계 현대화
현대화된 관리체계 도입으로 기계의 수명 연장

(4) 종사원 교육
최신 기계의 도입에 따른 종사자 교육으로 기계의 오동작 방지

(5) 적정기종 선정
공사의 종류, 토질, 현장조건을 감안한 기종을 선정함으로써 과도한 작업 방지

(6) 표준기계

표준기계는 정비비가 저렴하고 타공사의 전용 및 전매 용이

(7) 안정성

결함이 적고 충분한 정비가 이루어진 기계를 선정하여 기계의 가동률 제고

(8) 제작사의 신뢰도

제작사의 신용도, A/S 등의 검토 후 기계를 구입함으로써 기계의 신뢰도 확보

IV. 경제수명의 감소요인

(1) 정비 불량

정기검사, 정비 및 점검 불량 등에 의한 기계의 효율성 저하

(2) 조작 미숙

기능공의 기계조작 미숙에 의한 기계의 손상 및 결함 초래

(3) 특수기계

기계의 전용성, 범용성의 결여로 인한 가동률 저조로 기계의 노화

(4) 작업 난이도

기계의 용량, 적용성을 벗어난 과도한 작업에 투입함으로써 물리적 손실 초래

(5) 사용조건의 부적정

지형, 토질에 부적합한 기계를 사용함으로써 기계의 내구성 저하

6-1 Crusher의 종류를 들고, 그 특성 및 용도를 설명하시오.　　　[94후, 30점]

6-2 크러셔 장비조합　　　[99중, 20점]

6-3 골재생산시설에 대하여 기술하시오.　　　[97후, 35점]

6-4 혼합골재 100,000m³를 생산하고자 할 때 소요장비 선정방법을 설명하시오.
　　　　　　　　　　[96중, 35점]

6-5 임팩트 크러셔(Impact Crusher)　　　[04전, 10점]

Ⅰ. 개 요

(1) 쇄석기는 석산에서 채굴한 암석을 파쇄하여 자갈이나 모래 등을 생산하는 기계이다.

(2) 종류에는 1차 파쇄기, 2차 파쇄기, 3차 파쇄기로 나눌 수 있으며 쇄석기가 암석을 파쇄하는 정도는 파쇄비로 나타낸다.

Ⅱ. 종 류

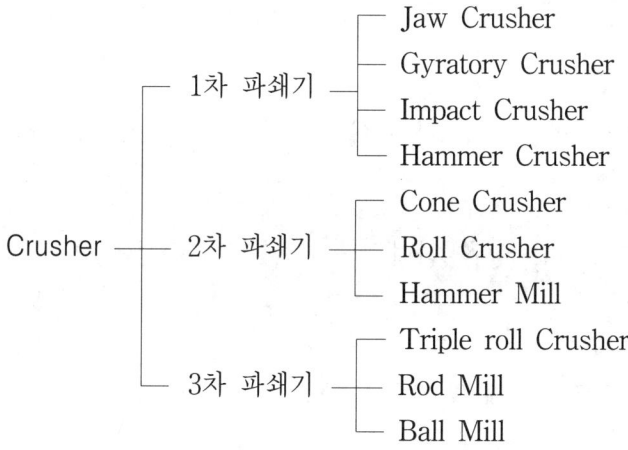

```
                    ┌── Jaw Crusher
            ┌─ 1차 파쇄기 ─┤── Gyratory Crusher
            │           ├── Impact Crusher
            │           └── Hammer Crusher
            │           ┌── Cone Crusher
 Crusher ───┼─ 2차 파쇄기 ─┤── Roll Crusher
            │           └── Hammer Mill
            │           ┌── Triple roll Crusher
            └─ 3차 파쇄기 ─┤── Rod Mill
                        └── Ball Mill
```

Ⅲ. 종류별 특성 및 용도

(1) Jaw Crusher

　① 정의 : 편심축의 회전에 의한 요동판의 왕복운동으로 원석을 파쇄하는 기계이다.

② 특성

ㄱ 기계장치가 간단

ㄴ 고정판과 요동판으로 구성

ㄷ 기계의 마모가 적다.

③ 용도

ㄱ 원석의 1차 파쇄장치

ㄴ 파쇄비 조절로 2차 파쇄작업 가능

ㄷ 조골재 및 세골재 생산

ㄹ 폐콘크리트 재생골재 생산

(2) Gyratory Crusher

① 정의 : 편심축의 회전을 이용한 파쇄두의 간격변화로 상부에 투입된 원석이 아래로 내려감에 따라 서서히 작은 입도로 파쇄되는 기계이다.

② 특성

ㄱ 진동이 적다.

ㄴ 연속적인 파쇄작업 가능

ㄷ 파쇄비가 5.5~7.5

ㄹ 적은 동력으로 가동

③ 용도

ㄱ 대용량의 파쇄 플랜트

ㄴ 영구적인 쇄석설비의 1차, 2차 파쇄

(3) Impact Crusher

① 정의 : 회전축에 충격판을 부착하여 고속회전시켜서 원석에 큰 충격을 주어 파쇄하는 기계이다.

② 특성

ㄱ 회전수 변동으로 중골재 및 세골재 생산

ㄴ 각이 적은 입방체 골재 생산

ㄷ 마모가 특히 심함.

③ 용도

ㄱ 소규모 사리 플랜트

ㄴ 각 형의 입형 수정작업

(4) Hammer Crusher

① 정의 : 회전축에 장방형의 해머를 장착하여 나선형 Plate와 일체가 되어 원석을 쇄석하는 기계이다.

② 특성

ㄱ 진동, 충격이 다소 있음.

ㄴ 충격력과 마찰력에 의한 파쇄작업

③ 용도

ㄱ 세골재 생산

ㄴ 규정의 입도 골재 생산

(5) Cone Crusher

① 정의 : 내부 Cone의 고속회전에 의하여 외부판과의 마찰력에 의해 세골재를 생산하는 기계이다.

② 특성

ㄱ 투입구의 크기가 작다.

ㄴ 내부 Cone의 고속회전

ㄷ 소음발생

③ 용도

ㄱ 2차, 3차 파쇄용

ㄴ 세골재 전용 생산

(6) Roll Crusher

① 정의 : 2개의 Roll 또는 3개의 Roll을 수평으로 설치하여 각각 반대방향으로 회전하여 1차 파쇄된 쇄석을 다시 파쇄히는 기계이다.

② 특성

ㄱ Roll 간격 조절

ㄴ 너무 큰 원석은 파쇄되지 않음.

ㄷ 공급구 크기 조절

③ 용도

ㄱ 2차 파쇄기계

ㄴ 세골재, 중골재 생산

(7) Hammer Mill

① 정의 : 충격력, 압축력, 전단력의 힘을 합성하여 작은 입도의 골재생산에 사용하는 기계이다.

② 특성

　　㉠ 원통형의 드럼과 회전체의 Hammer 부착

　　㉡ 충격과 마찰에 의한 소음 발생

③ 용도

　　㉠ 1차 파쇄된 원석 파쇄

　　㉡ 세골제 생산용

(8) Rod Mill

① 정의 : 내측에 내마모성 금속의 원통형 드럼과 내부의 강봉으로 압축, 충격, 전단으로 골재를 파쇄하는 기계이다.

② 특성

　　㉠ 소음이 다소 있다.

　　㉡ 물의 공급에 따라 습식, 건식이 있다.

③ 용도

　　㉠ 모래 제작용

　　㉡ 소규모에서 대규모 플랜트까지 용도가 다양

(9) Ball Mill

① 정의 : Rod Mill의 강봉 대신 강제 볼을 이용하여 골재를 파쇄하는 기계이다.

② 특성

　　㉠ Ball의 충격 소음이 있다.

　　㉡ 마찰 및 전단, 충격 등의 힘을 이용

③ 용도

　　㉠ 모래 생산용

　　㉡ 1차, 2차 파쇄된 골재의 미세 파쇄용

Ⅳ. 장비 조합(골재 생산시설, 골재 생산 소요장비 선정)

－ 1일 생산량 300ton/hr 기준시

(1) Feeder

① 용도 : 쇄석기나 선별기 등에 채취 원석을 연속적으로 정량 공급하는 기계로 체인 피드, 에어프론 피더, 진동 피드, 벨트 피드 등이 있다.

② 규격 : 2,130mm×5mm×5,490mm, 37kW

(2) Jaw Crusher

    ① 용도 : 원석을 1차 파쇄하는 쇄석기로서 기계적인 방법으로 쇄석판을 반복압쇄하여 원석을 파쇄하는 기계

    ② 규격 : 1,070mm×1,370mm, 150kW

(3) 진동스크린

    ① 용도 : 진동을 이용하여 1차 쇄석기에서 나온 골재를 입자별로 선별하는 기계

    ② 규격 : 2,130mm×4,880mm, 15kW

(4) 금속감지기

    분쇄된 골재에서 금속류를 선별해내는 기계

(5) Cone Crusher

    ① 용도 : 1차 쇄석기를 통과한 골재를 보다 작은 입경의 골재로 생산할 때 사용하는 기계로서 2차 쇄석기계이다.

    ② 규격 : 250mm×1,520mm, 110kW

(6) Conveyor

    ① 용도 : 스크린에 의해 분리된 각 입자를 종류별로 다음 작업장 또는 적치장으로 이동시키는 기계

    ② 규격 : 현장여건에 맞추어 길이, 경사를 조정하여 사용

(7) 동력설비

    장비가동을 위한 발전설비

(8) 집진기

(9) 공기압축기

V. 골재 생산시설 예시도

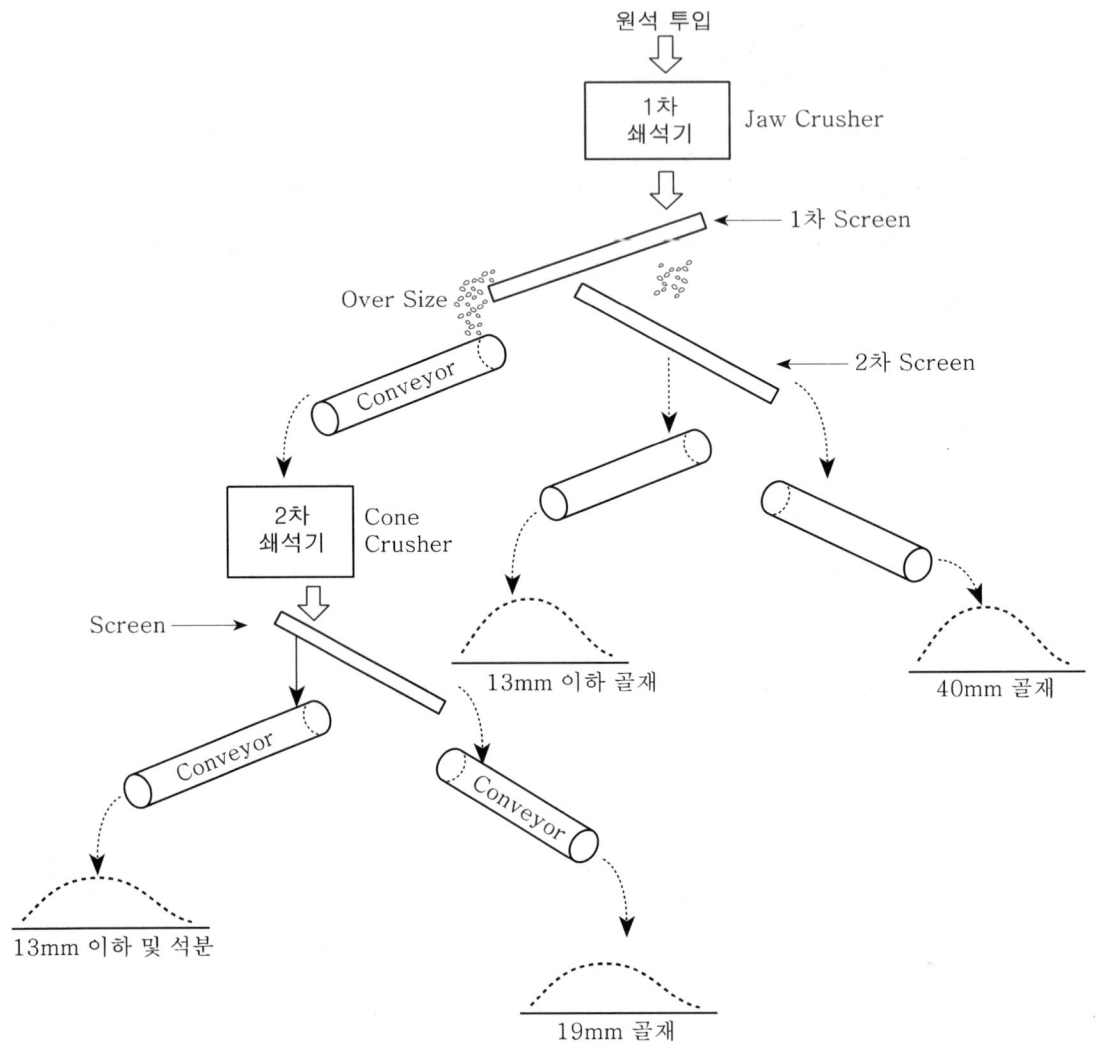

VI. 결 론

(1) Crusher는 경질이고 높은 강도를 가진 암석을 파쇄하는 기계이므로 건설기계의 구비조건 중 특별히 충격, 하중에 견딜 수 있는 내구성이 요구되는 장비이다.

(2) Crusher의 선정시에는 파쇄공정에 의하여 적당한 형식의 기종을 선택하여야 한다.

7-1 준설공사를 위한 사전조사와 시공방식을 기술하고, 시공시 유의사항을 설명하시오.　　　　　　　　　　　　　　　　　　　　　　　　　　[10전, 25점]

7-2 항만 준설공사에서 준설선의 선정기준을 설명하고 준설공사의 시공관리에 대하여 기술하시오.　　　　　　　　　　　　　　　　　　　　[02전, 25점]

7-3 항로에 매몰된 점토질 토사 500,000m³를 공기 약 6개월내에 준설하고자 한다. 투기장이 약 3km 거리에 있을 때 준설계획에 대하여 설명하시오.　[06후, 25점]

Ⅰ. 개 요

(1) 기계화 시공에서 기계를 합리적으로 선정하기 위해서는 공사조건과 기종 및 용량의 적합성과 적정한 조합의 가능성을 검토해야 한다.

(2) 준설할 대상지역의 토질조건에 맞는 준설기계의 선정이 가장 중요하다.

Ⅱ. 준설계획

1. 사전조사(준설선 선정기준)

(1) 준설목적
대상지역의 준설목적을 명확히 제시하여 그에 따른 적정장비의 선정이 필요하다.

(2) 토질
토사의 종류, 연약층 두께, 지지층 확인 및 토질의 상태를 미리 파악하여 장비를 선정한다.

(3) 환경조사
준설작업시 발생하는 해양오염이 관련규정에 위배되는지를 검토하여 선정한다.

(4) 준설수심
해저토사 준설장비의 작업가능심도를 검토하여 준설수심에 해당하는 장비 선정

(5) 준설토 처리
일반적인 조건이 양호하며 운항선박이 없을 때 펌프준설선과 관송식을 조합하면 경제적인 선정이 된다.

(6) 시공장소
공사장소가 좁고 공사구역에 다수의 작업선이 운항하는 경우 고정식 그래브 준설선 등이 적합하다.

(7) 항내교란

해저에 퇴적오니가 많을 때에는 오니용 펌프준설선 등으로 해상오염을 최소화하는 장비를 선정한다.

(8) 항로유지

차단이 불가능하고 선박통행이 많은 항로준설은 Drag Suction 준설선과 같은 자 항식을 선정한다.

(9) 준설장비의 선정 예

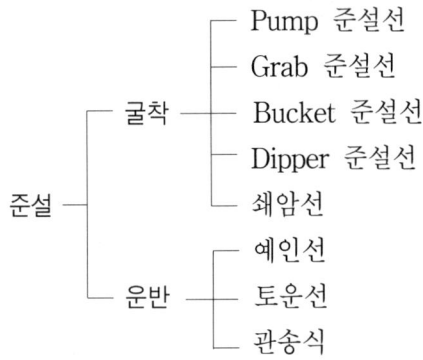

(10) 공기, 토량에 의한 선정

주어진 공기와 준설토량을 조사하여 장비의 적정 용량을 선정한다.

(11) 기상 및 해상조건

파랑과 조류의 영향 및 작업가능시간, 작업수면의 넓이, 항행선박의 수 등을 고려 하여 선정한다.

(12) 대피시설 및 수리시설

작업선의 안전한 대피, 계류장소 및 수리시설을 고려한다.

(13) 준설선의 시공능력

준설선의 용량, 정비기간, 현장 준설효율, 시간당 시공능력, 1일 가동시간 등을 고 려하여 선정한다.

2. 시공관리(시공시 유의사항)

(1) 준설토 처리

① 준설지역에서 가능한 한 가깝고 기상 및 해상이 정온하고 선박의 왕래가 적은 곳을 선택

② 충분한 수심과 면적이 보장된 곳

③ 어업 및 기타 보상권 등의 사전해결이 가능한 곳

④ 환경오염이 최소인 곳을 선정하여 처리

(2) 준설사면

① 준설 굴착에 의한 사면은 시공 후 안전한 사면이 되도록 시공해야 한다.

② 굴착 부위 인근에 구조물이 있는 경우 사면구배를 토질별 표준경사에 맞추어 시공해야 한다.

(3) 여굴

준설은 수중에서 대형 장비에 의해 굴착이 진행되므로 준설 바닥과 사면에서 여굴이 발생하는데, 표준여굴 이하가 되도록 한다.

(4) 항로준설

선박의 항행이 잦은 항로준설시에는 항행선박에 방해가 되지 않도록 특히 유의하여 시공한다.

(5) 항내교란

관련법규에 위배되지 않는 범위내에서 작업이 될 수 있도록 작업에 임한다.

(6) 환경공해

준설장비에서 사용하는 기름, 폐수 등에 의해 해양이 오염되지 않도록 특히 유의한다.

Ⅲ. 시공방식

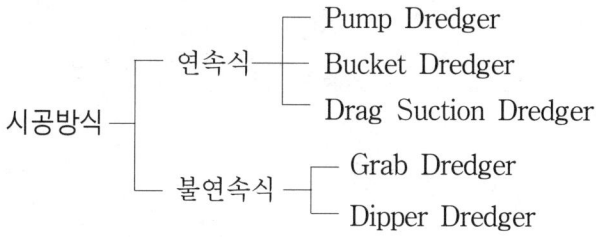

(1) Pump Dredger

작업선에 설치된 Sand Pump를 이용하여 해저의 토사를 흡입하는 방식

(2) Bucket Dredger

회전하는 컨베이어 시스템으로 버켓을 달아서 해저굴측 저면까지 내려 해저토사를 연속적으로 준설하는 방식

(3) Drag Suction Dredger

해저의 토사를 교란시켜 Suction Pump를 이용하여 해저토사를 준설하는 방식

(4) Grad Dredger

작업선에 설치된 기중기에 클램셸을 장착하여 해저토사를 준설하는 방식

(5) Dipper Dredger

작업선에 셔블계 굴착장비를 탑재하여 해저의 토사 및 연암을 준설하는 방식

Ⅳ. 결 론

준설계획 수립시에는 사전에 기상·해상·지상 등 자연조건을 조사하여 현지상황을 파악한 후, 공사의 목적 및 공기 등을 고려하여 가장 효율적인 준설 시공계획을 수립하여야 한다.

7-4 해안에서 5km 떨어진 해중에 육상의 흙을 사용하여 토운선 매립방식으로 인공섬을 건설하고자 한다. 해상매립공사를 중심으로 시공계획시 유의사항을 설명하시오.　　　　　　　　　　　　　　　　　　　　　[11후, 25점]

Ⅰ. 개 요

(1) 해안에서 가까운 해중에 인공섬을 설치하는 경우에는 우선적으로 해안의 주변지형과 파랑을 조사하여야 하며, 해중시설물로 인한 환경오염의 정도를 면밀히 파악하여야 한다.

(2) 또한 인공섬 설치를 위한 해중기초 축조작업이 매우 중요하므로 기초사석의 투하계획과 유실률을 파악하여 시공에 임해야 한다.

Ⅱ. 기초사석의 투하목적

(1) 기초지반 정리
　① 지반의 요철 보정
　② 지반의 세굴 방지

(2) 지지력 확보
　① 상부구조물의 하중 분산
　② 상부구조물의 하중을 지반에 전달

(3) 지반개량
　① 연약지반의 개량
　② 치환 모래나 자갈 등 이용

(4) 상부구조물 보호
　상부구조물이 파도작용에 의한 전도 방지

(5) 침하 방지
　① 상부구조물의 침하 방지
　② 기초 하부의 지반다지기

III. 시공계획시 유의사항

(1) 파랑

파랑은 방파제의 재료, 형식 및 제원의 결정과 방파제의 시공법, 시공일수 결정의 기준이 된다.

(2) 항내의 정온도

항내의 정온도는 항구의 위치 및 방향과 중대한 관계가 있으므로 파랑, 파고 및 조류 등을 고려하여야 한다.

(3) 주변지형

파랑이 집중되는 형상은 피하고, 지형상 이용할 수 있는 것은 적극적으로 이용하여야 한다.

(4) 시공법 선정

인공섬의 배치와 위치, 수심 등을 고려하여 건설비가 절감되고, 시공 후 유지·보수비가 적게 드는 형식을 선정한다.

(5) 장래계획

부근의 지형 및 시설 등이 장래에 받게 될 영향을 고려해야 한다.

(6) 시공성

지반이 나쁜 곳은 되도록 피하고, 시공이 가능하고 쉬운 위치를 선정해야 한다.

(7) 환경오염

인공섬 설치로 인한 생태계 파괴 여부 및 방파제 축조후 인근 구역에 끼칠 영향을 고려해야 한다.

(8) 사석재료

경질의 것으로서 편평, 세장하지 않고, 풍화파괴의 염려가 없는 것을 사용한다.

(9) 안정 검토

연약지반일 경우 제체에 대한 활동과 침하의 검토후 안정성이 부족하면 필요에 따라 지반개량 등의 조치를 한 후 시공해야 한다.

(10) 세굴대책

시공중의 기초사석 기부와 거치 직후의 Caisson 기부 부근은 세굴되기 쉬우므로 적절한 대책을 강구하여야 한다.

(11) 활동대책

　Caisson을 포함한 마운드부의 활동을 검토하여야 한다.

(12) 침하대책

　지반의 연약으로 침하가 예상될 때에는 사전에 여유고를 가해 마루를 높게 하거나 제체를 높이기 쉬운 구조로 한다.

(13) 주변환경 보호

　인공섬 축조후 인근 구역에 끼칠 영향에 대해 충분히 고려하여야 한다.

Ⅳ. 결 론

해중에 인공섬 설치로 인한 해외 자산가들이 투자가 집중되고 있으므로, 해양이 풍부한 지리적 여건을 활용하여 새로운 부가가치사업으로 육성하기 위한 방안이 검토되어야 한다.

I. 개 요

준설선의 선정시에는 각 준설선의 특징 및 작업능력을 파악하고, 사전조사를 바탕으로 해저지반에 적합한 준설선을 적용하여야 한다.

II. 선정시 고려사항

(1) 시공성
(2) 경제성
(3) 안전성
(4) 무공해성
(5) 기계 용량
(6) 공사규모

III. 준설선의 종류 및 특징(토질조건에 적합한 준설선, 시공방식)

1. Pump Dredger

(1) 정의

작업선에 설치된 Sand Pump를 이용하여 해저의 토사를 흡입하는 방법으로 흡입된 토사는 배송관을 통하여 처리장 또는 토운선으로 보내는 방법이다.

(2) 적용토질
① 연질토사
② 자갈이 섞인 토사

(3) 특징

　① 배송관을 이용하여 준설토사를 운반한다.

　② 토운선이 불필요하다.

　③ 굳은 토질 외의 모든 토질에 적용이 가능하다.

　④ 해저의 작업지반에 요철 발생이 크다.

　⑤ 배송관 설치로 항로준설이 곤란하다.

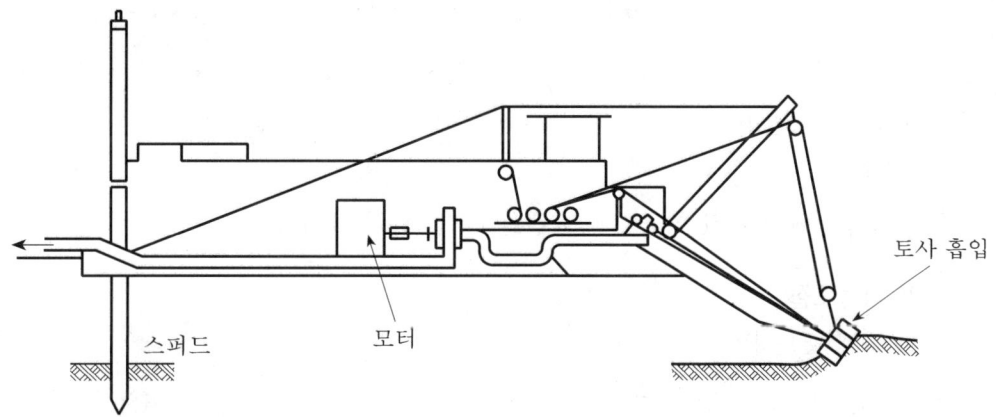

2. Dipper Dredger

(1) 정의

해상의 작업선에 셔블계 굴착장비를 탑재하여 해저의 토사 및 연암을 준설하는 장비이다.

(2) 적용토질

　① 경질토사

　② 자갈이 섞인 토사

　③ 연질암반

(3) 특징

　① 해저 굴착능력이 크다.

　② 기계설비가 단순하다.

　③ 작업장소를 넓게 차지하지 않는다.

　④ 항내교란이 심하다.

　⑤ 비항식으로 토운선을 필요로 한다.

　⑥ 연질토사에서 능률이 낮다.

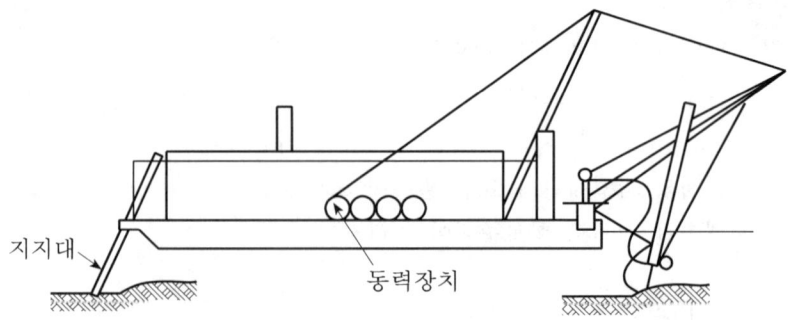

지지대

동력장치

3. Grab Dredger

(1) 정의

작업선에 설치된 기중기에 클램셸을 장착하여 해저의 토사를 준설하는 장비이다.

(2) 적용토질

① 연질토사

② 자갈이 섞인 경질토사

(3) 특징(준설능력 산정시 고려사항)

① 준설깊이의 조절이 용이하다.

② 기계설비가 단순하다.

③ 소규모의 협소한 장소의 준설에 사용한다.

④ 굳은 토질의 준설이 곤란하다.

⑤ 준설작업능률이 비교적 낮은 편이다.

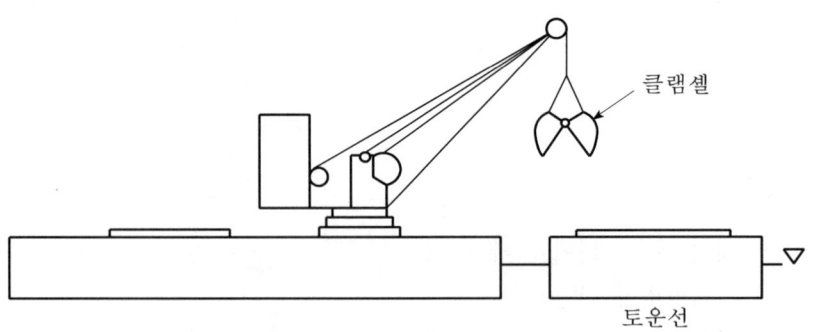

클램셸

토운선

4. Bucket Dredger

(1) 정의

회전하는 컨베이어 시스템으로 버킷을 달아서 해저굴착 저면까지 내려 해저토사를 연속적으로 준설하는 장비이다.

(2) 적용토질

　① 연질토사

　② 자갈이 섞인 토사

　③ 연질암반

(3) 특징

　① 광범위한 토질에 적용된다.

　② 바람, 조류의 영향이 비교적 적다.

　③ 연속작업으로 작업능률이 좋다.

　④ 소규모 작업장에서는 경제성이 떨어진다.

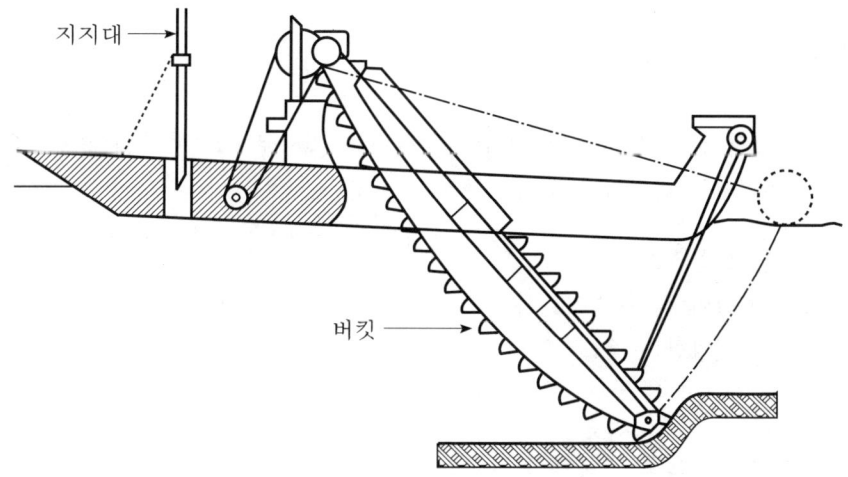

5. Drag Suction Dredger(호퍼 준설선, Trailing Suction Hopper Dredger)

(1) 정의

　해저의 토사를 교란시켜 Suction Pump를 이용하여 해저지반을 준설하는 장비이다.

(2) 적용 토질

　① 경질토사

　② 자갈이 섞인 경질토사

(3) 특징

　① 항내교란의 우려가 있다.

　② 항로준설에 이용된다.

　③ 파랑의 영향을 받지 않아 작업능률이 비교적 좋다.

　④ 자항식으로 다른 선박에 대한 영향이 적다.

　⑤ 대규모의 하천공사, 해저의 준설공사에 적합하다.

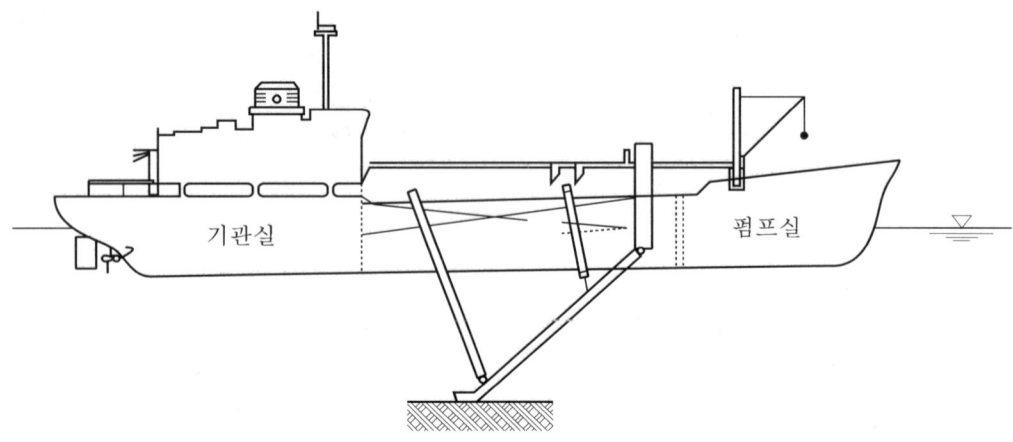

6. 쇄암선

(1) 정의

해저의 굳은 암반을 파쇄하여 준설하는 것으로 낙하충격에 의한 중추식과 압축공기에 의한 타격식이 있다.

(2) 적용 토질

① 자갈이 섞인 경질토사
② 경질암반

(3) 특징

① 준설선으로 준설이 불가능한 지반에서의 준설작업
② 지반이 순수 토사지반인 경우 쇄암선의 필요성이 거의 없다.
③ 작업능률은 그다지 좋지 않다.

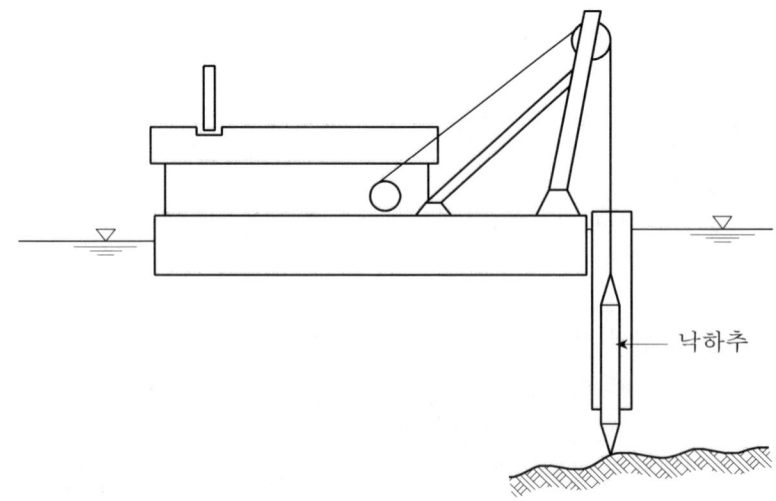

Ⅳ. Grab Dredger과 Bucket Dredger의 장단점 비교

구 분	Grab Dredger	Bucket Dredger
적용토질	• 연질토사 • 자갈이 섞인 경질토사	• 연질토사 및 자갈이 섞인 토사 • 연질암반
장단점	• 준설깊이의 조절 용이 • 기계설비가 단순 • 소규모, 협소한 장소에 적합 • 굳은 토질의 적용 곤란 • 준설작업 능력이 낮음	• 광범위한 토질에 적용 가능 • 파랑, 조류의 영향을 적게 받음 • 연속작업 가능 • 작업능률 양호 • 소규모 작업장에는 비경제적

Ⅴ. 시공시 유의사항

(1) 준설로 처리

(2) 준설사면

(3) 여굴

(4) 항로준설

(5) 항내교란

(6) 환경공해

Ⅵ. 결 론

준설선과 더불어 작업선의 선정은 토질·공기·공사비·준설 심도·준설로 투기방식과 기상 및 해상조건을 고려해야 한다.

7-10 준설작업시 준설선단을 구성하는 해상장비의 종류와 기능을 설명하시오.

[00중, 25점]

I. 개 요

(1) 항만에서 항로, 정박지, 계류장을 조성 또는 개량할 때 적정 수심을 유지하기 위하여 해저의 토사 등을 굴착하게 되는데 이를 준설이라 하고, 여기에 사용되는 기계를 준설선이라 하며, 준설작업은 여러 종류의 기계를 조합하여 하나의 선단을 구성하여 작업을 하게 된다.

(2) 준설 선단은 준설작업시 필요한 각종 기계로서 준설선, 토운선, 배송관, 연락선, 예인선, 안전지도선, 앵커 작업선 등으로 구성되며, 준설작업시에는 항만오염에 특히 유의하여 작업하여야 한다.

II. 준설 선단의 구성조건

(1) 자연조건

파랑, 조류, 바람, 강우, 토질의 특성

(2) 현장조건

준설위치, 준설지반, 보유선단, 동력원, 급유, 급수 등

(3) 시공조건

준설심도, 준설토량, 준설토 처리, 사토장 조건, 준설선의 능력, 공사기간

III. 준설선의 공종별 분류

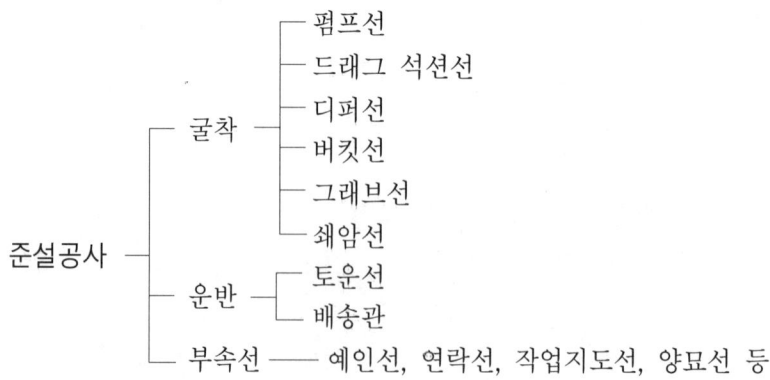

IV. 준설 선단 해상장비의 종류와 기능

(1) 준설장비
① Pump 준설선   ② Drag Suction 준설선
③ Dipper 준설선   ④ Bucket 준설선
⑤ Grab 준설선   ⑥ 쇄암선

(2) 토운선
① 준설토를 운반하는 작업선
② 바닥이 개폐되는 형식
③ 측벽이 개폐되는 형식
④ Shovel 또는 Grab로 퍼내는 형식

(3) 예인선
① 준설선의 본선 작업위치 이동에 이용하는 장비
② 토운선의 예인
③ 준설장비의 규모에 따라 예인선의 규모를 선정

(4) 양묘선
① 앵커 이동, 배송관 작업, 중량물 이동작업용 장비
② 용량은 작업조건에 따라 조정
③ 항시 준설선과 업무협조

(5) 연락선
① 업무연락용으로 사용
② 현장여건에 따라 용량 및 척수 조정
③ 육상과 해상작업의 업무 신속화

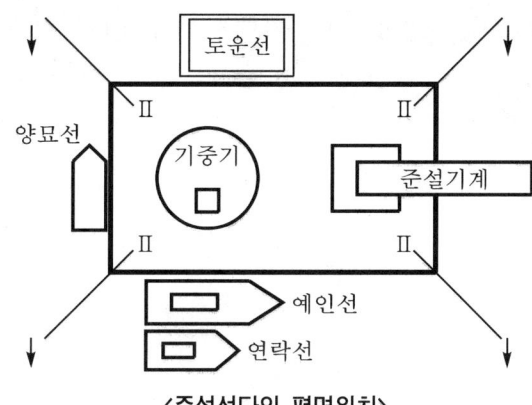

〈준설선단의 평면위치〉

(6) 작업지도선

　① 감독관의 작업지시선

　② 비상대기용으로 항시 현장에 상주

　③ 항행 선박 유도용

(7) 예비 토운선

　① 토운선의 작업 중 정비, 수리 등으로 토운선이 부족하면 가동률이 저하

　② 사토장이 먼 경우나 수리설비가 부근에 없는 경우에 대비하어 예비 토운선의 확보가 필요

　③ 준설선단에서 아주 중요한 조합기계이다.

V. 준설 선단 구성시 고려사항

(1) 준설토질

(2) 준설토량 및 공사기간

(3) 기상 및 지리적 조건

(4) 수심 및 준설깊이

(5) 준설토 처리방법 등

VI. 결 론

(1) 준설작업은 수중에서 토사를 굴착하는 작업으로 주로 해상에서 항로준설 및 항내 수심유지 등을 위하여 해상에서 시행되고 있다.

(2) 준설선단의 구성에 앞서 여러 가지 조건을 고려하여 주작업 기계와 종속작업 기계의 작업능률이 균형을 이루어야 한다. 특히, 해상작업에서 해상오염이 되지 않게 특별한 관리하에 작업이 이루어지도록 해야 한다.

7-11 준설선의 선정에 대해서 기술하시오. [98후, 30점]

7-12 토질조건에 적합한 준설선(Dredger)의 선정방법을 쓰시오. [94후, 30점]

7-13 준설선을 토질조건에 따라 선정하고, 각 준설선의 특징을 설명하시오. [08중, 25점]

7-14 우리나라 서해안 지역에서 준설공사시 장비선정과 시공상 주의사항을 기술하시오. [97중전, 50점]

7-15 준설토의 운반거리에 따른 준설선의 선정과 준설토의 운반(처분) 방법 및 각 준설선의 특성에 대해서 설명하시오. [06중, 25점]

7-16 준설토 재활용방안 [11중, 10점]

7-17 항로유지 준설공사를 시행하고자 할 때 준설선 선정시 유의사항을 설명하시오. [00전, 25점]

Ⅰ. 개 요

준설계획 수립시 해저지반에 적합하고, 공기와 시공성을 고려한 준설선을 선정하며, 준설토사를 처리할 운반선과 토사처리계획을 수립하여야 한다.

Ⅱ. 준설선의 선정

(1) 준설목적

대상지역의 준설목적을 명확히 제시하여 그에 따른 적정 장비의 선정이 필요하다.

(2) 토질

토사의 종류, 연약층의 두께, 지지층 확인 등 토질의 상태를 미리 파악하여 장비를 선정한다.

(3) 환경조사

준설작업시 발생하는 해양오염이 관련규정에 위배되는지를 검토하여 선정한다.

(4) 준설수심

해저토사 준설장비의 작업가능심도를 검토하여 준설수심에 해당하는 장비 선정

(5) 준설토 처리

일반적인 조건이 양호하며 운항선박이 없을 때 펌프준설선과 관송식을 조합하면 경제적인 선정이 된다.

(6) 시공장소

공사장소가 좁고 공사구역에 다수의 작업선이 운항하는 경우 고정식 그래브 준설선 등이 적합하다.

(7) 항내교란

해저에 퇴적오니가 많을 때에는 오니용 펌프준설선 등으로 해상오염을 최소화하는 장비를 선정한다.

(8) 항로유지

차단이 불가능하고 선박 통행이 많은 항로준설은 Drag Suction 준설선과 같은 자항식을 선정한다.

Ⅲ. 토질에 따른 장비 선정표

토 질		적응 선종						비 고
분 류	상 태							
토사	연질							N=10 미만
	중질							N=10~20
	경질				P			N=20~30
	최경질	B	G	D		쇄		N=30 이상
자갈이 섞인 토사	연질							N=30 정도 미만
	경질			D				N=30 정도 이상
암반	연질					쇄	발	D로 준설 가능한 것
	경질							D로 준설 불가능한 것

주) B : 버킷 준설선, G : 그래프 준설선
　　D : 디퍼 준설선, P : 펌프 준설선
　　쇄 : 쇄암선, 발 : 발파

Ⅳ. 준설선의 특징(특성)

(1) Pump Dredger

① 배송관을 이용하여 준설토사를 운반한다.

② 토운선이 불필요하다.

③ 굳은 토질 외의 모든 토질에 적용이 가능하다.

④ 해저의 작업지반에 요철 발생이 크다.

　⑤ 배송관 설치로 항로 준설이 곤란하다.

(2) Dipper Dredger
　① 해저 굴착능력이 크다.
　② 기계설비가 단순하다.
　③ 작업장소를 넓게 차지하지 않는다.
　④ 항내교란이 심하다.
　⑤ 비항식으로 토운선을 필요로 한다.
　⑥ 연질토사에서 능률이 낮다.

(3) Grab Dredger
　① 준설깊이의 조절이 용이하다.
　② 기계설비가 단순하다.
　③ 소규모의 협소한 장소의 준설에 사용한다.
　④ 굳은 도질의 준실이 곤란하다.
　⑤ 준설작업능률이 비교적 낮은 편이다.

(4) Bucket Dredger
　① 광범위한 토질에 적용된다.
　② 바람, 조류의 영향이 비교적 적다.
　③ 연속작업으로 작업능률이 좋다.
　④ 소규모 작업장에서는 경제성이 떨어진다.

(5) Drag Suction Dredger(호퍼 준설선, Trailing Suction Hopper Dredger)
　① 항내교란의 우려가 있다.
　② 항로 준설에 이용된다.
　③ 파랑의 영향을 받지 않아 작업능률이 비교적 좋다.
　④ 자항식으로 다른 선박에 대한 영향이 적다.
　⑤ 대규모의 하천공사, 해저의 준설공사에 적합하다.

(6) 쇄암선
　① 준설선으로 준설이 불가능한 지반에서의 준설작업이다.
　② 지반이 손수 토사지반인 경우 쇄암선의 필요성이 거의 없다.
　③ 작업능률은 그다지 좋지 않다.

V. 준설토 운반처분 방법

1. 준설토의 토양조사

(1) 1단계

준설토 오염조사 : 카드뮴(Cd), 구리(Cu), 비소(As) 등 21개 항목

(2) 2단계

하천 또는 바다의 바닥 2~5km마다 1개 지점을 분기별로 오염조사

(3) 3단계

준설토의 성토 등 재활용 이후에 적합성 판단을 위한 정밀조사

2. 준설토 재활용 방안

(1) 골재 판매

① 레미콘 공장에 판매

② 인근지역의 골재 수요를 고려하여 수급조절

(2) 성토 재이용

① 택지조성, 산업단지 등 인근 공공사업에 활용

② 저지대 농경지의 성토

(3) 하천제방

홍수피해를 예방하기 위한 하천제방으로 활용

(4) 농경지 복토

① 농경지의 복토사업에 활용

② 농경지의 토질을 개량하여 수확률 향상

(5) 기타

① 4대강 살리기 사업에 최우선적으로 활용하고 있음

② 폐기물 처리 : 오염도, 비중이 적은 토사, 점토

VI. 시공상 주의사항(선정시 유의사항)

(1) 준설토 처리

(2) 준설사면

   (3) 여굴

   (4) 항로준설

   (5) 항내교란

   (6) 환경공해

Ⅶ. 결 론

   (1) 준설계획 수립시에는 사전에 기상, 해상, 지상 등 자연조건을 조사하여 현지상황을 파악한 후 공사의 목적, 공기 등을 고려하여 가장 경제적이고 효율적인 준설 시공 계획을 수립해야 한다.

   (2) 작업선의 선정은 토질, 공기, 공사비, 기상 및 해상조건, 준설심도, 준설토 투기방식 등을 고려해야 한다.

성경과 예수 그리스도

▼ 모든 성경은 하나님의 감동으로 된 것으로 교훈과 책망과 바르게 함과 의로 교육하기에 유익하니 (디모데후서 3 : 16)

▼ 너희는 여호와의 책을 자세히 읽어보라. 이것들이 하나도 빠진 것이 없고 하나도 그 짝이 없는 것이 없으리니, 이는 여호와의 입이 이를 명하셨고 그의 신이 이것들을 모으셨음이라. (이사야 34 : 16)

▼ 너희가 성경에서 영생을 얻는 줄 생각하고 성경을 상고하거니와 이 성경이 곧 내게 대하여 증거하는 것이로다. (요한복음 5 : 39)

▼ 오직 이것을 기록함은 너희로 예수께서 하나님의 아들 그리스도이심을 믿게 하려 함이요, 또 너희로 믿고 그 이름을 힘입어 생명을 얻게 하려 함이니라. (요한복음 20 : 31)

▼ 예수는 우리 범죄함을 위하여 내어줌이 되고 또한 우리를 의롭다 하심을 위하여 살아나셨느니라. (로마서 4 : 25)

기 초

제 2 장

상세 목차

제2장 제1절 흙막이공

제2장 제2절 기초공

| 1-1 | 현장책임자로서 구조물의 직접기초 터파기공사를 계획할 때 현장여건별 적정 굴착공법을 개착식, Island방식, Trench방식으로 구분하여 설명하고 공법별 시공수준을 기술하시오. [08후, 25점] |
| 1-2 | 트랜치 커트공법 [05후, 10점] |

I. 개 요

구조물의 기초를 형성하기 위한 흙파기 형식에는 개착식(Open Cut), Island 방식, Trench 방식이 있으며, 현장 여건에 적정한 공법을 선정한다.

II. 개착식(Open Cut)

(1) 정의

기초파기에 있어서 구조물 밑부분을 온통 파내는 것으로, 종류에는 비탈면 Open Cut 공법과 흙막이 Open Cut 공법이 있다.

(2) 비탈면 Open Cut 공법

① 흙파기를 하고자 하는 비탈면에 사면의 안전을 확보하고 기초파기를 하는 공법으로 경사면 보호, 배수로, 집수정 등을 설치하는 경미한 터파기공법

② 특징

㉠ 지보공 흙막이가 없으므로 경제적

㉡ 시공에 제약을 받지 않기 때문에 공기가 단축

㉢ 넓은 부지가 필요하며 깊은 굴착시 토량증가로 비경제적

(3) 흙막이 Open Cut 공법

① 붕괴의 우려가 있는 흙의 이동을 흙막이에 의해 지지시키면서 굴착하는 공법

② 특징

㉠ 부지 전체의 구조물 구축으로 대지의 활용도 양호

㉡ 반출토사 감소

㉢ 흙막이 지보공으로 작업의 장애

③ 분류

    ㉠ 자립공법 : 배면토 측압을 흙막이 벽체의 자립에 의해 지지하면서 흙파기를 하는 공법

    ㉡ 버팀대공법(Strut 공법) : 붕괴의 우려가 있는 흙의 이동을 버팀대로 지지하는 공법

    ㉢ 앵커 지지공법(Tie Rod Anchor 공법) : 흙막이 외부의 지표면을 이용하여 고정 지지말뚝을 박고 어미말뚝을 당김으로써 흙의 붕괴에 저항하는 공법

Ⅲ. Island Cut 공법

(1) 정의

① 흙막이벽이 자립할 수 있는 만큼의 비탈면을 남기고 중앙부를 먼저 흙파기한 후 구조물을 축조하고 경사버팀대 혹은 수평버팀대를 이용하여 잔여 주변부를 흙파기하여 구조물을 완성시키는 공법이다.

② 비탈면 Open Cut 공법과 흙막이 Open Cut 공법의 장점을 살린 공법이다.

(2) 특징

① 얕은 지하구조물로 기초범위가 넓은 공사에 적당

② 대지 전체에 구조물 구축 및 지보공(버팀대) 절약

③ 연약지반에서는 비탈면 관계로 깊은 굴착이 부적당(깊이 10 m 이내)

④ 지하공사 2회 실시로 공기가 길어짐.

Ⅳ. Trench Cut 공법

(1) 정의

① 지반이 연약하여 Open Cut 공법을 실시할 수 없거나, 지하 구조체의 면적이 넓어 흙막이 가설비가 과다할 때 적용하는 공법이다.

② Island Cut 공법과 역순으로 흙을 파내는 공법이다.

(2) 시공순서

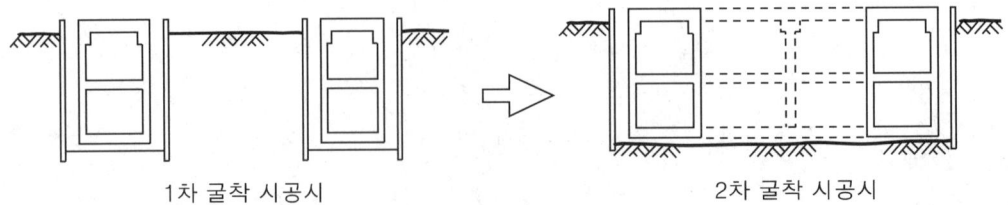

1차 굴착 시공시   2차 굴착 시공시

〈Trench Cut 공법〉

① 외주 부분 흙막이벽 설치
② 외주 부분 굴착
③ 외주 부분 구조체 축조
④ 중앙부의 나머지 부분 굴착
⑤ 중앙부 구조물을 외주 부분 구조물과 연결하여 지하구조물 완성

(3) 특징
① 중앙 부분의 공간활용이 가능
② 버팀대의 길이가 짧아 변형이 적음.
③ 흙막이벽(내측 흙막이벽)의 이중설치로 비경제적
④ 깊은 굴착에 부적당
⑤ Island Cut 공법보다 공기가 길다.

V. 결 론

흙파기공사의 계획시에는 우선적으로 지질과 지형을 파악하여야 하며, 공사기간, 경제성 등을 고려하여 현장에 적합한 공법을 선정하여야 한다.

> **1-3** 지하굴토 토류벽 구조물에서 각 부재의 역할과 지지방식에 따른 특성에 대하여 기술하시오.　　　　　　　　　　　　　　　　　　　　　　[97중후, 33점]
>
> **1-4** 흙막이 구조물 시공방법 선정시 고려사항과 지보형식에 따른 현장조건에 대하여 설명하시오.　　　　　　　　　　　　　　　　　　　　　　[05중, 25점]
>
> **1-5** 흙막이벽의 종류(지지구조, 형식, 지하수 처리) 및 특징을 설명하시오.
> 　　　　　　　　　　　　　　　　　　　　　　　　　　　　　[08전, 25점]

I. 개 요

흙막이벽은 흙막이 배면에 작용하는 토압에 대응하는 구조물로서 기초굴착에 따른 지반의 붕괴와 물의 침입을 방지하기 위해 설치한다.

II. 흙막이벽의 종류

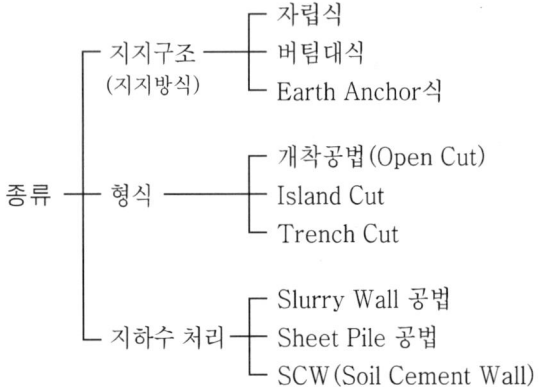

```
                    ┌ 자립식
        ┌ 지지구조 ─┼ 버팀대식
        │ (지지방식) └ Earth Anchor식
        │
        │          ┌ 개착공법(Open Cut)
  종류 ─┼ 형식 ────┼ Island Cut
        │          └ Trench Cut
        │
        │          ┌ Slurry Wall 공법
        └ 지하수 처리┼ Sheet Pile 공법
                    └ SCW(Soil Cement Wall)
```

III. 각 부재의 역할

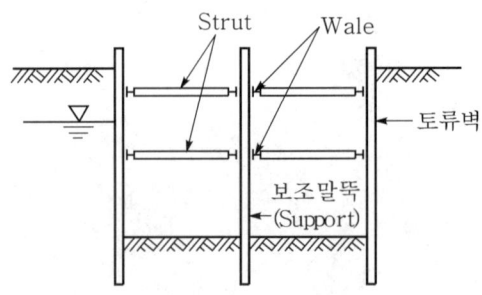

(1) 엄지말뚝

　① 토류판 System의 안정과 직접적인 관계가 있다.

　② 굴착 저면의 heaving 방지

　③ 토류판으로부터 전해오는 반력에 저항

　④ 주로 H형강을 사용

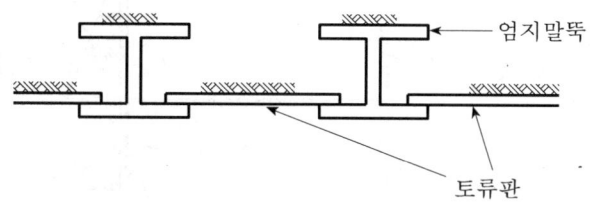

(2) 토류판

　① 굴착이 진행됨에 따라 설치하는 수평 흙막이판

　② 토압에 직접 저항하는 역할

(3) 띠장(Wale)

　① 토류판이나 Sheet pile로부터의 반력을 Strut에 전달하는 역할

　② 엄지말뚝이나 Sheet pile로부터 전해오는 수평반력에 저항

(4) 버팀대(Strut)

　① 띠장으로부터 전해오는 반력을 지지하는 압축부재

　② Wale과 Strut은 견고하게 밀착시켜야 하며 같은 간격 및 동일 위치에 두어야 한다.

　③ Strut의 길이는 되도록 짧게 하는 것이 좋고 이를 위해 중간말뚝을 설치한다.

(5) Support

　① 압축을 받는 Strut의 좌굴을 방지한다.

　② Strut의 단면감소와 안전확보

Ⅳ. 종류별 특징

1. 자립식

(1) 정의

　말뚝의 휨강성과 밑넣기 부분의 가로저항에 의존하는 구조로 널말뚝 또는 어미말뚝을 지중에 박아 설치하는 공법이다.

(2) 특징

① 공사비가 저렴

② 수평변위량이 커지면 주위지반에 위험을 초래

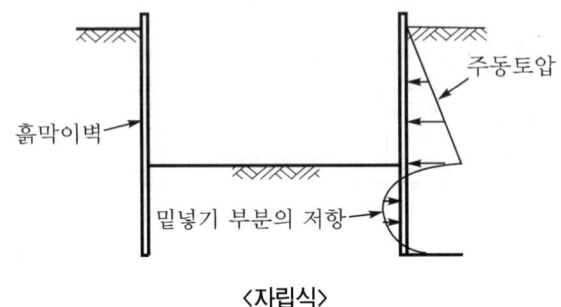

〈자립식〉

(3) 현장적용조건

① 양호한 지반

② 굴착깊이가 비교적 얕은 경우

③ 부지의 여유가 없는 경우

④ 수직굴착이 필요한 경우

(4) 선정시 고려사항

① 흙막이 밑둥 부분을 충분히 관입

② Earth Anchor 공법의 겸용을 고려

2. 버팀대식

(1) 정의

흙막이벽 안쪽에 띠장, 버팀대, 지지말뚝을 설치하여 토압 및 수압 등에 대하여 저항시키면서 굴착하는 공법이다.

(2) 특징

① 단순구조 : 수평버팀재와 띠장, 하중잭 등으로 구성재료가 단순하고, 설치시공이 쉽다.

② 동시작업 : 굴착되는 과정에서 굴착에 이은 동시작업으로 수평버팀공을 설치하여 나간다.

③ 중간기둥 보강 : 양측 벽면과의 간격이 멀 경우 수평버팀대의 좌굴방지를 위하여 중간기둥을 설치한다.

④ Preloading : Screw Jack을 이용하여 수평버팀재에 잭을 설치하여 띠장을 버팀함으로써 작용토압과 수압에 저항한다.

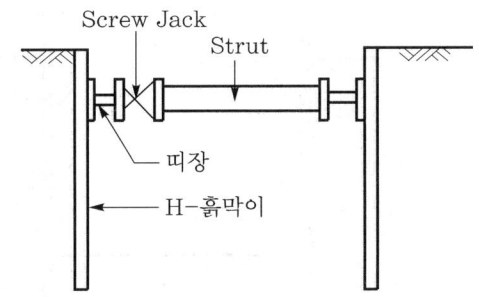

⑤ **재활용 가능** : 사용된 Strut재와 띠장재료를 회수하여 재활용할 수 있어 경제성이 있다.

⑥ **인접 구조물 영향** : 굴착작업장에 수평재를 설치하는 작업으로 흙막이벽의 변형을 최소화할 수 있어 인접 지반, 구조물에 대한 영향을 줄일 수가 있다.

⑦ **본작업에 지장 초래** : 깊이가 깊고 간격이 넓을 경우 중간기둥, 수평재 및 띠장의 증가로 인하여 본공사에 장애가 되는 경우가 있다.

(3) 현장적용조건

① 작업현장이 협소한 곳

② 도심지 민가 밀집지역

③ 연약지반 굴착현장

④ 지반내 응력이 크게 작용하는 곳

(4) 시공시 유의사항(선정시 고려사항)

① **Strut의 변형** : 작용하는 토압에 의하여 변형이 발생하지 않게 설치간격을 준수한다.

② **Wale의 변형** : 흙막이벽에 작용하는 토압을 Strut에 전달하는 역할을 하는 구조체로서 비틀림, 탈락 등의 변형이 발생하지 않게 소정의 강도를 가지는 재료를 사용한다.

③ **연결부** : Wale과 Strut의 연결부에는 고장력 Bolt로 긴결하게 조임한다.

④ **중간기둥** : 양측 흙막이벽과의 거리가 멀 때 Strut의 처짐을 방지하기 위한 중간기둥을 설치한다.

3. Earth Anchor식

(1) 정의

버팀대를 대신하여 흙막이 배면 지중에 Anchor체를 설치하고, 인상내력을 주어 흙막이벽을 지지하는 공법이다.

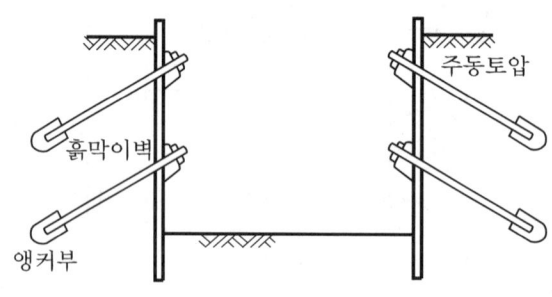

<Earth Anchor 지지방식>

(2) 특징
① 시공성이 있음 : 지중에 앵커체를 삽입하여 긴장함으로써 작업이 완료되므로 시공성이 좋다.
② 작업설비가 간단 : 천공작업기, 인장기계, 그라우팅기계 등으로 작업기계 조합이 단순하며, 그 밖의 작업설비가 필요하지 않다.
③ 작업공간 확보 : 굴착현장에 버팀대, 중간기둥 등의 설치가 필요치 않으므로 작업공간 활용이 매우 좋다.
④ 굴착작업 용이 : 대형 굴착기계의 현장반입이 가능해져 굴착작업이 용이하므로 굴착공사 진척이 매우 좋다.
⑤ 인접 구조물 영향 : 작업현장 주변의 구조물 및 매설물이 많은 경우 앵커체의 설치가 곤란하여 어려움이 많다.
⑥ 깊은 굴착작업 곤란 : 굴착심도가 깊은 지하 굴착작업시 토압과 수압의 증가로 적용이 곤란하다.

(3) 현장적용조건
① 작업공간의 확보가 필요한 현장
② 지하수위가 낮은 굴착현장
③ 굴착심도가 그다지 깊지 않은 곳
④ 인근에 구조물이 밀집되지 않은 곳
⑤ 연약지반이 아닌 굳은 지반

(4) 시공시 유의사항(선정시 고려사항)
① 인장재 : 부착된 녹과 이물질 등을 제거하여 부착력을 향상시킨다.
② 그라우팅 재료 : 인장재의 부식방지 및 방수효과가 있어야 하고, 굴착면 주위로 그라우팅이 잘 스며들어 부착력을 증대시켜야 한다.
③ 공벽붕괴 : 천공시 공벽의 붕괴가 없도록 천천히 시공해야 하며, 저진동기계를 선택하여 공벽붕괴를 미연에 방지한다.

④ 사용수 : 순환수는 청정수, 음료수를 사용해야 하며, 해수는 인장재의 부식을 초
　 래하므로 사용해서는 안 된다.

⑤ 안전성 : 인장작업중에 안전선반을 설치하고 진동, 충격에 유의해야 한다.

⑥ 주입압 : 점토지반인 경우 인발력이 약하므로 주입압에 유의한다.

⑦ 피압수 : 굴착천공중 시멘트 또는 약액을 주입하여 안정처리하면서 천공한다.

⑧ 계측관리 : 앵커체 두부에 Load Cell을 설치하여 하중상태를 점검하고, 특히 강
　 우 후 토류판 배면에 응력손실을 점검한다.

4. 개착공법(Open Cut)

(1) 정의
기초 터파기에 있어서 구조물의 밑부분을 온통 파내는 공법이다.

(2) 특징
① 지보공 흙막이가 없으므로 경제적이다.
② 시공에 제약을 받지 않기 때문에 공기단축이 가능하다.

(3) 현장적용조건
① 넓은 부지
② 주변 구조물의 영향이 적은 곳

(4) 선정시 고려사항
① 토량증가로 인한 경제성
② 자연경사 미확보시 붕괴 우려

5. Island Cut 공법

(1) 정의
흙막이벽이 자립할 수 있는 만큼의 비탈면을 남기고 중앙부를 먼저 흙파기한 후
구조물을 축조하고 경사버팀대 혹은 수평버팀대를 이용하여 잔여 주변부를 흙파기
하여 구조물을 완성시키는 공법이다.

(2) 특징
① 대지 전체에 구조물 구축 및 지보공(버팀대) 절약
② 연약지반에서는 비탈면 관계로 깊은 굴착이 부적당(깊이 10 m 이내)
③ 지하공사 2회 실시로 공기가 길어짐.

(3) 현장적용조건

    ① 얕은 지하구조물 축조

    ② 기초의 범위가 넓은 공사

(4) 선정시 고려사항

    ① 공기가 길어지므로 공기에 대한 고려

    ② 지하 깊이 10m 이상시에는 부적절

    ③ 선설치 구조물과 후설치 구조물간의 Joint 처리

6. Trench Cut 공법

(1) 정의

    ① 지반이 연약하여 Open Cut 공법을 실시할 수 없거나, 지하구조체의 면적이 넓어 흙막이 가설비가 과다할 때 적용하는 공법이다.

    ② Island Cut 공법과 역순으로 흙을 파내는 공법이다.

(2) 시공순서

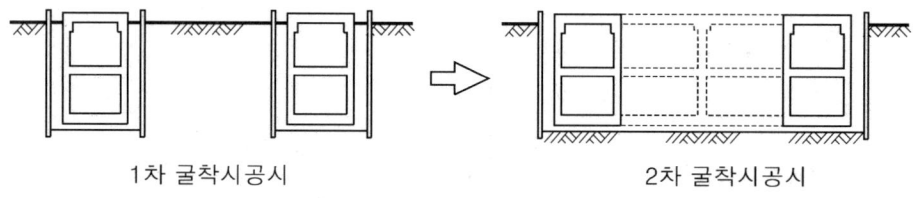

1차 굴착시공시   2차 굴착시공시

〈Trench Cut 공법〉

    ① 외주 부분 흙막이벽 설치

    ② 외주 부분 굴착

    ③ 외주 부분 구조체 축조

    ④ 중앙부의 나머지 부분 굴착

    ⑤ 중앙부 구조물을 외주 부분 구조물과 연결하여 지하구조물 완성

(3) 특징

    ① 중앙 부분의 공간활용 가능

    ② 버팀대의 길이가 짧아 변형이 적다.

    ③ 흙막이벽(내측 흙막이벽)의 이중설치로 비경제적이다.

    ④ 깊은 굴착에 부적당하다.

    ⑤ Island Cut 공법보다 공기가 길다.

(4) 현장적용조건

① 지반이 극히 연약하여 온통 파기가 곤란할 때

② Heaving 현상이 예상될 때

③ 굴착면적이 넓어 버팀대를 가설하여도 변형이 심히 우려될 때

(5) 선정시 고려사항

① 공기가 많이 늘어나므로 공기에 대한 고려 필요

② 버팀대의 변형에 대한 대책 마련

③ 굴착깊이에 대한 고려(깊은 굴착시 곤란)

7. Slurry Wall 공법

(1) 정의

안정액으로 벽체의 붕괴를 방지하면서 지하로 트렌치를 굴착하여 철근망을 삽입 후 Concrete를 타설한 지하벽을 연속으로 축조하는 공법이다.

(2) 특징

① 타공법에 비해 차수성이 가장 우수

② 토류벽 단면성능이 우수하고, 구조적으로 안전

③ 다양한 지반조건에 대한 적용이 가능

④ 깊은 굴착시공에 우수한 공법

⑤ 고도의 기술과 경험이 필요하고, 철저한 품질관리 요망

⑥ 저소음, 저진동으로 도심지의 시가지 공사에 적합

(3) 현장적용조건

① 모든 지반에 적용 가능

② 깊은 굴착에도 적용 가능

(4) 선정시 고려사항

① 장비가 대형이므로 장소의 제약을 고려

② 기능공의 기능 정도 파악

③ 콘크리트에 대한 품질관리의 철저한 계획

8. Sheet Pile 공법

(1) 정의
① Sheet Pile을 지중에 박아 토압을 지지하고 이것을 띠장, 버팀대, 동바리로 지지하는 공법
② 이음구조로 된 U형, Z형, I형 등의 강널말뚝을 연속하여 지중에 관입

(2) 특징
① 지하수위가 높고, 연약지반에 적합
② 차수성이 우수
③ 시공이 용이하며, 공사비가 저렴
④ 근입깊이를 깊게 하여 Heaving 방지

(a) U형   (b) Z형

〈강널말뚝 연결〉

(3) 현장적용조건
① 점토질 지반
② 양호한 차수성능이 필요한 지반

(4) 시공시 유의사항
① 타입시 직타로 인한 소음, 진공 등의 공해
② 직타로 인한 이음부 결합 발생시 차수성 저하
③ 자갈이 섞인 토질에는 관입이 곤란
④ 휨이 크므로 버팀대의 설치가 지연되고, 설치간격이 너무 넓으면 수평변형 발생
⑤ 재사용이 곤란하여 재료회수율이 적다.

9. SCW(Soil Cement Wall) 공법

(1) 정의
지하연속벽공법 중의 하나로 Soil에 직접 Cement Paste를 혼합하여 현장 Con′c Pile을 연속시켜 지중연속벽을 완성시키는 공법으로 토류벽, 차수벽에 이용한다.

(2) 특징
① 차수성이 우수하다.
② 공기단축 등 공사비가 저렴하다.

③ 소음 진동 및 주변의 피해가 적다.

④ 시공기술능력에 따라 품질의 편차가 크다.

⑤ 토사성질의 양부가 강도를 좌우한다.

(3) 현장적용조건

① 양질의 토사지반

② 암반지역은 적용이 곤란

(4) 시공시 유의사항(선정시 고려사항)

① 근입장의 깊이는 1.5~2 m 유지

② Auger 설치시 Rod 수직도 체크

③ 지하수 이동 여부를 사전에 조사

V. 결 론

흙막이벽은 토압에 대한 안전 및 근입깊이의 검토와 인접 구조물에 대한 악영향이 없어야 하며 철저한 계측관리가 선행되어야 한다.

1-6 모래가 섞인 자갈층과 전석층($N > 40$)이 두꺼운 지층구조(깊이 20m)에서 기존 건물에 근접한 시트파일 토류벽을 시공하고자 한다. 연직토류벽체의 평면선형 변화가 많을 때 시트파일의 시공방법과 시공시 유의사항을 설명하시오. [09중, 25점]

1-7 연약한 점성토지반에 개착터널인 지하철을 건설하기 위하여 흙막이 가시설로 시트파일(Sheet Pile) 공법을 채택하고자 한다. 이 공법을 적용하기 위한 사전조사 사항과 시공시 발생하는 문제점 및 방지대책에 대하여 설명하시오. [11중, 25점]

Ⅰ. 개 요

(1) 철재의 널말뚝을 연속해서 박아 수밀성 있는 흙막이벽을 만들어, 이것을 띠장·버팀대로 지지하는 공법이다.

(2) 용수가 많고 토압이 크고 기초가 깊을 때 쓰이며, 이음구조로 된 U형·Z형·I형 등의 강널말뚝을 연속하여 지중에 관입한다.

Ⅱ. Sheet Pile의 종류

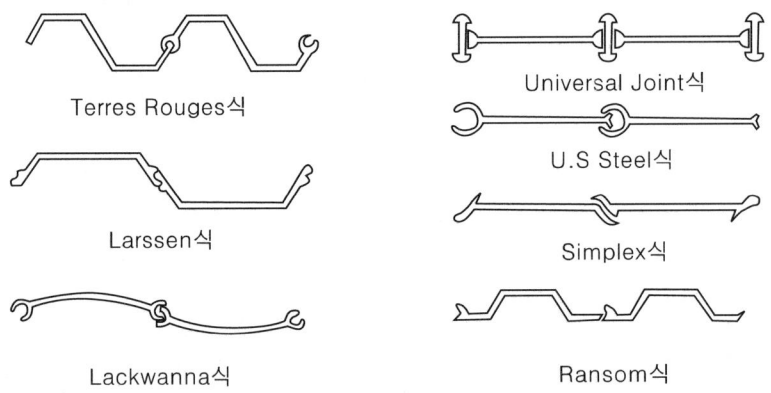

Terres Rouges식

Larssen식

Lackwanna식

Universal Joint식

U.S Steel식

Simplex식

Ransom식

〈Steel Sheet Pile 공법〉

Ⅲ. 사전조사 사항

(1) 설계도서 검토
 ① 설계도면·시방서·구조계산서 검토, 도면과 현장의 차이점 분석
 ② 굴착단면 검토

(2) 계약조건
 ① 제반 계약서의 내용 숙지
 ② 관계법령, 법적 규제조건 조사

(3) 부지의 상황
    ① 도로경계선과 인접구조물의 경계선 확인
    ② 지반의 고저차

(4) 매설물
    ① 기존구조물의 위치형상, 매설물의 위치, 치수
    ② 기존구조물이 공사에 미치는 영향

(5) 공작물
    ① 전주, 가로수, 통신, 케이블, 수도 등 부지외 공작물과 부지내 공작물 파악
    ② 연못, 우물, 옥외등, 수목 등의 위치

(6) 교통상황
    ① 부지까지의 도로폭
    ② 주변도로의 상황, 잔토처리장까지의 경로

(7) 인접구조물
    ① 인접구조물과의 거리, 구조형식, 지하실의 크기
    ② 특수구조물의 존재 여부

(8) 지반의 구성
    ① 지층의 구성순서 파악
    ② 각 층의 두께

(9) 지층의 토질형상
    ① 물리적 성상 : 단위용적 중량, 입도분포
    ② 역학적 성상 : 점착력, 내부마찰각, 일축압축강도
    ③ 수리적 성상 : 투수성, 간극수압

(10) 지하수 상태
    수위, 수압, 수량, 피압수 파악

(11) 지반의 고저
    ① 전면도로와 지반의 고저차 분석
    ② 인접구조물과 굴착장 저면의 높이 차이
    ③ 도로복구 여부 파악

(12) 계절 및 기상
    ① 강우량, 집중호우, 하천범람, 지반침하 여부
    ② 안전상, 공기상 대책을 수립

Ⅳ. 시공방법 및 시공시 유의사항

시공방법 ┬─ 타입공법
        ├─ 압입식 타입공법
        └─ Water Jet 병용공법

1. 타입공법

(1) 정의
    ① Sheet Pile을 한 개씩 또는 여러 개씩 세워 놓고 항타장비를 이용하여 차례로 타입하는 공법이다.
    ② 직하에 의해 설치가 가능하나, 불가능할 경우 천공후 타입한다.

(2) 특징
    ① Sheet Pile의 경사나 비틀림 방지
    ② 시공이 간단하고 빠름
    ③ 직타로 인한 소음·진동의 발생
    ④ 자갈이 섞인 지반에는 적용이 곤란

(3) 시공시 유의사항
    ① 타입시 경사 유지
    ② 맞물림 관입(Sheet Pile 타입 중 이음부의 마찰저항으로 인하여 인접 Sheet Pile을 끌고 내려가는 현상)에 유의
    ③ 이음부의 회전으로 인한 틈 발생
    ④ Sheet Pile 벽체의 늘어짐과 줄어듦
    ⑤ 항타장비의 이동

2. 압입식 타입공법

(1) 정의
    ① 압입식 항타기를 이용하여 Sheet Pile을 진동시켜 밀어 넣는 공법

② 무진동·무소음 항타방식으로 수상작업 및 높이와 공간이 제한된 장소에서 사용하는 공법이다.

(2) 특징
① 무진동·무소음 공법
② 건설공해로 인한 민원 방지
③ 협소한 공간에서 작업 가능
④ 반력받침대 설치 등으로 시공시간이 다소 느림

(3) 시공시 유의사항
① 압입후 마지막에는 직타 필요
② 이음부의 누수 발생
③ Sheet Pile 하부의 파손시 관입 곤란
④ 진동으로 인한 지반의 배열상태 변화
⑤ 수상작업시 녹 발생

3. Water Jet 병용공법

(1) 정의
일반적인 타입이 곤란한 단단한 지반에 적용하는 방식으로, Water Jet으로 지반을 천공하면서 Sheet Pile을 설치하는 공법이다.

(2) 특징
① 단단한 점성토, 모래·자갈 등에도 시공 가능
② 풍화암이나 연암층에도 시공 가능
③ 시공시 필요한 장비가 많아져 공사비가 고가
④ 시공속도가 느림.

(3) 시공시 유의사항
① 고압호스의 고압 유지
② Sheet Pile 수직도 유지
③ 이음부에 토사유입 방지
④ Slime 처리 철저
⑤ 마지막 타격시 Sheet Pile의 파손

V. 문제점

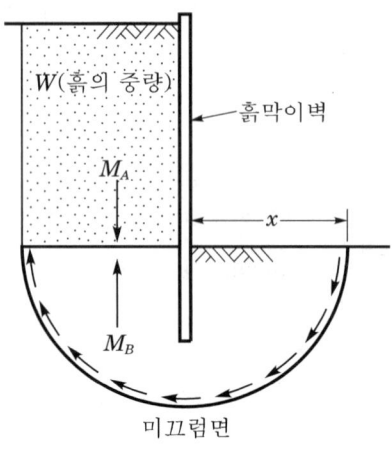

<Heaving 현상>

(1) Heaving 발생
  ① 흙막이벽의 근입장 부족
  ② 흙막이벽 내외의 흙이 중량 차이가 클 때
  ③ 개념도

  $M_A > M_B \times$ 안전율일 때 Heaving 발생
  - M_A(회전모멘트)$= W \times x/2$
  - $M_B =$ 마찰면적 $\times$ 흙의 점착력
  - 안전율 $= 1.2$ 이상

(2) 건설공해 발생
  ① 직타로 인한 소음 발생
  ② 인접 지반에 진동 발생

(3) 자갈층 관입 곤란
  ① 자갈이 섞인 토질에는 관입 곤란
  ② 지반에 호박돌 등이 섞인 경질지반에는 관입 곤란

(4) 수평변형 발생
  설치간격이 너무 넓으면 수평변형 발생

(5) 휨 발생
  ① 타격에너지가 너무 클 경우
  ② 지중에 자갈이나 호박돌 존재시

(6) 녹 발생
  지중에서 부식하여 녹 발생

(7) 맞물림 관입
  타입시 인접 Sheet Pile을 끌고 내려가는 현상

(8) 이음부 이탈
  ① 타입 Hammer의 중량 과다
  ② 이음부의 마찰저항 향상

VI. 방지대책

(1) Heaving 방지대책
① 흙막이의 근입장을 경질지반까지 박는다.
② 부분굴착을 하여 굴착지반의 안정성을 높인다.
③ Island Cut 공법을 채용해서 흙막이벽 전면에 중량을 부여한다.
④ 약액주입공법, 동결공법 등으로 굴착 저면을 고결시킨다.
⑤ 강성이 큰 흙막이를 사용한다.

(2) 무소음·무진동 공법 채택
① 목재의 쿠션을 설치하여 소음의 최소화   ② 진동압입공법 선택

(3) 녹막이칠 철저
① 내구성이 보장되는 녹막이칠 실시
② Sheet Pile에 녹이 발생하지 않도록 조치

(4) 설치간격 조정
수평변형 발생 방지

(5) 타격에너지 조절
Sheet Pile의 휨 발생 방지

(6) 균등한 재질을 사용
① 우수한 차수성 유지   ② 시공성 확보

(7) 근입장을 깊게
흙막이벽의 자립성 확보

(8) 이음부에 윤활유 도포
① 이음부 마찰저항 감소   ② 맞물림 관입 방지
③ 이음부 이탈 방지

VII. 결 론

Sheet Pile 공법은 차수성이 우수하여 연약 점성토지반뿐 아니라 가물막이에도 많이 사용되므로, 이음부의 관리가 매우 중요하다.

1-8 지하수위가 높은 지역의 정수장 지하구조물 시공법 선정시 고려해야 할 사항과 각 공법 시공시 유의해야 할 사항을 기술하시오. [03중, 25점]

Ⅰ. 개 요

지하수위가 비교적 높은 지역에서는 터파기 저면의 Dry Work 작업에 상당한 노력이 필요하므로 정확한 지반조사와 적절 배수공법의 선정이 선행되어야 한다.

Ⅱ. 지하수가 공사에 미치는 영향

(1) 지반침하
(2) 토압 증가
(3) 안전사고 발생
(4) 공기지연
(5) 공사비 상승

Ⅲ. 공법 선정시 고려사항

(1) 배수대책 수립
  ① Boiling 현상 방지를 위하여 복수공법의 적용 검토
  ② 차수성이 우수한 공법 선정

(2) 과재하 방지
  ① 가설재가 한곳에 집중되어 과하중되는 것을 방지
  ② 토류벽 주위에 대형장비 접근금지

(3) 토사유출 방지
  ① 연약지반에서 미세립의 토사가 지하수와 같이 흘러내리는 현상 방지
  ② 강제배수공법으로 지하수 제거후 그라우팅 및 약액주입공법 적용

(4) 인접지반 보강
  ① 배수공사로 인한 침하발생 우려가 있을 경우 복수공법 시행
  ② 복수공법의 선택이 어려울 경우 Underpinning 실시

(5) Boiling 방지
　① 근입장을 불투수층까지 근입
　② 강제배수공법에 의한 지하수위 저하

(6) Heaving 방지
　① 근입장을 경질지반까지 근입
　② 무리한 터파기 금지

(7) 지반개량
　① 간극수압을 감소시켜 지반의 성질을 개량
　② 약액주입으로 지반을 고결하여 안정성 확보

(8) Underpinning
　① 보조 보강공법으로 이중널말뚝을 설치하여 인접구조물의 침하 방지
　② 차단벽을 설치하여 지하수위 저하를 저지

(9) 토류벽 뒤채움 철저
　① 뒤채움시 시방서에 명시한 기준들을 준수
　② 깬 자갈, 모래 혼합물 등 다짐재료의 적합 여부 검토

(10) 계측관리 철저
　① 공사의 안전성 및 적합성 판단
　② 종류
　　㉠ Strain Gauge(변형계) : Wale이나 Strut 구조물에 부착하여 굴착작업에 따른 구조물의 변형 측정
　　㉡ Load Cell(하중계) : 흙막이 부재의 응력을 측정하여 부재의 안정상태 파악
　　㉢ Inclino Meter(경사계) : 굴착에 따른 지반의 심도별 수평변위량의 위치와 방향 및 크기 측정
　　㉣ Water Level Meter(수위계) : 토류벽 외부에 천공을 하여 설치, 지하수위 변화 관측

Ⅳ. 각 공법의 유의사항

(1) Slurry Wall 공법
　① 굴착기계의 수직도 유지 및 시공오차는 10 cm 이내
　② 굴착시 선단부는 교란되기 쉬우므로 시공속도를 조정하여 천천히 시공

③ Slime은 구조체의 질을 떨어뜨리는 요인이 되므로 Slime 처리 철저

④ 기계 인발을 빨리 진행할 경우 지반붕괴 현상이 발생하므로 천천히 인발

⑤ Bentonite 용액 관리를 철저히 하여 공벽붕괴를 방지

(2) SCW(Soil Cement Wall) 공법

① 근입장의 깊이는 1.5~2 m 유지

② Auger 설치시 Rod 수직도 체크

③ 지하수 이동 여부를 사전에 조사

(3) CIP(Cast In Place Pile) 공법

① 굴착 및 주입시 상부의 표토층붕괴 방지를 위해 표층 Casing(공 드럼) 설치

② 굴착은 주입효과를 높이기 위해 일정간격으로 굴착

③ 25 mm 이하의 굵은 골재를 균일하게 충전

④ 철근망 삽입과 동시에 모르타르 주입관 설치

(4) Sheet Pile 공법

① 근입깊이를 깊게 하여 Heaving 방지

② 타입시 직타로 인한 소음공해

③ 자갈이 섞인 토질에는 관입 곤란

④ 휨이 크므로 버팀대의 설치가 지연되지 않도록 유의

V. 결 론

지하수위가 높은 지역에서의 시공계획은 충분한 사전조사와 적절한 지하수 처리 및 적정 공법의 선택으로 세밀한 검토가 이루어져야 한다.

1-9 점토질 지반에서 개착공법으로 시공할 때 흙막이 엄지말뚝만 박고 동바리 (Sturut) 없이 2~3m를 수직으로 굴착한 후에 동바리를 설치하고, 계속 굴착 시 공한다.
1) 지반을 수직으로 굴착할 수 있는 이유를 설명하고,
2) 안정된 흙막이 동바리(Strut) 설치방법을 3가지만 기술하시오.   [99전, 30점]

I. 개 요

(1) 점토질지반은 점착력이 있는 지반으로, 토립자간의 점착력에 의해 어느 정도 깊이 까지는 붕괴 없이 수직으로 굴착이 가능하다.

(2) 도심지 시공에서는 여유부지가 없고 인근구조물의 영향을 최소화하기 위하여 H형강 토류벽공법으로 시공하여 지반을 굴착하면서 동바리를 시공하는 공법을 이용한다.

II. 흙막이공법의 종류

(1) H형강 토류벽공법
(2) Sheet Pile 공법
(3) Slurry Wall 공법

III. 지반을 수직으로 굴착할 수 있는 이유

(1) 점성토지반의 주동토압(점착력이 있을 때의 주동토압 공식)

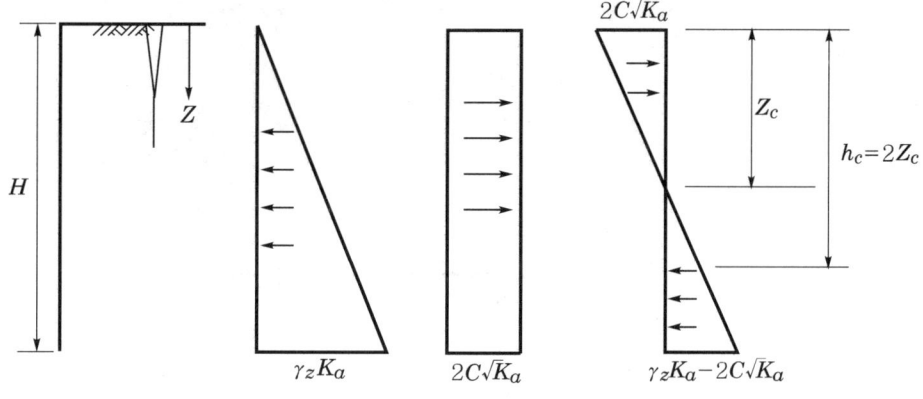

$$\sigma_{ha} = \gamma Z \tan^2\left(45 - \frac{\phi}{2}\right) - 2C \tan\left(45 - \frac{\phi}{2}\right) = \gamma Z K_a - 2C\sqrt{K_a}$$

(2) 인장균열의 발생깊이(Z_c)

① 지표면에서 $\sigma_{ha} = 0$인 지점까지 인장을 받아 균열이 발생하는데, 이를 인장균열 (tension crack)이라 한다.

② 식 $\gamma Z K_a - 2C\sqrt{K_a} = 0$에서

$$Z_c = \frac{2C}{r\sqrt{K_a}} = \frac{2C}{r}\tan\left(45 + \frac{\phi}{2}\right)$$

③ 만일 비배수 조건으로 $\phi = 0$, $K_a = \tan^2(45) = 1$이 되므로 $Z_c = \frac{2C}{r}$가 된다.

④ 그러므로 지반을 파놓아도 무너지지 않는 한계깊이(h_c)는 인장균열의 발생깊이 Z_c의 2배가 된다.

$$h_c = 2Z_c = 2\frac{2C}{r}\sqrt{K_P} = \frac{4C}{r}\sqrt{K_P}$$

⑤ 점토질 지반에서는 지반 자체가 가지고 있는 점착력 C에 의해서 동바리 없이 2~3m 깊이(한계깊이)까지 먼저 굴착한 후 동바리를 설치한다.

Ⅳ. 안정된 흙막이 동바리 설치방법 3가지

1. 자립식

(1) 정의

말뚝의 휨강성과 밑넣기 부분의 가로저항에 의존하는 구조로 널말뚝 또는 엄지말 뚝을 지중에 박아 설치하는 공법

(2) 특징

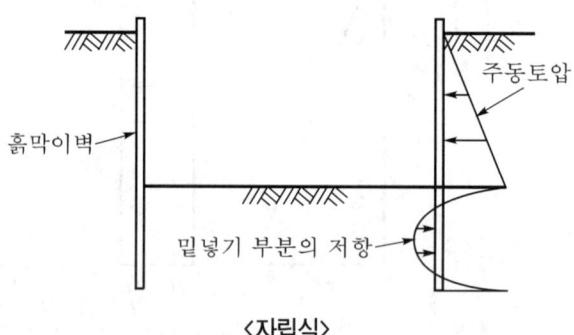

〈자립식〉

① 지반이 양호하며 굴착깊이가 비교적 얕은 경우와 부지의 여유가 없고 수직굴착이 필요한 경우에 사용
② 수평변위량이 커지면 주위 지반에 위험을 초래
③ 공사비가 저렴

2. 버팀대식

(1) 정의
흙막이벽 안쪽에 띠장(Wale), 버팀대(Strut), 지지말뚝(Support)을 설치하여 토압, 수압 등에 대하여 저항시키면서 굴착하는 공법

(2) 종류
① 수평버팀대식
  ㉠ 주위에 흙막이 널말뚝을 박고 내부에 버팀대를 대면서 굴착을 진행하여 가는 공법
  ㉡ 굴착폭이 커지면 버팀대의 길이가 길어져 구조적 안전성이 저하되므로 보조 Pile을 설치하여 수평변위를 방지
  ㉢ 굴착심도가 깊어지면 버팀대 설치수가 많아져 본구조물 시공에 장애를 초래
  ㉣ 지하철 공사의 Open Cut 공법에 많이 이용

② 빗버팀대식
  ㉠ Island 공법처럼 중앙부를 먼저 굴착하고 본체를 구축한 후에 본체의 벽체에 경사지게 버팀대를 걸쳐 지지하는 공법
  ㉡ 버팀대의 길이가 짧아 버팀대의 변형률이 적다.
  ㉢ 수평버팀대식보다 가설비가 적게 든다.
  ㉣ 대지의 고저차가 있는 경우나 한쪽에 커다란 적재하중이 있는 경우 유리

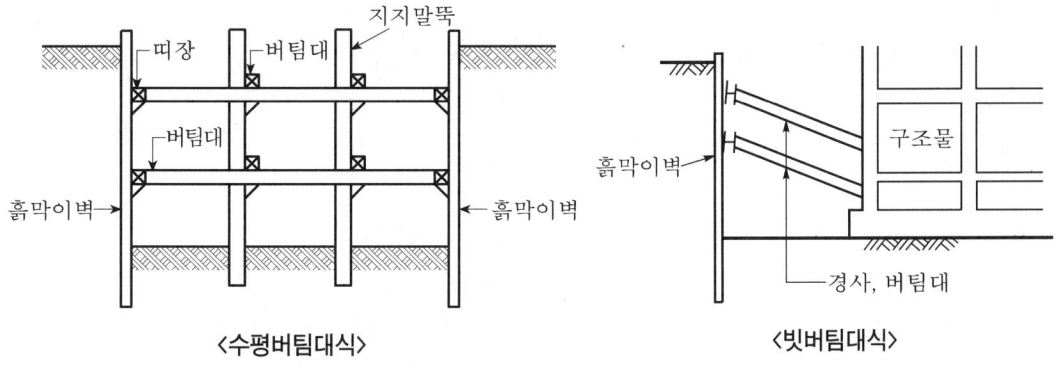

〈수평버팀대식〉　　　　　　　〈빗버팀대식〉

3. Earth Anchor식

(1) 정 의

버팀대를 대신하여 흙막이벽 배면 지중에 Anchor체를 설치하여 인장내력을 주어 지지하는 공법으로 지하수위가 높지 않은 경우에 사용

(2) 특 징

① 버팀대가 없어 굴착공간을 넓게 확보
② 대형기계의 반입 용이
③ 인접한 구조물의 기초나 매설물이 있는 경우 부적합
④ 사질토지반과 굴착심도가 깊어지면 시공 곤란

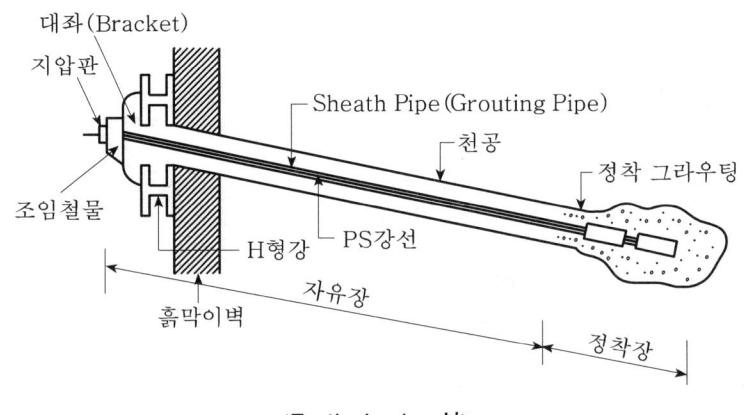

<Earth Anchor식>

V. 시공시 유의사항

(1) 적정 공법 선정   (2) 토류벽 안정성 검토
(3) 배수대책   (4) 인접지반 보강
(5) Boiling, Heaving 예방   (6) 계측관리 실시

VI. 결 론

(1) 점토질지반에서 굴착공사는 충분한 사전조사와 흙막이 설계검토, 적절한 지하수 처리, 적정 공법의 선택 등 세밀한 검토에 의한 계획이 우선 수립되어야 한다.
(2) 최근 흙막이공의 대형화로 전체 공사에 미치는 영향이 더욱 커지고 있으므로 철저한 시공 및 품질관리로 여러 가지 문제점들을 미연에 방지해야 한다.

1-10 Pile Lock   [02전, 10점]

I. 정 의

(1) Pile Lock은 높은 지반에 흙막이 가설구조물로 널말뚝(Sheet pile)을 사용할 때 널말뚝의 연결부에서 발생하는 지하수의 누수를 차단할 목적으로 사용하는 지수재의 일종이다.

(2) 널말뚝 자체의 차수성으로 본구조물 시공에 차질이 예상될 때 널말뚝 이음부에 뿜어 붙혀서 시공하는 공법이다.

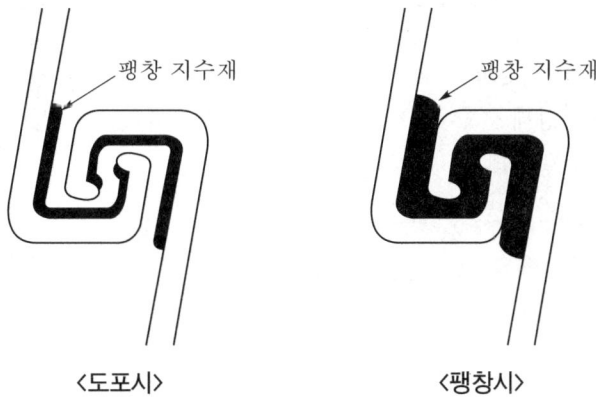

<도포시>   <팽창시>

II. 널말뚝에 사용하는 지수재의 종류

(1) Pile Lock

(2) 케미가드 U-1

(3) Pile Gum

(4) 아데카 울트라실(Seal)

III. Pile Lock 시공

(1) 연결부 청소

와이어 브러시 등으로 Sheet Pile 연결부의 이물질을 제거하고 깨끗하게 청소한다.

(2) 지수재 도포

널말뚝 연결부에 분사기로 지수재를 도포하며, 소규모 공사에서는 붓으로 바르기도
한다.

(3) 양생

타입전 도포한 지수재가 널말뚝에 부착될 수 있게 충분한 시간을 양생시킨다.

(4) 널말뚝 시공

타입된 널말뚝의 연결부에 침투수가 있을 때 도포한 지수재가 10배 이상 팽창하여
연결부에서 누수현상을 차단시킨다.

IV. 차수성에 영향을 미치는 요인

(1) 널말뚝의 부식 정도
(2) 연결부 청소상태
(3) 널말뚝의 변형상태
(4) 시공에서의 경사 및 회전
(5) 수질 및 수압

Ⅰ. 개 요

(1) 지하수위가 높은 지반에서의 굴착은 지하수의 영향으로 시공에서 많은 어려움이 내포되어 있는 시공현장이 된다.

(2) 지수성이 우수하며 주변 침하를 최소화할 수 있고, 지하수위가 높은 연약지반에서의 흙막이 가설구조로서, 영구적인 구조물의 벽체로 사용가능한 공법으로 지하연속벽식의 흙막이공법이 사용된다.

Ⅱ. 지하연속벽(Slurry Wall) 공법의 개요

1. 정의

(1) Slurry Wall 공법은 토공사에서 흙막이 및 차수벽으로 사용하기 위해 지하연속벽으로 축조하는 공법으로 벽식과 주열식이 있다.

(2) 저소음, 저진동 공법으로 주변 지반에 대한 영향을 최소화할 수 있으며, 차수성이 높아 도심지 구조물 근접시공에 유리한 공법이다.

2. 분류

(1) 벽식(壁式) 공법

① Bentonite Slurry에 의해 지반을 안정시킨 후 지중에 철근 Con'c 연속벽을 형성하는 공법이다.

② B.W(Boring Wall), ICOS, Soletanche, ELSE 등이 있다.

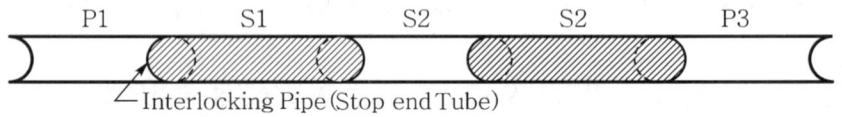

Interlocking Pipe(Stop end Tube)

- 첫 번째 패널은 P1 → P2 → P3 순으로 시공
- 두 번째 패널은 S1 → S2 순으로 시공, Stop end Tube는 사용하지 않음

(2) 주열식(柱列式) 공법

① 지중에 현장타설 Con'c Pile 또는 기성 Pile을 연속 시공하여 벽체를 형성하는 공법이다.

② SCW(Soil Cement Wall) 공법, CIP 등이 있다.

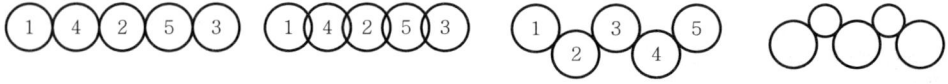

〈접점 배치〉   〈겸침형(Overlap) 배치〉 〈어긋메김(Zigzag) 배치〉   〈혼합 배치〉

3. 특징

(1) 장점

① 저소음, 저진동 공법이다.

② 주변 지반에 대한 영향이 적다.

③ 차수성이 높다.

④ 임의의 치수와 형상이 가능하다.

⑤ 적용지반이 광범위하다.

⑥ 수직정밀도가 우수하다.

(2) 단점

① 공사비가 고가이다.

② 고도의 기술과 경험이 필요하다.

③ Trench 내의 품질확인이 곤란하다.

④ 폐이수에 의한 지하수 오염 우려가 있다.

4. 용도

(1) 지하구조물

(2) 지하철도, 지하통로의 외벽

(3) 차수벽, 방호벽

(4) 안벽, 호안

(5) 펌프장, 정수장의 외벽

(6) 지하탱크, 옹벽, 각종 기초구조물

Ⅲ. 시공순서

(1) 굴착

B.W Long Wall Drill을 사용하며 안정액에 의해 공벽보호

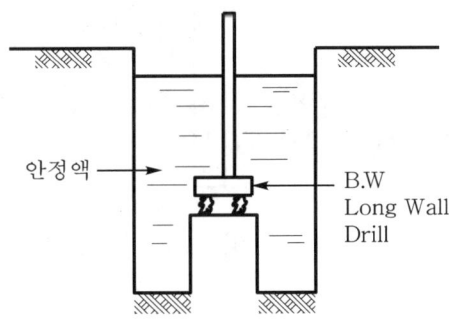

(2) 굴착토 배제

안정액의 순환과 함께 Reverse Circulation에 의해 배제

(3) Slime 처리

굴착종료 3시간후 Slime이 충분히 침전된 후에 제거

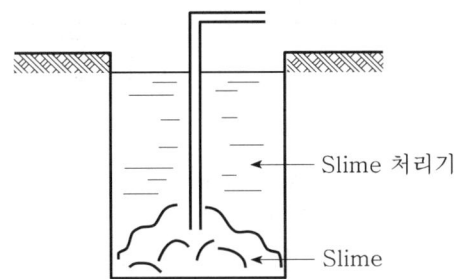

(4) 철근망 삽입

철근망은 굴착전에 미리 현장조립하여 엘리먼트 계획과 철근망의 규격이 동일한지 확인

(5) Tremie관 설치

Tremie관은 Con'c에 2m 묻히도록 하고 천천히 상승시킨다.

(6) Con'c 타설

Tremie관을 통해서 연속타설해야 하며 Slime 제거후 3시간 이내에 타설해야 한다.

(7) Panel의 연속시공

Panel을 연속시켜 연속된 지하벽을 구축한다.

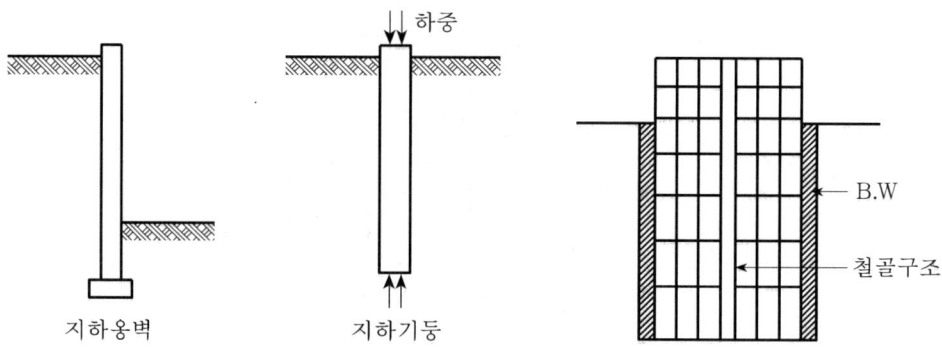

지하옹벽   지하기둥

IV. 시공시 유의사항(내적 및 외적 안정)

(1) 수직도 유지

① 최근 굴착기에는 경사계가 내장되어 있어 수직도의 확인이 가능하다.

② 시공오차는 10cm 이내로 한다.

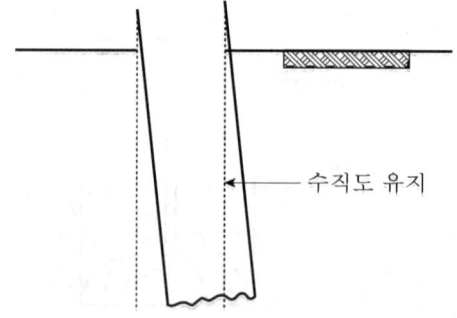

(2) 선단지반 교란
　　① 굴착시 선단부는 교란되기 쉬우므로 시공속도를 조정하여 천천히 시공한다.
　　② 급속시공은 공벽붕괴의 원인이 되므로 주의하여 시공한다.

(3) Slime 제거
　　① 지하연속벽 시공시 슬라임은 구조체의 질을 떨어뜨리는 요인이 되므로 별도관
　　　리가 필요하다.
　　② 슬라임 처리기를 이용하여 충분한 시간을 두어 제거하고, 특히 잔유물이 철근에
　　　붙지 않도록 유의한다.

(4) 기계 인발시 공벽붕괴
　　① 기계 인발속도는 공벽붕괴에 유의하여 천천히 인발한다.
　　② 인발시 공벽수직도와 기계 인발선이 일치되도록 한다.

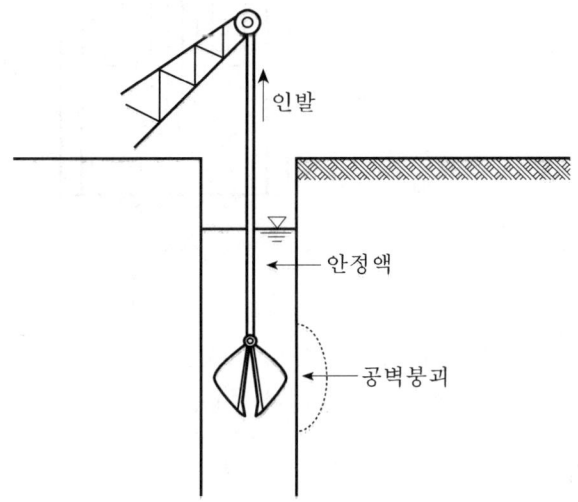

(5) 피압수
　　① 사전에 지반조사를 철저히 하여 피압수 발생 지층을 파악해 두어야 한다.
　　② 공벽관리를 위해 굴착후 즉시 안정액을 투입해야 한다.

(6) 공벽 유지
　　① 공벽 유지를 위하여 벤토나이트를 사용한다.
　　② 벤토나이트 용액의 특성인 팽창력을 이용한다.

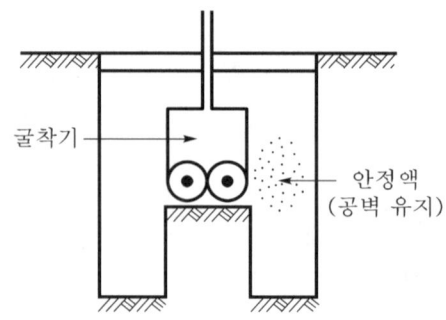

(7) Con'c 품질 확보

① Con'c 타설시 재료분리를 방지한다.

② 슬라임을 철저히 제거하여 Con'c의 선단지지력을 확보해야 한다.

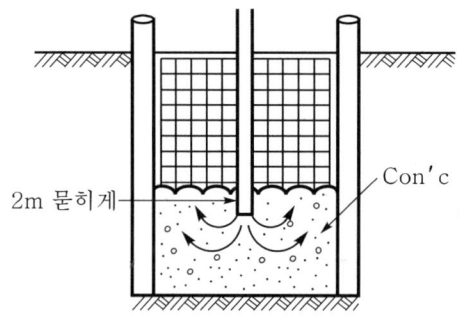

(8) 안정액 관리

① 안정액은 주로 벤토나이트 용액을 사용한다.

② 안정액이 공벽내에 장시간 있으면 Gel화하여 Slime이 되는 경우가 있으므로 적정 시간마다 안정액을 교체하여 준다.

(9) 규격관리

① 단면 과소방지(Slurry Wall 단면 > 설계단면)

② 지지층까지 관입하여 지지력 확보

(10) 공해

슬라임은 공해물질이므로 분리침전조를 설치하여 별도로 관리한다.

V. B.W(Boring Wall) 공법

1. 정의

(1) B.W(Boring wall) 공법은 지하연속벽공법의 일종으로서 B.W Long Wall Drill에 의해 굴착하여 지하연속벽을 축조하는 것이다.

(2) 시공성이 좋고, 수직 정도가 높으며, 진동과 소음이 극히 적은 공법으로서 지하구
    조물의 축조에 많이 사용되고 있다.

2. 공법의 종류

(1) 굴착방식에 따른 분류
   ① Drill 방식(B.W 공법)
   ② Bucket 방식(Earth Drill, ICOS 공법)
   ③ Bit 방식(Soletanche)

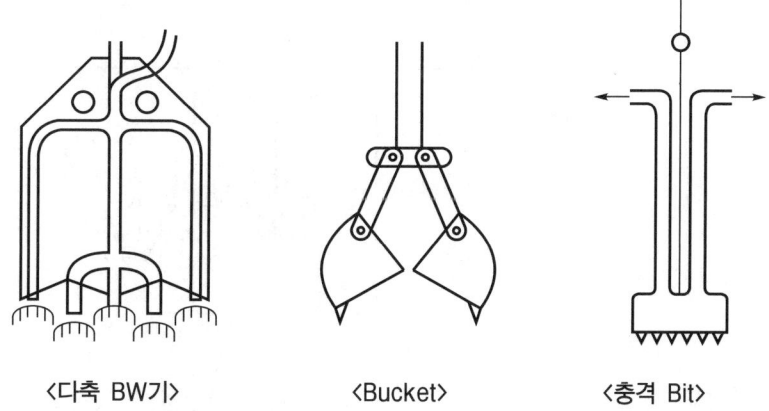

<다축 BW기>   <Bucket>   <충격 Bit>

(2) 배토방식에 따른 분류
   ① Bucket 방식
   ② 순환식

3. 특징

(1) 넓은 적용범위
   토질, 지질에 영향을 받지 않는다.

(2) 시공성이 우수
   토질의 경연 여부에 관계없이 굴착이 가능하다.

(3) 수직 정도 우수
   굴착기계에 부착된 장치에 의한 검사가 가능하다.

(4) 무소음, 무진동
   수중 Motor에 의한 Rotary Bit에 의해 굴착하므로 소음, 진동이 없다.

(5) 벽면이 평활

여굴이 적고 평활한 굴착면이 된다.

(6) 굴착한도

심도 50m, 벽두께 40~120m까지 굴착 가능

4. 시공순서

(1) 굴착

B.W Long Wall Drill을 사용하며 안정액에 의해 공벽보호

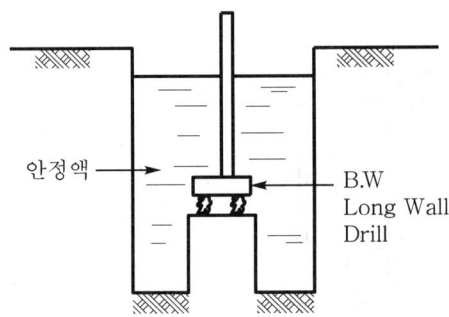

(2) 굴착토 배제

안정액의 순환과 함께 Reverse Circulation에 의해 배제

(3) Slime 처리

굴착종료 3시간후 Slime이 충분히 침전된 후에 제거

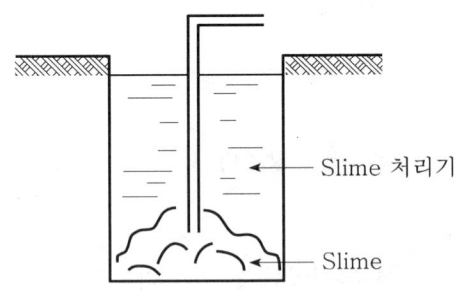

(4) 철근망 삽입

철근망은 굴착전에 미리 현장조립하여 엘리먼트 계획과 철근망의 규격이 동일한지 확인

(5) Tremie관 설치

Tremie관은 Con´c에 2m 묻히도록 하고 천천히 상승시킨다.

(6) Con´c 타설

Tremie관을 통해서 연속타설해야 하며 Slime 제거후 3시간 이내에 타설해야 한다.

(7) Panel의 연속 시공

Panel을 연속시켜 연속된 지하벽을 구축한다.

5. 지하구조물 사용 예

(1) 지하옹벽

근입깊이를 깊게 하여 침하를 방지하고 활동, 전도에 대한 안정조건을 검토

(2) 지하기둥

구조물의 상부하중을 지지하는 기둥 및 기초판으로 사용된다.

(3) Top down

건물 지하축조시 차수벽 및 지수벽용으로 B.W 시공

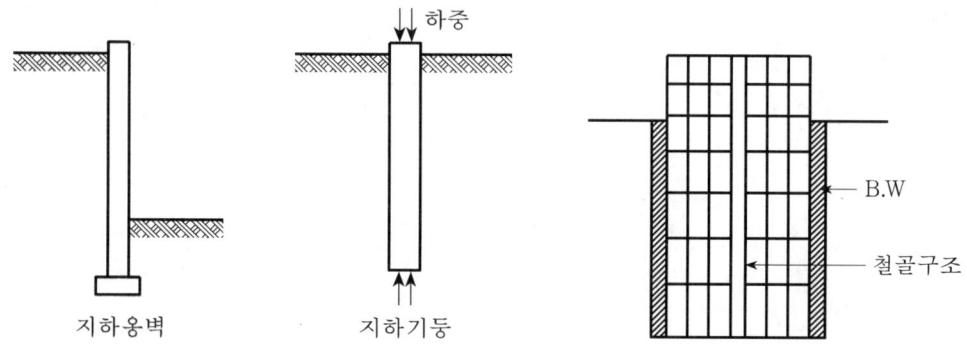

VI. 계측관리

(1) 주변 지반의 변위, 경사, 균열 측정
(2) 지하벽의 응력, 토압, 변형 관찰
(3) 지하수위, 간극수압 파악
(4) 진동, 소음 측정

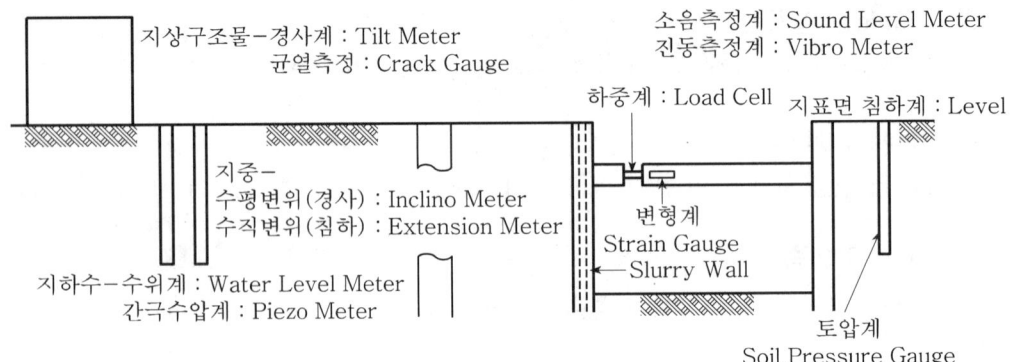

Ⅶ. 결 론

(1) Slurry Wall 공법은 현재 건설공사에 대한 사회적 욕구로서의 건설공해, 환경문제에 대한 이점으로 그 수요가 증대되고 있다.

(2) 아직 개발도상의 공법으로 여러 가지 유형의 문제점에 대한 기술과 경험의 축적이 필요하다.

I. 정 의

(1) Guide Wall이란 지하연속벽을 시공하기 위한 선행작업으로 지표면의 붕괴방지, 벽체의 수직도 유지 등 지하연속벽의 시공 정도를 높일 목적으로 설치하는 구조물이다.

(2) 특히 Guide Wall은 지중매설물 조사 및 하수처리, 지표면 보호, 흙막이 시공의 평면위치 결정 등 중요한 역할을 한다.

II. Guide Wall의 형태

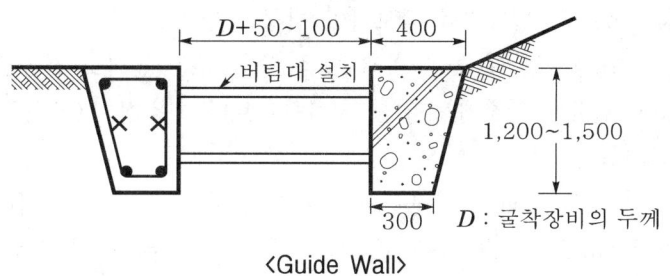

〈Guide Wall〉

III. Guide Wall의 역할

(1) 평면위치 결정

평면상 연속벽의 시공위치 결정

(2) 굴착척도

굴착시 벽체의 수직도 유지 및 굴착기계의 가이드 역할

(3) 인접구조물 보강

내·외측 부분의 토압방지

(4) 위치 보호

굴착장비의 사용에 따른 구조물의 위치 보호

(5) 철근망 지지

철근망 삽입시 수직도 유지

(6) 장비 거치대

Interlocking Pipe 인발시 장비를 거치할 수 있는 작업대 역할

(7) 지표붕괴 방지

지표수의 유입을 차단함으로써 지표면의 붕괴를 방지

Ⅳ. Guide Wall 시공시 유의사항

(1) 굴착장비의 충격에 견딜 수 있도록 견고해야 한다.
(2) 굴착기 및 굴착중 변형 방지를 위해 버팀대를 설치한다.
(3) Guide Wall의 폭은 벽두께보다 50~100mm 크게 한다.
(4) Guide Wall의 강성을 확보하여 파괴를 방지한다.
(5) Guide Wall의 밑넣기를 확보하여 변형을 방지한다.
(6) 지표면이 경사일 때 높은 쪽과 낮은 쪽을 같은 높이로 시공한다.
(7) Guide Wall은 안정액 수위를 지하수위보다 최소한 1.0~1.5m 이상 높게 유지하도록 설치한다.
(8) 직각 부분 및 Round 부분은 굴착기의 형태 및 크기를 고려하여 시공한다.
(9) 설치된 Guide Wall 상부 표면에 각 Panel의 위치 및 단위굴착 위치를 정확하게 표기한다.

Ⅴ. 각종 Guide Wall의 단면

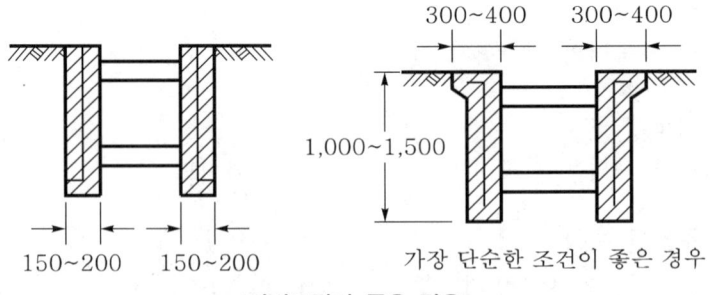

〈지반조건이 좋은 경우〉

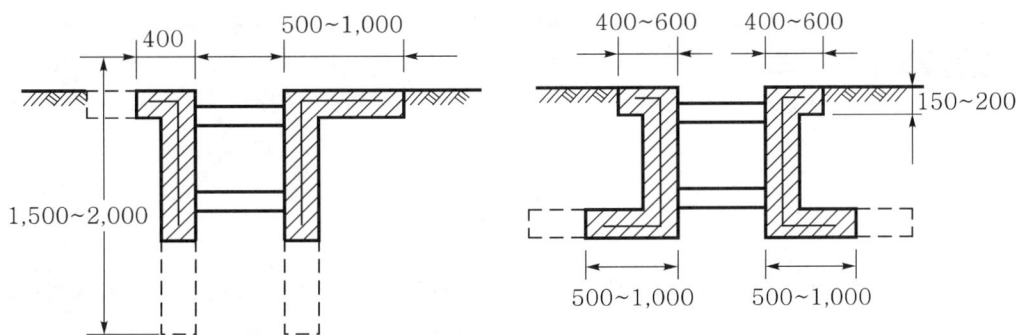

〈지표부의 지반이 약한 경우〉

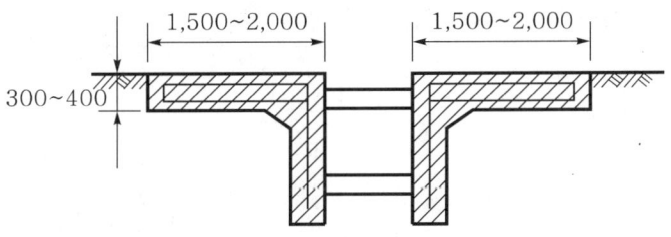

〈Guide Wall에 걸리는 재하중이 큰 경우〉

2-13 벤토나이트 [00중, 10점]

Ⅰ. 개 요

(1) 자연 그대로 안정되어 있는 지반을 수직으로 굴착하면, 지반의 균형이 파괴되어 트랜치 벽면은 항상 붕괴의 우려가 생기므로 이에 대한 대책으로 안정액이 필요하다.

(2) 벤토나이트는 안정액의 일종으로 고밀도의 팽창성을 갖고 있어 지반을 굴착할 때 지반이 토압에 의해 붕괴되는 것을 방지한다.

Ⅱ. 현장 관리시험

(1) 비중 : 1.02~1.2
(2) 점도 : 26~50 sec
(3) 모래량 : 5% 이내
(4) pH : 7~12

Ⅲ. 벤토나이트의 성질

(1) 비중
　① 진비중 : 2.4~2.95
　② 분체의 겉보기 비중 : 0.83~1.13

(2) 액성한계 : 330~590(%)

(3) 6~12%의 용해시 pH : 8~10

(4) 비표면적 : 80~110(m^2/g)

Ⅳ. 기 능

(1) 굴착벽면을 안전하게 지지하여 붕괴방지
(2) 굴착벽면에 불침투막을 형성하여 물의 침입방지
(3) 굴착토사의 분리
(4) 굴착벽면의 마찰저항 감소

V. 특 징

(1) 활성이 강해 팽윤하기 쉽고, 점성을 얻기 쉽다.

(2) 콘크리트나 해수에 오염되기 쉽다.

(3) 사용후 폐기할 때 분해 및 고형화가 어렵다.

(4) 물을 함유하면 체적이 6~8배 팽창한다.

2-14 Cap Beam Concrete [95전, 20점]

Ⅰ. 정 의

Cap Beam이란 Slurry Wall 상부 및 Pile 흙막이 상부를 마무리하기 위해 타설하는 테두리보 모양의 Con'c Beam을 말한다.

Ⅱ. Pile 상부의 Cap Beam

Pile 흙막이 상부에 Pile 폭의 1.5~2배 정도의 폭으로 철근 배근후 Con'c를 타설하여 연결한 Beam 형태의 구조물을 뜻한다.

(1) 역할
   ① 타설한 Pile 상부에 하중이 작용할 때 각 Pile마다 등분포하중을 받을 수 있게 한다.
   ② Pile 상부에 축조된 구조물의 부등침하를 방지한다.
   ③ Pile의 활동을 방지한다.
   ④ 말뚝의 일체성을 유지한다.
   ⑤ 외력에 의한 전도 Moment에 저항한다.

(2) 시공방법
   ① Beam의 폭은 Pile 폭의 1.5~2배로 한다.
   ② Pile과 일체성이 확보되도록 한다.
   ③ Con'c 강도, 철근량 등의 규정을 준수한다.
   ④ Pipe 두부 부위의 이물질을 제거한 후 철근을 배근한 다음 콘크리트를 타설한다.

Pile 폭의 1.5~2배

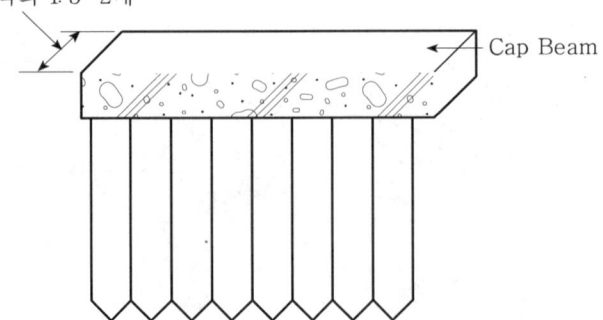
Cap Beam

Ⅲ. Slurry Wall 상부의 Cap Beam

Slurry Wall 상부의 이물질 및 취약 Con′c를 Chipping하여 철근 배근 및 Shear Connector를 설치한 후 Con′c를 타설한 Beam

(1) 역할
    ① Panel과 Panel의 연결
    ② 국부적인 토압, 수압에 저항
    ③ 하중의 축선 일치

(2) 시공방법
    ① Slurry Wall 상부를 Chipping하여 골재 및 철근을 노출시킨 후
    ② 철근 배근 및 Shear Connector 설치
    ③ 거푸집 설치 및 규정 강도의 Con′c 타설

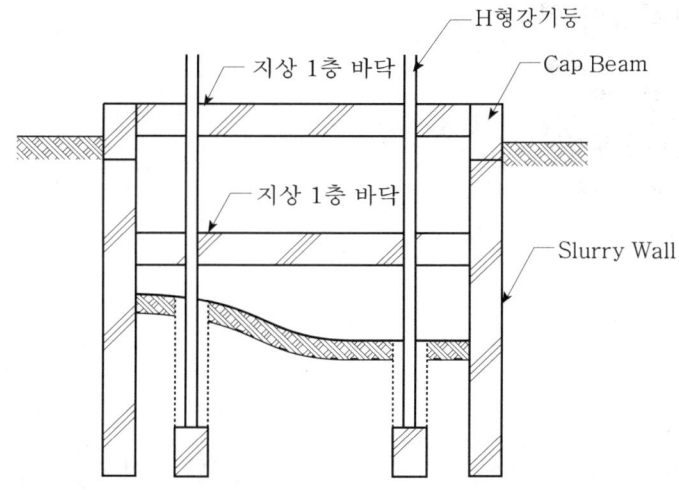

2-15 지중연속벽공법과 엄지말뚝공법을 비교설명하시오. [00중, 25점]

I. 개 요

(1) 지반을 굴착하여 구조물을 축조할 경우 굴착벽면을 보호할 목적으로 흙막이벽을 시공하게 되는데 지반조건을 고려하여 차수성이 우수한 지중연속벽공법과 시공성이 좋은 H-파일을 이용한 엄지말뚝공법으로 대별할 수 있다.

(2) 현장의 지하수 상태, 토질조건, 입지조건 등을 고려하여 적정공법을 선정하지만 일반적으로 지하구조물의 본구조물로 사용되기도 하는 지중연속벽공법은 강도가 크고 차수성이 우수하나 공사비가 고가인 점이 단점이다.

II. 흙막이공법의 분류

(1) 지중연속벽
(2) H-Pile 토류벽
(3) Sheet Pile
(4) Prepacked Con′c Pile

III. 지중연속벽공법

(1) 정의
지반을 굴착하여 안정액으로 공벽을 보호하면서 철근망을 삽입하고 콘크리트를 타설하여 지반에 연속적인 벽체를 형성하는 공법이다.

(2) 특징
① 타 공법에 비해 차수성이 가장 우수
② 토류벽 단면 성능이 우수하고 구조적으로 안전
③ 다양한 지반조건에 대한 적용이 가능
④ 깊은 굴착시공에 우수한 공법
⑤ 고도의 기술과 경험이 필요하고 철저한 품질관리 요망
⑥ 저소음, 저진동으로 도심지 시가지 공사에 적합

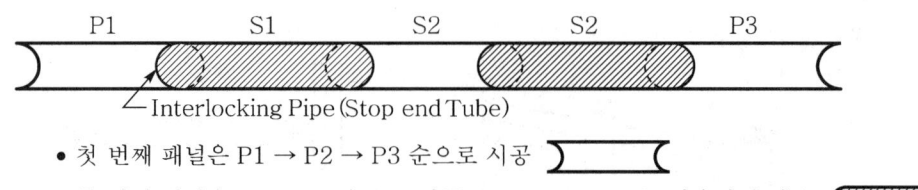

- 첫 번째 패널은 P1 → P2 → P3 순으로 시공
- 두 번째 패널은 S1 → S2 순으로 시공, Stop end Tube는 사용하지 않음.

(3) 시공법
① Guide Wall 설치 ② 안정액을 주입하며 지반굴착
③ 굴착완료후 슬라임 처리 ④ Interlocking Pipe 설치
⑤ 현장조립된 철근망 설치 ⑥ Tremie Pipe 설치
⑦ 콘크리트 타설 ⑧ Interlocking Pipe 인발

(4) 시공시 유의사항
① 수직도 유지 ② Slime 처리
③ 피압수 처리 ④ 콘크리트 품질관리
⑤ 안정액 관리 ⑥ 규격관리

Ⅳ. 엄지말뚝공법

(1) 정의
지반에 일정한 간격으로 엄지말뚝(H-Pile)을 설치한 후 굴착하면서 띠장과 Strut
으로 엄지말뚝을 지지하고 엄지말뚝 사이에 토류판을 설치하는 공법이다.

(2) 특징
① 공정이 빠르고 시공관리가 용이하다.
② 공사비가 저렴하다.
③ 소음진동 등의 공해를 유발한다.
④ 차수성이 낮다.
⑤ 지하수위가 높은 곳에서는 지하수의 영향이 크다.

(3) 시공법
① 지장물 조사
② 엄지말뚝(H-Pile) 설치
③ 굴착
④ 토류판 설치
⑤ 띠장 설치

⑥ 지보공 설치(Strut, E/A)

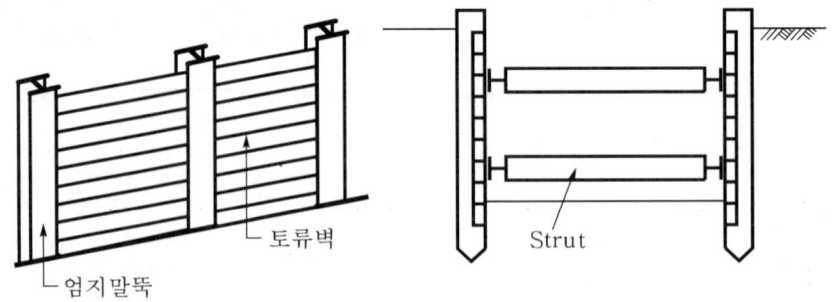

└ 엄지말뚝   └ 토류벽   Strut

(4) 시공시 유의사항

① 지하수 처리   ② 지장물 보호
③ 측압 발생   ④ Heaving, Boiling
⑤ 지반 균열, 침하

Ⅴ. 비교표

구 분	지중연속벽공법	엄지말뚝공법
공사비	고가	저렴
차수성	양호	불량
공해발생	적음	많음
본공사 이용	가능	불가능
지하수 영향	적다	아주 많다
기술축척	적다	많다

Ⅵ. 결 론

(1) 지하흙막이공법을 크게 나누면 지중연속벽공법과 엄지말뚝공법으로 대별할 수 있다.

(2) 지하수의 조건 및 근접 구조물 상황에 따라 흙막이공법을 선정한다. 특히, 본구조 물 공사에서 지하수 차수를 요구할 경우 차수성이 높은 지중연속벽공법이 채용되고 있으며, 지하수의 영향이 적은 곳에서는 시공성과 경제성이 우수한 엄지말뚝공법이 많이 이용되고 있다.

> **3-1** 지하굴착공사의 CIP벽과 SCW벽의 공법을 설명하고 장·단점을 열거하시오.
> [01후, 25점]
>
> **3-2** MIP(Mixed In Place Pile) 토류벽
> [99중, 20점]

Ⅰ. 개 요

(1) Prepacked Con'c Pile은 지중에 구멍을 뚫고 Con'c 또는 주위의 흙을 이용하여 Pile을 형성하는 공법으로 흙막이벽이나 차수벽으로 사용한다.

(2) SCW 공법은 Soil에 직접 Cement Paste를 혼합하여 현장 콘크리트 Pile을 연속시켜 지중연속벽을 완성시키는 공법이다.

Ⅱ. Prepacked Con'c Pile의 분류

$$
\text{Prepacked Con'c Pile}
\begin{cases}
\text{CIP(Cast In Place Pile)} \\
\text{PIP(Packed In Place Pile)} \\
\text{MIP(Mixed In Place Pile)}
\end{cases}
$$

1. CIP(Cast In Place Pile)

(1) 정의

CIP 공법이란 지중에 구멍을 뚫고 철근망(또는 H-beam)을 삽입한 다음 모르타르 주입관을 설치하고, 먼저 자갈을 채운 후 주입관을 통하여 모르타르를 주입하여 현장치기 말뚝을 형성하는 공법이다.

(2) 시공순서 Flow Chart

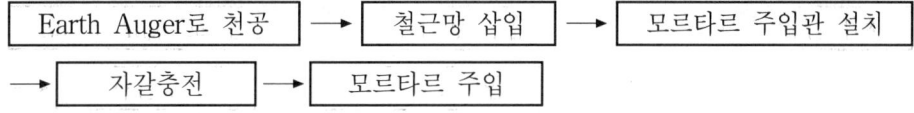

Earth Auger로 천공 → 철근망 삽입 → 모르타르 주입관 설치 → 자갈충전 → 모르타르 주입

(3) 시공시 유의사항

① 굴착 및 주입시 상부의 표토층 붕괴방지를 위해 표층 Casing(공 드럼) 설치

② 굴착은 주입효과를 높이기 위해 일정간격으로 굴착

③ 25mm 이하의 굵은 골재를 균일하게 충전

④ 철근망 삽입과 동시에 모르타르 주입관 설치

2. PIP(Packed In Place Pile)

(1) 정의

① 연속된 날개가 달린 중공의 Screw Auger의 머리에 구동장치를 설치하여 소정의 깊이까지 회전시키면서 굴착한 다음, 흙과 Auger를 빼올린 분량만큼의 프리팩트 Mortar를 Auger 기계의 중앙 구멍을 통해 압출시키면서 제자리 말뚝을 형성하는 공법이다.

② Auger를 빼내면 곧 철근망 또는 H형강 등을 Mortar 속에 꽂아서 말뚝을 완성한다.

(2) 시공순서 Flow Chart

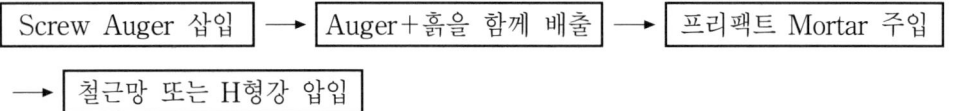

```
┌──────────────┐    ┌─────────────────────┐    ┌──────────────────┐
│ Screw Auger 삽입 │ →  │ Auger+흙을 함께 배출 │ →  │ 프리팩트 Mortar 주입 │
└──────────────┘    └─────────────────────┘    └──────────────────┘
    ┌─────────────────────┐
 →  │ 철근망 또는 H형강 압입 │
    └─────────────────────┘
```

(3) 특징

① 사질층 및 자갈층에 유리

② Auger만으로 굴착하므로 소음, 진동이 없음.

③ 장치가 간단하고 취급이 용이

④ 주열식 흙막이 지수벽으로 이용

⑤ 지지말뚝으로 사용

3. MIP(Mixed In Place Pile)

(1) 정의

① Auger의 회전축은 중공관으로 되어 있고 축선단부에서 시멘트 페이스트를 분출시키면서 토사를 굴착하여 토사와 시멘트 페이스트를 혼합 교반하여 만드는 일종의 Soil Con′c 말뚝이다.

② Auger를 뽑아낸 뒤에 필요에 따라 철근망을 삽입하기도 한다.

(2) 특징

① 비교적 연약지반에 사용

② 지하흙막이벽으로 사용

③ 사질층, 자갈층에 유리

④ 흙을 골재로 이용하므로 경제적

⑤ 지중에 형성되므로 지지층의 확인이 곤란

(3) 시공순서 Flow Chart

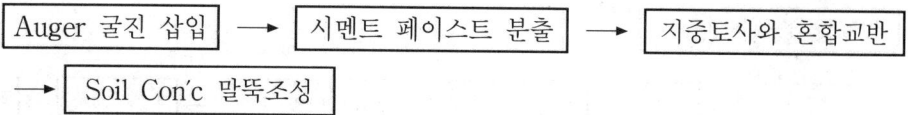

Auger 굴진 삽입 → 시멘트 페이스트 분출 → 지중토사와 혼합교반
→ Soil Con'c 말뚝조성

(4) 시공평면도

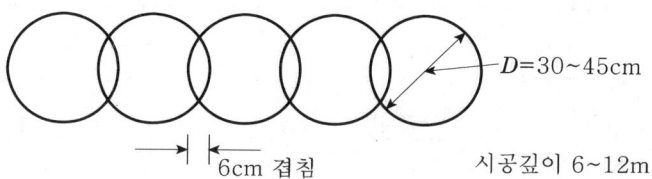

$D=30~45cm$

6cm 겹침   시공깊이 6~12m

(5) 시공시 유의사항
   ① 지반토와 시멘트의 혼합
   ② 인발시 공극 발생
   ③ 보강재 삽입시기
   ④ 수직도 유지
   ⑤ 직선도 관리

Ⅲ. SCW(Soil Cement Wall) 공법

(1) 정의

SCW 공법은 지하연속벽공법 중 하나로 Soil에 직접 Cement Paste를 혼합하여 현장 콘크리트 파일을 연속시켜 지중연속벽을 완성시키는 공법으로 토류벽, 차수벽으로 이용한다.

(2) 공법의 종류
   ① **연속방식** : 3축 Auger로 하나의 Element를 조성하여 그 Element를 반복시공함으로써 일련의 지중연속벽을 구축하는 방식
   ② **Element 방식** : 3축 Auger로 하나의 Element를 조성하여 1개공 간격을 두고 선행과 후행으로 반복시공함으로써 지중연속벽으로 구축하는 방식
   ③ **선행방식** : 단축(1축) Auger로 1개공 간격을 두고 선행시공한 후, Element 방식과 동일한 시공법으로 지중연속벽을 구축하는 방식

(3) 시공순서 Flow Chart

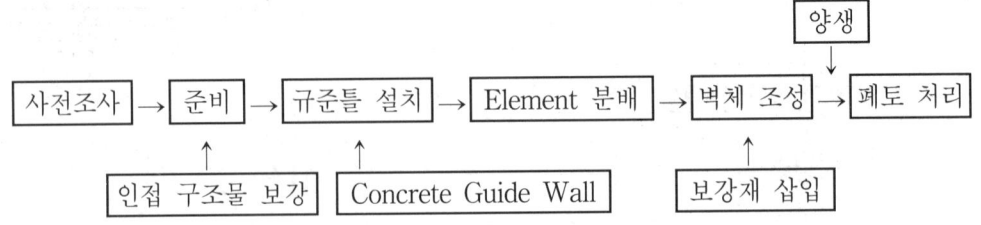

(4) 시공시 유의사항

① 근입장의 깊이는 1.5~2m로 유지

② Auger 설치시 굴착공의 수직도 체크

③ 지하수 이동 여부를 사전에 조사

Ⅳ. CIP벽과 SCW벽의 장·단점

(1) CIP벽

① 지하수가 없는 경질지층에 사용

② 좁은 장소에 시공장비의 투입이 용이

③ 주열식 흙막이 벽체로 이용

④ 벽체 연결부위가 취약

(2) SCW벽

① 차수성이 우수하다.

② 공기단축 및 공사비가 저렴하다.

③ 소음·진동 및 주변의 피해가 적다.

④ 시공기술능력에 따라 품질의 편차가 크다.

⑤ 토사성질의 양부가 강도를 좌우한다.

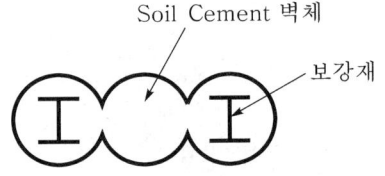

(3) 비교표

구 분	CIP 공법	SCW 공법
용도	주열식 흙막이벽체	지하연속벽체
공사비	다소 고가	저렴
시공심도	5~8m	3~6m
시공성	붕괴성 지반시공 곤란	모든 토질 가능
공벽보조	안정액, 케이싱	필요 없음
강성	벽체강성이 큼	강성이 다소 적음

V. 결 론

(1) 지반을 굴착할 때 굴착면을 보호하기 위하여 사용하는 가설 흙막이공으로 Slurry Wall, Sheet Pile 등이 사용되고, 굴착심도가 얕은 소규모 현장에서는 CIP, PIP, MIP 등의 현장치기공법이 많이 사용되고 있다.

(2) CIP 및 SCW 공법을 이용하여 가설 흙막이 벽체를 시공할 때 지반조건, 지하수 상태, 시공깊이, 본구조물의 종류 등을 충분히 고려한 적정공법 선정이 무엇보다 중요하다.

> **3-3** 지하수위가 비교적 높고, 자갈이 섞인 사질점토의 지반에서 지하굴토의 토류벽
> 구조물을 CIP 벽체 및 Strut 지지로 실시할 경우 시공방법과 문제점, 대책을 기
> 술하시오.　　　　　　　　　　　　　　　　　　　　　　　　　[99중, 40점]

Ⅰ. 개 요

(1) 지하흙막이공법의 하나인 CIP 공법은 지하수위가 높은 지반을 굴착할 때 굴착면을
　　보호할 목적으로 주열식 형태로 지반내에 연속적인 벽체를 형성하는 공법이다.

(2) CIP 공법은 지하수의 차수성능이 우수하고 시공성이 좋은 공법으로 Prepacked
　　Con′c Pile 공법에서 강도가 가장 큰 공법이다.

Ⅱ. 토류벽 구조물의 분류

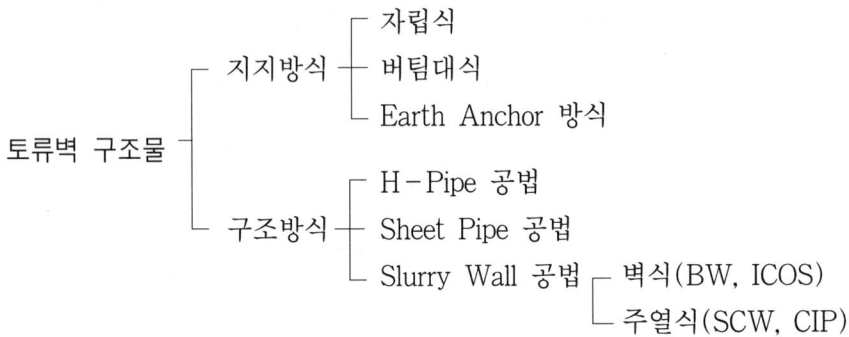

Ⅲ. 시공방법

(1) 천공
　　Earth Auger로 지반을 천공

(2) 철근망 삽입
　　Auger로 천공한 구멍내에 조립한 철근망 설치

(3) 주입관 설치
　　설치하는 철근망에 주입관을 배치하여 철근망 설치시 함께 주입관을 설치

(4) 조골재 충진
　　Prepacked Concrete 시공방법으로 25mm 이하의 자갈을 천공구멍에 충진

(5) Mortar 주입

주입관을 통하여 Cement Mortar를 주입하여 Prepacked Concrete 완성

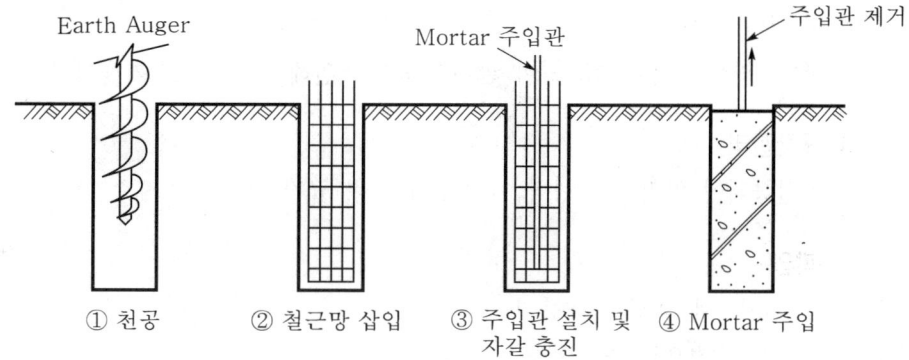

① 천공   ② 철근망 삽입   ③ 주입관 설치 및 자갈 충진   ④ Mortar 주입

(6) LW 시공

주열 형태로 배치된 흙막이벽 배면에 차수 목적의 약액주입으로 LW를 주입한다.

(7) 굴착

CIP 벽체가 완료되면 지반을 규정깊이만큼 굴착하고 띠장 및 Strut을 설치하면서 단계적 굴착으로 설계깊이만큼 굴착한다.

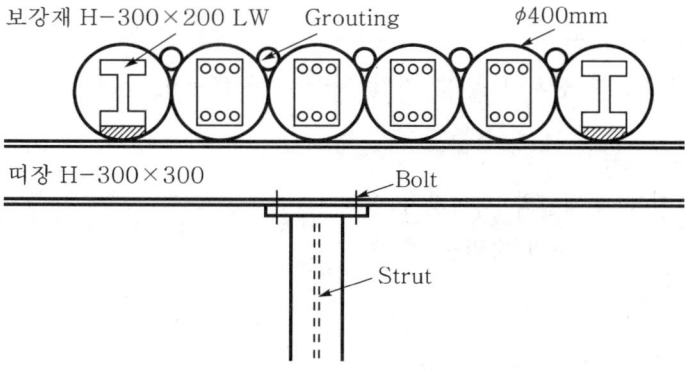

Ⅳ. 문제점

(1) 공벽붕괴

지하수위가 높고 자갈이 섞인 사질지반에서 Auger에 의한 지반천공으로 공벽붕괴가 일어나게 된다.

(2) 천공각도

천공기계의 불량, 숙련도 부족, 지하장애물 등에 의한 굴착구멍의 경사 발생

(3) 공극 발생

철근망 삽입후 조골재 투입시 부분적인 공극 발생

(4) 철근망 기울어짐

구멍 속에 설치된 철근망이 골재채움으로 인해 한 측으로 기울어지는 현상

(5) 규격관리

공벽붕괴에 따라 주열형식 지중벽의 규정, 규격보다 부족 또는 과다 현상 발생

(6) 피압수

① 피압수에 의한 공벽붕괴

② 배수공법으로 수압저하

(7) 흙막이벽체의 균열

① 배면토압 작용에 따라 띠장설치가 불량한 경우

② Strut 시공이 견고하지 않을 경우

V. 대 책

(1) Casing 사용

지반조건이 붕괴성 사질, 자갈 지반일 때 Casing 사용

(2) 수직도 유지

① 자동 수직굴착 제어장치 설치

② 시공기술자의 숙련도 향상

(3) 공극 발생

① 골재충진시 충진량 파악

② 충진속도 유지 및 충진골재 다짐봉 사용

(4) 철근망 조립

① 규격품 철근의 사용

② 철근망이 변형되지 않게 삽입

(5) 일직선 시공

① 흙막이 배열의 직선화

② 요철시공의 최소화

(6) 띠장설치

① 보강기둥의 내측에 삽입된 H-Pile에 간격재를 넣어 버티게 하고 시공된 CIP 기둥들의 요철이 적도록 정리한 다음 띠장을 설치

② 필요에 따라 강재 Braket을 설치하여 띠장보호

(7) Strut 하중 도입

① Strut을 설치하고 Screw Jack을 이용하여 하중 도입

② 띠장이 흙막이 벽체에 말착되게 시공

VI. CIP 흙막이벽의 시공 예

(1) 시공심도 : 6~12m

(2) 말뚝직경 : $\phi\,400$mm

(3) 말뚝간격 : CTC 400cm

(4) 콘크리트 요구강도 : $\sigma_{ck}=180$kg/cm^2

(5) 띠장재료 : H$-300\times300\times10\times15$

(6) 버팀대재료 : H$-300\times300\times10\times15$

(7) CIP 보강강재 : H$-300\times200\times9\times14$

VII. 결 론

(1) CIP에 의한 지하흙막이공법은 자갈이 섞인 사질점토의 지반에 적용하여 시공되고 있으며, 붕괴성 지반에서는 Casing을 사용하여 시공하지만 말뚝길이가 길어지면 시공이 곤란해진다.

(2) 최근에는 이러한 문제점 등을 해소하기 위하여 CIP를 대신하여 PIP 공법을 많이 사용하고 있는 실정이다.

4-1 흙막이공에서 시공계획과 시공상 유의하여야 할 사항에 대하여 설명하시오.
[95후, 25점]

4-2 지하수위가 높은 지반에 토류벽을 설치하고 굴착할 경우의 유의사항을 기술하시오.
[95중, 50점]

Ⅰ. 개 요

(1) 흙막이공은 전체공사에 있어서 공사기간, 경제성, 안전성 등을 좌우하는 중요한 부분으로 면밀한 시공계획을 수립하여 공사를 진행해야 한다.

(2) 흙막이공 시공계획시는 지반 상황, 지하수 상황, 적정 공법 선정, 주변 침하문제 등을 고려해야 하며 주변 환경공해에 대해서도 세밀한 검토가 이루어져야 한다.

Ⅱ. 시공계획 Flow Chart

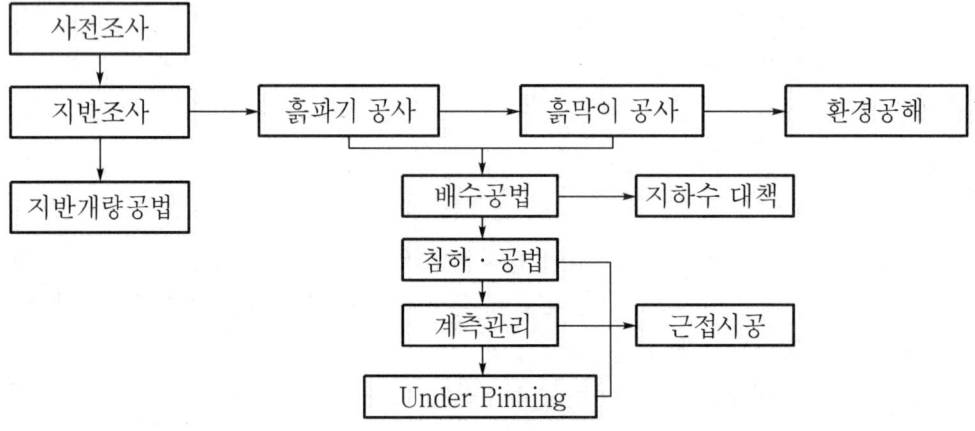

Ⅲ. 시공계획

1. 설계도서 검토

① 설계도면·시방서·구조 계산서 검토, 도면과 현장의 차이점 분석
② 굴착단면 검토

2. 계약조건

① 제반 계약서의 내용을 숙지
② 관계법령, 법적 규제조건 조사

3. 입지조건

(1) 부지의 상황

① 도로경계선과 인접구조물의 경계선 확인
② 지반의 고저차

(2) 매설물

① 기존구조물의 위치형상, 매설물의 위치, 치수
② 기존구조물이 공사에 미치는 영향

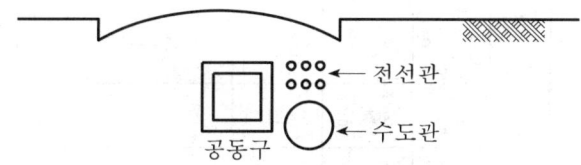

(3) 공작물

① 전주, 가로수, 통신케이블, 수도 등 부지외 공작물과 부지내 공작물 파악
② 연못, 우물, 옥외등, 수목 등의 위치

(4) 교통상황

① 부지까지의 도로폭
② 주변도로의 상황, 잔토처리장까지의 경로

(5) 인접구조물

① 인접구조물과의 거리, 구조형식, 지하실 크기
② 특수구조물의 존재 여부

4. 지반조사

(1) 지반의 구성

① 지층의 구성순서 파악
② 각 층의 두께

(2) 지층의 토질성상

① 물리적 성상 : 단위용적중량, 입도분포

② 역학적 성상 : 점착력, 내부마찰각, 일축압축강도

③ 수리적 성상 : 투수성, 간극수압

깊 이	기 호	토질명	색 상	기 사	표준관입시험	
					N치	10 20 30 40 50
3—		점토	암갈색	점착력 있음 부분적인 소자갈 함유		
6— 9—		사질 실트	암청색	패각이 다소 나타남 세사가 불규칙하게 분포함		
12—		세사	연황색	곳곳에 점토 분포		
15— 18— 21—		모래 자갈	황색	19~30mm 정도의 자갈을 함유한 모래로 함수량 많음		
24—		풍화암	연회색	풍화 정도가 심함		
27—		경암	어두운 회색	경질층으로 굴착시 Bit가 유구됨		

〈주상도〉

5. 지하수 상태

수위, 수압, 수량, 피압수 파악

6. 지반의 고저

① 전면도로와 지반의 고저차 분석

② 인접구조물과 굴착장 저면의 높이 차이

③ 도로복구 여부 파악

7. 계절 및 기상

① 강우량, 집중호우, 하천범람, 지반침하 여부

② 안전상, 공기상 대책 수립

8. 환경공해 문제

① 소음, 분진, 진동 등에 대한 민원대책
② 지하수 사용 상황

9. 관계법규 조사

① 행정관청의 인·허가 사항 검토
② 교통통제 여부

10. 공사실적 조사

인근에서 행해지고 있는 토류벽의 시공법

11. 고대 유적지 여부

문화재 발굴시 관계기관과 협의

Ⅳ. 시공상 유의하여야 할 사항(굴착할 경우 유의사항)

(1) 적정한 공법의 선정
① 경제성, 시공성, 안전성을 검토하여 적정한 공법 선정
② 차수성능 : H-Pile < Sheet Pile < Slurry Wall

(2) 토류벽 안전성 검토
① 주동토압에 대한 안전성 및 분포를 파악
② 지하수의 수위 및 이동 등을 검토

(3) 배수대책 수립
① Boiling 현상의 방지를 위하여 복수공법의 적용 검토
② 차수성이 우수한 공법 선정

(4) 과재하 방지
① 가설재가 한곳에 집중되어 과하중되는 것을 방지
② 토류벽 주위에 대형장비 접근 금지

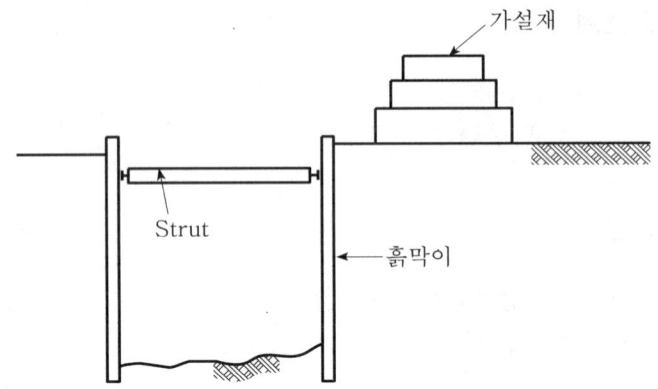

(5) 토사유출 방지

    ① 연약지반에서 미세립의 토사가 지하수와 같이 흘러내리는 현상 방지

    ② 강제배수공법으로 지하수 제거후 그라우팅 및 약액주입공법 적용

(6) 인접지반 보강

    ① 배수공사로 인한 침하발생 우려가 있을 경우 복수공법 시행

    ② 복수공법의 선택이 어려울 경우 Underpinning 실시

(7) Boiling 방지

    ① 근입장을 불투수층까지 근입

    ② 강제배수공법에 의한 지하수위 저하

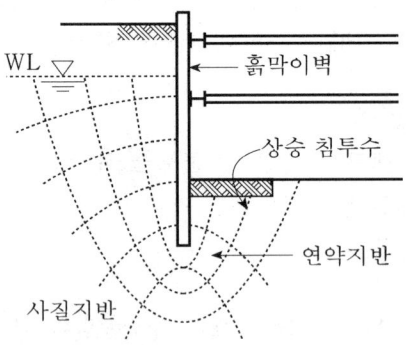

(8) Heaving 방지

    ① 근입장을 경질지반까지 근입

    ② 무리한 터파기 금지

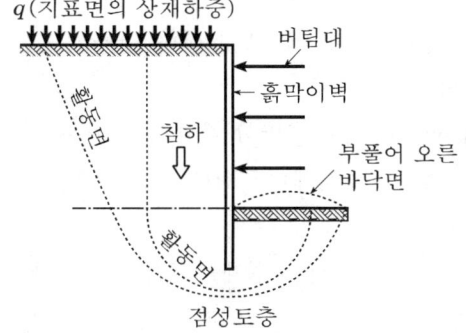

(9) Piping 방지

　　① 토류벽을 밀실하게 시공하여 방지

　　② 차수성이 높은 흙막이공법 선정

(10) 지반개량

　　① 간극수압을 감소시켜 지반의 성질을 개량

　　② 약액주입으로 지반을 고결하여 안정성 확보

(11) Underpinning

　　① 보조 보강공법으로 이중널말뚝을 설치하여 인접 구조물의 침하방지

　　② 차단벽을 설치하여 지하수위 강화를 저지

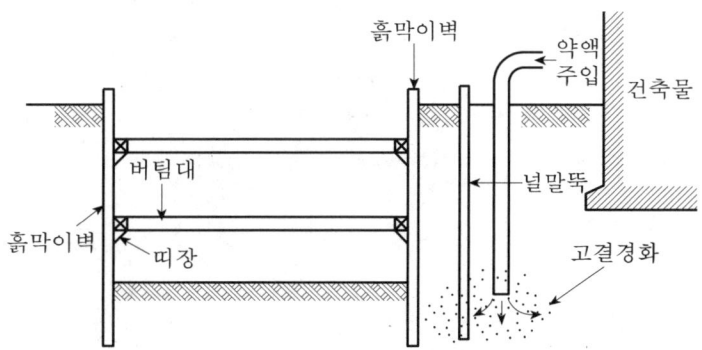

(12) 토류벽 뒷채움 철저

　　① 뒷채움시 시방서에 명시한 기준들을 준수

　　② 깬 자갈, 모래 혼합물 등 다짐재료의 적합 여부 검토

(13) 계측관리 실시

　　① 공사의 안전성 및 적합성 판단

② 종류

    ㉠ Strain Gauge(변형계) : Wale이나 Strut 구조물에 부착하여 굴착작업에 따른 구조물의 변형 측정

    ㉡ Load Cell(하중계) : 흙막이 부재의 응력을 측정하여 부재의 안정상태 파악

    ㉢ Inclino Meter(경사계) : 굴착에 따른 지반의 심도별 수평변위량의 위치와 방향 및 크기 측정

    ㉣ Water Level Meter(수위계) : 토류벽 외부에 천공을 하여 설치, 지하수위 변화 관측

V. 결 론

(1) 흙막이공의 시공계획은 충분한 사전조사와 흙막이 설계검토, 적절한 지하수처리, 적정공법 선택 등 세밀한 검토에 의한 계획이 수립되어야 한다.

(2) 최근 흙막이공의 대형화로 전체공사에 미치는 영향이 더욱 커짐에 따라 철저한 시공 및 품질관리로 여러 가지 문제점들을 미연에 방지해야 한다.

4-3 토류벽체의 변위 발생원인에 대하여 설명하시오. [01중, 25점]

4-4 흙막이벽에 의한 기초굴착시 굴착 바닥지반의 변형, 파괴에 대한 종류와 대책을 설명하시오. [99후, 30점]

Ⅰ. 개 요

(1) 토류벽체는 구조물을 축조하기 위하여 지반을 수직으로 굴착하여 굴착면을 보호하고 작용하는 수압, 토압에 저항하기 위하여 설치하는 가설구조물이다.

(2) 토류벽체의 변위발생은 토류벽체가 작용하중에 버티지 못하는 것으로, 초기 변형 발생시 응급조치를 하여 변형이 더 이상 진행되지 않게 하는 것이 중요하다.

Ⅱ. 토류벽체의 변위 발생원인

(1) 토압증가

  ① 토류벽 배면의 토압 증가

  ② 간극수압 증가로 유효응력 상실

  ③ 흙의 단위체적중량 증가

(2) 수압상승

  ① 수위상승에 따른 수압상승

  ② 피압수 존재

(3) Strut 좌굴

  ① Strut의 규격 부족

  ② Strut의 변형, 손상

  ③ 재사용 강재의 점검 미비

(4) 보조기둥 침하

  ① Span이 넓은 구간의 보조 기둥의 침하

  ② 보조기둥의 좌굴

  ③ Braket의 탈락

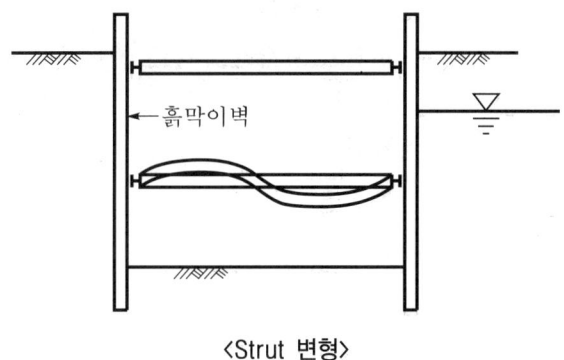

〈Strut 변형〉

(5) 띠장 변형

   ① 띠장의 뒤틀림

   ② 띠장의 처짐

   ③ 띠장의 규격 부족

(6) 토류벽 구성재 변형

   ① 체결볼트의 풀림

   ② Screw Jack의 느슨함

   ③ 용접 부위의 파손

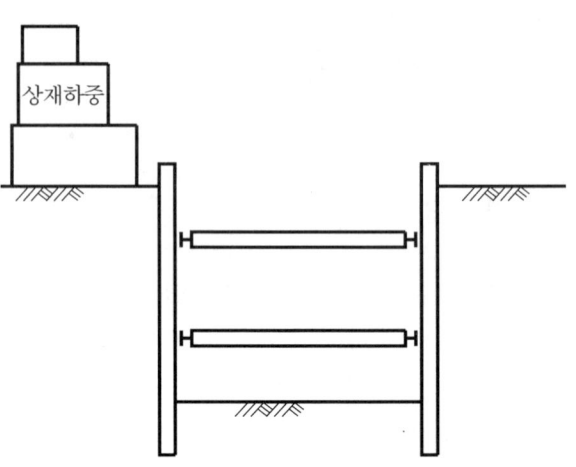

(7) 상재하중 과다

   ① 상재하중에 의한 압력증대

   ② 상재하중으로 지반의 전단파괴

(8) 엄지말뚝 좌굴

   ① 엄지말뚝의 뒤틀림

   ② 엄지말뚝의 좌굴

(9) 근입깊이 부족

   ① 엄지말뚝의 밑둥이 빠져나옴.

   ② 근입깊이 부족으로 굴착면 Heaving 발생

(10) 뒤채움 불량

   ① 뒤채움 토사의 유실

   ② 뒤채움 토사의 시공불량

   ③ 뒤채움 시공시기 지연

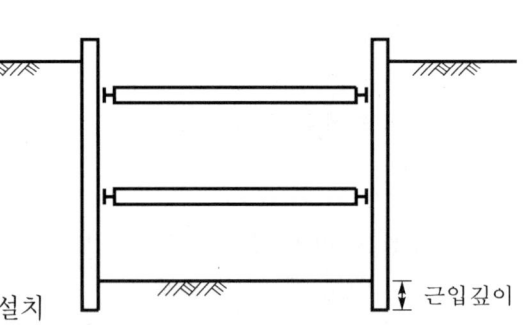

(11) 브레이싱 미설치

   ① 평면위치 모서리 부분 브레이싱 미설치

   ② 브레이싱의 손상

   ③ 브레이싱 설치수량 부족

Ⅲ. 변형발생의 방지방안

   ① 계측관리 실시

   ② Screw Jack 사용

   ③ 규격자재 사용

④ 과도한 배수 금지

⑤ 지반보강

⑥ 약액주입 실시

⑦ 근입깊이 유지

⑧ 브레이싱 설치

⑨ 보조기둥 시공

Ⅳ. 변형파괴의 종류

1. Boiling

(1) 정의

① 사질지반에서 지반굴착시 흙막이벽의 배면 지하수위와 굴착 저면의 수위차가 클 때 흙막이벽 내부로 침투한 침투수에 의하여 흙입자간의 유효응력이 상실, 즉 전단응력이 0이 될 때 굴착 저면을 통하여 지반토인 모래와 물이 분출되는 현상을 Boiling이라 하며, Quick Sand 또는 분사현상이라고도 한다.

② Boiling이 발생함으로써 모래와 물이 분출하여 지반이 파괴되는 것을 보일링 파괴(Boiling Failure)라고 한다.

③ Boiling으로 인한 분출현상이 계속되면 지반토가 분출되어 관상, 특히 Pipe 모양인 물의 통로(침투유로)가 형성되는데, 이를 Piping이라 한다.

④ Boiling 발생은 수위차에 의한 동수구배가 한계동수구배보다 클 때 굴착면 바닥에서 모래가 분출되는 것이다.

(2) 발생원리

$\sigma = h_w \gamma_w + z \gamma_{sat}$

$u = (h_w + z + \Delta h) \gamma_w$

$\overline{\sigma} = \sigma - u = (h_w \gamma_w + z \gamma_{sat}) - (h_w + z + \Delta h) \gamma_w = z \gamma_{sat} - \Delta h \gamma_w - z \gamma_w$

$\quad = z (\gamma_{sat} - \gamma_w) - \Delta h \gamma_w = z \gamma_{sub} - \Delta h \gamma_w$

위 식에서 유효응력 $\overline{\sigma}$가 0이 될 때의 동수경사를 한계동수경사라 하며 다음과 같다.

$z \gamma_{sub} = \Delta h \gamma_w$에서

$\dfrac{\Delta h}{z} = \dfrac{\gamma_{sub}}{\gamma_w} = i_{cr}$ (한계동수경사)

$i_{cr} = \dfrac{G_s - 1}{1 + e}$

$$F_s = \frac{i_{cr}}{i} < 1 일 \ 때 \ Boiling \ 발생$$

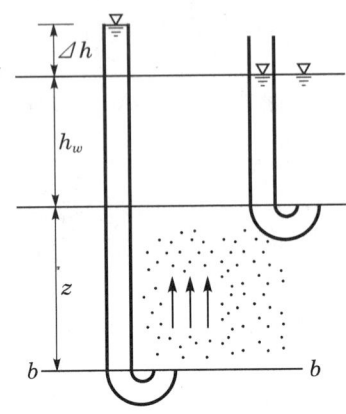

(3) 발생원인

　　① 흙막이의 근입장 깊이가 부족할 때

　　② 흙막이벽의 배면 지하수위와 굴착 저면의 수위차가 클 때

　　③ 굴착 하부지반에 투수성이 큰 모래층이 있을 때

2. Heaving

(1) 정 의

　　① 연약 점토지반의 굴착시 흙막이벽 내외의 흙의 중량차이에 의해서 굴착 저면의 흙이 지지력을 잃고 붕괴되어 흙막이 배면에 있는 흙이 안으로 밀리면서 굴착 저면이 부풀어 오르는 현상을 Heaving이라 한다.

　　② Heaving 현상에 의해 굴착 저면의 파괴 및 주변 지반의 침하를 일으키는 현상을 히빙파괴(Heaving Failure)라 한다.

(2) 발생원리

　　$M_A > M_B \times$안전율일 때 Heaving 발생

$$\begin{cases} M_A(회전모멘트) = W \times x/2 \\ M_B = 마찰면적 \times 흙의 \ 점착력 \\ 안전율 = 1.2 \ 이상 \end{cases}$$

(3) 발생원인

　　① 흙막이벽의 근입장 부족

　　② 흙막이벽 내외의 흙이 중량차이가 클 때

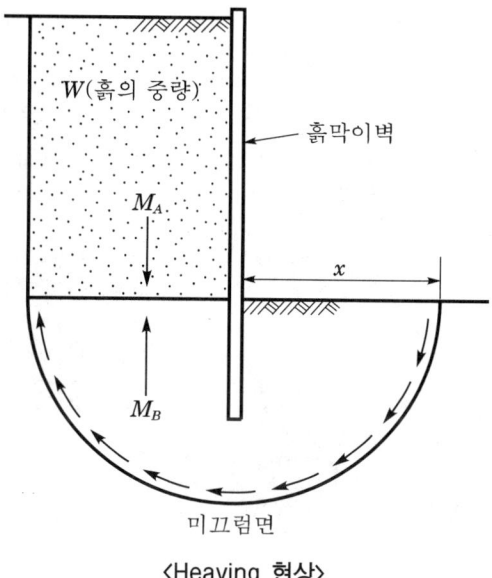

<Heaving 현상>

3. 흙막이벽 밑둥 변형

(1) 정의

작용토압에 의해 흙막이벽체의 밑둥 부분이 굴착면 쪽으로 밀려나와 흙막이 가설물이 파괴되는 현상을 말한다.

(2) 발생도해

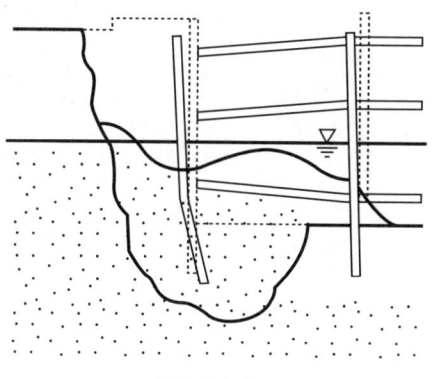

<밑둥파괴 현상>

(3) 발생원인

① 지반 액상화

② 배면 지반토 유실

③ Boiling 및 Heaving

④ 밑둥의 근입깊이 부족

V. 대 책

(1) 적정한 공법의 선정
(2) 토류벽 안정성 검토
(3) 배수대책 수립
(4) 과재하 방지
(5) 토사유출 방지
(6) 인접지반 보강
(7) Boiling 방지
(8) Heaving 방지
(9) 지반개량
(10) 계측관리 철저

VI. 결 론

(1) 지반을 굴착할 때 사용하는 토류벽체는 배면에서 작용하는 외력에 안전하게 버티어야 하며 본 공사에 지장을 초래해서는 안 된다.

(2) 굴착면에서 안전시공이 될 수 있게 위험요소마다 계측기기를 설치하여 상황을 파악하며 시공하는 것이 중요하다.

5-1 기존구조물에 근접하여 개착공사나 말뚝박기공사를 할 때 예상되는 하자의 원인과 그 대책에 대하여 기술하시오.   [96후, 50점]

5-2 도심지 근접 시공에서 흙막이공사시 굴착으로 인한 흙막이벽과 주변 지반의 거 동원인 및 대책에 대하여 설명하시오.   [10중, 25점]

5-3 시가지 건설공사에서 구조물의 설치를 위하여 기존구조물에 근접하여 개착(흙파 기) 공사를 실시할 때 발생할 수 있는 민원사항, 하자원인 등 문제점 및 대책에 대하여 기술하시오.   [10중, 25점]

5-4 기설구조물에 인접하여 교량기초를 시공할 경우, 기설구조물의 안전과 기능에 미 치는 영향 및 대책을 설명하시오.   [10전, 25점]

5-5 도시 지하철 공사에서 개착식(Open Cut) 공법에 의한 굴착 시공시 유의사항을 기술하시오.   [97중전, 50점]

5-6 지하철 개착식 공법에서 구조물에 발생하는 문제점과 대책에 대하여 설명하시오.
                                                            [01전, 25점]

5-7 도심지 교통혼잡지역을 통과하고, 주변구조물에 근접하고 있는 지역에서 지하연 속구조물의 공사를 개착식으로 시공하려고 한다. 안전시공상의 문제점을 열거하 고, 관리방법에 대하여 설명하시오.   [04중, 25점]

5-8 복잡한 시가지에 고가도로와 근접하여 개착식 지하철도공사가 설계되어 있다. 이 공사의 시공계획을 수립하는데 특별히 유의해야 할 사항을 기술하고 그 대책을 설명하시오.   [06중, 25점]

Ⅰ. 개 요

(1) 도심지에서 지반을 굴착하여 구조물을 축조할 때 지하수의 변동 및 가설 흙막이벽 의 변형 등에 의해서 인접구조물에 많은 영향을 미치게 된다.

(2) 기존구조물에 근접하여 개착 공사를 할 때는 근접한 구조물의 균열·침하·경사 등의 발생에 대비하여 공사 착공전부터 계측을 실시하고 적정공법 선정으로 민원 및 하자 발생을 최소화하는 게 가장 중요하다.

Ⅱ. 민원사항

(1) 소음
  ① 말뚝공사시 타격장비에 의한 소음발생
  ② 타격공법 중 Drop Hammer, Diesel Hammer, Steam Hammer 등의 소음이 가장 크다.

(2) 진동

　① 대형 굴삭기 사용으로 진동공해 발생

　② 토공사시 굴삭기, 불도저, 덤프트럭의 운행

(3) 분진

　① 현장 내외의 차량통행에 의한 흙먼지

　② 구체공사시 거푸집재의 먼지, 철골의 용접불꽃, 콘크리트 비산

(4) 악취

　① 아스팔트 방수작업의 연기, 의장 뿜칠재의 비산

　② 차량 주행·정지·발차시 배기가스 분출

(5) 교통장애

　① 콘크리트 타설시 레미콘 차량이 한꺼번에 도로에 진입하여 정체현상 유발

　② 토공사시 흙의 반·출입 차량의 집중으로 교통장애 발생

(6) 지반균열

　① 대형차량의 운행에 따른 도로 등에 과도한 진행하중으로 균열 발생

　② 흙막이공법의 미비로 Boiling, Heaving, Piping 현상 발생

(7) 정신적 불안감

　① 대형 굴착장비의 사용으로 소음 및 진동 등이 주변 구조물에 전달되어 불안감 조성

　② 주택내 소폭의 도로에 대형차량 진입으로 불안감 조성

Ⅲ. 하자원인(흙막이벽과 주변 지반의 거동원인, 문제점, 기설 구조물의 안전과 기능에 미치는 영향)

(1) 지반침하

　① 지하수의 무분별한 배수

　② 흙막이 가설구조물 변형

　③ Heaving 또는 Boiling 발생

(2) 지하수 고갈

　① 굴착면에서 배수에 따른 수위 저하

　② 인근 지하수의 고갈

(3) 지하수 오염
　　① 차수 목적의 주입공법에 따른 지하수 오염
　　② 지상에서 폐기된 각종 오일류의 유입

(4) 근접구조물 변위
　　① 지하수 변동에 따른 지반변위
　　② 근접구조물의 균열, 경사 발생
　　③ 구조물의 침하 및 전도 발생

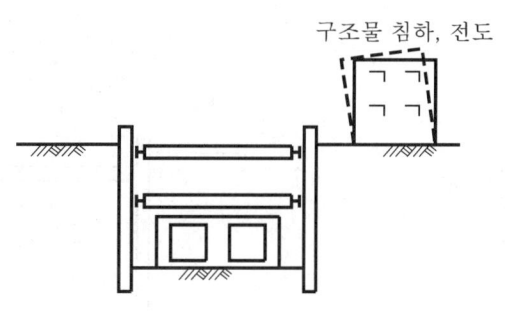

구조물 침하, 전도

(5) 지중구조물 파손
　　① 지중에 매설된 상하수도관 파손
　　② 통신케이블 및 동력선 파손

(6) 건설공해 발생
　　① 굴착기계의 기계음
　　② 지하수의 오염
　　③ 현장 폐기물의 악취, 분진 발생

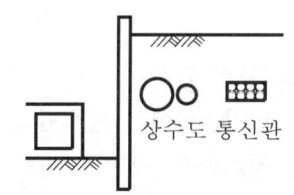

상수도 통신관

IV. 대책(관리방법)

(1) 수밀성 흙막이벽 시공
　　① CIP, PIP 등의 차수성 흙막이
　　② 본구조물의 일부가 되는 Slurry Wall 시공

(2) 차수 Grouting
　　① 흙막이벽 배면에 시멘트 또는 Bentonite 주입
　　② 차수 목적의 LW 주입
　　③ 차수 및 보강 목적의 JSP 시공

(3) Underpinning
　　① 인접 구조물의 하부 보강
　　② 기초 확대 및 신설
　　③ 약액주입공법

(4) 배수대책 수립
　　① Boiling 현상의 방지를 위하여 복수공법의 적용 검토
　　② 차수성이 우수한 공법 선정

(5) 과재하 방지
　① 가설재가 한곳에 집중되어 과하중되는 것을 방지
　② 토류벽 주위에 대형장비 접근금지

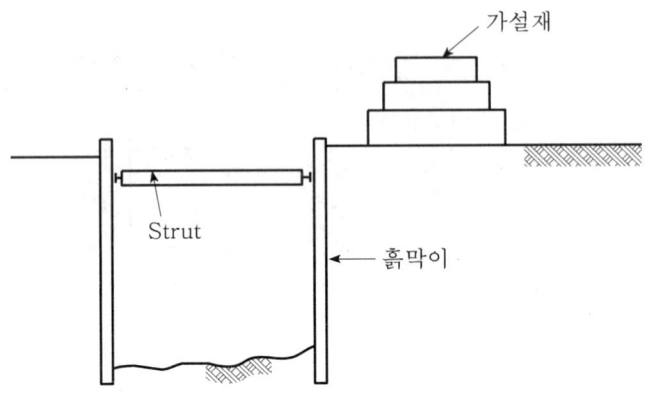

(6) 토사유출 방지
　① 연약지반에서 미세립의 토사가 지하수와 같이 흘러내리는 현상 방지
　② 강제배수공법으로 지하수 제거후 그라우팅 및 약액주입공법 적용

(7) 주민과의 대화
　① 매주 주민과의 의견교환
　② 주민의견 수렴

(8) 무공해공법 선정
　① 공해발생이 전혀 없는 공법 선정
　② 신기술 개발
　③ 공해관리팀 가동

(9) 흙막이벽 시공관리
　① 흙막이 배면 뒤채움
　② 흙막이 구조형식 검토
　③ 안전율 상향조정

(10) 계측관리 철저

① 계측기 설치위치

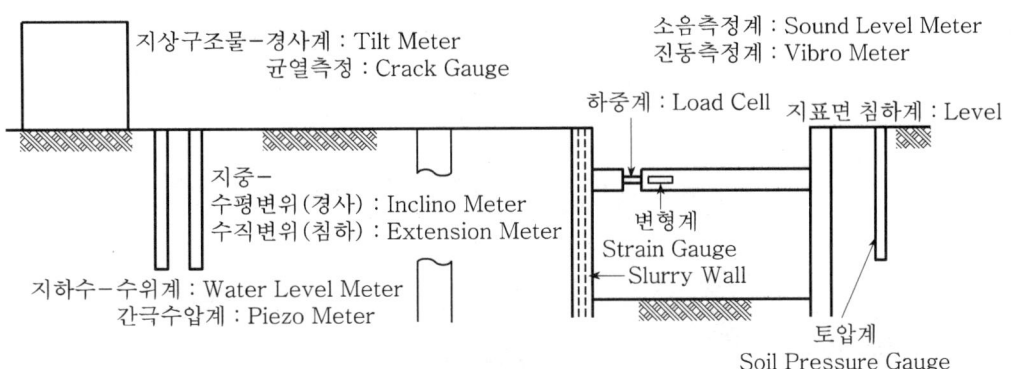

<계측기 설치위치>

V. 시공시 유의사항(시공계획 수립시 유의사항, 굴착시공시 유의사항)

(1) 적정한 공법의 선정
① 경제성, 시공성, 안정성을 검토하여 적정한 공법 선정
② 차수성능 : H-Pile < Sheet Pile < Slurry Wall

(2) 토류벽의 안전성 검토
① 주동토압에 대한 안전성 및 분포 파악
② 지하수의 수위 및 이동 등을 검토

(3) 토류벽 뒤채움 철저
① 뒤채움시 시방서에 명시한 기준들을 준수
② 깬자갈, 모래혼합물 등 다짐재료의 적합 여부 검토

(4) 흙막이 배면 측압
① 흙막이 배면에 작용하는 측압에 대한 버팀대의 반력이 설계기준강도에 적합하지 못한 경우
② 흙막이 재료의 차수성이 우수하지 못한 경우
③ 흙막이벽의 근입장 깊이가 설계치에 못 미치는 경우

(5) Boiling 방지
① 근입장을 불투수층까지 근입
② 강제배수공법에 의한 지하수위 저하

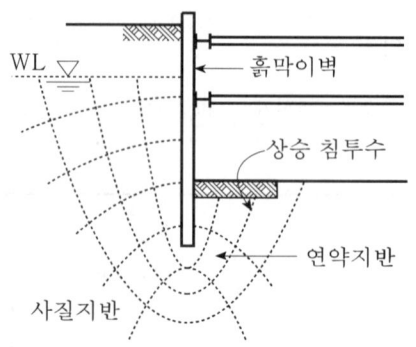

(6) Heaving 방지

　　① 근입장을 경질지반까지 근입

　　② 무리한 터파기 금지

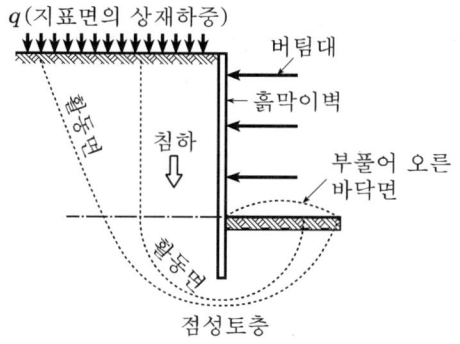

(7) Piping 방지

　　① 토류벽을 밀실하게 시공하여 방지

　　② 차수성이 높은 흙막이공법 선정

(8) 지반개량

　　① 간극수압을 감소시켜 지반의 성질을 개량

　　② 약액주입으로 지반을 고결하여 안정성 확보

(9) 흙막이 물침투

　　① 흙막이벽체의 차수성을 높인다.

　　② 흙막이공법은 차수성이 좋은 공법의 선택이 중요하다.

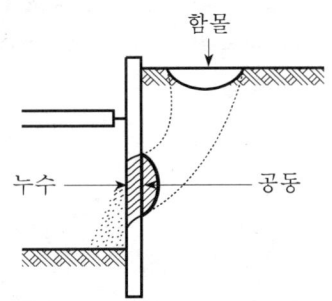

〈벽으로의 누수에 의해 토사의 유출이 일어나는 현상〉

(10) 압밀침하 현상

① 지반조사를 철저히 하여 연약지반 개량공법의 적용을 고려한다.

② 차수성이 양호한 공법을 경제성 검토 후에 실시한다.

(11) 소음·진동

현장에서 발생하는 소음과 진동의 계측관리를 통하여 현장 주변에 해가 되지 않도록 소음과 진동에 대한 대책을 수립하여 민원발생을 예방한다.

(12) 환경공해

환경에 대한 담당자를 선임하여 굴착토사의 분진, 불안감, 통행로, 대형차량의 질주, 악취 등의 환경공해가 발생하지 않도록 조치한다.

(13) 공정관리

각 공정에 대한 특성과 여타 공정과의 연관성을 정확히 파악하여 공사시행이 일관된 흐름 내에서 이루어지도록 전체 공사의 공정계획을 수립한다.

(14) 품질관리

P, D, C, A의 4단계 품질관리를 시행하여 시험 및 검사의 조직적인 계획과 하자 발생 방지계획을 수립한다.

VI. 결 론

(1) 도심지에 지하구조물 공사를 시행함에 있어서 지하흙막이공의 안전시공이 무엇보다도 중요하며, 또한 토질, 지하수 상태, 현장상황 등을 고려하여야 한다.

(2) 지하수에 대한 충분한 검토와 토질에 대한 상세한 조사로 여건에 맞는 차수공법과 배수공법을 선정하여 토류벽의 안전시공을 하고, 주변 지반에 대한 영향을 최소화해야 한다.

5-9 지하굴착을 위한 토류벽 공사시 발생하는 배면침하의 원인 및 대책을 설명하시오. [09전, 25점]

I. 개 요

(1) 도심지 공사중 지반을 굴착하는 공사현장에서 적용공법의 부적절, 관리부실 등에 의해 근접해 있는 구조물에 적지 않은 침하가 발생한다.

(2) 근접구조물이 있는 현장에서 지반굴착작업을 할 때는 굴착전 사전조사 및 공법선정 등의 시공계획을 수립한 후 공사를 진행해야 한다.

II. 침하에 따른 문제점

(1) 구조물의 기능저하

(2) 외관저해

(3) 내구성 저하

(4) 사용성 및 안전성 부족

III. 침하원인

(1) 사전조사 미비

지형, 지질, 지하수, 인근 구조물, 입지조건, 지하매설물 등의 조사미비로 인한 침하 발생

(2) 기초공사 부실

① 기초말뚝의 지지층 미도달

② 기초파일의 파손

③ 기초지지말뚝의 부족

(3) 지하수 배수

① 지반 굴착시 지하수의 과다배수

② 지하수위 저하에 따른 지반응력의 상태변화

(4) 지반토 유출

① 지하수의 용출에 의한 지반토의 유출

② 지반내 공극 발생

(5) Boiling
① 굴착 저면에서 지하수 차이에 의해 물과 지반토가 함께 분출
② 흙막이 배면의 지반구성 변화

(6) Heaving
① 점성토지반에서 굴착 저면의 지반이 융기되는 현상
② 흙막이 배면의 지반토가 활동을 하는 상태

(7) 흙막이 가설구조물 변형
① 규격 부족의 재료 사용
② 재사용 자재의 이상변형
③ 접합부의 변형
④ 구조계산의 잘못

Ⅳ. 대 책

(1) 수밀성 흙막이벽 시공
① 지하수 배수억제
② 흙막이벽 배면 변형억제
③ 강성 있는 흙막이벽 시공

(2) 복수공법
배수한 지하수를 다시 지하로 급수하여 종전 지하수위를 유지

(3) 약액주입공법
① 간극수압 감소
② 지반 고결
③ 지하수 이동억제

(4) Underpinning 공법
① 기존구조물의 기초보강
② 본공사에 근접구조물의 밑받이
③ 차단벽 설치

(5) Strut Jacking
① 흙막이 가설구조물의 Strut에 Jacking
② 굴착에 따른 흙막이벽체의 변형억제

(6) 계측관리

① 시공전부터 시공완료시까지 구조물의 변형관리

② 인근구조물의 변형관리 및 지반변형 계측

③ 계측자료에 따른 대비책 수립

(7) 지반개량

지지력이 약한 연약지반일 때 지반개량공법 채택

(8) 액상화 방지

사질지반에서 액상화 현상이 발생하지 않도록 구조물 축조전에 개량공법으로 시공

Ⅴ. 침하관리

(1) 침하 = 탄성침하 + 1차 압밀침하 + 2차 입밀침하
  (S_t) (S_i) (S_c) (S_s)

(2) 침하량 $(S_c) = \dfrac{C_c}{1+e} H \cdot \log \Delta P$ 여기서, C_c : 압축지수

            e : 공극비

            ΔP : 유효응력 증가분

            H : 배수거리

(3) 침하시간$(t) = \dfrac{H^2 \cdot T_v}{C_v}$ 여기서, T_v : time factor

            C_v : 압밀계수

(4) 압밀도$(U) = \dfrac{\Delta H}{S_c}$ (%)   여기서, ΔH : 어느 시점에서의 침하량

            S_c : 최종 침하량

(5) 잔류침하량

    $\Delta S = (1 - U) S_c$

Ⅵ. 결 론

(1) 구조물에 침하가 발생하면 구조물로서의 역할을 상실하고 사용성과 안정성에 위협을 받게 된다.

(2) 구조물 축조전 사전조사와 시공계획을 수립하여 구조물에 침하가 발생하지 않도록 해야 한다.

5-10 혼잡한 도심지를 통과하는 도시철도의 노면복공계획시 조사사항과 검토사항을 설명하시오.
[11전, 25점]

Ⅰ. 개 요

도심지의 노면복공계획시에는 우선 교통량 조사를 실시하여야 하며, 그 밖에 지하매설물과 지하수위 및 지반조사 등을 실시하여 안정성을 확보한 후 복공공사에 임하여야 한다.

Ⅱ. 조사사항

(1) 교통량
    ① 전체 교통량 및 시간대별 교통량 확인
    ② 우회도로의 확인
    ③ 간이도로의 확보

(2) 지하매설물
    ① 지하매설물의 종류 및 깊이 파악
    ② 지하매설물의 보호대책 마련

(3) 지하수위
    ① 공사기간내의 지하수위 파악
    ② 우기시 최고조의 지하수위 파악
    ③ 배수설비 및 배수장소 확인

(4) 배면지반
    ① 배면지반의 상태
    ② 배면지반의 강도에 따른 흙막이공법 선정

(5) 인접구조물
    ① 인접구조물의 균열 및 기울기 조사
    ② 인접구조물의 노후화 상태 조사

(6) 공사현황 파악
    ① 자재의 출입장소

② 공사차량의 통행 여부

③ 투입인원 대비 공사기간

Ⅲ. 검토사항

(1) 교통하중

교통하중을 검토하여 충분히 견딜 수 있는 복공판 구조를 검토

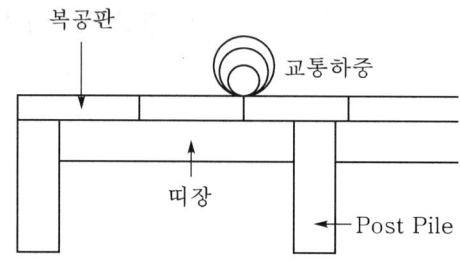

(2) 배면 주동토압

① 벽체 전면으로 변위가 생길 때의 토압

② 배면의 흙이 가라앉음으로 인해 발생

③ 흙막이벽체의 구조성능을 좌우

(3) Piping

① 사질지반에서 흙막이 배면의 미립토사가 유실되면서 지반내에 수로가 형성되어 지반이 파괴되는 현상

② 굴착저면과 흙막이 배면의 수위차에 의해 발생

(4) Heaving

① 연약 점토지반에서 흙막이벽 내외의 흙의 중량차에 의해 굴착 저면의 흙이 지지력을 잃어 붕괴되어 부풀어 오르는 현상

② Heaving 파괴에 의해 흙막이벽의 붕괴 발생

(5) 작업구

① 지하 흙의 배출구

② 작업인원 및 장비의 출입구

(6) 지하매설물의 보호 및 복구

① 각종 매설물의 공사중 보호

② 공사완료후 안전한 복구계획

Ⅵ. 결 론

노면복공작업은 교통의 통행에 최대한 지장이 없도록 설치하며, 설치전에 정확한 교통 하중을 파악하여 안전에 유의하여야 한다.

> **5-11** 지하철 건설공사 시공시 토류판 배면의 지하매설물 관리에 대하여 기술하시오.
> [06전, 25점]
>
> **5-12** 도심지 지하흙막이 공사에서 굴착구간내 (1) 상수도, (2) 하수도 및 하수 Box, (3) 도시가스, (4) 전력 및 통신 등의 주요 지하 매설물들이 산재되어 있다. 상기 4종류의 매설물에 대한 보호계획과 복구시 복구계획에 대하여 설명하시오.
> [10중, 25점]

Ⅰ. 개 요

지하철 터파기 공사시 지반의 침하, 균열 및 지하수 유출로 인하여 지하매설물의 파괴가 빈번하게 발생하므로 이에 대한 대책을 수립한 후 시공에 임하여야 한다.

Ⅱ. 지하매설물의 요구 조건

(1) 외압에 대한 충분한 강도를 가질 것
(2) 내구성, 내마모성이 좋을 것
(3) 지중 이음부위에 대한 강도를 확보할 것
(4) 수밀성과 신축성
(5) 중량이 적고 운반 및 설치가 용이할 것

Ⅲ. 토류벽 배면의 지하매설물 관리

(1) 지하매설물의 현황 파악

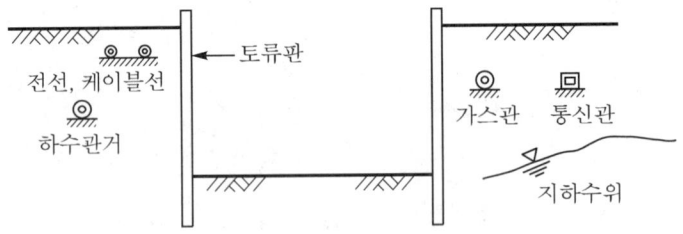

〈지하 매설물의 종류, 위치, 크기 및 깊이 등 파악〉

(2) 지반조사
　① 연약지반 존재 여부
　② 단층, 절리 등 파악
　③ 지반활동 가능성 파악

(3) 부등침하 방지

    ① 지반의 부등침하에 인한 지하매설물의 국부적 파손방지

    ② 지하매설물 이음부 파손 우려

(4) 측방유동 방지

    ① 연약지반에서의 측방유동으로 인한 지반의 측방향 이동으로 지하매설물 파손

    ② 지하매설한 각종 관들의 관로이탈 우려

(5) 부력방지

    ① 지하수위 상승으로 인한 지하매설물 파손

    ② 우기시 지하수위 상승을 미연에 방지

    ③ 부력 작용시 관들의 전체적 파손 우려

(6) 진동 및 충격

    ① 상부하중으로 인해 지반에 진동 및 충격 방지

    ② 지하매설관들의 균열발생 우려

(7) 지하활동

시공현장에 점성토지반의 연약층이 존재할 경우 하중증가에 따른 지반활동으로 지하매설물의 파손 발생

(8) 굴착토 처리

    ① 굴착토에 의한 흙막이 배면의 과하중 방지

    ② 함수비가 높은 굴착토는 사토 처리

(9) 굴착면 보호

    ① 굴착면의 붕괴방지

    ② 흙막이 배면에 중량차량의 통행억제

    ③ Boiling, Heaving, Piping 방지

(10) 지하수 처리

    ① 차수공법 적용

    ② 약액주입 실시

    ③ 배수공법 실시

Ⅳ. 굴착구간내 지하매설물 보호계획

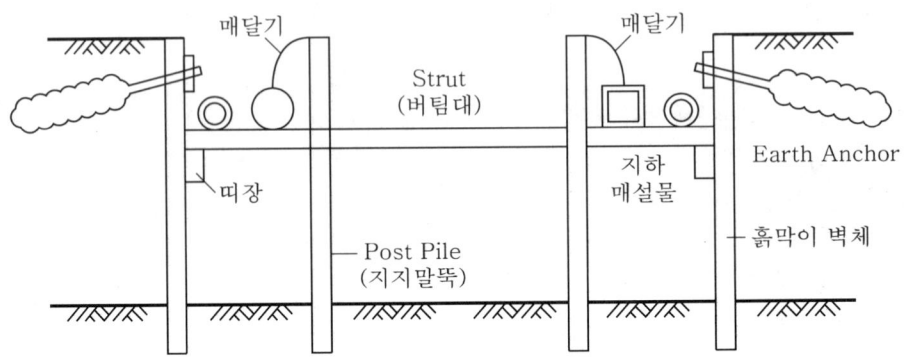

(1) 굴착

    ① 지하매설물까지 굴착

    ② 지하매설물이 손상되지 않게 유의

    ③ 지하매설물 주변에서는 인력 굴착

(2) Earth Anchor 설치

    ① 흙막이벽체의 안정성을 위하여 Earth Anchor 설치

    ② 지하 1m 내외는 생략 가능

(3) 매설물 매달기

    흙막이벽체나 지지말뚝을 이용하여 지하매설물을 매달기

(4) 지하매설물 거치

    ① Strut(버팀대) 위에 지하매설물 거치

    ② 이때 매달려 있는 지하매설물은 매달기를 유지

(5) 지하매설물 고정

    공사완료후 복구시까지 안전하게 고정

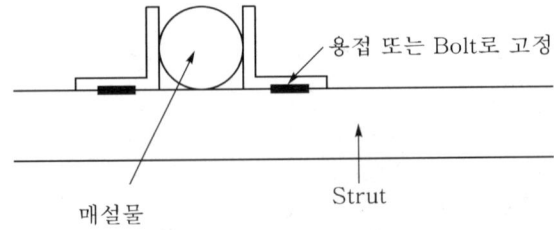

V. 복구계획

(1) 되메우기 작업
    ① 되메우기는 매설물 관리자의 입회하에 실시
    ② 매설물의 받침방호를 시행하고 매달기방호를 해체
    ③ 양질의 토사를 이용하여 다짐 철저

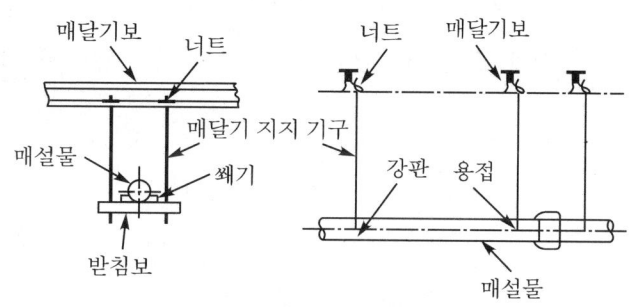

〈매달기방호〉

(2) 받침방호
    ① 굴착으로 노출된 매설물을 되메울 경우 침하로 인한 배설물의 절손사고를 방지
    하기 위해 설치
    ② 매설물 하부에 받침대를 설치하여 매설물을 보호

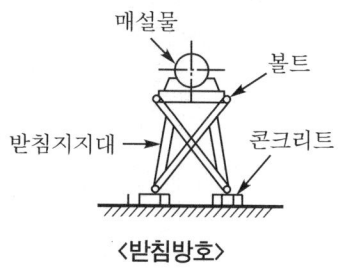

〈받침방호〉

(3) 배면방호
    ① 복구시 지반변동에 의한 피해를 최소화하기 위해 흙막이 배면에 매설물을 방호
    ② 흙막이 복공을 만들어 수시로 매설물의 상태를 점검

(4) 가스노출 자동경보기 설치
    ① 도시가스배관 노출시 연결부분이나 노출 예상지점에 설치
    ② 설치요령
       ㉠ LNG(공기보다 가벼운 가스)는 배관 또는 노출 예상지점 상부에 설치
       ㉡ LPG(공기보다 무거운 가스)는 배관 또는 노출 예상지점 하부에 설치

(5) 매설물의 고정

　① 매설물을 고정 조치한다.

　② 옆으로 흔들리지 않도록 조치한다.

VI. 결 론

토류판 배면의 지반에 부등침하, 측방유동, 부력, Boiling, Heaving 및 Piping 등이 발생하면 지하매설물에 직접적인 악영향을 미치게 되므로, 이에 대한 철저한 관리가 선행되어야 한다.

Ⅰ. 개 요

(1) 사질지반에서 지반굴착시 흙막이벽의 배면 지하수위와 굴착 저면의 수위차가 크면 흙막이벽 내부로 침투한 침투수에 의하여 흙입자간의 유효응력이 상실될 때 즉 전단응력이 0이 될 때 굴착 저면을 통하여 지반토인 모래와 물이 분출하는 현상을 Boiling이라 하며, Quick Sand 또는 분사현상이라고도 한다.

(2) Boiling이 발생함으로써 모래와 물이 분출하여 지반이 파괴되는 것을 보일링 파괴 (Boiling Failure)라고 한다.

(3) Boiling으로 인한 분출현상이 계속되면 지반토가 분출되어 관상, 특히 Pipe 모양인 물의 통로(침투유로)가 형성되는 것을 Piping이라 한다.

(4) Boiling 발생은 수위차에 의한 동수구배가 한계동수구배보다 커질 때 굴착면 바닥에서 모래가 분출되는 것이다.

Ⅱ. Boiling 발생원리(퀵 샌드의 발생원리)

(1) 상향의 흐름

$b-b$ 단면에서 유효응력

$\sigma = h_w \gamma_w + z \gamma_{sat}$

$u = (h_w + z + \Delta h)\gamma_w$

$\sigma' = \sigma - u$

$\quad = (h_w \gamma_w + z \gamma_{sat}) - (h_w + z + \Delta h)\gamma_w$

$\quad = z\gamma_{sub} - \Delta h \gamma_w$

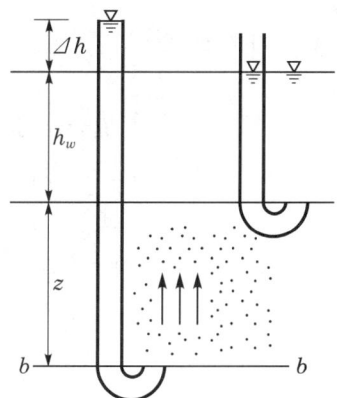

(2) 한계동수경사

위 식에서 유효응력 σ'가 상실되어 0이 된다고 하면

$z\gamma_{sub} - \Delta h r_w = 0$

$z\gamma_{sub} = \Delta h r_w$

즉, $\dfrac{\Delta h}{z} = i_{cr} = \dfrac{\gamma_{sub}}{\gamma_w} = \dfrac{G_s - 1}{1 + e}$

유효응력이 상실되어 0이 될 때 동수경사(i)를 한계동수경사(i_{cr})라 하며, 다음 식으로 나타낸다.

$$i_{cr} = \dfrac{G_s - 1}{1 + e}$$

(3) Boiling

동수경사(i)가 한계동수경사(i_{cr})보다 커질 때, 즉 $i > i_{cr}$일 때 Boiling이 발생한다.

(4) Boiling에 대한 안전율

$$F_s = \dfrac{i_{cr}}{i} > 1$$

F_s가 1보다 커야 Boiling 현상이 일어나지 않는다.

Ⅲ. 발생원인

(1) 흙막이의 근입장 깊이가 부족할 때
(2) 흙막이벽의 배면 지하수위와 굴착 저면의 수위차가 클 때
(3) 굴착 하부지반에 투수성이 큰 모래층이 있을 때

Ⅳ. 방지대책

(1) 흙막이의 밑둥을 깊이 박는다.
(2) 흙막이의 근입장을 불투수층까지 박는다.
(3) Deep Well 공법, Well Point 공법 등에 의해 지하수위를 저하시킨다.
(4) Sheet Pile 등의 수밀성 있는 흙막이를 설치한다.
(5) 약액주입공법에 의해 지수벽 또는 지수층을 형성한다.

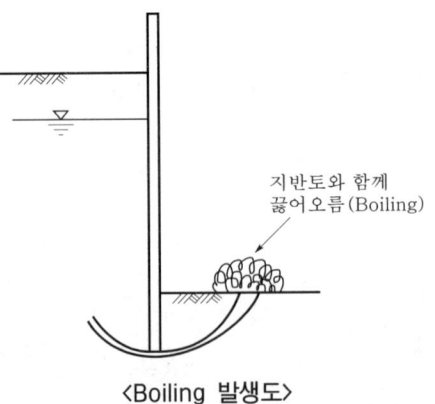

지반토와 함께
끓어오름(Boiling)

<Boiling 발생도>

| 5-17 | Heaving 현상 | [07전, 10점] |
| 5-18 | 히빙(Heaving) 현상 | [11전, 10점] |

I. 정 의

(1) 연약점토지반의 굴착시 흙막이벽 내외의 흙이 중량차이에 의해서 지지력을 잃고 붕괴되어 흙막이 바깥에 있는 흙이 안으로 밀려 굴착 저면이 부풀어 오르는 현상을 Heaving이라 한다.

(2) Heaving 현상에 의해 굴착 저면의 파괴 및 주변 지반의 침하를 일으키는 현상을 히빙 파괴(Heaving Failure)라 한다.

II. 개념도

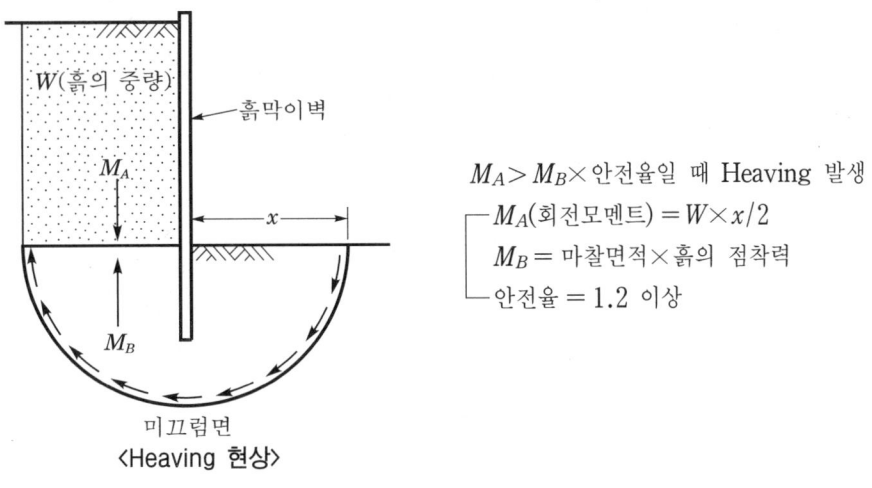

$M_A > M_B \times$ 안전율일 때 Heaving 발생

- M_A(회전모멘트) $= W \times x/2$
- $M_B =$ 마찰면적 $\times$ 흙의 점착력
- 안전율 $= 1.2$ 이상

〈Heaving 현상〉

III. 발생원인

(1) 흙막이벽의 근입장 부족

(2) 흙막이벽 내외의 흙이 중량차이가 클 때

Ⅳ. 방지대책

(1) 흙막이의 근입장을 경질지반까지 박는다.

(2) 부분굴착을 하여 굴착지반의 안전성을 높인다.

(3) Island Cut 공법을 채용해서 흙막이벽 전면에 중량을 부여한다.

(4) 약액주입공법, 동결공법 등으로 굴착 저면을 고결시킨다.

(5) 강성이 큰 흙막이를 사용한다.

(6) 흙막이벽 배면에 Earth Anchor를 시공한다.

5-19 Piping 현상 [00중, 10점]

I. 정 의

(1) Piping이란 사질지반에서 흙막이 배면의 미립토사가 유실되면서 지반내에 Pipe 모양의 수로가 형성되어 지반이 점차 파괴되는 현상을 말한다.

(2) 흙막이벽에서의 Piping 현상은 흙막이벽 배면 또는 굴착 저면에서 발생하는 두 가지 양상을 보인다.

II. 흙막이 배면 Piping

(1) 정의
차수성이 적은 흙막이공법에서 흙막이 배면의 지하수가 흙막이벽으로 유출될 때 지반토가 유실되어 물의 통로를 형성할 때 발생한다.

(2) 도해

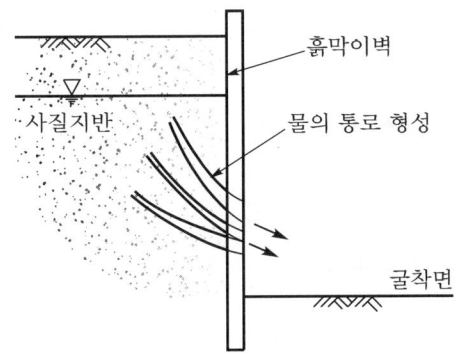

(3) 발생원인
① 지하수 과다
② 흙막이 배면에 피압수 존재
③ 흙막이벽의 차수성 부족

(4) 방지대책
① 차수성이 높은 흙막이공법으로 시공
② 흙막이벽의 밀실 시공

③ 지하수위 저하

④ 지반 고결

Ⅲ. 굴착 저면 Piping

(1) 정의

사질지반에서 흙막이벽 배면과 굴착 저면의 수위차가 현저히 클 때 굴착 저면이 상향의 침투수에 의해 지반토와 함께 물이 분출하여 지반에 물의 통로가 형성되는 것을 말한다.

(2) 도해

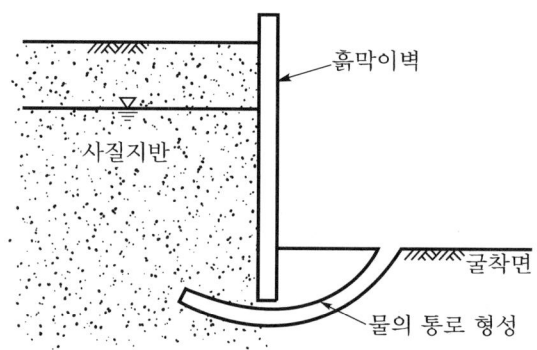

(3) 발생원인

① 굴착면과의 높은 지하수위차

② Boiling 발생

③ 투수성이 큰 사질지반

④ 흙막이의 근입깊이 부족

(4) 방지대책

① 흙막이벽 근입깊이를 깊게 한다.

② 지하수위를 저하

③ 지반 고결

④ 흙막이벽 불투수층까지 근입

I. 정 의

수위차에 의해서 흙 속으로 물이 흐를 때 그 자취를 유선이라 하는데, 각 유선에 따라 손실수두가 동일한 위치를 연결한 등수두선에 의해 이루어진 곡선군을 유선망이라 한다.

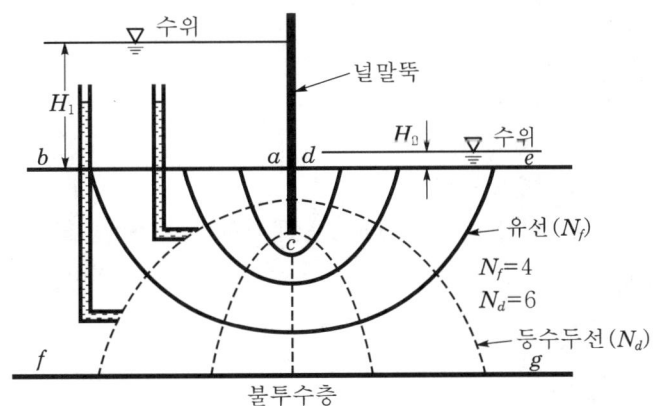

〈널말뚝 밑의 토층으로 물이 통과할 때의 유선망의 예〉

II. 특 징

(1) 인접한 2개의 유선 사이, 즉 각 유로의 침투유량은 같다.

(2) 인접한 2개의 등수두선 사이의 수두손실은 서로 동일하다.

(3) 유선과 등수두선은 직교한다.

(4) 유선망, 즉 2개의 유선과 2개의 등수두선으로 이루어진 사각형은 이론상 정사각형이다(내접원 형성).

(5) 침투속도 및 동수구배는 유선망의 폭에 반비례한다.

Ⅲ. 유선망을 이용한 침투유량 및 간극수압 산출

(1) 침투유량 산출

$$Q = k \cdot H \cdot \frac{N_f}{N_d}$$

여기서, k =투수계수
H =수위차
N_f =유로수
N_d =등수두면의 수

(2) 간극수압 산출

① $h_t = h_e + h_p + h_v$ (베르누이 정리)

여기서, h_t =전수두
h_e =위치수두
h_p =압력수두
h_v =속도수두

② 흙 속의 흐름에서 속도수두(h_v)를 무시하면

$$h_t = h_e + h_p$$

$$h_p = h_t - h_e$$

$$\therefore U = h_p \cdot r_w$$

여기서, U =간극수압

Ⅳ. 유선망 작도법

(1) 상단선 a-c-d와 하단선 f-g 사이를 적당히 분할하여 2~3개의 유선을 최대 및 최소의 a-b와 d-e에 직교하도록 매끄럽게 그린다.

(2) 이들 유선과 직교하면서 거의 정방형을 이루도록 몇 개의 등수두선을 그린다.

(3) 수리학적으로 합리적이고, 전체적으로 균형이 잡히도록 수정보완하여 그림을 완성한다.

> **6-1** 지하터파기 공사에서 물처리는 공기(工期)뿐만 아니라 공사비에도 절대적인 영향
> 을 미친다. 공사중 물처리공법에 대하여 설명하시오. [04중, 25점]
>
> **6-2** 지하구조물 시공시 지하수위가 굴착면보다 높을 경우 배수공법으로 사용하는
> Well Point 공법에 대하여 설명하시오. [00중, 25점]
>
> **6-3** 지하수위가 높은 복합층(자갈, 모래, 실트, 점도가 혼재)의 지반조건에서 지하구
> 조물 축조시 배수공법 선정을 위하여 검토해야 할 사항을 열거하고, 각각에 대하
> 여 설명하시오. [06후, 25점]

Ⅰ. 개 요

(1) 지하수위가 높은 지역에서의 지하구조물 축조공사는 지하수의 처리공법을 면밀하
게 조사하여 적정의 공법을 선정해야 하는데, 이는 토류벽의 안전은 물론 시공의
안정성 유지 차원에서 아수 중요한 사항이다.

(2) 시공면에 지하수가 존재할 경우 작업곤란, 작업지연, 부실시공, 공사비 증대 등의
많은 문제점이 있으므로 지하수 처리에 만전을 기하여야 한다.

Ⅱ. 배수공법(물처리공법)

1. 집수통 배수공법

(1) 의의

① 터파기의 한 구석에 깊은 집수통을 설치하고, 여기에 지하수가 고이게 하여 수
중펌프로 외부에 배수하는 것이다.

② 배수가 적으면 수동펌프로 가능하지만, 보통 공사에서는 전동식 Sand Pump,
다이어프램 펌프 등을 사용한다.

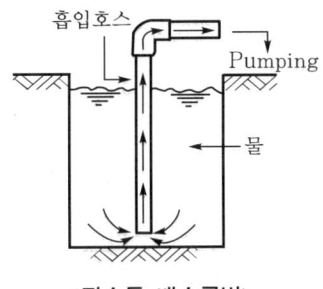

〈집수통 배수공법〉

(2) 특징

① 설비가 간단하고, 경비가 저렴하다.

② 용수상황에 따라 집수통의 수량조절이 용이하다.

2. Deep Well 공법(깊은 우물공법)

(1) 의의

① 터파기의 장내에 깊은 우물을 파고, Casing Strainer를 삽입하여 수중펌프로 양수하는 공법

② Strainer와 우물벽의 공간에는 필터 재료(자갈 등)를 충전하여 Strainer의 막힘을 방지할 필요가 있다.

3. Well Point 공법

(1) 의의

① Well Point 공법은 강제배수공법의 대표적인 공법이며, 지멘스 웰 공법이 발전되어 개발된 공법이다.

② 인접 구조물과 흙막이벽 사이에 케이싱을 삽입하여 지하수를 배수하는 공법이다.

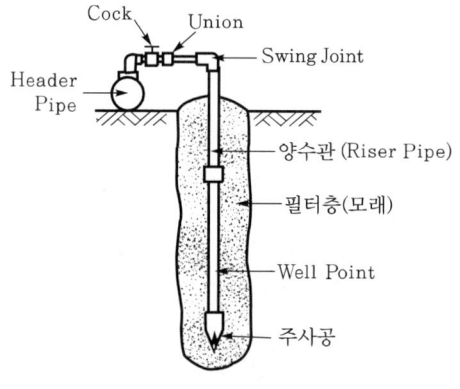

〈Well Point 공법〉

(2) 특징

① 장점

㉠ 이 공법의 개발로 굴착공사의 Dry Work가 비교적 용이해졌다.

㉡ 투수층이 비교적 낮은 사질 Silt층까지도 강제배수가 가능하다.

㉢ 흙의 안전성을 대폭 향상시킨다.

㉣ 공기단축이나 공비경감에도 크게 기여한다.

② 단점

㉠ 압밀침하로 인한 주변 대지, 도로에 균열발생

ⓒ 인근 구조물의 침하발생

ⓒ 지하수의 수위저하로 우물 고갈

(3) 시공

① Riser Pipe(양수관) 설치

ⓐ Point와 연결된 Riser Pipe(양수관)를 Water Jet를 이용하여 대수층까지 관입시켜 그 주위에 필터층(모래)을 형성한다.

ⓑ 양수관의 간격은 보통 1~2 m로 한다.

② 스윙 조인트 : 관입된 Well Point는 Swing Joint를 거쳐서 Header Pipe로 연결된다.

③ Header Pipe 연결 : 스윙 조인트를 거쳐 Header Pipe에서 진공 Pump로 연결된다.

④ Pump 설치

ⓐ Centrifugal Pump, 진공펌프, Separator Tank에 연결한다.

ⓑ 정전시를 대비하여 예비전원 및 예비펌프를 확보한다.

(4) 유의사항

① Well Point 관입시는 반드시 특수커터를 사용한다.

② 필터층의 모래폭은 크게 하는 것이 좋다.

③ Point 부분은 투수성이 가장 큰 깊이에 일치시킨다.

④ 필터의 재료는 원지반보다 투수성이 큰 거친 모래를 사용한다.

4. 진공 Deep Well 공법(Vacuum Deep Well 공법)

(1) 의의

① Deep Well 공법과 Vacuum Pump를 합친 강제배수공법이다.

② 우물관 내의 기압을 진공 Pump로 강하시켜 지하수를 빨아 모아서 Pump로 배수한다.

③ 투수성이 작은 대수층에서는 수위강하에 요하는 시간이 많으므로 Well Point 공법이나 Deep Well 공법 채택시 그 효율성이 떨어진다. 이때에는 진공 Deep Well 공법을 채택한다.

(2) 유의사항

① 우물관 상부 및 우물관 주위의 기밀성 유지

② Filter 재료는 투수성이 좋은 재료를 사용

③ Filter 재료 상단은 점토 등으로 Sealing하여 기밀성 유지

5. 유공관 설치공법

(1) 의의

외부압력에 강하고 균열 및 찌그러짐이 없는 THP(Trip Polyethylene Pipe : 고강도 폴리에틸렌 Pipe)관에 작은 구멍의 흡수공을 설치하여 지중의 물을 배수하는 공법이다.

(2) 특징

특 성	내 용
흡수성	① 요철부에 다량의 흡수공으로 흡수면적이 넓음. ② 토사에 의해 막힐 염려가 없음.
경량성	① 경질 PE관으로 초경량 ② 취급, 운반 및 시공이 용이
고재질	① 뛰어난 내충격성 겸비 ② 내산, 내알칼리성 및 부식이 없음.
고강도	① Rib 형태로의 특수 가공 ② 지중매설시 형태변화가 없음.
내구성	① 고밀도 PE 수지로 반영구적 ② 지반의 부등침하 등에도 안전

6. 배수관 설치공법

(1) 의의

① 지하 기초 내에 수직으로 Hole을 설치하여 기초 상부의 누름 콘크리트 사이로 배수관을 연결

② 연결된 배수관을 지하층에 설치된 집수정에 연결해 외부로 배수하는 공법

(2) 특징

① 기초시공 전후 모두 시공 가능

② 지하수의 수량에 따라 설치공 조절

③ 지하부력에 의한 구조물의 안전 도모

④ 기초 하부에 설치하는 PVC 유공관의 막힘에 유의

⑤ 누름 콘크리트 내에 설치하는 배수 Pipe의 결로방지

7. 배수판공법

(1) 의의

① 기초 상부와 누름 콘크리트 사이에 공간을 두어 그 공간 속으로 물이 이동하여 집수정으로 모이게 하는 공법

② 지하실 마감바닥과 물이 직접 접촉되는 것을 차단하여 지하실의 누수 및 습기를 방지

〈배수판 형상〉

(2) 유의사항

① 배수판 시공 바닥면의 평활도 유지

② 배수판 상부 콘크리트 시공시 Cement Paste의 흘러내림 방지

③ 배수판 사이로 물의 흐름을 유지

8. Drain Mat 공법

(1) 의의

① Drain Mat 공법은 굴착 저면 위 버림 콘크리트 내에 유도수로와 배수로를 설치하여 지하수를 집수정으로 유도하여 Pumping 처리하는 영구배수공법이다.

② 지하수의 부력이 기초나 구조물의 구조체에 영향을 미치지 않게 하므로 구조적으로 안전성을 유지할 수 있는 공법이다.

(2) 특징

① 지하수의 부력 처리속도가 빠름.

② 단일공정으로 시공관리가 편리

③ 풍부한 안전율을 적용한 설계와 시공이 가능

④ 집수정에 모인 지하수의 재활용 가능

⑤ 기초 콘크리트 균열에 의한 누수발생 예방

9. 주수공법

(1) 장내에서 양수한 물을 주수 Sand Pile을 통해 지중에 주입하여 인접 구조물의 부등침하 등을 방지하는 공법이다.

(2) 굴착 저면이 인접 구조물의 기초면보다 낮을 때 사용한다.

(3) 주수량은 양수량의 50 % 전후를 목표로 한다.

(4) 주수한 물에 의한 굴착면의 붕괴를 방지하기 위하여 도수 샌드 파일을 둔다.

(5) 주수는 지반교란이 안 되도록 정수압으로 한다.

10. 담수공법

(1) 흙막이벽을 지수벽으로 구축한다 해도 주변 지반의 수위를 자연상태로 유지하기란 대단히 어렵다. 이를 위해서는 어느 정도 물의 보급이 필요해지는데 이때 담수공법을 적용하여 물을 채우게 된다.

(2) 흙막이벽에 작용하는 측압과 주수에 의한 수압은 흙막이벽의 붕괴를 유발할 수 있으므로 주의해야 한다.

(3) 흙막이의 강성을 높이기 위해 버팀대의 단면적을 늘리는 것을 검토해야 한다.

Ⅲ. 배수공법 선정시 검토사항

(1) 지하벽 배면에 가해지는 수압
  ① 시트 파일, 지하연속벽 등의 흙막이 배면이나 지하실 외벽에 작용하는 수압은 지하수면의 깊이에 비례한다.
  ② 흙막이벽이나 지하실 외벽은 수압으로 인해 큰 변형이 발생할 수 있다.

(2) 부력의 작용
  ① 지하수면하에 있는 기초나 지하실 등에는 부력이 작용한다.
  ② 공사중의 미완성 구조물은 중량이 부족하여 부력에 의해 떠오르는 수도 있다.

(3) 연약 점성토층의 압밀저하
  ① 지하수위를 강하시키면 구조물에 작용하는 부력이 감소한다.
  ② 토립자의 간극이 줄어들면 압밀침하가 초래된다.

(4) 지하수위의 변동
  ① 지하수나 피압수의 수위는 일정하지 않고 항상 변동한다.
  ② 이들의 변동은 배수공사에 중대한 영향을 미치므로 충분한 주의가 필요하다.

(5) Heaving 현상
  ① 점토지반에서 발생하며, 흙막이벽 근입장이 견고한 지반에 못 미칠 때 발생
  ② 흙막이벽 내외의 토사 중량차에 의해 발생

(6) Boiling 현상
  ① 사질지반에서 발생하며, 근입장이 부족할 때
  ② 기초파기 저면의 수위와 지반내 수위의 차이가 심할 때

(7) Piping 현상

    ① 흙막이벽 재료의 강성부족 및 차수성이 약할 때

    ② 흙막이벽 자체의 부실시공

(8) 주변에서의 지하수 이용

    ① 현장 주변에서 지하수를 이용하고 있는 경우에는 배수공법을 채택하면 우물고갈 등의 문제가 발생할 수 있다.

    ② 이 때문에 굴착공사가 불가능한 경우도 있다.

(9) 액상화 현상

    ① 사질층에서 물이 과잉 포함된 모래가 지진·진동(주로 횡력) 등을 받아 점착력을 상실하여 유동화되는 현상을 말한다.

    ② 일명 분사현상이라고도 하며, 전단강도가 상실되어 지지력을 기대할 수 없다.

(10) 투수층이 큰 지층

    ① 대수층 중에 우물을 파서 사용할 경우 우물 안 수위강하로 인하여 침하한다.

    ② 지하수는 유동하므로 대수층내의 수두에 경사가 생겨 우물 주변의 수두가 강하한다.

Ⅳ. 결 론

(1) 사전에 지반조사를 철저하게 실시하고 토질에 적합한 공법을 선정하여 견실 시공하는 것이 무엇보다 중요하며, 주변 환경에 따른 배수공법을 채택함으로써 주변 지반 및 흙막이의 안전성을 확보할 수 있다.

(2) 각 지층에 적합한 다양한 공법의 개발이 필요하며, 계측관리를 통한 정보화 시공이 필요하다.

Ⅰ. 개 요

(1) 구조물이 지하수위 이하에 놓이게 되면 구조물 저면에 상향으로 작용하는 물의 압력을 받게 되는 것을 양압력이라고 한다.

(2) 물이 정수위 상태일 때 작용하는 양압력은 정수압과 같고 구조물 지면에 작용하는 침투수가 있는 경우의 양압력은 침투시 간극수압과 같다.

Ⅱ. 부력과 양압력

1. 부력

(1) 정의

① 액체 속에 잠겨 있는 물체의 표면에 상향으로 작용하고 있는 물의 압력을 부력이라 한다.

② 이 힘의 크기는 물체가 물속에 잠긴 부피와 같은 액체의 무게와 같다.

(2) 부력의 표시

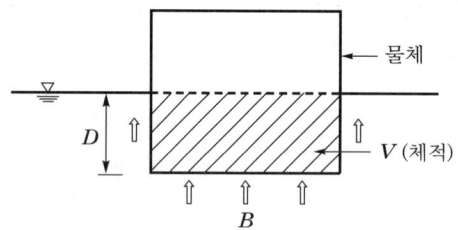

① 부력$(B) = \gamma_w \times V\,(\text{tonf})$

여기서, γ_w : 물의 단위중량

V : 물체가 액체 속에 잠겨 있는 부분의 체적

② 부력은 힘의 단위(tonf)로 나타낸다.

2. 양압력

(1) 정의
① 구조물이 지하수위 이하에 놓이게 되면 구조물 저면에 상향으로 작용하는 물의 압력을 받게 되는 것을 양압력이라 말한다.
② 물이 정수위 상태일 때 작용하는 양압력은 정수압과 같고, 구조물 저면에 작용하는 침투수가 있는 경우의 양압력은 침투시 간극수압과 같다.

(2) 양압력의 표시

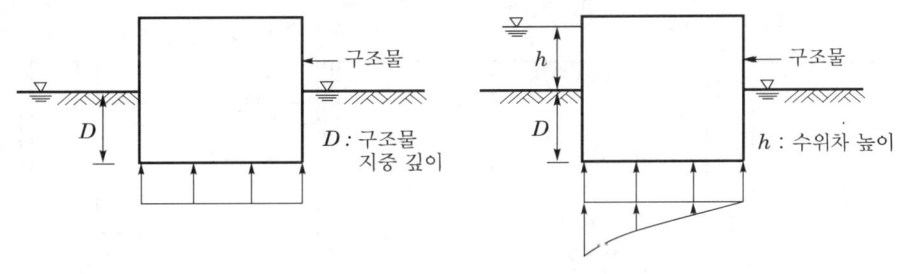

① 정수위 상태 양압력
$D \times \gamma_w (\text{tonf/m}^2)$

② 침투 발생시 양압력
$(D + h) \times \gamma_w (\text{tonf/m}^2)$

Ⅲ. 양압력의 영향 검토

(1) 지하수위 변화 검토
① 양압력의 주원인은 지하수에 의해 발생하므로 지하수위에 대한 검토가 우선되어야 한다.
② 지하수위의 변형을 주기적으로 파악하여 양압력의 발생 여부를 파악한다.

(2) 침투압 발생
양압력은 침투수가 발생하고 있을 때 생기는 현상이다.

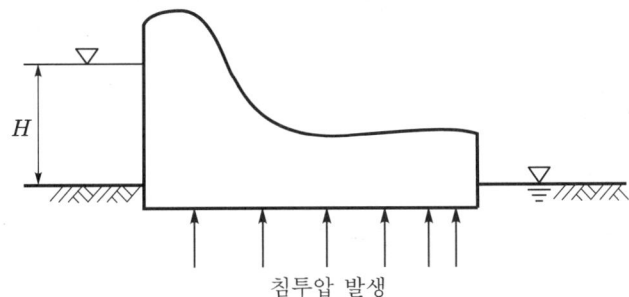

침투압 발생

(3) 구조물의 변형 검토

구조물에 작용하는 양압력은 구조물을 부상시키거나 구조물의 변형, 파손 또는 균열을 발생시키므로 수시로 검토하여야 한다.

(4) 계측에 의한 검토

양압력에 의해 영향을 받으면 지중구조물에 변형을 일으키므로 사전에 관련 구조물에 대한 계측을 실시함으로써 변형을 감지하여 대책을 강구하여야 한다.

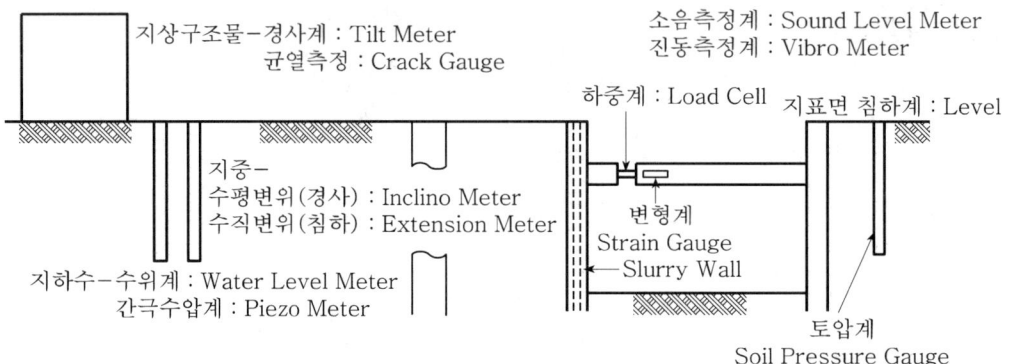

(5) 양압력의 산출

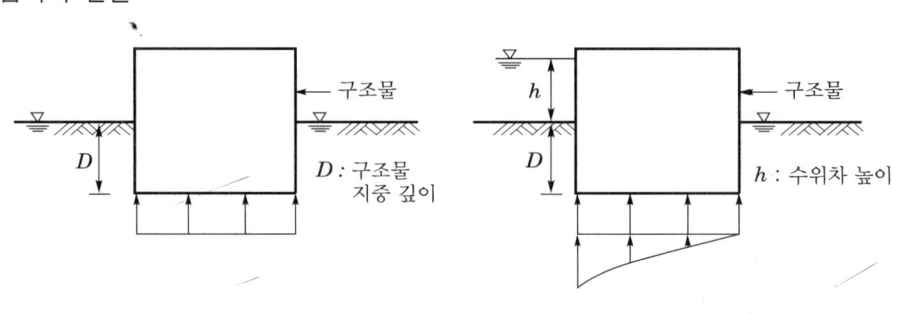

① 정수의 상태 양압력
$$D \times \gamma_w (\text{tonf/m}^2)$$

② 침투 발생시 양압력
$$(D+h) \times \gamma_w (\text{tonf/m}^2)$$

Ⅳ. 대처방법

(1) 영구배수공법 적용

(2) Rock Anchor 설치

① 양압력에 저항할 수 있도록 암반까지 Anchoring시킴.

② 큰 구조물에 사용

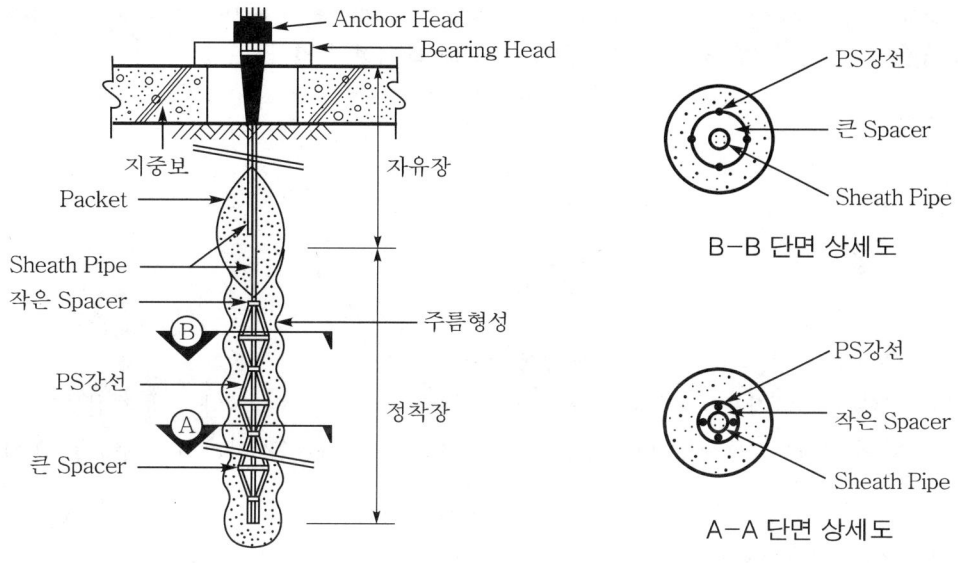

〈Rock Anchor 공법〉

(3) 구조물 자중 증대
  ① 구조물의 단면 증대 또는 지하 2중 Slab 내에 자갈, 모래 등을 채워 구조물의 자중 증가로 양압력에 대항
  ② 구조물의 고정하중 증대
  ③ 구조물의 자중은 양압력의 1.25배(안전율) 이상

(4) 인장말뚝 이용
  ① 구조물 저변에 소구경말뚝의 인발력으로 저항하는 방법
  ② 구조물 하부에 말뚝의 수량을 증가시켜 마찰력 증대
  ③ 지하구조물의 깊이가 깊지 않을 경우 사용

(5) 조합형 방법
  ① Rock Anchor + 영구배수
  ② 인장말뚝 + 영구배수

V. 결 론

(1) 국내에서 양압력에 의한 하자 발생사례를 살펴보면, 경사면이나 도심지 구조물 축조시 90% 이상이 GL−10M 이하 지반일 때, 또한 경사면의 경우 지하수위가 축조구조물보다 낮게 형성된 경우에 대부분의 사고가 발생하고 있다.
(2) 양압력에 대한 하자발생을 방지하기 위해서는 토질전문가에 의한 정확한 수리 모델링에 따른 설계와 지반공학적 측면에서 안정성을 검토해야 할 것이다.

6-7 지하구조물의 부상(浮上) 원인과 대책에 대하여 설명하시오. [11후, 25점]

Ⅰ. 개 요

(1) 지하구조물은 지하수위에서 구조물 밑면 깊이만큼 부력을 받으며, 건물의 자중이 부력보다 적으면 건물이 부상하게 된다.

(2) 구조물의 부상으로 인해 부재의 균열, 누수, 파손 등 여러 가지 문제점들이 공사중 혹은 공사완료후에도 발생하며, 특히 구조적인 문제는 심각하게 대두되고 있다.

Ⅱ. 부력의 영향

① 구조물의 balance를 잃음.
② 부재의 균열
③ 구조물의 누수 및 파손
④ 피압수 용출
⑤ 구조물 붕괴

Ⅲ. 부력의 발생원인

(1) 지하피압수
압력수두차에 의해 구조물의 기초 저면이 뜨는 현상 발생

(2) 지하수위 변동
매립지대, 계곡지대 등에 구조물이 위치할 때 우기시 지하수위의 상승으로 부력이 발생

(3) 지반 여건
구조물이 불투수층이 강한 점토층이나 암반층에 위치할 때 물의 유입으로 인한 수위 증가로 기초 저면에 부력 발생

(4) 건물의 자중
부력보다 구조물의 자중이 적을 때 구조물이 떠오르는 현상 발생

Ⅳ. 부상방지 대책

(1) Rock Anchor 설치

　① 부력과 구조물 자중의 차이가 클 경우 또는 부력 중심과 구조물 자중의 중심이
　　 일치하지 않을 경우 채용

　② 부력에 저항하도록 기초 저면의 암반까지 Anchor시킴.

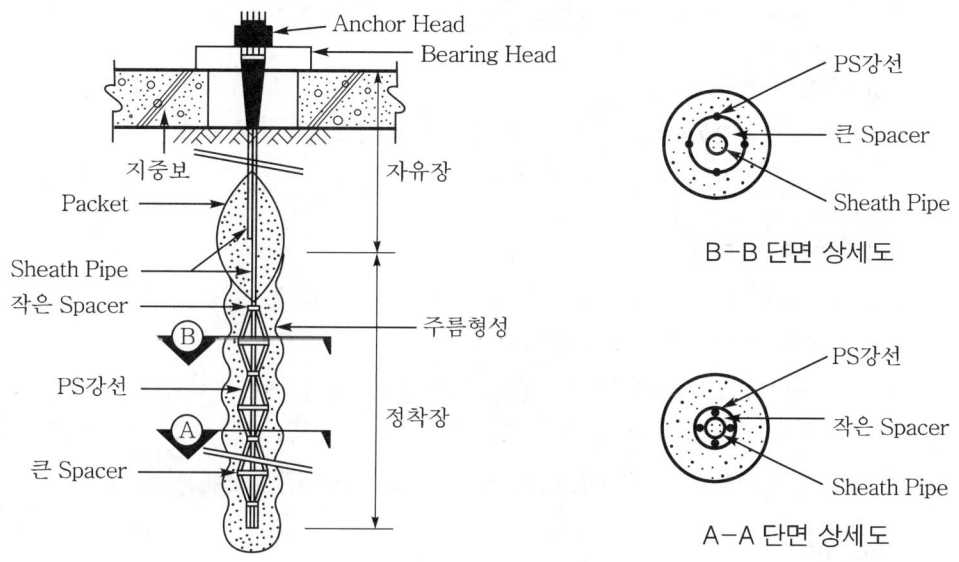

〈Rock Anchor 공법〉

(2) 마찰말뚝 이용

　① 부력에 대항하는 하중을 말뚝의 마찰력으로 저항

　② 기초 하부 말뚝의 수량을 증가시켜 마찰력 증대

　③ 지하구조가 깊지 않는 구조물에 사용

(3) 강제배수공법

　유입지하수를 강제로 Pumping하여 외부로 배수

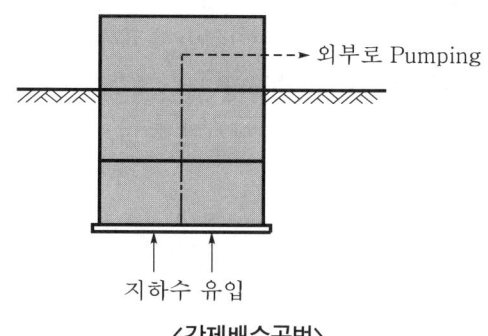

〈강제배수공법〉

(4) 구조물 자중 증대
① 부력과 구조물 자중의 차이가 적을 경우 채용
② 구조체의 단면 증대 또는 지하 2중 slab 내에 자갈, 모래 등을 채워 구조물의
자중 증가로 부력에 대항
③ 기초판을 지하실 벽 밖으로 확장하여 구조물의 고정하중 증대
④ 구조물의 자중은 부력의 1.25배(안전율) 이상
⑤ 규모가 클 때에는 경제적 부담 가중

(5) 구조물 변경
① 지하구조물의 깊이를 G.L에서 상부로 올려 부상력 줄임.
② 지하층의 규모를 축소하여 부상력 줄임.

(6) 지하수위 저하
① 지하수위를 저하시켜 수압과 부력을 감소시키는 이중효과
② 지하수위 저하공법으로 영구적인 배수시설
③ 공사종료후에도 여러 개의 집수정을 설치하여 지하수위를 일정수준 이하로
유지
④ 인접구조물의 탈수에 의한 압밀침하가 우려되는 곳에는 채용 불가능

(7) 기타
① 연약지반의 경우 고정하중과 적재하중 검토
② 지하수조는 내부수압과 물의 자중에 의한 영향을 고려하여 설계
③ 지하실 바닥은 부력을 받으므로 철근 배근은 역배근으로 해야 하며, 응력뿐 아
니라 처짐에 대한 것도 고려

V. 결 론

(1) 구조물의 대형화 · 고층화로 기초의 깊이가 깊어져 부력에 따른 구조물의 영향은
공사 도중에도 발생되며, 많지는 않지만 공사종료후에도 나타난다.
(2) 지하실이 깊어질수록 지하수의 영향은 증대하여 부력 또한 커지므로 정확한 지질
조사를 토대로 사전대책이 이루어져야 하며, 효율적인 대처방안이 설계 및 시공 측
면에서 검토되어야 한다.

7-1 지하구조물 시공시 지표수와 지하수가 공사에 미치는 영향을 기술하시오.
[99중, 30점]

7-2 지하수위가 높은 지역에 흙막이를 설치, 굴착하고자 한다. 용수처리시 발생하는 문제점을 열거하고, 그 대책에 대하여 기술하시오. [05전, 25점]

7-3 흙막이 앵커를 지하수위 이하로 시공시 예상되는 문제점과 시공전(施工前) 대책에 대하여 기술하시오. [09후, 25점]

7-4 지하수위가 비교적 높은 위치에 구조물을 축조시 지하수에 대한 처리대책을 설명하시오. [95후, 35점]

7-5 도심지 지반굴착시 발생하는 지하수위 저하와 진동으로 인한 주변 구조물에 미치는 영향을 열거하고, 이에 대한 대책에 관하여 서술하시오. [03전, 25점]

7-6 지반굴착시 지하수위 변동과 진동하중이 주변 지반에 미치는 영향과 대책을 설명하시오. [10전, 25점]

7-7 지반굴착시 지하수위 저하 및 진동이 주변에 미치는 영향과 대책에 대하여 설명하시오. [11후, 25점]

7-8 지하수위 이하의 굴착시 용수 및 고인물을 배수할 경우 [03후, 25점]
(1) 배수공으로 인해 발생하는 문제점의 원인
(2) 안전하고 용이하게 배수할 수 있는 최적의 배수공법 선정방법을 기술하시오.

I. 개 요

(1) 지하구조물의 축조에 있어서 지하수 처리와 토류벽의 안전시공은 주변 지반에 미치는 영향이 크다.

(2) 토류벽공사시 지하수 처리에 대한 검토와 토질에 대한 상세한 조사로 차수공법 및 배수공법에 의한 지하수 처리를 면밀하게 검토해야 한다.

II. 공법 선정시 고려사항

(1) 토질상황
(2) 수위저하고
(3) 지하수 상황
(4) 시공성, 경제성, 안전성, 무공해성

Ⅲ. 문제점(지표수와 지하수가 공사에 미치는 영향, 지하수위 변동과 진동이 미치는 영향)

(1) 지반침하
　　① 지하수위 저하에 따른 지반침하
　　② 과도한 지하수 배수

(2) 토압증가
　　① 흙막이 배면의 지하수위 상승에 따른 토압증가로 흙막이의 강성 증대 요구
　　② Strut 및 띠장의 설치개수 증설

(3) 공기지연
　　① 지하수 용출에 따른 작업성 저하
　　② 지하수 처리공법 우선
　　③ 구조물 시공 지연

(4) 공사비 상승
　　① 지하수 처리 비용　　　　② 지표수 차단시설 설치
　　③ 공사 지연　　　　　　　④ 특수공법 적용

(5) 안전사고 발생
　　① 작업장 안전시설물의 파괴
　　② 안전시설물 파손 방치
　　③ 지하수위, 수압, 토압 상승 등의 외력 증대
　　④ 안전 불감증

(6) 품질저하
　　① 콘크리트의 수밀성 저하　　② 콘크리트의 강도 저하
　　③ 품질관리　　　　　　　　④ 사용재료의 성능 저하

(7) 민원발생
　　① 지하수 고갈　　　　　② 지하수 오염
　　③ 하수관 폐쇄

(8) 작업성 저하
　　① 작업환경 악화　　　　② 공법 변경
　　③ 지반 연약화　　　　　④ 토사 붕괴

(9) 현장 가설구조물 증설

    ① 흙막이 가설구조물 보강

    ② 안전시설 가설구조물 증대

(10) 안전점검 실시

    ① 작업장 안전점검

    ② 가구재료 구조계산

    ③ 예기치 못한 상황의 발생 여부

(11) 구조물 부상 고려

    ① 지하 박스구조물, 지하 터널구조물 등의 부상 고려

    ② 급작스런 지하수 및 지표수의 유입방지

Ⅳ. 지하수 대책 분류

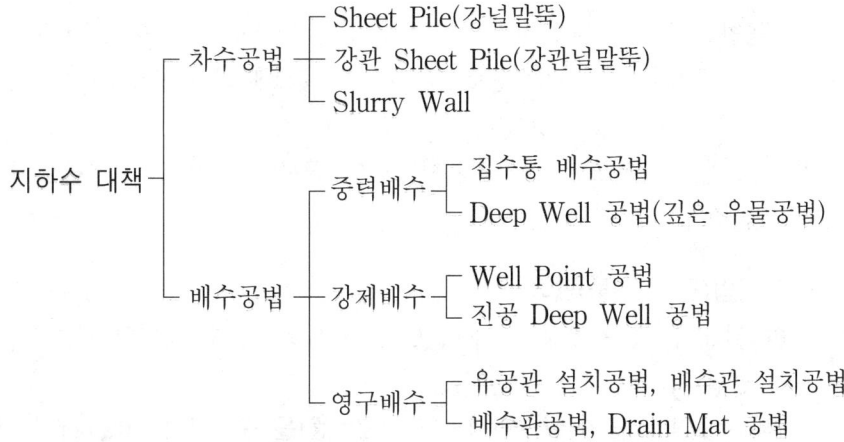

Ⅴ. 지하수 대책

1. 차수공법

(1) Sheet Pile(강널말뚝) 공법

    ① Sheet Pile을 지중에 박아 토압을 지지하고, 이것을 띠장, 버팀대로 지지하는 공법

    ② 이음구조로 된 U형, Z형, I형 등의 강널말뚝을 연속하여 지중에 관입

    ③ 지하수위가 높은 연약지반에 적합

2-122 제2장 기초

(2) 강관 Sheet Pile(강관널말뚝) 공법

① 강널말뚝의 강성을 보완하기 위해 개발된 것으로 강관말뚝을 이용하여 이음장치 (locking)를 하고, 지중에 타입하는 공법

② 차수성이 우수하므로 지하수가 많은 경우에도 사용 가능

③ 비교적 경질지반까지 관입시킬 수 있어 Boiling, Heaving 방지

④ 연약지반에서의 토압, 수압이 큰 경우 사용

(3) Slurry Wall 공법

① 안정액으로 벽체의 붕괴를 방지하면서 지하로 트렌치를 굴착하여 철근망을 삽입후 Concrete를 타설한 지하벽을 연속으로 축조하는 공법

② 타 공법에 비해 차수성이 가장 우수

③ 토류벽 단면성능이 우수하고, 구조적으로 안전

④ 다양한 지반조건에 대한 적용이 가능

2. 배수공법(배수공법 선정방법)

(1) 집수통 배수공법

① 터파기의 한 구석에 깊은 집수통을 설치하고, 여기에 지하수가 고이게 하여 수중펌프로 외부에 배수하는 것이다.

② 배수가 적으면 수동펌프로 가능하지만, 보통 공사에서는 전동식 Sand Pump, 다이어프램 펌프 등이 사용된다.

(2) Deep Well 공법(깊은 우물공법)

① 터파기의 장내에 깊은 우물을 파고, Casing Strainer를 삽입하여 수중펌프로 양수하는 공법

② Strainer와 우물벽의 공간에는 필터 재료(자갈 등)를 충전하여 Strainer의 막힘을 방지할 필요가 있다.

(3) Well Point 공법

① Well Point 공법은 강제배수공법의 대표적인 공법이며, 지멘스 웰 공법이 발전되어 개발된 공법이다.

② 인접구조물과 흙막이벽 사이에 케이싱을 삽입하여 지하수를 배수하는 공법이다.

(4) 진공 Deep Well 공법(Vacuum Deep Well 공법)

① Deep Well 공법과 Vacuum Pump를 합친 강제배수공법이다.

② 우물관내의 기압을 진공 Pump로 강하시켜 지하수를 빨아 모아서 Pump로 배수한다.

③ 투수성이 작은 대수층에서는 수위강하에 요하는 시간이 많으므로 Well Point 공법
이나 Deep Well 공법 채택시 그 효율성이 떨어진다. 이때에는 진공 Deep Well
공법을 채택한다.

(5) 유공관 설치공법

외부압력에 강하고 균열 및 찌그러짐이 없는 THP(Trip Polyethylene Pipe : 고강도
폴리에틸렌 Pipe) 관에 작은 구멍의 흡수공을 설치하여 지중의 물을 배수하는 공법

(6) 배수관 설치공법

① 지하 기초내 수직으로 Hole을 설치하여 기초 상부의 누름 콘크리트 사이로 배수
관을 연결

② 연결된 배수관을 지하층에 설치된 집수정을 통해 외부로 배수하는 공법

(7) 배수판 공법

① 기초 상부와 누름 콘크리트 사이에 공간을 두어 그 공간 속에서 물이 이동하여
집수정으로 모이게 하는 공법

② 지하실 마감바닥과 물이 직접 접촉되는 것을 차단하여 지하실의 누수 및 습기
를 방지

(8) Drain Mat 배수공법

① Drain Mat 배수공법은 굴착 저면 위 버림 콘크리트 내에 유도수로와 배수로를
설치하여 지하수를 집수정으로 유도하여 Pumping 처리하는 영구배수공법이다.

② 지하수의 부력이 기초나 구조물의 구조체에 영향을 미치지 않게 하므로 구조적
으로 안전성을 유지할 수 있는 공법이다.

VI. 진동대책

(1) 진동원 및 수진구조물 대책

① 진동원 대책 : 진동을 일으키는 기전체 자체의 특성을 개선하거나 접지구조체를
개선하여 지반에 전달되는 동적하중강도를 낮추고 주파수를 개선하는 대책
(예 : 방진패드, 지하철의 강성 및 무게 증대)

② 수진구조물 대책 : 수진구조물의 기초를 보강하여 지반의 진동에너지를 경감하
는 방법(예 : 기초와 상부 연결부에 고무패드, 면진장치)

(2) 지중 전파경로 대책

진동원과 수진구조물 사이에 놓인 지반 내부에 방진구, 방진벽, 방진슬래브 등과 같
이 지반진동의 전파 자체를 억제 또는 차단하여 지반진동강도를 저감시키는 대책

(3) 방진구(Open-Trench)

  ① 가장 대표적 방법으로 지반 내부에 공기를 두어 지반진동과의 수평전달을 차단하는 방법이다.

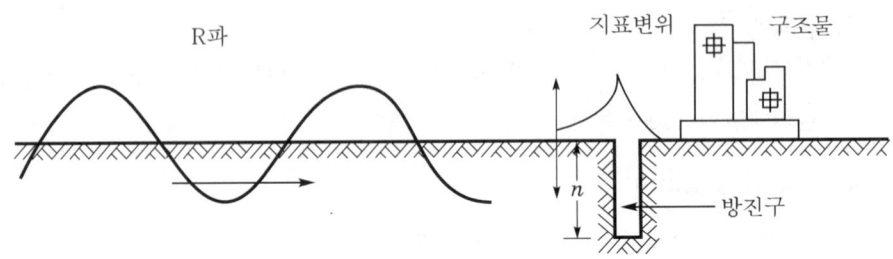

  ② 공기층은 지반보다 응력파 전달이 극히 적어 에너지가 반사되거나 에너지의 일부는 굴착면을 따라 회전전파되어 전파경로가 길어짐으로써 감쇠가 커져 방진구 건너편에 도달하는 에너지는 경미해진다.

(4) 고체 방진벽

  빈배합 콘크리트, 널말뚝, 주열식 말뚝 등

Ⅶ. 결 론

(1) 사전에 지반조사를 철저하게 실시하고 토질에 적합한 공법을 선정하여 견실 시공하는 것이 무엇보다 중요하며, 주변환경에 따르는 배수공법을 채택함으로서 주변 지반 및 흙막이의 안전성을 확보할 수 있다.

(2) 각 지층에 적합한 다양한 공법의 개발이 필요하며, 계측관리를 통한 정보화 시공이 필요하다.

8-1 구조물의 침하원인을 열거하고, 이에 대한 대책을 설명하시오.   [95후, 25점]

8-2 지반굴착시 근접구조물의 침하에 대하여 기술하시오.   [99후, 20점]

I. 개 요

(1) 도심지 공사중 지반을 굴착하는 공사현장에서는 적용공법의 부적절, 관리부실 등에 의해 근접해 있는 구조물에 적지 않은 침하가 발생한다.

(2) 근접구조물이 있는 현장에서 지반굴착작업은 굴착전 사전조사 및 공법선정 등의 시공계획을 수립한 후 공사를 진행해야 한다.

II. 침하에 따른 문제점

(1) 구조물의 기능저하

(2) 외관 저해

(3) 내구성 저하

(4) 사용성 및 안전성 부족

III. 침하원인

(1) 사전조사 미비

지형, 지질, 지하수, 인근 구조물, 입지조건, 지하매설물 등의 조사 미비로 인한 침하 발생

(2) 기초공사 부실

① 기초말뚝의 지지층 미도달

② 기초파일의 파손

③ 기초지지말뚝의 부족

(3) 지하수 배수

① 지반굴착시 지하수의 과다배수

② 지하수위 저하에 따른 지반응력 상태변화

(4) 지반토 유출
    ① 지하수의 용출에 의한 지반토의 유출
    ② 지반내 공극 발생

(5) Boiling
    ① 굴착 저면에서 지하수 차이에 의해 물과 지반토가 함께 분출
    ② 흙막이 배면의 지반구성 변화

(6) Heaving
    ① 점성토지반에서 굴착 저면의 지반이 융기되는 현상
    ② 흙막이 배면의 지반토가 활동을 하는 상태

(7) 흙막이 가설구조물 변형
    ① 규격부족의 재료 사용
    ② 재사용 자재의 이상변형
    ③ 접합부의 변형
    ④ 구조계산 잘못

IV. 방지대책

(1) 수밀성 흙막이벽 시공
    ① 지하수 배수억제
    ② 흙막이벽 배면의 변형억제
    ③ 강성이 있는 흙막이벽 시공

(2) 복수공법
배수한 지하수를 다시 지하로 급수하여 종전 지하수위를 유지

(3) 약액주입공법
    ① 간극수압 감소
    ② 지반 고결
    ③ 지하수 이동억제

(4) Underpinning 공법
    ① 기존구조물의 기초보강
    ② 본공사에 근접구조물의 밑받이
    ③ 차단벽 설치

(5) Strut Jacking
　① 흙막이 가설구조물의 Strut에 Jacking
　② 굴착에 따른 흙막이벽체의 변형억제

(6) 계측관리
　① 시공전부터 시공완료시까지 구조물의 변형관리
　② 인근구조물의 변형관리 및 지반변형 계측
　③ 계측자료에 따른 대비책 수립

(7) 지반개량
　지지력이 약한 연약지반일 때 지반개량공법 채택

(8) 액상화 방지
　사질지반에서 액상화 현상이 발생하지 않도록 구조물 축조전에 개량공법으로 시공

Ⅴ. 침하관리

(1) 침하 = 탄성침하 + 1차 압밀침하 + 2차 입밀침하
　　(S_t)　　(S_i)　　　　(S_c)　　　　　(S_s)

(2) 침하량$(S_c) = \dfrac{C_c}{1+e} H \cdot \log \Delta P$

　여기서, C_c : 압축지수
　　　　　e : 공극비
　　　　　ΔP : 유효응력 증가분
　　　　　H : 배수거리

(3) 침하시간$(t) = \dfrac{H^2 \cdot T_v}{C_v}$

　여기서, T_v : time factor
　　　　　C_v : 압밀계수

(4) 압밀도$(U) = \dfrac{\Delta H}{S_c}$ (%)

　여기서, ΔH : 어느 시점에서의 침하량
　　　　　S_c : 최종 침하량

(5) 잔류침하량

$$\Delta S = (1 - U) S_c$$

VI. 결 론

(1) 구조물에 침하가 발생하면 구조물로서의 역할이 상실되고 사용성과 안정성에 위협을 받게 된다.

(2) 구조물 축조전 사전조사와 시공계획을 수립하여 구조물에 침하가 발생하지 않도록 해야 한다.

8-3 구조물의 부등침하 원인을 열거하고, 대책과 시공시 유의사항을 설명하시오.

[01후, 25점]

I. 개 요

(1) 구조물에 부등침하가 발생하면 구조물은 원래의 제 역할을 상실하게 되고, 사용성 및 안정성이 크게 위협받게 된다.

(2) 부등침하는 구조물의 기초형식, 지반 구성상태, 지하수의 변동, 상부하중의 편중, 기초구조물 파손, 말뚝의 부마찰력 등 여러 요인에 의해서 발생하는 것으로 그 원인을 분석·관리하는 것이 중요하다.

II. 부등침하 원인

(1) 사전조사 미비

지형, 지질, 지하수, 인근 구조물, 입지조건, 지하매설물 등의 조사미비로 인해 침하 발생

(2) 기초공사 부실

① 기초말뚝의 지지층 미도달

② 기초파일의 파손

③ 기초지지 말뚝의 부족

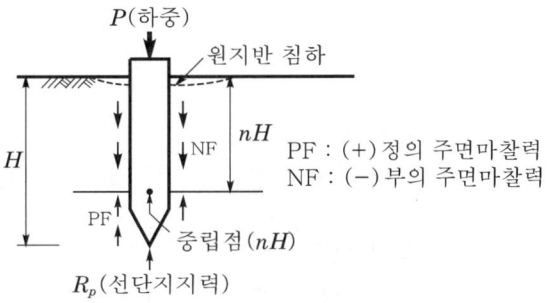

PF : (+)정의 주면마찰력
NF : (−)부의 주면마찰력

(3) 부마찰력

① 침하중인 지반에서의 말뚝 시공

② 말뚝이음부 불량

③ 지하수의 흡상지역

(4) 지하수 과다배수

① 인근 공사장의 지하수 과다배수에 의한 압밀침하

② 주변 공장에서의 과다한 지하수 사용

(5) 상재하중 과다

① 설계하중 이상의 과하중 재하

② 점토질지반에서 부마찰력 발생

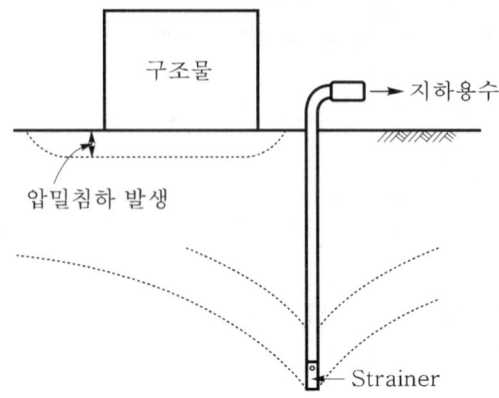

(6) 액상화 현상
지진 등에 따른 수평진동하중에 의한 지반의 액상화 현상 발생

Ⅲ. 대 책

(1) 사전조사
충분한 사전조사를 실시하여 지반의 상태변화에 따른 적절한 시공대책 수립

(2) 지지층 확인
① 기초파일 시공시 지지층 확인이 중요
② 마찰말뚝 설계시 지지력 확인

(3) 지반계량
지지력이 약한 연약지반일 때 지반개량공법 채택

(4) 액상화 방지
사질지반에서 액상화 현상이 발생하지 않도록 구조물 축조전에 개량공법으로 시공

(5) 지하수 대책
과다한 용수가 발생할 때 복수공법을 이용하여 지하수에 의한 영향 최소화

(6) 부마찰력 발생방지
지반침하가 우려되는 지반에서의 구조물 축조는 침하가 충분히 완료된 후 시공

(7) 구조물의 중량 경감
구조물의 자중을 줄여서 침하를 방지

(8) 깊은 기초시공

　　구조물의 기초가 지지층에 충분히 도달될 수 있는 깊은 기초공법을 이용하여 시공

(9) 줄눈 설치

　　연속되는 구조물은 시방규정을 준수하여 적정 위치에 줄눈을 두어 부등침하를
　　방지

Ⅳ. 시공시 유의사항

(1) 지지층 확인

　　① 말뚝시공시 지지층 확인
　　② 지반조사 자료를 이용한 전석층 처리

(2) 말뚝간격 준수

　　① 부마찰력 방비책으로 규정간격 유지
　　② 말뚝직경에 따른 간격 확보

(3) 기초형식 동일화

　　① 동일 구조물의 기초형식은 같은 형식
　　② 지반조사자료 확인

(4) 지하수 처리

　　① 과도한 배수작업 지양
　　② 지하수위 변동계측 실시

Ⅴ. 결 론

(1) 구조물에 부등침하가 발생하면 구조물로서의 역할을 상실하고, 사용성과 안정성에
　　위협을 받게 된다.
(2) 구조물 축조전 사전조사와 시공계획을 수립하여 구조물에 부등침하가 발생하지 않
　　도록 해야 한다.

Ⅰ. 개 요

(1) 계측관리란 Strut, 토압, 인근 건물 및 지반의 변형, 균열 등에 대비하고, 흙막이벽체의 변형 등을 미리 발견·조치하기 위한 것으로 계측기기를 통한 정보화 시공을 말한다.

(2) 계측관리는 안전하고 경제적이며 우수한 지하구조물을 완성하기 위하여 절대적으로 필요하며, 실정에 맞는 항목을 선정하여 합리적인 방법으로 수립되어야 한다.

Ⅱ. 필요성

(1) 설계시 예측값과 시공시 측정값의 불일치 해결

(2) 안정상태 확인

(3) 향후 변형을 정확히 예측

(4) 새로운 공법에 대한 평가

Ⅲ. 계측계획(정보화 시공)

1. 계측위치 선정

(1) 인접구조물의 기울기, 균열 측정

(2) 지중의 수평, 수직 변위 측정

(3) 지하수위, 간극수압 측정

(4) 흙막이 부재응력 측정

(5) 토압 측정

(6) 지표면 침하 측정

(7) 발파 소음·진동 측정

2. 계측기의 종류(항목) 및 특성

(1) Tiltmeter, level, transit
   인접구조물의 기울기 등을 측정하여 주변 지반의 변위를 알아보는 계측기

(2) Crack Gauge, Crack Scale
   지상 인접구조물의 균열 정도를 파악하는 계측기

(3) Inclinometer
   지중 또는 지하 연속벽의 중앙에 설치하여 배면 측압에 의한 흙막이의 기울어짐을
   파악하는 계측기

(4) Extensometer
   지중에 설치하여 흙막이 배면의 지반이 토사유출 또는 수위변동으로 침하하는 정
   도를 측정

(5) Water Level Meter
   지하수의 수위를 측정

(6) Piezo Meter
   지중의 간극수압을 측정

(7) Load Cell
   흙막이 배면에 작용하는 측압 또는 Earth Anchor의 인장력 측정

(8) Strain Gauge
   흙막이 버팀대(Strut)의 변형 정도를 측정

(9) Soil Pressure Gauge
   흙막이 배면에 작용하는 토압을 측정

(10) Level, Staff
   현장 주위 지반에 대한 구조물의 침하 및 융기 정도를 측정

(11) Sound Level Meter

   건설현장 주변의 소음 수준을 측정

(12) Vibro Meter

   건설현장에서 발생하는 진동을 측정

3. 계측기의 설치 위치 및 방법

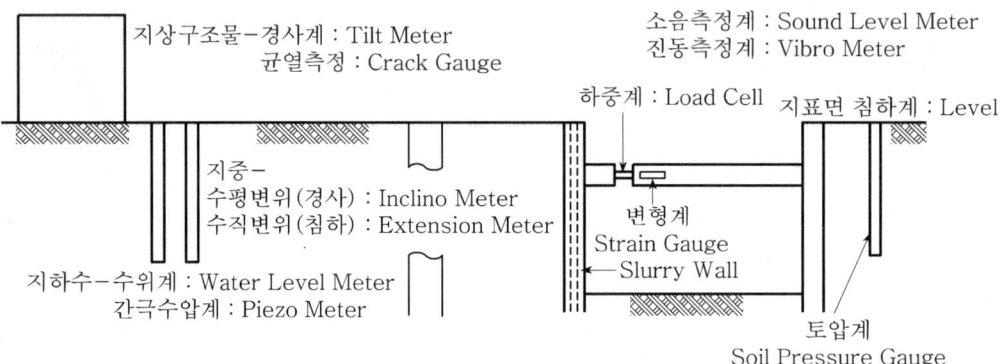

(1) 인접구조물의 기울기 측정

   ① Tiltmeter, Level, Transit

   ② 인접구조물의 기울기 등을 측정하여 주변 지반의 변위를 알아보는 계측기이다.

(2) 인접구조물의 균열 측정

   ① Crack Gauge, Crack Scale

   ② 지상 인접구조물의 균열 정도를 파악하는 계측기이다.

(3) 지중 수평변위 계측

   ① Inclinometer

   ② 지중 또는 지하 연속벽의 중앙에 설치하여 배면 측압에 의한 흙막이의 기울어
   짐을 파악하는 계측기이다.

(4) 지중 수직변위 계측

   ① Extensometer

   ② 지중에 설치하여 흙막이 배면의 토사유출 또는 수위변동으로 침하하는 정도를
   측정한다.

(5) 지하수위 계측

   ① Water Level Meter

   ② 지하수의 수위를 측정하는 계측기이다.

(6) 간극수압 계측
① Piezo Meter
② 지중의 간극수압을 측정하는 계측기이다.

(7) 흙막이 부재응력 측정
① Load Cell
② 흙막이 배면에 작용하는 측압 또는 Earth Anchor의 인장력을 측정한다.

(8) Strut의 변형 계측
① Strain Gauge
② 흙막이 버팀대(Strut)의 변형 정도를 측정한다.

(9) 토압 측정
① Soil Pressure Gauge
② 흙막이 배면에 작용하는 토압을 측정하는 계측기이다.

(10) 지표면 침하 측정
① Level, Staff
② 현장 주위지반에 대한 구조물의 침하 및 융기 정도를 측정한다.

(11) 소음 측정
① Sound Level Meter
② 건설현장 주변의 소음 수준을 측정한다.

(12) 진동 측정
① Vibro Meter
② 건설현장에서 발생하는 진동을 측정하는 계측기이다.

4. 위치 선정에 대한 고려사항

(1) 지반조건
① 지반조건이 충분히 파악되어 있는 곳을 선정하여야 한다.
② 과다한 변위가 우려되는 지점

(2) 대표장소
① 설계와 시공면에서 토류구조물을 대표할 수 있는 장소
② 사전조사 등에 의해 지반조건이 충분히 파악되고 있는 곳 또는 대표적인 지반 상태를 갖는 지점

   (3) 중요구조물 주변
     ① 중요구조물이 인접하여 있는 곳
     ② 우선적으로 공사가 진행될 곳

   (4) 특수지반
     토류구조물이나 지반의 특수한 조건이 공사에 영향을 미칠 것으로 예상되는 곳

   (5) 하중변형이 큰 지역
     ① 교통량이 많아 이로 인한 하중증감이 있는 곳
     ② 재료나 단면이 변경되는 지점

   (6) 지하수위 변형이 심한 지역
     하천 주위 등 지하수가 다량 분포하고 수위의 상승이나 하강이 빈번한 지역을 파악하여 설치

   (7) 계측기의 훼손 방지
     가능한 한 계측기의 훼손이 적고 현장작업에 용이한 곳에 설치

Ⅳ. 계측시 유의사항(계측시공 관리방안, 계측 관리방법)

   (1) 계측항목 선정
     구조물 및 지반의 안정성을 종합적으로 평가할 수 있는 항목을 선정한다.

   (2) 설계ㆍ시공에 반영
     계측은 신속히 행하고 그 결과를 평가하여 설계 및 시공에 Feedback한다.

   (3) 계측작업의 안전성
     계측기 등이 시공상 장애요소가 되지 않게 하고 안전한 계측작업이 되게 한다.

   (4) 계측기 정밀 확보
     계기류는 공사목적에 요구되는 정밀도를 가져야 한다.

   (5) 자체 System 개발
     현장 여건에 맞는 자체 System의 개발로 합리적 계측이 되어야 한다.

   (6) 계측기기 선정
     ① 구조물 및 지반의 안전성을 종합적으로 평가할 수 있는 계측항목 선정, 각 계측 결과가 서로 관련성을 갖도록 한다.
     ② 계기류는 정밀도, 내구성 및 방재성의 필요조건을 만족하도록 선정한다.

(7) Feedback

계측은 신속히 행하고, 그 결과의 평가를 설계·시공에 Feedback한다.

(8) 계측기의 식별

계측기 등이 시공상 장애요소가 되지 않도록 주의하고 안전한 계측작업이 가능하도록 한다.

(9) 육안관찰

계기에 의한 계측만이 아니라 현장기술자의 육안관찰에서 얻는 자료도 가산하여 종합적으로 평가한다.

V. 결 론

(1) 계측기기의 초기 측정은 신뢰성 있는 기초자료로 활용될 수 있도록 시공전에 얻어야 하며, 급격한 구조물의 응력변화나 주변 구조물의 공사로 인한 문제점이 발견되면 자료수집의 빈도를 증가시켜야 한다.

(2) 현장에서 얻은 자료는 예측값과 비교·분석하여 공사의 안정성 및 적합성을 판단해야 하며, 신속한 대처를 위해 입력부터 분석후 자료작성까지 자동화할 수 있는 자동 Data System의 개발이 필요하다.

10-1 도심지 개착공법을 적용한 지하철 공사현장에서 발생하는 환경오염의 종류를 열 거하고, 이를 최소화하기 위한 방안에 대하여 설명하시오.   [05전, 25점]

Ⅰ. 개 요

(1) 도심지 지하철공사는 주변에 인구의 유동성이 많은 저녁에 공사가 진행되므로, 환경오염 발생시 민원에 의해 공사진행에 차질이 예상된다. 따라서 철저한 환경관리가 선행되어야 한다.

(2) 환경오염을 방지하기 위해서는 저소음, 저진동 장비의 사용과 견고하고 차수성이 높은 흙막이 벽체의 시공이 우선적으로 선행되어야 한다.

Ⅱ. 환경보전의 필요성

(1) 소음, 진동, 먼지 등 삶의 질 저하

(2) 공사현장 주변의 생활환경 파괴

(3) 민원발생으로 인한 공기지연 및 공사중단

Ⅲ. 환경오염의 종류별 특성

(1) 소음
  ① 말뚝공사시 타격장비에 의한 소음발생
  ② 타격공법 중 Drop Hammer, Diesel Hammer, Steam Hammer 등의 소음이 가장 크다.

(2) 진동
  ① 대형 굴삭기 사용으로 진동공해 발생
  ② 토공사시 굴삭기, 불도저, 덤프트럭의 운행

(3) 분진
  ① 현장 내외의 차량통행에 의한 흙먼지
  ② 구체공사시 거푸집재의 먼지, 철골의 용접불꽃, 콘크리트 비산

(4) 악취
  ① 아스팔트 방수작업의 연기, 의장 뿜칠재의 비산
  ② 차량 주행·정지·발차시 배기가스 분출

(5) 지하수 오염

① 지하수 개발을 위한 Boring 굴착공의 방치

② 건설현장에서 발생하는 오물 등이 우천시 땅속으로 유입

(6) 지하수 고갈

① 대단위의 공동주택단지 조성시 지하수의 개발이 장기적인 면에서 수돗물보다 경제적이므로 일반적으로 선호하는 경향이 있다.

② 현장의 지하수 이용 및 토공사시 배수로 인한 주변의 우물 고갈

(7) 지반침하

① 지하수의 과잉양수로 압밀침하, 흙막이벽의 불량으로 주변 지반침하, 중량차량의 주행 및 중량물 적치

② Underpinning을 고려하지 않은 흙파기 공사시 발생

(8) 교통장애

① 콘크리트 타설시 레미콘 차량이 한꺼번에 도로에 진입하여 정체현상 유발

② 토공사시 흙의 반·출입 차량의 집중으로 교통장애 발생

(9) 지반균열

① 대형차량의 운행으로 도로 등에 과도한 진행하중으로 균열 발생

② 흙막이공법의 미비로 Boiling, Heaving, Piping 현상 발생

(10) 정신적 불안감

① 대형 굴착장비의 사용으로 소음 및 진동 등이 주변 구조물에 전달되어 불안감 조성

② 주택단지내 소폭의 도로에 대형차량 진입으로 불안감 조성

Ⅳ. 환경보전 대책(환경오염 최소화 방안)

(1) 토질시험 및 사전조사 철저

① 안전 및 환경보전 계획의 수립 후 전문기관 심의

② 지반 여건에 맞는 공법 채용

(2) 안전성 확보

① 측압, 소단, 사면의 안전

② 피압수, Boiling, Piping 등 지하수에 대한 안전성

③ 경험에 의존하지 아니한 구조계산에 의한 수리적 Data 확보

(3) 지반개량공법 적용
   ① 소요 지내력 확보
   ② 토성변화에 대한 사전조사 철저

(4) 합리적인 공법 채택
   경제성보다 안전성을 고려한 공법 선정

(5) 배수대책
   ① 차수성이 큰 흙막이 사용
   ② 지하수위 변동을 최소화한 복수공법 적용

(6) Underpinning
   인접구조물 보양 및 보강 공법

(7) 계측관리를 통한 과학적인 시공
   ① 예측 및 과학적인 시공
   ② 계측을 통한 정보입수로 사전대비

(8) 소음·진동 방지
   ① 저소음, 저진동 장비 활용
   ② 방진커버, 저소음 Hammer, 강관 Pile 공법

(9) 진애·악취·분진·방진
   ① 방진막을 설치하여 분진의 분산방지
   ② 세륜시설 및 살수차량 운영, 도로 청소

(10) 지하수 오염방지
   ① 침전설비 및 폐수정화시설 확보
   ② Bentonite 폐액처리 철저

(11) 지하수 고갈방지
   ① 지하수에 영향이 적은 복수공법 적용
   ② 차수벽 공사에 의한 밀실한 흙막이

(12) 지반침하
   ① 지반, 수위에 대한 사전조사 철저 및 토사유출을 막는 배수공법
   ② 흙막이 지보공의 강성 확보 및 정보화 시공

(13) 인접구조물 지반균열
　① 토공사 계획시 구조물의 조건, 성질 분석 철저
　② 계측관리를 통한 영향 여부 및 안전성 판단

(14) 교통장애 해소
　① 작업시간 제한과 변경, 공사용 출입구 확보
　② 교통신호수 배치 및 교통소통이 원활한 야간작업 활용

(15) 불안감 해소
　① 작업장 가설울타리 설치 및 울타리 주변 조경공사 실시
　② 보호망 설치, 외부노출 최소화, 사전 주민설명회로 심리적 안전 유도

V. 개발 방향

(1) 사전 Simulation에 의한 영향 평가
(2) 결과치에 의한 시공계획 수립
(3) Software 기법 개발

VI. 결 론

(1) 도심지 지하철공사시 주변에 거주하는 주민들의 정신적 고충과 교통장애 유발 등 불안감이 커지므로 이를 최소화하는 시공계획이 필요하다.
(2) 첨단장비에 의한 무진동, 무소음 공법 적용, Computer Simulation에 의한 환경보전대책 등의 마련이 선행되어야 한다.

> **11-1** 흙막이벽 지지구조 형식중 어스 앵커(Earth Anchor) 공법에서 어스 앵커의 자유장과 정착장의 설계 및 시공시 유의사항에 대하여 설명하시오. [11전, 25점]
>
> **11-2** 피압 대수층에서의 앵커(Anchor) 시공시 예상문제점과 방지대책에 관하여 기술하시오. [00후, 25점]
>
> **11-3** 그라운드 앵커의 손상유형과 유지관리대책을 설명하시오. [10중, 25점]

I. 개 요

(1) 지반중의 대수층에 존재하는 지하수가 상위 토층의 지하수보다 수두가 높을 때 이를 피압수라 한다.

(2) 지반을 굴착하여 구조물을 축조하는 공사에서 설치하는 흙막이벽에 작용하는 하중을 Strut 및 Earth Anchor로 지지하게 된다.

(3) 지반을 천공하여 설치하는 Earth Anchor는 지반의 지질, 지하수 등에 따라 지지효과가 크게 달라지는데, 피압 대수층에서의 Anchor 시공은 앵커체의 정착에 어려움이 있는 관계로 특히 유의해서 시공해야 한다.

II. 흙막이벽체 지지방식의 분류

(1) 자립식

(2) 버팀대식(Strut식)

(3) Earth Anchor식

III. Earth Anchor의 일반도

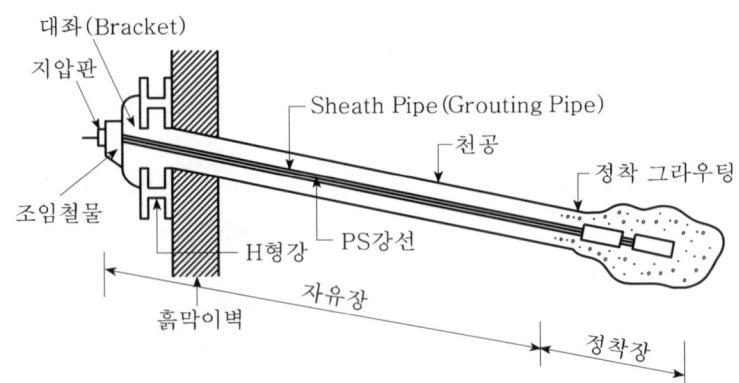

Ⅳ. 시공시 예상 문제점

(1) 공벽붕괴
　① 천공작업시 피압수에 의하여 공벽붕괴
　② 공벽지반의 느슨함

(2) 지반침하
　① 대수층에서의 지하수 배수에 의한 지반침하
　② 인접 지반, 구조물 등의 침하발생

(3) 앵커체가 빠져나옴
　① 앵커체의 정착불량에 따른 앵커체의 빠져나옴
　② 대수층에서의 Grout 재료의 유실
　③ 앵커체 Grout 시공시 공극발생

(4) 주변 우물의 고갈
　과도한 용수에 대한 배수로 인근 지반의 지하수위가 저하됨에 따라 우물이 고갈

(5) 배면 지반 함몰
　피압수에 의해 배면토사가 유출됨에 따른 흙막이 배면의 함몰

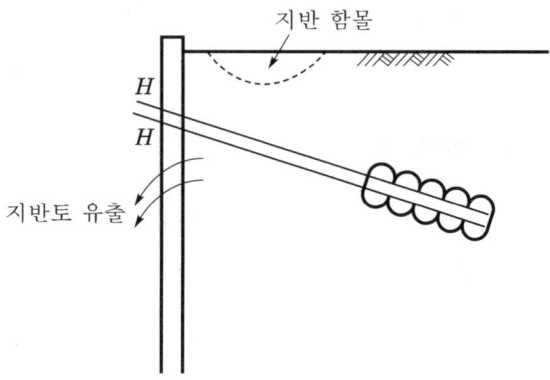

(6) 공기지연
　① 피압 대수층에서의 앵커체 정착 곤란, Grouting양의 증대 등으로 공사지연 초래
　② 추가 Grouting, 공사량 증가 등으로 공기지연

(7) 공사비 증가
　피압수 처리 및 대수층에서의 Grouting 어려움 등으로 인해 공사비 증가

V. 설계시 유의사항

1. 자유장과 정착장 길이 확보

(1) 자유장 길이 확보

구 분	설 명
최소 자유장	4m 이상으로 규정
자유장 길이 확보 이유	• Amchor 정착장과 지압판 사이의 긴장력 유지 • 사유 재긴장시 활용
자유장 Grouting	• 영구 Anchor의 경우 Grouting 실시 • 가설 Anchor의 경우 Grouting 미실시 가능

(2) 정착장 길이 확보

① Anchor체의 인발이 발생하지 않도록 안전율과 긴장각도를 고려하여 정착장의 길이 확보

② 정착장의 길이 산정

$$I = \frac{P_A \cdot F_S}{\pi D \pi \cos \alpha}$$

여기서, T : Earth Anchor 인장력

P_A : 배면토압에 의한 지점반력

τ : 정착장과 원지반의 마찰저항력

l : 정착장 길이

D : 정착장 직경

α : Earth Anchor 인장력 도입 각도

F_S : 안전율(가설 Earth Anchor : 1.5, 영구 Earth Anchor : 2~3.0)

2. 천공 직경 및 깊이

(1) 천공직경

① 천공직경은 앵커본체보다 2.5cm 이상 크게 천공한다.

② 앵커본체에 걸치는 Stress가 충분히 지반에 전달되어야 하는 Grouting의 여유를 확보하기 위하여 천공직경을 앵커본체보다 크게 한다.

(2) 천공깊이

① 천공깊이는 소요 천공깊이보다 0.5cm 정도 더 천공한다.

② 천공면으로부터 교란된 이물질이 낙하되어도 소요 천공깊이를 확보하기 위하여 소요 천공깊이보다 더 천공한다.

(3) 천공장비

① 지주식 천공장비인 Crawler Drill 또는 T-4로 천공한다.

② 천공후 Anchor체를 삽입하고 Grouting이 완료될 때까지 천공 벽면이 교란되지 않도록 조치한다.

3. Anchor Hole의 누수대책

(1) 천공내에 Metal Sleeve를 설치하여 앵커본체가 관통될 수 있도록 한다.

(2) Metal Sleeve 외부에 차수판을 설치하여 지하수의 유입을 방지하여 Anchor Hole 의 누수에 대처한다.

(3) 앵커본체 조립시 Nose Cone과 Duct에 Epoxy를 주입하여 지하수 유입을 방지한다.

(4) 앵커본체의 설치후 Grouting을 실시하여 Sleeve와 앵커본체 사이의 공극을 충진시켜 지하수에 대하여 앵커본체를 보호한다.

VI. 방지대책(시공시 유의사항)

(1) 케이싱 사용

① 피압수 또는 대수층에서의 천공작업은 공벽붕괴가 발생하므로 케이싱을 사용하여 작업

② 붕괴성 지반에서 피압수가 있을 때 케이싱 사용은 필수

(2) 주입공법

Earth Anchor 설치구역 주변에 차수목적의 약액을 주입하여 피압수에 대한 영향을 최소화한다.

(3) 지수 Box 설치

① 앵커두부에 장치하여 천공작업시 물과 토사의 분출을 차단하며, 작업과정에서 물의 유출방지

② 천공기계의 일시적 중지 또는 천공기 내외부에서의 물의 유출방지

③ 1차 Grouting 완료후 천공기계 인발 후에도 물, Grout 유출방지 목적

(4) Cementation

① 천공중에 공내에 시멘트를 연속주입하여 지수작용 및 공벽이완 방지목적으로 시공하는 것

② 천공길이 1m당 시멘트 사용량은 100~200kg 정도 소요

(5) 추가주입

① 1차 Grouting 후 재주입이 요구되는 피압대수층에서 Earth Anchor 시공시에는 재주입관을 1차 Grouting 작업시 설치

② 인장강재와 Sheath관 등과 같이 조립하여 공벽 속에 설치

(6) 인장시험

① 앵커체 정착, Grouting 완료후, 인장시험 실시후 필요시 추가 Grouting 실시

② 인장시험 결과 규정미달시 재시공 또는 보강조치

(7) 배수공법

① Deep Well 공법, Well Point 공법 등으로 지하수를 배수하여 지하수위를 저하 시키는 공법

② 지하수의 과도한 배수는 지반침하를 초래하므로 유의하여 시공

Ⅶ. 그라운드 앵커의 손상유형

(1) 앵커체의 진행성 파괴(Progressive Failure)

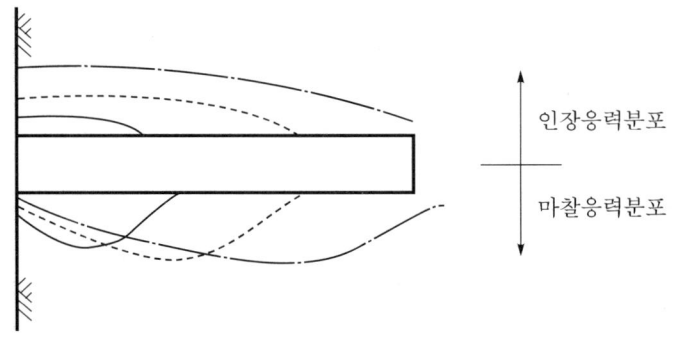

인장응력분포

마찰응력분포

〈인장력에 따른 응력분포〉

① 지표면에 가까운 쪽의 앵커체부터 인장력을 부담하고, 전단강도 앵커선단부로 인장력의 분포가 이동한다.

② 설계시 동시파괴(General Failure) 개념으로 전체의 앵커 정착길이가 유효한 것 으로 고려하나 인장력에 따라 진행성 파괴가 발생하게 된다.

(2) 앵커체의 균열

① 긴장 또는 시간경과에 따라 Grouting체에 균열이 생기고, 균열부에 지하수가 유입하여 시스관, PS 강선의 부식 발생 가능성이 있다.

② Grouting의 균열문제로 내구성이 불안정할 수 있게 된다.

(3) 앵커의 Relaxation
① 시간경과에 따라 PS 강재의 인장응력이 감소하는 현상
② 앵커체의 균열 발생 및 내구성, 수밀성 저하

(4) 앵커의 부식
① 높은 응력을 받는 PS 강재가 녹스는 현상
② 국부적인 응력작용에 의한 과도한 녹 발생
③ 앵커체 단면의 취약부분에서 발생

(5) 앵커의 두부 변형
PS 강재의 인장응력이 과도할 경우 앵커의 두부에 변형발생

VIII. 유지관리 대책

(1) 앵커시공
① 천공시 주상도와 지반상태를 비교하여 지반을 확인하고, 천공공이 자립할 수 없는 경우는 Casing을 사용하여야 한다.
② 천공시 벤토나이트 현탁액을 사용할 수 없다.
③ 강선이 천공공의 중앙에 놓이도록 간격재를 사용하여야 한다.
④ 주입은 1차 주입과 2차 주입으로 구분하며 2차 주입은 무수축 주입재료로 공극을 충전하여 공저에서 시작하여 공기, 지하수가 배출되도록 하여야 한다.
⑤ 앵커체를 조성하기 위해 사용하는 주입재(시멘트 혼합물)에 건조수축이 발생하게 되면, 앵커체의 표면마찰력이 감소하므로 적정량의 팽창제를 사용하는 것이 좋다.
⑥ 연약점토 또는 느슨한 사질토지반에서 침하가 장기간 발생할 수 있으므로 자유장 부분은 Grouting함이 바람직하며 PS강선은 분리 Sheet로 싸서 Grout재와 분리시켜야 한다.
⑦ 긴장력은 확인시험으로 파악하고 보통시멘트는 주입 후 7일, 조강시멘트는 주입 후 3일 경과시에 실시하여야 한다.
⑧ 대표단면, 취약개소에 대해 계측관리하여 전체적이고 위험개소의 집중관리가 되도록 한다.

(2) 유지관리
① 영구앵커의 경우는 자유장부와 앵커체 정착장부의 인장재에 대한 장기적인 방식(防蝕) 대책이 수립되어야 한다.
② 앵커체는 긴장력에 의해 미세한 균열이 발생하기 쉬우므로 주름관 등으로 별도의 차수대책을 세울 필요가 있다.

③ 특히 해수의 영향을 받는 곳에는 앵커체와 인장재의 방식에 각별한 주의를 기울여야 한다.

④ 앵커 및 앵커된 구조물은 정기적인 점검, 관측 및 측정을 행하는 것을 원칙으로 한다.

⑤ 앵커나 앵커된 구조물 및 주변에 변형이 나타나는 경우에는 관측·측정 결과를 검토해서 필요에 따라서는 재긴장, 긴장력 완화 및 앵커의 증설 등 적절한 조치를 취해야 한다.

⑥ 재긴장 등이 필요한 경우에는 보호캡이 선정되는 일이 많다.

⑦ 앵커두부는 손상을 받지 않도록 보호해야 한다.

⑧ 앵커두부를 보호하는 방법으로는 콘크리트나 모르타르로 피복하는 방법, 보호캡을 씌우는 방법 등이 있다.

IX. 결 론

(1) Earth Anchor는 흙막이 벽체를 지지하는 공법으로 Strut 공법에 비해 본공사에 지장을 적게 주며, 특히 간격이 넓은 굴착현장에서 흙막이 지지공법으로 많이 이용되고 있다.

(2) 피압 대수층이 존재하는 지반에서 Earth Anchor 시공은 시공과정에서 특별한 관리가 필요하므로 세심한 배려가 필요하다.

> **11-4** U-Turn Anchor(제거식 앵커)의 특징과 기존 앵커공법과의 차이점을 비교하여 기술하시오. [97중후, 33점]
>
> **11-5** 앵커체의 최소심도와 간격(토사지반) [10중, 10점]

Ⅰ. 개 요

(1) 지중매입식 앵커로서 목적달성후 지중에 앵커체의 잔재물을 남기지 않고 제거하는 것을 제거식 앵커라 한다.

(2) 특수한 공법을 이용하여 설치된 앵커를 사용완료후 제거하는 방법이다.

Ⅱ. U-Turn Anchor(제거식 앵커)의 특징

(1) 지중장애물 제거

지중장애물을 남기지 않는다.

(2) 특수공법 필요

PC 강선 제거를 위한 특수공법을 사용한다.

(3) 앵커체 충격 최소화

본공사완료후 앵커체로 전달되는 충격이 거의 없다.

(4) 무공해공법

진동, 소음 등의 건설공해가 없다.

Ⅲ. U-Turn Anchor(제거식 앵커) 종류

(1) 나사공법

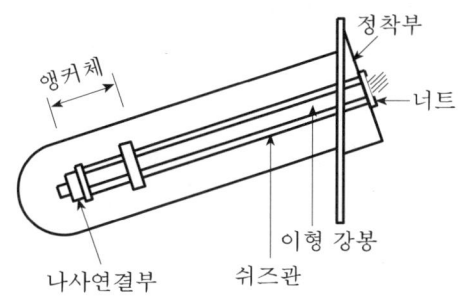

① 앵커체와 이형강봉이 하중을 지지한다.

② 제거시에는 이형강봉을 역회전하여 앵커체의 나사연결부로부터 분리한다.

(2) 쐐기공법

① 앵커체의 쐐기에 의해 Prestress가 도입된다.

② 제거시에는 중앙부의 강봉을 타격하여 쐐기의 맞물림을 이완시킨 후 PC 강선을 제거한다.

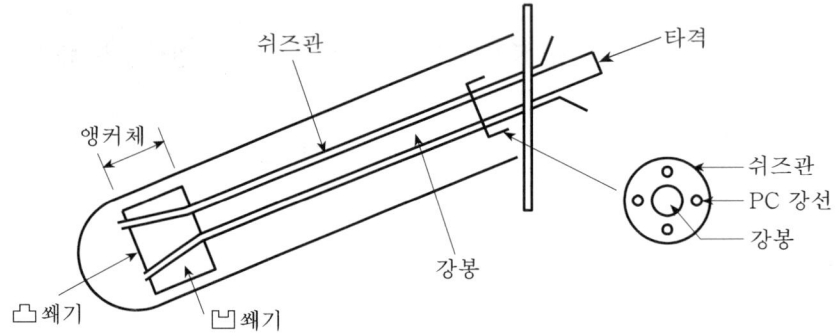

(3) 절단공법

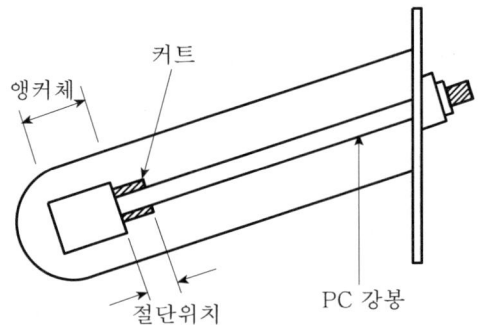

① 커트할 부분을 앵커체와 연결부에 장착해준다.

② 앵커체의 사용목적을 완료했을 때 커트부에 전기를 이용하여 착화시켜 PC 강봉을 녹여서 절단하는 공법이다.

③ 커트에는 고열을 발생시키는 약재가 들어 있다.

IV. 기존 앵커와의 차이점

구 분	제거식 앵커	기존 앵커
시공방법	Ground 앵커 공법	Ground 앵커 공법
시공장비	같다.	같다.
타 공사 영향	거의 없다.	장애물 발생한다.
민원발생 여부	적다.	많다.
준공후 영향	거의 없다.	주위 지반에 영향 있다.
경제성	재사용 가능하다.	1회 사용한다.

V. 지중매입 앵커의 문제점 및 대책

(1) 문제점

　① 토질변화에 따른 품질변동

　② 시공 정도에 따른 품질변동

　③ Grouting 품질에 따른 앵커체의 저항력 차이

　④ 인근대지의 동의서 필요

　⑤ 민원발생 소지

(2) 대책

　① 시공각도, 깊이, 시공순서 준수

　② Grouting의 품질관리

　③ 인장강선의 품질관리

　④ 인근 대지의 동의서

　⑤ 숙련된 기술자의 시공

　⑥ 시공완료후 시험실시

VI. 앵커체의 최소심도와 간격

(1) 최소심도

　① 토사 : 5m 이상

　② 암반 : 1.5m 이상

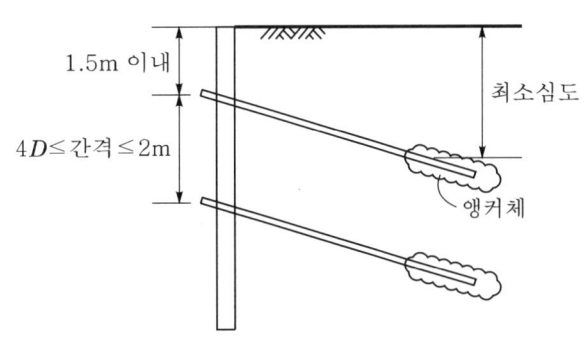

1.5m 이내

$4D \le$ 간격 $\le 2m$

최소심도

앵커체

(2) 간격

$4D(D$: 앵커체의 직경$)\leq$간격$\leq$2m

(3) 자유장의 확보 이유

① 앵커 정착장과 지압판 사이의 긴장력 유지

② 긴장력 완화시 재긴장용으로 활용

Ⅶ. 결 론

(1) 제거식 앵커는 앵커의 사용목적 완료후 PC 강선을 제거하여 지중 장애물에 의한 건설공해를 발생시키지 않는 공법이다.

(2) 현장조건을 검토하여 제거식 앵커와 영구매립식 앵커의 장·단점에 대하여 구조물의 안정성과 경제성 그리고 시공성을 고려하여 검토하는 것이 가장 바람직하다.

Ⅰ. 개 요

(1) 흙막이공법에서 흙막이 배면에 작용하는 토압에 대응하기 위하여 Strut 방식과 Earth Anchor 방식이 있다.

(2) 공사규모, 공사비용, 공사기간, 토질조건, 현장조건 등을 감안하여 적정한 지지방식을 택해야 한다.

Ⅱ. 지지방식의 분류

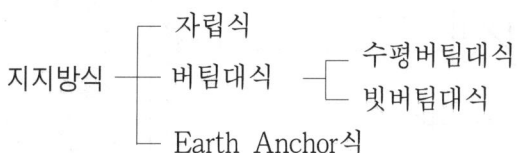

Ⅲ. 스트럿(Strut) 방식

1. 정의

흙막이벽 안측에 띠장(wale)과 버팀대(strut) 그리고 지지말뚝를 설치하여 토압, 수압 등에 대하여 저항할 수 있게 한 공법이다.

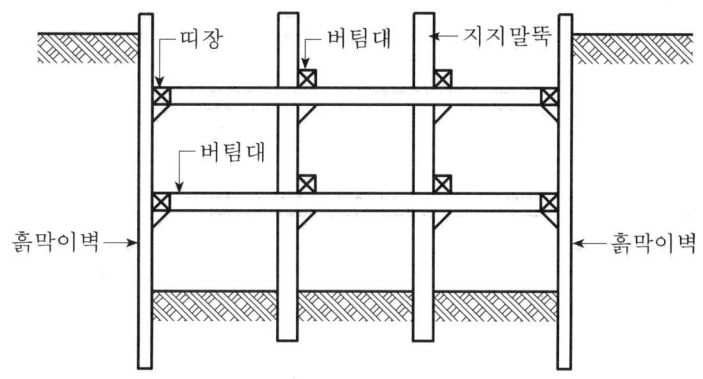

2. 특징(장·단점)

(1) 단순구조

   수평버팀재와 띠장, 하중잭 등으로 구성재료가 단순하고 설치시공이 쉽다.

(2) 동시작업

   굴착되는 과정에서 굴착에 이은 동시작업으로 수평버팀공을 설치하여 나간다.

(3) 중간기둥 보강

   양측 벽면과의 간격이 멀 경우 수평버팀대의 좌굴방지를 위하여 중간기둥을 설치
   한다.

(4) Preloading

   Screw 잭을 이용하여 수평버팀재에 잭을 설치하여 띠장을 버팀함으로써 작용토압
   과 수압에 저항한다.

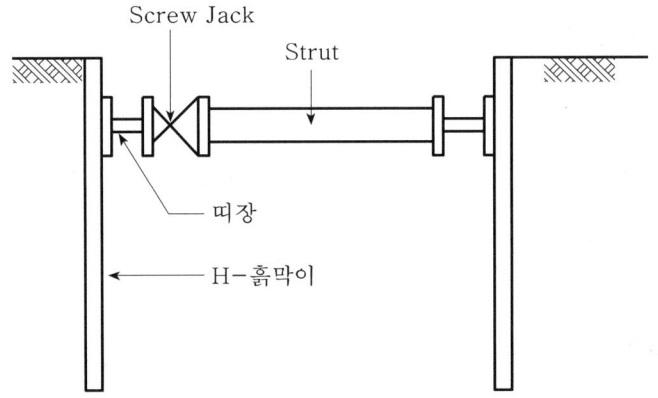

(5) 재활용 가능

   사용된 Strut재와 띠장재료를 회수하여 재활용할 수 있어 경제성이 있다.

(6) 인접구조물에 대한 영향 축소

   굴착작업장에 수평재를 설치하는 작업으로 흙막이벽의 변형을 최소화할 수 있어
   인접 지반, 구조물에 대한 영향을 줄일 수가 있다.

(7) 본작업에 지장을 초래

   깊이가 깊고 간격이 넓을 경우 중간기둥, 수평재 및 띠장의 증가로 인하여 본공사
   에 장애가 되는 경우가 있다.

3. 적용범위

(1) 작업현장이 협소한 곳

(2) 도심지 민가 밀집지역

(3) 연약지반 굴착현장

(4) 지반내 응력이 크게 작용하는 곳

4. 시공시 유의사항

(1) Strut의 변형

작용하는 토압에 의하여 변형이 발생하지 않게 설치간격을 준수한다.

(2) Wale의 변형

흙막이벽에 작용하는 토압을 Strut에 전달하는 역할을 하는 구조체로서 비틀림, 탈락 등의 변형이 발생하지 않게 소정의 강도를 가지는 재료를 사용한다.

(3) 연결부

Wale과 Strut의 연결부에는 고장력 Bolt로 긴결하게 조임한다.

(4) 중간기둥

양측 흙막이벽과의 거리가 멀 때 Strut의 처짐을 방지하기 위한 중간기둥을 설치한다.

(5) 브레싱 설치

Strut과 Wale의 수평변형을 방지하는 목적으로 설치한다.

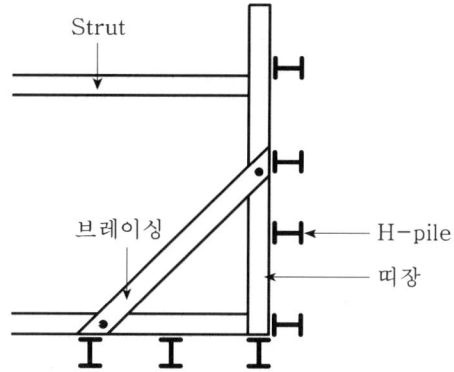

(6) Preloading

Strut에 Screw Jack 등으로 미리 하중을 가하여 흙막이벽의 변형을 방지한다.

Ⅳ. 어스 앵커(Earth Anchor) 방식

1. 정의

버팀대를 대신하여 흙막이 배면 지중에 Anchor체를 설치하고 인장내력을 주어 흙막이 벽을 지지하는 공법이다.

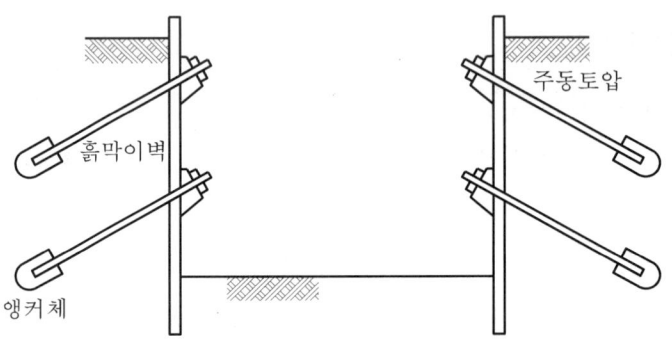

〈Earth Anchor 지지방식〉

2. 특징

(1) 시공성이 있음

지중에 앵커체를 삽입하여 긴장함으로써 작업이 완료되므로 시공성이 좋다.

(2) 작업설비가 간단

천공작업기, 인장기계, 그라우팅기계 등으로 작업기계의 조합이 단순하며 그 밖의 작업설비가 필요하지 않다.

(3) 작업공간 확보

굴착현장에 버팀대, 중간기둥 등의 설치가 필요치 않으므로 작업공간의 활용이 매우 좋다.

(4) 굴착작업 용이

대형 굴착기계의 현장반입이 가능하여 굴착작업이 가능해지므로 굴착공사 진척이 매우 좋다.

(5) 인접구조물 영향

작업현장 주변의 구조물 및 매설물이 많은 경우 앵커체의 설치가 곤란하여 어려움이 많다.

(6) 깊은 굴착작업의 곤란

굴착심도가 깊은 지하 굴착작업시 토압과 수압의 증가로 적용이 곤란하다.

3. 적용범위

(1) 작업공간의 확보가 필요한 현장
(2) 지하수위가 낮은 굴착현장
(3) 굴착심도가 그다지 깊지 않은 곳
(4) 인근에 구조물이 밀집되지 않은 곳
(5) 연약지반이 아닌 굳은 지반

4. 시공시 유의사항

(1) 인장재

부착된 녹과 이물질 등을 제거하여 부착력을 향상시킨다.

(2) 그라우팅 재료

인장재의 부식방지 및 방수효과가 있어야 하고 굴착면 주위로 그라우팅이 잘 스며들어 부착력을 증대시켜야 한다.

(3) 공벽붕괴

천공시 공벽의 붕괴가 없도록 천천히 시공해야 하며, 저진동기계를 선택하여 공벽붕괴를 미연에 방지한다.

(4) 사용수

순환수로는 청정수, 음료수를 사용해야 하며, 해수는 인장재의 부식을 초래하므로 사용해서는 안 된다.

(5) 안전성

인장작업중에 안전선반 설치와 진동, 충격에 유의해야 한다.

(6) 주입압

점토지반인 경우 인발력이 약하므로 주입압에 유의한다.

(7) 피압수

굴착 천공중 시멘트 또는 약액을 주입하여 안정처리하면서 천공한다.

(8) 계측관리

앵커체 두부에 Load Cell을 설치하여 하중상태를 점검하고, 특히 강우후 토류판 배면에 응력손실을 점검한다.

V. Strut 방식과 Earth Anchor 방식의 비교

구 분	Strut 방식	Earth Anchor 방식
공간활용	본공사 굴착시 장애가 된다.	넓은 작업공간을 활용할 수 있다.
지지방식	직접 버팀대를 이용하여 지지한다.	흙막이 배면 수동토압을 이용한다.
시공방법	Strut 설치후 굴착한다.	지반굴착후 Earth Anchor 시공한다.
민원발생 여부	타 토지에 장애가 되지 않는다.	인접 대지의 동의서가 필요하다.
토질조건	모든 토질에 적용 가능하다.	사질토지반에서는 곤란하다.
지장물 영향	인접구조물에 영향이 없다.	인접지장물 조사후 시공한다.
시공성	중량의 강재사용으로 시공속도가 느리다.	소규모의 설비로 시공이 가능하다.
경제성	강재 소요량이 많아 공사비가 많이 든다.	Strut 방식에 비해 경제성이 있다.
안전성	굴착깊이에 따른 Strut의 강성이 큰 것을 사용한다.	굴착깊이에 따른 시공개수가 증가한다.

VI. 결 론

(1) 흙막이공법의 지지방식은 사전조사, 계획, 설계, 시공의 각 단계에서 면밀한 검토와 정밀한 시공이 될 수 있게 검토되어야 한다.

(2) 특히 Earth Anchor 지지공법 시공시에는 토질조건, 입지조건, 인근 구조물 등의 영향을 고려하여 착공전부터 시공계획을 수립하여 본공사에 지장을 초래하지 않게 해야 할 것이다.

12-1	Soil Nailing 공법에 대하여 기술하시오.	[98중전, 30점]
12-2	Soil Nailing 공법	[10후, 10점]
12-3	사면보강공사 중 Soil Nailing 공법에 사용되는 수평배수관과 간격재(스페이서 : Spacer)의 기능과 역할에 대하여 설명하시오.	[08후, 25점]
12-4	Soil Nailing 공법과 Earth Anchor 공법을 비교설명하시오.	[01후, 25점]

Ⅰ. 개 요

(1) Soil Nailing 공법의 원리는 보강토공법이나, 그라운드 앵커(Ground Anchor) 공법과 비슷한 흙과 보강재 사이의 마찰력, 보강재의 인장응력, 전단응력 및 휨모멘트에 대한 저항력으로 흙과 Nailing의 일체화에 의하여 지반의 안전을 유지하는 것이다.

(2) 보강토공법은 주로 성토사면에 사용되지만 이 공법은 절토면이나 절토사면 또는 흙막이공법 등에 많이 사용되는 공법이다.

Ⅱ. 시공도

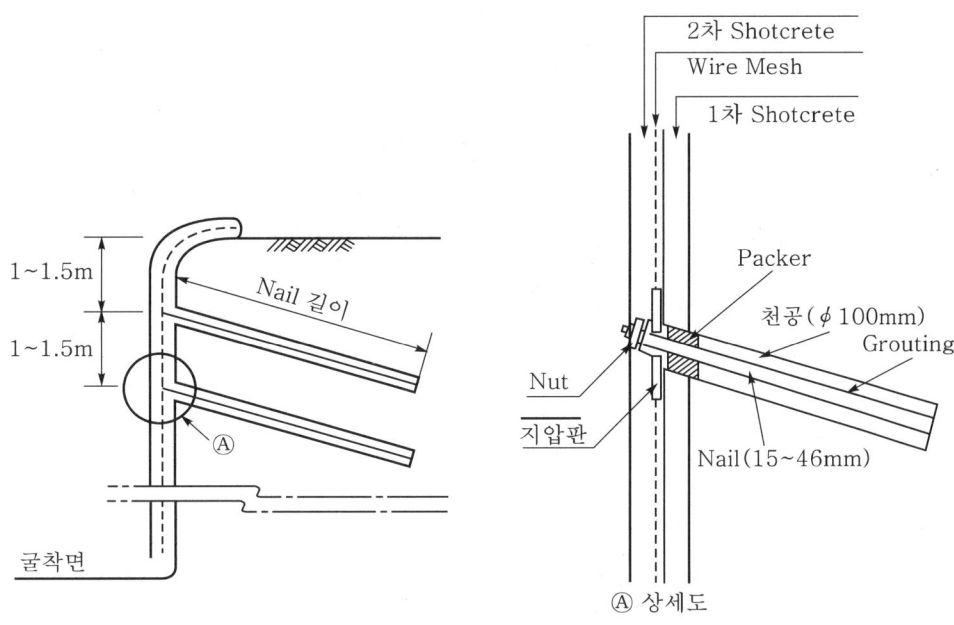

Ⅲ. 특 징

(1) 장점
  ① 공사비 절감 효과
  ② 공기단축
  ③ 작업공간 활용
  ④ 단계적 작업이 가능
  ⑤ 소음·진동 피해의 최소화

(2) 단 점
  ① 점성토지반에 적용이 곤란
  ② 상대변위의 발생 우려
  ③ 지하수가 있을 때 작업곤란

Ⅳ. 용 도

(1) 굴착면 안정　　　　　　(2) 사면 안정
(3) 터널의 지보체계　　　　(4) 기존 옹벽 보강
(5) 병용공법으로 활용

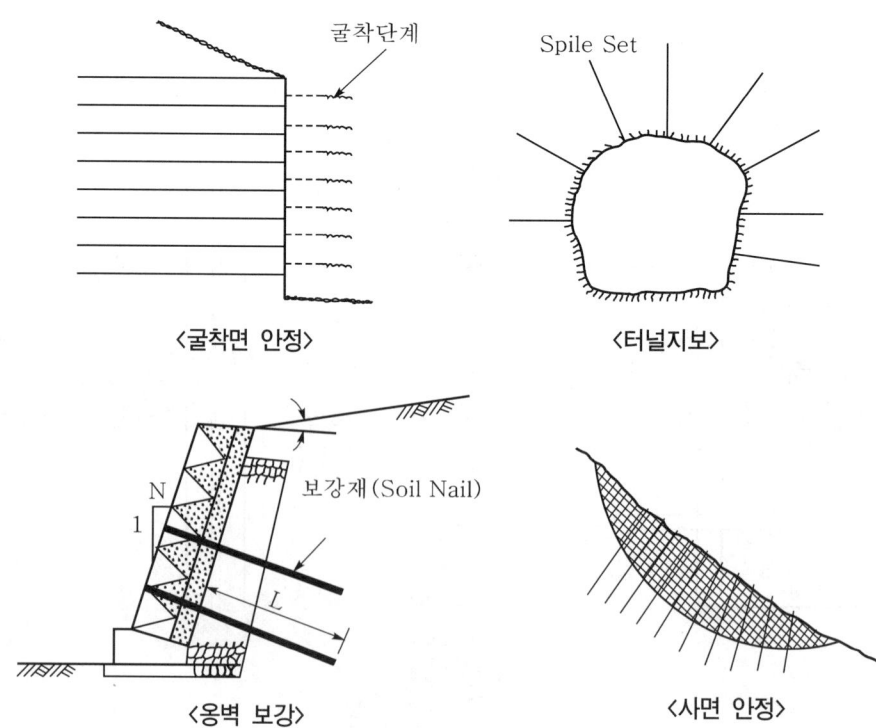

〈굴착면 안정〉　　　　　　〈터널지보〉

〈옹벽 보강〉　　　　　　　〈사면 안정〉

V. 수평배수관의 기능과 역할

(1) 배수기능
지하수가 많이 배출되는 곳에서는 굴착지반과 Shotcrete면 사이에 배수재를 설치하여 벽면 배수시설의 기능을 하도록 한다.

(2) 부착효과 증대
Shotcrete와 굴착면의 부착강도를 증가시키는 역할을 하여 강도를 증진한다.

(3) 토압의 증가 방지
지하수의 수압에 의한 토압의 증가를 방지하기 위해 지하수위를 저감하여 토압의 증가를 방지한다.

(4) 보강재의 강도 증진
① 배수시설 설치로 천공 Hole 내부를 건조하게 하여 천공 벽체와 Grouting의 부착력을 증가시켜 강도를 증대하는 효과를 갖는다.
② 천공한 구멍에 삽입한 후 중력 또는 저압의 Grouting을 실시하는 것으로 Nail과 Grouting 사이에 부착력을 증대시킨다.

(5) 주동토압의 저감
① 옹벽배면 주동토압 증가량 감소
  ㉠ 배수시설이 없는 경우

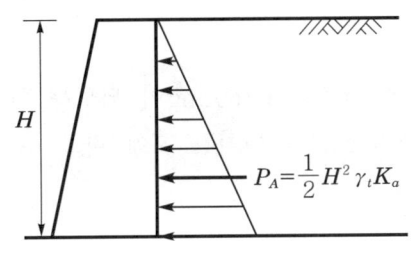

$$P_A = \frac{1}{2}H^2\gamma_t K_a$$

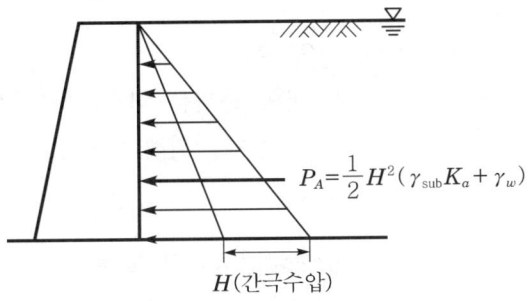

$$P_A = \frac{1}{2}H^2(\gamma_{sub}K_a + \gamma_w)$$

H(간극수압)

〈건기시 주동토압〉 　　　　〈우기시 주동토압 : 건기시보다 약 2배 증가〉

  ㉡ 배수공과 연직배수시설을 설치한 경우 : 우기시 주동토압은 건기시 주동토압보다 약 35% 증가
  ㉢ 경사 배수시설을 설치한 경우 : 우기시 주동토압은 건기시 주동토압보다 약 5% 증가
② 옹벽배면 지하수위의 상승방지

③ 옹벽의 안전성 확보

    ㉠ 옹벽 안전성 검토(활동, 전도, 지지력)

    ㉡ 우기에 의한 주동토압 증가를 감소시켜 활동 및 전도에 대한 안전성 확보

    ㉢ 옹벽 배면 지하수위의 상승에 따른 지지력 감소를 방지하여 안전성 확보

Ⅵ. 간격재의 기능과 역할

(1) 보강재의 간격유지

Grouting의 두께를 확보하기 위하여 철물에 간격재(Spacer)를 1.5m 간격으로 설치하여 보강재의 간격을 유지함으로써 부착강도가 증대한다.

(2) 강도 증진

① Nail 타입시 그라우팅의 최소 두께를 확보함으로써 부착력이 증진하여 벽체의 강도가 증진한다.

② 간격재의 최소길이는 1.5m 이하로 Nail 끝단에는 강재 Panel로 제작된 화살촉 모양의 부재를 용접 부착하고 지반에 타입하여 Grouting시 Nail이 밖으로 실려 나오는 일이 없도록 한다.

(3) 마찰력 증대

간격재의 역할은 Nail과 천공경간에 간격을 유지하여 Grouting시 표면두께를 같게 함으로써 마찰력을 증대시키는 역할을 한다.

(4) Grouting의 부착을 증대

천공 내부벽의 붕괴를 최소화하고 보강재에 균질한 Grouting이 되도록 하며 부착강도를 증진하기 위해 Grouting의 주입은 Nail이 설치된 후에 바로 실시해야 한다.

(5) Grouting의 최소두께를 확보

Nail 타입시 Grouting의 최소두께를 확보하게 하고 Nail이 천공구멍 중앙에 위치하도록 간격재를 사용하며, 간격재는 PVC관을 천공경에 맞게 변형하거나 철근을 구부려 용접하여 사용할 수 있다.

(6) Nail 정착력

간격재는 Nailing 주변의 간격을 유지하여 주입재의 부착력을 증가시키므로 마찰저항력을 증대시키며, 이로 인하여 Nail의 정착력이 결정된다.

Ⅶ. Soil Nailing 공법과 Earth Anchor 공법의 비교

1. Soil Nailing 공법

(1) 정의

① 소일 네일링 공법이란 흙과 보강재 사이의 마찰력, 보강재의 인장응력, 전단응력 및 휨모멘트에 대한 저항력으로 흙과 Nailing의 일체화에 의하여 지반의 안정을 유지하는 공법이다.

② 공법의 원리는 보강토공법이나 그라운드 앵커(Ground Anchor) 공법과 비슷하며, 보강토공법은 주로 성토사면에 사용되지만, 소일 네일링 공법은 절토면이나 절토사면 또는 흙막이공법 등에 사용되는 공법이다.

(2) 특징

① 장점

　　㉠ 공사비 절감

　　㉡ 공기단축

　　㉢ 작업공간 활용

　　㉣ 소음, 진동 피해 최소화

　　㉤ 단계적 작업 가능

② 단점

　　㉠ 상대변위 발생의 우려

　　㉡ 지하수가 있을 때 작업곤란

　　㉢ 품질관리가 어려움.

2. Earth Anchor 공법

(1) 정의

① Earth Anchor 공법이란 흙막이벽 등의 배면을 원통형으로 굴착하고, Anchor체를 설치하여 주변 지반을 지지하는 공법을 말하다.

② Earth Anchor는 흙막이벽의 Tie Back Anchor로 이용되는 것 외에도 교량에서의 반력용, 옹벽의 수평저항용, 흙 붕괴방지용, 지내력시험의 반력용 등 다양한 용도로 사용되고 있다.

(2) 특징

① 장점

　　㉠ 버팀대가 없어 굴착공간을 넓게 활용

    ⌬ 대형기계의 반입 용이

    ⌭ 작업공간이 좁은 곳에서도 시공 가능

    ⌮ 공기단축이 용이

   ② 단점

    ⌫ 시공후 검사가 곤란

    ⌬ 인접한 구조물의 기초나 매설물이 있는 경우 부적합

    ⌭ 사질토 지반과 굴착심도가 깊어지면 시공 곤란

3. Soil Nailing 공법과 Earth Anchor 공법의 비교

구 분	Soil Nailing 공법	Earth Anchor 공법
가설 흙막이벽	불필요	별도 시공
깊은 심도 굴착	곤란	가능
지하수 영향	작업 곤란	적음
보강재의 응력	일반적으로 긴장력을 가하지 않으므로 미소하나마 벽체의 변위를 허용함	주변 지반 변위억제 및 안정성 확보를 위하여 설치 후 즉시 긴장력을 가하여 벽체의 변위를 미연에 저지함
보강재 파손시 영향	보강재가 촘촘히 배치되므로 거의 파손될 가능성이 없으며 보강재 하나의 파손이 구조물 전체의 안정에 미치는 영향이 적음	보강재 하나의 파손이 구조물 전체의 안정에 심각한 영향을 미침
보강재 길이	비교적 짧다	길다
보강재 설치장비	간단	대규모 장비 필요
전면판 지지구조	Shotcrete 및 Wire Mesh 이외에 별도 지지구조가 필요 없음	Anchor에 작용하는 긴장력을 벽체에 등분포시킬 목적으로 사용하는 띠장이나 철판이 요구됨
품질관리	어려움	인장 확인으로 가능
건설공해	적음	지중 장애물 남김

Ⅷ. 결 론

(1) 소일 네일링 공법은 기초굴착, 사면안정, 터널지보 등에서 적용성이 확대되고, 특히 불안정한 석축의 보강과 영구벽체로의 활용에 대한 관련지침 등의 정리가 확립되어 있는 성질이다.

(2) 기계설비의 단순화와 경제성 있는 공사비 및 진동, 소음과 같은 건설공해가 적은 공법으로, 앞으로 건설산업에서 기대가 되는 공법으로 연구개발되고 있다.

Ⅰ. 개 요

(1) 기초란 상부구조물을 안전하게 지지하기 위하여 축조하는 구조물로 얕은 기초와 깊은 기초로 대별한다.

(2) 얕은 기초란 상부구조물의 하중을 직접 지반으로 전달시키는 구조로 지반 위에 놓이는 구조이며, 깊은 기초는 말뚝이나 케이슨 등을 이용하여 상부의 하중을 지중으로 전달하는 구조를 말한다.

Ⅱ. 기초의 분류

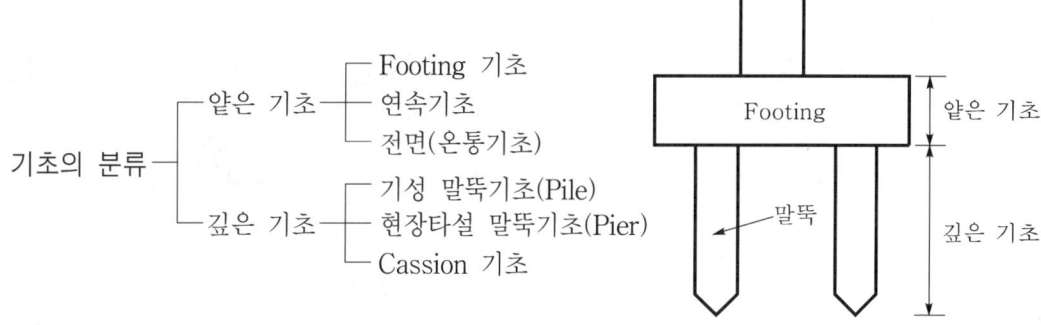

```
                      ┌ 얕은 기초 ─┬─ Footing 기초
                      │            ├─ 연속기초
                      │            └─ 전면(온통기초)
기초의 분류 ─┤
                      │            ┌─ 기성 말뚝기초(Pile)
                      └ 깊은 기초 ─┼─ 현장타설 말뚝기초(Pier)
                                   └─ Cassion 기초
```

Ⅲ. 기초의 필요조건

(1) 최소한의 근입깊이 유지

① 상부구조물을 지지하는 기초구조물은 겨울철 동상을 피하기 위해서 최소한의 근입깊이가 필요

② 기초구조물이 횡방향하중에 저항 목적

(2) 지지력 확보

① 기초는 상부구조물을 안전하게 지지할 수 있는 지지력 확보
② 지지력 시험을 통한 허용지지력 이상의 강도를 확보

(3) 허용침하량 이내

상부구조물의 종류에 따라 허용되는 침하량 이내가 되게, 침하량이 규정한 허용침하량의 이내여야 함.

(4) 횡방향 저항력 확보

① 교대 및 교각 등에서 발생하는 수평력에 저항할 수 있는 횡방향 저항력 확보
② 경사말뚝 또는 근입깊이 등으로 저항력 증대

(5) 시공성 확보

① 기초는 현장 입지조건을 고려한 시공성 확보
② 상부구조물의 지지와 시공 가능성을 충분히 검토

(6) 경제성 확보

① 상부구조물의 종류에 따른 기초형식 결정
② 상부구조물과 기초구조물의 공사비 균형 유지

Ⅳ. 얕은 기초(Shallow Foundation)

(1) 정의

① 상부구조에 의한 하중을 직접 지반에 전달하는 형식의 기초로서 적절한 토층 아래 직접 설치하는 것으로 직접기초라 한다.

② 근입깊이에 대한 기초폭의 비가 4보다 작을 경우 $\left(\dfrac{D_f}{B} < 4 \right)$

(2) 종류별 특징

① Footing 기초
  ㉠ 상부하중을 넓게 분산
  ㉡ 지반상태에 따른 변화심도 시공
  ㉢ 상부하중 분포에 따른 Footing 규격 조절
② 연속 Footing 기초
  ㉠ 동일 Line상의 Footing은 연결시공
  ㉡ 상부하중을 널리 분포
  ㉢ 기초의 하중지지능력이 증대

③ 전면기초

    ㉠ 전달하중을 구조물의 전면적으로 지지

    ㉡ 지반상태가 불균질한 지반에 적용

    ㉢ 지하수의 영향이 큰 지반에 시공

(3) 얕은 기초 설치시 고려사항

    ① 동결깊이

    ② 팽창성 지반 여부

    ③ 부력의 영향

    ④ 지지층 위치

    ⑤ 인접구조물

V. 깊은 기초

(1) 정의

    ① 상부구조물의 규모가 크고 지지지반이 깊은 경우에 상부하중을 지지층까지 전달하기 위한 형식의 기초를 깊은 기초라 한다.

    ② 근입깊이에 대한 기초폭의 비가 4 보다 큰 경우 $\left(\dfrac{D_f}{B} > 4 \right)$

(2) 종류별 특징

    ① 기성말뚝기초

        ㉠ 공사비 저렴

        ㉡ 공기단축 효과

        ㉢ 소규모 공사에 적용

        ㉣ 동일 직경말뚝에서 지지력이 가장 큼.

        ㉤ 소음, 진동 등의 공해발생

        ㉥ 대구경 말뚝 시공 곤란

        ㉦ 깊은 심도 시공 곤란

        ㉧ 전석층 또는 호박돌 층이 있는 경우 시공 곤란

    ② 현장타설말뚝

        ㉠ 소음, 진동이 비교적 적다.

        ㉡ 대구경 말뚝의 시공이 가능

        ㉢ 말뚝길이의 변경이 용이

        ㉣ 작은 직경말뚝에서 시공성 저하

　　　　ⓜ 지반조건에 따른 공법변경 필요

　　　　ⓗ 경사말뚝 시공 곤란

　　　　ⓢ 깊은 심도 대구경 말뚝의 시공이 가능

　　　　ⓞ 1개 말뚝의 지지력이 크다.

　　③ Caission 말뚝

　　　　㉠ 수평저항력이 가장 크다.

　　　　㉡ 대규모 구조물의 기초에 적용

　　　　㉢ 수심이 깊은 수상시공에 용이

　　　　㉣ 건설공해 발생이 적다.

　　　　㉤ 시공설비 간단

　　　　㉥ 지지방식 확실

(3) 깊은 기초 설치시 고려사항

　　① 지지층 확인

　　② 부마찰력 발생

　　③ 지지층의 심도

　　④ 인근구조물에 대한 영향 고려

| 1-4 | 말뚝을 분류(용도, 재료, 제조방법, 형상 및 거동)하고 말뚝기초공사에 필요한 조건에 대하여 기술하시오. [97전, 50점] |
| 1-5 | Con′c 말뚝과 강말뚝의 차이점을 설명하시오. [94후, 30점] |

I. 개 요

(1) 말뚝기초는 구조물의 하중이 너무 크거나, 기초의 지지력이 너무 작아서 직접기초로는 구조물의 하중을 충분히 지지할 수 없는 경우에 시공하는 것이다.

(2) 지반의 중간층을 관통하여 지내력이 충분한 지지층까지 말뚝을 도달시켜 구조물의 하중을 전달하는 기초구조이다.

II. 말뚝 선정시 고려사항

(1) 상부구조물의 중요도, 내구연한, 하중

(2) 지지층의 깊이와 그 변화 정도

(3) 말뚝의 구득 가능성

(4) 말뚝 관입장비 및 시공기술

(5) 말뚝체의 내구성

(6) 지하수위와 수질의 변동 가능성

(7) 인접구조물이나 주위환경과의 관계

(8) 경제성

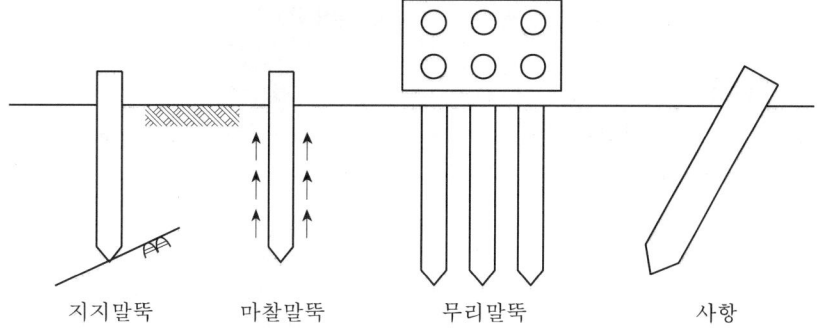

지지말뚝　　　　마찰말뚝　　　　무리말뚝　　　　사항

Ⅲ. 말뚝의 분류

1. 용도별 분류

(1) 지지말뚝
경질지반까지 말뚝을 정착시켜 선단 지지력에 의해 지지하는 말뚝

(2) 마찰말뚝
말뚝 둘레(주면)의 마찰력에 의해 지지하는 말뚝

(3) 다짐(무리)말뚝
사질지반에 다수의 말뚝으로 지반을 압축하여 다짐효과를 얻기 위한 말뚝

(4) 사항말뚝
수평력이나 인장력에 저항한 말뚝으로 횡저항말뚝이라고도 한다.

(5) 인장말뚝
휨모멘트를 받는 기초 등의 인장측에 저항하는 말뚝

2. 재료별 분류

(1) 나무말뚝
소나무, 낙엽송 등의 곧고 긴 생목을 상수면 이하(4~6m)에 박아 경미한 구조 및 상수면이 낮은 곳에 사용한다.

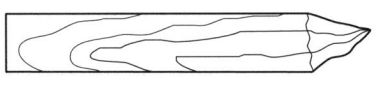

〈나무말뚝〉

(2) RC 말뚝
공장제작으로 단면은 중공 원통이므로 재료가 균질하고 강도가 크나 말뚝이음 부분에 대한 신뢰성이 낮다.

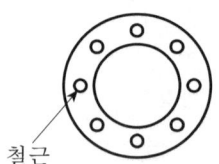

철근

〈RC 말뚝〉

(3) PSC 말뚝

사전에 PS 강선에 인장력을 주고 그 주위에 콘크리트를 쳐서 경화한 PS 강선을 절단하여 PS 강선과 콘크리트의 부착으로 프리스트레스를 도입한 콘크리트 말뚝이다.

PS 강선

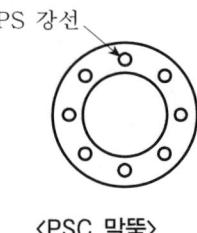

〈PSC 말뚝〉

(4) PHC 말뚝

PSC 말뚝의 콘크리트 강도를 고강도로 하고 고압증기양생으로 말뚝의 강도를 대폭 강화시킨 콘크리트 말뚝이다.

(5) 강관말뚝

전기저항용접 또는 아크용접으로 강판을 원통형으로 제작하여 사용하는 파이프형식의 말뚝이다.

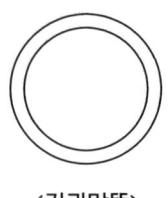

〈강관말뚝〉

(6) H형 말뚝

H형 단면으로 된 형강재료로 압연 형강재와 용접 형강재로 구분한다. 말뚝으로는 압연 형강재가 많이 쓰이며 선단지지 말뚝으로 사용한다.

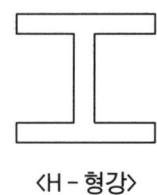

〈H-형강〉

3. 제조방법별 분류

(1) 기성말뚝

자동생산시설이 갖추어진 공장에서 제작된 목재, 콘크리트, 강재 말뚝을 현장에서 타입공법, 관입공법, 압입공법, 사수공법, 중굴공법 등을 이용하여 지반에 기초말뚝을 형성한다.

(2) 관입말뚝

현장기초말뚝 위치에서 직접 케이싱 등을 관입하여 콘크리트를 타설함으로써 기초말뚝을 형성하는 것으로 프랭키, 페디스털, 레이몬드, 심플렉스, 콤프레솔 등의 공법이 있다.

(3) 현장타설 콘크리트말뚝

현장에서 특수한 굴착장비를 이용하여 지반 깊은 곳의 지지층까지 도달시켜 대구경의 깊은 심도의 철근 콘크리트말뚝을 형성하는 것이다.

4. 형상에 의한 분류

(1) 폐단말뚝(치환말뚝)

나무말뚝, 기성 콘크리트말뚝, 선단폐쇄말뚝

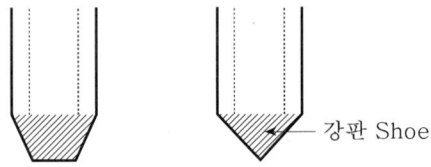

강판 Shoe

(2) 개단말뚝(소치환말뚝)

H 말뚝, 선단개방 강관말뚝

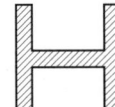 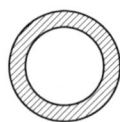

(3) 현장타설말뚝(무치환말뚝)

RCD, Benoto, Earth Drill

5. 거동에 의한 분류

(1) 일반구조물의 기초말뚝

나무말뚝, RC 말뚝, PSC 말뚝, 강관말뚝

(2) 특수구조물의 깊은 기초말뚝

RCD, Earth Drill, Benoto

Ⅳ. 콘크리트말뚝

1. 원심력 철근 콘크리트말뚝(RC 말뚝)

(1) 규격제품
공장제품으로서 규격에 따른 선별구매가 가능하다.

(2) 지지말뚝에 적합
재질이 균등하고 강도가 커서 지지말뚝에 적합하다.

(3) 경제성
말뚝재료의 입수가 용이하고, 말뚝길이 15m 이하에서 경제적인 공법이다.

(4) 이음의 신뢰성 부족
시공현장에서 이음의 신뢰성이 낮고 무게가 무겁다.

(5) 균열발생
타입시 말뚝 본체에 압축, 인장에 의한 균열이 생긴다.

(6) 적용지반의 제한
굳기가 중간(N=30) 이상인 토층에는 관입이 곤란하다.

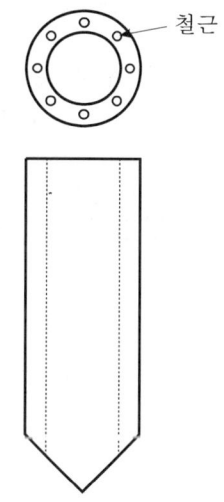

〈RC 말뚝〉

2. PSC 말뚝

(1) 내구성
균열이 생기지 않고, 강재부식이 없어 내구성이 크다.

(2) 취급이 용이
길이조절이 쉽고, 운반이 용이하다.

(3) 이음의 신뢰성 양호
이음이 쉬우며 신뢰성이 높다.

(4) Prestress 효과
타입시 인장응력을 받는 경우, Prestress가 유효하게 작용하여 인장파괴가 일어나지 않는다.

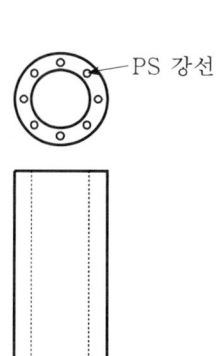

〈PSC 말뚝〉

(5) 사항시공 곤란

수평저항력이 약하고 경사각이 30° 이상일 때는 사용이 곤란하다.

(6) 운반중 응력 변화

운반중 이상응력 발생으로 Pile에 균열이 발생할 우려가 있다.

(7) 두부파손

두부파손이 생기기 쉽고 두부절단시 상부구조와의 결합이 곤란하다.

V. 강말뚝

1. H-Pile

(1) 타입이 용이

타입저항이 적어 좁은 지역에 조밀하게 타입할 수 있다.

(2) 가격이 저렴

강관말뚝에 비해 가격이 싸다.

(3) 취급이 용이

무게가 가벼워 소형장비에 의한 취급이 가능하다.

(4) 이음이 확실

말뚝의 이음에 신뢰성이 있고 길이의 조절이 쉽다.

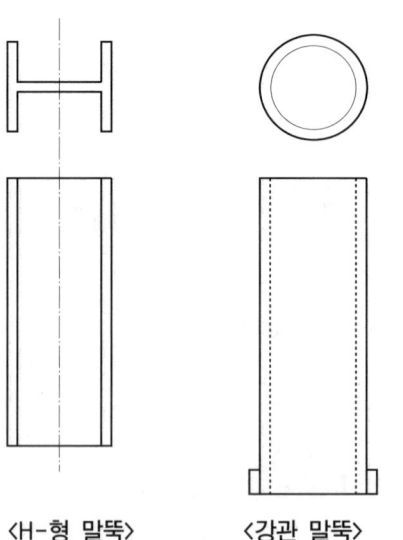

〈H-형 말뚝〉　　　〈강관 말뚝〉

(5) 부식발생

　재료의 특성상 부식에 의해 녹이 발생한다.

2. 강관말뚝

(1) 공학적 성질이 우수

　단면이 등강성이고 강도 및 강성이 크다.

(2) 대형구조물의 기초

　강성이 크므로 견고한 중간층을 통과하여 지지층까지 도달시킬 수 있어 지지력이 크다.

(3) 수평저항력

　단면의 휨 Moment가 크므로 수평저항력이 커서 사항의 시공에 적합하다.

(4) 이음이 양호

　말뚝이음의 신뢰성이 좋고 길이조절이 쉽다.

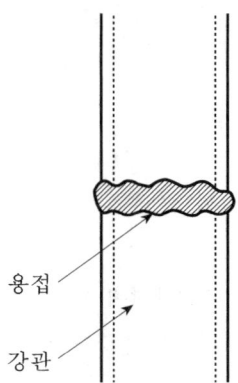

용접

강관

(5) 장척말뚝

　현장에서 단기간에 완료되는 Arc 용접으로 장척의 말뚝시공이 가능하다.

(6) 운반, 취급이 용이

　운반과정과 취급시 균열의 발생이 없다.

(7) 부식 발생

　재료의 특성상 부식에 의해 녹이 발생한다.

VI. 콘크리트말뚝과 강말뚝의 차이점

구 분	콘크리트말뚝	강말뚝
지지방식	지지말뚝	지지말뚝, 마찰말뚝
시공깊이	5~20m	20~60m
사항시공	부적합	적합
중간층 상태	굳은층 타입 곤란	굳은층 타입 가능
지하수 영향	적음	적음
작업조건	협소한 공간 작업 곤란	협소한 공간 작업 가능
수상시공	가능	가능
진동, 소음	크다	크다
인접구조물 영향	많다	적다

VII. 말뚝 기초공사의 필요조건

(1) 지지력 확보

상부구조물의 하중을 충분히 지지할 수 있는 구조형식이 되어야 한다.

(2) 토성변화

말뚝시공에 따른 지반의 토성변화로 인하여 말뚝의 지지력에 변화가 발생하지 않아야 한다.

(3) 말뚝의 이음

장척의 말뚝이 필요한 지반에서의 시공은 사용파일에 적합한 이음공법을 선정하여 이음부에 있어서 파일의 지지력 손실이 없도록 신중하게 시공해야 한다.

(4) 이음위치

단면에 여유가 있고 부식 등의 영향이 적은 곳에 설치하여 휨, 전단 및 인장 등을 고려하여 이음구조의 특징을 잘 파악한 다음 이음위치를 결정한다.

(5) 지하장애물 조사

지중에 매설되어 있는 가스관, 통신관, 동축케이블, 전선관 등의 장애물의 방호책으로 우선적으로 지중에 매설된 장애물의 조사형 방호대책을 수립한다.

(6) 공법 선정

사용 파일의 종류, 중간층 상태, 주위 환경여건, 공사규모 등을 충분히 고려하여 파일에 악영향이 없고 인접구조물에 영향이 없는 공법을 선정한다.

(7) 말뚝선단구조

현장의 지반상태 및 시공방법을 고려하여 선단개방 또는 선단폐쇄말뚝을 비교하여 결정한다.

(8) 시공성

상부에 축조할 구조물을 지지하고 입지조건에 맞는 공법선정 등으로 시공 가능성을 검토한다.

(9) 무공해성

최근 환경에 대한 규제가 엄격해지고 자연환경을 보호하는 차원에서 소음, 진동, 분진 등의 공해발생이 없는 공법의 선정이 중요하다.

(10) 경제성

본공사비에 준하여 과도한 가시설 설비 등으로 경제성을 상실하는 공법을 가능한 한 억제하고 현실적인 경제성을 고려하여 결정한다.

(11) 시항타

타입장비, 시공인원, 시공속도, 시공의 타당성을 검토하기 위하여 기성파일을 시공할 때에는 반드시 시항타를 하여 시공조건을 검토한다.

(12) 안전관리

시공현장에서의 말뚝의 적재, 운반, 박기, 이음 등의 공정에서 우선적으로 작업종사자의 안전에 역점을 두어야 하며, 만약의 사태에 대한 작업원의 안전교육 및 대피소 등을 선정해 놓아야 한다.

Ⅷ. 결 론

(1) 구조물의 기초로서 말뚝을 사용할 때 사전조사, 공사규모, 말뚝의 종류, 지질상황, 공사조건 등을 고려하여 선정하여야 한다.

(2) 말뚝박기 시공시 철저한 품질관리와 무소음, 무진동 말뚝박기 기계의 장비개발로 건설공해 방지에 대처해야 할 것이다.

1-6 구조적인 안정을 보장하기 위해서 말뚝기초를 필요로 하는 경우를 기술하시오.

[05후, 25점]

Ⅰ. 개 요

지반의 지내력이 부족하거나 구조물의 하중이 너무 클 경우, 직접기초로 상부하중을 지반에 충분히 전달할 수 없으므로 구조물의 안정을 위해 말뚝기초를 설치한다.

Ⅱ. 말뚝의 선택시 고려사항

(1) 상부구조물의 중요도, 내구연한, 하중
(2) 지지층의 깊이와 그 변화 정도
(3) 말뚝의 구득 가능성
(4) 말뚝 관입장비 및 시공기술
(5) 말뚝체의 내구성
(6) 지하수위와 수질의 변동 가능성

Ⅲ. 말뚝기초가 필요한 경우

(1) 연약지반
 ① 연약지반은 강도가 약하고 압축되기 쉬운 지반이다.
 ② 지하수위가 높고, 침하로 인하여 구조물의 안정이 우려된다.

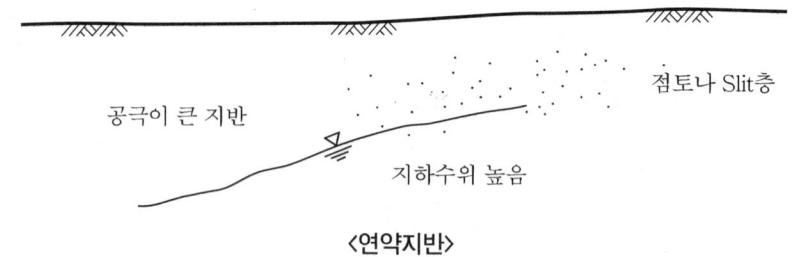

공극이 큰 지반   지하수위 높음   점토나 Slit층

〈연약지반〉

(2) 지지력 부족
 ① N치가 사질토인 경우 10 이하, 점성토인 경우 5 이하
 ② 일축압축강도 1.0 이하
 ③ 연약지반의 두께가 큰 경우(10m 이상)

(3) 부등침하 발생
    ① 연약층의 분포깊이가 다른 지층
    ② 지하수위 변동
    ③ 지하매설물 또는 Hole 존재
    ④ 기초의 허용침하량

구 분	사질토	점성토
독립기초	50mm	75mm
온통기초	75mm	125mm

(4) 하중이 큰 구조물
    상부하중이 큰 구조물 축조시

(5) 측방유동
    ① 지반의 이상변형
    ② 세굴 및 침식
    ③ 구조물의 편심하중 발생
    ④ 하천수의 흐름

(6) 지반의 침하

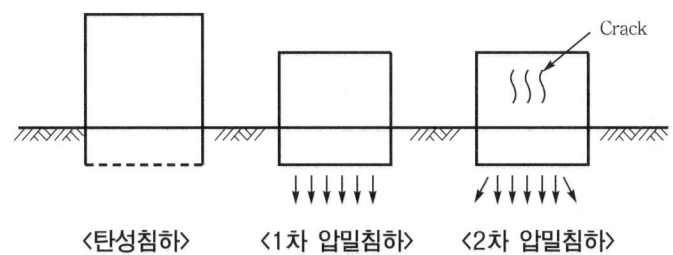

           〈탄성침하〉   〈1차 압밀침하〉   〈2차 압밀침하〉

    ① 탄성침하 : 재하와 동시에 발생하는 즉시 침하
    ② 1차 압밀침하 : 점성토지반에서 탄성침하 후 장기간 발생하는 침하
    ③ 2차 압밀침하 : 점성토의 Creep에 의해 발생하는 침하

(7) 지지층의 깊이가 깊을 때
    지지층의 깊이가 너무 깊어 터파기를 할 수 없을 경우

(8) 액상화 발생 가능지역
    ① 느슨한 사질지반의 경우 지진이나 진동에 의해 액상화 발생
    ② 액상화 발생시 구조물의 전도발생 위험
    ③ 다짐말뚝이나 선단지지 말뚝의 시공 필요

(9) 시공성
    ① 터파기와 말뚝기초의 시공성 검토
    ② 공기면에서 말뚝기초가 우수

(10) 경제성
    ① 지지층이 깊을 경우 말뚝기초의 경제성이 우수
    ② 터파기 시공에 따른 공사비와 비교검토

(11) 안정성
    ① 다른 기초공법과 안정성 검토
    ② 안정성 검토시 시공성과 경제성도 함께 검토

Ⅳ. 결 론

연약지반이나 지지층이 깊은 곳에 위치할 경우 다른 기초공법에 비해 말뚝기초공법이 경제성이나 시공성 면에서 뛰어나며, 지반의 침하가 예상되는 지역에서는 구조물의 기초와 지지층을 직접 연결하기 위해서 말뚝기초가 매우 유용한 공법이다.

1-7 보상기초(Compensated foundation) [09전, 10점]

Ⅰ. 정 의

(1) 보상기초(Compensated foundation)란 얕은 기초의 일종이며 지지층이 깊은 경우 기초가 설치되는 지반을 굴착하여 제거한 흙 무게로 구조물의 하중증가를 감소 또는 완전히 제거시키는 형식으로서, 부력기초라고도 한다.

(2) 지지력은 만족하나 압밀침하가 발생하므로 침하를 허용하는 구조물에 적용하여야 한다.

┌───┐
│ 배토중량이 무게보다 클 때 안전 : 배토 중량 > 구조물의 무게 │
└───┘

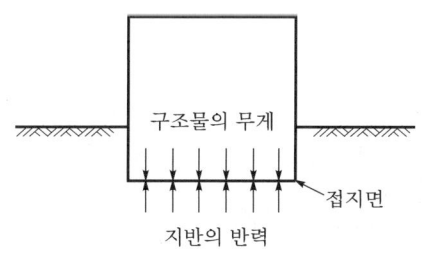

Ⅱ. 설계시 검토사항

(1) 기초의 깊이 (2) 기둥의 배치

(3) 하중의 분포 (4) 구조물의 형상

(5) 구조물의 중량배분

Ⅲ. 특 징

(1) 지지층이 깊은 경우의 기초에 적용

(2) 지지층에 지지되지 않은 기초에 적용

(3) 기초의 공사비 절감

(4) 침하를 허용하는 구조물에 적용

(5) 마찰력으로 지지하는 마찰말뚝

Ⅳ. 시공시 유의사항

(1) 기초 하부지반을 손상시키지 않도록 유의해야 한다.

(2) 하부에 점토지반이 있을 경우 지하수위에 의한 압밀침하에 유의한다.

(3) 기초 부분의 축조는 온통기초로 한다.

(4) 구조물 전체의 중량 Balance를 고려하여 기초 저면의 접지압이 같도록 한다.

1-8	개단말뚝과 폐단말뚝의 차이점	[96후, 20점]
1-9	개단말뚝과 폐단말뚝	[97후, 20점]

Ⅰ. 개 요

파일의 종류에 따라 선단부의 형상, 특성이 열려 있는 개단식과 선단부가 밀폐되어 있는 폐단형식의 말뚝이 있다.

Ⅱ. 개단말뚝

1. 정의

파일의 선단형상이 Open Type으로 개방된 상태로서 강관파일에서 수로 사용되는 형식이다.

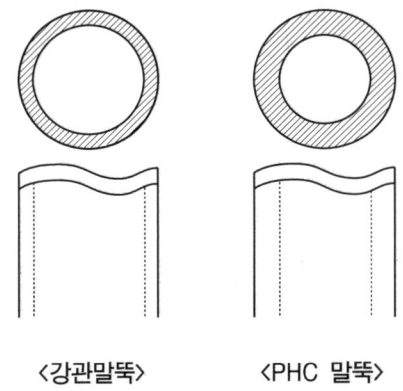

〈강관말뚝〉　　〈PHC 말뚝〉

2. 특징

(1) 열린 선단형상

파일구성이 단면 형태로 되어 있으며 특별한 장치가 되어 있지 않고 열려 있는 상태이다.

(2) 지반다짐효과 감소

지반과의 마찰면적이 구성단면으로 국한되어 있으므로 지반의 저항단면이 적어 타입시 지반다짐효과가 적다.

(3) 대구경 파일시공

강관을 이용한 대구경의 파일시공이 가능하다.

(4) 시공능률 향상

선단부의 개단 향상으로 타입이 용이하고 시공성이 향상되어 시공능률이 좋다.

(5) 내부 처리

타입완료후 필요에 따라 내부 토사를 제거하고 내부를 콘크리트로 충진한다.

(6) 인접 구조물 영향

개방된 선단부의 저항감소로 지반토의 변화를 최소로 하여 인근구조물에 영향을 적게 한다.

Ⅲ. 폐단말뚝

1. 정의

말뚝 선단부를 밀폐시켜 말뚝타입시 지반의 다짐효과를 얻을 수 있으며 파일 내부에 지하수 등 이물질의 침투를 최대한 억제할 수 있는 형상의 말뚝을 말한다.

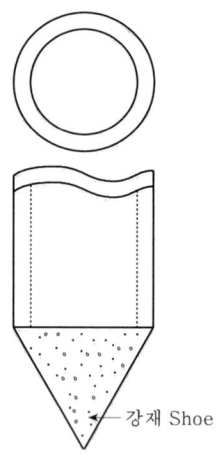

강재 Shoe

2. 특징

(1) 닫힌 선단형상

파일 선단부가 Cone 형상으로 제작된 슈가 부착되어 있으며 선단부 전면이 폐합되어 있는 형태이다.

(2) 토성변화

① 점성토에서 지반을 전단파괴시키면서 타입되므로 주위지반이 교란되어 주면 마찰력이 저하한다.

② 사질토에서 다짐효과로 인한 측압 발생

(3) 타입순서 준수

특히 사질지반에서의 다짐효과로 인하여 타입순서가 지켜지지 않을 경우 후속파일의 타입이 곤란해진다.

(4) 인근구조물에 대한 영향 형태

지반에 타입되는 파일에 의하여 지반내 측압이 발생하고 이에 따라 인근구조물에 악영향을 끼치게 되므로 유의하여 시공한다.

(5) 소음, 진동

굳은 지반에서의 타격음과 기계음으로 소음과 진동이 발생하여 민원발생의 소지가 높다.

Ⅳ. 차이점

구 분	개단파일	폐단파일
선단부 형상	열린 상태	막힌 상태
지지력	선단 지지력	선단 지지력+주면 마찰력
시공성	시공속도 빠름	시공속도 느림
소음, 진동 발생	적다	크다
인접 구조물 영향	다소 적다	많다
대구경 파일시공	가능하다	시공성이 없다
깊은 기초 시공능력	깊은 지지층까지 시공 가능	깊은 시공 곤란

1-10 배토말뚝과 비배토말뚝의 종류와 특징 [00중, 10점]

Ⅰ. 정 의

배토말뚝이란 지반에 타입되는 말뚝에 의하여 지반토가 밀려서 인접지반이 영향을 받게 되는 말뚝을 말하며, 비배토말뚝이란 현장타설 말뚝처럼 말뚝이 위치하는 곳의 지반토를 제거하여 인접지반에 영향을 미치지 않는 말뚝을 말한다.

Ⅱ. 말뚝의 분류

(1) 배토말뚝

타격, 진동으로 타입하는 말뚝

(2) 비배토말뚝

Preboring 말뚝, 현장타설말뚝

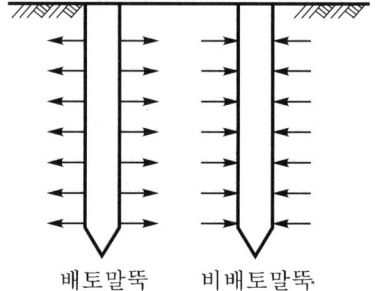

배토말뚝   비배토말뚝

Ⅲ. 종류별 특징

1. 배토말뚝

(1) 특징

① 지반다짐효과가 크다.

② 파일 주면 교란영역 발생

③ 제작된 말뚝 타입으로 시공속도가 빠르다.

④ 타입공법으로 시공이 간단하다.

⑤ 공사비가 비교적 싸다.

⑥ 시공과정에서 건설공해가 발생한다.

(2) 배토말뚝의 종류

① 목재말뚝

② 콘크리트말뚝 : RC 말뚝, PSC 말뚝, PHC 말뚝

③ 강관 폐단말뚝

2. 비배토말뚝

(1) 특징
 ① 지반다짐효과가 없다.
 ② 지지층 확인이 가능하다.
 ③ 깊은 심도의 시공이 가능하다.
 ④ 말뚝시공 주면 교란이 적다.
 ⑤ 시공말뚝 개수를 줄일 수 있다.
 ⑥ 건설공해 발생이 적다.

(2) 비배토말뚝의 종류
 ① 중굴말뚝공법 : 강관 속파기
 ② Preboring 말뚝공법 : SIP
 ③ 인력굴착공법 : Gow 공법, Chicago 공법
 ④ 기계굴착공법 : Earth Drill, Benoto, RCD

1-11 PHC(Pretensioned Spun High Strength Concrete) 파일　　　　[02중, 10점]

Ⅰ. 정 의

(1) Prestress 도입방식에 의한 원심력을 응용하여 제조된 Con'c 압축강도 $800\,kgf/cm^2$ 이상의 고강도 Con'c 말뚝이다.

(2) PHC Pile용 PS 강선은 Autoclave 양생시 높은 온도에 의한 긴장력 감소를 방지하기 위해 이완 및 풀림이 적은 특수 PS 강선을 이용한다.

Ⅱ. 말뚝간격

(1) 말뚝지름의 2.5배 이상

(2) 75cm 이상

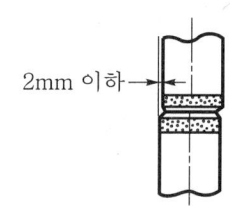

2mm 이하

〈이음부의 편심량〉

Ⅲ. 특 성

(1) 설계지지력을 크게 취할 수 있다.

설계기준강도가 $800kg/cm^2$로 종래의 PSC Pile($500kgf/cm^2$)보다 크게 증진했다.

(2) 타격력에 대하여 저항력이 크다.

항타시 발생하는 반사파에 의한 인장응력을 완전히 흡수하기 때문에 균열이 없다.

(3) 경제적인 설계가 가능하다.

지반의 상황에 맞추어 길이조정이 가능하며, 주문 후 2일이 지나면 납품이 가능하다.

(4) 휨에 대한 저항력이 크다.

축방향의 하중을 받으면서 휨을 받는 저항력이 PSC Pile보다 크다.

(5) Creep 및 건조수축이 적다.

Autoclave로 양생한 콘크리트가 상압증기양생한 콘크리트보다 Creep 및 건조수축이 현저하게 적다.

(6) 선단부 Flat Shoe의 채용

① Pile의 직진성과 항타 단면을 고려하여 강판제 Flat형 Shoe를 사용한다.

② 선단부 흙이 자연적인 돔(Dome)을 형성하여 관입이 용이하다.

Ⅳ. 시공시 유의사항

(1) 말뚝의 이음은 용접이음으로 한다.

(2) 말뚝 항타 중간에 전석층, 호박돌이 있을 때에는 타격을 주의한다.

(3) 말뚝캡의 구조는 타격력에 충분히 견디는 강성의 것을 사용한다.

(4) 안전한 지지와 허용침하한도를 고려한다.

(5) 말뚝이음부의 편심량은 이음부 전반에 대하여 2 mm 이하이다.

1-12 Micro CT-Pile 공법에 대하여 기술하시오. [06전, 25점]

I. 개 요

(1) 직경 30cm 이하의 작은 구경을 천공해서 설치하는 현장 Pile을 Micro Pile 또는 Mini Pile로 부르고 있다.

(2) Micro CT Pile(Micro Compression & Tension Pile) 공법은 고강도 Epoxy Coating 처리된 나선형 강봉(Thread Bar)을 주자재로 사용하여 높은 하중력을 전달하면서 천공구경을 최소화한 공법이다.

(3) 주자재인 나선형 강봉(Thread Bar)에 항구적인 부식방지처리를 하여 모든 지반에 사용할 수 있는 공법이다.

II. 용 도

(1) 깊은 기초 및 부력 대항 Anchor의 시공이 요구되는 기초공사

(2) 기존 구조물의 기초보강

(3) Tower, 굴뚝 및 송전선 등의 기초 Pile

(4) 연약지반에서의 기초보강

(5) 소음규제지역에서의 구조물 기초 Pile용

III. 특 징

(1) 고강도 나선형 강봉
   ① 제한된 공간에서 요구되는 길이로 제작 가능
   ② 협소한 장소에서 작업 가능

(2) 전체 길이에 대한 강도 동일
   Tower, 굴뚝 등에 사용되어 인장력과 압축력을 동시에 받을 수 있음.

(3) 작은 천공구경
   ① 고성능 소형 천공기 사용으로 콘크리트나 암반 등에 천공 가능
   ② 지하실 등 좁은 공간에서 작업 가능

(4) 천공각도가 다양
  ① 대형 구조물에서 조밀한 Pile 설치 가능
  ② 경사면에서 작업 가능

(5) 환경친화적 공법
  소형장비의 천공으로 소음 및 진동이 적어 도심지 공사에 적합

(6) 특수 천공장비 필요
  소구경의 특수 천공장비의 사용으로 경제성 분석 필요

Ⅳ. 시 공

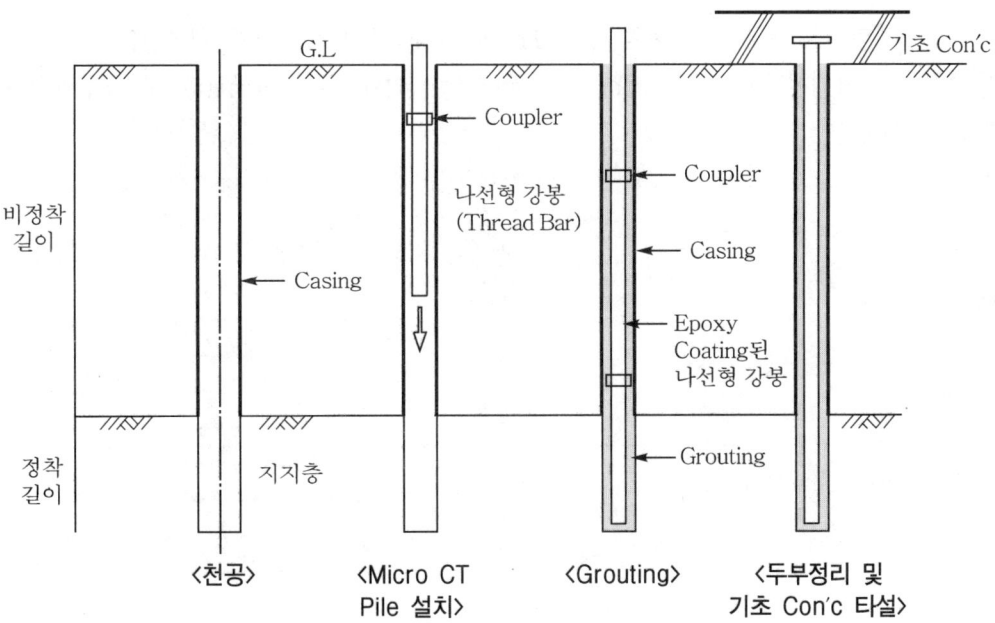

(1) 천공
  ① 천공직경은 도면의 치수 이상으로 함.
  ② 나선형 강봉 치수보다 5cm 이상 크게 함.
  ③ 천공시 공벽보호를 위해 Casing 설치

(2) Micro CT Pile 설치
  ① Micro CT Pile의 초립을 원칙적으로 현장에서 함.
  ② Micro CT Pile의 연결부에는 Coupler를 사용
  ③ Micro CT Pile의 설치는 인력 또는 장비를 사용

(3) Grouting
　　① 천공경 저부로부터 Grouting 실시
　　② 밀실한 Grouting이 되도록 관리 철저

(4) 두부 정리 및 기초 Con'c 타설
　　① Micro CT Pile의 두부fmf 정리하여 기초철근과 연결
　　② Micro CT Pile 상부에 Steel Plate을 설치하여 기초철근과의 연결이 용이하도록 함.
　　③ 작업완료후 Micro CT Pile에 충격 및 손상 방지

V. 결 론

말뚝체의 주요자재인 나선형 강봉(Thread Bar)의 부식방지가 매우 중요하며, 이를 해결하기 위해서 Epoxy Coating을 시공하므로, 이에 대한 시공관리 및 품질관리가 매우 중요하다.

1-13 직접기초에서의 지반파괴 형태		[06후, 10점]
1-14 국부 전단파괴와 전반 전단파괴		[98중후, 20점]

Ⅰ. 개 요

지반상의 상부구조물에 의하여 과도한 침하가 발생할 때 지반이 파괴되는 양상으로, 평판재하시험에 의한 하중−침하량 곡선상에서 지반이 항복점을 통과하게 되면서 국부전단파괴와 전반 전단파괴로 나타난다.

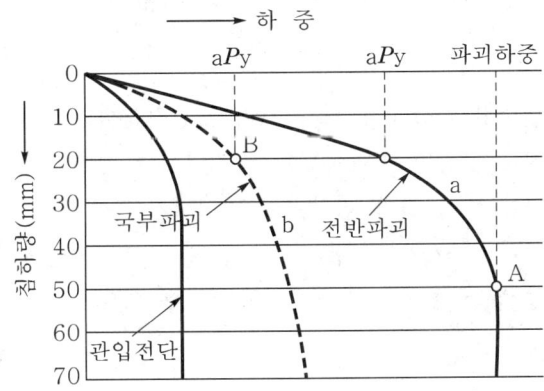

Ⅱ. 국부 전단파괴(Local Shear Failure)

(1) 정 의

지반상의 구조물이 과도한 침하로 지반이 파괴될 때 미끄럼면을 따라서 부분적으로만 극한전단강도가 발휘되는 형태의 지반파괴 현상이다.

(2) 특 성

① 하중−침하량 곡선에서 재하 초기부터 곡선이 변곡되면 침하량을 표시한다.

② 뚜렷한 항복점이 없이 점진적인 지반파괴가 발생한다.

③ 지반파괴 형상은 진행성 파괴(Progressive Failure)가 계속 진행된다.

④ 항복하중 및 극한하중의 결정이 어렵다.

(3) 발생토질

① 지반이 완만한 사질토

② 예민한 점성토

(4) 발생도해

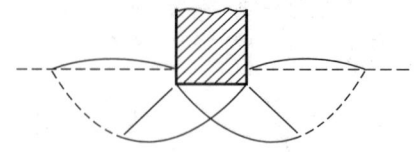

Ⅲ. 전반 전단파괴(General Shear Failure)

(1) 정의

지반상의 구조물이 과도한 침하로 파괴되기 전에 활동면을 따라서 전면적으로 흙의 극한전단강도가 발휘되는 형태의 지반파괴 현상이다.

(2) 특성

① 하중－침하량 곡선에서 재하 초기에는 직선적인 변화로 침하한다.
② 항복점에 도달하면 침하속도가 커지면서 곡선이 급커브로 절곡된다.
③ 하중증가에 따라 점차 침하량이 커지다가 파괴점에 도달한다.
④ 그 이후 하중증가가 없이도 침하가 계속되며 지반파괴를 일으킨다.
⑤ 항복하중 및 극한하중을 쉽게 결정할 수 있다.

(3) 발생토질

① 치밀한 사질토
② 단단한 점성토

(4) 발생도해

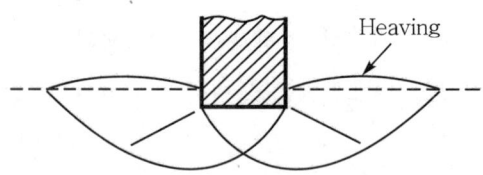

Ⅳ. 관입 전단파괴

(1) 정의

기초가 상당히 느슨한 지반 위에 있으면 Footing 기초 양편에서의 전단영역이 명확하지 않고 지표면의 Heaving도 생기지 않으면서 침하파괴되는 것을 말한다.

(2) 특성

    ① 하중−침하량 곡선에서 재하와 동시에 급격한 침하 발생

    ② 지반파괴 형상이 기초 아래로 가라앉기만 하고 부풀어오르지 않는 파괴양상이다.

    ③ 기반의 항복점을 찾을 수 없다.

(3) 발생토질

    매우 연약한 점토기반

(4) 발생도해

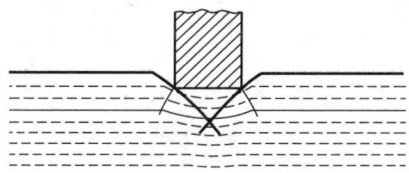

> **2-1** 타입식 공법(기성말뚝)과 현장굴착 타설식 공법의 특징을 설명하시오. [01중, 25점]
>
> **2-2** 기초용 말뚝의 시공방법 중에서 타입말뚝(직타방식)과 현장타설 말뚝의 장단점과 시공시 유의사항에 대해 기술하시오. [09후, 50점]

Ⅰ. 개 요

(1) 말뚝기초는 구조물의 하중이 너무 크거나 직접기초로서 구조물의 하중을 충분히 지지할 수 없을 때 지반의 중간층을 관통하여 지지층까지 말뚝을 도달시켜 구조물의 하중을 지지하는 것을 말한다.

(2) 기성 말뚝공법과 현장타설 말뚝공법으로 대별할 수 있다.

Ⅱ. 말뚝의 분류

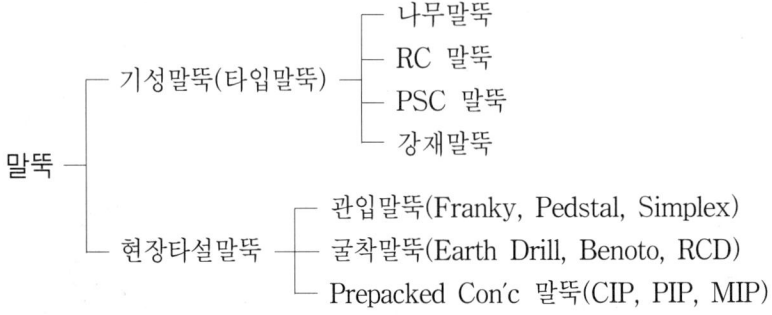

```
                  ┌ 나무말뚝
        기성말뚝(타입말뚝) ┤ RC 말뚝
                  ├ PSC 말뚝
                  └ 강재말뚝
말뚝 ┤
                  ┌ 관입말뚝(Franky, Pedstal, Simplex)
        현장타설말뚝 ┤ 굴착말뚝(Earth Drill, Benoto, RCD)
                  └ Prepacked Con'c 말뚝(CIP, PIP, MIP)
```

Ⅲ. 타입식 공법의 특징(타입말뚝)

1. 정의

타입말뚝이란 기성파일을 타격에너지를 이용하여 지반에 강제삽입하는 공법으로 시공성 및 경제성이 우월한 공법이다.

2. 장점

(1) 시공이 용이

이미 제작된 기성파일을 구입하여 타입만으로 시공이 완료되므로 시공이 용이하다.

(2) 지지력 확인이 가능

타입해머의 타격에너지와 관입량으로 말뚝의 지지력 산정이 가능하다.

(3) 설비가 간단

현장타설말뚝에 비해 타입에 필요한 타격해머만으로 시공이 가능하므로 시공설비가 간단하다.

(4) 높은 경제성

기성파일 타격으로 타공법에 비해 공사비가 저렴하여 경제성 있는 시공이 된다.

(5) 균일한 품질

공장생산제품이므로 품질이 균일하며, 제품에 신뢰성이 있다.

(6) 이음이 용이

강말뚝을 사용할 때 이음공법이 쉬우며, 타 공법에 비해 신뢰성 있는 이음이 된다.

(7) 지반다짐효과

사질지반에서 파일이 타입되면서 진동에 의해 지반을 다지는 효과를 얻을 수 있다.

3. 단점

(1) 토성변화

점성토지반에서 파일이 지반을 전단파괴시키면서 타입되므로 토성변화를 유발한다.

(2) 소음 · 진동 발생

타입장비의 타격음과 기계음에 의해 소음과 진동이 발생한다.

(3) 도심지 시공 곤란

소음, 분진, 진동, 비산 등에 의해서 도심지 기초공사에서의 규제대상이 되고 있다.

(4) 지지력 저하

점성토지반에서의 타입시공시 주변 지반을 교란하여 말뚝의 지지력을 저하시킨다.

(5) 타입 곤란

말뚝의 타입간격이 규정에 어긋날 때 말뚝의 타입이 곤란해진다.

(6) 이음부의 취약

콘크리트말뚝의 경우 이음부의 신뢰성 있는 이음공법 부재로 말뚝이음부가 취약하다.

(7) 파일 손상이 크다

말뚝 상부에 가해지는 타격해머의 충격으로 타입중에 말뚝파손이 많이 발생한다.

Ⅳ. 타입말뚝 시공시 유의사항

(1) 최종 관입량

5~10회 타격을 평균값으로 하여 그 결과를 기록 유지

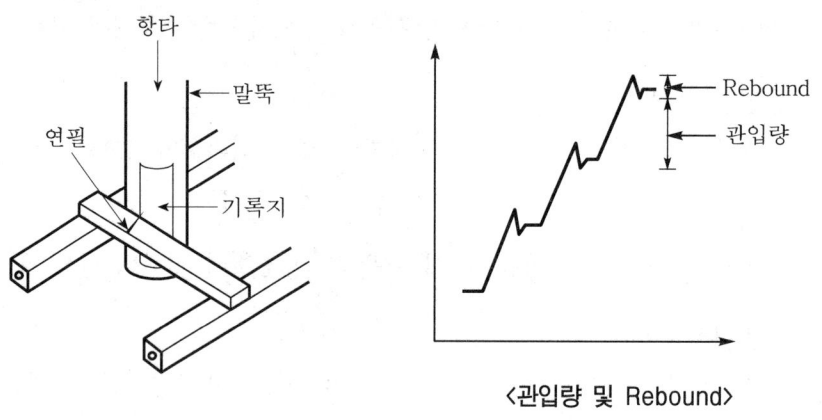

〈관입량 및 Rebound〉

(2) 중단 없이 계속 수직박기

말뚝 끝이 일정한 깊이까지 닿도록 수직으로 계속 박기

(3) 두부 정리

버림 Con'c 위 6cm는 남기고 Con'c만 절단

(4) 이어박기 수량 증가

예정위치에 도달되어도 최종 관입량 이상일 때 이어박기

(5) 세우기

시공계획서에 따라 2개소 이상의 규준대를 설치하여 수직 세움

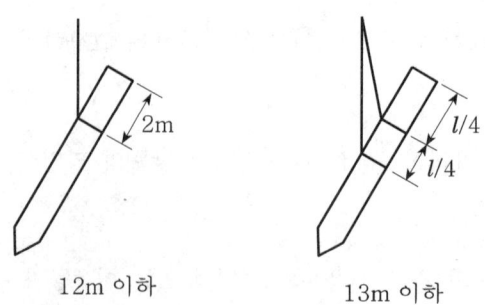

12m 이하   13m 이하

(6) 길이변경 검토

예정위치에 도달하기 전 타입이 안 될 경우 검토하여 길이변경

(7) Pile 손상

말뚝머리에 나무 또는 가마니 등의 Cushion재를 덮어 말뚝머리가 깨지는 것 방지

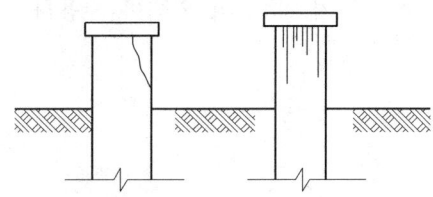

(8) Pile 위치 확인

소정의 깊이까지 기초파기하고 정확한 말뚝위치 확인

V. 현장굴착 타설식 공법의 특징(현장타설말뚝)

1. 정의

현장에서 소정의 위치에 구멍을 뚫고 콘크리트 또는 철근콘크리트로 충진하여 만드는 말뚝으로, 타입말뚝과는 달리 소음과 진동을 없게 하여 도심지 근접 구조물의 피해를 극소화할 수 있는 공법이다.

2. 장점

(1) 깊은 심도로 시공 가능

굴착장비의 첨단화로 지중 깊은 곳의 지지층까지 굴착이 가능하여 깊은 심도의 말뚝축조가 가능하다.

(2) 무소음 · 무진동 공법

지반을 굴착하여 말뚝을 형성하는 형식의 공법으로 타격작업이 없으므로 진동, 소음이 없다.

(3) 모든 토질에 시공 가능

굴착장비의 개발로 토사부터 경암까지 모든 토질에서 굴착가능하여 말뚝을 축조할 수 있다.

(4) 수상작업 가능

하천을 가로지르는 교량공사에서 깊은 기초를 시공할 때 수상에서의 작업이 가능하다.

(5) 대구경 말뚝시공

안정액으로 공벽을 유지하며 지반을 굴착하여 시공하는 것으로서 굴착장비의 대구경을 이용하여 대구경 파일의 축조가 가능하다.

(6) 횡방향 저항성이 크다

대구경 말뚝의 축조로 가로방향의 외력이 작용하는 구조물의 기초에서의 적용성이 좋다.

3. 단점

(1) 대규모 설비

현장에서 말뚝축조에 필요한 설비 규모가 대단히 크다.

(2) 품질관리 미흡

수중 콘크리트 타설로 인한 보다 많은 콘크리트 품질관리가 필요하다.

(3) 품질관리가 보다 요구되는 공법이다.

(4) 공벽붕괴 우려

지반굴착 도중 중간층의 상태변화에 따라 안정액의 공벽보호능력 저하로 공벽이 붕괴될 우려가 있다.

(5) 환경오염

공벽보호용으로 사용된 안정액의 처리부실로 환경오염의 우려가 있다.

(6) Slime 처리

지반굴착 선단부 슬라임의 불충분한 처리로 지지력 저하의 우려가 있다.

(7) 시공속도 저하

기성파일과는 달리 굴착작업, 철근망 삽입, 콘크리트 타설 등의 공정으로 시공속도가 다소 느리다.

Ⅵ. 현장타설말뚝 시공시 유의사항

(1) 수직도 유지

① 최근 굴착기에는 경사계가 내장되어 있어 수직도 확인이 가능하다.
② 시공오차는 10cm 이내로 한다.

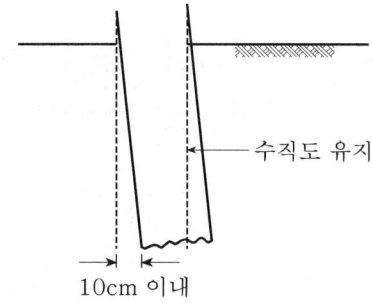

(2) 선단지반 교란

① 굴착시 선단부는 교란되기 쉬우므로 시공속도를 조정하여 천천히 시공한다.

② 급속시공은 공벽붕괴의 원인이 되므로 주의하여 시공한다.

(3) Slime 제거

① 지하연속벽 시공시 슬라임은 구조체의 질을 떨어뜨리는 요인이 되므로 별도의 관리가 필요하다.

② 슬라임 처리기를 이용하여 충분한 시간을 두어 제거하고, 특히 잔유물이 철근에 붙지 않도록 유의한다.

(4) 기계 인발시 공벽붕괴

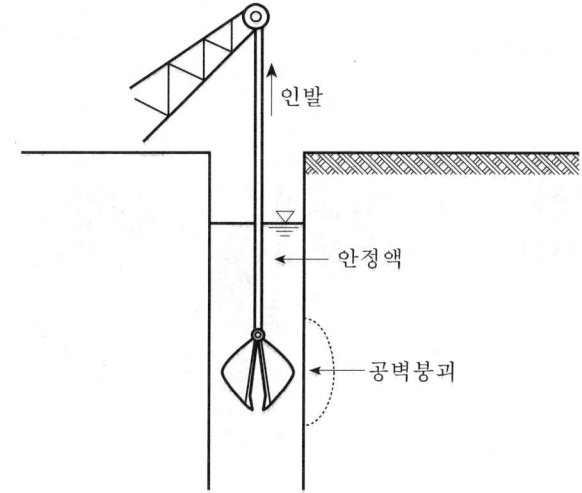

① 기계 인발속도는 공벽붕괴에 유의하여 천천히 인발한다.

② 인발시 공벽 수직도와 기계 인발선이 일치되도록 한다.

(5) 피압수

① 사전에 지반조사를 철저히 하여 피압수 발생 지층을 파악해 두어야 한다.

② 공벽관리를 위해 굴착후 즉시 안정액을 투입하여야 한다.

(6) 공벽유지

① 공벽유지를 위하여 벤토나이트를 사용한다.

② 벤토나이트 용액의 특성인 팽창력을 이용한다.

(7) Con'c 품질확보

① Con'c 타설시 재료분리를 방지한다.

② 슬라임을 철저히 제거하여 Con'c의 선단 지지력을 확보해야 한다.

(8) 안정액 관리

① 안정액은 벤토나이트 용액을 주로 사용한다.

② 안정액이 공벽내에 장시간 있으면 Gel화하여 Slime이 되는 경우가 있으므로 적정시간마다 안정액을 교체한다.

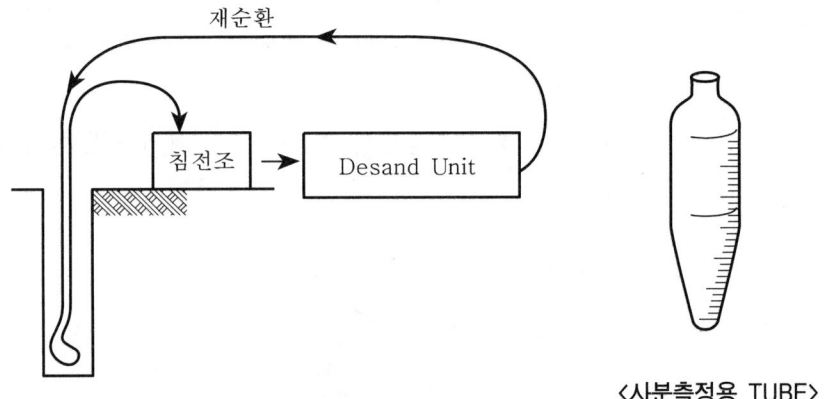

〈사분측정용 TUBE〉

(9) 규격관리

① 단면 과소방지(Slurry Wall 단면 > 설계 단면)

② 지지층까지 관입하여 지지력 확보

(10) 공해

슬라임은 공해물질이므로 분리침전조를 설치하여 별도관리한다.

VII. 결 론

(1) 기초공사를 시행할 때에는 현장의 토질조건, 입지조건, 구조물의 규모, 하중 등을 충분히 검토하여 기초형식을 결정하여야 한다.

(2) 타입말뚝공법에서 발생하는 소음, 진동, 분진 등에 대한 환경규제로 인해 앞으로는 도심지 기초공법은 무공해공법인 현장타설 콘크리트말뚝의 시공으로 전환되어야 할 것으로 사료된다.

Ⅰ. 개 요

(1) 건설공사에서 소음, 진동 등의 건설공해에 따른 주변 민원발생은 사회문제화가 되고 있으며, 말뚝박기 공사시의 소음, 진동은 다른 공종에 비해 심한 편이다.

(2) 이를 방지하기 위한 대응책으로 개발된 것이 저소음·저진동 공법으로서 매입말뚝공법이 여기에 해당한다고 할 수 있다.

Ⅱ. 말뚝기초공법의 종류

(1) 타입말뚝공법

　① 타격공법(항타공법)

　② 진동공법

　③ 프리보링 병용 타격공법

(2) 매입말뚝공법

　① 타격압입공법(압입공법)

　② 내부굴착공법(중굴말뚝공법) : PRD 공법

　③ 선굴착공법(Pre-Boring 공법) : SIP 공법, RCD 공법, DRA 공법

　④ Water Jet 공법(사수공법)

(3) 현장타설 말뚝공법

　① 대구경 말뚝 : Benoto, RC 공법, Earth Drill 공법, 심초공법

　② 소구경 말뚝 : CIP 공법, MIP 공법, PIP 공법

Ⅲ. 매입공법(프리보링 말뚝)

(1) 정의

미리 지반에 오거로 구멍을 뚫어 기성말뚝을 구멍 속에 삽입한 후 압입 또는 타격으로 마무리하는 공법이다.

(2) 특징

① 말뚝박기 시공시의 소음 및 진동이 적다.

② 타입이 어려운 전석층이 있어도 시공이 가능하다.

③ 말뚝머리의 파손이 적다.

④ 말뚝이 부러질 위험이 없다.

⑤ 천공깊이는 Leader의 높이로 결정되나 통상 15~18m이다.

(3) 시공순서

① Auger를 회전하며 지중에 삽입하여 지지층까지 굴착

② 서서히 Auger 인발(공벽붕괴 방지를 위하여 안정액 사용 가능)

③ 말뚝을 삽입한 후 압입이나 타격(경타)에 의해 말뚝설치 완료

(4) 시공시 유의사항

① 굴착지름은 말뚝지름보다 100mm 정도 크게 한다.

② 주면 마찰력은 없으나 선단 지지력에 의하여 지지되는 말뚝이므로 말뚝의 허용 지지력 계산시 유의한다.

③ 공벽붕괴에 유의하고 부득이한 경우에는 안정액을 사용할 수 있다.

④ 선단 지지력을 확보하기 위해 압입 또는 경타한다.

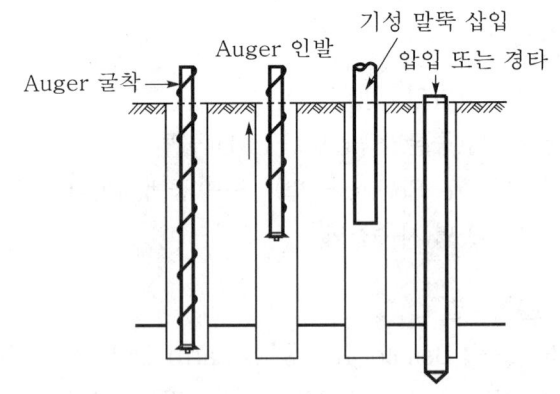

IV. 타입공법(직접항타말뚝)

(1) 정의

　① 말뚝을 지반에 세우고 Hammer를 이용하여 말뚝을 직접 타격해서 기성말뚝을 지중에 설치하는 공법이다.

　② 직접항타공법은 타입시 발생하는 진동, 충격 등의 건설공해 발생으로 사용장소에 제한이 많은 공법이다.

(2) 특징

　① 시공이 용이

　② 지지력 확인 가능

　③ 시공설비가 간단

　④ 지반다짐효과

　⑤ 건설공해 다량 발생

　⑥ 파일손상 발생

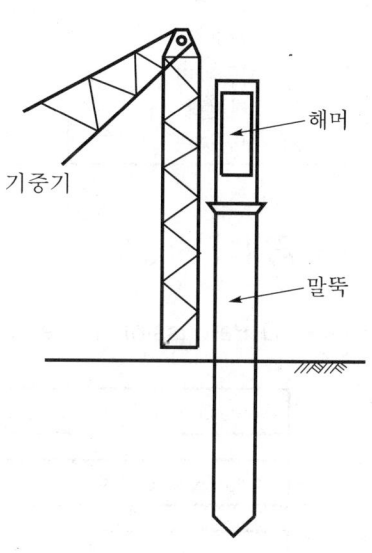

해머

기중기

말뚝

(3) 시공순서

　① 말뚝 세우기

　② 해머를 말뚝 상부에 설치

　③ 타입시작

　④ 관입량 및 Rebound 체크

　⑤ 타격중지

(4) 시공시 유의사항

　① 파일손상 방지

　② 중단 없이 연속타입

　③ 최종 관입량 확인

　④ 시험항타 설치

　⑤ 건설공해 발생 여부 확인

V. 매입(Preboring) 공법과 타입(직접항타) 공법의 비교

구 분	매입(Preboring) 공법	타입(직접항타) 공법
건설공해 발생	거의 없음	과다 발생
말뚝손상	없음	두부파손 발생
장애물 처리	Boring 기계로 쉽게 처리	타입 곤란
인접구조물에 피해	거의 없음	영향 큼
시공속도	다소 느림	빠름
공사비	시공비 고가	시공비 저렴
시공성	숙련공 적음	기능보유자 많음
시공관리	어려움	비교적 용이
지지력	지지력이 다소 적음	지지력이 큼
시공능력	큰 직경 시공 가능	직경이 큰 말뚝 시공 곤란

VI. 매입공법의 시공법

(1) PRD(Percussion Reverse Drill) 공법

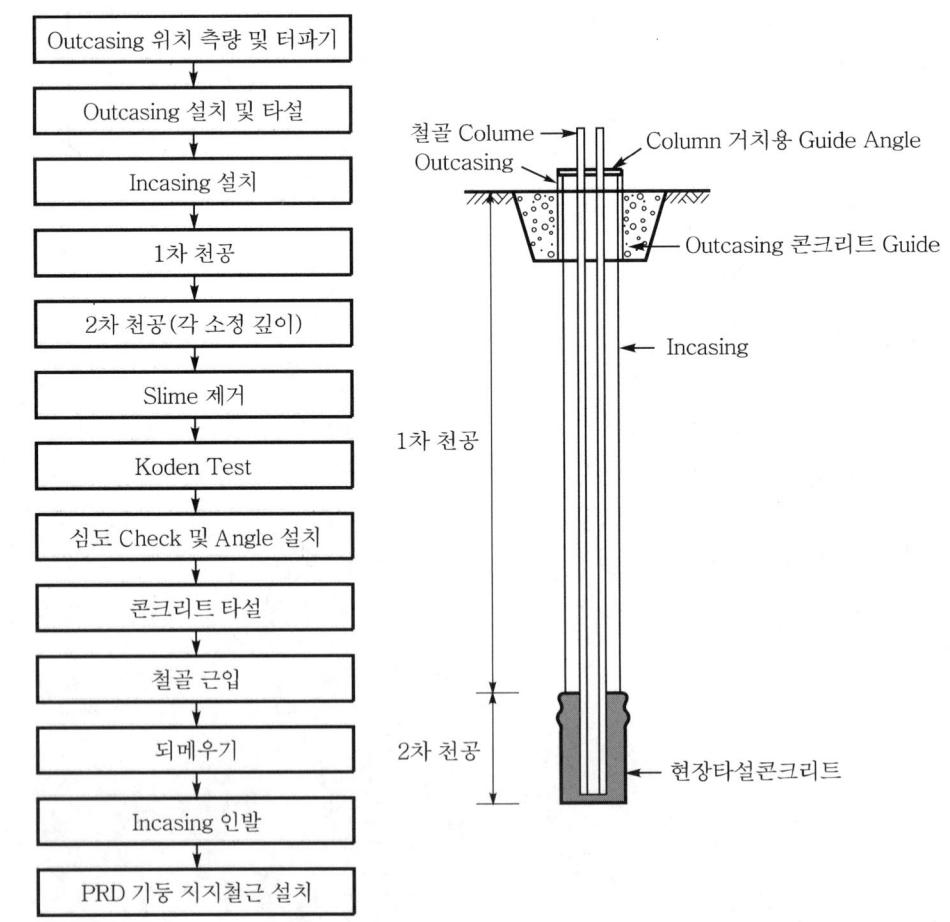

(2) SIP(Soil Cement Injection Pile) 공법

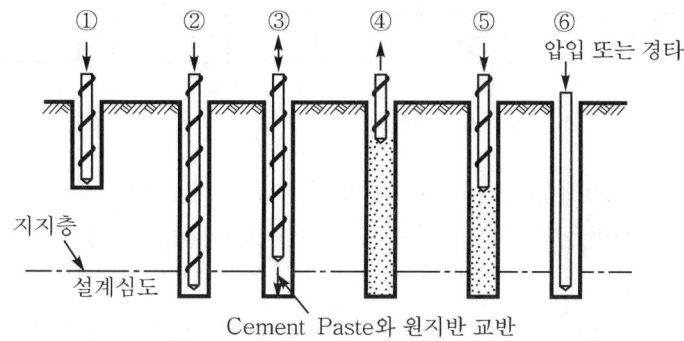

<SIP 공법 시공순서>

① Auger를 지중에 삽입하여 Cement Paste를 주입하면서 굴진(정회전)

② 지지층 확인후 설계심도까지 굴진

③ 설계심도까지 도달하면 Auger를 상하왕복하면서 원지반토와 교반(攪拌)

④ Cement paste를 주입하면서 Auger를 인발(역회전)

⑤ 기성말뚝을 자중으로 삽입

⑥ 압입이나 경타(타격)에 의해 말뚝설치 완료

(3) RCD(Reverse Circulation Drill) 공법

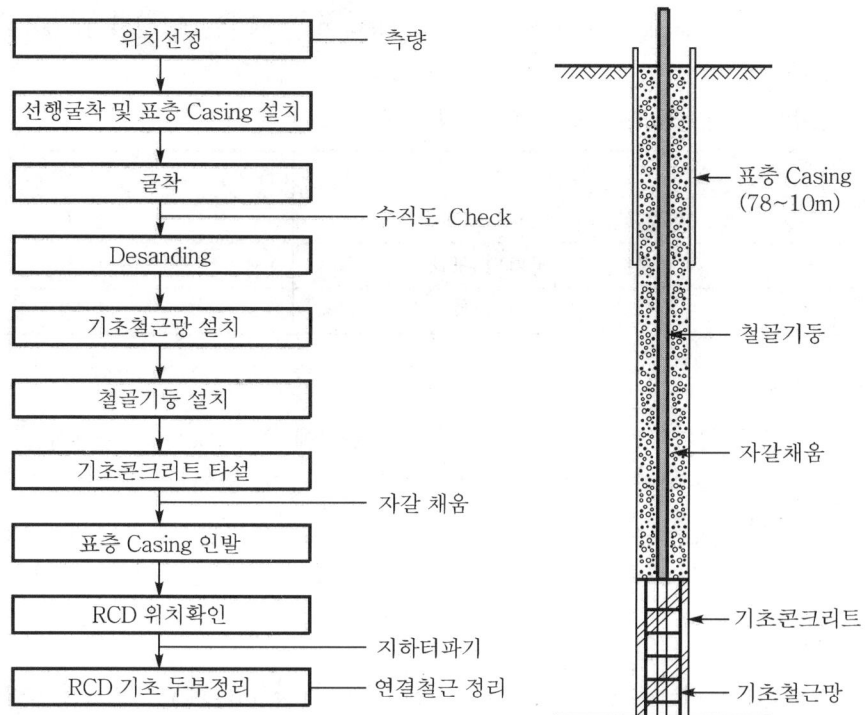

(4) DRA(Double Rod Auger) 공법

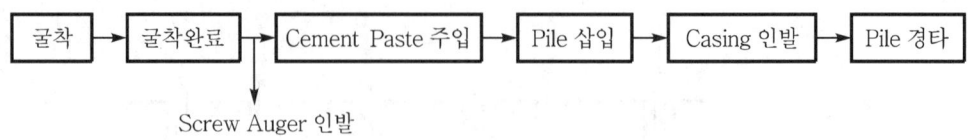

① DRA(Double Rod Auger) 공법이란 외측 Auger와 내측 Auger를 상호 역회전 하여 지반을 천공하는 공법으로, SDA(Separation Doughnet Auger) 공법이라 고도 한다.

② 외측 Auger에는 Casing을, 내측 Auger에는 Screw를 장착하여 2중 굴진함으로써 screw 선단에 토사가 압입되지 않아 굴착효과가 높은 공법이다.

③ 또한 기존의 항타시 발생하는 소음과 진동을 최소화하고, 기존 SIP 공법 적용시 공벽붕괴, 주변 지반의 이완, 지지력 확인이 불가능한 점을 해결한 공법이다.

Ⅶ. 시공시 유의사항

(1) 말뚝중심의 정도
100mm 이내가 되도록 하고, 굴삭개시후 1m 이내에서 필히 체크

(2) 굴삭공의 연직도
항타기의 각도계, 프랜싯 또는 추를 이용하여 측정하는데, 경사 1/100 이내

(3) 굴진속도
안정성 있는 공벽조성을 위해 적당한 속도로 굴진

지 질	굴삭속도(m/분)
실트, 점토, 이완된 모래	2~6
경질점토, 중간굳기의 모래	1~4
치밀한 모래층, 사력층	1~3

(4) 공벽붕괴
① 지하수위와의 균형이 흐트러지면 흡입현상에 의한 Boiling 현상이 발생하고 지지층이 이완되어 공벽의 붕괴가 발생할 수 있다. 오거의 인상속도와 주입액의 토출량에 충분히 주의한다.

② 배토될 흙이 공내로 낙하되지 않도록 하고 주변 토사를 항상 제거한다.

(5) 시멘트 밀크 주입
시멘트 밀크는 건입된 말뚝과 천공홀 사이의 공극을 채워줌으로써 주면마찰력, 수평지지력 등 소요의 지지력을 발휘할 수 있도록 하는 목적

(6) 시멘트 밀크 배합비
① 지반의 조건, 지하수의 유입 여부 등의 현장여건에 따라 물-시멘트비를 유동적으로 조절하여 사용
② 결정된 물-시멘트($700\sim800\text{kg/m}^3$)로 시공된 말뚝에 대한 재하시험을 통해 말뚝의 지지력을 검증

(7) 말뚝의 세우기
① 시공기계는 말뚝이 정확한 위치에 정확하게 설치될 수 있도록 견고한 지반 위의 정확한 위치에 설치
② 말뚝을 정확하고도 안전하게 세우기 위해서는 정확한 규준틀을 설치하고 중심선을 용이하게 해야 하며, 말뚝을 세운 후 검측은 직교하는 2방향으로부터 한다.
③ 말뚝의 연직도, 경사도 : 1/80 이내
④ **말뚝박기후 평면상의 위치** : 설계도면 위치로부터 $D/4$(D는 말뚝의 직경)와 10cm 중 큰 값 이상을 벗어나지 않아야 한다.

(8) 굴착지름
굴착지름은 말뚝지름보다 100mm 정도 크게 한다.

(9) 경타
선단지지력을 확보하기 위해 압입완료후 경타를 실시하여, 이완되지 않는 지반까지 근입되도록 한다.

VIII. 결 론

(1) 매입말뚝공법은 지반을 미리 천공한 후 기성말뚝을 삽입시키는 공법으로 소음, 진동 등의 공해발생이 없어 도심지 기초파일 시공에 많이 이용되고 있다.
(2) 현장의 입지조건을 고려하여 건설공해 발생 및 공사비 등을 감안하여 프리보링공법 또는 직접항타공법 등을 선정하여 시공한다.

2-8 콘크리트 Pile 공사의 시공관리에 대하여 설명하시오. [00중, 25점]

Ⅰ. 개 요

(1) 콘크리트 파일공사는 공장에서 제작된 콘크리트말뚝을 현장에서 여러 시공법을 이용하여 지중에 설치하는 공법으로, 운반에서 타입에 이르는 모든 공정에 면밀한 시공계획에 따른 아래 시공관리가 요구된다.

(2) 콘크리트 파일은 강재 파일과는 달리 콘크리트 특성으로 인해 운반, 시공 과정에서 파일의 품질이 저하되는 경우가 많이 발생하므로 특히 시공과정에서의 시공관리는 무엇보다도 중요하다.

Ⅱ. 기성 콘크리트 파일의 종류

(1) RC 말뚝

(2) PSC 말뚝

(3) PHC 말뚝

Ⅲ. Pile 공사의 시공관리

(1) 파일 취급
   ① 바닥이 고른 지반에 보관
   ② 각목을 이용하여 충격 최소화
   ③ 현장입고시 품질상태 확인

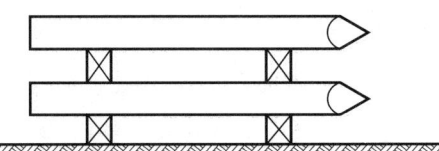

(2) 파일 세우기

   ① 파일을 세우기할 때 견인줄을 말뚝의 $\frac{1}{3}l$ 지점에 묶는다.

   ② 세우기 위치가 먼 거리일 때는 그냥 당겨서는 안 된다.

   ③ 현장내 이동은 양측 $0.2l$ 지점에 묶어서 이동한다.

(3) 말뚝타입시험
   ① 최종 단계의 말뚝지지력을 추정하기 위하여 시공조건 변동시마다 실시
   ② 말뚝길이 산정

③ 타입방법의 적정성 판단

④ 작업계획 단계에서 시험 실시

(4) 말뚝 지지력 산정방법

① Terzagh 공식

② Meyerhof 공식

③ Samder 공식

④ Engineering News 공식

⑤ Hiley 공식

⑥ 실물 재하시험

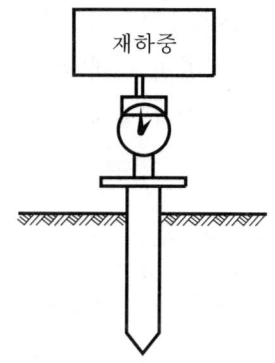

재하중

(5) Cap 및 Cushion

① Cap은 말뚝규격에 맞는 것을 선정

② Cushion재의 재질, 두께 등 선정

③ Cushion재의 교환시기

(6) 시공법 선정

① 타입공법 : Drop 해머, 스팀해머, 디젤해머, 유압해머

② 진동공법 : Vibro 해머

③ 중굴공법, Preboring 공법

④ Jet 공법

(7) 장비선정

① 시공말뚝의 규격, 길이, 중량

② 말뚝시공 해머의 종류

③ 지반조건에 따른 장비선정

④ Leader 규격, 형식

(8) 말뚝이음공법

① 밴드방식

② 충진방식

③ 볼트방식

④ 용접방식

(9) 항타순서 결정

① 무리말뚝의 중앙에서 바깥으로

② 근접구조물에서는 구조물측에서 밖으로

③ 육상에서 해상으로 타입

(10) 건설공해 대책
    ① 소음에 대한 대책
    ② 진동규제치 이내 작업
    ③ 비산방지망 설치
    ④ 장비작동유, 오일, 연료투기 엄금

(11) 항타기록부 작성
    ① 항타순서 작성
    ② 일일작업량
    ③ 작업말뚝에 번호 부여
    ④ 반발량 측정
    ⑤ 타입중지 시점

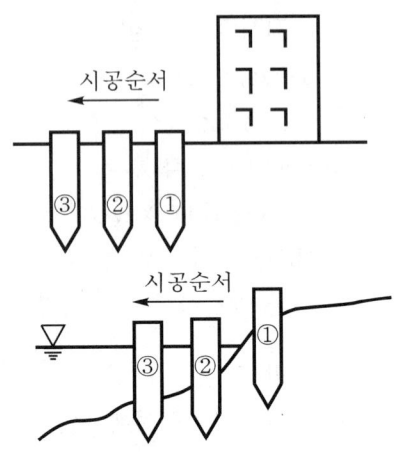

IV. 타입시 유의사항

(1) 연속타입   (2) 두부파손 대책
(3) 말뚝손상 유의   (4) 타입각도
(5) 타입순서   (6) 이음부 품질관리
(7) 파일박기 간격 등

V. 결 론

(1) 콘크리트 파일공사는 공장에서 제작된 콘크리트말뚝을 현장으로 운반하여 적정의 타입공법으로 지반 속에 설치하는 공사로서, 타입전 시공계획 수립시 시공과정의 전과정에 대한 관리가 필요하다.
(2) 파일공사에서의 시공관리는 운반부터 타입완료까지 이루어져야 하며, 각 단계별로 관리기록부를 작성하여 전체적인 시공관리가 이루어져야 한다.

> **2-9** 잔교식 접안시설공사의 강관 Pile 항타 시공계획을 기술하시오. [99후, 30점]
>
> **2-10** 항만공사에서 잔교구조물의 축조시 대구경 강관파일(사항 포함) 타입에 관한 시공계획서 작성 및 중점착안사항에 대하여 설명하시오. [11중, 25점]
>
> **2-11** 해상 잔교구조물의 파일 항타 시공시 예상문제점과 방지대책에 관하여 기술하시오. [00후, 25점]

Ⅰ. 개 요

(1) 잔교구조물이란 항만공사에서 해수중에 강관말뚝을 타입하고 파일 상부를 콘크리트 Slab로 연결시공하여 접안시설로 이용하는 공법이다.

(2) 해수중에 시공하는 관계로 파일타입시 경사, 좌굴 등에 특히 유의해야 하며, 타입 후에는 강관말뚝을 방식처리하는 것이 중요하다.

Ⅱ. 잔교구조물의 시공순서 Flow Chart

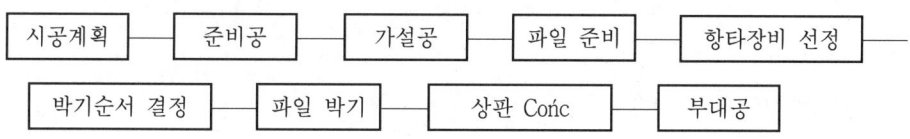

Ⅲ. 강관 Pile 항타 시공계획(시공계획서 작성)

(1) 사전조사
① 해저지반조사
② 수위조사
③ 입지조건조사

(2) 타입공법 선정
① 항타공법 선정
② 공해발생 여부
③ 시공성 및 경제성 파악

(3) 방식계획
① 강관 내부 처리방법
② 전기방식 공법
③ 해수에 의한 부식 가속화로 방식은 필수

(4) 타입순서 결정
　① 강관파일 타입순서 결정
　② 해안가에서 바다쪽으로

(5) 상부공 시공계획
　① 상부 Slab 시공법 선정
　② Deck Slab 시공 또는 일반거푸집
　③ 동바리 설치계획

(6) 공해발생 방지계획
　① 항타기계의 진동·소음
　② 오일비산 및 작동유 유출
　③ 무공해공법 선정

(7) 두부보강 계획
　① 강관파일의 두부처리
　② 현장용접식, 충진식, 볼트식
　③ Slab 콘크리트 타설시 콘크리트 유출방지

(8) 공정관리
　① 공정계획서 작성
　② 항타일지 작성
　③ 공기지연요인 분석

(9) 품질관리
　① 반입자재 검사
　② 시험성적서 검토
　③ 품질시험 실시

(10) 안전관리
　① 작업장에 안전난간 설치
　② 해상 비상부기 준비
　③ 안전교육 및 안전보호구 착용

(11) 항행선박
　① 작업장 인근 항행선박 파악
　② 연락선 또는 유람선 등에 사전통보
　③ 항행선박의 안전운항 유도 등

(12) 강관이음계획
  ① 현장 강관이음공법 선정
  ② 볼트식, 용접식 등

(13) 현장 편성원계획
  ① 관계기술자 및 공사관리자 상주
  ② 안전관리자
  ③ 품질관리자
  ④ 대외 업무관리자

(14) 현장 가설계획
  ① 오탁방지망 설치
  ② 항로유도등 설치
  ③ 작업장 표시등
  ④ 안전시설물 설치

Ⅳ. 중점착안 사항

1. 국부좌굴

(1) 부적합한 말뚝 선정
  ① 말뚝의 강재두께에 비하여 직경이 너무 큰 말뚝을 선정하여 시공
  ② Stiffener 등으로 보강하지 않은 대구경 강판말뚝으로 시공

(2) 말뚝이음 불량
  ① 용접이음 또는 볼트식 이음 불량으로 하중이 집중적으로 작용하여 발생
  ② **용접변형 발생** : 용접변형은 용접시 온도변화에 의한 이음부의 응력변화를 말하며, 이로 인해 설치 정도 불량, 강도저하, 용접불량, 국부좌굴 등이 발생

(3) 경사암반층에 얕은 관입
  경사암반층에 얕게 관입된 경우 하중의 불균등한 작용으로 국부좌굴이 발생

(4) 말뚝 속채움 미실시
  지지층에 관입된 대구경 강관말뚝의 내부에 속채움을 하지 않은 경우에 국부좌굴이 발생

(5) 항타시공시 타격에너지 과다
  해머의 타격에너지가 큰 경우 말뚝두부에 국부좌굴이 발생

2. 말뚝이음

(1) Bolt식 이음
① 말뚝이음 부분을 Bolt로 죄여 시공
② 시공이 간단
③ 이음내력이 우수
④ 가격이 비교적 고가
⑤ Bolt의 내식성이 문제
⑥ 타격시 변형 우려

(2) 용접식 이음
① PSC 말뚝은 제작시 Band나 철물을 단부에 붙이고, 현장 용접이음
② 강재말뚝은 상하말뚝을 현장에서 직접 용접이음
③ 설계와 시공이 우수
④ 강성이 우수하며, Con'c 말뚝과 강재말뚝의 이음에 주로 사용
⑤ 용접부분의 부식성이 문제

V. 항타시공시 예상문제점

(1) 파일경사
지반내 전석, 장애물 등에 의해서 타입말뚝의 경사 발생

(2) 타입불능
지반다짐효과에 의한 토성변화로 말뚝관입 불능

(3) Pile 파손
① 파일 선단부의 파손으로 파일 내부로 해수가 유입
② 선단부 파손 또는 파일 취약부 파손

(4) 강관 부식
① 해수에 의한 강관의 부식 가속
② 강관 내부로 해수 침투

(5) 항만오염
① Pile 항타기의 오일 비산 및 작동유 유출
② 해상급유시 연료누출
③ 상부 Slab 시공시 콘크리트 유출

(6) 시공성 악화
　① 항만공사의 특성상 시공효율 저하
　② 파랑, 파고의 예기치 않은 변동
　③ 항행선박에 따른 조업중지

VI. 방지대책

(1) SEP 사용
　① 항타작업의 정밀시공
　② 시공의 안정성 확보
　③ 파랑, 파고 등의 기상변화에 무관함.

(2) 저공해공법 선정
　① 오일 비산 없는 유압해머 사용
　② 항타기에 방음커버 설치
　③ 항타작업시 적정의 Cap과 Cushion 사용

(3) 조사자료활용
　① 토질주상도 참조
　② 지중장애물 제거 또는 조치

(4) 타입계획 수립
　① 타입순서는 육지에서 바다쪽으로
　② 적정간격 유지
　③ 타입시 강관 내부의 수위변화 관찰

(5) 강관이음
　① 사용 강관의 이음은 신뢰성 있는 용접이음
　② 용접기능공은 시험용접 실시후 현장투입
　③ 용접작업시 전기감전에 특히 유의

(6) 강관방식
　① 강관의 에폭시 피복
　② 전기방식 적용
　③ 희생양극법의 적용시 정기적인 Anode의 점검
　④ 외부 전원입력장치의 작동 여부 Check List 작성

(7) 내부 속채움

    ① 강관 내부의 Con′c 채움

    ② 내부 속채움 콘크리트는 Tremie관 이용

    ③ 하부에서 상부로 밀어 올리기 콘크리트 타설

(8) 항행선박 유도

    ① 유도등 설치

    ② 항만 관련관청에 공사추진계획의 사전통보

Ⅶ. 결 론

(1) 해상에서 잔교구조물공사는 기상변화가 심한 해상기후의 영향으로 시공 정밀도 및 능률이 육지공사에 비해 많이 저하된다.

(2) 특히, 항타작업시 파일의 경사, 좌굴, 파손, 위치이탈 등 시공과정에서 발생하는 문제점에 유의하여 작업착수전 면밀한 계획수립이 무엇보다 중요하다.

3-1 말뚝박기 해머의 종류를 열거하고, 그 특징을 설명하시오.	[94후, 30점]
3-2 말뚝타입시 유압 Hammer의 특징	[96후, 20점]

I. 개 요

(1) 기성파일을 기초로 사용할 때 지반에 타입하기 위하여 여러 가지 해머를 사용하여 파일을 지지층에 도달시킨다.

(2) 기성파일 시공법 중 가장 많이 사용하는 공법으로, 소음과 진동을 동반하므로 도심지 시공에서 규제대상으로 되어 있다.

II. 사전조사

(1) 설계도서 검토

(2) 계약조건 검토

(3) 입지조건조사

(4) 토질조사

(5) 건설공해

III. 말뚝해머 선정시 고려사항

(1) 공사기간 및 공사비

(2) 파일의 종류 및 수량

(3) 중간층 상태 및 지질 상태

(4) 공사현장의 위치 및 근입깊이

IV. 종류별 특징

1. Drop 해머

(1) 정의

지름 45mm 정도의 쇠막대 또는 철관을 심대로 쓰고 300~600kg 중량의 공이를 사용하여 윈치로 달아올려 자유낙하시켜 말뚝을 타입하는 공법

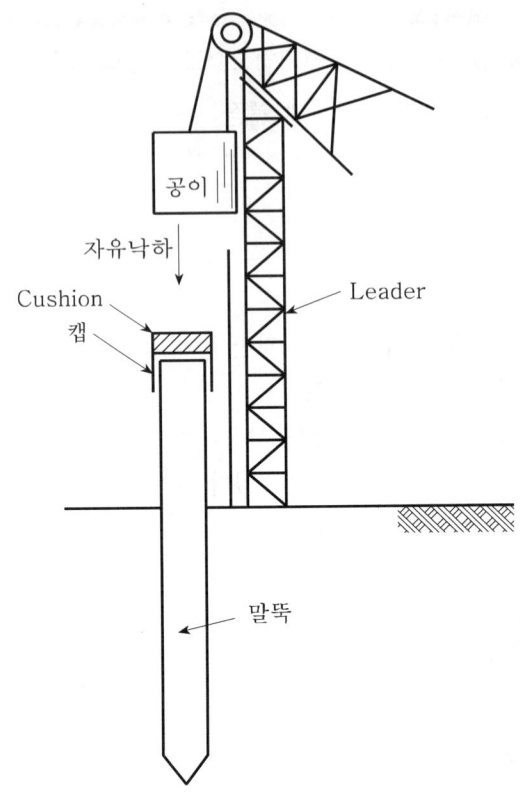

(2) 장점

　① 설비가 간단하다.

　② 공사비가 싸다.

(3) 단점

　① 파일의 두부손상이 크다.

　② 작업능률이 매우 낮다.

　③ 파일길이에 제한이 있다.

　④ 안정성이 부족하다.

2. Diesel 해머

(1) 정의

기관내 디젤의 폭발력에 의한 피스톤의 상하운동으로 타격에너지를 발생시켜 파일을 타격하는 공법이다.

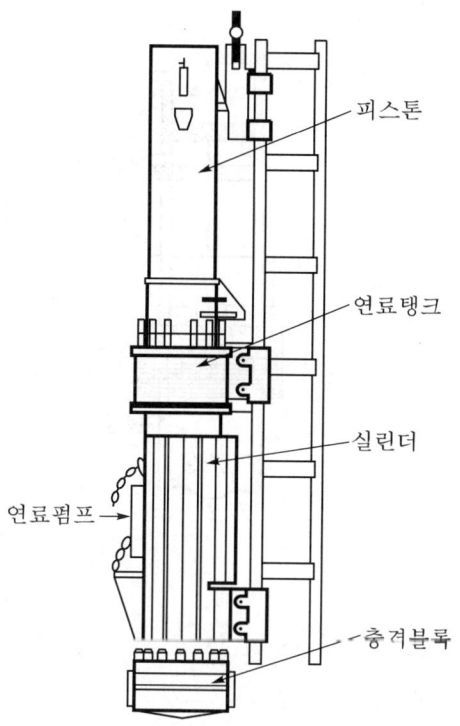

피스톤

연료탱크

실린더

연료펌프 →

충격블록

(2) 장점

① 시공이 용이하다.

② 시공속도가 빠르다.

③ 기동성 및 작업능률이 좋다.

④ 타격에너지가 크다.

(3) 단점

① 소음과 진동이 뒤따른다.

② 연료의 비산으로 민원발생이 많다.

③ 연약지반에서 타격능률이 저하된다.

④ 타격에너지 조절이 곤란하다.

3. Steam 해머

(1) 정의

고압의 증기압을 이용하여 타격에너지를 발생시켜 파일을 타입시키는 것으로서 단동식과 복동식이 있다.

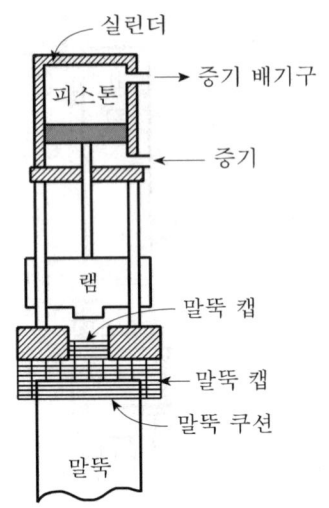

(2) 장점

    ① 작업능률이 좋다.

    ② 경사작업, 수중작업이 가능하다.

    ③ 축방향 타격이 확실하므로 두부손상이 적다.

(3) 단점

    ① 대형설비가 필요하다.

    ② 타격소음 및 기계음 발생이 있다.

    ③ 기동성이 낮다.

    ④ 타격에너지 조절이 어렵다.

    ⑤ 설비가 대규모인 관계로 사용이 국한되어 있다.

4. Vibro 해머

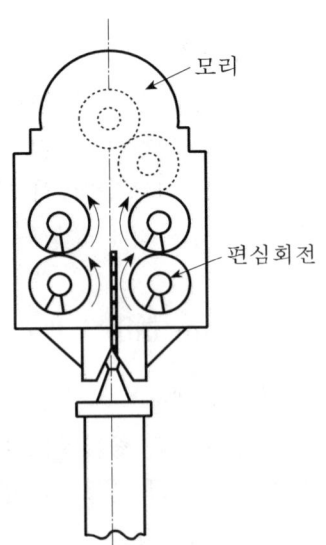

(1) 정의

해머의 상단에 전동기 장치에 의한 진동에너지를 이용
하여 파일에 진동을 주어 지반에 압입시키는 공법이다.

(2) 장점

    ① 타입 위치와 방향이 정확하다.

    ② 두부의 손상이 적다.

    ③ 타입 및 인발작업 병용이 가능하다.

    ④ 설비 자체가 간단하다.

    ⑤ 기동성이 좋다.

(3) 단점

① 견고한 지반에 적용이 곤란하다.

② 대용량의 전기가 필요하다.

③ 연약지반에서 진동전달이 크다.

④ 주위지반을 교란시키는 경향이 크다.

5. 유압해머

(1) 정의

유압을 이용하는 Piston Rod의 작동에 의한 램의 낙하운동으로 말뚝을 타입하는 방식이다.

(2) 장점

① 저소음 시공 : 방음커버를 사용하여 소음발생을 저감시킬 수 있다.

② 높은 타격에너지 : 디젤해머에 비해 중량의 Ram을 이용하여 높은 타격에너지를 얻는다.

③ 타격에너지 조정 : Ram의 상승높이 조절로 파일규격에 따른 타격에너지 적용이 가능하다.

④ 연약지반 시공 : 디젤의 폭발력과는 달리 Ram의 상승을 유압으로 하므로 연약지반 파일 타입에도 시공성이 좋다.

⑤ 무공해 시공 : 유압 작동으로 Ram을 상승하여 낙하시키는 공법으로 기름 비산이 없는 무공해공법이다.

(3) 단점

① 두부파손 : 높은 타격에너지 때문에 타입시 파일의 두부가 크게 파손되므로 타격력에 맞는 적절한 쿠션 사용이 필요하다.

② 대형장비 : 유압해머가 디젤해머에 비해 중량이 크기 때문에 대형의 시공장비(크레인)가 필요하다.

③ 램쿠션 사용 : 유압해머의 타격력을 확실하게 하고 균등하게 파일에 전달시킬 목적으로 램쿠션을 사용한다.

(4) 시공시 유의사항

① 대형 작업장비로 작업지반의 안정성 요구

② 파일의 두부파손 방지를 목적으로 쿠션재 관리

③ 타격효율을 고려한 강성이 큰 쿠션재 사용

④ 정확한 타격력을 전달하기 위한 램쿠션 사용

⑤ 시공중 쿠션재의 마모 및 파손상태 관리
⑥ 램의 낙하고에 따른 예상 최종 관입량 결정

V. 결 론

(1) 말뚝해머는 지반조건, 파일의 종류, 지지층의 깊이, 파일수량, 시공성, 경제성, 안전성 등을 고려하여 선정하여야 한다.

(2) 현장에서 시항타에 의한 현장조건에 적정한 해머의 결정이 무엇보다 가장 중요하며, 특히 도심지 근접시공일 때에는 주변 구조물과 민원발생 여지를 충분히 파악하여 결정하도록 하여야 한다.

3-3 파일 쿠션(Pile Cusion) [04전, 10점]

Ⅰ. 정 의

(1) 기성 Con'c 말뚝에서 타격공법은 가격이 저렴하며 균일한 품질과 공사기간을 단축 시키는 특성을 가진 깊은 기초공법으로 건설현장에서 많이 이용되는 공법이다.

(2) 타격되는 기성말뚝의 Hammer와 말뚝 사이에 설치하여 말뚝의 파손을 방지할 목 적으로 설치하는 것을 Cushion이라 한다.

Ⅱ. Cushion 설치방법

(1) Hammer와 Cap 사이 설치

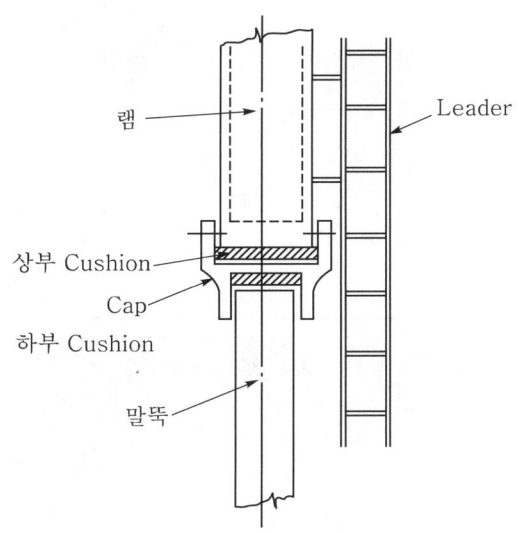

(2) Cap 내부에 설치

Ⅲ. Cushion의 효과

① 말뚝손상 방지 ② 소음경감

③ 응력집중 방지 ④ 완충작용

Ⅳ. Cushion 재료

① 떡갈나무   ② 베니어판

③ 벚나무   ④ 느티나무

Ⅴ. Cap

(1) 역할

① 말뚝 지지   ② 편타 방지

③ 응력집중 방지   ④ 말뚝머리 보호

(2) 형식

① Cushion재 상부설치

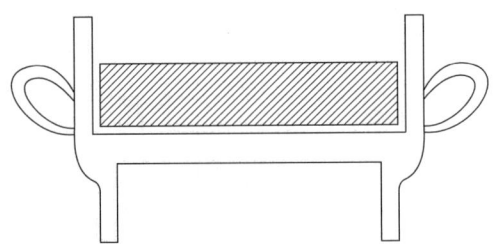

② Cushion재 하부설치

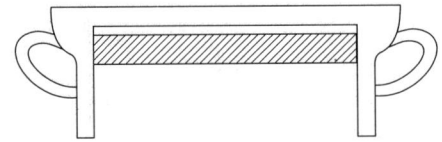

Ⅵ. 말뚝의 타격횟수 제한규정

구 분	RC 말뚝	PSC 말뚝	AC 말뚝	강말뚝
타격횟수	1,000	2,000	3,000	3,000

I. 개 요

(1) Pile의 시공은 경질지반이 지반 하부에 위치하여 기초시공시 기초와 경질지반을 연결하기 위해서 실시한다.

(2) Pile 시공전 시험항타를 통해 지지층의 위치, Pile 길이의 산정 및 이에 따른 Pile 이음과 타격공법을 선정하여야 한다.

(3) 또한, 각 Pile마다 항타에 대한 기록을 정비하여 지반조사 결과와 비교하여 공사자료로 보관하여야 한다.

II. 시험항타 목적

(1) 말뚝길이 결정
 ① 설계치와의 비교확인
 ② 지반조사와의 일치성
 ③ 전반적인 Pile 길이의 결정

(2) 이음공법 결정
 ① 응력전달이 확실한 공법 선정
 ② 지반에 적합한 공법 선정
 ③ 하자가 적고 경제적인 공법 선정
 ④ 주변여건에 맞는 무공해공법 선정

(3) 타입공법 선정
 ① 지반에 따른 경제적인 타입공법
 ② 특히 환경공해에 대한 사항 고려
 ③ 시공성 및 경제성 감안

(4) 시공성 검토

　① 전체공정표 검토

　② Pile 시공 기간 동안의 전후관계 검토

　③ 경제성을 감안한 시공속도 조절

　④ 시공이 쉬운 공법이 하자도 적음.

(5) 지지층 확인

　① 지지층의 깊이 확인

　② 지지층 깊이에 따른 Pile의 길이 확인

　③ Pile의 지지능력 산정

　④ 전체 공사계획의 예정

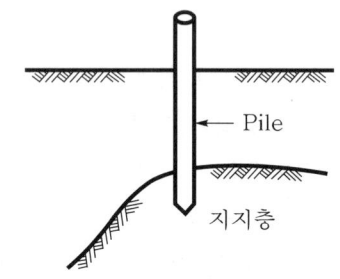

Ⅲ. 기록관리

(1) 침하량 기록장치

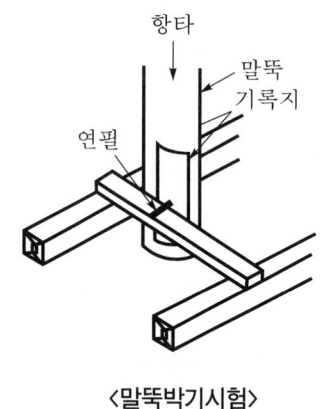

<말뚝박기시험>

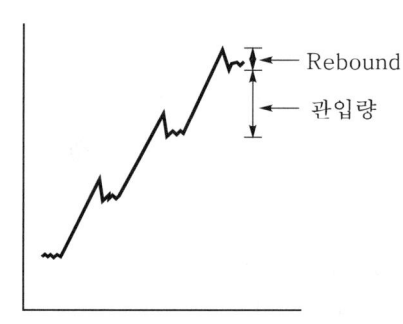

<관입량 및 Rebound양>

　① 받침대, 기록용지, Pen(연필 또는 사인펜)

　② 항타장비 제원 : Hammer의 종류, Ram 무게, 낙하고 등

　③ 말뚝 두부 쿠션장치

(2) 항타장비의 선정

　① 기존 토질조사에 따라 장비 선정

　② 지형 및 주변여건에 적합한 장비

　③ 환경공해 요소가 적은 장비

　④ 경제성·시공성 고려

　⑤ Ram의 무게는 Pile의 1.5~2.5배가 적당

　⑥ Ram의 무게에 따른 낙하고 선정

(3) 파일의 선단지반 확인

① 콘크리트 Pile : 타격횟수 40회에 30cm 내외 관입시 지지력 확보로 보아 타격중지

② 강관 Pile : 타격횟수가 50회에 10~20cm 관입시 지지력 확보로 보아 타격중지

(4) 최종 관입량 확인

① 2mm 이하 관입시 타격중지

② 관입량 10mm 이하로 1m 이상 계속될 때 타격중지

③ 최종 관입량의 확인이 가능하도록 Pile마다 기록지 부착

(5) 타입된 파일의 파손 여부

① 콘크리트 Pile : 침투수 여부 또는 주입수의 누수 여부

② 강관 Pile : 내부흙 제거시 Mirror Test 실시

(6) 항타기록표 예시

<항타기록표>

공사명 : 시행일 : 2000. . .											기초명 : 확인자 :			
중기 재원	크레인 :				리드장 :					해머 :				
재원	구분 :			직경 :			길이 :			제조회사 :				
구분 No.	관입 항타횟수										최종 관입		각종 공식에 의한 지지력	비 고
	1	2	3	4	5	6	…	13	14	15	심도 (m)	관입량 (m/m/10회)		
1 2 3														리바운드량, 말뚝 변위, 설계상본당 지지력 기술

IV. 결 론

(1) 기초말뚝공사에서 시험항타는 대상지반의 조건파악·사용말뚝 선정·시공성 검토 등의 목적으로 본공사 착수전에 우선적으로 위치를 선정하여 행한다.

(2) 시험항타는 시방규정에 제시된 수량만큼 행해야 하며, 각 시험항타에서 얻어지는 자료는 본공사에 아주 중요하게 이용되므로 기록관리에 만전을 기하여야 한다.

5-1 말뚝이음의 종류를 들고 각각의 특징에 대하여 기술하시오. [97중후, 33점]

Ⅰ. 개 요

(1) 말뚝의 이음공법에는 Band식, 충전식, 볼트식, 용접식 등이 있으며, 현재는 주로 용접식이 많이 사용된다.

(2) 이음공법의 선정시에는 지반상태와 상부구조물 등에 따라 적합한 형식을 선정해야 한다.

Ⅱ. 이음시 구비조건

(1) 이음강도 확보

(2) 내구성 및 내식성

(3) 수직성 유지

(4) 시공의 신속, 간편성

Ⅲ. 공법 선정시 고려사항

(1) 시공성 검토

(2) 경제성 검토

(3) 안정성 검토

(4) 저공해성 검토

Ⅳ. 공법별 특징

1. Band(장부식)

(1) 정의

말뚝의 연결부에 Band를 설치하여 상하 말뚝을 쉽게 연결하는 공법이다.

(2) 특징

① 시공이 간편 : 구조가 간단하여 단시간에 시공 가능

② 이음부 좌굴 : 타격시 이음부가 <형으로 구부러지기 쉽다.

③ 강성 부족 : 강성이 약하며 충격력에 의해 연결부위의 파손율이 높다.

④ 연약지반에는 적용 불가 : 연약한 점토지반에서는 부마찰력에 의해 밑말뚝이 이음부에서 이탈하기 쉽다.

2. 충진식

(1) 정의

말뚝의 연결부 내부에 철근과 콘크리트를 채워넣어 상하 말뚝을 연결하는 공법이다.

(2) 특징

① 내압축성 : 압축 및 인장에 대한 저항력이 크다.
② 내식성이 우수 : 지중에서의 부식 우려가 없다.
③ 공기가 길다. : 내부 Con'c 경화에 시간이 걸린다.
④ 강성이 크다. : 이음부의 강성이 커서 파손이 적다.
⑤ 경제적 : 비용이 적게 든다.

3. 볼트식

(1) 정의

말뚝제작시 연결부를 볼트로 체결할 수 있게 미리 철물을 배치하여 현장에서 볼트 조임만으로 상하말뚝을 연결시키는 공법이다.

(2) 특징

① 이음부의 내력이 크다.
② 시공이 신속하고 간편하다.
③ 내식성 불리 : 지중에서 이음부분이 부식되기 쉽다.
④ 타격시 변형 우려 : 타입시 Bolt의 체결부분이 파손되기 쉽다.
⑤ 가격이 고가 : 이음철물의 형상이 복잡하고 가격이 비싸다.

4. 용접식

(1) 정의

말뚝 이음부위에 강판을 부착하여 현장에서 직접 전기아크용접을 하여 말뚝을 연결시키는 공법이다.

(2) 특징

① 시공성이 우수 : 이음부 내력이 가장 확실하다.
② 강성이 크다 : 강성이 우수하여 주로 Con'c 말뚝과 강재말뚝의 이음에 사용

③ 경제적 : 시공이 간단하고 경제적이다.

④ 부식 우려 : 지중에서 용접부분의 부식 우려가 있다.

⑤ 용접시간 : 용접작업에 장시간이 소요되나 자동용접으로 Cover할 수가 있다.

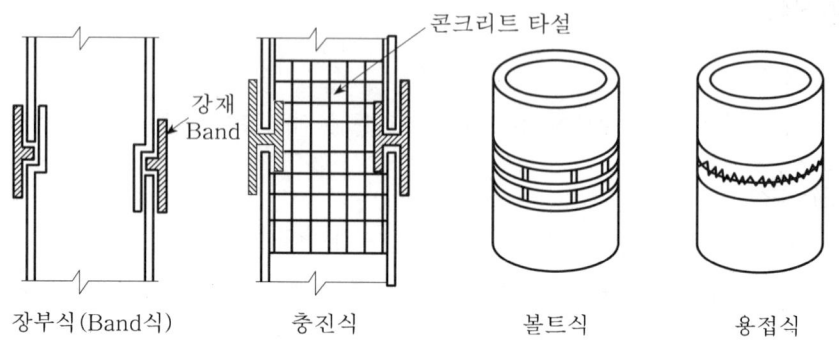

| 장부식(Band식) | 충진식 | 볼트식 | 용접식 |

V. 공법별 특징 비교

구 분	장부식	충진식	볼트식	용접식
시공성	시공이 간편	Con'c 경화시간 필요	시공 간편	용접시간 소요
경제성	저렴	저렴	고가	저렴
이음강도	小	大	大	大
내식성	불리	유리	불리	불리

VI. 결 론

(1) 말뚝이음은 말뚝 내력의 20% 정도가 감소하는 결과를 초래하므로 충분한 지지력이 확보되어야 한다.

(2) 그러기 위해 강성이 우수하고 이음재의 내식성이 큰 부재의 개발이 필요하고 철저한 시공관리가 요구된다.

Ⅰ. 개 요

(1) 말뚝의 극한지지력은 말뚝선단 지반의 지지력과 주면마찰력의 합을 말하며, 말뚝의 허용지지력은 말뚝선단의 지지력과 주면 마찰력의 합(合)을 안전율로 나눈 것을 말한다.

(2) 말뚝의 지지력에는 축방향 지지력, 수평지지력, 인발저항 등이 있으나, 보통 말뚝의 지지력이라 하면 축방향 지지력을 말한다.

Ⅱ. 허용지지력

(1) R_a (허용지지력)$= \dfrac{R_u (극한지지력)}{F_s (안전율)}$

(2) 안전율(F_s : Safety Factor)
   ① 정역학 : $F_s = 3$
   ② 동역학
      ㉠ Sander 공식 : $F_s = 8$
      ㉡ Engineering News 공식 : $F_s = 6$
      ㉢ Hiley 공식 : $F_s = 3$

Ⅲ. 지지력 산정(구하는) 방법

1. 정(靜)역학적 추정방법

(1) 설계전에 여건상 재하시험을 실시하기 곤란할 때 이용

(2) 실제 공사시에는 필히 재하시험에 의한 허용지지력의 확인이 필요

(3) Terzaghi 공식(토질시험에 의한 방법)

$$R_u = R_p + R_f$$

극한지지력(R_u)＝선단 극한지지력(R_p)＋주면 극한마찰력(R_f)

2. 동(動)역학적 추정방법

(1) 말뚝해머의 타격에너지와 말뚝의 최종 관입량을 기준으로 하여 추정하는 것으로 실제로는 잘 맞지 않는다.

(2) 적용이 가능한 경우

① 공사규모가 작고 비용면에서 재하시험을 못할 경우 각종 항타공식을 통해 지지력을 종합적으로 판단하고 큰 안전율 적용

② 동일 지반에서 항타공식과 재하시험 결과를 비교했을 때 항타공식의 적용성을 충분히 확인할 경우

③ 시공관리상 말뚝지지력 변동을 확인할 때

ㄱ Sander 공식

$$R_u = \frac{W \times H}{S}$$

여기서, W : 타격에 유효한 Hammer 무게(kg)

H : Hammer 낙하고(cm)

S : 말뚝 평균관입량(cm)

ㄴ Engineering News 공식(Wellington 공식)

ⓐ Drop Hammer

$$R_u = \frac{W \times H}{S + 2.54}$$

ⓑ Steam Hammer

• 단동 : $R_u = \dfrac{W \times H}{S + 0.254} \Rightarrow R_a = \dfrac{W \times H}{F_s(S + 0.25)}$

• 복동 : $R_u = \dfrac{(W + a \cdot p) \times H}{S + 0.254}$

여기서, a : 피스톤 유효면적

p : 평균 유효증기압(t/cm^2)

ㄷ Hiley 공식

$$R_u = \frac{e_f F}{S + \dfrac{C_1 + C_2 + C_3}{2}} \times \frac{W_H + e^2 W_p}{W_H + W_p}$$

여기서, S : 말뚝의 최종 관입량(cm)

C_1 : 말뚝의 탄성변형량

C_2 : 지반의 탄성변형량

C_3 : Cap Cushion의 변형량

e_f : 해머의 효율

F : 타격에너지(t·cm)

W_H : 해머의 중량

W_p : 말뚝의 중량

e^2 : 반발계수(탄성＝1, 비탄성＝0)

위의 공식에서 C_1, C_2는 항타시험시 Rebound Check로 구한다.

3. 원위치 시험방법

① SPT의 N치-Meyerhof 공식

② CPT 방법

③ PMT 방법

4. 재하시험에 의한 방법(말뚝재하시험에 의한 방법)

(1) 정재하시험

① 정의

㉠ 기초말뚝의 거동을 파악하기 위하여 가장 확실한 방법으로, 타입된 말뚝에 실제 하중으로 재하시험을 하는 것을 정재하시험이라 한다.

㉡ 정재하시험은 시험목적에 따라서 시험횟수·시험방법·말뚝시공법·재하방법·측정방법 등을 충분히 검토하여 실시해야 한다.

② 정재하시험의 분류

㉠ 압축재하시험

㉡ 인발시험

㉢ 수평재하시험

③ 시험방법

㉠ 압축재하시험

ⓐ 등속도관입시험

• 말뚝이 등속도로 관입되도록 지속적으로 하중을 증가시키는 방법이다.

• 말뚝의 기초지반이 파괴될 때까지 계속 관입한다.

• 마찰말뚝에 적용

ⓑ 하중지속시험

• 말뚝에 하중을 가하여 1시간 정도 말뚝침하를 시킨 후, 동일한 하중을 한 단계씩 지속적으로 높여가는 방법이다.

• 선단지지말뚝에 적용

ⓛ 인발시험

ⓐ 타입된 말뚝을 유압잭을 이용하여 인발하는 시험이다.

ⓑ 시험방법은 압축재하시험과 비슷한 방법으로 시행한다.

ⓒ 수평재하시험

ⓐ 타입된 말뚝이 수평하중에 저항하는 정도를 측정하는 시험이다.

ⓑ 무리말뚝에서의 수평재하시험시 말뚝간격은 지름의 10배 이상이어야 한다.

(2) 동재하시험

① 파일 동재하시험은 최근 국내에 도입된 시험방법으로 항타시 말뚝 몸체에 발생하는 응력과 속도를 분석, 측정하여 말뚝의 지지력을 결정하는 방법으로 파일 두부에 가속도계와 Strain Gauge를 부착하여 가속도와 변형률을 측정하여 파일에 걸리는 응력을 환산하여 지지력을 측정하는 방법이다.

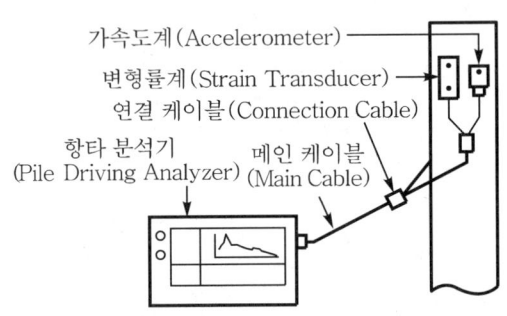

가속도계(Accelerometer)
변형률계(Strain Transducer)
연결 케이블(Connection Cable)
항타 분석기 (Pile Driving Analyzer)
메인 케이블 (Main Cable)

② 시험방법 및 설치도

③ 재하시험의 특성 비교

구 분	정재하시험	동재하시험
방법	부지확보 등 복잡하다.	비교적 간단하다.
경도관리	우수하다.	보통이다.
시간	소요시간이 길다.	소요시간이 짧다.
비용	많이 소요된다.	저렴하다.

5. Rebound Check

(1) 연약지반에서 상부구조물의 하중을 지탱하기 위하여 말뚝기초 시공시 허용지내력을 산출하는 방법이다.

(2) 관입량과 Rebound Check로 말뚝과 지반의 탄성변형량 확인한다.

(3) 말뚝길이, 치수, 말뚝의 이음방법 등을 판정한다.

(4) 방법

① 말뚝이 50 cm 관입할 때마다 측정

② 말뚝이 약 3 m 이내가량 남았을 때는 말뚝관입량 10 cm마다 측정

③ 해머의 낙하고는 말뚝관입량 범위에서 평균낙하고 측정

6. 소리와 진동에 의한 방법

(1) 말뚝박기시 소음과 진동의 크기로 지지층 도달을 확인한다.

(2) 소음과 진동은 지지층 도달전 1.5 m 정도 관입시에 최대이다.

7. 시험말뚝박기에 의한 방법

(1) 목적

① 항타 시공장비 및 작업방법 선정

② 말뚝길이, 치수, 이음방법, 정착시 1회 타격 허용관입량 등으로 설계나 시공기간을 결정

(2) 방법

① 선단부까지 말뚝을 항타

② 지지층에 도달하여 관입이 정지되어 갈 때 기준대를 설치, 말뚝에 기록용지를 붙이고 관입량과 Rebound양을 Check하며 기록

③ 말뚝의 최종 관입량과 Rebound 측정량으로 지지력을 추정

④ 타격횟수 5회에 총 관입량이 6 mm 이하인 경우 거부현상으로 판정

8. 자료에 의한 방법

공사지역에 인접한 장소에서 실시한 신뢰성 있는 자료가 있을 때 자료를 참고 및 이용하는 간이적인 방법이다.

9. Pre-Boring시 전류계 지침에 의한 방법

(1) 전류계 지침의 높낮이로 판단하는 방법이다.

(2) 경질지반의 굴착시 전류계의 지침이 높아지는데, 이를 통해 깊이와 지지력을 판단한다.

Ⅳ. 원위치시험

1. SPT(Standard Penetration Test)

(1) 정의

① 표준관입시험용 Sampler(Split Spoon Sampler)를 쇠막대(Rod)에 끼우고 76cm의 높이에서 63.5kg의 떨공이를 자유낙하시켜 30cm 관입시키는데 요하는 타격횟수 N치를 구하는 시험을 말한다.

② 주로 모래지반에 사용한다.

(2) N치에 의한 지지력 산정방법(Meyerhof 공식)

$$R_u = 30 \cdot N_p \cdot A_p + \frac{1}{5} N_s \cdot A_s + \frac{1}{2} N_c \cdot A_c$$

여기서, N_p : 말뚝선단의 N치
N_s : 모래지반 N치
N_c : 점토지반 N치
A_p : 말뚝선반 지지면적
A_s : 모래지반 말뚝주변 면적(m^2)
A_c : 점토지반 말뚝주변 면적(m^2)

(3) 용도
① 지내력 측정
② 토질주상도 기초자료

(4) N치로 추정할 수 있는 항목
① 모래지반
㉠ 상대밀도(다짐상태의 정도)
㉡ 전단저항각
㉢ 지지력계수
㉣ 탄성계수
㉤ 허용지지력
② 점토지반
㉠ Consistency(연경의 정도)
㉡ 일축(一軸)압축강도
㉢ 점착력
㉣ 허용지지력

2. CPT(Cone Penetration Test, 콘관입시험)

(1) 정의
① 콘관입시험은 강봉의 선단에 원추형 Cone을 달고 지중에 관입시켜, 관입저항치를 측정하여 지반의 지지력을 측정하는 시험이다.
② 비교적 넓은 지역의 조사시 보링공 사이의 개략적인 토층성상을 파악하기 위해 실시하며, 주로 연약지반에 사용된다.
③ 연속적으로 지중에 관입하므로 지반의 심도에 따라 지지력을 측정할 수 있다.

(2) 특징

① 지반의 심도변화에 따라 연속적인 시험이 가능하다.

② 시험이 간단·신속하다.

③ 비용이 적게 소요된다.

④ 시료채취가 불가능하다.

⑤ 자갈·암반층에서는 부정확하다.

3. PMT(Pressure Meter Test, 공내 재하시험)

(1) 정의

① Boring시 문제가 되는 지반교란을 방지하기 위해 개발된 시험이다.

② Cutting Shoe가 흙을 절취하고, Shoe의 내측에 있는 Cutter의 회전이나 Jet분사장치에 의해 지표를 나오게 하여 재하시험을 실시한다.

(2) 특징

① Boring시 지반교란이 방지된다.

② 공극수압계를 부착하여 공극수압의 변화를 측정할 수 있다.

③ 자갈층, 암반층 시험은 곤란하다.

V. 지지력 판단방법

1. 설계시 판단방법

(1) 정역학적 방법

(2) 원위치 시험방법

① SPT의 N치(Meyerhof 공식)

② CPT 방법

③ PMT 방법

2. 시공시 판단방법

(1) 동역학적 방법

(2) 동재하시험(시항타시)

3. 시공후 판단방법

(1) 정재하시험

(2) 동재하시험

Ⅵ. 결 론

(1) 말뚝의 지지력 판단은 토질의 형태, 말뚝형식, 시공성, 경제성 등에 비추어 적당한 것을 선택 적용함이 타당하다.

(2) 지지력 산정공식은 실험실 위주의 시험식으로서 현장적용시 전문성 결여와 경험치 위주의 불확실한 방법으로 미진한 결과가 나타나게 되므로, 현장적용이 가능한 실용성 있는 판단방법의 연구개발이 필요하다.

6-5 말뚝기초 재하시험의 종류와 시험결과의 해석(평가)에 대하여 설명하시오.
[07후, 25점]

6-6 말뚝의 동재하시험
[06중, 10점]

6-7 대구경 말뚝에 정적 연직재하시험을 실시할 때 시험방법 및 성과분석방법에 대하여 설명하시오.
[97후, 35점]

6-8 최근 장비의 발달과 구조물의 대형화로 대구경의 큰 지지력(1,000톤 이상)을 요하는 현장타설 말뚝공법이 많이 적용되고 있다. 이러한 말뚝의 정재하시험방법을 설명하고, 시험시 유의사항에 대하여 기술하시오.
[07전, 25점]

6-9 말뚝의 정적재하시험과 동적재하시험 비교
[99후, 20점]

Ⅰ. 개 요

(1) 기초말뚝의 거동을 파악하기 위하여 가장 확실한 방법으로, 타입된 말뚝에 실제 하중으로 재하시험을 하는 것을 정적재하시험이라 한다.

(2) 동적재하시험은 최근 국내에 도입된 시험방법으로 항타시 말뚝몸체에 발생하는 응력과 속도를 분석·측정하여 말뚝의 지지력을 결정하는 시험방법이다.

Ⅱ. 정적재하시험(연직재하시험)

1. 정적재하시험 분류

(1) 압축재하시험 : 실물 재하방법, 반력 Pile 재하방법

(2) 인발시험

(3) 수평재하시험

2. 압축재하시험

(1) 등속도 관입시험

① 말뚝이 등속도로 관입되도록 지속적으로 하중을 증가시키는 방법이다.

② 말뚝의 기초지반이 파괴될 때까지 계속 관입한다.

③ 말뚝의 극한하중 결정에 주로 사용된다.

④ 관입속도는 0.25~0.5mm/min로서 시험소요시간은 2~3시간

(2) 하중지속시험

① 말뚝에 하중을 가하여 1시간 정도 말뚝침하를 시킨 후, 동일한 하중을 한 단계씩 지속적으로 높여가는 방법이다.

② 설계하중의 두 배의 하중까지 재하하며 한 단계의 하중은 설계하중의 25%씩 8단계로 재하한다.

③ 건설현장에서 지지력 확인시험으로 적당한 시험이다.

④ 극한하중, 항복하중이 확인되지 않을 때도 있다.

3. 인발시험

(1) 타입된 말뚝을 유압잭을 이용하여 인발하는 시험이다.

(2) 시험방법은 압축재하시험과 비슷한 방법으로 시행한다.

4. 수평재하시험

(1) 타입된 말뚝이 수평하중에 저항하는 정도를 측정하는 시험이다.

(2) 무리말뚝에서의 수평재하시험시 말뚝간격은 지름의 10배 이상이 되어야 한다.

(3) 외말뚝의 수평재하시험은 콘크리트 받침블록을 이용하여 재하한다.

5. 시험시 유의사항

① 시험할 말뚝의 선정에 유의

② 시험횟수에 대한 적정성 파악

③ 각 구조물별로 1회 이상 시험할 것

④ 말뚝상부의 PS 강선 절단시 말뚝 두부파손에 유의

⑤ 말뚝머리에 수평을 유지하기 위해 그라인더로 말뚝 머리부분을 정리

⑥ 말뚝머리에 설치되는 지압판의 수평유지

⑦ 전체 재하하중을 미리 정하고, 1번에 재하하는 하중에 대한 침하량을 정밀 Check할 것

⑧ 대구경 기초말뚝의 경우 시험이 곤란하므로 선정시 유의할 것

⑨ 동재하시험과 함께 시험을 실시할 경우 시험결과가 모두 설계지지력을 만족할 것

⑩ 시험의 신뢰도가 가장 우수하므로 시험시 진행절차를 준수할 것

Ⅲ. 동적재하시험

1. 특 징

(1) 시험방법이 간단하다

(2) 소요내력의 파악이 쉽다.

(3) 비용이 저렴하다.

(4) 신속한 판정이 가능하다.

2. 동적재하시험기의 구성

(1) 항타분석기(Pile Driving Analyzer)

(2) 가속도계(Accelerometer)

(3) 변형률계(Strain Transducer)

(4) 메인케이블(Main Cable)

(5) 연결케이블(Connection Cable)

3. 시험방법 및 설치도

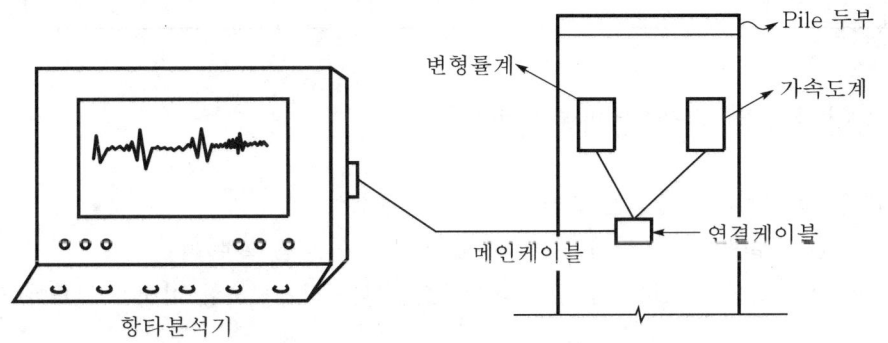

4. 시험시 주의사항

(1) 변형률계와 가속도계를 정확히 부착한다.

(2) 말뚝의 지지력 판단시 감독관을 입회시킨다.

(3) 자료의 Database 실시

(4) 정도 확인 철저

5. 항타분석기 출력치

(1) 말뚝 두부에서의 압축력

(2) 말뚝 두부의 최대변위

(3) 최대 항타에너지

(4) 말뚝의 건전도지수

(5) 말뚝의 저항력

(6) 정적 극한지지력

(7) 말뚝에 작용하는 인장응력

Ⅳ. 정적재하시험과 동적재하시험의 비교

분 류	정적재하시험	동적재하시험
방법	부지확보 등이 복잡하다.	간단하다.
경제성	경비가 많이 소요된다.	저렴하다.
소요시간	소요시간이 길다.	소요시간이 짧다.
정도관리	우수하다.	보통이다.
시험시기	타입완료된 말뚝	파일 항타중
시험자료	지지력 외 다수	지지력

Ⅴ. 시험결과의 해석(성과분석방법)

(1) 재하시험에서 결정된 허용지지력의 기본조건
　① 상부구조물의 파괴가 발생하지 않도록 안정성 확보
　② 발생되는 침하량이 구조물에서 요구되는 허용침하량 이내가 되도록 해야 한다.

(2) 결과정리
　① 재하시험의 결과값을 Plot하여
　　㉠ 하중−침하량 곡선
　　㉡ 시간−침하량 곡선
　　㉢ 시간−하중곡선을 작성한다.

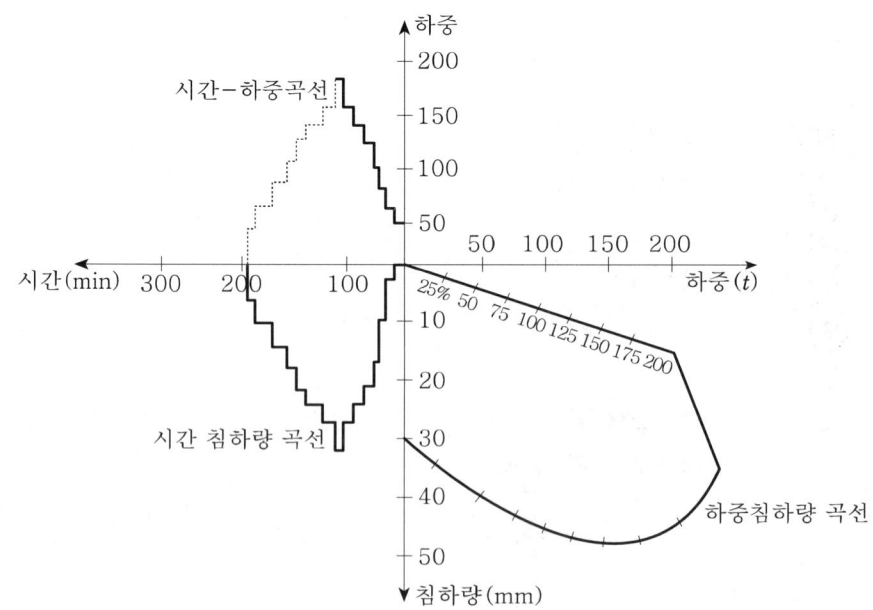

(3) 극한하중 평가
  ① 재하시험에서 하중증가가 없을 때 침하량이 무한대로 증가하는 상태에 도달할
    때이다.(그림 참조)
  ② 말뚝재하에서 항복하중, 극한하중이 생기는 조건
    ㉠ 말뚝재료가 항복 또는 파괴될 경우
    ㉡ 말뚝 주변 및 선단지반이 변형 또는 파괴되는 경우
  ③ Davissom 방법으로 표현

(4) 항복하중 판정법
  ① 말뚝에 하중이 재하되었을 때의 하중－시간－침하량의 거동특성에 의하여 항복
    하중을 구하여 판정한다.
  ② 종류
    ㉠ P－S 곡선법
    ㉡ log P－log S 곡선 분석
    ㉢ S－log t 분석
    ㉣ ds/d(log t)－P 분석 등이 있다.

(5) 침하량에 의한 판정
  말뚝직경(D)의 10% 침하량에 해당하는 하중을 극한하중으로 결정

Ⅵ. 결 론

재하시험에 의한 말뚝의 지지력 판정 중 정적재하시험은 그 신뢰도가 높으나 시간과
비용이 많이 소요되며, 동적재하시험은 신뢰도는 낮으나 시간과 비용을 절약할 수 있으
므로 많이 활용되고 있다.

6-10 기초의 허용지내력   [95중, 20점]

Ⅰ. 정 의

(1) 허용지내력이란 극한지지력에 대하여 소정의 안전율을 가지며 침하량이 허용치 이하가 되게 하는 하중강도의 최대치를 의미한다. 즉 지지력도 안전하고 침하량도 허용치를 초과하지 않는 능력을 말한다.

(2) 일반적으로 작은 크기의 기초의 허용지내력은 지지력에 의해 결정되고, 큰 기초의 허용지내력은 침하에 의하여 결정된다.

Ⅱ. 허용지내력

1. 허용지지력

(1) 허용지지력$(R_a) = \dfrac{극한지지력(R_u)}{안전율(F_s)}$

(2) 얕은 기초(직접 기초)의 극한지지력(Ru)

$$R_u = \alpha c N_c + \beta \gamma_1 B N_r + \gamma_2 D_f N_q$$

   α, β : 기초 모양에 따른 형상계수

<기초의 형상계수>

형상계수 \ 기초	연속기초	원형 기초	정사각형 기초	사각형 기초
α	1.0	1.3	1.3	1.3
β	0.5	0.3	0.4	0.5+1.0 B/L

(3) 말뚝기초의 극한지지력

   ① 정역학적 공식

      ㉠ Terzaghi 공식

$$R_u = R_p + R_f$$

      ㉡ Meyerhof 공식

$$R_u = 30 N_p A_p + \frac{1}{5} N_s A_s + \frac{1}{2} N_c A_c$$

② 동역학적 공식

    ㉠ Sander 공식 : $R_u = \dfrac{WH}{S}$

    ㉡ Engineering News 공식 : $R_u = \dfrac{WH}{S + 2.54}$

(4) 안전율(F_s)

  ① 얕은 기초의 안전율 : $F_s = 3$

  ② 정역학적 공식 : $F_s = 3$

  ③ 동역학적 공식

    ㉠ Sander 공식 : $F_s = 8$

    ㉡ Engineering News 공식 : $F_s = 6$

2. 허용 침하지지력(q_s)

  ① 구조물의 축조시 지반의 조건, 기초의 형식, 상부구조의 특성 등을 고려하여 부등침하가 생기지 않도록 하며, 부등침하의 발생시 부등침하에 기인한 부재각 때문에 부재에 과대한 응력이 발생하여 구조물의 변형이 일어나게 된다.

  ② 부등침하가 구조물에 악영향을 미치지 않는 범위 내에서 어느 정도의 침하는 허용한다.

  ③ 기초에 따른 허용침하량

기초의 종류	허용침하량(mm)	
	모 래	점 토
독립기초	50	75
온통기초	75	125

  ④ 허용침하지지력(q_s)=허용침하량에 해당하는 지지력

3. 허용지내력

허용지내력은 허용지지력과 허용침하지지력 중 작은 값을 적용한다.

6-11 말뚝의 하중전이함수   [98전, 20점]

I. 정 의

(1) 말뚝의 하중전이는 특정한 위치에 말뚝을 설치하였을 때 말뚝-흙 시스템의 모든 요소에 있어 응력-변형률-시간 특성 및 파괴 특성에 따라 말뚝머리 부분에 작용하는 하중이 여러 가지 조건에 의해 선단부에 변화되어 전달되는 것을 말한다.

(2) 하중전이함수에 변화를 주는 조건은 간극비, 함수비, 액성한계, 소성지수, 균열계수, 곡률계수 등이 있다.

II. 하중전이함수

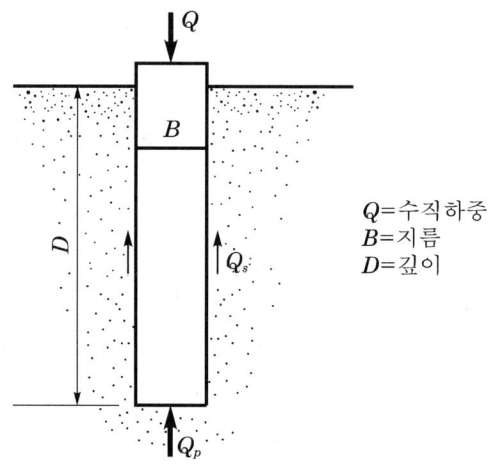

Q=수직하중
B=지름
D=깊이

(1) 정량적 분석을 위해 위의 그림과 같이 말뚝이 근입된 경우를 고려해보자.

(2) 하중전이 해석

① 말뚝축을 따라 여러 깊이(Z)에 변형률 측정 Gauge를 설치한다.

② 깊이(Z)에 따라 축방향 하중의 측정값을 얻는다.

③ 다음과 같은 말뚝 주변에서의 하중전이를 나타낸다.

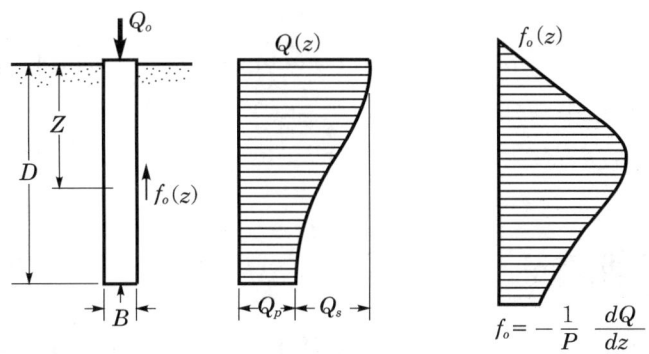

④ 그림에서 함수 $Q(z)$는 말뚝 주변에서의 하중전이를 나타낸다.

⑤ 이 곡선에서 $Z = D$의 세로 좌표값은 말뚝 전단하중(Q_p)

⑥ $Q - Q_p = Q_s$는 말뚝 주변하중을 나타낸다.

(3) 주변저항력(f_o)

함수 Q_z를 말뚝 주변길이 P로 나누면 다음과 같이 말뚝 주변의 주변저항력 분포를 얻을 수 있다.

$$f_o = -\frac{1}{P}\frac{dQ}{dz}$$

Q_z가 깊이 Z에 따라 감소하는 한 f는 양의 값이다.

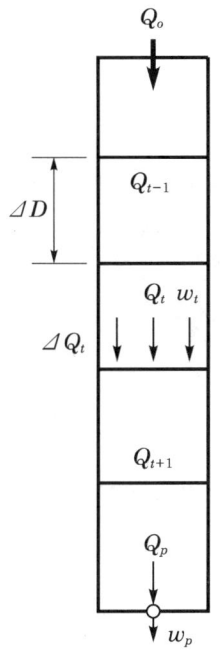

〈하중전이 해석에서 전이함수법〉

(4) 하중전이함수

축방향력(Q)은 이른바 전이함수로부터 계산할 수 있는데 전이함수는 다음 형태의 경험적 혹은 해석적 관계이다.

$$\Delta Q = Q_i - Q_{i-1} = f(W_i)$$

Ⅲ. 전이함수의 특성

(1) 요소로 전이되는 하중과 그 요소변위량 사이에 유일한 관계가 성립되도록 한다.

(2) 어떤 임의의 말뚝요소를 따라 생기는 변위량은 고려중인 말뚝요소 이외의 다른 말뚝요소들에 의해 전이되는 주변하중(Skin Load) ΔQ에 영향을 받지 않는다는 가정이 있다.

(3) 다른 말로 표현하면 말뚝을 둘러싼 흙 대신 서로 독립적인 비선형 스프링을 각 요소의 중앙에 설치하여 말뚝을 지지하도록 가정했다는 것이다.

6-12 비점착성 흙에서 강관 외말뚝(Single Pile)의 침하에 대하여 기술하시오.

Ⅰ. 개 요

(1) 강관말뚝은 이음매 없는 나선형 용접을 하거나 겹이음 용접을 하여 제작하는 강재 파이프로서 타격에 의한 저항성이 크고 변형이 적은 파일이다.

(2) 사질지반에 박은 강관말뚝은 원형단면으로 수평저항력이 크고 타입시 손상이 거의 없는 견고한 형태이며 외말뚝을 단말뚝이라고도 한다.

Ⅱ. 특 징

(1) 연결이 용이하다.　　　　　　　　(2) 다입시 파손이 적다.

(3) 장척의 Pile 시공이 가능하다.　　(4) 가벼운 장애물에도 타입이 가능하다.

(5) 휨에 대한 강성이 크다.

Ⅲ. 말뚝침하량 산정순서

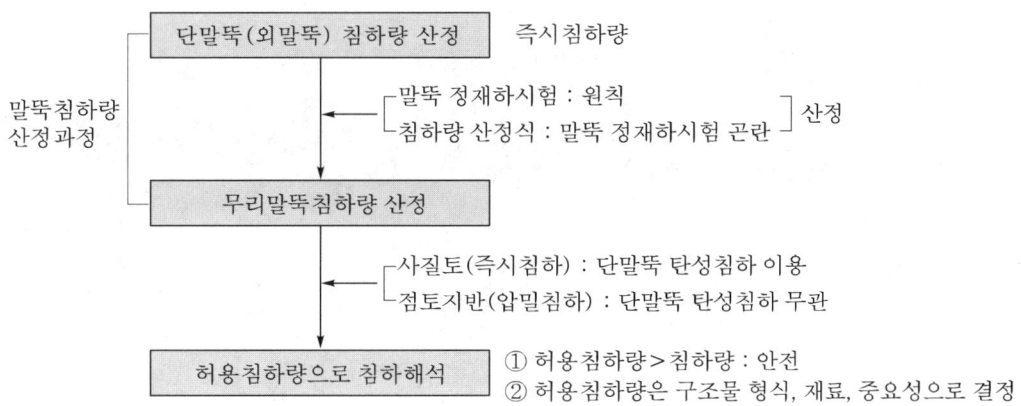

Ⅳ. 단말뚝(외말뚝) 침하량 산정

(1) 말뚝 정재하시험

　① 허용지지력(Q_a) 산정

$$㉠ \quad Q_a = \frac{Q_u \, (극한지지력)}{3}$$

$$㉡ \quad Q_a = \frac{Q_y \, (항복지지력)}{2}$$

　둘 중 작은 값 Q_a

　② 침하량(S) = 허용지지력(설계지지력)에 해당하는 침하량

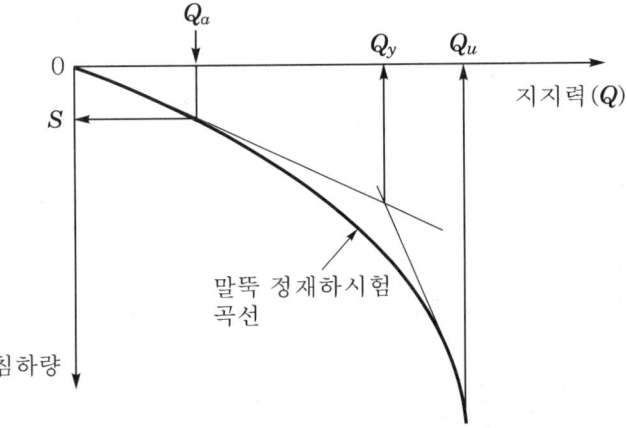

(2) 침하량 산정식(탄성침하량 계산시 침하항목)

　① 침하량(S) = $S_1 + S_2 + S_3$

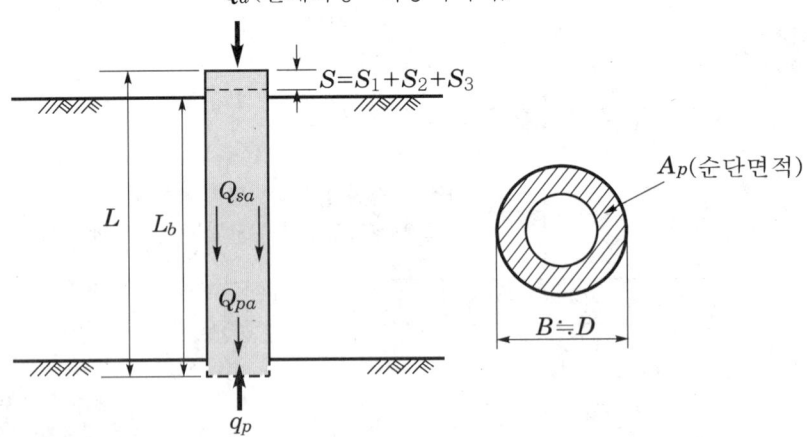

　② 말뚝 자체의 침하량(S_1)

$$㉠ \quad S_1 = \frac{(Q_{pa} + \alpha_s \, Q_{sa}) L}{A_p E_p}$$

여기서, Q_{pa}, Q_{sa} : 말뚝 선단부 전달하중, 말뚝 주면부 전달하중

α_s : 말뚝 주면마찰력 분포계수

L, A_p, E_p : 말뚝길이, 순단면적, 탄성계수

ⓛ 탄성계수(E)식에서 유도됨.

$$E_p = \frac{\sigma_p}{\varepsilon_a} = \frac{\dfrac{Q_a}{A_p}}{\dfrac{\Delta L}{L}} = \frac{Q_a\,L}{A_p\,\Delta L} \Rightarrow \Delta L = \frac{Q_a\,L}{A_p\,E_p}$$

③ 말뚝 선단부 전달하중(Q_{pa})에 의한 침하량(S_2)

㉠ $S_2 = \dfrac{C_p\,Q_{pa}}{B\,q_p}$

여기서, B : 말뚝의 폭 또는 직경

q_p : 단위면적당 선단 극한지지력

C_p : 경험계수

㉡ 흙의 종류와 시공방법에 따른 경험계수(C_p)

흙의 종류	타입말뚝	굴착말뚝
모래(조밀~느슨)	0.02~0.04	0.09~0.18
점토(굳은~연약)	0.02~0.03	0.03~0.06
실트(조밀~느슨)	0.03~0.05	0.09~0.12

④ 말뚝 주면부 전달하중(Q_{sa})에 의한 침하량(S_3)

㉠ $S_3 = \dfrac{C_s\,Q_{sa}}{L_b\,q_p}$

㉡ 경험계수(C_s) $= \left(0.93 + 0.16\sqrt{\dfrac{L_b}{B}}\right) C_p$

V. 결 론

(1) 사질지반에서 강관말뚝은 내부마찰각이 큰 사질지반에서 큰 저항력을 받으며 타입 된다.

(2) 사질지반에 타입이 완료된 강관말뚝의 침하는 지지층의 지지력 부족, 말뚝 자체의 좌굴, 지하수의 변화 등에 의하여 침하가 발생하는데, 이를 예측하기 위해서 실물 재하시험을 통하여 강관외말뚝의 지지력을 평가해야 한다.

> **7-1** 연약지반에 Pile 항타시 지지력의 감소원인과 대책에 대하여 기술하시오.
>
> [02전, 25점]
>
> **7-2** 기초말뚝 시공시 지지력에 영향을 미치는 시공상의 문제점을 서술하시오.
>
> [03전, 25점]
>
> **7-3** 지하수위가 높은 점성토지반에 콘크리트 파일 항타시 문제점에 대하여 기술하시오.
>
> [04전, 25점]

I. 개 요

(1) 연약지반에 시공되는 기초말뚝을 지반의 특성에 따라 요구되는 말뚝의 지지력을 기대할 수 없게 된다.

(2) 파일시공 전에 지반조사를 면밀히 하여 Pile 항타 후에 지지력이 감소되는 현상이 발생하지 않도록 유의하여 시공해야 한다.

II. 연약지반의 문제점

(1) 말뚝의 지지력 저하   (2) 구조물의 침하

(3) 활동   (4) 측방유동

III. Pile 항타시 지지력 감소원인(문제점)

(1) 지반침하
 ① 파일항타후 지반침하에 따른 말뚝의 침하
 ② 연약지반의 특성에 의한 말뚝 주면마찰력 감소

(2) 부마찰력 발생
 ① 타입된 말뚝이 지반침하 현상으로 인해 말뚝 주면에 하향의 마찰력을 받게 되어 지지력이 저하된다.
 ② 부마찰력이 크게 작용하면 지지말뚝에서는 말뚝이 파손되기도 한다.

(3) 지하수위 상승
 ① 지반내 지하수 상승에 따른 간극수압 증가로 유효응력이 저하
 ② 지반의 유효응력 저하는 말뚝의 지지력을 저하시킨다.

(4) 파일파손
 ① 연약지반의 활동 및 부등침하 등의 원인에 의해 말뚝이 파손되어 지지력이 저하된다.
 ② 말뚝 타입전 지반조사 자료를 검토하는 것이 무엇보다 중요하다.

(5) 무리말뚝 효과
 타입말뚝의 간격이 말뚝의 응력범위보다 작을 경우 무리말뚝으로 작용되어 지지력이 저하된다.

(6) 액상화 발생
 ① 말뚝 타입시 발생하는 진동충격에 의해 느슨한 사질지반의 액상화 방지
 ② 액상화된 지반 위의 타입말뚝은 지지력 저하요인이 된다.

(7) 지하수위 변화
 ① 지하수위의 상승시 파일의 부상 우려
 ② 지하수위의 하강시 파일의 침하 우려
 ③ 피압수로 인한 파일의 파손 우려

(8) 이음부위의 파손 및 이탈
 말뚝의 이음부위의 시공이 부실할 경우 지지력에 막대한 지장 초래

(9) 경사지층에서의 시공
 ① 경사지층에서의 파일은 Sliding 현상 발생
 ② Pre Boring 후 파일 항타

(10) 수직도 불량
 ① 수직도 불량시 상부구조물의 하중이 편하중으로 작용
 ② 허용수직도 내에서 시공관리 철저

IV. 대 책

(1) 말뚝간격 준수
 ① 무리말뚝 타입시 규정의 간격 준수
 ② 말뚝간격은 직경의 2.5배 이상
 ③ 말뚝의 응력범위 이상

(2) 지반개량
① 연약지반 개량공법 적용
② 지반의 압밀침하 후 말뚝타입

(3) 말뚝표면 마찰저감제 도포
부마찰력의 발생을 방지할 목적으로 말뚝 표면에 역청 등의 마찰저감제를 바른다.

(4) Pre-Boring
① 말뚝 타입위치에 천공기계로 미리 구멍을 뚫고 기성말뚝을 삽입하여 지반침하 영향이 적게 작용되게 한다.
② 특히 지반침하가 크게 예상되는 지반에서 말뚝시공은 아주 유효하게 이용된다.

(5) 지지층 확인
① 사전조사를 통하여 지반의 지지층을 확인
② 지지층 도달시까지 말뚝 타입

(6) 지하수위 저하
① 지반 중의 지하수위를 낮추어 간극수압을 적게 한다.
② 간극수압의 감소는 유효응력을 증가시키므로 지지력 감소를 막을 수 있다.

V. 말뚝의 지지력 산정방법

(1) 정역학적인 방법
(2) 동역학적인 방법
(3) 재하시험
(4) 시항타 및 Rebound에 의한 방법

VI. 결 론

(1) 연약지반에서의 말뚝타입은 지반의 침하, 활동 등의 요인으로 말뚝의 지지력이 감소되는 경우가 많이 발생한다.
(2) 지반조사 자료를 검토하여 타입전에 면밀한 시공계획을 수립한 다음 말뚝의 지지력이 감소되지 않도록 유의하여 시공해야 한다.

| 7-4 | 타입말뚝 지지력의 시간경과효과(Time Effect) | [07중, 10점] |
| 7-5 | 말뚝의 시간효과(Time Effect) | [10중, 10점] |

I. 정 의

(1) 점성토지반에서 말뚝항타로 인하여 발생한 과잉간극수압이 시간이 지남에 따라 소산하며, 그에 따라 지반내의 유효응력이 증가하면서 말뚝의 지지력이 증가하는 현상을 시간경과효과라 한다.

(2) 사질토지반에서는 말뚝항타로 인한 과잉간극수압이 발생하더라도 지반의 높은 투수계수로 인하여 즉시 소산되기 때문에 말뚝의 지지력은 변화하지 않는다는 것이 정설로 인정되었으나, 실무에서는 사질토지반에서도 이러한 시간경과효과가 나타난다고 본다.

II. 시간경과효과의 개념

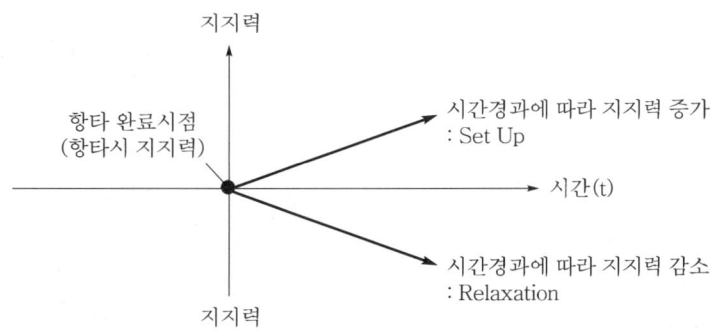

(1) 말뚝의 지지력이 증가하는 경우

시간이 경과함에 따라 말뚝의 지지력이 증가하는 경우를 Set Up 또는 Freeze라고 부른다.

(2) 변화하지 않는 경우

① 시간이 경과함에도 말뚝의 지지력이 거의 변화하지 않는 경우

② 시간경과에 따라 말뚝의 지지력이 증가하는 경우만큼 많지는 않지만 그래도 상당히 많은 사례가 조사되었다.

(3) 말뚝의 지지력이 감소하는 경우

    ① 시간이 경과함에 따라 말뚝의 지지력이 감소하는 경우

    ② 문헌에 의하면 이러한 경우는 극히 희귀한 경우로 언급되고 있으며, Relaxation 이라고 한다.

Ⅲ. 현장적용시 유의사항

(1) 말뚝기초의 최적설계와 고강도 강관말뚝의 실무적용을 위해서는 결국 현장조건에서의 시험시공이 필수적이다.

(2) 시간경과효과는 말뚝기초의 설계와 시공에 중대한 영향을 미친다.

(3) 일반말뚝의 설계에서도 필수적으로 요구되는 과정이며, 이미 여러 개의 중요설계기준 및 시방서에서 이 과정을 채택하고 있다. 다만, 향후 개선이 필요하다.

7-6	사질토지반에 무리말뚝을 박을 때 시공상 유의사항 및 그 이유를 설명하시오.
	[94후, 30점]
7-7	무리말뚝 [00전, 10점]
7-8	무리(群)말뚝 [01후, 10점]

Ⅰ. 정 의

지반중에 말뚝을 좁은 간격으로 여러 개 설치했을 때 각 말뚝에 작용하는 응력이 중복되어 서로에게 영향을 미칠 정도로 접근한 말뚝을 무리말뚝이라 한다.

Ⅱ. 무리말뚝 판정방법

$$D_0 = 1.5\sqrt{\gamma \cdot l}$$

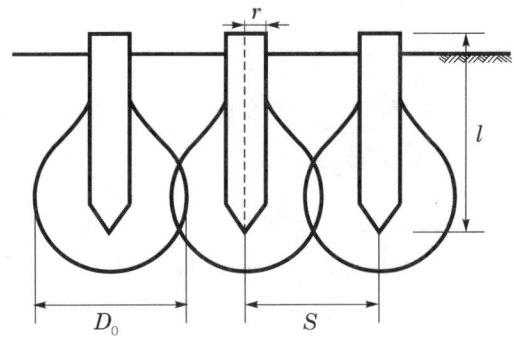

      여기서, γ : 말뚝반경

               l : 타입길이

             D_0 : 영향범위

              S : 말뚝간격

$S > D_0$일 때 단말뚝

$S < D_0$일 때 무리말뚝

Ⅲ. 무리말뚝의 효율

$$E = 1 - \phi\frac{(n-1)m + (m-1)n}{90mn}$$

      여기서, ϕ : $\tan^{-1}\dfrac{D}{S}$

             m : 가로방향 말뚝수

             n : 세로방향 말뚝수

             D : 말뚝직경

             S : 말뚝 중심간격

Ⅳ. 배치방법

이론상 각각의 말뚝 지지력의 합보다 무리말뚝 지지력을 작지 않게 배치해야 하나, 실질적으로 사질토의 경우, 말뚝의 중심간격이 말뚝직경의 1.5~2.5배이어야 한다.

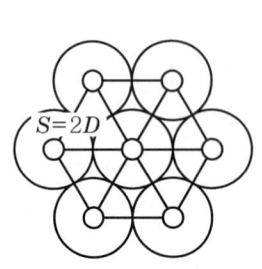

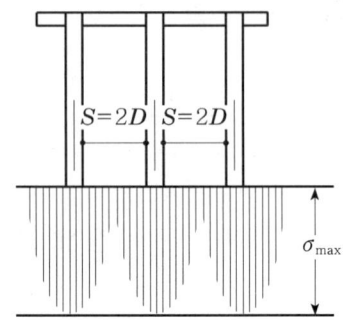

Ⅴ. 시공상 유의사항

(1) 토성변화

해머의 타격으로 주위 지반이 진동다짐을 받아 설계심도까지 박기가 어려운 경우가 발생한다.

(2) 횡방향 응력

말뚝의 관입으로 인해 주위 지반과 인접 구조물에 변형이 발생하며, 인접 말뚝에는 횡방향 응력이 일어난다.

(3) 말뚝의 부상

관입말뚝에 의한 지반밀도의 증가로 먼저 관입된 말뚝이 뽑히는 경우도 발생한다. 이런 경우는 말뚝간격이 너무 협소한 것이다.

(4) 말뚝의 파손

진동에 의하여 지반이 다져질 때 지반밀도의 증가로 말뚝의 타입이 어려워지며, 이때 타격에 의한 말뚝의 손상이 생긴다.

(5) 타입순서

원지반의 상대밀도가 커져서 타입이 불가능해지거나 말뚝이 파손되는 경우가 발생하므로 타입순서를 준수해야 한다.

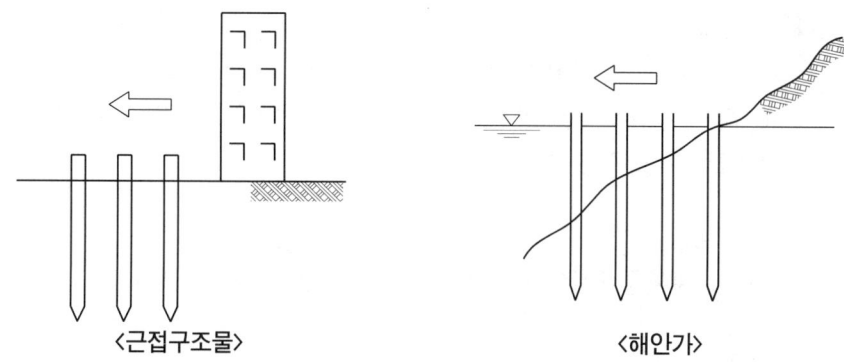

〈근접구조물〉　　　　　　　　〈해안가〉

(6) 타입간격

소정의 타입간격을 유지하지 못하면 타입불능 또는 지지력 저하의 요인이 된다.

(7) 사수공법

타입에 의해 밀도가 증가된 사질지반을 무르게 하기 위해 때로는 사수공법을 병용하기도 한다.

(8) 해머의 용량

해머의 용량이 너무 크면 말뚝의 손상을 유발하므로 말뚝의 재질과 지반상태 등을 고려하여 타격 Energy를 조절해야 한다.

(9) 강도 확보

시멘트, 골재 등의 재료시험에 의한 품질확인후 사용하도록 하고 제조시에 품질관리를 철저히 하여 소정의 강도가 확보되도록 한다.

(10) 지반융기

다짐을 받는 사질지반이 더 이상 다져지지 않을 때 파일이 박히는 양만큼 지표면으로 부풀어 오른다.

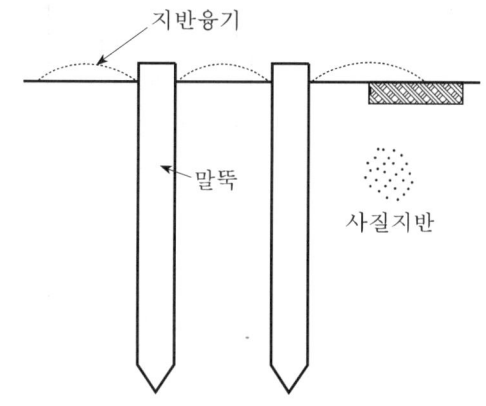

(11) 액상화

포화사질토에서 타입진동에 의해 부(−)의 Dilatancy가 발생하고, 이로 인해 외력
에 대한 전단저항을 상실하게 됨으로써 지반이 액체상태로 변해 말뚝의 지지력을
기대할 수 없게 된다.

(12) 탄성침하

모래와 자갈층에서의 무리말뚝에서는 탄성침하가 일어난다.

(13) 말뚝의 간격

사질지반에서 말뚝의 표준간격은, 세로방향은 말뚝직경의 1.5배, 가로방향은 말뚝직
경의 2.5배이다.

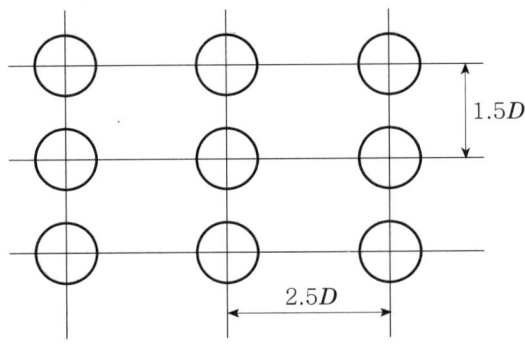

(14) 말뚝 Cap

타입한 기성말뚝의 상부에 Con'c Cap을 설치하면 구조물의 하중이 등분포로 작용
하여 구조물의 부등침하를 방지할 수 있다.

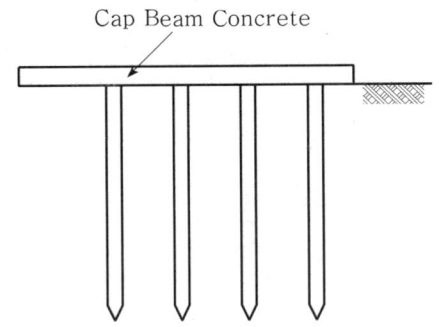

Ⅵ. 원 인

(1) 지지력 감소
사질층 아래 압축성 토층이 존재하면 무리말뚝의 지지력은 개개말뚝의 힘보다 상당히 감소한다.

(2) 과도한 침하량
무리말뚝의 침하량은 같은 하중을 받는 외말뚝의 침하량보다 몇 배만큼 큰 경향이 있다.

(3) 다짐효과
사질지반에 타입되는 말뚝에 의해 적어도 말뚝지름의 3배 범위까지 다져진다.

(4) 타입 곤란
타입되는 말뚝의 중심간격이 좁을 때 흙의 밀도가 증가함에 따라 나중의 말뚝은 타입이 어려워진다.

(5) 무리말뚝의 효율
무리말뚝은 개개의 말뚝지지력을 합한 정도의 지지력을 가져야 하는데 각 말뚝지지력의 합에 대한 실제의 무리말뚝지지력의 비를 나타내는 것으로 100%에 가까울수록 좋다.

(6) 모멘트 분산
연직하중과 수평하중, 그리고 모든 무리말뚝에 대한 전도모멘트를 분산시킬 목적으로 콘크리트 Cap이 설치된다.

Ⅶ. 결 론

(1)
지반에 구조물의 하중을 전달하기 위한 말뚝으로는 무리말뚝이 사용되나 말뚝이 가깝게 배치되었을 때 말뚝에 의해 지반에 전달되는 응력이 겹치기 때문에 말뚝의 지지력이 감소한다.

(2)
사질토지반에 무리말뚝을 시공할 때 발생하는 문제점을 사전검토하여 적절한 대책을 수립함으로써 지지력의 저하가 없도록 하여야 한다.

7-9 기초말뚝의 최소 중심간격과 말뚝배열에 대하여 설명하시오. [11후, 25점]

Ⅰ. 개 요

기초말뚝은 기초하부의 지반이 연약하여 기초상부의 하중을 지탱할 수 없거나 부동침하의 우려가 있는 곳에 말뚝을 박아 기초의 지지력을 증대시키기 위한 것이다.

Ⅱ. 말뚝의 분류

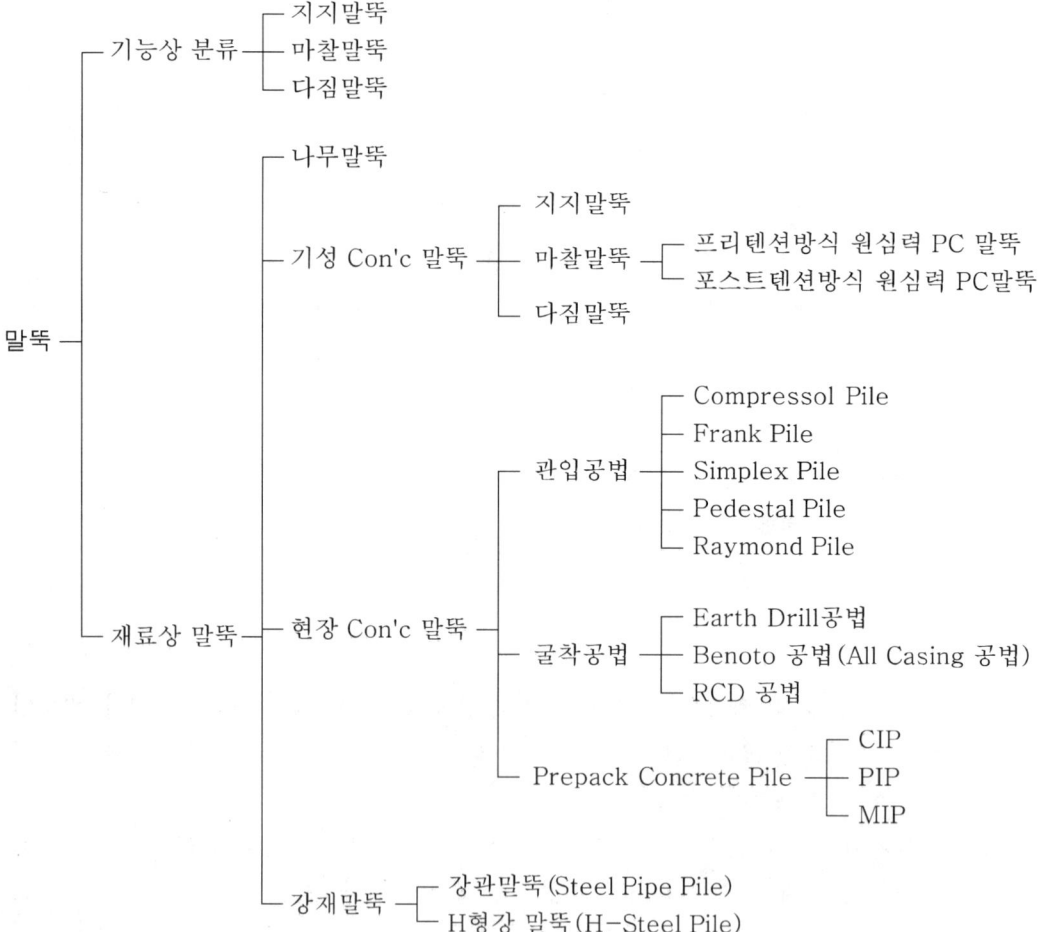

Ⅲ. 기초말뚝의 최소 중심간격과 말뚝배열

1. 최소 중심간격

(1) 2.5D 이상

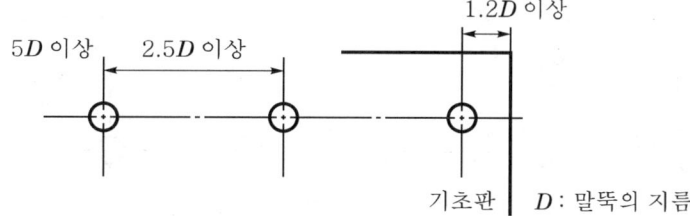

(2) 말뚝의 종류

구 분	나무말뚝	기성 Con'c 말뚝	Prepacked Con'c 말뚝
최소 중심간격	60cm 이상	70cm 이상	90cm 이상

2. 말뚝배열

(1) 배열원칙
① 연직하중 작용점에 대하여 가능한 한 대칭을 이룰 것
② 각 말뚝의 하중분담률이 큰 차이가 나지 않을 것

(2) 배열방식
① 직교배열

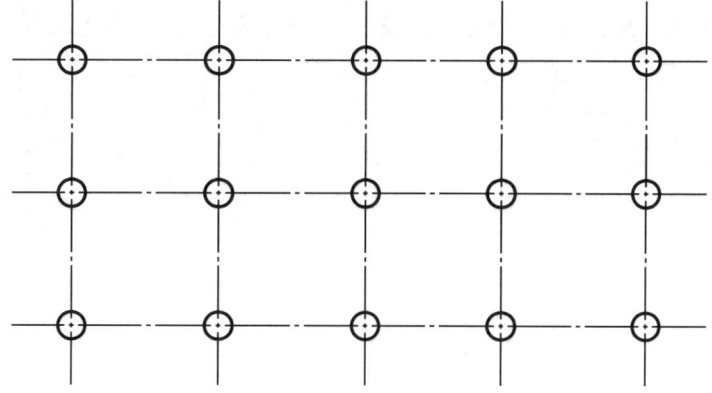

② 지그재그 배열

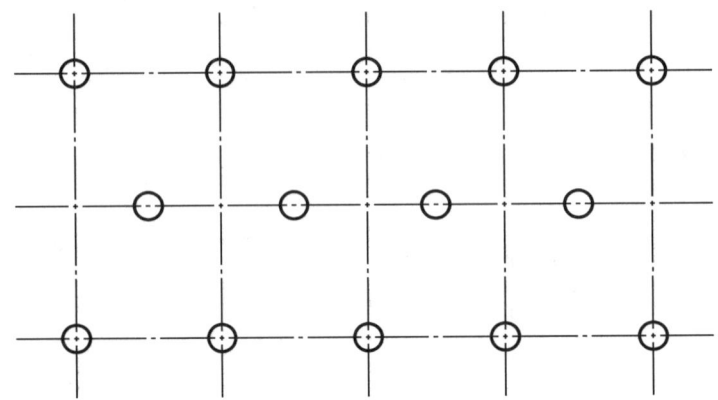

Ⅳ. 결론(말뚝기초 설계)

① 말뚝에 작용하는 압축, 인장, 전단, 활용력이 모두 허용응력범위 안에 있어야 한다.

② 말뚝과 기초 푸팅의 연결부, 말뚝의 이음부 등은 확실하게 시공할 수 있도록 설계한다.

③ 말뚝의 부식, 풍화, 화학적 침해 등에 대해서 적합한 대책을 강구한다.

④ 침식, 세굴 또는 인접지반의 굴착, 지하수 변동 등에 대한 검토와 대책을 수립한다.

⑤ 말뚝을 소요 지지층까지 관입시킬 수 있는 공법을 선정한다.

⑥ 시공시 발생할 수 있는 소음, 진동 등은 환경기준을 만족하여야 한다.

⑦ 지반의 액상화 가능성에 대하여 검토한다.

⑧ 말뚝종류 선정, 시공장비 선택, 시공법 선정, 지지층 선정, 시멘트풀 보강 여부, 무리말뚝 시공으로 인한 말뚝 솟아오름 가능성 등에 대하여 검토한다.

8-1 콘크리트 말뚝에 종방향으로 발생하는 균열의 원인과 대책에 대하여 기술하시오.

[09후, 25점]

Ⅰ. 서 론

(1) 기성 콘크리트 말뚝의 종균열은 말뚝의 두부 부분 균열과 중간부의 균열, 그리고 말뚝 선단부의 균열이 있으며, 주요인은 말뚝항타시 Cushion의 불량이나 Hammer 의 타격에너지가 크게 전달되거나 선단부에 암반이 출현하여 일어나는 경우가 많다.

(2) 말뚝의 파손은 구조물 전체의 구조적인 불안정을 초래하므로 말뚝재의 강도 확보, Cushion재의 두께 확보, 연직도 확보 등으로 말뚝의 파손을 방지해야 한다.

Ⅱ. 말뚝의 파손형태

① 말뚝 두부 종방향 Crack
② 말뚝 두부파손
③ 말뚝 중간부 휨 Crack
④ 횡방향균열
⑤ 말뚝 선단부파손
⑥ 말뚝 이음부파손

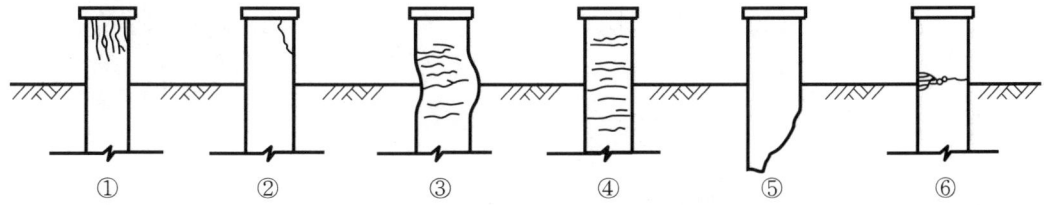

① ② ③ ④ ⑤ ⑥

Ⅲ. 균열의 원인

(1) 전석층에 의한 파손

① 파일항타 지반이 일정하지 않고 중간층에 전석층이나 호박돌층이 존재하여 근입이 되지 않음으로 인한 과격한 타격으로 중간부에 종방향 균열이 발생한다.

② 파일항타시 전석층 여부를 사전에 조사하여야 하나 지층의 변동에 따른 현상이 일어날 수 있다.

(2) 지지층의 경사

파일 항타지점의 지반이 일정하지 않고 경사가 발생하여 항타에너지가 균등하지 않아 축선이 불일치해지므로 균열이 발생한다.

(3) Hammer의 용량 과다

① 항타장비의 규격이 과다함에 따라 타격 Hammer의 용량이 과다하면 종방향균열이 발생한다.

② Hammer의 용량 과다에 따라 타격에너지가 증가하여 선단부나 중간부에 균열이 발생한다.

(4) 말뚝 선단부 강도부족

말뚝 선단부의 슈설치 부분에 접착이 불량하거나 공극이 발생하면 타격에너지에 의해 선단부에 종방향으로 균열이 발생한다.

(5) 타격에너지 과다

① 말뚝항타시 Hammer의 규격이 설계규정보다 대용량이면 타격에너지가 과다해져 종방향균열이 발생하게 된다.

② 타격에너지는 Hammer의 낙하와 중량에 영향을 미치지만 시공시 시험항타를 실시하지 않아서 일어난다.

(6) Cushion의 두께 부족

① 파일항타시 파일의 두부파손을 방지하기 위해서는 Cushion재를 삽입하여 타격에너지가 직접 말뚝에 전달되지 않도록 한다.

② 항타시 시간경과로 인해 Cushion재가 파손 및 이탈되어 두부에 종방향 및 횡방향들의 균열이 발생한다.

Ⅳ. 대 책

(1) 지반조건에 맞는 시공법

경사지반에 전석층의 발생 여부를 파악하여 적절한 시공법을 강구하여 시공함으로써 파일의 파손을 방지한다.

(2) 시험항타 실시

① 말뚝항타 지역의 지반을 사전에 추가로 조사하여 지반의 변형 여부를 파악하여 적정한 항타공법을 시행한다.

② 지반조사 자료에 의한 시험항타계획을 수립하고 동일 지역이라도 지반의 변동이나 전석층이 있을 경우는 시험항타로 적정공법을 선정하여야 한다.

(3) Hammer와 말뚝의 축선 일치

① 기성말뚝을 직접 항타할 때는 Hammer와 말뚝의 축선을 일치시켜 편타를 방지하고 항타에너지가 균일하게 전달되도록 하여야 한다.

② 지지층까지의 중간박기는 최대 관입량이 매회 300~700mm가 되도록 램의 높이를 조정하고 항타로 인해 과대한 타격응력이 발생하지 않도록 주의한다.

(4) 말뚝의 제한 타격횟수 엄수

① 말뚝재료별 제한 타격횟수가 넘지 않게 시공관리를 하여야 한다.

② 재료별 총 타격횟수

구 분	PC 말뚝	PHC 말뚝	강관말뚝
총 타격횟수	2,000회 이내	3,000회 이내	3,000회 이내
최종 1m의 타격횟수	100회 이내	200회 이내	500회 이내
최종 관입량	8mm 이상	5mm 이상	2mm 이상

(5) Cushion의 두께 확보

① 파일 항타시 파일의 두부 파손을 방지하기 위해서는 Cushion재의 간격, 두께를 유지하여야 한다.

② Hammer의 Cushion은 본재 두께의 25% 이상으로 한다.

③ 말뚝 Cushion은 말뚝 강도의 50% 이상의 강도가 되면 교체하여야 한다.

(6) 편타방지 및 타격횟수 조정

① Hammer의 용량 확인

② 선단지지력 도달시 적은 타격력으로 항타

③ 과타격 금지를 위해 Rebound양 Check로 항타중지시기를 확인

(7) 타격에너지

말뚝박기의 초기에는 말뚝 관입깊이가 1타격당 100~200mm가 되도록 램의 높이를 200~300mm로 낮게 설정하고 말뚝의 연직성을 확인하면서 서서히 타입한다.

V. 결 론

(1) 기초말뚝은 상부구조물의 하중을 받아 지반에 전달하므로 말뚝재의 파손은 구조물 전체가 구조적으로 불안정해지는 결과를 초래한다.

(2) 말뚝의 파손을 최소화하여 말뚝 자체 강도의 손실을 최대한 줄이고 특히 두부파손 및 균열이 발생한 말뚝은 보강대책을 철저히 하여야 한다.

8-2 강관 Pile 두부 보강방법 중 Bolt식 보강방법에 대하여 기술하시오. [99중, 30점]

I. 개 요

(1) 깊은 기초공법에서 강관말뚝을 지반에 타입하고 기초 Footing과 연결되는 부위를 보강하게 되는데, 이는 상부하중을 기초말뚝으로 전달시키는 중계역할을 하는 것으로 매우 중요하다.

(2) Bolt식 보강방법이란 공장에서 제작한 보강철물을 현장 강관말뚝 두부에 볼트로 체결하여 보강하는 방법으로 현장작업 간소화로 인해 최근 많이 이용되고 있다.

II. 두부 보강의 목적

(1) 상부하중 전달
(2) 말뚝머리 보호
(3) 균일하중 작용
(4) Punching 사고방지
(5) 기초 Footing 보호

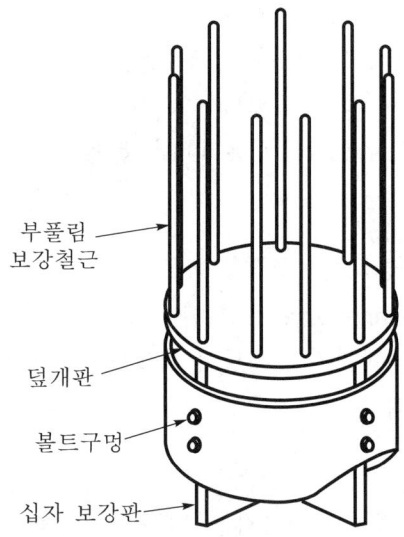

부풀림
보강철근

덮개판

볼트구멍

십자 보강판

III. 두부 보강공법의 종류

(1) 볼트식 보강방법
(2) 용접식 보강방법
(3) 충진식 보강방법

Ⅳ. 특 징

(1) 현장작업 단순   (2) 보강제품 기성화

(3) 공기단축 효과   (4) 규격화 시공

(5) 공사비 저렴   (6) 현장용접 불필요

(7) 구조적 안정성 탁월

Ⅴ. 볼트식 보강의 시공법

(1) 쇄석 부설

작업환경 개선을 위하여 파일 주위에 10~15cm의 쇄석 포설

(2) 말뚝 절단

계획고보다 20cm 더 길게 하여 자동절단기로 강관말뚝 두부를 절단

(3) 천공작업

유압천공기로 강관말뚝 측면에 2공씩 4곳에 천공작업

(4) 덮개판 부착

기성제품인 두부 보강덮개판을 강관 내부에 삽입하여 측면구멍에 볼트체결

(5) 버림 콘크리트 타설

지반고에서 10cm 정도 버림 콘크리트 타설

(6) 철근 배근

확대기초 상·하부에 철근 배근

(7) 덮개판 앵커볼트 설치

덮개판에 가공한 부풀림 보강철근 8개를 나사로 덮개판과 일체시키고 확대기초의
상·하부 철근과 연결한다.

(8) 콘크리트 타설

확대기초 콘크리트 타설

Ⅵ. 시공시 유의사항

(1) 덮개판의 견고한 체결
(2) 보강철근의 길이 검측
(3) 보강철근과 덮개판의 연결부 검사
(4) 녹이 발생한 보강철근은 사용금지

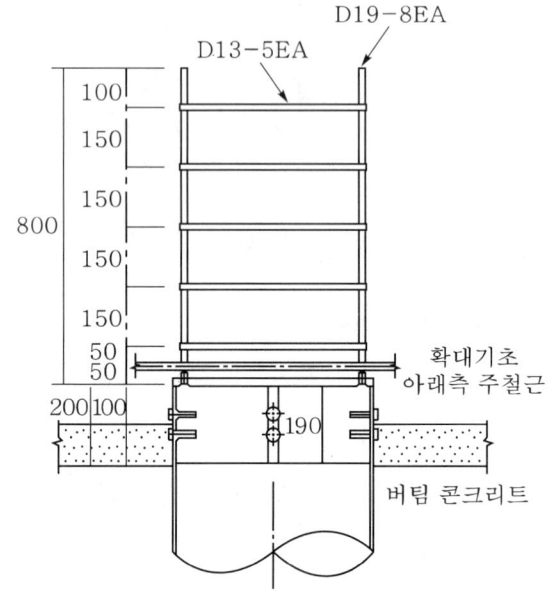

Ⅶ. 볼트식 두부 보강 제원

강관말뚝 직경	부풀림 보강철근		원형덮개판		십자보강판		고장력 볼트	
	직 경	길 이	두 께	구멍수	두 께	길 이	직 경	길 이
400.4	19	650	22	12	22	190	16	8
508.0	19	800	22	12	25	190	20	8
609.6	22	800	22	12	28	190	22	8
812.8	22	800	22	12	28	190	22	7

Ⅷ. 국내 시공사례

(1) 서해안 고속도로, 기초파일
(2) 충청지역, 본선

9-1 파일 항타작업시 방음, 방진 대책에 대하여 기술하시오.　　　　　[06전, 25점]

I. 개 요

(1) 건설공사에서 소음, 진동 등의 건설공해에 따른 주변 민원발생은 사회문제가 되고 있으며, 말뚝박기 공사시의 소음, 진동은 다른 공종에 비해 심한 편이다.

(2) 이를 방지하기 위한 대응책으로 개발된 것이 저소음·저진동 공법이며, 도심지 공사에서의 활용은 증가되리라고 본다.

II. 파일 항타시 문제점

(1) 소음
　　① 항타장비의 소음
　　② 타격음
　　③ 부대장비의 운전음

(2) 진동
　　① 타격에 의한 진동
　　② 장비운용에 의한 진동
　　③ 자재운반 등에 따른 이동시 발생하는 진동

(3) 분진
　　① 타격시 타격장비의 Oil 비산
　　② Pile 자재의 파손에 의해 발생한 먼지
　　③ 자재 및 장비의 수송에 따른 현장토사·분진

III. 방음·방진 대책

(1) 방음 Cover 공법
　　① Diesel Hammer의 소음에 대하여 흡음성 있는 방음 Cover를 부착하여 흡음하는 공법
　　② 방식
　　　㉠ 부분 Cover 방식 : Hammer만을 덮는 방식

ⓛ 전체 Cover 방식 : 기계 전체를 덮는 방식으로 부분 Cover 방식보다 차음효
과가 우수

③ 방음 Cover의 차음효과는 개구율을 작게 한 완전밀폐형이 양호

(2) 저소음 Hammer 공법

Hammer 자체의 구조에 의해 박을 때의 소음이 적은 공법

(3) 강관 말뚝박기공법

① 저판을 부착시킨 강관의 저부에 적당량의 Con'c를 채우고, 이 부분을 Drop
Hammer로 타격해서 관입시키는 공법

② 얇은 강관을 사용하는 경우에는 속채우기 Con'c를 타설

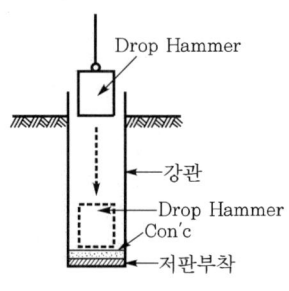

〈강관 말뚝박기공법〉

(4) 진동공법

① 상하방향으로 진동이 발생하는 Vibro Hammer(진동식 말뚝타격기)를 사용하여
말뚝을 박는 공법

② 특징

㉠ 연약지반에서 말뚝박는 속도가 다른 공법보다 빠르다.

㉡ 말뚝머리에 손상이 적고 타입 및 인발을 겸용할 수 있다.

㉢ 말뚝박기시 소음이 적다.

㉣ 경질지반에서는 관입능력이 저하된다.

(5) 압입공법

① 유압잭 또는 윈치의 장력에 의하여 누르는 작용으로 말뚝을 압입하여 박는 공법

② 특징

㉠ 말뚝박기시 소음이 적으며 완전밀폐형의 방음커버를 장치할 수 있다.

㉡ 해머의 작동이 유압방식이기 때문에 비산이 발생하지 않는다.

㉢ 비교적 연약지반에 사용하며 소음, 진동이 없다.

㉣ 낙하높이를 자유로이 선정할 수 있으므로 말뚝지름에 따라 해머의 타격력을
조정할 수 있다.

㉤ 대규모 설비가 필요하며, 기동성이 떨어진다.

(6) Water Jet 공법(수사법)

① 모래층, 모래 섞인 자갈층 또는 진흙층 등에서 말뚝 선단부에 고압으로 물을 분사시켜 수압에 의해 지반을 무르게 만든 다음 말뚝을 박는 공법

② 특징

　㉠ 관입이 곤란한 사질지반에 유리한 공법

　㉡ 적은 소음과 진동

　㉢ 교란된 지반의 복구가 어려우므로 재하를 목적으로 하는 기초말뚝에는 사용 금지

(7) Pre-Boring 공법(선행굴착공법)

① Earth Auger로 미리 구멍을 뚫어 기성말뚝을 삽입 후 1~3m 정도는 타격관입

② 특징

　㉠ 말뚝박기 시공시의 소음 및 진동이 적다.

　㉡ 타입이 어려운 전석층이 있어도 시공이 가능

　㉢ 말뚝과 구멍 사이에 산극발생으로 침하가 우려

(8) 중공굴착공법(중굴공법)

① 말뚝의 중공부에 Spiral Auger를 삽입하여 굴착하면서 말뚝을 관입하고, 최종 단계에서 말뚝 선단부의 지지력을 높이기 위하여 타격처리나 시멘트 밀크 등을 주입하여 처리하는 방법

② 특징

　㉠ 대구경 말뚝에 적합한 공법

　㉡ 말뚝파손 없음.

　㉢ 지질판단 용이

　㉣ 스파이럴 오거로 굴착하기 때문에 경질층 제거가 용이

Ⅳ. 결 론

(1) 도심지에서 구조물 공사시 소음, 진동, 비산, 분진 등으로 인한 주변 민원발생으로 공기지연과 보상비 등이 문제가 되고 있으므로 충분한 사전조사에 따른 기초공법의 검토가 필요하다.

(2) 무소음·무진동 공법이라 하더라도 부대장비로 인한 소음 및 진동으로 또 다른 민원이 발생하지 않도록 시행시 사전지식 및 경험에 의한 철저한 시공관리가 필요하다.

Ⅰ. 개 요

(1) 지지말뚝은 일반적으로 선단지지력과 주면(周面)마찰력에 의해 상부하중을 지지하게 되는데, 지반이 연약지반일 때는 주면마찰력이 하향으로 작용하여, 이때의 마찰력을 부마찰력이라 한다.

(2) 부마찰력은 마찰말뚝에서는 발생하지 않고, 지지말뚝에서만 발생하는데 그 원인을 규명하여 대비책을 강구해야 한다.

Ⅱ. 부마찰력의 영향

(1) 지반침하

(2) 구조물 균열

(3) Pile 지지력 감소

(4) Pile 파손

Ⅲ. Pile의 마찰력(Pile의 주면마찰력)

(1) 정마찰력(Positive Friction)

① 지지말뚝에서의 지지력＝선단지지력＋주면마찰력

② 이때 주면마찰력은 상향의 정(正, Positive) 마찰력으로 Pile의 지지력을 증대시킨다.

③ $R_p + \mathrm{PF} > P$

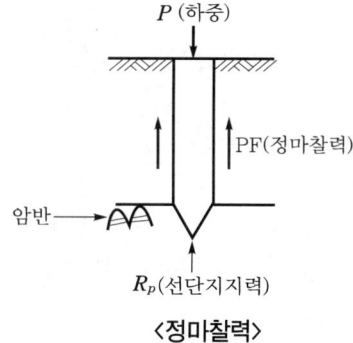

〈정마찰력〉

(2) 부마찰력(Negative Friction)

① 주면마찰력이 지반의 침하로 인하여 하향으로 작용하여 Pile의 지지력을 감소시킨다.

② $R_p > NF + P$

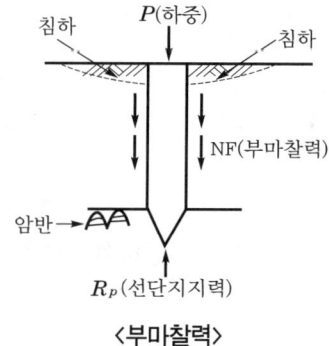

〈부마찰력〉

Ⅳ. 부마찰력 발생원인

(1) 연약지반

① 지반중에 연약지반이 있을 때

② 연약지반의 분포가 깊을수록

(2) 침하지역

① 침하가 진행중인 지역에 항타시

② 되메우기를 했거나 치환상태가 불량한 지역에 항타시

(3) Pile 간격

① Pile 간격을 조밀하게 항타했을 때

② 지지말뚝의 마찰력 증대로 인한 침하

(4) 진동
    ① 진동으로 인한 주위지반 교란
    ② 진동으로 인한 압밀침하

(5) 지하수의 흡상지역
    ① 함수율이 큰 지반일수록 부마찰력 발생 증대
    ② 피압수의 영향이 큰 지반일수록 부마찰력 발생 증대

(6) 지표면 상재하중
    ① Pile을 박은 지표면에 하중작용시
    ② 지표면에 과적재물 장기적재시

(7) Pile 이음부의 시공불량
    ① 타격시 이음부 변형으로 이상응력 발생
    ② 말뚝 이음부의 단면적이 기존 말뚝의 단면적보다 클 때

V. 부마찰력 방지대책

(1) 지반개량
    ① 항타 이전에 연약지반을 개량하여 지지력 확보
    ② 치환공법, 재하공법, 혼합공법 등 사용

(2) Pile 표면적
    ① Pile 표면적을 작게 하여 마찰력 감소
    ② 사각형 Pile, 스크루 Pile 등 사용

(3) 진동금지
    ① 말뚝에 진동을 주지 않을 것
    ② 진동 감소로 주위지반 교란 억제

(4) 지하수위
    ① 지하수위를 저하시켜 수압변화 방지
    ② 중력배수공법, 강제배수공법, 전기침투공법 등 사용

(5) 마찰력 감소
    ① 말뚝 측면에 특수재를 도포하여 부착력 감소(Slip Layer Pile 시공)
    ② 내외관을 분리한 Sliding 방식의 이중관 말뚝시공

(6) 지표면 적재금지
　① 지표면에 과적재물 적재금지
　② 지표면에 재하금지로 압밀침하 억제

(7) Pile 이음부 시공철저
　① 말뚝이음부의 강성 확보
　② 말뚝이음부의 단면적을 기존 말뚝의 단면적과 동일하게 시공하여 마찰력 감소

(8) 시공관리 철저
　① 지하수위 Check
　② 토질조사
　③ 상부하중 제거

(9) 기타
　① 긴말뚝을 피할 것
　② Pile의 간격 및 허용지지력 감안

Ⅵ. 결 론

(1) 기성 Pile은 구조물의 하중을 지지하는 주요구조물이므로 시공시 품질관리와 인접 지반의 영향을 검토해야 한다.
(2) 부마찰력을 최소화하기 위하여는 토질의 성질분석과 지하수위를 저하시켜 흙의 전단력을 증대시켜야 한다.

I. 개 요

(1) 제자리말뚝이란 구조물의 기초로 사용되는 콘크리트말뚝을 현장에서 직접 굴착하고 그 속에 철근을 배치한 후 콘크리트를 타설하여 기초말뚝 제자리에 철근콘크리트말뚝을 축조하는 공법이다.

(2) 시공현장의 토질 및 지층구조, 깊이 등에 따라 공법을 선정하여 시공하며, 일반적으로 대구경의 깊은 심도 기초에 이용되고 있는 실정이다.

Ⅱ. 제자리 Con′c 말뚝의 분류

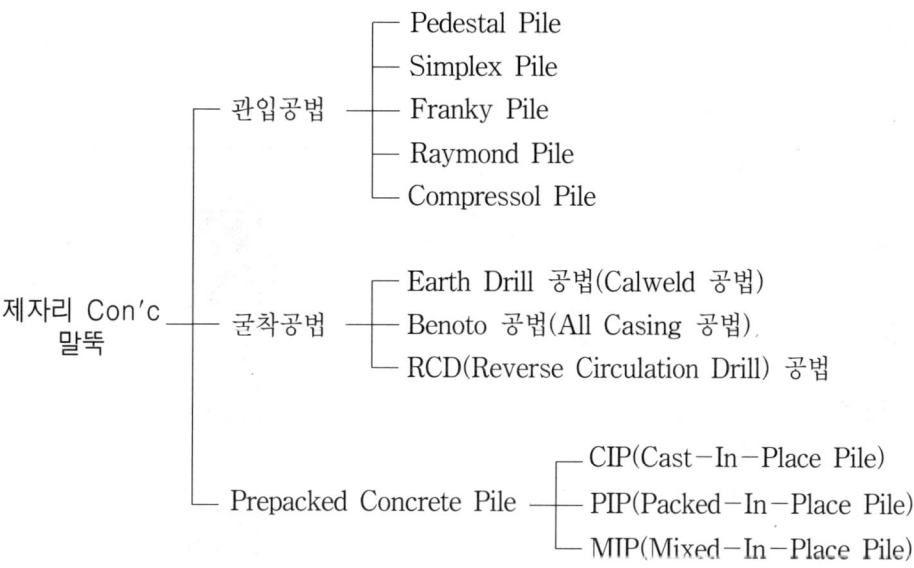

- 제자리 Con′c 말뚝
  - 관입공법
    - Pedestal Pile
    - Simplex Pile
    - Franky Pile
    - Raymond Pile
    - Compressol Pile
  - 굴착공법
    - Earth Drill 공법(Calweld 공법)
    - Benoto 공법(All Casing 공법)
    - RCD(Reverse Circulation Drill) 공법
  - Prepacked Concrete Pile
    - CIP(Cast-In-Place Pile)
    - PIP(Packed-In-Place Pile)
    - MIP(Mixed-In-Place Pile)

Ⅲ. 수행해야 할 제반사항

1. 시공계획 Flow Chart

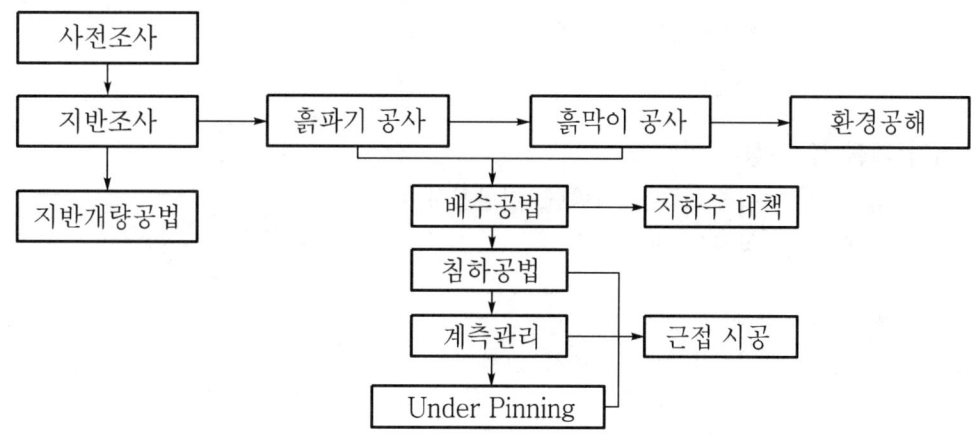

사전조사 → 지반조사 → 흙파기 공사 → 흙막이 공사 → 환경공해

지반조사 → 지반개량공법

흙파기 공사 / 흙막이 공사 → 배수공법 → 지하수 대책

배수공법 → 침하공법

침하공법 → 계측관리 → 근접 시공

계측관리 → Under Pinning

2. 시공계획

(1) 설계도서 검토

① 설계도면・시방서・구조계산서 검토, 도면과 현장의 차이점 분석

② 굴착단면 검토

(2) 계약조건

    ① 제반계약서의 내용 숙지

    ② 관계법령, 법적규제조건 조사

(3) 입지조건

    ① 부지의 상황

    ② 매설물

    ③ 공작물

    ④ 교통상황

    ⑤ 인접 구조물

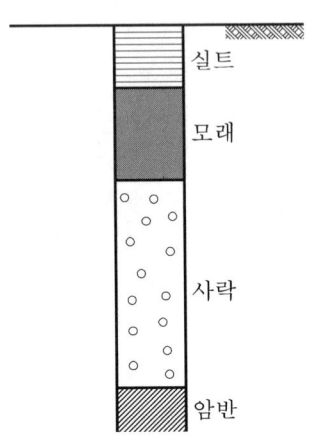

(4) 지반조사

    ① 지반의 구성

    ② 지층의 토질성상

    ③ 투수성, 간극수압

(5) 지하수 상태

    수위, 수압, 수량, 피압수 파악

(6) 지반의 고저

    ① 전면도로와 지반의 고저차 분석

    ② 인접 구조물과 굴착장 저면의 높이 차이

    ③ 도로복구 여부 파악

(7) 계절 및 기상

    ① 강우량, 집중호우, 하천범람, 지반침하 여부

    ② 안전상, 공기상 대책수립

(8) 환경공해 문제

    ① 소음, 분진, 진동 등에 대한 민원대책

    ② 지하수 사용 상황

(9) 관계법규 조사

    ① 행정관청의 인허가사항 검토

    ② 교통통제 여부

(10) 공사실적 조사

    인근에서 행하고 있는 토류벽의 시공법

(11) 고대유적지 여부

　　문화재 발굴시 관계기관과 협의

Ⅳ. 제자리말뚝의 종류와 특징(시공방법)

1. 관입공법

(1) Pedestal Pile[외관+내관, 구근 형성]

Simplex Pile을 개량하여 지내력 증대를 위해 말뚝 선단에 구근을 형성하는 공법

(2) Simplex Pile[외관(철제 쇠신)+추]

외관을 소정의 깊이까지 박고 Con'c를 조금씩 넣어 추로 다지며 외관을 빼내가는 공법

(3) Franky Pile[외관(주철제 원추형의 마개)+추, 합성 말뚝]

외관을 추로 내리쳐서 소정의 깊이에 도달하면 내부의 마개와 추를 빼내고 Con'c를 넣어 추로 다져 외관을 조금씩 들어 올리면서 선단 구근말뚝을 형성하는 공법

(4) Raymond Pile[얇은 철판제의 외관+심대(Core), 유각]

얇은 철판제의 외관에 심대(Core)를 넣어 지지층까지 관입한 후 심대를 빼내고 외관 내에 Con'c를 다져 넣어 말뚝을 만드는 공법

(5) Compressol Pile[3개의 추]

구멍 속에 잡석과 Con'c를 교대로 넣고 중추로 다지는 공법

2. 굴착공법(대구경 현장타설 말뚝공법)

(1) Earth Drill 공법

① 정의

㉠ 회전식 Drilling Bucket으로 필요한 깊이까지 굴착하고, 그 굴착공에 철근망을 삽입, Con'c를 타설하여 지름 1~2m 정도의 대구경 제자리말뚝을 만드는 공법

㉡ 미국의 칼웰드사가 고안하여 개발한 공법으로 칼웰드 공법이라고도 한다.

② 특징

㉠ 제자리 Con'c Pile 중 진동·소음이 가장 적은 공법

㉡ 기계가 비교적 소형으로 굴착속도가 빠름.

ⓒ 좁은 장소에서의 작업이 가능하고 지하수가 없는 점성토에 적당

ⓔ 붕괴하기 쉬운 모래층, 자갈층에는 부적당

ⓜ 중간 굳은 층의 굴착이 어려움.

ⓗ Slime 처리가 불확실하여 말뚝의 초기침하 우려

③ 시공순서 Flow Chart

굴착 → 표층 Casing Pipe 삽입 및 안정액 주입 → Slime 제거

→ 철근망 넣기 → Tremie관 삽입 → Con'c 타설 → 표층 Casing 인발

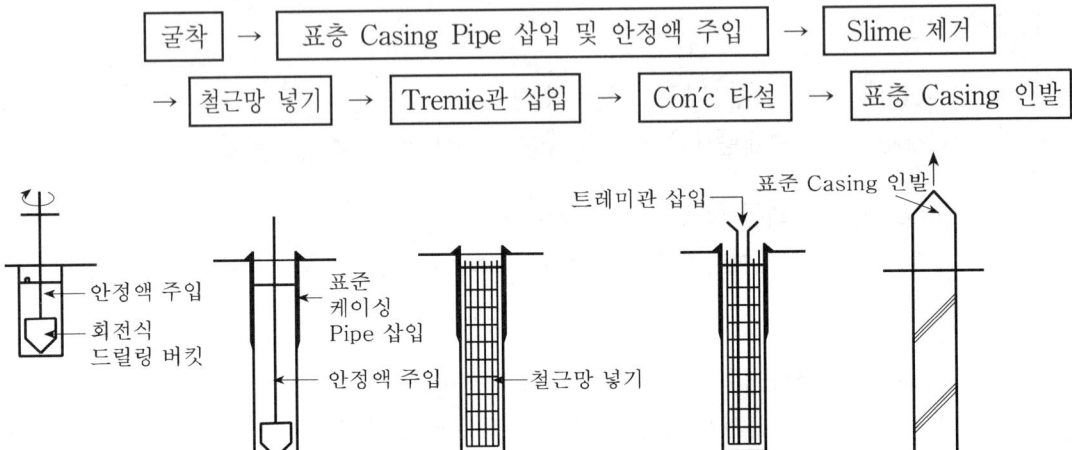

① 굴착   ② Casing Pipe 삽입   ③ 철근망 넣기   ④ Tremie관 삽입   ⑤ 표층 Casing 인발
              및 안정액 주입

〈Earth Drill 공법〉

(2) Benoto 공법(All Casing 공법)

① 정의

㉠ 프랑스의 베노토사가 개발한 대구경 굴삭기에 의한 현장타설 말뚝공법

㉡ 케이싱 튜브를 요동장치(Osillator)로 좌우로 요동시키면서 유압잭으로 경질
의 지반까지 관입하여 정착시킨 후 그 내부를 해머 그래브로 굴착하여 공내
에 철근망을 세운 후 Con'c를 타설하면서 케이싱 튜브를 뽑아내어 현장타설
말뚝을 축조하는 공법

② 특징

㉠ All Casing 공법으로 붕괴성이 있는 토질에도 시공 가능

㉡ 적용지층이 넓고, 장척말뚝(50~60m)의 시공이 가능하며, 굴착하면서 지지층
확인이 용이

㉢ 기계가 대형이고 중량으로 기계경비가 고가이며 굴착속도가 느림.

㉣ Casing Tube를 빼는데 극단적인 연약지대, 수상에서는 반력이 크므로 적합
하지 않음.

③ 시공순서 Flow Chart

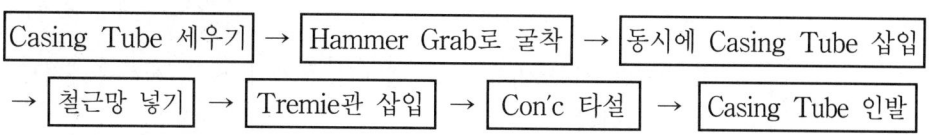

| Casing Tube 세우기 | → | Hammer Grab로 굴착 | → | 동시에 Casing Tube 삽입 |

→ | 철근망 넣기 | → | Tremie관 삽입 | → | Con'c 타설 | → | Casing Tube 인발 |

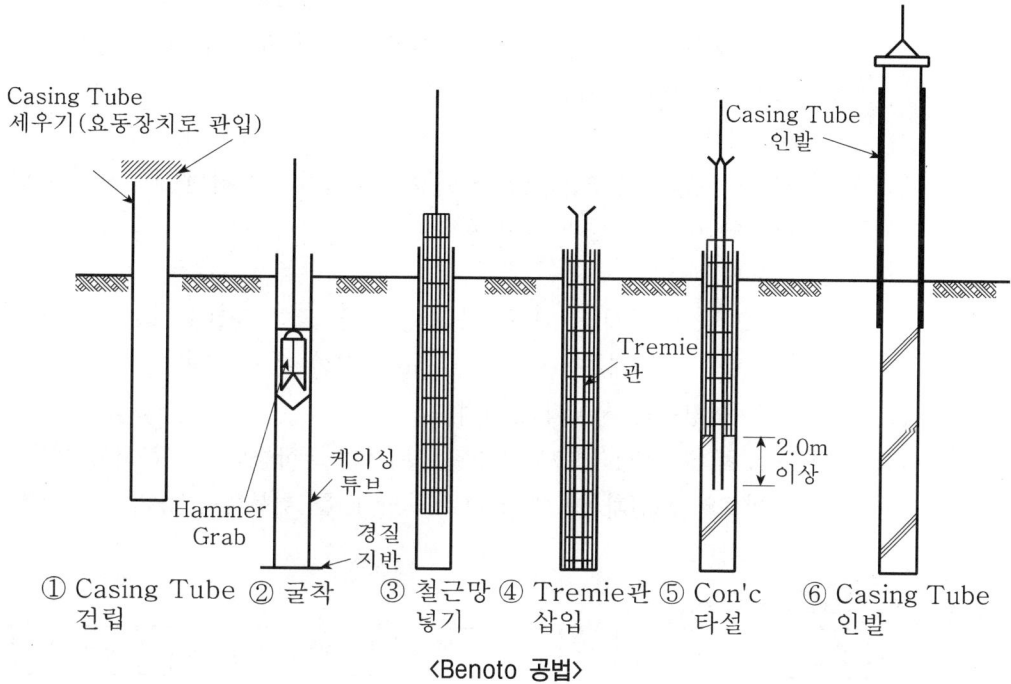

〈Benoto 공법〉

(3) RCD 공법

① 정의

ⓐ 리버스 서큘레이션 드릴로 대구경의 구멍을 파고 정수압으로 공벽을 보호하고 철근망을 삽입한 후 Con'c를 타설하여 현장말뚝을 만드는 공법이다.

ⓑ 보통 로터리식 보링공법과는 달리 물의 흐름이 반대이고 드릴 로드의 끝에서 물을 빨아올려 굴착토사를 물과 함께 지상으로 배출하여 지반을 굴착하는 공법으로 역순환공법 또는 역환류공법이라고도 한다.

② 특징

ⓐ 장점

ⓐ 시공속도

• 시공속도가 빠르고 유지비가 비교적 경제적이다.

• 버킷, 해머 그래브 등의 굴삭기구를 상하운동시킬 필요가 없는 연속 굴삭방법이기 때문에 굴삭속도가 빠르고 공벽의 훼손이 적다.

　　　　ⓑ 수상작업 가능 : Casing Tube가 필요하지 않으며, 수상작업(해상작업)
　　　　　　가능

　　　　ⓒ 모래지반 시공 가능 : 타공법에서 문제가 많은 세사층까지도 굴착이 가능
　　　　　　한 공법이다.

　　　　ⓓ 설비경량 : 로타리 테이블과 리버스기 본체가 분리되어 기계가 콤펙트하
　　　　　　고 경량이기 때문에 높이가 제한된 곳이나 부지가 좁은 장소 등에서도
　　　　　　시공이 가능하고 응용범위가 넓다.

　　ⓛ 단점(문제점)

　　　　ⓐ 피압수 관리 : 정수압 관리가 어렵고 적절하지 못하면 공벽붕괴 원인

　　　　ⓑ 사용수 과다 : 다량의 물이 필요

　　　　ⓒ 적용의 한계

　　　　　• 호박돌층, 전석층, 피압수가 있는 층은 굴착 곤란

　　　　　• 드릴파이프 내경이 150~200mm 이상의 옥석, 목편 등과 지중장애물이
　　　　　　있는 경우는 시공이 곤란하다.

　　　　　• N치 60 이상의 고결된 자갈층에서는 굴삭능력이 저하되기 때문에 3축
　　　　　　비트와 드릴파이프에 웨이트(weight)를 취부하는 등의 추가대책이 필
　　　　　　요하다.

③ 시공법(시공순서)

| 표층 Casing 세우기 | → | 굴착 | → | 철근망 넣기 | → | Tremie관 세우기 |

→ | Con′c 타설 | → | 표층 Casing 인발 |

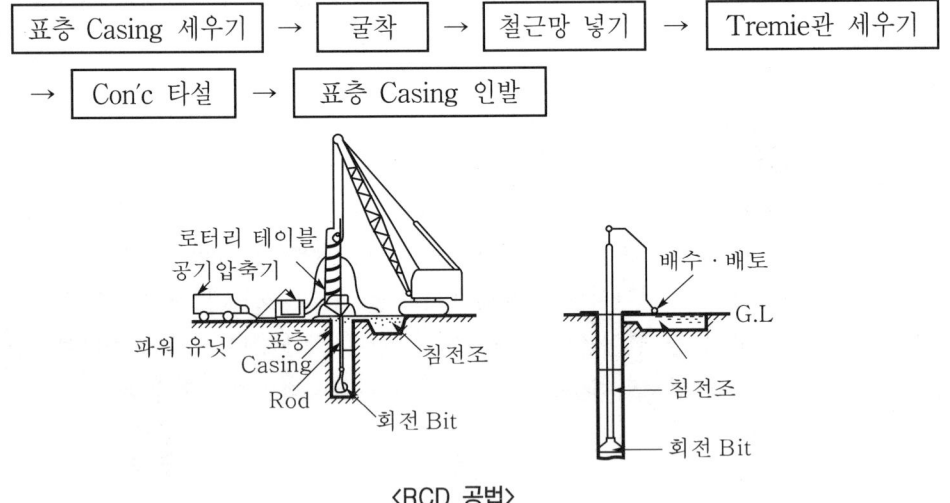

〈RCD 공법〉

④ 콘크리트 품질관리

문제점	대 책
• 철근과 콘크리트의 부착강도 저하	• 가물막이로 Dry Work 확보
• 재료분리 발생	• Trmie Pipe를 콘크리트 속에 1.5~2m 묻히게 타설
• 콘크리트 균질성 불량	• 배합강도를 높임
• 시공이음 발생	• 쉬지 않고 연속타설
• 철근공상 현상	• 정착철근 배근
• 품질검사 곤란	• 수중 불분리성 콘크리트 타설

⑤ 희생강관의 역활

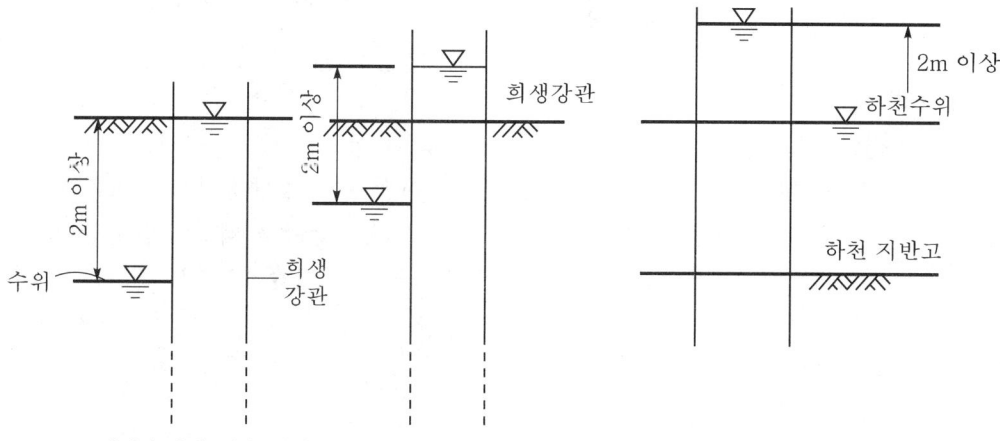

지하수위가 깊은 경우　　지하수위가 얕은 경우　　　수상시공인 경우

　㉠ 공벽붕괴 방지

　㉡ Piping 현상 방지

　㉢ 지표면에서의 함몰 방지

　㉣ 상부접합 기초구조물의 강성 증대

　㉤ 굴착위치 이탈방지효과

(4) 굴착공법 비교

공 법	굴착기계	공벽보호	적용지반
Earth Drill 공법	회전 버켓	안정액	점토
Benoto 공법	해머 그래브	Casing	자갈
RCD 공법	특수 회전 Bit	정수압(0.2kg/cm^2)	사질, 암

3. Prepacked Concrete Pile

(1) CIP

① 정의

Earth Auger로 지중에 구멍을 뚫고 철근망(또는 H-Beam)을 삽입한 다음 Mortar 주입관을 설치하고 먼저 자갈을 채운 후 주입관을 통하여 모르타르를 주입하여 제자리말뚝을 형성하는 공법이다.

② 특징

㉠ 지하수가 없는 경질지층에 사용

㉡ 좁은 장소에 시공장비의 투입이 용이

㉢ 주열식 흙막이 벽체로 이용

㉣ 벽체의 연결부위가 취약

(2) PIP

① 정의

연속된 날개가 달린 중공의 Screw Auger의 머리에 구동장치를 설치하여 소정의 깊이까지 회전시키면서 굴착한 다음, 흙과 Auger를 빼올린 분량만큼의 프리팩트 Mortar를 Auger 기계의 중앙 구멍을 통해 압출시키면서 제자리말뚝을 형성하는 공법이다.

② 특징

㉠ 사질층 및 자갈층에 유리

㉡ Auger만으로 굴착하므로 소음, 진동이 없음.

㉢ 장치가 간단하고 취급이 용이

㉣ 주열식 흙막이 지수벽으로 이용

㉤ 지지말뚝으로 사용

(3) MIP

① 정의

Auger의 회전축은 중공관으로 되어 있고, 축선단부에서 시멘트 페이스트를 분출시키면서 토사를 굴착하여 토사와 시멘트 페이스트를 혼합교반하여 만드는 일종의 Soil Con'c 말뚝이다.

② 특징

㉠ 비교적 연약지반에 사용 ㉡ 지하 흙막이벽으로 사용

㉢ 사질층, 자갈층에 유리 ㉣ 흙을 골재로 이용하므로 경제적

㉤ 지중에 형성되므로 지지층의 확인이 곤란

Ⅳ. 시공시 유의사항(시공관리사항)

(1) 수직도
　　① 굴착기계에 경사계를 장착하여 수직도 Check
　　② 오차 10cm 이내 시공

(2) 선단지지 교란
　　① 구멍내 수위가 지하수위보다 낮을 경우 공벽붕괴
　　② 구멍내 수위를 지하수위보다 높게 유지

(3) Slime 처리
　　① 굴착 저면에 퇴적하여 말뚝 선단지지력이 저하
　　② 수중 Pump 사용하여 제거

(4) 기계인발시 지반 이완
　　① 기계인발을 빨리할 경우 지반붕괴현상 발생
　　② 기계인발을 천천히 하여 진공에 의한 흡입력 발생 방지

(5) 피압수
　　① 피압수에 의한 부풀음으로 공벽붕괴현상 발생
　　② 피압수 발생지역에 배수공법으로 수압저하

(6) 공벽유지
　　① 안정액의 관리를 철저히
　　② 표층에서 6m 정도는 Casing을 사용
　　③ 정수압 유지($0.2kgf/cm^2$ 이상)

(7) Con'c 품질확보
　　① 타설시 재료분리 방지
　　② 유동성이 큰 고강도 Con'c 사용

(8) 안정액 관리
　　① 지질에 맞는 안정액 선택
　　② 안정액의 퇴적으로 인하여 굴착심도를 유지하지 못하기 때문에 신선한 안정액과 교체

(9) 공해관리
　　① 소음·진동이 없는 공법 채용
　　② Bentonite 분리시설 및 건조처리

(10) 규격관리

    ① 말뚝단면 과소방지(말뚝단면 > 설계단면)

    ② 지지층에 1m 이상 관입시켜 지지력 확보

V. 결 론

(1) 도심지 구조물의 기초말뚝을 시공함에 있어 인접 구조물의 피해와 환경공해를 방지하기 위한 방법으로 현장타설 Con'c 말뚝이 확대 시행되고 있다.

(2) Slime 관리 및 처리를 철저히 하여 환경공해 관리와 굴착기계의 소형화로 시공성을 향상시키고, 무소음·무진동 공법의 기술개발과 연구에 박차를 가해야 한다.

11-16 돗바늘공법(Rotator Type All Casing) [09전, 10점]

Ⅰ. 정 의

(1) 돗바늘공법은 베노토공법과 흡사하면서 상반되는 점도 많다. 크게 다른 점은 베노토공법은 요동기(Oscillator)를 사용하며, 선 해머 그래브, 후 케이싱 굴진인 반면에 돗바늘공법은 전선회기(Rotator)를 사용하며 선 케이싱, 후 해머 그래브의 형식을 갖는 점이다.

(2) 돗바늘공법에서 사용하는 케이싱 선단에는 토사층으로부터 암반에 이르기까지 모든 지층을 천공할 수 있는 특수강 비트가 장착되며, 케이싱 본체는 강력한 토크(Torque)를 견딜 수 있도록 하기 위하여 이중철판 구조로서 상당히 두껍게 제작되어 있다.

Ⅱ. 시공순서

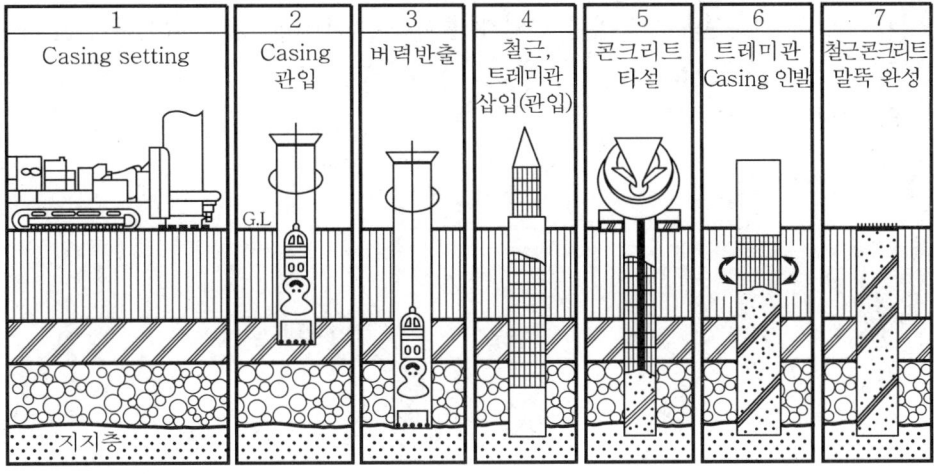

1	2	3	4	5	6	7
Casing setting	Casing 관입	버력반출	철근, 트레미관 삽입(관입)	콘크리트 타설	트레미관 Casing 인발	철근콘크리트 말뚝 완성

Ⅲ. 공법의 특징

(1) 케이싱에 의한 굴진방법이므로 공벽유지가 확실하다.

(2) 선단지지층이 암반일 경우 암이 코어의 형태로 채취되므로 그 성분을 확실하게 확인할 수 있다.

(3) 말뚝의 수직상태가 양호하다.

(4) 케이싱이 선행되므로 히빙 및 보일링 현상이 없다.

(5) 자갈, 전석 등 어떠한 지층이라도 굴진이 가능하다.

(6) 케이싱에 의한 굴진이므로 경사진 암반에서의 시공도 가능하다.

(7) 청수로 공 내부를 청소할 수 있기 때문에 경지반과 콘크리트의 접착이 양호하다.

(8) 이수를 사용하지 않기 때문에 타설한 콘크리트의 품질이 양호하며 시공속도가 빠르다.

(9) 장비가 대형이고 고가이다.

(10) 시공비가 다소 고가이다.

(11) 장비의 중량이 크므로 진입로나 시공위치에서 빠지거나 기울어지기 쉽다.

(12) 고가의 비트 사용 및 케이싱의 마모가 크다.

Ⅳ. 공법의 적용범위

(1) 대용량의 말뚝기초

(2) 자갈, 전석, 암반을 관통해야 하는 곳의 말뚝기초

(3) 기성 콘크리트말뚝, H-형강 등 지중매설물의 제거

(4) 주열식 지하연속벽의 암반 근입과 겹이음(Overlapping)을 확실하게 할 수 있다.

(5) 수직갱(Open Shaft)

(6) 터널 등의 환기구

11-17 피어(Pier) 기초공법   [05후, 10점]

I. 정 의

(1) Pier란 지층에 형성되는 Con′c Pile로서 현장 타설 Con′c Pile이나 Well 공법에서 길이는 짧고 직경은 큰 Pile을 의미하며, 보통 직경은 $D = 75cm$ 이상이고, 길이 $l \leq 15D$인 Pile을 총칭한다.

(2) Pier 기초는 지지력이 크고 소음과 진동이 작기 때문에 도심지 기초공사에 유효한 공법이나 Slime·폐액 등의 처리를 철저히 하여, 환경공해의 방지와 수중 Con′c의 품질관리에 유의해야 한다.

II. Pier 기초 공법의 분류

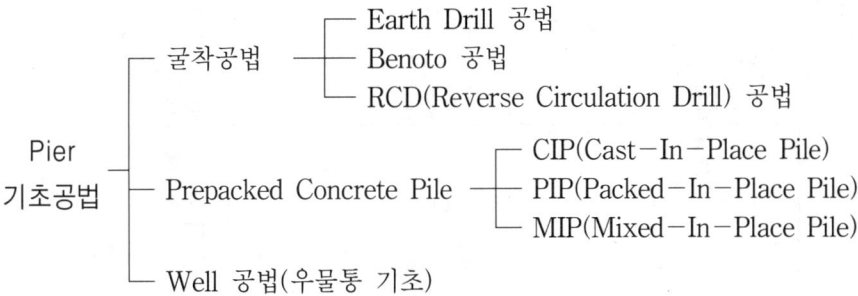

III. 특 징

(1) 무소음·무진동 공법
(2) 토질상태 직접 확인
(3) 확실한 지지층까지 도달
(4) 기초의 규격, 깊이 조정 용이

IV. 환경공해 방지

(1) 안정액 분리시설 및 건조처리
(2) 폐액은 정화 후 방류
(3) 흙탕물 침전조 설치

11-18 RBM(Raised Boring Machine) [09후, 10점]

Ⅰ. 정 의

(1) RBM 공법은 1949년 독일의 Herr Bade가 개발한 공법으로 상부 및 하부에 작업공간을 확보할 수 있는 경우에 사용되는 상향식 굴착방법이다.

(2) RBM 공법은 소규경(D311mm)의 Tri-con Bit로 상부에서 하부로 굴착하면서 소구경 유도공을 관통시킨 후, 상부로 리머 헤드(Reamer Head)를 끌어올리면서 회전·압쇄에 의해 대구경(D2.4~3.05m)으로 확공하여 나가는 방법이다.

Ⅱ. RBM 공법의 굴착순서

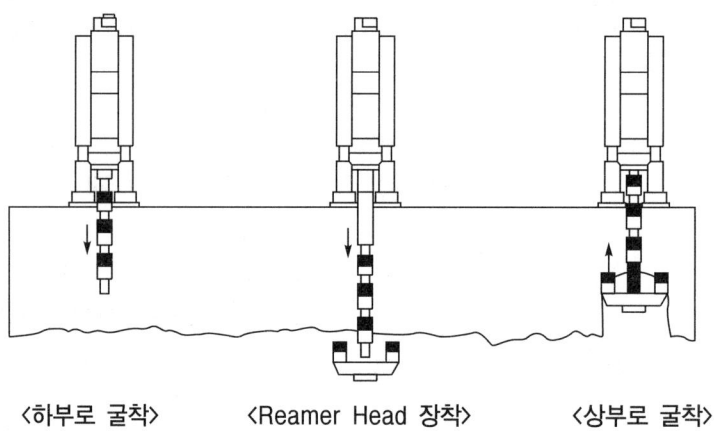

〈하부로 굴착〉   〈Reamer Head 장착〉   〈상부로 굴착〉

Ⅲ. 특 징

(1) 용출수가 발생하는 조건에서도 작업이 가능하다.

(2) 환기 및 발파 등의 영향을 받지 않는다.

(3) 정밀시공이 가능하다(특수장비 사용시).

(4) 진동 및 소음이 거의 없다.

(5) 준비공사에 시간이 많이 소요된다.

(6) 극경암 지역에서는 커터의 비용이 높다.

(7) 연암이나 풍화암 지역은 측벽의 붕락으로 굴착에 어려움이 있을 수 있다.

(8) 유도공이 편향되어 천공될 경우 수직오차를 줄이기 어렵다.

(9) 고도의 기술축적이 필요하다.

12-1 현장타설 말뚝시공시 수중 콘크리트 타설에 대하여 기술하시오.   [01중, 25점]

Ⅰ. 개 요

(1) 현장타설 콘크리트말뚝에서 사용하는 콘크리트는 굴착공벽 속에 철근망을 삽입하고, 안정액이 있는 공벽 속에 양질의 콘크리트 구조물을 얻기 위하여 수중 콘크리트 타설로 시공한다.

(2) 수중 콘크리트 타설에서 중요한 것은 타설과정에서 콘크리트의 재료분리 발생을 방지하고 이물질이 혼입되지 않게 관리하는 것이 무엇보다 중요하다.

Ⅱ. 현장타설말뚝의 종류

(1) Earth Drill

(2) Benoto

(3) RCD

Ⅲ. 수중 콘크리트 타설

(1) 굵은 골재 최대치수
  ① 철근 순간격 1/2 이하, 25mm 이하를 표준
  ② 말뚝지름이 커서 철근간격이 넓은 경우에는 40mm 이하 사용

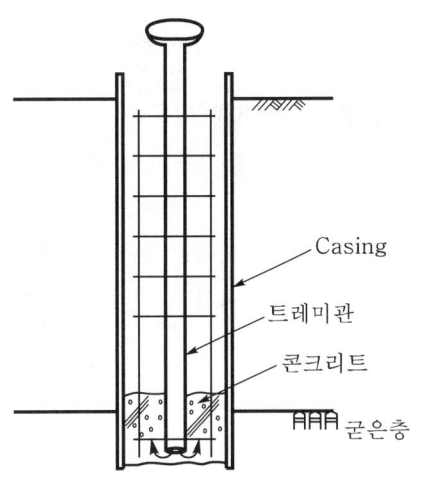

Casing
트레미관
콘크리트
굳은층

(2) 배합
  ① Slump 15~21cm
  ② W/C비는 55% 이하
  ③ 단위시멘트량 350kg/m^3 이상

(3) 철근 망태
  ① 보관, 운반, 설치시 변형이 생기지 않도록 견고하게 제작
  ② 충분한 철근의 피복두께 유지
  ③ 철근망태는 굴착종료후 빠른 시간내 설치

(4) 치기 전 준비
① 안정액 속에 부유하는 토사 부스러기 및 바닥 Slime 제거
② Slime 제거는 굴착완료후 1회 실시하고, Con'c 치기 직전에 1회 실시

(5) 트레미관 사용
① 관지름 200~250mm Pipe 사용
② 트레미관의 선단을 개폐뚜껑 및 마개 사용으로 안정액 침투방지
③ 트레미관은 콘크리트 속에 2m 이상 삽입
④ 트레미는 수평방향 3m 이내로 설치

(6) 타설높이
① 말뚝상부에는 50cm 이상 여분 시공
② Slime 및 레이턴스를 고려하여 결정

(7) 안정액 처리
① 안정액의 하수도 투기 엄금
② 침전탱크 또는 처리시설을 갖춘 회사에 위임

(8) 피복두께
① 적정의 간격재 사용으로 피복두께 확인
② 간격재는 철근망태 삽입시 이탈하거나 공벽을 깎아내지 않는 현상
③ 간격재는 깊이방향으로 3~5m 간격
④ 같은 깊이에서 원형방향으로 4~6군데 설치

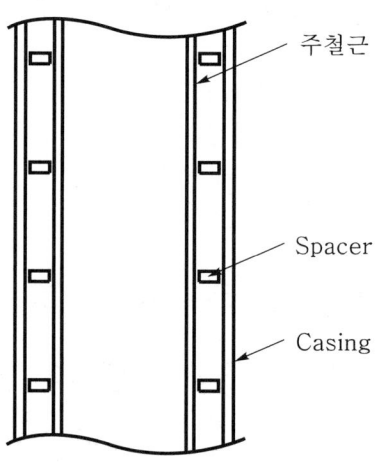

주철근
Spacer
Casing

(9) 트레미관 이동
① 트레미관의 이동은 원칙적으로 수직이동만을 원칙으로 한다.
② 어느 경우에도 삽입깊이는 6m 이하로 한다.
③ 트레미는 수평방향으로 3m 이내의 간격으로 설치하고 단부 또는 모서리에도 배치하면 시공성이 좋다.

Ⅳ. 트레미 사용시 유의사항

(1) 트레미관은 수밀성을 가져야 한다.
(2) 콘크리트가 자유롭게 낙하할 수 있는 크기 유지
(3) 트레미 1개로 칠 수 있는 면적은 일반적으로 $30m^2$ 정도

(4) 트레미는 수평이동하면 안 된다.

(5) 처음에 콘크리트 타설시에는 밑뚜껑 또는 플랜지 삽입 등으로 물 또는 안정액과의 직접 접촉을 피한다.

V. 결 론

(1) 현장타설 콘크리트 말뚝 시공에서 수중 콘크리트 타설은 말뚝의 품질에 직접적인 영향을 주는 요인으로 치밀한 계획하에 시공되어야 한다.

(2) 특히 트레미관을 사용하여 콘크리트를 타설할 때는 콘크리트의 연속적인 공급으로 타설해야 하며 트레미관의 사용규정을 준수하여 양질의 콘크리트 구조물을 만들어야 한다.

13-1 현장타설 콘크리트 말뚝기초의 시공중 Slime 처리방법과 철근의 공상발생에 대한 원인, 대책에 대하여 기술하시오. [99중, 30점]

13-2 현장타설 콘크리트 말뚝기초를 시공함에 있어서 슬라임(Slime) 처리방법과 철근의 공상(솟음) 발생원인 및 대책을 설명하시오. [04중, 25점]

Ⅰ. 개 요

(1) 현장타설 콘크리트 말뚝기초란 현장에서 소정의 위치에 구멍을 뚫고 철근망을 설치한 후 Tremie관을 이용하여 콘크리트를 타설하여 말뚝을 형성하는 공법이다.

(2) 기초공사시 환경공해 및 인접구조물의 피해를 최소화하기 위하여 소음, 진동이 없는 현장타설 콘크리트 말뚝의 사용이 늘어나고 있다.

(3) 철근의 공상(共上)이란 콘크리트 타설에 따라 Casing 일반작업이 병행되는데 이때 Casing 인발과 함께 철근이 함께 위로 오르는 현상을 말한다.

Ⅱ. 현장타설 콘크리트 말뚝의 종류

(1) Earth Drill 공법(Calweld 공법)

(2) Benoto 공법(All Cassing 공법)

(3) RCD(Reverse Circulation Drill) 공법(역순환 공법)

Ⅲ. Slime 처리방법

(1) 수중 Pump 방식

공내에 수중펌프를 설치하여 Slime을 배출시키고 선단부에 Slime이 쌓이지 않게 여과지를 통해서 안정액을 순환시키는 방법

(2) Air Lift 방식

Trench 내에 Tremie Pipe를 설치한 후 Nozzle을 부착한 Air Hose를 관내에 투입하고 Compressor로 Air를 보내 그 반발력으로 돌아온 Air와 함께 안정액이 흡입되어 나오는 방식

(3) Sand Pump 방식

수중 Pump를 굴착 바닥까지 내려서 Pump로 직접 퍼올리는 방식

(4) Water Jet 방식

고압의 압력수를 이용하여 Tremie관으로 콘크리트를 배출하기 전에 공내 하부에 쌓인 선단부의 Slime을 교란시켜 콘크리트가 최하단부에 위치하도록 하는 방식

(5) 모르타르 바닥처리방법

공내에 Slime과 안정액이 교란되었을 때 버킷을 내려서 버킷 내부에 Slime이 쌓이게 하여 밖으로 들어내고 모르타르가 들어 있는 버킷을 공내에 넣어 모르타르를 바닥에 타설하고 교반기로써 약간의 Slime과 함께 혼합하여 바닥을 모르타르로 처리하는 방식

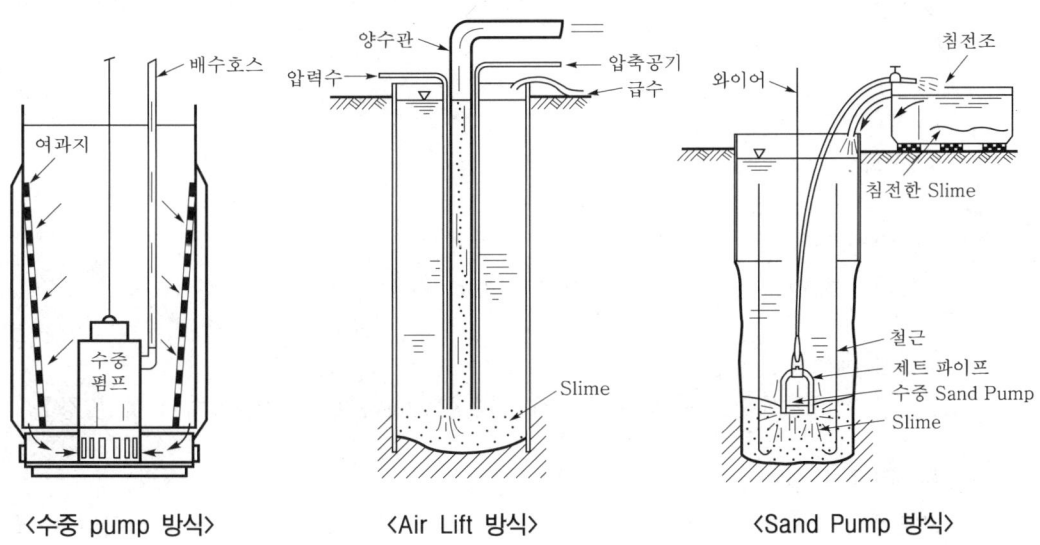

〈수중 pump 방식〉　　　〈Air Lift 방식〉　　　〈Sand Pump 방식〉

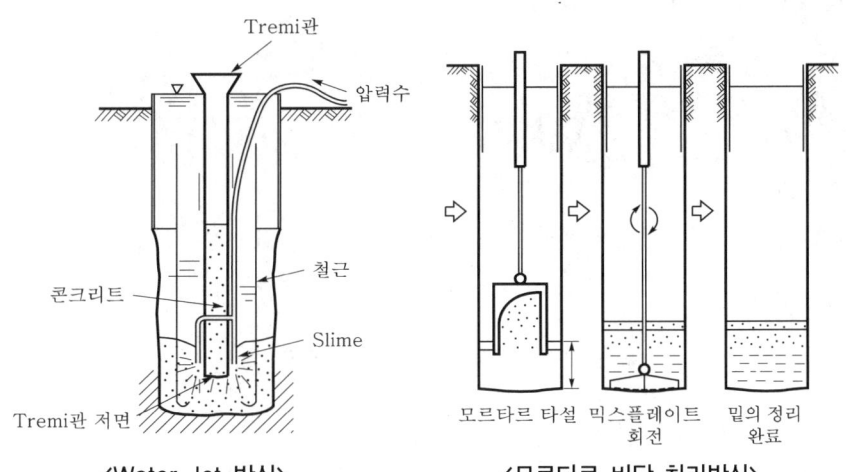

〈Water Jet 방식〉　　　〈모르타르 바닥 처리방식〉

Ⅳ. 철근 공상(共上)의 원인

(1) 천공불량
천공작업불량으로 굴착구멍이 휘어져 있을 경우

(2) 철근건립불량
철근망 설치가 잘못되어 구멍 내부에서 철근망이 휘어서 세워져 있을 경우

(3) 철근 Spacer 부적절
철근망을 굴착구멍 속에 설치할 때 철근망과 굴착면의 공간확보를 위하여 설치하는 Spacer가 부적절한 경우

(4) Slime 미처리
굴착구멍 바닥에 위치하는 Slime 처리불량으로 Slime이 남은 경우

(5) 철근이동
콘크리트 타설시 철근망이 한쪽으로 이동될 경우

(6) 철근망 제작불량
철근망 제작에서 철근망의 형상이 고르지 못하거나 원형을 유지하지 못할 경우

(7) 콘크리트 응결
콘크리트 타설과정에서 Casing tube 인발전에 콘크리트가 응결을 시작하여 콘크리트와 Casing tube의 마찰이 클 경우

Ⅴ. 대 책

(1) 수직천공
지반굴착시 굴착구멍의 수직도 유지

(2) 철근망 수직건립
철근망을 설치할 때 굴착구멍 속에 수직으로 건립

(3) 규정의 Spacer 사용
굴착구멍과 철근망 사이의 공간확보를 위하여 사용하는 Spacer의 규격품 사용

(4) Slime 처리
굴착 바닥면 Slime을 충분히 제거

(5) 철근망 고정

설치한 철근망의 이동을 억제하기 위한 횡방향 고정장치 이용으로 철근망 고정

(6) 철근망 제작

철근조립대를 이용하여 철근망이 원형을 유지할 수 있게 보강조치

(7) 콘크리트 Slump

Slump는 작업에 지장이 없게 18cm 정도로 유지하고, 조기응결을 방지하기 위하여 응결지연제 사용

(8) 콘크리트 시공

콘크리트 타설작업시 Tremi관이 넘쳐 흐르지 않도록 일정량의 콘크리트 주입

(9) Casing Tube 인발

Casing Tube 인발은 충분히 좌우로 이동하여 콘크리트와의 마찰을 줄인 후에 인발작업을 한다

VI. 철근 공상의 수정방법

(1) Casing 일부 매몰
(2) Casing 전부 매몰
(3) 철근망을 인발하고 타설 콘크리트를 제거한 후 재시공

VII. 결 론

(1) 현장타설 콘크리트말뚝은 대형 토목구조물의 기초로서 최근 많은 공사현장에서 이용되고 있다.

(2) 시공과정에서의 Slime 제거 및 철근의 공상 등의 품질관리 상태가 불량한 경우 필요한 지지력을 얻을 수 없게 되므로 시공과정에서 품질향상을 위한 계획수립이 매우 중요하다.

13-3 대구경 현장타설말뚝의 시공에서 철근의 겹이음과 나사이음을 비교설명하시오.

[99중, 30점]

Ⅰ. 정 의

(1) 교각기초, 대형 구조물의 기초형식으로 많이 이용되고 있는 깊은 기초공법으로 대구경의 현장타설말뚝을 채택할 경우 철조망을 배치하여 기존 기초말뚝을 보강하게 된다.

(2) 기초의 심도에 맞게 미리 제작된 철근망을 대형 기중기를 이용하여 구멍 속으로 삽입하게 되는데 이때 철근망의 이음은 겹이음과 나사이음으로 이음한다.

Ⅱ. 철근 이음부의 요구조건

(1) 부재 전체가 동일 강도를 유지

(2) 항복강도는 1~5% 이상 발휘

(3) 경제성

(4) 시공성

Ⅲ. 현장타설말뚝에서 철근 시공방법

선조리공법(Pre-Feb 공법)으로 현장에서 미리 말뚝에 삽입할 철근망을 제작·조립하는 것으로 철근조립대를 이용한다.

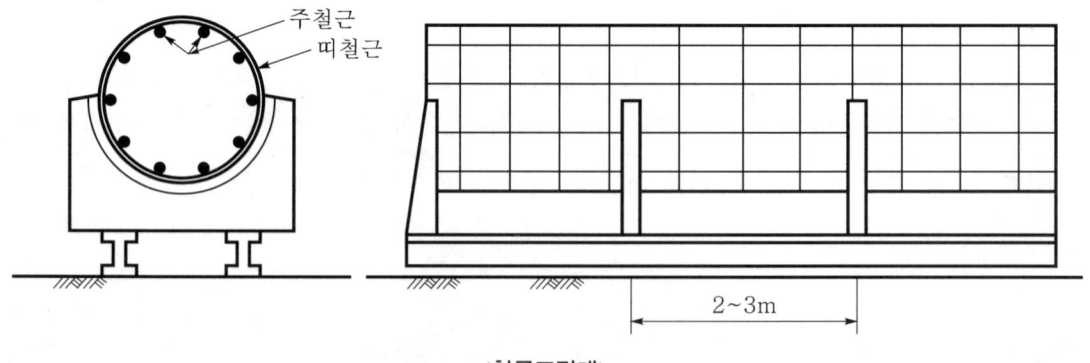

〈철근조립대〉

Ⅳ. 철근 이음방법

(1) 겹이음

① 정의

철근망 제작에서 주철근을 이음하는 방법으로 두 철근을 서로 겹치게 하여 Grip으로 체결하는 방법이다.

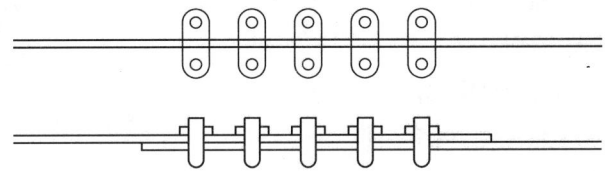

② 특징

㉠ 이음부 신뢰성 확보

㉡ 이음에 작업이 간단

㉢ 공사비 저렴

㉣ 철근망 삽입시 구조적으로 안전

㉤ 이음부의 강도 확보

③ 시공법

㉠ 이음철근을 겹으로 배치

㉡ Grip으로 가조립

㉢ 겹친 방향, 길이 등 조정

㉣ Grip 체결

㉤ Grip 규정개수만큼 체결

④ 시공시 유의사항

㉠ 동일 단면 이음금지

㉡ Grip 볼트체결은 양측 동일하게 체결

㉢ 첫 번째 Grip에서 마지막 Grip까지 순환체결

㉣ 전체 Grip 체결 볼트조임상태 확인

(2) 나사이음

① 정의 : 철근에 붙어있는 돌기를 나사로 이음한 두 철근을 서로 맞대어서 소켓 형식의 Coupler로 조여서 철근을 연결하는 공법이다.

② 특징

㉠ 시공이 간편하다.

㉡ 숙련공이 필요하다.

　　　　　ⓒ 굵은 철근의 이음에 적당하다.

　　　　　ⓔ 열에 의한 철근변형이 없다.

　　　③ 시공법

　　　　　㉠ 철근 단부 청소

　　　　　ⓛ 공장제품 Coupler 준비

　　　　　ⓒ 이음할 두 철근을 서로 맞댐.

　　　　　ⓔ Coupler를 회전시켜 두 철근을 이음

　　　④ 시공시 유의사항

　　　　　㉠ 나사체결상태 확인

　　　　　ⓛ Nut의 변형 여부

　　　　　ⓒ 동일 단면 이음은 지양

　　　　　ⓔ 철근돌기가 부실한 철근의 사용금지

V. 겹이음과 나사이음의 비교

구 분	겹이음	나사이음
시공난이 정도	쉽다	숙련도 요구
경제성	싸다	다소 고가
이음부 신뢰성	견고	견고
단면축소	없다	조금 있다
시공속도	빠르다	다소 늦다
콘크리트 타설	영향 있다	영향 없다

VI. 결 론

(1) 도심지 구조물의 기초말뚝을 시공함에 있어 인접 구조물의 피해와 환경공해를 방지하기 위한 방법으로 현장타설 Con'c 말뚝이 확대 시행되고 있다.

(2) Slime 관리 및 처리를 철저히 하여 환경공해 관리와 굴착기계의 소형화로 시공성을 향상시키고 무소음·무진동 공법의 기술개발과 연구에 박차를 가해야 할 것이다.

14-1 교량기초공사에 사용되는 케이슨(caisson) 공법의 종류를 열거하고 각각의 특징에 대하여 설명하시오. [02중, 25점]

14-2 연약지반상의 케이슨(Caisson) 시공시 문제점과 대책 [03후, 25점]

14-3 최근 항만공사시 케이슨(Caisson)이 5,000ton급 이상으로 대형화되고 있는 추세이다. 대형화에 따른 케이슨 제작진수 및 거치방법에 대하여 설명하시오. [06후, 25점]

14-4 압축공기중에서 작업할 때 필요한 설비에 대하여 설명하시오. [97후, 25점]

I. 개 요

(1) Caisson 기초공법은 수평지지력과 수직지지력이 큰 기초공법으로서, 정통(井筒)의 모양에 따라 원형은 교량기초에 많이 사용되며, 안벽(岸壁)의 기초로서는 방형 또는 단형이 많이 사용된다.

(2) Caisson 기초공법은 Open Caisson, Pneumatic Caisson, Box Caisson으로 대별할 수 있으며 지반조건, 시공조건, 환경조건을 면밀히 검토한 후 적정 공법을 선정해야 한다.

II. Caisson 종류

```
           ┌─ Open Caisson(Well Method, 우물통공법, 井筒공법)
Caisson ───┼─ Pneumatic Caisson(공기잠함)
           └─ Box Caisson(설치, 상자형)
```

III. Open Caisson(Well Method, 우물통공법, 井筒공법)

1. 정의

(1) 상하단이 개방된 정통(井筒)을 지표면에 거치한 후 통내(筒內)를 통하여 지반토를 굴착하여 소정의 지지층까지 침설하는 공법

(2) 일반적으로 교량기초 또는 기계기초에 많이 사용

2. 특징

(1) 장점
① 시공설비가 간단하다.
② 공사비가 적게 들어 경제적이다.
③ 소음에 의한 공해가 거의 없다.

(2) 단점
① 침하속도가 일정하지 않아 능률저하
② 굴착중에 장애물(호박돌, 전석) 제거 곤란
③ 굴착중 Shoe 선단의 하부 굴착시 Caisson의 경사변위가 자주 발생
④ 침설중 주변지반의 교란으로 인접구조물에 악영향 발생
⑤ 지지력 측정 곤란

3. 시공법

(1) 시공순서 Flow Chart

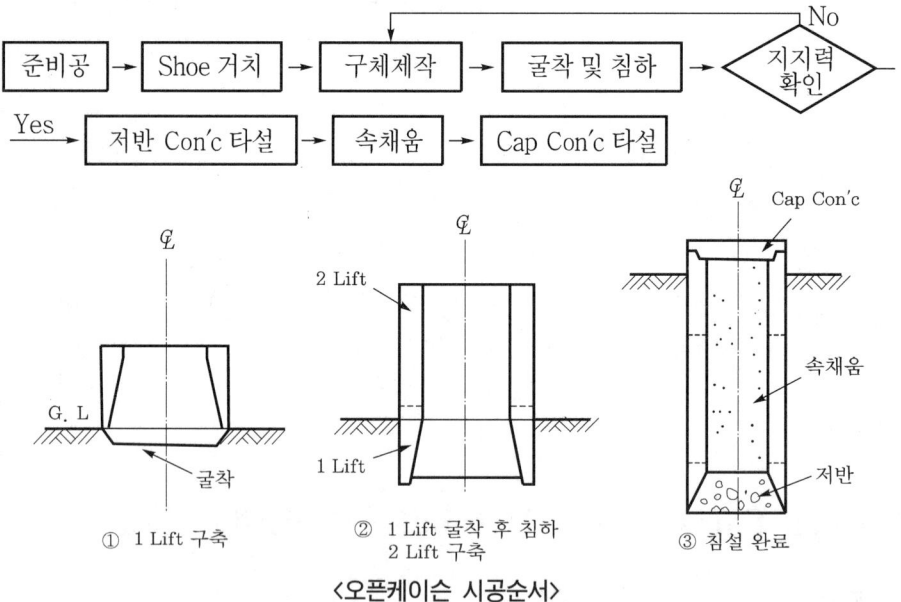

<오픈케이슨 시공순서>

(2) 시공시 유의사항
① 연약지반에 거치시 부등침하, 경사 등이 발생하므로 지반개량이 필요
② 우물통 내부의 물 배수시 강제배수는 지반을 파괴하므로 피할 것
③ 우물통 침설시 우물통의 경사와 편심에 유의할 것
④ 수중 Con'c의 품질관리 철저
⑤ 굴착중 Caisson의 Shoe 부분에 장애물 제거시 작업원의 안전확보에 유의

Ⅳ. Pneumatic Caisson(공기잠함)

1. 정의

(1) Caisson 하부에 압축공기 작업실을 두고 여기에 지하수압에 상당하는 고압공기를 공급하여 지하수를 배제한 후 작업실 바닥의 토사를 굴착반출하면서 소정의 지지 지반까지 침설하는 공법

(2) Pneumatic Caisson 공법의 한계심도는 작업원이 견딜 수 있는 공기압에 의하여 결정되며 굴착작업은 주로 인력에 의한다.

2. 특징

(1) 장점

① 인력작업을 하므로 시공정도가 높다.

② 침하속도가 일정하므로 공정관리 용이

③ 굴착중에 장애물 제거 용이

④ 토층, 토질의 확인과 정확한 지내력 측정 이 가능

⑤ Caisson의 경사수정이 용이

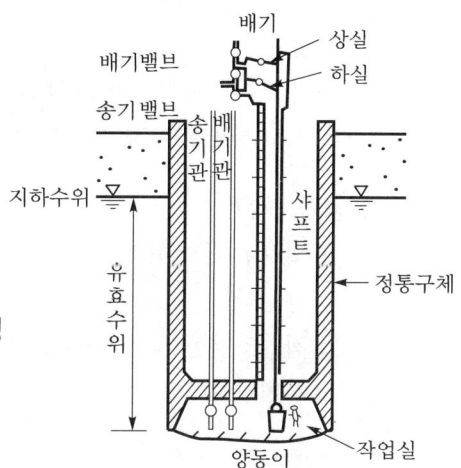

<Pneumatic Caisson>

(2) 단점

① 압축공기를 이용하여 시공하므로 대규모 기계설비 필요

② 굴착작업은 인력에 의존하므로 특수 숙련 노무자가 많이 필요

③ 고압내에서 작업하므로 Caisson병 발생

④ Compressor의 진동 및 배기음의 소음발생

3. 시공법

(1) 시공순서 Flow Chart

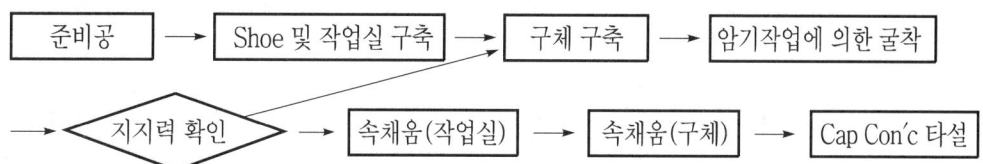

준비공 → Shoe 및 작업실 구축 → 구체 구축 → 암기작업에 의한 굴착

→ 지지력 확인 → 속채움(작업실) → 속채움(구체) → Cap Con'c 타설

(2) 시공시 유의사항

① 공기압에서 Con'c를 타설하기 때문에 작업실 천장의 기밀성 유지

② 작업실은 높이 1.8m 이상으로 Shoe와 천장 Slab는 일체 Con'c 타설

③ 가압 및 감압 시간을 지켜 Caisson병에 유의

④ 굴착은 중앙부터 판 후 주변파기를 할 것

⑤ 작업실 천장의 자중으로 인해 Shoe 선단에 작용하는 하중이 크므로 침하 초기에는 작업실 천장 밑에 동바리 설치

4. 필요한 설비

(1) 공기압축기

① 공기압축기는 저압형($4kg/cm^2$)을 사용한다.

② 설치기준

㉠ 공간 체적, ㉡ 토질, ㉢ 작업인원, ㉣ 작업심도 등에 의해 계산상으로 정해지나 숙련기술자의 경험적 판단에 의해 예비대수를 가하여 설치한다.

(2) 공기냉각기

① 압축된 공기는 고온으로서 증기가 포함되어 있으므로 공기냉각을 목적으로 사용한다.

② 작업조건을 양호하게 하기 위해서 Air Cooler를 압축기와 공기저장탱크 사이에 설치한다.

(3) 공기청정기

공기청정기는 냉각기와 저장탱크 중간에 설치하여 압축공기 중의 수분, 유분을 분리하는 역할을 한다.

(4) 공기 저장탱크

도어의 개폐, 버킷의 상하작업 등의 원인에 기인하여 압축공기의 파동을 완화하는 것을 목적으로 설치한다.

(5) 자동배기변

작업실내의 기압조절용으로 고압에 의한 예상치 못한 사고를 방지하기 위하여 자동 기압조정 배기변을 설치한다.

(6) 기압유지계

작업실의 기압을 일정하게 유지할 수 있도록 기압측정용 센서를 사용하여 작업실내 기압을 적정하게 유지한다.

(7) 온도계

작업실의 온도관리를 위하여 설치하며 여러 개를 설치한다.

(8) 중앙처리 시스템

자동정보 시스템을 이용하여 통제실에서 작업인의 근황을 체크할 수 있도록 중앙 집중처리 시스템 설비를 한다.

(9) 고압산소실

고압공기 내에서는 고압공기에 의한 산소결핍 증상이 현저하게 나타나며 특히 잠수병의 발생 우려가 높으므로 작업종료후 고압산소실에서 휴식을 취하여 대기압에 적응할 수 있게 한다.

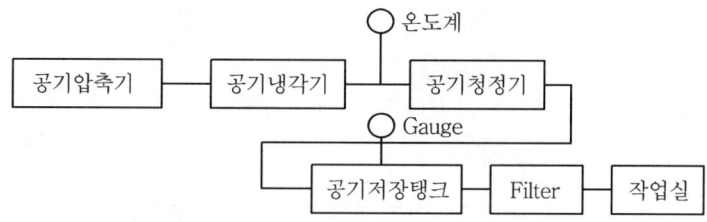

V. Box Caisson(설치, 상자형)

1. 정의

(1) 지상에서 보통 철근 Con′c로 만든 Box형의 구조물을 진수시켜 소정의 위치에 배로 예인하여 침설시키는 공법
(2) 항만구조물 중 방파제, 계선시설 등과 같이 횡하중을 받는 구조물에 이용

2. 특징

(1) 장점
① Box 구조물이 지상에서 제작되므로 품질확보 용이
② 설치가 간편
③ 공사비 저렴
④ 제작기간 단축

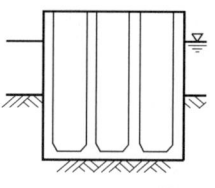

〈Box Caisson 형상〉

(2) 단점
① 운반시 파랑, 바람, 조류 등의 횡압으로 전도의 위험이 크다.
② 설치지반의 요철에 영향을 받기 쉽다.

3. 시공법

(1) 시공순서 Flow Chart

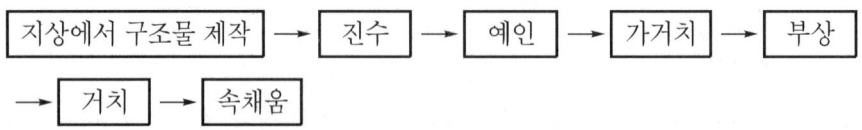

(2) 시공시 유의사항
① 지지 지반을 수평이 되게 굴착할 것
② 지지 지반에 세굴이 생기지 않게 할 것
③ 시공기계가 대형으로 운반시 주의
④ 수심이 깊은 경우 사석대를 설치
⑤ 거치시 경사침하에 유의

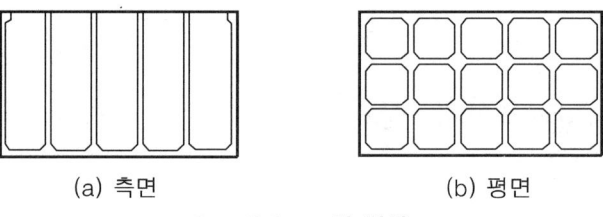

(a) 측면   (b) 평면

〈Box Caisson의 형상〉

Ⅵ. 거치방식

(1) 거치방식 종류

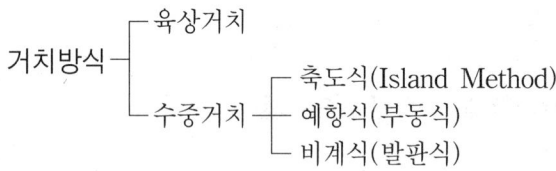

(2) 육상거치
① 시공순서 Flow Chart

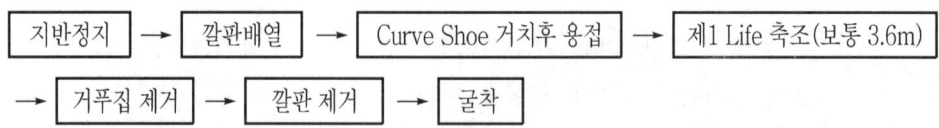

② 시공시 유의사항
㉠ 부착지반은 지하수의 영향을 받지 않는 높이로 한다.

     ⓛ 표토의 치환 및 지반정지를 하여 1 Lift의 부등침하나 경사방지

     ⓒ 거푸집은 3~4일 후에 제거

     ⓔ 깔판의 길이 1m, 두께 3cm 이상의 목재 밑판 설치

(3) 축도식(Island Method)

  ① 특징

     ㉠ 가장 안전하고, 일반적인 방법이다.

     ⓛ 수심이 5m 정도까지는 축도를 한다.

  ② 시공순서 Flow Chart

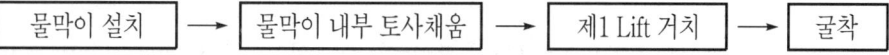

  ③ 시공시 유의사항

     ㉠ 수심에 따라 흙가마니, 나무널말뚝, 강널말뚝 등을 물막이로 선정

     ⓛ 축도면은 예상수위보다 0.5~1.0m 이상

     ⓒ 매립토사가 유실되지 않게 물막이의 수밀성 확보

     ⓔ 우물통 주위의 여유폭은 2.0m 이상 확보

     ⓜ 하상(河床)으로부터 제2Lift 이상 침하시켜 출수 또는 물막이의 파손 등 불의의 사고에 대비

(4) 예항식(부동식)

  ① 특징

     ㉠ 수심이 5m 이상으로 비교적 깊은 곳에 적용

     ⓛ 조류 및 파도 등의 영향으로 축도 거치가 곤란할 때 적합

  ② 시공순서 Flow Chart

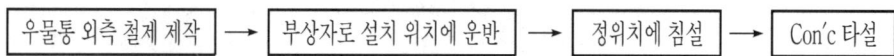

  ③ 시공시 유의사항

     ㉠ 예항의 안정성을 확보하기 위해 선로의 수심, 유속 등을 조사

     ⓛ 경사가 있을 때 물이 이동하므로 우물통 내에 물을 채울 때는 복원력을 확보하기 위해 측벽에 칸막이 설치

     ⓒ 우물통을 매다는 방법은 3점법을 사용

(5) 비계식(발판식)

  ① 특징

     ㉠ 중량 관계로 비교적 소형의 Well에 사용

     ⓛ 수심이 깊은 곳에는 부적당

② 시공순서 Flow Chart

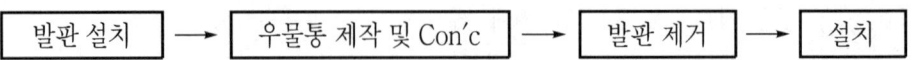

발판 설치 → 우물통 제작 및 Con′c → 발판 제거 → 설치

③ 시공시 유의사항

㉠ 우물통은 가라앉았을 때 상부가 수상면에 50cm 이상 나오는 정도의 높이로 제작

㉡ 우물통을 내리는 지반은 미리 잠수부에 의해 수평이 되도록 다듬질

Ⅶ. 결 론

(1) Caisson 기초공법은 선단부의 지지력 확보와 시공정도가 우수한 공법이지만 침설 시 경사와 편심에 유의해야 한다.

(2) 침설시의 경사나 편심의 방지는 시공상 어려우므로, 허용한도 이내로 하기 위해서 는 세밀한 지반조사와 철저한 시공관리로 사전에 대처해야 한다.

14-5 하이브리드 Cassion   [07중, 10점]

Ⅰ. 정 의

(1) Hybrid Caisson이란 강재와 철근콘크리트를 견고하게 일체화시킨 합성구조 형식
으로 구성된 Caisson이다.

(2) Hybrid Caisson의 구조는 바닥판 및 기초가 철골철근콘크리트 구조, 측벽이 합성
판 구조, 격벽이 강판 구조로 구성된다.

(3) 합성판은 통상적으로 콘크리트와 비교해서 동일 두께시 부재강도가 크기 때문에
판두께를 얇게 하고 경량화하여 부유시의 흘수(吃水)를 감소시킬 수 있다. 또한 저
판을 길게 뺄 수 있어 저면 반력의 조정을 가능하게 할 수 있는 등 각각의 조건에
가장 합리적인 단면을 얻어낼 수 있다.

Ⅱ. Hybrid Caisson의 시공도

(1) 바닥판 및 기초 : SRC(철골철근콘크리트) 구조
(2) 측벽 : 합성판 구조(강판+콘크리트)
(3) 격벽 : 강판 구조

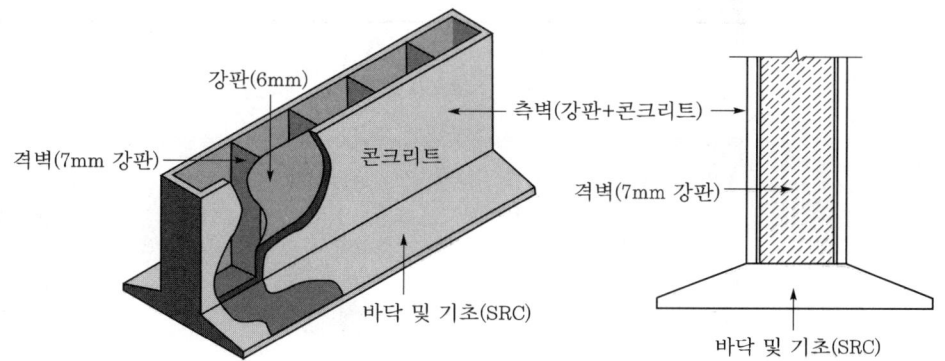

Ⅲ. 적용성

① 내진성능이 필요한 구조물
② 항내의 해수교환 유도
③ 경제적인 Caisson 축소
④ 소파(消波)가 가능한 유수실을 갖는 Caisson

Ⅳ. 특 징

① 지반개량의 범위 감소
② Caisson의 경량화
③ 기자재의 간소화
④ 강성 증대
⑤ 자재 및 가설재 감소 효과
⑥ 콘크리트량의 감소
⑦ 대형화 가능

Ⅴ. Hybrid Caisson과 RC Caisson의 차이점

구 분	Hybrid Caisson	RC Caisson
사용재료	강판, 형강, 전단 연결재, 콘크리트	콘크리트
단면형상	기초를 확대하여 지반 반력을 작게 할 수 있음	기초를 설치할 경우, 길이는 1.5m 정도까지임
함체 자중	① 함체의 자중이 작음 ② 흘수가 작은 Caisson의 설계가 용이	Hybrid Caisson과 비교하여 함체의 자중이 큼
인양 운반	인양 방향으로 각도를 맞추어 인양비스를 부착하면 들고리를 사용하지 않고 인양 가능	일반적으로 들고리를 사용하여 직접 인양

> **15-1** 우물통기초로 하천에 교각을 세운다. 수위 아래 교각 내부에 양질의 콘크리트를
> 타설하고자 한다. 다음에 대하여 설명하시오.
> 1) 콘크리트의 배합과 치기   2) 시공상 지켜야 할 사항   [94전, 50점]
>
> **15-2** 우물통기초 공사에 대하여 Shoe 설치, 콘크리트 치기, 우물통 침하, 속채움 등
> 으로 구분하여 기술하시오.   [97전, 30점]
>
> **15-3** 우물통기초 침하시 정위치에서 편차가 생긴다. 편차의 허용범위에 대하여 설명하
> 고, 허용범위를 벗어났을 경우의 대처방안에 대하여 기술하시오.   [98중후, 30점]

Ⅰ. 개 요

(1) 우물통기초(Open Caisson) 공법이란 상·하단이 개방된 정통내에서 지반을 굴착,
   배토하면서 자중 또는 재하중에 의해 소정의 지지층까지 침설시키는 공법이다.
(2) 일반적으로 교량기초, 고가교, 기계기초 등에 많이 사용하며 근입심도는 15~20m
   정도가 가장 유리하다.

Ⅱ. 우물통 기초의 특징

(1) 무소음, 무진동 공법이다.   (2) 공사비가 비교적 저렴하다.
(3) 강성이 크고, 수평저항력이 크다.   (4) 깊은 기초가 가능하다.
(5) 굴착중 장애물 제거가 곤란하다.   (6) 경사되기 쉽고, 수정이 어렵다.
(7) 주변지반이 교란되기 쉽다.

Ⅲ. 시공순서 Flow chart

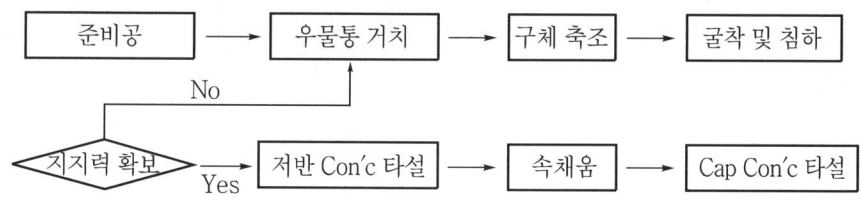

Ⅳ. Shoe 설치

(1) Shoe의 구조

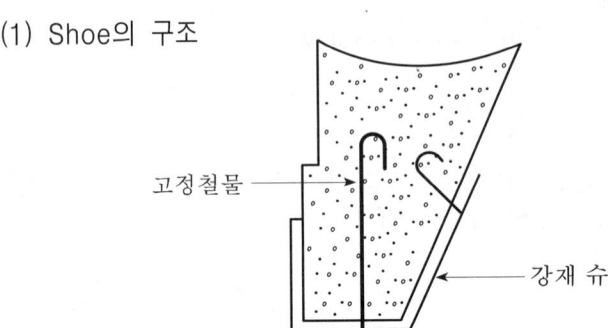

고정철물

강재 슈

(2) Shoe의 역할

   ① 우물통 끝날의 마모나 파손을 방지

   ② 우물통의 침하 용이

   ③ 응력을 평균화하는 역할

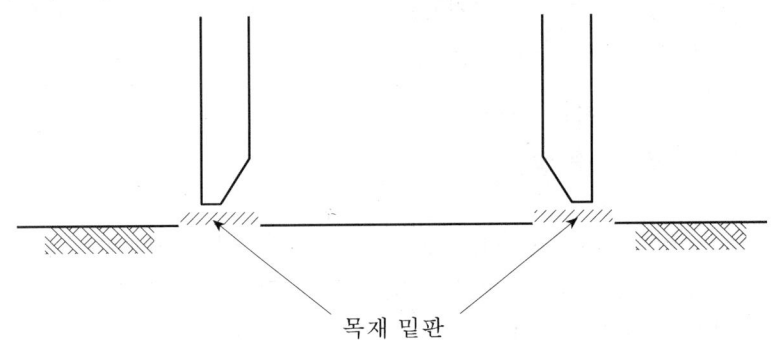

목재 밑판

(3) Shoe의 설치방법

   ① 날끝 위치의 지반정지

   ② 길이 1m 정도의 목재 밑판 설치

   ③ 그 위에 Shoe를 설치하고 굴착

   ④ 침하와 동반하여 밑판을 제거

   ⑤ 위치조정이나 부등침하 방지조치

(4) 설치시 유의사항

   ① Shoe의 전단면은 동일하여야 한다.

   ② Shoe 제작시 내외측의 경사를 같게 한다.

   ③ 침하시 파손되지 않게 용접을 견고히 한다.

   ④ 적절한 간격으로 앵커를 부착하여 끝날이 Con'c와 밀착되게 한다.

   ⑤ 굴착침하 작업시 탈락, 파손, 이탈되지 않도록 해야 한다.

V. 콘크리트 치기(배합과 치기)

1. 콘크리트 배합

(1) 슬럼프

슬럼프값은 15~21cm를 표준으로 한다.

(2) 물·시멘트비

50% 이하를 표준으로 한다.

(3) 단위시멘트량

$370kg/m^3$ 이상을 표준으로 한다.

(4) 잔골재율

40~45%를 표준으로 한다.

(5) 혼화제

Fly Ash, 고로슬래그 미분말

(6) 공기량

콘크리트 속의 공기량은 4% 이하로 한다.

2. 치기

(1) 트레미에 의한 치기

① 트레미는 수밀성을 가지며 콘크리트가 자유롭게 낙하할 수 있는 크기로 한다.

② 트레미의 설치는 면적이 과대해서는 안 되며, 품질저하의 요인이 되므로 트레미관 1개의 타설면적은 $30m^2$ 정도가 가장 적당하다.

③ 트레미는 콘크리트를 치는 동안 하단부가 항상 콘크리트로 채워져 있어야 한다.

④ 트레미는 콘크리트를 치는 동안 수평으로 이동시켜서는 안 된다.

(2) 콘크리트 펌프에 의한 치기

① 콘크리트 펌프의 배관은 수밀해야 한다.

② 콘크리트 치기용 수송관 1개로 치는 면적은 일반적으로 $5m^2$ 정도이다.

③ 배관이동시는 배관내로 물의 역류하거나 배관내 콘크리트가 수중낙하하지 않도록 선단부에 역류방지장치 등의 조치가 필요하다.

(3) 밑열림상자 및 밑열림포대에 의한 치기

① 밑열림상자 및 밑열림포대는 그 바닥이 콘크리트를 치는 면 위에 도달해서 콘크리트를 쏟아부을 때 쉽게 열릴 수 있는 구조라야 한다.

② 콘크리트를 치는데 있어 밑열림상자 또는 밑열림포대를 조용히 수중에 내려 콘크리트를 쏟은 후 콘크리트면으로부터 상당히 떨어질 때까지 천천히 끌어올려야 한다.

③ 밑열림상자 및 밑열림포대를 이용하여 수중에 콘크리트 치기를 할 때는 수심을 측정하여 낮은 곳을 찾아서 먼저 콘크리트를 친다.

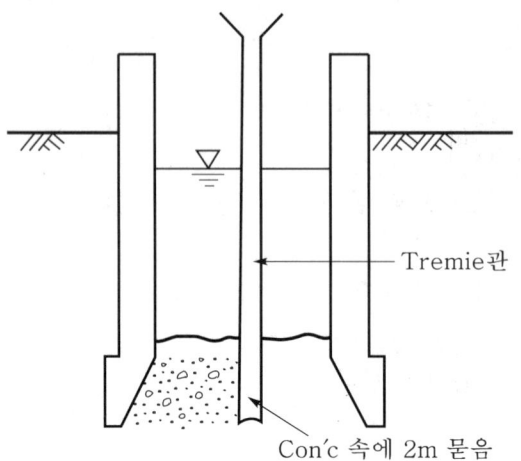

Tremie관

Con′c 속에 2m 묻음

Ⅵ. 우물통 침하

1. 굴착

① Clamshell, Cat Mal 이용
② 지하수위 이상은 인력굴착
③ 편기를 고려한 대칭굴착

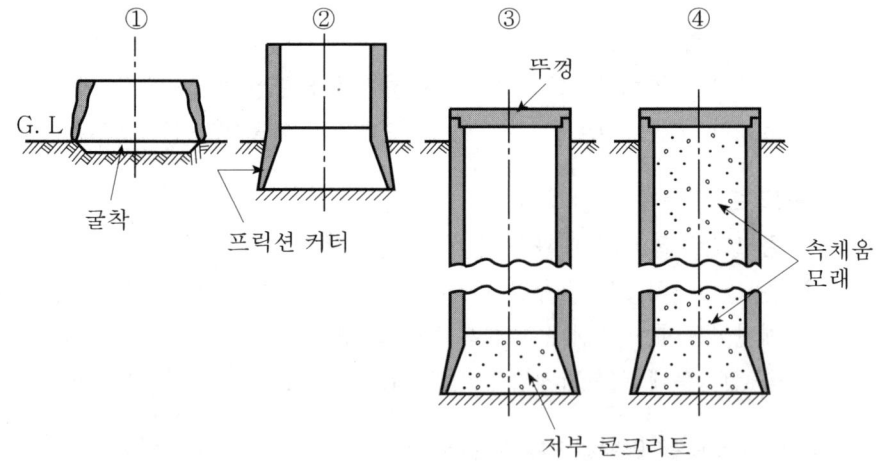

2. 침하

① 1Lift를 짧게 타설하여 우물통의 경사 방지
② 편기는 조기에 수정해야 한다.

③ 침하조건식

$$W \quad > \quad F \quad + \quad U \quad + \quad P$$

(우물통무게 > 측면마찰력 + 양압력 + 날끝지지력)

3. 침하촉진공법

① Friction Cutter 공법

② 활성제 도포

③ Water Jet 공법, Air Jet 공법

④ 주수공법

⑤ 폭파공법

⑥ 재하중공법

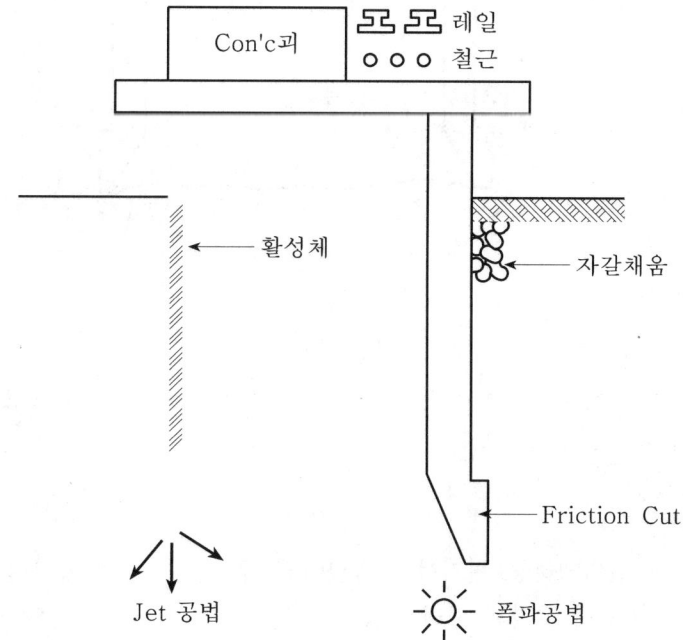

4. 우물통 침하시 편차

(1) 편차의 발생원인

① 출수에 의한 이동

② 지층의 경사

③ 케이슨 날끝의 지지력 상이

④ 침하하중의 불균등

⑤ 굴착토에 의한 편하중

⑥ 수중굴착의 치우친 굴착

⑦ 날 끝에 전석, 유목 등 장애물이 있을 경우

(2) 편차허용 범위

케이슨의 침하완료시 중심선의 편차량(편심량)은 많은 시공경험에 의하면 20cm 내외로 나타난다.

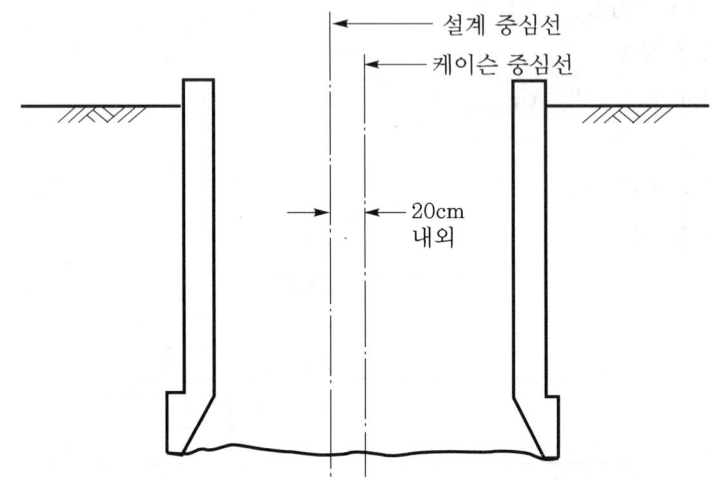

5. 편차 대처방안

(1) 지반조사

케이슨 침설현장에서의 지층구조, 지질상태 등 모든 지반조사를 행하여 케이슨 침하에 영향을 미치는 요인을 미리 제거한다.

(2) 재하중

케이슨 굴착침하중 편기현상이 일어날 때 재하중을 이용하여 케이슨의 편심을 수정해나가면서 굴착해 내려간다.

(3) Boiling 방지

케이슨 내부 수위저하로 인해 내부바닥에서 지반토가 분출하는 Boiling 현상을 방지하여 케이슨의 편기를 방지한다.

(4) 굴착토 처리

케이슨 내부 굴착토의 처리가 한 측으로 치우쳐 적재될 때 지상하중이 편심으로 작용됨으로써 편기가 발생하므로 굴착토의 균등처리가 중요하다.

(5) 균등 굴착

침하과정에서 케이슨 내부의 굴착순서가 적절하지 못할 때 발생하는 편기방지를 위하여 굴착순서를 준수해야 한다.

(6) 장애물 제거

지반조사에서 나타나는 지하에 위치하는 지하장애물의 우선제거가 중요하다.

(7) 경사지층 처리

지반하부에 위치하는 굳은 지지층의 경사가 케이슨 편기에 큰 영향을 미치게 되므로 경사지층을 먼저 처리하고 케이슨을 침설시킨다.

(8) 반력말뚝 사용

케이슨의 침하가 진행되어 케이슨이 규정 이상으로 편위가 발생되었을 때는 반력말뚝을 이용하여 케이슨의 편위를 수정한다.

(9) 편하중

케이슨의 침하조건을 위한 재하중을 이용하여 케이슨의 편위가 발생하였을 때 상부 재하중을 편심으로 재하시켜 편위를 수정한다.

(10) 토사 투입

케이슨 침하과정에서 과도한 편굴착으로 편위가 발생할 때 경사진 부위에 토사를 투입시켜 내부로 굴착하는 방법으로 편기를 수정한다.

VII. 속채움

(1) 속채움 재료로는 모래, 자갈, Con'c 등을 사용
(2) 저반 Con'c 강도 확인후 즉시 속채움 실시
(3) 속채움 재료로 사석을 사용할 때 구체의 충격에 유의
(4) 편하중에 의한 우물통의 경사 방지
(5) 파랑에 의한 우물통의 전도, 위치변화에 유의

VIII. 시공상의 지켜야 할 사항

(1) 정수중 치기

콘크리트는 정수중에서 치는 것을 원칙으로 한다.

(2) 낙하금지

콘크리트 치기는 어떤 경우든 수중에 낙하시켜서는 안 된다.

(3) 수평유지

콘크리트면을 가능한 한 수평으로 유지시키면서 치기를 한다.

(4) 연속타설

수중에 콘크리트 치기는 중단되는 일 없이 연속해서 쳐야 한다.

(5) 물의 유동 방지

콘크리트가 경화될 때까지 물의 유동을 방지해야 한다.

(6) 레이턴스 제거

한 구획의 콘크리트 치기를 완료한 후 레이턴스의 제거 없이 다시 쳐서는 안 된다.

(7) 콘크리트 치기 장비

콘크리트 치기는 트레미나 콘크리트 펌프를 사용해서 치는 것을 원칙으로 한다. 부득이한 경우에는 밑열림상자나 밑열림포대를 사용해도 좋다.

(8) 수중 불분리성 혼화제

① 수중 불분리성 혼화제는 대한토목학회 규준「콘크리트용 수중 불분리성 혼화제 품질 규격」에 적합한 것이어야 한다.

② 감수제, AE 감수제 또는 이 밖의 혼화제는 품질이 확인된 것으로서 수중 불분리성 혼화제와 병용하여 나쁜 영향을 미치지 않는 것이어야 한다.

(9) 철근간격

수중 콘크리트에서는 다짐이 불가능한 경우가 많기 때문에 콘크리트의 충전성을 좋게 하기 위하여 철근의 최소간격에 관한 조건을 엄격하게 한다.

(10) 굵은 골재 최대치수

철근 순간격의 1/2 이하 또는 25mm 이하를 표준으로 한다.

IX. 결 론

(1) 우물통 기초의 교각 내부 콘크리트 치기는 수중에서의 재료분리와 Slime 등에 의해서 콘크리트의 품질이 저하되는 일이 없도록 유의하여 시공하여야 한다.

(2) 규정에 맞는 콘크리트 치기 장비를 사용하여 콘크리트의 품질관리에 특별한 계획을 수립한 후에 시공에 임해야 할 것이다.

16-1 Open Caisson 공법에서 마찰저항을 줄이는 방법에 대하여 기술하시오.

[95전, 33점]

16-2 우물통(Open Caisson) 공사에서 침하를 촉진시키는 방법과 시공시 유의사항을 기술하시오.

[02전, 25점]

16-3 Open Caisson의 마찰력 감소방법

[03후, 10점]

16-4 우물통 케이슨의 현장침하시 작용하는 저항력의 종류와 침하를 촉진시키기 위한 방안을 설명하시오.

[09중, 25점]

16-5 교량기초로 사용되는 공기 케이슨(Pneumatic-Caisson)의 침하방법에 대하여 기술하시오.

[04전, 25점]

16-6 압기 케이슨(Pneumatic Caisson)의 침하조건식

[94후, 10점]

I. 개 요

(1) 육상 또는 수상에서 제작된 우물통은 우물통의 자중(自重) 또는 재하하중에 의하여 소정의 깊이까지 침하시켜 지지력을 확보해야 한다.

(2) 침하시 토질의 여러 가지 악조건으로 인하여 침하불능이 발생하면, 침하조건식이 만족하도록 자중증대·재하중공법·주면마찰력 감소·선단지지력 약화·부력 감소 등의 침하촉진공법을 이용하여 원활한 침하가 되도록 한다.

II. 침하조건(침하조건식)

(1) 우물통의 침하작업은 내부의 토사굴착과 하중재하로 이루어진다.

(2) 다음 조건을 만족할 때 침하되나, 만족치 않을 때는 침하촉진공법이 필요하다.

$$\underset{\text{(우물통 하중)}}{W_C} + \underset{\text{(재하중)}}{W_L} > \underset{\text{(주면마찰력)}}{F} + \underset{\text{(선단지지력)}}{P} + \underset{\text{(부력)}}{U}$$

III. 침하시 작용하는 저항력의 종류

(1) 주면마찰력

① 주면마찰력의 크기는 단항의 경우 흙의 전단저항력에 말뚝의 전주면적을 곱한 것과 같다.

② 군항의 경우는 군항의 외주로 둘러싼 Block의 주면적에 전단저항력을 곱한 것과 같다.

③ 이처럼 주면마찰력은 케이슨의 침하에 대한 저항력으로 발생한다.

(2) 선단지지력

① 케이슨의 지지력은 말뚝 선단지반의 지지력과 주면마찰력의 합을 말한다.

② 선단지지력에는 축방향 지지력, 수평지지력, 인발저항 등이 있어 케이슨의 침하를 저항하는 저항력으로 작용한다.

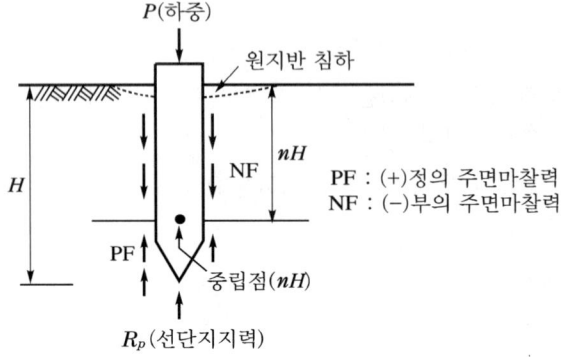

PF : (+)정의 주면마찰력
NF : (−)부의 주면마찰력

(3) 양압력

① 구조물이 지하수위 이하에 놓이게 되면 구조물 저면에 상향으로 작용하는 물의 압력을 받게 되는 것을 양압력이라 말한다.

② 물이 정수위 상태일 때 작용하는 양압력은 정수압과 같고 구조물 저면에 작용하는 침투수가 있는 경우의 양압력은 침투시 간극수압과 같다.

③ 양압력의 표시

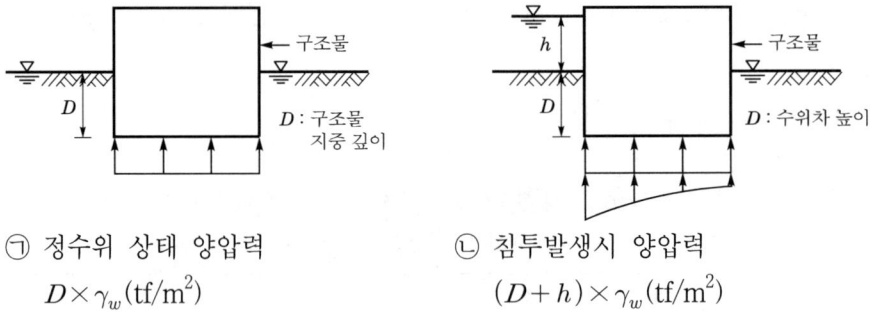

㉠ 정수위 상태 양압력
$D \times \gamma_w (\text{tf/m}^2)$

㉡ 침투발생시 양압력
$(D + h) \times \gamma_w (\text{tf/m}^2)$

(4) 부력

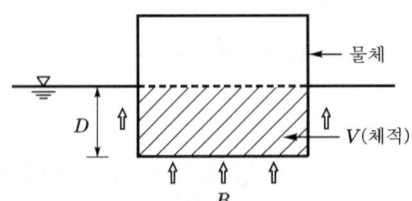

① 부력$(B) = \gamma_w \times V (\text{tonf})$

여기서, γ_w : 물의 단위중량

V : 물체가 액체 속에 잠겨 있는 부분의 체적

② 부력은 힘의 단위(tonf)로 나타낸다.

Ⅳ. 침하촉진공법(침하공법, 마찰력 감소방법)

(1) 자중 증대
 ① 침하 초기에 유효한 공법으로 우물통을 쉽게 침하시킨다.
 ② 우물통의 자중을 증대시킴으로써 주면마찰력과 선단지지력보다 우물통의 하중을 크게 하여 침하의 촉진을 위한 설계를 한다.

(2) 재하중공법
 ① 초기에는 자중으로 쉽게 침하하지만, 심도가 깊어짐에 따라 침하가 곤란해지면 재하중하여 침하시킨다.
 ② 재하재료는 Rail, 철괴(鐵塊), Concrete Block, 흙가마니 등을 사용한다.
 ③ 시공이 간단하고 경제적이어서 많이 사용하며, 주로 사질지반에 사용한다.
 ④ 우물통을 이을 때마다 일단 하중을 제거한 후 새로운 Lot가 만들어지면 그 양생기간이 지난 다음 다시 하중을 실어 침하를 촉진시켜야 하는 단점이 있다.

(3) 물하중공법
 ① 수밀한 우물통에 물을 넣어 침하시키는 공법으로 재하중공법의 단점을 보완한 공법이다.
 ② 재하비가 싸며, 물을 펌프로 넣으므로 재하준비시간이 짧다.
 ③ 우물통에 하중이 균등하게 작용하므로 우물통의 경사 우려가 적다.

(4) 자갈 채움
 ① 우물통 침하시 우물통 주변에 표면이 매끄럽고 둥근 자갈을 충진시킨다.
 ② 우물통 표면에 자갈을 넣으므로 우물통 구조체와 주변의 흙을 절연시킴과 동시에 마찰력을 감소시켜 우물통의 침하를 촉진시킨다.

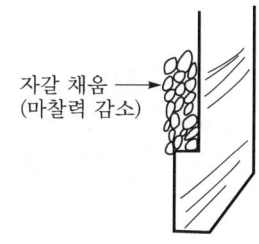

자갈 채움 →
(마찰력 감소)

〈자갈 채움〉

(5) 활성제 도포
 ① 우물통의 두께를 증대시키지 않고, 침하하중을 사용치 않는 공법으로 시공이 간단하다.
 ② 우물통 구조체에 특수 표면활성제를 도포하여 주면마찰저항을 감소시켜 침하를 용이하게 하는 공법이다.

(6) 용액주입공법
 ① 우물통 주변에 자갈 채움 대신 매끄러운 용액을 주입하여 마찰감소효과를 기대한다.

② 용액은 토양오염을 방지할 수 있는 재료이며, 경제적이며 구득이 용이한 재료이 어야 한다.

(7) 주수법

① 용액주입 공법에 사용하는 매끄러운 용액 대신 재료의 구득이나 관계가 용이한 물을 사용한다.

② 경제적이며 토양의 오염을 방지할 수 있는 공법이지만 지반을 교란시키는 단점 도 있다.

(8) 분기법

① 주수법에 사용하는 물 대신 공기를 고압으로 추입시켜 우물통 표면과 토사의 사이를 공기막으로 절연시킴으로써 침하가 촉진된다.

② 토양의 오염이나 지반을 교란시킬 염려가 없다.

(9) Friction Cutter

① 침하촉진을 의한 Friction Cutter를 날 끝에 붙인다.

② 부등침하의 염려가 있으므로 주의하여 굴착하며, Friction Cutter 주변을 먼저 굴착하지 말고, 중앙 부근을 먼저 굴착하여 자연침하시킨다.

③ Friction Cutter에는 Shoe를 부착하여 Friction Cutter를 보호한다.

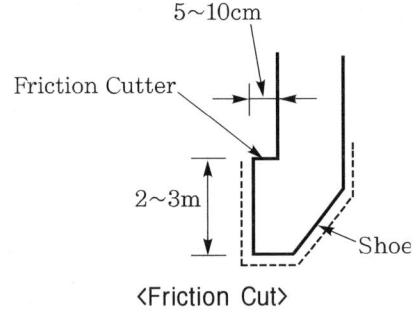

〈Friction Cut〉

(10) 발파공법(진동공법)

① 침하의 최종단계에서 침하가 곤란한 경우 진동발파에 의해 침하시키는 공법으 로 진동공법이라고도 한다.

② 화약폭발로 우물통 자체에 충격을 가하여 마찰저항을 감소시켜 침하시킨다.

③ 우물통 내부에는 수심이 4m 이하 정도의 물이 있는 것이 좋으나, 수심이 너무 깊으면 폭발에너지가 물에 전달되어 횡압력이 벽체에 작용하게 될 수도 있으므 로 주의해야 한다.

④ 화약의 양은 우물통 단면적 20m²에 대하여 300g 정도가 적당하다.

(11) Water Jet 공법

　① 우물통의 주면마찰력으로 인해 침하속도가 느리면 날 끝부분에 물을 고압으로 분사하여 지반을 느슨하게 만들어서 마찰력 감소효과를 유도하는 공법이다.

　② 지나친 압력 등으로 인한 부등침하에 유의한다.

(12) Air Jet 공법

　① Water Jet 공법의 물 대신 공기를 날 끝부분에 고압으로 가하여 지반의 이완을 도모하여 침하를 촉진시키는 공법이다.

　② 토사의 날림으로 작업환경의 악조건에 유의한다.

(13) 수위저하공법

　① 우물통 내부의 수위가 부력으로 작용하여 우물통 침하에 방해가 되므로 수위를 저하시켜 부력을 줄인다.

　② 지나치게 수위를 저하시키면 Boiling · Heaving · Piping 등이 발생하여 우물통의 급격한 침하와 편심의 원인이 되므로 유의해야 한다.

V. 시공시 유의사항

(1) 우물통이 기울어지는 원인을 파악하여 미리 방지할 것
(2) 우물통을 정확한 위치에 침하시키며, 허용편차 내에서 설치할 것
(3) 우물통 주변에 눈금자를 설치하여 지반의 상태 및 공정을 알 수 있도록 할 것
(4) 우물통 침하의 시작은 느리나 갑자기 침하하는 경우가 있으므로 하중이 과대하지 않도록 유의할 것
(5) 과도한 굴착시 급격한 침하발생에 유의할 것
(6) 연약지반에 거치시 부등침하, 경사 등이 발생하므로 지반개량이 필요
(7) 우물통 내부의 물배수시 강제배수는 지반을 파괴하므로 피할 것
(8) 우물통 침설시 우물통의 경사와 편심에 유의할 것
(9) 수중 Con'c의 품질관리를 철저히 할 것
(10) 굴착중 Caisson Shoe 부분의 장애물 제거시 작업원의 안전확보에 유의

VI. 결 론

(1) 우물통이 상부하중을 지지하기 위해서는 소정의 깊이까지 침하시켜야 하는 바, 침하촉진공법은 시공성 · 경제성 · 안전성 · 무공해성을 고려하여 결정해야 한다.
(2) 재료의 구입이 쉽고, 시공성이 양호한 공법개발은 물론 시공시 부등침하나 편심의 계측관리를 철저히 이행하여 안정적인 침하촉진공법을 개발하여야 한다.

> **17-1** 기존 지하철 하부를 통과하는 또 다른 지하철공사에서 Underpinning 공법으로 시공하고자 한다. 이 공법을 설명하고, 시공시 유의할 사항에 대하여 기술하시오.
> [07전, 25점]
>
> **17-2** Underpinning 공법
> [99후, 20점]

Ⅰ. 개 요

(1) Underpinning이란 기존구조물의 기초를 보강하거나 또는 새로운 기초를 설치하여 기존구조물을 보호하는 공법이다.

(2) 기울어진 구조물을 바로잡을 때나 인접한 토공사의 터파기작업시에 기존구조물의 침하를 방지할 목적으로 Underpinning할 때도 있다.

Ⅱ. 공법의 적용

(1) 구조물이 침하하여 복원할 경우

(2) 구조물을 이동할 경우

(3) Quick Sand 현상으로 인하여 구조물이 기울 경우

(4) 기존구조물의 지지력이 부족할 경우

(5) 기존구조물 밑에 지중구조물을 설치할 경우

Ⅲ. Underpinning 공법의 종류

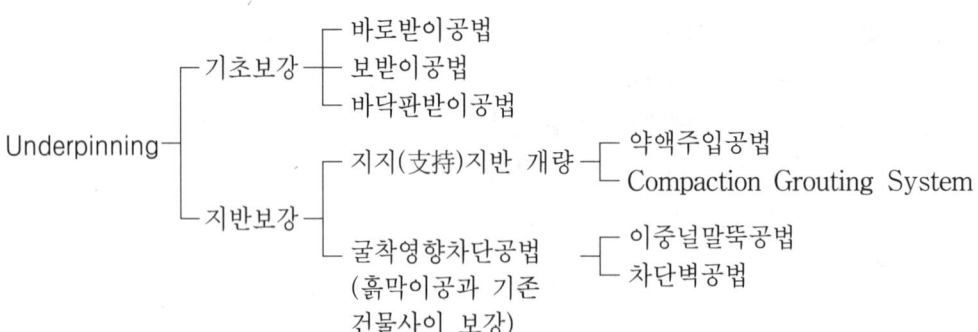

Ⅳ. Underpinning 공법

(1) 바로받이공법
① 철골조나 자중이 비교적 가벼운 구조물에 적용
② 기존 기초하부를 바로 받칠 수 있도록 신설기초 설치

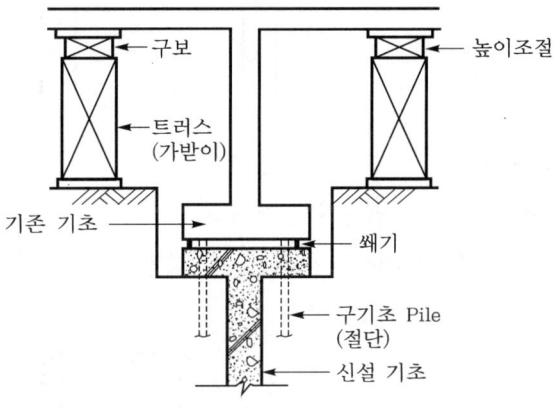

(2) 보받이공법
① 기초하부를 보받이하는 신설보 설치
② 기존 기초를 보강

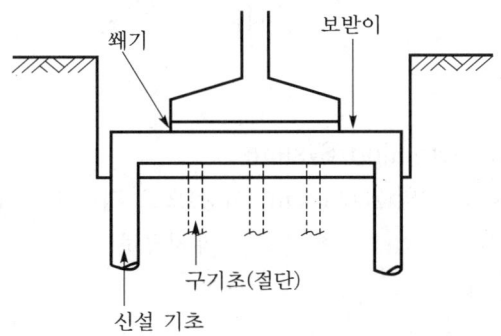

(3) 바닥판받이공법
가받이인 콘크리트 쐐기로 기존구조물을 제거한 후 바닥판 전체를 신설구조물로 받치는 공법

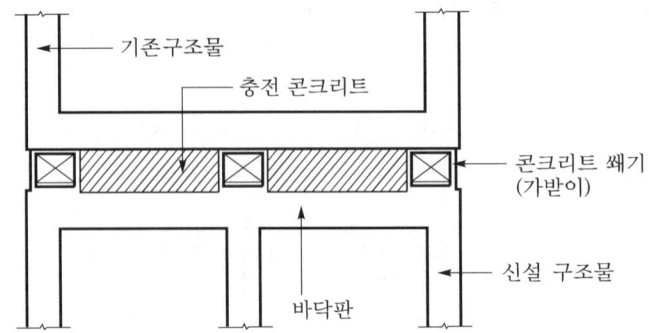

(4) 약액주입공법

① 고압으로 약액을 주입하면서 서서히 인발

② 약액의 종류로는 물유리, 시멘트 페이스트 등이 있음.

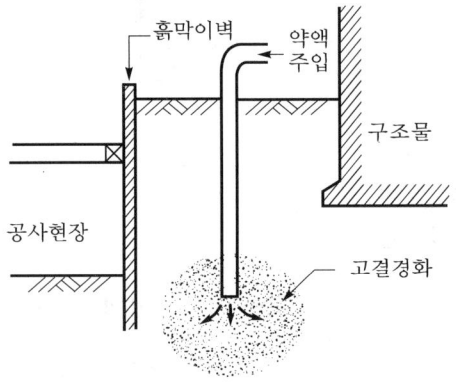

(5) Compaction Grouting System

① Mortar를 초고압($200kg/cm^2$ 이상)으로 지반에 주입하는 공법

② 1차 주입후 Mortar가 양생하면 재천공하여 주입을 반복

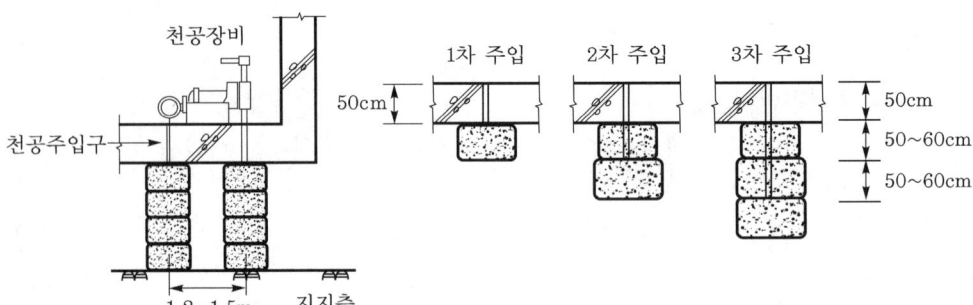

(6) 이중널말뚝공법

　① 인접 구조물과의 거리에 여유가 있을 때 이중널말뚝공법 적용

　② 지하수위를 안정되게 유지하여 침하방지

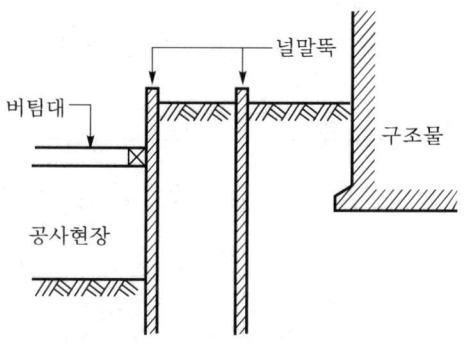

(7) 차단벽공법

　① 상수면 위에서 공사가 가능한 경우 적용

　② 구소물 하부 흙의 이동을 막음

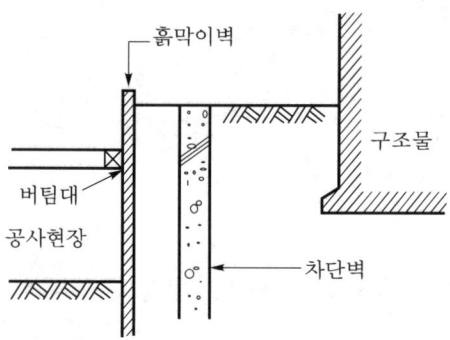

V. 시공상 유의사항

(1) 지하철의 변형 및 균열

　① 기존지하철은 차량이 통행하고 있는 관계로 진동에 의한 균열이 가지 않도록 항상 계측을 시행하여야 한다.

　② 굴진중이나 굴진후에도 균열이나 변형을 수시로 확인하고 이상징후가 발생할 경우에는 즉각적이고 신속하게 완벽한 보완대책을 강구해야 한다.

(2) 굴착면의 붕괴

　이상지압이나 Grouting의 불량에 따른 굴착면이 붕괴되거나 탈락이 없도록 세심한 주의가 요구된다.

(3) 계측관리
  ① 지중깊이가 깊고 지하수가 용출되고 있어 항상 지속적인 계측을 실시하여 문제
     점을 사전에 파악하고 대책을 강구해야 한다.
  ② 계측기는 정위치에 견고히 설치하여 변형이나 지반의 거동을 파악하고 지보공
     의 변형, 터널의 안전상태 등을 얻어 터널의 안전을 유지한다.

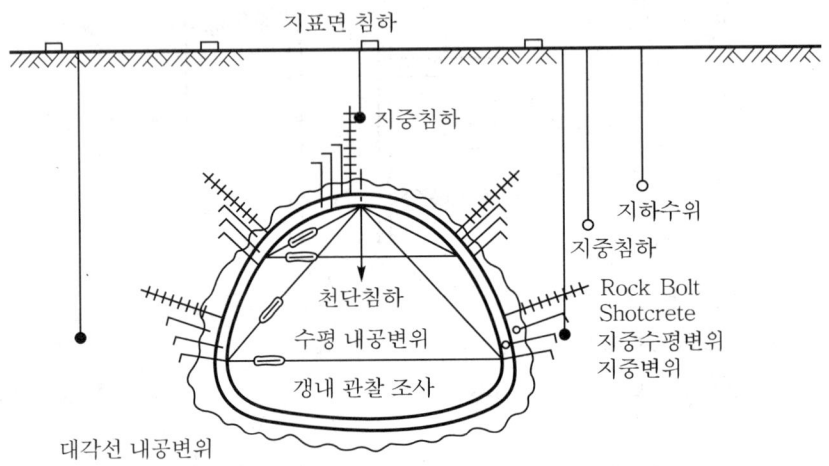

(4) 정압 주입
  현장주입시 기존의 관행인 정량주입보다는 어느 정도 가압상태로 밀실하게 충진되
  도록 정압주입을 한다.

(5) 주입공의 간격
  투구계수가 커서 주입폭이 두꺼울 때는 주입공의 간격을 줄이고 주입압을 증대시
  켜야 한다.

(6) Micro Cement 사용
  투수성이 잦은 지역에서는 주입재의 침투효과 및 강도증대를 위해 일반 시멘트보
  다는 분말도가 높은 Micro Cement를 사용해야 한다.

(7) 수압파쇄대 예방
  할렬주입으로 인한 지반융기현상 등이 일어나지 않도록 주입압, 약액농도, 주입률
  등을 검토하여야 한다.

(8) 약액의 희석, 유실 방지
  ① 대수층, 동수지반에서는 약액주입 설계시 주입모델 시험을 실시한다.
  ② 지하수의 유속 정도에 따라 Gel Time, 주입압, 주입속도, 농도, 주입률을 조정
     하여야 한다.

(9) 지반침하

① 지반과 수위에 대한 사전조사를 철저히 하여 토사유출을 막는 배수공법을 선정한다.

② 사전조사를 통해 지반의 상태를 파악하고 적정한 주입법을 강구하며, 계측관리를 통해 영향 여부 및 안전성 판단을 하여야 한다.

(10) 보조공법

① 예기치 못한 상황이나 연약지반 출연시 굴착면을 보호하고 막장의 안정을 위하여 보조공법을 선정한다.

② 계측관리 자료를 토대로 적절한 보조공법을 선택하여 터널굴진시 시공성과 안정성을 도모해야 한다.

VI. 결 론

(1) Underpinning 공사에서는 대상구조물에 관한 사전조사 및 하중받이 바꿈에 관한 충분한 검토가 중요하다.

(2) 변위의 측정을 위하여는 계측기기를 통한 정보화 시공이 필요하다.

18-1 기존교량에 근접해서 교량을 신설하고자 한다. 그 기초를 현장타설말뚝($D=$ 1,200mm, $H=30$m)으로 할 경우 적합한 기계굴착공법을 선정하고, 현장타설 말뚝 시공에 관하여 설명하시오. [01후, 25점]

18-2 간만의 차이가 심한 해상에서 장대교량 시공에 적용할 수 있는 기초공법에 관하여 기술하시오. [97전, 40점]

18-3 최근 수심이 20m 이상인 비교적 유속이 빠른 해상에 사장교나 현수교와 같은 특수교량이 시공되는 사례가 많다. 이때 적용가능한 교각 기초형식의 종류를 열거하고 특징에 대하여 설명하시오. [11중, 25점]

18-4 유속이 빠른 하천을 횡단하는 교량 하부구조를 직접기초로 시공하고자 할 때 예상되는 기초의 하자발생원인과 대책에 대하여 기술하시오. [01중, 25점]

18-5 유수중에 가설되어 있는 교량 하부구조(우물통기초)의 손상원인을 열거하고 이에 대한 보강대책을 기술하시오. [94전, 50점]

Ⅰ. 개 요

(1) 교량구조물은 주행차량의 하중과 충격하중이 작용하며, 특히 유수에 의한 횡방향 하중이 작용하는 특수구조물로서 기초시공에 특별한 시공관리가 요구된다.

(2) 유속이 빠른 하천에서 교량기초는 바닥의 세굴 및 횡방향 하중에 대한 저항성이 큰 깊은 기초시공이 필수적으로 채택되어야 하며, 교량의 안정성 확보를 위하여 주기적인 점검과 유지관리가 중요하다.

Ⅱ. 교량기초공법의 분류

(1) 기성말뚝기초
(2) 현장타설 콘크리트 말뚝기초(Earth Drill 공법, Benoto 공법, RCD 공법)
(3) 케이슨 기초

Ⅲ. 공법 선정

(1) 현장이 하천을 가로지르는 교량기초공사는 근접하여 기존교량이 위치하는 것으로, 기초공법 선정에 특별한 관리가 요구된다.

(2) Benoto 공법은 굴착공벽을 보호하는 방법으로 Casing을 사용하는 것이며, 기존교량에 근접하여 시공할 때 기존교량을 안전하게 보호하며 시공할 수 있는 공법이다.

(3) 기존교량에 근접한 기초공사와 시공에는 기존구조물의 보호, 보강이 우선적으로 검토되어야 하고, 구조물의 각 부위에 계측기를 설치하여 시공관리를 해야 할 것이다.

Ⅳ. 시공법(기초공법)

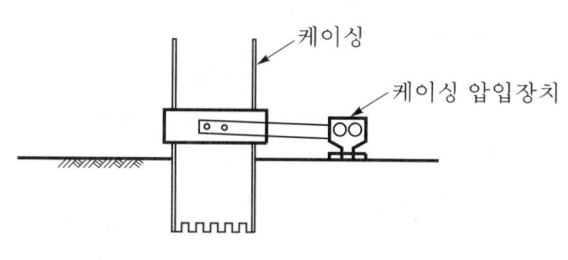

(1) Casing 관입
　　① 좌우요동장치로 Casing 관입
　　② Casing의 경사편심 수정
　　③ 변형 Casing 사용 엄금

(2) 공내굴착
　　① Hammer Grab 사용
　　② 필요시 충격식 Bit 사용
　　③ Casing 관입과 병용하여
　　　　지반 굴착

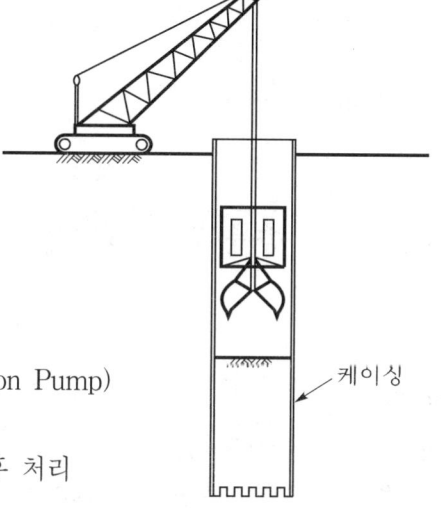

(3) Slime 처리
　　① 선단부 잔토(Slime) 처리
　　② Air Lift, Sand Pump(Suction Pump)
　　　　사용
　　③ 굴착완료 후 3~4시간 경과후 처리

(4) 철근망 넣기
　　① 가공제작된 철근망 사용
　　② 선조립공법(Pre-Fab 공법)
　　③ 철근 간격 및 보강
　　④ 철근 부상방지용 Plate 설치

(5) Tremie관 설치
　　① 강관은 250~300mm 사용
　　② 이음부는 수밀성을 유지
　　③ 선단부에는 기밀성 마개 사용
　　④ Tremie관 선단은 Con'c 타설시 2 m 이상 묻히게

(6) Con'c 타설
　　① 현장타설 콘크리트의 배합규정 준수
　　② Con'c는 연속타설
　　③ 타설속도에 따라 Tremie관 인발
　　④ 공벽보호용 Casing 인발
　　⑤ Casing 인발은 콘크리트 타설 관리
　　⑥ Con'c 타설은 0.5~1 m 정도의 여유를 두고 시공

(7) Casing 인발

① Con′c의 응결시간은 고려하여 타설중에 인발

② 인발시기가 부적정하면 철근공상이 발생

(8) 현장처리

① 폐기물 처리

② 사용기계 정리정돈

③ 지반정리

④ 보링에 의한 폐공관리

⑤ 안전가시설 점검

V. 교각 기초형식의 종류 및 특징

1. 직접기초

(1) 적용범위

① 지지층이 얕은 경우

② 지지력이 크고 침하량이 작은 지지층 : 암반, 자갈층, N치가 30 이상인 사질토

(2) 특징

① 지지층이 일반적으로 지표에서 5~8m 이내일 경우에 적용

② 지하수위는 낮은 경우가 유리하며 동결심도를 유지해야 함.

③ 동일 구조물의 기초에는 지지층의 깊이변동이 적은 것이 좋음.

④ 경사지에는 지지력 감소가 심하여 사면붕괴가 발생하기 쉬움.

(3) 시공시 유의사항

① 점유면적이 넓음.

② 소음, 진공 및 오염이 적음.

③ 지하매설물이나 지중장애물이 있을 경우에는 시공 곤란

④ 심층에 있는 지하수나 온천원에 영향을 주지 않음.

2. 말뚝기초

(1) 적용범위

① 지지층이 깊은 경우

② 중간층에 자갈층, 호박돌층, 전석층이 두꺼운 경우는 항타 곤란, 천공후 항타공법 사용

(2) 특징
① 말뚝직경의 10배 이상 깊이에서 수평, 연직 하중에 효과적임.
② 말뚝의 일반적인 사용길이
㉮ 강말뚝 : 타입시 저항이 작고 재질이 강하기 때문에 깊은 지지층까지 가능
20~50m(D400~600mm)
㉯ 현장타설말뚝 : 깊은 말뚝에 가장 적합하며 50m 이상도 가능
③ 말뚝기초는 지반침하에 의해 말뚝에 작용하는 부마찰력 발생 우려

(3) 시공시 유의사항
① 점유면적은 보통 직접기초보다는 작으나 케이슨 기초보다는 크다.
② 시공시 근접구조물에 영향을 줄 수 있음.
③ 시공시 매설물이나 지중의 장애물로 인한 시공의 저해요인이 있음
④ 깊은 층의 지하수나 온천원에 영향을 미칠 수 있음.

3. 우물통 기초

(1) 적용범위
① 상하단이 개방된 정통(井筒)을 지표면에 거치한 후 통내(筒內)를 통하여 지반토
를 굴착하여 소정의 지지층까지 침설하는 공법
② 일반적으로 교량기초 또는 기계기초에 많이 사용

(2) 특징
① 시공설비가 간단
② 공사비가 적게 들어 경제적
③ 소음에 의한 공해가 거의 없음.
④ 침하속도가 일정하지 않아 능률 저하
⑤ 굴착중에 장애물(호박돌, 전석) 제거 곤란
⑥ 굴착중 Shoe 선단의 하부 굴착시 Caisson의 경사변위가 자주 발생
⑦ 침설중 주변지반의 교란으로 인접구조물에 악영향 발생
⑧ 지지력 측정이 곤란

Ⅵ. 기초의 하자발생원인(손상원인)

(1) 세굴현상
① 유수에 의한 세굴
② 교각에 의한 단면축소로 유속 증가
③ Cavitation 발생으로 교각이 손상

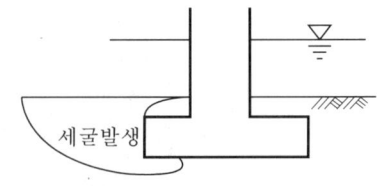
세굴발생

(2) 기초활동파괴
  ① 기초지반의 활동
  ② 지반의 전단파괴

(3) 부등침하
  ① 지반 부등침하로 인한 상판침하
  ② 부등침하에 의한 교좌 파손

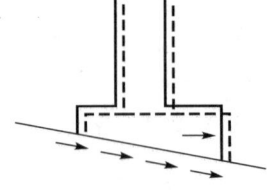

(4) 지지력 감소
  ① 확대기초 부위에서 발생하는 와류현상으로 기초부위 침식
  ② 기초지반의 연약화

(5) 부적절한 설계
  ① 설계시 잘못된 유수량 산정
  ② 잘못된 정수 적용
  ③ 설계 미숙

Ⅶ. 대책(보강대책)

(1) Steel Sheet Pile 시공
  교각 주위에 확대기초 외곽으로 Sheet Pile을 타입하여 교각기초의 세굴을 억제

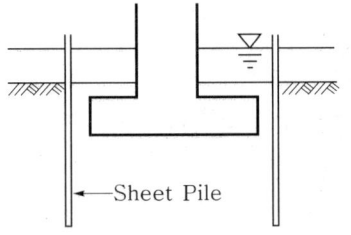

(2) 세굴방지블록 설치
  ① 교각 주위에 세굴방지블록 설치
  ② 하천수의 와류가 큰 곳은 넓게 시공

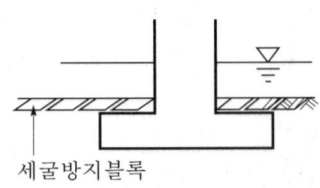

(3) 수제 설치
   ① 하천수의 흐름을 제어하는 구조물 설치
   ② 사석수제, 돌망태수제, 말뚝수제, 블록수제 등

(4) 하상 정리
   ① 홍수에 의한 하상 정리
   ② 교각 주위의 심한 세굴작용 억제책 강구

(5) 깊은 기초시공
   ① 현장타설 콘크리트 말뚝(Benoto, RCD 시공)
   ② 케이슨 기초시공

(6) Underpinning 실시
   ① 지반보강 Grouting
   ② 시멘트 지반 주입
   ③ 교각의 기초를 보강

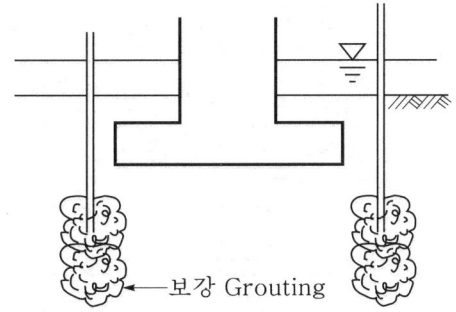

보강 Grouting

Ⅷ. 결 론

(1) 하천상의 교량기초는 하천수의 유속 및 유량 등에 의해 여러 가지 형태로 교각의 기초가 손상을 입게 되어 교량의 사용성 및 안정성을 저하시킨다.
(2) 교량기초공법 선정은 사전조사를 통해 지반상태를 고려한 최적의 공법 선정이 중요하며, 시공후 체계적인 유지관리가 무엇보다도 중요하다.

18-6 해상 교량공사에서 강관 기초파일 시공시 강재 부식방지공법을 열거하고 각각의
특징을 설명하시오. [02중, 25점]

18-7 대구경 강관말뚝의 국부좌굴의 원인을 열거하고, 시공시 유의사항을 설명하시오.
[10후, 25점]

I. 개 요

해상에 축조된 강관 기초파일은 수분 및 염분의 영향으로 강재파일의 표면이 부식되는
데, 이를 방지하기 위해서 강재 부식방지공법이 필요하다.

II. 강재 부식의 Mechanism

강재 표면에 접하는 물질 사이에 생기는 화학반응에 의해 강재의 표면이 소모해가는
현상

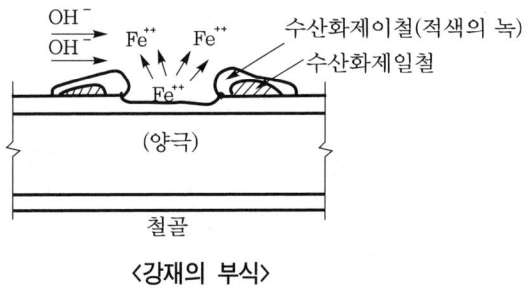

〈강재의 부식〉

III. 강재 부식방지공법

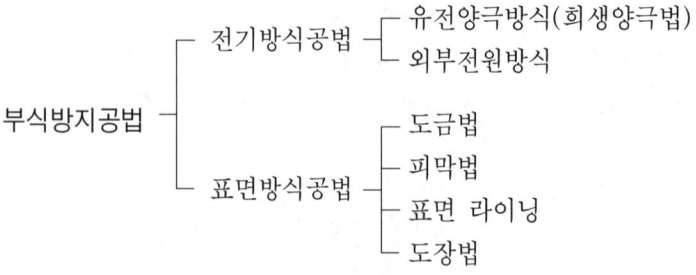

Ⅳ. 공법별 특징

1. 유전양극방식(희생양극법)

(1) 정의

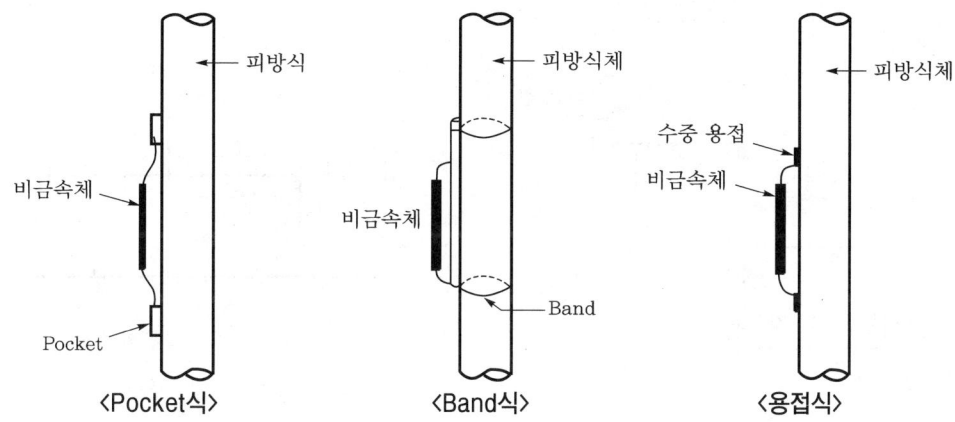

<Pocket식>   <Band식>   <용접식>

① 피방식체보다 전위가 낮은 비금속체인 알루미늄, 마그네슘, 아연 등의 양극(+극)을 강구조물에 접속하고 피방식체와 비금속체간의 전위차로 발생하는 전류를 방식전류로 이용하는 방법이다.

② 전류의 유출에 따라 비금속체가 소모되므로 희생양극법이라고 하며, 비금속체의 소모에 따라 5년 또는 10년을 주기로 교환설치하여야 한다.

(2) 특징

① 전원이 필요없다.

② 유지관리가 쉽고, 유지관리비가 필요없다.

③ 시공이 간편하다.

④ 부식방지를 위한 전력공급으로 양극이 소모되어 교체가 필요하다.

(3) 비금속체 설치방법

① Pocket식

② Band식

③ 용접식

2. 외부전원방식

(1) 정의

① 외부에서 세렌 또는 실리콘 정류기 등의 직류전원장치를 사용하여 피방식체(강말뚝, 강널말뚝)에 −전극을 접속하고 해중 또는 지중에 +전극을 접속시켜 피

방식체에 방식전류를 공급하는 방법으로 전원공급은 가는 선을 통해 강재 안벽에 연결하여 공급한다.

② 외부전원방식에는 단식변압방식과 복식변압방식(분산방식)이 있으며, 대규모 시설에는 전력손실이 적고 유지비용이 적은 복식방식을 이용한다.

(2) 외부전원 공급방법

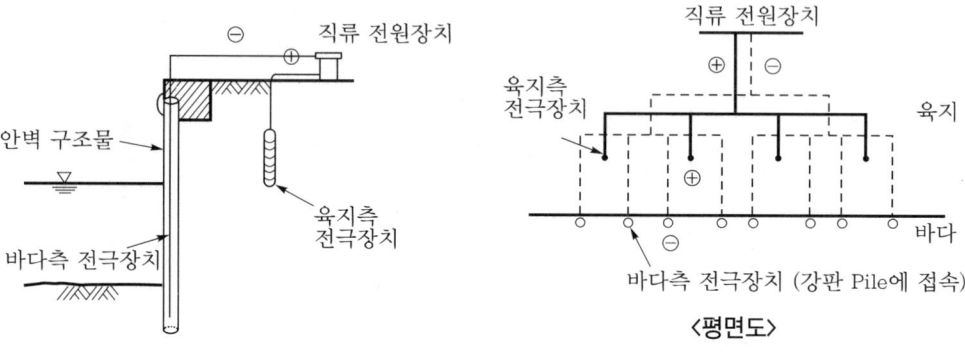

〈평면도〉

(3) 특징

① 충분한 용량을 가진 부품 사용

② 내식성이 충분한 것 사용

③ 방진, 방수를 고려한 설계

④ 정류기 등은 통풍이 잘 되는 옥내에 설치

⑤ 고저나 지반침하 등을 고려한 기초처리

(4) 배치방법

① 단식변압방식은 안벽의 경우 100~200m에 한 대의 직류전원장치를 설치하여 몇 개의 회로로 분할하여 각 회로마다 배선한다.

② 복식변압방식은 안벽의 연장이 수백 m에 달하는 대형시설에 여러 개의 정류기를 분산배치하여 배선중의 손실을 거의 0에 가깝게 하는 방식으로 배치한다.

3. 도금법

아연도금을 강재에 피복하여 강재의 부식을 원천적으로 봉쇄하는 방법

4. 피막법

① 기름(불건성유, Vaseline 등)으로 강재에 피막을 형성하여 습기 또는 공기를 차단하는 방법

② 일시적인 방법

5. 표면 라이닝

① 합성수지재료로 강재의 표면을 도장 또는 라이닝하는 방법

② 물 또는 공기의 침투를 방지하는 공법

6. 도장법

강재의 표면에 방청 Paint를 도포하여 피막을 형성하는 방법

V. 강관말뚝 국부좌굴의 원인

(1) 부적합한 말뚝 선정

① 강재 두께에 비하여 말뚝의 직경이 너무 큰 말뚝을 선정하여 시공

② Stiffener 등으로 보강하지 않은 대구경 강관말뚝으로 시공

(2) 말뚝이음 불량

① 용접이음 또는 볼트식 이음 불량으로 하중이 집중적으로 작용하여 발생

② 용접변형 발생 : 용접변형은 용접시 온도변화에 의한 이음부의 응력변화를 말하며, 이로 인해 설치 정도 불량, 강도저하, 용접불량, 국부좌굴 등이 발생

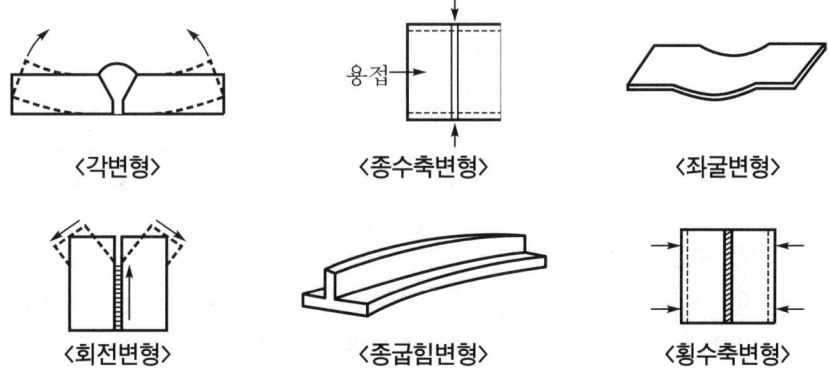

〈각변형〉 〈종수축변형〉 〈좌굴변형〉 〈회전변형〉 〈종굽힘변형〉 〈횡수축변형〉

(3) 경사암반층에 얕은 관입

경사 암반층에 얕게 관입된 경우 하중의 불균등한 작용으로 국부좌굴이 발생

(4) 말뚝속채움 미실시

지지층에 관입된 대구경 강관말뚝 내부 속채움을 하지 않은 경우에 국부좌굴이 발생

(5) 항타시공시 타격에너지 과다

해머의 타격에너지가 큰 경우 말뚝두부에 국부좌굴이 발생

VI. 시공시 유의사항

(1) 현장조건에 맞는 말뚝선정

① 지지층이 깊은 현장은 중·소구경 강관말뚝으로 여러 개(무리말뚝) 시공

② 지지층이 얇은 현장은 대구경 강관말뚝으로 시공

③ 대구경 강관말뚝 선정시 말뚝직경과 강재두께비를 산정하여 국부좌굴을 검토

④ 묵부좌굴의 발생 가능성이 큰 경우 Stiffener 등으로 보강

(2) 반입검사 및 적재시 시방규정 준수

① 반입검사전 공장에 방문하여 사용자재의 적정성과 생산성 및 운반로 점검

② 반입검사시 변형여부와 강재두께, 용접이음부 등 점검

③ 말뚝적재시 버팀목 위치와 적재높이 규정

(3) 말뚝이음 철저

① 시방규정에 맞는 말뚝이음 실시

② **고장력 볼트연결** : 강관의 주면에 연결판을 사용하여 원주방향으로 일정하게 볼트를 배치하여 강결하는 방법으로 연결판의 분할은 4개소 이내로 한다.

③ **용접연결** : 강판의 축방향으로 직접 아크용접하여 응력전달을 확실하게 하는 공법이다.

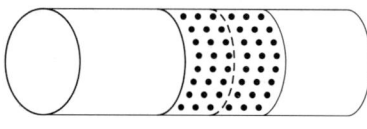
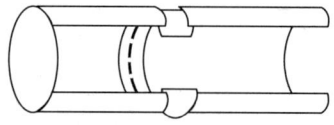

〈고장력 볼트에 의한 연결〉   〈용접에 의한 연결〉

(4) 지지층에 2m 이상 관입

① 지지층에 2m 이상 관입 또는 4D 이상 관입이 원칙

② 경사암반층 관입시 경사 하부를 기준으로 2m 이상 관입

(5) 말뚝 내부의 속채움 철저

① 강관말뚝은 강재두께가 얇아 반드시 말뚝 내부 속채움이 필수

② 모래 또는 빈배합 콘크리트 등으로 속채움 실시

(6) 적절한 항타장비 선정

시항타시 동재하시험을 통해 적절한 항타기와 말뚝을 선정

Ⅶ. 결 론

해상에 시공되는 강재는 공기와 물뿐 아니라 염분에 의해서 부식될 우려가 높으므로 강재 방식에 대한 대책을 마련한 후 시공에 임해야 한다.

Ⅰ. 개 요

① 사항은 연직방향 축선에 대하여 일정한 각도를 가지고 설치된 말뚝이다.

② 수평하중이 작용하면 말뚝이 휨응력을 받으므로 말뚝을 경사지게 하여 수평력의 일부를 말뚝 축방향력으로 전환시키기 위한 말뚝이다. 말뚝을 경사지게 하면 말뚝의 수평력 부담이 적어져 연직하중 및 수평하중 양쪽이 균형을 이룬다.

Ⅱ. 사항의 형상

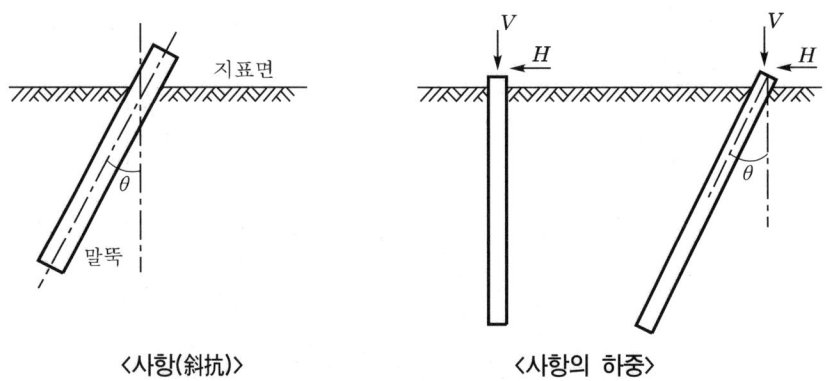

〈사항(斜杭)〉　　　〈사항의 하중〉

Ⅲ. 특성(필요한 사유)

(1) 측방유동 방지

① 연약지반에서 교대 배면 뒤채움에 의한 편재하중으로 발생하는 측방유동을 방지한다.

② 측방유동 발생으로 인한 교량, 교좌 및 포장의 파손을 방지한다.

(2) 연직하중 및 수평하중의 균형유지

수평력의 일부를 말뚝 축방향력으로 전환시키므로 말뚝의 수평력 부담이 적어져 연직하중 및 수평하중 양쪽이 균형을 이루게 된다.

(3) 경제적인 시공 가능
　① 수평력이 작을 경우는 연직말뚝으로 수평력을 부담시킨다.
　② 수평력이 클 때 말뚝의 횡저항만으로 말뚝의 수평력을 지지시키면 말뚝수가 많
　　아져 비경제적이 된다.

(4) 수평력이 큰 구조물에 이용
　교대 및 옹벽 등 배면에 토압, 수압 등이 작용하는 구조물 및 잔교 등 연직하중에
　비하여 수평하중이 큰 구조물에 많이 이용되고 있다.

(5) 무리말뚝의 효과
　말뚝기초의 경우 1방향의 경사를 가진 경사말뚝만으로 1개의 기초를 구성하는 경
　우는 적으며, 경사말뚝을 조합하거나 연직말뚝과 혼용하는 무리말뚝으로 하는 경우
　가 많다.

(6) 연직말뚝의 단면 감소
　연직말뚝이 부담하는 하중이 줄어들어 단면을 감수시킬 수 있는 효과가 있다.

Ⅳ. 문제점

(1) 휨응력 증대
　① 사항(경사 말뚝)은 시공시 휨응력이 작용함.
　② RC 말뚝은 휨응력에 대해 취약
　③ 휨응력을 고려한 말뚝 선정
　　RC Pile < PSC Pile < 강재 Pile

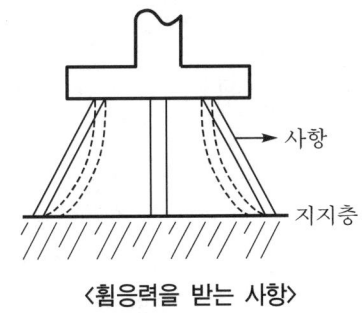

〈휨응력을 받는 사항〉

(2) 공사비 증가
　사항시공시 공기지연 및 공사비 증가

(3) 타입각도 제한
　① 말뚝의 타입각도와 순서가 맞지 않을 경우 항타 불가능
　② 타입각도가 커지면 선단위치가 어긋나기 쉽다.

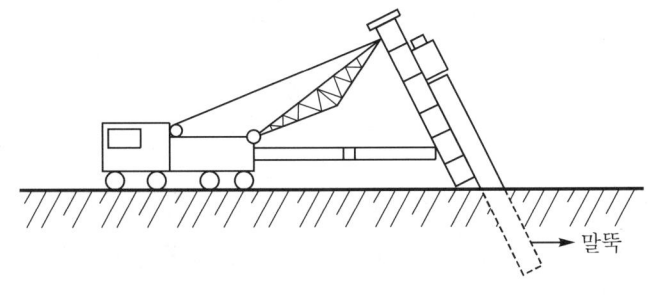

(4) 지내력 확보 곤란
① 지지층에 대한 지내력 확인 곤란
② 수평재하시험이나 인발시험을 실시하여 지내력 확보

(5) 파손발생
① 경사진 암반이나 절리된 암반에 말뚝타입시 파손발생 우려
② 경사진 암반에서는 제위치에 타입이 곤란

(6) 수평변위 발생
사항은 직항에는 나타나지 않는 수평변위가 발생함

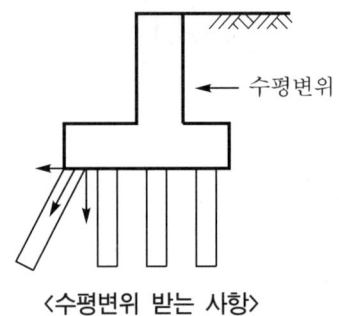

← 수평변위

〈수평변위 받는 사항〉

V. 시공관리 대책

(1) 운반 및 저장
① 운반시 충격이나 손상을 주지 않을 것
② 제작후 14일 이내의 운반은 금하며, 특수보양을 하여 말뚝의 재질에 영향을 주지 않을 경우는 제외
③ 임시 적치장소는 가능한 한 말뚝박기 지점에 가깝고 배수가 양호하며, 지반이 견고한 곳
④ 말뚝저장은 2단 이하로 하고, 종류별로 나누어 보관

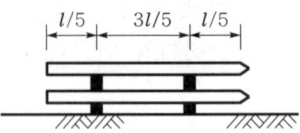

$l/5$ $3l/5$ $l/5$

⑤ 말뚝받침대는 동일 연직선상에 오게 한다.

(2) Steam Hammer 사용
① 항타시 Drop Hammer 사용 금지
② 사항시공은 각도가 중요하므로 Steam Hammer 사용

(3) 항타각도 유지
① 경사의 각도가 맞지 않으면 선단지지력과 구조물의 수평력 저하
② 정해진 항타각도 유지 철저

(4) 항타순서 철저
항타시 순서를 계획하고 순서별로 시공

(5) 두부파손 유의
① 적정 Hammer 선정 및 Cushion 두께 증가
② 편타방지
③ 지지층 지반조사

(6) 시험항타
① 실제 말뚝과 같은 무게와 단면을 가진 Pile
② 실제 말뚝과 동일한 방법으로 시공

(7) Pre-Boring 고려
① Auger로 미리 구멍을 뚫고 Pile을 삽입
② 경사각도의 유지에 효과적임.

(8) 지중장애물 확인
① 지반조사로 지중의 장애물 확인
② 장애물의 정확한 위치 파악

(9) 지내력시험 실시
시험을 통하여 시공된 Pile에 대한 지내력 확인

(10) 건설공해 방지
소음 및 진동에 유의

VI. 결 론

연약지반에서 측방유동으로 인한 수평력의 작용시 이를 제어하기 위해 사항이 시공되며, 사항시공시 미리 계획된 각도를 유지하여 시공하는 것이 매우 중요하다.

18-11 파일벤트 공법   [08전, 10점]

Ⅰ. 정 의

(1) 파일벤트 공법은 인천대교에서 시공한 공법으로서 교량 상부의 하중을 지층으로 전달하는 하부구조인 파일기초와 교각을 동일 단면으로 일체화한 공법을 말한다.

(2) 파일기초 및 교각을 분리하는 일반공법보다 구조역학적인 측면에서 세밀한 검토가 필요하나 시공이 간편하여 공사기간도 대폭 단축될 뿐만 아니라 공사비 절감에도 탁월한 공법이다.

Ⅱ. 파일벤트 공법의 형상

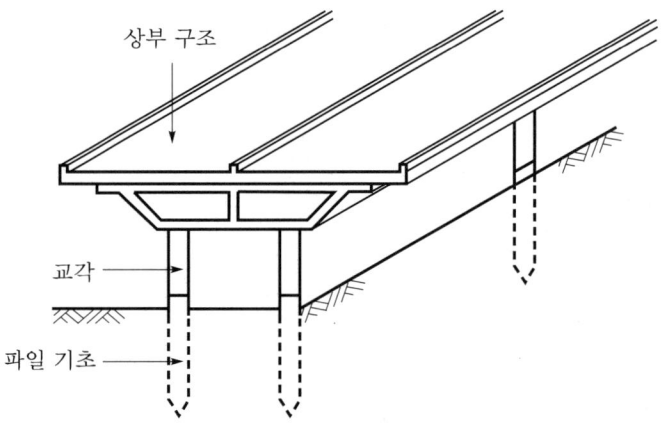

상부 구조

교각

파일 기초

Ⅲ. 특 징

(1) 기초와 상부구조의 일체화

   ① 하부구조인 말뚝과 교각을 동일 단면으로 일체화 시공함으로써, 하중전달구조가 확실하다.

   ② 시공이음이 발생하지 않아 견고한 구조물을 축조할 수 있다.

(2) 공사기간 단축

   ① 일반공법은 하부 기초시공 후 상부공사를 시행함에 따라 공사기간이 많이 소요되고 상부구조와 하부구조의 연결시 일어나는 문제점들이 많이 발생하고 있다.

   ② 일반적으로 일반공법에 비해 1개소당 30일 정도의 공기단축을 실현할 수 있다.

(3) 공사비 절감

    ① 공기단축으로 공사비가 절감되고 품질관리도 용이한 공법이다.

    ② 하부구조인 말뚝과 교각의 일체화에 따른 연속시공이 가능하고 품질관리의 단
       일화에 따라 공사비가 절감된다.

(4) 구조학적인 측면에서 세밀한 검토 필요

하나님과 그 은혜

🔻 하나님이 모세에게 이르시되 나는 스스로 있는 자니라 (출애굽기 3 : 14)

🔻 창세로부터 그의 보이지 아니하는 것들, 곧 그의 영원하신 능력과 신성이 그 만드신 만물에 분명히 보여 알게 되나니 그러므로 저희가 핑계치 못할지니라 (로마서 1 : 20)

🔻 나는 여호와요 모든 육체의 하나님이라. 내게 능치 못한 일이 있겠느냐 (예레미야 32 : 27)

🔻 여호와는 은혜로우시며 의로우시며 우리 하나님은 자비하시도다 (시편 116 : 5)

🔻 너희가 그 은혜를 인하여 믿음으로 말미암아 구원을 얻었나니 이것이 너희에게서 난 것이 아니요 하나님의 선물이라. (에베소서 2 : 8)

🔻 우리가 그리스도 안에서 그의 은혜의 풍성함을 따라 그의 피로 말미암아 구속, 곧 죄사함을 받았느니 (에베소서 1 : 7)

콘크리트

상세 목차

제3장 제1절 일반콘크리트

제3장 제2절 **특수콘크리트**

제1절 일반콘크리트

1-1 콘크리트 구조물 현장소장으로서 시공계획 과정에서 점검하여야 할 사항을 기술
하시오.   [96전, 30점]

1-2 좋은 콘크리트 구조물을 만들기 위한 시공순서와 주의사항에 대하여 설명하시오.
                                                                [04중, 25점]

I. 개 요

(1) 콘크리트 공사는 사전준비 단계에서부터 공법의 적정성 및 압축강도·내구성·수
밀성 등에 대하여 시공계획을 통한 면밀한 검토가 있어야 한다.

(2) 콘크리트 시공계획은 재료·배합·시공의 단계적인 계획과 콘크리트 타설 전후의
품질시험을 고려한 계획으로 양질의 콘크리트가 될 수 있도록 전 공정에 걸쳐 철
저한 품질관리가 요구된다.

II. 시공순서 Flow Chart

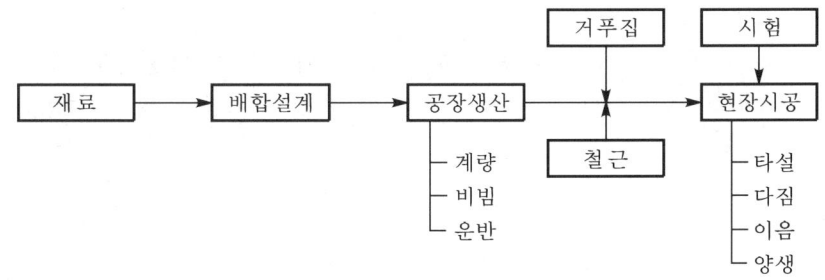

III. 시공계획시 점검할 사항(주의사항)

1. 재료

(1) 시멘트

① 시멘트는 강도가 크고, 분말도가 적당($2,800 \sim 3,200 \text{cm}^2/\text{g}$)해야 한다.

② 풍화된 시멘트는 사용하지 않는다.

(2) 골재

① 골재는 강도가 크고, 입도가 좋은 것을 사용한다.

② 골재는 불순물이 함유되지 않아야 한다(염도 : 0.02% 이하).

(3) 혼화재료

① 콘크리트의 성질을 개선하고 시멘트, 물 등의 재료사용을 감소시킨다.

② 성능 및 요구 품질에 적합한 혼화재료를 사용해야 한다.

2. 배합설계

(1) 물시멘트비(Water Cement Ratio)

① W/C비는 압축강도와 내구성을 고려하여 정하되, 6% 이하로 한다.

② 압축강도와 물시멘트비의 관계는 시험에 의해 정하는 것이 원칙이며, 이때 공시체의 재령은 28일을 표준으로 한다.

(2) Slump치

① 콘크리트 Consistency(반죽질기)를 타나내며, Workability의 양부(良否)를 결정한다.

② 일반적인 Slump치는 4~18cm이며, 구조체의 단면이 큰 경우는 4~15cm, 무근 콘크리트는 3~18cm로 한다.

(3) 굵은 골재의 최대치수(G_{max})

① G_{max}는 철근 굵기 및 간격과 최소 피복두께에 따라 결정된다.

② 최대치수는 허용범위 내에서 가능한 한 크게 해야 강도가 커진다.

3. 공장생산

(1) 계량

① 계량은 계량기, Aggregate Batcher(골재계량기) 등으로 정확히 해야 한다.

② 골재계량에는 중량계량과 용적계량이 있다.

(2) 비빔

① 강제식 믹서를 사용할 경우에는 1분 이상, 가경식 믹서를 사용할 경우에는 1분 30초 이상으로 한다.

② 묽은 반죽의 콘크리트에는 비비기 시간을 2분 이하로 해도 좋다.

(3) 운반

① 외기온 25℃ 이상일 때는 1.5시간 이내로 한다.

② 외기온 25℃ 미만일 때는 2시간 이내로 한다.

③ 운반시에는 콘크리트의 재료분리가 발생되지 않도록 해야 한다.

4. 현장시공

(1) 타설

① 타설 전에 철근·거푸집 등이 설계도에 정해진 대로 배치되었는지 확인하여야 한다.

② 타설 전에 운반장치·치기설비 및 거푸집 내부를 깨끗이 청소하여 콘크리트에 잡물이 혼입되는 것을 방지해야 한다.

(2) 다짐

① 충분한 다짐은 간극을 줄이고, 철근과 Con'c를 밀착시켜 부착강도를 증대시킨다.

② 1대의 내부 진동기가 다질 수 있는 콘크리트 용적은 소형은 1시간에 $4{\sim}8m^3$, 대형은 1시간에 $30m^3$ 정도로 계획한다.

(3) 이음

① Joint 설치는 콘크리트의 건조수축 및 온도변화에 의한 균열을 방지한다.

② 콘크리트 접합부에는 Cold Joint가 생기지 않도록 해야 한다.

(4) 양생

① 콘크리트 표면을 해치지 않고 작업이 가능한 정도로 경화하면 양생용 가마니·마포 등을 적셔서 덮거나 살수하여 습윤상태로 보호한다.

② 습윤상태 보호기간은 보통 포틀랜드 시멘트를 사용할 경우 15℃ 이상은 5일, 10℃ 이상은 7일, 5℃ 이상은 9일로 한다.

5. 시험

(1) 시멘트시험

① 분말도, 안정성시험

② 비중, 강도시험

(2) 골재시험

① 혼탁비색법, 체가름시험

② 마모, 강도시험

(3) 타설 전 시험

① 강도, 공기량, Bleeding 시험

② Slump, 염화물시험

(4) 타설 후 시험

① Core 채취법

② 비파괴시험(Schumitd Hammer법, 초음파법, 방사선법)

6. 거푸집 및 동바리 계획

(1) 거푸집은 강도 · 정밀도 · 수밀성 · 가공성 등에 대한 계획이 필요하다.

(2) 거푸집 및 동바리는 콘크리트가 자중 및 시공 중에 가해지는 하중에 충분히 견딜 만한 강도가 될 때까지 떼어내기를 하여서는 안 된다.

7. 철근공사 계획

(1) 철근공사는 응력전달이 충분히 될 수 있도록 이음 · 정착 · 피복두께 등의 확보가 중요하다.

(2) 철근은 이어대지 않는 것을 원칙으로 하되, 설계도 및 시방서에 명시되거나 책임 기술자의 승인이 있을 때에만 이어댈 수 있다.

8. 공정계획

(1) 지정공기 내에 공사예산에 맞추어 정밀도 높은 시공을 하기 위한 계획이다.

(2) 세부공사에 필요한 시간과 순서 등을 경제성 있게 공정표로 작성한다.

9. 품질계획

품질관리를 Plan → Do → Check → Action 순서에 따라 시행한다.

10. 원가관리

(1) 실행예산의 손익분기점을 분석하고, 일일공사비를 산정한다.

(2) L.C.C 개념을 도입하여 V.E 기법을 활용한다.

11. 안전계획

(1) 재해는 무리한 공기단축, 안전설비의 미비, 안전교육 미실시로 인해 발생한다.

(2) 안전교육을 철저히 시행하고, 안전사고시 응급조치계획을 세운다.

12. 건설공해

(1) 저소음·저진동 공법을 채택한다.

(2) 폐기물의 합법적인 처리와 재활용 대책을 세운다.

IV. 결 론

(1) 철근콘크리트 공사에서 콘크리트의 품질확보를 위해서는 시공의 6요소(Man, Material, Machine, Money, Method, Memory)에 적합한 시공계획의 검토가 있어야 한다.

(2) 콘크리트는 강도·내구성 등이 확보되어야 열화요인을 미연에 방지할 수 있으며, 내화학성이 있는 양질의 구조체를 생산할 수 있다.

Ⅰ. 정 의

(1) 철근은 이어대지 않는 것을 원칙으로 하나 부득이한 경우에는 이음부위를 한 단면에 집중시키지 말고 서로 엇갈리게 두어야 한다.

(2) 철근콘크리트 부재 각 단면의 철근에서 계산된 인장력 또는 압축력이 매입길이, 갈고리, 기계적 정착 또는 이들의 조합에 의한 단면의 양측에서 충분히 발휘될 수 있도록 철근을 정착하여야 한다.

Ⅱ. 철근의 이음

(1) 이음위치
① 응력이 적은 곳
② 기둥은 높이의 2/3 이하 지점
③ 보는 압축측에서 이음

(2) 이음의 요구조건
① 부재 전체가 동일한 구조강도를 가져야 한다.
② 철근의 전강이 발휘될 수 있다.
③ 경제적인 이음이 될 수 있게 한다.

(3) 이음공법의 종류
① 겹이음(Lap Joint) : 철근 이음할 1개소에 두 군데 이상 결속선으로 결속하는 이음

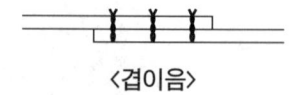

<겹이음>

② 용접이음 : 금속의 야금적 성질(고열에 의해 융합되는 것)을 이용한 이음

③ 가스(Gas)압접 : 철근의 접합면을 맞대고 압력을 가하면 Oxy Acethylene Gas 의 중성염으로 두 부재를 부풀어 오르게 하여 접합

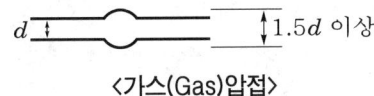

〈가스(Gas)압접〉

④ Sleeve Joint(슬리브 압착) : 접합부재를 Sleeve 속에 넣고 유압잭으로 압착

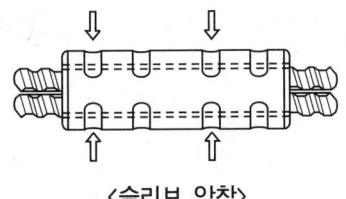

〈슬리브 압착〉

⑤ 슬리브(Sleeve) 충진공법 : Sleeve 구멍을 통하여 에폭시나 모르타르 등의 Grout재 를 주입하여 이음

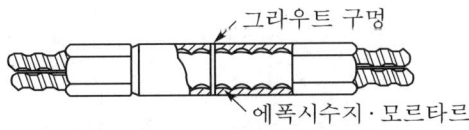

〈슬리브 충진공법〉

⑥ 나사이음 : 철근에 수나사를 만들고 Coupler 양단을 Nut로 조여 이음

⑦ Cad Welding : 철근에 Sleeve를 끼우고 화약과 합금의 혼합물을 넣음으로써 순간 폭발로 녹은 합금이 공간 충진

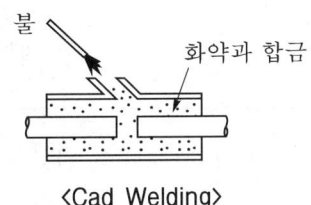

〈Cad Welding〉

⑧ G-loc Splice : 깔대기 모양의 G-loc Sleeve를 끼우고 G-loc Wedge를 망치 로 쳐서 이음

Ⅲ. 정착길이

(1) 정의

① 정착길이란 철근에 작용하는 인장응력을 콘크리트에 충분히 전달하는데 필요한 매입길이를 말한다.

② 인장철근의 정착길이는 30cm 이상이 되어야 한다.

(2) 정착방법

① 매입길이에 의한 방법 : 철근을 직선으로 콘크리트 속에 충분한 길이만큼 묻어 콘크리트의 부착에 의해 정착하는 방법이다.

② 갈고리에 의한 방법 : 철근 끝에 표준갈고리를 만들어 갈고리와 직선 부분의 부착으로 정착하는 방법이다.

③ 기타 방법에 의한 방법 : 정착하고자 하는 철근의 가로방향에 따로 철근을 용접해 붙이는 방법이 있고, 특별한 정착장치를 사용하는 경우도 있다.

(3) 압축철근 정착길이

① 정착길이 $l_d = l_{db} \times$ 보정계수 $= \dfrac{0.25 d f_y}{\sqrt{f_{ck}}} \times$ 보정계수 $\geq 0.04 d f_y$

여기서, l_{db}(기본정착길이)$= \dfrac{0.25 d f_y}{\sqrt{f_{ck}}}$

l_d : 정착길이(mm)

l_{db} : 기본정착길이(mm)

d : 철근의 공칭지름(mm)

f_y : 철근의 설계기준 항복강도(MPa)

f_{ck} : 콘크리트의 설계기준강도(MPa)

〈보정계수〉

요구되는 철근량을 초과하여 배근된 경우의 보정계수	소요철근량/실제철근량
지름 6mm 이상, 간격 10mm 이하인 나선철근이나 중심간격 100mm 이하인 D 13 띠철근으로 횡보강된 경우의 보정계수	0.75

② 압축철근의 정착길이(l_d)는 200mm 이상이어야 한다.

(4) 인장철근 정착길이

① 정착길이 $l_d = l_{db} \times$ 보정계수 $= \dfrac{0.6 d f_y}{\sqrt{f_{ck}}} \times (\alpha \beta \lambda \gamma)$

여기서, l_{db}(기본정착길이)$= \dfrac{0.6 d f_y}{\sqrt{f_{ck}}}$

보정계수 $= \alpha \beta \lambda \gamma$

<보정계수>

철근배근 위치계수(α)	상부 철근	$\alpha=1.3$
	기타 철근	$\alpha=1.0$
에폭시 도막계수(β)	에폭시 도막철근	$\beta=1.2\sim1.5$
	일반철근	$\cdot\beta=1.0$
경량 콘크리트계수(λ)	경량콘크리트	$\lambda=1.0\sim1.3$
	일반콘크리트	$\lambda=1.0$
철근 굵기계수(γ)	D 19 이하의 철근	$\gamma=0.8$
	D 22 이상의 철근	$\gamma=1.0$

② 인장철근의 정착길이(l_d)는 300mm 이상이어야 한다.

Ⅳ. 부착길이(철근과 콘크리트의 부착강도)

(1) 정의

철근이 콘크리트 속에서 응력전달을 할 때 철근과 콘크리트의 부착강도에 의해 전달되는데, 이에 필요한 길이를 부착길이라 한다.

(2) 철근부착의 영향요인

① 철근 표면상태   ② 철근덮개

③ 콘크리트강도   ④ 다짐상태

⑤ 철근의 위치방향

(3) 허용부착응력

조 건	허용부착응력
이형철근을 인장철근으로 사용한 경우	$\tau_{oa}=0.64\sqrt{f_{ck}}$
이형철근을 압축철근으로 사용한 경우	$\tau_{oa}=1.72\sqrt{f_{ck}}\leq2.8\text{MPa}$
30cm 이상의 유효높이를 가진 상부 철근	$\tau_{oa}=0.45\sqrt{f_{ck}}$

(4) 부착길이

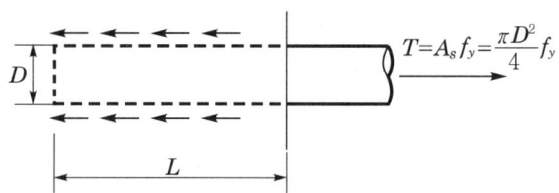

① 그림과 같이 콘크리트 속에 묻어 둔 철근을 한쪽 끝에서 $T = A_s f_y$ 만큼의 인장력으로 항복은 되지만 콘크리트에서 뽑혀 나오지 않아야 한다.

② 이때 묻힌 최소 길이를 정착길이 또는 최소 매설길이라 하며, 철근의 부착길이가 된다.

③ 매설된 철근표면적(πDL)에 일어나는 평균 부착력(부착강도)

$$U = \tau_o \pi DL$$

④ 철근의 인장력

$$T = A_s f_y = \frac{\pi D^2}{4} f_y$$

⑤ 부착길이(L)의 산정은 $U > T$ 조건을 만족해야 한다.

$$\tau_o \pi DL > \frac{\pi D^2}{4} f_y \text{ 에서}$$

$$L = \frac{\pi D^2}{4 \pi D \tau_o} f_y = \frac{D}{4 \tau_o} f_y$$

> **2-6** 콘크리트교량의 주형 또는 Slab의 콘트리트 타설시 피복 부족으로 인하여
> 철근이 노출되었다. 발생원인과 예상문제점 및 대책에 대하여 기술하시오.
> [01중, 25점]

Ⅰ. 개 요

(1) 철근콘크리트 구조물은 콘크리트와 철근이 일체가 되어 구조물에 작용하는 인장응력에 저항하게 되는데, 철근이 노출되면 콘크리트와 일체성이 결여되고 철근부식이 가속화되어 구조물의 사용성과 안정성에 크게 위협을 받게 된다.

(2) 콘크리트 타설 전에 철근의 결속상태 점검 및 적정의 Spacer 사용으로 규정의 피복두께가 유지될 수 있도록 점검 후 조치가 필요하다.

Ⅱ. 철근의 피복두께를 두는 이유

(1) 철근과 콘크리트의 일체화
(2) 콘크리트와 부착성 확보
(3) 철근의 방청효과
(4) 철근콘크리트의 내화구조

〈철근의 피복두께〉

Ⅲ. 철근노출의 발생원인 및 문제점

(1) Spacer 불량
　① 콘크리트 타설중 Spacer 파손
　② Spacer의 탈락
　③ 피복두께 부족 및 철근노출로 구조물 내구성 저하

(2) 철근간격 부적절
　① 철근간격이 조밀하여 콘크리트가 채워지지 않을 경우
　② 철근이 콘크리트의 Screen 역할
　③ 철근의 녹발생으로 내구성 저하

(3) 철근결속의 풀림
　① 철근결속이 풀려서 거푸집에 붙는 상태
　② 철근의 처짐 발생

③ 피복두께 유지 곤란

(4) 거푸집 변형
   ① 거푸집 변형으로 콘크리트가 새어 나옴
   ② 거푸집 및 콘크리트 수밀성 결여

(5) 골재 최대 치수
   ① 골재의 최대 치수가 너무 커서 구석까지 콘크리트가 채워지지 않음
   ② 굵은 골재가 철근 사이에 끼이게 되는 상태
   ③ 콘크리트에 곰보 발생

(6) 거푸집 누수
   ① 거푸집의 접합부 수밀성 결여
   ② 거푸집의 노후화로 콘크리트 속의 시멘트풀 유실

IV. 대 책

(1) 규정의 Spacer 사용
   ① 철근 받침대
   ② 플라스틱 Spacer 사용
   ③ 모르타르 블록 사용

(2) 거푸집 점검
   ① 거푸집 변형 수정
   ② 접합부 수밀시공
   ③ 동바리 좌굴, 침하 점검

(3) 콘크리트 배합
   ① 적정의 W/C비 사용
   ② 굵은 골재 최대치수 규정 준수
   ③ 단위시멘트량 규정량 사용

(4) 철근결속
   ① 규정의 결속선 사용
   ② 결속상태 점검
   ③ 철근의 조립상태 점검

(5) 철근 피복두께 규정 준수

시방규정에 맞는 피복두께 준수

부 위			피복두께(mm)
흙, 옥외공기에 접하지 않는 부위	슬래브, 장선, 벽체	D 35mm 초과	40mm
		D 35mm 이하	20mm
	보, 기둥		40mm
흙, 옥외공기에 접하는 부위	노출되는 콘크리트	D 29 mm 이상	60mm
		D 25 mm 이하	50mm
		D 16 mm 이하	40mm
	영구히 묻혀 있는 콘크리트		80mm
수중에서 타설하는 콘크리트			100mm

(6) 피복두께 검사

① 육안에 의한 외관검사

② 외관검사에 의해 피복누께가 의심가는 쏫 검사

③ 실제 측정기기에 의해 피복두께 실측

V. 피복두께 결정시 고려사항

(1) 소요 내화성·내구성·구조내력 등의 확보범위 고려

(2) 부재의 종류별 마무리 유무 고려

(3) 환경조건 파악

(4) 시공정도 검토

VI. 결 론

(1) 철근의 피복두께는 철근과 콘크리트가 일체가 되어 외력에 저항하는 구조물로서 적정의 피복두께가 유지될 때 철근의 기능이 콘크리트에 전달된다.

(2) 시방규정에서의 피복두께와 현장조건 등을 충분히 고려하여 피복두께 부족에 따른 철근콘크리트 구조물의 열화가 발생되지 않도록 현장에서 시공관리가 요구된다.

2-7	콘크리트 피복두께	[99중, 20점]
2-8	철근의 피복두께와 유효높이	[04중, 10점]
2-9	철근의 유효높이와 피복두께	[00후, 10점]

Ⅰ. 피복두께

(1) 정의

철근콘크리트 구조체에서 철근을 보호할 목적으로 철근을 콘크리트로 감싼 두께를 말하며, 철근 표면과 콘크리트 표면의 최단거리를 피복두께(덮개)라 한다.

(2) 철근피복의 목적

① 내구성 확보
② 부착성 확보
③ 내화성
④ 방청성 확보
⑤ 콘크리트의 유동성 확보

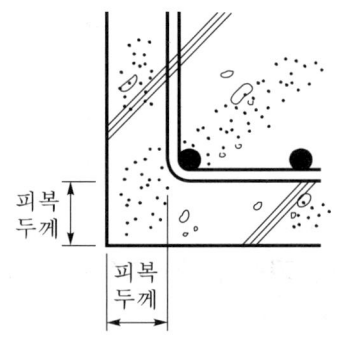

〈철근의 피복두께〉

(3) 두께의 결정시 고려사항

① 부재의 종류별 마무리 유무 고려
② 환경조건 파악
③ 시공정도 검토
④ 소요 내화성 · 내구성 · 구조내력 등의 확보범위 고려

(4) 최소 피복두께

부 위			피복두께(mm)
흙, 옥외공기에 접하지 않는 부위	슬래브, 장선, 벽체	D 35mm 초과	40mm
		D 35mm 이하	20mm
	보, 기둥		40mm
흙, 옥외공기에 접하는 부위	노출되는 콘크리트	D 29 mm 이상	60mm
		D 25 mm 이하	50mm
		D 16 mm 이하	40mm
	영구히 묻혀 있는 콘크리트		80mm
수중에서 타설하는 콘크리트			100mm

(5) 검사

① 외관검사 : 육안검사

② 외관검사 결과의 확인검사 : 외관검사에 의해 피복두께가 의심가는 곳 검사

③ 실 외면의 피복두께 검사 : 각 층마다 바닥 및 지붕 슬래브의 모서리면 검사

II. 철근의 유효높이

(1) 정의

철근의 유효높이란 철근콘크리트 직사각형 단면보 설계시 응력을 계산할 때 적용시키는 보의 높이로 인장철근의 중심에서 보 상단까지의 거리를 말한다.

(2) 유효높이 및 피복두께

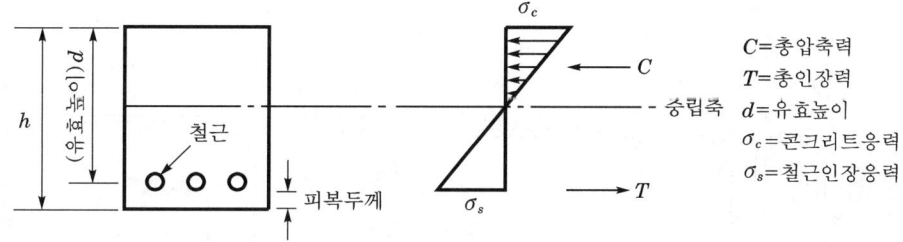

C=총압축력
T=총인장력
d=유효높이
σ_c=콘크리트응력
σ_s=철근인장응력

(3) 유효높이를 사용하는 이유

① 철근콘크리트보는 정(+)의 모멘트를 받는다면 중립축을 경계로 위쪽은 압축을 받고 아래쪽은 인장을 받는다.

② 콘크리트와 철근의 합성부재로서 콘크리트의 인장응력은 무시한다.

③ 응력해석시 단면높이 h를 사용하지 않고 철근 도심에서 압축측 표면까지의 거리 d를 사용한다.

④ 이때 d를 단면의 유효높이(Effective Depth)라 한다.

2-10 철근의 표준갈고리

Ⅰ. 정 의

(1) 철근의 표준갈고리는 철근이 콘크리트에 매입되어 제기능을 다할 수 있도록 갈고리의 형상 및 길이를 정해둔 것이다.

(2) 표준갈고리의 시방규정에서는 주철근에 대한 표준갈고리와, 스터럽과 띠철근에 대한 표준갈고리로 구분하고 있다.

Ⅱ. 분 류

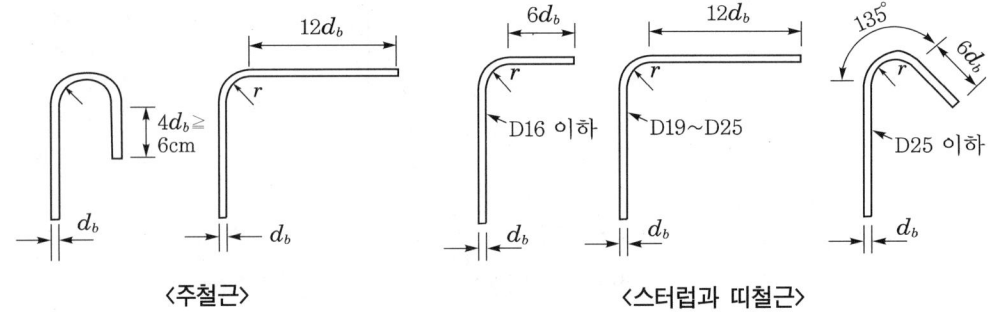

〈주철근〉　　　　　　〈스터럽과 띠철근〉

1. 주철근

(1) 반원형 갈고리

반원 끝에서 $4d_b$ 이상 또는 6cm 이상 더 연장

(2) 90° 갈고리

90° 원의 끝에서 $12d_b$ 이상 더 연장

2. 스터럽과 띠철근

(1) 90° 갈고리

① D 16 이하 철근은 90° 원 끝에서 $6d_b$ 이상 연장

② D 19~D 25인 철근은 90° 원의 끝에서 $12d_b$ 이상 연장

(2) 135° 갈고리

D 25 이하 철근은 135° 구부린 끝에서 $6d_b$ 이상 연장

Ⅲ. 최소 내면 반지름

(1) 반원형 갈고리와 90°갈고리

(2) 스터럽과 띠철근

    ① D 16 이하 철근일 경우 : 내면 반지름은 $2d_b$ 이상

    ② D 16 초과 철근일 경우 : $3d_b \sim 5d_b$로 한다.

철근의 지름	최소반지름
D 10~D 25	$3d_b$
D 29~D 35	$4d_b$
D 38 이상	$5d_b$

2-11 철근의 공칭단면적   [94후, 10점]

Ⅰ. 정 의

공칭단면적이란 이형철근을 동일한 길이의 원형철근으로 제조하였을 때의 환산 단면적을 말한다.

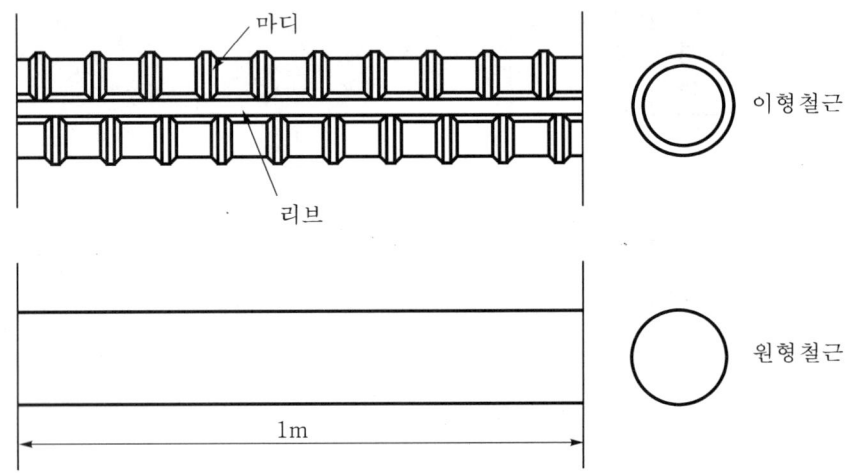

Ⅱ. 공칭단면적 산출식

$$공칭단면적 = \frac{단위길이의 \ 이형철근 \ 중량(g/cm)}{철재의 \ 단위용적 \ 중량 \ 7.85(g/cm^3)}$$

Ⅲ. 산출 목적

이형강봉에서는 외부의 돌기에 의하여 직접 단면적을 실측할 수 없으므로 중량에서 역산하여 공칭단면적을 구한다.

Ⅳ. 공칭단면적의 용도

(1) 이형철근의 인장강도 산출
(2) 철근의 항복점 산출
(3) 구조물 설계시 철근 계산

2-12	주철근과 전단철근	[02후, 10점]
2-13	정(正)철근과 부(負)철근	[01후, 10점]

Ⅰ. 정 의

(1) 주철근이란 설계하중에 의하여 단면적이 정해지는 철근으로 정철근과 부철근이 있다.

(2) 전단철근이란 철근콘크리트보에서 발생되는 사인장응력에 저항하기 위한 철근으로 절곡철근과 Stirrup이 있다.

Ⅱ. 주철근

(1) 정의

① 주철근이란 철근구조물을 설계할 때 적용하는 설계하중에 의하여 그 단면적이 정해지는 철근이다.

② 철근콘크리트 구조물에서 발생되는 인장응력에 저항하기 위해서 콘크리트 속에 배치된다.

(2) 분류

① 정(正)철근

㉠ 철근콘크리트 구조물이 작용 하중으로 발생하는 ⊕Moment에 의한 인장응력에 저항하기 위해 배치하는 주철근

㉡ 정정구조의 단순보에서 ⊕Moment가 발생되는 보의 중앙부 하단에 배치

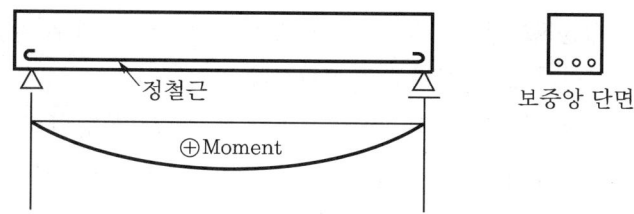

② 부(負)철근

㉠ 철근콘크리트 구조물에서 발생되는 ⊖Moment에 의한 인장응력에 저항하기 위해 배치하는 주철근

㉡ 부정적 구조의 연속보에서 ⊖Moment가 발생되는 보의 지점 상단부에 배치

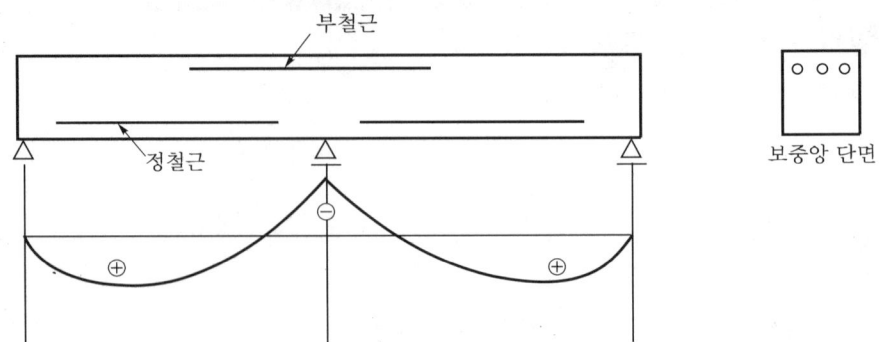

Ⅲ. 전단철근

(1) 정의

① 철근콘크리트 구조물에서 보의 중앙부에는 주인장응력이 발생되고 보의 단부지점 부위에는 보의 축에 대하여 45°의 경사로 발생되는 사인장응력이 발생되는데, 이에 저항하기 위해 배치하는 철근이다.

② 보에서 발생되는 사인장응력에 의해 사인장균열은 보통의 사용상태에서 보에 직각으로 발생되는 휨균열과는 달리 갑작스러운 파괴를 발생시킨다.

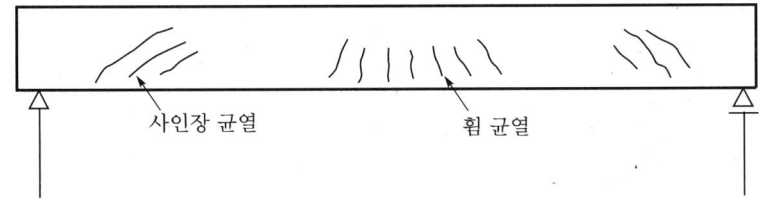

(2) 분류

① 절곡철근(Bent Up Bar)

㉠ 철근콘크리트보에서 휨모멘트가 아주 적은 단부 부근의 인장철근을 구부려 올려서 보의 상단부에 배치한다.

㉡ 이를 절곡철근이라 하며 보통의 45°를 구부려 올리거나 내려서 사용한다.

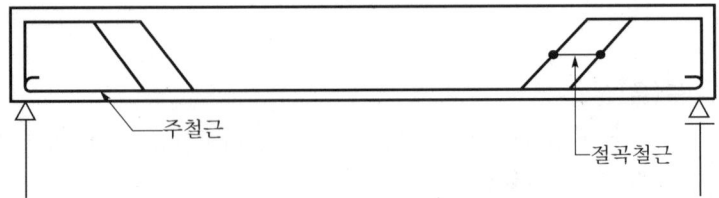

② 스터럽(Stirrup)

　㉠ 철근콘크리트보에 배치된 주철근(인장철근)은 그냥 두고 별도의 철근을 보의 축에 45° 또는 90°로 배치하여 사인장응력에 저항하도록 하는 철근이다.

　㉡ 스터럽을 주철근에 45°로 배치하는 스터럽을 경사스터럽이라 하며 90°로 배치하는 스터럽을 수직스터럽이라 한다.

　㉢ 경사스터럽은 사인장응력의 작용방향에 평행으로 설치되어 응력상 유리하지만 시공이 번거로워 별로 이용되지 않는다.

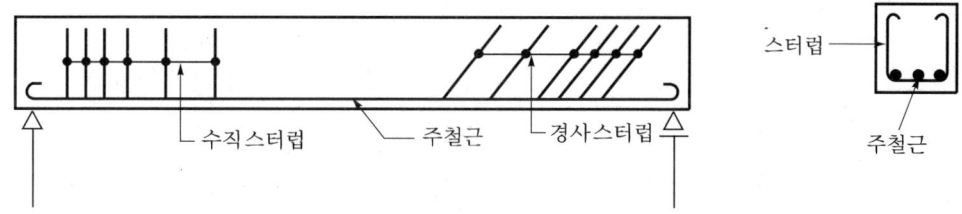

Ⅳ. 주철근과 전단철근의 비교

구 분	주철근	전단철근
구조해석	설계하중에 의해 단면적이 정해지는 철근	사인장응력에 대항하기 위한 철근
분 류	정(正)철근, 부(負)철근	절곡철근, 스터럽
철근의 규격	D 25~D 32mm	D 10~D 16mm
역 할	구조물 지탱	사인장균열 방지

2-14 가외철근 [98중후, 20점]

I. 정 의

가외철근이란 콘크리트의 온도변화, 건조수축, 기타의 원인에 의하여 콘크리트에 일어나는 인장응력에 대비하여 가외로 더 넣는 보조적인 철근을 말한다.

II. 가외철근의 배치목적

(1) 온도변화에 의한 균열방지
(2) 건조수축에 의한 변형방지
(3) 취약부위 보강

III. 가외철근 배치

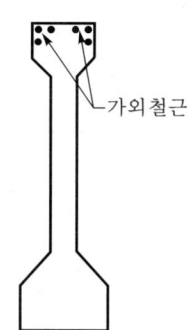

(1) I형 Precast보
플랜지 폭이 작고 가는 I형보의 지간, 중앙부분의 상연단 모서리에는 가설할 때 생기는 인장응력에 대비하여 가외철근을 배치한다.

(2) 시공이음부
신·구 콘크리트 사이의 온도차, 건조수축 차이 등에 의하여 발생되는 인장응력에 대비하여 가외철근을 배치한다.

(3) 바닥판의 헌치부
바닥판 등에서 PS 강재를 배치할 때 PS 강재의 인장력 분력에 의하여 콘크리트가 파손되지 않도록 가외철근을 배치한다.

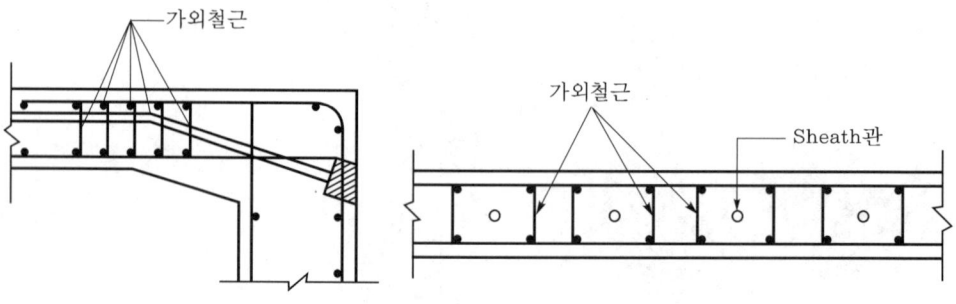

(4) Con'c보

현장치기 Con'c보에서 복부 양측면의 축방향으로 지름 13mm 이상 30cm 이하의 간격으로 가외철근을 배치한다.

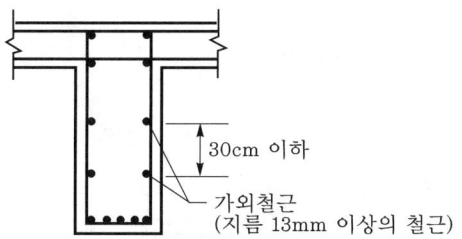

(5) PS콘크리트 T형보

PS콘크리트 T형보의 아래 플랜지에 Prestress를 도입할 때에는 큰 압축응력을 받기 때문에 가외철근을 충분히 배치한다.

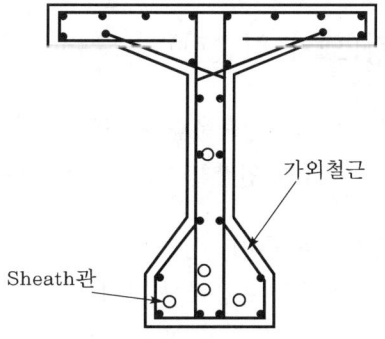

(6) 교량의 받침부

교량에서 받침부는 상부 하중에 의한 반력을 받기 때문에 콘크리트에 지압응력 및 직각방향의 인장력이 생기므로 이에 대비한 가외철근을 배치한다.

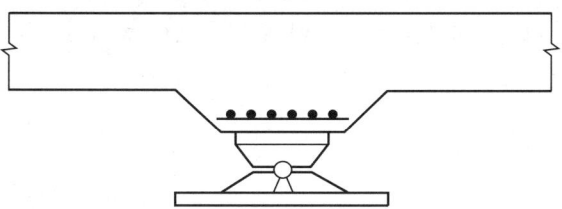

| 2-15 | 철근콘크리트보의 철근비 규정 | [05후, 10점] |
| 2-16 | 보의 유효높이와 철근량 | [06후, 10점] |

I. 정 의

(1) 철근콘크리트보의 철근비 규정은 Slab나 보 등 휨재의 철근비가 평형 철근비의 0.75배를 초과하지 않도록 규정하고 있는 것을 말한다.
(2) 보의 유효높이는 보의 콘크리트 상부에서 하부 인장철근 중심까지의 거리를 말한다.
(3) 보의 철근량은 보가 파괴시 콘크리트의 취성파괴보다 철근의 연성파괴가 일어나도록 평형철근비 이하로 설계하는 것이 안전하다.

II. 보의 철근비 규정(보의 철근량)

평형철근비(p_B)는 콘크리트의 압축응력과 철근의 인장응력이 동시에 허용응력에 도달할 때의 철근비를 말하고, 이때의 인장철근 단면적을 평형철근 단면적이라 한다.

(1) 평형철근비 이하(최소철근비)
　　① 인장측 철근이 먼저 허용응력에 도달
　　② 과소 철근비이므로 중립축이 압축측으로 상향
　　③ 인장철근의 연성파괴 발생

(2) 평형철근비 이상(최대철근비)
　　① 압축측 콘크리트가 먼저 허용응력에 도달
　　② 과대 철근비이므로 중립축이 인장측으로 하향
　　③ 콘크리트의 취성파괴가 일어나므로 위험

(3) 평형철근비(균형철근비)
　　① 인장측 철근과 압축측 콘크리트가 동시에 허용응력에 도달
　　② 철근의 허용 저항모멘트나 콘크리트의 허용 저항모멘트 중 어느 것이나 적용 가능
　　③ 각 재료를 최대한 활용하므로 가장 경제적이다.

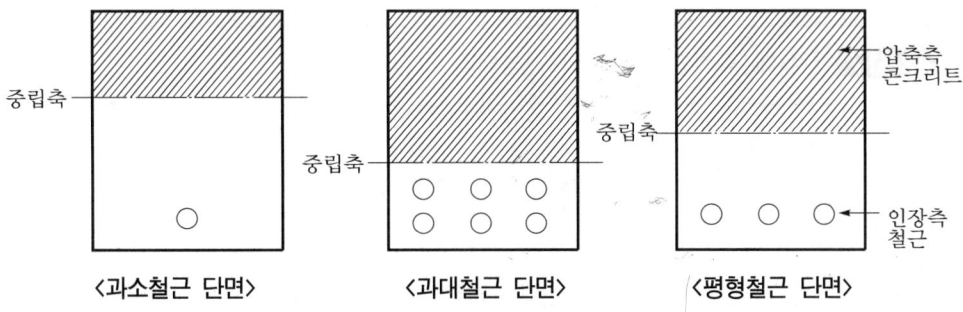

〈과소철근 단면〉 　　　 〈과대철근 단면〉 　　　 〈평형철근 단면〉

Ⅲ. 보의 유효높이

(1) 보의 단면계수(z)

$$z = \frac{1}{6}bh^2$$

보의 유효높이(h)가 클수록 보의 단면계수가 커지므로 상부에 작용하는 응력에 대한 저항성이 높아진다.

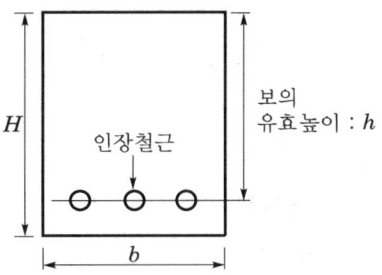

(2) 보의 응력 저항성능

보의 폭(b)과 유효높이(h)가 클수록 응력에 대한 저항성이 증가한다.

2-17 강재에 축하중 작용시의 진응력과 공칭응력 [03후, 10점]

I. 정 의

(1) 강재에 인장력을 가하면 응력(σ)이 발생하게 된다. 이때의 응력을 단면적으로 나눈 값으로 진응력과 공칭응력으로 구분한다.

(2) 진응력은 실응력(Actual Stress)이라고 하고, 공칭응력은 공학응력(Engineering Stress)이라고 한다.

II. 진응력

(1) 어떤 단계에서 시험편에 가해진 하중을 시험편 평형부의 최소 단면적으로 나눈 값이 진응력이다.

$$\boxed{\sigma_t = P/A'}$$

여기서. σ_t : 진응력

P : 하중

A' : 변형을 가했을 때의 최소 단면적

(2) $\sigma = P/A'$(공칭응력)을 사용할 경우 : 곡선 변화된 단면적 A'를 사용할 경우를 진응력이라 한다.

(3) 일반적으로는 진응력을 사용한다.

III. 공칭응력

(1) 강재의 인장시험편에 인장력을 가하던 축방향 응력이 발생할 때 최초 단면적으로 나눈 값을 말한다.

$$\boxed{\sigma = P/A}$$

여기서, σ : 공칭응력

P : 하중

A : 응력을 가하기 전의 단면적

(2) A값에 최초 단면적을 사용할 때의 응력을 공칭응력이라 한다.

(3) 하중을 하중방향에 수직한 원래의 단면적으로 나눈 값이다.

Ⅳ. 진응력(True Stress)과 공칭응력(Normal Stress) 사이의 관계

(1) 진응력은 실제 인장시험시 단면이 변하는 값으로 하중을 나눈 값이고 공칭응력은 시편의 초기 단면적으로 나눈값이다.

(2) 공칭응력은 실제 응력이 아니라 명목상의 응력이다.

(3) 공칭응력은 초기 단면적을 이용하여 구한 응력이므로 실제로 존재하는 응력은 아니다.

(4) 초기 철근의 단면적이 인장력에 의하여 감소하게 되는데, 이때의 면적을 이용하여 구해낸 응력값이 진짜 응력값이다.

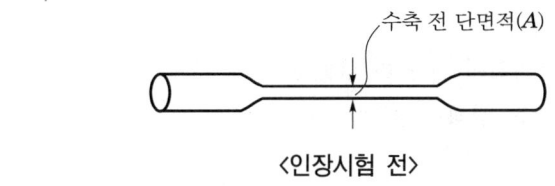

수축 전 단면적(A)

〈인장시험 전〉

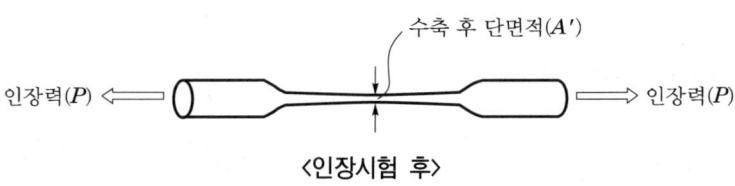

수축 후 단면적(A')

인장력(P) ⟸   ⟹ 인장력(P)

〈인장시험 후〉

Ⅰ. 개 요

(1) 콘크리트 속에 매입한 철근의 부식은 콘크리트의 강도와 내구성에 크게 영향을 미치는 요인 중 하나이다.

(2) 철근의 부식에 의하여 콘크리트에 균열이 발생하고, 열화를 촉진하여 콘크리트의 수명을 단축시키는 결과를 초래한다.

Ⅱ. 부식의 형태

(1) 전면 장기부식

(2) 국부 단기부식

    ① 공간(간극)

    ② 틈간부식

    ③ 박리부식

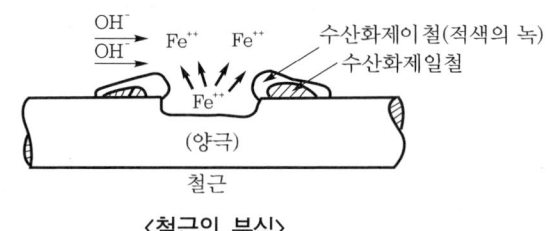

〈철근의 부식〉

Ⅲ. 부식 원인

(1) 염해

    ① 염해란 콘크리트 중에 염화물이 존재하여 철근을 부식시킴으로써 콘크리트 구조물에 손상을 입히는 현상을 말한다.

    ② 밀실한 콘크리트는 알칼리성이 높아 철근 표면에 부동태피막을 생성하여 강재를 부식으로부터 보호한다.

(2) 중성화

    ① 중성화란 공기 중의 탄산가스 및 산성비로 인하여 콘크리트의 수산화칼슘(강알칼리)이 탄산칼슘(약알칼리)으로 변화되는 일련의 과정을 말한다.

    ② 콘크리트가 중성화되면 철근의 부동태막이 파괴되어 철근부식이 진행된다.

(3) 알칼리 골재반응(AAR ; Alkali Aggregate Reaction)

① 알칼리 골재반응이란 콘크리트 중의 수산화알칼리와 골재 중의 알칼리반응성 광물(Silica, 황산염) 사이에 일어나는 화학반응을 말한다.

② 알칼리 골재반응에 의해 철근이 부식된다.

(4) 동결융해

① 콘크리트에 함유되어 있는 수분이 동결하면 동결팽창(9%)할 수 있는 양의 수분이 콘크리트 사이를 이동하여 그때 생기는 수압으로 콘크리트를 파괴하는 현상을 말한다.

② 파괴된 콘크리트 사이로 공기와 수분이 침투하여 철근이 부식된다.

(5) 온도변화

① 양생하는 동안 급격한 온도변화, 특히 갑작스러운 냉각은 표면에 균열을 발생시켜 내구성이 저하되는 원인이 되기도 한다.

② 균열의 폭이 일정 이상이 되면 균열 사이로 공기와 수분이 침투하여 철근이 부식된다.

(6) 건조수축

① 콘크리트 타설 후 콘크리트 중의 수분이 증발하면서 건조수축이 일어난다.

② 건조수축으로 발생한 균열의 폭이 일정 이상이 되면 균열 사이로 공기와 수분이 침투하여 철근이 부식된다.

(7) 진동·충격

① 콘크리트 타설 후 7일 동안은 작업하중, 충격·진동 등을 방지해야 한다.

② 콘크리트 양생중의 진동·충격은 철근부식 및 내구성저하의 요인이 된다.

(8) 마모·파손

① 콘크리트의 재령이 경과한 후에도 과적재하중은 피해야 한다.

② 콘크리트의 마모 및 파손은 철근의 부식을 촉진시킨다.

Ⅳ. 방지대책(방식공법)

1. 철근의 방식공법

(1) Con'c 표면 라이닝

합성수지 재료를 이용하여 Con'c 표면을 라이닝 또는 도장하여 유해물질의 침투로부터 보호하는 공법이다.

(2) 강재도금

강재를 아연도금으로 피복하여 강재의 부식을 원천적으로 봉쇄하는 방법이다.

(3) 전기방식(강재의 전기방식)

① 해수 또는 지중에 있는 강널말뚝, 강말뚝 등의 강재는 수분 및 염분에 의한 부식이 진행되는데, 이를 방지하기 위하여 전기를 이용하여 수중에 위치하는 강재 부식을 막는 공법이다.

② 특징

㉠ 면적당 방식비가 적다.

㉡ 방식효과가 확실하다.

㉢ 유지비가 적다.

㉣ 고급 재료가 필요없다.

③ 용도

㉠ Steel Sheet Pile 안벽 방식

㉡ 잔교, Dolphin의 강재 방식

㉢ 수문, 취수구 Screen 방식

㉣ 해저 Pile, 기초 Steel Pile의 방식

㉤ 급수 및 통신 배관, 하역기계 등의 방식

④ 공법의 종류

㉠ 유전양극방식(희생양극법)

㉡ 외부전원방식

(4) 방청제

Con'c 속에 강재부식을 방지하기 위하여 아질산계 등의 혼화제를 사용하는 방법이다.

(5) 방식성 강재

염류에 대한 영향을 최소화하기 위해 내염성 강재를 사용하는 방법이다.

(6) 염소이온량

Con'c중의 염소이온량을 적게 하여 강재의 부식을 방지하는 방법이다.

(7) 피복두께

강재 외부의 피복두께를 두껍게 하여 균열폭을 적게 한다.

(8) 밀실 Con'c

Con'c의 물시멘트비를 될 수 있는 한 적게 하고, 고로 슬래그, 미분말 등의 포졸란을 사용한다.

(9) 특수 Con'c 사용

레진 Con'c(REC), 폴리머 시멘트 Con'c(PCC), 에폭시 등의 사용으로 Con'c의 수밀성을 크게 향상시켜 강재의 부식을 방지하는 공법이다.

2. 콘크리트의 방식공법

(1) 방수막 형성

① 콘크리트 외부면에 역청제 또는 고분자계를 이용하여 방수처리함으로써 외기와 차단시키는 공법

② 방수공법은 시트방수와 도막방수로 나눈다.

(2) 미장

구조물의 콘크리트를 보호하기 위하여 외벽에 시멘트 모르타르로 피복하는 방법

(3) 도장

① 도료를 이용하여 콘크리트 외부에 도장처리하여 외기로부터 콘크리트를 보호하는 방법

② 도료의 종류에는 수용성 도료, 에폭시, 우레탄, 염화비닐 등이 있다.

(4) 뿜어붙이기

구조물의 표면에 고성능 방수제를 혼입한 모르타르를 뿜어붙이기하여 외기로부터 콘크리트를 보호하는 방법

(5) 침투액 도포

콘크리트 표면에 침투성이 강한 폴리우레탄 에멀션 등을 직접 바탕면에 분사시켜 콘크리트면을 보호하는 공법

(6) 방수물질 혼합 공법

콘크리트 시공시 분말 또는 용액의 방수물질을 혼입하여 콘크리트의 간극을 적게 함으로써 외기로부터 보호하는 방법

(7) 팽창재 사용

콘크리트에 $25 \sim 60 kgf/m^3$ 정도의 팽창재를 혼입하여 건조수축을 감소시키고, 균열을 억제시켜 콘크리트의 열화를 방지한다.

V. 결 론

(1) 콘크리트 구조물이 외부의 산, 염기, CO_2 등으로부터 크게 영향을 받아 콘크리트의 열화가 우려될 경우가 생긴다.

(2) 콘크리트 표면을 특수한 공법으로 처리하여 외부의 악영향으로부터 철근을 보호하며, 철근 부식을 최대한 억제하여야 한다.

4-1 콘크리트치기중 동바리의 점거항목과 처짐이나 침하가 있는 경우의 대책에 관하여 기술하시오. [99전, 30점]

4-2 콘크리트 공사에서 거푸집 및 동바리의 설치 · 해체시의 시공단계별 유의사항에 대하여 설명하시오. [05중, 25점]

4-3 거푸집과 동바리공의 안정성 및 시공상 유의사항 [96중, 20점]

4-4 콘크리트구조물 시공시 거푸집 존치기간에 대하여 기술하시오. [06전, 25점]

I. 개 요

(1) 거푸집이란 콘크리트를 일정한 형상과 치수로 유지시켜 원하는 구조체를 얻도록 해주는 가설물을 말하며, 거푸집을 유지시켜 콘크리트가 소요강도를 얻을 때까지 안전하게 받쳐주는 것을 동바리라고 한다.

(2) 거푸집 및 동바리는 소정의 강도와 강성을 가져야 하며, 완성된 구조체의 위치, 형상 및 치수가 정확하게 확보될 수 있도록 시공관리해야 한다.

II. 거푸집 존치기간

(1) 압축강도를 시험할 경우

부 재	콘크리트 압축강도(f_{cu})
확대기초, 보, 옆, 기둥	5MPa 이상
슬래브 및 보의 밑면, 아치 내면	설계기준강도 2/3 이상 또한 14MPa 이상

(2) 압축강도를 시험하지 않을 경우

기온＼시멘트 종류	조강 시멘트	보통 포틀랜드 시멘트
20℃ 이상	2일	4일
20℃ 미만 10℃ 이상	3일	6일

(3) 거푸집 존치기간 비교(콘크리트의 압축강도 시험시)

부 재	콘크리트 압축강도(f_{cu})	시방서의 종류
슬래브 및 보의 밑면, 아치 내면	설계기준강도 2/3 이상 또한 14MPa 이상	콘크리트 표준시방서
		가설공사 표준시방서
	21일 이후 또한 설계기준강도 90% 이상	토목공사 표준시방서

III. 거푸집 및 동바리의 안정성 검토

1. 하중(외력) 검토

(1) 생(生, fresh) Con'c 중량
아직 굳지 않은 미경화 Con'c의 중량은 2,300kgf/m³로 계산한다.

(2) 작업하중
① 강도계산용 : 360kgf/m²
② 처짐계산용 : 180kgf/m²

(3) 충격하중
① 강도계산용 : 1,150kgf/m²(Con'c 중량의 1/2)
② 처짐계산용 : 575kgf/m²(Con'c 중량의 1/4)

(4) 생 Con'c의 측압력
측압은 거푸집 부재를 경제적으로 하기 위하여 벽·기둥·보 옆의 거푸집 설계시 고려한다.

2. 강도 검토

(1) 휨강도 검토

① 최대 휨모멘트 : $M_{\max} = \dfrac{\omega l^2}{8}$

② 휨응력 : $\sigma = \dfrac{M_{\max}}{Z} = \dfrac{\dfrac{\omega l^2}{8}}{\dfrac{bh^2}{6}} \le f_b$(허용 휨응력도)

(2) 전단강도 검토

① 최대 전단력 : $Q_{\max} = \dfrac{\omega l}{2}$

② 전단응력 : $\tau = \dfrac{3}{2} \times \dfrac{Q_{\max}}{A} = \dfrac{3}{2} \times \dfrac{\dfrac{\omega l}{2}}{bh} \le f_s$(허용 전단응력도)

3. 처짐 검토

(1) 처짐 검토

① 최대 처짐 : $\delta_{\max} = \dfrac{5\omega l^4}{384EI} \leqq$ 허용처짐량

② 영계수 : $E = \dfrac{\sigma}{\varepsilon} = \dfrac{\dfrac{P}{A}}{\dfrac{\Delta l}{l}} = \dfrac{Pl}{A\Delta l}(\text{kg/cm}^2)$

③ 단면 2차 모멘트 : $I = \dfrac{bh^3}{12}(\text{cm}^4)$

(2) 처짐각 검토

최대처짐각 : $\theta = \dfrac{\omega l^3}{24EI} \leqq$ 허용처짐각

Ⅳ. 거푸집 및 동바리의 설치시 유의사항(시공상 주의점)

(1) 공작도 작성 후 제작
① Con′c의 품질에 영향이 크므로 사전계획에 의한 Form 제작
② 해체시 방법, 순서 및 제거시기 등을 고려하여 설치

(2) Form 재료
① Con′c 구조체의 마감처리 관계 파악 후 재료선택
② 목재사용시 나뭇결 반영, Metal Form 사용시 평활하고 광택 있는 면을 확보할 수 있으나, 녹으로 인한 오염 피해 고려

(3) 조립, 해체 용이
① 해체시 파손되지 않도록 하고, 조립의 역순으로 해체 가능하도록 제작
② 안전한 제작, 해체시 공사재해 예방을 염두에 두고 제작

(4) 매입철물
① 천장배관용 Insert, Sleeve류 설치 여부 확인
② 개구부 Box의 매입 여부
③ 밀폐된 상태의 거푸집은 청소구, 점검구를 두도록 한다.

(5) 장선, 멍에 및 동바리 설치간격 준수
Slab 두께에 따른 상부하중의 검토로 장선, 멍에 및 동바리 간격 산정

(6) 동바리 수직도 유지

동바리는 수직하중에 대한 저항성은 뛰어나나 경사하중에 대한 저항성은 매우 약하므로 철저한 수직도 관리를 요함

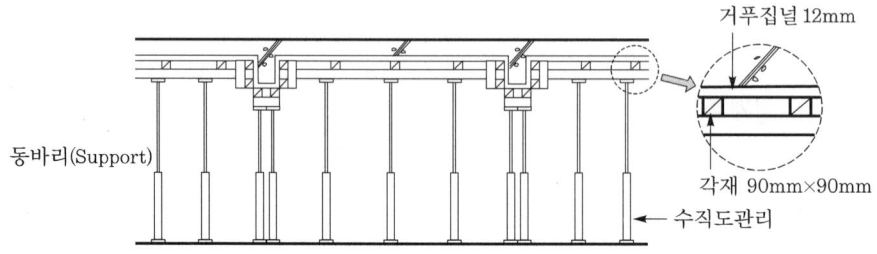

(7) 강성 및 강도 확보

① Con'c 타설시 거푸집이 변형 및 파열되지 않도록 강도 유지
② 변형시 구조물의 정도 불량 및 파열시 공사재해 유발

(8) 거푸집 수밀성 유지

① 조립 후 간극, 틈을 최소화
② 타설시 모르타르나 시멘트 Paste가 유출되면 품질저하

(9) Camber 설치

보와 Slab 등의 수평부재가 콘크리트 하중에 의해 처지는 것을 방지하기 위하여 미리 솟음을 주는 것

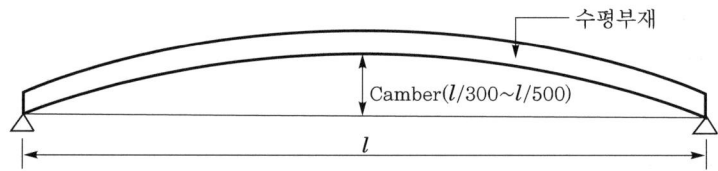

(10) 균등한 긴장도 유지

① Tie Bolt의 간격, 배치, 강도 등을 파악 후 동일하고 균등하게 설치
② 측압에 견딜 수 있도록 제작

V. 거푸집 및 동바리 해체시 유의사항

(1) 균등한 응력 유지

① 버팀대, 장선, 멍에를 완전히 고정하고 위치, 간격은 동일 조건하에 같은 치수를 유지한다.
② 동바리의 위치는 멍에의 중심에 설치하고, 헐거움이 없도록 한다.

(2) 동바리 전도방지

    ① 버팀대, 로프(rope), 체인(chain), 턴 버클(turn buckle) 등에 의해 좌굴 및 넘어
       지는 것을 방지한다.

    ② 연결부위의 강도를 확보한다.

(3) 동바리 존치기간 준수

부 위	존치기간
벽, 기둥 옆	5MPa 이상
보 밑, Slab 밑	설계기준강도 100% 이상

    보와 Slab 밑 동바리는 상부층 작업하중과 콘크리트의 장기처짐에 대비하여 100%
해체를 하지 않고 Filler 처리함

(4) Filler 처리

    타설층 아래 2개 층 이상 Filler 처리한 동바리를 존치할 것

(5) 동바리 교체시 원칙

    ① 압축강도가 소요강도의 1/2 이상시 일부 동바리를 교체한다.

    ② 동바리 상부에 두꺼운 머리받침판(900cm^2)을 설치한다.

(6) 해체순서 준수

    ① 중앙부를 먼저 해체하고, 단부 해체

    ② Slab의 경우 설계기준강도 100% 이상을 확인 후 해체 가능

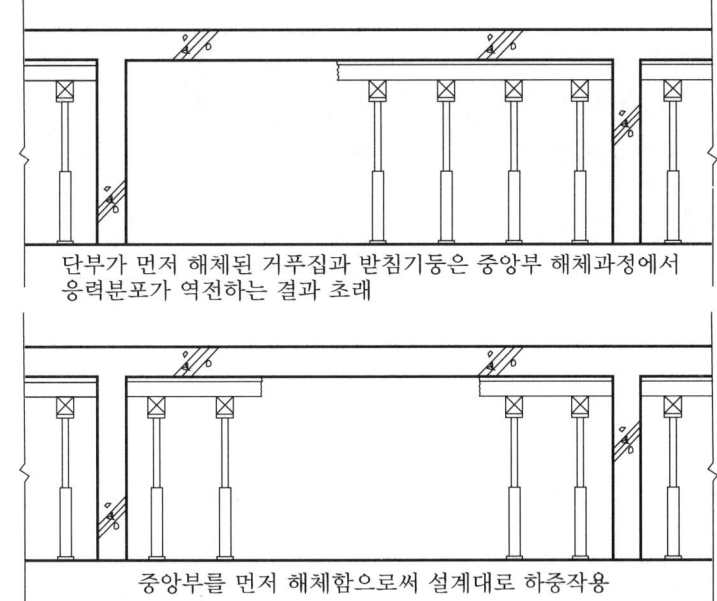

단부가 먼저 해체된 거푸집과 받침기둥은 중앙부 해체과정에서
응력분포가 역전하는 결과 초래

중앙부를 먼저 해체함으로써 설계대로 하중작용

(7) 동바리 재설치
　　① 거푸집 해체를 위해 임시로 제거한 동바리는 거푸집 해체 직후 재설치할 것
　　② 구간별로 나누어 작업하면, 전체 임시 제거 금지

(8) 동바리 존치기간 증대
　　동바리 자재의 여유를 가지고 동바리의 존치기간을 최대로 증대

Ⅵ. 거푸집 및 동바리의 처짐(침하)시 대책

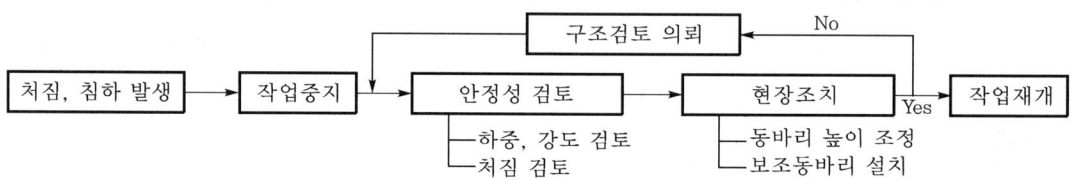

처짐 및 침하 발생시 즉각 작업을 중지하고, 안정성이 확인된 후 작업을 재개함

Ⅵ. 콘크리트 타설중 동바리의 점검항목

(1) 좌굴
　　① 상부하중에 의한 동바리공의 휘어짐
　　② 하중작용 전 좌굴이 발생된 동바리 재료
　　③ 편하중에 의한 동바리의 변형

(2) 침하
　　① 기초지반 불량에 따른 침하발생
　　② 동바리 자체 재료의 침하발생

(3) 연결상태 확인
　　① 상부구조와 하부 동바리의 연결상태 확인
　　② 연결부의 재료상태 점검
　　③ 연결볼트 조임상태 점검

(4) 이음부 변형
　　① 동바리 재료의 이음부 변형상태 점검
　　② 이음부 철물상태 점검
　　③ 이음방식, 이음부 체결상태 점검

(5) 동바리 회전 여부
  ① 상부하중이 증가됨에 따라 동바리 회전가능 여부
  ② 동바리 회전은 대형사고의 발생요인이므로 철저히 점검

(6) 파손상태
  ① 동바리재료 파손상태 점검
  ② 파손재료 사용 여부

(7) 동바리 설치개수
  ① 설치된 동바리의 소요개수 확인
  ② 설계개수와 설치개수 비교

Ⅶ. 처짐이나 침하가 있는 경우 대책

(1) 콘크리트 티설 중단
  ① 타설중인 콘크리트 작업 중단
  ② 거푸집 동바리의 진행상태 파악
  ③ 진행이 더 이상 없을 때 보강조치

(2) Jack Up
  ① 국부적인 침하 발생지점을 Jack으로 들어올림
  ② 추가처짐에 대비하여 솟음을 둠
  ③ Jack으로 들어올린 후 추가 동바리 설치

(3) 동바리 추가설치
  ① 처짐이 있는 부위에 추가 동바리 설치
  ② 침하량이 많은 경우 Jack으로 올린 후 Jack 설치
  ③ 추가설치 동바리 하부 기초처리 후 설치

(4) 동바리 보강
  ① 추가 동바리 설치가 곤란한 경우 기존 동바리 보강
  ② 기존 동바리에 각재 또는 강재로 보강

(5) 브레싱 보강
  ① 처짐, 침하로 동바리 이동 우려시 브레싱으로 보강
  ② 기존 브레싱 외 강선, 턴버클 등으로 브레싱 설치

(6) 신속한 보강작업
① 타설에 따른 하중증가로 처짐, 침하 발생은 콘크리트가 시간경과로 경화될 때에는 수정불가
② 콘크리트가 경화되기 전 빠른 보강조치가 필요

(7) 솟음 설치
① 거푸집, 동바리의 처짐이 예상되는 부위에 대해서는 미리 솟음을 두고 시공
② 동바리 설치 지반은 침하가 발생되지 않게 기초처리 실시

Ⅷ. 결 론

(1) 양질의 콘크리트 구조체를 얻기 위해서는 거푸집 및 동바리의 소요강도, 위치, 형상, 치수 등에 대한 보다 체계적이고 철저한 시공관리에 의한 품질확보가 필요하다.
(2) 거푸집 및 동바리는 철거시 안전사고의 발생이 가장 많으므로 Unit화 된 거푸집의 개발과 안정된 시공법의 개발이 필요하다.

| **4-5** | SCF(Self Climbing Form) | [96중, 20점] |
| **4-6** | SCF(Self Climbing Form) | [10후, 10점] |

I. 정 의

(1) Self Climbing Form은 1개의 높이로 제작된 System Form을 Hydraulic Jack과 Climbing Profile을 이용하여 상승시키며 1개 층 높이의 콘크리트를 타설하는 거푸집 공법이다.

(2) 양중장비가 필요 없고, 스스로 상승하므로 Auto Climbing Form이라고도 한다.

II. Self Climbing Form 시공순서

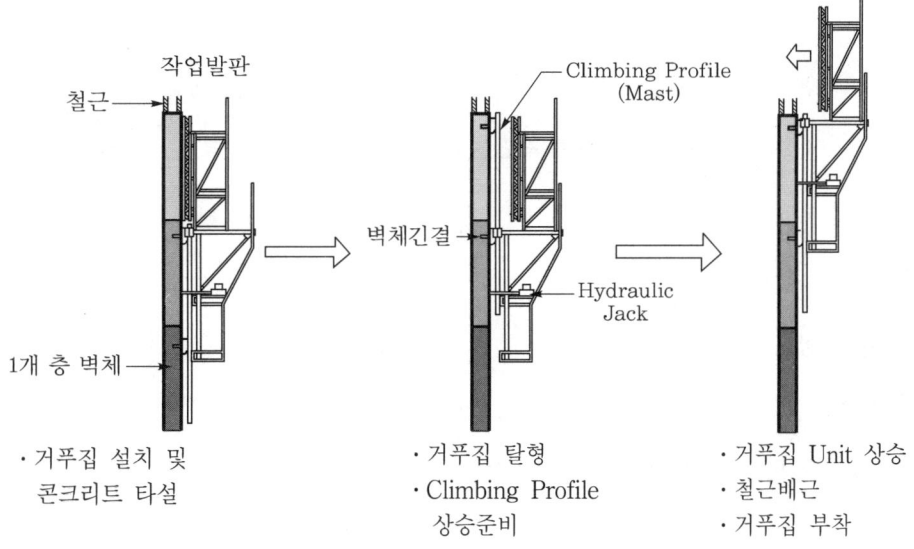

· 거푸집 설치 및 콘크리트 타설 　→　· 거푸집 탈형 · Climbing Profile 상승준비 　→　· 거푸집 Unit 상승 · 철근배근 · 거푸집 부착

III. 특 징

(1) 양중장비 필요 없이 스스로 상승하므로 Self Climbing Form이라고도 함

(2) 벽체의 변형(두께, 평면 등)에 대처 가능

(3) Embed Plate 설치가 자유로움

(4) Stock Yard에서 선조립 후 설치

(5) 1개 층분으로 제작되므로 거푸집 길이가 길어짐

(6) RC구조물의 Core 부분에 많이 채택

4-7 LB(Lattice Bar) Deck   [09전, 10점]

Ⅰ. 정 의

(1) 공장에서 일체화된 바닥구성재(거푸집 대용 아연도 강판+Slab용 철근주근)를 현장에서는 배력근·연결근만 시공함으로써 철근과 거푸집공사를 동시에 Pre-fab화한 공법이다.

(2) 철근작업을 공장에서 대신하고 현장에서는 설치작업만 하므로 노무절감 및 공기단축을 할 수 있는 공법이다.

Ⅱ. 시공상세도

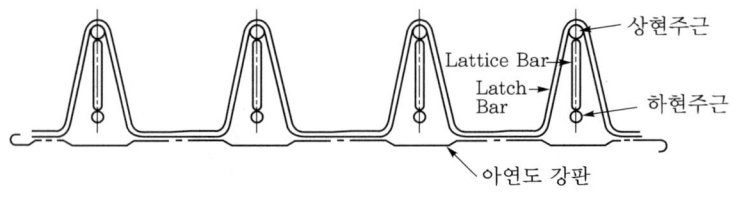

상현주근
Lattice Bar
Latch Bar
하현주근
아연도 강판

〈LB(Lattice Bar) Deck〉

Ⅲ. 특 징

(1) 시공의 정밀도 향상
(2) 공기단축(생산성 향상)
(3) 공사비 절감
(4) 시공이 단순
(5) 안전성이 높음
(6) 설계범위가 넓음

Ⅳ. 시공순서 Flow Chart

자재반입 및 양중 → 설치 → 단부 못질 또는 용접 → 철근 연결(배력근·연결근 등) → 콘크리트 타설

Ⅴ. 적용대상 구조

(1) 철근콘크리트 구조의 바닥판
(2) 철골철근콘크리트의 바닥판
(3) 철골구조의 바닥판
(4) PC구조의 바닥판

Ⅵ. 재 료

(1) 상·하현 주근 : D 13 또는 D 10
(2) Lattice Bar : $\phi 6$
(3) Latch Bar : $\phi 4$
(4) 연결근·배력근·보강근 : D 13 또는 D 10
(5) 강판 : 용융 아연도 강판 0.4~0.5mm

Ⅰ. 개 요

(1) Portland Cement는 석회질원료와 점토질원료를 혼합하여 소성한 Clinker에 석고를 가하여 분쇄한 것으로서 시멘트의 중요한 성분으로는 석회(CaO, 산화칼슘), 산화철(Fe_2O_3, 산화제2철)과 석고를 첨가한 무수황산(SO_3, 3산화유황) 등이 있다.

(2) 시멘트는 사용 전의 현장저장 및 관리가 콘크리트 구조체의 품질에 큰 영향을 미칠 수 있으며, 시멘트의 품질확보를 위해서는 체계적인 시험의 실시가 중요하다.

Ⅱ. 시멘트의 분류

시멘트 ─┬─ 포틀랜드 시멘트 : 보통, 중용열, 조강, 저열, 내황산염
　　　　├─ 혼합시멘트 : Pozzolan, 고로 Slag, Fly Ash
　　　　└─ 특수시멘트 : 알루미나, 초속경, 팽창, 백색

Ⅲ. 시멘트의 풍화

(1) 정의
  ① 시멘트는 저장시 공기 중에 방치해 두면 수분을 흡수하여 경미한 수화반응을 일으킨다.
  ② 수화반응에 의해 형성된 수산화칼슘($Ca(OH)_2$)이 이산화탄소(CO_2)와 반응하여 탄산석회($CaCO_3$)를 생성하며 굳어지는 것을 풍화라 한다.

(2) 풍화과정
  ① 반응인자
    ㉠ 공기 중의 수분
    ㉡ 공기 중의 이산화탄소

② 반응 Mechanism
  ㉠ 수화반응

$$CaO(생석회) + H_2O \xrightarrow[\text{수화열 발생}]{\text{수화반응}} Ca(OH)_2$$

  ㉡ 풍화반응

$$Ca(OH)_2 + CO_2 \xrightarrow[\text{수축}]{\text{탄산화반응}} CaCO_3(석회석) + H_2O$$

(3) 풍화원인
① 공기 중에 수분이 많고 습기가 많을 경우 풍화발생
② 시멘트 저장시 공기 중에 노출될 경우
③ 분말도가 큰 시멘트일수록 풍화가 빠름
④ 풍화시험
  ㉠ 시멘트의 풍화시험은 강열감량(强熱感量)시험으로 한다.
  ㉡ 강열감량은 시멘트에 900~1,000℃에서 60분 강열(强熱)을 가했을 때 감량(感量)이다.
  ㉢ 시멘트 강열감량은 보통 0.5·0.8% 정도이다.

(4) 풍화시멘트의 성질
① 강도(초기강도, 압축강도) 발현이 저하된다.
② 내구성이 저하된다.
③ 강열감량이 증가한다.
④ 응결이 지연된다.
⑤ 비중이 작아진다.

(5) 풍화시멘트를 사용한 콘크리트의 품질
① pH 농도
  ㉠ 풍화된 시멘트 사용시 CaO 함량 감소
  ㉡ CaO 함량이 감소되면 Con′c의 pH 농도 저하
② 중성화 진행속도 증가
  ㉠ 보통 Con′c의 pH 농도는 12~13 정도
  ㉡ pH 농도의 저하로 중성화 진행속도 증가로 내구성 저하
③ 철근부식 증가
  ㉠ 중성화 진행으로 인한 철근의 부동태막 파괴
  ㉡ 철근 부동태막 파괴로 철근 부식속도 증가

(6) 시멘트풍화 방지방법(저장방법)
① 창고의 바닥높이는 지면에서 30cm 이상 유지

② 채광창 이외는 밀폐
③ 우수의 침입을 방지
④ 지붕누수 방지
⑤ 시멘트쌓기의 높이는 13포(1.5m) 이내

Ⅳ. 수화반응

(1) 정의
① Cement에 물을 부어 자극하면 다량의 열을 방출하면서 굳어지는데, 이때 수산화칼슘(가성소다)이 생성된다.
② 이러한 현상을 수화반응이라고 하며, 이때 발생되는 열을 수화열이라고 한다.

(2) 수화반응 화학식

$$CaO + H_2O \xrightarrow[\text{수화열 발생}]{\text{수화반응}} Ca(OH)_2$$

CaO : 석회, H_2O : 물, $Ca(OH)_2$: 수산화칼슘

(3) 수화열에 영향을 주는 요인
① Cement의 품질   ② Con′c의 배합
③ 시공방법   ④ 고온·저습·일사·바람 등
⑤ Cement의 분말도   ⑥ Cement 중의 석고 혼입량
⑦ Portland Cement와 고로 Slag와의 치환율
⑧ Portland Cement에 포함된 클링커 광물

(4) 억제대책
① 분말도가 낮은 Cement를 사용
② 저열용 Cement를 사용
③ 골재의 입도가 좋은 것 사용
④ Slump 감소 방지
⑤ 적당한 배합설계(Slump, 물시멘트비 등이 너무 작지 않게)일 것

Ⅴ. 중성화

(1) 탄산가스, 산성비 등의 영향으로 Con′c가 수산화칼슘(강알칼리) 상태에서 탄산칼슘(약알칼리) 상태로 변화하는 현상으로 탄산화(Carbonation)라고도 한다.

(2) 중성화를 방지하기 위해서는 양질의 재료와 적당한 강도가 확보되는 배합설계를 통하여 철저한 시공관리를 한다.

(3) 중성화 이론

① 화학식 : $Ca(OH)_2 + CO_2 \longrightarrow CaCO_3 + H_2O$

② 내구성 저하 : 철근의 부식 → 부피팽창 → Con'c 균열 → Con'c 열화

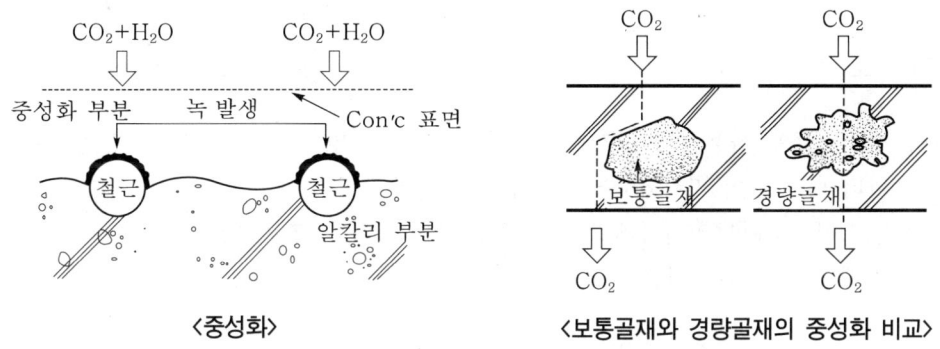

<중성화>   <보통골재와 경량골재의 중성화 비교>

VI. 시멘트의 저장

(1) 시멘트는 방습적인 구조로 된 사일로 또는 창고에 품종별로 구분하여 저장해야 한다.
(2) 포대 시멘트의 경우는 지상에서 30cm 이상 되는 마루에 올려서 검사나 반출에 편리하도록 저장해야 한다.
(3) 시멘트는 사용 전에 시험을 통하여 품질을 확인하여야 한다.

VII. 결 론

(1) 시멘트는 철저한 품질시험을 통하여 구조물의 요구성능에 적합한 것을 선정하여야 하며, 이러한 요소가 양질의 콘크리트 구조체로 만드는데 중요하다.
(2) 운반 및 저장의 관리소홀로 인하여 풍화된 시멘트가 생기지 않도록 하여야 하며, 콘크리트의 시공성 및 내구성이 증대될 수 있는 시멘트의 개발이 중요하다.

Ⅰ. 개 요

(1) 콘크리트에 사용되는 골재는 수분을 포함하고 있는 상태에 따라 각각 다른 상태를 나타내며, 그에 따라 비중도 달리하게 된다.

(2) 콘크리트 배합의 시방배합에서 골재상태는 표면건조포화상태(표건상태)로 하며, 현장배합은 현장에 따른 재료의 함수상태에 따라 배합을 조정하게 된다.

Ⅱ. 골재의 함수상태

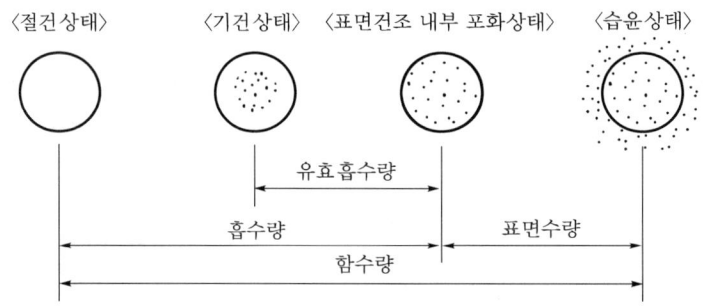

(1) 절건상태(절대건조상태)

노건조 상태라고도 하며, 건조로에서 105±5℃의 온도로 골재가 일정한 무게가 될 때까지 완전 건조된 상태이다.

(2) 기건상태

건조한 실내에서 골재의 무게가 일정해질 때까지 건조시킨 상태이며 공기 중 건조 상태라고 한다.

(3) 표면건조 내부 포화상태(표건상태, 표면건조포화상태)

골재 입자의 표면에는 물기가 없고 입자 내부의 빈틈은 물로 채워진 상태이며 Con'c 배합설계에 있어서 기준이 되는 상태이다.

(4) 습윤상태

골재입자의 내부가 물로 채워져 있고 표면에도 물기가 있는 상태이다.

(5) 함수량

골재의 내부 및 외부에 함유하고 있는 수분의 전체 수량(물의 질량)을 뜻한다.

(6) 흡수량

절건상태에서 표면건조 내부 포화상태까지 단계에서 흡수한 수량(물의 질량)이다.

(7) 유효흡수량

기건상태 골재가 표면건조 내부 포화상태 단계까지 흡수된 수량이다.

(8) 표면수량

① 표면건조포화상태에서 습윤상태까지의 수량으로 함수량에서 흡수량을 뺀 값으로 나타낸다.

② 표면수량 = 함수량 − 흡수량

(9) 유효흡수율

유효흡수율이란 유효흡수량(기건 상태의 골재가 표건 상태까지 흡수하는 수량)에 대한 기건상태 골재질량의 백분율이다.

$$유효흡수율 = \frac{유효흡수량}{기건 \ 상태의 \ 골재질량} \times 100(\%)$$

(10) 흡수열

① 흡수율이란 흡수량(절건상태의 골재가 표건상태까지 흡수하는 수량)에 대한 절건상태 골재질량의 백분율이다.

$$흡수율 = \frac{흡수량}{절건 \ 상태의 \ 골재질량} \times 100(\%)$$

② 흡수율(유효흡수율)의 영향요인

　㉠ 골재의 석질

　㉡ 골재 보관상태

　㉢ 골재의 흡수능력

　㉣ 비중

　㉤ 골재의 간극률

III. 골재의 취급 및 저장

(1) 종류 및 입도가 다른 골재는 각각 구분하여 저장한다.
(2) 굵은 골재 최대 치수가 65mm 이상인 경우는 체가름하여 분리 저장한다.
(3) 골재의 취급 및 저장시 불순물이 혼입되거나 부서지지 않도록 한다.
(4) 골재의 저장설비는 적당한 배수시설을 설치해야 한다.
(5) 겨울에는 빙설의 혼입을 방지하기 위한 시설을 갖추어야 한다.

IV. 결 론

(1) 골재는 콘크리트 구조물을 구성하는 중요한 재료이므로 골재의 품질은 콘크리트의 품질에 직접적인 영향을 준다고 볼 수 있다.
(2) 최근 들어 자연골재의 고갈로 자연골재보다 품질이 떨어지는 부순골재 및 해사의 사용이 증가하는 추세에 있고, 이러한 Minus 요인을 미연에 방지하기 위해서는 품질시험을 통한 골재의 선정 및 취급·보관 등의 관리에 철저를 기하여야 할 것이다.

| **6-5** | 경량골재의 종류 | [96후, 20점] |
| **6-6** | Pre-Wetting | [04중, 10점] |

Ⅰ. 정 의

(1) 경량골재란 골재의 비중이 2.0 이하인 골재를 말하며, 천연경량골재·인공경량골재 등으로 나뉜다.
(2) Con'c 구조체를 경량화할 목적으로 개발되었으며, 초기에는 비내력용으로 사용되었으나 점차적으로 구조용의 목적으로 그 활용도가 넓어지고 있다.

Ⅱ. 골재의 분류

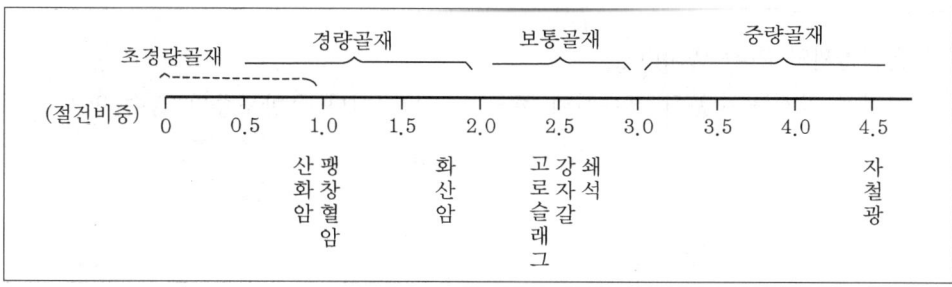

〈비중에 따른 골재의 분류〉

Ⅲ. 종 류

(1) 천연경량골재

천연에서 얻을 수 있는 골재로서, 입형이 불안정하고 흡수율이 크며 퇴적 화산암을 채굴한 뒤 체가름 또는 입도 조정하여 사용되며, 대표적인 것은 다음과 같다.

① 화산암(Volcanic Rock) ② 화산암재(Scoria)
③ 화산재(Volcanic Ash) ④ 응회암(Tuff)
⑤ 규조토(Ditomaceous Earth)

(2) 인공경량골재

원료를 미분쇄한 후 입자상으로 가공한 것을 건조·소성·팽창시킨 조립형과 원료를 적당한 크기로 분쇄하여 소성·팽창시킨 비조립형이 있으며, 대표적인 것으로 다음과 같은 것이 있다.

① 혈암·점판암(Shale Clay·Clay Slate Stone)
② 팽창 질석(Expanded Vermicuite)
③ Fly Ash
④ 용융광재(Expanded Slag)
⑤ 석탄재(Cinder Ash)

Ⅳ. Pre-Wetting

(1) 정의
  ① 경량골재를 사용하기 전에 골재에 미리 물을 흡수시키는 작업을 Pre-Wetting 이라 말한다.
  ② 골재의 Pre-Wetting은 함수량이 큰 경량골재의 경우 콘크리트 비빔 및 운반 중에 골재흡수가 일어나지 않도록 하기 위하여 사용 전에 미리 골재에 살수하여 흡수하게 하여야 한다.

(2) 경량골재의 Pre-Wetting
  사전에 골재를 충분히 흡수시켜 콘크리트 비빔이나 운반도중의 흡수 방지

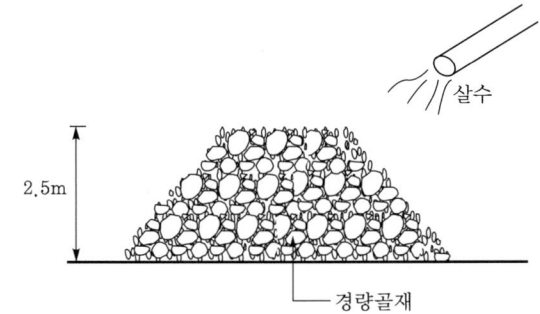

Ⅴ. 경량골재 콘크리트 시공시 유의사항

① 골재의 흡수율이 크므로 콘크리트 배합 전 충분히 물을 흡수시킨다.
② 콘크리트 운반거리는 가능한 한 짧게 한다.
③ 흙 또는 물과 접촉되는 부위는 사용을 금지한다.
④ 콘크리트 타설시 침하가 크므로 다짐, 시공이음에 주의한다.
⑤ 타설 후 7일 이상 습윤상태의 양생을 유지한다.
⑥ 콘크리트 다짐은 고성능 진동기를 사용하여 충분히 다짐한다.
⑦ 콘크리트 타설시 재료분리가 생기지 않도록 각별히 주의한다.
⑧ 건조수축이 크게 일어나므로 조기건조를 방지한다.

| **6-7** | 골재의 조립률(Finess Modulus) | [01전, 10점] |
| **6-8** | 골재의 조립률(FM) | [10전, 10점] |

I. 정 의

(1) 콘크리트에 사용되는 골재의 입도의 정도를 표시하는 지표로서 체의 치수 80mm, 40mm, 20mm, 10mm, 5mm, 2.5mm, 1.2mm, 0.6mm, 0.3mm, 0.15mm의 10개의 체를 한 조로 체가름시험을 하여 각 체의 통과하지 않은 잔류시료의 중량백분율의 합(가적잔유율 누계)을 100으로 나눈 값으로 나타낸다.

(2) 조립률(FM) = $\dfrac{\text{각 체의 통과하지 않은 잔류시료의 중량백분율의 합(가적잔유율 누계)}}{100}$

II. 용 도

(1) Con'c의 경제적인 배합 결정
(2) 골재입도의 균등성 판단
(3) 골재사용 적부 판단

III. Con'c에 사용되는 골재의 최적조립률

(1) 세골재
  모래와 같은 잔골재에서의 조립률
  FM = 2.3~3.1

(2) 조골재
  자갈 등의 굵은 골재에서의 조립률
  FM = 6~8

IV. 특 징

(1) 골재입자의 지름이 클수록 조립률이 크다.
(2) 일반적으로 골재의 조립률은 잔골재는 2.3~3.1, 굵은 골재는 6~8 정도가 좋다.

V. 조립률이 Con'c에 미치는 영향

(1) 단위수량
(2) 단위시멘트량
(2) 건조수축
(3) Con'c 품질
(4) 물시멘트비
(6) Con'c 강도 및 내구성
(7) 재료분리

6-9 개정된 콘크리트 표준시방서상 부순 굵은 골재의 물리적 성질　　　　[06전, 10점]

Ⅰ. 정 의

(1) 부순 굵은 골재는 쇄석을 의미하는바, 반응성의 광물질에 대해서는 지역마다 암질이 다르고 동일 지역에서의 사용 실적이 적은 원석을 채집하기 때문에 사전에 충분한 조사가 필요하다.

(2) 쇄석은 모가 나 있어서 시공연도가 떨어지나, 강자갈보다 6~8% 단위수량이 증가하며, 강도는 10% 정도 증가하는 장점이 있다.

Ⅱ. 부순 굵은 골재의 물리적 성질

시험항목	품질기준
절대건조밀도(gf/cm³)	2.5 이상
흡수율(%)	3.0 이하
안정성(%)	12 이하
마모율(%)	40 이하
0.08mm체 통과량(%)	1.0 이하

Ⅲ. 골재의 저장

(1) 골재는 각 치수별 또는 종류별로 저장

(2) 같은 치수의 골재라도 종류별로 나누어 저장

(3) 골재는 배수가 잘 되는 곳에 저장

Ⅳ. 부순 굵은 골재 선정시 유의사항

(1) 파쇄되지 않은 골재의 사용 엄금

(2) 골재의 청결상태 및 유해물 혼입 여부

(3) 세장하거나 얇은 석편 사용 금지

(4) 골재의 비중은 규정 이내

(5) 흡수량이 큰 골재 사용 금지

7-1 콘크리트 시공시 성능강화를 위해 첨가되는 혼화재료의 사용목적과 선정시 고려 사항 및 종류에 대하여 설명하시오. [08후, 25점]

7-2 Con'c 혼화재와 혼화제의 차이점과 종류를 비교 [97중전, 20점]

Ⅰ. 개 요

(1) 혼화재료는 Con'c의 구성재료인 시멘트, 물, 골재 등에 첨가하여 콘크리트에 특별한 품질을 부여하고, 성질을 개선하기 위한 재료이다.

(2) 혼화재료는 혼화제와 혼화재로 구분할 수 있으며, 그 사용량이 시멘트 중량의 5% 이하로서 소량만 사용되는 것을 혼화제, 시멘트 중량의 5% 이상 사용되는 것을 혼화재로 분류하고 있다.

Ⅱ. 혼화재와 혼화제의 차이점

(1) 혼화재
   ① 첨가량이 시멘트 중량의 5% 이상으로 시멘트 성질을 개량한다.
   ② 사용량이 많아서 배합설계시 중량계산에 포함한다.
   ③ 종류로는 포졸란, 고로 Slag, Fly Ash 등이 있다.

(2) 혼화제
   ① 첨가량이 시멘트 중량의 5% 미만으로 약품적 성질이다.
   ② 사용량이 적어 설계시 중량계산에서 제외된다.
   ③ 종류로는 표면활성제, 응결경화 조절제, 방수제, 방청제, 발포제, 수중 불분리성 혼화제, 유동화제, 방동제 등이 있다.

(3) 차이점

구 분	혼화재	혼화제
첨가사용량	시멘트 중량의 5% 이상	시멘트 중량의 5% 미만
배합 설계시 고려사항	중량계산에 포함	중량계산에서 제외
사용조건	첨가재료적 성질	약품적 성질
종 류	포졸란, Fly Ash, 고로 Slag	AE제, AE 감수제, 경화제, 응결제, 방동제

Ⅲ. 혼화재료의 사용목적

(1) 시공연도 대선
① 워커빌리티를 개선하고 단위수량도 감소시킬 수가 있다.
② 블리딩과 재료분리가 적어지며, 수밀성이 향상되고 표면마무리도 좋게 한다.

(2) 초기강도 및 응결시간 조절
① 여름철 고온시 콘크리트의 응결지연 및 슬럼프 저하를 방지하며 레미콘의 장시간 운반시 응결지연 효과가 있다.
② 대형 구조물의 연속타설시 Cold Joint의 방지
③ 수밀성이나 기밀성을 요하는 구조물의 Cold Joint의 방지

(3) 내구성 및 수밀성 증진
장기강도를 증대시켜 수밀성 및 화학적 저항성이 높아진다.

(4) 물시멘트비 저김
고성능 감수제의 뛰어난 감수작용을 이용하여 보통콘크리트와 같은 작업성능을 가지면서 물시멘트비 저감의 효과가 있다.

(5) 발열의 저감
① 염화칼슘의 알맞은 사용량은 온도에 따라 다르지만, 일반적으로 시멘트 중량에 대하여 2% 이하로 사용한다.
② 염화칼슘은 5~6℃의 저온에서 강도증진 효과가 좋은 것을 알 수 있다.

(6) 철근의 부식방지
① 해사를 잔골재로 사용하는 경우, 염화칼슘을 섞는 경우, 염분이 포함된 흙에 접촉하는 경우 등의 철근콘크리트에 방청을 목적으로 사용한다.
② 산소를 소비하여 철근에 도달하기 어렵게 하는 것 및 염소이온과 결합하여 고정하여 철근표면의 보호피막을 보강한다.

Ⅳ. 선정시 고려사항

(1) 사용목적
① 혼화재료 선정시는 그 사용목적에 따라 적합한 혼화재료를 선정하여야 한다.
② 혼화재료는 그 사용목적에 따라 사용량과 사용방법에 차이가 있으므로 사전에 면밀한 주의를 하여야 한다.

(2) 콘크리트의 품질저하 여부

굳지 않은 콘크리트의 점성을 현저하게 크게 하거나, 재료분리, 블리딩을 지나치게 크게 변화하지 않는지의 여부 검토

(3) 응결시간 영향 여부

① 콘크리트 응결시간에 영향을 미치는 여부를 사전에 검토하여야 한다.

② 응결시간 조절제는 제외한다.

(4) 골재와의 영향 평가

① 골재와 나쁜 반응을 일으키지 않는 혼화재료를 선정하여야 한다.

② 알칼리 골재반응 등을 촉진시키지 말아야 한다.

③ 사용재료(시멘트, 물, 골재)의 조합에 따라서는 효과가 불충분하거나 첨가량이 부적당한지의 여부를 검토한다.

(5) 콘크리트 성질변화

① 콘크리트의 강도, 수축, 내구성 등에 나쁜 영향을 미치지 않아야 한다.

② 강도가 작거나 수축이 크거나 또는 중성화나 표면열화의 진행이 빠르지 않아야 한다.

(6) 환경오염

인체에 무해하여 환경오염이 생기지 않는 재료를 선택한다.

(7) 실험결과 및 실적

실험결과와 실적을 토대로 혼화재료가 사용목적과 일치하는 것을 확인한다.

(8) 복합적인 검토

하나의 목적에 효과가 있다 하더라도 다른 성질에 나쁜 영향을 미치는 경우가 있는 점을 고려한다.

(9) 품질변화

① 품질의 균일성이 보증될 것을 선정한다.

② 운반, 저장 중에 품질변화를 일으키지 않을 것을 선정하여야 한다.

③ 두 종류 이상의 혼화재료를 사용하는 경우 상호작용에 의해 부작용이 생기지 않는 것을 선정한다.

(10) 분산효과

혼합시 용이하게 혼합할 수 있고 균등하게 분산될 수 있는지 여부를 판단한다.

(11) 혼화재료의 특성 파악

① 각 혼화재료가 가지고 있는 특성을 파악하여야 한다.

② 팽창제, AE제, 감수제, 지연제 등은 과량 혼입시 유해한 결과를 초래하는 점 등을 고려하여야 한다.

V. 종 류

1. 혼화재

(1) Pozzolan

시멘트가 수화할 때 수산화칼슘과 화합하여 강도, 화학적 저항성, 수밀성 등을 개선시킨다.

(2) 고로 Slag

제철소에서 얻어지는 슬래그분말을 Con'c에 혼합하여 Con'c의 화학저항성을 개선한다.

(3) Fly Ash

일종의 석탄재로서 특정 입도범위의 입상잔사를 말하며, Con'c 속에서 골재와 시멘트 사이에서 볼베어링 작용으로 Workability를 향상시킨다.

2. 혼화제

(1) AE제

굳지 않은 Con'c의 성질을 개량하여 시공성을 향상시킨다.

(2) AE 감수제

콘크리트 중에 미세기포를 연행시키면서 작업성을 향상시키며 응결을 촉진하고 조기강도를 증진시킨다.

(3) 경화촉진제

염화칼슘의 적당량을 Con'c에 혼입하여 응결을 촉진하고 조기강도를 증진시킨다.

(4) 응결지연제

시멘트와 물 사이에서 수화작용을 지연시켜서 콘크리트의 응결시간을 조절한다.

(5) 방동제

콘크리트 동결을 방지하기 위하여 염화칼슘, 식염이 사용되지만, 철근콘크리트에서는 식염을 사용해서는 안 된다.

VI. 결 론

(1) 혼화재료는 Con'c의 시공연도 개선, 조기강도 증진 등 Con'c 성질과 품질을 향상 시키는 재료로서 적당량을 사용할 경우 강도, 내구성, 수밀성의 증가를 가져올 것 으로 기대된다.

(2) 혼화제는 같은 종이라도 제조회사에 따라 제품의 성능차가 크므로 잘못 선택할 경 우에는 오히려 콘크리트 구조체의 강도를 떨어뜨리는 원인이 되기도 하므로, 정부 차원의 제품기준 및 품질규정의 확립이 필요하다.

7-3 콘크리트에서 AE제의 역할과 AE제 사용시 유의해야 할 사항을 설명하시오.

[95후, 25점]

Ⅰ. 개 요

(1) AE제는 Con′c 내부에 독립된 연행기포를 발생시켜 콘크리트의 시공연도를 개선하고, 동결융해에 대한 저항성을 갖도록 하는 혼화재이다.

(2) AE제는 시공연도를 좋게 하고, Bleeding을 감소시킨다. 또한 수밀성이 커지며, Con′c 경화에 따른 발열량이 적어진다.

Ⅱ. 혼화제 사용목적

(1) 시공성 향상

(2) 강도증진 효과

(3) 콘크리트 성질 개선

(4) W/C비 절감

(5) 내구성 증대

Ⅲ. AE제의 종류

(1) 음이온계 AE제

시판되는 Con′c AE제의 대부분이 음이온계 활성제이며, 화학적인 성분은 수지산염, 황산에스테르, 술퍼네이트계가 사용되고 있다.

(2) 양이온계 AE제

AE제가 양이온을 나타내는 것은 Con′c AE제로는 사용되지 않는다.

(3) 비이온계 AE제

비이온계는 수용액 중에서 이온성분을 갖는 것은 아니나 분자 자체가 계면활성 작용을 하는 것으로 에테르계, 에스테르계가 AE제로 사용되고 있다.

IV. AE제의 역할

(1) 공기량

① AE Con'c의 공기량은 6% 이상이 되면 강도가 현저하게 떨어지므로 4%가 적당하다.

② 골재의 최대 치수가 작을 때엔 모르타르의 양이 많으므로 공기량이 많아진다.

(2) Ball Bearing 작용

① Con'c 중의 미세기포는 Cement Paste의 점성과 미세골재에 의해 위치가 고정되고, 수압을 받아 구형을 형성한다.

② 이 구형의 기포는 Ball Bearing 작용 및 연행작용으로 Con'c의 시공성을 개선한다.

(3) 단위수량 감소

① 시공성이 좋아지므로 단위수량이 감소한다.

② 통상적으로 공기량 1%가 Slump에 미치는 효과는 크며, Con'c 단위수량을 3% 감소시킨다.

(4) 재료분리 감소

① Con'c에 공기를 연행시키면 재료분리가 감소된다.

② Bleeding 현상도 감소된다.

(5) 동결·융해에 대한 저항성 증대

① Con'c 내부에 적당량의 연행공기가 존재하면, 자유수의 동결을 완화시킨다.

② 동해방지용 Con'c의 공기량은 4~6% 정도가 적당하다.

(6) 시공연도 개선

① Con'c에 미세한 기포가 생성되면 시공연도가 개선된다.

② 표준공기량은 3~5%이고, 허용오차는 ±1%이다.

(7) AAR 감소

AE제는 연행기포를 생성시켜 알칼리 골재반응의 화학작용을 감소시킨다.

(8) 강도저하

① 공기량이 6% 이상이 되면 강도가 현저히 떨어진다.

② 공기량의 적정범위 초과 또는 부족시 강도가 급격히 변화한다.

(9) 측압증대

AE제의 사용은 Con'c의 시공연도 개선 및 Slump값을 커지게 하며, 이로 인해 측압이 증대된다.

V. 사용시 유의해야 할 점

(1) 규격품 사용

AE제는 KS F 2560의 규정에 합격한 것을 사용한다.

(2) 정확한 계량

① AE제의 사용량은 소량으로 계량에 주의해야 한다.

② 허용 계량오차는 3% 이내가 적당하다.

(3) 사용량

① 공기량이 지나치게 많아지면 Con'c의 작업성은 좋아지나 강도가 저하되므로 주의한다.

② 사용량이 소량이므로 반드시 물에 10~20배 희석하여 사용한다.

(4) 비빔

① 운반 및 진동다짐에 의해 공기량은 감소한다.

② 비빔시에는 이를 감안하여 소요공기량보다 1/4~1/6 정도 많게 한다.

(5) 시험

① Con'c의 내구성은 골재의 품질, 배합 등의 영향을 받는다.

② 따라서 사용 전 소요공기량에 대해 충분한 시험을 한다.

(6) 골재

① 연행 공기량의 변동을 적게 하기 위해서는 잔골재의 입도를 일정하게 한다.

② 조립률의 변동은 ±0.1 이하로 억제하는 것이 좋다.

VI. 결 론

(1) AE제는 시공연도의 개선뿐만 아니라 Con'c가 빈 배합일 때 강도를 증진시키지만 단가는 일반 Con'c와 별 차이가 없다.

(2) AE Con'c는 철근의 부착강도, 공기량 조절방법 등에 문제가 있어 앞으로 기업체 및 연구소 그리고 기술자의 공동연구개발이 절실히 요구된다.

7-4 콘크리트 혼화재료로서의 촉진제   [95중, 20점]

I. 정 의

거푸집의 조기 탈형에 의한 거푸집 사용, 회전율의 제고, 한랭시 콘크리트 응결, 경화 촉진과 양생기간 단축을 목적으로 사용하는 혼화제를 말한다.

II. 시멘트 수화반응을 촉진시키는 물질

(1) 염화칼슘, 염화나트륨
(2) 트리에탄올아민(TEA)과 규산칼슘
(3) 탄산염, 황산염, 초산염 등이 있지만 대표적인 것은 염화칼슘임

III. 촉진제의 효과

(1) 응결촉진
    Con'c의 수화 반응을 촉진시켜 조기에 콘크리트를 응결시킨다.

(2) 측압감소
    동절기 Con'c 타설시 발생하는 측압을 감소시킬 수 있다.

(3) 초기동해 방지
    수화반응 촉진으로 조기경화시키므로 초기동해를 방지할 수 있다.

(4) 거푸집 조기해체
    Con'c의 조기강도 발현으로 거푸집 해체시기를 앞당길 수 있다.

(5) 초기강도 증대
    Con'c 응결속도가 빠르므로 조기응결을 요구하는 구조물의 시공에 이용한다.

Ⅳ. 사용시 유의사항

(1) 철근부식
① 염화칼슘($CaCl_2$)에 의한 Con'c 내의 염화물 함유량 증가로 철근부식이 우려된다.
② 최근 염화물 규제치가 $0.3kg/m^3$ 이하로 규제되어 염화칼슘 촉진제를 사용할 수 없게 되었다.

(2) 한중 Con'c 타설
한중콘크리트에 사용하면 초기강도가 발현하여 초기동해를 방지하고 측압 감소 등의 효과는 있으나 다량 사용시 Con'c 품질저하 우려가 있다.

(3) 타설속도
Con'c 응결이 빠른 시간 내에 이루어지므로 Con'c 운반과정과 시공과정에서 신속한 작업이 되어야 한다.

(4) 혼합 시용
타 혼화제와 혼합 사용시 Con'c에 미치는 영향을 고려하여, 시험을 통하여 혼합 사용한다.

(5) 혼화제의 저장
직사광선을 피하고 서늘한 곳에 저장하여야 하며 타 혼화제와 분리하여 저장한다.

(6) 사용방법
제조회사의 시방규정에 따른 사용량, 시공방법 등을 준수하여 사용한다.

Ⅰ. 개 요

(1) 고성능 감수제와 유동화제는 혼화제의 일종으로 강도 및 유동성 향상을 위하여 사용한다.

(2) 사용목적에 따라 적절한 혼화제를 선정하고 물시멘트비를 감소시켜 콘크리트의 품질을 개선하여야 한다.

Ⅱ. 유동화 콘크리트의 제조방법

제조 방법	콘크리트 플랜트			운 반	공사 현장		
①	베이스 콘크 리트 제조			애지테이터	유동화제 첨가	교반 (유동화)	콘크리트 부리기
②	베이스 콘크 리트 제조	유동화제 첨가	교반 (유동화)	애지테이터			콘크리트 부리기
③	베이스 콘크 리트 제조	유동화제 첨가		애지테이터		교반 (유동화)	콘크리트 부리기

Ⅲ. 고성능 감수제

(1) 정의

고성능 감수제는 일반적인 감수제의 기능을 더욱 향상시켜 시멘트를 효과적으로 분산시키고, 응결지연, 강도저하, 지나친 공기연행 등의 악영향 없이 단위수량을 대폭 감소시킬 수 있는 혼화제를 말한다.

(2) 효과

① 20~30%의 대폭적인 단위수량 감소

② Cement Paste의 유동성 증대

③ 내구성 증진

  ㉠ 건조수축, 투수성 감소

  ㉡ 중성화, 내동결 융해성에 유리

  ㉢ 피로, 크리프 현상 감소

④ 고강도 콘크리트 제조

(3) 감수성능

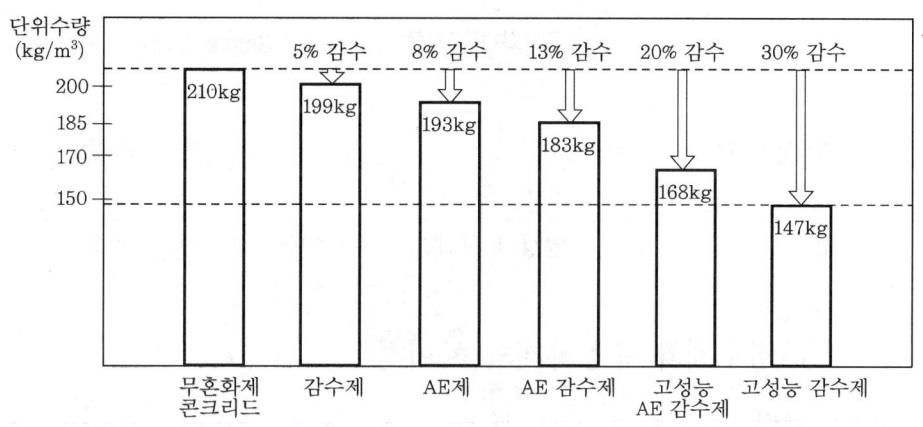

Ⅲ. 유동화제

(1) 정의

유동화제는 일반적으로 단위수량을 증가시키지 않고 유동성을 증진시키는 것으로 콘크리트 품질의 저하 없이 타설 및 다짐 작업을 용이하게 함으로써, 인건비의 절감 등 경제적인 이점을 얻을 수 있다.

(2) 유동화제의 분류

① 나프탈렌 설포산염계

② 멜라민 설폰산염계

③ 변성 리그린 설포산염계

(3) 특징

① Slump가 12cm에서 21cm까지 일시적 상승

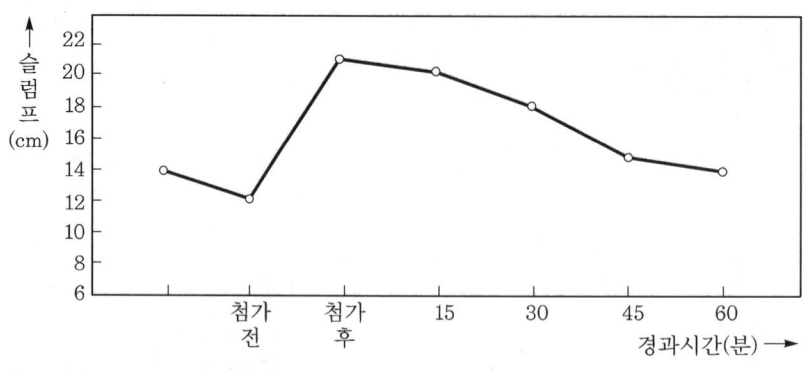

〈유동화제를 사용한 Con′c의 Slump 변화〉

② 감수율이 20~30% 정도
③ 분산효과가 커진다.
④ 저기포성 저응결 지연성
⑤ 건조수축이 적고, 수밀성이 증대되며, 구조체의 내구성이 향상

Ⅳ. 고성능 감수제와 유동화제의 차이점

구 분	고성능 감수제	유동화제
효과	물시멘트비 감소로 고강도화	타설 및 다짐성 향상
물시멘트비	감소	변동 없음
유동성	증대	개선
Workability	양호	향상

7-8 실리카퓸(Silica Fume)   [04전, 10점]

I. 정 의

(1) 실리콘 또는 페로 실리콘 등의 규소합금 제조시 발생하는 폐가스를 집진하여 얻어진 부산물로서 초미립자($1\mu m$ 이하)이다.

(2) 이산화규소(SiO_2)가 주성분으로 고강도 Con'c를 제조하는데 사용된다.

II. 물리적 성질

(1) 90% 이상이 구형의 형상을 하고 있음

(2) 입경이 $1\mu m$ 이하, 평균입경이 $0.1\mu m$ 정도, 비표면적은 약 $20m^2/gf$ 정도

(3) 비중이 약 2.1~2.2 정도이고, 단위용적 중량은 250~300kg/m^3 정도

<table>
<tr><td align="center">시멘트 페이스트</td><td align="center">고성능 감수제를 사용한
시멘트 페이스트</td><td align="center">시멘트 페이스트
실리카퓸+고성능 감수제</td></tr>
<tr><td align="center">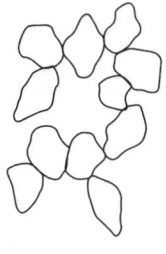</td><td align="center">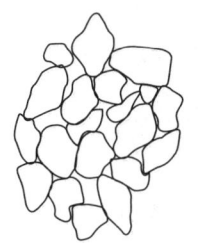</td><td align="center">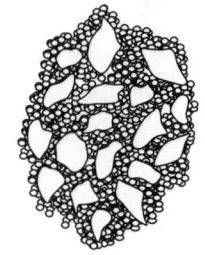</td></tr>
</table>

〈실리카퓸의 효과〉

III. 장 점

(1) 고강도 및 투수성이 작은 콘크리트를 만듦

(2) Bleeding 감소

(3) 고성능 감수제의 사용으로 단위수량 감소

(4) 강도 및 내화학성 증대

(5) 수화초기에 발열량 감소

(6) 수밀성 및 기밀성 증대

(7) Pozzolan 반응에 따른 알칼리 감소

Ⅳ. 단 점

(1) 단위수량(고성능 감수제 미사용)의 증가
(2) 중성화 깊이의 증대
(3) 건조수축의 증대
(4) 소성수축균열의 증가

Ⅴ. 유의사항

(1) 고성능 감수제의 사용은 필수적이므로 유의할 것
(2) 고강도·고내구성의 콘크리트를 제조하기 위해서는 물시멘트비를 30% 이하로 유지
(3) 혼합률은 5~15% 정도가 적당하며, 너무 많아지면 소성수축균열이 발생하므로 유의할 것

7-9 잠재수경성과 포졸란(Pozzolan)반응 [03후, 10점]

I. 개 요

(1) 잠재수경성과 포졸란반응은 혼화재의 대표적인 성질이며, 포졸란반응을 일으키는 혼화재에는 Faly Ash와 Sillica Fume 등이 있다.

(2) 잠재적 수경성은 고로 슬래그에 나타나는 기본적인 성질이다.

II. 잠재수경성

(1) 정의

① 잠재수경성(潛在水硬性)이란 물과 접촉하면 수경성을 나타나지 않으나, 자주제라는 물질이 물속에 존재하면 수경성을 나타내는 성질을 말한다.

② 자주제란 잠재하고 있는 성질을 불러 깨우기 위한 촉매적인 작용을 하는 첨가제이다.

(2) 잠재수경성의 반응

① 분말슬래그 pH12 이상의 $Ca(OH)_2$의 포화용액 중에 방치하면 슬래그의 알루미나규산염 구조가 절단되어 수화하기 시작하고 서서히 칼슘이온이 소모된다.

② 그러나 $Ca(OH)_2$의 공급을 중단하고 어느 정도 이하의 알칼리량이 되면 반응은 진행되지 않는다.

③ 슬래그의 잠재수경성을 자극함으로써 수화반응을 촉진시키는 자극제로 클링커와 석고를 사용한다.

(3) 특징

① Con'c의 수밀성 증대

② Con'c의 강도 증진

③ 내구성 향상

④ 해수에 대한 저항성 우수

⑤ 수화반응에 의해 생기는 조직 치밀

III. 포졸란(Pozzolan)반응

(1) 정의
  ① 그 자체에는 수경성이 없으나 $Ca(OH)_2$와 서서히 화합하여 불용성의 화합물을 만드는 과정을 포졸란반응이라 한다.
  ② 포졸란은 콘크리트에 혼합하여 경화 전 콘크리트 Workability를 향상시키고, 경화 전 콘크리트 수화열을 감소시키며, 경화 후 콘크리트 장기강도가 증가되고 수밀성이 향상되는 효과를 가져오는 혼화재이다.

(2) 포졸란의 종류
  ① 천연포졸란
    ㉠ 화산재
    ㉡ 규조토
    ㉢ 응회암
  ② 인공포졸란
    ㉠ Fly Ash
    ㉡ 소점토

(3) 특징
  ① Workability 향상
  ② 수화열 감소
  ③ 장기강도 증진
  ④ 내황산염 화학저항성 향상
  ⑤ 수밀성 향상
  ⑥ 알칼리 골재반응 억제
  ⑦ 동결융해 저항성 향상
  ⑧ 단위수량 증가현상 발생

(4) 사용시 유의사항
  ① 단위수량 증가에 유의해야 한다.
  ② 강도 저하요인이 있다.
  ③ 과다 사용시 중성화 및 응결지연을 초래한다.

7-10 플라이애시(Fly Ash)   [01후, 10점]

I. 정 의

(1) 화력발전소 등의 연소보일러에서 부산되는 석탄재로서, 연소 폐가스 중에 포함되어 있는 재를 집진기로 회수한 미세한 입상의 잔사를 말한다.

(2) Pozzolan계를 대표하는 혼화제로서 Workability를 개선하고 수화발열량을 감소시키는 효과가 있다.

II. Fly Ash 혼합률에 따른 콘크리트 압축강도

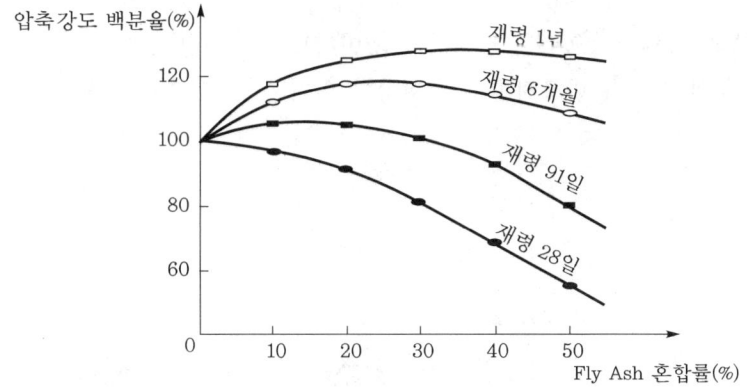

III. 혼합률의 조정

(1) 초기강도 저하 억제 : 10% 이하

(2) 초기강도 저하는 어느 정도 인정하고, 수화열 감소·장기강도 증진·건조수축 감소 등의 목적 : 20~30%

(3) Mass Con'c, 중용열 Portland Cement, 고로 Slag Cement 등 : 10%

IV. Fly Ash가 Con'c 에 미치는 영향

(1) Con'c의 유동성 개선

(2) 단위수량 감소

(3) Bleeding 현상 감소

(4) 장기강도의 개선

(5) 수화발열량의 감소

(6) 알칼리 골재반응 억제효과

(7) 황산염에 대한 저항성 증대효과

(8) 콘크리트의 수밀성 향상

V. 유의사항

(1) 초기강도는 일반콘크리트보다 낮으므로 유의할 것

(2) 온도가 높을수록 강도증진 효과는 저하하므로 유의할 것

(3) 혼합률이 20% 이상 늘어나면 피복두께를 1cm 정도 늘리는 것이 바람직

(4) 초기 습윤양생이 대단히 중요하며, 양생온도에도 유의할 것

(5) AE 콘크리트의 경우는 AE제가 Fly Ash에 흡착되기 때문에 사용량을 증가할 필요가 있으므로 유의할 것

(6) Fly Ash는 일반적으로 응결시간이 늦어지므로 유의할 것

(7) 공기 중의 수분과 반응하면 응집현상이 일어날 수 있으므로 유의할 것

8-1 철근 콘크리트 구조물을 시공할 때 품질관리 요점에 대해 설명하시오.
[96중, 30점]

8-2 콘크리트구조물의 품질관리(B/P, 재료, 운반, 치기, 저장) 등에 대해 기술하시오.
[97중후, 33점]

8-3 항만구조물을 콘크리트로 시공하고자 한다. 콘크리트의 재료, 배합 및 시공의 요점을 기술하시오.
[04전, 25점]

8-4 콘크리트구조물 공사에서 착공 전 검토항목과 시공중 중점관리 항목을 들고, 설명하시오.
[00중, 25점]

8-5 콘크리트 타설시 거푸집, 철근, 콘크리트에 대한 검사항목을 열거하고, 설명하시오.
[99후, 30점]

8-6 지하 저수용 콘크리트구조물 공사에서 콘크리트 시공시 유의사항에 대하여 설명하시오.
[02중, 25점]

8-7 현장콘크리트 B/P(Batch Plant)의 효율적인 운영방안에 대하여 기술하시오.
[05후, 25점]

8-8 공사현장의 콘크리트 배치플랜트(Batch Plant) 운영방안을 설명하시오.
[10전, 25점]

I. 개 요

(1) 콘크리트의 품질관리에서 중요하게 고려되어야 할 사항은 구조물의 강도, 내구성, 수밀성 등을 향상시키면서 경제적인 시공을 하는 것이다.

(2) 콘크리트공사의 품질관리는 비빔·운반시 재료분리가 되지 않게 하고, 타설·다짐은 균일하고 밀실하게 하여 충분한 양생을 하는데 있다.

II. 콘크리트 공사의 Flow Chart

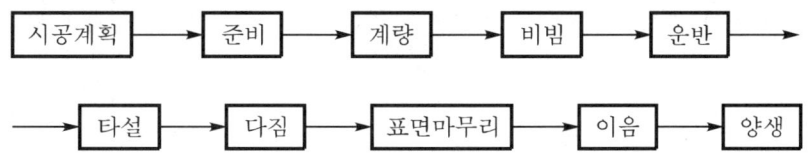

Ⅲ. 품질관리요점(착공 전 검토항목)

1. 시공준비

(1) 시공계획(Batch Plant)
① 레미콘 공장의 선정과 현장까지의 거리계획
② 레미콘의 운반시간은 도로교통량 및 정체시간을 고려하여 계획
③ 레미콘의 운반방법 결정

(2) 준비
① 콘크리트 타설 전에 설비·기계 기구의 유무를 확인한다.
② 철근배근 및 거푸집의 상태 등을 점검한다.
③ 기상상태 및 인력배치와 콘크리트 타설용 기계의 안전한 설치 등을 점검한다.

2. 재료(계량)
① 재료의 오차는 계량기 자체에 의한 계량오차와 계량기에서 공급할 때 생기는 동력오차가 있다.
② 계량오차는 계량기를 수시로 점검하여 정비·보수함으로써 줄일 수 있다.
③ 일반적으로 콘크리트공사에 사용되는 저울의 정밀도는 최대용량의 0.5% 정도이다.
④ 재료공급에 의한 동력오차는 거의 피할 수 없다.
⑤ 골재계량에는 중량계량과 용적계량이 있다.

3. 배합(비빔)
① 콘크리트 재료는 반죽된 콘크리트가 균질해질 때까지 충분히 혼합한다.
② 비비기를 시작하기 전에 미리 믹서에 모르타르를 부착시키는 것을 원칙으로 한다.
③ 믹서는 사용 전후에 충분히 청소해야 한다.
④ 가경성비빔은 90초 이상, 강제성비빔은 60초 이상이며, 강제식이 우수하다.
⑤ 혼합시간은 시험에 의하여 정해지는 것이 원칙이며, 3배 이상 초과해서는 안 된다.

4. 시공

(1) 운반
① Truck Agitator는 Batcher Plant에서 적재한 콘크리트가 분리되지 않도록 교반하여 주행한다. Slump값이 5cm 이하인 콘크리트 배출은 곤란하다.

② 종류

　㉠ Central Mixed Con′c : 비빔완료된 콘크리트를 Agitator Truck에 적재하여 굳지 않게 섞으면서 현장으로 운반

　㉡ Shrink Mixed Con′c : 비빔이 반 정도면 Con′c를 운반 도중에 완전히 비빔하여 현장에서 타설하는 방식

　㉢ Transsit Mixed Con′c : Dry Mix한 재료를 운반하여 현장에서 비빔하여 타설하는 방식

(2) 타설(치기)

① 재료 및 Ready Mixed Con′c(remicon) 확보

② 타설 직전의 콘크리트 품질검사 방법

③ 거푸집, 철근 및 매설물 등의 구속상태 확인 및 검사

(3) 다짐

① 콘크리트의 다짐은 공극을 적게 하고, 철근 및 매설물 등을 밀착시켜 균일하고 치밀하게 채움으로써 양질의 콘크리트를 얻을 수 있다.

② 다짐에는 내부진동기(봉상진동기), 외부진동기(거푸집진동기), 표면진동기가 있다.

③ 진동기는 수직으로 사용한다.

④ 진동기 삽입간격은 50cm 이하로 하고, 뺄 때는 구멍이 생기지 않도록 한다.

⑤ 철근이나 거푸집은 진동시키지 않는다.

(4) 표면마무리

① Bleeding수의 처리 후가 아니면 마무리해서는 안 된다.

② 마무리에는 나무흙손이나 적절한 마무리기계를 사용한다.

③ 마무리 후 콘크리트의 경화시 발생하는 균열은 Tamping 또는 재마무리에 의해서 제거한다.

④ 매끄러운 표면마무리를 원할 경우에는 작업이 가능한 범위 내에서 가장 늦은 시기에 시공한다.

(5) 이음(Joint)

① 종류

　㉠ Construction Joint(시공이음)

　㉡ Expansion Joint(신축이음)

　㉢ Contraction Joint(수축이음)

② 이음은 Con′c에 완전 밀착해서 부착강도가 있어야 한다.

③ 이어치기할 때엔 Laitance를 제거한 후 깨끗이 청소하고 살수하여 습윤하게 한다.

(6) 양생(Curing)

① 양생방법 : 습윤양생, 증기양생, 전기양생, 피막양생, 온도제어양생, 고압증기양생 (Autoclaved Curing), 고주파양생 등이 있다.

② 급속한 건조나 온도변화, 진동 및 외력 등의 영향을 받지 않도록 양생한다.

③ 습윤상태 보호기간은 보통 포틀랜드 시멘트 및 조강 포틀랜드 시멘트를 사용할 때 3일~5일 이상을 표준으로 한다.

Ⅳ. 시공중 중점관리 항목(검사항목)

1. 거푸집

(1) 조립상태

① 거푸집조립에 볼트 및 강봉 사용

② 조립 후 간극, 틈새 등 점검

③ 조립된 거푸집의 형상 점검

(2) 누수 여부

① 거푸집 이음부의 수밀성

② 콘크리트 타설시 모르타르 또는 시멘트풀이 새지 않게

(3) 긴결상태

① 조립된 거푸집의 긴결상태

② Tie Bolt, Pin의 고정상태 확인

③ 거푸집 자재의 강성

(4) 거푸집 변형

① 타설시 콘크리트하중에 의한 거푸집의 변형

② 거푸집판의 처짐

③ 거푸집의 부분적인 돌출 등

(5) 처짐 여부

① 거푸집 자재의 강성부족

② 거푸집 보강재의 간격불량

③ 특히 슬래브, 벽체 등에서 거푸집의 변형

(6) 동바리 조립상태
　① 받침간격 유지
　② 거푸집과 동바리 연결부 시공
　③ 동바리의 위치 이탈

2. 철근

(1) 철근·피복두께
　① 철근과 거푸집 사이 간격 점검
　② 간격재 소요개수
　③ 간격재의 파손, 이탈 여부

(2) 철근의 청소 상태
　① 흙, 기름 등의 오물부착 여부
　② 발생된 녹 제거

(3) 철근간격
　① 구조물의 형상, 규모에 따른 간격
　② 사용 콘크리트 최대 골재치수
　③ 균일한 철근간격 유지

(4) 철근 이음상태
　① 규격에 따른 이음공법의 적정성
　② 이음상태 점검
　③ 이음부의 위치

(5) 철근 고정상태
　① 조립철근의 유동 여부
　② 콘크리트 타설시 철근이동 여부

(6) 철근 부상
　① 타설콘크리트에 의해 철근망의 부상 여부
　② 타설높이가 높은 경우 특히 유의

3. 콘크리트(콘크리트 시공시 유의사항)

(1) 타설순서
① 타설시 비대칭으로 타설할 때 편심 및 특수하중이 발생하므로 타설순서를 준수한다.
② 타설콘크리트에 의한 변형, 균열 등 점검

(2) 타설높이
① 콘크리트 타설높이가 높으면 충격하중과 재료분리가 발생하므로 높이는 1.0m 이하를 준수한다.
② 타설높이가 높은 경우에는 슈트 등의 보조공법 사용

(3) 측압 검토
배합치기 속도, 타설높이, 다짐방법, 온도 지연제, 부재 단면치수, 철근량 등에 따라 크게 달라지므로 유의해야 한다.

(4) 타설속도
① 규정의 타설속도 유지
② 급속한 타설에 의한 콘크리트 침하

(5) 진동, 충격
작업할 때의 진동, 충격은 하중으로 작용하므로 설계시 고려해야 한다.

(6) 초기동해 방지
① 한절기에 Con'c를 타설할 때 초기동해를 받게 되면 콘크리트 강도 및 내구성에 악영향을 끼치게 되므로 초기동해를 방지한다.
② 기온이 4℃ 이하일 때 콘크리트 타설시에는 한중콘크리트로 시공관리해야 한다.

(7) 납품 송장
① 레미콘의 규격 및 수량
② 소요 운반시간 측정
③ 사용 골재의 치수 및 Slump

(8) 콘크리트 상태
① 레미콘에서 배출되는 콘크리트 상태
② 재료분리, 응결 여부 등 파악

V. Batch Plant의 효율적인 운영방안

(1) 일상점검 실시
① 각 계량장치 점검
② 각 재료의 운반장치 및 배출장치 점검
③ Silo(시멘트저장소) 점검
④ 골재의 야적장 및 저장시설 점검
⑤ 혼화재료의 저장시설 및 믹싱설비 점검

(2) Check List 작성
① 기계설비에 대한 Check List 작성 및 점검
② 운전작업의 표준 작성

(3) 재료 수급현황 파악
① 골재 및 시멘트의 수급현황
② 혼합수 및 혼화재료의 수급현황
③ 각종 자재의 운반경로 및 검사 철저

(4) 온도 유지시설 점검
① 하절기 및 동절기 콘크리트 생산을 위한 온도유지시설 점검
② 온도유지시설에는 가열시설과 냉각시설이 있음

(5) 기계설비의 작동상태 확인
① 콘크리트와 모르타르 등을 실제 생산하여 작동상태 확인
② 콘크리트 혼합물에 대한 압축강도 및 주요기능 확인

(6) 기록관리
① Batch Plant의 사용현황을 기록으로 정리하여 관리
② 기계설비의 정비이력이나 정기점검 등 기록관리 철저

(7) 주변환경 관리 철저
① 전기장치, 제어장치 등 각종 기계설비에 대한 청결 유지
② Batch Plant의 주변에 대한 환경관리 철저

VI. 결 론

(1) 콘크리트구조물 공사는 콘크리트를 사용하는 특성으로 시공관리 상태에 따라 품질 변화가 아주 크게 나타난다.

(2) 착공 전에 구조물에 관계되는 사항들을 항목으로 작성하여 검토하고 콘크리트 생산 에서 운반 시공과정을 중점관리 항목으로 두고, 면밀한 품질관리가 가장 중요하다.

8-9 빈배합콘크리트의 품질과 용도에 대하여 설명하시오.　　　　　[10중, 25점]

Ⅰ. 개 요

(1) 빈배합이란 콘크리트의 배합시 단위시멘트량이 비교적 적은 150~250kg/m³ 정도의 배합을 가리키며, 부배합이란 단위시멘트량이 300kg/m³ 이상인 배합을 말한다.

(2) 콘크리트 배합시 부배합일수록 경화하는 과정에서 수화열이 많이 발생하여 균열이 발생하기 쉽고, 또 빈배합일수록 점성(Viscosity)이 떨어지므로 최적의 배합이 중요하다.

Ⅱ. 빈배합콘크리트의 특징

(1) 수화열이 적어 균열발생이 적음

(2) 알칼리 골재반응이 감소

(3) 서중 콘크리트에 유리

(4) 배합시 비빔시간 길어짐

(5) 구조체 강도 저하

(6) 재료분리 현장 발생

Ⅲ. 빈배합콘크리트의 품질

1. 재료

(1) 시멘트

① 최소 단위시멘트량은 150kg/m³를 사용

② 빈배합콘크리트의 압축강도는 설계도서에 명시되어 있는 경우를 제외하고 습윤 상태 6일 양생과 최종 1일 수침 후 5MPa 이상이 되어야 함

(2) 물

콘크리트 혼합물에 사용되는 물은 청정수 사용

(3) 골재

① 생산량이 충분하고 골재입도 변화가 적을 것

② 골재의 염분함유량이 적정치 이내일 것

2. 배합설계

(1) 배합설계 순서
① 사용재료의 선정과 품질확인
② 시공정도에 따라 할증계수를 정하고 배합강도 결정
③ 굵은 골재 최대치수 결정
④ 시방입도에 따라 골재를 합성하여 굵은 골재와 모래의 배합비를 산출
⑤ 다짐시험을 통해 최적함수비와 최대 건조밀도 산정
⑥ 각 재료의 $1m^3$ 소요중량을 구하고 시험배치를 실시하여 공시체 제작
⑦ 제작된 공시체를 재령 7일 후 강도 측정

(2) 배합강도
① 설계서에 특별히 명시하지 않는 경우 7일 압축강도 5MPa가 기준강도
② 할증계수인 1.15를 곱한 5.75MPa을 배합강도로 배합설계를 한다.

(3) 다짐시험
① KS F 2312(흙의 다짐시험방법)의 E방법을 사용
② 단위시멘트량에 따라 최적함수비(OMC)와 최대건조밀도를 구함

(4) 시험배합 실시
다짐시험 결과와 입도에 따른 합성비율 및 흡수비를 사용하여 단위시멘트량에 따라 재료량 산출

(5) 단위시멘트량의 결정
단위시멘트량과 압축강도의 관계도를 그린 후에 그래프에서 배합강도인 5.75MPa에 해당하는 단위시멘트량을 역으로 구함

(6) 시방배합비의 결정
결정된 단위시멘트량을 사용하여 다짐시험을 실시하여 OMC를 결정하고 그 결과를 근거로 시험배합을 수행하여 재료량을 산출해서 최종적인 시방배합비 결정

Ⅳ. 빈배합콘크리트 용도

(1) 포장용
① 고속도로 포장 콘크리트
② 포장 하부 노반층의 개량목적으로 사용
③ 포장층 강성확보가 중요함

(2) 구조물 기초 버림 콘크리트용

① RC구조물 기초용 버림 콘크리트

② 하부지반과 분리하고 구조물의 Leveling 기능

(3) 터널기초 인버터 콘크리트

① 터널 단면의 폐합으로 내공변위 억제

② 조기 폐합을 목적으로 타설

(4) 연약지반 기초부 하부보강

(5) 석축옹벽의 뒷채움재로 활용

V. 시공관리

(1) 시공기준

① 배합설계를 통해 얻은 빈배합콘크리트를 선택층 위에 타설

② 빈배합콘크리트의 시공기준

구 분	기 준	비 고
1층 다짐 후의 두께	15±1.5cm	
계획고 차이	±1.5cm	
다짐도	100% 이상	KS F 2312의 E 다짐방법
PrI	48cm/km 이하	7.6cm의 프로파일 미터
요철	±1.0cm 이내	
함수비	6% 기준	

(2) 생산준비

① Batch Plant를 사전점검하고, 골재함수량에 따른 일일 현장배합표를 작성

② 골재야적장에 덮개를 설치하여 골재의 함수비상태를 균등하게 유지

③ 콘크리트의 혼합시간은 2~4분을 유지하도록 한다.

(3) 운반 및 포설

① 운반

㉠ 덤프트럭을 이용하며 운반 및 상·하차시에 재료분리에 유의

㉡ 운반차량의 고장을 대비하여 여유차량을 확보

㉢ 차량의 적재함은 사용 전후 물로 씻어 청결상태 유지

㉣ 콘크리트는 덮개를 설치한 상태에서 운반할 것

② 포설

    ㉠ 적정 포설장비 사용

    ㉡ 일일 포설계획에 의한 적정 포설 실시

    ㉢ 다짐두께가 규정대로 유지되도록 Thickness Controller로 조정

(4) 다짐

    ① 혼합물 생산 후 2시간 이내에 다짐이 완료되도록 함

    ② 진동롤러, 타이어롤러, 탠덤롤러의 순으로 다짐을 함

    ③ 계획고가 낮은 쪽에서 높은 쪽으로 실시

    ④ 현장의 다짐도는 100% 이상, 다짐두께는 현장밀도 시험시에 병행하여 실시

(5) 양생

    ① 표면이 건조되지 않도록 최소 7일 이상 살수양생을 실시

    ② 다짐 표면이 패이지 않을 정도에서 바로 초기살수를 실시

    ③ 양생 중에는 양생 중 표지판 및 방책시설을 설치하여 외부영향 방지

Ⅵ. 결 론

(1) 빈배합콘크리트는 시멘트가 보통콘크리트보다 적게 사용되는 콘크리트이다.

(2) 빈배합콘크리트 시공시 워커빌리티의 확보가 일반콘크리트보다 어려워 재료분리에 대한 문제점을 항상 내포하고 있으므로 운반 및 다짐시에 재료분리에 대한 시공관리를 철저히 하여야 한다.

9-1 레미콘(Ready Mixed Concrete)의 품질확보를 위한 품질규정에 대하여 설명하시오. [09중, 25점]

9-2 레미콘 현장반입 검사 [06후, 10점]

I. 개 요

(1) Ready Mixed Con′c는 이미 혼합하여 운반하는 콘크리트로 운반에서 타설까지의 과정에서 품질변화가 크게 발생한다.

(2) 콘크리트 타설 전 시공준비, 타설계획, 운반거리 등을 고려하여 시공계획을 우선적으로 세워야 한다.

II. 레미콘의 특징

(1) 장점
　① 품질 균일
　② 노무비 절감
　③ 협소한 장소에도 대량 타설 가능

(2) 단점
　① 현장과 공장의 긴밀한 협조가 있어야 한다.
　② 운반중 재료분리, Slump 저하 우려
　③ 중차량 진입을 위한 운반로 정비
　④ 공장 사정에 따른 타설조건

Ⅲ. 품질확보를 위한 품질규정

1. 레미콘 종류별 일반 품질

레미콘 종류	굵은 골재의 최대치수(mm)	Slump (cm)	호칭강도(MPa)									휨강도	
			18	21	24	27	30	35	40	45	50	4.0	4.5
보통콘크리트	20, 25	8, 12, 15, 18	○	○	○	○	○	○	—	—	—	—	—
		21	—	○	○	○	○	○	—	—	—	—	—
경량콘크리트	15, 20	8, 12, 15, 18, 21	○	○	○	○	○	○	—	—	—	—	—
포장콘크리트	20, 25, 40	2.5, 6.5	—	—	—	—	—	—	—	—	—	○	○
고강도콘크리트	20, 25	8	—	—	—	—	—	○	—	—	—	—	—
		12, 15, 18, 21	—	—	—	—	—	—	○	○	○	—	—

2. 현장반입 검사

(1) 레미콘 납품서(송장) 검사
　　① 납품현황 : 납품장소, 납품일시, 납품용적
　　② 호칭강도 및 Slump
　　③ 공기량 및 염화물 함유량

(2) 출발 및 도착시간
　　레미콘 출하실에서의 출발시간 및 현장 도착시간

(3) Slump Test
　　미경화 Con′c의 반죽질기(Consistency)를 측정하여 시공연도(Workability)를 판단하고자 실시하는 시험이다.

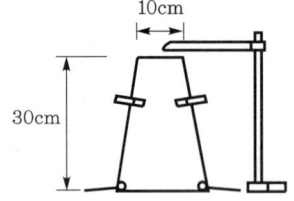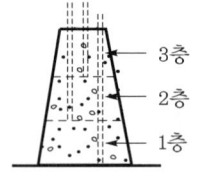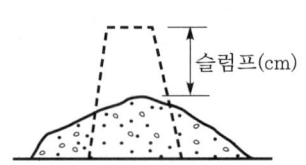

(4) 콘크리트 압축강도시험
　　Con′c 품질을 확인하기 위하여 사용하는 Con′c에서 시료를 채취하여 공시체를 제작하여 양생시킨 다음 7일, 14일, 28일 강도를 측정하여 Con′c 품질 및 공정 관리에 반영하는 중요한 사항이다.

(5) 공기량 시험

　AE 콘크리트에서는 동일 재료로 동일 배합일지라도 골재의 입도 및 기타 재료의 변화에 의해서 공기량이 상당히 변화되는데, 공기량이 적절한가를 확인하기 위하여 공기량 시험을 해야 한다.

(6) 염화물 함유량 시험

　① Con'c 속의 염화물은 바닷자갈, 바닷모래, 사용수 등의 영향이 가장 크다.

　② 공사현장에서의 측정법으로 간이측정기법, 이온전극법, 시험지법 등이 널리 이용된다.

　③ Con'c 속에 염화물 함유량 총량 규제치는 $0.3kg/m^3$이다.

3. 운반시간

외부기온	운반시간
25℃ 이상	90분
25℃ 미만	120분

Ⅳ. 결 론

　레미콘의 품질확보를 위해서는 품질규정을 준수하여야 하며, 특히 현장반입시 철저한 품질검사를 통하여 구조체의 내구성을 확보하여야 한다.

9-3 레디믹스트 콘크리트(Ready Mixed Concrete) 제품의 불량원인과 그 방지대책을 설명하시오. [08중, 25점]

9-4 불량 레미콘 처리 [06전, 10점]

I. 개 요

레미콘의 품질환경은 골재의 품질저하, 운반시간의 증대, 기술개발의 미흡 등 대외적인 여건이 충족되지 못하고 있으므로, 레미콘의 품질향상을 위해 정부의 주도적인 역할이 요구된다.

II. 불량 레미콘의 유형

(1) Slump 측정결과 기준에 벗어나는 경우

(2) 공기량 측정결과 기준에 벗어나는 경우

(3) 압축강도 측정결과 기준에 벗어나는 경우

(4) 염화물 함량 측정결과 기준에 벗어나는 경우

(5) 레미콘 생산 후 규정시간을 초과하는 경우

III. 레미콘 불량의 원인

(1) 재료 불량

① 풍화된 시멘트의 사용

② 골재

㉠ 하천 골재의 감소로 쇄석, 바닷모래, 산골재 등의 사용으로 품질저하

㉡ 특히 바닷모래의 염분함유량 과다로 문제 발생

㉢ 골재의 함수상태 관리부족

③ 깨끗한 물 사용에 대한 인식부족

(2) 배합 불량

① 물시멘트비 및 단위수량 과다

② Slump 저하 방지를 위한 현장에서의 가수

③ 수송관이 너무 길 경우 Slump 손실로 미충진 요소 발생

(3) Batch Plant의 품질관리 부족

① 시멘트, 골재 등을 동일한 제품을 사용하지 않을 경우 품질변화 발생

② 강우, 일사 등에 의한 야적장 골재의 함수량 관리미흡

③ 레미콘 생산에 대한 품질관리 System 및 인력부족

(4) 운반시간 지연

① 교통체증으로 인한 레미콘의 현장도착 지연

② 레미콘 공장 입지조건의 열악으로 현장과의 원거리화 초래

(5) 설비투자 미비

① 레미콘 품질향상을 위한 원재료의 관리시설이나 제조설비에 대한 투자 미흡

② 골재를 치수별로 저장하는 Silo나 입도조정을 위한 설비 미흡

③ 동절기나 하절기에 사용되는 예열장치 및 냉각장치에 대한 설비 투자 미흡

(6) 제도 및 사회적 인식 미흡

IV. 방지대책

(1) 재료관리

① Cement는 Silo에 보관하고 다른 종류의 Cement와 혼합에 유의

② 골재

㉠ 일사 및 강우에 노출되지 않도록 유의

㉡ 규격별로 관리철저

㉢ 자동계량설비 구비

③ 오염되지 않은 물 사용

(2) 배합관리

① 시험배합을 실시하여 레미콘의 품질확인

② 자동화된 설비의 구비로 계량의 정량화

③ Slump, 공기량, 염화물 함유 등 관리철저

(3) 운반시간 단축

① 레미콘 차량의 버스 전용차로의 통행 허용

② 레미콘 공장의 도심지 내 설립 허가

(4) 품질향상을 위한 연구기관 육성

① 레미콘의 기술개발을 통한 품질향상을 위한 연구기관 설립

② 연구기관의 운영으로 연구결과의 실용화 및 레미콘 업체의 기술지도 시행

③ 연구의 우수한 기능인력 확보

(5) 가수 금지
    ① Pump의 압송능력 향상을 위한 가수 금지
    ② 고 Slump의 콘크리트 사용

(6) 골재 저장 Tank의 확대 설치
    ① 레미콘 공장 내 다양한 골재 저장 Tank 설치
    ② 골재의 품질확보를 위한 골재 보관 및 관리 철저

(7) 조기품질 판정법의 활성화
    ① 건설기술관리법을 통한 조기품질 판정법의 강화
    ② 조기품질 판정법의 종류 및 기준의 구비

V. 불량 레미콘의 처리

(1) 불량 레미콘 처리기준
    ① 감리원과 시공자는 불량 레미콘이 발생한 경우 즉시 반품처리하고, 불량 레미콘 폐기 처리사항을 확인하여 기록을 비치하여야 하며, 발주자에게 매월 말 그 결과를 보고하여야 한다.
    ② 반품처리된 레미콘의 타 현장 반입을 방지하기 위해 불량 레미콘 폐기확인서를 운전자, 공장장 등의 서명을 하여 폐기하도록 하여야 한다.

(2) 폐기확인서
    ① 반품된 레미콘의 타 현장 반입을 방지하기 위해 불량 레미콘 폐기확인서를 징수
    ② 폐기확인서가 허위로 판명될 경우는 한국건설감리협회로 하여금 회원사에 통보
    ③ 일간 건설지 등에 게재하는 등 해당제품의 사용을 금지

(3) 불량 레미콘의 사용시 조치
    ① 해당제품의 사용중지
    ② 정밀 안전진단 실시
    ③ 사용된 구조물 재시공

VI. 결 론

레미콘의 품질은 구조물의 안전과 직결되므로 품질관리의 중요성과 사명의식을 가지고 과감한 투자와 노력이 필요하다.

9-5 취도계수(脆渡係數)   [04중, 10점]

I. 정 의

(1) 취도계수란 압축강도에 대한 인장강도 비율을 말한다.

$$취도계수 = \frac{압축강도}{인장강도}$$

(2) 취도계수가 클수록 취성 성질을 가지고 있다.

II. 취성의 정의

(1) 여리게 파괴되는 성질
(2) 외력의 작용에 의해 파괴에 이르기까지 변형능력이 적은 재료의 성질
(3) 취성 재료 : 주철, 유리

III. 암석의 취도계수

(1) 암석은 취도계수가 큰 전형적인 취성재료이다.
(2) 압축강도가 비교적 큰 것에 비해 휨강도, 인장강도, 전단강도 등이 적고 특히 인장
    강도는 압축강도의 1/10~1/30 정도이다.
(3) 일반적으로 강도가 큰 것은 화강암, 안산암, 대리석이고, 약한 것은 사암, 응회암이다.

IV. 콘크리트의 취도계수

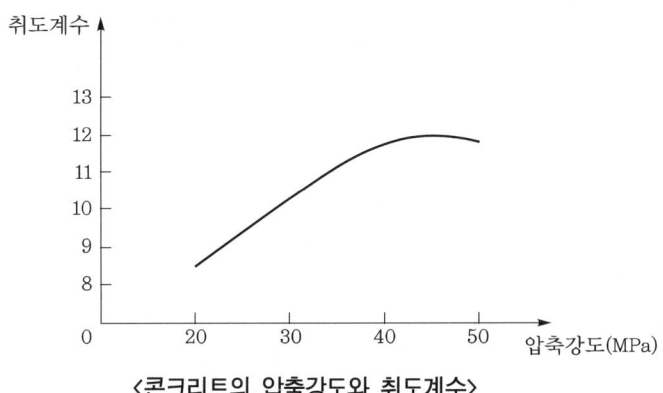

〈콘크리트의 압축강도와 취도계수〉

(1) 콘크리트의 인장강도는 압축강도와 비교해서 매우 적다.

(2) 콘크리트의 취도계수는 압축강도가 클수록 크다.

(3) 일반적으로 철근콘크리트 부재 설계시 인장강도는 무시하나 보의 사인장응력 슬래브구조의 설계 등에서는 콘크리트 인장강도가 중요하며 직접 영향을 미친다.

9-6	콘크리트의 인장강도	[10중, 10점]
9-7	할열시험법	[03중, 10점]

Ⅰ. 정 의

(1) 콘크리트는 인장강도의 인장을 받고 있는 콘크리트가 파괴되지 않고 견디어내는 최대의 강도를 말하며, 일반적으로 콘크리트 압축강도의 1/10~1/13 정도이다.

(2) 콘크리트 인장강도 시험에는 직접인장시험과 할열시험법이 있는데 콘크리트 공시체를 축방향으로 잡아당기는 것이 어렵기 때문에 일반적으로 할열시험법을 사용한다.

(3) 할열시험법은 상하지지판 사이에 습윤상태의 콘크리트를 넣은 후 하중을 가하여 파괴시의 하중을 측정하여 인장강도를 계산하는 시험방법이다.

Ⅱ. 콘크리트 인장강도의 적용

(1) Mass Con'c 온도균열지수 적용

$$I_{cr} = f_{sp}/f_t$$

　　　여기서, f_{sp} : Con'c 인장강도

　　　　　　f_t : 온도응력

　　　　　　I_{cr} : 온도균열지수

① 균열방지할 경우 : 1.5 이상

② 균열 발생제한의 경우 : 1.2~1.4 미만

③ 유해균열 발생제한의 경우 : 0.7~1.2 미만

(2) Prestressed Con'c 사용한계 검토

Ⅲ. 할열시험 방법

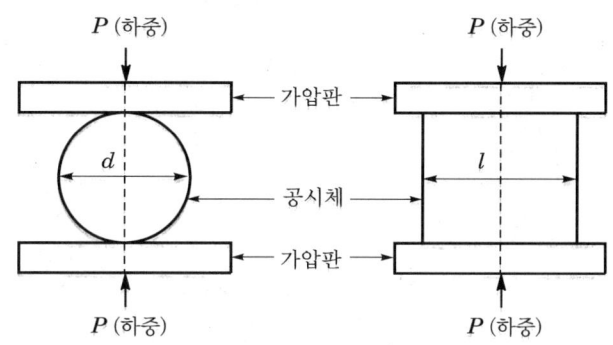

(1) 표시

공시체의 양 끝에 지름선을 그리되 양측의 선은 공시체의 같은 축면상에 있어야 한다.

(2) 측정

① 공시체의 양단과 중앙부의 3개소에서 공시체의 직경을 측정하여 평균값을 취한다.

② 공시체의 길이는 양 끝의 표시선을 포함하는 2개소 이상을 측정하여 평균값을 한다.

③ 직경은 0.2mm, 길이는 2mm의 정밀도로 측정한다.

(3) 공시체의 위치 맞추기

① 하부 지지판의 중심선에 합판 한 장을 맞춘다.

② 합판 위에 공시체를 올려놓고 공시체 양 끝의 표시선이 연직이 되도록 중심선을 맞춘다.

③ 나머지 한 장의 합판을 공시체와 같은 방향으로 표시선에 따라 중심선을 맞춘다.

(4) 재하속도

① 공시체가 파괴할 때까지 계속적으로 하중을 가한다.

② 인장강도가 7~14kgf/cm²의 일정한 비율로 증가하도록 한다.

③ 파괴할 때 시험기가 표시하는 최대하중을 기록하고 파괴형태와 겉모양을 기록한다.

(5) 인장강도 계산

$$T = 2P / \pi l d$$

여기서, T : 인장강도(kgf/cm²)

P : 시험기에 나타난 최대하중(kgf)

l : 공시체의 길이(cm)

d : 공시체의 직경(cm)

> **10-1** 1,000,000m³의 Concrete 공사시 주요 작업공정 및 관련장비의 규격과 대수를 산술하시오. (조건 : 공사기간 10개월, 1일 8시간, 월25일, 운반시간 1시간, 규격은 자유선택)
> [99중, 40점]
>
> **10-2** 200,000m³ 콘크리트 타설계획을 세우려고 한다. 다음 ( ) 안의 조건에 따라 관련장비의 종류, 규격, 소요수량을 산출하시오. (조건 : 소요공기 10개월, 월25일, 1일 10시간 작업, 운반거리 1km)
> [00중, 25점]

Ⅰ. 개 요

(1) 콘크리트구조물 공사에서 콘크리트 소요량이 대규모일 경우 시공과정에서 구조물의 특성, 공사기간, 물량 반입량, 생산방법, 타설방법 등에 대한 세밀한 계획수립이 요구된다.

(2) 콘크리트 사용량이 많은 현장에서는 일일 콘크리트 사용량에 대한 장비계획, 노무계획이 수립되어야 하며, 구조물의 특성을 고려한 시공이음 계획도 수립되어야 한다.

Ⅱ. 콘크리트 소모량이 큰 공사

(1) 콘크리트 댐공사
(2) 시멘트 콘크리트 포장공사
(3) 항만 방파제공사

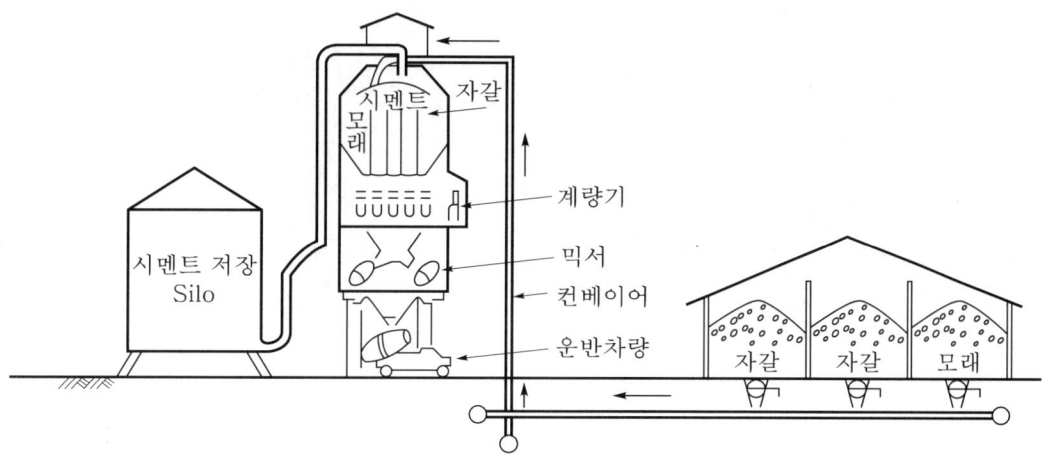

〈콘크리트 생산설비 : B/P〉

Ⅲ. 주요 작업공정

(1) 골재생산
  ① 원석채취　　　　　　　　② 골재 생산설비
  ③ 골재 선별설비　　　　　　④ 골재 저장설비

(2) 재료냉각
  ① 냉기에 의한 골재냉각　　② 살수에 의한 골재냉각
  ③ 사용수의 냉각　　　　　　④ 골재 저장소 그늘막 설치

(3) 콘크리트 생산
  ① 재료 공급설비　　　　　　② 시멘트 저장 Silo
  ③ 콘크리트 혼합설비

(4) 콘크리트 운반
  ① Cable에 의한 방법　　　　② Conveyer에 의한 방법
  ③ Dump Truck에 의한 방법　④ Mixer Truck에 의한 방법

(5) 타설
  ① 포장공사의 Slip Form Paver　② Pump Car에 의한 타설
  ③ Concrete Pump에 의한 타설　④ Chute에 의한 타설

(6) 콘크리트다짐
  ① 진동 다짐기계　　　　　　② 인력다짐
  ③ 거푸집진동기

(7) 마무리
  ① 초벌마무리　　　　　　　② 평탄마무리
  ③ 거친면마무리

(8) 이음설치
  ① 포장공사의 줄눈자르기
  ② 댐공사의 가로이음, 세로이음
  ③ 일반구조물의 신축이음, 수축이음

(9) 양생
  ① 습윤양생　　　　　　　　② 피막양생
  ③ 삼각지붕 양생　　　　　　④ 증기양생

Ⅳ. 관련장비 규격과 대수(1,000,000m³ 공사시)

1. 작업량 산정

(1) 월 작업량

1,000,000m³÷10개월＝100,000m³/월

(2) 일 작업량

100,000m³/월÷25 = 4,000m³/일

(3) 단위시간 작업량

4,000m³/일÷8 = 500m³/시간

(4) 작업효율

① 장비고장, 운반차량 지체, 휴식시간 고려 1일 작업 8시간 중 0.9 작업으로 볼 때 작업시간

8시간×0.9 = 7.2시간

② 실제 작업시간을 7.2시간으로 할 때 시간당 작업량

4,000m³/일÷7.2 = 555m³/시간

2. 장비산정(규격과 대수)

(1) 생산 Plant

① 용량산정 : 전자동식으로 3m³ 믹서×2대 장착기계로 생산용량 120m³/hr
② 설치대수 : 기계고장, 기계정비를 고려하여 120m³/hr급 5대 설치

(2) 운반장비(D/T 이용시)

① 용량산정 : 15톤 Dump Truck의 용량을 9m³로 할 때, 500m³÷9m³/대 = 55.6대
② 소요대수 산정

㉠ 콘크리트 적재 운반차량 56대
㉡ 회차 차량 대수 56대, 소요대수는 112대
㉢ 작업차량 여유분을 10%로 하면 11대, 전체 소요대수는 112+11=123대
㉣ 운반차량을 B/P별로 나누면, 123÷5 ≒ 25대씩 배당
그러므로 25대×5=125대 소요

(3) 운반장비(Mixer Truck 이용시)

① 용량산정 : 6m³ Mixer Truck으로 할 때, 500m³÷6m³/대=83.3대

② 소요대수 산정

㉠ 콘크리트 적재 운반차량 84대

㉡ 회차 차량대수 84대로 소요대수는 168대

㉢ 작업차량 여유분을 10%로 하면 17대, 전체 소요대수는 168+17=185대

㉣ 운반차량을 B/P별로 나누면, 185÷5=37대씩 배당

(4) 포설장비(시멘트콘크리트 포장공사)

① Slip Form Paver의 시간당 작업량

$$Q = 60 \times W \times V \times t \times E$$

여기서, W : 콘크리트 페이브 시공폭(m)

V : 콘크리트 페이브의 시공속도

t : 포설 마무리 두께

E : 작업효율

② 포설두께 30cm, 포장폭 7m, 2차선 시공속도 2.5m/hr, 작업효율 $E=0.85$로 할 때

작업량 $Q = 60 \times 7 \times 2.5 \times 0.3 \times 0.6 = 189 \text{m}^3/\text{hr}$

③ 소요대수 산정 : $500 \text{m}^3/\text{hr} \div 189 \text{m}^3/\text{hr} ≒ 3$대

V. 관련장비의 종류, 규격(소요대수), 소요수량 산출(고속도로 포장공사의 예)

1. 작업량 산정

(1) 월 작업량 산정

$200,000 \text{m}^3 \div 10$개월 $= 20,000 \text{m}^3/$월

(2) 일 작업량 산정

$20,000 \text{m}^3 \div 25$일 $= 800 \text{m}^3/$일

(3) 단위시간당 작업량 산정

$800 \text{m}^3 \div 8$시간 $= 100 \text{m}^3/$시간

(4) 작업효율 산정

① 장비고장, 교통지체, 휴식시간 고려 1일 작업시간 8시간을 85% 작업으로 보면,

작업시간 10시간 $\times 0.85 = 8.5$시간(실작업시간)

② 실제 작업시간을 8.5시간으로 하면 시간당 실작업량은

$800 \div 8.5$시간 $≒ 94.1 \text{m}^3/$시간

2. 장비산정

(1) 생산 Plant
  ① 생산과정에서의 효율 고려
  ② $3m^3$ 믹서가 2대 장착된 기계
  ③ 기계고장, 정비 등을 고려하여 실작업량이 $94.1m^3/hr$의 물량을 공급하기 위해서는 시간당 생산량 $120m^3/hr$급의 Plant 설치

(2) 운반장비
  ① Dump Truck 이용시 : 15톤 Dump Truck의 용량 $9m^3$
  ② Truck Agitator 이용시 : Truck Agitator 용량 $6m^3$
  ③ 운반거리 1km에 대한 Cycle Time 산정
    ㉠ 상차시간 5분
    ㉡ 주행시간(시속 60km 기준)
       기어 변속시가 2분과 실제 주행시간 1분으로 총 3분 소요, 회차시간은 공차 주행으로 주행시간 2분 소요. 따라서 주행시간 약 5분
    ㉢ 하차시간 약 5분
    ㉣ 대기 및 청소시간 10분
    ㉤ 전체 소요시간 = ㉠+㉡+㉢+㉣ = 5+5+5+10 = 25분 소요
  ④ 소요대수
    ㉠ 하차시간을 5분 소요로 하여 시간당 $94.1m^3$의 콘크리트를 Dump Truck으로 할 경우
       94.1÷9 ≒ 10대/hr
    ㉡ 콘크리트 소요량 기준으로 Cycle Time을 고려하면 하차시간 5분으로 하여 연속타설할 경우 소요 Dump Truck 대수는 5대

(3) 포설장비
  ① Slip Form Paver의 시간당 작업량
     $Q = 60 \times W \times V \times t \times E$
        여기서, W : 콘크리트 페이브 시공폭(m)
               V : 콘크리트 페이브의 시공속도
               t : 포설 마무리 두께
               E : 작업효율
  ② 포설두께 30cm, 포장폭 4m, 시공속도 2.5m/hr, 작업 효율 $E = 0.85$로 할 때
     작업량 $Q = 60 \times 4 \times 2.5 \times 0.3 \times 0.6 = 108m^3/hr$
  ③ 소요대수 산정 : 1대

VI. 결 론

콘크리트 생산에 따른 사용재료 확보 및 작업장비, 소요인원 구성 등에 대해 세밀한 계획수립이 필요한 대규모 공사로서 시공과정에서 보다 높은 품질관리가 요구되며, 공사 진행에 따른 안전사고 예방에 특히 유의해야 할 것이다.

11-1 레미콘을 공장에서 현장까지 운반하여 치기 전까지의 품질관리를 예시하여 설명
하시오. [95전, 33점]

11-2 Ready Mixed Con'c(레미콘) 운반시 유의사항을 기술하시오. [97중전, 50점]

11-3 콘크리트 운반시간이 품질에 미치는 영향에 대하여 기술하시오. [04후, 25점]

I. 개 요

(1) Ready Mixed Con'c는 이미 혼합하여 운반하는 콘크리트로 운반에서 타설까지의
과정에서 품질변화가 크게 발생한다.

(2) 콘크리트 타설 전 시공준비, 타설계획, 운반거리 등을 고려하여 시공계획을 우선적
으로 세워야 한다.

II. 레미콘의 특징

(1) 장점
① 품질균일
② 노무비 절감
③ 협소한 장소에도 대량타설 가능

(2) 단점
① 현장과 공장과의 긴밀한 협조가 있어야 한다.
② 운반중 재료분리, Slump 저하 우려
③ 중차량 진입을 위한 운반로 정비
④ 공장사정에 따른 타설조건

III. 운반시간 한도 규정

KS F 4009	콘크리트 표준시방서	
혼합 직후부터 배출까지	혼합 직후부터 타설 완료까지	
	외기 온도	일반
90분	25℃ 초과	90분
	25℃ 이하	120분

Ⅳ. 타설전 품질관리 사항

(1) 운반시간

콘크리트 혼합부터 타설까지의 시간한도는 외부온도가 25℃를 초과할 때에는 1.5시간 이내, 25℃ 미만일 때에는 2시간 이내여야 한다.

(2) 염화물 함유량

① 현장에 도착된 레미콘의 시료를 채취하여 콘크리트 속에 함유된 염화물을 측정하여 허용치 이내인지 확인한다.

② 염화물 함유 허용치
  ㉠ 일반콘크리트 : 0.02%
  ㉡ 무근콘크리트 : 0.1%
  ㉢ PSC콘크리트 : 0.01%

(3) 공기량

운반시간에 따른 공기량 손실이 허용치 이내가 되어야 한다.

① 일반콘크리트 : 4.5±1.5%
② 경량콘크리트 : 5±1.5%

(4) 유동화제 사용

운반중 시간경과로 콘크리트의 Slump가 저하되었을 때 유동화제를 사용하여 Slump를 회복시키고, 사용시 타설시간은 유동화제 첨가 후 30분 이내로 작업을 마쳐야 한다.

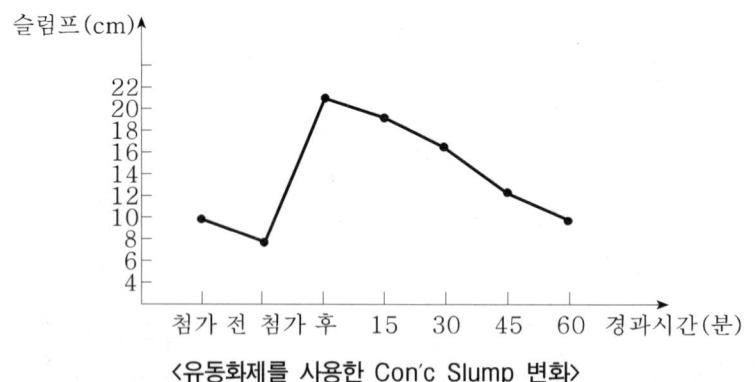

〈유동화제를 사용한 Con'c Slump 변화〉

(5) 타설순서 및 타설구획

콘크리트 작업의 타설순서와 타설구획은 타설 전에 계획을 수립하여 체계적인 Con'c 타설작업이 될 수 있도록 계획성 있는 작업을 한다.

(6) 운반로 정비

콘크리트 운반차량의 원활한 소통을 위하여 운반로에서의 장애물, 도로상태, 급커브, 위험요소 등을 사전에 정비하여 원활한 소통이 되도록 한다.

(7) 노무계획

콘크리트 타설작업에 소요되는 인력을 점검하여 타설작업 중 타설중단 사고가 발생하지 않도록 치밀한 계획을 세운다.

(8) 장비계획

콘크리트 타설장비는 타설 전 충분히 정비 점검하여 장비고장에 따른 Cold Joint 발생을 방지해야 한다.

(9) Con′c 수량 확인

콘크리트 공장과의 긴밀한 협조하에 요구되는 Con′c 수량의 납품능력, 배차시간 등을 검토한다.

(10) Cold Joint 방지

콘크리트 타설 전 타설계획 수립시 노무계획, 장비계획, 자재계획, 타설시간 한도, 기상 기후 등에 대한 것을 사전점검하여 예기치 않은 요인에 의한 Cold Joint를 극력으로 방지한다.

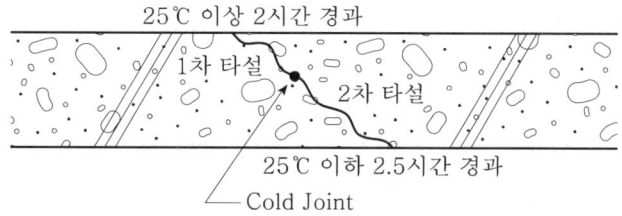

V. 레미콘 운반시간이 콘크리트 품질에 미치는 영향

(1) Slump 변화

① 2.5±1cm

② 5~6.5±1.5cm

③ 8~18±2.5m

④ 21cm 이상±3cm

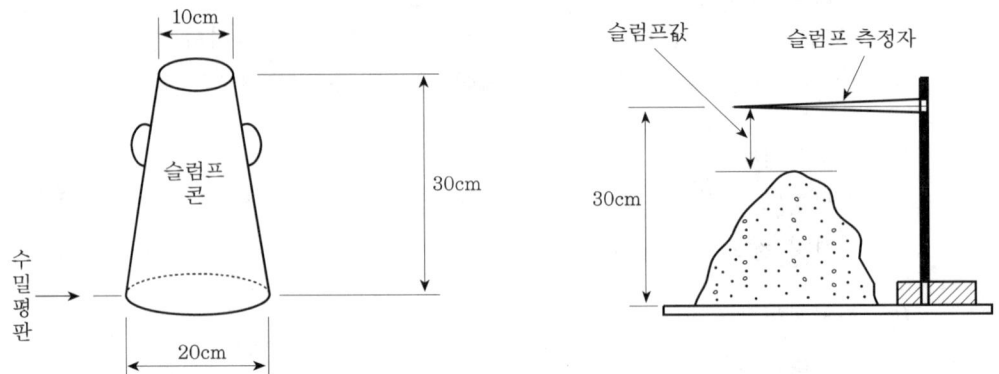

(2) 재료분리 발생

운반할 때 서서히 드럼을 회전시켜 Con'c가 응결되지 않도록 하고, 고속회전에 따른 재료분리를 방지해야 한다.

(3) 수분증발

운반차량의 드럼을 Sheet 등을 이용하여 애지테이터 드럼의 온도상승을 방지하고, 수분증발을 억제시킨다.

(4) 워커빌리티 변화

소정의 Workability가 될 수 있도록 가능한 한 빠른 시간 내에 혼합된 콘크리트를 운반해야 한다.

(5) 공기량 변화

운반시간에 따른 공기량 손실이 허용치 이내가 되어야 한다.
① 일반콘크리트 : 4.5±1.5%
② 경량콘크리트 : 5±1.5%

(6) 강도변화

콘크리트 운반시간을 초과하여 Slump가 저하될 때에는 어느 정도의 한도 내에서 강도가 증가하지만, Slump가 0인 상태에서는 강도가 급격히 저하된다.

(7) 가수 가능성 발생

콘크리트의 운반시간 경과로 Slump치가 저하되었을 때 현장에서의 Slump 회복을 위한 가수행위는 콘크리트의 강도, 내구성, 수밀성을 저하시키는 요인이 되므로 절대로 가수해서는 안 된다.

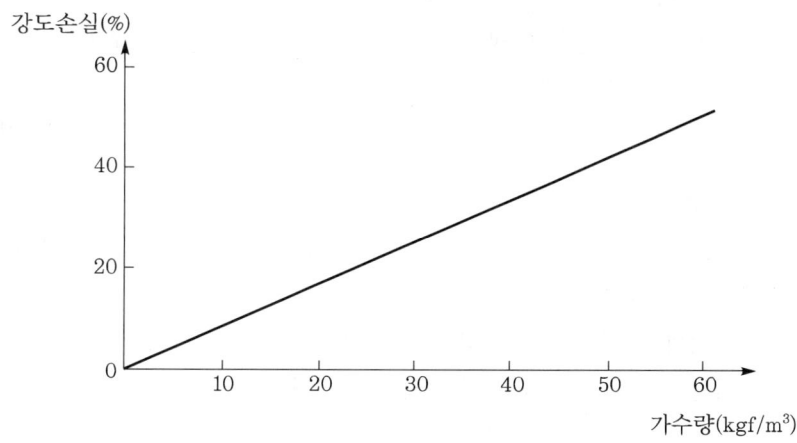

〈가수가 콘크리트 강도에 미치는 영향〉

VI. 운반시 유의사항

(1) 사전조사
① 레미콘의 진입 문제, 진입로의 폭 및 교통량 등의 조사를 미리 해둔다.
② 소음, 진동 등으로 인한 민원 발생이 우려되므로 사전 양해를 얻어야 한다.

(2) 운반시간
① Con′c 비빔부터 타설종료까지의 시간한도는 외부기온이 25℃ 이상일 때 90분을 한도로 한다.
② 위의 시간제한은 Con′c의 온도를 낮추거나 혹은 응결을 지연시키는 등의 특별한 방법을 강구한 경우에는 담당원의 승인으로 변경할 수 있다.

(3) 운반차량
① 콘크리트 운반용 차량은 배출작업이 쉬운 것이어야 한다.
② 운반거리가 긴 경우에는 애지테이터와 같이 교반설비를 갖춘 운반차를 사용하여 운반해야 한다.

(4) 운반로
① 운반로의 진입상태가 양호해야 한다.
② 진입로에는 레미콘 트럭 이외 차량의 진입을 통제할 필요가 있다.

(5) 연속타설
운반트럭의 통행제한 여부, 러시아워 등에 의해 운반차의 도착이 지연되지 않게 사전조사 및 타설시간을 조정하여 Con′c 타설이 연속적으로 이루어지게 한다.

(6) 공기량 손실
① 운반시간이 길수록 공기량의 손실이 커지게 되므로 레미콘의 운반시간을 규정 내에서 이루어지게 한다.
② 운반시간 1~2시간 범위 내에서 공기량 손실은 약 0.5~1.0% 감소된다.

(7) 강도변화
① 콘크리트는 운반시간에 따라 워커빌리티가 저하되기는 하나 일정 운반시간 내에서는 강도가 저하되지 않는다.
② 초기의 운반시간에 따라 콘크리트의 강도가 오히려 증가하다가 슬럼프가 0이 되는 시점에서 강도는 급격히 저하된다.

(8) 온도변화
① 동절기에는 콘크리트 운반중 레미콘의 온도저하로 초기동해의 우려가 있으므로 생산시 온도관리가 필요하다.
② 하절기에는 콘크리트 운반중 온도상승에 따른 수분증발이 Slump 저하요인이 되므로 애지테이터 드럼을 단열조치하여 수분증발을 최대한 억제해야 한다.

Ⅶ. 결 론

(1) 공장에서 품질관리를 통해 생산된 레미콘을 현장으로 운반하는 과정에서 품질변화를 초래하게 되는 경우가 많이 발생된다.
(2) 레미콘 운반시 운반시간 준수, 가수행위 금지, 온도변화, 수분증발 방지 등에 유의하여 운반함으로써 현장에서 양질의 레미콘을 공급받을 수 있을 것으로 사료된다.

12-1 고가(高架) 구조물을 축조하기 위해서 펌프압송 콘크리트로 타설시의 예상문제점을 열거하고, 대책을 설명하시오. [00후, 25점]

12-2 콘크리트 펌프카(Pump Car) 사용에 따른 시공관리 대책에 대하여 설명하시오. [05중, 25점]

12-3 콘크리트 펌프의 기능과 펌프 크리트의 배합에 대하여 기술하시오. [97후, 35점]

12-4 펌퍼빌리티(Pumpability) [04전, 10점]

I. 개 요

(1) 콘크리트 타설시 Pump 압송에 의한 공법이 타설시간 단축, 타설작업의 용이성으로 인하여 대부분의 건설현장에서 채택되고 있다.

(2) 콘크리트 Pump 압송 타설은 타설속도가 빠르고 효율적이어서 가장 많이 사용되고 있으나 압송시 Slump 저하, 압송관 막힘 등의 문제가 발생하므로 이에 대한 대책을 마련 후 시공에 임하여야 한다.

II. Pumpability

(1) 정의

콘크리트 Pump Car의 작업성능을 말하는 것으로 폐색현상을 방지하기 위해 적절한 작업상태를 유지한다.

(2) 펌퍼빌리티의 영향요인

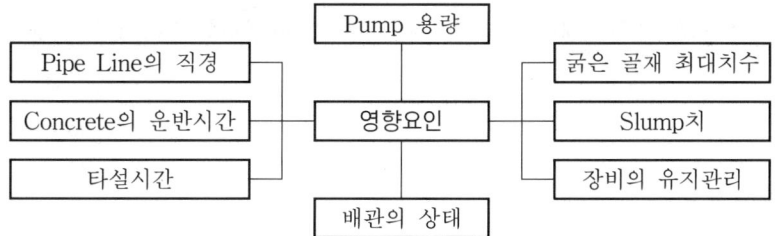

(3) 펌퍼빌리티의 향상방안

① Slump치 : 10~18cm 이상

② 단위 Cement량 : 250kg/m³ 이상

③ S/a : 35~80%

④ 굵은 골재 최대치수 : 25mm 이하

Ⅲ. 기 능

(1) 수평운반 기능
   ① 배관 파이프를 통해 타설 Con'c를 수평으로 이동시키기 쉽다.
   ② 배관작업만으로 가설작업을 끝낼 수 있다.

(2) 수직운반 기능
   ① 콘크리트 펌프의 기능향상으로 최대 압송높이 60~70m까지 수직운반이 가능하다.
   ② 펌프의 압송능력에 따라 운반량의 차이가 두드러지게 나타난다.

(3) 타설위치 이동 기능
   ① Con'c 펌프시설을 트레일러 또는 트럭에 탑재하여 Con'c 타설장소로의 이동이
      간단히 이루어진다.
   ② Con'c 타설시 Con'c 품질에 영향을 주는 밀어내기 작업이 없다.

(4) 회전 기능
   ① Con'c 펌프 트럭의 개발로 Con'c 펌프를 통한 Con'c 배출이 좌우회전 가능한
      붐(Boom)의 끝에서 이루어지게 하여 타설작업을 용이하게 한다.
   ② Boom의 선회반경에 따라 펌프 작업차의 이동횟수가 좌우된다.

(5) 연속타설 기능
   ① 인력 위주의 작업에서 탈피하여 기계화 시공을 하게 되므로 시공이음을 최소화
      한다.
   ② 특히 시공중에 발생하기 쉬운 Cold Joint 발생을 크게 줄일 수 있다.

(6) 협소장소 Con'c 운반
   ① 배관 파이프의 관경 100~150A의 설치만으로 요구하는 Con'c량의 운반이 가능
      하다.
   ② 타설현장과 Con'c 펌프간의 공간활용이 가능하다.

(7) 가압 기능
   ① 터널의 라이닝 콘크리트 타설처럼 가압을 요구하는 Con'c 타설에 이용된다.
   ② 필요시 중간에 가압펌프를 사용하기도 한다.

IV. 문제점

(1) Slump 저하
    ① 펌프 사용시 배관길이, 외부기온 등의 영향으로 Slump의 변화 발생
    ② Slump는 콘크리트의 시공성 및 품질에 영향요인으로 큰 변화의 발생방지

(2) 재료분리 발생
    ① 압송되는 콘크리트는 배관 파이프의 경사, 압송 길이, 낙하높이 등의 영향으로
       콘크리트 구성재료가 각각 분리되는 현상
    ② 재료분리 발생이 심할수록 압송능력 저하

(3) 압송관 폐색
    ① 굵은 골재 최대치수가 규정치 이상인 경우
    ② 운반시간이 지연된 콘크리트 압송
    ③ Slump가 적은 콘크리트 압송
    ④ 재료분리가 현저하게 발생된 콘크리트 압송

(4) 맥동현상
    ① Pump 장비의 압력에 의해 압송관이 규칙적으로 흔들리는 현상
    ② 철근간격의 변화 및 거푸집의 강성저하

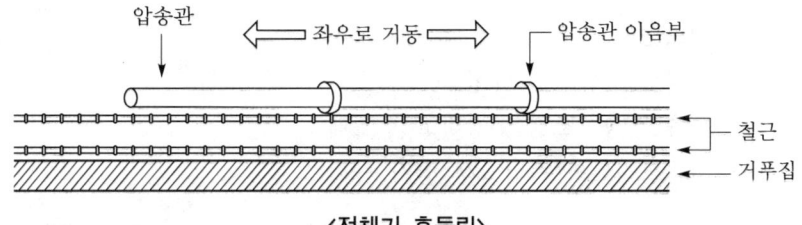

〈전체가 흔들림〉

(5) 콘크리트 측압 발생
    ① 콘크리트 타설높이 초과시
    ② Slump가 큰 콘크리트 타설시 거푸집에 횡방향의 압력 작용

(6) Cold Joint 발생
    ① 콘크리트 펌프의 고장, 레미콘의 지연 도착 등으로 예기치 못한 이음 발생
    ② 콘크리트 강도, 내구성, 수밀성 등에 아주 나쁜 영향을 주는 요인

(7) 거푸집 변형
    ① 콘크리트의 연속타설에 따른 거푸집에 작용하는 하중증가
    ② 타설콘크리트의 하중에 따른 거푸집의 변형 및 파손

(8) 공기량 감소

콘크리트가 펌프압송관을 통하여 운반되면 콘크리트 속의 공기량이 펌프압송관의 길이에 따라 감소

V. 대책(시공관리대책)

(1) 골재 최대치수 규정 준수

① 콘크리트 펌프를 사용하여 콘크리트를 타설할 때에는 굵은 골재의 최대치수를 40mm 이하의 골재로 사용

② 일반적으로 굵은 골재 최대치수가 25mm 이하이면 시공 양호

(2) 유동화제 사용

① 운반시간이 경과된 콘크리트의 Slump 증가 목적

② 규정량의 유동화제 사용으로 Slump 회복

③ 유동화제를 사용한 콘크리트는 30분 이내 작업완료 요함

(3) 배관점검

① 펌프배관의 수밀성 유지

② 연결철물 점검

(4) 타설속도 준수

① 콘크리트 압송량의 규정 준수

② 압송속도 상향조정은 장비고장 초래

③ 타설콘크리트의 측압발생 방지 목적

(5) 레미콘 수급대책

현장 사무실에서 현장상황을 수시로 무전으로 파악하고, 5~10분 간격으로 각 레미콘 회사의 출하실과 연락하여 레미콘 차량의 수송현황 Control

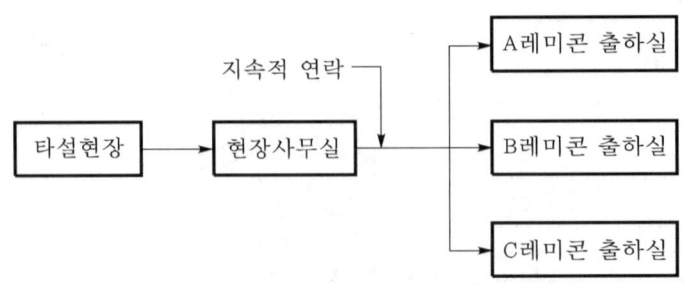

(6) 장비점검

　① 냉각수, 작동유, 윤활유 점검

　② 소모성 부품상태 점검

　③ 압송장치 작동상태

　④ 배관 연결부 점검

(7) 소모성 부품 준비

　① 소모가 심한 부품은 바로 조치될 수 있도록 미리 준비

　② 정비업체와 항시 연락체계 확립

(8) 선송 Mortar 구조체 유입방식

　① 콘크리트 압송 전 선송 Mortar의 압송으로 구조체의 강도저하 우려

　② 선송 Mortar의 필요량

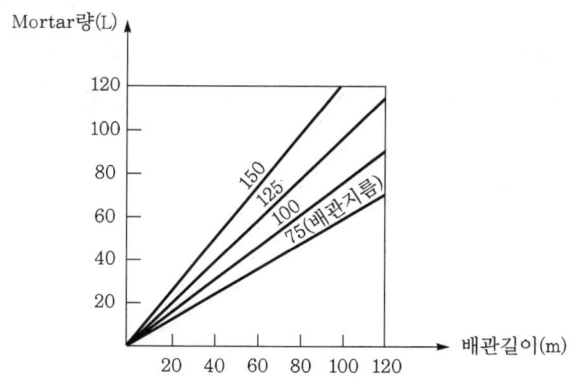

〈압송관 관경과 길이에 따른 선송 Mortar량〉

　③ 선송 Mortar의 필요량은 배관면적당 0.75L의 3배 정도($0.75L/m^2 \times 3$)

　④ 선송 Mortar를 타설장소 밖에서 처리한 후 레미콘만 구조체에 타설

VI. 펌프 크리트의 배합

(1) W/C비

　① W/C비가 크면 Con'c의 점성, 유동성이 저하되어 폐색 사고의 원인이 되기도 한다.

　② W/C비 : 55% 이하

(2) Slump값 : 8~18cm

(3) 굵은 골재 최대치수

굵은 골재는 입경 25mm 이하가 최적으로 압송능률이 뛰어나며 최대 40mm 이하
이어야 한다.

(4) 혼화제

특수한 조건하에서의 압송의 경우, 낮은 Slump값이 Con′c 압송을 곤란하게 하므로
고성능 유동화제 사용을 원칙으로 한다.

(5) 단위시멘트량

Con′c가 시멘트풀로 철근을 둘러싸야 하고, 충분히 수밀해야 하며, 원활한 압송을
위하여 단위시멘트량을 300kg/m^3 이상 사용하는 것이 바람직하다.

Ⅶ. 결 론

Con′c 펌프의 성능은 기종에 따라 차이가 있기 때문에 기종선택시 Con′c의 종류, 품질,
배관조건, Con′c 타설량, 치기속도 등에 알맞은 기종선택이 가장 중요하다.

I. 개 요

(1) 콘크리트의 구조물은 외기의 온도변화 및 건조수축 등의 영향으로 균열이 발생되어 강도저하의 원인이 되기도 하므로 사전계획시 Joint 계획을 철저히 세워 대비해야 한다.

(2) 이음은 설계시부터 고려되어야 하며, 균열의 정도나 온도변화 등에 따라 적절한 공법을 선정하는 것이 중요하다.

II. 이음(Joint)의 종류

이음 ┬ 시공이음(Construction Joint)
　　　├ 신축이음(Expansion Joint)
　　　└ 수축이음(Contraction Joint)

Ⅲ. 종류별 기능 및 설치위치(구조물 줄눈)

1. 시공이음(Construction Joint)

(1) 정의
① 경화된 콘크리트에 다시 콘크리트를 쳐서 잇기 위한 이음을 시공이음이라고 한다.
② 콘크리트 시공상의 형편에 따라 만든 이음이다.

(2) 기능
① 강도상 지장이 적은 곳
② 충격균열이 발생되지 않는 곳
③ 시공중에 1일 마무리할 수 있는 지점에 설치
④ 시공시 Water Stop(지수판)을 사용

(3) 설치위치
① 구조물의 강도상 영향이 적은 곳
② 이음길이와 면적이 최소화되는 곳
③ 1회 타설량과 시공순서에 무리가 없는 곳

(4) 시공시 주의사항
① 시공이음은 전단력이 적은 곳에 설치한다.
② 방수를 요하는 곳은 지수판을 설치한다.
③ 수화열, 외기온도에 의한 온도응력 및 건조수축균열을 고려하여 위치를 결정한다.
④ 전단력이 큰 곳은 가급적 피한다.
⑤ 이음면은 부재의 압축력을 받는 방향과 직각으로 설치한다.

(5) Cold Joint
① 콘크리트치기 중에 장비의 변화, 레미콘 수급 불량, 일기변화 등으로 시공계획에 의한 이음이 아닌 이음을 Cold Joint라 한다.
② Con'c 내에 생긴 불연속층으로서 서중 Con'c에서 많이 발생한다.
③ 구조체에 미치는 영향으로는 강도, 내구성, 수밀성 저하 및 미관상 불리하다.

(6) 설치하는 이유
① **시공계획** : Con'c 타설계획에 따른 이어치기 위치 선정 및 1일 Con'c 타설량 등 검토
② **작업순서** : 순서에 의한 작업으로 계속되어 갈 수 없는 작업에서의 시공이음 설치

③ 수화열 제어 : Con'c 타설량이 많아서 수화열에 의한 온도균열 발생이 우려될 때 시공이음 설치

④ 기상변화 : 예기치 못한 기상변화에 따른 작업중단

⑤ 후속작업 : Con'c 타설 후 후속작업이 뒤따를 때 계획적인 시공이음

⑥ 자재수급 : 레미콘의 수급한계에 따른 1일 시공량의 한계

⑦ 안전관리 : 무리한 연속시공으로 안전에 문제가 있을 경우

⑧ 경제성 : 거푸집 소요량의 한계 및 반복사용

(7) 설계 및 시공상의 유의사항

① 지수판 사용 : 수밀을 요하는 구조물에서는 지수판을 사용하여 물이 새어 나오지 않도록 해야 한다.

② 철근연결 : 시공이음 부위에서의 철근을 절단해서는 안 된다.

③ Laitance 제거 : 선시공된 콘크리트면의 레이턴스를 제거하고 신콘크리트를 타설한다.

④ Chiping : 경화된 콘크리트면을 쪼아서 굵은 골재를 노출시키고 충분히 습윤시킨다.

⑤ 압축부재 : 압축을 받는 부재는 부재축에 직각으로 설치한다.

⑥ 연직 시공이음 : 연직 시공이음은 거푸집을 사용하여 일직선이 되게 한다.

⑦ 전단력 작용위치 : 가능한 한 전단력이 큰 곳은 피하고 불가피한 경우 전단 Key를 설치한다.

⑧ Cold Joint : 시공 부주의에 따른 콘크리트의 불일치 현상인 콜드조인트 발생을 방지한다.

⑨ 수평 시공이음 : 수평 시공이음이 생길 때에는 외관을 고려하여 직선상태가 되게 한다.

⑩ 단차방지 : 시공이음 부위의 콘크리트 타설시 선시공된 콘크리트 두께와 후시공하는 콘크리트 두께가 달리 나타나기 쉬우므로 거푸집 조임쇠를 간결하게 고정시킨다.

2. 신축이음[Expansion Joint, 분리이음(Isolation Joint)]

(1) 정의

① 신축줄눈이란 구조물의 온도변화에 따른 팽창·수축 혹은 부등침하·진동 등에 의해 균열발생이 예상되는 위치에 설치하는 균열방지를 위한 Joint를 말한다.

② 콘크리트 구조체의 단면을 완전히 분리시키므로 분리이음(Isolation Joint) 또는 분리줄눈이라고도 한다.

(2) 신축줄눈(분리이음) 도해

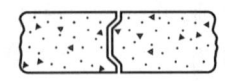

아스팔트 등을 바른다. 철근

〈벽체 신축이음〉

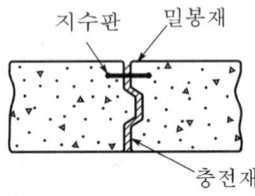
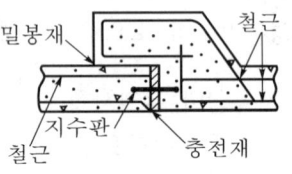

지수판 밀봉재 밀봉재 철근

충전재 지수판 철근 충전재

〈벽 또는 판의 수밀 신축이음〉

(3) 설치목적

① 양생기간 및 사용중 안전성 확보

② 콘크리트의 팽창과 수축 조절

③ 콘크리트 구조물의 변형 수용

④ 부등침하·진동 방지

(4) 기능

① 온도, 습도 변화에 따른 콘크리트 수축·팽창 지하

② 온도구배에 의한 온도균열 방지

③ Mass Con'c 등에 많이 사용

④ 기초의 침하가 예상될 때 유도용 Joint

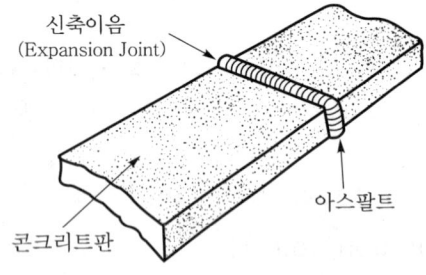
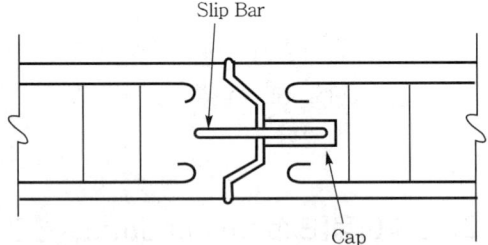

신축이음
(Expansion Joint) Slip Bar

아스팔트 Cap

콘크리트판

〈신축이음(Expansion Joint)〉

(5) 문제점

① 이음부위의 하자 발생

② 정확한 이음위치 선정의 어려움

③ 이음 보강재의 신축 미흡

④ 설계시의 이음 누락

(6) 대책

① 이음 보강재 선정시 신축성 고려

② 계획단계에서의 줄눈위치 선정

③ 이음부 하자 방지대책 수립

④ 설계시 이음위치 검토

⑤ 시공시 이음 충진재 밀실 시공

(7) 시공시 주의사항

① Joint는 확실하게 끊어준다.

② Joint에 발생하는 변형량을 고려한 방수공법으로 선정한다.

③ 부식하기 쉬운 철근은 충분히 방청처리한다.

④ 유지·관리가 용이한 재료를 선정한다.

3. 수축이음(Contraction Joint, Control Joint, 수축줄눈, 조절줄눈, 균열유발줄눈)

(1) 정의

① 콘크리트 포장판이 수축될 때 판에 불규칙한 균열을 막기 위하여 만든 이음을 수축이음 또는 수축줄눈이라 한다.

② 구조는 일반적으로 숨은줄눈 형식이지만 맞댄이음 형식도 있다.

(2) 기능

① 건조수축, 외력 등 변형 억제

② 단면 결손부를 설치하여 균열 유도

③ 수화열, 온도·습도에 의한 수축대응

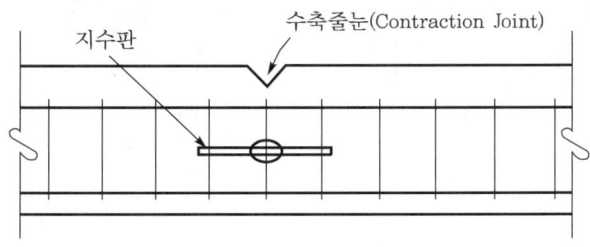

〈수축줄눈(Contraction Joint)〉

(3) 시공시 주의사항

① 균열제어 목적에 타당하게 설치한다.

② 경화 후 Cutting한다.

IV. 결 론

(1) 콘크리트 구조물의 이음은 구조물의 강도, 내구성 및 외관에 큰 영향을 미치는 요인으로, 이음의 위치 및 구조는 시공성을 고려하여 현장의 형편에 맞게 설계, 시공되어야 한다.

(2) 각 이음의 기능에 따라 시공방법을 달리하여 제 기능을 최대한 발휘할 수 있도록 설치위치를 정하고 시공되어야 한다.

Ⅰ. 정 의

(1) 콜드조인트란 콘크리트 타설온도 25℃ 초과에서 2시간 이상, 25℃ 이하에서는 2.5시간이 지난 후 이어붓기할 경우에 콘크리트 이어치기 부분에서 시공부주의에 의해 발생하는 Joint이다.

(2) 시공계획에 의한 Joint가 아닌 시공불량에 의해 발생한 Joint이다.

Ⅱ. Cold Joint에 의한 피해

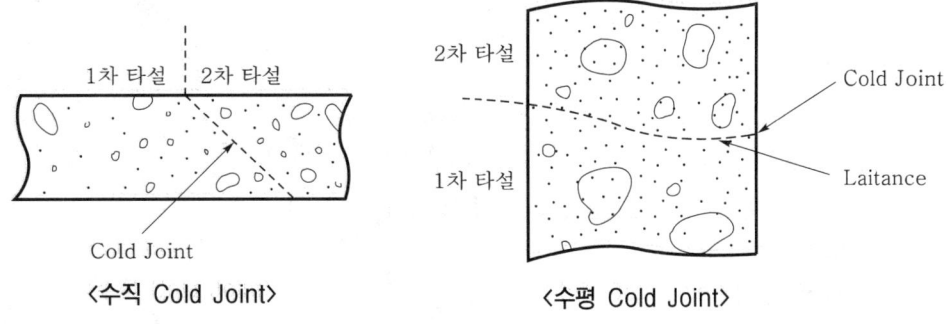

〈수직 Cold Joint〉   〈수평 Cold Joint〉

(1) Con'c 구조체의 내구성 저하

(2) 철근의 부식

(3) 중성화의 요인

(4) 콘크리트의 수밀성 저하

(5) 누수의 원인

(6) 마감재의 균열

Ⅲ. 원 인

(1) 넓은 지역의 순환타설시 돌아오는 시간이 2시간을 초과할 때

(2) 장시간 운반 및 대기로 재료분리가 된 콘크리트를 사용할 때

(3) Massive한 구조물에서 과도한 수화발열량 발생
(4) 계획설계시 Movement Joint의 누락 및 미시공
(5) 여름철 콘크리트 타설계획이 불충분할 때
(6) 분말도가 높은 Cement를 사용할 때

IV. 대 책

(1) 사전에 콘크리트 운반계획을 철저히 수립
(2) 레미콘 배차계획 및 간격을 철저히 엄수
(3) 타설구획의 순서를 철저히 엄수
(4) 여름철 콘크리트는 응결지연제 등의 혼화제 계획 필요
(5) 큰 구조물의 콘크리트 타설시 Pipe Cooling 계획 필요
(6) 레미콘의 운반 및 대기 시간을 검사하여 이전에 Remixing

V. Cold Joint 감소 방안

(1) 콘크리트 수평타설
(2) Bleeding수 및 빗물의 신속한 제거
(3) Slip Form 공법에서 올리기 작업시 치밀한 계획관리 수립
(4) 다짐을 위한 진동봉은 구콘크리트층에 진동봉 삽입 금함
(5) 이어치기면 Laitance 제거
(6) 콘크리트 타설면 이물질 제거 및 청소

I. 정 의

(1) 콘크리트 포장판이 수축될 때 판에 불규칙한 균열을 막기 위하여 만든 줄눈을 균
열유발줄눈(수축줄눈)이라 한다.

(2) 구조는 일반적으로 숨은줄눈 형식이지만 맞댄이음 형식도 있다.

II. 시공법

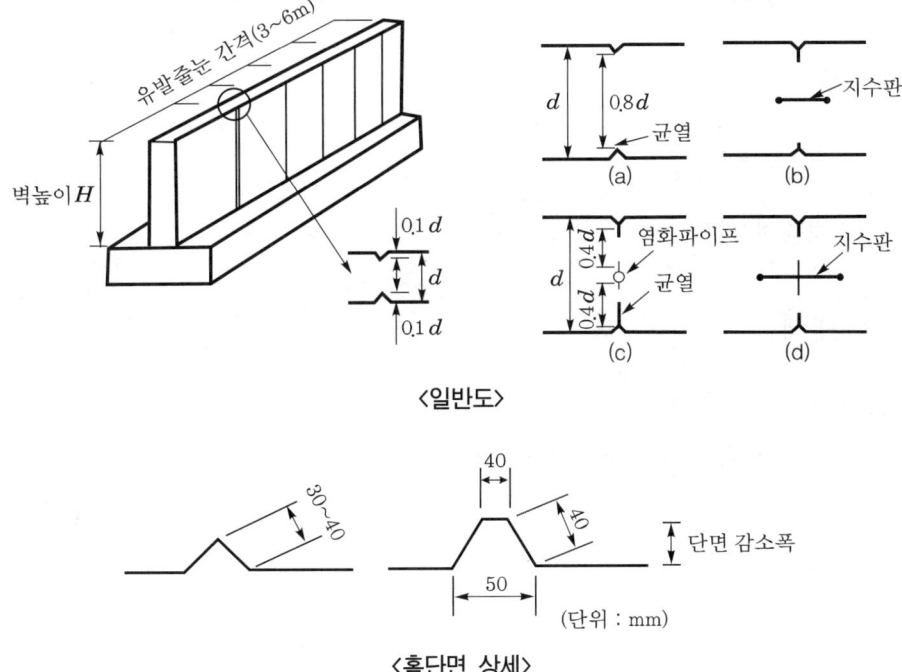

〈일반도〉

〈홈단면 상세〉

(단위 : mm)

균열유발줄눈의 전체 단면 감소폭은 전체 두께(d)의 20% 이상

Ⅲ. 기능(설치목적)

(1) 건조수축 제어

   Con′c 타설 후 급격한 수분증발 현상으로 오는 건조수축균열을 제어한다.

(2) 균열유도

   불규칙하게 발생하는 균열의 경우 단면을 적게 하여 한 곳으로 유도하는 것이다.

(3) 온도변화에 대응

   Con′c가 경화될 때 발생되는 수화열과 외기의 온도 차이에 의한 균열을 유도한다.

(4) 외관 고려

   구조물의 외관은 불규칙한 균열에 의해 해를 입게 되므로 균열을 인위적으로 한 곳으로 유도한다.

(5) 구조물 보호

   균열유발줄눈 처리로 구조물에 발생되는 균열을 유도하여 구조물을 보호할 수 있다.

(6) 내구성 증진

   균열 발생방지 효과로 콘크리트 구조물의 내구성 증진효과가 크다.

(7) 열화방지

   균열유발줄눈 설치로 구조물 전체 균열을 제어할 수 있으므로 Con′c 열화방지 효과가 있다.

(8) 부등침하 방지

Ⅳ. 지수대책

(1) 지수판 설치

   지수를 요하는 구조물의 지수대책으로 균열유발줄눈 중앙부에 신축성 있는 지수판 등을 설치한다.

(2) 도해

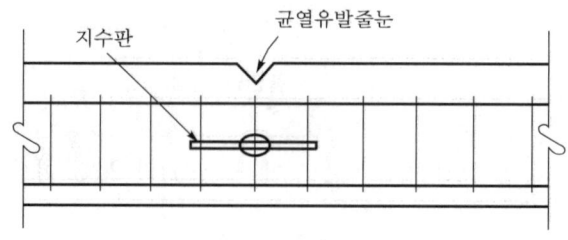

(3) 설치방법

　① 균열유발줄눈의 설치구간 중앙부에 신축성 있는 지수판을 설치한다.

　② 지수판은 콘크리트 타설시 이동되지 않게 견고하게 고정시켜야 한다.

　③ 지수판은 구조물의 규격을 고려하여 적정 치수 이상이 되는 것을 사용한다.

Ⅴ. 시공관리시 고려내용

(1) 연직배치

균열유발줄눈을 설치할 때에는 외관을 고려하여 연직으로 설치한다.

(2) 보강철근 삽입

균열발생으로 구조물의 강도가 저해되지 않도록 보강철근으로 줄눈 설치부위를 보강한다.

(3) 외관 고려

균열발생시 외관을 고려하여 수평 또는 연직줄눈 설치는 일직선이 되게 시공한다.

(4) 철근 연속배치

철근을 절단하지 않고, 연속하여 배치한다.

(5) 단면축소

균열유발줄눈의 설치위치는 단면을 축소시켜 균열발생을 유도한다.

(6) 등간격 준수

균열유발줄눈의 설치는 설비, 구조 시공을 고려하여 가능한 한 등간격을 유지한다.

(7) 밀실다짐

균열유발줄눈 부위에서 콘크리트 다짐은 지수판과 콘크리트의 접합과 강도확보를 위하여 밀실한 다짐을 해야 한다.

Ⅵ. 결 론

(1) 콘크리트 구조물의 이음은 구조물의 강도, 내구성 및 외관에 큰 영향을 미치는 요인으로 이음의 위치 및 구조는 시공성을 고려하여 현장의 형편에 맞게 설계, 시공되어야 한다.

(2) 각 이음의 기능에 따라 시공방법을 달리하여 제 기능을 최대한 발휘할 수 있도록 설치위치를 정하고, 시공하여야 한다.

I. 개 요

양생(curing)이란 콘크리트 타설 후 그 경화작용을 충분히 발휘하도록 하기 위한 조치로서 양질의 콘크리트를 얻기 위해서는 양호하게 배합된 Con′c를 타설한 후 경화의 초기단계에 적절한 양생을 하는 것이 무엇보다도 중요하다.

II. 양생 메커니즘

(1) 양생과정

$$CaO + H_2O \xrightarrow[\text{수화열 발생}]{\text{수화반응}} Ca(OH)_2$$

여기서, CaO : 석회

H₂O : 물

Ca(OH)₂ : 수산화칼슘

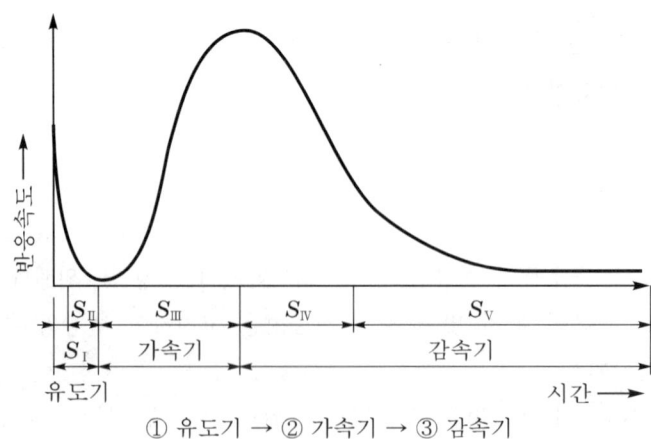

① 유도기 → ② 가속기 → ③ 감속기

(2) 양생에 영향을 주는 요인

① Cement의 품질

② Con′c의 배합

③ 시공방법

④ 고온 · 저습 · 일사 · 바람 등

⑤ Cement의 분말도

⑥ Cement 중의 석고혼입량

⑦ Portland Cement와 고로 Slag의 치환율

⑧ Portland Cement에 포함된 클링커광물

Ⅲ. 양생의 종류

(1) 초기양생

① 습윤양생(Wet Curing)

② 피막양생(Membrane Curing)

(2) 촉진양생

증기양생(Steam Curing)

(3) 서중(Mass)콘크리트 양생

① Precooling

② Pipecooling

(4) 한중콘크리트 양생

① 전기양생(Electric Curing)

② 단열보온양생

③ 가열보온양생

Ⅳ. 초기양생

1. 습윤양생(Wet Curing)

(1) 정의

습윤양생이란 콘크리트 타설 후 콘크리트 속의 물 증발로 콘크리트의 경화에 영향을 주거나, 소성수축에 의해 콘크리트 표면에 균열발생이 예상될 때 실시하는 양생방법이다.

(2) 습윤양생 방법

① Sheet 보양 후 살수

㉠ Sheet나 거적 등으로 콘크리트를 보양 후 살수한다.

㉡ 살수시 Sheet가 항상 습윤상태를 유지하도록 한다.

㉢ 여름철 주간에는 2시간 간격으로 살수하며 야간에도 수시로 점검하여 Sheet가 마르지 않도록 한다.

② 스프링클러 살수

㉠ 콘크리트 타설 전에 미리 스프링클러를 설치한다.

㉡ 타설중 이미 타설 된 콘크리트는 굳기 시작하므로, 타설 후 1시간 경과되면 살수를 시작한다.

㉢ 타설 후 Sheet 등으로 보양하여 살수하면 더욱 효과적이다.

③ 거푸집 물축임

㉠ 콘크리트 타설 전 콘크리트 수분이 거푸집으로 흡수되는 것을 방지하기 위해 실시한다.

㉡ 거푸집에 충분히 물축임을 한다.

㉢ 거푸집에 고인 물은 콘크리트 타설 전에 제거한다.

(3) 목적

① 콘크리트의 급격한 건조 방지

② 콘크리트 균열 방지

③ 마감공사를 위한 콘크리트면 보호

④ 콘크리트의 강도 및 내구성 증대

(4) 시공시 유의사항

① 타설 후 7일 동안 습윤양생(조강 포틀랜드 시멘트는 5일 이상)

② 기온이 높거나 직사광선을 받는 경우에는 콘크리트면이 건조하지 않게 충분히 양생

③ 타설 후 3일 동안 보행금지 및 중량물 적재금지

④ 경화 중 충격·진동 방지

2. 피막양생(Membrane Curing)

(1) 정의

① 콘크리트 표면에 피막양생제를 뿌려 콘크리트 중의 수분증발을 방지하는 양생 방법이다.

② 습윤양생이 안 되는 경우나 습윤양생이 끝난 후, 장기양생이 필요한 경우에 많이 사용된다.

(2) 요구성능

① 습기가 통하지 않을 것

② 살포 또는 도포가 용이할 것

③ 콘크리트면에 부착성이 좋을 것

④ 풍우·일사 등에 내구적일 것

(3) 재료

① 합성수지계

㉠ 비닐수지

㉡ 페놀수지

㉢ 멜라민수지

㉣ 에폭시수지

② 유지계

㉠ 아마인유

㉡ 대두유

㉢ 보일류

㉣ 합성건유

(4) 시공시 유의사항

① 열흡수 방지를 위해 백색도료를 혼합하여 백색 또는 회백색으로 할 것

② 터널 내와 같이 통풍이 안 되는 장소는 휘발성분에 의한 화재에 유의

③ 콘크리트 표면의 Bleeding수가 없어진 후(타설 후 약 2시간 경과) 살포할 것

④ 살포는 방향을 바꾸어 2회 이상 실시할 것

⑤ 살포시기가 지연될 때는 콘크리트를 습윤상태로 유지할 것

⑥ 살포시 피막양생제가 철근에 묻지 않도록 유의할 것

V. 촉진양생(증기양생)

(1) 정의

촉진양생은 거푸집을 빨리 제거하고 단시일 내에 소요강도를 발현시키기 위해 고온의 증기로 양생하는 방법으로 증기양생이라고도 한다.

(2) 증기양생된 콘크리트의 초기강도

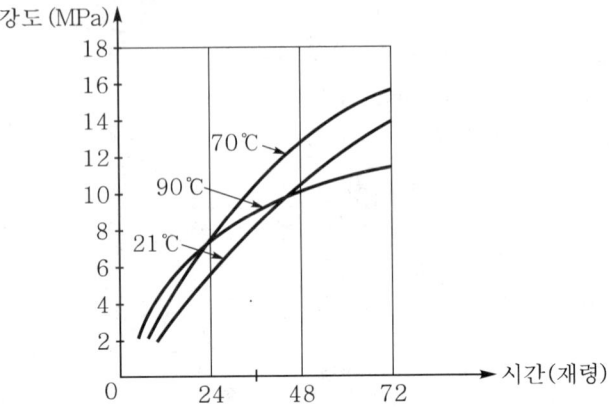

① 온도 21℃에서 3일 양생 후의 강도 : 14MPa
② 온도 90℃에서 3일 양생 후의 강도 : 11.2MPa
③ 온도 70℃에서 3일 양생 후의 강도 : 15.6MPa

(3) 상압 증기양생
① 거푸집 그대로 증기양생실에 넣어 양생실 온도를 균등하게 상승시킨다.
② 혼합 후 2~3시간 지난 후 증기양생을 개시한다.
③ 온도상승 속도는 1시간에 20℃ 이하로 하고, 최고 온도는 65℃로 한다.
④ 양생이 끝난 후 양생실의 온도를 서서히 낮추고 외기와의 온도차가 없도록 한
  다음 제품을 꺼낸다.
⑤ 초기강도는 매우 커지나 그 후의 강도증진은 적다.
⑥ 양생온도는 55~75℃이며, 85℃ 이상은 유해하다.

(4) 고압 증기양생(Autoclaved Curing)
① 방법 : 내경 2.5~4m, 길이 40~60m의 압력솥에 통상 180℃의 온도와 10kg/cm^2
  의 압력으로 양생한다.
② 양생과정

전양생시간	온도상승시간	정온도시간	온도하강시간
1~4	3~4	3	3~7

③ 단시간에 압축강도 60~100MPa를 얻는다.
④ 내동해성, 황산염에 대한 저항성이 커진다.
⑤ 백화가 발생하지 않는다.

VI. 서중(Mass)콘크리트의 양생

(1) Precooling
① 물·조골재의 일부 또는 전부를 냉각
② 서중 또는 Mass Con'c에 사용
③ 얼음을 사용할 때에는 비빔완료 전에 완전히 녹이도록 한다.

(2) Pipecooling
① Mass Con'c에 이용한다.
② Pipe의 지름, 간격, 통수의 온도와 양생기간 등에 대하여 충분히 검토해서 정해야 한다.
③ 통수방법(냉각속도, 냉각기간, 냉각순서)이 적당치 못하면 오히려 부재 내 온도차가 커져 균열발생의 원인이 된다.
④ Pipecooling은 물 이외에도 공기에 의한 방법도 있다.

(3) 시공시 유의사항
① 급격한 온도변화가 생기지 않도록 한다.
② 냉각관은 Con'c 타설 전에 누수검사를 하여야 한다.
③ Pipecooling 완료 후 Pipe 내에는 Grouting을 실시한다.
④ 장외 배관은 단열처리한다.
⑤ 냉각관의 온도와 Con'c 온도 차이는 20℃ 이내가 되게 하여야 한다.

VII. 한중콘크리트의 양생

(1) 전기양생(Electric Curing)
① Con'c 중에 저압교류를 통하여 콘크리트의 전기저항에 의하여 생기는 열을 이용하여 양생하는 방법
② 한중 Con'c에 많이 사용하는 양생법

(2) 단열 보온양생
① 한중콘크리트에서 온도저하 방지를 위한 보양방법
② Sheet 등으로 차단보양

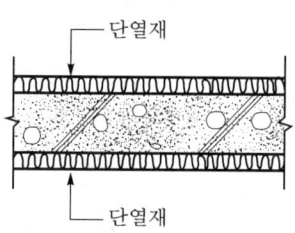

〈단열 보온양생〉

(3) 가열 보온양생
① 가열 보온양생이란 구조체의 밀폐된 공간을 가열하는 방법과 적외선램프를 이용한 표면가열 방법 또는 구조체 내부에 온상선을 설치하여 가열함으로써 양생하는 방법 등이 있다.

② 표면가열 및 내부가열 방법은 효율이 50~100%로 높으나 공간가열 방식은 상
　　대적으로 효율이 많이 떨어지는 편이다.

(4) 시공시 유의사항
　① Cement는 가열하지 않는다.
　② 철근과 거푸집 등에 있는 눈과 얼음은 제거한다.
　③ 콘크리트 어느 부분도 0℃ 이하가 되지 않도록 유의한다.
　④ 최소 5일간은 2℃ 이상을 유지한다.

Ⅷ. 시공이음 기준

(1) 기능
　① 구조물의 형상 유지
　② 시공 정도 조절
　③ 작업량(콘크리트 타설량) 조절

(2) 기준
　① 전단력이 작은 위치에 설치
　② 전단력이 큰 위치에 설치할 경우
　　　┌ 장부(요철) 시공
　　　├ 홈을 만들어 시공
　　　└ 철근을 보강하여 시공
　③ 온도 및 건조수축 등을 고려
　④ 수평 시공이음은 수평을 철저히 유지
　⑤ 연직 시공이음은 이음면을 거푸집으로 저지
　⑥ 시공이음면의 이물질을 철저히 제거
　⑦ Laitance의 철저한 제거
　⑧ 콘크리트 타설시 철저한 다짐으로 일체성 확보

Ⅸ. 결 론

(1) 양생은 Con′c의 강도, 내구성, 수밀성 등에 큰 영향을 주므로 각종 콘크리트의 특
　　성에 맞는 양생법을 선정하며, 철저히 시행하는 것이 중요하다.
(2) 시공성이 좋은 양생법의 개발 및 혼화재를 이용한 방안 등이 계속 연구·개발되어
　　야 양질의 콘크리트를 확보할 수 있을 것이다.

Ⅰ. 개 요

콘크리트의 배합설계란 시멘트, 골재, 물 및 혼화재료 등을 적정한 비율로 배합하여 강도, 내구성 및 수밀성을 가진 경제적인 콘크리트를 얻기 위한 설계이다.

Ⅱ. 배합설계 순서

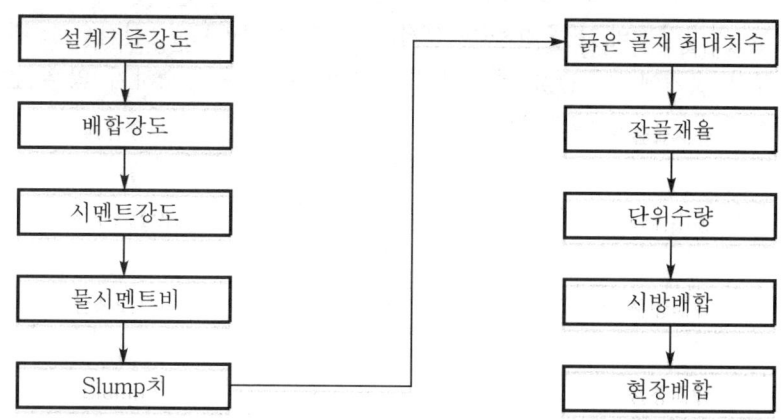

III. 배합설계 방법

1. 설계기준강도(f_{ck})

(1) 설계기준강도란 구조물의 특성·성능에 따라 구조적으로 필요한 강도로 구조계산의 기준이 되는 강도이다.

(2) 일반콘크리트에서는 28일 강도(f_{28})를 기준으로 하고, Dam 콘크리트에서는 91일 강도(f_{91})를 기준으로 한다.

2. 배합강도(f_{cr}, Reguired Strength)

(1) 배합강도

① 구조물에 사용된 콘크리트의 압축강도가 설계기준강도보다 작아지지 않도록 현장콘크리트의 품질변동을 고려하여 콘크리트의 배합강도(f_{cr})를 설계기준강도(f_{ck})보다 충분히 크게 정해야 한다.

② 현장콘크리트의 압축강도 시험값이 설계기준강도 이하가 되는 확률은 5% 이하여야 하고, 또한 압축강도 시험값이 설계기준강도의 85% 이하가 되는 확률은 0.13% 이하여야 한다.

③ 콘크리트의 압축강도 시험값이란 굳지 않은 콘크리트에서 채취하여 제작한 공시체를 표준양생하여 얻은 압축강도의 평균값을 말한다.

④ 배합강도의 결정은 '②'항의 조건을 충족시키도록 다음의 두 식에 의한 값 중 큰 값을 적용한다.

$$f_{cr} \geq f_{ck} + 1.34s \, (\text{MPa})$$
$$f_{cr} \geq (f_{ck} - 3.5) + 2.33s \, (\text{MPa})$$

여기서, s : 압축강도의 표준편차(MPa)

⑤ 콘크리트 압축강도의 표준편차는 실제 사용한 콘크리트의 실적으로 결정한다. 다만, 공사 초기에 그 값을 추정하기가 불가능하거나 중요하지 않은 소규모의 공사에서는 $0.15f_{ck}$를 적용한다.

(2) 강도 변동요인

① 시멘트와 골재의 변화
② 콘크리트의 배합, 운반, 타설, 다짐, 양생 등
③ 기능공의 숙련도
④ 기상
⑤ 시공관리 정도

3. 시멘트강도(k)

(1) 시멘트강도(k)는 현장에 반입된 시멘트에 대하여 KS L 5105에 규정한 시멘트시험을 행하고, 그 시험에 의한 시멘트의 28일 압축강도를 정한다.

(2) 28일 압축강도(k_{28})를 기준으로 하고, 시간 여유가 없는 경우는 3일 강도(k_3), 7일 강도(k_7)에서 추정할 수 있다.

<단기강도에서 28일 강도 측정식>

시멘트 종류	k_7에서 k_{28} 추정	k_3 , k_7에서 k_{28} 추정
조강 포틀랜드 시멘트	$k_{28}=0.6k_7+240$	$k_{28}=0.65k_7-0.25k_3+280$
보통, 고로, 플라이애시 실리카	$k_{28}=k_7+150$	$k_{28}=1.2k_7-0.4k_3+160$

(3) 시멘트강도는 연구소, 시험소에서 제시한 평균값이나 제조회사 월평균강도에서 $+40\text{kgf/cm}^2$를 하여 오차가 20kgf/cm^2 이상 나지 않는 것으로 한다.

(4) 시멘트 강도시험을 미실시한 경우는 제조회사가 제시한 월평균강도에 30kgf/cm^2를 뺀 값으로 한다.

4. 물시멘트비(W/C)

(1) 물시멘트비
  ① Con'c에 혼합된 Cement Paste 중에 물과 시멘트의 중량 백분율
  ② 물시멘트비가 높을수록 강도가 저하되고, 간극률이 많아 콘크리트 균열발생의 원인이 됨
  ③ 물시멘트비는 콘크리트 강도에 가장 많은 영향을 줌

(2) 물시멘트비 선정방법
  ① 압축강도 기준
  $$W/C = \frac{51}{f_{28}/k + 0.31}$$
  여기서, k : 시멘트의 강도(MPa)
  f_{28} : 콘크리트 재령 28일 강도(MPa)
  ② 내구성 기준
   ㉠ 내화학성 : $W/C = 45\sim50\%$
   ㉡ 내동해성 : $W/C = 45\sim60\%$
  ③ 수밀성 기준 : $W/C = 55\%$ 이하

5. Slump치

(1) Slump치가 큰 콘크리트를 사용하면 콘크리트 작업은 쉽지만 블리딩이 많아지고, 굵은 골재가 모르타르로부터 분리되는 재료분리 현상이 발생한다.

(2) Slump치는 콘크리트 시공연도의 양부를 결정하며, 클수록 Workability가 향상된다.

(3) 슬럼프의 표준값

종 류		슬럼프값(cm)
철근콘크리트	일반적인 경우	8~15
	단면이 큰 경우	6~12
무근콘크리트	일반적이 경우	5~15
	단면이 큰 경우	5~10

6. 굵은 골재 최대치수

(1) 골재는 유해량의 먼지, 흙, 유기불순물, 염화물 등을 포함하지 않고, 일반적인 경우 25mm 이하, 단면이 큰 경우 40mm 이하로 한다.

(2) 굵은 골재 최대치수는 시공성이 확보되는 범위 내에서 가능한 한 크게 하는 것이 콘크리트의 강도를 증대시킨다.

7. 잔골재율

(1) 콘크리트 품질이 얻어질 수 있는 범위 내에서 가능한 한 적게 한다.

(2) 잔골재율이 커지면 단위수량과 단위시멘트량이 증가한다.

(3) 산정식

$$잔골재율\left(\frac{S}{a}\right) = \frac{\text{Sand 용적}}{\text{Aggregate 용적}} \times 100$$
$$= \frac{\text{Sand 용적}}{\text{Gravel 용적} + \text{Sand 용적}} \times 100$$

8. 단위수량

(1) Con'c 1m^3 중에 포함되어 있는 물의 중량을 말한다.

(2) 단위수량이 많아지면 슬럼프치가 커져 시공연도는 좋아지나 강도는 떨어진다.

(3) 단위수량은 설계기준강도와 시공연도가 허용되는 한도 내에서 최소로 해야 한다.

9. 시방배합

(1) 계량은 1회 계량분의 0.5% 정밀도 유지

(2) 투입시 동일한 조합 콘크리트는 소량 Mixing하고, 믹서 내면에 시멘트풀을 발라둔다.

(3) 비빔시간은 일반적으로 3분으로 하고, 10분 이상 비빔할 경우는 강도의 증가가 없다.

(4) Slump의 조정

   18cm 이하에서 약 1.2%, 18cm 이상에서 약 1.5%

(5) 골재분리와 유동성 조정

(6) 공기량 조정

   공기량 1% 증가는 강도 3~5% 정도 감소, Slump 약 2cm 증가

10. 현장배합

시방배합을 현장배합으로 고친 경우 고려사항

(1) 잔골재의 표면수로 인한 Bulking 현상

(2) 현장의 골재 계량방법과 KS F 2505 규정에 의한 방법과의 용적의 차

(3) 골재의 함수상태

(4) No. 4체를 통과한 굵은 골재의 양과 혼화재의 물탄 양 고려

Ⅳ. 설계기준강도와 배합강도의 관계

(1) 관계

① 현장에서의 압축강도 시험치가 평균치 $\bar{x}$, 표준편차 s를 가지고, 다음 그림과 같이 정규분포한다면

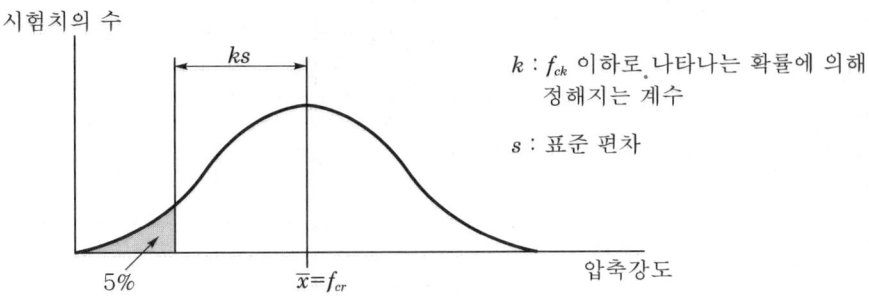

② 위 그림에서 k값은 압축강도 시험치가 설계기준강도(f_{ck}) 이하가 되는 확률이 5% 이하일 때 정해진 표에 의해 1.64가 된다.

③ 관계식 유도

$f_{ck} \leqq \overline{x} - ks$ 에서

$f_{ck} \leqq \overline{x} - 1.64s$

$f_{ck} \leqq \overline{x} \left(1 - \dfrac{1.64s}{\overline{x}} \right)$

$\dfrac{\overline{x}}{f_{ck}} \geqq \dfrac{1}{1 - 1.64\dfrac{s}{x}}$

여기서, 변동계수 $V = \dfrac{s}{x} \times 100$ 이고 배합강도 f_{cr} 는 평균강도 $\overline{x}$ 와 같으므로 위의 식은 다음과 같이 된다.

$\dfrac{f_{cr}}{f_{ck}} \geqq \dfrac{1}{1 - 1.64 \times \dfrac{V}{100}}$

위의 식에서 $\dfrac{f_{cr}}{f_{ck}}$ 을 α 라 하면 이를 증가계수라 한다.

$\alpha = \dfrac{1}{1 - 1.64 \times \dfrac{V}{100}}$

이 식이 시방서에서 요구하는 배합강도의 조건이며, 그림으로 나타내면 다음과 같다.

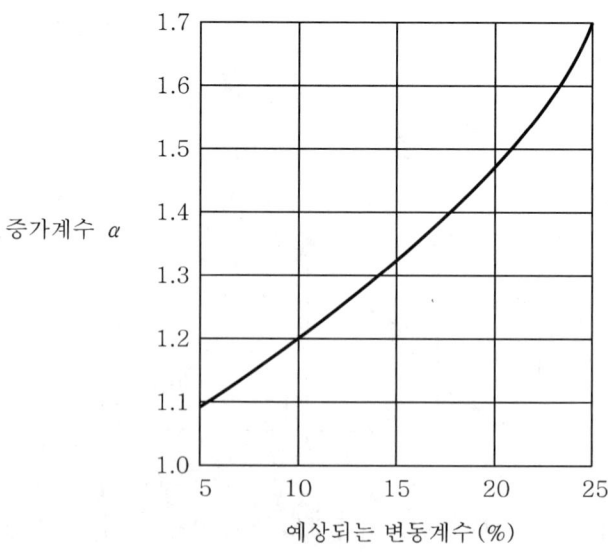

④ 위 식 또는 그림으로 현장에서 여러 가지 요인에 의해 예상되는 변동계수를 알면 증가계수를 구하여 배합강도를 얻을 수 있다.

⑤ 즉, 예상되는 변동계수에 대해서 증가계수(α)가 얻어지면 배합강도는 다음 식으로 구하게 된다.

$$f_{cr} = \alpha f_{ck}$$

여기서, f_{cr} : 배합강도

α : 시방서에서 배합강도의 증가계수

f_{ck} : 설계기준강도

(2) 계산 예

① 보통 구조물에서 설계기준강도 210kg/cm^2

② 예상되는 변동계수 15%일 때

증가계수 $\alpha = \dfrac{1}{1 - 1.64 \times \dfrac{V}{100}}$ 에서

$$= \dfrac{1}{1 - 1.64 \times \dfrac{15}{100}} = 1.326$$

$\therefore f_{cr} = \alpha f_{ck} = 1.326 \times 210 = 279$kg/cm^{2}가 된다.

V. 시방배합을 현장배합으로 보정하는 방법

(1) 온도보정

$$F \geqq f_{ck} + T + 1.73\sigma (\text{MPa})$$
$$F \geqq 0.85(f_{ck} + T)3\sigma (\text{MPa})$$
  — 중 큰 값

여기서, F : 콘크리트의 배합강도(MPa)

f_{ck} : 콘크리트의 설계기준강도(MPa)

T : 콘크리트 재령에 따른 온도 보정값(MPa)

σ : 사용하는 콘크리트 강도의 표준편차(MPa)

① 온도 보정값(T)이 콘크리트 재령 28일인 경우

구 분	28일 동안 평균 예상기온(℃)		
	15 이상	5 이상 15 미만	2 이상 5 미만
온도 보정값(T)	0MPa	3MPa	6MPa

② 온도 보정값(T)이 콘크리트 재령 90일인 경우

구 분	90일 동안 평균 예상기온(℃)		
	12 이상	4 이상 12 미만	2 이상 4 미만
온도 보정값(T)	0MPa	3MPa	6MPa

(2) 표준편차(σ)

　① 레미콘 공정의 실적을 근거로 평가

　② 실적이 부족할 경우

$$\left.\begin{array}{l} 2.5\text{MPa} \\ 0.1\ f_{ck} \end{array}\right\} \text{중 큰 값}$$

VI. 결 론

배합설계는 철저한 시방배합을 통하여 현장배합시 적용함으로써 콘크리트 구조체의 균일한 품질을 확보할 수 있다.

16-13 공칭강도와 설계강도 [11후, 10점]

Ⅰ. 공칭강도

(1) 정의
KS규격에 의해 만들어져 판매되는 콘크리트의 강도

(2) 특징
① 설계강도는 현재 10MPa부터 200MPa까지 설계되고 있으나 KS규격 생산품인 공칭강도는 설계강도로 생산되지 않는다.
② KS규격 생산품인 공칭강도의 생산품
  ㉠ 일반강도 : 18~35MPa(3의 배수)
  ㉡ 고강도 : 40~60MPa(5의 배수)
③ 위의 ②의 규정에 의하지 않는 강도로 생산될 경우에는 KS에서 정한 공칭강도라 할 수 없다.

Ⅱ. 설계(기준)강도(Specified Compressive Strength : f_{ck})

(1) 정의
콘크리트 부재 설계에 있어서 기준으로 한 압축강도를 말하며 일반적으로 재령 28일의 압축강도를 기준으로 한다.

(2) 주요 공종별 설계(기준)강도 규정

일반 철근콘크리트	재령 28일 압축강도
댐콘크리트	재령 91일 압축강도
도로포장 콘크리트	재령 28일 휨강도

(3) 재령 28일 강도를 기준하는 이유
실제 구조물에 있어서는 표준양생한 시험공시체의 재령 28일의 압축강도에 비하여 그 콘크리트 강도를 크게 증가시킬 수 있을 정도의 양생을 기대할 수 없기 때문이다.

Ⅲ. 공칭강도와 설계강도

(1) "공칭강도와 설계강도는 같다"라고 일부 용어 설명에 나와 있다.

(2) 그러나 이는 일부만 같으며, 공칭강도 이외의 설계강도가 생성될 수도 있다.

(3) 설계강도가 공칭강도를 벗어날 경우에는 따로 시험을 하여 감독관의 승인을 얻은 후 사용한다.

16-14 프리스트레스용 콘크리트를 배합설계 할 때 유의해야 할 사항에 대하여 기술하시오. [01중, 25점]

I. 개 요

(1) 프리스트레스트 콘크리트란 외력에 의하여 일어나는 응력을 소정의 한도까지 상쇄할 수 있도록 미리 인공적으로 내력을 준 콘크리트이다.

(2) 구조물에 프리스트레스트 콘크리트의 목적을 달성하고 그 장점을 충분히 발휘시키기 위해서 보다 높은 강도의 콘크리트가 필요하게 되며, 고강도 콘크리트를 제조하기 위한 배합설계가 아주 중요하다.

II. 프리스트레스트 콘크리트의 요구조건

(1) 고강도 콘크리트   (2) 건조수축이 적은 콘크리트
(3) Creep 적게   (4) 시공성 및 경제성 확보

III. 배합설계 할 때 유의해야 할 사항

(1) 시멘트
  ① 보통 포틀랜드 시멘트 사용
  ② 조기강도 필요시 조강 포틀랜드 시멘트 사용
  ③ 팽창시멘트를 이용한 화학적 프리스트레싱 도입 효과
  ④ 최소 단위시멘트량 : $370 \sim 430 kg/cm^3$

(2) 사용 골재
  ① 강하고 단단한 골재
  ② 시멘트와의 부착성이 좋은 것
  ③ 골재의 최대치수는 부재 최소치수의 1/3~1/4 정도
  ④ 일반적으로 25mm 표준

(3) 혼화재 사용
  ① 사용 전 PS강재의 부식에 대한 시험 실시
  ② 특히 PS강재와 직접 부착되는 콘크리트나 그라우트에는 염화칼슘량에 대한 시험 후 사용

③ 고성능 감수제 사용으로 20~30% 감수 효과

(4) 적은 W/C비 사용

① W/C비 45% 이하

② 일반적으로 현상에서는 35~40% 정도로 시공

③ 시설이 완비된 공장에서는 33~35% 범위

(5) 최소의 단위시멘트량 사용

① 필요량 범위 내에서 단위시멘트량은 최소 사용

② 소요의 강도를 얻을 수 있는 범위에서 최소가 되도록 한다.

③ 건조수축과 Creep를 적게 하는데 필요

④ 최소 단위시멘트량은 포스트텐션 방식의 경우 300kg/m^3, 프리텐션 방식의 경우에는 350kg/m^{3}으로 규정

⑤ 설계기준강도가 400kg/cm^{2}인 콘크리트의 단위시멘트량은 보통 370~430kg/m^{3}의 범위

(6) 적은 수량 사용

① 사용 수량이 커지면 Con′c 공극 과다

② 콘크리트 강도 저하원인

③ 작업이 가능한 범위 내에서 될 수 있는 대로 단위수량 적게

④ 건조수축 및 Creep를 적게

(7) 양질의 골재 사용

① 강하고 단단한 골재

② 시멘트풀과 부착성이 좋은 골재

③ 콘크리트의 건조수축과 Creep를 적게 하기 위하여 불연속 입도의 골재 사용

④ 예를 들면 0~5mm, 25~30mm, 40~50mm 범위의 골재 사용

Ⅳ. 결 론

(1) 프리스트레스용 콘크리트는 외력에 의해 콘크리트에 발생되는 인장응력을 상쇄하기 위하여 미리 압축응력을 준 콘크리트이다.

(2) 콘크리트 제조시 배합설계에 의한 사항을 준수하고 특히 사용 시멘트와 사용 골재는 시험을 통하여 사용 여부를 결정하고 W/C비는 가능한 한 작게 하는 것이 가장 중요하다.

> **16-15** 교각용 콘크리트의 배합설계를 다음 조건에 의하여 계산하고 시방배합표를 작성
> 하시오. [02후, 25점]
> 조건 : f_{ck} =210kgf/cm², 시멘트의 비중 3.15, 잔골재의 표건비중 2.60, 굵은
> 골재의 최대치수 40mm 및 표건비중 2.65, 공기량 4.5%(AE제는 시멘트 무게
> 의 0.05% 사용함), 물시멘트비 W/C=50%, 슬럼프 8cm로 하며, 배합계산에
> 의하여 잔골재율 S/a=38%, 단위수량 W=170kg을 얻었다.

I. 개 요

(1) 콘크리트 배합은 강도, 내구성, 수밀성 등을 가진 콘크리트를 경제적으로 얻기 위해 사용량을 결정하는 것으로, 설계 및 시공이 허용되는 범위 내에서 물시멘트비를 작게 하여야 한다.

(2) 배합의 방법은 시방배합과 현장배합이 있으며, 시방배합은 시방서 또는 책임기술자에 의한 배합으로 품질변동을 충분히 고려한 배합설계가 되도록 해야 한다.

II. 배합의 목적

(1) 소요강도 확보
(2) 내구성 확보
(3) 균일한 시공연도 확보
(4) 단위수량 감소
(5) 수밀성 확보

III. 배합의 종류

1. 시방배합

(1) 정의
시방서 또는 책임기술자가 지시한 배합

(2) 골재입도
① 굵은 골재 : 5mm체에 다 남는 골재
② 잔골재 : 5mm체를 다 통과하고 0.08mm체에 남는 골재

(3) 골재의 함수상태 : 표면건조 내부 포화상태

(4) 단위량 표시 : 1m^{3}당

2. 현장배합

(1) 정의

현장에서 골재의 표면수 및 입도 변동을 고려하여 수정한 배합

(2) 골재입도

① 굵은 골재 : 5mm체에 거의 다 남는 슬재

② 잔골재 : 5mm체를 거의 다 통과하며, 0.08mm체에 거의 다 남는 골재

(3) 골재의 함수상태

공기 중 건조상태 또는 습윤상태

(4) 단위량 표시

Mixer 용량에 의해 1Batch 양으로 표시

IV. 배합설계 순서

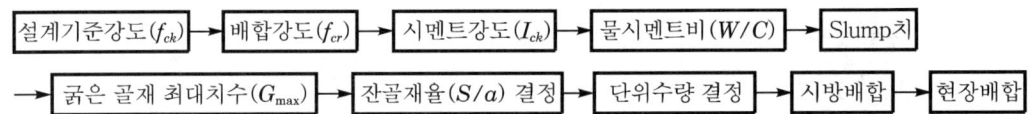

설계기준강도(f_{ck}) → 배합강도(f_{cr}) → 시멘트강도(I_{ck}) → 물시멘트비(W/C) → Slump치

→ 굵은 골재 최대치수(G_{max}) → 잔골재율(S/a) 결정 → 단위수량 결정 → 시방배합 → 현장배합

V. 배합계산

1. 가정

(1) 잔골재율에 대한 보정은 무시함
(2) 단위수량 보정은 무시함

2. 계산

(1) 단위시멘트량 산정

① 물시멘트비(W/C)=50%=0.5

② 단위수량(W)=170kg에서 170/C=0.5   ∴ C=85kg

(2) 단위골재량 산정

① 단위골재량 절대체적 산정(V_a)

$$V_a = 1 - \left(\frac{단위수량}{1,000} + \frac{단위시멘트량}{시멘트\ 비중 \times 1,000} + \frac{공기량}{1,000} \right)$$

$$= 1 - \left(\frac{170}{1,000} + \frac{85}{3.15 \times 1,000} + \frac{4.5}{100} \right) = 0.75 \text{m}^3$$

② 단위 잔골재량 절대체적(V_s)

$$V_s = V_a \times (S/a) = 0.75 \times 0.38 = 0.288 \text{m}^3/(콘크리트/\text{m}^3)$$

③ 단위 잔골재량 $= V_s \times (잔골재비중) \times 1,000$

$$= 0.288 \times 2.60 \times 1,000 = 748.92 \text{kg/m}^3$$

④ 단위 굵은골재량 절대체적(V_G)

$$V_G = V_a - V_s = 0.75 - 0.288 = 0.462 \text{m}^3/(콘크리트\ 1\text{m}^3)$$

⑤ 단위 굵은골재량 $= V_G \times 굵은골재비중(2.65) \times 1,000$

$$= 0.462 \times 2.65 \times 1,000 = 1224.31 \text{kg/m}^3$$

(3) 단위 AE제량

단위 AE제량 $=$ 시멘트중량 $\times 0.05\% = 85 \times (0.05/100)$

$$= 0.0425 \text{kg/m}^3$$

Ⅵ. 시방배합표 작성

<배합표>

굵은 골재 최대치수 (mm)	슬럼프 범위 (cm)	공기량 (%)	잔골재율 (S/a)(%)	단위량(kg/m³)					
				물(W)	시멘트 (C)	잔골재 (S)	굵은 골재 (G)	혼화재	혼화제
40mm	8cm	4.5%	3.8%	170	85	748.92	1,224.31		0.0425

Ⅶ. 결 론

(1) 콘크리트의 배합은 설계기준강도에서 현장배합까지의 일련의 배합설계 과정을 거쳐 균일한 시공을 함으로써 양질의 콘크리트를 얻을 수 있다.

(2) 단위수량을 많게 하면 강도, 수밀성, 내구성 저하의 원인이 되므로 소요의 워커빌리티 범위 내에서 최소가 되도록 해야 한다.

17-1 W/C비가 굳은 Con'c에 미치는 영향을 답하시오. [94후, 40점]

17-2 물시멘트비(比) 결정방법을 설명하시오. [00중, 25점]

17-3 W/C비 선정방식 [01후, 10점]

17-4 물−결합재비 [10중, 10점]

17-5 콘크리트는 물시멘트비가 가장 중요하다. 그렇다면 수화, 워커빌리티 등에 꼭 필요한 물시멘트비와 철근의 고강도화와 관련하여 그 경향에 대하여 설명하시오. [04중, 25점]

I. 개 요

(1) 물시멘트비는 콘크리트에 혼합된 시멘트풀 중의 물과 시멘트의 중량비, 즉 시멘트풀의 농도를 말하는 것이다.

(2) 물시멘트비란 시멘트풀의 묽기정도를 말하는 것으로, 그 농도에 따라 굵은 골재, 잔골재, 철근 등과의 결합력이 달라지게 되므로 결국에는 콘크리트 구조체에 큰 영향을 주게 되는 것으로서, 콘크리트의 강도를 좌우하는 가장 중요한 요소이다.

II. 물시멘트(W/C)비의 특성

(1) Con'c의 강도 및 내구성을 결정하는 중요한 요인이다.

(2) 물시멘트비 1%의 변화는 Con'c 1m³에 대한 물의 양 3~4L이다.

(3) 물시멘트비가 커지면 강도, 내구성, 수밀성은 떨어진다.

(4) 적당한 시공연도 내에서 가능한 한 적게 한다.

III. 물시멘트비 선정방법(결정방법)

(1) 압축강도

$$W/C = \frac{51}{f_{28}/k + 0.31}$$

여기서, k : 시멘트의 강도(MPa)

f_{28} : 콘크리트 재령 28일 강도(MPa)

(2) 내구성

① 내화학성 기준으로 할 경우 : $W/C = 45{\sim}50\%$

② 내동해성 기준으로 할 경우 : $W/C = 45{\sim}60\%$

(3) 수밀성

$$W/C = 50\% \text{ 이하}$$

(4) 수화반응 및 시공연도(Workability)에 필요한 물시멘트비
　① 수화반응에 필요한 수량
　　㉠ 결합수 : Cement양의 25% ┐
　　㉡ Gel수 : Cement양의 15% ┘ 합계 Cement양의 40% 정도
　② 시공연도에 필요한 수량 : 수화반응에 필요한 물시멘트비는 40%이며, 시공경험에 의한 시공연도에 필요한 물시멘트는 50%임

Ⅳ. 콘크리트에 미치는 영향

(1) 강도
　① 물시멘트비가 작을수록 강도는 증가한다.
　② 콘크리트의 강도는 물시멘트비에 역비례하고, 시공연도에는 정비례한다.

(2) 내구성
　① 물시멘트비가 클수록 콘크리트의 재료분리는 커지게 된다.
　② 콘크리트의 재료분리는 내구성 저하의 원인이 된다.

(3) 수밀성
　① 물시멘트비가 적을수록 수밀성이 크다.
　② 적절한 혼화재료의 사용으로 물시멘트비는 최소화하고, 수밀성은 극대화할 수 있다.

(4) 소성수축균열
　① 콘크리트에서 물이 빠지고 모세관이 붕괴되면서 물시멘트비가 감소되고 소성수축균열이 발생한다.
　② 물시멘트비가 커지면 소성수축균열의 발생은 증가하게 된다.

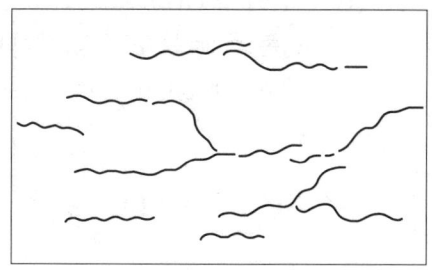

〈소성수축균열〉

(5) 침하균열
　① 콘크리트에서 Bleeding 현상으로 인하여 침하균열이 발생된다.
　② 물시멘트비가 크면 Bleeding 현상이 증가되고, 침하균열의 발생도 커지게 된다.

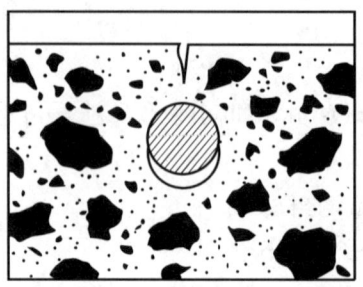

〈침하균열〉

(6) 온도균열

① 물시멘트비가 크면 단위시멘트량이 많아지게 된다.

② 매스 콘크리트에서는 물시멘트비가 클 경우 온도균열이 발생하게 된다.

(7) 건조수축

① 콘크리트는 타설 후 콘크리트 중의 수분이 증발하면서 건조수축이 일어난다.

② 물시멘트비가 크면 건조수축에 의한 균열발생은 증가된다.

(8) 수화열

① 콘크리트가 경화하는 과정에서 수화열이 발생하게 된다.

② 물시멘트비가 크면 단위시멘트량이 많아져 수화열의 발생이 커진다.

(9) 초기강도

① 콘크리트는 수화현상이 빨리 진행될수록 초기강도 확보에 유리하다.

② 과도한 수화현상은 수화열을 동반하므로 콘크리트에 악영향을 미친다.

(10) 시공연도(Workability)

① 콘크리트는 시공성의 확보가 있어야 양질의 구조체를 얻을 수 있다.

② 물시멘트비가 크면 시공연도가 좋아진다.

Ⅴ. 고강도화와 관련된 경향

(1) 물시멘트비를 작게

① Slump는 15cm 이하로 하며, 물시멘트비는 50% 이하로 한다.

② 고성능 감수제를 사용한다.

③ Silica Fume, Fly Ash, Pozzolan 등의 미세분말을 사용한다.

(2) 결합재의 강도개선

① 고성능 감수제의 사용으로 시공연도를 개선한다.

② Resin Cement, Polymer Cement 등의 고강도 Cement를 사용하여 Macro Defect Free Con′c를 제조한다.

(3) 활성골재의 사용

① Alumina 분말을 사용하여 팽창성을 좋게 한다.

② 인공골재(코팅)를 사용하여 시공성을 좋게 한다.

(4) 다짐방법의 개선

① 고압다짐, 가압 진동다짐, 고주파 진동다짐, 진동 탈수다짐 등을 사용한다.

② 내부진동기의 설치가 곤란한 곳은 거푸집 진동기를 이용한다.

(5) 양생방법의 개선

① Autoclave 양생을 실시한다.

② 콘크리트 타설 후는 도막양생 및 습윤양생을 실시한다.

(6) 보강재의 사용

① 섬유보강제를 사용한다.

② Plastic Polymer Con′c 및 Ferro Cement Con′c 등을 적용하여 일반 콘크리트의 취성적 성질을 보강한다.

Ⅵ. 결 론

(1) 물시멘트비는 Con′c 품질에 가장 큰 영향을 주는 요소로 물시멘트비가 커지게 되면 콘크리트의 강도, 내구성, 수밀성은 떨어지게 된다.

(2) 물시멘트비는 시험배합을 통하여 적정비를 정해야만 콘크리트의 설계기준강도를 확보할 수 있을 뿐만 아니라 시공연도도 좋아지게 된다.

18-1 배합설계에서 잔골재율(S/a)을 설명하고 잔골재율이 콘크리트 성질에 미치는 영향을 설명하시오. [95후, 25점]

18-2 잔골재율 [96전, 20점]

18-3 잔골재율(S/a) [11중, 10점]

I. 개 요

(1) 잔골재율이란 잔골재 및 굵은 골재의 절대용적의 합에 대한 잔골재의 절대용적의 백분율을 말한다.

(2) 잔골재율을 작게 하면 단위수량이 감소되어 콘크리트의 강도가 커지고, 단위시멘트량이 감소되므로 공비절감의 효과가 있다.

II. 잔골재율 산정식

$$잔골재율\left(\frac{S}{a}\right) = \frac{\text{Sand 용적}}{\text{Aggregate 용적}} \times 100$$
$$= \frac{\text{Sand 용적}}{\text{Gravel 용적} + \text{Sand 용적}} \times 100$$

III. 콘크리트에 미치는 영향

(1) 시공연도(Workability)
   ① 콘크리트는 시공성의 확보 없이는 양질의 콘크리트를 얻을 수 없다.
   ② 단위용적(m^3)당 잔골재율이 커지면 시공연도는 좋아지나 콘크리트 강도에 영향을 줄 수도 있다.

(2) 침하균열
   ① 콘크리트에서 Bleeding 현상 등으로 침하균열이 발생된다.
   ② 단위용적(m^3)당 잔골재율이 커지게 되면 Slump치가 커져 침하균열이 발생된다.

(3) Bleeding
   ① 미경화 콘크리트에서 잉여수가 이물질과 같이 표면으로 상승하는 일종의 재료분리 현상을 Bleeding 현상이라 한다.
   ② 잔골재율이 커지게 되면 중량차에 의한 Bleeding 현상이 증가된다.

(4) 수화작용

① 콘크리트가 경화하는 과정에서 수화열이 발생하게 된다.

② 콘크리트의 단위용적(m^3)당 잔골재율이 커지면 단위시멘트량의 증가로 수화작용이 빨라지게 된다.

(5) 알칼리 골재반응

① 시멘트 중의 알칼리 성분과 골재 중의 실리카, 황산염이 화학반응하여 구조체에 균열을 발생시켜 구조체의 수명을 단축시키게 되는 일련의 과정을 알칼리 골재반응 현상이라 한다.

② 부순 모래를 사용했을 경우 실리카, 황산염 성분이 많으므로 주의해야 한다.

(6) 부착강도

콘크리트 중에 단위용적(m^3)당 잔골재율이 커지게 되면 단위시멘트량이 증가되므로 부착강도는 향상된다.

(7) Laitance

① Bleeding 현상으로 시멘트 중의 석고, 석분 등이 표면으로 모여 생성된 층을 Laitance라 한다.

② 잔골재율이 커지면 미세한 석분의 유입량이 커져 Laitance의 발생이 커진다.

(8) 단위시멘트량

콘크리트의 단위용적(m^3)당 잔골재율이 커지게 되면 단위시멘트량도 비례하여 커지게 된다.

(9) 수밀성

① 잔골재율이 커질수록 수밀성은 떨어지게 된다.

② 적절한 혼화재료의 사용으로 수밀성을 극대화할 수 있다.

(10) 건조수축

콘크리트의 단위용적(m^3)당 잔골재율이 커지면 시멘트량의 증가로 인하여 수화작용이 빨라지고, 그때 발생하는 수화열로 인하여 콘크리트 표면에 건조수축이 일어나 균열이 발생하게 된다.

(11) 염해

① 철근콘크리트 구조체에 염분이 침투하여 철근의 부피를 팽창시키게 되고, 콘크리트 균열의 원인이 된다.

② 잔골재율의 증가는 염해에 대한 저항성을 떨어뜨린다.

(12) 소성수축균열

① 노출면적이 넓은 Slab에서 타설 직후에, Bleeding 속도보다 증발속도가 빠를 때 소성수축균열이 발생한다.

② 잔골재율이 커지면 물시멘트비가 증가하므로 소성수축균열의 발생이 증가하게 된다.

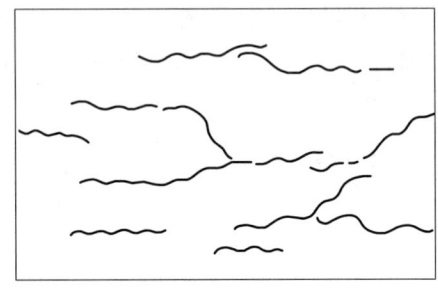

〈소성수축균열〉

IV. 결 론

(1) 양질의 콘크리트란 구조체의 어느 부분을 채취하여도 시멘트, 잔골재, 굵은 골재 등의 구성재료가 하나의 간극도 없이 밀실하고 단단하게 결합되어 있어야 한다.

(2) 잔골재율을 크게 하면 콘크리트 구조체의 강도를 떨어뜨리게 되므로, 시공성이 확보되는 범위 내에서 가능한 한 작게 하고, 콘크리트의 구성재료 상호간에는 골고루 분포되도록 하여 재료분리가 발생되지 않도록 시공하는 것이 가장 중요한 요소이다.

19-1	현장에서 콘크리트 타설시 시험방법 및 검사항목을 열거하시오.	[01후, 25점]
19-2	콘크리트 운반중의 슬럼프 및 공기량 변화	[00후, 10점]

Ⅰ. 개 요

(1) Con'c 공사는 사용재료 선정에서 최종 마무리까지 품질에 대한 시험을 행하여야 하며, 특히 타설 전 콘크리트에 대한 시험은 제작하는 구조물의 품질을 예측할 수 있는 중요한 과정이다.

(2) 콘크리트 타설시 거푸집과 철근 및 콘크리트에 대한 검사항목 리스트를 작성하여 작업 전과 작업중에 각 공종에 대한 점검을 하는 것은 아주 중요하다.

Ⅱ. 시험의 목적

(1) 경제적인 Con'c 제작

(2) 소요품질의 Con'c 제작

(3) 생산에서 타설까지의 Con'c 품질 변화정도 확인

(4) Con'c Workability 확인

Ⅲ. 시험방법

1. Slump 시험

(1) 정의

미경화 Con'c의 반죽질기(Consistency)를 측정하여 시공연도(Workability)를 판단하고자 실시하는 시험이다.

(2) 시험방법

① 수밀성 평판 위에 철제 몰드를 중앙에 설치한다.

② 비빈 Con'c를 바닥에서 7cm, 16cm 상단으로 나누어 각 층마다 다짐봉으로 25회씩 고르게 다진다.

③ 상단까지 다짐이 마무리되면 몰드를 빼올린다.

④ 몰드를 빼올린 다음 공시체가 충분히 주저앉았을 때 그 높이를 측정하여 당초 몰드의 높이차를 cm 단위로 구한다.

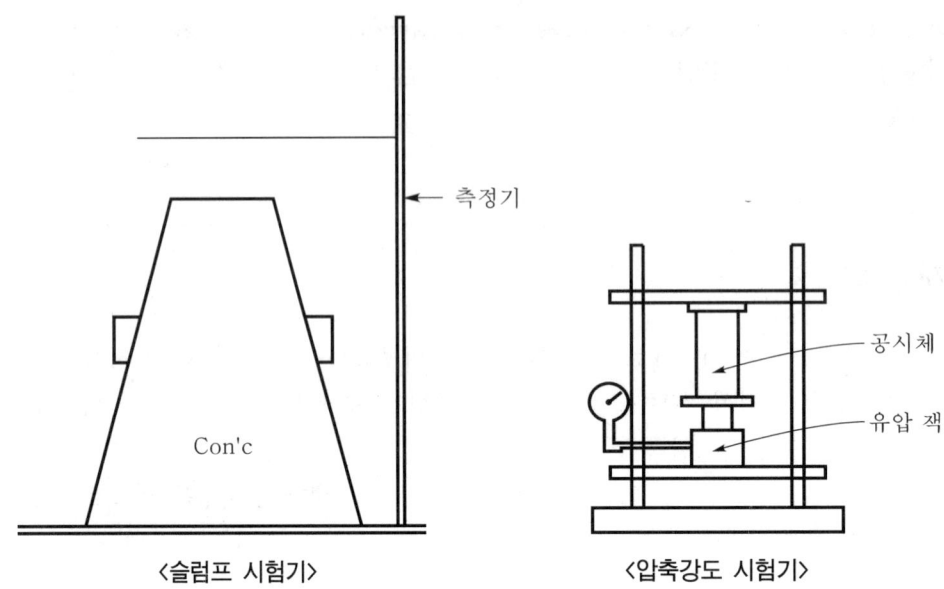

〈슬럼프 시험기〉 〈압축강도 시험기〉

2. 콘크리트 압축강도시험

Con′c 품질을 확인하기 위하여 사용하는 Con′c에서 시료를 채취하여 공시체를 제작함
으로써 양생시킨 다음 7일, 14일, 28일 강도를 측정하여 Con′c 품질 및 공정 관리에 반
영하는 중요한 사항이다.

3. 공기량시험

(1) 정의

　　AE 콘크리트에서는 동일 재료, 동일 배합일지라도 골재의 입도 및 기타 재료의
　　변화에 의해서 공기량이 상당히 변화되는데, 공기량이 적절한가를 확인하기 위하여
　　공기량시험을 해야 한다.

(2) 시험방법

　　① 공기량측정기(워싱턴 에어미터) 용기 내에 3층으로 나누어 각 층 25회로 나누
　　　어진다.

　　② 윗면을 용기 상단까지 고르게 한 후 뚜껑을 밀실하게 닫는다.

　　③ 공기실의 압력을 초압력까지 올린 다음 5초가 지난 후의 안정된 압력계의 눈금
　　　을 읽어 이 값을 콘크리트의 겉보기 공기량으로 한다.

　　④ 공기량 계산

　　　$A(\text{공기량}) = A_1(\text{겉보기공기량}) - G(\text{골재수정계수})(\%)$

(3) 도해

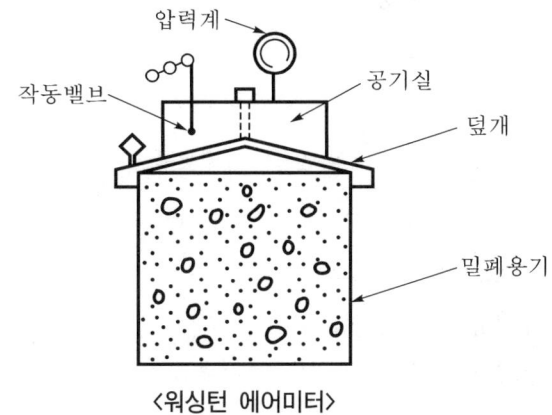

압력계

작동밸브

공기실

덮개

밀폐용기

〈워싱턴 에어미터〉

4. Bleeding Test

(1) Bleeding이란 콘크리트 타설 후 혼합수가 시멘트 입자와 골재의 침강에 의해 위로 떠오르는 현상이다.

(2) 처음 60분은 10분 간격으로 그 후로는 30분 간격으로 혼합수를 빨아낸다.

(3) Bleeding양의 측정

$$\text{Bleeding양}(cm^3/cm^2) = \frac{V}{A}$$

여기서, V : 혼합수의 부피

A : 시험 표면적

(4) Bleeding양이 많으면 레이턴스의 발생이 많아진다.

(5) Bleeding양이 많으면 굵은 골재가 모르타르로부터 분리된다.

(6) Bleeding양을 줄이기 위해서는 단위수량을 줄이거나 혼화재(포졸란)를 사용한다.

5. 염화물 함유량 시험

(1) Con'c 속의 염화물은 바닷자갈, 바닷모래, 사용수 등의 영향이 가장 크다.

(2) 공사현장에서의 측정법으로 간이측정기법, 이온전극법, 시험지법 등이 널리 사용된다.

Ⅳ. 검사항목

1. 거푸집

(1) 조립상태

① 거푸집 조립에 볼트 및 강봉 사용

② 조립 후 간극, 틈새 등 점검

③ 조립된 거푸집의 형상 점검

(2) 누수 여부

① 거푸집 이음부의 수밀성 유지

② 콘크리트 타설시 모르타르 또는 시멘트풀이 흘러나오지 않도록 확인

(3) 긴결상태

① 조립된 거푸집의 긴결상태

② Tie Bolt, Pin의 고정상태 확인

③ 거푸집 자재의 강성

(4) 거푸집 변형

① 타설시 콘크리트 하중에 의한 거푸집의 변형

② 거푸집판의 처짐

③ 거푸집의 부분적인 돌출 등

(5) 처짐 여부

① 거푸집 자재의 강성 부족

② 거푸집 보강재의 간격 불량

③ 특히 슬래브, 벽체 등에서 거푸집의 변형

(6) 동바리 조립상태

① 받침간격 유지

② 거푸집과 동바리 연결부 시공

③ 동바리의 위치 이탈

(7) 동바리 좌굴

① 상부 콘크리트 하중에 의한 동바리의 좌굴 발생

② 동바리 소요개수 부족

③ 동바리의 연직성 결여

(8) 동바리 침하

① 동바리 자재의 침하 여부

② 동바리 설치 지반의 침하

2. 철근

(1) 철근 피복두께
   ① 철근과 거푸집 사이 간격 점검
   ② 간격재 소요개수
   ③ 간격재의 파손, 이탈 여부

(2) 철근의 청소상태
   ① 흙, 기름 등의 오물 부착 여부
   ② 발생된 녹 제거

(3) 철근간격
   ① 구조물의 형상, 규모에 따른 간격
   ② 사용 콘크리트 / 최대 골재치수
   ③ 균일한 철근간격 유지

(4) 철근 이음상태
   ① 규격에 따른 이음공법의 적정성
   ② 이음상태 점검
   ③ 이음부의 위치

(5) 철근 고정상태
   ① 조립철근의 유동 여부
   ② 콘크리트 타설시 철근 이동 여부

(6) 철근 부상
   ① 타설 콘크리트에 의해 철근망의 부상 여부
   ② 타설높이가 높은 경우 특히 유의

3. 콘크리트

(1) 타설순서
   ① 타설시 비대칭으로 타설할 때 편심 및 특수하중이 발생하므로 타설순서를 준수한다.
   ② 타설 콘크리트에 의한 변형, 균열 등 점검

(2) 타설높이
① 콘크리트 타설높이가 높으면 충격하중이 발생하고 재료분리가 발생하므로 타설
순서를 준수한다.
② 타설높이가 높은 경우에는 쇼트(Shot) 등의 보조공법 사용

(3) 측압검토
배합치기 속도, 타설높이, 다짐방법, 온도지연제, 부재 단면치수, 철근량 등에 따라
크게 달라지므로 유의해야 한다.

(4) 타설속도
① 규정의 타설속도 유지
② 급속한 타설에 의한 콘크리트 침하

(5) 진동, 충격
작업할 때의 진동, 충격은 하중으로 작용하므로 설계시 고려해야 한다.

(6) 초기동해 방지
① 한절기에 Con′c를 타설할 때 초기동해를 받게 되면 콘크리트 강도 및 내구성에
악영향을 끼치게 되므로 초기동해를 방지한다.
② 기온이 0℃ 이하일 때 콘크리트 타설을 할 경우 한중콘크리트로 시공관리를 해
야 한다.

(7) 납품 송장
① 레미콘의 규격 및 수량
② 소요 운반시간 측정
③ 사용골재의 치수 및 Slump

(8) 콘크리트 상태
① 레미콘에서 배출되는 콘크리트 상태
② 재료분리, 응결 여부 등 파악

V. 콘크리트 시방서상의 슬럼프 및 공기량 품질 규정

(1) 슬럼프의 허용차

슬럼프	슬럼프의 허용차
2.5	±1cm
5~6.5	±1.5cm
8~18 이하	±2.5cm
21	±3.0cm

(2) 공기량 규정치

콘크리트	공기량 규정치
보통콘크리트	4±1.5%
경량콘크리트	5±1.4%

(3) 슬럼프 및 공기량 변화시 문제점
① 콘크리트 압송성 저하
② 재료분리 발생
③ 구조물 마감성 불량
④ 수밀성 저하
⑤ 철근과의 부착력 저하
⑥ 강도, 내구성 저하

VI. 결 론

(1) 철근콘크리트란 굳지 않은 상태의 콘크리트를 철근을 배치한 거푸집 내에 부어 넣어 보호양생 과정을 거치게 되면 소요강도를 가지는 단단한 구조물이 만들어지게 되는 것이다.
(2) 콘크리트 타설시에 거푸집 상태와 철근배치 콘크리트는 구조물의 강도, 기능 및 외관에 큰 영향을 주는 요인이 되므로 타설시 점검이 아주 중요한 과정이다.

> **20-1** 콘크리트 조기강도평가   [00전, 10점]
>
> **20-2** 콘크리트의 강도는 공시체의 모양, 크기 및 재하방법에 따라 상당히 다르게 측정된다. 각각을 기술하시오.   [03후, 25점]

Ⅰ. 개 요

구조체 콘크리트의 압축강도는 구조물의 내구성을 좌우하는 중요한 사항이므로, 철저한 품질관리 및 시공관리로 설계기준강도 이상이 되도록 해야 한다.

Ⅱ. 압축강도 시험의 목적

(1) 구조체 콘크리트의 설계기준강도 확인
(2) 거푸집을 제거하는 시기의 결정
(3) 한중콘크리트 양생이 끝나는 시기의 결정

Ⅲ. 조기강도 평가방법

1. 분석시험

(1) 정의
    굳지 않은 콘크리트에서 사용 시멘트량과 사용 수량을 측정하여 물시멘트비를 추정하여 콘크리트 강도를 조기에 판정하는 것이다.

(2) 특성
    ① 시험장치 및 기구 간편
    ② 조작이 간편
    ③ 시험 소요시간이 짧다.
    ④ 시험결과 판정 용이

2. 재령 7일 강도추정법

(1) 정의
    현장에서 제작한 공시체를 20±3℃의 수조에서 7일간 양생하여 구한 7일 강도를 28일 압축강도로 추정하는 방법이다.

(2) 관계식(4주간 예상 평균기온이 15℃ 이상일 경우)

    ① 조강 포틀랜드 시멘트인 경우 : $f_{28} = f_7 + 80\text{MPa}$

    ② 보통 포틀랜드 시멘트인 경우 : $f_{28} = 1.35f_7 + 30\text{MPa}$

3. 촉진시험

(1) 정의

    콘크리트의 경화를 온수·증기·수화열·급결제 등을 이용하여 경화를 촉진시킨 후 압축강도 시험을 하는 방법이다.

(2) 분류

    ① 55℃ 온수양생법 : 굳지 않은 콘크리트에서 채취한 시료를 공시체를 만들어 3시간 동안 상온에서 방치 후 55℃ 항온 수조에서 20.5시간 양생한 후 30분간 냉각하여 압축시험을 함으로써 28일 강도를 추정하는 방법이다.

    ② 급속 경화양생법 : 굳지 않은 콘크리트에서 채취한 시료 중에서 일정량이 모르타르에 급결성 약제를 첨가하여 공시체를 제작한 다음 90분간 양생 후 압축시험을 하여 강도를 추정하는 방법이다.

Ⅳ. 공시체의 형상이 강도측정에 미치는 영향

1. 모양 및 크기

(1) 공시체 모양

    ① 원통형

    ② 사각기둥

(2) 공시체의 크기

    ① 10cm×20cm

    ② 15cm×30cm

(3) 강도측정에 미치는 영향

    ① 공시체의 치수가 클수록 강도가 작게 측정

    ② 원통형 공시체의 지름에 따른 압축강도 변화비

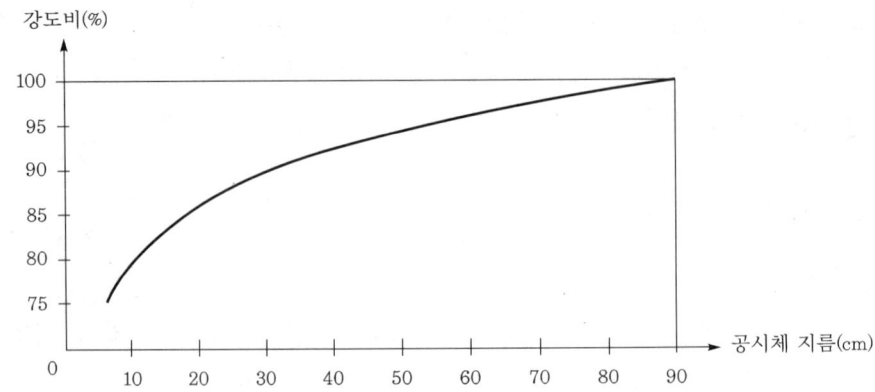

③ 공시체의 높이와 지름의 비가 작을수록 강도가 크게 측정됨
④ 원통형이 아닌 공시체로 압축강도 시험을 할 경우 시험값을 표준공시체의 강도로 환산하여야 함

2. 재하방법

(1) 재하속도가 **빠를수록** 강도가 크게 측정됨
(2) 재하속도가 10MPa/sec 이상이 되면 강도가 급격히 크게 측정됨

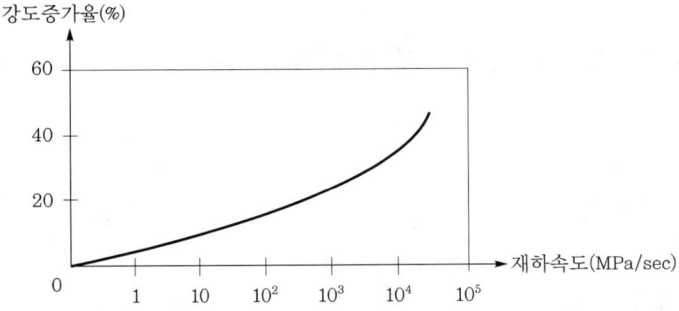

(3) 규정 재하속도는 0.3MPa/sec이다.

V. 결 론

(1) 콘크리트의 압축강도는 현장에서의 시험만으로 참된 품질관리가 될 수 없으므로 시험과 더불어 현장시공에 세심한 주의로 관리해야만 구조체 콘크리트의 압축강도를 높일 수 있다.
(2) 공시체의 압축강도 추정법을 재령 28일 강도추정법이 가장 정확하나 많은 시간이 소요되므로 조기강도 추정법을 사용하고 있으며, 사용재료, 양생조건, 시험방법에 따른 품질변동이 발생하므로 이에 대한 검토가 필요하다.

21-1 콘크리트의 압축강도 및 균열의 확인을 위한 비파괴시험법 및 특성을 기술하시오.
[03중, 25점]

21-2 비파괴시험(Non-Destructive Test)
[07전, 10점]

Ⅰ. 개 요

(1) 비파괴시험이란 콘크리트 구조물의 형상이나 기능을 변화시키지 않고 결함 등을 검출하거나 품질 및 사용 여부 등을 판정하는 방법을 말한다.

(2) 비파괴시험은 기계적, 전기적, 음향적인 방법을 사용하여 콘크리트의 강도 등을 조사한다.

Ⅱ. 필요성

(1) 압축강도 측정

(2) 내구성 진단

(3) 균열의 위치 · 깊이 · 폭

(4) 철근의 위치 · 개수

Ⅲ. 비파괴시험법 및 특성

1. Schumidt Hammer법(표면경도법)

(1) 정의

① 콘크리트 표면을 타격하여 반발의 정도를 구하는 것으로, 콘크리트 강도를 추정하는 방법이다.

② 추정하는 장치가 소형, 경량으로 조작이 용이하여 광범위하게 사용된다.

(2) 시험방법

① 측정위치 : 벽, 기둥, 보 측면

② 측정지점 : 평활한 면, 간격 3cm로 가로 4개, 세로 5개의 교점 20개 측정

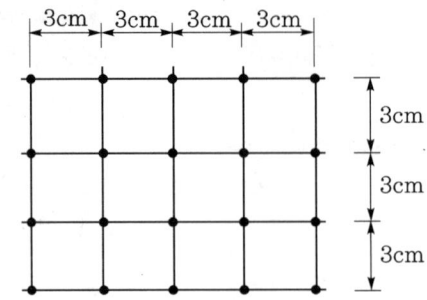

(3) 특성

① 구조가 간단하고, 사용이 편리하다.

② 비용이 저렴하다.

③ 구조체의 습윤정도에 따라 시험결과가 달라진다.

④ 신뢰성이 부족하다.

2. 초음파법(음속법)

(1) 정의

Con'c 중의 음속의 크기에 의하여 강도를 추정하는 것으로, 음속은 피측정물의 소정의 개소에 붙인 발신자와 수신자의 사이를 음파가 전하는 시간을 측정하여 다음 식에 의해 정한다.

$$V_t = \frac{L}{T}$$

여기서, V_t : 음속(m/s)

L : 측정거리(m)

T : 음파의 전달시간(s)

(2) 특성

① 콘크리트의 내부 강도측정이 가능하다.

② 타설 후 6~9시간 후 측정이 가능하다.

③ 강도가 작을 경우 오차가 크고, 철근 영향이 크다.

④ 음속 측정장치는 50~100 kHz 정도의 초음파를 이용한다.

3. 진동법(공진법, 탄성파법)

(1) Con'c 공시체에 공기로 진동을 주어 그때의 공명·진동으로 Con'c 탄성계수를 측정한다.

(2) Con'c 품질변화, 열화·침식 현상을 판단할 수 있다.

(3) 전단계수, 푸아송비를 구하여 동결 여부를 판단한다.

4. 방사선법

(1) X선 발생장치 또는 방사선 동위원소 CO 등에서 방사되는 X선, γ선을 이용하는 방법이다.

(2) Con′c에 조사하여 그 투과선량에서 밀도, 철근의 위치와 크기 또는 내부결함 등을 조사한다.

5. 인발법

(1) 철근과 Con′c의 부착효과를 조사하기 위한 것으로 철근의 종류를 바꾸어 다른 조건을 동일하게 하여 시험하면 철근의 지름이나 표면상태가 미치는 영향을 시험할 수 있다.

(2) 주로 초기강도 판정에 사용

6. 철근탐사법

(1) 철근탐사법은 전자유도에 의한 병렬 공진회로의 진폭감소를 응용한 것으로 콘크리트 구조물의 철근탐사 등에 쓰인다.

(2) 주의사항
   ① 콘크리트의 균질성 판정, 품질변화의 조사
   ② 측정위치 제한
   ③ 재질에 따른 전파거리 선정 필요

7. 병용법(조합법)

(1) 두 가지 이상의 비파괴검사법을 병용하여 콘크리트 강도를 측정함으로써 정확성을 향상시킨 검사법이다.

(2) 보통 음속 및 표면 경도법을 조합하여 사용하는 경우가 많다.

Ⅳ. 결 론

(1) 비파괴시험은 콘크리트 구조물의 파손 없이 압축강도를 추정함은 물론 내구성 진단, 균열의 위치, 철근의 위치 등을 파악하는데 있어서 중요한 시험이다.

(2) 비파괴시험은 구조체에 어떠한 해도 없이 콘크리트의 강도에 가장 근접해서 강도를 측정하는 것이지만, 현재의 비파괴검사 장비들은 그 정확성이 현장여건에 따라 현격한 차이를 보이고 있으므로 이 부분에 대한 기업체의 기술개발 노력이 필요하다.

22-1 Con'c 구조물의 시공요인으로 발생한 균열의 원인 및 대책에 대해서 설명하시오.
[94후, 50점]

22-2 RC 구조물 시공중의 균열원인과 방지대책에 대해서 기술하시오.   [96전, 40점]

22-3 콘크리트 구조물의 시공과정에서 발생하기 쉬운 결함과 그 방지대책에 관하여 쓰시오.
[99전, 30점]

22-4 콘크리트 구조물의 균열원인과 대책에 대하여 설명하시오.   [97중전, 50점]

22-5 구조물용 콘크리트 타설 후의 균열 발생원인과 그 대책에 대하여 설명하시오.
[96후, 25점]

22-6 콘크리트에서 발생하는 균열을 원인별로 구분하고 시공시 방지대책을 설명하시오.
[09전, 25점]

22-7 시공 공정에 따른 콘크리트의 균열저감 대책을 기술하시오.   [04전, 25점]

22-8 소성수축균열   [96전, 20점]

22-9 콘크리트의 소성수축균열   [04전, 10점]

I. 개 요

(1) 콘크리트 구조물의 균열은 재료분리, 건조수축, 중성화 등 동결융해 등에 의해 발생할 수 있으며 구조상 안전성을 위협하고 마감재를 손상시킬 수 있다.

(2) 콘크리트의 품질저하를 방지하기 위해서는 설계에서부터 재료, 배합, 타설, 양생에 이르기까지 전 과정에서의 품질확보가 중요하다.

II. 콘크리트 균열의 종류

1. 굳지 않은(미경화) Con'c의 균열

(1) 소성수축균열
① 노출면적이 넓은 Slab에서 타설 직후에 Bleeding 속도보다 증발속도가 빠를 때 발생하는 균열이다.
② 소성수축에 의한 균열은 건조한 바람이나 고온 저습한 외기에 노출될 경우 일어나는 급격한 습윤손실로 인한 것이다.
③ 소성수축균열을 방지하기 위해서는 타설 초기의 외기노출을 피해야 한다.
④ 습윤손실을 방지하기 위해서는 안개 Nozzle을 사용하여 콘크리트 표면 위에 살수하거나 덮개를 덮어 보호하는 방법 등이 있다.

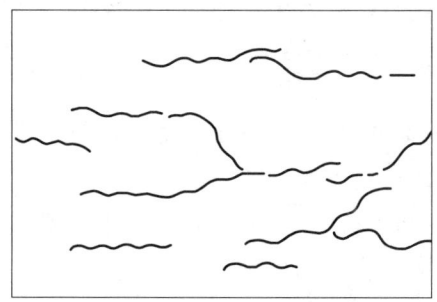

〈콘크리트의 전형적인 소성수축균열〉

(2) 침하균열

① Con′c를 타설하고, 다짐하여 마감작업을 한 이후에도 계속하여 침하하게 되는데 이것을 침하균열이라 하다.

② 철근의 직경이 클수록, Slump가 클수록 침하균열은 증가한다.

③ 방지책으로는 거푸집의 정확한 설계, 충분한 다짐, Slump 최소화 등이 있다.

균열

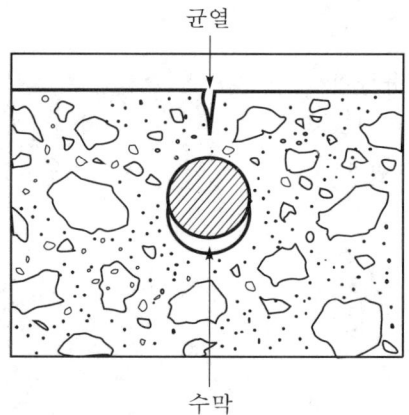

수막

〈침하로 인한 균열발생〉

2. 굳은(경화) Con′c의 균열

(1) 건조수축으로 인한 균열

(2) 열응력에 의한 균열

(3) 화학적 반응에 의한 균열

(4) 기상작용에 의한 균열

(5) 철근의 부식으로 인한 균열

(6) 시공시 과하중으로 인한 균열

Ⅲ. 구조물의 균열원인(시공과정에서 발생하기 쉬운 결함)

(1) 재료불량
   ① 시멘트는 풍화한 것을 사용하면 동결융해에 대한 저항력이 떨어져 균열이 발생한다.
   ② 골재의 강도가 낮고, 원형이 아닌 이형 골재는 시멘트와의 사이에 간극이 발생하여 균열의 원인이 된다.

(2) 배합불량
   ① 물시멘트비가 너무 크면 Con'c 균열의 원인이 된다.
   ② 굵은 골재 치수의 결정을 너무 작게 하면 Con'c 강성이 떨어져 균열이 발생한다.

(3) 시공불량
   ① 운반시 재료분리가 발생하면 균열의 원인이 된다.
   ② Con'c의 초기양생이 불량한 곳은 건조수축에 의한 균열이 발생한다.

(4) 시험불량
   ① 레미콘에 염분함유량이 너무 많으면 철근을 부식시켜 균열을 발생시킨다.
   ② 콘크리트의 공기량이 너무 많으면 간극이 발생하여 물이 침투하고, 철근의 부식 팽창으로 균열이 발생한다.

(5) 염해
   염분은 Con'c 내의 철근을 부식시켜 부피가 팽창하게 되어 균열을 일으킨다.

(6) 중성화
   ① CaO(석회)$+H_2O \xrightarrow{\text{수화반응}} Ca(OH)_2$: 수산화칼슘(강알칼리 성분)
   ② $Ca(OH)_2 + CO_2$(탄산가스) $\xrightarrow{\text{중성화 반응}} CaCO_3 + H_2O \rightarrow$ 수분침투 $\rightarrow$ 철근부식 $\rightarrow$ 철근팽창 $\rightarrow$ Con'c 균열

(7) 알칼리 골재반응(AAR 반응 : Alkali Aggregate Reaction)
   골재 중의 반응성물질과 시멘트 중의 알칼리성분이 반응하여 Gel상(狀)의 불용성 화합물이 생겨 콘크리트가 팽창하여 균열이 발생하는 현상을 알칼리 골재반응이라고 한다.

(8) 동결융해
   ① 동절기에 Con'c가 타설하고, 해빙기가 되면 콘크리트 내부의 수분이 녹으면서 표면이 가라앉게 된다. 이것을 동결융해 현상이라고 한다.

② 빙점 이하의 온도에서 콘크리트 타설시 동결하여 균열이 발생한다.

(9) 온도변화

① 콘크리트의 두께가 80cm 이상이 되면 구조체 내부와 외부의 온도차에 의한 온도구배가 생겨 균열이 발생한다.

② Precooling, Pipecooling 등의 사전계획이 없는 경우 균열이 발생한다.

(10) 건조수축

① Con′c는 타설 후 급격한 건조시 수축으로 인한 균열이 발생한다.

② 재료선정시 분말도가 큰 시멘트를 사용할 경우 균열이 발생한다.

(11) 설계원인

① 설계미숙으로 인해 Joint를 도면상에 기재하지 않아 이음부 시공이 제외되어 균열이 발생한다.

② 구조물의 길이가 길 경우 Expansion Joint를 계획하지 않으면 수축팽창으로 인한 균열이 발생한다.

IV. 대책(균열 저감대책)

(1) 물

① 물은 청정수를 사용하여야 하며, 불순물이 없어야 한다.

② 음료수 및 지하수를 사용하며, 해수는 사용하지 않는다.

(2) 시멘트

① 시멘트는 풍화하지 않도록 저장 및 관리에 철저를 기해야 한다.

② 시멘트는 발열량이 적고, 수화열이 적은 것이 좋다.

(3) 염분허용치 준수

① 골재는 염화물 함유량 시험방법에 따라 시험하였을 때 0.04% 이하이어야 한다.

② 0.04%를 초과한 것에 대하여는 주문자의 승인을 얻되 그 한도를 0.1% 이하로 하는 것이 원칙이다.

(4) 쇄석 사용억제

① 깬 자갈 속에는 황산염의 함유량이 많으므로 사용을 억제한다.

② 쇄석은 유해물이 많으므로 강자갈을 섞어 세척해서 사용한다.

3-182 제3장 콘크리트

(5) 혼화재 사용
① 유동화제를 사용하여 콘크리트의 유동성을 증가시킴으로써 감수효과를 기대할 수 있다.
② 유동성이 증대되면 콘크리트 내의 간극률이 감소하고 물의 침투를 방지할 수 있다.

(6) 물시멘트비
① 혼화재를 사용하고, 시공성이 확보되는 내에서 물시멘트비를 최소화해야 한다.
② 물시멘트비가 낮아지면 건조시 침하균열, Bleeding 현상 등에 의한 균열이 작아진다.

(7) 골재의 최대치수
① 골재의 최대치수는 철근간격, 시공연도 내에서 최대로 하여야 단위수량이 적어진다.
② 단위수량의 저하로 균열이 방지된다.

(8) 잔골재율
① 잔골재율이 작아지면 콘크리트의 단위수량이 감소하여 균열이 방지된다.
② 단위수량이 감소되면 콘크리트의 건조시 Bleeding 현상이 적어져서 재료분리에 의한 균열발생이 적어진다.

(9) 운반
① 기온이 높을 때 Mixer Truck에 보온덮개를 덮어 Slump 저하 및 재료분리를 방지한다.
② 장시간 레미콘 운반 또는 대기시 Pump Car Pipe 내의 콘크리트가 재료분리되는 것을 방지해야 한다.

(10) 타설
① 수직재의 Con'c의 타설시에는 Slab에 받아 서서히 밀어 넣어야 재료분리가 방지되고, 균열의 발생을 최소화할 수 있다.
② 진동다짐은 시간과 간격을 준수하여 재료분리가 생기지 않도록 한다.

(11) 다짐
① 다짐은 진동다짐 기계보다는 손다짐하는 것이 재료분리가 적어 균열이 방지된다.
② 다짐이 과하면 재료분리가 생기고 거푸집 변형이 발생되어 균열발생의 원인이 되므로 주의해야 한다.

(12) 이음

 ① 이음은 Con'c의 균열을 억제 또는 유도한다.

 ② 이음의 설계는 매우 중요하므로 설계시 면밀한 검토가 필요하다.

(13) 양생

 ① 초기 건조수축에 의한 균열방지를 위하여는 양생을 철저히 하여야 한다.

 ② 초기 양생기간이 경과한 후에도 습윤양생을 실시한다.

(14) 시험

 시공 전·중·후에 걸쳐서 시험을 철저히 시행하여야 하며, 강도, Slump, 염화물 함유량, 공기량, Bleeding 등은 레미콘의 현장도착시 품질확인을 위하여 중요한 시험들이다.

(15) 동결융해

 ① 빙점 이하에서는 콘크리트를 타설하지 않는다.

 ② 겨울 중 불가피하게 Con'c 타설할 때에는 양생설비를 준비하여 시공에 철저를 기하여야 한다.

(16) 온도변화

 ① 콘크리트의 두께가 두꺼운 경우 온도구배에 의한 온도균열이 발생한다.

 ② 방지책으로 Precooling, Pipecooling 등의 양생법이 있다.

(17) 건조수축

 ① Con'c는 타설 후 일광으로 인한 급격한 수분증발을 방지한다.

 ② 재료선정시 분말도가 작은 중용열 Portland Cement를 사용한다.

(18) 기계적 작용

 ① Con'c 양생 중에 기계적인 진동, 충격 등을 방지해야 한다.

 ② 타설 후 7일간은 충격을 주지 않는다.

V. 결 론

(1) 콘크리트의 타설 후 초기 건조수축에 의한 균열이 전체 Con'c의 품질을 좌우하는 중요한 요소가 되므로 Con'c 타설 후 초기균열 방지를 위해 충분한 양생을 실시하여야 한다.

(2) 양질의 콘크리트를 얻기 위해서는 재료, 배합, 시공 등을 통한 철저한 품질확보 노력이 필요하며, 고강도, 고내구성, 고수밀성 및 시공성을 갖춘 콘크리트의 개발이 중요하다.

22-10 콘크리트의 초기균열에 대한 원인과 대책을 설명하시오. [95후, 30점]

22-11 콘크리트의 초기균열 [97후, 20점]

22-12 콘크리트 구조물 시공시 경화 전에 발생하는 균열의 유형과 대책에 대하여 기술 하시오. [07중, 25점]

Ⅰ. 개 요

(1) 콘크리트를 거푸집에 타설한 후부터 응결이 종료하기까지 발생하는 균열을 일반적 으로 초기균열이라고 한다.

(2) 초기균열은 그 원인에 의해서 침하균열, 소성균열, 거푸집 변형에 따른 균열 및 진 동·재하에 따른 균열 등으로 크게 나눌 수 있다.

Ⅱ. 균열의 피해

(1) 강도 저하

(2) 수밀성 저하

(3) 내구성 저하

(4) 사용성 및 안정성 결여

Ⅲ. 초기균열의 원인(경화 전 발생하는 균열의 유형)

(1) 소성균열(초기 건조균열)

　① 수분의 증발이 원인

　② 타설 후 물빠짐으로부터 콘크리트의 응결과 종결까지의 사이에 생기는 균열

　③ 수분증발 속도가 Bleeding 속도를 초월한 경우 발생

　④ 거푸집의 누수가 심한 경우 발생

　⑤ 초기에 콘크리트 표면에 수분이 부족한 경우 발생

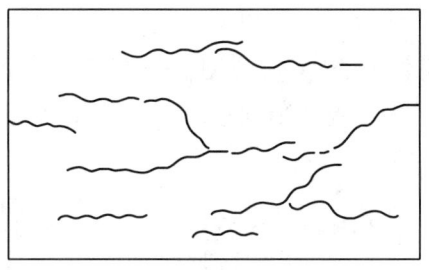

〈콘크리트의 전형적인 소성수축균열〉

(2) 침하균열

    ① 타설 후 Con'c의 침하로 인한 균열

    ② 철근 및 기타 매설물에 의해 보, 바닥판 상면에 나타나는 균열

    ③ 묽은 비빔시 Bleeding에 의한 균열

    ④ Con'c 타설 후 1~3시간 내에 발생

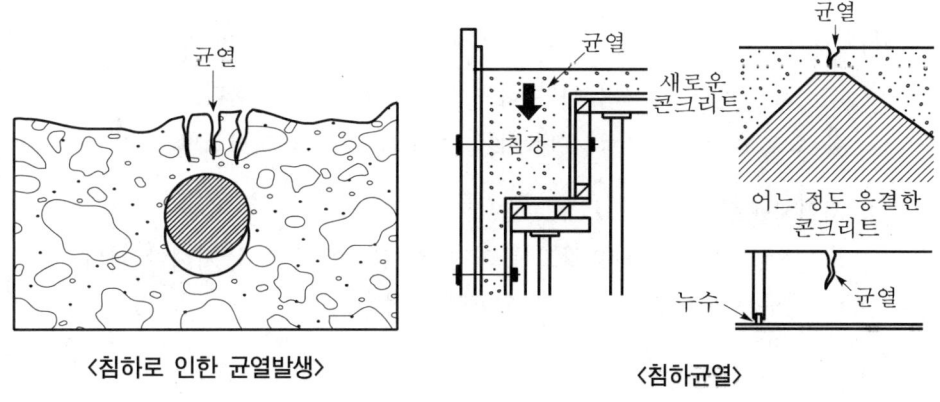

〈침하로 인한 균열발생〉 　　　　〈침하균열〉

(3) 거푸집 변형에 의한 균열

    ① 긴결철물의 부족

    ② 동바리의 불비에 따른 부등침하

    ③ 콘크리트의 측압에 따른 거푸집의 변형

(4) 진동·재하에 의한 균열

    ① Con'c 타설 후 말뚝박기시의 진동

    ② 기계류 등의 진동

    ③ 초기 재령시 가설재료 적재로 인한 지보공의 변형 침하

(5) 부등침하

    ① Con'c 타설시 지보공의 기초가 부등침하를 일으킬 때

    ② 지보공 자재 불량

(6) 다짐불량

① 콘크리트 타설시 충분하지 못한 다짐에 의하여 콘크리트 이음부의 침하균열 발생

② 다짐불량에 따라 골재의 침강으로 균열 발생

(7) 줄눈 미설치

① 콘크리트가 경화되면서 수축할 때 줄눈 미설치로 인한 불규칙한 표면균열 발생

② 콘크리트 표면이 급격한 수분증발로 인해 발생되는 소성수축에 대한 무방비 상태

(8) 피복두께 부족

① 철근의 피복두께가 부족할 때 발생되는 균열

② 주변 콘크리트에 의해 인장응력이 집중적으로 발생

Ⅳ. 대책(방지대책)

(1) 청정수 사용

① 물은 청정수를 사용해야 하며, 불순물이 없어야 한다.

② 음료수 및 지하수를 사용하며, 해수는 사용하지 않는다.

(2) 저열시멘트

① 시멘트는 풍화하지 않도록 저장 및 관리에 철저를 기해야 한다.

② 시멘트는 발열량이 적고 수화열이 적은 것이 좋다.

(3) 염분허용값 준수

① 골재는 염화물 함유량 시험방법에 따라 시험했을 때 0.04% 이하여야 한다.

② 0.04%를 초과한 것에 대해서는 주문자의 승인을 얻되 그 한도를 0.1% 이하로 하는 것이 원칙이다.

(4) 쇄석 사용억제

① 깬 자갈 속에는 황산염의 함유량이 많으므로 사용을 억제한다.

② 쇄석은 유해물이 많으므로 강자갈을 섞어 세척해서 사용한다.

(5) 혼화재 사용

① 유동화제를 사용하면 콘크리트의 유동성을 증가시키므로 감수효과를 기대할 수 있다.

② 유동성이 증대되면 콘크리트 내의 공극률이 감소하고 물의 침투를 방지할 수 있다.

(6) 물시멘트비 최소화

　① 혼화재를 사용하고, 시공성이 확보되는 내에서 물시멘트비를 최소화해야 한다.

　② 물시멘트비가 낮아지면 건조시 침하균열, Bleeding 현상 등에 의한 균열이 감소한다.

(7) 골재의 최대치수

　① 골재의 최대 치수는 철근간격 시공연도 내에서 최대로 해야 단위수량이 적어진다.

　② 단위수량의 저하로 균열이 방지된다.

(8) 잔골재율 적게

　① 잔골재율이 적어지면 콘크리트의 단위수량이 감소되어 균열이 방지된다.

　② 단위수량이 감소되면 콘크리트 건조시 Bleeding 현상이 적어져서 재료분리에 의한 균열발생이 적어진다.

(9) 콘크리트 운반관리

　① 기온이 높을 때 Mixer Truck에 보온덮개를 덮어 Slump 저하 및 재료분리를 방지한다.

　② 장시간 레미콘 운반 또는 대기시 Pump Car Pipe 내의 콘크리트가 재료분리되는 것을 방지해야 한다.

(10) 타설관리

　① 수직재의 Con'c 타설시에는 Slab에 받아 서서히 밀어 넣어야 재료분리가 방지되고 균열의 발생을 최소화할 수 있다.

　② 진동다짐은 시간과 간격을 준수하여 재료분리가 생기지 않도록 한다.

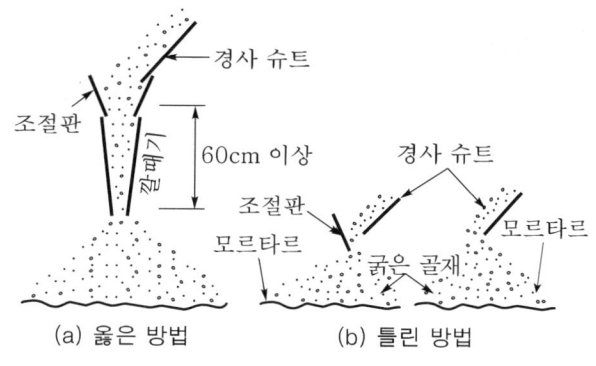

〈콘크리트 타설방법〉

(11) 콘크리트다짐

　① 다짐은 진동다짐 기계보다는 손다짐하는 것이 재료분리가 적어 균열이 방지된다.

② 다짐이 과하면 재료분리가 생기고 거푸집 변형이 발생하여 균열발생의 원인이
되므로 주의해야 한다.

(12) 이음설치
① 이음은 Con'c의 균열을 억제 또는 유도한다.
② 이음의 설계는 매우 중요하므로 설계시 면밀한 검토가 필요하다.

V. 결 론

(1) 콘크리트의 타설 후 초기균열이 전체 Con'c의 품질을 좌우하는 중요한 요소가 되
므로 Con'c 타설 후 초기균열 방지를 위해 충분한 양생을 실시해야 한다.

(2) 양질의 콘크리트를 얻기 위해서는 재료, 배합, 시공 등을 통한 철저한 품질확보 노
력이 필요하며, 고강도, 고내구성, 고수밀성 및 시공성을 갖춘 콘크리트의 개발이
중요하다.

22-13 지하 콘크리트 박스 구조물 균열원인과 제어대책에 관하여 설명하시오.

[00전, 25점]

22-14 지하철 본선 박스 구조의 벽체와 접속부 슬래브의 균열제어를 위한 시공대책에 대하여 기술하시오.

[98전, 30점]

I. 개 요

(1) 지하에 설치된 콘크리트박스 구조물의 균열은 작용하는 토압 및 수압의 영향과 구조물 자체의 건조수축, 염해, 중성화 등에 의해 발생된다.

(2) 콘크리트 구조물의 균열발생을 최대한 억제하도록 설계 및 시공과정에서 품질확보가 무엇보다 중요하다.

II. 지하 콘크리트박스 구조물 도해

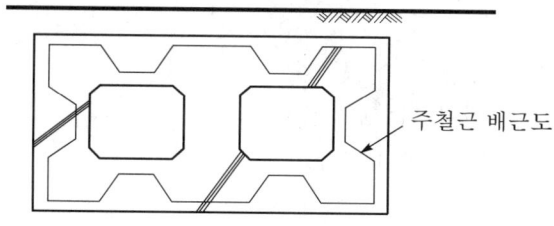

주철근 배근도

III. 균열원인

(1) 단면 부족

① 구조물 자체의 단면 부족

② 단면부족으로 인한 철근배근 미흡

③ 콘크리트의 밀실한 충전 미흡

④ 구조물의 강성 약화

(2) 편압작용

① 상부에서의 편심하중 작용

② 불규칙한 토압

③ 일부 부분에의 수압 작용

④ 상부에 도로의 존재

(3) 부등침하 발생

① 일부 연약지반의 존재

② 구조물 하부에 구멍(Hole) 존재

③ 이질지층에 시공시

④ 편심하중의 작용

(4) 온도응력 발생

① 구조물 두께가 너무 두꺼울 경우

② 구조물 내외부의 온도구배 발생

③ 적정한 양생법의 미선택

(5) 부력작용

① 구조물 자중보다 부력이 클 경우

② 적정배수 및 양수공법 미선정

③ 불규칙한 지하수위 존재

(6) 시공불량

① 거푸집 속에 흙 침입

② 타설 및 다짐 불량

③ 충분한 양생기간의 미확보

④ 철근간격 및 피복두께 미확보

(7) 배합불량

① 배합강도의 부족

② 적정 혼화재료의 미사용

③ 과다한 W/C비

④ 시멘트 강도의 부적합

IV. 균열제어 대책(균열제어 시공대책)

(1) 콘크리트 온도제어

① Precooling, Pipecooling의 양생법 채택

② 거푸집의 조기 해체 방지

③ 굵은 철근보다 가는 철근의 배근

④ 초기 양생기간(5일) 동안 콘크리트 외부의 급격한 온도저하 방지

(2) 양질의 재료 사용

① 유기 불순물을 포함한 재료의 사용금지

② 염분 함유량 확인

③ 알칼리 반응성 물질의 사전 점검

④ 철근은 KS 규격품을 사용하고 거푸집의 수밀성 점검

(3) 콘크리트 배합

① 시험배합을 통한 콘크리트 강도 확보

② W/C비는 최대한 적게

③ Slump 저하시 유동화제 사용 고려

④ 잔골재율을 적게 하여 단위수량을 낮춤

⑤ 굵은 골재의 최대 치수는 크게

(4) 기초보강

① 부등침하에 대비한 기초보강

② 독립기초보다 온통기초가 유리

③ 기초하부가 연약지반일 때 지반개량 및 Pile 시공

(5) 자중 증대

① 편심하중에 대한 균열방지

② 부력 발생시 안전확보 : 1.25×자중≥부력일 경우 안전

(6) 시공이음부 처리

① 시공이음부는 발생하지 않도록 처리

② 이음부 발생시 V-cutting 후 방수처리

③ 이음부 콘크리트 타설시 Laitance 제거 철저

(7) 콘크리트 품질관리

① 시험배합을 통한 품질확보

② Slump Test, 공기량 측정, 염화물 함유량 측정 등

③ 시방서에 의한 품질관리시험 실시

(8) 온도 철근 배치

① 1방향 Slab에서의 주철근과 반대 방향의 철근

② 굵은 철근보다 가는 철근 여러 개 배근

③ 철근의 간격은 조정하되 30cm 이하가 되도록

Ⅴ. 결 론

(1) 콘크리트 구조물의 균열은 발생원인과 형태가 다양하고, 콘크리트의 특성상 완전히 제어할 수는 없으나 설계 단계에서부터 유지관리 단계까지의 철저한 관리로 균열 발생을 최대한 억제시켜야 한다.

(2) 균열 발생시에는 즉시 적정한 보수·보강 방법을 시행하여 균열에 대한 구조물의 피해를 최소화해야 한다.

22-15 중공 Slab 균열 발생원인과 대책   [97전 20점]

Ⅰ. 개 요

(1) 슬래브교로서 지간이 10~20m 정도일 때 Fiber Board나 기타 재료를 사용하여 세로 방향으로 구멍을 내어 자중을 감소시킨 슬래브를 중공슬래브라 한다.

(2) 짧은 지간에서는 Pretension 방식으로 제조된 Precast 제품을 현장에서 Post-tension 방식으로 조립하여 설치하기도 한다.

Ⅱ. 콘크리트 슬래브의 도해

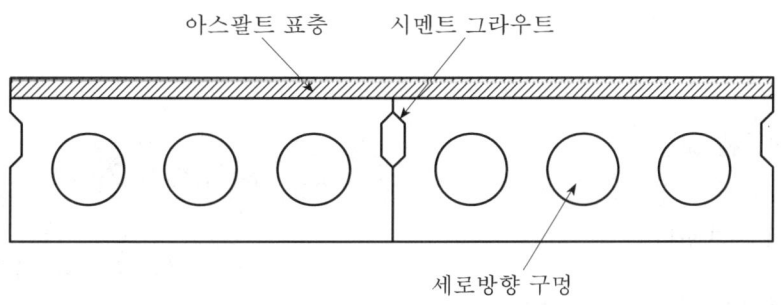

〈중공슬래브(Voided Slab)〉

Ⅲ. 균열 발생원인

(1) 단면축소

중공관의 고정불량으로 인한 부상, 이동으로 설계 단면의 축소에 따른 균열발생

(2) 중공관 하부 공극

콘크리트 타설시 다짐 부족으로 중공관 하부에 콘크리트가 들어가지 않는 상태

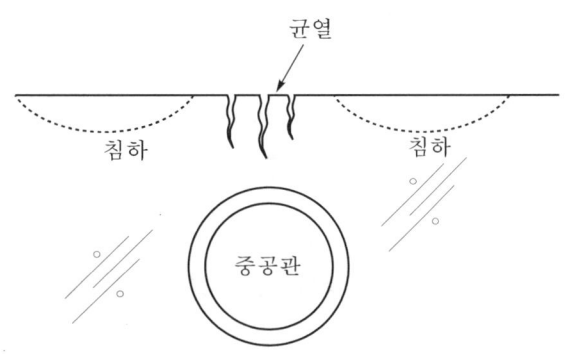

(3) 침하균열

중공관이 설치된 곳과 설치되지 않은 곳의 침하량 차이에서 오는 침하균열

(4) 소성수축균열

슬래브 표면에 타설 후 Bleeding 속도보다 수분증발이 빠르게 일어날 때 발생하는 균열

(5) W/C비의 과다

철근배근과 중공관 매입에 따라 Workability 향상을 위한 W/C비의 과다측정

(6) 재료 불량

골재의 강도가 낮고 원형이 아닌 골재는 시멘트와의 사이에 공극이 발생하여 균열을 발생시킨다.

Ⅳ. 대 책

(1) 중공관 고정

중공관의 주상을 억제시키기 위하여 간격재, Tie Rod, 철선 등을 이용하여 견고하게 설치한다.

(2) 철근배근

철근의 간격은 설계서와 시방서를 기준으로 하고, 중공관 하부에 공극이 발생하지 않도록 특히 유의하여 시공한다.

(3) 유동화제 사용

철근배근과 중공관으로 인하여 콘크리트의 타설이 곤란하므로 유동화제를 사용하여 구석까지 콘크리트가 들어가게 조치한다.

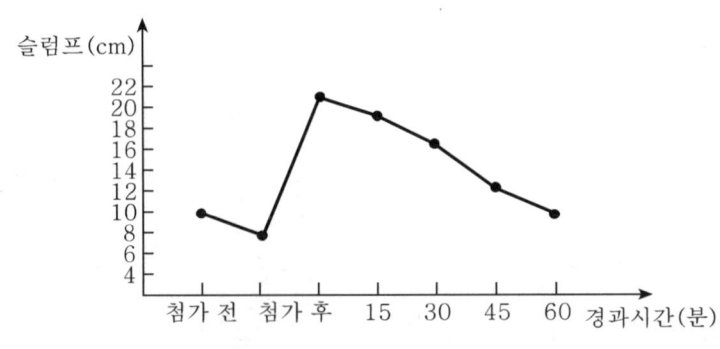

〈유동화제를 사용한 Con'c Slump 변화〉

(4) *W/C*비 최소화

AE제와 유동화제를 사용하여 되도록 물시멘트비를 작게 하여 균열을 방지한다.

(5) Con′c 운반 관리

콘크리트 운반은 정해진 시간 내에 행하여야 하며, 시간경과로 Slump 저하시 회복을 이유로 가수하면 절대로 안 된다.

(6) 밀실다짐

다짐은 진동다짐보다는 손다짐하는 것이 재료분리가 적어 균열이 방지된다.

(7) 보호양생

초기 건조수축에 의한 균열을 방지하기 위해서 급격한 수분증발을 피하고 습윤상태를 유지하며 양생한다.

(8) 이음설치

설계에 요구하는 이음은 매우 중요하므로 설치위치에 정해진 이음은 꼭 설치하여야 한다.

(9) 품질관리

콘크리트의 Slump, 공기량, Bleeding, 염화물 함유량 및 강도측정에 의한 콘크리트의 품질관리는 균열발생 방지에 큰 효과가 있다.

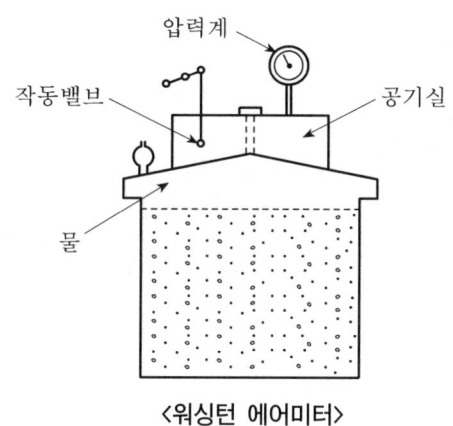

〈워싱턴 에어미터〉

22-16 Con'c 구조물에서 표면상에 나타나는 문제점을 열거하고, 그에 대한 대책을 기술하시오. [05후, 25점]

22-17 콘크리트 박스(Box) 구조물 공사에서 발생하는 표면결함의 종류를 열거하고, 보수방법에 관하여 설명하시오. [00후, 25점]

22-18 허니콤(Honey Comb) [05전, 10점]

I. 개 요

콘크리트 구조물의 표면에 나타나는 문제점은 재료, 시공, 양생 과정에서 품질관리 부족으로 발생하며, 이를 방지하기 위해서는 제조과정에서 양생에 이르는 전 과정을 통해 철저한 품질계획이 필요하다.

II. 표면결함의 종류(문제점)

(1) Honey Comb(곰보)
  ① 콘크리트 표면에 조골재가 노출되고 그 주위에 모르타르가 없는 상태
  ② Honey Comb의 원인
    ㉠ 다짐 부족
    ㉡ 시공연도 불량
    ㉢ 거푸집 사이로 Mortar 누출
    ㉣ 재료분리 발생

(2) 백태
  콘크리트의 노출 표면에 흰색의 가루가 발생하는 현상

(3) Dusting
  ① 콘크리트 표면이 먼지와 같이 부서지고, 먼지의 흔적이 표면에 남아 있는 현상
  ② 콘크리트의 껍질이 벗겨지는 현상

(4) Air Pocket(기포)
  ① 수직이나 경사진 콘크리트의 표면에 10mm 이하의 구멍이 발생하는 현상
  ② 콘크리트가 조금씩 파여 보임

(5) 얼룩 및 색차이

콘크리트 표면에 거푸집 조임철물 등에 의한 녹물이 흘러내리는 현상

(6) Cold Joint

① 콘크리트 표면에 길게 불규칙한 선이 발생

② 콘크리트간의 접착 불량

(7) 균열

콘크리트면에 전체적 또는 부분적으로 불규칙적인 균열이 발생

Ⅲ. 대 책

(1) Honey Comb

① 거푸집의 밀실 시공

② 거푸집 및 동바리 강성 유지

③ 운반 및 타설중 재료분리 방지

④ 진동기 사용규정 준수

⑤ 피복두께 확보

(2) 백화

① 방수제의 도포로 물침입 방지

② 유효한 마감재 시공

③ 층간 Joint부 밀실 시공

④ 백화 발생시 마른 솔로 제거

(3) Dusting

① 거푸집 청소 및 발리제 도포

② 거푸집판의 교체

③ 물로 씻은 골재 사용

④ Slump치를 낮게

⑤ 표면에 물기가 없을 때 마무리 실시

(4) Air Pocket

① 진동다짐시 콘크리트 속의 기포제거

② 거푸집면의 두드림으로 기포방출

③ 박리제의 적정 사용

(5) 얼룩 및 색차이
   ① 철근 및 철물 제거 후 같은 색의 Mortar 충진
   ② 같은 제조사의 시멘트 사용

(6) Cold Joint
   ① 구콘크리트 속에 10cm 이상 진동 다짐
   ② 레미콘 수급계획 철저
   ③ 레미콘 타설계획 철저

(7) 균열
   ① 재료의 실험 실시
   ② 습윤양생
   ③ 거푸집 및 동바리 존치기간 확보
   ④ 철근의 피복두께 확보
   ⑤ 시공시 철저한 다짐 실시

Ⅳ. 보수방법

(1) 표면처리 공법
   ① 균열이 발생한 부위에 Cement Paste 등으로 도막을 형성하는 공법이다.
   ② 균열의 폭이 좁고 경미한 잔균열 발생시 적용한다.

(2) 충진공법(V-Cut)
   ① 균열의 폭이 좁고(약 0.3mm 이하) 주입이 곤란한 경우 균열의 상태에 따라 폭 및 깊이가 10mm 정도 되게 V-Cut, U-Cut을 한다.
   ② 잘라낸 면을 청소한 후 팽창 모르타르 또는 Epoxy 수지를 충진하는 공법이다.

(3) 주입공법
   ① Epoxy 수지 그라우팅 공법이라고 한다.
   ② 균열의 표면뿐만 아니라 내부까지 충진시키는 공법이다.
   ③ 두꺼운 콘크리트 벽체나 균열 폭이 넓은 곳에 적용한다.
   ④ 균열선에 따라 주입용 Pipe를 10~30cm 간격으로 설치한다.

(4) BIGS 공법(Balloon Injection Grouting System)
   ① 고무 튜브에 압력을 가하여 균열 심층부까지 충진 주입하는 공법이다.
   ② 균일한 압력관리가 용이하다.

(5) 치환공법

① 열화 또는 손상 부위가 작고 경미할 때 적용

② 콘크리트 균열부분을 제거하고 깨끗이 청소한 후에 접착성이 좋은 무기질·유기질 접착제를 이용하여 치환한다.

V. 결 론

콘크리트 표면의 결함은 우수 및 CO_2의 침입을 용이하게 하여 구조물의 내구성을 저하시키므로 콘크리트 타설 전 거푸집의 청소 및 형상유지가 중요하며, 콘크리트 타설과정에서 밀실한 콘크리트가 되기 위해 관리해야 한다.

22-19 정수장 콘크리트 구조물의 누수원인 및 누수방지 대책을 기술하시오. [06중, 25점]

I. 개 요

(1) 정수장 콘크리트 구조물의 누수 발생원인으로는 구조물의 균열에 의한 누수와 방수불량에서 오는 누수가 있다.

(2) 구조물의 강성유지와 부등침하를 방지하여 균열을 억제하고 방수공사의 접합 및 정밀시공으로 누수를 방지해야 한다.

II. 누수의 원인

(1) 구조체의 균열발생
  ① 건조수축에 의한 균열
  ② 부등침하에 의한 구조체 균열

(2) 콘크리트 시공불량
  ① 다짐부족으로 인한 재료분리 발생
  ② 불량재료 사용

(3) 방수불량
  ① 방수재료 및 공법의 부적합
  ② 방수시공 불량

(4) 물리·화학적 반응
  ① 염해 및 동결융해
  ② 중성화·알칼리 골재반응

(5) Construction Joint
  ① 이물질 제거, 보강근, Shrinkage Strip 설치불량에 의한 누수 발생
  ② 계량에서 운반까지는 2시간 이내에 시공한다.

(6) Cold Joint 발생
  ① Con′c 수급 및 운반시간의 차질로 발생한다.

② 기온이 25℃ 이하일 때에는 2시간 30분 이내에 타설해야 하며, 기온이 25℃ 초
　과일 때에는 2시간 이내에 타설해야 한다.

(7) 개구부 주위 시공불량
　　① 창·문틀 주위 사춤 모르타르 불량시 누수가 발생한다.
　　② 개구부 주위의 철근보강근 누락으로 균열이 발생한다.

(8) 관통부 주위 시공불량
　　① Pipe나 전선관 관통부위 시공불량으로 누수가 발생한다.
　　② Separator 구멍 등의 마무리 미흡으로 누수가 발생한다.

Ⅲ. 누수 방지대책

(1) 설계상 대책
　　① 소요단면적 및 철근량 확보
　　② 부등침하 방지 설계
　　③ 신축줄눈의 설계
　　④ 내진설계

(2) 배합상 대책
　　① 수밀 Con'c 배합
　　② W/C비, 단위수량, Slump치 가능한 범위 내에서 적게
　　③ 건조수축을 줄여주는 혼화제 사용

(3) 콘크리트 시공상 대책
　　① 타설속도 및 순서 준수
　　② 충분한 다짐으로 밀실 Con'c 타설
　　③ 재료분리 방지

(4) 양생시 대책
　　① 초기 습윤상태 유지
　　② 급격한 수분증발 방지
　　③ 양생온도의 유지

(5) 방수공법 선정
　　① 용도에 맞는 방수공법을 선정한다.
　　② 방수층은 정밀시공하고, 접합은 밀실하게 한다.

(6) 알칼리 골재반응 방지
   ① 저알칼리 시멘트를 사용한다.
   ② 쇄석사용을 자제한다.

(7) 염해에 대한 방지
   ① 살수하여 염도를 낮추며, 철근에 방청도포를 한다.
   ② 골재의 제염장치에 의한 품질관리를 한다.

(8) 중성화 발생방지
   ① $Ca(OH)_2 + CO_2 \rightarrow CaCO_3 + H_2O \rightarrow$ 철근부식 $\rightarrow$ 부피챙창 $\rightarrow$ 균열
   ② Con'c를 강알칼리 상태로 유지관리한다.

(9) Expansion Joint 설치
   ① 온도변화에 대하여 균열을 방지한다.
   ② 길이가 긴 건물은 50m마다 설치한다.

(10) 개구부 주위 처리
   ① 개구부 주위는 철근을 보강하고, 사춤모르타르를 충전한다.
   ② Sealing재는 투수성이 강한 제품을 선정한다.

Ⅳ. 결 론

(1) 정수장 콘크리트 구조물의 누수는 강도, 내구성, 수밀성 등이 저하되어 구조체에 균열이 발생하여 나타난다.

(2) 누수방지를 위해서는 콘크리트 제조부터 양생에 이르는 전 과정을 통하여 사전에 철저한 품질관리가 이루어져야 예방이 가능하다.

22-20	콘크리트의 블리딩(Bleeding) 및 레이턴스(Laitance)	[08중, 10점]
22-21	콘크리트의 블리딩(Bleeding) 및 레이턴스(Laitance)	[05중, 10점]

Ⅰ. 정 의

(1) 콘크리트 타설 후 물과 미세한 물질(석고, 불순물 등) 등은 상승하고, 무거운 골재나 Cement 등은 침하하게 되는 현상을 Bleeding이라 한다.

(2) Bleeding 현상은 일종의 재료분리 현상으로서 Water Gain 및 Laitance 현상을 유발시켜 콘크리트의 품질을 저하시키는 원인이 되기도 한다.

Ⅱ. 피 해

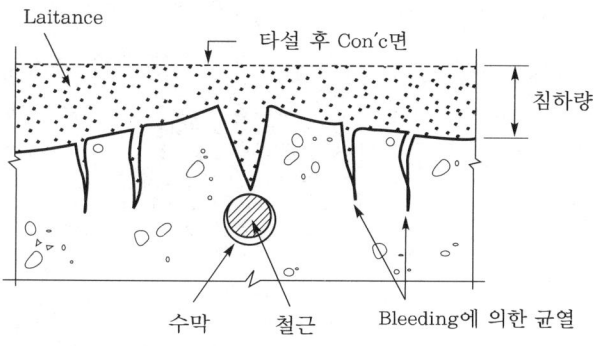

〈Bleeding 현상〉

(1) Bleeding에 의한 피해
　① 철근과 Con'c의 부착강도 저하
　② Slump 및 강도 저하
　③ Con'c의 수밀성 저하
　④ Con'c의 이방성(異方性)의 원인

(2) Laitance에 의한 피해
　① 이어치기 부분의 부착강도 저하
　② Con'c 구조체의 내구성 저하
　③ Cold Joint 발생
　④ 철근의 부식
　⑤ 중성화 요인

III. 원 인

(1) 물시멘트비가 클수록

(2) 반죽 질기가 클수록

(3) 굵은 골재 최대치수가 클수록

(4) 타설높이가 높을수록, 그리고 타설속도가 빠를수록

(5) 분말도가 낮은 Cement의 사용

(6) 쇄석 Con′c는 일반 Con′c에 비해 Bleeding이 큼

(7) 단위수량·다짐·부재의 단면치수 등이 클수록

IV. 대 책

(1) 1회 타설높이를 작게 하고, 과도한 다짐은 방지할 것

(2) 적당한 혼화제(AE제, AE 감수제 등)를 사용함

(3) 단위수량이 적은 된비빔의 Con′c를 사용함

(4) 분말도가 높은 Cement의 단위시멘트량을 크게 하여 사용함

(5) 거푸집은 Cement Paste의 유출이 없는 수밀성 거푸집 사용

(6) 굵은 골재는 쇄석보다 강자갈을 사용함

(7) 초속경 Cement는 응결시간이 빨라 Bleeding이 적음

(8) 굵은 골재의 치수는 작게 하여 사용할 것

> **23-1** 콘크리트의 균열보수 공법에 대하여 기술하시오. [03후, 25점]
>
> **23-2** 철근콘크리트 구조물의 균열에 대한 보수 및 보강공법에 대하여 기술하시오. [02전, 25점]
>
> **23-3** 콘크리트 구조물의 균열원인 및 보수대책을 기술하시오. [98중전, 40점]
>
> **23-4** 콘크리트 구조물에서 발생하는 균열의 종류, 발생원인 및 보수보강 방법에 대하여 기술하시오. [09후, 25점]
>
> **23-5** 콘크리트 구조물에 화재가 발생한 경우 콘크리트의 손상평가방법과 보수보강 대책을 설명하시오. [08중, 25점]

I. 개 요

(1) 구조물에 발생하는 균열은 미관을 크게 손상시킬 뿐만 아니라 내부 철근이 습기에 노출되어 부식하면서 부피가 팽창되어 내구성 및 안전성에 큰 영향을 미치게 된다.

(2) 일정한 폭(0.2mm) 이상의 균열은 그 원인을 파악하여 적절한 보수·보강 공법을 선정하고 내력과 안전도를 회복하도록 해야 한다.

II. 균열원인(균열의 발생원인)

(1) 과다하중으로 인한 균열

(2) 시공불량 및 양생미흡

(3) 레미콘의 품질저하

(4) Con'c의 건조수축에 의한 균열

III. 균열의 종류

(1) 미경화콘크리트의 균열

　① 소성수축균열

　② 침하균열

(2) 경화콘크리트의 균열

　① 건조수축균열

　② 열응력에 의한 균열

　③ 화학적 반응에 의한 균열

④ 기상작용에 의한 균열

⑤ 철근부식에 의한 균열

⑥ 과하중에 의한 균열

Ⅳ. 보수보강 대책(보수보강 공법)

(1) 표면처리 공법

① 균열이 발생한 부위에 Cement Paste 등으로 도막을 형성하는 공법이다.

② 균열의 폭이 좁고 경미한 잔균열 발생시 적용한다.

(2) 충진공법(V-cut)

① 균열의 폭이 좁고(약 0.3mm 이하) 주입이 곤란한 경우 균열의 상태에 따라 폭 및 깊이가 10mm 정도 되게 V-cut, U-cut을 한다.

② 잘라낸 면을 청소한 후 팽창모르타르 또는 Epoxy 수지를 충진하는 공법이다.

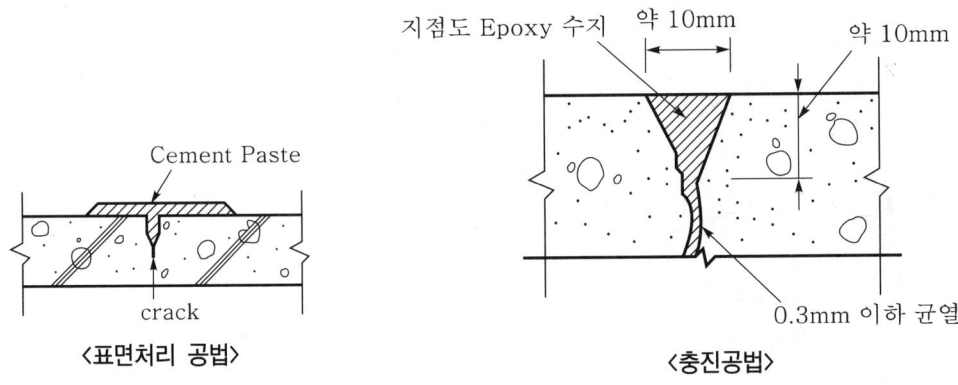

〈표면처리 공법〉　　　　　〈충진공법〉

(3) 주입공법

① 에폭시수지 그라우팅 공법이라고 한다.

② 균열의 표면뿐만 아니라 내부까지 충진시키는 공법이다.

③ 두꺼운 Con'c 벽체나 균열폭이 넓은 곳에 적용한다.

④ 균열선에 따라 주입용 Pipe를 10~30cm 간격으로 설치한다.

⑤ 주입 재료로는 저점성의 Epoxy 수지를 사용한다.

(4) 강재 Anchor 공법

① 꺽쇠형의 Anchor체로 보강하는 공법이다.

② 균열이 더 이상 진행되는 것을 방지한다.

③ 틈새는 시멘트 모르타르로 충진한다.

(5) 강판부착 공법
  ① 부재치수가 작은 구조의 보강공법이다.
  ② 균열부위에 강판을 대고 Anchor로 고정한 후 접촉부위를 Epoxy 수지로 접착한다.

(6) Prestress 공법
  ① 균열의 깊이가 깊고 구조체가 절단될 염려가 있는 경우에 적용한다.
  ② 구조체의 균열방향에 직각되게 PS 강선을 넣어 주입공법 등과 병행하여 사용한다.
  ③ 부재의 외부에 설치한다.

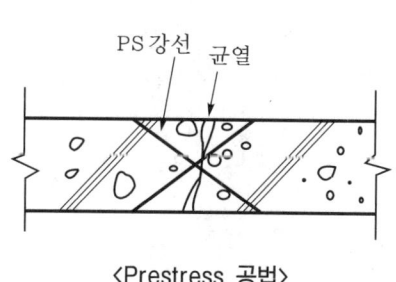

〈Prestress 공법〉

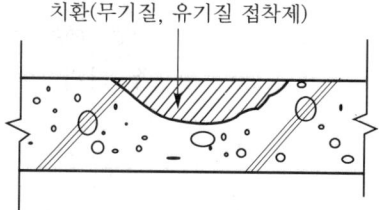

〈강판부착 공법〉

(7) 치환공법
  ① 열화 또는 손상부위가 작고, 경미할 때 적용
  ② Con′c 균열부분을 제거하고, 깨끗이 청소한 후에 접착성이 좋은 무기질, 유기질 접착제를 이용하여 치환한다.

〈치환공법〉

(8) 탄소섬유 Sheet 공법
  ① 강화섬유 Sheet인 탄소섬유 Sheet를 접착제로 콘크리트 표면에 접착시켜 보강하는 공법
  ② 시공의 편리, 복잡한 형상의 구조물에 적용 가능하다.
  ③ 초벌 및 정벌 Epoxy 접착제의 충분한 접착효과가 필요하다.

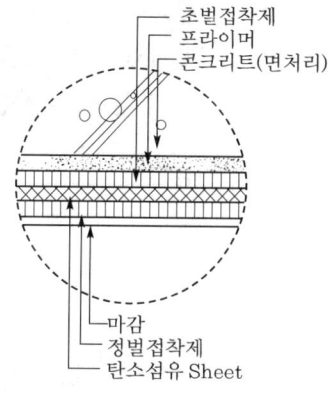

〈탄소섬유 Sheet 공법〉

(9) B.I.G.S 공법(Balloon Injection Grouting System)
  ① 고무튜브에 압력을 가하여 균열 심층부까지 충진 주입하는 공법이다.
  ② 균일한 압력관리가 용이하다.

V. 화재시 콘크리트의 손상평가방법

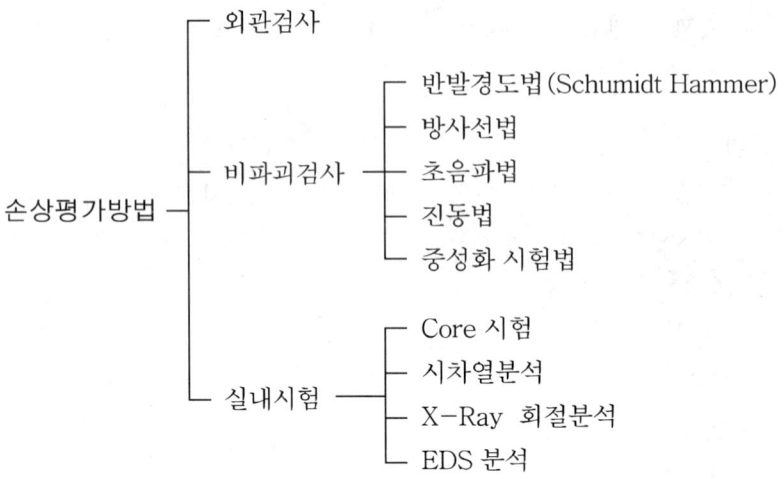

1. 외관검사

(1) 콘크리트의 손상정도를 평가
(2) 손상된 부위에 따라 손상평가방법을 결정

2. 비파괴검사

(1) Schumidt Hammer(타격법, 반발경도법)
Con′c 표면을 타격하여 반발계수를 계측하여 Con′c의 강도를 추정하는 검사방법

(2) 방사선법
X선 발생장치 또는 방사선 동위원소에서 방사되는 X선, γ선을 이용하여 철근의 위치·크기 또는 내부결함 등을 조사하는 시험

(3) 초음파법(음속법)
발신자와 수신자 사이를 음파가 통과하는 시간을 측정하여 음속의 크기에 의해 강도를 측정하는 검사방법

(4) 진동법
Con′c 공시체에 진동을 주어 그때의 공명·진동 등으로 Con′c 탄성계수를 측정하는 검사방법

(5) 중성화 시험법
① 페놀프탈레인 1%에 에탄올용액을 섞어 분사 살포
② 콘크리트의 중성화 여부(알칼리성 상실) 판단

3. 실내시험

(1) Core 시험
① 콘크리트 Core를 직접 채취하여 콘크리트 강도 추정
② 화재로 인한 콘크리트의 강도 손상정도를 판단

(2) 시차열분석(DTA : Differential Thermal Analysis)
① 콘크리트 Core를 채취하여 가열 또는 냉각하여 깊이별로 열분석을 하는 방법
② 열분석을 통하여 화재에 대한 손상정도를 분석

(3) X-Ray 회절분석
① 고출력 X선을 발생시켜 콘크리트 속의 수화물 변화량을 측정
② 기계의 전기능을 Computer로 Control함
③ 화재에 의한 콘크리트 속의 수화물 변화량을 측정하여 손상 확인

(4) EDS(Energy Dispersive X-Ray Spectroscopy ; 에너지 분산분광) 분석
① 전자현미경으로 콘크리트의 표면을 분석하는 방법
② 콘크리트 표면이 화재에 의해 어느 정도 손상되었는지를 정확히 진단

VI. 결 론

콘크리트의 균열원인은 다양하고 복합적인 이유에 의해 발생하기 때문에 Con'c 특성상 완전히 없앨 수는 없으나, 설계에서 유지보수까지의 전 공정을 통한 품질확보 노력이 필요하다.

23-6 H형 강말뚝에 의한 슬래브의 개구부 보강 [11전, 10점]

Ⅰ. 개 요

(1) Slab란 연직하중을 받는 부재로서 하중을 고루 전달하는 역할을 하며, 일방향, 이 방향 Slab 등으로 분류된다.

(2) H형 강말뚝에 의한 슬래브의 주위에는 Punching Shear에 의한 균열 등이 발생하 므로, 이를 대비하여 구조기준에 따른 보강을 해야 한다.

Ⅱ. H형 강말뚝에 의한 Slab에서의 Crack 및 위험단면

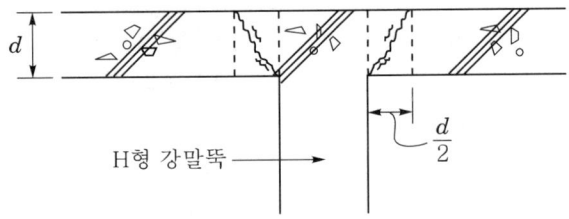

Ⅲ. 개구부의 보강철근 배근방법

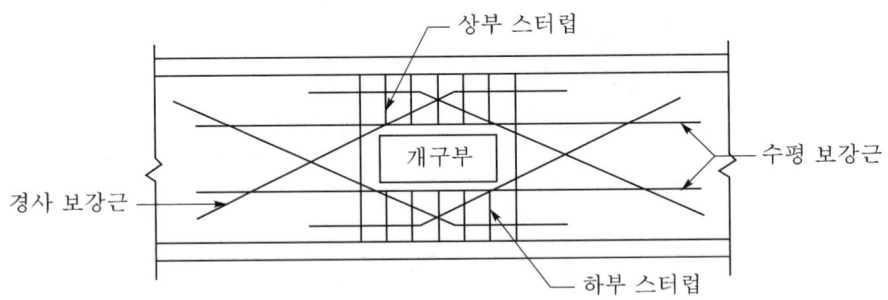

Ⅳ. 시공시 주의사항

(1) 주근 절단을 최소화하도록 개구부 단변을 주근방향으로 배치

(2) 개구부 시공전 철근탐사로 주근 절단을 최소화

(3) 개구부 시공으로 단면내력의 감소가 우려될 경우 강재보 등으로 보강

24-1 콘크리트의 내구성을 저하시키는 원인과 대책에 대하여 설명하시오. [04중, 25점]

24-2 콘크리트의 내구성을 저하시키는 요인과 그 개선방법을 설명하시오. [01전, 25점]

24-3 콘크리트 구조물의 내구성을 저하시키는 요인 및 내구성 증진방안을 설명하시오. [11전, 25점]

24-4 콘크리트 구조의 내구성 증진방안을 재료적·시공적인 면에서 기술하시오. [97전, 30점]

24-5 내구성이 큰 콘크리트를 만들기 위하여 배합과 시공상의 유의사항에 관하여 설명하시오. [95후, 30점]

24-6 철근콘크리트 구조물의 내구성 확보를 위한 시공계획상의 유의할 점에 관하여 기술하시오. [99전, 30점]

24-7 콘크리트 구조물의 내구성 증진을 위한 시공시 고려사항을 설명하시오. [00전, 25점]

24-8 콘크리트 구조물의 열화에 영향을 미치는 인자들의 상호관계 및 내구성 향상 방안에 대하여 실명하시오. [11중, 25점]

24-9 콘크리트 구조물 열화가 발생하는 원인과 내구성을 증가시키기 위한 대책에 대하여 기술하시오. [98중전, 30점]

24-10 콘크리트 구조물의 열화 원인과 대책을 설명하시오. [95후, 35점]

24-11 콘크리트 구조물의 열화현상(Deterioration) [01중, 10점]

Ⅰ. 개 요

(1) Con'c 구조물의 내구성이란 성능 변화요인 및 외력에 대한 저항성을 말하며, 압축강도·수밀성과 함께 Con'c의 역학적·기능적 성질을 보유하게 되는 매우 중요한 성능이다.

(2) Con'c의 열화원인으로는 염해, 중성화, 알칼리 골재반응, 동결융해 등이 있으며, 방지대책으로는 강도가 크고, 유기불순물이 포함되지 않은 재료의 사용이 중요하다.

Ⅱ. 열화현상

(1) 화학식

$$Ca(OH)_2 + CO_2 \longrightarrow CaCO_3 + H_2O$$

콘크리트 구조물이 알칼리성을 상실하고 중성화되는 과정

(2) 열화 메커니즘

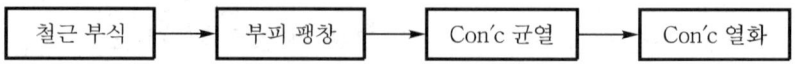

Ⅲ. 열화에 영향을 미치는 인자들의 상호관계

(1) 특성 요인도

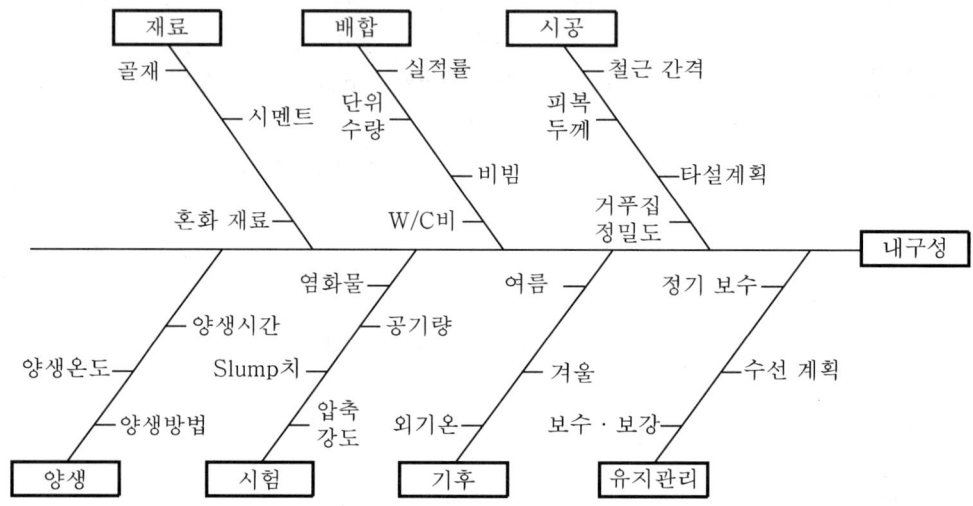

(2) 물시멘트비, 피복두께 및 강도와의 상호관계

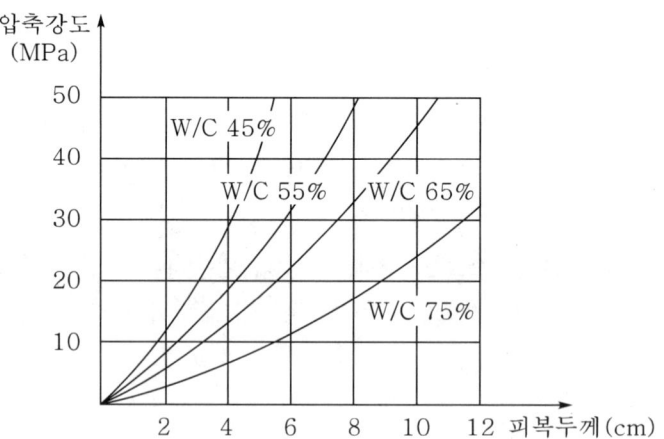

① 물시멘트비가 높을수록 콘크리트의 내구성 저하
② 피복두께가 작을수록 콘크리트의 내구성 저하

Ⅳ. 내구성 저하원인(열화원인)

1. 물리·화학적 작용

(1) 염해
① Con'c 중에 염화물이 침투하여 철근을 부식시킴으로써 Con'c 구조물에 손상을 입히는 현상을 말한다.
② 양질의 Con'c는 철근 표면에 알칼리성의 부동태막을 형성하여 강재를 부식으로 부터 보호한다.

(2) 중성화
① 공기 중의 탄산가스 및 산성비로 인하여 콘크리트의 수산화칼슘(강알칼리)이 탄산칼슘(약알칼리)으로 변화되는 일련의 현상을 말한다.
② 탄산가스의 농도가 높을수록, 습도가 낮을수록, 온도가 높을수록 Con'c의 중성화는 빨라진다.

(3) 알칼리 골재반응(AAR ; Alkali Aggregate Reaction)
① Con'c 중의 수산화알칼리와 골재 중의 알칼리반응성 광물(silica, 황산염)의 사이에 일어나는 화학반응을 말한다.
② 알칼리 골재반응은 알칼리 실리카반응, 알칼리 탄산염반응, 알칼리 실리게이트반응의 3종류로 분류한다.

2. 기상작용

(1) 동결융해
① Con'c가 함유하고 있는 동결팽창(9%)할 수 있는 양의 수분이 Con'c 사이를 이동하게 되고, 이때 발생된 수압으로 인해 Con'c가 파괴되는 현상을 말한다.
② Con'c의 초기동해에 대한 저항은 강도, 함수량, 연행공기량, 기포의 크기와 분포에 따라 다르나, 일반적으로 압축강도가 4MPa 이상이 되면 동해는 발생하지 않는다.

(2) 온도변화
양생하는 동안 급격한 온도변화, 특히 갑작스러운 냉각은 표면에 균열을 발생시켜 내구성을 저하시킨다.

(3) 건조수축
① Con'c 타설 후 Con'c 중의 수분이 증발하면서 건조수축이 일어난다.

② Bleeding 현상으로 인하여 Con'c의 내구성을 저하시키는 건조수축이 발생한다.

3. 기계적 작용

(1) 진동·충격
① Con'c 타설 후 5일 동안은 작업하중, 충격·진동 등을 방지해야 한다.
② Con'c 양생 중의 진동·충격은 내구성 저하의 요인이 된다.

(2) 마모·파손
① Con'c의 재령이 경과한 후에도 과적재하중은 피해야 한다.
② 구조체 자중이 많이 걸리는 곳에서 과중량의 기계적재는 구조체의 붕괴의 원인이 되므로 주의해야 한다.

(3) 설계상 원인
① 복잡한 설계와 과감한 Design 등이 구조적으로 내구성을 저하시키는 요인이 된다.
② 균열방지 및 유도용 Joint의 미설계로 Con'c의 내구성을 저하시킨다.

(4) 시공상 원인
① 현장에서 Con'c 타설시 가수는 내구성 저하원인이 된다.
② 시험배합을 거치지 않은 혼화제를 사용한 경우 오히려 내구성 저하원인이 되기도 한다.

V. 방지대책(내구성 증진방안, 열화대책)

1. 재료

(1) 물
① 물은 기름, 산, 유기불순물, 혼탁물 등 Con'c나 강재의 품질에 나쁜 영향을 미치는 물질의 유해량을 함유해서는 안 된다.
② 지하수는 유해 함유량 검사를 거친 후 사용한다.

(2) 골재
① 굵은 골재는 깨끗하고, 내구적이며, 유기물질을 함유해서는 안 되고, 특히 내화적이어야 한다.
② 잔골재는 적정한 입도를 가져야 하며, 먼지·흙 등의 유해량을 함유해서는 안 된다.

(3) Cement

① 시멘트의 성질은 수분에 접하면 경화하기 시작하는데, 이때 발생하는 수화열을 감소시키는 저열 포틀랜드 시멘트를 사용한다.

② 중용열 Portland Cement는 조강 포틀랜드 시멘트보다 Con'c의 강도를 향상시킨다.

(4) 혼화재료

① 혼화재료는 Cement, 물, 골재와 함께 결합되어 Con'c의 성질을 개선하거나 특별한 품질을 부여하기 위한 재료이다.

② 혼화재료를 유효 적절히 첨가하면 Con'c의 시공성 확보는 물론 내구성도 향상된다.

2. 배합시 유의사항

(1) 물시멘트비 결정

① Con'c에 혼합된 Cement Paste 중 물과 시멘트의 중량 백분율

② 물시멘트비가 높을수록 강도가 저하되고, 공극률이 높아져 콘크리트 균열발생의 원인이 된다.

③ 물시멘트비는 콘크리트 강도에 가장 많은 영향을 준다.

(2) Slump값

① Slump값이 큰 콘크리트를 사용하면 콘크리트 작업은 쉽지만 블리딩이 많아지고, 굵은 골재가 모르타르로부터 분리되는 재료분리 현상이 발생한다.

② Slump값은 콘크리트 시공연도의 양부를 결정하며, 클수록 Workability가 향상된다.

③ 일반적인 Slump값은 18cm 이하이다.

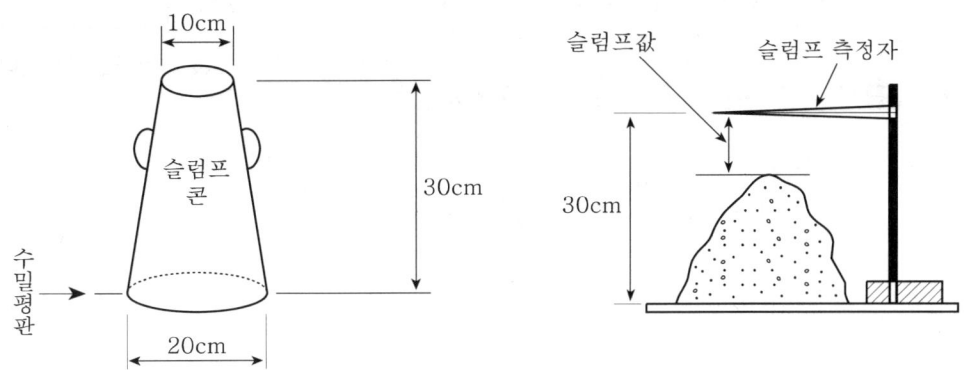

(3) 굵은 골재 최대치수

① 골재는 유해량의 먼지, 흙, 유기불순물, 염화물 등을 포함하지 않고 소요의 내화성 및 내구성을 가진 것으로 한다.

② 굵은 골재의 최대치수는 다음 표의 범위에서 철근간격의 3/4 이하 또는 피복두께 이하가 되도록 정한다.

＜부재의 종류에 따른 골재의 최대치수＞

부재종류	굵은 골재의 최대치수(mm)	
	자갈	부순 돌, 고로 슬래브 부순 돌
기둥, 보, 슬래브, 벽	20, 25	20
기초	20, 25, 40	20, 25, 40

(4) 잔골재율

① 양호한 품질의 콘크리트를 얻을 수 있는 범위 내에서 가능한 한 작게 한다.

② 잔골재율이 커지면 단위수량과 단위시멘트량이 증가한다.

(5) 단위수량

① Con′c 1m^3 중에 포함되어 있는 물의 중량을 말한다.

② 단위수량이 많아지면 슬럼프값은 커지나 강도는 저하된다.

③ 단위수량은 설계기준강도와 시공연도가 허용되는 한도 내에서 최소화한다.

(6) 공기량

① 콘크리트에 적당한 양의 연행공기를 분포시키면 콘크리트의 시공연도가 향상된다.

② AE제를 첨가하는 경우 4~7% 정도의 값이 일반적인 표준이다.

③ 공기량이 1% 증가하면 Slump값은 2cm 정도 커지고, 단위수량은 3% 감소한다.

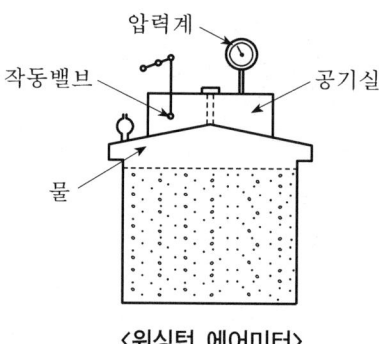

＜워싱턴 에어미터＞

3. 시공시 유의사항(시공적 내구성 증진방안)

(1) 시공계획

① 레미콘 공장의 선정과 현장까지의 거리 계획

② 레미콘의 운반시간은 도로교통량 및 정체시간을 고려하여 계획

③ 레미콘의 운반방법 결정

(2) 준비 점검

① 콘크리트 타설 전에 설비·기계기구의 유무를 확인한다.

② 철근배근 및 거푸집의 상태 등을 점검한다.

③ 기상상태 및 인력배치와 콘크리트 타설용 기계의 안전한 설치 등을 점검한다.

(3) 재료계량

① 재료의 계량오차는 계량기 자체에 의한 오차와 계량기에서 공급할 때 생기는 동력오차가 있다.

② 계량오차는 계량기를 수시로 점검하여 정비·보수함으로써 줄일 수 있다.

③ 일반적으로 콘크리트 공사에 사용되는 저울의 정밀도는 최대용량의 0.5% 정도이다.

④ 재료공급에 의한 동력오차는 거의 피할 수 없다.

⑤ 골재계량에는 중량계량과 용적계량이 있다.

< 계량오차의 허용범위 >

재료의 종류	콘크리트 표준시방서	KS F 4009
물	1	1
시멘트	1	1
골재	3	3
혼화재	2	2
혼화제(용액)	3	3

(4) 운반

① Truck Agitator : Batcher Plant에서 적재한 콘크리트가 분리되지 않도록 교반하면서 주행한다. Slump값이 5cm 어하인 콘크리트의 배출은 곤란하다.

② 종류

㉠ Central Mixed Con′c : 비빔이 완료된 콘크리트를 Agitator Truck에 적재하여 굳지 않게 섞으면서 현장으로 운반

㉡ Shrink Mixed Con′c : 비빔이 반 정도 된 Con′c를 운반도중에 완전히 비빔하여 현장에서 타설하는 방식

㉢ Transit Mixed Con′c

ⓐ Dry mix한 재료를 운반하여 현장에서 비빔하여 타설하는 운반방식

ⓑ 건축공사에서는 잘 사용하지 않음

(5) 타설

① 재료 및 Ready Mixed Con′c(Remicon) 확보

② 타설 직전의 콘크리트 품질검사 방법

③ 거푸집, 철근검사 및 매설물(설비, 전기공사용, 배관, Insert) 확인

④ 타설장비, 운반장비, Plant 가동 등 기계기구의 준비와 정비

⑤ 거푸집 내의 청소 및 양생 급수설비의 확인

(6) 다짐

 ① 콘크리트의 다짐은 공극을 적게 하고, 철근 및 매설물 등을 밀착시켜 균일하고 치밀하게 채움으로써 양질의 콘크리트를 얻을 수 있다.

 ② 다짐에는 내부진동기(봉상진동기), 외부진동기(거푸집진동기), 표면진동기가 있다.

 ③ 진동기는 수직으로 사용한다.

 ④ 진동시간은 한 장소에서 30~40초간 진동시키는 것이 적당하다.

 ⑤ 진동기 삽입간격은 60cm 이하로 하고, 뺄 때는 구멍이 생기지 않도록 한다.

 ⑥ 철근이나 거푸집은 진동시키지 않는다.

4. 물리·화학적 작용 방지

(1) 염해 방지

 ① Con′c 중의 염소이온량을 적게 하고, 밀실한 Con′c로 시공한다.

 ② 철근의 피복두께를 충분히 하여 염분침투를 방지한다.

 ③ 철근은 수지도장하고, Con′c면은 합성수지 도장처리하여야 염해피해를 감소시킬 수 있다.

(2) 중성화 방지

 ① AE제나 AE감수제 등의 혼화제를 사용하면 중성화에 대한 저항성이 향상된다.

 ② 타일·돌붙임 등을 양호하게 시공하면 중성화를 지연시키는데 유효하다.

(3) 알칼리 골재반응 방지

 알칼리 골재반응성 물질이 적은 골재를 사용한다.

5. 기상적 작용 방지

(1) 동결융해 방지

 ① AE제 또는 AE감수제를 사용함으로써 적정량(조골재의 최대치수에 따라 3~6% 정도)의 Entrained Air를 연행시켜 경화속도는 빨라지고 염해는 방지되는 효과를 얻을 수 있다.

 ② Entrained Air의 기포는 Con′c 경화 후에도 물로 충만되지 않고 동결시 이동수분의 피난처가 된다.

(2) 온도변화 방지

 ① 온도변화에 의한 내구성 저하를 방지하기 위해서는 내부온도의 증가를 줄이고, 냉각시점을 지연시킴으로써 냉각속도를 제어할 수 있다.

② Precooling과 Pipecooling 등을 사전에 계획한다.

(3) 건조수축 방지

① 골재의 크기를 크게 하고, 입도가 양호한 골재를 사용한다.

② 수축이음의 적절한 배치는 Con′c의 건조수축을 억제하고, 내구성 저하에 따른 균열발생을 제어한다.

VI. 결 론

(1) 콘크리트 구조물의 내구성은 사용재료, 배합, 시공 등의 전 과정에서 행해지는 관리상태에 따라 정해진다.

(2) 콘크리트 구조물의 내구성 향상방안으로 시공계획 수립시 사용재료의 선정과 시공의 전 과정에 대한 계획을 수립하여 품질관리에 만전을 기해야 한다.

Ⅰ. 개 요

(1) 콘크리트 구조물의 성능저하 요인에는 염해, 탄산화, 동결융해, 화학적 침식 및 알칼리 골재반응 등이 있다.

(2) 콘크리트 구조물의 내구성을 향상시키기 위해서는 성능저하 요인들에 대한 내구성 평가가 선행된 후 이에 대한 적절한 조치가 필요하다.

Ⅱ. 내구성 평가 - 1안

(1) 염해 평가

① 해안선으로부터 거리에 따른 염화물이온 농도를 설정

② 평가식 : $\gamma_p\, C_d \leq \phi_K\, C_{\text{lim}}$

여기서, γ_P : 염해에 대한 환경계수로서 일반적으로 1.11

ϕ_K : 염해에 대한 내구성 감소계수로서 일반적으로 0.86

C_{lim} : 철근부식이 시작될 때의 염화물이온 농도

C_d : 철근 위치에서 염화물이온 농도의 예측값

(2) 탄산화 평가

① 탄산화 침투깊이가 철근에 도달할 때까지를 허용 성능저하 한계상태로 함

② 평가식 : $\gamma_p\, y_P \leq \phi_K y_{\text{lim}}$

여기서, γ_P : 탄산화에 대한 환경계수로서 일반적으로 1.1

ϕ_K : 탄산화에 대한 내구성 감소계수로서 일반적으로 0.92

y_{lim} : 철근부식이 발생할 수 있는 탄산화 한계깊이(mm)

(3) 동결융해 평가

① 동결융해 시험을 통한 콘크리트의 탄성계수와 중량감소로 평가

② 평가식 : $\gamma_p F_d \leq \phi_K F_{\lim}$

여기서, γ_P : 동해에 대한 환경계수로서 일반적으로 1.0

ϕ_K : 동해에 대한 내구성 감소계수

F_d : 탄성계수의 예측값의 역수

$F_{\lim}$: 탄성계수의 최소값의 역수

(4) 화학적 침식 평가

① 산, 황산염, 강알칼리 등에 의한 침식을 평가

② 평가식 : $\gamma_p Z_P \leq \phi_K Z_{\lim}$

여기서, γ_P : 화학적 침식에 대한 환경계수로서 일반적으로 1.1

ϕ_K : 화학적 침식에 대한 내구성 감소계수로서 일반적으로 0.92

Z_P : 화학적 침식깊이의 예측값(mm)

$Z_{\lim}$: 화학적 침식의 침투한계깊이(mm)

(5) 알칼리 골재반응 평가

① 외부로부터 알칼리 금속이온이나 염화물이온의 침투를 예방함

② 평가식 : $\gamma_p R_P \leq \phi_K R_{\lim}$

여기서, γ_P : 알칼리 골재반응에 대한 환경계수로서 일반적으로 1.1

ϕ_K : 알칼리 골재반응에 대한 내구성 감소계수로서 일반적으로 0.92

$R_{\lim}$: 알칼리 골재반응의 화학적 한계안정성

R_P : 알칼리 골재반응의 화학적 안정성 예측값

Ⅲ. 내구성 평가 – 2안

(1) 염해의 내구성 평가

① 염화물이 철근을 부식시켜 콘크리트 구조체에 손상을 입힌다.

② 해안선으로부터 거리에 따른 염화물이온의 농도를 측정한다.

③ 염분함유량 규제치

구 분	철근콘크리트	무근콘크리트
해사	0.02% 이하	0.1% 이하
콘크리트	$0.3kg/m^3$ 이하	$0.6kg/m^3$ 이하

(2) 탄산화의 내구성 평가
　① 콘크리트 구조물의 시공계획단계에서 탄산화에 대한 내구성평가 실시
　② 대상구조물의 탄산화에 대한 환경조건 고려
　③ 탄산화에 대한 허용 성능저하한도는 탄산화 침투깊이가 철근에 도달한 상태임

(3) 동결융해의 내구성 평가
　① 콘크리트 재료, 배합, 시공방법 등에 따른 대상구조물의 환경조건 고려
　② 동결융해에 대한 요구 내구성능 확보 여부를 평가
　③ 동결융해 저항성시험을 통하여 콘크리트의 탄성계수와 질량감소율로 평가

(4) 화학적 침식의 내구성 평가
　① 산에 의한 침식에 대한 내구성 평가
　② 염류에 의한 침식에 대한 내구성 평가
　③ 당류에 의한 침식에 대한 내구성 평가
　④ 부식가스에 의한 침식에 대한 내구성 평가
　⑤ 황산염에 의한 침식에 대한 내구성 평가
　⑥ 강알칼리에 의한 침식에 대한 내구성 평가
　⑦ 동물성·식물성 기름에 의한 침식에 대한 내구성 평가

(5) 알칼리 골재반응의 내구성 평가
　① 알칼리 골재반응에 대한 손상 여부를 평가
　② 외부로부터 알칼리 금속이온 및 염화물이온 등의 침투를 방지
　③ 콘크리트 표면에 마감재 및 방수시공이 유리함

Ⅳ. 환경지수와 내구지수

1. 환경지수

(1) 정 의
구조물이 노출된 환경에 따라 콘크리트의 열화인자의 영향을 정량적으로 나타내는 것으로, 구조물이 노출환경에 따라 발생하는 열화 정도 또는 내구저하 정도를 나타낸다.

(2) 산정방법

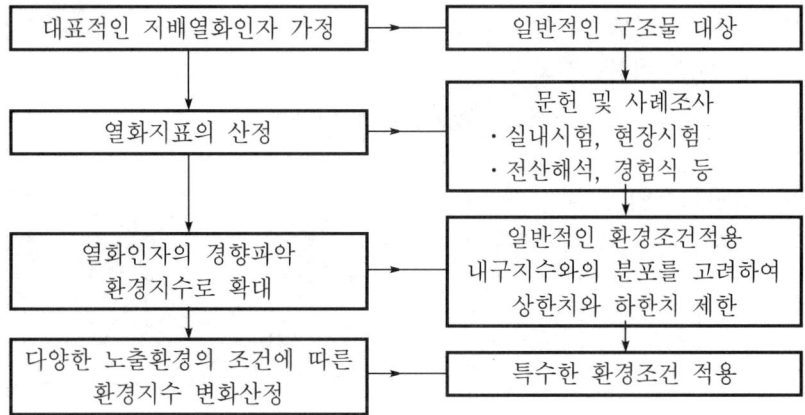

(3) 산정식

$$E_T(환경지수) = (100 + \Delta E_T)\frac{\sqrt{(t-10)}}{40}$$

여기서, ΔE_T : 환경지수 증가치, t : 사용기간

2. 내구지수

(1) 정 의

구조물의 내구저항성을 재료, 구조, 시공의 3개 분야로 나누어 정량적으로 나타내는 것으로 구조물의 내구저하에 저항하는 정도를 나타낸다.

(2) 산정방법

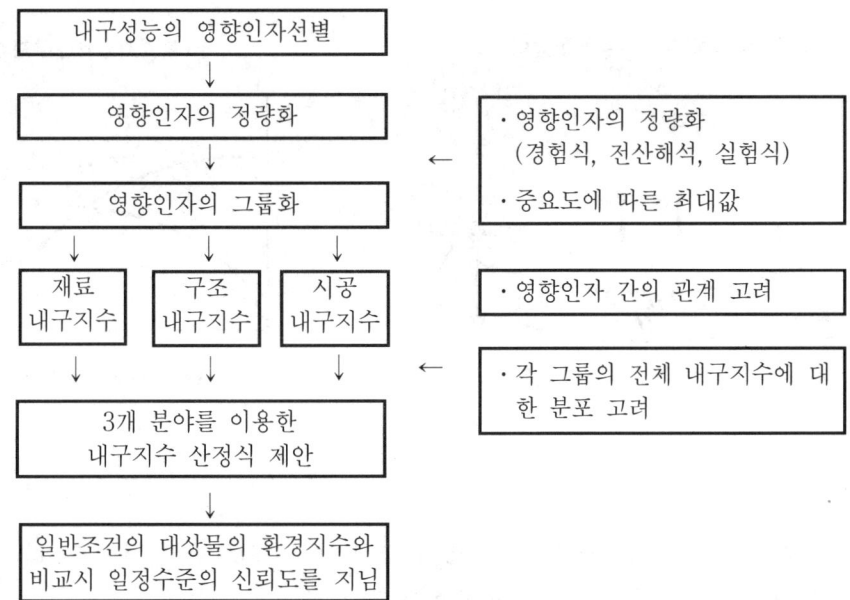

(3) 산정식

$$D_T(\text{내구지수}) = D_O + \Sigma \Delta D_T$$

여기서, D_O : 기본내구지수

ΔD_T : 재료, 구조, 시공 분야의 내구지수

3. 환경지수와 내구지수의 관계

(1) 관계식

$$\frac{D_T(\text{내구지수})}{E_T(\text{환경지수})} \geq \gamma_T \,(\text{구조물계수로 지침에서 } 1.0)$$

(2) 구조물 판정

① γ_T가 1보다 클 때는 구조물이 안전하다고 판단

② γ_T가 1보다 작으면 구조물이 불안전하다고 판단

(3) 관계도해

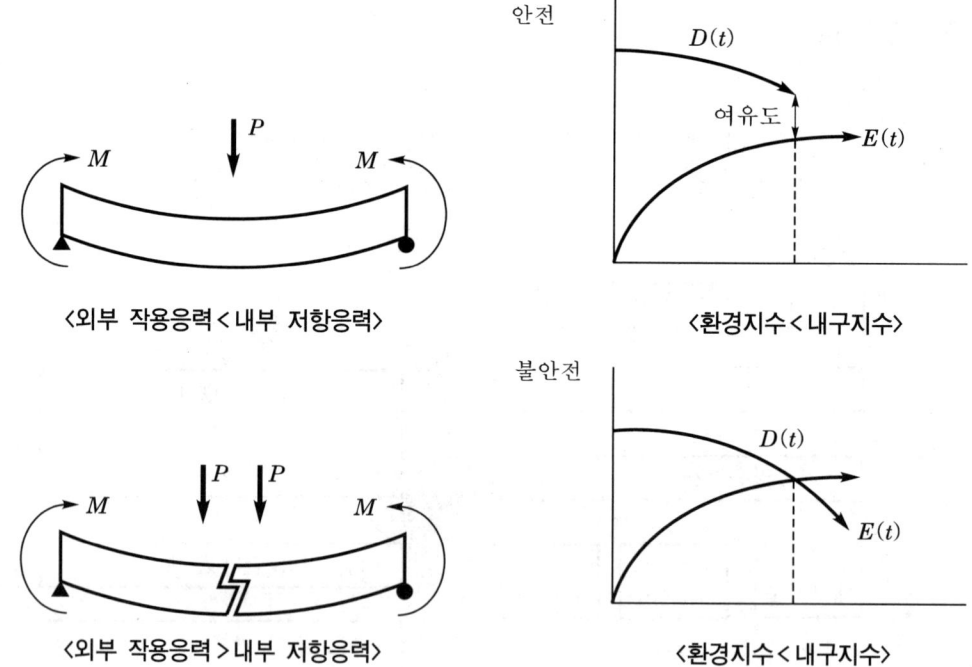

〈외부 작용응력 < 내부 저항응력〉

〈환경지수 < 내구지수〉

〈외부 작용응력 > 내부 저항응력〉

〈환경지수 < 내구지수〉

V. 결 론

콘크리트 구조물이 특수한 환경에서 시공되는 경우에는 특수한 환경으로부터의 성능저하 인자에 대한 내구성 평가를 실시하여야 한다.

24-16 철근콘크리트 시방서상의 사용성과 내구성 　　　　　　　[00후, 10점]

I. 정 의

(1) 구조물에 외력이 작용할 때 구조물의 안전에 지장이 없는 범위에서 구조물에 대한 신뢰가 있어야 하는데, 이를 사용성이라 한다.

(2) 구조물이 주어진 환경조건하에서 설계 공용기간 동안에 안정성, 사용성, 미관을 갖도록 유지되어야 하는데 이를 내구성이라 한다.

(3) 예컨대 구조 계산상 처짐량이 10cm 발생하더라도 구조상으로는 하자가 없지만 구조물 사용에 위험을 느낀다면 사용상 위험을 느끼지 않을 정도로 처짐량을 허용침하량 이하가 되게 하여 사용성을 높여야 한다.

II. 검토사항

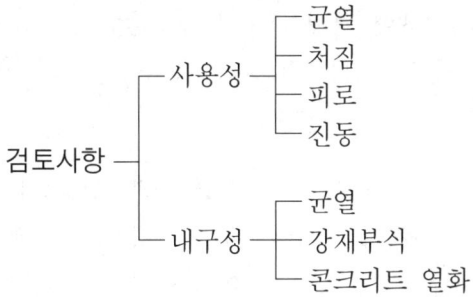

III. 사용성 검토사항

(1) 균열
　① 구조물의 기능, 내구성 및 미관 등의 사용목적에 손상을 주는가에 대하여 검토
　② 휨모멘트, 전단, 비틀림 모멘트, 축방향력에 의하여 발생되는 균열 검토
　③ 수밀성이 요구되는 구조에서는 소요수밀성을 갖는 허용균열폭으로 검토
　④ 미관이 중요시되는 미관상의 허용균열폭을 설정하여 균열 검토

(2) 처짐
　① 휨을 받는 구조물이나 부재의 처짐 및 변형이 구조의 강도, 기능, 사용성, 내구성 및 미관에 손상을 주지 않는 충분한 강성 보유

② 하중 작용시에 순간적으로 발생하는 단기처짐과 변형 및 장기간에 걸쳐 지속적으로 발생하는 장기처짐과 변형

③ 구조물이나 부재의 단기 및 장기처짐량은 허용침하량 이하

(3) 피로

① 충격을 포함한 사용활하중에 의한 철근의 응력범위에 따른 피로에 대하여 검토

② 반복하중에 의한 철근의 응력이 규정값을 초과하는 경우에 피로의 안정성 검토

③ 피로검토가 필요한 구조부재에서 철근은 구부리지 않고 사용

(4) 진동

내진설계의 기준에 의한 검토

IV. 내구성 검토사항

(1) 균열

① 콘크리트 표면의 균열폭을 환경조건, 덮개, 강재부식에 대한 균열폭 이하로 제어하는 것이 원칙

② 공용기간이 짧은 구조 또는 콘크리트 내에 강재가 부식하지 않도록 표면이 잘 보호되어 있는 구조 및 가설구조물 등은 균열을 검토하지 않음

(2) 강재부식

① 내구성에 관한 균열폭을 검토할 경우에는 구조물이 놓이는 환경조건 고려

② 강재부식에 대한 환경조건은 건조한 환경, 습윤 환경, 부식성 환경, 극심한 부식성 환경의 4종류로 분류

(3) 콘크리트 열화

① 초기단계 기간에 환경 영향으로 중성화, 염분침투, 황산염 축적 등의 현상으로 표면보호층 손상 발생

② 구조기능의 현저한 약화가 나타나는 전파단계

25-1	해안 콘크리트 구조물의 염해 발생원인과 방지대책에 대하여 설명하시오.
	[02후, 25점]
25-2	콘크리트의 염해(Chloride Attack) [07전, 10점]
25-3	해사 사용 염해대책 [95전, 20점]
25-4	염분과 철근방청 [03전, 10점]

I. 개 요

(1) 염해란 콘크리트 중에 염화물(CaCl)이 철근을 부식시킴으로써 Con'c 구조체에 손상을 입히는 현상을 말한다.

(2) 염해에 대한 피해를 줄이기 위해서는 배합수, 골재, 시멘트 등에 대한 철저한 품질시험이 필요하며, 현장에서도 염도측정을 통한 지속적인 관리가 필요하다.

II. 염해 발생 매커니즘

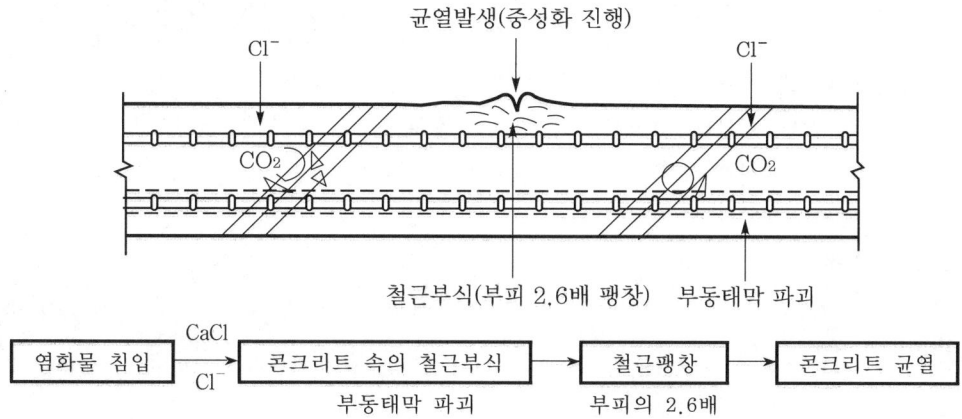

III. 염해의 발생원인

(1) 염화물이온 과대 함량

① 염화물 함유량 규제치(염화물이온량)

구 분	규제치
모래	건조중량의 0.02% 이하
콘크리트	$0.3 kg/m^3$ 이하
배합수	$0.04 kg/m^3$ 이하

② 염화물 함유량 규제치보다 높은 함량의 재료 사용

(2) 해양환경 내에서의 구조물 축조
  ① 해변으로부터 1km 이내는 해양환경에 영향을 받음
  ② 해양환경 내 콘크리트 표면의 염화물 농도

해안으로부터의 거리(m)	해안선	100	250	500	1,000
염화물 농도(kg/m³)	9.0	4.5	3.0	2.0	1.5

  ③ 콘크리트 표면에서부터 염화물 침투

(3) 해사사용
  ① 해사사용시 충분한 세척 미비
  ② 해사 세척기준

자연강우	6개월 이상 방치
인공세척	6배 이상의 물로 세척(용량대비)

(4) 외부 마감공사 누락
  ① 콘크리트 마감면 위에 염화이온 침투를 방어할 수 있는 유효한 마감 누락
  ② 방수마감이 효과적임

(5) 콘크리트 내부 염화물량 과다
  ① 콘크리트 내부에 염화물량이 기준치 초과
  ② 철근은 부식시켜 구조체의 내구성 저하

Ⅳ. 염해 대책

1. 재료

(1) 청정수
  ① 물은 깨끗하고 유해량의 기름, 산, 알칼리, 유기불순물 등이 포함되어서는 안 된다.
  ② 마실 수 있는 정도면 좋고, 염도측정을 실시해서 허용치 이하가 되어야 한다.

(2) 중용열 Portland Cement
  ① 중용열 Portland Cement는 경화의 진행속도가 느리나 장기강도가 크다.
  ② 염해에 대한 저항성이 크다.

(3) 해사의 염분함유량 준수
  ① 해사를 쓰는 것은 골재의 부족현상으로 어쩔 수 없는 현실이나 골재의 염분함유량은 허용치 이하여야 한다.

② 강우, 살수 및 하천 모래를 혼합하여 염분함유량을 감소시킨다.

(4) AE제

① AE제를 사용하여 Con'c의 강도, 내구성, 수밀성을 증대시킨다.

② 강도, 내구성, 수밀성 등이 좋아지면 염해에 대한 저항력이 높아진다.

2. 배합

(1) 물시멘트비 감소

① 물시멘트비가 작아지면 강도, 내구성, 수밀성이 좋아진다.

② Con'c의 강도, 내구성, 수밀성이 커지면 염해에 대한 저항성이 높아진다.

(2) Slump치

Slump치는 염해에 대해 직접적인 영향은 없으나 Slump치가 작아지면 Con'c의 강도, 내구성, 수밀성이 좋아지고 염해에 대한 저항성이 향상된다.

(3) 굵은 골재 최대치수

① 굵은 골재 최대치수를 크게 하여 강도, 내구성, 수밀성을 높인다.

② 콘크리트의 강도가 높아지면 염해에 대한 저항성도 높아지게 되는 것이다.

(4) 잔골재율

① 잔골재율이 작아지면 Con'c의 강도가 좋아진다.

② 강도, 내구성, 수밀성이 좋아지므로 염해에 대한 저항력이 커지게 된다.

3. 시공

(1) 콘크리트 표면 Coating

① 제물치장 Con'c로 할 수 있으며, 방수 및 방청성을 높인다.

② Con'c 표면에 도막방수 등을 실시한다.

(2) 피복두께

① 시공시 Spacer를 설치하여 피복두께를 유지한다.

② 균일한 피복두께를 유지하는 것은 철근의 부식 및 염해방지의 효과가 있다.

(3) 철저한 다짐

① 다짐을 철저히 하고, 간극률을 작게 하여 철근 Con'c의 강성을 높인다.

② 철근 Con'c의 강성은 염해에 대한 저항력을 증대시킨다.

4. 철근방청

(1) 아연도금
① 철근 아연도금은 염해에 대한 저항력이 높다.
② 철근의 염화물 이온반응을 억제한다.

(2) Epoxy Coating
① Epoxy Coating은 철근의 방식성을 높인다.
② Spray를 사용하여 평균 도막두께를 $150{\sim}300\mu m$ 정도로 유지시킨다.

(3) 방청제
① 방청제를 사용하여 철근의 부식을 억제한다.
② 아질산계 방청제를 사용한다.

(4) 철근의 부동태막 보호
① 강알칼리(pH 12.5~13) 속의 철근표면에 얇은 태막(수산화제2철)이 형성되는 것을 철근의 부동태막이라 한다.
② 철근의 부동태막은 강알칼리성에서만 유지되며, 철근의 부식을 막아준다.

V. 결 론

해사의 사용은 강모래의 품귀현상으로 인해 어쩔 수 없는 현실이 되었으며 이제는 해사를 사용하되 콘크리트에 영향을 주지 않는 범위까지 품질을 확보할 수 있느냐가 중요한 문제이다.

26-1 콘크리트의 탄산화(Carbonation) [08중, 10점]

Ⅰ. 정 의

(1) 탄산가스, 산성비 등의 영향으로 Con'c가 수산화칼슘(강알칼리) 상태에서 탄산칼슘
(약알칼리) 상태로 변화하는 현상을 탄산화(Carbonation)라고 한다.

(2) 중성화(탄산화)를 방지하기 위해서는 양질의 재료와 적당한 강도가 확보되는 배합
설계를 통하여 철저한 시공관리를 해야 한다.

Ⅱ. 중성화 이론

(1) 화학식

$$Ca(OH)_2 + CO_2 \longrightarrow CaCO_3 + H_2O$$

(2) 내구성 저하

철근의 부식 → 부피팽창 → Con'c 균열 → Con'c 열화

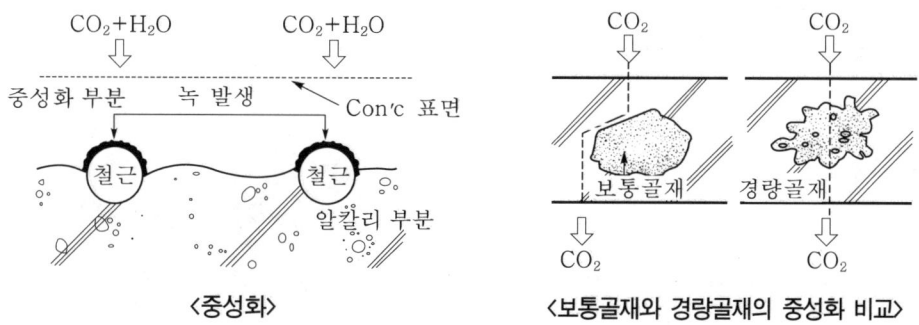

<중성화>　　　　　　　<보통골재와 경량골재의 중성화 비교>

Ⅲ. 원 인

(1) 탄산가스의 농도가 클 경우

(2) 물시멘트비가 클 경우

(3) 경량골재의 사용

(4) 혼합시멘트의 사용

Ⅳ. 대 책

(1) 혼화제(AE제, AE감수제 등) 사용
(2) 피복두께를 두껍게
(3) 장기재령 유지
(4) 습도는 높고 온도는 낮게 유지
(5) 다짐 및 양생을 충분히 할 것

27-1	Con'c 알칼리 골재반응	[95전, 20점]
27-2	콘크리트 알칼리 골재반응	[97전, 20점]
27-3	알칼리 골재반응	[09중, 10점]
27-4	고강도 콘크리트의 알칼리 골재반응에 대하여 기술하시오.	[04후, 25점]

I. 개 요

(1) 알칼리 골재반응이란 시멘트 중의 알칼리금속(Na와 K) 성분과 골재 중의 실리카 (SiO₂)가 물속에서 장기간 반응하여 규산소다(규산칼슘)를 만들고, 이때 팽창압에 의해 콘크리트에 균열이 발생하는 현상을 말한다.

(2) 알칼리 골재반응에 대응하기 위해서는 골재는 쇄석이 아닌 실리카 성분이 적은 강 자갈을 사용하고, 시멘트는 저알칼리형을 사용하며, 콘크리트 구조체는 습기를 방 지하여 항상 건조상태를 유지해야 한다.

II. 알칼리 골재반응의 종류

(1) 알칼리 실리카반응
(2) 알칼리 탄산염반응
(3) 알칼리 실리게이트반응

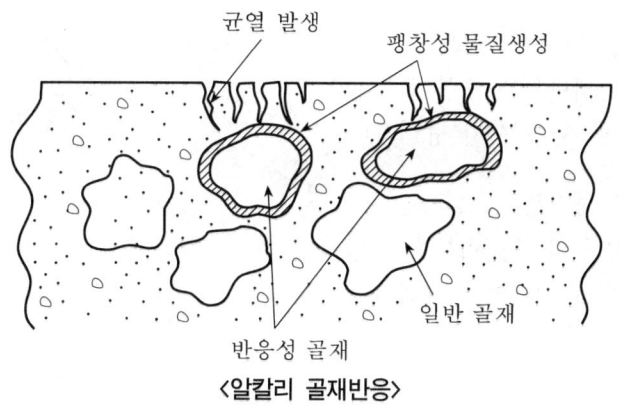

〈알칼리 골재반응〉

III. 발생원인

(1) 알칼리 반응성 물질(Silica, 황산염 등)의 양이 많은 경우
(2) Con'c 중의 수산화알칼리 용액의 양이 많은 경우
(3) 습도가 높거나 습윤 상태일 경우

(4) Con′c 중의 수분이동으로 알칼리가 농축되었을 경우

(5) 단위시멘트량이 너무 많은 경우

(6) 제치장 Con′c인 경우

Ⅳ. 방지대책

(1) 골재

알칼리 골재반응에 대하여 무해하다고 판정된 골재를 사용해야 하므로, 쇄석이 아닌 강자갈을 사용한다.

(2) 저알칼리형 시멘트

저알칼리형의 포틀랜드 시멘트(Na_2O당량 0.6% 이하)를 사용한다.

(3) 알칼리 총량 제한

콘크리트 $1m^3$당의 알칼리 총량을 Na_2O당량 3.0kg 이하로 한다.

(4) 방수성 마감

방수성 마감을 철저히 하면 알칼리 골재반응을 감소시킬 수 있다.

(5) Pozzolan

알칼리 골재반응은 고로슬래그, 플라이애시, 실리카퓸 등의 Pozzolan 사용으로 감소되는 효과가 있다.

(6) 제치장 콘크리트의 억제

알칼리 골재반응은 수분이나 습기의 영향을 많이 받으므로 제치장 콘크리트보다는 외부마감을 한 경우가 유리하다.

(7) 수분의 이동방지

콘크리트 중의 수분이동은 알칼리 골재반응을 촉진시키므로 구조체의 수밀성을 높이는 공법의 채택이 중요하다.

(8) 알칼리 공급원 억제

알칼리 공급원으로는 쇄석(깬자갈)에 부착된 실리카와 해사에 부착된 염분(NaCl 등) 등이 있으며 이를 억제하기 위해서는 강자갈의 공급이 필요하다.

(9) 단위시멘트량 최소

단위시멘트량이 너무 많은 배합은 알칼리 골재반응에 대해 불리하므로 최소화하여야 한다.

(10) 반응성 광물 억제

반응성 광물로는 화산유리, 크리스트 바라이트, 트리미 마이트, 오팔, 석영 등이 있으므로 사전에 이들 물질을 제거하고 사용해야 한다.

(11) 다습(多濕) 방지

콘크리트가 다습하거나 습윤상태에 있을 때 알칼리 골재반응이 증가하므로 항상 건조상태를 유지하여야 한다.

(12) 수산화알칼리의 억제

콘크리트의 세공용액 중의 수산화알칼리와 골재 중의 실리카 물질이 반응하여 알칼리 골재반응을 일으키므로 수산화 알칼리 성분이 적은 시멘트의 사용이 필요하다.

(13) 화학적 안전성

콘크리트는 어떠한 화학적 작용에 대해서도 안전성을 확보하여야 한다.

V. 결 론

(1) 알칼리 골재반응이 진행되면 균열, Gel의 석출, 부재의 엇갈림 및 이동 등이 생기고, 무근콘크리트의 경우에는 거북이등 모양의 균열, 철근 콘크리트에서 주근 방향으로 균열이 발생하므로 사전준비 단계에서의 철저한 시공관리가 필요하다.

(2) 알칼리 골재반응을 방지하기 위해서는 Pozzolan 및 고성능 감수제를 이용한 고강도 콘크리트의 시공이 필요하며, 이렇게 되면 콘크리트 중의 수분이동 및 Gel층 형상을 방지할 수 있다.

| 27-5 | 콘크리트의 황산염 침식(Sulface Attack) | [05중, 10점] |
| 27-6 | 황산염과 에트린자이트(Ettringite) | [06전, 10점] |

I. 정 의

(1) 콘크리트 구조체를 구성하는 재료들이 서로 화학반응을 하거나 외부환경의 영향 등에 의해 화학반응을 일으켜 구조체의 강도저하 및 열화되는 것을 화학적 침식이라고 한다.

(2) 황산염 침식은 배합수 중의 황산염이 시멘트 중의 칼슘알루미나와 접촉하여 칼슘설포 알루미네이트를 형성하여 체적이 팽창하게 되는 현상을 말한다.

II. 황산염 침식에 의한 피해

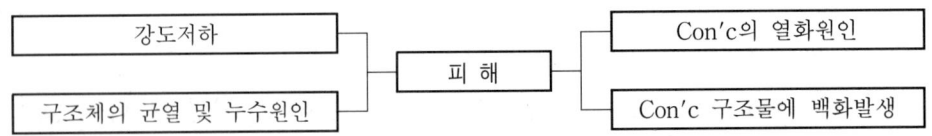

III. 황산염의 영향

황산염은 시멘트의 수화에 의해 발생한 수산화칼슘과 반응하여 황산칼슘(석고)을 생성하여 체적을 증대시킨다.

(1) 체적팽창 발생

(2) 조직의 다공질화

(3) 철근의 부식 촉진

(4) 화학작용을 일으켜 동결융해

(5) 마모 촉진

IV. 에트린자이트(Ettringite)

(1) 정의

① 에트린자이트란 시멘트가 수화할 때 시멘트 중의 알루미네이트와 석고의 반응으로 생긴 침상결정의 광물을 말한다.

② 에트린자이트는 팽창시멘트에서 팽창을 촉진시키는 인자로서 많이 실용화되고 있는 실정이다.

(2) 특징

① 보통 포틀랜드 시멘트에 적당량을 혼합하면 수화시 팽창하며, 건조수축을 보상한다.

② 과다 혼합시 팽창균열이 발생하므로 유의한다.

③ 팽창시멘트용으로 사용된다.

> **28-1** 콘크리트의 건조수축에 영향을 미치는 요인과 이로 인한 균열 발생을 억제하는
> 방법을 열거하시오. [01후, 25점]
> **28-2** 콘크리트의 건조수축 [02전, 10점]

Ⅰ. 개 요

(1) 콘크리트의 건조수축은 콘크리트 타설 후 내부의 수분이 증발하면서 콘크리트의
체적이 감소되며 수축되는 것이다.

(2) 건조수축은 구조물에 균열을 발생시키며, 그로 인한 물의 침입으로 철근이 부식하
여 구조체의 강도를 저하시킬 수 있으므로 최대한 억제시켜야 한다.

Ⅱ. 건조시 콘크리트에 발생하는 응력

(1) 콘크리트의 수축력

(2) 주변에 기타설된 콘크리트 및 지반의 구속력

(3) 콘크리트의 탄성계수

(3) 콘크리트의 Creep와 응력이완

Ⅲ. 건조수축에 영향을 미치는 요인

(1) 물시멘트비
① 과다의 W/C비
② 콘크리트 타설 후 잔류수의 증발
③ 수화작용시 콘크리트의 체적 감소

(2) 시멘트의 종류
① 분말도가 높은 시멘트 사용
② 오랜 수화작용에 따른 수축 발생

(3) 골재의 형상
① 편평골재 사용시
② 불량 형상의 골재 사용
③ 다공체골재 사용

(4) 사용 혼화제
① 감수제 사용으로 건조수축 감소
② 사용수량 감소효과의 혼화제 사용 장려

(5) 배합
① 사용 단위시멘트량
② 시멘트 페이스트의 수축

(6) 공기량
① 콘크리트 속의 공기량
② 가능한 한 최소의 공기량 적용

(7) 입지조건
① 구조물 설치현장의 건조 조건
② 상대습도

(8) 시멘트의 화학성분
① 시멘트의 석고함유량
② 화학성분이 동일한 경우

IV. 균열 발생을 억제하는 방법

(1) 수축저감제
건조시 발생하는 수축을 감소시키는 효과를 가진 혼화제로서 적정량을 사용하게
되면 건조수축을 방지할 수 있다.

(2) 콘크리트 팽창성
건조수축을 감소시키기 위해서는 콘크리트에 팽창성을 부여하고 물의 물리적 특성
을 변화시키는 유기계 혼화제를 사용하여야 한다.

(3) 수축저감 콘크리트
수축저감 콘크리트란 경화 후 건조수축량을 감소시키는 콘크리트로서 사용량의 증
가에 따라 효과도 비례한다.

(4) Cement Paste
건조수축은 주로 시멘트 페이스트의 수축에 의한 것이기 때문에 Cement Paste의
양을 가능한 한 적게 함으로써 건조수축의 양을 감소시킬 수 있다.

(5) 석고량 증대

석고는 콘크리트의 건조수축을 감소시키는 성질이 있어 사용량을 증가하면 수축량이 감소한다.

(6) 중용열 및 플라이애시 시멘트

중용열 포틀랜드 시멘트 및 플라이애시 시멘트의 수축률은 다른 시멘트에 비해 상대적으로 낮다.

(7) 골재의 수축률 감소

콘크리트의 구성재료 중 골재의 수축률을 낮추고 탄성계수는 높이며 골재량이 많도록 하면 건조수축을 줄일 수 있다.

(8) 암석의 종류

연산암, 점판암 등을 이용한 콘크리트는 건조수축이 크고, 석영, 석회암, 화강암 등을 사용한 콘크리트는 건조수축이 작다.

(9) 해사 사용금지

해사를 사용한 콘크리트는 건조수축이 증대되므로 제염장치 등의 염분 저감대책이 필요하다.

(10) AE제 · 감수제

단위수량을 감소시키기 때문에 간접적인 효과로 건조수축을 감소시킨다.

(11) 단위수량 감소

단위수량은 콘크리트의 건조수축에 큰 영향을 미치므로 배합시 적절한 설계가 필요하다.

(12) 습도 증대

습도가 낮을수록 수축은 급속히 진행되므로 양생시 높은 습도의 유지가 필요하다.

(13) 단면치수 증대

콘크리트의 단면치수를 크게 하면 건조수축의 양을 감소시킬 수 있다.

(14) 콘크리트의 구속

콘크리트 구조체가 구속되지 않을 경우 건조수축에 의한 균열은 전혀 발생되지 않는다.

(15) 골재

콘크리트의 구성재료 중 골재는 건조수축을 억제하므로 그 양을 증대시킬 필요가 있다.

(16) 증기양생

　　습윤양생은 건조수축에 큰 영향을 미치지 않으므로 증기양생으로 하는 것이 건조
　　수축의 감소에 효과적이다.

V. 결 론

(1) 건조수축은 콘크리트 표면에 균열을 발생시키는 원인으로서 콘크리트가 지속적으
　　로 변화되어 감에 따라 균열의 폭이 넓어져 철근을 부식시키게 되며 이때의 팽창
　　력으로 균열이 가속화되어 결국에는 구조체의 사용 여부가 불투명하게 되는 결과
　　를 초래하게 되는 것이다.

(2) 건조수축은 재료의 선택, 배합설계, 시공 등의 전 과정을 통한 품질관리가 필요하
　　며, 특히 양생을 철저히 시행하게 되면 감소되리라고 본다.

28-3 콘크리트 자기수축현상 [10후, 10점]

Ⅰ. 정 의

(1) 콘크리트의 자기수축(Autogenous Shrinkage)이란 콘크리트 타설 후 시멘트의 수화반응에 의한 경화과정에서 초결 이후 발생하는 체적감소 현상을 말한다.
(2) 외부로부터의 수분이동, 하중, 온도변화, 구속 등이 아닌 내부의 물리적·화학적인 구조가 변화하여 콘크리트의 체적이 감소하는 현상이다.
(3) 시멘트의 수화과정에서 콘크리트 속의 배합수가 소비되어 콘크리트의 체적이 감소하는 현상으로 건조수축과는 차이가 있다.

Ⅱ. 콘크리트 수축의 분류

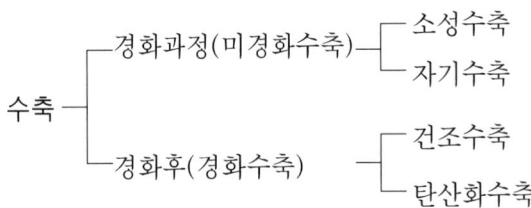

Ⅲ. 영향인자

(1) 시멘트의 종류
(2) 배합설계
(3) 혼화재료
(4) 콘크리트의 압축강도
(5) 콘크리트의 인장강도
(6) 탄성계수
(7) Creep

Ⅳ. 특 징

(1) 시멘트의 수화반응에 의해 배합수가 소비되면서 콘크리트 내부의 상대습도 감소
(2) 건조수축은 수분이 외부로 증발하면서 발생하지만 자기수축은 수화반응에 의한 수분의 소비에 의해 발생

(3) 배합수가 상대적으로 적은 고강도 콘크리트에서 자기수축이 크게 발생

(4) 고강도 콘크리트에서 자기수축으로 인한 균열 발생 우려가 높음

(5) Mass 콘크리트에서는 건조수축에 자기수축이 포함된다.

V. 자기수축으로 인한 콘크리트의 피해

(1) 콘크리트 내부의 응력 발생

(2) 콘크리트의 균열 발생

> **29-1** 굳지 않은 콘크리트의 성질과 구비조건에 대하여 설명하시오. [95후, 25점]
>
> **29-2** 굳지 않은 콘크리트의 성질 [03전, 10점]

Ⅰ. 개 요

(1) 콘크리트의 성질을 굳은 Con'c 성질과 굳지 않은 Con'c 성질로 구분할 수 있다.

(2) 굳지 않은 Con'c의 성질에는 시공성, 반죽질기, 성형성, 마감성 등이 있으며, 이러한 성질들을 만족시키기 위해서는 적절한 혼화재료의 사용이 중요하다.

Ⅱ. 굳지 않은 콘크리트의 성질

(1) Workability(시공연도)

① 균일하고 밀실한 콘크리트를 치기 위해서는 Con'c 운반에서 타설까지의 공정에서 재료분리가 발생하지 않도록 하며, 시공법에 따른 적당한 시공연도를 갖도록 해야 한다.

② 이 작업성에 관련한 Con'c의 성질을 Workability라 한다.

(2) Consistency(반죽질기)

① 반죽질기는 일반적으로 단위수량의 다소에 Con'c 연도를 표시한 것이다.

② 반죽질기는 Con'c의 전단저항과 유동속도에 관계된다.

③ 콘크리트의 반죽질기는 Workability를 나타내는 지표가 될 수도 있다.

(3) Plasticity(성형성)

① 거푸집에 쉽게 다져 넣을 수 있는 콘크리트의 성질을 말한다.

② 거푸집을 제거하면 천천히 형상이 변하기는 하지만 허물어지거나 재료가 분리되지는 않는다. 이러한 Con'c의 성질을 말한다.

(4) Finishability(마감성)

굵은 골재 최대치수, 잔골재율, 잔골재의 입도, 반죽질기 등에 따르는 마무리하기 쉬운 정도를 나타내는 굳지 않은 Con'c의 성질을 말한다.

(5) Compactibility(다짐성)

① 다짐의 용이한 정도를 나타내는 콘크리트의 성질이다.

② 혼화재료의 사용은 다짐성을 좋게 하고, Con'c의 품질도 좋아진다.

(6) Mobility(유동성)

① Con'c의 유동성을 나타내는 콘크리트의 성질을 말한다.

② 유동화제의 사용은 유동성을 좋게 하고, 시공성도 향상시킨다.

(7) Viscosity(점성)

① Con'c 내에 마찰저항(전단응력)이 일어나는 성질을 말한다.

② 찰진 성질을 말한다.

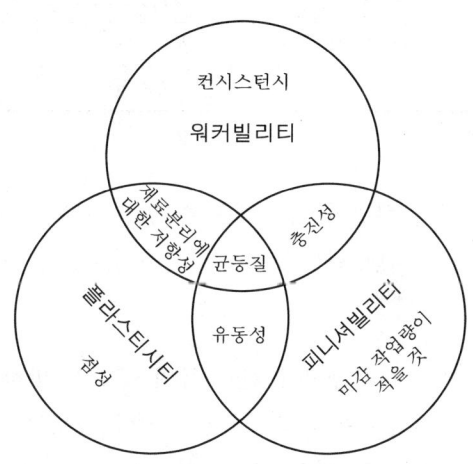

〈굳지 않은 콘크리트의 제성질 관계〉

Ⅲ. 굳지 않은 콘크리트의 구비조건

(1) 물시멘트비

① Con'c에 혼합된 Cement Paste 중 물과 시멘트의 중량백분율

② 물시멘트비가 높을수록 강도가 저하되고, 공극률이 높아져 건조수축에 의한 콘크리트의 균열발생의 원인이 된다.

③ 물시멘트비는 콘크리트강도에 가장 많은 영향을 미친다.

(2) Slump값

① Slump값이 큰 콘크리트를 사용하면 콘크리트 작업은 쉽지만 블리딩이 많아지고, 굵은 골재가 모르타르로부터 분리되는 재료분리 현상이 발생한다.

② Slump값은 콘크리트 시공연도의 양부를 결정하며, 클수록 Workability가 향상된다.

(3) 굵은 골재 최대치수

① 골재는 유해량의 먼지, 흙, 유기불순물, 염화물 등을 포함하지 않고, 소요의 내화성 및 내구성을 가진 것으로 한다.

② 굵은 골재의 최대치수는 다음 표의 범위에서 철근간격의 3/4 이하 또는 피복두께 이하가 되도록 정한다.

〈부재 종류에 따른 골재의 최대치수〉

부재종류	굵은 골재의 최대치수(mm)	
	자갈	부순 돌, 고로슬래그, 부순 돌
기둥, 보, 슬래브, 벽	20, 25	20
기초	20, 25, 40	20, 25, 40

(4) 잔골재율

① 양호한 품질의 콘크리트를 얻을 수 있는 범위 내에서 가능한 한 적게 한다.

② 잔골재율이 커지면 단위수량과 단위시멘트량이 증가한다.

(5) 단위수량

① Con′c 1m^3 중에 포함되어 있는 물의 중량을 말한다.

② 단위수량이 많아지면 슬럼프값은 커지나 강도는 저하된다.

③ 단위수량은 설계기준강도와 시공연도가 허용되는 한도 내에서 최소화한다.

(6) 공기량

① 콘크리트에 적당한 양의 연행공기를 분포시키면 콘크리트의 시공연도가 향상된다.

② AE제를 첨가하는 경우 4~7% 정도의 값이 일반적인 표준이다.

③ 공기량이 1% 증가하면 Slump값은 2cm 정도 커지고, 단위수량은 3% 감소한다.

(7) 강도

① 단위수량을 적게 하고, 굵은 골재 치수는 크게 하며, 잔골재율은 낮춘다.

② 시공연도를 고려한 현실성 있는 배합이 콘크리트의 품질을 향상시킨다.

(8) 내구성

① 콘크리트의 물시멘트비를 작게 하여 콘크리트 내의 공극을 줄여야 건조수축에 의한 균열을 방지하여 우수한 품질의 콘크리트를 만들 수 있다.

② 시공성을 향상시키기 위해서는 적정한 양의 유동화제를 사용하여 강도 및 내구성을 증대시킨다.

(9) 수밀성

① 콘크리트의 공극률을 최소화하고 배합설계시 Silica Fume을 채택하여 수밀성을 높여야 한다.

② 콘크리트에 매우 미세한 입자를 혼합하면 블리딩과 재료분리가 감소하는데, 이것을 안정화 효과(Stabilizing Effect)라 한다.

(10) Workability

① 워커빌리티의 양부는 Consistency(반죽질기)에 좌우된다.

② Workability가 좋은 것은 작업성은 좋으나, 재료분리가 발생하여 콘크리트의 품질을 저하시킬 우려도 있다.

Ⅳ. 결 론

(1) 콘크리트는 강도, 내구성, 수밀성, 유동성, 철근의 부착성 등이 있어야 하며, 이러한 조건들을 갖추어야 구조체의 강성을 높일 수 있다.

(2) Slump값을 최소로 하는 범위 내에서 성능이 확보된 혼화재료를 사용하고 시공연도를 좋게 하여 미경화된 콘크리트의 강성을 높이는 것이 중요하다.

I. 정 의

(1) 일정한 지속하중하에 있는 Con′c가 하중은 변함이 없는데도 불구하고 시간이 지나
면서 변형이 점차로 증가하는 현상을 말한다.

(2) Creep 변형은 탄성변형보다 크며, 지속응력의 크기가 정적강도의 80% 이상이 되
면 파괴현상이 발생하는데 이것을 Creep 파괴라 한다.

II. 변형과 시간의 관계

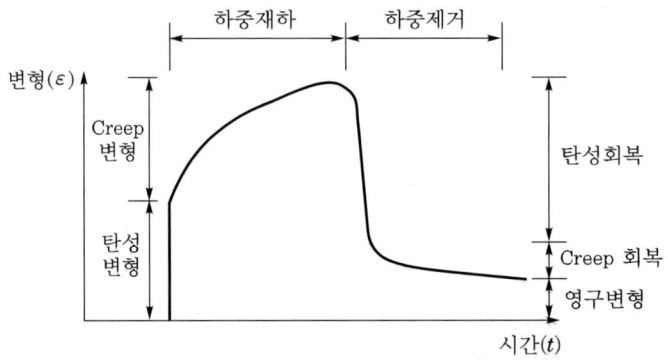

III. 특 징

(1) 같은 Con′c에서 응력에 대한 Creep의 진행은 일정함

(2) 재하기간 3개월에 전 크리프의 50%, 1년에 약 80%가 완료됨

(3) 온도 20~80℃ 범위에서는 온도의 상승에 비례함

(4) 정상 Creep(2차 Creep) 속도가 느리면 Creep 파괴시간이 길어짐

(5) Creep 변형이 일정하게 되어 파괴하지 않을 때의 지속응력 또는 지속응력의 정적
강도에 대한 비율(응력비)을 Creep 한도(정적강도의 75~90% 정도)라고 하며, 피
로한도에 해당하는 것임

IV. 영향을 주는 요인(커질 경우)

(1) 재령이 짧을수록

(2) 응력이 클수록

(3) 부재의 치수가 작을수록

(4) 대기 중 습도가 낮을수록

(5) 대기의 온도가 높을수록

(6) 물시멘트비가 클수록

(7) 단위시멘트량이 많을수록

(8) 다짐이 나쁠수록

V. Creep 파괴

(1) 변천 Creep(1차 Creep) : 변형속도가 시간이 지나면서 감소

(2) 정상 Creep(2차 Creep) : 변형속도가 일정하거나 최소로 변형

(3) 가속 Creep(3차 Creep) : 변형속도가 차차 증가하여 파괴

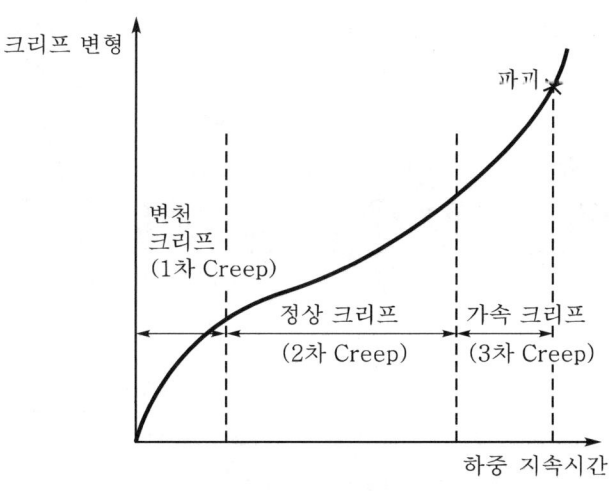

〈크리프 파괴〉

VI. 건조수축의 영향요인

(1) Cement의 성분 및 분말도

(2) 골재의 형태, 크기 및 흡수율

(3) W/C비, 함수비, 단위수량

(4) 혼화재료의 유무 및 종류

(5) 배합성분

(6) 양생방법

(7) 부재의 크기

Ⅰ. 개 요

콘크리트 구조물에 하중이 계속적으로 반복하여 작용하게 되면 콘크리트가 피로해져 피로한도에 도달하게 되는데, 이 한도를 초과하여 파괴될 때를 피로파괴라고 한다.

Ⅱ. 피로에 영향을 받는 구조물

(1) 해양구조물
(2) 도로교량, 송신탑
(3) 고속철도 구조물
(4) 공장의 크레인 거더, 연돌
(5) 기계기초

Ⅲ. 피로파괴

(1) 정 의
구조물에 하중이 반복적으로 작용하여 구조물에 피로가 적재되어 정적 파괴하중보다 작은 하중에도 구조물이 파괴될 때를 피로한도라고 한다.

(2) 특 징
① 콘크리트의 비탄성 변형률이 클수록 피로파괴에 유리하다.
② 횡방향의 압력이 적을수록 피로파괴에 유리하다.
③ 낮은 반복하중은 콘크리트의 강도를 증가시킨다.
④ 피로파괴는 콘크리트의 재령 및 강도와는 관계가 없다.

Ⅳ. 피로한도

(1) 정 의

반복되는 하중의 응력이 일정한 수준 이하일 때 구조물은 파괴되지 않으므로 이때의 하중을 피로한도라고 한다.

(2) 특 징

① 피로한도보다 낮은 반복하중은 10% 내외의 정적강도를 증가시킨다.
② 피로한도보다 낮은 반복하중은 피로강도를 개선시킨다.
③ 일반적으로 콘크리트 구조물에는 피로한도가 없다.
④ 피로한도 이상의 하중을 되풀이하면 구조물이 붕괴된다.

Ⅴ. 피로강도

(1) 전 의

구조물이 무한반복 하중에 대해 파괴되지 않는 강도의 최대치를 피로강도라고 한다.

(2) 특 징

① 일반콘크리트에서 10,000회의 반복하중에 견디는 한계이다.
② 피로강도는 하중의 반복횟수, 응력 변동범위에 의해 결정된다.
③ 반복하중이 응력진폭이 일정한 경우와 변화하는 경우에 따라 피로강도는 변한다.
④ 콘크리트는 건조상태가 양호할수록 피로강도가 크다.

Ⅵ. 피로 발생요인

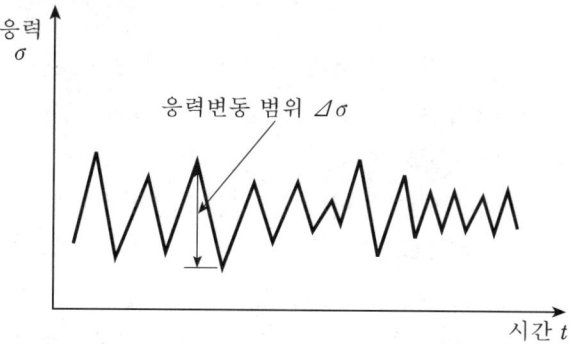

(1) 기온의 차이가 많은 지역이나 계절
(2) 기계, 기구 등 중량물의 운행

　　(3) 중량 차량의 반복운행으로 인한 운동하중
　　(4) 파도 등과 같은 지속적이고 반복적인 하중

Ⅶ. 피로의 특성

　　(1) 피로수명 연장
　　　　콘크리트에서 비탄성변형률이 클수록 피로수명이 길어진다.

　　(2) 탄성변형률 증가
　　　　하중의 반복횟수가 증가하면 탄성변형률도 증가한다.

　　(3) 피로한도 개선
　　　　피로한도보다 낮은 반복하중은 오히려 피로강도를 개선시킨다.

　　(4) 정적강도 증가
　　　　피로한도보다 낮은 반복하중은 5~15% 정도의 정적강도를 증가시킨다.

　　(5) 피로수명 증가
　　　　횡방향 압력이 매우 크지만 않다면 오히려 피로수명이 다소 증가한다.

　　(6) 피로강도 증가
　　　　굵은 골재 최대치수를 낮추면 콘크리트의 균질성이 좋아져 피로강도가 증가한다.

　　(7) 콘크리트 성질 개선
　　　　낮은 반복하중은 콘크리트를 치밀하게 하고 강도도 증가시킨다.

Ⅷ. 유의사항

　　(1) 피로균열은 정적파괴의 경우보다 파괴변형률이 크고 광범위하므로 유의
　　(2) 일반적으로 콘크리트는 피로한도가 없으므로 유의
　　(3) 최소 응력값이 낮을수록 피로수명은 낮아지므로 유의
　　(4) 피로파괴는 콘크리트의 재령이나 강도의 크기와 무관하므로 유의
　　(5) 편심하중을 받는 콘크리트는 최대응력보다 낮은 응력을 받는 부분이 있으므로 응력을 균등하게 받는 콘크리트보다 유리할 수 있음
　　(6) 변동 진폭하중이 일정 진폭하중의 경우보다 해로우므로 유의

29-11 워커빌리티(Workability) 측정방법   [04중, 10점]

I. 정 의

콘크리트 Consistency는 콘크리트의 연도(軟度)를 말하는 것으로 Workability의 성질 중 하나이며, Workability는 콘크리트의 연도, 유동성, 소성, 비분리성, 시공의 난이도 및 마감성을 포함하는 성질이다.

II. Workability 측정방법의 분류(일반콘크리트)

$$
\text{Workability 측정방법}\atop(\text{Consistency})
\begin{cases}
\text{Slump Test} \\
\text{Flow Test} \\
\text{Ball Penetration Test} \\
\text{Vee-Bee Test}
\end{cases}
$$

III. 분류별 특성

(1) Slump Test

수밀성 평판 위의 시험통 속에 콘크리트를 채우고, 시험통을 제거하여 콘크리트의 무너진 높이를 측정하고 시험

(2) Flow Test

① 흐름판을 상하운동시켜 금속제 콘 속에 있는 콘크리트의 흐름값을 구하는 시험

② 흐름판을 10초에 15회 상하운동시켜 콘크리트의 반죽 직경을 측정하여 다음 식으로 흐름값(flow value)을 구한다.

$$흐름값(\%) = \frac{\text{시험 후의 직경(cm)} - 25.4\text{cm}}{25.4\text{cm}} \times 100$$

(3) Ball Penetration Test(구관입시험)

① 구관입시험기를 콘크리트 표면에 놓아 구(Ball) 자중에 의해 콘크리트 속으로 가라앉은 관입깊이 측정

② 포장콘크리트 등 평면타설된 콘크리트 반죽질기 측정

③ 관입값의 1.5~2배가 Slump값과 거의 비슷

(4) Vee-Bee Test

　① 진동으로 인해 콘크리트가 퍼져서 자유낙하하는 투명한 플라스틱 원판에 완전히 접하는 시간 측정

　② Slump Test가 어려운 비교적 된 비빔 Concrete에 적용

30-1 Prestressed Concrete(PSC) Grout 재료의 품질조건 및 주입시 유의사항에 대하여 기술하시오. [98중전, 20점]

30-2 PSC 그라우트(Grout)에 대하여 간단히 설명하고 시공상 유의할 사항에 대하여 기술하시오. [07전, 25점]

30-3 PSC강재 그라우팅 [10중, 10점]

I. 개 요

(1) 프리스트레스트 콘크리트 공법에서 사용되는 재료는 PS강재, 콘크리트, 그라우팅 등이 있으며, 긴장방법에 따라 프리텐션 방식과 포스트텐션 방식으로 나누어진다.

(2) PS강선을 긴장한 후 시스(Sheath) 내에 시멘트풀을 이용하여 PS강선과 콘크리트 부재가 일체될 수 있도록 가압장치를 이용하여 주입하는 것을 그라우팅이라고 한다.

II. PSC Grout(PSC강재 Grout)

1. 그라우팅의 목적

(1) PS강선의 부식방지

(2) PS강선 보호

(3) PS강선 이완 억제

(4) PS강선과 부재의 일체화

2. 품질조건

(1) 반죽질기

반죽질기는 덕트의 길이 및 형상, 시공시기, 기온, 덕트 속의 강재 단면적 등을 고려하여 적합한 값으로 선정한다.

(2) 팽창률

PSC 그라우트재의 팽창률은 10% 이하로 한다.

(3) 블리딩률

블리딩률은 3% 이하로 한다.

(4) 강도
재령 28일 압축강도 20MPa 이상이어야 한다.

(5) 염화물 함유량
PSC 그라우트 중의 전 염화물이온량은 $0.3kg/cm^2$로 한다.

(6) W/C비
PSC 그라우트의 물시멘트비는 45% 이하로 한다.

(7) 혼화재
PSC 그라우트에 사용하는 혼화재(지연제, 감수제, 알루미늄 분말)는 품질 및 사용 방법에 대해서 미리 책임기술자의 승인을 얻어야 한다.

Ⅲ. 주입시 주의사항(시공상 유의사항)

(1) 주입시기
긴장이 끝난 PSC 부재를 방치하게 되면 긴장재가 튀어나오는 사고, PS강선의 녹 발생 또는 부재의 파손을 유발할 우려가 있으므로 긴장재와 부재를 일체화하고 겸하여 녹발생 방지 목적으로 프리스트레싱이 끝난 직후 될 수 있는 한 빨리 해야 한다.

(2) 주입압
주입중 압력을 너무 높이는 것은 바람직하지 못하므로 주의해야 하며 일반적으로 그라우팅시의 압력은 최소 $3kg/cm^2$ 이상으로 하는 것이 바람직하다.

(3) 주입방법
① 주입은 그라우트 펌프로 천천히 해야 한다.
② 그라우트 재료는 그라우트 펌프에 넣기 전에 적당한 체를 사용하여 걸러야 한다.
③ 덕트가 긴 경우 주입구는 적당한 간격으로 두는 것이 바람직하다.

(4) 사용 믹서
① 5분 이내에 충분히 비빌 수 있는 것으로 용량이 충분한 것이어야 한다.
② 시멘트 입자를 분산시키는 강력한 것을 쓰는 것이 바람직하다.

(5) 공기유입 방지
압축공기로 직접 그라우트면에 압력을 가하는 방식의 펌프는 공기혼입 우려가 있으므로 사용해서는 안 된다.

(6) 에지테이트 사용방법

　① 그라우팅 재료는 주입이 끝날 때까지 천천히 휘저을 수 있는 것이어야 한다.

　② 혼입순서는 물 및 감수제, 시멘트, 기타 고운 분말의 순서로 투입하는 것을 표준으로 한다.

(7) 주입량

유출구로부터 균일한 반죽질기의 주입재가 충분히 유출될 때까지 중단해서는 안 된다.

(8) 한중 시공

　① 한중에 시공할 경우에는 주입 전에 깨끗한 물로 씻고 충분히 흡습시킨다.

　② 주입재의 온도는 10~25℃ 표준주입 후 적어도 5일간은 5℃ 이상 유지하는 것을 원칙으로 한다.

(9) 주입 전 청소

시스(Sheath)관 내는 주입작업 전에 깨끗한 물로 씻고 충분히 흡습시킨다.

(10) 그라우트 펌프

주입재를 천천히 공기가 혼입되지 않게 주입할 수 있는 것이어야 한다.

(11) 서중 시공

　① 주입재의 온도가 상승되지 않고 그라우트가 급결되지 않게 해야 한다.

　② 주입 전에 시스관에 물을 흘려 보내어 충분히 적셔준다.

30-4 PSC 부재의 프리텐션(Pre-tension) 및 포스트텐션(Post-tension) 제작방
법과 장·단점에 대하여 설명하시오. [07중, 25점]

30-5 프리텐션(Pretension)과 포스트텐션(Post-tension) 공법 [02후, 10점]

I. 개 요

(1) PSC는 콘크리트 부재에 발생하는 인장응력을 상쇄하기 위하여 미리 콘크리트 부
재에 PS강재로 압축력을 가한 콘크리트이다.

(2) Pretension 공법은 PS강재를 긴장한 상태에서 콘크리트를 타설한 후 긴장을 해체
하는 공법이고, Post Tension 공법은 콘크리트를 타설한 후 Sheats관 속에 있는
PS강재를 인장하는 공법이다.

II. 프리텐션(Pretension) 공법

(1) 정의

① PS강재를 긴장한 상태에서 Con′c를 타설하고, 경화 후 긴장을 해제하여 부재
내에 압축력이 생기게 한 것으로 인장강도가 증가한다.

② 설계기준강도가 30MPa 이상이며, 제조방법으로는 Long-Line 공법과 Indivi-
dual Mold 공법이 있다.

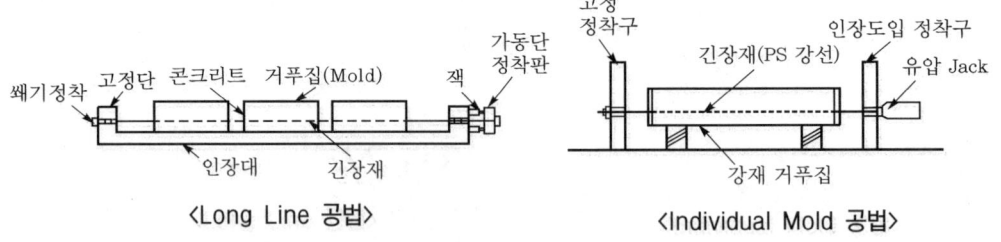

<Long Line 공법>   <Individual Mold 공법>

(2) 특징

① 설계하중하에서 구조물의 균열이 방지되고, 내구성이 증대됨

② 장 Span의 설계가 가능함

③ 부재에 확실한 강도와 안전성이 보장됨

④ 탄성 및 복원성이 큼

⑤ 거푸집공사, 가설공사 등이 축소됨

(3) 제조방법

　① Long Line 공법 : 여러 개의 부재를 한 번에 생산

　② Individual Mold 공법(단독몰드공법, 단독식) : 한 번에 1개의 부재

Ⅲ. 포스트텐션(Post-tension) 공법

(1) 정의

　① Sheath관을 배치하고, Con'c를 타설하여 경화한 후에(공장제작) PS강재를 긴장하여 Grout재를 주입한 후 2차 경화 후 긴장을 해제하는 방법(현장설치 및 긴장)이다.

　② 현장에 시공하는 방법으로 PS강재를 여러 차례에 걸쳐 긴장시키는 공법으로 토목에서는 교량 등에 많이 사용하고 있다.

(2) 특징

　① Sheath관을 이용

　② 탄력성 및 복원성이 뛰어남

　③ 장 Span의 설계가 가능

　④ 가설공사 등이 축소됨

　⑤ 설계하중하에서 구조물의 균열 방지

　⑥ 현장에서 Prestress 도입 가능

(3) 공법 분류

　① Freyssinet 공법

　② BBRV 공법 : 공법개발에 참여한 4명의 이름 머리글자로 명함

　③ Dywidag 공법

　④ VSL(Vorspann System Losinger) 공법

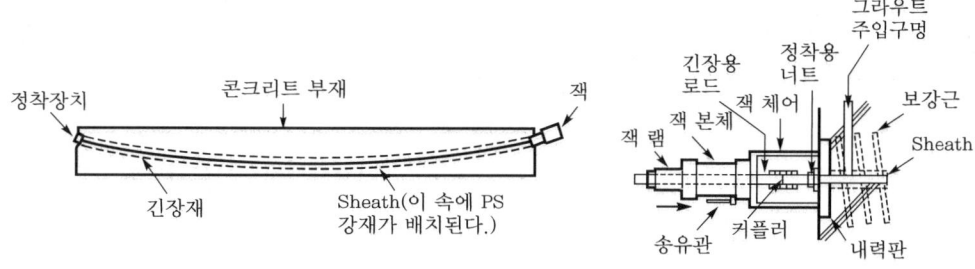

〈Post-tensioning 공법〉

IV. 장·단점

(1) 장점
　① 내구성 및 수밀성이 좋다.
　② 충격, 반복하중에 대한 저항성 크다.
　③ 전단면을 유효하게 사용한다.
　④ 처짐, 자중, 체적 감소
　⑤ 안전성 확보
　⑥ 분할 시공

(2) 단점
　① 공사비가 비싸다.
　② 진동이 크다.
　③ 내화성이 작다.
　④ 숙련공을 요구한다.
　⑤ 세심한 시공관리가 요구된다.

V. 결 론

(1) Prestressed Concrete는 현장타설 Con′c에 비하여 공기 단축효과가 크고, 고강도 Con′c 생산이 용이하며, 공장제작에 의한 균질의 Con′c를 얻을 수 있다.

(2) 최근 구조물의 대형화로 인하여 Prestressed Con′c의 사용이 커질 전망이고, 3D 기피현상으로 인한 인력의 성력화에 크게 기여할 것으로 기대된다.

31-1 프리스트레스트 콘크리트빔의 현장제작시 증기양생 관리방법과 프리스트레스 도 입조건에 대하여 기술하시오. [05후, 25점]

I. 개 요

(1) PSC는 Con′c 부재에 발생하는 인장응력을 상쇄하기 위하여 미리 Con′c 부재에 PS강재로 압축력을 가한 Con′c를 말한다.

(2) Con′c에 Prestess를 주기 위하여 보의 양 끝에서 콘크리트에 압축력을 인위적으로 작용시키는 Prestessing 방법에는 보통 고강도 강재를 이용한다.

II. PSC(PS Con′c) Beam의 원리

(1) 외력에 의한 응력

① Prestressing에 의한 응력도 : $\sigma = \dfrac{P}{A}$

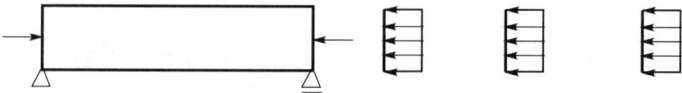

② 등분포하중에 의한 응력도 : $\sigma = \dfrac{M}{Z}$

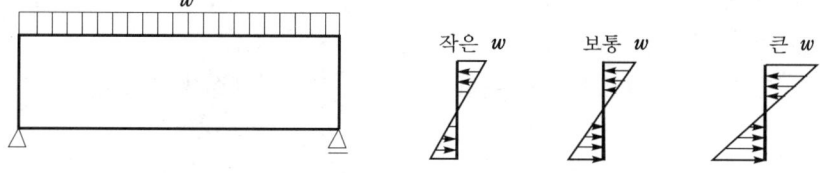

③ Prestressing과 하중에 의한 합성응력도 : $\sigma = \dfrac{P}{A} \pm \dfrac{M}{Z}$

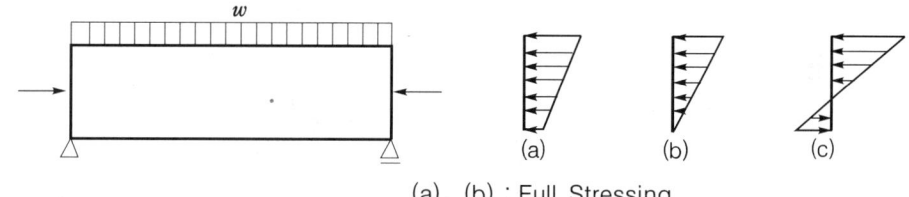

(a), (b) : Full Stressing
(c) : Partial Stressing

III. 증기양생 관리방법

(1) PSC Beam의 응력변화

단계별		응력 변화상태
제 작	긴장전	무근 Con'c 상태
	긴장중	최대응력
	긴장후	초기응력
운반·가설		휨응력
최종단계		유효응력

(2) 증기양생 시기
   ① 콘크리트 타설 후 즉시 시행
   ② 콘크리트의 수분손실 방지

(3) 증기양생 기간
   ① 부재의 설계기준강도 도달시까지 시행
   ② 일반적으로 3일 정도 소요

(4) 증기양생실 온도관리
   ① 증기양생실 내 온도는 1시간당 20℃를 초과하지 않도록 관리
   ② 증기양생실 내 온도는 최고 65℃ 이하로 관리
   ③ 양생기간중 일정한 온도 유지

(5) 중기양생실 내 증기관리
   ① 증기양생실은 증기가 부재 주위를 자유롭게 순환 가능할 것
   ② 수분손실을 최소화하기 위하여 증기를 증기양생실에 가두어 둘 수 있을 것

IV. 프리스트레스 도입조건

1. PS강재

(1) 종류
   ① PS강선 : PS강선은 지름 2.9~9mm 정도의 원형 강선으로서 프리텐션 및 포스트텐션 방식에 사용된다.
   ② PS강연선 : PS강연선은 두 개 이상의 강선을 꽈배기처럼 꼬아 사용하는 것을 말한다.

③ PS강봉 : PS강봉은 지름 9.2~32mm 정도로 주로 포스트텐션 방식에 사용되며, 표면에 돌기 또는 곰보를 주어 콘크리트와의 부착성을 높이기도 한다.

(2) 요구되는 성질

① 인장강도가 높아야 한다.
② Relaxation이 작아야 한다.
③ 항복비(항복점 응력의 인장강도에 대한 백분율)가 커야 한다.
④ 콘크리트와의 부착강도가 커야 한다.
⑤ 응력부식에 대한 저항성이 커야 한다.

2. 콘크리트

(1) 압축강도가 높아야 한다.
(2) 건조수축과 Creep가 작아야 한다.
(3) 포스트텐션 방식은 30MPa 이상, 프리텐션 방식은 35MPa 이상으로 한다.
(4) 배합시 물시멘트비, 단위시멘트량, 단위수량은 될 수 있는 한 작게 한다.

3. Grouting

(1) 반죽질기는 시공에 적합한 값을 선정해야 한다.
(2) 팽창률은 10% 이하여야 하며, 물시멘트비는 45% 이하로 한다.
(3) 재령 28일의 압축강도는 30MPa 이상이라야 한다.
(4) 골재는 강도와 수축을 생각하여 세립의 잔골재를 사용한다.
(5) 유동성을 좋게 하기 위하여 유동화제를 사용한다.

V. 결 론

PSC Beam의 증기양생시에는 부재의 설계기준강도까지 도달하도록 양생하여야 하며, 프리스트레스 도입시 각 재료의 품질이 규정품질 이상되어야 한다.

Ⅰ. 정 의

(1) 고강도 강재의 보를 미리 솟음을 주고 제작한 다음 하중을 가하여 하부 플랜지에 인장응력이 생기게 한 후, 하부 플랜지에 고강도 Con′c를 타설하여 경화한 다음 하중을 제거하면, 강재 보의 복원력에 의해 하부 플랜지에 Prestress가 도입된다.

(2) 이때 가하는 하중을 Preflex 하중이라고 하며, 이러한 형태를 Preflex Beam이라 한다.

Ⅱ. 원 리

(1) Preflex 하중재하
고장력 강판으로 제작한 강형에 양측 1/4 지점에서 하중을 가하여 가상 휨모멘트를 작용시킨다.

(2) 콘크리트 타설
하부 플랜지가 최대의 인장상태일 때 하부 플랜지 부위에만 고강도의 콘크리트를 타설한다.

(3) Prestress 도입
타설콘크리트가 충분히 양생되었을 때 프리플렉스 하중을 제거하게 되면 강형의 복원력에 의해 하부 플랜지에 타설한 콘크리트에 큰 압축력이 작용되는데 이를 Prestress로 이용하는 방식이다.

Ⅲ. Preflex 제작방법

(1) 고강도 강재보 제작
미리 솟음을 두고 제작한다.

(2) Preflex 하중재하

양측 1/4지점 2곳에 하중을 재하한다.

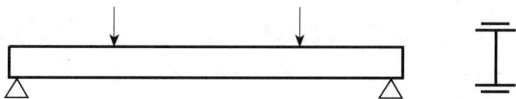

(3) 하부 플랜지 Con'c 타설

Con'c 강도 $400kg/cm^2$ 이상의 Con'c를 하부 플랜지에만 타설

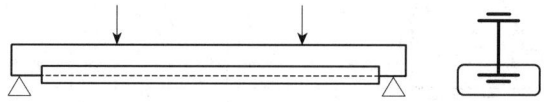

(4) Preflex 하중 제거

① Con'c에 충분한 강도가 발현될 때 강재보에 주어진 하중을 제거하면 고강도 강 재의 복원력에 의해 하부 플랜지에 Prestress가 도입된다.

② 이때 원래의 솟음이 감소한다.

(5) 설치

제작된 보를 현장이동 후 설치하고 복부 및 상부 플랜지에 Con'c를 타설한다.

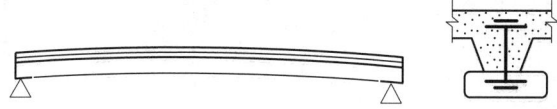

Ⅳ. Preflex 도입방법

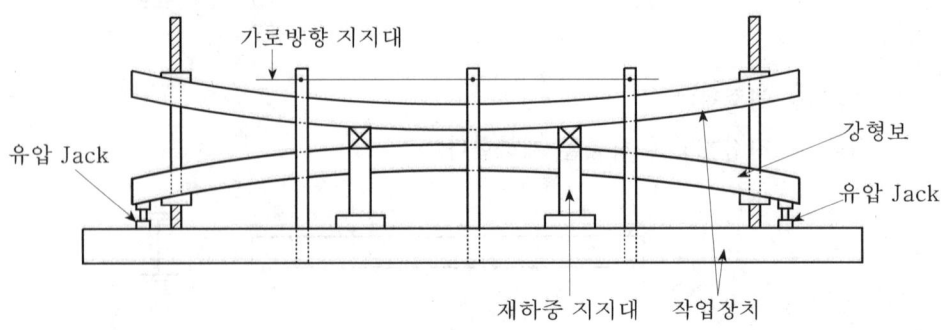

〈도입 전〉

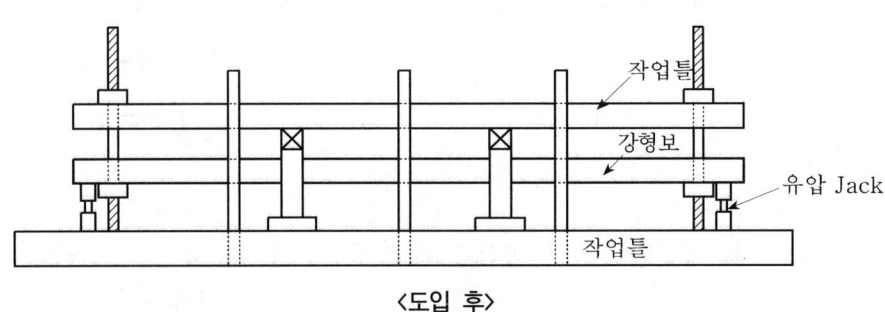

〈도입 후〉

Ⅰ. 개 요

(1) Prestress는 Prestress 도입중, 도입 후에 Con′c의 탄성수축, Sliding, Friction, 건조수축, Creep, Relaxation 등에 의해 상당량 감소한다.

(2) PC보 부재는 제작·운반·가설에 따라 최대응력·초기응력·휨응력·유효응력 등의 각기 다른 응력상태를 나타낸다.

Ⅱ. Prestress의 손실원인

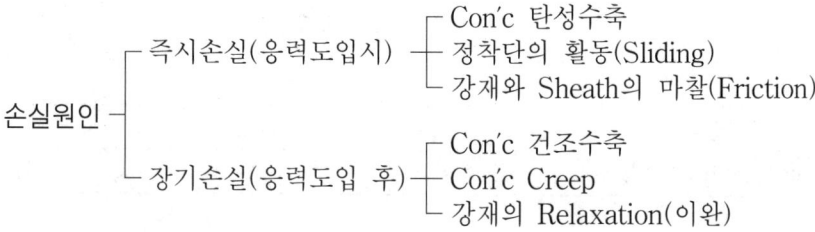

```
                    ┌ Con′c 탄성수축
         ┌ 즉시손실(응력도입시) ┼ 정착단의 활동(Sliding)
         │          └ 강재와 Sheath의 마찰(Friction)
손실원인 ┤
         │          ┌ Con′c 건조수축
         └ 장기손실(응력도입 후) ┼ Con′c Creep
                    └ 강재의 Relaxation(이완)
```

Ⅲ. 강재의 Relaxation

1. 정의

(1) PS강재를 긴장하여 응력이 도입된 후 시간경과에 따라 인장응력이 감소하는데 이러한 현상을 강재의 Relaxation이라고 한다.

(2) PSC부재에서는 도입된 Prestress 힘이 시간과 더불어 감소하기 때문에 Creep로 취급하기보다는 Relaxation으로 취급하는 것이 타당하다.

2. 순 Relaxation

(1) 정의
일정한 변형하에서 일어나는 것으로 최초 도입된 인장응력에 대한 인장응력 감소량의 백분율을 말한다.

(2) 관계식

$$순\ Relaxation = \frac{인장응력\ 감소량}{최초\ 도입된\ 인장응력} \times 100$$

3. 겉보기 Relaxation

(1) 정의
콘크리트의 건조수축이나 Creep의 영향에 의하여 콘크리트가 수축함에 따라 보통의 Relaxation값보다 작은 값이 되는 것을 말한다.

(2) 결정방법
겉보기 Relaxation값은 순 Relaxation값으로부터 콘크리트 건조수축 Creep 등의 영향을 고려하여 정해야 한다.

4. PS강재의 겉보기 Relaxation값

PS강재의 종류	겉보기 Relaxation값(r)
PS강선, 강연선	5%
PS강봉	3%
저 Relaxation PS강재	1.5%

Ⅳ. 응력분포의 변화

단계별		응력 변화상태
제 작	긴장전	무근 Con′c 상태
	긴장중	최대응력
	긴장후	초기응력
운반·가설		휨응력
최종단계		유효응력

(1) 긴장전

① 지반침하 방지

② 거푸집 변형 방지

③ 동바리 변형 방지

④ 초기양생에 주의

⑤ 온도변화에 의한 균열 방지

⑥ 건조수축에 의한 균열 방지

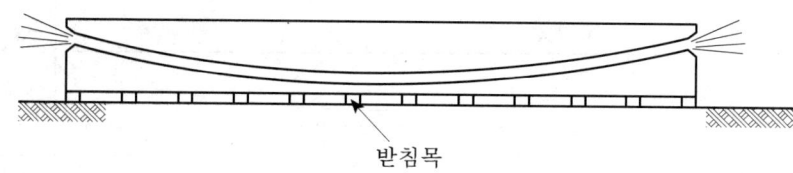

받침목

(2) 긴장중

① Con'c 설계기준강도는 Pretension에서 350kg/cm² 부터 Post-tension에서 300kg/cm² 이상

② 긴장시기는 $0.85 f_{ck}$ 이상일 때 긴장

③ 부착응력이 양호하게 함

④ 긴장순서는 대칭으로 함

⑤ 정착단의 활동억제 및 마찰력 감소

⑥ 긴장 기계·기구의 검사

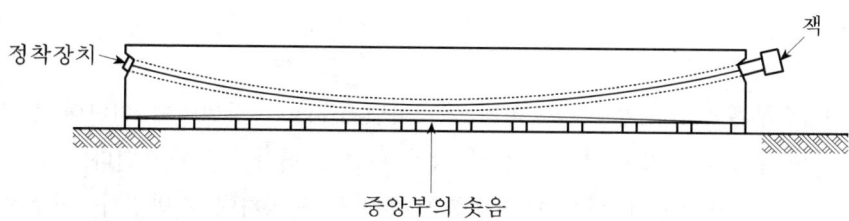

정착장치   잭

중앙부의 솟음

(3) 긴장후

① 즉시손실의 최소화

② 장기손실을 줄이기 위한 재인장 실시

③ Con'c에 작용하는 응력 확인

④ PC강재 신장량 확인

⑤ 견고한 받침대 설치 후 Comber 관리

⑥ Con'c 양생 철저

(4) 운반 · 가설시

　　① 받침위치 배치시 과대한 응력발생 방지

　　② 지반침하 방지

　　③ 부재의 과다한 흔들림 방지

　　④ 부재의 뒤집힘이나 뒤틀림(Torsion) 방지

　　⑤ Lifting시 Wire 각도는 30° 이상 유지

　　⑥ 운반로를 정비하여 진동이나 충격 방지

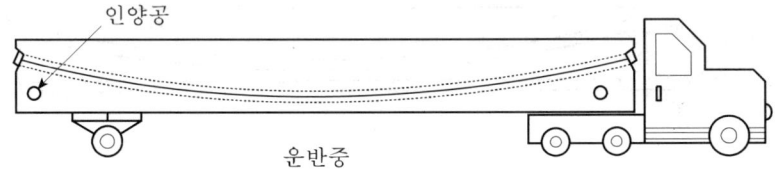

(5) 최종단계

　　① 설계하중보다 초과되는 하중 금지

　　② 국부하중 방지

　　③ 편심하중 방지

　　④ 반복하중에 의한 피로파괴 방지

　　⑤ 균열 · 파손 방지

　　⑥ 정기적인 유지관리의 보수 철저

V. 결 론

(1) PC부재에서 초기응력은 여러 가지 Prestress 손실원인에 의하여 상당량 감소하며, PC부재의 제작 · 운반 · 가설시 각기 다른 응력상태를 나타낸다.

(2) 다른 응력상태에 따른 응력변화의 원인을 분석하여 지반침하, 거푸집 변형, Con'c 강도, 응력손실 감소, 부재운반, 하중 등을 고려한 시공대책을 수립해야 한다.

32-7 응력부식(應力腐蝕) [99전, 20점]
32-8 응력부식(Stress Corrosion) [04후, 10점]

I. 정 의

(1) 응력부식(Stress Corrosion)이란 Prestress Concrete에서 높은 응력을 받는 PS강재는 급속하게 녹스는 경우가 있으며, 또는 표면에 녹이 보이지 않더라도 조직이 취약해지는 현상을 말한다.

(2) 응력부식은 응력을 받는 PS강선, 집중응력을 받는 강구조물, 강재의 용접부위에서 많이 발생한다.

II. 응력부식이 발생하는 곳

(1) 긴장한 PS강선

(2) 강구조 가공에 따른 이상응력 발생부위

(3) 강구조의 용접부위

(4) 응력집중이 큰 강구조물

III. 응력부식의 발생 원인

(1) 용접 후 잔류응력 존재

강구조물에서 각 부재간의 이음을 용접으로 할 때 용접에 의해 발생된 응력이 잔류응력으로 남을 경우

(2) PS강재 긴장

Prestress Con'c 부재에서 긴장으로 PS강재에 응력이 도입되었을 때 PS강재에 급격한 녹 발생

(3) 응력집중

강구조물에서 어느 취약한 부재가 집중적으로 응력을 받게 되었을 때 많은 녹이 발생한다.

(4) 강재 변형

강재가 급격하게 변형을 일으킬 때 그 부위에서 강재의 허용응력 이상의 응력발생으로 응력부식 발생

IV. 방지대책

(1) Grouting

PS부재에 Prestress를 도입한 후 강재가 긴장해 있을 때 부식이 발생하기 전에 시멘트 모르타르로 Grouting을 실시한다.

(2) 에폭시 도장

강재를 가공 또는 용접작업이 끝났을 때 바탕처리 후 에폭시로 표면을 밀실하게 도장한다.

(3) 잔류응력 제거

용접부위에서 잔류응력이 있을 경우 열처리공법으로 잔류응력을 제거한다.

(4) 응력분산

강구조물의 부재에 응력이 집중되지 않고 분산작용될 수 있도록 압축재와 인장재의 배치를 한다.

(5) 표면 홈 제거

강재 또는 PS강재의 표면에 취급중에 생겨난 홈은 강재에 영향을 되도록 적게 하기 위해 제거한다.

(6) 단면보강

단면 취약부 등에서 발생되는 응력부식을 막기 위해 단면을 보강한다.

V. 응력부식 촉진요인

(1) 국부적인 응력 작용
(2) 과도한 녹 발생
(3) 표면에 생긴 홈
(4) 단면 취약부

33-1 콘크리트 구조물의 유지관리 체계에 대해 설명하시오.　　　　　[96중, 50점]

33-2 콘크리트 구조물의 유지관리 체계와 방법에 대하여 기술하시오.　　[03후, 25점]

I. 개 요

(1) 유지관리는 공용중에 있는 구조물을 사용목적과 기능에 지장이 없도록 유지 보존하기 위하여 실시하는 것이다.

(2) 지난 1994년 1월 21일 성수대교의 붕괴로 그동안 형식적으로 수행되어 온 점검, 관리소홀 및 부실시공의 심각성을 일깨워 주었다.

(3) 이를 계기로 국회에서 "시설물 안전관리에 관한 특별법"이 제정되어 교량의 상태점검, 유지관리 상태, 안전성 검토 등이 체계화되었다.

II. 유지관리의 필요성

(1) 구교량의 설계하중 부족

(2) 노후 교량 및 구조물의 증가

(3) 교량 구조물의 거동상태 점검

(4) 구조물의 성능 회복

(5) 구조물의 교체시기 결정

III. 유지관리 체계

(1) 유지관리 체계의 계획

① 유지관리를 위한 조직, 인원, 장비확보

② 시설물 안전점검 항목

③ 정밀안전진단 실시계획

④ 안전 및 유지관리 예산 확보

⑤ 기타 국토해양부령이 정하는 사항

(2) 유지관리 체계도

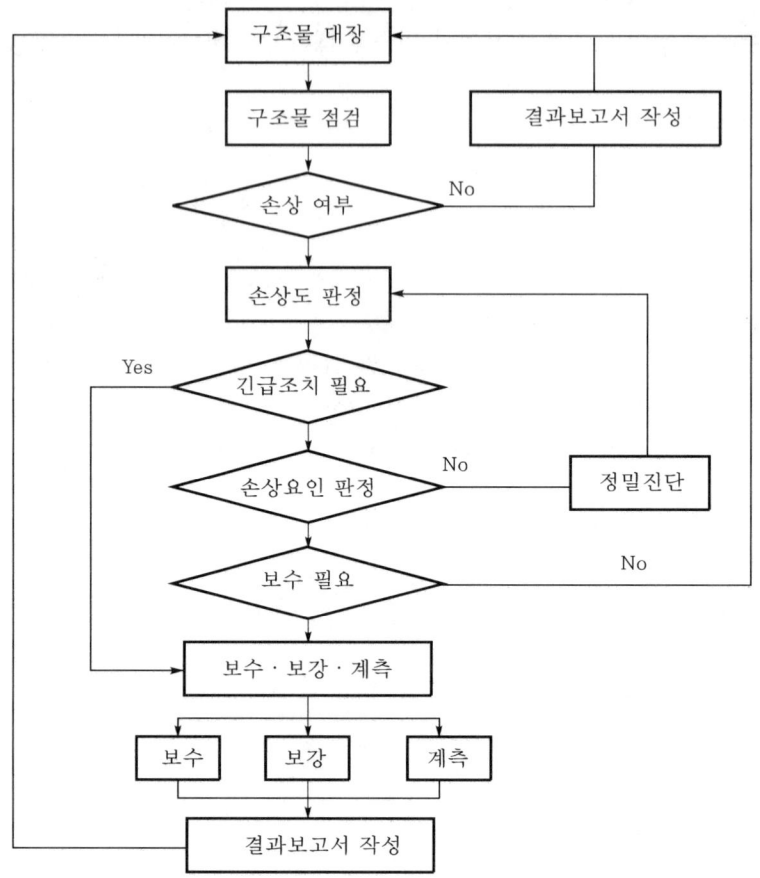

Ⅳ. 유지관리 방법

(1) 구조물의 점검
  ① 일상점검(1차 진단) : 열화손상의 조기발견을 목적으로 하는 구조물 관리자에 의한 일상적인 점검
  ② 정기점검(1차, 2차 진단) : 구조물의 건전도를 파악하고 기능저하의 원인이 되는 열화손상을 발견하고 평가하기 위한, 전문적인 기술자에 의한 정기적인 상세점검
  ③ 특별점검(1차, 2차, 3차 진단) : 자연재해 및 1차, 2차 진단 결과, 안전성에 문제가 있다고 판정되는 경우와 같은 특별한 경우에 열화손상의 요인 분석, 진행 상태 파악을 위하여 전문기술자에 의한 상세점검 실시

(2) 점검주기

구조형식		일상점검	정기점검	특별점검
내화 구조체	주요 구조물	2개월	3년	
	일반 구조물	4개월	5년	필요시
구체 구조물		6개월	8년	

(3) 안전진단 종류

진단종류	내 용	행위자	방 법
1차 진단	단순진단	전문관리자	도면검토, 외관조사
2차 진단	열화 부위에 대한 상세진단	전문기술자	비파괴검사 가속도 측정
3차 진단	상세진단	고급, 전문 기술자	비파괴시험, 파괴시험, 재하시험

(4) 점검시설

구조물의 유지점검을 위하여 필요에 따라 적절한 위치에 점검시설 등을 설치하여야 한다.

(5) 내화력 평가

① 열화손상 구조물의 보수·보강 방침 및 대책 수립으로 구조물 유지·관리 체계의 핵심이 되는 중요한 분야이다.

② 기법의 합리성 및 결과의 신뢰도가 중요한 문제이다.

V. 개선방향

(1) 유지관리 자료의 데이터베이스화   (2) 시험 측정자료의 통계적 처리
(3) 평가에 대한 인식 개선   (4) 정보화 체계의 구조물 계측
(5) 전산 유지관리시스템 도입

VI. 결 론

(1) 최근 산업발달에 따른 교통량의 증가와 하중의 중량화 등으로 인해 기시설된 구조물의 안전이 크게 위협받고 있는 실정이다.

(2) 구조물의 안정성과 사용성 증대를 위하여 전산 유지·관리시스템의 도입으로 구조물이 안전하게 유지될 수 있는 체계수립이 무엇보다 우선적으로 이루어져야 할 것이다.

33-3 철근 Con'c 구조물 시공시의 안전사고 방지대책에 대하여 설명하시오.

[96중, 35점]

Ⅰ. 개 요

(1) 안전이란 우리 사회에서 발생하는 재해의 원인 및 경과의 규명과 그 방지에 필요한 과학과 기술에 관한 계통적인 지시체계의 관리를 말한다.

(2) 근래 건설기술 발전에 따라 건설물량 증가로 각종 건설재해는 날로 증가추세에 있으며, 특히 토목공사에서 철근 Con'c 구조물 시공시 구조적, 인위적 등에 의해서 안전사고가 다발하고 있는데, 안전관리에 대한 체계적인 계획수립이 필요하다.

Ⅱ. 안전사고 방지대책

1. 거푸집

(1) 자재점검

거푸집 자재는 하중에 견딜 수 있는 규격으로 KS 제품을 사용해야 한다.

(2) 거푸집 가공

가공시 소요되는 각목, 합판 등은 소요강도를 유지할 수 있는 규격재를 사용한다.

(3) 거푸집 조립상태

설계도서에 맞게 조립하여야 하며, 이어대기 작업시 수평, 수직으로 작업하여야 한다.

(4) 거푸집 긴결상태

긴결볼트의 체결상태 점검, 단위면적당 소요개수는 부족하지 않게 하고, 하중작용시 풀림방지를 위해 튼튼하게 긴결하여야 한다.

(5) 동바리 자재

동바리는 연직방향 작용하중을 충분히 지지할 수 있는 단면을 가져야 한다.

(6) 기초지반

Con'c 타설시 상부하중을 지지할 수 있는 지지력을 가져야 하며, 부족시 지반을 개량한 후 지보공을 설치해야 한다.

(7) 동바리 좌굴

상부하중 작용시 좌굴되지 않는 강도를 가져야 한다.

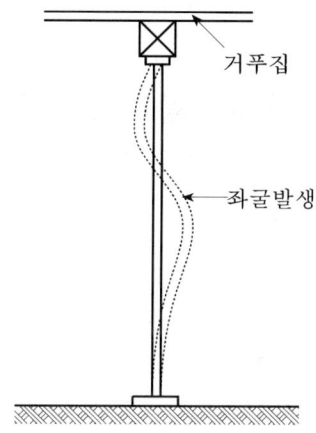

(8) 부등침하

지반의 부등침하가 발생되지 않게 조지하여야 한다.

2. 철근

(1) 철근가공

철근가공은 상온가공이 원칙이며, 가공된 철근은 덮개를 씌워 보호한다.

(2) 철근적재

철근저장은 고임목을 이용하여 적재하되, 높이 쌓을 경우 철근더미가 무너지는 사고에 대한 대비책을 강구한다.

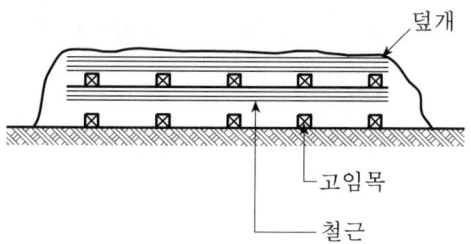

(3) 철근조립

철근조립은 0.9mm 조립철근을 이용하여 조립하고 Con'c 타설시 이동되지 않도록 견고하게 묶는다.

(4) 인력운반

철근을 인력으로 운반할 때에는 2인 1조로 하여 전방을 유의해서 운반하며, 운반 철근의 양 끝에 표시기를 달아서 다른 사람이 쉽게 알아볼 수 있게 한다.

(5) 기계운반

철근더미를 기중기, 지게차 등을 이용하여 조립장으로 운반할 때에는 한 곳에 집중 적재하면 위험하므로 분산시켜 하중을 분배한다.

3. 콘크리트

(1) 타설순서

타설시 비대칭으로 타설할 때 편심 및 특수 하중이 발생하므로 타설순서를 준수한다.

(2) 타설높이

콘크리트 타설높이가 높으면 충격하중이 발생하고 재료분리가 발생하므로 높이는 1.0m 이하를 준수한다.

(3) 측압 검토

배합치기 속도, 타설높이, 다짐방법, 온도지연제, 부재 단면치수, 철근량 등에 따라 크게 달라지므로 유의해야 한다.

(4) 동바리 변형

동바리의 도괴사고는 가로방향 하중에 의한 경우가 많으므로 설계시 충분히 고려해야 한다.

(5) 진동, 충격

작업할 때의 진동, 충격은 하중으로 작용하므로 설계시 고려해야 한다.

(6) 초기동해 방지

한절기에 Con′c를 타설할 때 초기동해를 받게 되면 측압이 대단히 커지므로 초기동해를 방지한다.

4. 해체작업

(1) 해체시기
   ① 기둥·보의 측면에서 5MPa
   ② Slab·보의 하면에서 14MPa이 될 때 해체작업을 한다.

(2) 해체순서

비교적 하중을 받지 않는 부분을 먼저 떼어내고 조립의 역순으로 해체하며, 해체 작업시 충분한 공간을 유지하며, 만일의 사태 발생시 대피할 수 있도록 조치한 후 작업한다.

(3) 사하중 점검

시공된 Con'c 구조물의 사하중을 고려하여 해체시기, 해체순서 등을 충분히 고려한 후 작업한다.

(4) 양생상태

Con'c의 양생상태를 매일 점검하여 Con'c 양생과정의 이상 유무를 Check한다.

(5) 공시체의 압축강도

Con'c 작업시 제작한 공시체의 압축강도를 확인하고 구조물의 전체적인 상태를 점검한 후 다음 작업을 개시한다.

Ⅲ. 결 론

(1) 철근 Con'c 구조물 시공에서의 안전사고 대책은, Con'c 시공계획 수립, 거푸집 동바리 점검, Con'c 타설시 지도 점검, 안전교육 실시, 설계검토가 가장 중요한 항목이다.

(2) 책임기술자 및 안전관리자는 안전시공에 만전을 기하고 시공 전 안전사고 방지대책을 수립하여 이에 따른 작업이 되도록 힘써야 할 것이다.

33-4 극한한계상태와 사용한계상태 [97전, 20점]

Ⅰ. 개 요

(1) 콘크리트 구조물의 설계방법은 종래에는 허용응력설계법이었으나 1960년대 초반부터 극한강도설계법이 시방서에 채택되기 시작했다.

(2) 극한한계상태란 구조물 또는 부재가 안전성을 벗어나서 파괴 또는 파괴에 가까운 상태를 말하며 강도설계법에서 안전성에 중점을 두었을 때의 한계상태를 말한다.

(3) 사용한계상태란 구조물 또는 부재가 처짐, 균열, 진동 등이 과대하게 일어나서 정상적인 사용상태가 아닌 상태를 말하며, 허용응력 설계법에서 사용성에 중점을 두었을 때의 한계상태를 말한다.

Ⅱ. 극한한계상태(Ultimate Limit State)

(1) 구조물 또는 부재가 파괴되어 전도, 좌굴, 큰 변형 등을 일으킴으로써 불안정을 초래하는 상태로서 최대 내하응력에 대응하는 한계상태를 말한다.

(2) 다시 말해서 구조물 또는 부재가 파손 또는 파손에 가까운 상태가 되어 그 기능을 완전히 상실한 상태를 말한다.

Ⅲ. 사용한계상태(Serviceability Limit State)

(1) 구조물 또는 부재가 과도한 처짐, 균열, 진동, 피로균열 발생 등에 의해 사용 측면에서 건전성을 상실하는 상태로서 통상의 사용되는 내구성에 관련된 한계상태를 말한다.

(2) 처짐, 균열, 진동 등이 과도하게 일어나서 정상적인 사용상태의 필요조건을 만족하지 않게 된 상태를 사용한계상태라 한다.

Ⅳ. 극한한계상태와 사용한계상태의 비교

구 분	극한한계상태	사용한계상태
정 의	파괴 또는 파손에 이르는 상태로서 최대 내하응력에 대응하는 한계상태	파괴는 되지 않으나 사용하기에 위험을 느끼는 사용한계상태
구조물 상태	파괴, 전도, 좌굴, 큰 변형	과도한 처짐, 균열, 진동, 피로균열 발생
구조물의 사용	사용 불가	보수보강 조치 후 사용
적용설계법	극한강도설계법	허용응력설계법
평가방법	안전성 한계	사용성 한계

34-1 콘크리트 표준시방서에 규정된 시공상세도에 대하여 기술하시오. [98중후, 40점]

Ⅰ. 개 요

(1) 콘크리트 구조물의 시공을 원활하게 수행하기 위해서 공사 개시 전에 충분한 시공계획을 세워 시공계획서 및 시공상세도를 작성해야 한다.

(2) 시공상세도는 콘크리트 공사에서 소정의 콘크리트 품질을 얻을 수 있도록 콘크리트 표준시방서를 근거로 하여 작성하여야 한다.

Ⅱ. 역 할

(1) 정밀시공 확보   (2) 정확한 Communication 수단

(3) 부실시공 방지   (4) 해외공사 경험의 활용

(5) 건설환경 변화에 대응

Ⅲ. 콘크리트 시공상세도

(1) 구조물 형상 치수

시공할 구조물에 대한 각 요소별 형상 및 치수 기입

(2) 철근배근도

구조물별 철근배근도 및 각 요소별 철근 연결방법 등

(3) 사용 내용

시멘트, 골재, 사용수 등 콘크리트에 사용되는 재료의 생산지, 품질, 수량 등

(4) 강재

철근의 종류, 규격, 생산지, 품질 및 수량 등

(5) 시공기계

각 공종별 콘크리트 믹서, 운반트럭, 수직 운반장비, 다짐장비, 줄눈설치기, 포설장비, 마무리장치 등 사용되는 기계에 대한 규격, 종류, 수량 등

(6) 거푸집 동바리

① 거푸집의 사용재료, 가공, 저장, 운반, 구조계산서, 제작도와 동바리 재료의 재질, 규격, 수량, 배치계획, 구조계산서 등

② 거푸집 동바리의 이음방법, 모서리 모따기 방법

③ 박리제의 사용방법, 종류, 사용시기

(7) 가설구조물

가설구조물의 규격, 설치위치, 구조계산서, 사용 재료, 조립방법, 존치기간, 시공효과 등

(8) 전기시설

현장에서 사용되는 가설전기에 대한 용량, 수전설비, 배전설비, 비상전력, 전담직원 등

(9) 옹벽구조물

옹벽시공에서의 이음위치, 이음간격, 이음방법, 이음개소, 배수공 설치, 이음부 철근 보강, 콘크리트 타설계획 능

(10) 암거구조물

헌치부 시공, Con′c 타설, 철근배근, 날개벽 설치 각도·길이 등

(11) 철근배근

철근가공 상세도, 철근 겹이음 위치와 길이, 철근배근도, 철근 결속방법 등

(12) 철근간격

① 철근과 철근의 순간격 표시

② 간격 유지용 Spacer, Chair-Bar 사용

(13) Con′c 타설

Con′c 타설순서도, Con′c 이음부 처리방법 및 시공위치도, 시공이음개소, 다짐방법, 마무리방법

(14) 양생

타설 직후 조치방법, 타설 후 조치, 습윤 유지방법, 진동·충격 방지대책

(15) 도로포장

줄눈 절단시기, 절단방법, 절단개소, 줄눈간격 등 줄눈부 처리

(16) 시험

각 구조물별 Con'c의 품질시험 종류, 시험횟수, 시험기관, 품질규정 등

(17) 기타

시공방법이 불확실한 공종, 안전상 문제가 되는 공종, 품질관리상 문제가 되는 공종, 부실시공이 염려되는 공종에서의 부위별 시공상세도 표기

Ⅳ. 시공상세도 작성 후 검토내용

(1) 설계도 및 시방서 규정일치 여부
(2) 현장기능공의 이해가능 여부
(3) 실제 현장에서의 시공성
(4) 안정성 확보
(5) 구조계산의 정확성
(6) 도면작성표준에 일치하는지의 여부

Ⅴ. 시공상세도 활용상 문제점

(1) 수작업
(2) 기능공의 이해 부족
(3) 건설현장에서의 인식
(4) 상세도 작성능력 부족
(5) 표준화 미정착
(6) 전산화 미비

Ⅵ. 대 책

(1) CAD화
(2) 현장기술자의 인식전환
(3) 표준화 시공
(4) 전문인력 육성
(5) 설계시공의 조직력 강화
(6) 기술혁신
(7) 건설행정의 전산화
(8) 품질관리

Ⅶ. 결 론

(1) 시공상세도는 현장에서 구조물 시공작업과 직접 관련되는 상세도면으로 시공에서의 질적 향상을 위해 상세, 정밀도가 확보된 도면이다.
(2) 시방서와 설계도면을 바탕으로 불명확한 부분을 정확히 하여 시공상 착오방지와 공사의 안전성 확보에 크게 이용되고 있다.

1-1 동절기 콘크리트 시공시 고려해야 할 사항을 열거하고, 특히 동결융해 성능향상을 위한 혼화제 사용에 있어서의 유의사항에 대하여 서술하시오. [03전, 25점]

1-2 콘크리트의 적산온도 [02중, 10점]

1-3 콘크리트의 적산온도(Maturity) [06중, 10점]

Ⅰ. 개 요

(1) 한중콘크리트란 월평균기온이 4℃ 이하 조건에서 타설시공하는 콘크리트를 말한다.

(2) 한중콘크리트는 초기동해의 방지가 가장 중요하며, 이를 위해서는 적절한 초기 양생계획과 AE제 및 AE감수제 등을 이용한 배합설계가 중요하다.

Ⅱ. 적산온도

(1) 정의

① 한중 Con′c의 강도발현을 비빈 후부터의 경과시간과 양생온도의 곱의 적분함수 [Σ(경과시간×양생온도)]로 나타낸 것을 말한다.

② 초기의 Con′c 경화정도를 평가하는 지표가 된다.

(2) 적산온도와 압축강도의 관계

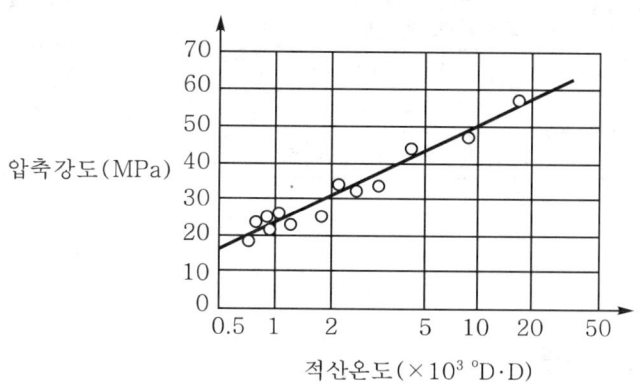

(3) $M(°\text{D} \cdot \text{D}) = \sum_{z=1}^{n} (\theta \cdot z + 10)$

여기서, M : 적산온도(°D · D 또는 °D×일)

z : 재령(일, day)

θ : 콘크리트의 일평균 양생온도(℃, °D, degree)

n : 구조체 콘크리트의 강도 관리 재령(일)

$\theta \cdot z$: 재령 z(일)에 있어서 콘크리트의 일평균 양생온도(°D×D 또는 °D×일)

Ⅲ. 시공시 고려사항

(1) 소정온도 유지

① 5℃ 이상 20℃ 미만

② 기상조건, 시공조건 고려

(2) 빙설 제거

부어넣기, 이어붓기시 거푸집 내부 및 철근의 표면 빙설 완전 제거

(3) 동결지반 위 콘크리트 타설 금지

거푸집, Support 설치금지

(4) 콘크리트 펌프카

콘크리트 펌프카를 사용할 때, 필요한 경우 관 예열

(5) 레미콘 공장 선정

운반시간을 충분히 고려, 공장 가열설비 고려

〈한중콘크리트 시공에 있어서의 콘크리트 온도의 권장값〉

단 면		얇은 경우	보통의 경우	두꺼운 경우
타설시 콘크리트의 최저온도(℃)		13	7~10	5
비볐을 때의 콘크리트의 최저온도(℃)	기온 −1℃ 이상	16	10~13	7
	기온 −1~−18℃	19	13~16	10
	기온 −18℃ 이하	21	16~19	13

(6) 초기동해 방지계획

적정온도 및 강도유지로 초기동해 시간 단축

(7) 조기강도 발현

적정 혼화제를 사용해 초기양생 계획

(8) 보온계획

　　타설시 적정한 온·습도 유지, 타설 후 4주간 예상 평균기온 3℃ 이하일 경우

Ⅳ. 혼화제 사용시 유의사항

(1) AE제 사용시 유의사항

　① AE제는 소량이므로 계량에 주의하고, 계량오차는 3% 이내로 할 것

　② 운반 및 다짐시는 공기량이 감소되므로 소요공기량에서 1/4~1/6 정도 늘릴 것

　③ Entrained Air의 변동을 적게 하기 위해 잔골재의 입도를 균일하게 할 것

　④ 조립률의 변동은 ±0.1 이하로 억제하는 것이 바람직함

　⑤ 비빔시간과 온도는 공기량에 영향을 주므로 유의할 것

　⑥ 공기량이 많아지면 시공성은 좋아지나 강도가 저하되므로 유의할 것

(2) 감수제 사용시 유의사항

　① 과잉 사용으로 응결지연 및 강도저하에 유의

　② 공사에 사용하는 재료와 시공조건하에서 혼화제의 성능을 미리 시험할 것

　③ 보관시 종류 및 품종별로 구분하여 서로 혼합되지 않도록 관리할 것

　④ 장기간 방치로 품질 및 특성을 확인할 수 없는 것은 사용하지 말 것

　⑤ 계량장치는 정기검사를 통하여 정확하게 작동되도록 할 것

　⑥ 소량의 염화물이 함유되어 있으므로 염화물량이 문제시 되는 곳은 사용하지 말 것

Ⅴ. 결 론

　콘크리트의 초기동해에 대한 저항성은 압축강도가 4MPa 이상이 되면 동해를 받지 않게 되므로 콘크리트의 동해를 최소화하기 위해서는 소요온도로 양생하고, 동결에 노출되어도 피해가 없는 최소 양생기간을 지키는 것이 중요하다.

1-4 Pop Out 현상   [04중, 10점]

I. 정 의

경화된 콘크리트에서 연질의 굵은 골재가 콘크리트 표면 가까이 위치하면서 수분을 흡수하여 동결 팽창되면서 Mortar 층을 뚫고 외부로 빠져 나오는 현상을 말한다.

II. 시공도

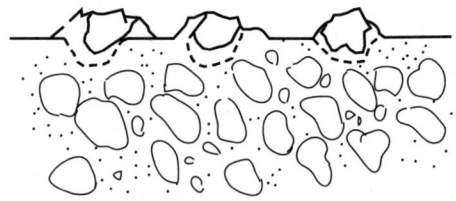

III. Pop Out에 의한 피해

(1) 강도 저하
(2) 외관 저해
(3) 수명 감소
(4) 중성화 촉진
(5) Con'c 열화
(6) 수밀성 저하

IV. 발생원인

(1) 동결융해
(2) 알칼리 골재반응
(3) 흡수성 골재 사용
(4) 철근 부식팽창
(5) 염해
(6) 중성화
(7) 팽창성 골재 사용
(8) 콘크리트 가열

V. 방지대책

(1) 비흡수성 골재 사용

(2) 청정배합수 사용

(3) W/C비 감소

(4) 반응성 골재 사용금지

(5) 표면 Coating

(6) 방수처리

(7) 제염제 사용

(8) 방청제 사용

(9) 해사 세척

> **2-1** 서중 Con'c 시공에 관한 문제점과 그 대책을 설명하시오. [94후, 40점]
>
> **2-2** 서중콘크리트 시공에서 Plastic 수축균열 발생원인과 그 대책에 대하여 기술하시오. [94전, 40점]
>
> **2-3** 서중(書中) Con'c의 양생 [97전중, 20점]
>
> **2-4** 서중, 매스콘크리트(Mass Concrete) 타설시 균열 발생을 최소화하기 위해 시공시 주의할 사항에 대하여 설명하시오. [02중, 25점]

Ⅰ. 개 요

(1) 서중 Con'c란 하루 평균기온이 25℃ 또는 최고온도가 30℃를 초과할 때 시공하는 콘크리트를 말한다.

(2) 서중콘크리트에서 물의 증발량을 적게 하기 위해서는 골재, 거푸집, 판자, 지반, 기초 등에 물을 충분히 흡수시키고 Precooling 및 Pipecooling 등의 온도제어 대책을 충분히 세워야 한다.

Ⅱ. 문제점

(1) 단위수량의 증가
  ① 서중콘크리트의 작업성을 확보하기 위해서 단위수량이 증가하게 된다.
  ② 단위수량의 증가는 콘크리트 강도저하 요인이 된다.

(2) Slump 감소
  ① 콘크리트 내의 수분이 빠르게 증발하게 되므로 Slump치가 현격히 감소하게 된다.
  ② Con'c Pump의 막힘현상(Plug 현상)이 발생하고, 시공연도가 떨어진다.

(3) 단위시멘트량의 증가
  ① 설계기준강도의 확보를 위해서는 콘크리트의 단위시멘트량을 증가시켜야 한다.
  ② 단위시멘트량이 증가하게 되면 콘크리트의 건조수축균열이 증가하게 된다.

(4) 응결시간의 단축
  ① Cold Joint가 발생할 우려가 크다.
  ② Workability 및 Finishability가 떨어진다.

(5) 강도의 저하

① 경화시 발생하는 수화열로 인하여 건조수축균열이 발생한다.

② 균열의 발생은 수분침투에 의한 철근의 부식으로 강도가 급격히 저하되는 원인이 된다.

(6) 균열의 증가

① Bleeding의 증발속도보다 수분의 증발이 빨라 소성수축균열이 발생한다.

② 수화반응으로 인한 발열량의 증가로 건조수축에 의한 균열이 발생한다.

(7) 소성수축균열

① 경화되지 않은 콘크리트에서 건조한 바람 또는 고온저습한 외기에 노출되어 Bleeding 속도보다 물의 증발속도가 빠를 때 발생하는 균열이다.

② 균열현상이 불규칙하고 균열폭은 0.1mm 이하이며, 노출면적이 넓은 Slab와 같은 구조물에서 타설 직후 많이 발생한다.

III. 플라스틱 수축균열 발생원인

(1) 물의 증발속도

콘크리트 타설 후 Con′c의 Bleeding 속도보다 물의 증발속도가 빠를 때 발생

(2) 된비빔 Con′c

콘크리트 배합에서 Bleeding이 적은 된비빔 콘크리트로 타설할 때 발생

(3) 건조한 바람

Con′c 타설시 건조한 바람이 거세게 불어서 물의 증발속도가 빨라질 때 발생

(4) 거푸집의 누수

동바리 시공불량, 거푸집 시공불량 등으로 거푸집에서 누수가 생길 때 발생

(5) 시멘트의 이상응결

시멘트의 풍화 및 품질변동으로 콘크리트가 이상응결될 때 발생

(6) 기온

여름철 고온, 저습한 기온이 계속될 때 콘크리트를 타설한 경우 발생

(7) 표면가열

콘크리트 표면이 다른 목적에 의해서 가열될 때 수분증발이 빨리 일어나 발생

(8) 이물질 함유

    굵은 골재, 잔골재 등에 흙성분이 많이 포함되어 있을 때 발생

Ⅳ. 방지대책(시공시 주의사항)

(1) 저온의 물사용

    ① 물은 낮은 온도의 것을 사용한다.

    ② 물은 깨끗하고, 기름·산·알칼리·유기불순물 등이 포함되어서는 안 된다.

(2) 저열 Cement

    ① 중용열 Portland Cement를 사용한다.

    ② 수화발열량이 적은 Cement를 사용한다.

(3) 냉각골재 사용

    ① 골재는 유해량의 먼지, 흙, 유기불순물, 염화물 등을 포함하지 않아야 한다.

    ② 서중 Con'c에서 골재는 낮은 온도의 것을 사용한다.

(4) 혼화제

    ① 응결지연제를 사용하여 응결을 지연시킨다.

    ② AE제, 분산제 등을 사용하여 시공성을 향상시킨다.

(5) 물시멘트비 적게

    ① 시공성이 확보되는 한도 내에서 물시멘트비를 낮춘다.

    ② 물·시멘트의 감소 대신 혼화제를 사용하여 시공연도를 좋게 한다.

(6) Slump치

    ① 시험배합을 통하여 적정치를 구한 것으로 한다.

    ② 혼화제를 사용하면 소요 Slump는 최소화하고, 작업성은 용이해진다.

(7) 운반

    ① 운반중 Consistency의 저하를 방지하기 위하여 AE감수제를 사용한다.

    ② 소요의 Consistency를 확보하기 위해 Slump 저하에 대응할 만큼의 Cement Paste양을 증가시킨다.

(8) 타설속도 조절

    ① 타설시는 수분의 증발에 대비해 유동화제를 사용하여 시공성을 개선한다.

    ② 타설속도를 조정하고, 연속적으로 중단 없이 타설해야 한다.

(9) 다짐
　① 다짐은 기계다짐하여 수밀성을 확보한다.
　② 봉상진동기가 닿지 않는 곳은 거푸집 진동다짐으로 시공계획한다.

V. 서중콘크리트의 양생

(1) 차양막 설치
　타설 후 콘크리트 표면을 직사광선에 의한 건조로부터 보호하기 위하여 차양막 시설을 미리 해둔다.

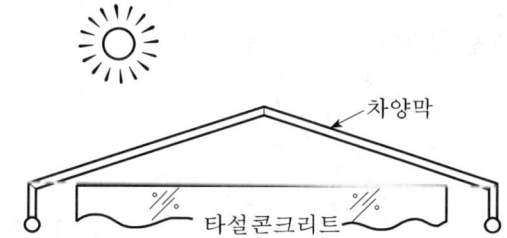

(2) 바람막이
　기온이 높고 습도가 낮은 경우 타설 직후의 급격한 건조로 인하여 균열이 발생하므로 바람막이를 설치하여 수분증발을 방지한다.

(3) 습윤양생
　타설 후 적어도 24시간은 일시적이더라도 노출면이 건조하지 않도록 습윤상태를 유지시켜야 한다.

(4) 양생시간
　양생은 적어도 5일 이상 실시하는 것이 바람직하다.

(5) 거푸집 살수
　기온이 높아 거푸집에 의해 건조 우려가 있으므로 거푸집에도 살수하여 습윤을 유지한다.

(6) 덮개 사용
　표면의 건조가 예상되면 Sheet 등을 이용하여 덮고 살수하여 Con′c 표면의 건조를 최대한 억제하여야 한다.

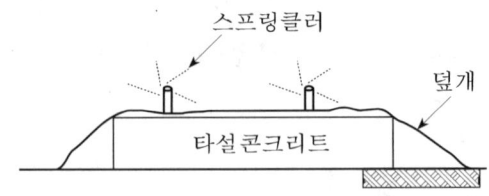

(7) 피막양생
 ① 덮개 살수에 의한 양생이 곤란할 때 피막양생제를 이용하여 콘크리트 표면에
  살포하여 수분의 증발을 막고 충분한 양의 피막양생제를 표면에 수광이 없어진
  후 얼룩이 지지 않게 살포해야 한다.
 ② 살포는 방향을 바꾸어 2회 이상 실시하는 것이 보통이다.
 ③ 피막양생제 살포가 늦었을 때는 피막양생제를 살포할 때까지 콘크리트 표면을
  습윤상태로 유지해야 한다.

Ⅵ. 결 론

(1) 서중 Con´c는 타설시 수화열을 낮게 하고, 습윤양생을 철저히 시행하여 경화시 건
  조수축으로 발생하는 균열을 방지하는 것이 무엇보다도 중요하다.
(2) 서중 Con´c 타설시 혼화제의 사용, Precooling 및 Pipecooling의 적용이 검토되어
  야 하며, 하루 중 기온이 낮은 저녁에 타설하는 것이 유리하다.

I. 개 요

(1) Mass Con´c란 댐, 거대한 교각 등과 같이 부재 단면이 80cm 이상, 내·외부의 온도차가 25℃ 이상인 콘크리트를 말한다.

(2) 과도한 수화열 발생으로 인하여 균열이 발생되는 문제점이 있으므로 Precooling 및 Pipecooling 등의 온도제어 대책이 필요하다.

II. 온도균열

(1) 정의

① 콘크리트 표면과 내부온도의 차이에 의해 온도균열(인장균열)이 발생한다.

② 콘크리트 타설 후 수일 이내에 발생하며, 콘크리트 강도·내구성·수밀성 등의 저하요인이 된다.

(2) 발생원인

① 수화발열량에 의한 내부온도의 상승 및 거푸집 제거에 의해 콘크리트 표면이 급속히 냉각되면서 발생한다.

② 콘크리트 내·외의 온도차에 의한 온도구배로 인장력이 발생하여 온도균열이 생긴다.

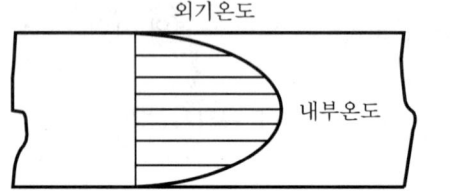 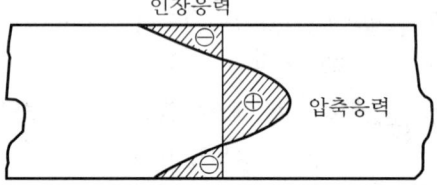

Ⅲ. 온도균열지수

(1) 정의

온도균열지수란 콘크리트의 인장강도를 온도응력으로 나눈 값으로 다음 식과 같다.

$$온도균열지수\ I_{cr} = \frac{\sigma_t\,(콘크리트\ 인장강도)}{\sigma_x\,(온도응력)}$$

① 균열을 방지하고 싶은 경우 : $I_{cr} \geq 1.5$

② 균열 발생은 허락하나 그 폭이나 수를 제한 : $1.2 \leq I_{cr} < 1.5$

③ 그 이외의 경우 : $0.7 \leq I_{cr} < 1.2$

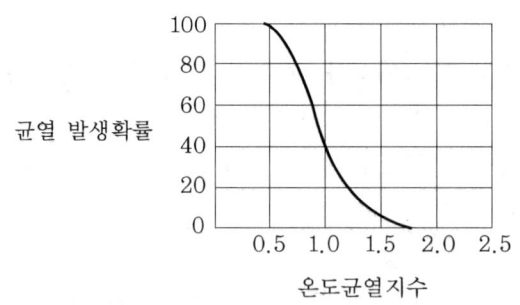

(2) 특성

① 온도균열지수가 커질수록 균열방지에 대한 안정성이 높아진다.

② 온도균열지수가 작아질수록 안정성은 낮아진다.

③ 목표값은 구조물에 요구되는 수밀성이나 기밀성 등의 기능을 감안하여 정한다.

④ 균열의 내구성이나 내력에의 영향, 환경 등도 감안하여 정해야 한다.

(3) 최대균열폭과 온도균열지수의 관계

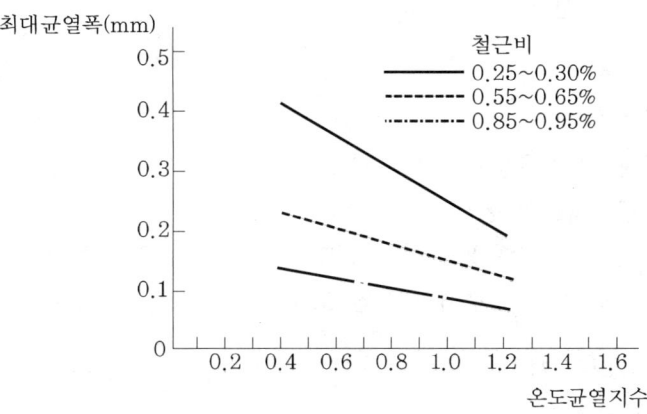

〈최대균열폭과 온도균열지수의 관계〉

Ⅳ. 온도균열 제어방법(수화열 관리방법)

(1) Precooling 실시
① 재료를 냉각시켜 콘크리트 온도를 저하시키는 방법
② 골재는 전 재료가 균등하게 냉각되도록 할 것
③ 얼음은 물량의 10~40%를 사용
④ Cement는 급랭되지 않게 유의

(2) Pipe Cooling 실시
① 콘크리트 타설 전 Cooling용 Pipe를 배관하고 관 내에 냉각수나 찬공기를 순환
시켜 냉각
② Cooling용 Pipe의 배치간격은 1.5m마다 설치
③ Pipe 속의 통수량은 15L/분
④ Cooling시 급격한 온도구배 방지
⑤ Cooling 완료 후 Pipe 속은 Grouting

(3) 온도균열지수 적용

$$온도균열지수(I_{cr}) = \frac{콘크리트\ 인장강도}{온도응력의\ 최대값}$$

(4) 콘크리트 온도상승 저하
① 단위시멘트량 감소
② 저열성 시멘트 사용

③ 한낮을 피해 서늘한 시각에 콘크리트 타설

④ 콘크리트 타설높이를 낮게

(5) 온도응력 완화

① 부재두께의 감소

② 수축줄눈 및 신축줄눈 설치

③ 신·구콘크리트의 온도차이 감소

④ 구콘크리트의 가열 및 타설 시간단축

⑤ 보온성 거푸집으로 부재의 표면 보호

(6) 온도응력에 대한 저항력 증대

① Prestress 도입

② 섬유 또는 Polymer 보강

(7) 균열유발줄눈 설치

① 구조물 길이 방향으로 단면 결손부위를 두어 그 부분에 균열이 발생하도록 유발

② 설치간격은 4~5m를 기준

③ 단면감소율이 20% 이상 되도록 함

④ 구조상 취약부가 되지 않도록 균열발생 후 보수

⑤ 균열유발줄눈 설치부 중앙에는 지수판 설치

(8) 적정 혼화재료의 사용

① 단위수량을 줄이기 위해 AE감수제 및 유동화제 사용

② 수화발열량을 적게 하는 Fly Ash 사용

③ 시멘트 사용량 저하에 대처할 수 있는 강도상승 혼화재료 사용

④ 혼화재 배합시 콘크리트 온도상승에 유의

V. 유의사항(설계·시공시 대책)

1. 재료

(1) 중용열 시멘트 사용

① 중용열 시멘트 및 저발열 시멘트를 사용한다.

② Fly Ash Cement, Pozzolan Cement, 고로 Slag Cement 등이 사용된다.

(2) 양호한 골재 사용

① 굵은 골재의 최대치수는 크게 한다.

② 입도가 양호한 재료 및 저온골재를 사용한다.

(3) 청정수 사용

① 유기불순물의 함유량이 없는 음료수 정도의 물이 적당하다.

② 저온의 냉각수 및 일부는 얼음 등으로 대체하여 사용할 수 있다.

(4) 적정 혼화제 사용

① AE제, AE감수제 및 유동화제 등을 사용한다.

② 수화발열량을 적게 하는 Fly Ash 등을 사용한다.

2. 배합

(1) 물시멘트비 낮게

① 시공성이 확보되는 한도 내에서 최대한 적게 한다.

② 단위수량은 적어지는 대신에 혼화제를 사용한다.

(2) Slump치 조정

단위시멘트량은 증가하나 Pozzolan 등의 첨가로 수화발열량을 낮출 수 있다.

3. 시공

(1) 타설속도 조정

① 타설시 수분증발은 유동화제를 첨가하여 개선한다.

② 타설속도를 조정하고, 연속타설한다.

(2) 이음 철저

① 연속타설로 Cold Joint를 방지한다.

② 건조수축에 의한 균열을 방지하기 위해서 Control Joint를 설치한다.

VI. 냉각법(온도제어 양생)

1. Precooling(사용재료 냉각)

(1) 정의

콘크리트 재료의 일부 또는 전부를 미리 냉각시켜 콘크리트의 타설온도를 저하시키는 방법이다.

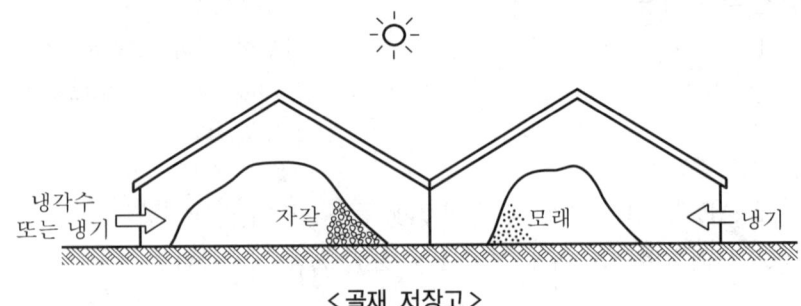

< 골재 저장고 >

(2) 특징
 ① 균열제어
 ② 발열량을 억제하여 온도균열 방지
 ③ 타설온도 저하에 따른 수화반응 지연

(3) 시공법
 ① 시멘트 : 시멘트는 급랭시켜서는 안 되며, 직사광선을 피할 수 있는 서늘한 곳에
   저장하여 온도상승을 억제시킨다.
 ② 혼합수
   ㉠ 냉각수와 얼음을 사용하는 경우가 있는데 얼음을 사용할 때에는 믹서 내에
      서 얼음이 완전히 녹은 상태가 되어야 하며, 만약 얼음이 Con′c에 혼입되면
      Con′c 품질저하 요인이 되므로 특히 유의하여 시공한다.
   ㉡ 얼음의 사용량은 일반적으로 비비기에 사용되는 물의 10~40% 정도로서 이
      에 의한 Con′c의 온도저하는 3~7℃ 정도이다.
   ㉢ 서중에 시공되는 Con′c에서는 온도상승을 방지하기 위하여 혼합수의 온도를
      2~5℃ 정도로 냉각하여 사용한다.
 ③ 굵은 골재
   ㉠ 굵은 골재 냉각은 공기에 의한 냉각법과 물에 의한 냉각법이 있다.
   ㉡ 골재 Bin 내에서 1~4℃ 정도의 냉각수 또는 냉풍을 순환시켜 냉각하는 방
      식이다.
   ㉢ 굵은 골재의 온도를 10~15℃ 낮춘 경우의 콘크리트 온도저하는 6~9℃ 정
      도이다.
 ④ 주의사항 : 콘크리트의 비벼진 온도가 현저하게 변화하지 않도록 각 재료의 냉
   각을 균등하게 하는 것이 가장 중요하다.

2. Pipe Cooling(타설콘크리트 냉각)

(1) 정의

콘크리트 내부의 온도상승을 방지하기 위하여 타설 전에 미리 냉각관을 배치하고 그 속으로 냉기 또는 냉각수를 통과시켜 내부온도를 저하시키는 방법이다.

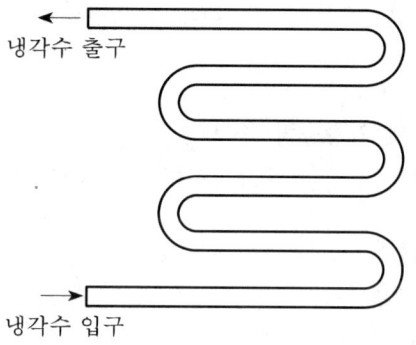

(2) 특징

① 수화열을 억제시키는 효과가 크다.

② 장기간에 걸쳐 발열이 일어나는 경우에 적용한다.

③ 일반적으로 Dam 구조물에 많이 사용된다.

(3) 시공법

① **배관 설치** : 새로운 콘크리트를 타설하기 전에 쿨링용 파이프를 수평으로 배치한다.

② **배관 규격**

    ㉠ 직경 25mm 강관 사용

    ㉡ 1코일 길이는 200~300m 정도

    ㉢ 통수량은 매분 13~16L 정도

    ㉣ 간격은 1.5m가 표준이며, 경우에 따라서 1m

③ **통수기간** : 일반적인 경우 2~4주

④ **냉각수의 온도** : 냉각수의 온도는 콘크리트 온도와의 차가 20℃ 이하가 되게 한다.

⑤ **통수방법** : 콘크리트 온도의 균등 저하를 위하여 흐름방향을 1~2일마다 바꾸어 준다.

VII. 계측 관리항목

(1) 온도계
① 콘크리트 내·외부의 온도측정
② 콘크리트 내·외부의 온도차가 20℃ 이내로 되도록 관리
③ 콘크리트 타설일로부터 5일 간의 온도변화에 유의

(2) 유효응력계
① 콘크리트 내에 인장응력 측정
② 콘크리트 내의 응력이 콘크리트의 인장강도 초과시 균열발생

(3) 콘크리트 변형률계
① 콘크리트의 온도응력 측정
② 콘크리트 내·외부 온도차에 의한 응력발생 측정

(4) Crack Gauge
콘크리트에 균열발생시 균열의 폭, 길이를 측정

(5) 구조물 전체 Movement 측정
콘크리트 내부의 응력 및 균열 발생으로 인한 구조물의 Movement 여부 측정

(6) 온도 측정방법
① 설치개수 : 온도측정계는 구간별로 6개를 설치한다.
② 설치방법

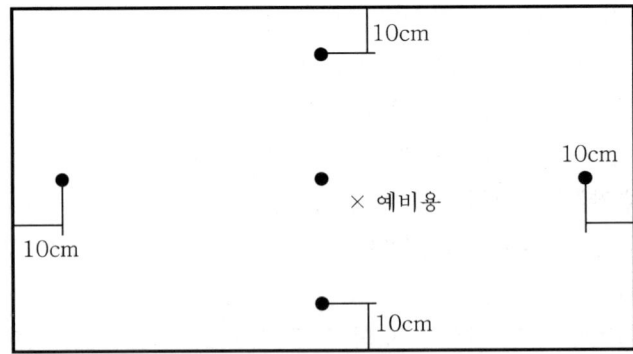

〈온도측정계 설치구간〉

㉠ 정가운데에 1개를 설치하고 4변에 각 1개씩 설치하며, 정가운데 근처에는
중앙 온도측정계의 손상에 대비하여 예비용으로 1개 더 설치한다.
㉡ 4변에 설치되는 온도측정계는 외면에서 각각 10cm 띄어서 설치한다.

ⓒ 예비용은 정가운데 설치된 온도측정계의 콘크리트 타설시 이동, 변형 및 파손에 대비하는 것이다.

Ⅷ. 결 론

(1) Mass Con'c의 균열은 단면치수, 내·외부의 온도차, 배근상태, 구속조건 등의 복합적인 작용에 의해 발생한다.

(2) 수화열에 의한 균열방지는 재료, 배합, 양생 등의 시공적인 면에서의 대책과 보강근 배치계획 등 설계적인 면에서의 대책이 적극 검토되어야 한다.

I. 개 요

(1) 수중콘크리트란 물이 많이 나고 배수가 불가능한 지하층 공사 및 호안·하천변의 기초공사 또는 가물막이 공사에 적용되는 콘크리트로서 주로 Preplaced Concrete 공법이 적용된다.

(2) 각 분류별 사용되는 콘크리트 배합 및 성질이 다르므로 사용처에 따라 다른 배합과 시공법을 적용해야 하며, 또한 Prepacked 콘크리트로도 시공이 가능하다.

II. 수중콘크리트의 분류

수중콘크리트
- 일반 수중콘크리트
- 수중 불분리성 콘크리트
- 현장치기 말뚝 및 지하연속벽의 수중콘크리트
- Prepacked 콘크리트

III. Preplaced Concrete 적용 공사

(1) 직립방파제
(2) 수중구조물
(3) 기초공사
(4) 주열식 흙막이 공사
(5) 기존 구조물의 보수보강 공사

Ⅳ. 수중 불분리성 콘크리트의 특징

(1) 수중 불분리성 혼화제 사용

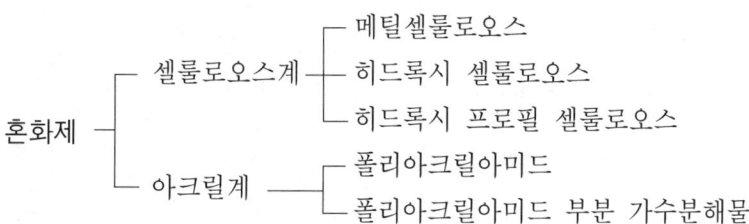

(2) 콘크리트 점성 증대
① 수중에서의 유실 및 재료분리 방지
② 골재와 철근의 부착력 향상
③ 콘크리트 경화 후에도 콘크리트의 강도 향상

(3) 분리 저항성 증대
① 콘크리트 내의 골재와 시멘트 Paste 분리저항성 향상
② 콘크리트 내의 시멘트와 물의 분리저항성 향상

(4) Bleeding 미발생
수중에서 타설되나 Bleeding 발생이 거의 없음

(5) Self Leveling 기능 양호
① 협소한 자소나 철로 사이에 콘크리트 충전성 양호
② Slump Flow 값이 60cm 이상
③ 다짐 없이 자체 충전 가능

(6) 응결시간 지연
① 응결 및 경화시간 지연
② 수중에서 응결되므로 발열량 감소

(7) 강도저하 우려
① 혼화제 첨가량 증대시 콘크리트의 강도저하 우려
② Cement Paste 유실시 콘크리트 강도저하 우려

(8) 건조수축 증대
수중에서 양성되므로 공기 중에서는 건조수축 증대

V. 수중 불분리성 콘크리트 시공(시공방법)

1. 배합

(1) 시험
콘크리트가 소정의 수중 불분리성, 강도, 유동성 및 내구성을 가지도록 시험에 의하여 정해야 한다.

(2) 배합강도
설계기준강도 및 시공과정에서 발생하는 콘크리트의 품질변동을 고려하여 정한다.

(3) 시험공시체 제작
수중 불분리성 콘크리트의 압축강도 시험용 공시체는 수중제작 공시체를 사용한다.

(4) 굵은 골재 최대치수
부재치수의 1/5 및 철근 최소간격의 1/2을 넘지 않으며, 40mm 이하를 표준으로 한다.

(5) 유동성 시험
수중 불분리성 콘크리트는 유동성이 크기 때문에 슬럼프 프로로 측정한다.

(6) 공기량은 4% 이하를 표준으로 한다.

2. 비비기

(1) 혼합방법
① 균등질의 콘크리트 생산을 위해 미리 시멘트, 골재 및 수중 불분리성 혼화제를 건식비비기한 후 물과 고성능 감수제를 투입하여 비빔한다.
② 건식비비기 시간은 20~30초를 표준으로 한다.

(2) 사용 믹서
① 충분히 비빌 수 있는 능력을 가진 강제식 배치믹서를 사용한다.
② 1회 비비기 양은 믹서 공칭용량의 80% 이하를 원칙으로 한다.

(3) 혼합시간
건식 비비기 후 혼합시간은 소요의 품질을 얻을 수 있게 강제적 믹서로 일반적으로 90~180초를 표준으로 한다.

3. 타설

(1) 타설높이

정수중(유속 5cm/sec 이하)에서 낙하높이 50cm 이하로 한다.

(2) 타설장비

① 수중콘크리트 타설은 콘크리트 펌프 또는 트레미관 사용을 원칙으로 하고, 수중 불분리성 콘크리트의 품질을 저하시키지 않도록 한다.

② 콘크리트 펌프를 압송할 경우 압송압력은 보통콘크리트의 2~3배, 치기속도는 1/2~1/3 정도이므로 면밀한 시공계획 수립이 필요하다.

VI. 시공시 유의사항

(1) 거푸집 강도

① 거푸집외 강도는 주입 Mortar의 측압을 견디며, 이유부에서 Cement Paste의 유출이 없도록 할 것

② 굵은 골재 채움 전에 거푸집 내의 청소를 철저히 한다.

(2) 거푸집 설치

타설면보다 높게 하여 콘크리트에 나쁜 영향을 미치지 않는 높이까지 거푸집을 설치한다.

(3) 굵은 골재 치수

굵은 골재 치수는 15mm 이상으로 하고, 거푸집에 충진되었을 때 간극률이 낮도록 유도한다.

(4) 주입관 간격

① 주입관을 수직으로 설치할 때 수평간격은 2m로 한다.

② 상하는 1.5m 간격으로 배치한다.

(5) 모르타르 믹서

① Mortar Mixer는 주입 Mortar를 5분 이내에 비빔할 수 있는 것으로 할 것

② 주입모르타르(Intrusion Aid)는 팽창률 5~10%, Bleeding 3% 이하로 유지하여야 한다.

③ Intrusion Aid를 사용하고, 보통 Cement를 사용함

④ 잔골재는 1.2mm 체에 100%, 0.6mm 체에 90% 통과한 것

(6) 모르타르 주입

① 모르타르의 주입은 낮은 위치에서 실시하며, 수평이 되게 한다.

② Mortar 주입압은 골재 사이의 간극을 충분히 메울 수 있도록 하고, 연속시공할 것

(7) 보호시트

유수나 파도 등에 의해 콘크리트 표면이 세굴되는 것을 방지하기 위하여 시트 등으로 덮어 보호한다.

Ⅶ. 현장치기말뚝 및 지하연속벽의 수중콘크리트 타설 요령

(1) 시공관리

현장치기말뚝 및 지하연속벽은 구조물의 본체나 지하굴착시 토류벽 등에 사용되므로 정밀도·이수(泥水)·콘크리트 품질 등의 시공관리가 필요하다.

(2) 배합

① 물시멘트비는 55% 이하

② Slump치는 15~21cm가 표준

③ 단위시멘트량은 350kgf/m^3 이상

(3) 시공 일반

① Tremie관의 안지름은 굵은 골재 최대치수의 8배 정도

② 콘크리트 타설중 Tremie관의 묻히는 깊이는 2m 이상

③ 타설속도는 4~10m/h 유지

(4) 타설공법

① Tremie 공법

㉠ Tremie Pipe의 출구를 막고 수중에 투입한 후 물과 치환하면서 콘크리트를 타설하는 공법

㉡ Tremie Pipe 선단은 항상 콘크리트 속에 묻혀 있을 것

㉢ Tremie Pipe 내는 콘크리트가 항상 가득 차 있을 것

② 콘크리트 Pump 공법

㉠ Tremie Pipe 대신 콘크리트 Pump의 수송관을 수중에 투입하여 콘크리트를 타설하는 공법

㉡ 수송관 내에는 콘크리트가 가득 차 있고, 수송관은 콘크리트에 묻혀 타성

③ 밑열림 상자 공법

　㉠ 밑뚜껑식 : 선단에 뚜껑을 만들어 콘크리트 투입 후 Tremie 관을 조금 들어
　　올리면 콘크리트 중량에 의해 뚜껑이 제거되면서 콘크리트를 타설

　㉡ 플런저(Plunger)식 : Tremie관 투입구 관경에 맞는 Plunger를 장착하여 콘
　　크리트를 투입하면 관 내에 안정액을 배제하면서 콘크리트를 타설

　㉢ 개폐문식 : 선단에 개폐문을 설치하고 Tremie관 내에 콘크리트를 채운 후
　　선단을 개방하여 콘크리트를 타설

밑뚜껑식　　　플런저식　　　개폐문식

〈밑열림 상자 공법〉

　㉣ Tremie관 내에 콘크리트를 채우고 선단이 수면 저부에 도달했을 때 선단의
　　상자를 열고 콘크리트를 타설한다.

④ 밑열림 포대 공법

　㉠ 0.05m³ 정도의 포대에 콘크리트를 2/3만 채워 포대끼리 자유로이 변형하도
　　록 하여 층을 쌓고 잘 정착되도록 함

　㉡ 수면 저부에 암반이 있어 요철이 심한 경우

Ⅷ. 결 론

(1) 수중에 구조체가 형성되므로 강도·내구성·수밀성의 콘크리트 품질관리가 중요한
　　문제이며, Precast 부재 등을 이용하는 공법이 연구개발중에 있다.

(2) 품질이 우수한 수중콘크리트의 시공을 위해서는 시험을 통한 배합관리와 시공시
　　세심한 주의가 필요하며, 아울러 시공조건에 따른 적정 공법의 선택이 무엇보다 중
　　요하다.

> **5-1** 수밀을 요구하는 콘크리트 구조물의 누수원인이 되는 결함 및 대책에 대하여 기술하시오. [97전, 30점]
>
> **5-2** 정수장 수조구조물의 누수원인을 분석하고, 시공대책에 관하여 설명하시오. [00전, 25점]
>
> **5-3** 수밀콘크리트와 수중콘크리트 [11중, 10점]

I. 개 요

(1) 수밀콘크리트는 물이 침투하지 못하도록 특별히 밀실하게 만든 콘크리트로서 물시멘트비를 50% 이하로 한다.

(2) 방수성이 뛰어나고 풍화되지 않으며, 전류작용, 화학작용 등에 강해야 하고 염해, 중성화, 알칼리 골재반응, 동결융해에 강한 저항성을 가져야 한다.

(3) 수밀성 저해요인

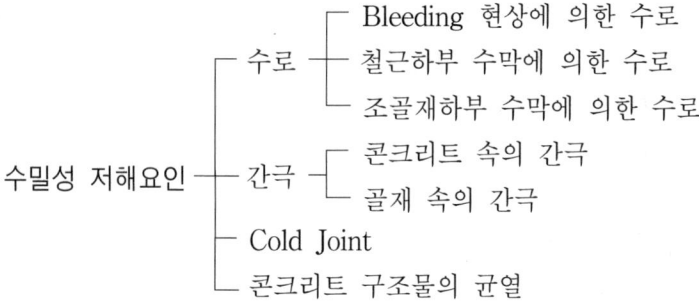

II. 특 성

(1) 산, 알칼리, 해수 동결융해에 대한 저항성이 크다.

(2) 시공연도 향상을 위한 AE제 사용

(3) W/C비를 작게 하고 감수제 사용

(4) 거푸집은 수밀하고 견고하게 짜야 한다.

(5) 거푸집 긴결볼트 구멍은 모르타르로 충전한다.

III. 누수의 원인이 되는 결함(누수원인)

(1) Cold Joint

시공중에 구Con'c와 신Con'c가 일체가 되지 않고 분리된 상태로서 침투수에 의해 누수된다.

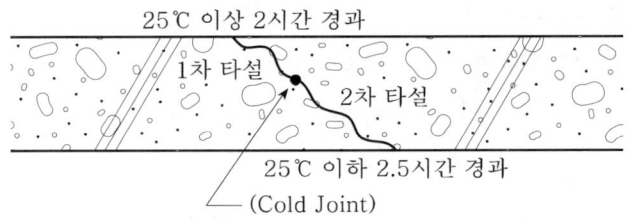

(2) Bleeding

Con'c 타설 후 Bleeding 현상으로 Con'c 내부에 미세한 수로가 형성된다.

(3) 철근하부 공극

Con'c 시공시 다짐 불충분으로 철근하부에 공극이 형성되어 누수원인이 된다.

(4) W/C비 과다

실제 콘크리트는 수화작용에 필요한 물보다 많은 물을 사용하는데, 수화작용에 쓰이고 남은 물은 자유수가 되어 Con'c 속에 남아서 유로를 형성하게 된다.

(5) 건조수축균열

콘크리트는 건조하면 수축하고 습기에 접하면 팽창한다. 이들 작용의 반복으로 Con'c 균열이 발생하고 누수의 원인이 된다.

(6) 다짐 불량

Con'c 타설시 불충분한 다짐으로 인해 Con'c의 밀도가 저하되고, 따라서, Con'c 구조가 느슨해져 누수의 원인이 된다.

(7) 골재의 투수성

사용골재가 투수성이 큰 골재일 때 침투수의 통과가 쉬워져 누수의 원인이 된다.

(8) 균열

온도, 소성수축, 충격, 진동 등의 영향에 의해서 구체에 균열이 생겨 누수된다.

Ⅳ. 대책(시공대책)

(1) 시멘트 관리

① Portland Cement의 사용을 원칙으로 한다.

② 분말도가 높은 시멘트를 사용한다.

③ 풍화되고 오래된 시멘트는 사용을 금한다.

④ 시멘트는 통풍이 양호하고, 온도·습도 관리에 양호한 곳에 저장한다.

(2) 양질 골재 사용

① 유해물의 함유가 없고, 비중이 큰 골재를 사용한다.

② 조립률이 2.3~3.1 정도의 입도를 가진 모래를 사용한다.

(3) 청정수 사용

① 물은 유해량의 기름·산·알칼리·유기불순물 등이 포함되어서는 안 된다.

② 음료수 정도의 물이 사용하기에 적합하다.

(4) 혼화재료

① AE제, 감수제, AE감수제, 고성능 감수제 등을 사용한다.

② Pozzolan, Fly Ash, Silica Fume 등의 미세분말을 사용한다.

(5) 물시멘트비 작게

① 수밀 콘크리트의 물시멘트비는 55% 이하로 한다.

② 단위수량과 단위시멘트량은 가급적 적게 한다.

(6) Slump값

① 콘크리트의 slump값은 8mm 이하로 한다.

② 혼화재료를 이용하여 시공성 및 수밀성을 확보하고, 시멘트량은 적게 한다.

(7) 굵은 골재 최대치수

① 굵은 골재 치수는 클수록 유리하다.

② 최대치수는 시험배합을 통한 적정치로 하되 일반적으로 부재 최소단면의 1/5 이하로 한다.

(8) 잔골재율

① 잔골재의 양은 적게 한다.

② 잔골재율이 낮을수록 수밀 콘크리트에 유리하다.

(9) Asphalt 방수

① 재료로는 Blown Asphalt, Asphalt Compound, Asphalt Felt, Asphalt Roofing 등이 사용된다.

② 가열용융한 재료를 차례로 적층하여 콘크리트의 방수층을 만든다.

(10) 도막방수

① 주재료로 폴리우레탄, Epoxy 수지, 명반(5%)용액+비누(7%) 등을 사용한다.

② 주재료와 경화제를 혼합하고 바탕면에 도포하여 콘크리트의 방수층을 형성한다.

③ 복잡한 형상 등에 시공이 가능하며, 내약품성이 있고, 시공성이 양호하다.

(11) 시공이음 설치

① 시공이음을 두지 않는 것을 원칙으로 한다.

② 부득이한 경우 전단력이 작은 곳에 시공한다.

(12) 시공이음부 청소

① 시공이음시 콘크리트가 굳기 전에 Air Jet, Water Jet으로 표면을 청소한다.

② 연약한 콘크리트는 깨어내고, 굵은 골재를 노출시킨다.

(13) 지수판(Water Stop) 설치

① 경화 후에는 Chipping하거나, Sand Blasting 후 물로 깨끗이 청소한다.

② 지수판이 타설로 인하여 굽혀지거나 휘어지지 않도록 구속을 철저히 한다.

(14) 연직 시공이음

① Con′c 타설 전 계획된 시공이음 위치에는 양질의 합판이나 목재 등이 사용된다.

② 지수판, 팽창성 지수판, 동판 등을 사용한다.

(15) 거푸집의 조립 누수

① Form Tie Bolt 구멍은 2.5cm 깊이로 쪼아내고 수지 Mortar로 채운다.

② 시공 후 탈락·박락이 발생되지 않도록 정밀하게 시공한다.

V. 수중콘크리트

(1) 정의

① 수중콘크리트란 물이 많이 나고 배수가 불가능한 지하층 공사 및 호안·하천변의 기초공사 또는 가물막이공사 등에 적용되는 콘크리트이다.

② 수중콘크리트에는 일반 수중콘크리트와 수중 불분리성 혼화제를 사용하는 수중 불분리성 콘크리트, 현장치기말뚝과 지하연속벽에 사용되는 수중콘크리트 및 Prepacked 콘크리트 공법 등이 있다.

(2) 현장시공도

Tremie의 출구를 막고 수중에 투입하여 물과 치환하면서 콘크리트 타설

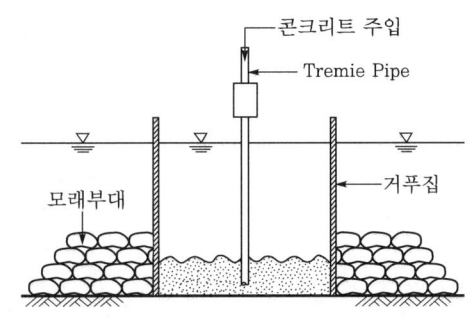

(3) 특징

① 철근과 콘크리트의 부착강도 불량

② 재료분리 발생

③ 콘크리트의 균질성 확보가 어려움

④ 시공후 품질검사가 어려움

VI. 결 론

(1) 수밀콘크리트는 물·시멘트비를 줄이고, 혼화재(Fly Ash, Pozzolan) 등의 혼입으로 고수밀성을 확보할 수 있고 외부로부터 침투할 수 있는 열화요인들에 대하여 저항력이 증대된다.

(2) 수밀콘크리트의 시공계획시 주의해야 할 사항은 이음의 개소를 최소화하고, 시공상 이어치기를 하여야 할 경우 전단강도가 최소가 되는 지점에 하여야 하며 Water Stop의 구속정도가 콘크리트의 질을 좌우하므로 시공에 철저를 기하여야 하는 것이다.

6-1 고강도 콘크리트의 제조 및 시공방법을 설명하시오.   [01전, 30점]

Ⅰ. 개 요

(1) 고강도 콘크리트란 일반콘크리트에 비해 높은 압축강도를 가진 콘크리트를 말하며 보통 40MPa 이상의 콘크리트를 말한다.

(2) 고강도 콘크리트는 제조방법에서 Autoclave를 이용한 양생, 활성골재, 고성능 감수제, Silica Fume 등을 사용함으로써 강도를 증진시킬 수 있다.

Ⅱ. 제조방법

(1) 결합재의 강도개선
  ① 고성능 감수제의 사용으로 시공연도를 개선한다.
  ② Resin Cement, Polymer Cement 등의 고강도 Cement를 사용하여 Macro Defect Free Con'c를 제조한다.

(2) 활성골재의 사용
  ① Alumina 분말을 사용하여 팽창성을 좋게 한다.
  ② 인공골재(코팅)를 사용하여 시공성을 좋게 한다.

(3) 다짐방법의 개선
  ① 고압다짐, 가압진동다짐, 고주파 진동다짐, 진동탈수다짐 등을 사용한다.
  ② 내부진동기의 설치가 곤란한 곳은 거푸집 진동기를 이용한다.

(4) 양생방법의 개선
  ① Autoclave 양생을 실시한다.
  ② 콘크리트 타설 후는 도막양생 및 습윤양생을 실시한다.

(5) 보강재의 사용
  ① 섬유보강제를 사용한다.
  ② Plastic Polymer Con'c 및 Ferro Cement Con'c 등을 적용하여 일반콘크리트의 취성적 성질을 보강한다.

(6) 물시멘트비를 작게

① Slump는 15cm 이하로 하며, 물시멘트비는 50% 이하로 한다.

② 고성능 감수제를 사용한다.

③ Silica Fume, Fly Ash, Pozzolan 등의 미세분말을 사용한다.

Ⅲ. 시공방법

1. 재료

(1) 시멘트

① 시멘트는 반드시 시험배합을 거쳐 다른 재료와의 양립성이 사전조사되어야 한다.

② 제조 후 2개월 이상 경과된 시멘트는 사용해서는 안 된다.

(2) 골재

① 골재는 깨끗하고, 강하고, 내구적이며 알맞은 입도를 가져야 한다.

② 얇은 석편, 유기불순물, 염분 등의 유해량을 함유해서는 안 된다.

(3) 혼화재료

① 혼화재료는 Silica Fume, Fly Ash, Pozzolan 등이 사용되며, 콘크리트의 장기 강도 및 수밀성을 증대시키고 수화열은 감소시키는 특성이 있다.

② 고성능 감수제(유동화제)를 사용하면 시공성을 확보할 수 있는데, 그 종류로는 멜라민계, 나프탈린계, 리그닌계가 있으나 나프탈린계가 주로 사용되고 있다.

2. 배합

(1) 물시멘트비

① 소요강도와 내구성을 고려하여 정한다.

② 물시멘트비는 33~38% 이하로 한다.

(2) 소요 공기량

① 공기연행제를 사용하면 소요공기량의 증가 없이 시공성을 확보할 수 있다.

② 기상변화가 심하거나 동결융해에 대한 대책이 필요한 경우에는 제외한다.

(3) 단위시멘트량

① 고강도 콘크리트의 단위시멘트량은 보통 $350 \sim 600 kgf/m^3$ 정도로 한다.

② 단위시멘트량은 시험배합을 통하여 정해야 소요강도 확보에 유리하다.

(4) 잔골재율

① 고강도 콘크리트가 50MPa의 강도를 얻기 위해서는 잔골재율이 30~40% 범위 내에 있어야 한다.

② 잔골재율의 조립률(F.M.)은 3.0 정도가 가장 적당하다.

3. 시공

(1) 운반

① 콘크리트는 재료분리 및 Slump값의 손실이 적은 방법으로 신속하게 운반한다.

② 운반시간 및 거리가 긴 경우는 Truck Mixer를 사용하여야 한다.

(2) 타설

① 부어넣기 순서는 구조물의 형상, 콘크리트의 공급상태, 거푸집 등의 변형을 고려하여 결정한다.

② 비빔에서 타설완료까지의 시간은 60분에서 90분을 넘지 않도록 계획을 세우는 것이 좋다.

(3) 양생

① 타설 후 경화에 필요한 온도·습도 등을 유지하며, 진동·충격 등의 유해한 영향이 없도록 충분한 기간 동안 양생한다.

② 물시멘트비가 낮으므로 습윤양생을 실시하며, 부득이한 경우는 현장 피막양생을 실시한다.

Ⅳ. 결 론

콘크리트의 고품질화의 일환으로 고강도화하여 구조물의 단면을 줄일 수 있으며, 구조물의 내구성 증진 및 안정성이 크게 향상되는 계기가 되었다.

> **7-1** 고성능 콘크리트의 정의, 배합 및 시공에 대하여 설명하시오. [05중, 25점]
> **7-2** 고성능 콘크리트의 폭렬 특성 및 영향요인과 저감대책에 대해 기술하시오.
> [06전, 25점]
> **7-3** 고성능 콘크리트 [03후, 10점]

I. 정 의

(1) 개 요
① 고성능 콘크리트는 고강도 콘크리트의 한 단계 위인 Con′c로서, 유동성 증진 이외에도 고강도·고내구성·고수밀성을 갖는 Con′c를 말한다.
② 고성능 콘크리트는 고강도화 및 고유동화함에 따라 시공성을 향상시킬 수 있을 뿐 아니라, 최근에는 무다짐(자체 충전형) Con′c 방향으로 발전되고 있다.

(2) Con′c의 단계별 발전

구분 \ 연대	1960년대	1970년대	1980년대	1990년대
Con′c의 종류	AE Con′c	유동화 Con′c	고강도 Con′c	고성능 Con′c
사용재료	AE제	유동화제	고성능 감수제 Silica Fume	고성능 감수제, Silica Fume, M.D.F Cement, Autoclave 양생
품질특성	고내구화	고유동화	고강도화	고내구화, 고유동화, 고수밀화, 고강도화

(3) 특징
① 시공능률이 향상됨 ② 작업량 감소
③ 진동다짐의 감소 ④ 처짐(변형) 감소
⑤ 재료분리 감소 ⑥ 공사기간 단축

II. 배합 및 시공

(1) 고성능 감수제
보통 Con′c와 동일한 작업성으로 물시멘트비를 대폭 감소할 목적인 경우에 사용되고, 감수율이 30% 정도이며, 수밀성도 향상됨

(2) Silica Fume

Silicon 등의 규산합금 제조시 발생하는 폐가스를 집진하여 얻어진 초미립자(1μm 이하)이며, 고성능감수제와 같이 사용하면 수밀성·강도 등이 향상

(3) M.D.F Cement

콘크리트의 큰 기공($2\sim15\,\mu$m 정도)이나 결함을 없게 함으로써 고수밀성 및 고강도화를 실현하는 Cement

(4) Autoclave 양생

고온·고압의 탱크 안에서 하는 고압 증기양생으로서, 이 방법에 의해 Con′c를 양생하면 최고 100~120MPa까지의 고강도가 가능함

Ⅲ. 고성능 콘크리트의 폭열 특성

(1) 정의

① 고성능 콘크리트의 폭열이란 화재시 콘크리트 구조물에 물리적·화학적 영향을 주어 파괴되는 현상으로서, 여러 요인이 복합해서 작용된다.

② 화재시 영향을 주는 요인은, 화재의 강도·화재의 형태·화재 지속시간·구조 형태·콘크리트의 종류 및 골재의 종류·강재의 종류 및 화재시 발생하는 가스 등의 영향을 받는다.

(2) 화재에 의한 콘크리트의 손상

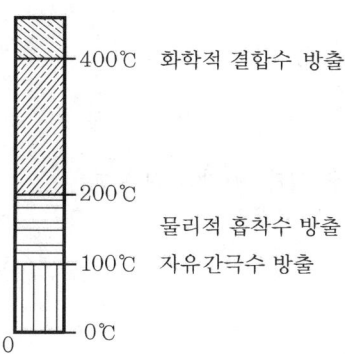

(3) 폭열 발생원인

① 흡수율이 큰 골재의 사용

② 내화성이 약한 골재의 사용

③ 콘크리트 내부 함수율이 높을 때

④ 치밀한 조직으로 화재시 수증기가 배출되지 않을 때

Ⅳ. 영향을 미치는 요인

(1) 화재의 강도(최대온도)

화재의 최대온도가 300℃일 때까지는 콘크리트의 손상이 거의 없다.

(2) 화재의 형태

① 부분적인 것과 전면적인 것이 있다.

② 구조물의 변형 및 구속력이 콘크리트 강도에 의해 결정된다.

(3) 화재 지속시간

화재 지속시간	콘크리트 파손깊이
80분 후(800℃)	0~5mm
90분 후(900℃)	15~25mm
180분 후(1,100℃)	30~50mm

(4) 구조형태

① 보의 단면 및 Slab의 두께가 얇을수록 위험하다.

② 부정정 구조물에는 변형이 억제되어 있으므로 구속력이 크다.

(5) 콘크리트 및 골재 및 종류

석회암을 골재로 사용한 콘크리트는 화재시 높은 열에 의해 발생되는 증기압으로 파멸된다.

(6) 강재 종류

① 냉간가공강재 : 500℃ 이상에서도 강도 상실

② 일반자연강재 : 900℃ 이상에서 강도 상실

(7) 화재시 발생하는 가스에 의해 영향을 받는다.

Ⅴ. 저감대책

(1) 간접적인 대책

① 화재·가스 경보기 설치

② 소화기 설치

③ 누전방지대책 강구

④ 방화 조직·기구 설치

   (2) 직접적인 대책

      ① 방화 Coating 도포

      ② 방화 System 강구 및 스프링클러 가동

      ③ 방화 Paint 도포

VI. 결 론

(1) 고성능 콘크리트는 콘크리트의 마지막 단계인 고내구성, 고유동성, 고수밀성 및 고강도성의 성질을 갖는 콘크리트이다.

(2) 고성능 콘크리트는 내부조직이 치밀하여 화재시 콘크리트의 폭열에 취약하므로 이에 대한 대책을 마련한 후 시공에 임하여야 한다.

7-4 고내구성 콘크리트 [09후, 10점]

I. 정 의

(1) 내구성이란 Con'c 구조물을 구성하는 재료(Cement, 골재 등)가 파손·노후·균열 등이 생기지 않고, 오랜기간 동안 사용연한을 유지하는 것을 말한다.
(2) 장기강도가 중요시되는 Con'c이며, 배합설계를 통한 적당한 재료를 선정하여 철저한 품질관리가 먼저 선행되어야 한다.

II. 품질 및 배합(대책)

(1) 설계기준강도는 보통 Con'c는 21~36MPa 이하, 경량 Con'c는 21~27MPa 이하
(2) Slump값은 12cm 이하, 유동화제를 사용할 경우는 18cm 이하(Base Con'c 12cm 이하)
(3) 단위수량은 175kg/m^3 이하로 함
(4) 단위시멘트량은 보통 Con'c는 300kg/m^3 이상, 경량 Con'c는 3,300kg/m^3 이상
(5) 물시멘트비(%)는 다음 표의 값 이하로 함

콘크리트의 종류 / 시멘트의 종류	보통 내구성 콘크리트	경량 내구성 콘크리트
포틀랜드 시멘트 고로 슬래그 시멘트 특급 실리카 시멘트 A종 플라이 애시 시멘트 A급	60	55
고로 슬래그 시멘트 1급 실리카 시멘트 B종 플라이 애시 시멘트 B종	55	55

III. 시공상 대책(유의사항)

(1) 콘크리트에 함유된 염화물량은 염소이온량 0.2kg/m^3 이하로 유지
(2) 타설시 Con'c의 온도는 3℃ 이상에서 30℃ 이하로 유지
(3) 비빔에서 타설 종료까지의 시간은 외기온 25℃ 미만은 90분 이하, 25℃ 이상은 60분 이하
(4) 철근, 금속제 거푸집은 온도가 50℃를 초과하면 살수냉각을 실시함

(5) Con'c의 봉상진동기는 가능한 한 직경과 성능이 좋은 것으로 할 것

(6) 봉상진동기의 삽입간격은 60cm 이하로 하고, 재료분리가 생기지 않게 함

8-1 유동화 Concrete 사용시 장·단점 및 시공시 유의사항에 대하여 기술하시오.

[98중후, 30점]

I. 개 요

(1) 유동화 콘크리트란 반죽된 콘크리트의 Workability 개선을 위하여 공장 또는 현장에서 유동화제의 첨가로 일시적으로 Slump치를 증가시켜 Workability를 개선한 Con′c를 말한다.

(2) 콘크리트의 단위수량을 감소시켜 물시멘트비가 작은 콘크리트를 사용하게 되어 콘크리트의 강도, 수밀성, 내구성을 크게 향상시킨 Con′c이다.

II. 사용목적

(1) 시공성 개선

(2) 고강도, 고품질의 Con′c 확보

(3) 콘크리트 고품질화

(4) Bleeding, Laitance 감소

(5) 온도균열 방지

III. 사용시 장단점

(1) 장점

① 수화발열량 감소 : Mass 콘크리트 등에서 수화열에 의한 온도상승을 낮추기 위하여 단위시멘트량을 감소시키고 유동화제를 첨가하여 수화발열량을 감소시킬 수 있다.

② Slump 조절 : 된비빔의 콘크리트도 유동화제의 첨가로 최대 25cm까지 Slump치를 높일 수 있다.

③ W/C비 저하 : 유동화제 사용으로 W/C비는 최소 39%까지 가능하며 단위수량은 최고 33%까지 감소시킬 수가 있다.

④ Bleeding 감소 : 콘크리트 속의 적은 물의 함량으로 Bleeding 현상이 현저히 적어진다.

⑤ 수밀성 향상 : 유동화제 사용으로 Con'c 배합시 W/C비의 감소로 Con'c 속의 공극발생을 줄여 수밀한 Con'c로 만든다.

⑥ 건조수축 감소 : W/C비의 감소로 Con'c에 사용되는 물의 감소로 Con'c 속의 공극을 줄여 Con'c 건조에 따른 수축현상을 적게 한다.

(2) 단점

① 시공관리의 어려움

㉠ 보통의 묽은 콘크리트보다 품질의 변동이 커지기 쉽다.

㉡ 콘크리트 부리는 위치, 치기 직전의 유동화 관리가 요구된다.

② 슬럼프 손실 : 유동화제를 사용한 유동화 콘크리트는 경과시간에 따른 슬럼프 손실이 보통 콘크리트보다 크다.

③ 혼합시 소음 발생 : 현장에서 유동화제 혼합시 트럭 에지테이트의 고속회전시 발생되는 소음이 매우 크다.

④ 재료분리 : Con'c 타설시 다짐이 불충분할 경우 재료분리 현상과 표면 곰보현상이 생기기 쉽다.

⑤ Cold Joint 발생 : 운반차량의 지연, 장비고장 등으로 이어치기 시간간격이 60분을 초과할 경우 Cold Joint가 발생한다.

⑥ 타설시간 : 유동화 콘크리트는 혼합 후 치기가 끝날 때까지의 시간을 보통일 때 30분 이내로 하고, 외기온도가 25℃ 이상일 때에는 20분 이내에 작업을 끝낸다.

Ⅳ. 시공시 유의사항

(1) 타설시간

일반적으로 유동화에서 치기 종료까지 외기온도가 25℃ 미만일 때에는 30분으로 하고, 외기온도가 25℃ 이상일 때에는 20분 이내로 해야 한다.

(2) Con'c 운반

반죽질기, 워커빌리티 등의 품질변화를 가능한 한 줄이고 또 콘크리트 재료분리가 생기지 않도록 신속히 운반할 수 있는 방법을 택해야 한다.

(3) 타설

유동화 콘크리트 타설 전에 운반, 치기 준비인원 등의 치기계획을 수립하고, 운반기계, 치기기계 등의 정상적인 사용 여부를 확인한다.

(4) 거푸집

치기 전에 거푸집 이음부위 등에서 시멘트풀이 새어나오지 않게 하고 특히 타설량이 많을 때에는 유동성이 큰 콘크리트로서 거푸집 설계시 측압을 고려해야 한다. 경사부 시공에서는 윗면에도 필요에 따라 거푸집을 설치한다.

(5) 표면마무리

유동화 콘크리트의 표면마무리는 시기를 놓치지 않고 해야 하며, 다짐 후 표면에 새어나온 물을 처리하고 나서 마무리한다.

(6) 타설속도

유동화 Con′c는 보통 Con′c에 비해 시간경과에 따른 Slump 저하가 크므로 일반적인 운반설비에 비해 치기속도가 빠른 Con′c 펌프를 이용한다.

(7) 재료분리

유동화 Con′c는 유동화 직후에 사용해야 하며, 시간경과로 재료분리가 일어나지 않도록 유의해야 한다.

(8) 다짐

2층 이상의 유동화 콘크리트를 칠 경우에는 진동다짐기를 하중 콘크리트에 10cm 정도 삽입하여 다짐하고 철근의 주위 및 거푸집의 구석까지 채워지도록 다짐한다.

(9) 받아들이기 검사

① 받아들이기 검사는 유동화제 첨가장소에서 유동화제 첨가 전에 실시한다.
② 시험은 Slump, 공기량, 단위용적중량, 압축강도 등
③ 시험횟수는 $50m^3$ 당 1회로 한다.

(10) 유동화제의 계량

① 유동화제는 원칙적으로 원액을 사용하고 1회분 비비기의 양마다 중량 또는 용적계량
② 유동화제 계량오차는 1회 계량분에 대하여 3% 이내

(11) 교반시간

보통의 현장에서 트럭 에지테이트의 교반시간은 대략 고속으로 1~2분 정도, 중속으로 2~3분 정도가 일반적이다.

V. 구조물의 종류에 따른 유동화 콘크리트 Slump 표준

구조물의 종류			슬럼프(cm)
매시브한 콘크리트(큰 교각, 큰 기초)			8~12
비교적 매시브한 콘크리트(교각, 두꺼운 벽, 기초, 큰 아치)			10~15
두꺼운 판			8~12
단면이 큰 철근콘크리트			8~15
일반적인 철근콘크리트			12~18
프리스트레스트 콘크리트보			10~15
수밀콘크리트			8~15
터널 라이닝 콘크리트			15~18
인공경량 콘크리트	철근콘크리트	슬래브	12~18
		보	12~18
		벽 및 기둥	10~15
	프리스트레스트 콘크리트 보		10~15

VI. 결 론

(1) 유동화 콘크리트는 유동성이 좋고 시멘트 분산도가 크기 때문에 단위수량을 감소 시키면서 소요의 시공성 및 강도를 확보할 수 있다.

(2) Silica Fume, Pozzolan 등 미세한 분말을 첨가하게 되면 콘크리트의 공극률 감소 및 강도, 수밀성, 재료분리, 방지 등의 효과를 가져와 콘크리트를 고강도화할 수 있다.

9-1 고유동 콘크리트의 유동특성을 열거하고, 유동특성에 영향을 미치는 각종 요인을 설명하시오. [05전, 25점]

9-2 고유동 콘크리트 [09전, 10점]

Ⅰ. 개 요

(1) 현장다짐이 불가능하거나, 작업공간이 협소하여 다짐효과를 기대할 수 없는 경우 품질향상을 위해 유동성, 충전성, 재료분리 저항성 등을 겸비하여 타설되는 콘크리트이다.

(2) 고유동 콘크리트는 자중에 의한 유동성과 다짐 없이 충전될 수 있는 충전성 및 Cement Paste와 골재의 결합력을 높이는 재료분리 저항성이 중요한 특성이다.

Ⅱ. 사용 혼화재료

혼화재료	용 도
고성능 AE감수제	물시멘트비의 대폭 감소(약 20% 감소)
Fly Ash	결합재의 구속수 및 경화발열 감소
고로 Slag 미분말	시멘트 경화시 발열감소
분리저감제	Cement Paste, Mortar의 점성 증대 콘크리트의 유동성, 충전성 개선

Ⅲ. 유동 특성

(1) 배합적 특성
배합시 고성능 AE 감수제, Fly Ash, 고로 Slag 미분말, 분리저감제 등 첨가

(2) 유동성 우수
① 다짐 없이 자중에 의한 콘크리트의 횡적 흐름
② 고유동 콘크리트의 Slump Flow의 목표값은 50cm 이상 70cm 이하

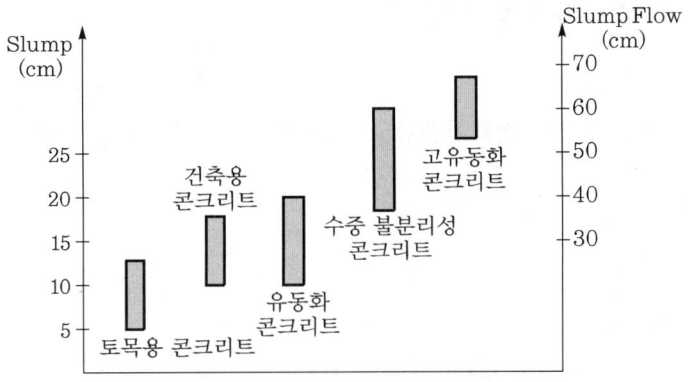

(3) 재료분리 저항성 겸비

    ① 배합수와 페이스트의 분리에 저항

    ② 페이스트와 잔골재의 분리에 저항

    ③ 모르타르와 굵은 골재의 분리에 저항

(4) 충전성 겸비

    충전성 ┬ 소극적 개념 : 재료분리 저항성을 저해하지 않는 성능

           └ 적극적 개념 : 다짐 없이 자중으로 충전될 수 있는 성능

(5) 시공성(Workability) 우수

    ① 유동구배 우수

콘크리트 종류	유동구배	유동거리 (일반콘크리트 : 고유동콘크리트)
일반콘크리트	1/5~1/10	1 : 2
고유동콘크리트	1/15~1/25	

    ② 충전성을 겸비한 시공성 우수

(6) 고내구성 확보

구 분	중성화	탄성계수	염해대책	내동해성
일반콘크리트	보통	보통	보통	보통
고유동콘크리트	우수	부족	약간 우수	보통

    ① 고유동콘크리트의 경우 중성화 부분에서 일반콘크리트에 비해 우수

    ② 초고강도 콘크리트의 제조가능

IV. 유동 특성에 영향을 미치는 요인

(1) 배합강도 선정
배합강도 선정시 설계기준강도 대신에 품질기준강도를 기준

(2) 단위수량
$175kgf/m^3$ 이하

(3) Slump Flow
60±5cm(구조물별 55cm, 60cm, 65cm로 구분)

(4) 배합시간
60±10초(일반콘크리트 30±10초)

(5) 운반시간
① 배합에서 타설까지 120분 이내
② 가능한 한 신속하게 운반하고, 적정 운반시간은 30분 이내

(6) 거푸집 조립
① 콘크리트 Paste가 누출되지 않게 수밀성 있는 재료 사용
② 밀실하게 조립할 것

(7) 타설
유동구배(1/7~1/10)에 적합한 타설위치 선정

(8) 콘크리트 이어치기 한도
① 20℃ 이하, 90분 이내
② 20~30℃ 이하, 60분 이내

V. 결 론

(1) 고유동 콘크리트의 타설 결과, 간편성과 품질의 우수성이 입증되어 사용실적이 증가하고 있다.

(2) 고유동 콘크리트는 진동기 사용이 곤란한 수중콘크리트나 충전성의 확인이 어려운 부분에 적극 활용하여 나아가 일반콘크리트를 대신할 수 있는 우수한 품질과 경제성을 겸비할 수 있도록 연구개발하여야 한다.

10-1 해안 환경하에 설치되는 철근콘크리트 구조물 시공에 있어서 내구성 향상대책에 대해 서술하시오. [03전, 25점]

10-2 해양콘크리트의 내구성 확보를 위한 시공시 유의사항을 설명하시오. [08중, 25점]

10-3 해상콘크리트 타설에 사용되는 장비의 종류를 들고 환경오염 방지대책에 대하여 설명하시오. [11전, 25점]

10-4 해양콘크리트 [03중, 10점]

Ⅰ. 개 요

(1) 해양콘크리트란 해양환경(해안으로부터 1km 이내)에 노출된 콘크리트로 염분에 의한 철근부식에 대비하여야 한다.

(2) 해수면 내에서의 콘크리트 Joint 발생이 없어야 하며 수중 불분리성 혼화제를 사용하여 수중에서의 재료분리 발생을 방지하여야 한다.

Ⅱ. 해양콘크리트의 요구성능

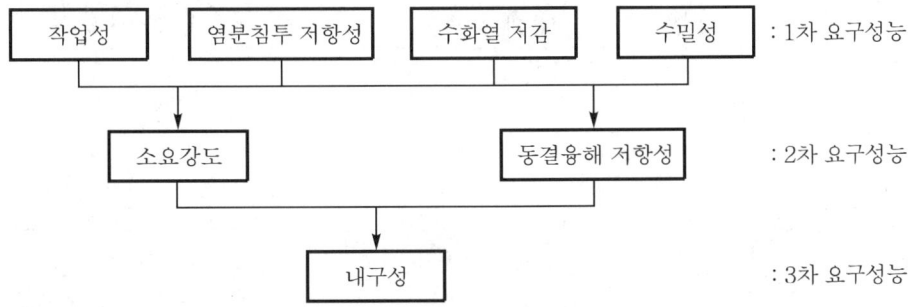

해양콘크리트의 경우 작업성과 염해에 대한 대책을 마련한 후 시공에 임한다.

Ⅲ. 사용되는 장비

(1) Batch Plant선
   타설장소까지 연결된 해상콘크리트 수송 Line

(2) Pump Car
   Batch Plant선으로부터 중계 타설

(3) 바지선
    ① Pump Car의 탑재
    ② Batch Plant 연결선의 탑재

(4) Crane+Bucket에 의한 타설
    ① Crane
    ② Bucket

(5) 골재운반선

Ⅳ. 내구성 향상 대책

(1) 철근 부식방지

구 분	부식대책
아연도금	• 철근의 아연도금은 염해에 대한 저항력이 높음 • 철근의 염화물 이온반응 억제
Epoxy coating	• Epoxy Coating으로 철근의 방식성을 높임 • 정전 Spray로 평균 도막두께 $150 \sim 300\mu$m로 유지
방청제	• 방청제를 사용하여 철근의 부식억제 • 아질산계 방청제 사용
철근의 부동태막 보호	• 철근의 부동태막은 강알칼리성에서만 유지되며 철근부식을 방지

(2) 배합적 대책
    ① 물시멘트비

        내구성에 의한 AE 콘크리트의 물시멘트비

시공구분 환경조건	현장시공	공장시공
물보라 지역	45% 이하	
해상 대기	45% 이하	50% 이하
해 중	50% 이하	

    ② 단위시멘트량

굵은 골재 최대치수 환경조건	25mm	40mm
물보라 지역	330kg/m^3	300kg/m^3
해상 대기		
해 중	300kg/m^3	280kg/m^3

(3) 피복두께 확보

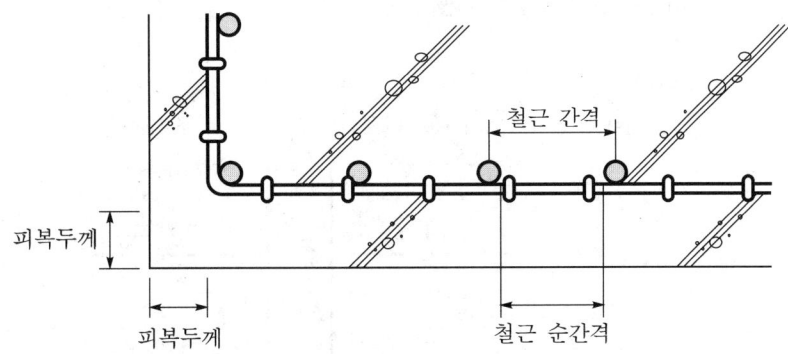

(4) 시공적 대책

① Con′c 표면에 도막방수 등을 실시

② 다짐을 철저히 하고, 공극률을 낮추어 철근 Con′c의 강성을 높임

③ Con′c의 초기양생은 균열을 방지하여 염분의 침투방지

(5) 콘크리트 내부 염화물 저감

구 분	대 책
모래	건조중량의 0.02% 이하
콘크리트	$0.03kg/m^3$ 이하
배합수	$0.04kg/m^3$ 이하

해양콘크리트 내부로부터의 염화물을 저감시켜 염해에 대한 저항성 증대

V. 시공시 유의사항

(1) 염화물에 노출방지

염화이온, 물, 산소가 콘크리트를 통과하여 철근과 만나면서 $Fe(OH)_2$(산화제이철)인 적색의 녹 발생

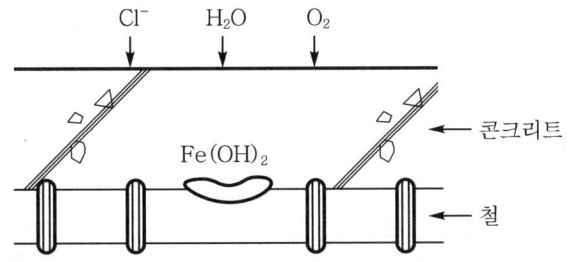

(2) 초기보양 필요

해에 의해 콘크리트 속으로 Mortar가 유실되지 않도록 5일 이상 보호

(3) Construction Joint 위치준수

시공이음(Construction Joint)은 만조시 해수면으로부터 60m 이상 높은 곳에 설치

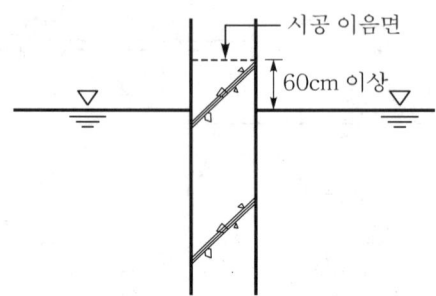

(4) Cold Joint 발생금지

해수면 아래에서의 이음이나 특히 Cold Joint가 발생하지 않도록 콘크리트 타설계획 철저

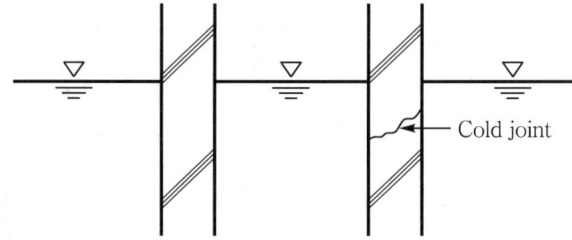

(5) 수중 불분리성 혼화제 사용

미경화콘크리트의 특성	경화콘크리트의 특성
• 수중에서의 분리저항성 우수 • 간극에 대한 충전성 우수 • Bleeding 현상 발생감소 • Pump 압송성 우수 • 응결을 지연시키는 특성	• 공기 중에서 경화시 압축강도 저하 • 부착강도 우수 • Laitance 발생저감 • 건축수축이 다소 큼 • 동결융해에 대한 저항성 다소 부족

VI. 환경오염 방지대책

(1) 오탁방지망 설치

① 해상장비의 유류에 의한 오염방지

② 오탁의 흐름을 방지

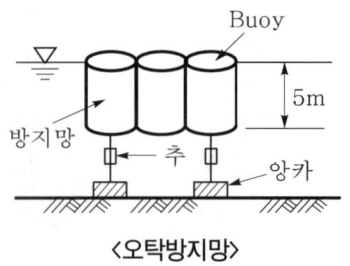

〈오탁방지망〉

(2) 수질조사

〈수질조사 항목〉

구 분	조사항목
공사중	SS, 탁도
공사후	COD, DO, TP

(3) 오일펜스 설치

    기름(오일)에 의한 해양수 오염방지

(4) 쓰레기 차단막

    공사중에 발생하는 쓰레기의 차단 및 수거

(5) 폐유저장소

(6) 폐기물 수거

(7) 해수오염방지

Ⅶ. 결 론

(1) 해양환경에 노출된 콘크리트는 염해에 의한 철근의 부식으로 구조물의 내구연한이 최고 50%까지 감소된다는 연구결과가 있다.

(2) 해양콘크리트에 요구되는 성능은 여러 가지가 있으나 특히 염해에 대한 대책을 시공계획시 수립한 후 시공에 임하여야 한다.

11-1 진공콘크리트(Vacuum Processed Concrete) [11후, 10점]

Ⅰ. 정 의

Con′c 타설 후 진공 Mat, Vacuum Pump 등을 이용하여 Con′c 속에 잔류해 있는 잉여수 및 기포 등을 제거함으로써 콘크리트 강도를 증대시킨다.

Ⅱ. Flow Chart 및 시공 장치도

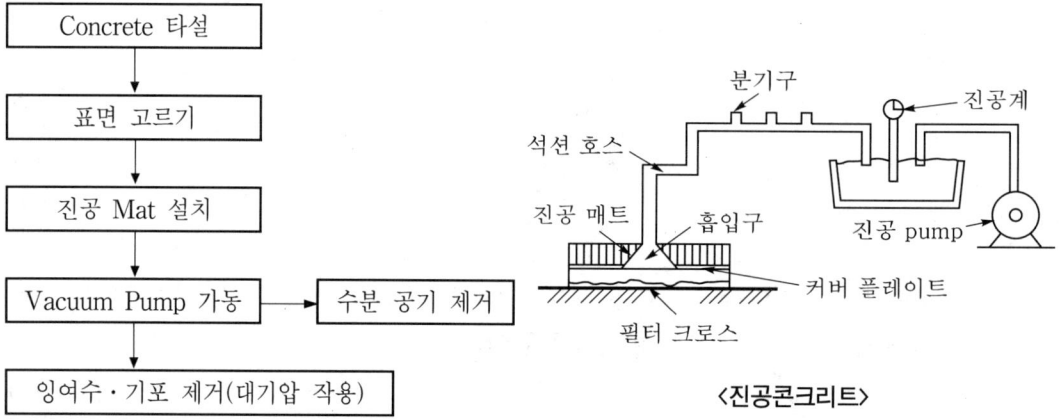

〈진공콘크리트〉

Ⅲ. 특 성

(1) 초기강도 및 장기강도 증대
(2) 경화수축 등이 감소
(3) 표면경도와 마모저항성 증대
(4) 동해에 대한 저항성 증대

Ⅳ. 적용 대상

(1) 한중콘크리트 공사
(2) 포장콘크리트

(3) Precast Panel 제작시

(4) Slab 부재 타설용

V. 시 공

(1) 표면에 약 $9 \, t/m^2$의 대기압이 작용하여 내마모성·내동결 융해성이 증대됨

(2) 타설 후 20분 내에 혼합 용수의 30%를 흡수하여 물시멘트비가 작아짐

(3) 진공 처리하면 수축이 일반 Con'c의 약 20% 정도 감소함

VI. 유의사항

(1) 진공 처리 기간은 타설 직후, 경화 직전까지로 함

(2) Slump는 15 cm 이하, 공기량은 3~4% 정도로 유지함

(3) 수회반응에 필요한 W/C비 25%, gel 수 15~20% 정도는 유지할 것

(4) 20 cm 이상 부재(단면)는 서중기시 20~25분, 한중기시 30~40분 내에 실시

Ⅰ. 정 의

(1) Cement와 같은 무기질 Cement를 전혀 사용하지 않고, Polymer만으로 골재를 결합시켜 제조한 Con′c를 말한다.

(2) Plastic Concrete 또는 Resin Concrete라고 부르기도 했으나, 최근에는 관련 국제 기구에서 용어를 통일하여 Polymer Concrete라고 부르고 있다.

Ⅱ. 콘크리트 - 폴리머 복합체의 분류

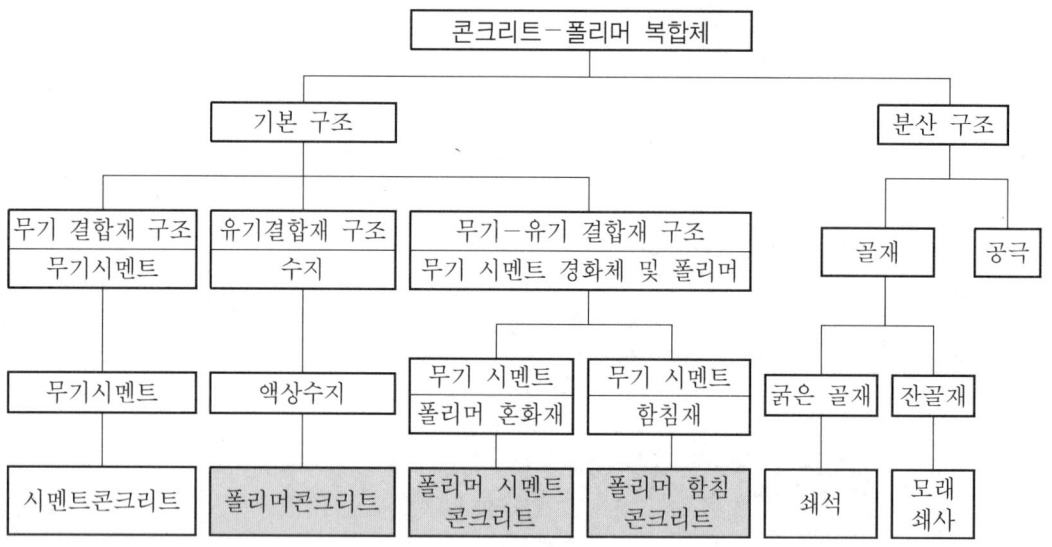

Ⅲ. 콘크리트 - 폴리머 복합체(Concrete - Polymer Composite)의 종류

(1) Polymer Concrete

(2) Polymer Cement Concrete

(3) Polymer Impregnated Concrete(폴리머 함침 콘크리트)

IV. 특 징

(1) 부재 단면의 축소 및 경량화 가능
(2) 골재와의 접착성이 좋고, 한랭지·동절기 공사에 유리(시공시간이 빠름)
(3) 기밀·수밀하여 방수성 및 내동결 융해성이 좋음
(4) 우수한 내약품성이 있고, 타설 후 1~3시간 이내에 거푸집해체 가능
(5) 내열성이 약하고(50℃ 이상에서부터 변형) 경화시 수축이 큼
(6) 탄성계수는 작기 때문에 변형도가 증대됨

V. 제조 및 품질

(1) 골재와 충진재를 강제 믹서 속에서 충분히 섞음
(2) 소정량의 Polymer 결합제에 경화제·경화촉진제 등을 첨가해서 1~3분간 혼합한 후 믹서 속에 넣고, 계속적으로 3~5분간 작동시킴
(3) 비빔한 Polymer Concrete는 짧은 시간 내에 사용해야 함
(4) 골재는 고강도 골재를 사용하고, 함수율은 0.5% 이하로 함
(5) 충진재는 입경이 1~30μm 정도의 탄산칼슘, Silica, Fly Ash 등을 사용하고, 함수율은 0.5% 이하로 할 것
(6) 경화제와 경화촉진제를 사용함으로써 경화시간을 제어함

VI. 유의사항

(1) 현장시공시 바닥표면의 함수율이 8~10% 이하가 되도록 건조시킬 것
(2) 한랭지나 동절기 공사에서는 시공면의 온도를 50℃ 내외로 유지할 것
(3) 빠른 시간 내에 시공하여야 하며, 거푸집에는 박리제 도포
(4) Con'c 1회 타설깊이는 보통 5~10cm(최대 30cm) 이하가 바람직함

13-1 원자력발전소 건설에 사용하는 방사선차폐용 콘크리트(Radiation Shielding Concrete)의 재료·배합 및 시공시 유의사항을 설명하시오. [10전, 25점]

I. 개 요

(1) 방사선차폐용 콘크리트란 중량골재를 사용하여 방사서(X선, γ선, 중성자선)을 차폐할 목적으로 만든 비중(3.2~4.0)이 큰 중량골재를 사용한 Con′c를 의미하며, 중량콘크리트라고도 한다.

(2) 방사선차폐용 콘크리트는 품질의 균일성 및 일체성 확보, 차폐기능의 확인, 구조부재로서의 기능 등을 만족시켜야 한다.

II. 방사선차폐용 콘크리트 요구성능

(1) 균질성 및 일체성

(2) 차폐의 기능 확인

(3) 구조부재로서의 기능

III. 재 료

(1) Cement

① 중용열 Portland Cement, 고로 Slag Cement, Portland Pozzolan Cement, Fly Ash Cement로 한다.

② 강도·내구성·수밀성이 크고, 건조수축이 적은 Cement를 사용한다.

(2) 골재

① 골재는 유해량의 먼지, 흙, 유기불순물, 염화물 등을 포함하지 않고, 소요의 내구성 및 내화성을 가진 것으로 한다.

② 철광석, 중정석(암석비중의 4.5 정도), 자철광 등의 중량골재를 사용한다.

(3) 혼화재료

① 감수효과가 큰 혼화제를 사용하여 단위수량이 적은 Con′c로 하는 것은 수축균열이나 Bleeding의 감소로 바람직하며, 시공연도의 개선목적 이외에도 방사선차폐성능의 향상을 위해 혼화제가 사용된다.

② 방사선차폐용 콘크리트는 높은 비중이 요구되어 비중의 차로 인한 재료분리의 발생이 크므로 혼화제 선정시 공기의 연행성이 없는 감수제가 좋다.

Ⅳ. 배 합

(1) 물시멘트비
 ① 방사성차폐용 Con'c의 물시멘트비는 50% 이하로 한다.
 ② 단위수량을 감소시킨다.

(2) Slump치
 ① 방사선차폐용 Con'c의 Slump치는 15cm 이하로 한다.
 ② 적정한 혼화제를 사용한다.

(3) 굵은 골재 최대치수
 ① 골재의 크기는 작게 실계한다.
 ② 골재중량이 크기 때문에 중량차에 의한 재료분리가 일어날 우려가 있다.

(4) 잔골재율
 ① 잔골재율은 굵은 골재 치수에 비해 상대적으로 크게 나타난다.
 ② 이는 골재의 부착강성 확보 및 재료분리 방지를 위한 것이다.

Ⅴ. 시공시 유의사항

(1) 운반
 ① 운반시 중량차이에 의한 재료분리에 유의한다.
 ② 압송 Pipe의 Plug(막힘) 현상이 발생할 우려가 높다.

(2) 타설
 ① 타설높이는 보통 Con'c보다 낮추어서 시공한다.
 ② 반출 후 15분 이내에 타설하여야 한다.

(3) 다짐
 ① 다짐시간은 적절하게 조정하여야 한다.
 ② 다짐이 충분한 경우에는 Cement Paste와 중량골재의 재료분리가 발생한다.

(4) 이음
 ① 이음부위는 요철을 두어 Key를 설치한다.

② 이음은 계획에 의해 필요한 곳에만 설치해
야 방사선에 대한 차폐성을 확보할 수 있다.

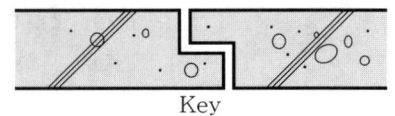

Key

(5) 양생

① Pipe Cooling을 실시한다.

② 온도구배가 발생하지 않도록 유의한다.

VI. 결 론

(1) 방사선차폐용 Con'c는 단위수량의 증가, 높은 수화열, 운반중 반죽질기 저하, 공기
연행 및 공기량 조절미비 등의 문제점이 발생할 우려가 크다.

(2) 이러한 문제점을 개선하기 위해서는 적정한 혼화제 사용, 단위시멘트량의 감소, 타
설 후 초기의 수분증발 방지를 위한 적정한 양생법의 검토 등이 필요하다.

14-1 강섬유 보강 콘크리트   [98후, 20점]

I. 정 의

(1) 강선절단, 박판절단 등의 방법을 통하여 얻어진 강섬유(두께 0.1~0.5mm, 길이 20~30mm 정도)를 용적비의 1~2% 혼입한 Con′c이다.

(2) 인장강도·휨강도·전단강도·내열성·내구성 등이 크게 향상된다.

II. 강섬유 혼입률과 휨강도

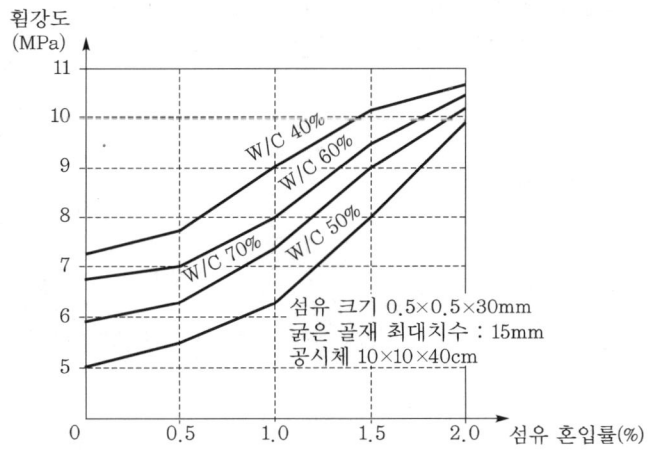

III. 적용대상

(1) 도로포장 및 터널공사

(2) 콘크리트 2차 생산제품(Hume Pipe 등)

(3) 마무리용 모르타르

(4) 내화재료 및 기계기초 등

IV. 특 성

(1) 콘크리트 구조체에 큰 변형이 일어난 후에도 취성파괴는 생기지 않는다.

(2) 섬유혼입률이 1~2% 정도이면 보통 Con′c에 비해 인장강도가 30~60% 정도 증가한다.

(3) 에너지 흡수능력(휨, 인성)은 1.5% 혼입시 보통 Con′c의 100배 정도 증가한다.

(4) 내충격성은 0.5% 혼입시 50배, 1% 혼입시 100배 정도 증가한다.

(5) 내열성은 2% 혼입시 보통 Con′c에 비해 80~120% 정도 증가한다.

V. 유의사항

(1) 강섬유의 혼입으로 발생하는 반죽질기의 저하와 재료분리 등에 유의해야 한다.

(2) 강섬유의 부식이 표면에 노출될 경우 미관상 문제(스테인리스강 또는 방청처리)가 되므로 유의해야 한다.

(3) 세골재율은 60% 정도로 하고, 굵은 골재의 최대치수는 15mm 이하 정도가 유리하다.

(4) 단위시멘트량은 400kgf/m³ 정도로 하는 것이 유리하다.

(5) 강섬유의 혼입으로 Slump가 감소되므로 유의해야 한다.

Ⅰ. 정 의

(1) 팽창콘크리트란 팽창재를 시멘트, 물, 잔골재, 굵은 골재 등과 같이 비빈 것으로 경화한 후에도 체적팽창을 일으키는 모든 콘크리트를 말한다.

(2) 팽창효과에 따라 건조수축 등에 의한 균열을 줄일 수 있으며, 균열내력이 향상되므로 정수설비, 터널 등에 많이 사용한다.

Ⅱ. 양생에 따른 팽창콘크리트의 변화

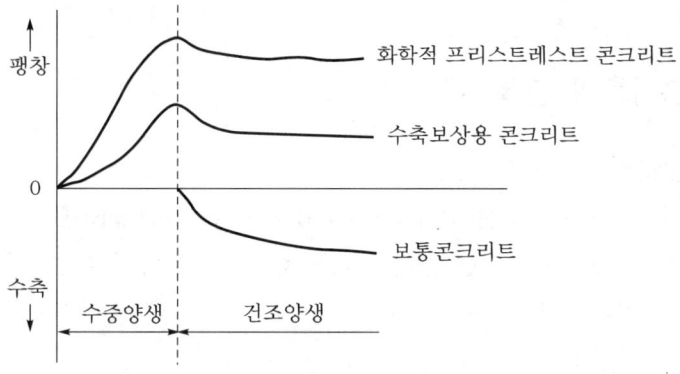

Ⅲ. 특 징

(1) 강도증대

(2) 수밀성증대

(3) 균열발생 억제

(4) 건조수축 방지

(5) Prestress 도입효과

Ⅳ. 적용성

(1) 수밀을 요하는 구조물
(2) 정수장시설 등 지하구조물
(3) 교량의 바닥틀
(4) 터널 복공
(5) 도로 포장공사

Ⅴ. 팽창재의 분류

(1) 에트린자이트계
산화칼슘, 알루미나, 무수황산을 주성분으로 하고 팽창속도와 팽창량을 억제하기 위하여 주성분의 비율, 분말도, 제조시의 소성도 등을 변화시킨 것이다.

(2) 석회계
유리된 산화칼슘을 주성분으로 하며 시멘트의 수화반응을 이용한 것으로 제조과정에서 소결, 피복, 점도조정 등의 특별한 제조방법으로 제조된 것이다.

Ⅵ. 팽창콘크리트의 분류

(1) 수축보상용 콘크리트
건조수축균열을 줄이는데 주목적이 있으며, 콘크리트의 팽창을 철근 등에 의해 구속하여 건조수축에 의한 인장응력을 상쇄시키거나, 줄이는 정도의 작은 팽창력을 갖는 콘크리트이다.

(2) 화학적 프리스트레스트 콘크리트
수축보상용 콘크리트보다 큰 팽창력을 갖는 것으로서, 구속한 콘크리트에 건조수축이 생긴 후에도 큰 화학적 Prestress가 남기 때문에 외력에 의한 인장응력에 저항시키는 것을 목적으로 하는 콘크리트이다.

Ⅶ. 시공시 유의사항

(1) 팽창재 및 팽창콘크리트의 성질을 충분히 파악한다.
(2) 팽창성능 강도, 내구성, 수밀성, 강재 보호기능 및 품질변동이 적어야 한다.
(3) 팽창재의 저장 및 취급시 품질변화에 유의한다.

(4) 팽창재의 사용량은 소요팽창률이 얻어지도록 시험에 의해 결정한다.

(5) 팽창재의 믹서투입은 시멘트와 동시투입 또는 단독투입시 충분히 비벼지는 것을 시험으로 미리 확인한다.

(6) 팽창콘크리트의 양생은 적어도 5일간은 습윤상태를 유지한다.

(7) 증기양생, 촉진양생을 실시할 경우 미리 시험을 통하여 확인하는 것이 원칙이다.

(8) 포대가 파손되거나 저장기간이 길어진 경우에는 사용 전 품질시험으로 확인 후 사용한다.

VIII. 팽창콘크리트 규정

(1) 팽창률 시험치는 재령 7일 시험치를 기준으로 한다.

(2) 수축보상용 콘크리트 팽창률은 100×10^{-6} 이상, 250×10^{-6} 이하인 값을 표준으로 한다.

(3) 화학적 Prestress용 콘크리트 팽창률은 200×10^{-6} 이상, 700×10^{-6} 이하인 값을 표준으로 한다.

(4) 팽창콘크리트 강도는 재령 28일의 압축강도를 기준으로 한다.

(5) 팽창재의 저장은 습기침투 방지를 위해 사일로 또는 창고에 저장한다.

(6) 포대팽창재는 지상 30cm 이상의 마루 위에 15포대 이상 적재를 금지한다.

(7) 화학적 Prestress용 콘크리트의 단위시멘트량은 260kg/m^3 이상으로 한다.

16-1 에코콘크리트(Eco Concrete)   [05중, 10점]

Ⅰ. 정 의

(1) ECO란 Environmentally Conscious Concrete의 약자로서 환경보존 및 생태계와의 조화를 도모한다는 의미의 환경친화형 콘크리트이다.

(2) 다공성 콘크리트에 식물을 배양한 형태를 취하고 있으며, 콘크리트 내에 식물이 성장할 수 있는 식생기능과 콘크리트의 기본적인 역학적 성질이 공존해 있다.

Ⅱ. 구 성

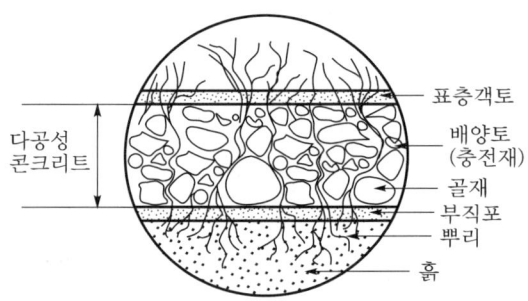

〈에코콘크리트(ECO Concrete)〉

(1) 입도조성이 굵은 골재를 소량의 시멘트 페이스트로 서로 접착시켜 형성한 것이다.

(2) 콘크리트의 비중은 1.6~2.0 정도이다.

(3) 물시멘트비는 30~40% 정도로 한다.

(4) 간극률은 5~35% 정도이다.

Ⅲ. 용 도

(1) 불안정한 토양의 조기 녹지화

(2) 일반 녹지화 기능

(3) 수질 및 대기오염 정화블록

(4) 도로 주변의 방음벽

(5) 해양 양식용 인공어초

핵심 120문제 _ 시험 답안작성을 위한 기본서 핵심 120문제

저자 | 金宇植
판형 | 4×6배판
면수 | 568P
정가 | 25,000원

다음과 같은 점에 중점을 두었다.

1. 최근 출제 빈도가 높은 문제 수록
2. 시험 날짜가 임박한 상태에서의 마무리
3. 다양한 답안지 작성 방법의 습득
4. 새로운 Item과 활용방안
5. 토목 핵심 요점정리
6. 자기만의 독특한 답안지 변화 지침서

공종별 기출문제 I, II _ 고득점을 위한 기출문제 완전 분석 단원별 기출문제

저자 | 金宇植
판형 | 4×6배판
면수 | I권 1,208P
       II권 1,192P
정가 | 각 40,000원

다음과 같은 점에 중점을 두었다.

1. 기출문제의 공종별 정리
2. 문제의 핵심 요구사항을 정확히 파악
3. 기출문제를 중심으로 각 공종의 흐름파악에 중점
4. 각 공종별로 요약, 정리
5. 최단 시간에 정리가 가능하도록 요점정리

면접분석 _ 2차(면접)합격을 위한 필독서 면접분석

저자 | 金宇植
판형 | 4×6배판
면수 | 756P
정가 | 45,000원

다음과 같은 점에 중점을 두었다.

1. 면접의 준비과정 및 자신감 부여
2. 면접 기출문제 내용을 공종별로 분석
3. 각 공종 면접내용으로 요점정리
4. 실제 면접장에서 펼쳐지는 질문과 대답을 회수별로 수록
5. 면접관의 질문에 대한 대비책 마련

【저자 약력】

*김 우 식

- 한양대학교 공과대학 졸업
- 부경대학교 대학원 토목공학과 졸업 (공학석사)
- 부경대학교 대학원 토목공학과 박사과정
- 기술 고등 고시 합격
- 국가직 기좌 (시설과장)
- 국가공무원 7급·9급 시험출제위원
- 국토해양부 주택관리사보 시험출제위원
- 산업인력공단 검정사고 예방 협의회위원
- 브니엘고, 브니엘 여고, 브니엘 예술중·고등학교 이사장
- 한나라당 중앙위원 (교육분과 부위원장)
- 토목시공 기술사
- 토질기초 기술사
- 건설안전 기술사
- 건축시공 기술사
- 품 질 기술사
- 구 조 기술사

길잡이

토목시공기술사-공종별 기출문제 I

정가 : 40,000원

저 자 : 김우식
펴낸이 : 이 종 춘
펴낸곳 : **BM** 성안당
주 소 : 경기도 파주시 교하읍 문발리
　　　　출판문화정보산업단지 536-3
전 화 : (031)955-0511
팩 스 : (031)955-0510
등 록 : 1973.2.1 제13-12호

© 2002~2011 김우식

2002. 8. 28	초판1쇄발행
2004. 1. 8	초판2쇄발행
2004. 5. 19	초판3쇄발행
2005. 1. 15	초판4쇄발행
2006. 1. 9	초판5쇄발행
2007. 1. 2	초판6쇄발행
2011. 9. 20	**개정1판1쇄발행**

ISBN 978-89-315-6701-4

홈페이지 : www.cyber.co.kr

본 서적에 대한 의문사항이나 난해한 부분에 대해 아래와 같이 저자가 직접 성심 성의껏 답변해 드립니다.

- 서울 지역 ⋯→ 매주 토요일 오후 2:00~3:00
　　　　　전화 _ 02)749-0010 (종로기술사학원) / 팩스 _ 02)749-0076
　　　　　　　　　구용산 토목 · 건축학원
- 부산 지역 ⋯→ 매주 화요일 오후 6:00~7:00
　　　　　전화 _ 051)644-0010 (부산 토목 · 건축학원) / 팩스 _ 051)643-1074
- 대전 지역 ⋯→ 매주 금요일 오후 6:00~7:00
　　　　　전화 _ 042)254-2535 (현대 토목 · 건축학원) / 팩스 _ 042)252-2249
- 광주 지역 ⋯→ 매주 토요일 오후 6:00~7:00
　　　　　전화 _ 062)514-7978 (광주 토목 · 건축학원) / 팩스 _ 062)514-7979

특히, 팩스로 문의하시는 경우에는 독자의 성명, 전화번호 및 팩스번호를 꼭 기록해 주시기 바랍니다.

- 홈페이지 : http://www.jr3,co.kr
- 카 페 : http://cafe.naver.com/civilpass
　　　　(카페명 : 김우식 토목시공기술사 공부방)
- E - mail : acpass@hanmail.net